SCHÄFFER
POESCHEL

Günter Müller-Stewens
Christoph Lechner

Strategisches Management

Wie strategische Initiativen zum Wandel führen

Der St. Galler General Management Navigator®

3., aktualisierte Auflage

2005
Schäffer-Poeschel Verlag Stuttgart

Verfasser:
Prof. Dr. Günter Müller-Stewens, Institut für Betriebswirtschaftslehre, Universität St. Gallen
Prof. Dr. Christoph Lechner, Institut für Betriebswirtschaftslehre, Universität St. Gallen

Bibliografische Information Der Deutschen Bibliothek
Die Deutsche Bibliothek verzeichnet diese Publikation in der Deutschen Nationalbibliografie; detaillierte bibliografische Daten sind im Internet unter <http://dnb.ddb.de> abrufbar.

ISBN 3-7910-2467-1

Gedruckt auf chlorfrei gebleichtem, säurefreiem und alterungsbeständigem Papier

www.schaeffer-poeschel.de
info@schaeffer-poeschel.de

Einbandgestaltung: Willy Löffelhardt
Satz: Dörr + Schiller GmbH, Stuttgart
Druck und Bindung: Kösel, Krugzell, www.Koeselbuch.de

Printed in Germany
Mai/2005

Schäffer-Poeschel Verlag Stuttgart

Ein Tochterunternehmen der Verlagsgruppe Handelsblatt

Vorwort zur 1. Auflage

Ein neues Buch ist immer ein Stück von einem selbst. Wir haben den hier vorgestellten Ansatz des General Management Navigator (GMN) über viele Jahre mit viel »Herzblut« entwickelt. In unzähligen Diskussionen haben wir nach besseren Lösungen gerungen. Stimuliert wurden diese Arbeitsschleifen häufig aus dem konstruktiven Feed-back von Führungskräften und Studierenden, die in Seminaren, Vorlesungen oder Beratungsprojekten mit diesem Ansatz konfrontiert wurden. Diesen aufmerksamen Zuhörern sind wir zu grossem Dank verpflichtet.

Bei diesen Diskussionen hatten wir immer ein klares Ziel vor Augen: Wir wollten einen Ansatz schaffen, der sich an typischen Arbeitsprozessen von Führungskräften orientiert, die selbst strategische Initiativen gestartet haben und verantworten oder in solche Prozesse involviert sind. Daraus erwuchs auch die Forderung nach einem integrativen Ansatz, bei dem die einzelnen Prozessmodule möglichst weitgehend ineinander greifen, und dies von der Genese einer Strategie, über deren Umsetzung in die Leistungsprozesse der Organisation bis hin zu ihrem operativen Wirksamwerden in den dazugehörigen organisatorischen Veränderungsprozessen.

Das Buch soll mit dem GMN aber auch einen Bezugsrahmen bieten, der ein Navigieren in der immer komplexer werdenden Welt des Strategischen Managements ermöglicht. Wir haben versucht, einer nahezu unüberschaubaren Anzahl an Methoden und Konzepten, sowie auch theoretischen Sichtweisen und Erkenntnissen ein Ordnungsraster zu geben. Dies soll helfen, die Fähigkeit des strategischen Denkens und Handelns systematisch zu entwickeln und auszubauen – eine Fähigkeit, ohne die man sich einen General Manager in einem professionell geführten Unternehmen heute nicht mehr vorstellen kann. Um für Führungskräfte, Studierende und Dozierende die Arbeit mit dem GMN zu erleichtern und anzureichern, bieten wir neben diesem Buch unter der Internet-Adresse http://www.strategylab.ch noch weitere Dienstleistungen an.

Wenn wir unserem Ziel nahe kommen wollten, war uns klar, dass wir die Struktur der »klassischen« Lehrbücher zum Strategischen Management in weiten Teilen verlassen mussten. Ob sich mit dieser ersten Fassung des GMN unser bisheriger Weg zu diesem Ziel gelohnt hat, bleibt nun natürlich Ihrem Urteil überlassen, auf das wir sehr gespannt sind.

Ursprünglich ging die Initiative zu diesem Buch von Prof. Dr. Knut Bleicher aus, da in seiner Reihe zum St. Galler Management-Konzept noch der Band zu den Strategischen Programmen fehlte. In den Feldern »Positionierung« und »Wertschöpfung« des GMN haben wir nun stark verspätet auch einen Vorschlag zu den Dimensionen Strategischer Programme unterbreitet. Der gesamte Ansatz hat jedoch in den vergangenen Jahren auch seinen eigenen Weg genommen. Wir danken Herrn Bleicher für seine Initiative, seine wertvollen Anregungen, aber auch sein Verständnis. Unser Dank gilt darüber hinaus Frau Rollnik-Mollenhauer und ihrem Team vom Verlag Schäffer-Poeschel, wo wir mit unseren Vorstellungen und Wünschen auf viel Verständnis und gute Ideen gestossen sind. Mit viel Sorgfalt und Sachverstand ist uns Herr Dipl.-Kfm. Torsten Schmid bei der Erstellung des Gesamtmanuskripts zur Seite gestanden, wofür wir ihm auch danken wollen.

Ein neues Buch ist aber auch deshalb ein Stück von einem selbst, weil es nicht nur die Autoren absorbiert, sondern auch deren Umfeld stark beansprucht. Von dort haben wir immer grenzenlose Unterstützung und aktive Zusprache erfahren, aber auch Verständnis für entgangene gemeinsame Stunden. Deshalb wollen wir – verbunden mit einem großen Dankeschön – dieses Buch Isabelle mit Benedikt, Bernadette und Ferdinand sowie Anja widmen.

Februar 2001

Günter Müller-Stewens
Christoph Lechner

Vorwort zur 2. Auflage

Obgleich seit der 1. Auflage noch nicht ganz zwei Jahre vergangen sind, so haben sich die wirtschaftlichen Rahmenbedingungen in dieser Zeit doch so radikal verändert, wie nur selten zuvor: Allein in den Jahren 2001 und 2002 wurden an den Weltbörsen über 15.000 Mrd. USD an Wert vernichtet – die vorher vielleicht auch auf etwas »tönernen Füßen« standen. Aufgrund der Skandale um Unternehmen wie Worldcom, Enron etc. hat die Wirtschaft und ihre Repräsentanten viel an Vertrauen bei ihren Investoren und in der Öffentlichkeit eingebüßt, welches nun mühsam wieder zurückgewonnen werden muss. Führung muss sich in der Ehrenhaftigkeit und Professionalität ihres Tuns neu legitimieren.

Diese Veränderungen des wirtschaftlichen Umfeldes blieben auch nicht ohne Folgen auf die Inhalte dieser zweiten Auflage: So wurden Themen, die sich in den letzten Monaten in den Vordergrund der Diskussion geschoben haben, stärker gewichtet und vertieft, wie etwa die Debatte um die »Corporate Governance« von Unternehmen, der Ansatz des »Stakeholder-Management« oder das Konzept der »Wertschöpfung«. Die zweite Auflage wurde aber auch erweitert um Themen, die einfach noch fehlten, wie etwa »Entrepreneurship« oder »Funktionalstrategien«. In Kapitel 1 wurde auch der das Buch strukturierende Ansatz des General Management Navigator weiter verfeinert.

Aufgrund des gewachsenen Umfangs des Buches war es uns auch ein Anliegen, seine Benutzung als Nachschlagewerk zu verbessern. Dies geschah einerseits durch differenziertere Suchregister, andererseits wurde das das Buch unterstützende Internetportal »*StrategyLab*« (www.strategylab.ch) deutlich ausgebaut. So findet man dort z.B. im Sektor »GMN« zum Herunterladen das vollständige Literaturverzeichnis, die Lernkontrollfragen und die Suchregister. Eine Vielzahl Dozierender bedient sich auch bereits der ebenfalls herunter ladbaren Foliendatei zum Buch (Passwort erforderlich).

Für die vielen positiven und konstruktiven Rückmeldungen auf die erste Auflage des Buches wollen wir uns an dieser Stelle ganz herzlich bedanken. Insbesondere freute uns natürlich auch der von Cap Gemini Ernst & Young verliehene Preis für das »Beste deutsche Wirtschaftsbuch 2001«. Diese Rückmeldungen haben uns entscheidend dazu ermuntert, an Konzeption und Inhalt des Buches weiterzuarbeiten. Wir hoffen, dass diese Veränderungen nun auch zum Nutzen unserer Leserschaft sowie der mit dem Buch arbeitenden Dozentenschaft sein werden.

Diese zweite Auflage kam wieder nur durch viele engagierte Mithelfende zustande. Insbesondere Frau Nicole Weber und Herr Dipl.-Ing. Sebastian Knoll haben sich hier verdient gemacht. Ihnen allen gebührt unser aufrichtiger Dank. Danken wollen wir aber auch dem Verlag Schäffer-Poeschel, wo wir mit Frau Marita Rollnik-Mollenhauer und Herrn Thomas Schröck einmal mehr eine kompetente und verständnisvolle Betreuung unseres Werkes vorgefunden haben.

St. Gallen, im Januar 2003

Günter Müller-Stewens
Christoph Lechner

Inhaltsverzeichnis

Kapitel 1:
Einführung in das Strategische Management

NE
E
SE
S
SW
W
NW
120
140
160
200
260
280
300
320
340

Kapitel 1
Einführung in das Strategische Management

Ob Chipfabrikant INTEL *oder Fussballklub Manchester United, ob Automobilkonzern* DAIMLERCHRYSLER *oder neugegründeter Internet Startup – sie alle sind Unternehmen, die sich in der Auseinandersetzung mit ihrer Umwelt zu bewähren haben. Doch wovon hängt es ab, ob sie erfolgreich sind oder nicht? Warum unterscheiden sie sich voneinander? Wo sind ihre Grenzen? Warum verhalten sie sich so und nicht anders? Welche Konsequenzen zieht dies nach sich? Was kann man daraus lernen und auf andere Situationen übertragen? Mit derartigen Fragen beschäftigt sich eine Disziplin, die als Strategisches Management bezeichnet wird. Im Strategischen Management hat sich im Laufe der Zeit eine reichhaltige »Ökologie des Wissens« aus Konstrukten, Theorien, Methoden, Konzepten und Ratschlägen entwickelt. Partiell präsentiert sie sich wohl geordnet und übersichtlich, meist jedoch heterogen und ambivalent. Wer Eindeutigkeit und einen Fundus konsensfähiger Erkenntnisse erwartet, wird enttäuscht sein, wer sich jedoch auf die dort behandelten Fragestellungen und Ansätze einlässt, dem wird sich eine faszinierende Welt eröffnen, in der es viel Interessantes zu erkunden gibt.*

Kapitelübersicht

- Darlegung der wichtigsten historischen Entwicklungslinien und Herausforderungen eines Strategischen Managements
- Kennen lernen wichtiger Ressourcen zum Strategischen Management
- Erläuterung der grundlegenden Fragestellungen eines Strategischen Managements
- Definition, was eine Strategie ist
- Suche nach dem Wesen eines Strategischen Managements
- Erklärung des General Management Navigators, als der im Buch verwendete Strukturierungsansatz
- Abgrenzung der wichtigsten Gestaltungsebenen eines Strategischen Managements

Das vorliegende Buch soll bei dieser »Expedition« als **Reiseführer** fungieren. Es strukturiert das Terrain, zeigt unterschiedliche Pfade, prüft Bestehendes, schlägt Neues vor und weist auf unbeantwortete Fragen hin. Es bewegt sich bewusst an der Schnittstelle zwischen Wissenschaft und unternehmerischer Praxis. Dort will es einerseits theoretisches Gedankengut, andererseits praktisch anwendbare Konzepte vermitteln. Der Schwierigkeiten, die sich dabei stellen, sind wir uns bewusst. Während sich die Wissenschaft primär um das Beschreiben, Verstehen oder Erklären von Phänomenen bemüht, die sie in der unternehmerischen Praxis beobachtet (und bei dieser Arbeit durchaus über ihre eigene, eben wissenschaftliche Praxis verfügt), ist die unternehmerische Praxis – verkürzt formuliert – primär an Gestaltungsvorschlägen interessiert, die sich daraus ableiten lassen, oder greift auf das angebotene Reflexionspotenzial an Deskriptionen und Theorien zurück und »transformiert« es in ihren spezifischen Kontext. Die Übergänge zwischen den beiden Bereichen sind weder trivial noch komplikationslos.[1] Gleichwohl gilt es immer wieder die Brücke zwischen ihnen zu schlagen und die durch ihre jeweilige Eigenlogik verursachten Spannungsfelder produktiv zu nutzen. Ob uns dies im Rahmen des Möglichen gelungen ist, möge der Leser beurteilen.

Auf dieser Expedition werden wir uns an einem übergreifenden Bezugsrahmen orientieren, den wir »**General Management Navigator**« (GMN) nennen. Er besteht aus fünf Feldern, durch die die Disziplin des Strategischen Managements aus einer Arbeitsprozesssicht thematisch strukturiert wird. In jedem Feld werden sowohl wissenschaftliche Reflexionen als auch verschiedene Gestaltungsoptionen offeriert. Größtenteils greifen wir dabei auf die bereits bestehende »Ökologie des Wissens«[2] zurück, doch dort, wo Lücken bestehen, setzen wir eigene Bezugsrahmen ein.

Arbeitsprozesssicht

Der **Aufbau des Buches** ist rasch erklärt: In Kapitel 1 wird zuerst die historische Entwicklung des Strategischen Managements beschrieben und anschliessend der General Management Navigator in seinen Grundzügen vorgestellt. Kapitel 2 bis 6 vertieft jeweils eines seiner fünf Arbeitsfelder.

Um den Überblick innerhalb dieser Felder zu erleichtern, sind sie nach einem einheitlichen Schema aufgebaut. Dies soll dem Leser nicht nur die Orientierung erleichtern, sondern ihm eine einheitliche Darstellung von Themen und Aufgaben des Strategischen Managements bieten, die er auch für eine weiterführende Beschäftigung mit dieser Disziplin verwenden kann.

Je nach Zielsetzung und Interesse können mehrere **Wege durch das Buch** eingeschlagen werden. Sie eröffnen unterschiedliche Zugänge zum Strategischen Management:

- Will man möglichst im *Eiltempo* die Logik und den Aufbau des General Management Navigator verstehen, dann bietet es sich an mit Kapitel 1.2 zu beginnen, wo der übergreifende Bezugsrahmen kurz vorgestellt wird. Anschließend kann man sich diejenigen Kapitel »herauspicken«, die einen besonders interessieren. Jedes Kapitel ist so geschrieben, dass es im Prinzip für sich alleine gelesen werden kann.
- Ist man eher an den *wissenschaftlichen Grundlagen* der einzelnen Felder interessiert, so sind vor allem die Kapitel mit der Überschrift »Reflexion« von Relevanz. Hier werden primär Theorien und Modelle vorgestellt, die Einblick in die Besonderheiten des jeweiligen Teilbereiches verschaffen. Ergänzend kann man sich in Kapitel 1.1 über die historische Entwicklung des Strategischen

Reflexion

Managements informieren. Wir haben uns bemüht diese Kapitel so zu schreiben, dass sie auch für den wissenschaftlich weniger Bewanderten nachvollziehbar und hilfreich sind. Es hat sich durchaus als zweckmäßig erwiesen, vor dem Gestalten ab und zu Überlegungen anzustellen zu dem, was man gestaltet, wie es »funktioniert«.

Gestaltung

- Sucht man nach Möglichkeiten, wie Unternehmen zu gestalten sind und ist man folglich eher an der *Anwendung* interessiert, so sind primär die Kapitel mit der Überschrift »Gestaltung« von Bedeutung. Dort werden eine Reihe von Gestaltungsoptionen vorgestellt und mit ihren jeweiligen Vor- und Nachteilen diskutiert. Wo vorhanden, fließen auch hier wissenschaftliche Erkenntnisse ein, die die jeweilige Gestaltungsoption stützen oder verwerfen.

Verzeichnisse

- Die detaillierten Verzeichnisse (Firmen, Personen, Stichworte) am Ende des Buches sollen das Buch aber auch zu einem effizienten *Nachschlagwerk* machen.

Das Buch verfügt neben seiner normalen Gliederung noch über eine zweite Gliederungsebene. Alle Texte, die kleiner gedruckt, farblich unterlegt und durch eines der unten stehenden *Symbole* am Rand angezeigt werden, können übersprungen werden, ohne dass der Gang der Argumentation verloren geht.

Mit diesen Texten soll der Leserschaft erstens die Möglichkeit der Vertiefung und Illustration zum besseren Verständnis der Ausführungen geboten werden.

Exkurs
Durch einen Exkurs soll eine Vertiefung eines eher speziellen, aber interessanten Nebenaspekts des Themas geboten werden.

Fallbeispiel
Das Thema im Text wird durch die Beschreibung der Situation in einem oder mehreren Unternehmen illustriert. Dies soll der Diskussion und Reflexion dienen. Durch diesen Fall soll jedoch kein Urteil darüber abgegeben werden, ob das Unternehmen eine Problemstellung effizient bewältigte oder nicht.

Standpunkt
Schließt sich meist einem der obigen Symbole an und soll zur Hinterfragung anregen oder zitiert eine pointierte Meinung zu einem polarisierenden Thema.

Da die Texte dieser Kategorie teilweise aus einer bestimmten zeitlichen Sichtweise heraus verfasst wurden, steht dort, wo wir es für zweckmäßig hielten, zu Anfang in Klammer der Monat und das Jahr in dem sie durch uns geschrieben wurden (MM/JJ). Auch wenn die Zeit manche dieser oft ereignisbezogenen Texte inzwischen bereits überholt haben mag, so denken wir, dass die geschilderten Vorgänge nach wie vor der Veranschaulichung der Ausführungen gut dienen, da sie auch in ähnlicher Form immer wieder anzutreffen sind.

Zweitens wollen wir helfen, die tägliche Strategiearbeit zu erleichtern und die Anwendung der Inhalte des Buches in praktischen Führungssituationen unterstützen. Darauf wird durch folgende Symbole verwiesen:

Ressourcen
Verweist auf wichtige Akteure und Quellen im Gebiet des Strategischen Managements sowie auf. Internet-Ressourcen, die eine angesprochene Thematik zu illustrieren oder zu vertiefen vermögen. Solche Angaben haben die Gefahr, dass sie schnell veralten. Doch unter www.strategylab.ch werden die Links regelmäßig aktualisiert.

Workshop
Gibt Anregungen für die Strukturierung der Arbeit einer Arbeitsgruppe oder soll Führungskräften helfen, die angesprochene Thematik bezogen auf ihre eigene Organisation zu hinterfragen.

Sehr freuen wir uns natürlich über den Leser, der sich von der ersten bis zur letzten Seite aufmerksam durch das Buch bewegt und den die Ausführungen sowohl inspirieren als auch zu kritischen Reflexionen anregen. Ihm wird sich das ganze Spektrum dieses Buches erschließen.

Ressourcen: Strategy-Community
Wir begreifen den GMN nicht nur als Buch, sondern als Lernsystem. Parallell zur Publikation dieses Buches wurde auch die Internet-Homepage http://www.strategylab.ch gestartet. Auf ihr sollen nach und nach zusätzliche Dienste zu diesem Buch angeboten werden. So werden dort z.B. als Dienstleistung an Dozenten, die mit dem GMN arbeiten wollen, Foliensätze angeboten. Sie finden dort aber auch Links zu den wichtigsten Zeitschriften im Bereich des Strategischen Managements, Hinweise auf Konferenzen, Fallstudien etc. Es besteht dort auch eine Möglichkeit zur Interaktion mit unseren Lesern, wo wir für Feed-back aus unserer Leserschaft sehr dankbar sind. Auch der Erfahrungsaustausch unter der Leserschaft, z.B. zu Anwendungsgesichtspunkten, ist dort ermöglicht. Wir freuen uns auf Ihren virtuellen Besuch!

StrategyLab

St. Galler Management-Konzept

Der GMN steht in der Tradition der an der Universität St. Gallen entwickelten Ansätze zur Unternehmensführung und systemorientierten Managementlehre von Ulrich/Krieg (1974) und Bleicher (1999). Ziel des St. Galler Management-Konzeptes von Bleicher (1999) ist es, den Entscheidungsproblemen des Managements eine dimensionale Ordnung zu verleihen. Dazu wird ein Neun-Felder-Ordnungsrahmen vorgegeben. Für die in jedem dieser neun Themenfelder lokalisierten Problemstellungen, werden acht Dimensionen als Konzeptionshilfe angeboten. Einige der Themenfelder wurden in einzelnen Büchern vertieft.[3]

Was bislang offen blieb, ist das Feld der strategischen Programme. Hier setzt der GMN auf. Allerdings geht es uns beim GMN darum, Führungskräften für die Entwicklung und Verwirklichung ihrer strategischen Initiativen ein möglichst flexibles Raster für einen Arbeits- und Problemlösungsprozess anzubieten. Die einzelnen Elemente des Prozessrasters werden eng mit dem aktuellen Wissensstand zu einem Strategischen Management verbunden. Dabei wird auch immer wieder darauf verwiesen, wie die durch Bleicher (1999) angebotenen Konzeptionshilfen in den den strategischen Programmen angrenzenden Feldern nutzbar gemacht werden können.

1.1 Entwicklung des Strategischen Managements

Betrifft die Entwicklung von Unternehmen

Überlegungen zu einem Strategischen Management sind fest in der unternehmerischen Praxis verankert. Sie betreffen die Entwicklung von Unternehmen und manifestieren sich u.a. in der Wahl der produzierten Güter, der Positionierung gegenüber Wettbewerbern, dem Erwerb knapper Ressourcen, der Organisation betrieblicher Strukturen und Prozesse etc. Das Strategische Management existiert schlichtweg deshalb als Untersuchungsgegenstand, da diese Themen für Unternehmen im Speziellen als auch für kapitalistische Gesellschaften im Allgemeinen von Bedeutung sind. Gleichzeitig ist es eine global existierende akademische Disziplin, in der geforscht und gelehrt wird. Im Folgenden werden wir zuerst in Kapitel 1.1.1 die historische Entwicklung des Feldes betrachten und dann in Kapitel 1.1.2 die Charakteristika eines Strategischen Managements herausarbeiten.

Lernziele

- Vermittlung der begrifflichen Ursprünge des Strategischen Managements (SM)
- Darlegung der Entstehung des SM als eigenständige Disziplin
- Konfrontation mit den aktuellen Herausforderungen des SM
- Charakterisierung strategischer Problemstellungen
- Darlegung verschiedener Strategieverständnisse
- Strukturierung des Feldes SM
- Hinweise auf wichtige Ressourcen für die Arbeit im SM

1.1.1 Historische Skizze

Strategie als Kunst der Heerführung

Die **begrifflichen Ursprünge** des Strategischen Managements reichen relativ weit zurück. Während der Managementbegriff erstmalig in England im 19. Jahrhundert auftaucht und dort funktional oder rollenbezogen verwendet wird[4], lässt sich der Strategiebegriff etymologisch auf das Griechische zurückführen. Dort bezeichnet er die Kunst der Heerführung (stratos = Heer, agos = Führer). Für den chinesischen Philosophen Sun Tzu (400–300 v.C.) ist Strategie »... *the great work of the organization. In situations of life or death, it is the Tao of survival or extinction. Its study cannot be neglected.*« Carl v. Clausewitz reinterpretiert Strategie im 19. Jahrhundert für die Militärwissenschaft und bezeichnet sie als »Gebrauch des Gefechts zum Zwecke des Krieges«. Er zieht Parallelen zwischen Militär und Wirtschaft und öffnet damit der Übertragung militärischen Gedankenguts in die Ökonomie die Tür – eine Tendenz, die auch heute noch zu beobachten ist. In die gleiche Richtung führen 1947 die Überlegungen von von Neumann/Morgenstern (1944), die aus einem mathematisch-spieltheoretischen Kontext den Strategiebegriff in die Wirtschaftstheorie einführen.

Strategie als eigenständige Disziplin

Als **eigenständige Disziplin** formiert sich das Strategische Management seit ca. 30 bis 40 Jahren, schwerpunktmäßig zunächst in den USA. Damit ist es deutlich jünger als die unternehmerische Praxis, mit der es sich auseinander setzt. Stehen anfangs noch Begriffe wie »Business Policy« oder »Long Range Planning« im Vordergrund der Diskussion, so werden diese sukzessive durch den Begriff des »Strategic Management« verdrängt, ohne jedoch gänzlich zu verschwinden. Ausgangspunkt der disziplinären Entwicklung sind die *Business Schools* der amerikanischen Universitäten, insbesondere die Harvard Business School. Ihr Lehrplan ist nach den einzelnen, betriebswirtschaftlichen Funktionen (wie Marketing, Finanzen etc.) aufgebaut, die meist unverbunden nebeneinander gelehrt werden. Um zum Abschluss der Ausbildung eine konzeptionelle Klammer zu schaffen, wird ab 1911 ein Kurs mit dem Titel »Business Policy« in das Senior Management Training eingefügt. Im Gegensatz zum militärischen Strategieverständnis geht es dabei nicht mehr nur um die Wahl der Mittel zur Erreichung vorgegebener Ziele, sondern auch um deren Festlegung und die Ausrichtung der Unternehmenspolitik. Auf Grundlage der in Harvard gepflegten Fallstudienmethodik behandelt der Kurs ausgewählte betriebswirtschaftliche Probleme hochrangiger Manager, meist aus einer multifunktionalen Perspektive. Ein festgelegter Inhalt besteht zunächst nicht; auf eine theoretische Unterlegung wird weitgehend verzichtet. Alles, was einen Beitrag zur Bewältigung der aufgeworfenen Themen verspricht, wird herangezogen, unabhängig davon aus welchem Bereich der Beitrag stammt. Der Lehrkörper setzt sich aus erfahrenen Professoren und ehemaligen Managern zusammen. Einen eigenen Karrierepfad, wie ihn die anderen betriebswirtschaftlichen Funktionen aufweisen, bietet das Thema nicht. Folglich wird die Theorieentwicklung kaum vorangetrieben und eine eigentliche wissenschaftliche Forschung findet nicht statt. Man beschränkt sich auf reichhaltige Beschreibungen aktueller Praxisfälle und eine Problemlösung »from case to case«.

Business Policy
Long Range Planning

Harvard Business School

Zur *wissenschaftlichen Disziplin* entwickelt sich das Feld dann ab Ende der 60er-Jahre. Wissenschaftler werden nun an mehreren Universitäten explizit mit der Erforschung des Feldes beauftragt. Ein speziell auf »Business Policy« zugeschnittener Karrierepfad wird eingerichtet, der durch alle akademischen Stufen bis hin zum Professor mit dauerhafter Anstellung führt. Damit zieht man institutionell den Karrieremöglichkeiten in den anderen Funktionen nach. In der Folge entsteht eine lebhafte Forschungsbewegung und die Akkumulation von Wissen setzt ein. Wissenschaftliche Gremien und Konferenzen konstituieren sich, Forschungsergebnisse werden präsentiert, Konstrukte, Theorien und Methoden im wissenschaftlichen Diskurs ausgetauscht und diskutiert. Erste Artikel finden Eingang in allgemeine Managementjournale wie die Harvard Business Review, die Sloan Management Review oder die California Management Review, die meist eng mit einer der reputierten US-Business-Schools verbunden sind. Danach werden stärker akademisch ausgerichtete Zeitschriften wie etwa Management Science oder das Academy of Management Journal gegründet. Daneben entstehen spezifisch ausgerichtete Journale, in deren Titel sich die anfängliche Fokussierung der Disziplin auf das Thema der strategischen Planung niederschlägt wie etwa Long Range Planning. 1980 wird dann das Journal of Business Strategy sowie insbesondere das Strategic Management Journal gegründet. Letzteres kann sich rasch als führende Fachzeitschrift durchsetzen und gewinnt einen prägenden Einfluss auf die Disziplin, der auch heute noch vorherrscht.

Strategie als Wissenschaft

Ressourcen: Wissenschaftliche Zeitschriften, Konferenzen und Verbände
Besuchen Sie einmal die Homepages dieser Zeitschriften, um sich einen Eindruck von der derzeit aktuellen Diskussion zu verschaffen:
- Academy of Management Journal (www.aom.pace.edu/amj),
- Administrative Science Quarterly (www.johnson.cornell.edu/asq),
- Business Horizons (www.kelley.iu.edu/gateway/news/pubs/horizons.html),
- California Management Review (www.haas.berkeley.edu/cmr),
- Harvard Business Review (www.hbsp.harvard.edu/products/hbr/index.html),
- Journal of Business Strategy (www.faulknergray.com/busstrat/jbs.htm),
- Long Range Planning (www.elsevier.nl/inca/publications/store/3/5/8),
- Management Science (www.mansci.pubs.informs.org),
- Sloan Management Review (www.mitsloan.mit.edu/smr),
- Strategic Management Journal (www.interscience.wiley.com/jpages/0143–2095)

Bei den meisten dieser Homepages kann man auch mittels einer Suchfunktion die Archive dieser Zeitschriften durchforsten.

Unterstützt wird das Strategic Management Journal durch eine jährlich stattfindende Konferenz sowie die parallel ins Leben gerufene Strategic Management Society, eine internationale Vereinigung von Wissenschaftlern, Managern und Beratern. Die Homepage der *Strategic Management Society* (www.smsweb.org) ist insofern interessant, als man sich von der jeweiligen Jahreskonferenz die »Conference Track Themes« herunterladen kann und so einen Eindruck von der Innendifferenzierung des Feldes erhält.

Eine der wichtigsten betriebswirtschaftlichen Forschungsorganisationen ist die amerikanische Academy of Management (AOM). Bedenkt man, dass das Gebiet des Strategischen Managements in der Forschung Anfang der 60er-Jahre im Prinzip noch gar nicht existent war, so ist es doch erstaunlich, dass die *»Business Policy & Strategy Division«* in der AOM heute die Abteilung mit den meisten Forschern ist. Auf deren Homepage (www.aom.pace.edu/bps) findet man folgende Beschreibung ihres Selbstverständnisses: *»The division is interested in the roles and problems of general managers – those who manage multibusiness firms or multi-functional business units. Major topics include: strategy formulation and implementation; strategic planning and decision processes; strategic control and reward systems; resource allocation; diversification and portfolio strategies; competitive strategy; selection and behavior of general managers; and the composition and processes of top management teams«*. Besuchen Sie doch einmal diese sehr ergiebige Seite und verschaffen Sie sich dadurch einen Eindruck von der Reichhaltigkeit und Dynamik des Feldes. Man findet dort auch sehr viele weiterführende Links.

In Europa hat das Thema noch keine »institutionelle Heimat« gefunden. Teilweise werden Strategiethemen jedoch auf den EGOS-Konferenzen diskutiert. *EGOS (European Group of Organization Studies)* (www.egos.cbs.dk) wurde 1973 informell und 1997 formell als pan-europäisches Netzwerk von Forschern auf dem Gebiet der Organisationstheorie geschaffen. Die offizielle Zeitschrift von EGOS ist »Organization Studies«.

Die **theoretische Entwicklung** der Disziplin ist zwar zeitlich kurz, inhaltlich jedoch umfangreich und kann daher nur kurz skizziert werden.[5] In einem engeren Sinne ist ihr Beginn mit vier Arbeiten verbunden, die in den 60er-Jahren erscheinen.[6] In ihnen finden sich bereits viele der wichtigsten Ideen, die die Entwicklung des Feldes bis heute prägen:

Einzigartigkeit durch Qualität der Ressourcen

- Edith Penrose (1959, S. 75 f.) formuliert in ihrer »Theory of the Growth of the Firm« den Gedanken, dass die Einzigartigkeit eines Unternehmens durch die Qualität der Ressourcen, über die es verfügt, zu erklären sei. *»It is the hetero-*

geneity, and not the homogeneity, of the productive services available or potentially available from its resources that gives each firm its unique character«. Damit wendet sie sich gegen die in der Neoklassik vorherrschende Sichtweise der Homogenität von Ressourcen und letztendlich von Unternehmen.

- Der Managementhistoriker Alfred Chandler (1962) untersucht in seinem Werk »Strategy and Structure« den Wachstumsprozess von vier Unternehmen (SEARS, GENERAL MOTORS, DUPONT und STANDARD OIL) und fasst seine Erkenntnisse in der These »*Structure follows Strategy*« zusammen.[7] Neue organisationale Formen lassen sich für ihn durch neue Wachstumsstrategien in der Entwicklung des Unternehmens erklären: »*The thesis that different organizational forms result from different types of growth can be stated more precisely if the planning and carrying out of such growth is considered a strategy, and the organization devised to administer these enlarged activities and resources, a structure.*« Wechselt die Strategie, so passt sich ihr die Organisationsstruktur an. Als Strategie definiert er »... *the determination of the basic long-term goals and objectives of an enterprise, and the adoption of courses of action and the allocation of resources necessary for carrying out these goals*«.[8] Es geht also primär um Kursbestimmung, Maßnahmenanpassung und Ressourcenallokation.

Structure follows Strategy

- Kenneth Andrews (1971) baut in seinem Buch »The Concept of Corporate Strategy« auf dem Strategieverständnis Chandlers auf. Eine Strategie ist für ihn ein »... *pattern of objectives, purposes, or goals and major policies and plans for achieving these goals, stated in such a way as to define what business the company is in or is to be in and the kind of company it is or is to be*«.[9] Er erweitert den Ansatz erstens aber auch um die in dem Werk »Business Policy«[10], das er bereits 1965 zusammen mit anderen Professoren der Harvard Business School verfasst hat, eingeführte Unterscheidung von Strategieprozessen in eine Phase der *Formulierung* einer Strategie und ihrer anschließenden *Implementierung*, die wegweisend für nachfolgende Forschungsarbeiten wird. Zweitens erfolgt noch die Unterteilung strategischer Betrachtungen in einen *Umwelt- und Fähigkeitenaspekt*[11]: »*Corporate strategy has two equally important aspects, interrelated in life but separated to the extent practicable here in our study of the concept. The first of these is formulation; the second is implementation. Deciding what strategy should be is, at least ideally, a rational undertaking. Its principal subactivities include identifying opportunities and threats in the company's environment and attaching some estimate of risk to the discernible alternatives. Before a choice can be made, the company's strengths and weaknesses must be appraised. Its actual or potential capacity to take advantage of perceived market needs or to cope with attendant risks must be estimated as objectively as possible. The strategic alternative which results from a matching of opportunity and corporate capability at an acceptable level of risk is what we may call an economic strategy.*«[12] Andrews (1971, S. 36) betont auch, dass jedes Unternehmen eine Strategie hat. Ist sie nur implizit vorhanden, so kann sie aus seiner Sicht aus dem Handeln der Mitarbeiter rekonstruiert werden, da er unterstellt, dass jedes Handeln zweckgerichtet ist.

Formulierung und Implementierung

- Igor Ansoff (1965) behandelt in seinem Werk »Corporate Strategy« ausführlich die Grundzüge eines Strategischen Managements. Er rückt es etwas aus dem Mystischen, der reinen Top-Management-Angelegenheit heraus und lässt es zur Technik werden, die es zu beherrschen gilt. Er argumentiert, dass es pri-

Erste Konzepte

mär darum ginge, das strategische Problem zu erkennen und es wirkungsvoll zu lösen. Zur Analyse und Optionengenerierung entwickelt er erste einfache Konzepte: Die Forderung nach dem Unternehmens-Umwelt-Gleichgewicht bildet er z. B. über die SWOT-Analyse ab; die Produkt-Markt-Matrix führt er zur konzeptionellen Unterlegung von Wachstumsüberlegungen ein.[13] Weiter formalisiert er Strategieprozesse in ausgefeilte Phasenmodelle und wird damit zum Wegbereiter der *strategischen Planung*. Er weist aber auch schon früh auf ihre Grenzen hin und untersucht den Veränderungsprozess, den solche Managementsysteme bei ansteigender Umweltkomplexität erfahren. Daneben entwickelt er wichtige Konzepte wie z. B. die Produkt-Markt-Matrix oder den Ansatz der »schwachen Signale«.

Ressourcen: Wissenschaftler und Theorien
Benutzen Sie doch einmal das StrategyLab (www.strategylab.ch), um sich die Homepages von Wissenschaftlern auf dem Gebiet anzusehen, um sich ein Bild davon zu machen, an was für Themen man derzeit dort arbeitet. Sie finden dort unter »> Research > Researcher« direkte Links zu Strategieforschern auf der ganzen Welt.

Wichtige Theorien, die in der Strategieforschung zur Anwendung kommen, sind: Agency Theorie, Transaktionskostentheorie, Industrieökonomik (»industrial economics«), Spieltheorie, der Ressourcen-basierte Ansatz (Resource-based view), der Wissens-basierte Ansatz (Knowledge-based view), die Kontingenztheorie, die Netzwerktheorie, die Evolutionstheorie/Organisations- oder Populationsökologie, die Institutionentheorie oder -ökonomie (»Institutional theory«) oder die Sozialpsychologie. Die meisten dieser Theorien werden zu Anfang der Kapitel 3 und 4 erläutert.

Einfluss der Beratungsunternehmen

Nicht zu unterschätzen sind in dieser Zeit auch die Impulse, die von *Beratungsgesellschaften* wie THE BOSTON CONSULTING GROUP oder MCKINSEY ausgehen. Durch Konzepte wie die Erfahrungskurve, Wachstums-Marktanteilsmatrix oder Geschäftsfeldsegmentierung beeinflussen sie nachhaltig die Diskussion. Sie weisen den Weg für die Generierung anwendungsbezogener Konzepte, die Probleme der Unternehmenspraxis strukturieren und diese – wenn möglich – mit Lösungsvorschlägen versorgen. Gleichzeitig wirken die Beratungsgesellschaften mit ihren Konzepten auch auf die Wissenschaft ein, da diese die »hinter« den jeweiligen Konzepten stehenden Theorieannahmen aufgreift und einer kritischen Prüfung unterzieht. Ebenso beobachten sie, was die Wissenschaft hervorbringt und »importieren« deren Erkenntnisse in ihre beratende Praxis.

Ressourcen: Beratungsunternehmen
Die Homepages mancher Strategieberatungsunternehmen bieten neben Informationen zu sich selbst auch sonstige, interessante Ressourcen. Besuchenswert sind z.B. die Homepages von:

- BAIN & COMPANY: www.bain.com
- The BOSTON CONSULTING GROUP: www.bcg.com
- BOOZ, ALLEN & HAMILTON: www.bah.com
- CAP GEMINI ERNST & YOUNG: www.de.cgey.com
- MCKINSEY & COMPANY: www.mckinsey.com
- MERCER: www.mercer.com
- ROLAND BERGER: www.rolandberger.com

Ende der 60er bis anfangs der 70er-Jahre konzentriert sich die Disziplin auf die Langfristplanung bzw. die *strategische Planung*. Doch schon bald zeigen sich deren Grenzen: Planungsprozeduren verkommen zu bürokratischen Zielfestschreibungen, Implementationsprobleme häufen sich und darüber hinaus gelingt es ihr nicht, anstehende Umweltveränderungen richtig zu prognostizieren. Forschungsarbeiten, die die Formierung von Strategien empirisch deskriptiv – und nicht normativ – untersuchen, kommen zudem zu Prozessverläufen, die sich von denen der strategischen Planung weitgehend unterscheiden. Nicht Rationalität und ein beabsichtigtes, explizites Formulieren und Implementieren von Strategien scheinen in der Unternehmenspraxis zu herrschen, vielmehr prägen inkrementelle, nicht-lineare, von Zufall und ex post Rationalisierungen[14] geprägte Prozesse das Bild.[15]

Strategische Planung

Der Trend, normative Aussagen in den Hintergrund zu rücken und stattdessen eine *auf Beschreibung und Erklärung ausgerichtete Wissenschaft* zu etablieren, gewinnt in den 70er-Jahren an Momentum. Betont werden nun deduktiv angelegte Forschungsansätze, die Theorien und Modelle einer strengen, empirischen Überprüfung unterziehen. Gleichzeitig beginnt sich das Feld in zwei Forschungsstränge aufzuteilen: Während der Erste sich der eben angeführten Thematik der Strategieformierung zuwendet und untersucht wie sich Strategien in Unternehmen tatsächlich bilden (*Prozessforschung*), thematisiert der Zweite den Zusammenhang zwischen verschiedenen Strategien und ihren Performance-Implikationen (*Inhaltsforschung*).[16] Hier wird u.a. erforscht, wie sich Diversifikationsstrategien auf den Unternehmenserfolg auswirken oder wie Unterschiede zwischen Firmen innerhalb der gleichen Branche zu erklären sind. Besondere Bedeutung erlangen in diesem Forschungsstrang die Arbeiten von Porter (1980, 1985). Er überträgt eine Reihe von Konstrukten der Industrieökonomie in die Strategielehre und erklärt damit in differenzierter Form, worin Wettbewerbsvorteile und – in letzter Konsequenz – Erfolgsunterschiede zwischen Unternehmen begründet sind. Zusätzlich entwickelt er mehrere strukturierende Bezugsrahmen (wie z.B. das »five forces framework« zur Analyse von Branchen), die auch in der Praxis eine weite Verbreitung erfahren.[17]

Prozess und Inhalt

In den folgenden Jahren differenziert die Strategieforschung ihr Theorienspektrum stark aus. In der Inhaltsforschung bedient man sich theoretischer Ansätze wie z.B. der Transaktionskostentheorie und wendet sie auf Fragen der Integration und des Umfangs von Unternehmen an, untersucht spieltheoretisch das Verhalten von Firmen in kompetitiven und kooperativen Situationen, arbeitet komplexitäts- oder systemtheoretisch an ihren Entwicklungsverläufen oder studiert populationsökologisch die Entstehung und das Scheitern von Unternehmensgruppierungen. Anfang der 90er-Jahre entwickelt sich, die Gedanken von Penrose aufgreifend, die so genannte »*Resource-based View des Strategischen*«[18] und wird zum Gegenspieler des von Porter (1980) (»Activity-based View«) bzw. der Industrieökonomie geprägten, so genannten »*Market-based View*« aufgebaut. Das Forschungsinteresse verlagert sich nun gewissermaßen in das Unternehmen hinein und man versucht von dort aus die Quellen nachhaltiger Wettbewerbsvorteile zu ergründen. Mitte der 90er-Jahre tauchen zusätzlich die *Knowlege-based View*[19] sowie die *Capability-based View*[20] auf und werfen wiederum neue Perspektiven auf die Thematik. Die Konfrontation beider Sichtweisen (Market- versus Resource-based) hat sich über die Zeit weitgehend aufgelöst und man sieht sie eher als komplementär. Heute richtet sich das Interesse mehr

Resource versus Market-based View

Knowledge/ Capability-based View

auf die Entwicklung einer dynamischen Theorie des Strategischen Managements, die eine Erklärung für die dauerhafte Realisierung von Wettbewerbsvorteilen zu liefern versucht.

Durch die mit der »Resource-based View« verbundene »Innenschau« der strategischen Inhaltsforschung ergeben sich wieder interessante Schnittstellen zu der sich über die Jahre ebenfalls ausdifferenzierten Prozessforschung.[21] Denn wenn man verstehen will, wie sich einzigartige Ressourcen und Fähigkeiten bilden, dann kommt man nicht umhin, sich mit den Vorgängen in Unternehmen auseinander zu setzen. Hier hat die Prozessforschung unter dem Leitthema der Strategieformierung verschiedene Phänomene untersucht und dabei, wie die Inhaltsforschung auch, unterschiedliche Theorien herangezogen (überwiegend entstammen sie dabei der Psychologie, Soziologie und Organisationstheorie). Interessante Arbeiten in diese Richtung werden ab Mitte der 80er-Jahre unter den Begriffen *»Strategic Change« und »Strategic Renewal«* vorgelegt.[22] Im Kern geht es dabei um die Frage, wie sich Unternehmen im Zeitablauf verändern und ob und inwieweit sich eine solche Transformation willentlich herbeiführen lässt.

Strategic Change/Renewal

Beurteilt man *abschließend* die Entwicklung des Strategischen Managements nach der sozialen Bewegung, die sie in Praxis, Lehre und Wissenschaft ausgelöst hat, so ist sie zweifelsohne als intensiv zu bezeichnen. Strategisches Gedankengut ist in der Praxis weit verbreitet und wohl jeder Manager verfügt hier zumindest über einen rudimentären Wortschatz. Beratungsunternehmen tragen das Ihrige bei, um mit neuen Konzepten strategische Überlegungen zu verankern. In der Lehre findet sich kaum eine Institution, die nicht Kurse zum Strategischen Management anbietet. Die Bedeutung des Feldes schwankt dabei je nach Universität und Land. Während einige Universitäten im Aus- und Weiterbildungsbereich eine breite Palette von Kursen anbieten (z.B. Wharton, Insead, Stanford, Harvard oder St. Gallen), beschränken sich andere auf ein oder zwei.

In der Wissenschaft hat sich das Feld als eigenständige Disziplin fest etabliert, was z.B. an der hohen Anzahl von Konferenzen, Publikationen in Fachzeitschriften oder Wissenschaftlern, die auf diesem Gebiet forschen, abzulesen ist. Auch hier bestehen allerdings regionale und institutionelle Unterschiede. Während es in den USA beispielsweise an jeder größeren Universität ein eigenes Department für Strategisches Management gibt, existieren im deutschsprachigen Raum vergleichsweise wenige Lehrstühle mit einer dementsprechenden Ausrichtung. Gleiches gilt für auf die Disziplin spezialisierte Fachzeitschriften und Lehrbücher, die ihren Ursprung überwiegend im angloamerikanischen Sprachgebiet haben.

Herausforderungen

Allerdings ist das Feld auch mit einer Reihe von *Herausforderungen* konfrontiert. Seitens der Praxis ist der Vorwurf der Praxisferne zu vernehmen, der auch in der wissenschaftlichen Gemeinschaft selbstkritisch bemerkt wird. Inwieweit eine wissenschaftliche Disziplin jedoch darauf reagieren kann, ohne sich ihrer Eigenlogik zu entledigen und wissenschaftliche Standards zu vernachlässigen, ist eine noch nicht beantwortete Frage. Dies bringt auch Probleme für die Lehre mit sich, nämlich insbesondere die Frage, ob man hier vorranging Theorien vermitteln will und sich an dem Dreiklang »Beschreiben, Erklären und Gestalten« orientiert, oder auch Instrumente, Heuristiken oder Checklisten integriert, die oft nicht theoretisch »unterfüttert«, gleichwohl für die Praxis nützlich sein können. Wissenschaftlich ist zuletzt die Frage nach der Zersplitterung des Feldes von Relevanz. Benötigt man ein einheitliches Paradigma, das verschiedene Theorieansätze integriert oder arbeitet man, wie bisher, multiparadigmatisch und akzeptiert bisweilen auch eklektizistische Konstruktionen? Wie hängen die einzelnen »Puzzleteile« miteinander zusammen? Und wo liegt die Eigenständigkeit des Feldes im Verhältnis zu Disziplinen wie Ökonomie, Soziologie oder Politikwissenschaften, auf deren Angebot sie oftmals zurückgreift? Ähnliches gilt auch für die eingesetzten wissenschaftlichen Methoden und Beurteilungskriterien: Was wird hier als legitim erachtet, was nicht?

1.1.2 Charakterisierung eines Strategischen Managements

Wenden wir unsere Aufmerksamkeit nun den Charakteristika eines strategischen Managements zu. Nach den bisherigen Ausführungen sollte klar sein, dass es sich dabei nur um eine Momentaufnahme handeln kann. Die Disziplin entwickelt sich evolutionär und verändert dabei auch Schwerpunkte und Identität.

In einer ersten Annäherung soll kurz erklärt werden, worin die Herausforderung eines Strategischen Managements besteht. Dann werden wir zunächst grundlegende Fragestellungen betrachten, mit denen sich die Disziplin auseinander setzt. Über sie lässt sich ein Verständnis der Themen erlangen, die – auch heute noch – als relevant erachtet werden. Anschließend werden dann verschiedene Verwendungsarten des Strategiebegriffs diskutiert, und zuletzt Wesensmerkmale eines Strategischen Managements herausgearbeitet, wie sie diesem Buch zu Grunde liegen.

(1) Herausforderungen für die Praxis

Werfen wir zuerst einen Blick darauf, was die Arbeit einer strategischen Unternehmensführung so anspruchsvoll und facettenreich macht. Warum lassen sich die Probleme, die natürlich auch als Herausforderungen gesehen werden können, nicht nach einem einheitlichen Lösungsmuster bewältigen? Welche Schwierigkeiten tauchen für Führungskräfte immer wieder auf oder stellen sich in verändertem Gewand neu?

Eines der grundlegendsten Probleme besteht für Unternehmen darin, die Zukunft nicht vorhersehen zu können. Veränderungen in seiner Umwelt wie sie durch neue Technologien, veränderte Kundenanforderungen, Aktionen von Konkurrenten oder staatliche Eingriffe ausgelöst werden, sind kaum prognostizierbar. Noch viel weniger, wenn sie in Kombination auftreten. Wer weiß beispielsweise, wie sich das Internet auf den Einzelhandel, Finanzdienstleistungen oder die Telekommunikation auswirken wird? Je weiter man in die Zukunft blickt, auf desto unsichererem Boden steht man. Aussagen darüber, wie sich all dies auf das eigene Unternehmen auswirkt, erscheinen oft nur als Spekulation oder Wette auf die Zukunft. Gleichwohl müssen sie getroffen werden. Für viele Situationen ist es nicht einmal möglich, plausible Risikograde zu ermitteln. Oft herrscht eine prinzipielle **Unprognostizierbarkeit** über die Entwicklung von Markt-, Kunden-, und Wettbewerbsstrukturen vor. Pointiert formulierte dies Robert Allen, der ehemalige CEO des Telekommunikationsunternehmens AT & T: «Wenn jemand behauptet, er wisse, wie dieses Geschäft in fünf Jahren aussieht, stellt sich für mich nur eine Frage: Was hat der als Letztes geraucht?«

Unprognostizierbarkeit

Jedoch ist nicht nur die Prognose der Zukunft ein Problem. Auch in der Gegenwart ist die Vielfalt der Ereignisse dermaßen groß, dass es wohl keiner Führungskraft gelingt, über all das, was sich im Unternehmen und seiner Umwelt abspielt, den Überblick zu behalten.[23] Produkte und Leistungen werden fortlaufend modifiziert, Konflikte und Abstimmungsprobleme zwischen Abteilungen und Mitarbeitern treten auf, Kunden- und Lieferantenkontakte bringen neue Anforderungen mit sich, unkoordinierte Entscheidungen werden an vielen Stellen getroffen, schrittweise oder ruckartig verändern sich die organisatorischen Prozesse und Strukturen. Die **Vielfalt der Ereignisse** wird zum Problem. Aber wie kann Wichtiges von Unwichtigem unterschieden werden? Während Führungsprobleme früher tendenziell überschaubar waren, fällt es heute oft schwer, alle relevanten Aspekte auch nur annähernd einzufangen. Und die, die man zu erfassen vermag, lassen sich oft kaum in eine logische Ordnung bringen; nicht selten sind sie sogar **widersprüchlich**.

Vielfalt der Ereignisse

Widersprüchlich

Darüber hinaus werden die gleichen Ereignisse von Menschen unterschiedlich wahrgenommen und interpretiert. Koordinationsprobleme beispielsweise sind für den einen auf veraltete Ablaufprozesse zurückzuführen und verlangen nach einer weitreichenden Restrukturierung, während ein anderer die Ursache in politischen Spannungen sieht, zu deren Verbesserung Aktionen der Teamentwicklung gestartet werden sollten. Was hier deutlich wird, ist das Phänomen der **Mehrdeutigkeit**, durch das sich Führungsprobleme auszeichnen. Es bestehen unterschiedliche Sichtweisen für eine auftretende Problematik, die zu unterschiedlichen Lösungsstrategien führen. Welche Sichtweise richtig oder falsch ist, lässt sich nicht eindeutig beantworten. Führungsprobleme sind oft durch unterschiedlich strukturierbare Entscheidungssituationen charakterisiert, die weitgehend offen lassen, was, wie und warum sich etwas ereignet hat. Problemdefinitionen, Ziele oder Wirkungszusammenhänge sind nicht eindeutig, Verantwortlichkeiten und Erfolgsmaßstäbe vage. Selbst wenn die gleichen Worte verwendet werden, gehen die Vorstellungen, was darunter konkret zu verstehen ist, weit auseinander. Viele der heutzutage gebräuchlichen »Schlachtrufe« wie Kernkompetenzen, Dezentralisierung, Lean Management, Globalisierung lassen einen weiten Interpretations- und Deutungsraum offen, und werden daher auch eigenmächtig interpretiert. Dies ist selbstverständlich auch mit unterschiedlichen Interessen verbunden, die die Beteiligten einer strategischen Unternehmensführung haben. *Eigeninteressen* sind eine Ursache für die Mehrdeutigkeit von Ereignissen. Eine Unterscheidung zwischen vermeintlich »objektiven« Daten und deren subjektiver Interpretation ist dann kaum mehr möglich.

Mehrdeutigkeit

Auch lassen sich derartige Führungsprobleme nicht mehr sauber in ihre einzelnen Teilaspekte dekomponieren, um sie dann sequenziell in kleinen, überschaubaren »Portionen« abzuarbeiten. Das Faktum der **mangelnden Zerlegbarkeit** komplexer Probleme wird ebenfalls zum Problem, Kettenreaktionen mit unbeabsichtigten Nebenwirkungen die Regel. Auf Grund der vielfältigen, oft nichtlinearen Wechselwirkungen scheint vielmehr eine simultane und vernetzte Arbeit am Problem erforderlich zu sein. Die tagtäglichen Ereignisse sind wie Mosaiksteine, die oft erst in ihrer Zusammensetzung ein verständliches Bild vermitteln, isoliert betrachtet jedoch wenig aussagen.

Mangelnde Zerlegbarkeit

Diese Bestandsaufnahme von Basisproblemen strategischer Unternehmensführung mag auf den ersten Blick frustrierend und entmutigend wirken, bietet jedoch gleichzeitig den Antrieb immer wieder neue Lösungsversuche für die Bewältigung dieser Probleme zu initiieren. Denn man kann nicht leugnen, dass die meisten Unternehmen trotz dieser Schwierigkeiten »funktionieren« und Handlungen ausführen. Trotz dieser Probleme werden nach wie vor täglich Hunderte an kleineren und größeren Annahmen getroffen, Entscheidungen gefällt und Handlungen ausgeübt.

Dies führt uns zu der Frage, auf welcher Grundlage ein derartiges Gestalten überhaupt möglich und zu verantworten ist, wenn man die Basisprobleme der Unprognostizierbarkeit, Unüberschaubarkeit, Widersprüchlichkeit, Mehrdeutigkeit und mangelnden Zerlegbarkeit unternehmerischer Ereignisse ernst nimmt? Inwieweit kann auch tatsächlich erwartet werden, dass dieses fortwährende Funktionieren zu erwünschten Ergebnissen führt?

»Konzeptionelle Raster«

Eine solche Basis bilden »**konzeptionelle Raster**«[24]. Dabei handelt es sich um die »private« Weltsicht, die Menschen im Laufe ihres Lebens entwickeln, und anhand derer sie die wahrgenommenen Ereignisse ordnen, deuten, bewerten, und darauf aufbauend handeln. Wie ein Filter selektieren solche Raster die Vielfalt der Ereignisse und reduzieren dadurch Mehrdeutigkeit, Komplexität und Unsicherheit. Konzeptionelle Raster einer strategischen Unternehmensführung sind dann Wirklichkeitskonstruktionen von Führungskräften über die Ereignisse innerhalb eines Unternehmens sowie zwischen Unternehmen und Umwelt; es sind Annahmen über Zusammenhänge in sachlogischen, mikropolitischen oder kulturellen Dimensionen eines Unternehmens, sowie deren Wechselwirkungen mit Märkten, Konkurrenten, Kunden und anderen Stakeholdern.

Solche »*Weltsichten*« entwickeln nicht nur einzelne Menschen, sondern auch Gruppen oder ganze Unternehmen. Phänomene des Gruppendenkens zeigen die Wirksamkeit kollektiv geteilter Weltsichten auf. Daher können Organisationen auch als Interpretationssysteme verstanden werden, die über eigenständige, weitgehend geteilte Raster der Wirklichkeitskonstruktion, so genannte »*Dominant Logics*«[25] verfügen.

»Dominant Logics«

(2) Grundlegende Fragestellungen der Disziplin

Das Themenspektrum, mit dem sich das Strategische Management beschäftigt, ist mittlerweile äußerst umfangreich und an seinen Rändern nicht eindeutig abzugrenzen. Zieht man die thematische Struktur heran, wie sie den Konferenzen der *Strategic Management Society* zu Grunde liegt, so lassen sich hier ca. 10 Forschungsstränge unterscheiden, die größtenteils schon seit Beginn der Disziplin bestehen, partiell jedoch auch auf aktuelle Phänomene der Wirtschaft ausgerichtet sind. Man vergleiche dazu exemplarisch den Tagungsband der 19ten internationalen Konferenz der SMS in Berlin (Bresser et al. 2000) und die zehn Forschungsgebiete der 20sten internationalen Konferenz der Strategic Management Society in Vancouver (2000):

Forschungsgebiete

- Industriestruktur: Analyse & Evolution
- Geschäfts- und Wettbewerbsstrategie
- Unternehmensstrategie: Optionen & Governance
- Organisation: Struktur, Führung & Wandel
- Internationalisierung & Globalisierung
- Wissensmanagement: Lernen, Technologie & Innovation
- Strategisches Denken: Entscheidungen und der Strategieprozess
- E-Business
- Unternehmertum & Führung
- Interaktionen zwischen Unternehmen und staatlichen Organen

In der *Academy of Management Business Policy Division* wird mit folgender Gliederung des Strategischen Managements gearbeitet: Strategieprozess, Top-Management-Teams und Corporate Governance, Unternehmensstrategien, Internationale Strategien, Kooperationsstrategien, Geschäfts- und Wettbewerbsstrategien sowie Unternehmertum und innovative Strategien.

Ressourcen: Handbücher
Will man sich einen Überblick über eines der Unterthemen des Strategischen Managements verschaffen. so kann die Verwendung von Handbüchern ganz zweckmäßig sein. Sie strukturieren nicht nur das Thema, sondern geben auch Hinweise auf die wichtigsten Literaturquellen. Direkt zum Strategischen Management kann auf folgende Handbücher hingewiesen werden:

- Hitt, M. A./Harrison, J. S./Freeman, R. E. (Hrsg., 2001): The Blackwell Handbook of Strategic Management, Oxford.
- Pettigrew, A./Thomas, H./Whittington, R. (Hrsg., 2001): Handbook of Strategy and Management, London.

Man findet aber auch viele Beiträge dazu in den deutschen Handwörterbüchern:

- Frese, Erich (Hrsg., 1992): Handwörterbuch der Organisation (HWO), Stuttgart, 3. Auflage.
- Kieser, A./Reber, G./Wunderer, R. (Hrsg., 1995): Handwörterbuch der Führung (HWFü), Stuttgart, 2. Auflage.
- Wittmann, W./Kern, W./Köhler, R./Küpper, H.-U./von Wysocki K. (Hrsg., 1992): Handwörterbuch der Betriebswirtschaft (HWB), Stuttgart, 5. Auflage.

Will man erkennen, wie sich das Themenspektrum über die Jahre verändert und erweitert hat, so kann man auf empirische Studien zurückgreifen, die in den 70er, 80er- und 90er-Jahren erstellt wurden und die als relevant erachteten Themen ermittelten. Die zehn bedeutsamsten Themen sind in Abbildung 1-1 aufgelistet (nach Anzahl der Nennungen hierarchisch geordnet).

Abb. 1-1: Forschungsthemen im Strategischen Management (Quelle: Knyphausen-Aufseß 1995, S. 28)

70er-Jahre (Saunders/Thompson 1980)	**80er-Jahre** (Lyles 1990)	**90er-Jahre** (Zahra/Pearce 1992)
Strategienformulierung Strategischer Management-prozess Umweltanalyse Strategieinhalte Zielformulierung/- strukturen Strategienumsetzung Formale Planungssysteme Staatliche Politik Spitzenorgane Allg. Rollen des Managements	Strategieninhalte Strategienformulierung Strategienimplementierung Formale Planungssysteme Allg. Rollen des Managements Konzept der »Strategie« Strategischer Managementprozess Spitzenorgane Diversifikation Unternehmertum und New Ventures	Strategienumsetzung Unternehmenskultur und Strategie Verbindung von Plänen Technologiemanagement Einflüsse externer Umwelten Technologie und Strategie Branchenevolution Entwicklung von Abfragesystemen Fit Manager/Strategie Techniken zur Definition strategischer Probleme

Übergreifende Fragestellungen

Neben diesen Einzelthemen kann man das Feld auch dadurch erfassen, dass man sich den fundamentalen, übergreifenden Fragestellungen zuwendet, die die Disziplin seit ihrer Entstehung beschäftigen. Rumelt et al. (1994) schlagen hier folgende vier vor:

- *Wie verhalten sich Unternehmen?* Oder, benehmen sie sich tatsächlich wie rationale Akteure, und falls nicht, mit welchen Annahmen und Modellen lässt sich dann ihr Verhalten erklären? Diese Frage ist interessant, da die neoklassische Theorie der Unternehmung von einem rationalen Verhalten von Unternehmen ausgeht. Doch wie empirische Untersuchungen zeigen, ist dies in der Realität oft nicht der Fall. Daher wird es relevant, mit alternativen Erklärungsansätzen aufzuwarten.
- *Was ist der Mehrwert, den eine Zentrale in einer diversifizierten Unternehmung generieren kann?* Oder, was begrenzt ihren Umfang und hält diversifizierte Unternehmen überhaupt zusammen? Wenn einzelne Geschäftseinheiten selbstständig am Markt agieren können, stellt sich die Frage, wozu sie eine übergeordnete Zentrale überhaupt noch benötigen. Viele Konzerne sind jedoch nach wie vor in unterschiedlichen Geschäftsfeldern tätig und um ihre Existenz zu erklären, gilt es, die Ursachen dieses Phänomens besser zu verstehen.
- *Warum unterscheiden sich Unternehmen voneinander?* Oder, was führt dazu, dass sie ihre Heterogenität hinsichtlich Ressourcen und Erfolgsunterschieden trotz Wettbewerb und Imitationsanstrengungen ihrer Konkurrenten bewahren können? Geht man von industrieökonomischen Gleichgewichtsmodellen aus, so sollten Differenzen zwischen Unternehmen durch Wetttbewerb und Imitation ausgeglichen werden. Wie sich jedoch zeigt, gibt es zwischen Unternehmen der gleichen Industrie Abweichungen, die diese Annahme teilweise erheblich verletzen. Folglich gilt es ihre Ursachen zu ermitteln.
- *Was bestimmt Erfolg oder Scheitern im internationalen Wettbewerb?* Oder, was sind die Ursachen für unternehmerischen Erfolg und wie manifestieren sie sich im internationalen Wettbewerbsumfeld? Mit dieser Frage wird ein klassisches Thema des Strategischen Managements angesprochen, nämlich das der Wettbewerbsvorteile. Ihre Grundlagen und Dynamik zu verstehen, ermöglicht die Klärung des Erfolgs oder Scheiterns von Unternehmen. Internationale Wettbewerbsbedingungen fügen dieser Thematik weitere Facetten (wie z.B. den Einfluss nationaler Kulturen) hinzu.

Ressourcen: Wirtschaftszeitungen und -zeitschriften
Folgende Quellen informieren regelmäßig über Strategien von Unternehmen. Zudem verfügen sie über eine Website, die eine Suche in dieser Publikation erlaubt. Teilweise ist der Zugang jedoch nur als Abonnent oder gegen eine Gebühr möglich.

Tageszeitungen:
- Financial Times (www.ft.com)
- Handelsblatt (www.handelsblatt.de)
- Handelszeitung (www.handelszeitung.ch)
- Wall Street Journal (www.wsj.com)

Magazine:
- Bilanz (www.bilanz.ch)
- Business Week (www.businessweek.com)
- Fortune (www.fortune.com)
- Manager Magazin (www.managermagazin.de)

(3) Was ist eine Strategie?

Five P's of Strategy

Wenn man vergleicht, wie der Begriff der »**Strategie**« in Wissenschaft und Unternehmenpraxis verwendet wird, so wird relativ rasch klar, dass es hier nicht nur eine Verwendungsart gibt, sondern mehrere. Einige Definitionen hatten wir ja bereits im historischen Abriss vorgestellt. Mintzberg (1987) nimmt diese Mehrdeutigkeit bewusst auf und unterscheidet zwischen insgesamt fünf Verwendungsarten, die er als die fünf »P's of Strategy« (Plan, Ploy, Pattern, Position und Perspective) bezeichnet: Die Erste steht dem umgangssprachlichen Verständnis am nächsten. Eine Strategie ist hier ein *Plan*, eine Weg-Zielbeschreibung: was ein Unternehmen erreichen und wie es dies realisieren will. Eng damit verbunden ist die Vorstellung einer Strategie als Spielzug (*Ploy*), nämlich insbesondere dann, wenn es um den Wettkampf gegen Konkurrenten und die damit verbundenen Winkelzüge geht. Ziemlich entgegengesetzt zu diesem Begriffverständnis ist die Vorstellung einer Strategie als *Pattern*. Hier wird relevant, welche Muster sich in den Entscheidungen und/oder Handlungen eines Unternehmens erkennen lassen. Man konzentriert sich auf die dort zu beobachtenden Regelmäßigkeiten, unabhängig davon, ob sie beabsichtigt oder unbeabsichtigt zu Stande gekommen sind. Die Definition einer Strategie als »*Position*« bezieht sich auf die Verortung eines Unternehmens in seiner Umwelt. Es geht hier um die Frage, welche Markt- und Wettbewerbsposition es dort einnimmt bzw. in welcher Nische es sich festsetzt. In der letzten Definition wird eine Strategie als *Perspektive* gesehen. Es geht nun nicht um die nach außen orientierte Stellung in der Umwelt, sondern um die Frage, wie die Welt überhaupt wahrgenommen und rekonstruiert wird. Als Form der Weltanschauung stellt diese Definition auf das kollektive Bewusstsein eines Unternehmens ab.

(4) Wesen eines Strategischen Managements

Damit sind wir nun an dem Punkt angelangt, an dem es um das Wesen eines Strategischen Managements geht. In einem ersten, allgemeinen Zugang kann man sagen, *dass ein Strategisches Management anstrebt die Entwicklung von Unternehmen zu gestalten.*[26] Dies bedarf der Präzisierung in fünf Punkten:

Muddling Through

Geplante Evolution

- Diskutiert man zunächst, ob sich Unternehmen überhaupt bewusst gestalten lassen, so lassen sich in Anlehnung an Kirsch (1997, S. 290) drei Sichtweisen unterscheiden. Erstens kann man argumentieren, dass – den Annahmen einer synoptischen Totalplanung folgend – die Entwicklung von Unternehmen vollumfänglich gesteuert werden kann. Man setzt sich Ziele, legt fest wie man sie zu erreichen gedenkt und stellt die dafür erforderlichen »Stellhebel« passend ein. Zweitens kann man die Gegenposition vertreten und die Entwicklung von Unternehmen als prinzipiell unsteuerbar erachten. Was dann übrig bleibt, ist das Vertrauen auf ein »Muddling Through«. Da einerseits die synoptische Totalplanung als gescheitert zu betrachten ist, andererseits jedoch auch ein »Durchwursteln« wenig befriedigend erscheint noch empirisch bestätigt werden kann, schlägt Kirsch drittens – in Anlehnung an Rosove (1967) – den Gedanken einer **geplanten Evolution** vor. Grundidee ist es dabei zunächst von einer vergleichsweise grobrastigen konzeptionellen Gesamtsicht der Unternehmensentwicklung auszugehen, die der Steuerung der Einzelschritte auf tiefer gelegenen Abstraktionsebenen dient. Jeder konkrete Schritt, den ein Unternehmen in der Folge dann geht, hat nun wiederum Auswirkungen auf die konzeptionelle Gesamtsicht und führt zu deren Modifikation und Konkretisierung. Die geplante Evolution wird damit zu einem bewusst herbei geführten Spannungsfeld zwischen deduktiv abgeleiteten Ideen und induktiv gewonnenen Erfahrungen. Ein so verstandenes Strategisches Management ist ein evolutionärer Prozess, in dem zwar versucht wird, die Entwicklung von Unternehmen zu gestalten, man sich jedoch bewusst unrealistischer »Allmachtsvorstellungen« enthält. Wohin die Entwicklung letztlich führt, bleibt offen.

- Was sich in diesen Ausführungen bereits andeutet, ist die Vorstellung, ein Strategisches Management als eine **spezifische Denkhaltung** zu verstehen, wie man sich mit der Entwicklung von Unternehmen auseinander setzt. In den Worten von zu Knyphausen-Aufseß (1995, S. 300) nimmt Führung in und von Unternehmen »in dem Maße den Charakter von Management an, wie in der betrachteten Organisation nachhaltige Reflexionen von Führungsrollen auftauchen und darüber hinaus auch operativ wirksam werden«. Diese Reflexion von Rollen und Aufgaben ist direkt verbunden mit der Nutzung von Theorien oder theoriehaltigen Praktiken. Je mehr man sich in einem Unternehmen der angebotenen Ökologie des Wissens bedient bzw. dazu selbst einen Beitrag leistet, desto stärker entfaltet sich hier ein Strategisches Management. Ein Strategisches Management ist also keine »Methodenbatterie«, in der ein Konzept wahllos neben das andere gereiht wird, sondern eine spezifische Form über die Entwicklung von Unternehmen zu denken und dementsprechend zu handeln. Je mehr man solche Theorien, Praktiken oder Konzepte, die in einschlägigen Führungs- und Managementlehren empfohlen werden, verwendet und je intensiver die angebotene Ökologie des Wissen nachhaltig und operativ wirksam verwendet wird, als desto professioneller kann man die Arbeit an der Gestaltung eines Unternehmens (kurz: das Management) bezeichnen.[27]

Spez. Denkhaltung

- Damit kann nun auch der Unterschied zwischen einer strategischen Unternehmensführung einerseits und einem Strategischen Management andererseits geklärt werden. Ausgangspunkt dieser begrifflichen Differenzierung ist zunächst die Annahme, dass in jedem Unternehmen strategisch geführt wird. Zumindest intuitiv setzt man sich mit den Erfolgspotenzialen wirtschaftlichen Handelns auseinander. Ein Strategisches Management ist nun wesentlich enger gefasst. Es will strategisches Denken und Handeln **explizit bewusst** machen und damit **rationalisieren.** Damit trägt es im betriebswirtschaftlichen Kontext zu dem bei, was Max Weber in seinen soziologischen Analysen als »Entzauberung« der Lebenswelt bezeichnete. Wo die Grenzen eines solchen Vorhabens sind, ob eine solche überhaupt in jeder Situation erstrebenswert ist und was man eigentlich genau unter Rationalität versteht bzw. welche Formen der Rationalität man unterscheidet, sind Fragen, die erst ansatzweise diskutiert sind.

Strategisches Denken und Handeln explizit bewusst machen

- Was kann ein Strategisches Management in diesem Kontext leisten? Vereinfacht formuliert dient es dazu, den Zufall durch den Irrtum zu ersetzen und darauf aufbauend Lernprozesse zu initiieren, die die Entwicklung des Unternehmens vorantreiben. Dies hilft den beteiligten Akteuren, da sie nun aus ihren Erfahrungen lernen und Rückschlüsse für ihre weitere Vorgehensweise gewinnen können. Ein Strategisches Management wird damit zu einem **fortlaufenden, kollektiven Lernprozess**, in dem Ideen generiert, geprüft, durch Erfahrungen revidiert etc. werden. Arie P. de Geus (1989, S. 25), ehemaliger Leiter der Planungsabteilung des ROYAL DUTCH/SHELL-Konzerns, bringt dies

Zufall durch den Irrtum ersetzen

Strategisches Management als kollektiver Lernprozess

wie folgt zum Ausdruck: »Jeder normale Entscheidungsvorgang in einem Unternehmen ist in Wirklichkeit ein Lernprozess, da die Beteiligten im wechselseitigen Austausch ihre eigenen Vorstellungen verändern und eine neue, gemeinsame Vorstellung entwickeln. Problematisch ist allerdings das Tempo dieses Vorgangs. Er kann zu langsam sein für eine Welt, in der *die Fähigkeit, schneller zu lernen als die Konkurrenz, unter Umständen den einzigen dauerhaften Wettbewerbsvorteil bildet.*« Viel spricht also dafür, in Unternehmen solche Lernprozesse in Gang zu setzen.

- Wenn die Entwicklung von Unternehmen durch ein Strategisches Management beeinflusst werden soll, dann bleibt zuletzt noch zu klären, was denn bei dieser Gestaltung das spezifisch Strategische ist? Welche Themen verdienen es überhaupt mit dem Label »**strategisch**« behaftet zu werden? Oft ist diese Beurteilung in der Unternehmenspraxis gar nicht so einfach zu fällen. Zwar kann man theoretisch dahingehend argumentieren, dass z. B. Fragen wie der Eintritt in ein neues Geschäftsfeld, die Allianz mit einem wichtigen Lieferanten, ein innovatives Wertschöpfungsmodell etc. Themen von strategischer Bedeutung sind, *da sie die Richtung von Unternehmen bestimmen und Entscheidungen betreffen, die für sein Überleben wichtig sind.* Was hierunter fällt, gehört dann automatisch zur Domäne eines Strategischen Managements.[28] Oder man kann die Differenzierung zwischen einer normativen, strategischen und operativen Ebene einführen[29] und die strategische Ebene an den Begriff des Erfolgspotenzial knüpfen. Demzufolge *ist all das strategisch, was zur Schaffung und Sicherung von Erfolgspotenzialen führt*, die – nach Gälweiler (1987, S. 26) – als das »Gefüge sämtlicher jeweils geschäftsspezifisch erfolgsrelevanter Voraussetzungen« definiert werden. Oder man kann den Begriff des »Strategischen« direkt mit dem Unternehmen verbinden und ihn – wie Kirsch (1997) dies tut – mit der Formel »*die Fähigkeiten signifikant betreffend*« übersetzen. In der Unternehmenspraxis ist es jedoch gar nicht so einfach ex ante zu erkennen, welche Ereignisse von strategischer Relevanz sind. Aus einem zunächst bedeutenden F & E-Projekt kann sich eine Initiative formieren, die dann für die gesamte Unternehmung wegweisend wird. Oder eine Kundenanfrage löst einen Reflexionsprozess aus, der zur Neuausrichtung einer Wertkette führt. Solche Beispiele zeigen, dass die Grenzen zwischen Strategischem und Nicht-Strategischem nicht immer so eindeutig zu ziehen sind, wie dies theoretisch möglich ist. Nichtsdestotrotz wird aus den oben geschilderten Begriffsfassungen ersichtlich, dass es im Rahmen eines Strategischen Managements nicht um jedes x-beliebige Thema gehen kann, sondern nur um ein solches, das *für die Entwicklung des Unternehmens* (nach außen zur Umwelt und nach innen zu sich selbst) *von signifikanter Relevanz* sind. Dass dies kontextabhängig ist, von Standpunkt zu Standpunkt variieren und sich über die Zeit verändern kann, sollte einsichtig sein.

Erfolgspotenziale

Workshop
Betrachten Sie Ihre Organisation einmal durch die Brille der Entwicklung des Strategischen Managements (SM) und konfrontieren Sie sich mit folgenden Fragen:

- Welche Entwicklung hat das SM in unserem Unternehmen genommen? In welcher Form haben wir es den aktuellen Entwicklungen und Herausforderungen angepasst? Reicht dies aus?

- Was verstehen wir unter einer Strategie, wenn wir davon sprechen?
- Welche »Weltsichten« prägen das strategische Denken in unserem Unternehmen? Ist unsere Interpretation der Wirklichkeit noch tragfähig zur Erklärung und Ordnung der aktuellen Entwicklungen? Welche »Weltsichten« befinden sich wohl hinter den Strategien unserer härtesten Wettbewerber?
- Welche Themen eines SM sollten wir eventuell anders gewichten oder neu aufnehmen, wenn wir unser SM mit den verschiedenen Strukturierungen des Feldes SM vergleichen?

Zusammenfassung

- Das Strategische Management (SM) hat seine Ursprünge im Militärischen bzw. der Militärwissenschaft.
- Ausgangspunkt der disziplinären Entwicklung des SM sind die US-amerikanischen Business Schools zu Anfang des 20. Jahrhunderts. Zur wissenschaftlichen Disziplin entwickelt sich das Feld allerdings erst zum Ende der 60er-Jahre. Dabei stehen am Anfang noch Fragen der Langfristplanung und der strategischen Planung im Mittelpunkt. Wichtige Impulse zur Entwicklung der Disziplin gingen von Edith Penrose, Alfred Chandler, Kenneth Andrews und Igor Ansoff aus.
- Eine erste, zentrale Differenzierung in der Forschung ist die in eine Prozess- und eine Inhaltsforschung. Eine Zweite ist die in eine »Resource-based View« und eine »Market-based View« des Strategischen.
- Bezogen auf die Kürze der Zeit ist das SM bereits zu einer bedeutsamen Bewegung in der Managementlehre geworden. In der Theorie trifft man eine schon recht weitgehend ausdifferenzierte Diskussion an. Dabei haben sich ca. ein Dutzend grundlegender Fragestellungen und Themenbereiche herausgeschält. Auch in der Praxis arbeitet heute die Mehrzahl der Unternehmen mit Konzepten eines SM.
- Die Bedeutung des Begriffs »Strategie« erklärt sich vor dem Hintergrund seines Verwendungszwecks. Ein SM verkörpert eine spezifische Denkweise, sich mit der Entwicklung von Unternehmen auseinander zu setzen. Sie basiert auf der Vorstellung der geplanten Evolution, beschäftigt sich in diesem Kontext mit Theorien und theoriegeprägten Praktiken, öffnet sich dadurch der Rationalisierung, vollzieht sich in Form eines kollektiven Lernprozesses und greift all die Themen auf, die es hinsichtlich der Entwicklung von Unternehmen als wichtig erachtet.
- Die Handhabung strategischer Führungsprobleme wird durch die weitgehende Unprognostizierbarkeit wichtiger Entscheidungsparameter, die unüberschaubare Vielfalt, Mehrdeutigkeit und teilweise Widersprüchlichkeit der Ereignisse sowie die mangelnde Zerlegbarkeit des komplexen Phänomens charakterisiert.

Lernkontrolle

1. Wie erklärt es sich, dass das Strategische Management (SM) in der »Kunst der Heerführung« bzw. der Militärwissenschaft seine Ursprünge hat? Worin bestehen die grundsätzlichen Unterschiede zwischen dem militärischen und betriebswirtschaftlichen Strategieverständnis?
2. Wann, wo und wie formierte sich das SM als eigenständige Disziplin? Welche Rolle spielen dabei die »Business Schools«? Wann entstand zum SM auch die wissenschaftliche Disziplin? Welche Rolle haben die Strategieberatungsunternehmen in der Entwicklung des SM?
3. Was waren die zentralen Ideen der Beiträge von Penrose (1959), Chandler (1962), Andrews (1971) und Ansoff (1965) zur theoretischen Entwicklung der Disziplin?
4. Mit welchen aktuellen Herausforderungen sieht sich das SM heute konfrontiert?
5. Warum sind die in einem Unternehmen antreffbaren »Weltsichten« relevant für das SM?
6. Wie kann das Feld des SM strukturiert werden?
7. Was ist eine Strategie? Was macht das Wesen eines SM aus?

1.2 Der General Management Navigator

Mit dem General Management Navigator (GMN) schlagen wir im Folgenden einen neuartigen Bezugsrahmen vor, der die Disziplin des Strategischen Management nach einer spezifischen Logik strukturiert und das konzeptionelle Gerüst dieses Buches bildet. In Kapitel 1.2.2 wird sein Aufbau, in Kapitel 1.2.3 die ihm zu Grunde liegenden Achsen und in Kapitel 1.2.4 werden seine Verwendungsmöglichkeiten und besonderen Merkmale dargestellt. Vorab soll jedoch noch eine kurze Einleitung über die Beziehung zwischen Unternehmen und ihrer Umwelt gegeben werden.

Lernziele

- Definition des Verhältnisses des Unternehmens zu seiner Umwelt bzw. zu seinen Anspruchsgruppen
- Erklärung des Aufbaus des General Management Navigators (GMN), seiner vier plus eins Arbeitsfelder sowie der zentralen Fragestellungen in diesen Arbeitsfeldern
- Darlegung der Anwendungsmöglichkeiten und Funktionen des GMN
- Ableitung alternativer Prozesspfade und -typen
- Ausdifferenzierung verschiedener Gestaltungsebenen eines Strategischen Managements
- Ableitung der verschiedenen Arten von Vorteilen, die über Strategien zur Erzielung überdurchschnittlicher Renditen erzielt werden können
- Aufzeigen der Besonderheiten, die mit dem GMN-Ansatz verbunden sind

1.2.1 Einleitendes zum Unternehmen/Umwelt-Verhältnis

Unternehmen stehen in ständiger Interaktion mit ihrer Umwelt. Sie decken ihren Ressourcenbedarf durch die Leistungen ihrer Zulieferer, wetteifern mit ihren Konkurrenten um Kunden, verkaufen an diese Produkte und Dienstleistungen, entwickeln oder adaptieren neue Technologien und bezahlen Steuern und Abgaben, stellen Mitarbeiter zum Aufbau neuer Kompetenzfelder ein etc.

Es gibt nun für ein Unternehmen verschiedene Möglichkeiten seine Umwelt zu betrachten. Eine analytische Einteilung, die häufig verwendet wird, differenziert nach einer *generellen Umwelt,* die aus einer soziokulturellen, technologischen, politischen und ökonomischen Dimension besteht, sowie einer enger gefassten *Aufgaben- oder Wettbewerbsumwelt,* die sich aus Kunden, Konkurrenten, Mitarbeitern, Zulieferer usw. zusammensetzt.

Ansprüchsgruppen/Stakeholder

Nicht alle diese Bezugsgruppen sind jedoch für Unternehmen gleichermaßen von Bedeutung. Die, die Ansprüche an das Unternehmen stellen bzw. deren Interessen mit dem Unternehmen verbunden sind, werden als **Anspruchsgruppen** bzw. **Stakeholder** bezeichnet.[30] Sie prägen die relevante Außenwelt eines Unternehmen. Dabei werden auch Anspruchsgruppen wie die Mitarbeiter als Teil dieser Außenwelt betrachtet, da sie gewissermaßen »von außen« Erwartungen gegenüber dem Unternehmen repräsentieren, gegenüber denen das Unternehmen Stellung zu beziehen hat. Welche der Stakeholder vom Unternehmen als relevant betrachtet werden, hängt vom Einzelfall ab. Diese bilden dann das als relevant erachtete Umfeld des Unternehmens. Andere Bezugsgruppen werden vom Unternehmen zwar wahrgenommen, jedoch nicht als relevant erachtet.

Exkurs: Die »Konstruktion« des relevanten Umfeldes
Warum diese Differenzierung? Unternehmen wählen aus ihrer Umwelt diejenigen Bezugsgruppen aus, die sie als wichtig erachten. Auf diese konzentrieren sie ihre Aufmerksamkeit. Wie sie diese wahrnehmen und mit welcher Einstellung sie ihnen gegenübertreten (verhandeln, negieren, bekämpfen etc.), hängt vom Einzelfall ab, und ist von Unternehmen zu Unternehmen verschieden. Es gibt immer noch andere Bezugsgruppen, die von Unternehmen als nicht relevant beurteilt werden. Dies kann zu großen Problemen und Lernerfahrungen führen, wie z.B. der Erdölkonzern SHELL hinsichtlich Greenpeace erfahren musste.

Die »Konstruktion« seines Umfeldes ist nicht als willkürlicher oder einmaliger Vorgang zu verstehen. Vielmehr sind Unternehmen ständig auf der Suche nach Weltsichten, die es ihnen ermöglichen, erfolgreich zu agieren und die für sie nützlich sind. Je nachdem, wie sie Handlungen und Ereignisse ihrer Umwelt interpretieren, verändern oder behalten sie ihre konzeptionellen Raster bei. Die Preissenkung eines Konkurrenzproduktes kann so z.B. als ungefährlicher, periodisch auftretender Vorgang oder als Einstieg in einen Preiskampf beurteilt werden.

Eine Gefahr besteht darin, das relevante Umfeld als zu weit oder zu eng zu interpretieren. So geraten Unternehmen, die neu am Markt auftretende Unternehmen anfangs für nicht relevant erachteten, immer wieder in bedrohliche Situationen. Beispiel hierfür sind die neuen Internet-Beratungsgesellschaften, die durch die etablierten Unternehmensberatungen als Wettbewerber erst sehr spät wahrgenommen wurden. Oder man erinnere sich an die Haltung europäischer Unternehmen zu den ersten japanischen Autos und Spiegelreflexkameras, oder die Sichtweise von IBM vor 15 Jahren gegenüber einer kleinen Softwarefirma namens MICROSOFT.

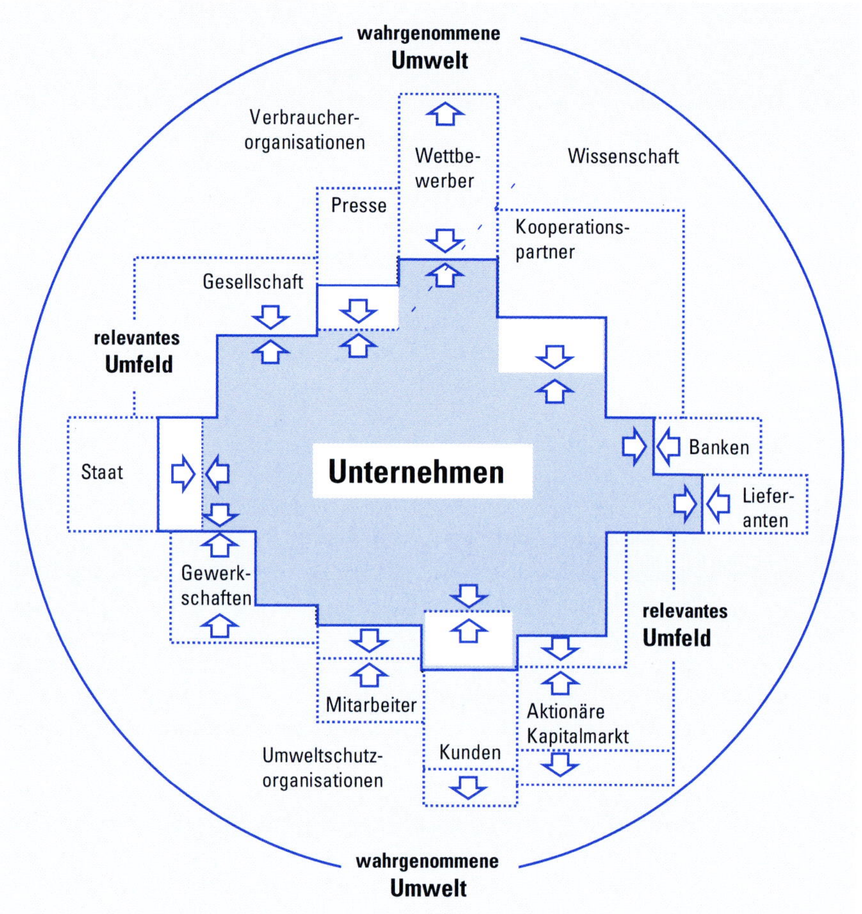

Abb. 1-2:
Das Unternehmen/
Umwelt Verhältnis

Betrachtet ein Unternehmen nun sich selbst und sein relevantes Umfeld (siehe Abbildung 1-2), so stellen sich ihm folgende Fragen:

- Wie verhalten wir uns gegenüber unseren Kunden? Wie sie sich gegenüber uns?
- Wie handeln wir gegenüber Konkurrenten? Wie diese gegenüber uns?
- Wie sind unsere Interaktionen gegenüber dem Staat? Wie die seinigen gegenüber uns?
- Wie verhalten wir uns gegenüber unseren Kooperationspartnern? Wie diese gegenüber uns?
- etc...

Es ist nicht davon auszugehen, dass sich die Möglichkeiten des Unternehmens gegenüber allen Bezugsgruppen gleichermaßen erweitern lassen. Hier sind Trade-Off-Überlegungen anzustellen, die um Fragen kreisen wie: Wie gehen wir mit unseren Anspruchsgruppen um? Auf wessen Interessen nehmen wir Rücksicht? Welche vernachlässigen wir? An welchen Vorgaben müssen wir uns ausrichten? Streben wir nach einer Harmonisierung der Zielsetzungen, oder lassen wir ausgewählte (wie z.B. den Shareholder) dominieren? Fragen, die nicht nur taktischer, sondern auch normativer Natur sind.

Die Möglichkeiten dürften sich daher gegenüber einzelnen Bezugsgruppen erweitern, während sie gegenüber anderen abnehmen. Es handelt sich eben auch um ein Kräftemessen und einen »Bargaining«-Prozess bei denen man manchmal Terrain dazugewinnt, und manchmal welches verliert. Auch hier sind wieder Trade-off-Überlegungen anzustellen, worauf man seine Anstrengungen konzentrieren will, und wo man sich eher zurückhält. Im ungünstigsten Fall reduzieren sich die Möglichkeiten auf Null, was im Prinzip mit der Zahlungsunfähigkeit und dem Konkurs eines Unternehmens gleichgesetzt werden kann; als anderes Extrem ergeben sich monopolartige Konstellationen oder es kommt durch kooperatives Verhalten zur Entwicklung neuer Möglichkeiten und der »Kuchen« erweitert sich für alle Akteure.

1.2.2 Aufbau und Felder des GMN

Der General Management Navigator (GMN) besteht aus den in Abbildung 1-3 dargestellten vier plus eins **Arbeitsfeldern**. Sie tragen die Namen *Initiierung, Positionierung, Wertschöpfung, Veränderung und Performance Messung*. Mit diesen Feldern wird das Strategische Management nicht nur statisch erfasst, sondern die Felder sind auch so angeordnet, dass sie – ausgehend von der Initiierung – eine prozessuale Betrachtung ermöglichen.

Jedem der Felder ist im folgenden ein eigenes Kapitel gewidmet. Jedes Kapitel besteht aus zwei Teilen: Zuerst wird in Form einer *Reflexion* die jeweilige Thematik aus verschiedenen Blickwinkeln betrachtet und theoretisch »aufgerollt«. Im Anschluss daran rückt zweitens die *Gestaltung* in den Vordergrund. Verschiedene Gestaltungsoptionen werden aufgezeigt, mit ihren jeweiligen Vor- und Nachteilen diskutiert und mit wissenschaftlichen Erkenntnissen »unterfüttert«. Betrachten wir zunächst die fünf Felder im Überblick.

(1) Initiierung: Initiativen zur Beinflussung des Unternehmens starten

Strategische Initiative

Ausgangspunkt der Überlegung sind **strategische Initiativen**, die in einem Unternehmen entstehen. *Als strategische Initiative wird jeder »Impuls« im Unterneh-*

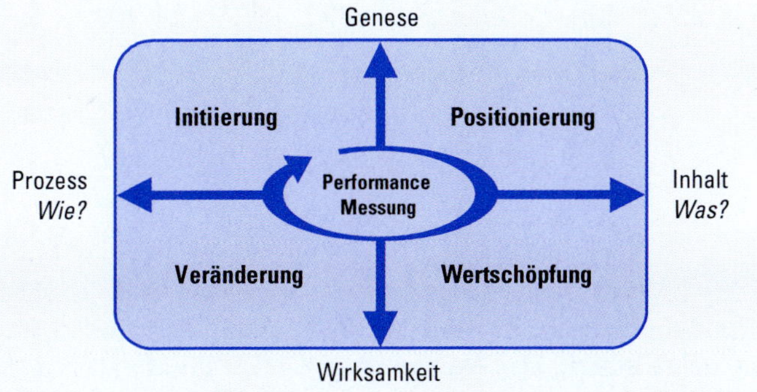

Abb. 1-3: Der General Management Navigator (GMN)®

men verstanden, der dessen Entwicklung signifikant betrifft. Zu denken ist z. B. an Initiativen, die sich auf den Eintritt in ein neues Geschäftsfeld, ein spezifisches Wertschöpfungsmodell oder eine Kooperation mit einem anderen Unternehmen beziehen. Solche Impulse können prinzipiell überall im Unternehmen entstehen und sind nicht an eine bestimmte Hierarchieebene gebunden. Sie können ihren Ursprung also nicht nur auf Ebene des Top-Managements haben, wie dies oft angenommen wird, sondern ebenso auf den mittleren und unteren Managementebenen. Auslöser von Initiativen können dazu formell ermächtigte Gremien sein, aber auch informelle Netzwerke von Mitarbeitern quer über die Hierarchieebenen.

Damit ist auch die formelle, *strategische Planung nur ein möglicher Ort der Formierung strategische Initiativen,* wo versucht wird, die Entwicklung eines Unternehmens nachhaltig zu beeinflussen. Inwieweit ihr dies in Konkurrenz zu all den anderen formellen und informellen Initiativen gelingt, wird sich im Einzelfall zeigen müssen. Auch die oft durch die oberste Führung ausgegebenen »strategischen Schlachtrufe« (»Null-Fehler-Qualität«, »Global Player«, »Systemführerschaft« etc.) sind häufig vorerst einmal außerhalb der formellen strategischen Planung lanciert worden, die dann allerdings daran anknüpfen sollte.

Es kann auch nicht von vornherein davon ausgegangen werden, dass strategische Initiativen immer nur bewusst lanciert und vorangetrieben werden. Oft gewinnen sie erst über die Zeit an Kontur und »Fahrt«, werden nachträglich rationalisiert und dann erst als wirksame Impulse erkannt. Eine strategische Initiative umfasst daher zunächst einmal sowohl intendierte als *auch nicht-intendierte Impulse.*

Organisatorischer Basisprozess

Wie diese Überlegungen bereits andeuten, wird damit der Begriff der strategischen Initiative bewusst nicht auf den Gedanken der Formulierung von Strategien (zu verstehen als offizielle, strategische Pläne) und deren anschließender Implementierung verengt. Dass eine strategische Initiative sich nach diesem Muster entfaltet, ist zwar denkbar und empirisch durchaus anzutreffen, jedoch lassen sich ebenfalls eine Reihe alternativer Muster in der Praxis beobachten, die eine all zu enge Vorstellungsweise nachhaltig relativieren und erweitern. In Anlehnung an Kirsch (1997) wird daher auch nicht von wichtigen strategischen Entscheidungen und deren anschließender Umsetzung, sondern von einem *organisatorischen Basisprozess* (oder *»on-going-process«*) ausgegangen. Dieser »on-going-process« ist durch die Vielfalt der Aktivitäten und Interaktionen im laufenden Geschehen in und um das Unternehmen herum gekennzeichnet. Die interessanten Fragen sind nun: Nach welchen Mustern entstehen strategische Initiativen aus diesem Basisprozess heraus? Welchen gelingt es, diesen Basisprozess zu beeinflussen? Warum haben sich auf dem »Marktplatz« strategischer Initiativen gerade diese im Entscheidungsprozess durchgesetzt? Warum konnten auf dem »Marktplatz« strategischer Initiativen gerade diese in die Verhaltensmuster der Organisation umgesetzt werden bzw. Eingang finden? Was geschieht dabei und wie ist dies zu erklären?

(2) Positionierung: Das Verhältnis gegenüber den Stakeholdern bestimmen

Außenverhältnis

Strategische Initiativen richten sich bei der Positionierung auf das Außenverhältnis eines Unternehmens. Das, was »außen« ist, wird durch die im Handlungssystem als relevant erachteten Stakeholder »personifiziert«. Diese Außenwelt umfasst folglich alle Gruppierungen, die einen Einfluss auf die Aktivitäten des Unternehmens ausüben können, oder im Gegenzug von diesem beeinflusst werden.[31] Zwischen ihnen und dem Unternehmen finden dabei rekursive Austauschbeziehungen statt, die sich nicht nur auf den Transfer von Geld und Gütern beziehen, sondern auch durch politische und kulturelle Interaktionsprozesse geprägt sind. Insgesamt geht es bei der Positionierung um die Bestimmung des Verhältnisses zwischen einem Unternehmen und den Anspruchsgruppen seiner Umwelt. Wie positionieren wir uns z.B. in unserem Absatzmarkt gegenüber unseren Kunden (Sortiment, etc.)?

(3) Wertschöpfung: Ausgestaltung des Innenverhältnisses

Fähigkeiten und wertschöpfende Prozesse

Die Position eines Unternehmens steht in enger Verbindung mit seinem »Innenleben«, d.h. seinen Fähigkeiten und wertschöpfenden Prozessen. Denn je nachdem, über welche Fähigkeiten ein Unternehmen verfügt, hat dies meist direkte Auswirkungen auf seine Handlungsmöglichkeiten gegenüber der Umwelt. Die Supermarktkette Wal-Mart ist durch ihr ausgefeiltes, satellitengestütztes Informationssystem in der Lage, über ihre Filialen in »real time« aktuelle Markttrends zu identifizieren und sie ihren Kunden anschließend in kürzester Zeit zu offerieren – eine Fähigkeit, die ihr eine herausragende Stellung am Markt und gegenüber ihren Konkurrenten ermöglicht. Strategische Initiativen, die die Wertschöpfung eines Unternehmens betreffen, sind daher auf die Entwicklung und/oder Verbesserung organisationaler Fähigkeiten gerichtet. Dies kann sich dann konkret auf Elemente wie z.B. das Wertschöpfungsmodell, die Organisationstruktur, Managementsysteme oder die Weiterbildung von Humanressourcen erstrecken.

(4) Veränderung: Die Initiativen zum Leben bringen

Organisatorischer Wandel

Nachdem es bei der Positionierung und Wertschöpfung um den Inhalt von strategischen Initiativen ging, behandelt das vierte Feld, ob und wie sie operative Wirksamkeit erlangen und sie in der Lage sind, das Unternehmen zu verändern. Genauer gesagt geht es um die Auswirkungen strategischer Initiativen auf den organisatorischen Basisprozess, womit sich der Kreis zur Initiierung wieder schließt. Auch hier ist zu berücksichtigen, dass Unternehmen nicht nur technische Systeme zur Herstellung von Gütern und Dienstleistungen, sondern auch soziale Systeme sind, in denen verhaltenswissenschaftliche Phänomene eine besondere Rolle spielen. Strategische Initiativen können sich hier entfalten, an Momentum gewinnen oder untergraben und in ihrer Wirksamkeit behindert werden.

(5) Performance Messung: Fortschrittsbeobachtung und Feed-back

Das fünfte und letzte Feld des GMN behandelt die Performance Messung. Unter diesem Begriff lassen sich prinzipiell alle Arten von Ansätzen zusammenfassen, die den Verlauf von strategischen Initiativen von der Genese bis zu ihrem Wirksamwerden beobachten und messen. Während traditionell der Fokus auf der finanzwirtschaftlichen Messung lag, hat in den letzten Jahren hier eine Bewegung hin zu umfassenden, mehrperspektivischen und schon frühzeitig Feed-back gebenden Ansätzen stattgefunden.

(6) Die zentralen Fragestellungen des GMN

Der General Management Navigator, der hier überblicksartig skizziert wurde, ist damit ein Bezugsrahmen, über den das Arbeitsfeld des Strategischen Managements im Rahmen von vier plus eins Feldern strukturiert und prozessual aufbereitet wurde. Zusammenfassend und auch als Gesamtüberblick zeigt die Abbildung 1-4 noch einmal die einzelnen Arbeitsfelder mit den mit ihnen verbundenen Schlüsselfragestellungen, jeweils aus der Sicht von Reflexion und Gestaltung. Die **Reflexion** soll Anregungen geben, das was im Unternehmen geschieht, genauer zu beobachten und nach Erklärungsmustern dafür zu suchen. Sie soll dabei auch den Stand der Theorie zum jeweiligen Arbeitsfeld grob vermitteln. Bei der **Gestaltung** werden Vorschläge und Optionen zum Umgang mit den aufgeworfenen Aufgabenstellungen angeboten.

Abb. 1-4: Die zentralen Fragestellungen des GMN

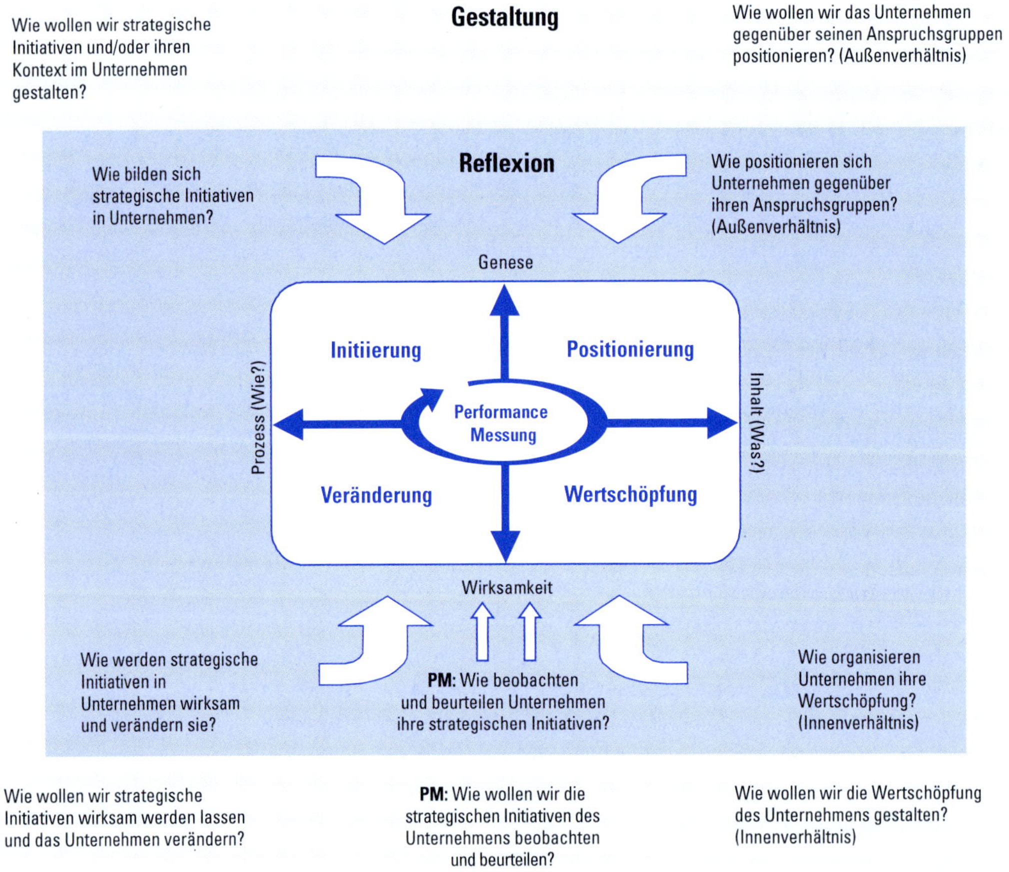

1.2.3 Die GMN-Achsen und ihre Bedeutung

Wurden bislang die Felder des GMN vorgestellt, so geht es nun um die beiden Achsen, die dem GMN zugrunde liegen. Sie greifen zwei Leitdifferenzen des Strategischen Managements auf, die dessen Entwicklung maßgeblich beeinflusst haben.

(1) Genese versus Wirksamkeit

Der vertikal verlaufenden Achse des GMN liegt – in Anlehnung an Kirsch (1997) – das Sprachspiel der Genese und operativen Wirksamkeit strategischer Initiativen zu Grunde. Mit diesen Begriffen wird die – weit verbreitete – Vorstellung der Formulierung und anschließenden Umsetzung von Strategien an zwei Stellen entscheidend verändert.

Erstens wird sie um all die Prozessverläufe erweitert, die nicht diesem Schema folgen, gleichwohl jedoch empirisch und theoretisch von Relevanz sind. Zu denken ist hier beispielsweise an die emergente Formierung von Strategien, wie sie Mintzberg (1978) beschrieben hat. Er zeigt, dass Strategien oft auch sukzessive aus den tagtäglichen Aktivitäten von Unternehmen »emergieren«, ohne vorherige, klare Absicht. Die Annahme, dass Strategien in der Unternehmenspraxis zuerst formuliert und dann implementiert werden, wird mit dem Sprachspiel der Genese/Wirksamkeit nicht aufgehoben, sondern relativiert – als *ein* Prozessmuster neben einer Reihe alternativer oder konkurrierender Sichtweisen. Entscheidend ist folglich eine begriffliche Konzeption, die eine möglichst große Offenheit zulässt.

Offenheit bzgl. des Entstehens von Strategien

Zweitens, und darauf wurde bereits hingewiesen, konzentrieren wir uns nicht auf Strategien, sondern auf strategische Initiativen. Warum dies? Nochmals in Anlehnung an Kirsch gehen wir zunächst davon aus, dass die Strategie eines Unternehmens (zu verstehen als »Pattern«) per definitionem immer schon formiert ist, d.h in einer spezifischen Ausprägung vorliegt. Sie manifestiert sich in den Produkten, die ein Unternehmen herstellt, den Märkten, die es bedient, seinem Verhalten gegenüber Wettbewerbern oder den wertschöpfenden Aktivitäten, die es ausübt. Ausgehend vom organisatorischen Basisprozess kann nun die Genese und operative Wirksamkeit von strategischen Initiativen beobachtet und untersucht werden. Auch hier ist zunächst konzeptionell Offenheit gegenüber all dem anzustreben, was unter eine strategische Initiative fällt. Sowohl intendierte als auch nicht intendierte Initiativen gilt es zu berücksichtigen. Damit kommt der Gestaltung des Wandels deutlich mehr Bedeutung zu, als nur der »Implementierer« der verabschiedeten Strategien zu sein. Rückkopplungen aus den Wandelprozessen können zu neuen Initiativen oder zu deren Anpassung führen.

Relevanz auch nicht intendierter Initiativen

(2) Prozess versus Inhalt

Die zweite, horizontal verlaufende Achse basiert auf der im Strategischen Management ebenfalls weit verbreiteten Unterscheidung in einen »Strategy Process« und einen »Strategy Content«, auf die im Rahmen der historischen Entwicklung der Disziplin bereits hingewiesen wurde. Die strategische *Inhaltsforschung* konzentriert sich dabei gemäß Chakravarthy/Doz (1992, S. 5) »exclusively on what strategic positions of the firm lead to optimal performance under varying envi-

Erklärungen für den Erfolg von Unternehmen

ronmental contexts«. Die strategische *Prozessforschung* hingegen untersucht, wie diese erfolgreichen Wettbewerbspositionen überhaupt zu erreichen sind. Sie erforscht, wie sich Strategien im Zeitablauf formieren und arbeitet die Faktoren heraus, die dabei eine Rolle spielen. Beide Forschungsstränge verbindet ihr Interesse an Erklärungen für den Erfolg von Unternehmen. Einerseits hat sich die Zweiteilung der Disziplin als fruchtbar erwiesen. In ihrem Zuge sind eine Reihe von Forschungsströmungen entstanden, durch die die Begriffs-, Hypothesen- und Theoriebildung weiter vorangetrieben und ausdifferenziert wurde. Andererseits ist sie jedoch nicht ohne Kritik geblieben. Man wirft ihr vor, bei der Erklärung von Unternehmenserfolg wichtige Elemente künstlich voneinander getrennt zu haben, bezweifelt ihre Zweckmäßigkeit, ja sieht sie sogar als Hindernis für die weitere Entwicklung der Disziplin.[32]

Der Bezugsrahmen des GMN versucht nun über seine horizontale Achse beide Bereiche zu verbinden, ohne sie ihrer Eigenständigkeit zu »berauben«. Dies wird möglich, indem der Fokus auf strategische Initiativen gelegt wird. Sie sind die zentrale Analyseeinheit, über die die »Brücke« zwischen Prozess- und Inhaltsforschung geschlagen wird. Eine jede Initiative hat nämlich neben einem prozessualen auch einen inhaltlichen Bezug. Stehen bei der Initiierung und Veränderung Themen der Prozessforschung im Vordergrund, so geht es bei der Positionierung und Wertschöpfung um Themen der Inhaltsforschung. So kann z.B. untersucht werden, wie eine Initiative im Unternehmen entsteht (Initiierung), was ihr inhaltlicher Fokus im Außenverhältnis (Positionierung) und Innenverhältnis (Wertschöpfung) ist und wie und ob sie operativ wirksam wird und sich im Unternehmen ausbreitet (Veränderung).

1.2.4 Funktionen und Besonderheiten des GMN

Mit dem GMN wollen wir eine grundsätzliche Arbeitsstruktur anbieten, die möglichst universal bzgl. der Einsatzfelder und -formen ist. Um diesem Anspruch möglichst nahe zu kommen, wurde der Ansatz an verschiedenen zu erfüllenden Funktionen ausgerichtet.

(a) *Gleiche Arbeitsstruktur auf allen Gestaltungsebenen*: Strategische Initiativen können auf verschiedenen Gestaltungsebenen betrieben werden, je nach dem Gestaltungsobjekt. Klassisch ist die Unterteilung in die Unternehmens- und Geschäftsfeldebene. Der GMN ist so aufgebaut, dass seine Grundstruktur mit den vier plus eins Arbeitsfeldern auf allen Gestaltungsebenen anwendbar ist: vom Unternehmensnetzwerk, über das Unternehmen, die Geschäftsfelder, die Funktionsbereiche, strategischen Projekten bis hin zum Individuum. Diese Ausdifferenzierung der Gestaltungsobjekte wird in Abschnitt (1) vertieft.

(b) *Unterstützung unterschiedlicher Prozesstypen*: Strategische Initiativen finden in sehr unterschiedlichen Kontexten statt. Der strategische Arbeitsprozess sollte in seinem Ablauf möglichst gut dem jeweiligen Kontext entsprechen. Durch die Modularisierung des GMN in vier Arbeitsfelder konnten generische Prozesstypen abgeleitet werden, denen unterschiedliche Prozesspfade durch den GMN zuordenbar sind. In Abschnitt (2) wird dies vertieft.

(c) *Gleiche Arbeitsstruktur unabhängig von der Unternehmensgröße*: Anspruch des Ansatzes ist es auch, dass ein kleines Start-up-Unternehmen, oder ein mittelständischer Betrieb, oder ein großer internationaler Konzern nach der gleichen Grundstruktur ihren strategischen Arbeitsprozess ausgestalten kann. Dies kann z. B. Schnittstellenprobleme zwischen einem Großunternehmen und einer kleinen Tochtergesellschaft vereinfachen. Natürlich muss dann die Tiefe und die Methodik der Arbeitsweise in den einzelnen Arbeitsfeldern dem Komplexitätsgrad des Gestaltungsobjektes angepasst sein. Doch die grundsätzliche Logik der Strategie- und Wandelarbeit bleibt die gleiche.

(d) *Orientierungskompass:* Sowohl seitens der Wissenschaft als auch der unternehmerischen Praxis hat sich zum Strategischen Management eine derart reichhaltige Ökologie des Wissens entwickelt, dass sie kaum mehr zu überschauen ist. Der GMN bietet einen Versuch, diese Vielfalt sinnvoll zu ordnen und strukturiert aufzubereiten. In jedem Feld kann man sich vertieft in die jeweilige Materie einarbeiten, ohne den Gesamtzusammenhang aus den Augen zu verlieren.

(e) *Theorienspeicher und Werkzeugkiste:* In jedem Feld des GMN kann Wissen zum Strategischen Management in Form von Theorien oder Werkzeugen hinterlegt werden. So können einerseits die im Laufe der Zeit entwickelten Beschreibungen, Hypothesen und Theorien zum Strategischen Management gespeichert und bei Bedarf abgerufen werden. Der GMN wird dann zu einem »Theorienspeicher«. Andererseits bietet er auch Raum für die auf die Lösung strategischer Probleme entwickelten Heuristiken und Instrumente und wird in dieser Funktion zur »Werkzeugkiste«.[33]

(f) *Kommunikationsplattform:* Gerade wenn es um strategische Fragen geht, wird oft in verschiedenen »Sprachen« gesprochen. Ein Wechsel der Abstraktionsebenen ist dabei ebenso oft zu beobachten, wie die sich teils überschneidende, teils widersprüchliche Verwendung von Begriffen. Über ein gemeinsames Denkraster, wie es der GMN darstellt, kann ein Verständigungsprozess unterstützt werden. Dies soll nicht nur Studierenden und wissenschaftlich Interessierten von Nutzen sein, sondern auch Führungskräften die Möglichkeit bieten, eine gemeinsame Sprache in ihren strategischen Diskursen zu finden.

(g) *Heuristik zur Ideengenerierung:* Das Strategische Management kann als eine sich evolutionär fortentwickelnde Disziplin betrachtet werden. Neues wird geschaffen, selektioniert und im Wissensschatz verankert. Der GMN kann auch dazu verwendet werden, neue Ideen zu generieren und damit die Variation im Feld zu erhöhen. Auch dies gilt gleichermaßen für Wissenschaft wie unternehmerische Praxis. Dahinter steht die Annahme, dass Unternehmen es lernen können, mit den Anforderungen ihrer Zukunft »besser« umzugehen, je größer und umfangreicher ihr Reflexions-, Problemlösungs- und Handlungspotenzial ist.

(h) *Problemraster:* Analog zur Verwendung als Heuristik kann der GMN auch für die Identifikation und gezielte Bearbeitung von konkreten Problemen (»*strategic issues*«) eingesetzt werden. Die Vernetzung der Felder zwingt dabei dazu, eine Problemstellung nicht nur isoliert, sondern in Zusammenhang mit den anderen Feldern zu betrachten.

(1) Gestaltungsebenen und Ebenenvorteile

Strategien haben immer ein Bezugsobjekt das sie zu gestalten beabsichtigen. Je nach Komplexität des Unternehmens trifft man unterschiedliche Arten solcher Gestaltungsobjekte an.

Gemeinsam ist ihnen, dass sie immer für eine bestimmte Aggregationsebene stehen, für die eine eigene Strategieentwicklung sinnvoll erscheint. Deshalb bezeichnen wir hier die Bezugsobjekte der Strategien als *Gestaltungsebenen*.

Gestaltungsebenen

Besonders manifest sind sie dann, wenn man sie als organisatorische Einheiten auf den unterschiedlichen hierarchischen Ebenen der Aufbauorganisation eines Unternehmens antrifft (z.B. Geschäftssparten). Dann gibt es aber auch Gestaltungsebenen, die nur die Funktion einer konsolidierenden Planungsebene haben, die es aber als reale Organisationseinheit gar nicht gibt. Man trifft solche manchmal in sehr großen Unternehmen an, die zur Reduktion der Steuerungskomplexität ähnliche Geschäfte nochmals in einer Art Zwischen-Holding bündeln.

Im Strategischen Management hat sich insbesondere die Unterscheidung in »*Corporate Strategy*« und »*Business Strategy*« etabliert. Eine typische Frage zur *Unternehmensstrategie* auf Unternehmensebene ist, in welchen Geschäften ein Unternehmen überhaupt tätig sein will bzw. kann.

Unternehmensstrategie

Auf der zweiten organisatorischen Ebene sind die meisten diversifizierten Unternehmen (»multi-business-firms«) heutzutage auf den Markt ausgerichtet, d.h. man trifft dort in der Aufbauorganisation die einzelnen Geschäfte an. Wir nennen diese Einheiten später »*strategische Geschäftseinheiten*«. Hier spricht man dann von »*Geschäftsstrategien*« auf der Ebene der Geschäftseinheiten. Eine typische strategische Frage auf dieser Ebene ist, mit welchen Produkten man sich in welchen Märkten positionieren will.

Geschäftsstrategie

Die Geschäfte haben im diversifizierten Unternehmen eine weitere Gestaltungsebene der Strategiearbeit auf eine der darunterliegenden Ebenen verdrängt: die betriebswirtschaftlichen Funktionen, die sich meist auch als Funktionalbereiche in der Aufbauorganisation wiederfinden. Dabei kann man *Funktionalstrategien*[34] unterscheiden in diejenige, die sich auf die direkten, leistungswirtschaftlichen Aktivitäten beziehen, wie etwa die Produktions- oder die Marketingstrategie, und in diejenige, die indirekt den Wertschöpfungsprozess unterstützende Aktivitäten zum Gegenstand haben, wie etwa die Personal- oder Finanzierungsstrategie. Eine typische strategische Frage auf dieser Ebene ist z.B. bei der Forschungs- und Entwicklungsstrategie, in welche Technologien ein Unternehmen investieren soll.

Funktionalstrategie

In den letzten Jahren ist diese übliche dreistufige Ausdifferenzierung der Strategiearbeit in die aufgezeigten Gestaltungsebenen in vielen Unternehmen jedoch noch komplexer geworden. Dies gilt – bezogen auf das Aggregationsniveau – sowohl nach »oben«, als auch nach »unten«. Je nach Größe des Unternehmens findet man auch unterhalb der Geschäftsebene weitere organisatorische Einheiten, die strategisch eigenständig ausgestaltet werden. Aufgrund der Dezentralisierung der unternehmerischen Verantwortung und der Einrichtung von ergebnisverantwortlichen Profit-Center kam es zu einem massiven Zuwachs an strategischen Gestaltungsebenen und -objekten. Bei großen Konzernen kann dies bis zu fünf Ebenen nach unten gehen. Es hört dort auf sinnvoll zu sein, wo die Leitung einer solchen organisatorischen Einheit den zu verantwortenden Wertschöpfungsprozess nicht mehr ausreichend selbst beeinflussen kann.

Nach »oben« nahm die Ausdifferenzierung dort zu, wo Unternehmen aufgrund ihres Branchenkontextes sich zu Unternehmensnetzwerken zusammenschlossen. Ein Beispiel hierfür ist die Airlines-Branche. So kam bspw. für die DEUTSCHE LUFTHANSA die Star Alliance als zusätzliche, übergeordnete Gestaltungsebene dazu. Wir sprechen hier von »*Netzwerkstrategien*« auf der Ebene

Netzwerkstrategie

von Kooperationen, Partnerschaften, Joint Ventures etc. Eine typische strategische Frage auf dieser Ebene ist, welche Wertschöpfungsaktivitäten man zur Ausschöpfung von Synergienpotenzialen gemeinsam betreiben will? Konsequenz dieser weiteren Ausdifferenzierung und Planungskomplexität ist natürlich ein höherer Abstimmungsaufwand – speziell wenn auf den unterschiedlichen Gestaltungsebenen mit verschiedenen Führungsansätzen gearbeitet wird.

Grundsätzlich korrespondieren die Gestaltungsebenen häufig mit den Dimensionen nach denen die Aufbauorganisation strukturiert ist. Deshalb kann man sich im Spezialfall noch eine ganze Reihe weiterer Gestaltungsebenen vorstellen: Bei international operierenden, diversifizierten Gesellschaften können dies z.B. *Regionen* (z.B. Kontinente, Ländergruppen oder Länder) sein, wo man das Portfolio der in dieser Region vertretenen Geschäftseinheiten gesamthaft zusammenfasst, um es gesamthaft besser mit den lokalen Gegebenheiten der Region in Einklang zu bringen. Oder es können *Kundenplattformen* sein, über die man zu relativ homogenen Kundengruppen, die Leistungen aus mehreren Geschäften des Unternehmens beziehen, eine integrierende Ebene schafft. Der Vereinfachung halber vertiefen wir derartige Spezialfälle hier allerdings nicht.

Als letztes haben wir noch eine Gestaltungsebene anzuführen, die noch nicht (offiziell) einer organisatorischen Ebene zuordenbar sind. Gruppen von Mitarbeitern eventuell unterschiedlicher organisatorischer Einheiten haben sich eines aktuellen »*strategic issue*« angenommen, einer meist noch schwer in ihren Konsequenzen abschätzbaren Entwicklung mit der sie bestimmte Chancen und Risiken verbinden. Zu diesem »strategic issue« formierte sich eine strategische Initiative, die es nun zu gestalten gilt. Die Akteure kommen anfangs ohne feste Organisationsform aus, sind nur lose miteinander verkoppelt, erlangen dann aber später vielleicht den formellen Status eines *strategischen Projektes*, dessen Projektstruktur eventuell mehrere Organisationseinheiten und Gestaltungsebenen überspannt.

Workshop: GMN-Coaching auf Individualebene
Wie bereits erwähnt, kann der GMN auch bis auf die niedrigste Aggregationsebene einer Organisation, das Individuum, angewandt werden. Dadurch kann eine zeitnahe Brücke zwischen den kollektiven Beschlüssen und persönlichen Konsequenzen geschlossen werden. Jeder Arbeitsschritt im GMN hat auch Auswirkungen auf die am Prozess Beteiligten und vom Prozess Betroffenen. Ein Coaching muss dort ansetzen, wo aus den kollektiven Fragestellungen individuelle Problemstellungen und Herausforderungen werden, da sonst die Veränderungsinitiativen an ausbleibenden Verhaltensänderungen scheitern könnten. Die Instrumente eines Coaching können den einzelnen Arbeitsfeldern zugeordnet werden. Dabei treten z.B. folgende Themen auf:

- *Initiierung*: Wie kann ich die mir zugedachte Rolle (im Führungsteam) ausüben? Möchte ich die Rolle in der gegebenen Form akzeptieren? Wo treten Rollenkonflikte auf (Familie, Partnerunternehmen usw.)? Wie kann ich diese austragen? Wo sollte ich an mir arbeiten, um in meiner neuen Rolle erfolgreich zu sein? Wo sollte ich um Unterstützung verhandeln? usw.
- *Positionierung*: Was bedeuten die Positionierungsentscheidungen für mich? Gibt es persönlich zu ergänzende Stakeholder (Verhältnis zum Vorgesetzten usw.)? Wie stark fühle ich mich zu Vision und Strategien verpflichtet? Welchen Einfluss habe ich auf den Erfolg? Wie will ich mich selbst in die Verhandlungen um unsere Positionierung gegenüber den Stakeholdern einbringen? usw.
- *Wertschöpfung*: Welche Art des Handelns wird von mir zur Umsetzung der Strategien erwartet? Welche Fähigkeiten werden von mir gefordert sein, um entsprechend

handeln zu können? Über welche dieser Fähigkeiten verfüge ich bereits? Bin ich in der Lage, die fehlenden Fähigkeiten rechtzeitig aufzubauen? Welche Unterstützung benötige ich hierfür? usw.

- *Veränderung*: Fühle ich mich durch das Design des Wandels angesprochen? Fühle ich mich in der Lage, mich auf den Wandel einzulassen? Was ist meine Aufgabe in der Umsetzung des Wandels? Welche Hindernisse erwarte ich bei meiner Wandelarbeit? Denke ich, ausreichend Kompetenzen und Unterstützung zu haben, um mit diesen Hindernissen umzugehen? Wie beobachte ich mich selbst, ob mein Handeln zielführend ist? usw.
- *Performance Messung*: Wie kann ich beobachten, wo ich in meinem eigenen Veränderungsprozess stehe? Gibt es Vorlaufindikatoren dazu, ob ich mich in die richtige Richtung ändere? Wie liege ich im Verhältnis zur Gruppe?

Ein Schulungskonzept zum GMN kann z. B. so angelegt sein, dass in zeitlich auseinander liegenden Blöcken schrittweise die einzelnen Arbeitsfelder »on the job« durchlaufen werden und man dabei parallel sowohl mit dem Führungsteam, dem zu transformierenden System als auch mit den Einzelpersonen arbeitet.

Wie aus Abbildung 1-5 ersichtlich ist, stehen alle Strategien zu den unterschiedlichen Gestaltungsebenen zueinander in (Wechsel-)Beziehung. D.h. Manöver bezogen auf eine der Gestaltungsebenen haben normalerweise Rückkopplungen auf die anderen Gestaltungsebenen. Jede Gestaltungsebene hat auch die anderen Gestaltungsebenen als ihre internen Stakeholder mit ihren ganz spezifischen Interessen zu betrachten. So ist die Holding auf Corporate-Ebene ein Stakeholder der Geschäfte, in dem sie z. B. bestimmte Renditeerwartungen an die Geschäfte richtet. Strategische Impulse auf dieses Netzwerk der Gestaltungsebenen können dabei von jeder der Gestaltungsebenen ausgehen.

Eine der Komplexität des Unternehmens adäquate Ausdifferenzierung des Strategischen Managements in unterschiedliche Gestaltungsebenen betrachten wir als erfolgskritisch für das Unternehmen. Warum ist das so?

Betrachtet man das Unternehmen aus Sicht seiner finanziellen Zielsetzung, dann geht es primär wohl darum, dass die Rendite aus dem im Unternehmen investierten Eigen- und Fremdkapital zumindest größer sein sollte als die Fremd-

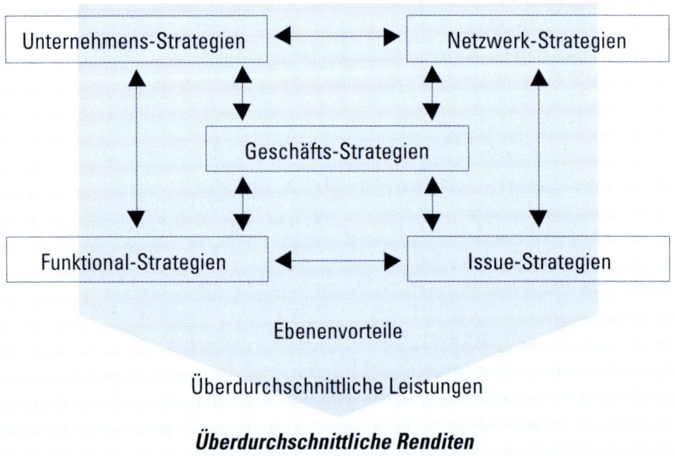

Abbildung 1-5: Wichtige Gestaltungsebenen eines Strategischen Managements

kapitalkosten. Strategien sind hier auf das Erzielen *überdurchschnittlicher Renditen* ausgerichtet.

Doch aus was resultieren überdurchschnittliche Renditen? Sie haben ihre Wurzeln in einer *überdurchschnittlichen Leistung*. Hierbei handelt es sich allerdings vorerst um eine Art saldierter Gesamtleistung, welche die überdurchnittlichen Renditen erklärt. Dahinter verbergen sich aber die Teilleistungen, die auf den verschiedenen Gestaltungsebenen erzielt werden können. Jede Gestaltungsebene ist Ansatzpunkt für das Erzielen überdurchschnittlicher Leistungen, den ein Unternehmen auch nutzen muss. Gelingt es einem Unternehmen z.B. nicht auf Corporate-Ebene (z.B. durch die Nutzung von Synergien zwischen den Geschäften) einen Mehrwert zu erzielen, der größer ist als die Kosten dieser Ebene (z.B. die Kosten einer Holding-Organisation), dann wird es am Kapitalmarkt mit einem »*conglomerate discount*« bestraft. Ein Investor könnte sich sagen, dass er dann lieber direkt in die Einzelgeschäfte investiert, da er dann die anteiligen Kosten der Corporate-Ebene nicht mitzutragen hat und er dann besser selbst sein Anlage-Portfolio optimiert.

Ebenenvorteile

Zur Veranschaulichung dieses Gedankengangs kann man sich des Konstrukts der »*Ebenenvorteile*« bedienen: Ebenenvorteile sind Vorteile, die ein Unternehmen nur auf dieser Gestaltungsebene zur Verfügung stehen (falls sie existiert). D.h. es bestehen auf jeder Gestaltungsebene – und eben nur dort – Ansatzpunkte zur Realisierung bestimmter ebenengebundener Vorteile, die eine überdurchschnittliche Leistung auf dieser Gestaltungsebene zu erklären vermögen.[35] So kann die Wahrnehmung möglicher Synergien aus einem zentralen Cash-Management auf Corporate-Ebene zu Vorteilen bei der Finanzierung der Geschäfte führen.

Welche Arten von Vorteilen stehen nun bei den Strategien zu den einzelnen Gestaltungsebenen zur Verfügung?

- In Zentrum der Strategiearbeit stehen sicherlich die Geschäftsstrategien. Dies deshalb, da der Schlüssel zum Erfolg eines Unternehmens letztendlich immer in der Etablierung von *Geschäftsvorteilen* auf der Geschäftsebene zu suchen ist. Die Art, wie eine Geschäftseinheit sich in ihren Märkten positioniert (*Marktvorteile*), oder wie sie im Verhältnis zu den Konkurrenten die Wettbewerbsdynamik für sich zu nutzen vermag (*Wettbewerbsvorteile*), erklärt ihre überdurchschnittlichen Leistungen.

Doch es ist unumstritten, dass auch die anderen Gestaltungsebenen eigenständige Ansatzpunkte zur Generierung von Vorteilen bieten, die eben allein nur dort zur Verfügung stehen:

- Auf der Corporate-Ebene trifft das Unternehmen primär seine Entscheidung in welchen Geschäften es tätig sein will, wie es die Ressourcen in diesen Geschäften alloziieren und möglichst wertschaffend nutzen will und welche organisatorischen Rahmenbedingungen dafür erforderlich sind. Gelingt es hier, sich in Branchen mit günstigen Bedingungen für das Unternehmen zu etablieren, dann kann ein *Selektionsvorteil* bezogen auf das Portfolio der Geschäfte, das sich das Unternehmen ausgewählt hat, realisiert werden. Er erklärt überdurchschnittliche Unternehmensrenditen im Verhältnis zu den Wettbewerbern des Unternehmens.

  Ein weiterer Unternehmensebenenvorteil, der sich aus der übergreifenden Nutzung von Potenzialen und bezogen auf eine spezifische Selektion von Geschäften ergibt (»*strategic spillovers*«[36]), kann auf zweifache Weise entstehen: (1) Potenziale, die sich aus einem Wettbewerbsvorteil in einem Geschäft ergeben, und die in anderen Geschäftseinheiten synergetisch mit genutzt werden. Beispiel ist hier die Nutzung eines über ein bestimmtes Produkt erworbenen Markennamen für die Positionierung anderer Produkte. (2) Potenziale, die sich aus bestimmten, einzigartigen Kompetenzen ergeben, werden auf andere Geschäfte als »*Best Practice*« transferiert. Da dieser Vorteil auf einer übergeordneten »Eltern-Ebene« wahrgenommen wird, sprechen Campbell/Goold (1997) auch vom »*Parenting Advantage*«.

»Parenting Advantage«

- Auf Netzwerkebene wird durch die Gruppe der teilnehmenden Unternehmen darüber entschieden, in welchen Geschäften und bei welchen Aktivitäten man gemeinsam agieren möchte. Überdurchschnittliche Unternehmensrenditen im Verhältnis zu den Wettbewerbern (aus konkurrenzierenden Netzwerken) versprechen sich die Netzwerkunternehmen demnach aus *Verbundvorteilen*. Beispiel ist hier das Code-Sharing bei den Netzwerken der Fluggesellschaften, was dazu führt, dass dem Kunde ein deutlich größeres Streckennetz angeboten werden kann, als jede Gesellschaft allein in der Lage gewesen wäre.
- In den Funktionen können die Fertigkeiten und Fähigkeiten eines Unternehmens verortet werden. Im Kern einer überdurchschnittlichen Leistung auf dieser Ebene stehen demnach *Kompetenzvorteile*. So gibt es Unternehmen, deren Reputation bezogen auf eine bestimmte Funktion derart gut ist, dass die besten Absolventen eines Universitätsjahrgangs in dieser Disziplin sich immer zuerst einmal bei diesem Unternehmen bewerben, was dann entsprechende Konsequenzen auf die Leistungsfähigkeit dieses Funktionalbereichs im Verhältnis zum Wettbewerb hat.
- Für die Gestaltungsebene der »strategic issues« ist es ohne Kenntnis deren Inhalte nicht möglich, spezifische Vorteile zu benennen. Sie kann ihren Vorteil z.B. daraus beziehen, dass eine Initiative außerhalb der bestehenden Strukturen betrieben wird, was normalerweise mehr Platz lässt für ungewöhnliche und innovative Inhalte.

Fallbeispiel: Gucci

(01/02) 1995 kam es zum Börsengang des 1923 durch Guccio Gucci in Florenz gegründeten Unternehmens Gucci. 1999 erwarb PPR für 2.9 Mrd. USD 40 % an Gucci mit dem Ziel, eine internationale Mehr-Marken-Gruppe für Luxusgüter aufzubauen. Dazu wurden nach und nach Unternehmen mit reputierten Marken wie Yves Saint Laurent, Sergio Rossi, Boucheron etc. akquiriert. Es wurden aber auch neue Marken aufgekauft. Im Jahr 2000 hatte die Gruppe einen Umsatz von 2.26 Mrd. USD erzielt; 1995 waren es noch 500 Mio USD. Und aus dem damaligen operativen Betriebsergebnis von 121,1 Mio. USD sind 408, 4 Mio. USD geworden. Die Marke Gucci zeichnet heute nur noch für 66 % des Umsatzes verantwortlich. Gleichzeitig wurde sie aber auch auf andere Produktgruppen ausgeweitet. Die luxuriösen Lederwaren, mit denen das Unternehmen 1923 begann, machen heute nur noch 30 % des Gesamtumsatzes der Gucci Group aus. Andere wichtige Produktgruppen sind Parfums (18 %), Kleidung (12 %), Schuhe (11 %) oder Uhren (11 %). Die Gruppe ist in fünf Divisionen organisiert: Gucci, Sergio Rossi, Schmuck & Uhren, Bottega Veneta und Emerging Brands. Am »front end« (Markt) tritt man mit unabhängigen Marken auf, die oft über Marken-eigene Ladenketten verfügen. Am »back end« sucht man nach möglichst vielen operativen Synergien (gemeinsames Back Office, gemeinsame Produktion und Logistik), Transfer von Marketing Know-how, den Ausbau einer zentralen Kernkompetenz »Management von Luxusmarken« etc. Den einzelnen erworbenen Markenunternehmen lässt man – bei aller Integration – bewusst relativ viel unternehmerische Eigenständigkeit. Auch ist man im April 2001 eine strategische Partnerschaft (50:50) mit der Modeschöpferin Stella McCartney und ihrem Markenunternehmen eingegangen.

Workshop:
Versuchen Sie folgende Fragen zu beantworten:

1. Verschaffen Sie sich nochmals Informationen zur Akquisition der 40% an Gucci durch PPR. Was waren die Motive und Überlegungen von PPR?
2. Wie würden Sie das Konzept der Unternehmensentwicklung von Gucci seit 1995 in Worte fassen?
3. Nach welchen Kriterien wählt die Gucci Gruppe wohl ihre Akquisitionskandidaten aus?
4. In welchen Arten von Vorteilen sehen Sie die Ursachen für die durch die Gucci Group erzielten überdurchschnittlichen Renditen?
5. Was ist die zentrale strategische Fragestellung der Marketingstrategie (als Funktionalstrategie) der Gucci Gruppe?
6. Nach welchen Kriterien erfolgte aus Ihrer Sicht die Abgrenzung der Divisionen?

Zusätzliche Informationen können Sie sich über www.gucci.com besorgen.

Im Prinzip müsste nun in der Gliederung des Buches jedes Arbeitsfeld-Kapitel in die genannten Gestaltungsebenen untergliedert sein, denn bei jeder gilt es die gleiche Art der Entscheide zu treffen: Entscheide zur Art des Initiierungsprozesses, Richtungs- bzw. Positionierungsentscheide, Entscheide zur Wertschöpfungsstruktur (Aktivitäten, Ressourcen, Strukturen, Systeme, Werte etc.), Entscheide zum Veränderungsprozess sowie Entscheide zur Art der Beurteilung von Fortschritt und Performance. Damit würde die Komplexität des Buches jedoch erheblich zunehmen. Da wir dies vermeiden wollten, haben wir in jedem der Arbeitsfeld-Kapitel nur in *die* Gestaltungsebenen unterschieden, die uns dort wesentlich und besonders prägend erscheinen. Trotzdem versuchen wir in jedem Arbeitsfeld immer wieder diese Ausdifferenzierung in die verschiedenen Gestaltungsebenen aufzugreifen, denn jeder Anwender betrachtet ja seinen Fall immer aus der Sicht seiner Ebene. Werden die Aussagen im Text nicht explizit mit einer bestimmten Gestaltungsebene verbunden, so meinen wir, dass sie unabhängig von der Gestaltungsebene sind.

(2) Strukturierung von Prozesspfaden

Mit dem GMN lässt sich ein Prozess zur Genese und Verwirklichung strategischer Initiativen strukturieren. Der sequenzielle Ablauf entlang der Arbeitsfelder Initiierung-Positionierung-Wertschöpfung-Veränderung in Abbildung 1-4 ist dabei idealtypisch. Wie Abbildung 1-6 es jedoch typologisch veranschaulicht, sind auch andere Abläufe denkbar, je nach Anlass, Zweck, Situation etc. aus dem die Initiative heraus erwachsen ist. Jeder Pfad beginnt jedoch bei der Initiierung. Dies geschieht häufig nur unbewusst, wenn z. B. die Strategien »automatisch« durch das jeweilige Leitungsorgan entwickelt werden und es dadurch unhinter-

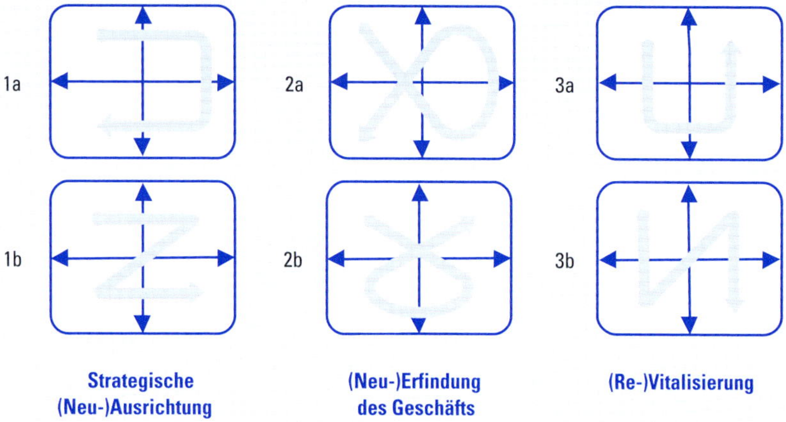

Abb. 1-6: GMN-Pfadtypen

fragt bleibt, ob man – bezogen auf die anstehenden Herausforderungen – damit meint, die optimale Beteiligtenstruktur gefunden zu haben.

(Neu-)Ausrichtung

Im Fall der *strategischen (Neu-)Ausrichtung* werden – nach der Initiierung – zuerst die Positionierungsprogramme entwickelt, d.h. das Gestaltungsobjekt wird gegenüber seinem Umfeld strategisch neu ausgerichtet. Die erste Variante davon ergibt den idealtypischen Ablauf im GMN: Die beiden folgenden Arbeitsmodule haben dann die Aufgabe strategiegerecht das Geschäftsmodell auszugestalten und die Organisation nachzuführen (Anpassung der Strukturen, Systeme, Werte etc.). Nahezu ausschließlich folgen die Konzeptionen der formalen strategischen Planung zumindest implizit diesem Modell. In der zweiten Variante werden in der Positionierung zwar die Vision schon formuliert und die Strategien auch grob skizziert, doch danach stößt man zuerst die notwendigen organisatorischen Veränderungsprozesse an, bevor dann die Wertschöpfungssysteme und die damit verbundene Ressourcenausstattung mit Strukturen, Systemen, Fähigkeiten etc. festgelegt werden.

!

DAIMLERCHRYSLER **Fallbeispiel:**
Strategische Planung bei DAIMLERCHRYSLER

(08/99) Nach der Ankündigung vom 7.5.98 wurde am 12.11.98 im Wege eines Aktientausches die Fusion der DAIMLER-BENZ AG mit der CHRYSLER CORP. zur DAIMLERCHRYSLER AG mit Sitz in Stuttgart und Auburn Hills vollzogen. In einem der vielen Post-Merger-Integration-Projekte hatte man sich mit der Zusammenführung der beiden strategischen Planungsprozesse zu beschäftigen. Dies geschah denn auch über den Zeitraum von 10/98 bis 02/99 und endete mit der Vorlage des Handbuchs zum neuen Prozess, so dass bereits die strategische Planung 1999 nach dem neuen Modell ablaufen konnte. Dabei setzte man bei der Neugestaltung stark auf das bereits bei Daimler-Benz etablierte Prozessmodell auf.

Von zentraler Bedeutung für die Strukturierung des neuen strategischen Planungsprozesses bei DaimlerChrysler war die *Unterscheidung von drei Konzernebenen*, die jeweils mit eigenen Vorgaben bzw. Geschäftsplanungen operierten. Neben dem Konzern selbst waren dies die 6 strategischen Geschäftsfelder (z.B. »Passenger Cars Mercedes-Benz, Smart«) und darunter die 23 Geschäftsbereiche (z.B. »Mercedes-Benz« und »Smart«) des Unternehmens.

Die Geschäftsbereiche, die für die Inhalte ihrer Planung jeweils selbst Verantwortung trugen, waren dabei das vorrangige Objekt der strategischen Planung. Eine Schlüsselrolle spielten hier die sogenannten *»planungsbegleitenden Teams«*, in denen die strategischen Planer aller drei Ebenen zeitgleich (also nicht sequentiell) zusammenzuarbeiten hatten. Durch sie sollte die Abstimmung zwischen Konzern und Geschäftsfeldern sichergestellt werden. Diese Teams hatten auch die Aufgabe, die prozessbegleitende Verzahnung mit den zentralen Funktionen zu übernehmen.

Der Ablauf des strategischen Planungsprozesses, wie er 1999 erstmalig nach dem Merger stattfand, umfasste drei Ebenen mit jeweils unterschiedlichen Inhalten und Schwerpunkten:

Erstens gab es gewissermaßen als kontinuierlichen Basisprozess die *unterjährige, gemeinsame Strategiearbeit* der Geschäftsbereich- und Geschäftsfeldplaner sowie der Konzernstrategen. Hier wurden die relevanten strategischen Aspekte der einzelnen Planungsebenen hinterfragt (Markt, Wettbewerbsposition, Produkte etc.). Auch ging es um Tracking-Gespräche zu besonders schwierigen Fällen und zu großen Projekten. Tendenziell traf man sich hier einmal im Monat.

Zweitens gab es auf diesen Basisprozess aufbauend die einmal jährlich stattfindenden *strategisch-wirtschaftlichen Gespräche* (SWG), bei denen es um die Strategien der Geschäftsbereiche ging. Diese SWG prägten die erste Phase des Planungskalenders. Von Mitte März bis Mitte Juni wurden sie vorbereitet. Als Auftakt dazu traf sich der Konzernvorstand direkt mit den Leitern der 23 Geschäftsbereiche zu einem Strategieforum. Dieses begann mit einer strategischen Bilanz des Vorstandsvorsitzenden. Ziel war die Ausrichtung aller Beteiligten auf die wichtigsten Ziele und Initiativen des Konzerns. Danach bereiteten die Geschäftsbereiche auf der Basis eigener strategischer Planungsprozesse ihre Vorlagen zu den SWG vor, die sie Anfang Juni an die Geschäftsfelder abzugeben hatten.

Bei diesen Vorlagen handelte es sich um ein vorstrukturiertes Dokument: Es begann mit einem 1–2-seitigen Executive Summary; danach folgte ein max. 15-seitiger Bericht mit Fokus auf die Kernprobleme und den bestehenden Handlungsbedarf. Im Anhang waren vorgegebene Formblätter zu wichtigen Projekten, Personalverfügbarkeit, Technologien, Szenarien und zum Risiko Management auszufüllen.

Diese Vorlagen wurden dann in der ersten Junihälfte aus einer konsolidierenden Sichtweise in den Geschäftsfeldleitungen behandelt. Mitte Juni gingen die SWG-Vorlagen dann an den Konzern. Zwischenzeitlich konnte man sich auf Konzernebene auch ein erstes Konzernbild machen, mit dem man dann auch in die Durchführung der SWG ging.

Die SWG mit den 23 Geschäftsbereichen fanden nach und nach im Juni/Juli statt. Ihr Zweck war die Institutionalisierung eines direkten und strukturierten Dialogs zwischen dem Konzernvorstand und den Geschäftsbereichen zu deren Wettbewerbssituation und den daraus resultierenden Ertragserwartungen. Ihr Ziel war es auch, eine noch bessere Fokussierung auf die strategischen Kernthemen zu erreichen. Zu den SWG gehörte eine Analyse der Ausgangssituation, das Aufzeigen der Handlungsoptionen sowie eine verbindliche Zielvereinbarung. Teilweise wurden in den SWG dann auch die Geschäftsbereichsstrategien und -projekte formell verabschiedet.

Drittens wurde dann auf Basis der Ergebnisprotokolle der SWG bis Ende Juli der Konzern-Strategiebericht als Input in die Ende Juli stattfindende *Konzern-Strategieklausur* entwickelt. Dort wurde die Konzernstrategie diskutiert und verabschiedet. Es ging hier darum, eine aggregierende Sichtweise über alle Geschäftsbereiche hinweg einzunehmen, die Ausgewogenheit des Konzernportfolios zu beurteilen, basierend auf den Wachstums- und Profitabilitätserwartungen Überlegungen zur Wertentwicklung des Konzerns anzustellen, die Technologieposition und -strategie zu überprüfen, das notwendige Managementpotenzial zu analysieren, die Eckpfeiler des Cash-Managements festzulegen etc.

Ein weiteres wichtiges Kennzeichen des Planungsprozesses war die enge *Koppelung von strategischer und operativer Planung*, um die Planungsinhalte, die Aufgabenverteilung und die Planungsabläufe in beiden Planungsbereichen aufeinander abzustimmen. Die strategische Planung übernahm dazu Daten der vorangegangenen operativen Planung mit identischen Steuerungsgrößen als Ausgangspunkt, um auf dieser Basis wiederum der nächsten operativen Planung und Budgetierung einen Handlungsrahmen vorzugeben.

Diese Form des strategischen Planungsprozesses hatte sich 1999 für das neue Unternehmen bewährt, so dass er noch heute in nahezu unveränderter Form so durchgeführt wird. Die jährlich wiederkehrende Form der Initiierung des Prozesses (zeitlicher Ablauf, Beteiligtenstruktur etc.) ist in einem detaillierten Planungshandbuch definiert und für jeden Mitarbeiter auf dem Intranet einsehbar. Ergebnis der SWG und der Konzern-Strategieklausur sind erstens die Positionierungen auf Ebene des Konzerns (»corporate strategy«) und der 23 Geschäftsbereiche (»business strategy«), sowie zweitens die daraus abgeleiteten Anforderungen an die Wertschöpfungsprozesse (Personalressourcen, Technologien etc.). Fragen des Managements des mit einer neuen Strategie einhergehenden Veränderungsprozesses des sozialen Systems »Geschäftsbereich« oder »Konzern« werden dann meist nachgelagert bei der Umsetzung zur Diskussion gebracht.

(Neu-)Erfindung

Im Fall der *(Neu-)Erfindung* des Geschäfts entstehen neue Strategien aus organisatorischen Lernprozessen zur Logik eines Geschäfts. Dieser Prozesstyp entspricht einem *unternehmerischen Ansatz*: Aus neuem Wissen emergieren in kreativer Art und Weise neue Geschäftsideen. Ein Beispiel für diesen Typ ist die noch junge, aber sehr erfolgreiche Auktionsplattform EBAY, wo man auch noch heute sehr viel Zeit damit verbringt, den Kunden zuzusehen und zuzuhören. Neue Geschäftsideen kommen oft aus der Beobachtung der Häufung neuer Auktionsobjekte und -formen. So hat man z.B. gesehen, dass Kunden auf einmal begannen auch Häuser anzubieten, woraus man dann eine neue Geschäftseinheit für Immobilienauktionen ableitete. Der Hebel zum Erfolg des Start-up's lag hier in einem die etablierte Form des Wettbewerbs angreifenden neuen Wertschöpfungsmodell.

Man kann sich im Fall 2a aber auch ein etabliertes Unternehmen vorstellen, das erkannt hat, dass sein bestehendes Wertschöpfungsmodell eher ein Auslaufmodell ist und das sich nun dem Prozess der Entwicklung eines neuen Modells stellt. Sobald dieses neue Modell entwickelt ist, wird die Positionierungsstrategie angepasst. Danach wird der Veränderungsprozess in Gang gebracht, der erforderlich ist, um die neuen Strategieinhalte im Verhalten der Organisationsmitglieder zum Leben zu bringen.

Diesem Prozessmuster sind speziell gegen Ende der 90er-Jahre viele Unternehmen gefolgt, als sie erkannt hatten, dass das Internet (z.B. in Form neuer elektronischer Vertriebswege oder Beschaffungssysteme) ihre Geschäftssysteme verändern wird. Es wurden unternehmensweite E-Business-Initiativen gestartet, die einzelnen Geschäftssysteme auf die Konsequenzen daraus durchleuchtet und ggf. redefiniert hatten (z.B. Einrichtung neuer E-Vertriebskanäle), E-Business-Strategien wurden formuliert und ein Projekt zur E-Transformation aller Mitarbeiter (als kultureller Wandel) gestartet. Zur gleichen Zeit waren überall aber auch Einzelpersonen oder Teams auf der Suche nach neuen Geschäftsmodellen unterwegs, um mittels der neuen Technologien die Regeln des Wettbewerbs zu brechen und den etablierten Konkurrenten Marktanteile abzunehmen. Wurde eine solche Idee gefunden, suchte man nach einer geeigneten Finanzierung (oft durch Venture Capitalists). War diese gefunden, so konnte das Unternehmen gegründet werden.

Damit nähert man sich der Variante 2b. Sie kann den Fall eines Start-up-Unternehmens repräsentieren: Die Gruppe, die sich zur Gründung und zum Aufbau des neuen Start-up's zusammengefunden hat, tastet sich über viele Iterationen an ein hoffentlich funktionsfähiges Geschäftsmodell heran. Recht bald muss dann an die Gestaltung des notwendigen Veränderungsprozesses gedacht werden, der die Organisation aus der Gründersituation heraus in einen laufenden und wohl organisierten Betrieb überführt. Langsam erhält man auch eine Vorstellung davon, wie die dazugehörigen Märkte aussehen könnten und mit welchen Wettbewerbern man es dort zu tun hat. Nun kann begonnen werden, die dazugehörigen Positionierungsstrategien zu definieren. Aus der Geschäftsidee soll nun eine Strategie werden, über die auch nachhaltige Wettbewerbsvorteile repräsentiert werden können. Dabei findet das dazugehörige »strategizing« aufgrund der hohen Unsicherheit laufend und in vielen kleinen Schritten statt, da man sich zuerst einmal an die sich neu bildenden Systemgrenzen herantasten muss.

Allianz

Fallbeispiel: Die E-Business-Initiative der ALLIANZ[37]
(01/02) Obgleich Wettbewerber schon 1999 bedeutsame E-Business-Projekte gestartet hatten, betrachtete man bei dem deutschen Finanzdienstleister ALLIANZ für geraume Zeit das Internet weitgehend noch als eine vorübergehende Erscheinung. Teilweise war dies auch eine Wunschvorstellung, da z.B. die klassische Versicherungsaußendienstorganisation die Sorge hatte, dass das Internet sie kanibalisieren werde. Doch als sich dann auch die kritischen Stimmen aus dem Kapitalmarkt mehrten, und man negative Effekte auf den Aktienkurs befürchten musste, wurde um das Vorstandsmitglied Friedrich Wöbking herum eine Arbeitsgruppe eingesetzt, welche die Situation auszuloten hatte. Ergebnis ihrer Vorstandspräsentation war es, dass im Frühjahr 2001 auf Corporate-Ebene zwei direkt miteinander konkurrierende Projektteams gebildet wurden. Deren Aufgabe war es, Ideen für neue, Web-basierte Geschäftsmodelle im Unternehmen ausfindig zu machen und konzeptionell aufzubereiten. Vom Vorstand wurden gleich zu Anfang Kriterien vorgegeben, nach denen man die in einer ersten Runde zusammengetragenen Ideen bewerten und auswählen werde. Über einen mehrstufigen Selektionsprozess wurden dann aus etwa 150 Ideen insgesamt sieben ausgewählt und zur Umsetzung freigegeben und mit Budgets ausgestattet. Für jedes der sieben Geschäftsmodelle wurde ein Team gebildet, das die Ideen in den Markt zu bringen hatte. Vier der sieben Geschäftsmodelle haben bereits heute erfolgreich ihren Markt gefunden. Schon im August 2001 konnte man im unabhängigen FORRESTER Brief anerkennend lesen: »*There is no doubt now that Allianz Group has the concepts ready to lead the market with innovations in the age of internet as well.*« Nachdem sich bei den erfolgreichen Initiativen nach und nach auch Strukturen des Marktes abzeichnen, kann man beginnen, die eigene Positionierung zu suchen und zu verfestigen. Doch nun ist man auch damit beschäftigt, diesen über einzelne Projektgruppen vollzogenen Wandel auf das ganze Unternehmen zu übertragen (»e-transformation«).

(Re-)Vitalisierung

Bei der *(Re-)Vitalisierung* geht es darum, zuerst einmal eine vielleicht verkrustete Organisation aufzubrechen und zu mobilisieren, um dann darauf aufbauend nach neuen strategischen Programmen zu suchen. Ohne die Verankerung neuer Werte sieht man hier kaum eine Chance, das Unternehmen nachhaltig strategisch neu zu gestalten. Ist der kulturelle Wandel genügend weit fortgeschritten, dann werden im Fall 3a die Wertschöpfungsprozesse und die organisatorischen Strukturen, in denen sie stattfinden, unter die Lupe genommen. Es wird z.B. gefragt, ob bislang die Strategien mit der gegebenen Organisationsstruktur den richtigen

Bezugspunkt hatten, oder ob es einer Reorganisation bedarf. Erst wenn diese Frage geklärt ist, welche organisatorischen Einheiten überhaupt positioniert werden sollen, macht es Sinn, die Positionierungsaufgabe anzugehen. Es kann nun davon ausgegangen werden, dass auf der Basis veränderter Werte und innerhalb veränderter struktureller Rahmenbedingungen inhaltlich andere Strategien entstehen, als wenn man z. B. den klassischen Pfad 1a gewählt hätte. Im Fall 3b sieht man dagegen nach der kulturellen Mobilisierung keinen Reorganisationsbedarf und geht deshalb direkt in die Positionierung und passt erst danach die Strukturen an.

Fallbeispiel: British Petroleum
Die vierte große Wachstumsphase in der Geschichte von BP (www.bp.com) folgt im Prinzip dem Typ 3a. Der gesamte Prozess dauerte etwa eine Dekade und fand unter verschiedenen CEO statt. Der erste davon war 1989 Robert Horton, der erkannt hatte, dass das Unternehmen radikal mit seiner Vergangenheit brechen musste, wenn es erfolgreich überleben wollte. Da BP bislang den Charakter eines Staatsunternehmens hatte, entschied er sich zuerst die Kultur – eingebettet in die neue Mission aus Abb. 3-44 – zu ändern. Dazu würden vier neue zentrale Werte für BP definiert: »Openess«, »Personal Impact«, »Empowerment« und »Networking«. Unzählige Workshops wurden mit Management und Mitarbeitern durchgeführt, um zu reflektieren, was diese Werte für jeden Einzelnen bedeuten und welche Konsequenzen dies hat. Doch der Kulturwandel zeigte nicht so schnell wie erwünscht die positiven Effekte auf die wirtschaftliche Leistung von BP. David Simon, bislang COO bei BP, übernimmt 1993 die Position des CEO. Er sagt direkt, dass der Start über die Mobilisierung der Kultur richtig war und setzt diese Arbeiten fort. Den Schwerpunkt verlagert er nun aber auf die Anpassung der Organisationsstrukturen: Aus drei Geschäftsgruppen werden über 80 Geschäfts- und Serviceeinheiten; von einem relativ diversifizierten Portfolio bleiben die beiden Geschäfte Energie und Petrochemie übrig. Doch bereits 1997 kommt mit John Brown ein neuer CEO. Auch er setzt die Arbeiten seiner Vorgänger fort, verlagert nun aber den Schwerpunkt auf das Thema Strategie. Um Weltklasse zu werden, will man über Akquisitionen wachsen. So werden Unternehmen wie Amoco, Argo und Castrol gekauft. Um das organisatorische Lernen zu verbessern, wurden Peer Reviews eingeführt und die Mitarbeiter besser vernetzt.

Der Pfad 3 ist i. Allg. besonders mühsam zu gehen. Oft dauert er viele Jahre, da eine Kulturveränderung ein langwieriger und kaum zielorientiert steuerbarer Prozess ist. Nicht selten ist es sogar so, dass es einer Führungsmannschaft nur gelingt eines der Arbeitsfelder abzuarbeiten und der nächste Arbeitsschritt unter neuer Führung stattfindet. Derartige Fälle einer Revitalisierung hat man häufig dort gesehen, wo ganze Branchen liberalisiert und dereguliert wurden (z. B. Telekommunikationsindustrie), wo es sich für die betroffenen Wettbewerber um fundamentalen Wandel handelt, der nahezu alles im und am Unternehmen verändert.

Fallbeispiel:
Strategischer Wandel bei der Lufthansa 1991–99[38]
(08/00) 1991 war die Deutsche Lufthansa AG (www.lufthansa.com) nahe am Konkurs. 1992 verzeichnete man einen Verlust von 730 Mio. DM. Doch im Bewusstsein der meisten Mitarbeiter wurde diese Situation nicht als wirkliche Krise begriffen. Man war sich gewiss, dass Deutschland seine »Staats-Airline« nicht tatsächlich Konkurs

gehen lassen würde. Deshalb war die allgemein empfundene Dringlichkeit zu einem strategischen Wandel relativ gering. Man gab sich auch nach wie vor recht selbstbewusst.

Das sollte sich jedoch ändern, als 1992 eine Gruppe von Führungskräften ein Change Management-Seminar absolvierte. Sie erkannte die Dramatik der Situation und formierte die Gruppe »Samurai of Change«. Es gelang ihr den CEO Jürgen Weber zu überzeugen, dass höchster Handlungsbedarf bestand. Man wusste, dass man in der Organisation mit einem hohen kulturellen Beharrungsvermögen zu rechnen hatte. Deshalb ging es zuerst einmal darum, einen »mentalen Wandel« einzuleiten, wenn man wollte, dass das Ausmaß der Krise erkannt wird, und dass der Wandel auch tiefgreifend und nachhaltig genug sein wird. Dazu wurde eine Reihe von Workshops mit als Wandel-fähig eingestuften Führungskräften durchgeführt. Ziel war es, neben der Darstellung der Dramatik der Lage, ihr Commitment und ihre Unterstützung zur Durchführung eines Turnarounds einzuholen. Ergebnis der Workshops waren 131 Projekte, die zur Vermeidung des Konkurses primär auf eine Kostenreduktion abzielten (Personalabbau, Flottenabbau etc.). Um auch möglichst weitgehend die Unterstützung der breiten Mitarbeiterschaft zu erlangen, wurden sogenannte »Town Meetings« als lokale Kommunikationsplattformen abgehalten. Bis zum Sommer 1999 hatte Jürgen Weber selbst an über 200 dieser Treffen überall in der Welt teilgenommen. Es erwachte eine gemeinsame Lufthansa-Loyalität, auf deren Basis auch mit den Gewerkschaften erhebliche Lohnreduktionen ausgehandelt werden konnten, so dass der Turnaround auch ohne Streiks ablief.

In einem nächsten Schritt konnte dann restrukturiert werden. Man positionierte sich neu, indem man das stark diversifizierte Geschäftsportfolio (Hotels etc.) abbaute und auf sieben, dem Fluggeschäft nahe Geschäfteinheiten fokussierte. Um ihre Eigenständigkeit zu erhöhen, wurde eine Holdingorganisation gegründet. Ein weiterer Positionierungsschritt war die Einbringung der Lufthansa in das Airlines-Netzwerk »STAR ALLIANCE«. Bereits 1998 konnte die Lufthansa wieder einen Vorsteuergewinn von 2.5 Mrd. DM realisieren.

Es gibt aber auch Unternehmen, die genau diesen Pfadtyp sich auch bei kleinen Veränderungen zu ihrem kontinuierlichen Grundmuster gemacht haben. Sie gehen davon aus, dass, bei einer permanente Pflege und Weiterentwicklung der zentralen Werte des Unternehmens, die Strukturen sich so anzupassen haben, dass die Werte sich optimal entfalten können und dann auch erfolgreiche Strategien daraus emergieren werden: »structure follows culture« und »strategy follows structure«.

Natürlich wird in der Praxis das Pfadprozessmuster i. Allg. nicht fein säuberlich Schritt für Schritt vollzogen werden. Es liefert nur das Grundmodell, dem der Prozess folgt. Der jeweilige sequenzielle Ablauf kann aber auch durchbrochen werden. Es kann iterativ auf bereits durchlaufene Arbeitsfelder zurückgekommen werden. Auch kann man sich den GMN als Spirale vorstellen, in welcher der jeweilige Prozesstyp vielfach durchlaufen wird. Da alle Arbeitsfelder wechselseitig aufeinander wirken, wird auch ein gleichzeitiges und vernetztes Arbeiten in mehreren oder sogar allen Feldern nicht ungewöhnlich sein.

Damit ist die Einführung in den generellen Bezugsrahmen dieses Buches, den »General Management Navigator«, abgeschlossen. In der Zusammenfassung wollen wir nochmals die Besonderheiten dieses Bezugsrahmens hervorheben, da er dem gesamten Buch zugrunde liegt. Mit diesem Bezugsrahmen des GMN verlassen wir allerdings auch die klassische Strukturierung des Gebietes in »Strategieentwicklung – Strategieimplementierung«, nach der viele Veranstaltungen und Lehrbücher zum Strategischen Management gegliedert sind.[39]

Integration der Strategie und Wandelarbeit

Generelles Ziel des GMN ist die *Rückkehr zu integrierteren Formen der General-Management-Arbeit.* Integriert werden hier Strategie- und Wandelarbeit sowie die unternehmerischen Prozesse auf und zwischen den jeweiligen organisatorischen Ebenen. Selbst die individuellen Veränderungsprozesse der einzelnen Mitarbeiter und Leistungsträger sollten miteinander verkoppelt werden.[40] Um dieser Integration nahe zu kommen, offeriert der GMN dort, wo konzeptionelle »Lücken« bestanden, *mehrere, neuartige Bezugsrahmen.*

Workshop
Betrachten Sie Ihre Organisation einmal durch die Brille des General Management Navigators (GMN) und konfrontieren Sie sich mit folgenden Fragen:

- Was ist speziell an der Art und Weise wie unsere Führungsmannschaft sich ihre relevante Umwelt »konstruiert« hat? Geschah dies bewusst? Hinterfragen wir diese »Konstruktion« systematisch und regelmäßig auf ihre Gültigkeit? Inwieweit deckt sich diese »Konstruktion« mit den »Konstruktionen« anderer strategischer Akteure im Unternehmen?
- Was ist derzeit die bedeutendste strategische Initiative in unserem Unternehmen? Wie erfolgskritisch sind dabei die einzelnen Felder des GMN? Hatten wir uns auf dem Weg zur Entscheidung für diese Initiative ausreichend und systematisch genug mit diesen erfolgskritischen Feldern auseinandergesetzt?
- Welchem GMN-Pfadtyp entspricht unsere gewählte Vorgehensweise bei der betrachteten strategischen Initiative am ehesten? Wäre – im nachhinein betrachtet – ein anderer GMN-Pfadtyp geeigneter gewesen?
- Welche Gestaltungsebenen gibt es bei uns? Werden diese in unserem Strategischen Management explizit genug unterschieden? Wie gut sind unsere Strategien zu den einzelnen Gestaltungsebenen aufeinander abgestimmt? Welche Vorteile können wir zur Realisierung überdurchnittlicher Renditen nutzen?
- Was spräche für und was gegen eine Anwendung des GMN für strategische Initiativen in unserem Unternehmen?

Zusammenfassung

- Jede Strategiebildung basiert auf einer spezifischen Betrachtung der Umwelt durch ein Unternehmen (bzw. deren Akteure). Dabei kommt es zu einer Selektion der Anspruchsgruppen (Stakeholder) am Unternehmen in Relation zu ihrer wahrgenommenen Bedeutung.
- Der General Management Navigator (GMN) stellt einen Bezugsrahmen zur Strukturierung des Strategischen Managements in *vier plus eins modulartige Arbeitsfelder* dar: Initiierung, Positionierung, Wertschöpfung, Veränderung plus Performance Messung.
- Der GMN verbindet die *Inhalts- und Prozessforschung*, indem er sowohl die inhaltlichen als auch prozessualen Aspekte von strategischen Initiativen thematisiert. Auch differenziert er explizit zwischen strategischen Fragestellungen im *Außen- und Innenverhältnis.*
- Der GMN bietet eine *zusammenhängende Betrachtung des Strategischen Managements* über seine vier plus eins Felder, ohne dabei durch eine bestimmte Prozessvorstellung die Betrachtung vorschnell zu verengen. So können seine modulartigen Arbeitsfelder – je nach Gestaltungskontext – in unterschiedli-

chen Abfolgen zu alternativen Arbeitsprozessen (GMN-Pfadtypen) aneinandergereiht werden.

- Die Arbeitsstruktur des GMN ist weitgehend universal bzgl. der Einsatzfelder und -formen. Er weist eine *rekursive Grundlogik* auf, d.h. seine Struktur der vier plus eins Felder ist auf verschiedene Ebenen unternehmerischer Einheiten anwendbar wie z.B. Netzwerke, Gesamtunternehmen, Geschäftseinheiten oder einzelne Abteilungen.
- Der GMN bewegt sich im Spannungsfeld von *grundlagen- und anwendungsorientierter Forschung* und stellt daher sowohl wissenschaftliche Theorien als auch auf praktische Anwendung zielende Instrumente vor.
- Der GMN fokussiert sich auf *strategische Initiativen* und ihren Einfluss auf den organisatorischen Basisprozess und nicht auf die Vorstellung der Formulierung, Implementierung und Kontrolle von Strategien. Ausgangs- und Bezugspunkt jedes GMN-Arbeitsprozesses sind demnach strategische Initiativen. Dies sind »Impulse« im und aus dem Unternehmen, die dessen Entwicklung signifikant betreffen. Dabei ist die formelle, strategische Planung nur *ein* möglicher Ort der Formierung strategischer Initiativen.
- Strategische Initiativen können unterschiedliche Gestaltungsobjekte als Bezugspunkt haben: Unternehmen, Geschäfte, Funktionen, Netzwerke und bestimmte »strategic issues«. Die einzelnen Gestaltungsebenen bieten dabei unterschiedliche Ansatzpunkte zur Realisierung von Vorteilen als Grundlage zur Erzielung überdurchschnittlicher Renditen.

Lernkontrolle

1. Welche Bedeutung hat die Umwelt bzgl. der Formierung von Strategien in Unternehmen?
2. Was ist der General Management Navigator (GMN)? Wie ist er aufgebaut? Was ist das Neuartige daran? Was sind die zentralen Fragestellungen der einzelnen Arbeitsfelder?
3. Entlang welcher beiden Leitdifferenzen (Achsen) werden die Arbeitsfelder im GMN strukturiert? Warum wird hier von der Genese und nicht nur von der Formulierung von Strategien gesprochen?
4. Was ist Gegenstand der »Strategy Content«-Forschung und der »Strategy Process«-Forschung? Warum kann es problematisch sein, eine strategische Fragestellung nur aus Sicht einer der beiden Teildisziplinen zu betrachten?
5. Was ist eine strategische Initiative? In welchem Zusammenhang steht sie zum GMN? Wie und wo können strategische Initiativen entstehen? In welchem Bezug stehen sie zur formellen, strategischen Planung?
6. Welche Anwendungsmöglichkeiten bietet der GMN? Welche Funktionen des GMN sollen damit erfüllt werden?
7. Welche Gestaltungsebenen eines SM werden unterschieden? Welche nur auf den einzelnen Gestaltungsebenen zu erzielenden Vorteile (als Ursache überdurchschnittlicher Leistungen und Renditen) lassen sich unterscheiden?

Literatur

Für Leser, die ihr Wissen zu den Grundlagen eines strategischen Managements vertiefen wollen, empfehlen wir insbesondere die *kursiv* hervorgehobenen Autoren.

Al-Laham, A. (1977): Strategieprozesse in deutschen Unternehmen: Verlauf, Struktur und Effizienz, Wiesbaden.
Andrews, K.R. (1971): The concept of corporate strategy, Homewood, Ill.
Ansoff, H.I. (1965): Corporate strategy: an analytical approach to business policy for growth and expansion, New York.

Barnard, C. (1938): The functions of the executive, Harvard University Press, Cambridge (Mass.)/London.
Barney, J.B. (1991): Firm resources and sustained competitive advantage. In: Journal of Management, Vol. 17, Nr. 1, S. 99–120.
Bea, F.X./Hass, J. (2001): Strategisches Management, 3. Auflage, Stuttgart.
Bleicher, K. (1994): Normatives Management, Frankfurt/New York.
Bleicher, K. (1999): Das Konzept Integriertes Management, 6. Auflage, Frankfurt/New York.
Bresser, R.K.F./Hitt, M.A./Nixon, R.D./Heuskel, D. (Hrsg., 2000): Winning strategies in a deconstructing world, Strategic Management Series, Chichester.
Burgelman, R.A. (1983): A process model of internal corporate venturing in the diversified major firm. In: Administrative Science Quarterly, Vol. 28, Nr. 2, S. 223–244.
Burns, T./Stalker, G.M. (1961): The management of innovation, London.

Campbell, A./Goold, M. (1997): Building core skills, in: Campbell, A./Sommer Luchs, K. (Hrsg.): Core competency-based strategy, London.
Chakravarthy, B.S./Doz, Y. (1992): Strategy process research: focusing on corporate self-renewal. In: Strategic Management Journal, Special Issue Summer, Vol. 13, Nr. 5, S. 5–14.
Chakravarthy, B./Müller-Stewens, G./Lorange, P./Lechner, C. (2003): Defining the contours of the strategy process field. In: Chakravarthy, B./Müller-Stewens, G./Lorange, P./ Lechner, C. (Hrsg.): Strategy process. Shaping the contours of the field, Malden etc., S. 1–17.
Chandler, A. (1962): Strategy and structure, Cambridge etc.
Cyert, R.M./March, J.G. (1963): A behavioral theory of the firm, Englewood Cliffs, NJ.

Daft, R.L./Weick, K.E. (1984): Toward a model of organizations as interpretation systems. In: Academy of Management Review, Vol. 9, Nr. 2, S. 284–295.

Fayol, H. (1916): Administration industrielle et générale, Neuausgabe, Paris 1966.
Freeman, R.E./McVea, J. (2001): A stakeholder approach to strategic management. In: Hitt, M./Freeman, R.E./Harrison, J.S. (Hrsg.): The Blackwell handbook of strategic management, Oxford/Malden, S. 189–207.
Froschmayer, A. (1997): Konzepte für die strategische Führung von Unternehmensverbindungen, München.
Förster, H. von (1973): On constructing a reality. In: Praiser, W.F.E. (Hrsg.): Environmental Design Research, Stroudsburg (PA.), 2. Auflage, S. 35–46.

Gälweiler, A. (1987): Strategische Unternehmensführung, Frankfurt/New York.
Geus, A. de (1989): Unternehmensplaner können Lernprozesse beschleunigen. In: Harvard Business Manager, Nr. 1/1989, S. 28–34.
Gomez, P./Zimmermann, T. (1993): Unternehmensorganisation, 2. revidierte und erweiterte Auflage, Frankfurt/New York.

Grant, R. (1997): The knowledge-based view of the firm: implications for management practice. In: Long Range Planning, Vol. 30, Nr. 3, S. 450–454.
Grant, R.(2002): Contemporary Strategy Analysis, 4. Auflage, Oxford.

Hamel, G./Prahalad, C.K. (1990): The core competence and the corporation. In: Harvard Business Review, Vol. 68, Nr. 3, S. 79–91.
Harrison, J.S./John, C.H. (1996): Managing and partnering with external stakeholders. In: Academy of Management Executive, Vol. 10, Nr. 2, S. 46–60.
Hax, A.C./Majluf, N.S. (1988): Strategisches Management, Frankfurt/New York.
Hitt M.A./, Ireland, R./Hoskisson, R. (2003): Strategic Management. Competitiveness and Globalization, 5. Auflage, Cincinnati.
Huff, A.S./Reger, R.K. (1987): A review of strategic process research. In: Journal of Management, Vol. 13, Nr. 2, S. 211–236.
Hungenberg, H. (2001): Strategisches Management in Unternehmen, 2. Auflage, Wiesbaden.

Janisch, M. (1992): Das strategische Anspruchsgruppenmanagement, Dissertation Universität St. Gallen.
Johnson, G./Scholes, K. (2002): Exploring Corporate Strategy, 6. Auflage, London etc.

Ketchen, D.J./Thomas, J.B./McDaniel, R.R. (1996): Process, content and context: synergetic effects on organizational performance. In: Journal of Management, Vol. 22, Nr. 2, S. 231–257.
Kieser, A. (1993): Anleitung zum kritischen Umgang mit Organisationstheorien. In: Kieser, A. (Hrsg.): Organisationstheorien, 1. Auflage, Stuttgart etc.
Kirsch, W. (1997): Wegweiser zur Konstruktion einer evolutionären Theorie der strategischen Führung, 2. überarbeitete und erweiterte Fassung, München.
Knyphausen-Aufseß, D. zu (1995): Theorie der strategischen Unternehmensführung, Wiesbaden.

Lawrence, P.R./Lorsch, J. (1967): Organizarion and environment, managing differentation and integration, Irwin, Homewood, Ill.
Learned, E.P./Christensen, R.C./Andrews, K.R./Guth, W. (1965): Business policy: text and cases, Homewood, Ill.
Lombriser, R./Abplanalp, P.A.(1997): Strategisches Management, Zürich.
Lynch, R.(2002): Corporate Strategy, 3. Auflage, London etc.

Macharzina, K. (1999): Unternehmensführung, 3. aktualisierte und erweiterte Auflage, Wiesbaden 1999.
March, J.G./Simon, H.A. (1958): Organizations, New York.
Melin, L. (1985): Strategies in managing turnaround. In: Long Range Planning, Vol. 1, Nr. 18, S. 80–86.
Mintzberg, H. (1978): Patterns of strategy formulation. In: Management Science, Vol. 24, Nr. 9, S. 934–948.
Mintzberg, H. (1987): The strategy concept I: five p's for strategy. In: California Management Review, Vol. 30, Nr. 1, S. 11–24.
Mintzberg, H./Waters, J.A. (1985): Of strategies, deliberate and emergent. In: Strategic Management Journal, Vol. 6, Nr. 3, S. 257–272.
Müller-Stewens, G. (1992): Strategie und Organisationsstruktur, in: Frese, E. (Hrsg.): Handwörterbuch der Organisation, 3. Auflage, Stuttgart, Sp. 2344–2355.
Müller-Stewens, G./Lechner, C. (2003): Strategische Prozessforschung – Grundlagen und Perspektiven. In: Ringlstetter, M./Henzler, H./Mirow, M. (Hrsg.): Perspektiven der Strategischen Unternehmensführung, Wiesbaden, S. 43–71.

Neumann, J. von/Morgenstern, O. (1944): Theory of games and economic behaviour, Princeton.

Ortmann, G./Windeler, A./Becker, A./Schulz, H.J. (1990): Computer und Macht in Organisationen. Mikropolitische Analysen, Opladen.

Penrose, E. (1959): The theory of the growth of the firm, Oxford 1959.
Pettigrew, A.M. (1992): The character and significance of strategy process research. In: Strategic Management Journal, Vol. 13, Nr. 8, S. 5–16.
Pettigrew, A.M./Whipp, R. (1991): Managing change for competitive success, Oxford/Cambridge, MA.
Porter, M.E. (1980): Competitive strategy: techniques for analyzing industries and competitors, New York.
Porter, M.E. (1985): Competitive advantage: creating and sustaining superior performance, New York.
Powell, T.C. (2001): Competitive advantage: logical and philosophical considerations. In: Strategic Management Journal, Vol. 22, Nr. 9, S. 875–888.
Prahalad, C.K./Bettis, R. (1986): The dominant logic: a new linkage between diversity and performance, Strategic Management Journal, Vol. 7, Nr. 6, S. 485–501.
Pümpin, C. (1983): Management strategischer Erfolgspositionen, 3. Auflage, Bern/Stuttgart.
Pümpin, C./Prange, J. (1991): Management der Unternehmensentwicklung, Frankfurt/New York.

Quinn, J.B. (1980): Strategies for change. Logical incrementalism, Homewood, Ill.

Rosove, P. (1967): Developing computer-based information systems, New York etc.
Rüegg-Stürm, J. (2002): Das neue St. Galler Management-Modell, Bern etc.
Rumelt, R.P./Schendel, D.E./Teece, D.J. (1994): Fundamental issues in strategy – a research agenda, Boston, MA.

Saloner, G./Shepard, A./Podolny, J.M.(2001): Strategic Management, New York etc.
Schreyögg, G. (1984): Unternehmensstrategie: Grundfragen einer Theorie der strategischer Unternehmensführung, Berlin/New York.
Schreyögg, G. (1999): Strategisches Management: Entwicklungstendenzen und Zukunftsperspektiven. In: Die Unternehmung, Vol. 53, Nr. 6, S. 387–407.
Schumpeter, J.A. (1934): Theorie der wirtschaftlichen Entwicklung, Berlin.
Schwaninger, M. (1994): Managementsysteme, Frankfurt/New York.
Selznick, P. (1957): Leadership in Administration: A Sociological Interpretation.
Simon, H.A. (1981): Entscheidungsverhalten in Organisationen. Landsberg am Lech.
Spender, J.-C. (1996): Organizational knowledge, learning and memory, three concepts in search of a theory. In: Journal of Organizational Change Management, Vol. 9, Nr. 1, S. 63–78.
Staehle, W.H. (1999): Management – eine verhaltenswissenschaftliche Perspektive, 8. überarbeitete Auflage, München.
Steinmann, H./Schreyögg, G. (2000): Management. Grundlagen der Unternehmensführung, 5. Auflage, Wiesbaden.

Taylor, T. (1947): Scientific Management, New York.
Teece, D.J./Pisano, G./Shuen, A. (1997): Dynamic capabilities and strategic management. In: Strategic Management Journal, Vol. 18, Nr. 7, S. 509–533.
Thompson, J.L./Strickland, A.J. (2001): Strategic Management: Concepts and Cases, 12. Auflage, Boston
Tolman, E.C. (1948): Cognitive maps in rats and men. In: Psychological Review, Vol. 55, Nr. 4, S. 189–208.

Ulrich, H./Krieg, W. (1974): St. Galler Management-Modell, 3. Auflage, Bern.

Watzlawick, P. (Hrsg., 1991): Die erfundene Wirklichkeit: Wie wissen wir, was wir zu wissen glauben? 6. Auflage, München.
Weber, M. (1921): Die drei reinen Typen der legitimen Herrschaft. In: Winckelmann, J. (Hrsg., 1973): Max Weber – Soziologie, Universalgeschichtliche Analysen, Politik, Stuttgart, S. 151–166.
Welge, M. K./Al-Laham, A. (2001): Strategisches Management, 3. Auflage, Wiesbaden.
Welge, M. K./Al-Laham/Kajüter, P. (Hrsg., 2000): Praxis des Strategischen Managements, Wiesbaden.
Wernerfelt, B. (1984): A resource based view of the firm. In: Strategic Management Journal, Vol. 5, Nr. 2, S. 171–180.
Wit, Bob de/Meyer, R.(1998): Strategy. Process, Content, Context, 2. Auflage, London etc.

Anmerkungen

1 Vgl. Kieser (1993), Kirsch (1997), zu Knyphausen-Aufseß (1995).
2 Vgl. Kirsch (1997).
3 Vgl. Bleicher (1994), Gomez/Zimmermann (1993), Pümpin/Prange (1991) und Schwaninger (1994) zu den einzelnen Modulen des Ansatzes von Bleicher. Inzwischen hat Rüegg-Stürm (2002) das Modell von Ulrich/Krieg noch weiterentwickelt.
4 Vgl. Steinmann/Schreyögg (2000).
5 Ausführliche Anmerkungen finden sich u.a. bei Rumelt et al. (1994); zu Knyphausen-Aufseß (1995), Staehle (1999); Schreyögg (1999).
6 Gedankengut, das im Strategischen Management auftaucht, ist bereits vorher in anderen Zusammenhängen entwickelt worden. So ist z.B. die volkswirtschaftliche Theorie mit ihren neoklassischen und keynesianischen Modellen zu nennen, ebenso Schumpeter (1934) mit seinen Überlegungen zur Rolle des innovativen Unternehmers und des kreativen Zerstörungsprozesses der Wirtschaft. Des weiteren hatte sich bereits Max Weber (1921) in seinen Untersuchungen zur Bürokratie mit formalen Organisationen beschäftigt, Fayol (1916) hatte im Verwaltungsbereich elementare Managementfunktionen identifiziert, die er als Planung, Organisation, Leitung, Koordination und Kontrolle bezeichnet. Oder Taylor (1947) hatte Methoden zur Analyse und Zerlegung von Arbeitsprozessen sowie Managementprinzipien entwickelt, wie sie u.a. bei der Fließbandfertigung von Autos eingesetzt wurden. Barnard (1938) hatte in seinem Buch »The Functions of the Executive« bei der Analyse von Organisationen bereits auf gleichgewichtserhaltende Prozesse hingewiesen. Er war wohl auch der erste, der Organisationen als soziale Systeme betrachtete. Darauf aufbauend sind Arbeiten in den Organisationswissenschaften zu nennen, wie z.B. die Ausführungen von March/Simon (1958) zur Informationsverarbeitung, der situative Forschungsansatz von Burns/Stalker (1961), die verhaltenswissenschaftliche Theorie der Firma von Cyert/March (1963) oder der Kontingenzansatz von Lawrence/Lorsch (1967).
7 Vgl. Müller-Stewens (1992). Mit dem Zusammenhang zwischen Struktur und Strategie befasst sich z.B. auch Melin (1985).
8 Chandler (1962), S. 13.
9 Andrews (1971), S. 28.
10 Vgl. Learned/Christensen/Andrews/Guth (1965).
11 Den Fähigkeitenaspekt übernimmt er von Selznick (1957), der das Konstrukt der »distinctive competence« eingeführt hat.
12 Andrews (1971), S. 37.
13 Diese Methoden werden in Kapitel 3 dargestellt.
14 Die klassische Entscheidungstheorie der Mikroökonomie geht von einem rationalen Entscheider aus, der nach Nutzenmaximierung strebt. Entscheidungen beruhen hier auf einem systematischen Entscheidungsprozess: Zunächst werden alle Entscheidungsalternativen analysiert und bewertet, *bevor* eine Entscheidung getroffen wird. In der

Realität werden Entscheidungen und Handlungen häufig erst *im Nachhinein* begründet, d.h sie werden ex post rationalisiert.

15 Vgl. dazu auch Kapitel 2.1 sowie Mintzberg/Waters (1985); Quinn (1980); Burgelman (1983),

16 Vgl. Schreyögg (1984).

17 Vgl. dazu auch Kapitel 3.

18 Vgl. Wernerfelt (1984); Barney (1991); Hamel/Prahalad (1991).

19 Vgl. Grant (1997), Spender (1996).

20 Vgl. Teece et al. (1997).

21 Zu einem Überblick vgl. Schreyögg (1999), Müller-Stewens/Lechner (2003) und Pettigrew (1992).

22 Vgl. exemplarisch Pettigrew/Whipp (1991).

23 So stellte Simon (1981) fest, dass Führungskräfte bei ihren Entscheidungen aufgrund fehlender vollständiger Informationen nicht alle möglichen Alternativen analysieren und folglich auch nur zufrieden stellende, nicht jedoch optimale Lösungen erzielen können. Daher wird ein nur begrenztes Rationalitätsverständnis hinsichtlich Führungsentscheidungen zugrunde gelegt (»*bounded rationality*«).

24 Siehe Macharzina (1999), S. 92 ff. Die Erforschung konzeptioneller Raster wurde im Rahmen der Wahrnehmungspsychologie von Tolman (1948) vorangetrieben. Weitere Anhaltspunkte finden sich in den Ausführungen des radikalen Konstruktivismus (Watzlawick 1991, von Förster 1979) sowie dem Interpretationsansatz von Organisationen (Daft/Weick 1984).

25 Vgl. Prahalad/Bettis (1986).

26 Nach Bleicher (1999) lässt sich Gestaltung als konzeptionell-dimensionengebundenes Handeln definieren.

27 Vgl. Froschmayer (1997).

28 Vgl. Rumelt et al (1994).

29 Vgl. dazu z. B. Bleicher (1999).

30 Zum Stakeholderkonzept vgl. Freeman/McVea (2001), Janisch (1992) sowie Kap. 3.2.2. Manche Stakeholder, wie etwa Aktionäre oder Mitarbeiter, gehören je nach Beobachtungsperspektive zum Unternehmen (als Teil) oder zu seiner Umwelt (als Anspruchsgruppe an das Unternehmen). Ein Mitarbeiter ist zwar *Teil* des Unternehmens; die Gruppe der Mitarbeiter stellt aber Ansprüche *an* das Unternehmen.

31 Vgl. Harrison/John (1996), S. 47.

32 Vgl. Chakravarthy et al. (2003), Huff/Reger (1987), Pettigrew (1992) und Ketchen/Thomas/McDaniel (1996).

33 Dabei wird die Zuordnung nicht immer eindeutig möglich sein, da z.B. viele Instrumente in unterschiedlicher Form einsetzbar sind und dann teilweise auch anderen GMN-Arbeitsfeldern zuordenbar sind.

34 In der Literatur zum Strategischen Management spielen Funktionalstrategien - in Relation zu den sehr etablierten Kategorien der »Corporate Strategy« und »Business Strategy« - eine eher untergeordnete Rolle. In manchen etablierten Lehrbüchern werden sie gar nicht in das Strategische Management miteinbezogen. Hungenberg (2001, S. 15) vertritt z.B. die Auffassung, dass Fragestellungen, die die Funktionsbereiche betreffen, dem operativen Management zuzurechnen sind, da die grundsätzliche Ausrichtung des Unternehmens dadurch nicht berührt wird. Doch selbst, wenn Funktionalstrategien durch Autoren in das Strategische Management miteinbezogen werden, so sind deren Berziehungen zu den anderen Strategieformen keineswegs geklärt. Z.B. Bea/Haas (2001, S. 181) sehen Funktionalstrategien als die unterste hierarchische Ebene (unter den Geschäftsstrategien).

35 Powell (2001) weist berechtigt darauf hin, dass die Argumentation mit den Vorteilen nur ein Hilfskonstrukt sein kann, da es auch Fälle gibt, wo ein Unternehmen eine überdurchschnittliche Leistung erbringt und auch eine überdurchschnittliche Rendite erwirtschaftet, ohne dass bestimmte Vorteile erkennbar sind.

36 Vgl. zu diesem Begriff Saloner/Shepard/Podolny (2001), S. 360 ff.

37 Vgl. hierzu auch unsere ausführliche Fallstudie »Allianz. The race for new e-business models«. Sie kann über das European Case Clearing House (inklusive Teaching Notes) bezogen werden: www.ecch.com, Bestellnummer 302-027-1.

38 Vgl. zum Wandel der Lufthansa die Fallstudie von Sumantra Goshal und Heike Bruch. Sie kann über das European Case Clearing House (inklusive Teaching Notes) bezogen werden: www.ecch.com, Bestellnummer 301-040-1.

39 Es gibt eine große Anzahl an Lehrbüchern zum Strategischen Management. Eine kleine Auswahl sei hier ergänzend zur Lektüre dieses Buches empfohlen. Bücher in deutscher Sprache vgl. u.a. Bea/Hass (2001), Hax/Majluf (1988), Hungenberg (2004), Lombriser/Abplanalp (1997), Welge/Al-Laham (2003), Welge et al. (2000); Bücher in englischer Sprache vgl. u.a. Grant (2004), Hitt et al. (2005), Johnson/Scholes (2002), Lynch (2002), Saloner et al. (2001), Thompson/Strickland (2001), Wit/Meyer (2004).

40 Dies kann auch Konsequenzen auf die Aufbauorganisation der Führungsorgane haben. So sollte man eher Abstand nehmen von Lösungen, in denen Führungsinitiativen sequenziell durch verschiedene Ressorts abgearbeitet werden: die Strategiearbeit durch die Abteilung bzw. den Stab »Strategische Planung«, die Wandelarbeit durch die Organisations- und Personalabteilung. Ressortegoismus und ungenügendes Wissen über die Arbeit des anderen können hier sehr schnell Suboptimierungen zur Folge haben. Zweckmäßiger sind gemischte Expertenpools, aus denen heraus die Führungsinitiativen personalseitig besetzt werden.

Kapitel 2:
Initiierung

Kapitel 2
Initiierung

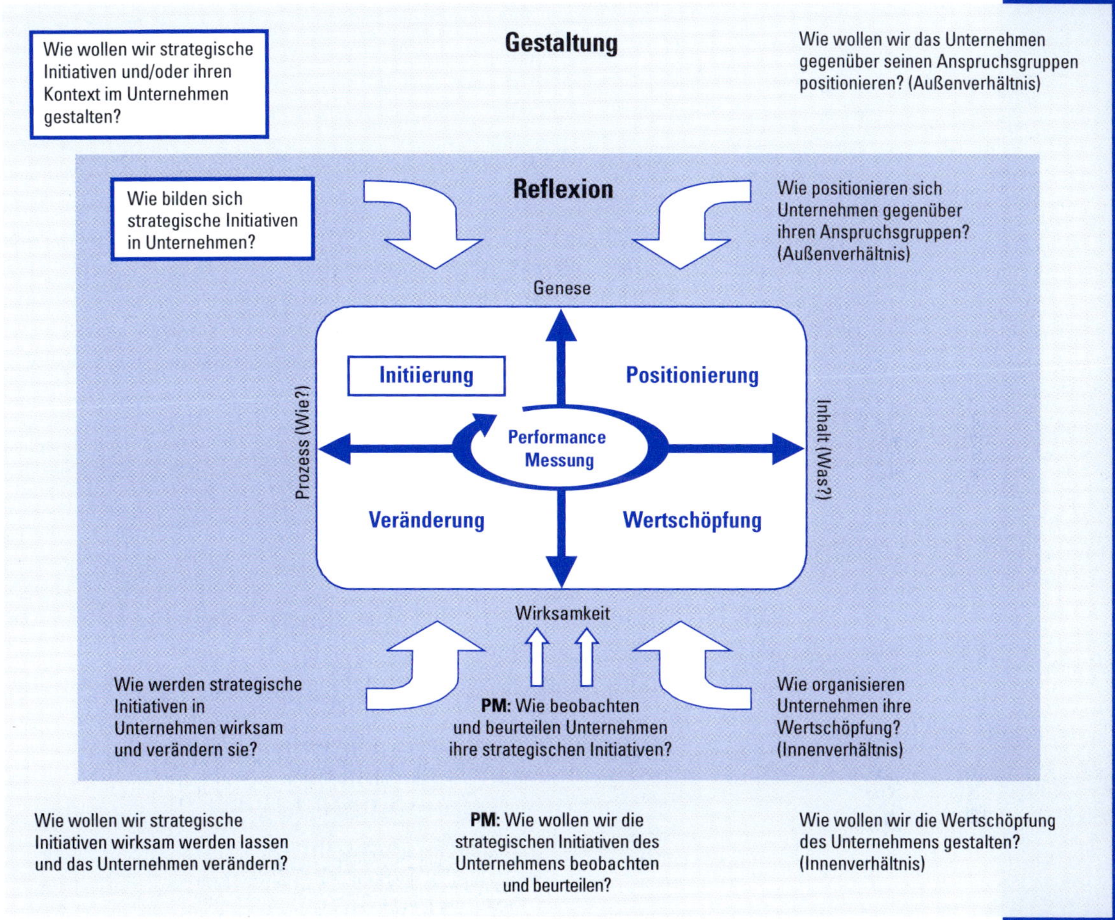

Abb. 2-1: Initiierung im GMN

Stellt man Führungskräften die Frage, wie stark sich ihre Branche in den letzten 5–10 Jahren verändert hat, so erhält man überwiegend die Antwort, dass hier dramatische Verschiebungen erfolgt seien und mit ihnen auch in Zukunft zu rechnen wäre. Wirft man anschließend die Frage auf, ob sich in diesem Zeitraum auch die Strategien ihrer Unternehmen so grundlegend verändert hätten, so wird zwar prinzipiell in Richtung Umbruch argumentiert, allerdings in wesentlich »gedämpfterer« Form. Begründet wird dies mit der natürlichen »Trägheit« von Organisationen und einer eher inkrementellen Anpassung von Strategien. Geht man einen Schritt weiter und fragt zuletzt, ob sich innerhalb des gleichen Zeitraumes denn auch der Prozess der Strategiebildung verändert hat, so fallen die Antworten noch spärlicher aus. Eine strategische Planung, sofern sie praktiziert wird, wird meist als einengend, lange Kolonnen von Zahlen produzierend und als wenig wirksam bezeichnet. Zudem binde das operative Tagesgeschäft fast alle Ressourcen. Und überraschenderweise hätten viele wichtige Projekte ihren Ursprung nicht innerhalb, sondern außerhalb der offiziellen Gremien gehabt. Andererseits fordern heute Anspruchsgruppen, wie etwa Investoren, dass Unternehmen über wirkungsvolle Verfahren zur Entwicklung von Strategien verfügen. Sie sehen darin einen der Garanten für eine professionelle Unternehmensführung.

Kapitelübersicht

- Darstellung und kritisches Hinterfragen verschiedener Denkschulen zur Formierung strategischer Initiativen
- Vermittlung wichtiger »Stellhebel« zur Beeinflussung und Gestaltung der Initiierungsarbeit
- Ableitung, Bewertung und Auswahl eines fallspezifischen Initiierungsstils
- Betrachtung unterschiedlicher Strategieprozessmodi

Im Mittelpunkt dieses Kapitels steht die zwar einfach zu stellende, aber komplexe Themen aufwerfende Frage: Wie bilden sich strategische Initiativen in Unternehmen? Oder in differenzierter Form: Wie und wo entstehen sie? Wie gewinnen sie an Einfluss? Wie verdichten sie sich? Wie werden sie im betrieblichen Alltag wirksam? Als **strategische Initiative** verstehen wir alle in einer Organisation aufkommenden Impulse von strategischer Relevanz, die die Entwicklung des Unternehmens signifikant zu prägen vermögen. Dies gilt unabhängig davon, wo und wie diese Vorstöße entstehen und welchen Inhalt sie haben. So kann z.B. eine Initiative auf den Eintritt in ein neues Geschäftsfeld, die Adaption einer neuen Technologie, die Entwicklung einer neuen Produktreihe, die Veränderung einer Markt- oder Wettbewerbsposition usw. gerichtet sein. Strategisch relevant ist ein Impuls dann, wenn er sowohl das Verhältnis zu den Anspruchsgruppen als auch die Fähigkeiten der Organisation signifikant betrifft.

Strategische Initiative

Abb. 2-2: Wissenslandkarte zum Kapitel »Initiierung«

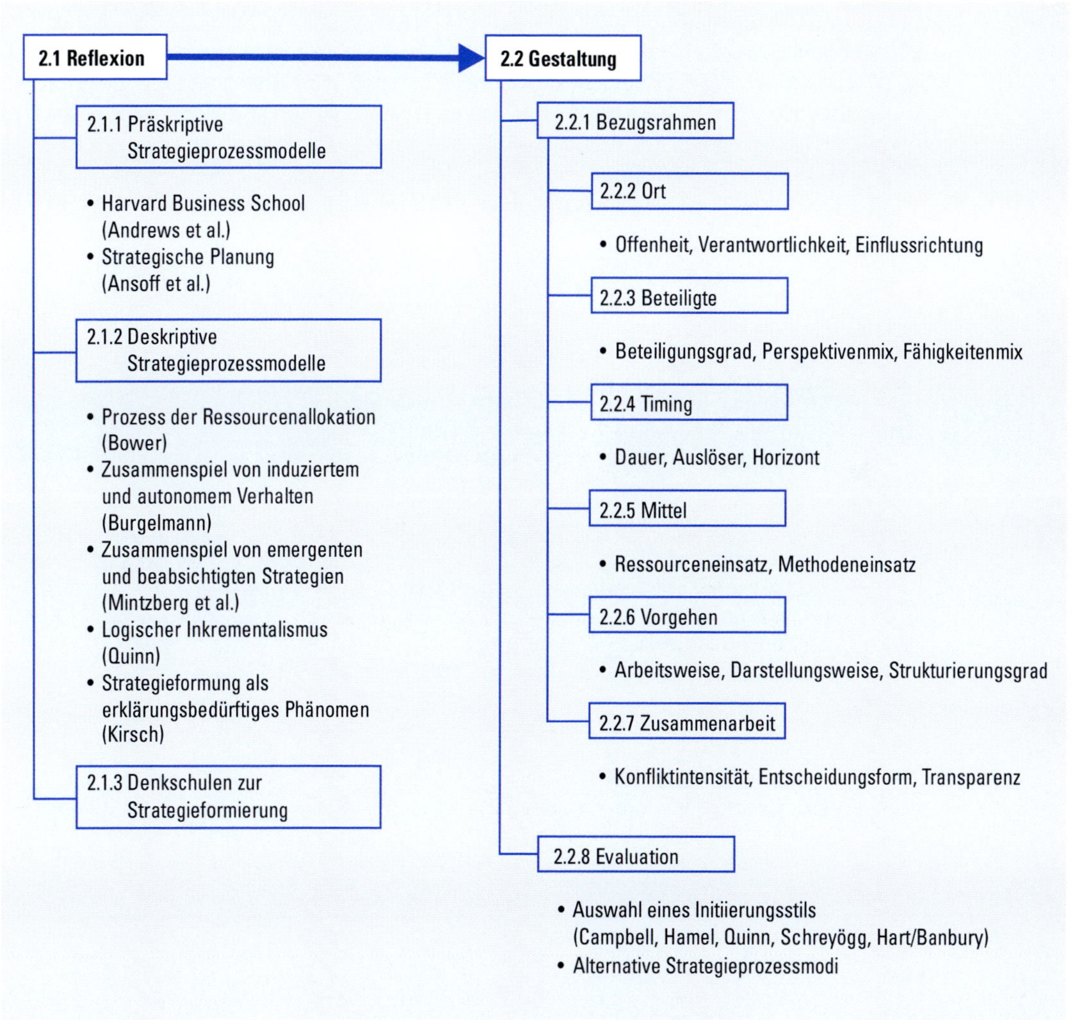

Im Detail ist das Kapitel wie folgt aufgebaut (siehe Wissenslandkarte in Abbildung 2-2). Zunächst werden im Rahmen der **Reflexion (Kapitel 2.1)** mehrere Ansätze vorgestellt, die sich um ein Verständnis dieser Vorgänge bemühen. Sie offerieren kein einheitliches »Bild der Dinge«, sondern öffnen den Blick für sich teils ergänzende, teils widersprüchliche Erklärungsansätze. **Kapitel 2.2** wendet sich dann der **Gestaltung** strategischer Initiativen zu. Absicht ist es, wichtige Dimensionen vorzustellen, die direkt oder indirekt einer Gestaltung zugänglich sind, wie z. B. der Beteiligungsgrad, die Transparenz der Initiative oder die eingesetzten Ressourcen und Hilfsmittel. Überlegungen zur Evaluation und Vorgehen bei der Initiierung runden das Kapitel ab. Mit dem Begriff der »Initiierung« soll bewusst darauf aufmerksam gemacht werden, dass im Rahmen des Strategischen Managements nicht nur der Inhalt von strategischen Initiativen, sondern auch der Kontext und Prozess, durch den sie sich formieren, der intensiven Aufmerksamkeit bedarf. Wir gehen dabei von der Annahme aus, dass die »Weichenstellungen«, die hier getroffen werden, erheblichen Einfluss auf die inhaltliche Qualität von strategischen Initiativen sowie deren operative Wirksamkeit haben und folglich nicht zu vernachlässigen sind. So hat beispielsweise die Entscheidung, wer an der Entwicklung einer Initiative beteiligt ist, Einfluss auf das Resultat wie auch die spätere Akzeptanz gegenüber Dritten; so bietet die Involvierung externer Experten oder Kunden die Möglichkeit, Erkenntnisse zu erlangen, die ansonsten unberücksichtigt bleiben usw. Es geht also um die Identifikation von Ansatzpunkten und eine Diskussion der sich bietenden Optionen.

Initiierung: Den Prozess beachten

Workshop: Quellen strategischer Initiativen

Blicken Sie einmal mit ein paar Kollegen verschiedener Führungsebenen aus Ihrer Organisation etwa auf die letzten 5 Jahre Ihrer Unternehmensentwicklung zurück und fragen sich, welche strategischen Initiativen Ihre Organisation nachhaltig verändert haben. Listen Sie dann diese Initiativen in der Reihenfolge ihrer Bedeutung auf.

Stellen Sie sich dazu einmal folgende Fragen:

1. Wo hatte jede einzelne dieser organisatorischen Initiativen ihren Ursprung? Wie ist die Organisation mit ihnen verfahren, als sie aufkamen?
2. Wenn Sie nun auf die Liste der Quellen der Initiativen schauen: Welche Quellen haben anscheinend für die strategische Entwicklung und Erneuerung Ihrer Organisation eine besondere Bedeutung? Passt diese Liste der wichtigen Quellen auch zu den dominanten Denkmustern in Ihrer Organisation oder werden dort eher andere Quellen als wichtig eingestuft? Schenken Sie den wichtigen Quellen in der Führungsarbeit ausreichend Beachtung?
3. Sollte Ihre Organisation über eine formelle strategische Planung verfügen: Welche Rolle hatte diese als Quelle wichtiger Initiativen? Was schließen Sie daraus?
4. Konnten Sie bei dieser Analyse auch Quellen strategischer Initiativen entdecken, die noch viel ergiebiger sein könnten, wenn man dort die organisatorischen Rahmenbedingungen verbessern würde?
5. Betrachten Sie nun noch einmal die Liste der bedeutsamen strategischen Initiativen: Warum konnte sich jede dieser Initiativen erfolgreich durchsetzen? Können Sie daraus generelle Erfolgsfaktoren bzgl. der Prozessgestaltung solcher Initiativen für Ihre Organisation ableiten?

2.1 Reflexion

Bevor man sich mit der Gestaltung strategischer Initiativen beschäftigt, ist es notwendig, ein Verständnis darüber zu gewinnen, wie sie sich in Unternehmen überhaupt formieren.[1] Da es für dieses Phänomen nicht nur einen, sondern mehrere Erklärungsansätze gibt, werden wir im Folgenden die wichtigsten Modelle in ihren Grundzügen vorstellen.[2] Dabei werden zunächst präskriptive (Kapitel 2.1.1) und deskriptive (Kapitel 2.1.2) Modelle diskutiert[3] und dann ein kurzer Überblick über insgesamt zehn Denkschulen der Strategieformierung gegeben (Kapitel 2.1.3).

Lernziele

- Vorstellung und kritische Hinterfragung wichtiger präskriptiver und deskriptiver Strategieprozessmodelle
- Einordnung der formalen strategischen Planung als normatives Strategiemodell
- Mittels deskriptiver Prozessmodelle sich eine Vorstellung davon verschaffen, wie sich Strategien in Unternehmen tatsächlich formieren
- Den Zusammenhang zwischen intendierten und emergenten Strategien kennen lernen
- Hinterfragung, ob und wann es überhaupt Strategien *des* Unternehmens gibt
- Darstellung einer Typologie von Denkschulen zur Strategieformierung

2.1.1 Präskriptive Strategieprozessmodelle

Unter den präskriptiven Modellen ragen zwei besonders heraus: das Strategiemodell der Harvard Business School sowie die damit eng verbundenen Ansätze zu einer strategischen Planung.

(1) Das Strategiemodell der Harvard Business School

Eines der ersten Modelle, das sich mit Strategieprozessen beschäftigte, wurde von Learned, Christensen, Andrews und Guth, Mitgliedern der General Management Group der Harvard Business School, im Jahre 1965 vorgelegt.[4] Kernstück des Modells ist die Aufspaltung des Strategieprozesses in zwei zeitlich aufeinander folgende Phasen, von denen die erste Formulierung und die zweite Implementierung genannt wird.

Formulierung
Implementierung

Bei der **Formulierung** steht das *Treffen strategisch wichtiger Entscheidungen* im Vordergrund. Hier geht es um das »Deciding what to do«. Faktoren wie die Einschätzung der Chancen und Risiken der Umwelt, der Ressourcen des Unternehmens, der persönlichen Wertvorstellungen des Top-Managements sowie die Verantwortung gegenüber der Gesellschaft beeinflussen dabei die zu fällenden Grundsatzentscheidungen. In ihrer Gesamtheit bilden sie die Unternehmensstrategie, die nach Andrews (1971) definiert wird als »pattern of decisions in a com-

Treffen strategisch wichtiger Entscheidungen im Vordergrund

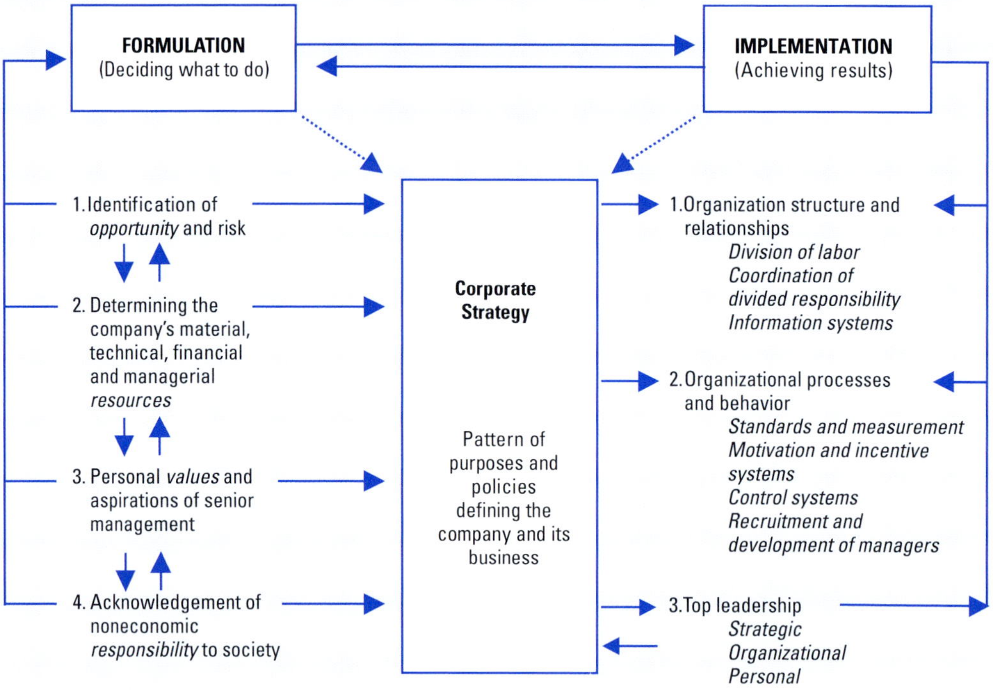

Abb. 2-3: Das Strategiemodell der Harvard Business School (Andrews 1987, S. 41)

pany that determines and reveals its objectives, purposes or goals, produces the principal policies and plans for achieving those goals, and defines the range of business the company is to pursue, the kind of economic and human organization it is or intends to be, and the nature of economic and noneconomic contribution it intends to make to its shareholders, employees, customers and communities«.

Ist die Formulierung der Strategie erfolgt, kommt der **Implementierung** die Aufgabe zu, die jeweiligen *Entscheidungen in administrative Teilaktivitäten zu überführen und Ergebnisse zu produzieren* (»achieving results«). Dazu hat man die organisationale Struktur, Beziehungen, Prozesse, Verhalten sowie den Führungsstil adäquat anzupassen. Je besser dies getan wird, desto höher sind die Chancen, dass eine Strategie erfolgreich umgesetzt wird. Abbildung 2-3 zeigt diese Zusammenhänge im Überblick.

Zweifelsohne hat das Modell der Harvard Business School die Entwicklung des Strategischen Managements stark geprägt. Nach wie vor basieren Lehre und Praxis in weiten Teilen auf seinen Fundamenten. Da man sich mit der Verwendung eines Strategiemodells auch seine zentralen Annahmen zu Eigen macht und diese in der Folge Denken und Handeln prägen, ist es wichtig, sich ihrer bewusst zu werden. Macht man dies, so werden folgende **Annahmen** sichtbar: [5]

Annahmen

- *Entscheidungen* sind in diesem Modell das wahrhaft »Entscheidende«: Die Bildung einer Strategie ist ein Entscheidungsprozess, in dessen Verlauf richtungsweisende Vorgaben getroffen werden, die das Verhalten und die Entwicklung des Unternehmens prägen.

- Strategien sind das Resultat eines *wohl überlegten und bewussten Denkvorgangs:* Wenn Strategien Entscheidungen sind, müssen sie explizit formulierbar sein und dies ist nur dann der Fall, wenn es sich um einen aktiven, zielgerichteten Prozess logischen Denkens handelt.
- Strategien sind *einzelfallspezifisch* zu entwerfen: Sie haben zur individuellen Situation eines Unternehmens zu passen und entstehen in einem rational geprägten Akt, der die jeweiligen Umstände berücksichtigt. Allgemein gültige Leitlinien, die den Inhalt von Strategien betreffen, gibt es nicht. Vielmehr gilt es jeweils, die Einzigartigkeit einer Situation zu berücksichtigen und darauf aufbauend Entscheidungen zu fällen.
- Die Verantwortung für die Formulierung von Strategien liegt bei der *Unternehmensspitze:* Da Strategien für die Zukunft des Unternehmens richtungsweisend sind, fallen sie in den Aufgabenbereich des obersten Managers. Als »der« Stratege schlechthin, verkörpert er die Intelligenz des Unternehmens. Von ihm gehen richtungsweisende Impulse aus, er kontrolliert die Umsetzung der Entscheidungen. Die Restorganisation führt sie lediglich aus.
- Der strategische Prozess ist eine *sequenzielle Abfolge klar definierter Phasen:* Erst wenn Strategien formuliert und damit kommunizierbar sind, können sie anschließend auch implementiert werden. Die Implementierung folgt dabei zeitlich und inhaltlich der Formulierung nach.

Präskriptive Argumentation; normative Gestaltungsempfehlungen

Betrachtet man diese Annahmen, so wird unmittelbar deutlich, dass das Strategiemodell der Harvard Business School nicht deskriptiv, sondern präskriptiv argumentiert. Es hat eine eigenständige Sichtweise über die Bildung von Strategien, gibt Ratschläge, wie man dabei vorgehen sollte und begründet diese mit Plausibilitätsargumenten. Es liefert also nicht nur ein Denkschema, wie der Prozess konzeptionell zu verstehen ist, sondern bietet gleichzeitig normative Gestaltungsempfehlungen.

Kritik

Kritisch ist u. a. zu bedenken, dass erstens die ausschließliche Fokussierung auf Entscheidungen zu einer theoretischen Verengung und Simplifizierung des Strategieprozesses führt. Alle Vorgänge, die nicht als Entscheidungen darstellbar sind, müssen notgedrungen ausgeblendet werden. Dies ist allerdings fragwürdig, denn nicht alle Ereignisse, die für die Formierung von Strategien von Relevanz sind, müssen explizite Entscheidungen sein. Wichtiges kann sich auch unbewusst oder im Diskurs vollziehen und trotzdem weit reichende Folgen nach sich ziehen. Zweitens ist die Beziehung zwischen Entscheidungen und Handlungen nicht nur eindimensional zu begreifen. Im Strategiemodell der Harvard Business School werden zunächst Entscheidungen getroffen (Formulierung), die dann durch Handlungen umgesetzt werden (Implementierung). Handlungen gehen jedoch oft Entscheidungen zeitlich und inhaltlich voraus, werden ex post erst rationalisiert oder schaffen Fakten, die es nachträglich zu verarbeiten gilt. Zudem sind nicht alle Strategien von Unternehmen auf explizite Entscheidungen zurückzuführen. Andere Quellen und Entstehungsmuster gilt es ebenfalls zu berücksichtigen. Drittens ist die Trennung in die Phasen der Formulierung und Implementierung zwar analytisch hilfreich, jedoch ist damit keineswegs gesagt, dass die tatsächliche Formierung von Strategien auch wirklich diesem Schema folgt.

(2) Strategische Planung

Einheitliche Logik

Hohe Rationalität

Vom Strategiemodell der Harvard Business School ist der Weg zu einer strategischen Planung nicht mehr weit. Was hinzukommt ist die deutliche Ausdifferenzierung der beiden Phasen Formulierung und Implementierung, ihre Zerlegung und Formalisierung in eine Vielzahl von Arbeitsschritten (das von Ansoff 1965 vorgeschlagene Planungsmodell weist beispielsweise 57 Arbeitsfelder auf) und deren Unterlegung mit ausführlichen Frage- und Checklisten. Trotz der kaum noch zu überblickenden Varianten folgen die meisten Planungsmodelle (inklusive der Ansätze der meisten Strategieberatungsunternehmen) einer einheitlichen **Logik**, die folgendermaßen vorgeht: Man setzt sich unternehmerische Ziele, analysiert systematisch die Umwelt und das Unternehmen, generiert Strategiealternativen, evaluiert sie, wählt eine aus, plant mit Hilfe von Maßnahmenplänen, Budgets und Zeitplänen ihre Umsetzung und kontrolliert den Fortschritt und die Ergebnisse. Ob man dabei in 7, 9 oder 11 Schritten vorgeht und ob man die einzelnen Etappen dabei nur leicht oder tief untergliedert, ist letztlich unerheblich, solange sich die einzelnen Ansätze in der gleichen Grundlogik bewegen. Die strategische Planung wird damit zu einem formell dokumentierten Prozess, der die Formulierung, Implementierung und Kontrolle von Strategien systematischen Kriterien und einer rigorosen Prüfung unterwirft. Hohe Rationalität ist dabei entscheidend.

Umfassend formalisiert

Mit diesem Vorgehen entfernt sich die strategische Planung jedoch auch teilweise vom Strategiemodell der Harvard Business School. Während diese eine einfache, informelle Vorgehensweise zur Entwicklung von Strategien empfahl, die von der obersten Führungskraft ausging, *wird der Prozess nun schon von Beginn an umfassend formalisiert, in detaillierte Einzelschritte zerlegt und in den Zuständigkeitsbereich strategischer Planer und ausgefeilter Planungssysteme verlagert.*

Ressourcen: Der strategische Plan der NASA
Bevor Sie vertiefen, sollten Sie sich vielleicht einmal einen Eindruck von der Komplexität der strategischen Planung einer großen Organisation verschaffen. Dazu können Sie z. B. die Homepage der NASA besuchen (www.hq.nasa.gov) und dort unter der Kategorie »Strategic Plans« sich einen Überblick verschaffen. Sie finden dort auch eine Datei zum sehr umfassenden »Strategic Management Handbook«.

In den 70er und 80er-Jahren kam es in vielen Unternehmen zu einer weiten Verbreitung der strategischen Planung. Stabsabteilungen wurden geschaffen, periodische Prozessabläufe eingerichtet und in Großkonzernen waren oft mehrere hundert Mitarbeiter damit betraut, die Geschicke des Unternehmens systematisch zu planen und zu lenken. Seit dieser Zeit hat die strategische Planung mehrere Höhen und Tiefen erlebt, ist jedoch nach wie vor in vielen Unternehmen zu finden. Dies wirft natürlich die Frage auf, ob sich eine strategische Planung – und der damit verbundene Aufwand – denn auch wirklich auszahlt? Was ist ihr Zweck, was ist ihr Nutzen? Was sind ihre Vor-, was sind ihre Nachteile?

Vorteile

Aus Sicht der **Befürworter** lassen sich hier mehrere Argumente anführen: So zwingt eine strategische Planung ein Unternehmen dazu, seine Umwelt umfassend zu analysieren, bereitet wichtige Informationen auf, unterstützt die Generierung von Alternativen, zwingt Optionen systematisch und rational zu evaluieren, plant die Implementierung, ermöglicht koordiniertes Handeln, stärkt die Motivation, verbessert die interne Kommunikation, hat symbolischen Wert für die Stakeholder und – wohl am wichtigsten – führt zu einer Erhöhung der finanziellen Performance.

Kritik

Kritiker wie Mintzberg (1994) bemängeln hingegen, dass bereits die Idee einer strategischen Planung mehreren Trugschlüssen unterliegt: Erstens ist die Zukunft prinzipiell nicht prognostizierbar und dieses Problem kann auch dann nicht gelöst werden, wenn man sich noch so intelligenter Prozeduren bedient. Je rascher sich Branchen, Märkte oder Technologien verändern, desto schwieriger wird es zudem, auch nur annähernd richtig zu liegen. Zweitens kommt es durch eine strategische Planung zur Kluft zwischen abstrakten Strategieformulierungen einerseits, die meist durch eine kleine Schar von Topmanagern und Planern erstellt werden, und den vielen kleinen, wichtigen Details andererseits, wie sie nur an der operativen Basis gewonnen werden können. So genannte »harte« Daten, die von unten nach oben summiert werden, können diese Kluft nicht verringern. Oft sind sie sogar erstaunlich ungenau und enthalten auf Grund ihrer Aggregation nicht mehr die interessanten Details, auf die es ankommt. Drittens unterliegt die strategische Planung dem Trugschluss, den Strategieprozess formalisieren zu können. Doch kann Intuition und Kreativität institutionalisiert werden? Untergräbt nicht ein differenzierter Planungsprozess gerade die Vorteile, die er verspricht? Geht nicht die strategische Planung von der Analyse und damit der Zerlegung der Strategiebildung aus und verkennt sie nicht dadurch, dass dieser Prozess eher etwas mit Synthese, d. h. mit Verbinden und Neukreation, zu tun hat. Strategische Planung sollte daher nicht als »Strategy Making« verstanden werden, sondern als strategische Programmierung, die den eigentlichen Strategieprozess unterstützt. Aufgabe einer strategischen Planung ist es dann, entstandene Initiativen systematisch aufzubereiten und voranzutreiben. So weit die Kritiker.

Widersprüchliche Empirie

Angesichts dieser gegensätzlichen Positionen sind seit 1970 ca. 50 **empirische Untersuchungen** vorgelegt worden, die den Zusammenhang zwischen einer strategischen Planung und ihren Ergebnisauswirkungen in allen Facetten untersuchen. Die Ergebnisse sind allerdings widersprüchlich. Einige Studien sehen positive Konsequenzen, andere nicht, wieder andere kommen zu uneinheitlichen Aussagen. Bei einem Vergleich von 16 Studien fand z. B. Armstrong (1982, 1986) 11 Studien mit positiven, 2 mit negativen und 3 mit nicht-signifikanten Zusammenhängen, während Shrader/Taylor/Dalton (1984) bei einer anderen Vergleichsbetrachtung 20 Studien mit positivem, 11 mit nicht signifikantem und keine mit einem signifikant negativen Zusammenhang ermittelten.

Wenn sich momentan also etwas gesichert behaupten lässt, dann höchstens dies, dass die Anzahl der Studien, die einen Planungsansatz befürworten, deutlich höher ist als die, die ihn ablehnen. Allerdings ist dies noch kein theoretisch und empirisch haltbares Argument, was den Nutzen einer strategischen Planung belegt. Von daher lässt sich der Tenor der Planungsforschung nach wie vor mit den Worten zusammenfassen: »Empirical support for the normative suggestions that all firms should engage in formal strategic planning has been inconsistent and often contradictory.«[6]

2.1.2 Deskriptive Strategieprozessmodelle

Erklärungsmodelle zur tatsächlichen Bildung von Strategien

Ein anderer Zugang zu einem Verständnis strategischer Initiativen ergibt sich, wenn man nun nicht präskriptiv, sondern deskriptiv an das Phänomen herangeht. Ziel ist es dann, Erklärungsmodelle zur tatsächlichen Bildung von Strategien vorzulegen und aus diesen Gestaltungsempfehlungen abzuleiten. Auch dieser Weg wurde seit ca. 1970 beschritten und in der Folge entstanden meist auf detaillierten Längsschnittanalysen basierende Prozessmodelle, von denen wir die wichtigsten näher betrachten wollen.

(1) Strategieformierung als Prozess der Ressourcenallokation

Eine der ersten, empirisch ausgerichteten Studien wurde von Bower (1970) erstellt. Er untersuchte zunächst den Planungsprozess in vier multidivisionalen Unternehmen und kam dabei zu der überraschenden Erkenntnis, dass die periodisch eingerichtete strategische Planung für die tatsächliche Formierung von Strategien eine wesentlich geringere Rolle spielte, als er zunächst erwartet hatte. Stattdessen dominierte der Prozess der Investitionsplanung, in dem über die Zuteilung wichtiger Ressourcen entschieden wurde.

Bezugsrahmen von Bower

Durch diese Beobachtung angeregt, entwickelte Bower einen Bezugsrahmen, der die Allokation von Ressourcen nach folgendem Muster erklärt: In einer ersten Phase, die *Definition* genannt wird, werden die Anforderungen an ein neues Projekt bestimmt und eine Initiative wird lanciert. Treibende Kraft sind Manager auf Ebene der Produkt- und Geschäftseinheiten, von denen die ursprüngliche Idee ausgeht.

Ob es ihrer Initiative gelingt, ausreichend Unterstützung zu finden, hängt in einer zweiten Phase, der des *Impetus (Antrieb)*, von der Haltung der Manager auf Ebene der Divisionsleitung ab. Sie entscheiden über den Fortgang oder die Unterbindung des Projektes. Dabei lassen sie sich von einer Reihe von Kriterien leiten wie z.B. den Status und die Erfahrung des Projektleiters, die Nützlichkeit des Projektes für ihre eigenen Zwecke sowie der Risikofreudigkeit der wiederum ihnen vorgesetzten Manager auf Ebene Unternehmensleitung. Die Divisionsleiter sind sich dabei vollkommen darüber im Klaren, dass ihre zukünftigen Karrierechancen größtenteils von der Auswahl der richtigen strategischen Projekte bestimmt werden. Sind sie erfolgreich, so verbessert sich ihre Position im Unternehmen, scheitern sie, so verschlechtern sich ihre Aufstiegsmöglichkeiten.

Strukturellen Kontext

Der Einfluss der höchsten Managementebene (Unternehmensleitung) auf den gesamten Prozess ist nicht direkter, sondern indirekter Natur. Er erfolgt über den so genannten *strukturellen Kontext*. Dieser wird von der Unternehmensleitung gesetzt und umfasst Elemente wie die organisatorische Struktur und die administrativen Systeme. Er legt einen Rahmen, innerhalb dessen strategische Initiativen nach oben hin wirksam werden können. Je nachdem, wie er im Einzelfall ausgestaltet ist, steuert die Unternehmensleitung die Art der Anträge, die sie schlussendlich erhält, damit vor.

Die Kriterien, nach denen eine strategische Initiative beurteilt wird, verändern sich entlang des Prozesses. In der Definitionsphase stehen technische und ökonomische Kriterien im Vordergrund, die Impetusphase ist von Machtfragen und politischen Verhandlungsrunden, die teils innerhalb, teils außerhalb des offiziellen Genehmigungsverfahren ablaufen, geprägt und in der letzten Phase versucht die

Unternehmensleitung, das Ganze in ihrem Sinne durch das Setzen administrativer Rahmenbedingungen zu beeinflussen. Definition und Impetus sind bottom-up getriebene Prozesse, die Vorgabe des strukturellen Kontexts erfolgt top-down und die letztendlich gefällten Ressourcenallokationen folgen einem iterativen Muster, das aus dem Wechselspiel der einzelnen Teilprozesse entsteht.

Insgesamt unterscheidet Bower also zwischen den Phasen der Definition, des Impetus und des strukturellen Kontexts auf der einen Seite und den Managementebenen der Produkt-Geschäftseinheiten, Divisionsleitung und Unternehmensleitung auf der anderen Seite. Dies lässt sich als Matrix abbilden, wie sie Abbildung 2-4 illustriert. Je nach Phase sind dabei unterschiedliche Schlüsselakteure von Relevanz (Hervorhebung).

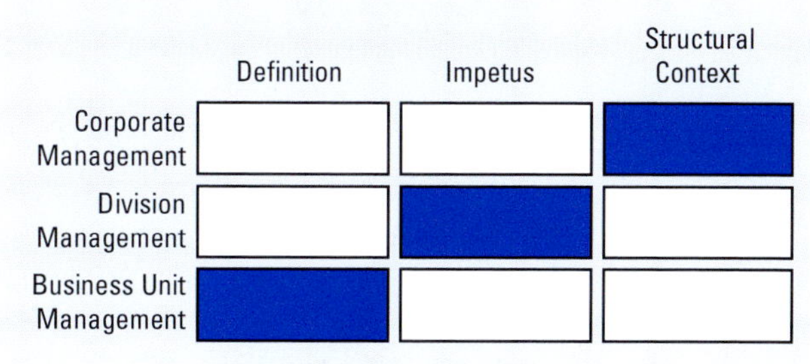

Abb. 2-4: Das Prozessmodell von Bower 1970, S. 67

In Fortführung dieser Überlegungen sehen Noda/Bower (1996) die Formierung von Strategien als **iterative Prozesse der Ressourcenallokation.** Am Beispiel der Unternehmen Bell South und US West zeigen sie, wie bottum-up getriebene Initiativen um knappe Unternehmensressourcen und die Aufmerksamkeit des obersten Managements wetteifern. Je nachdem, wie die Interaktionen zwischen den verschiedenen Managementebenen verlaufen, ergeben sich als Konsequenz unterschiedliche strategische Verhaltensmuster.

(2) Strategieformierung zwischen induziertem und autonomem Verhalten

Ein weiteres Modell ist von Burgelman (1983) vorgelegt worden. Dieser baut zunächst auf den Ausführungen von Bower auf und überträgt diese auf die Fragestellung, wie neue Geschäftsfelder in divisionalisierten Unternehmen entstehen. Dabei zeigt sich, dass die Kernprozesse der Definition und des Antriebs nicht nur von einem strukturellen Kontext beeinflusst werden, sondern zusätzlich ein zweiter, so genannter strategischer Kontext zu berücksichtigen ist. Wie ist dies zu begründen? Venture-Aktivitäten zum Aufbau neuer Geschäftsfelder entsprechen am Anfang meist nicht der vorherrschenden Unternehmensstrategie, sondern stehen in einem mehr oder weniger starken Gegensatz zu ihr. Dies ist für die Unternehmensleitung problematisch. Sie muss entscheiden, ob sie eine neue Geschäftsfeldinitiative gestattet oder als illegitim untersagt. Der strategische Kontext bezieht sich nun auf den Prozess, durch den das mittlere Management die Unternehmensleitung zu einer Anpassung ihrer Unternehmensstrategie zu bewegen versucht – mit dem Ziel, auch neue Venture-Aktivitäten zuzulassen und mit der bestehenden Strategie zu verbinden.

Strategischer Kontext

In seinem in Abbildung 2-5 dargestellten Modell unterscheidet Burgelman folglich zwischen zwei Arten von Verhaltensweisen, **einem induzierten strategischen und einem autonomen strategischen Verhalten.** Ersteres ist dadurch gekennzeichnet, dass es sich an die Vorgaben der herrschenden Unternehmensstrategie hält (1). Das Top Management gibt auf Basis seiner Erfahrungen einen Rahmen vor, innerhalb dessen sich strategische Initiativen entwickeln können. Gleichzeitig wird durch die Unternehmensstrategie der strukturelle Kontext be-

Unterscheidung von Burgelman in induziertes und autonomes strategisches Verhalten

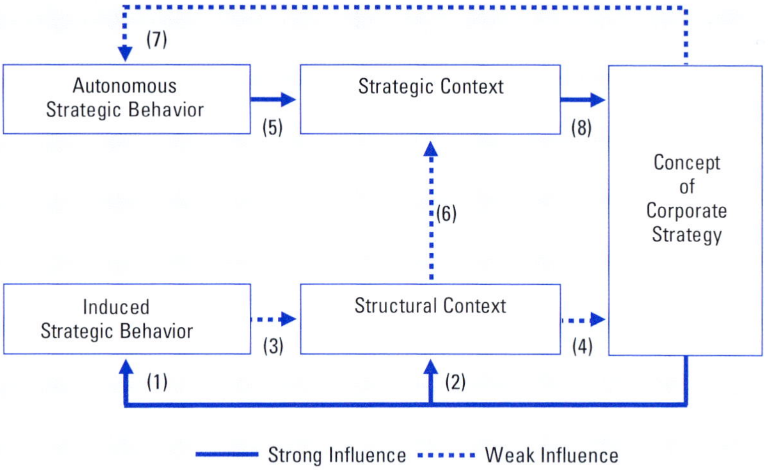

Abb. 2-5: Interaktion von strategischem Verhalten und Unternehmensstrategie (Burgelman 1983, S. 65)

einflusst, indem z. B. ein dazu passendes Planungssystem installiert und mit entsprechenden Kontrollkriterien ausgestattet wird (2). Im Zuge des induzierten strategischen Verhaltens treten nun konforme Initiativen auf, die durch den strukturellen Kontext selektiert und mit der Unternehmensstrategie abgeglichen werden (3 und 4). Im Regelfall wird ihr Innovationsgrad jedoch im Zeitablauf immer geringer, da sie die vorherrschende Unternehmensstrategie lediglich bestätigen und inkrementell fortschreiben, ohne sie signifikant in eine neue Richtung zu führen.

Initiativen, die außerhalb der vorgegegebenen Strategien liegen

Das autonome strategische Verhalten hingegen – und ab hier unterscheidet sich Burgelman von Bower – folgt einem anderen Muster. Neben den »erlaubten« Projekten formieren sich in Unternehmen immer wieder Initiativen, die außerhalb der vorgegebenen Strategie liegen und z. B. das Unternehmen in neue Geschäftsfelder drängen. Sie verkörpern neue Ideen, die sich noch nicht im Unternehmen etablieren konnten. Um jedoch langfristig akzeptiert zu werden, bedarf es ihrer offiziellen Legitimation und dies ist nur möglich, wenn es zu einer Anpassung der Unternehmensstrategie kommt (5).[7] An dieser Stelle ist nun der strategische Kontext von Relevanz. Die Mitglieder des mittleren Managements stoßen eine Reihe von Aktivitäten an, um die Unternehmensleitung zur Überprüfung ihres Standpunktes und zur Veränderung ihrer Strategie zu bewegen. Gelingt ihnen dies und wird das autonome strategische Verhalten von der Unternehmensleitung ex post rationalisiert und legitimiert, so entsteht eine neue Unternehmensstrategie (8). Gleichzeitig verändern sich dadurch die Rahmenbedingungen für das zukünftige autonome strategische Verhalten (7), während der strukturelle Kontext auf den strategischen nur einen geringen Einfluss hat (6). Insgesamt sieht Burgelman (1983, S. 223) also den Erfolg strategischer Initiativen abhängig von »the availability of autonomous entrepreneurial activity on the part of operational level participants, on the ability of middle-level managers to conceptualize the strategic implications of these initiatives in more general systems terms, and on the capacity of top management to allow viable entrepreneurial initiatives to change the corporate strategy«.

Vorläufer einer evolutionären Theorie

Sein Modell baut Burgelman (1991) in späteren Arbeiten zu einer **evolutionä-**

ren Theorie der Strategieformierung aus, in der er eine Organisation als eine Ökologie strategischer Initiativen konzeptualisiert. Analog zum Dreischritt »Variation, Selektion, Retention« der klassischen Evolutionstheorie führen variationsbegünstigende und -limitierende Mechanismen dazu, dass einzelne strategische Initiativen emergieren, sich verfestigen und anschließend von konkurrenzierenden Angeboten wieder verdrängt werden.

Fallbeispiel: INTEL
Wie sich bei einer empirischen Studie von Burgelmann (1994) beim Chipproduzenten INTEL zeigte, legte das oberste Management zunächst einen strategischen Plan vor, der die Konzentration auf Speicherchips zum Inhalt hatte. Faktisch jedoch bleibt dieser Plan ohne Auswirkungen. Das mittlere Management, getrieben von der Absicht das Fertigungs- und Produktprogramm zu optimieren, präferierte Mikroprozessoren und konterkarierte mit seinen Handlungen die Vorgaben des offiziellen Plans. Nach einer Übergangszeit, in der heftig debattiert und verhandelt wurde, entschloss sich das Top-Management, die Produktion von Speicherchips zu beenden und sich von nun an vollständig auf Mikroprozessoren zu konzentrieren. Die offizielle Unternehmensstrategie zog damit der faktischen Entwicklung nach.

(3) Strategieformierung zwischen emergenten und beabsichtigten Strategien

Ein weiteres, empirisch gestütztes Modell wurde von der Forschergruppe um Henry Mintzberg vorgelegt.[8] Im Rahmen mehrerer Fallstudien gelangten sie zu der Einsicht, dass die letztendlich realisierten Strategien eines Unternehmens oft nicht mit den ursprünglich intendierten übereinstimmen, sondern mehr oder weniger stark davon abweichen. Dies widersprach der im präskriptiven Modell getroffenen Annahme, wonach Strategien zuerst in einem analytisch geprägten Prozess formuliert und dann implementiert werden.

Die Unterscheidung von Mintzberg in »intended« und »realized« Strategien, sowie in »deliberate« und »emergent« Strategien

Insgesamt unterscheiden Mintzberg und seine Kollegen – wie in Abbildung 2-6 dargestellt – zwischen mehreren **Arten von Strategien:** So gibt es zunächst Strategien, die beabsichtigt (»intended«) und anschließend vollständig realisiert (»realized«) werden. Diese Strategien werden als »*deliberate strategies*« bezeichnet und entsprechen den Gedanken des klassischen Strategiemodells. Zweitens treten Situationen auf, in denen Strategien zwar intendiert sind, sich jedoch bei ihrer Umsetzung als nicht durchführbar erweisen und in der Folge aufgegeben werden. Sie enden als »*unrealized strategies*«. Drittens – und dies ist vielleicht die interessanteste Erkenntnis – gibt es Strategien, die, ohne dass sie explizit formu-

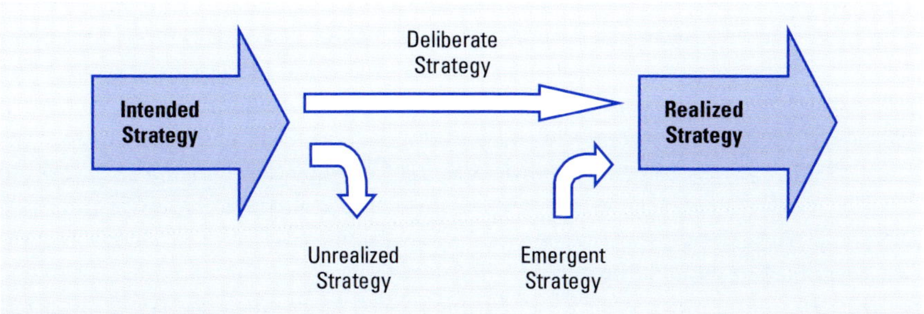

Abb. 2-6:
Die Formierung von Strategien (Mintzberg/Waters 1985)

liert werden, sich zu einem kohärenten, strategischen Muster fügen. Einzelne, unzusammenhängende Handlungen verdichten sich über die Zeit zu einer unbeabsichtigten Ordnung. Die Strategien dieses Typus erhalten den Namen »*emergent strategy*«. In seiner reinsten Form lässt sich der letzte Strategietyp mit einem – wie Mintzberg es metaphorisch nennt – Graswurzel-Modell vergleichen. Emergente Strategien wachsen dabei analog zu Gräsern in einem Garten und bilden bottom-up getriebene Muster. Sie können überall dort entstehen, wo Menschen über die Fähigkeit verfügen zu lernen sowie ihre Erkenntnis mit Hilfe von Ressourcen auch nutzen können.

Graswurzel-Modell

In Widerspruch zum präskriptiven Prozessmodell erachten Mintzberg et al. die empirische Relevanz der »deliberate strategies« für deutlich überbewertet. Denn dazu müssten Strategien nicht nur präzise artikuliert, sondern auch von allen Mitgliedern des Unternehmens kollektiv geteilt und ungeachtet aller externen und internen Restriktionen umsetzbar sein – Bedingungen, die in ihren Augen relativ selten vorzufinden sind. Vielmehr gehen sie davon aus – und unterlegen dies mit empirischen Arbeiten –, dass in der Realität vor allem Mischformen anzutreffen sind, die zwischen den beiden Extrempolen emergenter und intendierter Strategien liegen (diese nennen sie unternehmerische, ideologische, Regenschirm-, Prozess- oder Konsensstrategien). Wie sich im Einzelfall der Formierungsprozess vollzieht, hängt von Faktoren wie dem Ausmaß zentraler Kontrolle, kollektiv geteilter Intentionen, Spezifizierung der Intentionen und der Prognostizierbarkeit der Umwelt ab.

Mintzberg kommt der Verdienst zu, als einer der Ersten die Diskrepanz zwischen expliziten Strategieformulierungen einerseits und den schlussendlich realisierten Strategien andererseits erkannt und theoretisch ausgearbeitet zu haben. Sein Konzept der emergenten Strategien, die spontan im Unternehmen auftauchen und unbeabsichtigt Ordnung schaffen, hat große Beachtung gefunden.

Was jedoch nicht ausreichend geklärt wird, ist die Frage, worauf denn emergente Strategien zurückzuführen sind. Laut Mintzberg können sie sowohl aus den Anstrengungen eines individuellen Führers, eines kleinen Managementteams, anderer Gruppierungen oder des Kollektivs als Ganzes resultieren.[9] Geht man jedoch dem Begriff der Emergenz nach, wie er in natur- und sozialwissenschaftlichen Disziplinen verwendet wird, dann kennzeichnet er dort das »plötzliche Auftreten einer neuen Qualität, die jeweils nicht erklärt werden kann durch die Eigenschaften oder Relationen der beteiligten Elemente, sondern durch eine jeweils besondere selbstorganisierende Prozessdynamik«[10]. Für die Erklärung emergenter Phänomene sind also nicht die einzelnen Elemente einer Organisation von Bedeutung, sondern die zwischen ihnen stattfindenden Interaktionen. Erst durch sie bilden sich emergente Muster, erst durch sie kommt es zur Entstehung von Ordnung und Bedeutung, die so nicht beabsichtigt war. Verwendet man hingegen, wie dies Mintzberg bisweilen tut, den Begriff der emergenten Strategien auch für solche Initiativen, die zwar zunächst außerhalb des Blickwinkels z.B. eines Managementteams liegen, jedoch von einem Einzelnen oder einer Gruppe bewusst und intendiert vorangetrieben werden, dann verliert man genau dieses herausragende Charakteristikum der unbewusst entstehenden Ordnung. Ansonsten wäre es möglich, das von Mintzberg beschriebene Phänomen lediglich mit einer Differenzierung der Beobachterperspektive zu erklären (nach dem Motto: was die eine Gruppe bewusst vorantreibt, ist für eine andere Gruppe, die zunächst davon nichts weiss, eine emergente Entwicklung). Dies würde jedoch dem Phänomen

Emergenz

der Emergenz nicht ausreichend gerecht werden. Auf Interaktionen, ihren Verlauf und die unbeabsichtigte Bildung von Ordnung kommt es also an.

(4) Strategieformierung als logischer Inkrementalismus

Der logische Inkrementalismus von Quinn

Quinn (1980, 1995) untersuchte in mehreren Firmen Innovationsprozesse und fand dabei ein Muster, das er als *logischen Inkrementalismus* bezeichnet. Wie bei Mintzberg ist auch bei ihm der strategische Prozess weitgehend emergenter Natur. In allen Subsystemen des Unternehmens, zu denen er Vertrieb, Entwicklung, Produktion, Rechnungswesen, aber auch die strategische Planung rechnet, können demnach strategische Initiativen entstehen und sichtbar werden. Wie sie sich bilden, hängt von den dort bestehenden unterschiedlichen Subkulturen und ihrer jeweiligen Einstellung, mit Ideen zu experimentieren und sie zu prüfen, ab.

Welche Initiative sich am Ende in einem Unternehmen durchsetzen wird, lässt sich vorab nicht sicher bestimmen. Denn die letztendlich realisierte Strategie emergiert laut Quinn aus dem Zusammenfluss von internen Entscheidungen und externen Ereignissen und ist durch einen breit geteilten, handlungsleitenden Konsens charakterisiert. Wie er zeigt, werden in erfolgreichen Unternehmen Handlungs- und Ereignisströme von Managern in proaktiver, rationaler und inkrementeller Form hin zu bewussten, expliziten Strategien gelenkt – ein Vorgang, den Quinn als logischen Inkrementalismus bezeichnet.

Top-Management als Katalysator

Das Top-Management wirkt in diesem Prozess nicht als die allein treibende und entscheidende Kraft, sondern wird zu einem Katalysator der Ideen und Gestalter des Kontexts, innerhalb dessen die jeweiligen Initiativen entstehen, zusammentreffen und offiziell verabschiedet werden. Im Einzelnen kümmert es sich um Aufgaben wie den Aufbau von Glaubwürdigkeit, das Gewinnen von Unterstützung oder den Ausgleich zwischen den verschiedenen Koalitionen des Unternehmens. Auch die Planungsabteilung verändert ihr traditionelles Verhalten. Sie gibt nicht mehr die Strategien vor, sondern stellt den Subsystemen die erforderlichen Methoden bereit, unterstützt den Formierungsprozess sowie dokumentiert und überwacht die letztendlich autorisierten Strategien.

Balance zwischen »deliberate« und »emergent« Strategien

Aus diesen Überlegungen wird deutlich, dass sich Quinn um einen Ansatz bemüht, der die Balance zwischen strategischen Initiativen des Top-Managements einerseits und emergent entstehenden Impulsen andererseits finden will. Beides erachtet er als wichtig, beides zusammen führt in seinen Augen zu logisch begründeten, inkrementellen Veränderungen der bestehenden Strategie. Sein Ansatz erkennt zwar die Unvollkommenheit interventionistischer Steuerungseingriffe von oben an, versucht jedoch die Gestaltungsmöglichkeiten des Top-Managements dadurch zu »retten«, dass er ihm die Rolle des Kontextgestalters und des Verhandlers, der zwischen widerstrebenden Interessen vermittelt, zuweist. Einerseits berücksichtigt er emergente Entwicklungen, andererseits will er auch diese – zumindest indirekt – beeinflussen und verlegt sich dabei auf die Gestaltung des Kontexts.

(5) Strategieformierung als erklärungsbedürftiges Phänomen

Wurde bislang stillschweigend davon ausgegangen, dass es so etwas wie die Strategie eines Unternehmens auch tatsächlich gibt, so soll diese Annahme nun hinterfragt werden. Ab wann kann man überhaupt von der Strategie des Unternehmens sprechen? Genügt es, wenn der oberste Manager seine Entscheidungen bekannt gibt, wenn einzelne strategische Initiativen auftreten, wenn sie operativ wirksam werden oder sind auch Situationen denkbar, in denen es keine Strategien gibt?

Phänomen der Abwesenheit von Strategien

Eine Auseinandersetzung mit dem Phänomen der *Abwesenheit von Strategien* wird u.a. von Inkpen/Choudhury (1995) gefordert. Sie gehen von Situationen aus, in denen Unternehmen über keine Strategien verfügen und bieten dafür drei Interpretationsmöglichkeiten an. Erstens kann man das Management für diesen Zustand verantwortlich machen und es ihm als Unterlassung »ankreiden«. Die Abwesenheit wird dann zu einem negativen Konzept. Zweitens kann es sich um eine Übergangsphase handeln, während der Strategien erst noch im Entstehen sind. Zum Ende dieser Phase haben sich dann explizite Strategien formiert, die handlungsleitend wirken. Drittens kann das Phänomen auch positiv bewertet werden. Nach dieser Lesart ist die Abwesenheit von Strategien ein von der Unternehmensleitung bewusst herbeigeführter Versuch, mehr Flexibilität und Innovation zu schaffen und sich gezielt einer vorschnellen Verengung zu entziehen.

Kirsch (1997) geht noch einen Schritt weiter. Für ihn ist zunächst die Existenz von Strategien des Unternehmens ein *erklärungsbedürftiges Phänomen*, das nicht ohne weiteres als gegeben vorausgesetzt werden kann. Was ein Individuum wie eine Führungskraft als Strategie verfolgt, muss nicht mit der Sichtweise und den Handlungen anderer Führungskräfte oder Gruppierungen, geschweige denn mit der Restorganisation übereinstimmen. Kirsch unterscheidet deshalb zwischen Strategien eines Individuums (mit inhaltlichem Bezug auf das Unternehmen) und Strategien des Unternehmens. Um von einer Strategie *des* Unternehmens sprechen zu können, legt er eine hohe »Messlatte« vor: So haben erstens lebensweltliche Handlungsorientierungen vorzuliegen, die den Charakter von Prinzipien haben. Diesen muss zweitens ein politischer Wille zukommen. Drittens haben sie implizit oder explizit die Fähigkeiten bzw. die Entwicklung von Fähigkeiten zu betreffen. Und viertens muss bei den Hauptleistungsträgern bzw. den Mitgliedern der dominierenden Koalition ein gemeinsames Wissen über die ersten drei Punkte bestehen. Erst wenn diese Voraussetzungen gegeben sind, ist es angebracht von der Strategie *des* Unternehmens, verstanden als kollektive Einheit, zu sprechen.

Vier Anforderungen an Strategien des Unternehmens von Kirsch

Für die Erforschung dieser Vorgänge schlägt Kirsch eine radikale Neuorientierung der Theoriediskussion vor. Ausgangspunkt wird für ihn der *organisatorische Basisprozess* (»on-going-process«). Dieser ist durch die Vielfalt der Aktivitäten und Interaktionen im laufenden Geschehen in und um das Unternehmen herum gekennzeichnet. Man vergleiche dazu Abbildung 2-7. Im Zuge der Entfaltung dieses organisatorischen Basisprozesses kommt es zur Reproduktion lebensweltlicher Regeln, der Reflexion von Prinzipien und dem Auftauchen von Themen auf der unternehmerischen Agenda. Im Zuge seiner Erweiterung werden die Fähigkeiten des Unternehmens explizit thematisiert. Strategien sind in diesem Kontext ex definitione stets formiert und insofern emergenter Natur.

»On-going-process«

Diese Neuorientierung erachtet Kirsch als notwendig, da ein Verständnis der Strategieformierung genau an den Prozessen ansetzen muss, die traditionellerweise ausgeklammert oder als Störgrößen betrachtet werden, und eben nicht an Entscheidungen oder anderen planungsbezogenen Ereignissen. Erst auf Grundlage einer Untersuchung des organisatorischen Basisprozesses und seiner Verän-

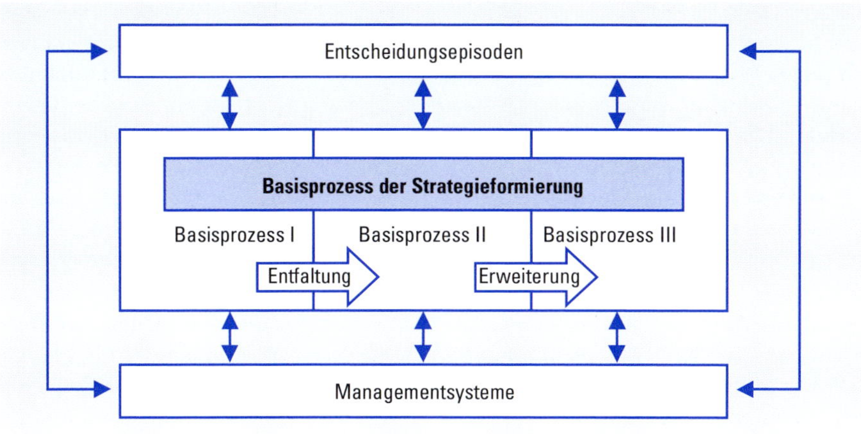

Abb. 2-7: Prozesskategorien der Strategieformierung (Kirsch 1997, S. 482)

derungen kann angemessen diskutiert werden, ob in einem konkreten Einzelfall politische Entscheidungsepisoden oder Managementsysteme – wie etwa die strategische Planung – tatsächlich in der Lage sind, diesen auch nachhaltig zu beeinflussen, oder ob sich eben die Formierung von Strategien ohne deren direkten Beitrag vollzieht.

2.1.3 Denkschulen zur Strategieformierung

Wirft man einen Blick auf die bislang vorgestellen Modelle, so wird eines unmittelbar deutlich: Es gibt nicht nur eine, sondern verschiedene Möglichkeiten, wie die Strategieformierung konzeptionell erfasst, beschrieben und erklärt werden kann. Ein allgemein gültiges Modell scheint nicht zu existieren, man ist mit einer Pluralität von Ansätzen konfrontiert. Die Formierung von Strategien »entpuppt« sich als ein komplexes Phänomen, das in mehrfacher Weise betrachtet werden kann.

Einer der Ersten, der diesen Gedanken konsequent nutzt und damit arbeitet, ist Henry Mintzberg.[11] Er unterscheidet zwischen insgesamt **10 Denkschulen der Strategieformierung**, wie sie in Abbildung 2-8 dargestellt sind. Die ersten drei sind präskriptiver Natur, d. h. sie geben vor, wie der Prozess der Strategiebildung normativ ablaufen sollte, während die folgenden sieben Schulen deskriptiver Natur sind, d. h. sie beschreiben und erklären faktische Strategieformierungsprozesse. Jede der Schulen verfügt nach Meinung Mintzberg's über ein eigenständiges Strategiekonzept, eine individuelle Vorstellung, wie sich Strategien bilden und ein dazu passendes Organisationsmodell.

Abb. 2-8: Die 10 Denkschulen der Strategieformierung (Mintzberg et al. 1998)

Denkschulen	Formierung von Strategien als ein …
Präskriptive Schulen:	
1. Design	Process of Conception
2. Planning	Formal Process
3. Positioning	Analytical Process
Deskriptive Schulen:	
4. Entrepreneurial	Visionary Process
5. Cognitive	Mental Process
6. Learning	Emergent Process
7. Political	Process of Negotiation
8. Cultural	Collective Process
9. Environmental	Reactive Process
10. Configuration	Process of Tranformation

Während die *Design School* auf dem eingangs vorgestellten Prozessmodell der Harvard Business School basiert und die *Planning School* den Prozess weiter ausdifferenziert und formalisiert, umfasst die *Positioning School* in den Augen Mintzbergs die gesamte strategische Inhaltsforschung. Diese untersucht, welche Strategien zu nachhaltigen Wettbewerbsvorteilen gegenüber Konkurrenten und zu vorteilhaften Positionen am Markt führen. Waren noch in der Design und Planning School der inhaltlichen Ausgestaltung von Strategien keine Grenzen gesetzt, so wird jetzt davon ausgegangen – und empirisch belegt – dass nur einige wenige Strategietypen erfolgreich und in Abhängigkeit zur jeweiligen Branchenstruktur stehen. Gleichzeitig werden eine Reihe von Analysetechniken und Konzepte vorgeschlagen, die einem bei dieser Arbeit helfen können.

Mit der *Entrepreneurial School* wechselt Mintzberg zu den deskriptiven Ansätzen über. Eine Unternehmerpersönlichkeit treibt dabei eine Vision, die von ihm halb bewusst, halb intuitiv entwickelt wurde, wie »besessen« voran. Er schaltet sich in das operative Tagesgeschäft ein und kontrolliert direkt, ob man seiner Vision näher kommt. Dabei ist er flexibel und passt die Strategie situativ an, was seitens der Organisation keine Schwierigkeiten bereitet, da sie als relativ gut steuerbar erachtet wird.

Die *Cognitive School* sieht Strategiebildung eher als einen mentalen Prozess, bei dem es primär um Fragen der Wahrnehmung und Informationsverarbeitung geht.

In die *Learning School,* die sechste Schule, sortiert Mintzberg all diejenigen Ansätze, die die Strategieformierung als emergenten Prozess erfassen. Dazu rechnet er u.a. seine eigenen Arbeiten wie auch die Modelle von Bower, Burgelman und Quinn. Wie der Name schon andeutet, zeichnet sich diese Schule dadurch aus, dass sie die Strategieformierung als einen Lernprozess versteht, in der die Phasen Formulierung und Implementierung nicht länger unterscheidbar sind. Der stattfindende Lernprozess vollzieht sich emergent, beobachtete Verhaltensweisen stimulieren retrospektiv Denkprozesse, Handlungen wird ex post Sinn zugewiesen. Aufgabe des Managements ist es, den kollektiven Lernprozess zu unterstützen und sich darüber klar zu sein, dass hier jeder als Stratege agieren kann.

Die *Political School* greift als siebter Ansatz die Überlegung auf, dass die Formierung von Strategien oft ein Akt der Machtausübung ist. Politische Winkelzüge und direkte und indirekte Beeinflussungsversuche prägen die Bildung von Strategien, sei es innerhalb der Organisation oder zwischen ihr und der Umwelt. Mikropolitisch beobachtet man daher das Wechselspiel von unterschiedlichen Interessen und wechselnden Koalitionen, die sich zu überzeugen versuchen, miteinander verhandeln und bisweilen in einer Konfrontation aufeinander prallen. Und makropolitisch analysiert man, wie Organisationen ihre Umwelt zu beeinflussen versuchen, sei es durch taktische Manöver oder mit Hilfe von Kooperationen und Allianzen.

Die *Cultural School* konzentriert sich auf den kollektiven Charakter der Strategieformierung. Sie geht davon aus, dass dieser ein Akt sozialer Interaktion ist, der von den gemeinsam geteilten Glaubens- und Wertvorstellungen der Mitglieder einer Organisation geprägt ist. Neu eintretende Mitarbeiter werden in diesen weitgehend impliziten, nichtsprachlichen Denk- und Verhaltenskodex sozialisiert. Die sich dadurch entfaltende Kultur begünstigt dann diejenigen strategischen Verhaltensweisen, die zu ihr konform sind.

Die *Environmental School* sieht als neunte Schule die Strategieformierung als reaktiven, von der Umwelt getriebenen Prozess. Die Umwelt ist der bestimmende Akteur. Auf ihre Einflusskräfte hat die Organisation adäquat zu antworten, will sie nicht selektioniert werden. Führungsaktivitäten werden zu einer vernachlässigbaren Restgröße, was zählt ist die Anpassung. Da es allen Organisationen so ergeht, scharen sie sich in ökologischen Nischen zusammen. Dort verharren sie, bis sich die Umstände derart dramatisch verschlechtern, dass sie zu Grunde gehen.

Die zehnte und letzte Schule, die *Configurational School*, nimmt eine Sonderposition ein. Sie will eine Möglichkeit zur Integration der vorherigen Schulen bieten und wird somit zu ihrem »Sammelbecken«. Als Konfigurationen wird dabei eine spezifische Kombination von Charakteristika einer Organisation bezeichnet, die sich zu einem kohärenten Muster fügen. Dieser organisationale Idealtypus ist meist über einen gewissen Zeitraum hin relativ stabil, passt zum jeweiligen Kontext und bringt Strategien hervor, die sich darauf einstellen. Dann allerdings kommt es zu Perioden starker Veränderung und der Übergang in eine neue Konfiguration findet statt. Ist dieser Quantensprung vollbracht, so kommt es anschließend wieder zu einer Periode der Stabilität. Für die Strategieformierung ergibt sich aus diesem Konfigurationsansatz die Konsequenz, sie je nach Zeit und Kontext entweder als formelle Planung, konzeptionelles Design, kollektive Sozialisation, passive Reaktion etc. zu verstehen. Jede der vorherigen Schulen verkörpert einen spezifischen Konfigurationstyp und kann daher in den übergeordneten Ansatz der zehnten Schule integriert werden.

Kritik

Trotz ihres heuristisch ordnenden Nutzens sind an der Einteilung der 10 Denkschulen mehrere **Kritikpunkte** zu äußern.[12] Erstens ist die Einteilung der Schulen weder konsistent noch ohne Überschneidungen. Die einzelnen Sichtweisen lassen sich oft nicht so eindeutig voneinander trennen, wie dies getan wird. Es stellt sich die Frage, ob hier nicht bisweilen »Äpfel mit Birnen« verglichen werden. Spielen z. B. kognitive oder politische Phänomene nicht auch im Rahmen einer Entrepreneurial School eine Rolle? Kann ein Modell wie der logische Inkrementalismus in die gleiche Schule wie das Modell von Burgelman gesteckt werden? Insgesamt hat man den Eindruck, dass Mintzberg die einzelnen Schulen erst erzeugt, ohne dass sie bereits in der wissenschaftlichen Gemeinschaft als solche auch bekannt und akzeptiert sind. Die Klassifikation des Feldes scheint aus der Perspektive der zehnten Schule vorgenommen worden zu sein, d. h. Mintzberg teilt das Feld so ein, wie er es für seine zehnte Denkschule benötigt.

Doch ist dies zweitens notwendig und legitim? Warum muss es zu einer Integration der einzelnen Schulen in einen synthetischen Ansatz kommen? Ist ein solches Vorhaben überhaupt möglich? Denn wenn die einzelnen Schulen auf unterschiedlichen Annahmen beruhen, eventuell sogar zueinander »inkommensurabel« sind, dann ist ein eklektizistisch angelegter, integrierender Ansatz, der die spezifischen Kontexte kaum berücksichtigt, nicht akzeptabel. Stattdessen stellt sich die Frage nach einem angemessenen Umgang mit Pluralität und den Konsequenzen, die sich daraus für Theorie und Praxis ergeben.

Drittens wird die äußerst reichhaltige Inhaltsforschung inhaltlich stark verkürzt und in die Positioning School »eingesperrt«. Berücksichtigt man, was auf diesem Feld in den letzten Jahren erforscht wurde und welch vielfältige Phänomene und Erklärungsansätze entstanden sind, so ist die vorgenommene Reduktion zu bedauern. Auch ist die Inhaltsforschung in weiten Teilen nicht präskriptiv ausgerichtet, sondern deskriptiv und explikativ. Viertens wird der Gegensatz zwischen den präskriptiven und deskriptiven Schulen stark betont und streitlustig einander gegenübergestellt. Dabei werden jedoch zwei wichtige Punkte nicht ausreichend berücksichtigt: Sowohl die Beobachterperspektive als auch die Zielsetzung der beiden Denkrichtungen sind unterschiedlich und können daher nicht ohne weiteres einander gegenübergestellt werden. Während die präskriptive

Sichtweise sich in die Rolle von Führungskräften versetzt und thematisiert, was zu tun ist bzw. getan werden sollte, nimmt die deskriptive Sichtweise die Perspektive eines außenstehenden Beobachters (wie z.B. eines Wissenschaftlers) ein und betrachtet von dort die faktische Formierung von Strategien. Dies kann jedoch weder einander direkt gegenübergestellt werden, noch schließt es sich gegenseitig aus. Ein Manager mag sich durchaus bewusst sein, dass deskriptiv beobachtet eventuell etwas anderes herauskommt als er es anstrebt. Dies wird ihn naheliegenderweise jedoch nicht davon abhalten, seine Initiativen voranzutreiben und trotzdem nach Interventionsmöglichkeiten zu suchen.

Des Weiteren gibt es, wie schon Ulrich (1984) ausführte, grundsätzliche Unterschiede zwischen einer anwendungsorientierten, an der Lösung von Managementproblemen interessierten und einer theoretischen, dem Prinzip des Beschreibens und Erklärens folgenden Wissenschaft. Die strenge tautologische Umformung der letzteren in Gestaltungsempfehlungen greift meist nicht, da Entstehung und Art der Probleme, Forschungsziele, angestrebte Aussagen, Forschungsregulativ und -kriterien zwischen den beiden unterschiedlich sind. Die eine will primär erklären, die andere primär gestalten. Wenn Letztere sich der angebotenen Theorien bedient, hat sie diese auf den spezifischen Kontext anzupassen, mit Zusatzinformationen zu versehen, mit anderen Theorien zu verbinden und politisch zu instrumentalisieren.

Letztendlich kann man dann natürlich fragen, ob es richtig ist, die Disziplin gerade in diese neun plus eins Denkschulen einzuteilen. Elfring/Volberda (2001) bemängeln z.B. die Fragmentation, die das Feld dadurch erfährt und suchen, über die Dreiteilung »Boundary School« (Fragen der Grenzziehung zwischen Unternehmen und Umfeld, z.B. »Make-or-buy«-Fragen), »Dynamic Capability School« (Fragen der Entwicklung organisatorischer Fähigkeiten) und nach wie vor die »Configurational School« eine erste Synthese zu erreichen.[13]

Diese Kritikpunkte sollen jedoch die heuristische Kraft der 10 Schools of Thought nicht schmälern.[14] Zudem wird durch sie der Blick in eine Richtung geöffnet, die in den letzten Jahren vermehrt an Bedeutung gewinnt. In den meisten Schulen ist die Nähe zur Organisationstheorie unverkennbar, ja Mintzberg verbindet sogar mit einer jeden Schule ein spezifisches Organisationsmodell. Wird dieser Weg fortgesetzt, so ist zu erwarten, dass sich die Grenzen zwischen der Strategie- und Organisationsforschung weiter lockern und das reichhaltige Potenzial der Organisationstheorie für die Strategieforschung noch stärker genutzt werden kann.

Zusammenfassung

- Es können verschiedene Denkschulen der Strategieformierung unterschieden werden. Präskriptive Strategiepozessmodelle vermitteln eine normative Sicht, wie Strategien entwickelt werden sollten. Deskriptive Modelle beschreiben dagegen aus der Beobachtung heraus, wie es zu Strategien gekommen ist. Beide unterscheiden sich erheblich, verfolgen aber auch sehr unterschiedliche Ziele.
- Als strategische Planung bezeichnet man i. Allg. das Prozedere der formellen, oft jährlichen Planung zur strategischen Ausrichtung des Unternehmens und seiner Organisationseinheiten. Meist ist sie entlang der Phasen Strategienfor-

mulierung und -implementierung gegliedert. Über die Detailschritte zu jeder Phase kann sie umfassend formalisiert werden. Planungshandbücher halten die Normen des Prozederes fest.
- Die Selbsterneuerungsfähigkeit von Unternehmen hängt davon ab, inwieweit sie offen sind gegenüber autonomen Initiativen, deren Inhalte außerhalb des gegebenen strategischen Kontextes liegen.
- Offenheit ist aber auch gegenüber Strategien gefordert, die über die Zeit ungeplant aus dem organisatorischen Geschehen emergieren.

Lernkontrolle

1. Was kennzeichnet die Grundstruktur des Strategiemodells der HBS (Harvard Business School, Andrews 1971)? Welche Annahmen sind mit ihm verbunden? Welche Kritik kann angebracht werden?
2. Was unterscheidet die Modelle zur strategischen Planung vom Strategiemodell der HBS? Was spricht für eine strategische Planung? Welche Zweifel können allerdings auch angebracht werden?
3. Was kennzeichnet das Prozessmodell von Burgelmann (1983)? Worin liegt hier der Bezug zum »Unternehmerischen«? Was unterscheidet dieses Modell vom Modell von Bower (1970)? Welche Rolle spielen der strukturelle und der strategische Kontext in beiden Modellen?
4. Was bezeichnen Mintzberg/Waters (1985) als »emergent strategies«? Wie sehen sie deren Verhältnis zu den »deliberate strategies«? Was ist oft in der Realität anzutreffen?
5. Was für ein Prozessverständnis hat Quinn (1980, 1995) mit seinem »logischen Inkrementalismus«? Welche Rolle kommt dabei dem Top-Management zu?
6. Wie kann man sich die »Abwesenheit von Strategien« erklären?
7. Warum betrachtet Kirsch (1997) die Existenz von Strategien *des* Unternehmens als erklärungsbedürftiges Phänomen? Welche Anforderungen formuliert er, damit man von Strategien *des* Unternehmens reden kann? Welche alternative Sichtweise schlägt er vor?
8. Welche der Denkschulen zur Strategieformierung von Mintzberg et al. (1998) entspricht am ehesten Ihrem eigenen Prozessverständnis? Welche Absicht verfolgen Mintzberg et al. mit der »Configurational School«? Welche Kritik kann hier angebracht werden?

2.2 Gestaltung

Wenden wir uns nun der Gestaltung strategischer Initiativen zu. Hier ist zum Einstieg eine Vorbemerkung erforderlich, die an die vorherigen Ausführungen anschließt: das **Emergenzprinzip**, welches mehrere Modelle betonen, ist – wie Schreyögg (1999, S. 399 f.) treffenderweise bemerkt – »kein Handlungsprinzip und daher für Strategiezwecke unbrauchbar ... Ohne Orientierungsprinzip verliert die Idee der strategischen Steuerung jeden Sinn. Es ist also notwendig, eine neue strategische Steuerungsidee zu entwickeln, in die sich die Arbeiten der em-

Notwendigkeit der Entwicklung einer Steuerungsidee

pirischen Prozessforschung einarbeiten lassen. Eine Steuerungsidee, die offen ist für das Abweichende wie auch das Zufällige, die die Macht des Ungeplanten nicht systematisch negiert, sondern zu integrieren versucht.« Eine Gestaltung strategischer Initiativen steht also vor der »delikaten« Aufgabe, zwar einerseits interventionistisch tätig sein zu müssen und dies auch zu wollen, andererseits dabei jedoch die eigenen Möglichkeiten nicht zu überschätzen und eigendynamischen, emergenten Prozessen Raum zu schaffen und sie zu integrieren. Ein dritter Weg zwischen einer synoptischen Totalplanung und einem sich evolutionär entfaltenden »muddling through« ist zu finden.

Wir gehen bei dieser Aufgabe davon aus, dass sich strategische Initiativen in unterschiedlicher Form in Unternehmen formieren können. Top-down kommunizierte Vorgaben oder Projekte, die im Rahmen einer strategischen Planung festgelegt werden, sind dazu ebenso zu rechnen wie bottom-up erfolgende Prozesse oder mühsam ausgehandelte Kompromisse. All diese Initiativen streben ex- oder implizit an, die Entwicklung des Unternehmens signifikant zu prägen. Dabei haben sie jedoch von vornherein keineswegs die Gewissheit, ob sie auch tatsächlich operative Wirksamkeit erlangen und zur Strategie *der* unternehmerischen Einheit werden. Meist gibt es zu einem bestimmten Zeitpunkt nicht nur eine, sondern mehrere Initiativen und was letztendlich im Zuge ihrer Interaktion herauskommt, ist ein emergentes Phänomen und Resultat einer selbstorganisierenden Prozessdynamik. Was uns an dieser Stelle daher vorrangig interessiert, sind Anhaltspunkte, wie eine einzelne strategische Initiative, und weniger wie die Interaktion mehrerer strategischer Initiativen, gestaltet werden kann.

Im folgenden wollen wir nun zeigen, welche Möglichkeiten in der Initiierungsphase des GMN bestehen, um eine strategische Initiative prozessual auszugestalten, ohne dabei jedoch das Emergenzphänomen aus den Augen zu verlieren. In einem ersten Schritt wird dazu ein Bezugsrahmen geöffnet, der die wichtigsten Prozessdimensionen aufzeigt, die durch die Handelnden i. Allg. auch beeinflussbar sind (Abschnitt 2.2.1). Diese Dimensionen werden in den Abschnitten 2.2.2 bis 2.2.7 vertieft. Danach werden in Abschnitt 2.2.8 Erkenntnisse besprochen, wie der in- und externe Kontext die Auswahl der zur Verfügung stehenden Optionen beinflusst. Ziel ist die Entwicklung eines möglichst wirkungsvollen Strategieprozessmodus.

Lernziele

- Kennen lernen der wichtigsten Dimensionen zur prozessualen Gestaltung einer strategischen Initiative
- Auseinandersetzung mit der Frage, was ein »gutes Design« eines »Strategizing« ausmacht
- Anpassung des Initiierungsstils an den Kontext (z.B. Turbulenzgrad des Geschäftsumfeldes) des Gestaltungsobjektes
- Vergleich und Auswahl alternativer Strategieprozessmodi
- Erfassung der Bedeutung eines »entrepreneurial strategizing«

2.2.1 Bezugsrahmen zur Gestaltung der Initiierung

Die Dimensionen des Bezugsrahmens werden jeweils in Form eines Kontinuums präsentiert, an dessen Enden zwei entgegengesetzte Optionen liegen. Wie Abbildung 2-9 zeigt, besteht der Bezugsrahmen zur Gestaltung strategischer Initiativen aus sechs Dimensionen, die über insgesamt 17 Parameter operationalisiert sind.[15] Dass man mittels des Bezugsrahmens ein Soll-Profil des eigenen Initiierungsstils ableitet, veranschaulicht bereits eine mögliche Vorgehensweise, auf die dann auch in Kapitel 2.2.9 eingegangen wird.

Dieser Bezugsrahmen kann genutzt werden, um erstens über die momentane Situation zu analysieren und zweitens sich zu überlegen, wo welche Veränderungen anzustreben sind. Im Bezugsrahmen werden nur Dimensionen verwendet, entlang derer die Formierung strategischer Initiativen beeinflusst werden kann. Im Einzelnen lauten sie:

- **Ort (Wo?)**: Hier wird thematisiert, von wo aus in der Organisation strategische Initiativen entstehen (können). Zuerst geht es um die *Offenheit* des Prozesses, woher die Inhalte einer Initiative kommen können. Verlässt man sich auf die Vorgaben des obersten Managements, bedient man sich einer strategischen Planung oder schafft man bewusst Raum für die Entfaltung alternativer Ansätze außerhalb dieser Gremien? Zweitens ist es eine Frage der *Verantwortlichkeit*: Wird eher zentral oder dezentral geführt? Direkt damit verbunden ist die Frage der *Einflussrichtung*, also ob sich Initiativen z. B. von oben nach unten oder von unten nach oben oder als Kombination von beidem entwickeln.
- **Beteiligte (Wer?)**: Strategische Initiativen können durch Individuen oder Gruppen eines Unternehmens lanciert werden. Drei Punkte sind dabei von besonderer Relevanz: Erstens der *Beteiligungsgrad*: Soll nur eine kleine Gruppe an strategischen Diskursen mitwirken oder öffnet man sich einem breiteren Kreis? Zweitens der *Perspektivenmix*: Welche Sichtweisen sollen durch die Beteiligten eingebracht werden? Wird deren Homogenität oder Heterogenität

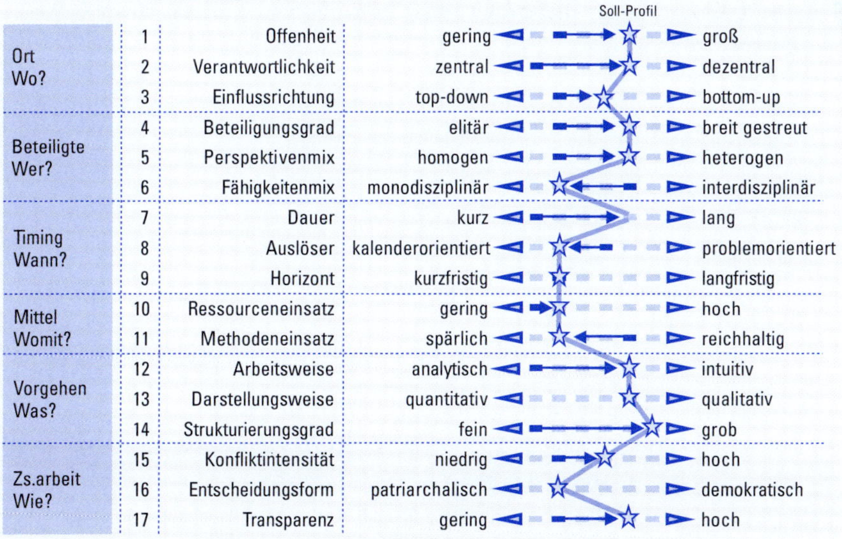

Abb. 2-9: Bezugsrahmen zur Gestaltung der Initiierungsarbeit

angestrebt? Drittens der *Fähigkeitenmix*: Soll mono- oder interdisziplinär gearbeitet werden? Welche Expertisen sind erforderlich?

- **Timing (Was?)**: Im Rahmen der zeitlichen Dimension geht es um *Dauer*, *Auslöser* und *Horizont* von strategischen Initiativen: Wie viel Zeit sollte beispielsweise ein fixer Planungsprozess oder unregelmäßig stattfindende Projektinitiativen in Anspruch nehmen? Sollten Strategieprozesse in ein festes Zeitschema eingebunden sein, oder ist es legitim, sie auch durch unvorhergesehene Ereignisse zu aktivieren? Welchen Stellenwert haben kurz-, mittel- und langfristige Überlegungen?
- **Mittel (Womit?)**: Die nächste Dimension betrifft die Mittel, die für strategische Initiativen erforderlich sind. Welche *Ressourcen* an Zeit, Geld, Bedeutung, Aufmerksamkeit ist man bereit einzusetzen? Und wie viele bzw. welche *Methoden* sollen zum Einsatz kommen? Behilft man sich mit einigen wenigen, bewährten Konzepten oder experimentiert man mit einem breiteren Spektrum?
- **Vorgehen (Was?)**: Im Rahmen dieser Dimension sind vor allem drei Punkte zu diskutieren: Erstens ist zu klären, wie die *Arbeitsweise* angelegt werden soll. Will man eher analytisch vorgehen oder lässt man auch intuitive Vorschläge zu? Wie kann man Kreativität fördern und welche Rolle spielt dabei die jeweilige Sprachform? Zweitens ist die *Darstellungsweise* von Relevanz. Verwendet man überwiegend quantitative, meist finanzielle Berichte oder erachtet man auch qualitative Darstellungsformen und Plausibilitätsargumente für legitim? Mit der Darstellungsweise verbunden ist drittens der *Strukturierungsgrad*: Arbeitet man eine Initiative bis in die letzten Einzelheiten aus, oder belässt man es bei grundlegenden Überlegungen, da man davon ausgeht, dass sich ein höherer Detaillierungsgrad angesichts der bestehenden Unprognostizierbarkeit nicht rechtfertigen lässt?
- **Zusammenarbeit (Wie?)**: Die fünfte und letzte Dimension thematisiert die Zusammenarbeit im Rahmen einer strategischen Initiative. Welche *Konfliktintensität* erachtet man als wichtig? Ist es gut, wenn die Beteiligten weitgehend einer Meinung sind, oder ist ein spezifisches Konfliktpotenzial förderlich, ja sogar bewusst zu erzeugen? Welche *Entscheidungsform* soll gewählt werden? Haben bestimmte Beteiligte besondere Entscheidungsvorrechte oder wird partnerschaftlich über sich stellende Fragen entschieden? Zuletzt dann die *Transparenz*: Wird über eine strategische Initiative erst einmal vertraulich behandelt, bis sie relativ weit fortgeschritten ist? Oder kommuniziert man schon in einem frühen Stadium ausführlich im Unternehmen?

2.2.2 Optionen zum Ort

Prinzipiell können strategische Initiativen überall im Unternehmen entstehen. Unternehmen unterscheiden sich aber erheblich darin, wie es dann schlussendlich geschieht. So gibt es Unternehmen, in denen mehr oder minder alle relevanten Neuerungen in der Unternehmensentwicklung Ergebnis besonders hartnäckiger Bottom-up-Initiativen sind. In anderen Unternehmen trifft man dagegen eine Mitarbeiterschaft an, die von sich aus keine strategischen Vorstöße unternimmt. So scheint es also Unternehmenskulturen und Führungsstile zu geben, die die Entstehung strategischer Initiativen begünstigen und andere, die sie eher verhindern oder zumindest in den »Untergrund« verdrängen. Dies hat auch etwas mit dem Selbstverständnis des Managements zu tun: Welche Rolle nimmt es im Führungsprozesses ein? Versteht es sich eher als Katalysator von Initiativen, oder denkt man, dass die wesentlichen Initiativen von einem selbst kommen müssen, oder sieht man sich sogar in beiden Rollen gleichzeitig?

Strategieentwicklung wird immer auch außerhalb des Blickfeldes eines Managementteams stattfinden

Für unsere Zwecke ist es dabei wichtig zu erkennen, dass Strategieentwicklungen immer auch außerhalb des Blickfeldes eines Managementteams erfolgen können. Teilweise wird es derer gewahr, teilweise nicht oder nur mit Verspätung. Ein Managementteam verfügt in aller Regel zwar auch über eigene Vorstellungen, sollte sich allerdings darüber klar werden, welchen Freiraum es für die Katalyse alternativer strategischer Initiativen schafft und offen lässt. Selbst wenn alternative Initiativen im Blickfeld des Führungsteams auftauchen, legitimiert werden und sich in offizielle Strategien verwandeln, ist gleichzeitig damit zu rechnen, dass sich an anderen Stellen wieder neue Initiativen bilden. Ein Führungsteam sollte diesen Sachverhalt im Auge behalten.

(1) Offenheit

Hier geht es um die Frage, von wo strategische Optionen, die in die Entscheidungsfindung Eingang finden, in einer Organisation überhaupt kommen können (Herkunft) und wie reichhaltig die Auswahl der Optionen sein soll bzw. sein darf. Wenn wenig Raum für Initiativen außerhalb der formellen Führungsprozesse besteht und man primär auch nur eine bevorzugte Option näher überprüft, dann sprechen wir von einer *geringen* Offenheit. Rigide werden Initiativen ausgeblendet, die nicht aus den dafür vorgesehenen Kanälen kommen. Auch werden keine ernsthaften Anstrengungen zur Suche nach Alternativen unternommen. *Groß* ist die Offenheit dagegen dann, wenn auch nicht-offiziell beauftragte Initiativen, die vielleicht dezentral emergiert sind, eine Chance haben, sich (formell) durchzusetzen. Offen ist die Strategieentwicklung auch dann, wenn mit Bottom-up-Initiativen aus den Geschäftsfeldern Einfluss genommen werden kann auf die bislang gültige Unternehmensstrategie. Offen ist der Gestaltungsraum aber auch dann, wenn bewusst nach möglichst viel Optionen – woher sie auch immer kommen mögen – gesucht wird. Man ist rezeptiv für alternative Optionen und ermuntert deren Entstehung. Man versorgt sich bewusst mit neuen Informationen und Einsichten bevor eine strategische Entscheidung getroffen wird.

Zu überlegen ist daher, inwieweit man für solche Prozesse überhaupt Raum lässt oder gar einen solchen offenen Kontext explizit schafft. Soll ein oberstes Management kategorisch divergierende Initiativen abblocken, sie sogar »kriminalisieren«, oder soll es sich ihnen je nach Bedarf bzw. institutionalisiert öffnen? Wenn ja, wieweit soll die Öffnung erfolgen, welche Spielregeln sollen hier gelten und wie gedenkt man mit solchen Initiativen umzugehen?

Vorteil eines weitgehend geschlossenen Ansatzes ist die Kontrollierbarkeit der strategischen Aktivitäten. Auch ist von einem höheren inhaltlichen Integrationsgrad auszugehen, da das Unternehmen dann i. Allg. über die entsprechenden Koordinationsarenen verfügt. Nachteil ist, dass der Führung jedoch wichtige Energiefelder und Innovationsquellen auf diesem Weg verloren gehen. Zu wenig Offenheit birgt auch die Gefahr von Betriebsblindheit und Dogmatik in sich. Auch kann man sich dadurch ein illusionistisches Führungsmodell vorgaukeln, wenn die Wirklichkeit längst ein »Schattenmodell« daneben gestellt hat. Natürlich impliziert ein zu offener Kontext auch die Gefahr der Verzettelung und nahezu unkontrollierbaren Fragmentierung von Macht. Offenheit darf nicht nur zugelassen werden, sondern man muss auch in der Lage sein, sie zu führen.

Die Offenheit des Planungsprozesses wird dabei stark durch das geprägt, was Burgelman (1983) als strukturellen und strategischen Kontext einer Organisation bezeichnet.[16] Der *strukturelle Kontext* steht dabei für die verschiedenen administrativen Mechanismen, durch die das oberste Management die Interessen und das Verhalten der Akteure in einer Organisation zu beeinflussen versucht. Konkret umfasst es die Festlegung von Kriterien zur Selektion wichtiger Projekte, den formellen Planungsprozess, Messsysteme zur unternehmerischen Performance, den Formalisierungsgrad sowie die Besetzungspolitik auf Ebene des mittleren und unteren Managements. Der strategische Kontext bezieht sich auf Möglichkeiten des mittleren Managements mit Initiativen, das Top-Management zu einer Veränderung der bestehenden Strategie zu bewegen.

Ein umfassender struktureller Kontext erschwert die Genese von Initiativen außerhalb dieses Rahmens

Je größer Unternehmen werden, desto stärker ist in aller Regel der strukturelle Kontext durch umfassende Planungs- und Kontrollsysteme geprägt.[17] Dies bringt mehrere Probleme mit sich: Erstens erschwert es die Genese von Initiativen außerhalb dieses Rahmens, zweitens erhöht es die Kluft zwischen denen, die – meist in Stabsstellen – denken, planen und kontrollieren, und denen in der Linie, die für die operative Umsetzung zuständig sind, und drittens erhöht es die Gefahr, dass die Stabsstellen eine Eigendynamik entwickeln, die nicht zum Nutzen des Ganzen ist.[18] Ein »forderndes«, auf Kontrolle ausgerichtetes Planungs- und Kontrollsystem wird meist seitens der Linie als Entmündigungsversuch angesehen, dem man sich nach Möglichkeit zu entziehen versucht. Dass dann auch mit massiven Problemen bei der Implementierung zu rechnen ist, ist naheliegend. In den letzten Jahren wuchs die Kritik am Selbstverständnis solcher Stabsstellen, was in vielen Unternehmen eine Reduktion ihrer Größe und eine Veränderung ihrer Funktionen nach sich zog.

Trend zu dezentralen Formen der Strategieentwicklung

Ein derzeit zu beobachtender Trend geht denn auch in Richtung dezentraler Formen der Strategienentwicklung. In den Geschäftsfeldern des Unternehmens werden z. B. ergebnisverantwortliche Leiter von Profit Centern zum »Unternehmertum im Unternehmen« (Intrapreneurship) aufgefordert, d. h., sie haben selbst für ihre Einheit Strategien zu entwickeln und zu verantworten. Damit wird Strategiearbeit mehr als früher üblich an die »Front« gebracht und dementsprechend dezentralisiert. Dies soll sie einerseits realistischer und andererseits flexibler machen.

(2) Verantwortlichkeit

Damit ist der zweite Parameter unseres Bezugsrahmens angesprochen: Wo wird die Verantwortlichkeit für die Strategien zu den einzelnen Führungseinheiten angesiedelt? Wählt man eher einen **dezentralen** oder einen **zentralistischen** Ansatz? In einem dezentralen Ansatz wird die Kompetenz zur Strategienentwicklung für die einzelnen Geschäfte zusammen mit der Ergebnisverantwortlichkeit nach dem Subsidiaritätsprinzip so weit nach außen in der Organisation verlagert als möglich. Man erhofft sich dadurch mehr Nähe zum Bezugsfeld der Strategien, eine umfassendere Nutzung der in der Organisation vorhandenen Intelligenz, eine Beschleunigung der Prozesse, mehr Eigeninitiative etc. Dagegen steht die Gefahr der Suboptimierung. In einem eher zentralistisch geprägten Ansatz

Subsidiaritätsprinzip

Gefahr der Suboptimierung

geht es um die strategische Integration einzelner Führungseinheiten. Macht wird nach innen verlagert, um über die Bündelung lokaler Interessen bessere Optimierungseffekte zu erzielen. Dabei muss zentralistisch nicht mit dem Corporate Center gleichgesetzt werden. So kann z.B. eine wichtige internationale Kundenbranche über ein Key Account Management in dem Land zentral strategisch geführt und entwickelt werden, wo die meisten Hauptwettbewerber ihren Sitz haben.

PRICEWATERHOUSECOOPERS

Fallbeispiel: Professional Service Firms

Die meisten der großen Professional Service Firms sind aus einer nationalen in eine multinationale Struktur gewachsen. D.h. es kamen immer weitere Landesgesellschaften dazu. Auf Grund des Partnerschaftsmodells ergab sich daraus häufig ein föderalistischer Führungsansatz. D.h. die Landesgesellschaften waren die dominierenden strategischen Einheiten. Dies äußert sich auch darin, dass einige dieser internationalen Gesellschaften immer noch die Rechtsform eines Vereins nach Schweizerrecht oder einer Genossenschaft haben. Auf Corporate-Ebene wurde maximal koordiniert, aber kaum geführt.

Mit der Internationalisierung der Kundschaft und der Zunahme des Wettbewerbs ergab sich nun aber die Herausforderung, bestimmte Führungsdimensionen zu zentralisieren. So wurden z.B. für die »practice groups«, das sind Branchengruppen wie Telekommunikation, Finanzdienstleistungen etc., internationale – teilweise sogar globale – Profit-and-Loss-Verantwortlichkeiten eingerichtet, womit auch die Strategienentwicklung mehr zentralisiert wurde. Die Gefahr dabei ist dreierlei: (1) Dass der für dieses Geschäft notwendige »local content« verloren geht; (2) Dass das Maß an möglicher globaler Integration überschätzt wird und (3) dass es zu großen Überlappungen mit den anderen Führungsdimensionen, wie »Service Lines« oder »Regionen«, kommt.

Es kann auch durchaus sein, dass man – gewissermaßen als Paradoxon – bewusst versucht, beide Ausprägungen des Parameters gleichzeitig voranzutreiben: Dezentralisierung als auch Zentralisierung. Dies kann z.B. durch eine inhaltliche Ausdifferenzierung geschehen: Bei bestimmten Strategiethemen wird die Verantwortlichkeit eher zusammengezogen, bei anderen Themen wird sie eher vor Ort belassen.

Mit der Dezentralisierung der Verantwortung für die Geschäfte entsteht auch die Frage nach der verbleibenden Rolle der Unternehmensleitung. Ihr ist dann eher das Setzen des Rahmens (Vision, Ziele usw.) überlassen, in dem sich die Strategien zu bewegen haben. Häufig geschieht dies heute – im Zeichen einer wertorientierten Führung – in der Form, dass seitens der Zentrale eine Spitzenkennzahl festgelegt wird (meist eine Variante der Kapitalrendite), die dann seitens der nachgelagerten Planungs- und Führungsebenen erreicht werden muss.

Wie die einzelnen Geschäftseinheiten dann ihre Strategien ausgestalten, bleibt ihnen innerhalb eines einschränkenden Rahmens weitgehend selbst überlassen. Einschränkungen ihrer strategischen Handlungsoptionen werden z.B. über die Mission oder das Leitbild des Unternehmens definiert. Dieses Prinzip kann dann so weit nach unten gebrochen werden, solange man noch zu Einheiten gelangt, die unternehmerisch eigenverantwortlich führbar sind, d.h. einen relevanten Teil ihres Wertschöpfungsprozesses noch selbst beeinflussen können. Danach kann die Wertorientierung indirekt über Werttreiber fortgesetzt werden. Die Bottom-up-Koordination mit der darüber liegenden Führungsebene erfolgt dann in Form fest strukturierter Gespräche, bei denen im Einzelfall (z.B. Start-up Situation) über die Höhe der Spitzenkennzahl verhandelt wird.

!

Lloyds TSB

Fallbeispiel: Lloyds TSB
Ken Atkinson, CFO der britischen Großbank Lloyds TSB, äußerte sich zur erfolgreichen Strategie des Unternehmens wie folgt (Finanz und Wirtschaft, 19.5.99, S. 33): »Wir sehen uns selbst als Distributionsfirma. Das ist eigentlich alles was wir sind. Bank oder Finanzdienstleister sind eher spezielle Bezeichnungen. ... Wir haben drei Ziele: Wir wollen die erste Wahl unserer Kunden sein – in Bezug auf die Produkte, den Preis und den Service. Zweitens wollen wir in all den Produkten, die wir anbieten, Leader sein. Darunter verstehen wir, einen Platz unter den Ersten drei innezuhaben. Und zu guter Letzt geht es uns seit vier Jahren darum, unsere täglichen Kosten zu reduzieren. ... Es ist nicht eine Frage der kritischen Größe, sondern vielmehr des Verhältnisses zwischen Kosten und Ertrag. ... Wir konzentrieren uns darauf, den Shareholder-Value zu maximieren, anstatt ihn nur zu schaffen. Denn dies tun Sie bereits, indem Sie einen Penny mehr erwirtschaften, als Sie Ihr Eigenkapital kostet. Gibt es aber Strategien, mit denen Sie zwei oder gar drei Pennys mehr machen können, dann beginnen Sie »Maximieren« als Gegensatz zum alleinigen Schaffen von Mehrwert zu verstehen. ... Wenn es Ihr Ziel ist, den Shareholder-Value zu maximieren, dann errichten Sie eine Rangliste der Geschäftseinheiten, beginnend mit denen, die am meisten, bis zu denen, die am wenigsten Wert schaffen ... dann nehmen Sie die Ressourcen von zuunterst in der Rangliste und geben sie den produktivsten Bereichen. Uns von Lloyds hat das dazu geführt, immer mehr aufs Retail Banking zu setzen und auf das Investment Banking zu verzichten. ... Wir fokussieren uns auf das Retail Banking, und wir glauben, dass wir die Meister des Retail Banking sind.«

(3) Einflussrichtung

Damit wird bereits indirekt der dritte Parameter der Dimension »Ort« angesprochen, nämlich die Entwicklungsrichtung: Von wo nach wo wird die Entwicklung strategischer Initiativen vorangetrieben bzw. beeinflusst? Als Pole dieses Parameters bieten sich **bottom-up** und **top-down** an. Abbildung 2-10 zeigt verschiedene Varianten dazu.

Gegenstromverfahren

Das Modell, das oben beschrieben wurde, entspricht in Abbildung 2-10 der Ausprägung »bipolar«, was auch als Gegenstromverfahren bezeichnet wird: Einerseits werden bestimmte strategische Themen auf Ebene der Unternehmensleitung top-down vorangetrieben; andererseits lässt man – gewissermaßen bottom-up – die Initiative zu den Geschäften auch bei den Geschäften. Dabei gilt es neben dem strukturellen Kontext nun auch – nach Burgelman (1983) – den *strategischen Kontext* zu berücksichtigen. Hier wird auf die autonomen, strategischen Initiativen aufmerksam gemacht, die ausserhalb der offiziellen Unternehmensstrategie liegen und nun bottom-up betrieben werden. Der strategische Kontext legt dabei die Rahmenbedingungen für den Verhandlungsprozess zwischen den vom mittleren Management vorgetragenen, abweichenden Initiativen und der vom obersten Management repräsentierten, offiziellen Unternehmensstrategie fest. Vor seinem Hintergrund kommt es zu »mikropolitischen« Überzeugungsversuchen seitens des mittleren Managements, die dem Zweck dienen, die bereits lancierten Initiativen zu rationalisieren und mit der offiziellen Strategie abzustimmen. Oft sind die Folgen, die sich daraus ergeben, für die Entwicklung eines Unternehmens weitaus weitreichender als man dies auf den ersten Blick vermutet. So erfolgte beispielsweise bei Egon Zehnder, einem führenden Unternehmen der Executive Search Branche, der offizielle Eintritt in das E-Business-Segment und die Bezahlung mit Equity-Anteilen an den beauftragten Unternehmen erst nach wiederholten, intensiven Vorstößen einzelner Partner.

Dies weist uns auch auf einen weiteren Trend hin, der bereits mehrfach implizit angesprochen wurde: In den meisten Unternehmen wird immer deutlicher die Gesamtunternehmensebene von der Ebene der Geschäftseinheiten getrennt. Während in der Zentrale Aufgaben wie Finanzmanagement, Investors Relations, Portfolio-Management, Mergers & Acquisitions, Public Relations etc. angesiedelt sind, liegt die Verantwortung über die Geschäfte bei den Geschäften selbst, was der weiter oben angesprochenen Dezentralisierungstendenz entspricht. In der Zentrale benötigt man dann kaum noch große Strategie-Stäbe für die einzelnen Geschäftsfelder, sondern man findet dort oft nur noch einen »Ansprechspartner« für sie. Dies impliziert auch eine Verschiebung des Einflusses zwischen den beiden Ebenen, die mit veränderten Bedeutungszuweisungen für die Zentrale verbunden ist. Damit verändert sich das Zusammenspiel von oberer und unterer Führungsebene. Abbildung 2-11 zeigt in verkürzter Form eine Gegenüberstellung von drei Interaktionsmustern zwischen der Corporate- und Business-Ebene.

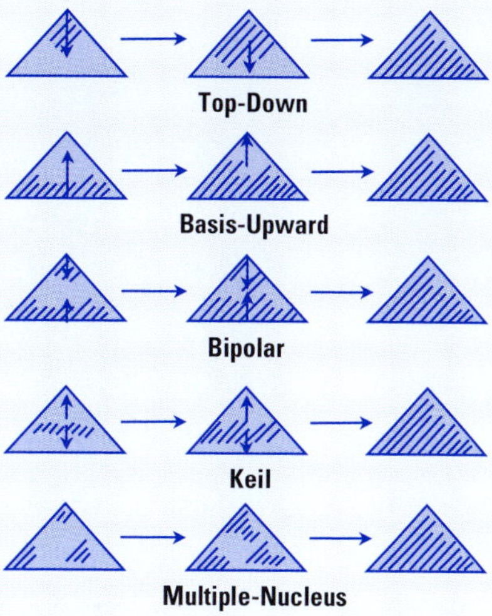

Abb. 2-10: Modelle der Einflussrichtung (vgl. Glasl/de la Houssaye 1975)

Fallbeispiel: Zellweger Luwa

Betrachten wir einen formalisierten strategischen Planungsprozess, wie er in seinem Grundmuster bei vielen anderen Unternehmen zu finden ist. Der schweizerische Mischkonzern Zellweger Luwa operiert auf drei Geschäftsfeldern, die durch drei Divisionen bedient werden. Der formalisierte Prozess der strategischen Planung ist dabei für alle Divisionen identisch und von der Holding vorgegeben. Im ersten Quartal des Jahres werden die Strategien von der Konzernleitung überprüft und die finanziellen Ziele vorgegeben. Im zweiten Quartal wird die erweiterte Konzernleitung miteinbezogen, zu der auch die Vorstände der drei Divisionen gehören. Diese diskutieren die Strategien im Anschluss mit ihren Subdivisionen, die sie wieder mit der nächsten Stufe abstimmen. Dies erfolgt bis auf die unterste Ebene der Produktions- und Verkaufszentren. Bei diesem Prozess wird ein zweistufiges System verwendet, demzufolge eine Führungskraft für ihre Einheit und die hierarchisch darunter liegenden Einheiten verantwortlich ist. Ist die Abstimmung erfolgt, wird der Entscheid über die weitere strategische Richtung endgültig verabschiedet. Dieser bildet dann die Grundlage für die finanziell orientierte Mittelfristplanung. Im dritten Quartal findet auf Divisionsebene die Besprechung des Jahresbudgets statt, welche im vierten Quartal verabschiedet wird, und von da an als laufendes Geschäft des nächsten Jahres betrachtet wird. Die Festlegung der Strategie erfolgt somit von oben nach unten, während die Erarbeitung des Budgets für das nächste Jahr von unten nach oben vorgenommen wird. Die Strategien werden dabei in einem strategischen Plan festgehalten, der aus zwei Teilen besteht: Erstens einem Textteil, der u. a. die Mission, den strategischen Auftrag, die Tätigkeitsbereiche und finanziellen Ziele umfasst sowie zwei Tabellen, die die strategische Positionierung des Geschäftsfeldes aufzeigen; zweitens der Mittelfristplanung, die die Finanzplanung für die nächsten drei Jahre sowie das Budget für das kommende Jahr enthält und eine rollierende Planung ist.

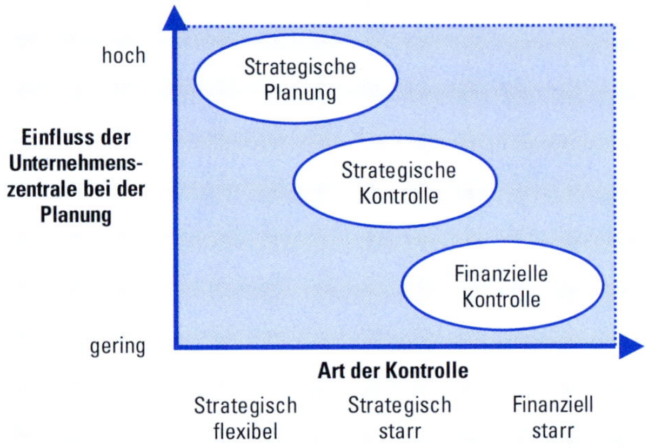

Abb. 2-11: Interaktionsverhalten zwischen Zentrale und Geschäftseinheiten

Drei Arten der Kontrolle (Goold/Campbell/Alexander 1994)

Strategische Planung:	Strategische Kontrolle:	Finanzielle Kontrolle:
Die Zentrale wirkt an der Entwicklung der Strategischen Programme mit und beeinflusst diese auch. Extensive Planungsprozesse werden installiert. Strategisches Denken wird bewusst gefördert. Die Zentrale fördert Initiativen zur Bildung von Portfolios ausgewählter Kerngeschäftsfelder. Der Kontrollprozess hat weniger Gewicht. Man hat flexiblere Leistungsziele, die vor dem Hintergrund des langfristigen, strategischen Fortschritts beurteilt werden.	Die Unternehmensführung ist mit der Planung der Geschäftsfelder betraut, belässt aber soviel Initiative wie möglich vor Ort. Die Zentrale konzentriert sich mehr auf die Einrichtung leistungsfordernder Planungsprozesse und auf die Prüfung und kritische Hinterfragung der Vorschläge aus den Geschäftsfeldern als auf die Befürwortung bestimmter Alternativen. Die erreichten Ergebnisse unterliegen einer strengen Kontrolle durch die Zentrale vor dem Hintergrund finanzwirtschaftlicher und strategischer Ziele.	Begrenzte Rolle der Zentrale bei der Strategieentwicklung. Die Verantwortung liegt beim Mangement der Geschäftsbereiche. Die Zentrale prüft lediglich die Budgets und Vorschläge für Investitionen und sorgt für die Bildung eines Zielrahmens und dessen Einhaltung. Die Ziele sind meist kurzfristiger und finanzwirtschaftlicher Natur.

Rekursivitätsprinzip

Natürlich kann diese Unterteilung in Corporate- und Business-Ebene wiederum rekursiv auf jeder Führungsebene durchgeführt werden. Geht eine strategische Initiative z.B. von der Ebene 3 aus, dann hat man hier sowohl eine Business-Sichtweise in Richtung der übergeordneten Ebenen 1 und 2 einzunehmen, gleichzeitig trägt man aber auch Corporate-Ebenen-Verantwortung bezogen auf die untergeordneten Führungseinheiten der Ebene 4.

Auf Grund der aufgezeigten Trends zu einem bipolaren Entwicklungsansatzes und einem verhandlungsorientierten Interaktionsmodell zwischen Corporate- und Business-Ebene (das teilweise den Charakter eines Management by Objectives annimmt), geht eine Dezentralisierung der strategischen Führungsverantwortung auch häufig mit einer Öffnung gegenüber mehr Bottom-up-Einflussnahme auf die Strategie der Corporate-Ebene einher. Diese Strukturentscheidungen können wiederum gesamthaft mit einem offenen Kontext in Bezug gebracht werden, der auch eine entsprechende Einstellung im Umgang mit den unterschiedlichen Interessenlagen impliziert.

2.2.3 Optionen zu den Beteiligten

Meist hat man es bei der Strategieentwicklung mit Kleingruppen zu tun (4–6 Personen), die pro Jahr durchaus bis zu 10 meist eintägige Sitzungen durchführen. Die Zusammensetzung solcher Gruppen geschieht i.a. nicht primär unter dem Gesichtspunkt möglichst bahnbrechende und differenzierende Strategieinhalte zu entwickeln. Neben Erfahrung im angestammten Gebiet (Markt-, Produkt-, Kunden-, und Geschäftskenntnisse) kommen primär auch politische Kriterien zum Einsatz. So wird z.B. darauf geachtet, dass alle Bereiche vertreten sind, und dies möglichst mit gleich viel Personen. Eine Führungskraft drückte dies einmal wie folgt für sein Unternehmen aus: »Die Teambildung auf der Corporate-Ebene ist einfach von den Besitzverhältnissen und der Kapitalstruktur abhängig. Wollte man hier etwas ändern, so ist dies nicht leicht.« Ein anderer Manager setzte dagegen: »Es kommt weniger darauf an, welche Bereiche das Teammitglied vertritt, sondern welche Fähigkeiten es hat. So ist ein ausgesprochenes ›people feeling‹ wichtig bei der Strategieentwicklung.« Eine andere Überlegung kann darin bestehen, die Personen zu involvieren, die später die Strategie umsetzen müssen. Weiter ist auch zu fragen, ob alle relevanten Expertisen vertreten sind. Durch die Ausrichtung an einer wertorientierten Unternehmensführung wurde z.B. mehr Finanz-Know-how in den Strategieteams erforderlich. Wer innovative Strategien will, muss in den Teams aber auch für ungewöhnliche Perspektiven Raum schaffen. Dass jedoch bewusst nach Querdenkern Ausschau gehalten wird, ist eher die Ausnahme. Die zweite Dimension der Beteiligtenstruktur besteht damit aus den drei Parametern Beteiligungsgrad, Perspektiven- und Fähigkeitenmix.

Ungewöhnliche Perspektiven Raum schaffen

Exkurs: Die Rolle der Strategen
Wirft man die Frage nach den Beteiligten auf, dann ist es auch naheliegend, umgekehrt zu fragen, von wem in einer Organisation eigentlich die Strategien kommen und was die Rolle derer ist.

Eine erste Arbeit dazu stammt von Ericson/Melander/Melin (2001, S. 65 f.). Sie weisen darauf hin, dass in der Literatur nahezu durchgängig das *Top-Management* als die Strategen gesehen wird. Das Spektrum, das sie in ihrer Rolle ausschöpfen können, wird durch eine Reihe von Kontingenzen beeinflusst (z.B. Corporate Governance). Das Top- Management als Stratege hat inspirativ zu sein, muss die Organisation motivieren können, hat symbolisch zu führen etc. Insbesondere in der neueren Literatur wird auch darauf hingewiesen, dass das Top-Management die Verzahnung der Strategien mit der organisatorischen Realität voranzutreiben und zu kontrollieren habe. Man sieht den Strategen auch als jemanden, der über lange Zeit eine bestimmte Art des Denkens über das Geschäft hartnäckig verfolgt. Da das Denkmodell so eng mit der Person verbunden ist, geht man davon aus, dass in Situationen radikalen Wandels oder eines Turnarounds in diesen Unternehmen dann auch das Top-Management wechselt.

Ericson/Melander/Melin (2001, S. 65 f.) fordern jedoch, dass in der Forschung die Frage nach der Rolle des Strategen vom Top-Management getrennt werden sollte, da diese Verbindung auch sozial konstruiert ist und einem den Blick für wichtige Einsichten zum Prozess der Formierung von Strategien verstellt.[19]

Um eine solche Unterscheidung treffen zu können, schlagen Ericson/Melander/Melin (2001, S. 66 f.) folgende Typologie von Strategen vor:

(1) *Der fehlende Stratege*: Hier wird seine Rolle systematisch nach unten gespielt. Im Prinzip führt die (Branchen-)Struktur die Organisation. Das »Structure-Conduct-Performance«-Paradigma der Industrial Organisation und die Business-Policy-Ansätze sind hierfür ein prominentes Beispiel.

(2) *Der große Stratege*: Hier wird der Stratege von zentraler Bedeutung für die zukünftige Entwicklung des Unternehmens gesehen. Er muss visionär und inspirierend sein. Dadurch bringt er Energie in die Organisation, um notwendigen Wandel zu bewältigen.

(3) *Der Stratege als Koalition*: Hier denkt man nicht an Einzelpersonen, sondern an Koalitionen, die aufgrund ihrer Macht in der Lage sind, die Entwicklung des Unternehmens signifikant zu beeinflussen. Dies kann das Top-Management als Gruppe sein, es können aber auch andere Koalitionen von und mit anderen Stakeholdern sein (womit auch die Grenze der formalen Organisation überschritten werden kann). Um Strategien durchzusetzen, muss intensiv innerhalb und außerhalb der eigenen Koalition politisiert werden.

(4) *Der unsichtbare Stratege*: Hier wird der Stratege entpersonalisiert und nur als Kraft mit einem dominanten Einfluss auf die Formierung von Strategien beschrieben. Gemeint sind damit z.B. die Werte und Einstellungen aus der Organisationskultur oder die verfolgte dominante Logik, im Prinzip also die Eigendynamik der Organisation, die unsichtbar das Schiff lenkt.

Eine zweite Arbeit dazu stammt von Floyd/Wooldridge (2000), die auf die wichtige Rolle des *mittleren Managements* als Auslöser und Träger strategischer Initiativen hinweisen.

Nach der Rolle der *strategischen Planer* im Strategieentwicklungsprozess fragt Kleine (1999). Meist sind die strategischen Planer in *Stabsabteilungen für Unternehmensplanung oder -entwicklung* organisiert. Diese Stäbe haben eine bewegte Vergangenheit in sich. In den 60er- und 70er-Jahren wurden in den Unternehmenszentralen sehr große Strategiestäbe aufgebaut, die dann aber stark abgebaut bzw. aufgelöst wurden, da man dann die Auffassung vertrat, dass Geschäftsstrategien auch in den Geschäften entwickelt werden sollen. Heute verfügen die meisten diversifizierten Konzerne nach wie vor über solche Stäbe. Sie haben heute jedoch eine ganz andere Rolle eingenommen. In Anlehnung an die Untersuchungsergebnisse von Kleine (1999, S. 225 ff.) lässt sich trotz aller firmenspezifischen Unterschiede dabei folgender Kern eines Rollenselbstverständnisses antreffen:

(1) Die strategischen Planer haben eine mehrdimensionale Rolle wahrzunehmen: Sowohl der *Prozess*, der *Inhalt* als auch der *Kontext* soll beeinflusst werden.

(2) Strategische Planer stellen eine wichtige Kraft für die *Initiierung strategischer Denkprozesse* dar. Sie geben Anstoß zu solchen Prozessen, wo man den Eindruck hat, dass sich Organisationseinheiten nicht ausreichend mit ihren dringenden strategischen Problemen beschäftigen. Durch ihre Einbindung soll auch die Qualität des strategischen Denkens positiv beeinflusst werden.

(3) Die Verantwortung für das *Design, das Management und die Implementierung der formalen strategischen Planungsprozesse* liegt insbesondere bei den strategischen Planern. Dabei kann man wieder unterschiedliche Rollen einnehmen wie Prozesseigentümer, Coach, Unterstützer und Beschleuniger, Ratgeber der dezentralen Planungsteams etc.

(4) Die strategischen Planer müssen inhaltlich eine *holistische Sichtweise* in das Unternehmen einbringen. Deshalb versuchen diese Stäbe, ihr Recruiting auf *Diversität* (Herkunft aus verschiedenen Geschäftsfeldern, Berufserfahrung, Expertise, Nationali-

tät etc.) auszurichten. Um für genügend *gedankliche Erneuerung* zu sorgen, ist eine Beschäftigung in diesen Stäben i. Allg. auch nur auf eine begrenzte Anzahl von Jahren ausgelegt.

Nach wie vor ist die Rolle der strategischen Planung in Unternehmen oft umstritten. Es wird immer wieder die Frage nach ihrem Mehrwert für das Unternehmen gestellt und viele sehen in ihr eine Tendenz zur Verbürokratisierung des Unternehmens. Egal, welche Haltung man hier selbst einnimmt, so macht dies doch deutlich, dass es Mängel in der Positionierung dieser strategischen Planungsabteilungen und der Definition ihres Rollenverständnisses in den Unternehmen gibt.

(1) Beteiligungsgrad

Bezogen auf den Beteiligungsgrad ist zuerst nochmals daran zu erinnern, dass prinzipiell strategische Initiativen sowohl von einer einzelnen Person (wie z.B. dem obersten Manager), einem kleinen Führungsteam als auch einer Vielzahl von Beteiligten, die aus dem Unternehmen oder seinem Umfeld stammen, lanciert werden können. Vertreter der einzelnen Managementebenen oder eigens eingerichtete Stabsstellen erscheinen auf den ersten Blick zwar dafür prädestiniert, doch jeder Mitarbeiter, der Ideen, Interesse und erforderliche Fähigkeiten mitbringt, kann hier einen Beitrag leisten. Der Gründer von MICROSOFT, Bill Gates, wurde beispielsweise erst durch die hartnäckigen E-Mails eines seiner Mitarbeiter auf die Bedeutung des Internet und seine Auswirkungen für MICROSOFT aufmerksam. Eine – bezogen auf den Beteiligungsgrad – ebenfalls wichtige Frage ist die, ob strategische Initiativen unter Einbezug derer vorangetrieben werden, die sie auch umsetzen sollten, oder stellvertretend für eine Organisation durch deren Leitungsgremien.

Die beiden Pole der Dimension des Beteiligungsgrades lauten »*elitär*« versus »*breit gestreut*«. Mit »elitär« ist die klassische Variante gemeint, d.h. dass Strategien durch einen kleinen Kreis des Top-Managements entwickelt werden, während unter »breit gestreut« vorerst nicht limitiert ist, wer an der Strategienentwicklung teilnimmt. Floyd/Wooldridge (2000) betonen hier z.B. die Bedeutung des *mittleren Managements*, da wichtige strategische Initiativen oft von hier aus angestoßen werden. Diese Managementebene ist näher in die Beziehungen mit den relevanten Stakeholdern involviert, gleichzeitig kennt es aufgrund seiner Schnittstellenfunktion auch die Handlungsweisen und Entscheidungsmöglichkeiten des oberen Managements relativ gut.

Motivation durch Einbezug

Mehrere Argumente sprechen heutzutage eher für einen größeren Beteiligungsgrad. So argumentiert Zahn (1993, S. 19): »Mitarbeiter wollen heute mehr eingebunden sein in die Unternehmenspolitik. Sie wollen kritisch hinterfragen und mitentscheiden – nicht nur tun was ihnen gesagt wird. ... Führung muss den Mitarbeitern Macht verleihen, damit sie quasi als Unternehmer im Unternehmen mit ihren eigenen Kunden und Lieferanten agieren können und ihre eigenen Chancen erhalten, aus Fehlern zu lernen. Zum Mitdenken und Mithandeln müssen Mitarbeiter Verantwortung und Machtbefugnisse haben. Alles was weniger ist, wird zu ›Zynismus und Skepsis‹ führen und nichts ist für die Unternehmenserneuerung schädlicher als Mitarbeiterskepsis.«

Neben motivatorischen Aspekten spricht für einen breiten Beteiligungsgrad auch die für die operative Wirksamkeit notwendige Akzeptanz sowie die Mög-

Involvierung zur Aktivierung organisatorischen Lernens

lichkeit, das dezentral, insbesondere an der »Peripherie« der Organisation vorhandene (Geschäfts-)Wissens zu nutzen. Eine Erweiterung des Beteiligungsgrades kann daher als Chance zur Aktivierung organisatorischer Lernprozesse begriffen werden. Die Beobachtungsoberfläche der Organisation gegenüber dem Umfeld wird mit dem Ziel einer umfassenden Sensibilisierung gegenüber externen Entwicklungen (»schwache Signale«) verbreitert.

In der Praxis ist trotz dieser Argumente der Beteiligungsgrad an offiziellen strategischen Initiativen nach wie vor als eher elitär einzustufen. Fragen einer strategischen Unternehmensführung werden zumeist als »Chefsache« verstanden und sind einem kleinen Zirkel von Managern vorbehalten. Nur langsam ist eine Öffnung des Prozesses zu beobachten, nicht zuletzt aus der Tatsache heraus, dass viele wichtige Informationen, die sich aus dem operativen Geschäft ergeben, nicht an das Top Management gelangen. Oder dass dort ein Übermaß an Information zusammenkommt, das nicht mehr umfassend verarbeitet werden kann, was »Entscheidungsstaus« nach sich zieht. Der Abschied von der Allmachtsvorstellung des Top Managements geht meist einher mit einer Abflachung der Hierarchien und einer Flexibilisierung der Organisation. Ziel ist es, schneller und am richtigen Ort reagieren zu können.

Eine breitflächige Beteiligung hat natürlich auch ihre Nachteile und dies spricht dann für einen elitären Beteiligungsgrad. Erstens ist dies der Fall, wenn nur »Alibi-Übungen« angestoßen werden, in denen die Mitarbeiter solange an der Entwicklung neuer Möglichkeiten beteiligt werden, wie die dabei entwickelten Ideen sich mit den Vorstellungen des Managements decken. Frustration und das Gefühl »betrogen« zu sein sind die Folge, wenn ihre Bemühungen nicht berücksichtigt werden. Zweitens verlangsamt ein hoher Beteiligungsrad meist die Entscheidungsgeschwindigkeit beträchtlich, da zwischen einer Vielzahl von Beteiligten nicht nur ein »shared understanding« hergestellt werden muss, sondern sie sich auch einigen müssen, welche Projekte vorangetrieben oder eingestellt werden. Drittens besteht die Gefahr, dass lediglich ein Minimalkonsens gefunden wird und sich die mikropolitischen Aktivitäten dadurch quer durch die Hierarchien hindurch verbreiten. Viertens birgt der Einbezug einer größeren Anzahl von Mitarbeitern auch methodische Probleme in sich. Dies gilt insbesondere dann, wenn Gruppen über 50 Personen involviert sind und das gesamte, zu transformierende System in strategische Überlegungen einbezogen werden soll. Um hier Abhilfe zu schaffen, wurden in den letzten Jahren spezielle Moderationstechniken entwickelt, die so genannten Großgruppenkonzepte.[20]

X

Exkurs: Großgruppenkonzepte

Großgruppenkonzepte und -methoden basieren auf der Involvierung ganzer Systeme und Gruppen. Überwiegend geht es um die Entwicklung von innovativen Lösungen für komplexe Problemsituationen, die das gesamte System tangieren. Die Herausforderung für die Gruppenteilnehmer besteht in der Entwicklung und dem ›Erarbeiten‹ der eigenen Zukunft durch das Etablieren eines gemeinsamen Entscheidungsprozesses. Das Besondere dieser Konzepte ist, dass die Unterteilung in Formierung und Umsetzung von Strategien ineinander verfließt, da durch den umfassenden Einbezug der umsetzenden Teilsysteme mit diesen Großanlässen der Wandel bereits beginnen kann. In diesem Zusammenhang erhalten dann auch große, firmeneigene Trainingszentren eine neue Bedeutung, da sie dann nicht nur Orte der Wissensvermittlung sind, sondern zum Nukleus der Transformationsprozesse des Unternehmens werden können.

Von großen Gruppen spricht man, wenn bei einer Gruppe keine vollständige direkte Interaktion (face-to-face) zwischen den Beteiligen mehr möglich ist. Dies beginnt meist bei einer Gruppengröße von 30 bis 40 Teilnehmern. Im Rahmen von Großgruppenkonferenzen wird der Versuch unternommen, eine kollektive Plattform aufzubauen, indem Differenzen und unterschiedliche Meinungen durch aktive Einbindung und Partizipation von Menschen bewusst integriert werden. Die Durchführung einer Großgruppenkonferenz soll eine offene Arena schaffen, welche die individuelle Kreativität und das organisationale Energiepotenzial innerhalb der Organisation fördert. Die Anwendung formaler Befehls- und Kontrollstrukturen wird hierbei bewusst auf ein Minimum reduziert bzw. zum Teil vollkommen ausgeklammert. So wird bei der Open Space Technologie bewusst auf Zeitpläne bzw. feste Ziel- und Ergebnisvorgaben verzichtet.

Techniken zur Intervention bei Großgruppen sind aus den theoretischen Strömungen der Sozialpsychologie, der Psychoanalyse sowie der auf Organisationen angewandten Systemtheorie heraus entstanden. Die Ursprünge von Großgruppeninterventionen reichen in die 30er und 40er-Jahre zurück. Seit den späten 80er-Jahren sind zahlreiche zusätzliche Methoden entstanden. Folgende Konzepte haben dabei einen gewissen Verbreitungsgrad gefunden: The Search Conference, Future Search, Real Time Strategic Change, ICA Strategic Planning Process, The Conference Model, Fast Cycle Full Participation, Real Time Work Design, Work Design: Participative Design, Simu-Real, Work-Out, Open Space Technology und Large Scale Interactive Events. Abbildung 2-12 zeigt drei dieser Konzepte im Vergleich.

	Futures Search	**Real time Strategie Change**	**Open Space**
Zielsetzung	Entwicklung & Planung einer Zukunftsvision durch die Minimierung von Differenzen und den Aufbau einer gemeinsamen Basis	Entwicklung einer »erwünschten Zukunft/ preferred future« mit einer dazugehörigen, systemweiten Handlungsplanung	Erarbeitung von innovativen, system-relevanten Themen durch eine selbstorganisierende Integration des Gesamtsystems
Teilnehmerkreis/ Systemabgrenzung	40 bis 80+ (Max. 150); Stakeholder Ansatz; Keine Einbindung externer Experten	100 bis 2400; Optimum: 300–900 Einbindung von Top-Management und externen Experten	5 bis X-000; Optimum: < 1000 Stakeholder Ansatz; Einbindung des Top-Managements
Dauer	18 Stunden (3 Tage)	2–3 Tage, Follow-up	1–3 Tage, je nach Fokus
Formalisierungsgrad	Niedrig; Hoher Autonomiegrad	Hoch; Eigenes Logistik- und Planungskommittee	Sehr niedrig; Freie Themenfindung
Begründer	Marvin Weisbord & Sandra Janoff (1995)	Robert Jacobs (1994)	Harrison Owen (1997)

Abb. 2-12: Großgruppenkonzepte im Vergleich

Zahlreiche Unternehmen experimentieren momentan damit, wie sie strategische Initiativen lancieren und beschreiten dabei neue Wege. So hat z. B. SIEMENS das Olympiastadion der Stadt München gemietet und ca. 2000 Mitarbeiter zu einem Zukunftsworkshop eingeladen. Dabei wurden auf riesigen Tafeln acht Themen vorgeschlagen, die zuvor in internen Befragungen ermittelt wurden. Jeder der beteiligten Mitarbeiter konnte sich ein Thema seiner Wahl aussuchen. Zu jedem Thema fanden anschließend Workshops statt, in denen einzelne Punkte vertieft und ihre Auswirkungen auf SIEMENS diskutiert wurden. Jede der acht Arbeitsgruppen verabschiedete zum Ende einen Aktionsplan, der von den anwesenden Vorständen kommentiert und anschließend in verbindliche Handlungsanweisungen übersetzt wurde.

Ressourcen
Ein weltweites Netzwerk zu Großgruppentechnologien ist »The Meta Network« (www.tmn.com). Die Registrierung ist kostenlos. Deutschsprachige Ressourcen findet man unter www.zurbonsen.de.

Die Firma NEXTPRACTICE (www.nextpractice.de) bietet das Softwaretool »nextmoderator« an, über das es möglich ist, alle Teilnehmer einer Großgruppenveranstaltung über Laptops miteinander zu vernetzen. Dadurch können z. B. auch in dezentraler Form Bewertungen durchgeführt werden, die simultan und in aggregierter Form auf einer Plenumsleinwand dargestellt werden. Oder es werden Ideen für eine Problemlösung dezentral erarbeitet, die simultan allen Teilnehmern transparent gemacht werden. Dadurch entsteht schneller und häufiger Feedback, was zu einer Dynamisierung der Prozesse führt.

(2) Perspektivenmix

Der zweite Parameter, der Perspektivenmix, wendet sich der Unterschiedlichkeit der konzeptionellen »Raster« der Beteiligten zu. Sollen möglichst unterschiedliche Sichtweisen aufeinander treffen (**heterogen**) oder ist es hilfreich, wenn hier weitgehend Homogenität herrscht (**homogen**)? In strategische Diskurse fließen die grundlegenden Annahmen und Werturteile der Beteiligten ein. Oft sind sie nicht nur individuell verankert, sondern werden als »kollektive« Denkweise über die Zeit weitergetragen. Als kognitive Raster[21] filtern sie die Informationen aus der Umwelt und prägen vor, welche Handlungsoptionen überhaupt im Rahmen des Denkbaren liegen. Prahalad/Bettis (1986) haben dafür den Begriff der »dominanten Logik« geprägt, den sie als »the way managers conceptualize their business and meet crucial investment decisions« definieren.

Öffnung des Blicks für Ideen, die außerhalb der kollektiven Norm liegen

Ein heterogener Perspektivenmix reduziert die Gefahr »schwache Signale« zu übersehen und sich neuen Entwicklungen zu verschließen. Weitere Teile der Systemkomplexität können erfasst werden. Er öffnet den Blick für Ideen, die außerhalb der kollektiven Norm liegen. Gerade in sich rasch ändernden Branchen können dadurch neue Anregungen aufgenommen und verarbeitet werden. Die typischen Phänomene des Gruppendenkens, wie die Verdrängung und Negierung von als nicht passend eingestuften Beobachtungen, werden reduziert. Wie sich immer wieder zeigt, sind gerade Unternehmen, die in ihrer Branche lange Zeit als führend galten, besonders in Gefahr, Warnsignale und Trends zu übersehen und anschließend in fundamentale Krisen zu geraten.

Der Perspektivenmix kann nicht nur erhöht werden, indem man möglichst heterogene Sichtweisen innerhalb eines Unternehmens in eine Initiative einbindet. Auch durch die bewusste Involvierung wichtiger Anspruchsgruppen wie Kunden, Lieferanten oder Kooperationspartnern kann eine Vervielfachung der Sichtweisen erreicht werden.

Fallbeispiele
Es gibt eine Reihe von Möglichkeiten, Kunden indirekt oder direkt in die Entwicklung von Produkt- und Marktstrategien einzubeziehen:

- Ein Fahrradunternehmen fertigt z. B. jedes Fahrrad individuell angepasst nach einer genauen »Vermessung« des Kunden. Dadurch erhält es wertvolle Informationen über Bedürfnisse und Trends, was zu einer genaueren Marktsegmentierung führt.

- Microsoft erhält über seine Hotline jeden Tag Zehntausende von Kundenanfragen. Man kann diese nun als »lästige Beschwerden« von Kunden betrachten, die die Handbücher nicht ordentlich gelesen haben, oder als eine äußerst wertvolle Möglichkeit, das Anwenderverhalten zu erforschen. Bei Microsoft wird großer Aufwand betrieben, um letzterem Sinn zu entsprechen.
- Ein ähnliches Potenzial bietet sich derzeit Versicherungsunternehmen, wo der Versicherungsnehmer auch immer häufiger direkt mit der Versicherung in Kontakt treten möchte, dort aber häufig weder die Personalkapazität noch das Know how zur statistischen Auswertung solcher Kundenkontakte vorhanden ist.
- Ein Unternehmen der Pharmaindustrie lässt 500 seiner Mitarbeiter in Krankenhäusern als Pfleger arbeiten, um zu sehen, wie dort die Benutzung der eigenen Produkte durch Personal und Patienten erfolgt.
- Ein Unternehmen, das Ausstattungen für Operationssäle produziert, unterhält im Unternehmen einen eigenen Operationssaal mit einem Chirurgen. Unter Anwesenheit von Kunden werden die eigenen Produktentwicklungen besprochen und verfeinert.

Die Erhöhung der Diskussionszeit, die Verlangsamung der Entscheidungsprozesse und ein tendenziell höheres Konfliktpotenzial sind jedoch Folgeerscheinungen, die für einen eher homogenen Perspektivenmix sprechen. Man reduziert die Zeit, die notwendig ist, um überhaupt die gleiche »Sprache« zu sprechen und kann dadurch rascher an die eigentlichen Sachthemen herangehen.

Konsequenzen kognitiver Diversität

Die Meinungen, welche Konsequenzen eine hohe Diversität auf die Unternehmensleistung hat, fallen auseinander. Einerseits wird argumentiert, eine hohe Diversität habe positive Auswirkungen auf den Entscheidungsprozess, da dadurch die Kreativität gesteigert, intensiver Probleme analysiert und die Kohäsion im Team gesteigert wird.[22] Dieser Argumentation wird entgegengehalten, dass Diversität zu Kommunikationsschwierigkeiten führe, da ein jeder in seiner »Welt« lebe und eher mit einem Schlagabtausch unterschiedlicher Sichtweisen denn mit einer gemeinsamen Problemlösung zu rechnen sei. Laut einer Studie von Miller/Burke/Glick (1998), die auf drei empirische Samples zurückgreifen, zeigen sich negative Einflüsse kognitiver Diversität hinsichtlich Reichhaltigkeit (»Comprehensiveness«) und Umfang (»Extensiveness«) strategischer Entscheidungsprozesse. Dies geschieht durch die Beeinträchtigung der Kommunikation, des Integrationsgrades sowie des Ansteigens mikropolitischen Verhaltens. Da die negativen Effekte die positiven übersteigen, ziehen die Autoren die Schlussfolgerung, entweder auf eine hohe kognitive Diversität in Managementteams zu verzichten, oder nach effektiven Wegen zu suchen, wie negative Effekte zu mildern sind. In diese Richtung argumentiert auch Adler (1991, S. 134), der die unterschiedliche Leistung von Teams auf den Umgang mit und nicht die Existenz von Diversität zurückführt: »Highly productive and less productive teams differ in how they manage their diversity, not, as is commonly believed, in the presence or absence of diversity. When well managed, diversity becomes a productive resource to the teams. When ignored, diversity causes process problems that diminish the teams productivity.«

Fallbeispiel: Credit Suisse
Die Credit Suisse hat sich Anfang 1999 einen International Advisory Board sowie einen Schweizer Advisory Board geschaffen. Sie sollen ein »Scharnier« zum Umfeld bilden: Zum einen ist es ihre Aufgabe, Verwaltungsrat und Management in strategischen Themen zu beraten; sie sollen auch die Interessen der Kunden und der Öffentlichkeit aus ihren Tätigkeitsfeldern in das Unternehmen einbringen; zum anderen sollen sie die Anliegen der Credit Suisse nach außen kommunizieren und vertreten. Zum International Advisory Board gehören Top Manager aus verschiedenen Branchen.

(3) Fähigkeitenmix

Der Fähigkeitenmix, der vierte und letzte Parameter ist Ausdruck des Spezialisierungsgrades der Beteiligten. So mag ein spezialisiertes Fähigkeitenprofil für die Besonderheiten eines Geschäftes dringend erforderlich sein, während es in einem anderen eher limitierend wirkt. Der Fähigkeitenmix kann sich also zwischen den Ausprägungen **monodisziplinär** bis **interdisziplinär** bewegen. In der Abteilung für Unternehmensentwicklung des Chemieunternehmens BASF sind beispielsweise fast nur Chemiker und Physiker tätig. Die detaillierte Kenntnis chemischer Zusammenhänge wird dort als unabkömmlich erachtet. Allerdings kann dann hier die Frage aufgeworfen werden, ob ein solcher Mix ausreichend ist, um die gesamte Komplexität des Geschäftes zu erfassen. Bei Shell z. B. findet man in der Abteilung für Unternehmensentwicklung stets eine Mischung junger Nachwuchskräfte unterschiedlicher Fähigkeiten und erfahrener Führungskräfte, die vorher z. B. viele Jahre im Offshore-Geschäft vor Ort tätig waren. Die Rotation mit der Linie gilt als wichtiges Prinzip zur Besetzung der Abteilung. Man will bewusst eine zu hohe Spezialisierung vermeiden.

Ein multidisziplinäres Fähigkeitenprofil kann allerdings auch dazu führen, dass eine zwar breite, aber zu wenig differenzierte und tiefe Fachkenntnis vorhanden ist. Auch kann es bei der Involvierung zu vieler Expertisen zu Verständigungsproblemen kommen. Andererseits wird durch Multidisziplinarität am ehesten die gleichzeitige Berücksichtigung verschiedener Aspekte einer Aufgabenstellung ermöglicht. Zu bedenken ist auch, dass das Fähigkeitenprofil nicht automatisch mit der hierarchischen Position einer Führungskraft ansteigt. So ist z. B. in vielen Unternehmen Wissen über neue IT-Applikationen bzw. E- oder M-Commerce nur selten an der Spitze des Unternehmens versammelt. Gerade dort würde es jedoch dringend gebraucht.

Dem Top Management fehlt oft das neue Wissen

Wie aus der Diskussion der Optionen zu den Beteiligten erkennbar wurde, geht es hier primär um das gewünschte und als sinnvoll erachtete Ausmaß an Diversität (Hierarchieebenen, Interessensperspektiven, Expertisen etc.) derer, die an der Strategienentwicklung beteiligt sind. Dabei wird der Nutzen von Diversität allgemein anerkannt. Kritisch zu hinterfragen ist eher das Ausmaß an Diversität, das man als Unternehmen noch wirkungsvoll zu managen in der Lage ist.

2.2.4 Optionen zum Timing

Mit dem Timing wird die zeitliche Dimension der Initiierung angesprochen. Hier stellen sich Fragen wie: Soll es eine regelmäßige, periodische Strategieplanung geben? Wird sie als hilfreich empfunden? Wie lange sollte eine strategische Initiative dauern und in welche Etappen ist sie zu gliedern? Endet ein Prozess bei der Formulierung einer Strategie oder schließt er die Konzeption der organisatorischen Veränderungen mit ein? Was kann Auslöser solcher Initiativen sein? Auf welchen Horizont richten sich die Überlegungen?

(1) Dauer

Führungskräfte in Unternehmen beklagen relativ häufig, dass die Entwicklung der Strategien zu lange gedauert hat und sie nun zu spät kommen bzw. bezogen auf die aktuelle Problemlage bereits veraltet und damit nicht mehr nützlich sind. Die Frage, die sich hier stellt, lautet also: Wie lange darf/sollte die Entwicklung einer bestimmten Initiative dauern? Dieser dafür benötigte *Zeitraum* kann – bezogen auf die Anforderungen und in Relation zu Wettbewerbern – *kurz* oder *lang* sein.

Bei der Dauer strategischer Initiativen ist zunächst zu berücksichtigen, ob es sich hier um die formelle strategische Planung handelt oder um kalenderungebunden ausgelöste Initiativen. Die strategische Planung wird in Zyklen durchgeführt, die regelmäßig durch den Kalender ausgelöst werden. Am häufigsten trifft man den Fall an, dass sie einmal jährlich zu einem festen Datum ausgelöst wird. Aufgrund der turbulenter gewordenen Umwelt, die sich immer diskontinuierlicher entwickelt, ist der Ruf nach schnelleren und agileren strategischen Planungsprozessen laut geworden. Hier gibt es drei grundsätzliche Optionen, darauf zu reagieren: (1) Man wendet sich von den kalenderausgelösten Planungsprozessen ab und sucht nach spontaneren Reaktionsprozessen; (2) man beschleunigt und flexibilisiert die kalenderausgelöste Planung; (3) man kombiniert (1) und (2). Wir konzentrieren uns hier nun auf Option (2), da wir uns mit Option (1) genauer in der nächsten Dimension »Auslöser« auseinander setzen.

Um eine Beschleunigung der kalenderausgelösten strategischen Planung zu erreichen, kann an zwei Varianten gedacht werden, die auch kombiniert angewendet werden können: (1) Reduktion der »Durchlaufzeit« durch einen Planungszyklus; (2) Erhöhung der Sequenz bei der Auslösung von Planungszyklen. In der Unternehmenspraxis findet man bei der Sequenz eine Varianz, die von einer Woche bis zu mehreren Jahren reicht. Letzteres ist z. B. dann der Fall, wenn sich Geschäftsleitung und Verwaltungsrat alle drei Jahre zu einem Strategie-Workshop treffen. Problem ist hier, dass es oft keine konkrete und direkte Verzahnung der Workshop-Ergebnisse zu Planungs- oder gar Budgetierungsprozessen gibt. Es geht mehr um eine strategische Grundsatzdiskussion, die dann aber häufig ohne Konsequenzen bleibt. Am anderen Ende der Skala ist ein Ansatz, den man »**Real-Time-Strategien**« nennt.[23] Hier gibt es ein- oder zweiwöchentliche Strategiesitzungen, über die möglichst direkt strategische Probleme erkannt, benannt und gelöst werden sollen. Gefahr ist hier, dass man entweder kaum zur Strategiediskussion kommt, da dringende Alltagsprobleme die Sitzung beherrschen, oder dass man durch eine zu häufige Auseinandersetzung mit Strategien auf bestimmte Entwicklungen überreagiert. Die Frage ist auch, wie die Verbindung zur

Budgetierung geschaffen wird, da dieser Ansatz im Prinzip eine kontinuierliche Budgetierung voraussetzt. In den meisten Unternehmen, die eine strategische Planung betreiben[24], trifft man nach wie vor einen jährlichen Planungsprozess an, auch wenn eine ganze Reihe von Unternehmen mit halb- und vierteljährlichen Planungsprozessen experimentiert. Primäre Vorteile der kalenderausgelösten Jahresprozesse sind die Möglichkeit der regelmäßigen Synthese über alle Steuerungseinheiten und Initiativen hinweg, die Verknüpfung mit der operativen Planung und Budgetierung sowie die Existenz stabiler Kommunikations- und Abstimmungsarenen.

Die andere Alternative war die Verkürzung der Durchlaufzeiten der Planungszyklen. Dabei stellt es immer ein Problem dar, wenn sich die Zyklen überlappen. So findet man z. B. immer noch Unternehmen, bei denen die Durchlaufzeit der jährlichen strategischen Planung mehr als 12 Monate beträgt. In vielen Konzernen wird heute auch zwischen einem Planungsprozess auf Corporate- und auf Business-Unit Ebene unterschieden. Im ersteren werden die Ergebnisse auf Business-Ebene konsolidiert, d. h. sie »docken« zu einem bestimmten Zeitpunkt an den übergeordneten Planungsprozess an. Dessen Zeitdauer beträgt je nach Unternehmen zwischen drei Monaten und einem Jahr.

… auf Corporate- und auf Business-Unit-Ebene …

Fallbeispiel: Der Strategieprozess der Lufthansa Cargo[25]

(01/01) Die Strategieprozesse der Lufthansa Tochterunternehmen sind zeitlich klar geregelt: Es gilt das Prinzip »Fliegende Konzerngesellschaften zeitlich zuerst«, d. h. nachdem Mitte Mai die Passage (Deutsche Lufthansa AG inklusive City Line) den Strategieprozess durchlaufen hat, schließt sich Mitte Juni die Lufthansa Cargo an, Mitte September die Lufthansa Technik, Anfang November die Lufthansa Airport and Ground Services usw. In Bezug auf die Prozessstruktur sind die Strategieprozesse der Tochtergesellschaften untereinander ähnlich.

Der Lufthansa Cargo (LHC) werden – wie allen anderen Geschäftseinheiten auch – für ihren Cargo-Strategieprozess (CSP) risikoabhängige Renditekennzahlen durch den Gesamtkonzern vorgegeben. Davon ausgehend, erfolgt dann der CSP als rollierende 5-Jahres-Planung. Hier werden Leistungsschwerpunkte und Ergebnisziele definiert sowie konkrete Projekte und Maßnahmenpakete bestimmt.

Die LHC gewährt sich für ihren CSP auf Geschäftseinheitsebene einen sechsmonatigen Vorlauf (Dezember bis Mai), bevor sich dann im Juni der Konzernvorstand mit der LHC auseinander setzt. Der CSP ist in die folgenden acht Phasen untergliedert: (1) Kernstrategie-Workshop, (2) Vorgabe der Konzernkennzahlen, (3) Kick-off Meeting, (4) Vorbereitung Cargo Strategie Forum I, (5) Cargo Strategie Forum I, (6) Vorbereitung Cargo Strategie Forum II, (7) Cargo Strategie Forum II sowie (8) Bericht an den Konzernvorstand. Der eigentliche Strategieprozess dient inhaltlich der strategischen Markt- und Geschäftsplanung sowie der Generierung strategischer Themen. Abbildung 2-13 verdeutlicht die einzelnen Phasen im zeitlichen Ablauf und zeigt auch den Zusammenhang zur daraus abgeleiteten operativen Planung, Budgetierung und Steuerung.

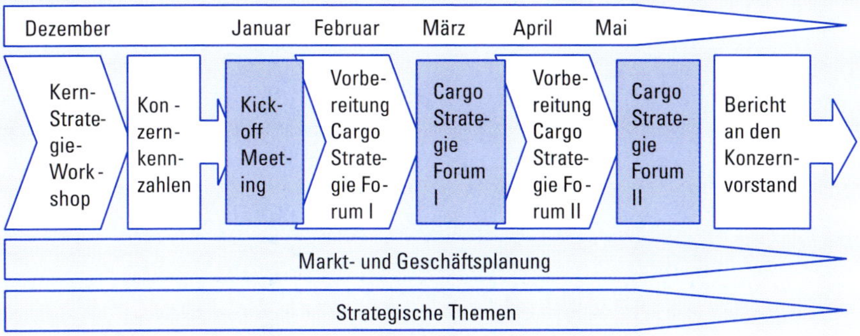

	Cargo Strategieprozess	Operative Planung	Budget	Steuerung
Prozessdauer	18–20 Wochen	6 Wochen	4 Wochen	ganzjährig
Planungshorizont	5 Jahre	2 Jahre	1 Jahr	–
Kerninhalte	Strategische Programme; Erlös-/Ergebnisvorgaben; Kapazitäts- u. Investitionsentscheidung	Hinunterbrechen der strategischen Programme	Kennzahlengesteuerte Umsetzung	Unterjährige Korrekturmaßnahmen

Abbildung 2-13: Phasen und Schnittstellen der strategischen Planung bei Lufthansa Cargo

Die Dauer strategischer Initiativen, die außerhalb der formellen strategischen Planung gestartet wurden, schwankt sehr stark von Vorstoß zu Vorstoß. Einige Initiativen entwickeln sich über mehrere Jahre langsam in einem Unternehmen und ziehen erst dann die allgemeine Aufmerksamkeit auf sich, während sich andere in kürzester Zeit ausbreiten und die organisatorische Agenda dominieren. Man denke nur an den Einfluss der rapide um sich greifenden E-Business-Aktivitäten in vielen Unternehmen.

Langsam vor sich hin dümpelnde Initiativen können in ihrer Entwicklung auch bewusst beschleunigt werden; andere will man vielleicht aus bestimmten Gründen (z. B. Mittelknappheit) verlangsamen. Man muss diese Frage nach dem richtigen Timing aber auch vor dem Hintergrund der Zeit sehen, die es in einem Unternehmen bedarf, um von einer beschlossenen strategischen Neuausrichtung zu den ersten operativen Maßnahmen zu gelangen. Meist dauert dies noch ein gutes halbes Jahr. Notwendig wären vor dem Hintergrund der kleineren Wettbewerbszeitfenster etwa 3–4 Monate.

(2) Auslöser

Eine weitere dem Timing zuzuordnende Fragestellung ist die des Auslösers. Wie bereits bei der Dimension »Dauer« erörtert wurde, kann mit dem Übergang zu einer nicht kalendergetriebenen Vorgehensweise die strategische Planung auch beschleunigt werden. Hierzu gibt es bereits eine ganze Reihe von Versuchen. Unter *»Ad-hoc-Strategien«* versteht man ein informelles, primär intuitiv getriebenes »Strategizing«, das sofort am Problem ansetzt und zu schnellen Entscheidungen kommt. Gefahr ist hier, dass die neue Faktenlage nicht ausreichend zur Kenntnis genommen und interpretiert wird. *»Ereignis-getriebene-Strategien«* sind vorbereitete Reaktionsroutinen, die automatisch ausgelöst werden, wenn bestimmte antizipierte Ereignisse auftreten. Nachteil ist hier einerseits der defensive Charakter des strategischen Agierens sowie andererseits der Zweifel, ob sich die zukünftigen Entwicklungen empirisch so gut erfassen lassen und die dazugehörigen Reaktionslogiken so gut vorweg bestimmen lassen, dass dieser Ansatz wirklich positiv greift. Bei den *»Issue-getriebenen-Strategien«* werden bestimmte strategische Prozessroutinen ausgelöst, die inhaltlich dann jeweils zu füllen sind. Vorteil ist, dass dadurch Initiativen außerhalb des Planungskalenders gestartet werden können, wodurch Zeit gewonnen wird.[26] Problem kann die Verzahnung mit den jährlichen Budgetierungsprozessen sein, wenn sich die Budgetierung nicht verkontinuierlichen lässt.

Da wir in diesem letzten Issue- oder Problem[27]-orientierten Ansatz das größte Potenzial sehen, wollen wir die hier zu bearbeitende Frage wie folgt zuspitzen: Werden strategische Initiativen eher kalendergesteuert ausgelöst (*kalenderorientiert*) oder auf Grund bestimmter Einzelereignisse (*problemorientiert*)?

»Strategic Issues« sollten direkt bearbeitbar sein

Bei regelmäßigen Planungsprozeduren spielt der Kalender die entscheidende Rolle. Jedes Jahr zu einem fest bestimmten Zeitpunkt werden die einzelnen Teilaufgaben der Unternehmensplanung nach einem gleich bleibenden Modus abgearbeitet. Treten jedoch wichtige oder überraschende Ereignisse (»strategic issues«) im Unternehmen und seiner Umwelt auf, so lässt man sich oft auch problemorientiert leiten. Meist ist damit eine wichtige Veränderung einer explizit oder implizit getroffenen Planannahme verbunden: Ein technologischer Durchbruch ist gelungen, zwei bedeutsame Wettbewerber fusionieren, das politische Umfeld ist instabil geworden usw. Sollte das Unternehmen über periodische Planungsprozeduren verfügen, so wird an dieser Stelle die Auffassung vertreten, dass das Aufgreifen über den Planungskalender zu lange dauern würde und dem Ereignis dann auch vielleicht nicht die ihm adäquate Aufmerksamkeit zukommen würde.

In vielen Unternehmen finden strategische Diskurse in einer organisierten Form statt: Die Teilnehmer werden nach vorab festgelegten Kriterien eingeladen (z.B. alle Bereiche müssen vertreten sein), es wird begründet, warum gerade jetzt ein solcher Strategien-Workshop einberufen wird usw. Natürlich erhält damit auch das Ergebnis einer solchen Sitzung konstitutiven Charakter. Vielleicht haben wir es dann sogar mit den »offiziellen Strategien« des Unternehmens zu tun, was aber nicht zu dem Trugschluss verleiten sollte, dass alternative Formulierungsprozesse damit ein Ende finden. Das »Strategizing« der Beteiligten ist eben ein dauerhaftes und omnipräsentes Phänomen in einer Organisation. Seine Ergebnisse konkurrieren oft mit den offiziellen Strategien und können diese in ihrer Umsetzung unterstützen oder behindern. Die realisierte Strategie *des* Unternehmens kann man deshalb auch als die Summe der Spuren begreifen, die die (teilweise konfliktären) strategischen Initiativen, die sich am »Markt der strategischen Initiativen« durchsetzen konnten, im gesamthaften Verhaltensmuster der Organisation hinterlassen haben. Die offizielle Strategie *für* das Unternehmen ist dabei nur eine der Initiativen an diesem Markt, die aber auf Grund ihrer Ausstattung mit Positionsmacht besondere Voraussetzungen hat, ihren Geltungsanspruch durchzusetzen. Es kann aber durchaus auch eine andere Initiative das Kollektiv dominieren. Oder aber die realisierte Strategie entspricht weder einer der Einzelinitiativen, noch einem Mix mehrerer Initiativen, sondern stellt etwas »Drittes« dar, das aus einer spezifischen Interaktion der Initiativen emergierte.

In der Praxis haben sich verschiedene Vorgehensweisen eingebürgert, die auch als *Ausbaustufen* einer strategischen Führung im Unternehmen zu verstehen sind:

Vier Ausbaustufen einer strategischen Führung

- Stufe 1: Einmalige Strategie-Entwicklung
  Die Entwicklung der offiziellen Strategie einer Organisation(-seinheit) ist ein einmaliger Schaffensakt und gilt solange, wie die Strategie ihren Zweck erfüllt.
- Stufe 2: Regelmäßige Strategie-Überarbeitung
  Die offizielle Strategie wird in einem regelmäßigen Turnus (z.B. im Zuge der jährlichen Planungsaktivitäten) überarbeitet bzw. neu geplant.
- Stufe 3: Regelmäßiges Annahmen-Briefing
  Die offizielle Strategie wird bei ihrer Entwicklung zweigeteilt erfasst: erstens nach den inhaltlichen Aussagen, über die die strategischen Vorhaben beschrieben werden sowie zweitens nach den Annahmen/Problemen, die mit den Inhalten verbunden sind. Im jährlichen strategischen Planungsprozess findet dann nur die Überprüfung der Annahmen statt. Sind diese noch gültig, so besteht kein Anlass zur Überarbeitung der Strategien.
- Stufe 4: Kalender-unabhängig initiierte, Issues-orientierte Strategie-Beratung
  Parallel zur strategischen Planung werden Projekte lanciert, die sich auf ausgewählte, aktuelle Felder richten. Ihre Ergebnisse werden in Bezug zu den Annahmen der momentan verfolgten Strategien gesetzt. Abgestuft nach der jeweiligen Relevanz der »schwachen Signale« können nun Reaktionsmaßnahmen erarbeitet werden (z.B. vertiefende Beobachtung einer neuen Entwicklung bis hin zu Strategiekorrekturen). Stufe 4 entspricht einem besonders hohen Entwicklungsniveau, da es erstens unnötige regelmäßige Planungsprozeduren vermeidet und gleichzeitig eine hohe Reagibilität ermöglicht. Probleme dabei sind allerdings die enormen Schwierigkeiten, die in der Praxis heute noch damit verbunden sind, eine funktionierende strategische Frühaufklärung einzurichten.[28] Natürlich kann eine Issues-orientierte Strategie-Beratung auch parallel zu regelmäßigen strategischen Planungsprozeduren betrieben werden.

Hohe Reagibilität ermöglicht

Fallbeispiel: Beschleunigung der strategischen Planung bei IBM[29]
Über viele Jahrzehnte hinweg standen die Reviews der Strategien der strategischen Geschäftseinheiten (SGE) im Frühjahr jedes Jahres im Zentrum der strategischen Planung bei IBM (www.ibm.com). Der Vorlauf dazu war jeweils sehr arbeitsintensiv und erstreckte sich über mehrere Monate. Ergebnis war ein etwa 25–40-seitiges SGE-Dokument (strategische Ziele, Geschäftsumfeld, finanzielle Kenngrößen, Schlüsselinitiativen), das primär durch die Strategiestäbe erstellt wurde.

Aus verschiedenen Gründen war man mit dem Prozess nicht zufrieden: (1) Er war schwerfällig, (2) er förderte das Bereichsdenken in den SGE und vernachlässigte dabei SGE-übergreifende Themen, (3) er produzierte eher Pläne als Strategien, (4) er war schlecht geeignet, um direkt auf aufkommende strategische Probleme zu reagieren. Die meisten strategischen Entscheidungen wurden im Prinzip außerhalb des jährlichen Planungszyklus getroffen. Seine Position vor dem Budgetierungsprozess im Herbst führte dazu, dass eher inkremental geplant wurde, als dass man sich mit neu aufkommenden strategischen Problemen oder einer grundsätzlichen Hinterfragung oder Neubewertung der eigenen Wettbewerbsposition beschäftigte.

Dies führte 1996 dazu, dass das Corporate Executive Committee (CEC = CEO plus 11 Top-Manager) dort strategische 90-Tage-Projekte unterjährig initiierte, wo man »strategic issues« aufkommen sah. Ziel war es, damit tiefere Einsichten in diese Problemstellungen zu erhalten und darauf aufbauende Aktionen vorzuschlagen.

Dies geschah zuerst parallel zum jährlichen Planungszyklus. Doch dann sah man, dass die Qualität der Strategiearbeit in den strategischen Projekten deutlich höher war als die in der jährlichen strategischen Planung. Man sah auch, dass dadurch ein Rahmen für die unterjährig zu treffenden strategischen Entscheidungen entstand. 1999 beschloss man deshalb, den jährlichen Planungszyklus zu Gunsten eines kontinuierlichen Strategieentwicklungsprozesses ganz aufzugeben. Grundlage dazu sind die strategischen Projekte. Inzwischen wird dieses Vorgehen auch auf niedrigeren organisatorischen Aggregationsebenen repliziert.

Damit ergibt sich folgender Aufbau des Prozesses einer ganzjahrigen Strategieentwicklung bei IBM: (1) Das CEC tagt etwa 20-mal im Jahr einen halben Tag (»*CEC Strategy meetings*«). Dabei werden bestimmte Marktentwicklungen diskutiert, strategische Projekte werden in Auftrag gegeben und laufende Strategieprojekte werden diskutiert. (2) Über das Jahr verteilt gibt es vier »*CEC Strategy Conferences*«. Dies sind ganztägige Veranstaltungen mit unterschiedlicher Thematik. Auf der ersten Konferenz im März wird ein durch das Corporate Strategy Team erstellter umfassender Bericht als Synthese zu den wichtigsten Marktentwicklungen (»*Global Market Trends*«) diskutiert. Das Thema der Juni-Sitzung ist offen. Hauptthema der August-Sitzung ist die Allokation strategischer Ressourcen und im Dezember wird ein globaler Technologieausblick gegeben. Der Aufwand der Führungskräfte ist in diesem kontinuierlichen Prozess etwa gleich groß wie im jährlichen Planungszyklus. Nun fällt der Aufwand jedoch etwa gleichverteilt über das Jahr an. Zuvor entstand der Großteil des Aufwandes im Frühjahr.

Entscheidend an dieser Neugestaltung der Strategienentwicklung ist auch, dass die einzelnen strategischen *Projektprozesse* (in der IBM-Sprache »*deep dive initiatives*«) in ihrer Durchführung standardisiert und professionalisiert wurden. Ziel ist es, in einem vorgegebenen Zeitrahmen (Spannweite: 30–120 Tage; meistens jedoch 90 Tage), in einer methodisch und prozessual stark durchstrukturierten Art und Weise die »strategic issues« möglichst schlüssig zu durchleuchten und zu interpretieren. Pro Jahr gibt es etwa 6–9 solcher Projekte. Normalerweise befinden sich zwei Teams auf einer solchen Projektinitiative: Ein Kernteam mit 4–6 Mitarbeitern aus dem jeweiligen Themengebiet sowie einem Begleiter aus der Corporate Strategy Group arbeiten etwa 2–3 Tage pro Woche auf dem Projekt. Zusätzlich gibt es noch ein »Executive Decision Team« bestehend aus 2–4 SGE-Managern sowie Führungskräften aus relevanten Funktionsbereichen. Sie wurden insbesondere deshalb dazu genommen, da sie bei einer eventuellen späteren Implementierung die Ressourcen kontrollieren. Output einer solchen Projektgruppe ist ein wohl begründeter Vorschlag für das weitere Vorgehen. Er geht zur Beschlussfassung in das nächste CEC Strategy Meeting. Entscheidungen sind mit einer sofortigen Ressourcenallokation und Verantwortungszuweisung für die Umsetzung verbunden.

Jede Issue-orientierte Planung hängt natürlich auch von der Fähigkeit einer Organisation zur Identifikation solcher »strategic issues« ab.[30] Deshalb kommt dem jährlich erscheinenden Bericht »*Global Market Trends*« eine wichtige Bedeutung beim Gelingen dieses Ansatzes zu. Das Corporate Strategy Team sammelt dazu über das Jahr eine Liste von etwa 20 »strategic issues«, denen sich die IBM gegenübersieht. Ziel ist es, in dem Bericht eine Synthese der verfügbaren Marktdaten in der Benennung externer Trends zu finden und diese bezüglich ihrer potentiellen Konsequenzen für IBM zu beurteilen. Zur Beurteilung der Trends werden auch Kunden hinzugezogen.

(3) Horizont

Außerdem kann eine strategische Initiative vor allem **kurzfristige** Aspekte berücksichtigen oder auch **langfristige** Entwicklungen erfassen. Hinsichtlich des zeitlichen Horizonts strategischer Überlegungen muss also entschieden werden, ob ein kurzer, mittelfristiger oder langfristiger Betrachtungszeitraum gewählt wird. Beobachtet man, wie Firmen in ihrer Strategiearbeit mit dem Faktor »Zeit« umgehen, so lassen sich grob die drei in Abbildung 2-14 dargestellten Vorgehensweisen unterscheiden:

Drei Vorgehensweisen im Umgang mit dem Faktor »Zeit«

- Die erste Gruppe (A) belegt sowohl kurz-, mittel- als auch langfristige Horizonte mit der gleichen Wichtigkeit und richtet ihr Verhalten und ihre Aufmerksamkeit danach aus.
- Die zweite Gruppe (B) stellt mittelfristige Überlegungen in den Vordergrund. Sie konzentriert sich auf die nächsten 3–5 Jahre, was von den meisten Unternehmen als angemessener strategischer Horizont betrachtet wird. Die Pläne für die Jahre 2 und 3 werden bei diesen Unternehmen mit dem nahezu gleichen Detaillierungsgrad ausgearbeitet wie die Pläne für das kommende Jahr 1. Ob der Aufwand in diesem Umfang sinnvoll ist, hängt von der Prognostizierbarkeit der Planparameter ab. Dementsprechend verlieren die anderen Perioden an Bedeutung.
- Die Unternehmen der dritten Gruppe (C) geben auf Grund der fehlenden Prognostizierbarkeit des Umfeldes der Mittelfristplanung nur einen geringen Stellenwert. Sie orientieren sich zum einen an langfristigen Vorstellungen, die man mit Hilfe von Szenarien abbildet und in Form von Visionen erfasst. Zum anderen betreiben sie ein auf Kurzfristigkeit ausgerichtetes Strategizing vor Ort:

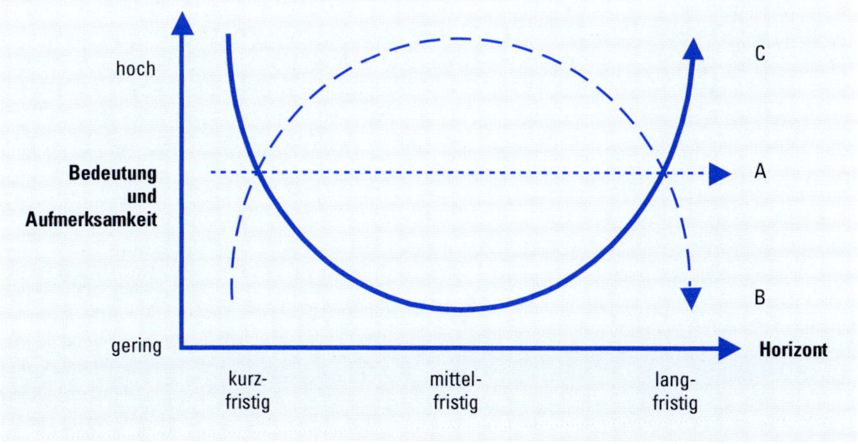

Abb. 2-14: Horizonte der Strategiearbeit

Immer wieder werden – meist in dezentraler Form – grundsätzliche strategische Fragestellungen (Geschäftsmodell, Schlüsselerfolgsfaktoren, Wettbewerberverhalten etc.) reflektiert und die Inhalte gegebenenfalls angepasst. Dadurch erhöht man die eigene konzeptionelle Agilität, ist mittelfristig relativ flexibel und verfügt trotzdem über eine langfristige Ausrichtung.

2.2.5 Optionen zu den Mitteln

Eine strategische Initiative erfordert zum einen den Einsatz wertvoller und knapper Ressourcen wie Zeit, Geld, Wissen, Aufmerksamkeit etc., zum anderen jedoch wird ihre Qualität meist erheblich von Umfang und Qualität der bereit gestellten Ressourcen beeinflusst. Zu klären ist daher, wie viel an Ressourcen man einsetzen sollte bzw. einzusetzen bereit ist. In diesem Zusammenhang stellt sich auch die Frage, ob man die Strategieformierung durch Managementkonzepte unterstützen will.

(1) Ressourceneinsatz

Je nachdem welcher Beteiligtenkreis involviert, welche Methoden verwendet oder welche Zeitdauer eingeräumt wird, bemisst sich der Ressourceneinsatz, ob dieser eher **gering** ausfällt oder ob ein **hoher** Aufwand für die Strategiearbeit geleistet wird. Der Hauptaufwand besteht dabei in den zeitabhängigen Personal- oder Beraterkosten. Ein mehrtägiger Workshop von Führungskräften summiert sich rasch auf einen sechsstelligen Betrag, wenn man deren Gehalt und Reisekosten berücksichtigt. Häufig wird der Arbeitsaufwand, den strategische Initiativen verursachen, nicht extra berücksichtigt. Von Führungskräften mit Linienverantwortung wird erwartet, dass sie sich nach der »Arbeit« oder nebenher darum kümmern. Zusätzliche Ressourcen stehen dann meist nicht zur Verfügung. Die Konsequenz ist oft, dass man sich dann nicht genügend Zeit nimmt, die Arbeit weiterdelegiert oder die Überlegungen und Zahlen des Vorjahres inkrementell angepasst übernimmt. Handelt es sich um eine inoffizielle Initiative, dann verschärft sich diese Problematik. Die Beteiligten sind in diesem Fall gezwungen mit hoher intrinsischer Motivation die bestehenden Ressourcenlücken auszugleichen.

Wenig Zeit für eine systematische Planung

Interessant sind an dieser Stelle empirische Untersuchungen über die tatsächliche Zeitverteilung von Führungskräften. So erwies sich die Annahme, bei Managern handle es sich um reflektive, systematische Planer als nicht haltbar.[31] Manager verwenden im Schnitt mehr als die Hälfte ihrer Zeit auf Aktivitäten, die weniger als sechs Minuten dauern. Nur 10 % ihrer Aktivitäten überschreiten eine volle Stunde. Nur alle zwei Tage arbeiten sie länger als eine halbe Stunde an einer einzigen Aufgabe. Unterstellt man einmal, dass strategische Diskussionen zur Bildung eines »shared understanding« über das eigene Geschäft länger als eine halbe Stunde in Anspruch nehmen, so scheint es tendenziell an dieser Zeit zu fehlen. Das Entwickeln »geteilter mentaler Modelle« ist zwar zeitintensiv, wird aber allgemein als sehr leistungsfördernd beurteilt.[32] Jedoch gerade in Zeiten nachhaltiger Veränderungen spricht viel dafür, die Frequenz des Arbeitens, d.h. das »Crafting« strategischer Initiativen, deutlich zu erhöhen. Dies zeigen z.B. die Untersuchungen von Cusumano/Selby (1996), der an den Fällen von MICROSOFT und NETSCAPE verdeutlicht, wie diese in starken Veränderungszeiten zu einer kürzeren, wöchentlichen Taktung ihrer Geschäftsführungssitzungen und anderer wichtiger formeller und informeller Meetings übergingen.[33]

(2) Methodeneinsatz

Wenn strategische Initiativen professionalisiert werden, geschieht dies meist unter Verwendung von Managementkonzepten. Man trifft damit implizit die Annahme, dass ihr Einsatz auf Grund ihrer wissenschaftlichen Herleitung (wie z.B. die Erfahrungskurve) oder praktischen Erprobung die Arbeitsqualität verbessert und sich positiv auf Umsetzung und Ergebnis auswirkt. Auch wenn diese Annahme nicht empirisch belegt werden kann, so sollte ihre Wirkung nicht gänzlich unterschätzt und sie sogleich als »Managementmoden« abgetan werden.[34] Versteht man sie im Sinne von Prozesshilfen, die Fragestellungen strukturieren und Unterstützung bei einer systematischen Bearbeitung von Themenkomplexen bieten, dann könnte auch verständlich werden, warum bestimmte Managementkonzepte in der Praxis mehr als andere benutzt werden. Angesichts der Vielfalt der mittlerweile zur Verfügung stehenden Techniken, Instrumente und Verfahren stellt sich mehr denn je die Frage nach dem geeigneten Methodeneinsatz.[35] Während manche Unternehmen Managementkonzepte eher ablehnen und diese nur *spärlich* verwenden, findet sich in anderen Unternehmen ein *reichhaltiger* Einsatz dieser Instrumente.

Exkurs: Einsatz strategischer Instrumente
Eine von Al-Laham (1997) vorgelegte empirische Studie untersuchte u.a. den Einsatz strategischer Instrumente bei Strategieprozessen in deutschen Unternehmen. Dabei zeigt sich, dass bei der Prognose von Umweltentwicklungen vor allem die Techniken der internen/externen Szenarien, Mitarbeitergespräche und Trendextrapolationen verwendet werden. Andere Instrumente spielen kaum eine Rolle. Bei der Strategieformulierung kommt der Portfoliotechnik bzw. ihren verschiedenen Spielarten eine herausragende Bedeutung auf Unternehmensgesamtebene zu. Weitere Instrumente, die häufig verwendet werden, liegen in der Shareholder-Value-Technik, dem Benchmarking und der Computer-Simulation. Bei der Strategiebewertung dominieren investitionsorientierte Verfahren, daneben Checklisten und Strategieprofile.

Insgesamt betrachtet zeigt sich, dass nur eine kleine Anzahl von Instrumenten und Methoden regelmäßig eingesetzt wird. Viele der neueren Instrumente gelangen nicht zur Anwendung, was wohl auch auf ihren geringen Bekanntheitsgrad zurückzuführen ist. Teilweise ist aber auch eine »Renaissance der Klassiker« (Portfolio-Analyse, Lückenanalyse usw.) in der Praxis speziell nach dem New-Economy-Hype zu beobachten. Dies bestätigen auch die Ergebnisse einer seit 1993 jährlich durchgeführten Umfrage der Unternehmensberatung BAIN & COMPANY bei über 5000 Führungskräften in über 20 Ländern. Hier werden Führungskräfte einerseits über den Verbreitungsgrad wichtiger Managementkonzepte sowie andererseits über ihre Zufriedenheit mit diesen Konzepten befragt. Abbildung 2-15 illustriert die Ergebnisse dieser Umfrage aus dem Jahre 1999 (für Nordamerika mit n=214).

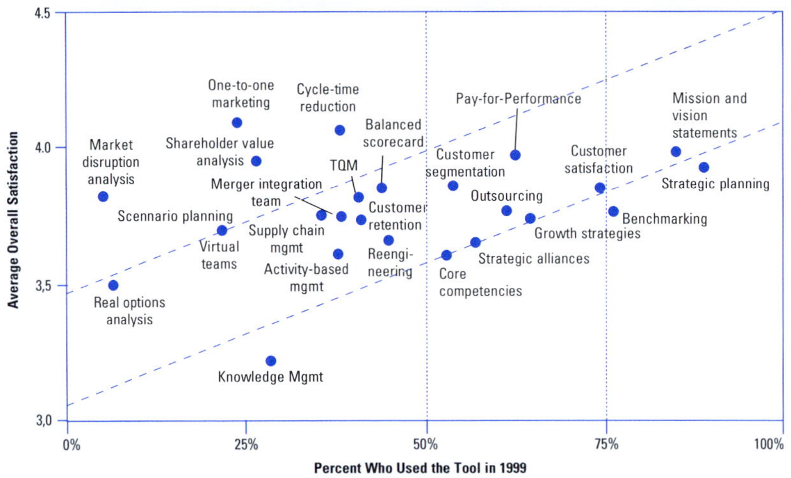

Abb. 2-15: Aktuelle Managementkonzepte (Quelle: BAIN & COMPANY 1999)

Ressourcen
Die Ergebnisse der jährlichen Umfragen zum Methodeneinsatz werden jeweils auf der Homepage von BAIN & COMPANY (www.bain.com) publiziert. Dort findet man auch Links zu Kurzbeschreibungen und zu Quellen der einzelnen Methoden.

Erforderlich ist ein Verständnis über den Einsatz und die Grenzen von Methoden

Bei der Verwendung von Konzepten sind insbesondere zwei Punkte zu beachten: Erstens ist der Fundus an Managementkonzepten nicht als »Methodenbatterie« zu sehen, deren Einsatz gut definiert und deren Ergebnisse eindeutig interpretierbar sind. Vor einer »Instrumentenblindheit« ist Abstand zu nehmen, besitzen doch die meisten strategischen Methoden und Konzepte einen stark heuristischen Charakter und verfügen hinsichtlich ihrer Anwendungsmöglichkeiten über einen relativ großen Gestaltungsspielraum. Das Wissen über die Grenzen ihrer Anwendungsmöglichkeiten ist daher ebenso wichtig wie das Wissen über ihre Funktions- und Einsatzweise. Erforderlich ist also ein spezifisches Verständnis über den Einsatz und die Grenzen von Methoden, eine Denkhaltung, die das Handeln im Umgang mit dem Instrumentarium leitet – eine Art dispositiver Faktor im Umgang mit Methoden und Managementkonzepten.

Auch die sozialen Auswirkungen des Einsatzes von Methoden sind zu bedenken

Zweitens ist es hilfreich, sich über das spezifische Leistungsvermögen der eingesetzten Konzepte Klarheit zu verschaffen und insbesondere den Umgang mit ihnen und die sozialen Auswirkungen ihrer Anwendung zu berücksichtigen. Inhaltlich vermögen sie eine sachgerichtete Diskussion zu einem bestimmten strategischen Problem anzuschieben. Sie fokussieren die Diskussion auf wenige zentrale Fragestellungen, womit sie auch moderativen Charakter haben. Während bei komplexen Problemstellungen die verschiedenen »Weltauffassungen« der Mitglieder einer Entscheidungsarena (Marketing, Recht, Steuern, Technik etc.) oft weit auseinander klaffen, können sie als Prozesshilfen Unterstützung bieten, den Problembereich unter einem spezifischen Blickwinkel zu diskutieren. Sie stoßen damit im besten Fall kollektive Lernprozesse an und erleichtern wichtige

Entscheidungen. Im schlechtesten Fall jedoch dienen sie einer Interessensgruppe als Legitimation ihres Machtanspruches oder ein Konzept wird bewusst instrumentalisiert, um Entscheidungen zu rechtfertigen. Zugespitzt formuliert lässt sich sagen, dass es bei der praktischen Anwendung in erster Linie darauf ankommt, wie mit einem Konzept gearbeitet wird bzw. wie damit in der Organisation umgegangen wird, und erst in zweiter Linie, wie gut die eingesetzte Methode in der Lage ist, mit einem Problem umzugehen. Nicht Ideen, sondern Interessen bestimmen – wie der Soziologe Max Weber treffend bemerkte – das Handeln von Menschen.

Die Steuerung des Bestandes der in einem Unternehmen verfügbaren und benutzten Konzepte ist auch Teil eines professionellen Managements, da dadurch die Wirksamkeit der Managementarbeit beeinflussbar ist. Eine Möglichkeit, um den eigenen Umgang mit Konzepten zu diagnostizieren und Verhaltensempfehlungen darauf aufzubauen, bietet die Typologie von Rigby (1997). Er unterscheidet in vier Gruppen von Konzeptanwendern: (1) Die »Leaders« sind ständig auf der Suche nach den »State of the art«-Konzepten. Sie sind auch intensiv bemüht, sich schnell mit ihnen vertraut zu machen und sie zur Anwendung zu bringen. (2) Die »Faddists« (»Sonderlinge«) greifen zwar auch schnell auf die neuen Konzepte zu, bringen aber nicht die notwendige Nachhaltigkeit und Geschicklichkeit auf, weshalb diese Konzepte dann häufig auch keine erfolgreiche Anwendung finden. (3) Bei den »Inspectors« dauert es zwar etwas länger, bis sie sich eines neuen Konzeptes annehmen. Oft reagieren sie hier eher reaktiv. Doch wenn sie es dann tun, dann implementieren sie es auch mit Sachverstand, Ausdauer und den notwendigen Ressourcen. (4) »Followers« sind sowohl langsam beim Aufgreifen neuer Konzepte als auch halbherzig in der Umsetzung und Anwendung.

Die vier Typen kann man nun in die Matrix in Abbildung 2-16 einordnen. Auf der X-Achse ist die *Geschwindigkeit* bzw. die *Offenheit* bzgl. des sich Auseinandersetzens und Aufgreifens von »State of the art«-Konzepten angesprochen. Ist die Geschwindigkeit hoch, zeigt dies, dass eine hohe Energie vorhanden ist, ständig nach den neuesten Einsichten zu suchen, um mit ihnen arbeiten zu können. Man verspricht sich daraus natürlich Wettbewerbsvorteile. Da man professionell in der Lage ist, neue Konzepte auf ihre Tauglichkeit zu überprüfen, sitzt man auch nicht jeder Mode auf. Das schnelle Aufgreifen bedeutet auch nicht, dass das Neue immer das Bessere ist. Es ist auch nicht zweckmäßig, wenn permanent das Bewährte oder das, was sich gerade zu bewähren beginnt, von etwas Neuem abgelöst wird. Dies gewährleistet man dadurch, dass man über ein genaues Wissen zum Entwicklungs- und Anwendungsstand der einzelnen Methoden und zu ihrem Nutzen für das Unternehmen verfügt.

Auf der Y-Achse ist die *Implementierungsenergie* des Unternehmens abgetragen. Unter diesem Begriff sollen sowohl Kompetenz und Beharrlichkeit als auch

Abb. 2-16:
Typologie von Konzeptanwendern

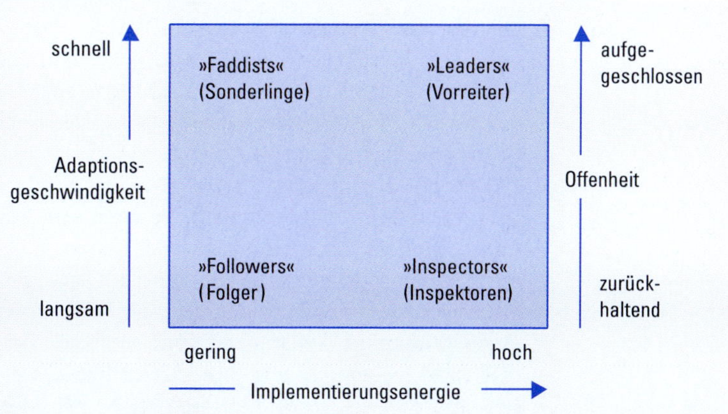

die adäquate Bereitstellung von Ressourcen verstanden werden. Der Sachverstand bezieht sich dabei auf viele verschiedene Aspekte: Die Fähigkeit zur Beurteilung des Potenzials einer neuen Methode, die Verknüpfung der Methode mit nutzenstiftenden Anwendungsfällen, die Verfeinerung und Anpassung der Methode auf den Anwendungsfall und dessen Kontext, das Vernetzen der Anwender in Lernarenen, das Entwickeln erprobter Designs für Einführungsprozesse neuer Methoden, das verallgemeinernde Lernen aus erfolgten Anwendungen, die Pflege und Weiterentwicklung der Methoden etc.

Je nachdem, wo nun ein Unternehmen in der Matrix zu positionieren ist, wird unterschiedlicher Handlungsbedarf signalisiert. »Faddists« und »Followers« arbeiten im Prinzip ineffizient und sollten nach Wegen suchen, wie sie ihre Implementierungsenergie erhöhen könnten. »Followers« und »Inspectors« sollten überprüfen, inwieweit sich ihre zögerliche und reservierte Haltung rechtfertigen lässt. Hat dies Nachteile eingebracht oder sind einem dadurch Vorteile verloren gegangen?

Standpunkt
Auf Grund der Dezentralisierung der unternehmerischen Verantwortung wird die Anzahl der verschiedenen Formen, wie Strategienentwicklung stattfindet, in den Unternehmen zunehmen. Jedes Profit Center, jeder Geschäftsbereich usw. wird seinen eigenen Ansatz entwickeln und bevorzugen. (Dies gilt auch für andere Ansätze wie etwa TQM.) Damit hier nicht jedes Mal das Rad von Neuem erfunden wird, sollte man die Stelle eines *»Prozess- oder Methodenmaklers«* vorstellen, der über die verschiedenen Ansätze informiert ist, um bereichsübergreifende Lernprozesse zu begünstigen. Ziel ist also nicht, dass alle nach dem gleichen Muster arbeiten, sondern dass die abweichenden Prozessvarianten in Kenntnis der existierenden Verfahren gewählt werden und überzeugend eine Verbesserung in Aussicht gestellt wird.

Was meinen Sie dazu?
Würden Sie sich für eine solche Stelle stark machen? Falls nein, warum nicht? Falls ja, was wären die genauen Anforderungen an diese Funktion?

2.2.6 Optionen zum Vorgehen

Für eine Gestaltung der Vorgehensweise einer strategischen Initiative sind insbesondere drei Parameter zu berücksichtigen: Arbeitsweise, Darstellungsform und Strukturierungsgrad.

(1) Arbeitsweise

In strategischen Initiativen findet man meist eine Arbeitsweise, die einer von zwei Extrempolen zugeneigt ist: Entweder arbeitet man stark *analytisch* oder eher *intuitiv*. Die meisten Manager betrachten eine intuitive Vorgehensweise als Antithese zu einem logisch-rationalen Arbeiten.[36] Man verlässt sich hier – aufbauend auf gewonnenen Erfahrungen – auf die eigene Fähigkeit zur Einschätzung einer Situation.

Untersuchungen zeigen, dass die Mehrheit der Führungskräfte sich in ihrer Arbeit sehr ausgeprägt intuitiver Vorgehensweisen bedienen, speziell wenn es um besonders bedeutsame und komplexe Entscheidungen geht.[37] Gleichzeitig ist aber auch erkennbar, dass die Fähigkeit zum Umgang mit Intuition bei Führungskräften sehr unterschiedlich verteilt ist. Auch die Art und Weise, wie und wo Manager ihre Intuition einsetzen (z.B. am Anfang oder am Ende von strategischen Entscheidungsprozessen), variiert sehr stark.[38]

Neben der Chance zur Beschleunigung von Strategieprozessen sehen sie im Gebrauch ihrer Intuition auch eine Chance zur inhaltlichen Verbesserung ihrer Entscheidungen.[39] Dabei wird von Eisenhardt (1999) insbesondere auch auf die Bedeutung der *»kollektiven Intuition«* hingewiesen, die in der direkten gemeinsamen Auseinandersetzung mit bestehenden Chancen und Risiken (z.B. in regelmäßigen und häufigen Strategierunden) entwickelt wird. Diese kollektive Intuition würde helfen, dass Führungsgremien schneller und präziser das Potenzial neu aufkommender »strategic issues« abzuschätzen vermögen.

Bei der analytischen Vorgehensweise steht zunächst einmal eine intensive Datenanalyse im Vordergrund. Man geht von der Annahme aus, dass ca. 80% der Zeit für das Suchen und Aufbereiten von Daten zu verwenden ist und sich die anschließende »Marschroute« daraus dann gut erkennen bzw. ableiten lässt. Man bedient sich eines so genannten Hypothesen-getriebenen Vorgehens, bei dem man möglichst rasch Aussagen über Probleme und Zusammenhänge aufstellt und diese dann mit Hilfe von »Fakten« prüft und auf ihre Richtigkeit testet. Der Erkenntnisfortschritt über eine spezifische Fragestellung soll dadurch rascher vorangetrieben werden. Die relativ lange unfokussierte Sammlung von Daten wird als wenig hilfreich erachtet. Problembereiche werden also analytisch zerlegt und systematisch abgearbeitet.

So hilfreich ein stark analytisch geprägtes Vorgehen in vielen Fällen ist, so wenig sollte dabei übersehen werden, dass gerade bei strategischen Fragestellungen die Unsicherheit über die Zukunft ein grundlegendes, nicht lösbares Phänomen ist und sich zudem viele »Fakten« bei kritischer Betrachtung als relativ »weich« erweisen. Wenn man diesen Gedanken fortführt, dann spricht viel dafür, Aussagen mit Hilfe von auf Prognosen beruhenden Zahlenwerken weniger »wasserdicht« erscheinen zu lassen, sondern verstärkt die Annahmen, Unsicherheiten, alternativen Interpretationen etc. offen zu legen und auch gegensätzliche Positionen zu berücksichtigen. Diese Faktoren sind oft eine wertvolle Quelle für neue Erkenntnisse und entziehen sich meist einem streng analytisch geprägten Vorgehen. Ein absichtlich eingesetzter Advocatus Diaboli, der wichtige Aussagen jeweils kritisch hinterfragt und konsequent die Gegenposition einnimmt, kann als Irritationspotenzial von spürbarem Nutzen sein.

Das Irritationspotenzial eines Advocatus Diaboli einsetzen

Andere Firmen verlegen sich eher auf ein intuitiv getriebenes Vorgehen. Entweder verlassen sie sich auf das »Bauchgefühl« zentraler Leistungsträger oder sie versuchen, gezielt diese Fähigkeiten zu verstärken, indem sie z.B. wie das dänische Unternehmen Lego im Rahmen ihrer Strategieentwicklung plastische Materialien verwenden, damit experimentieren und sich über diese Techniken neue, kreative Einsichten zu ihrem Geschäft zu verschaffen versuchen. Eine Aussage, die man von Unternehmen dieser Art häufig hört, ist ihre Unzufriedenheit mit der klassischen, von Analytik geprägten Vorgehensweise. Sie wird zum einen als wenig motivierend und interessant, zum anderen als wenig ergiebig erachtet, wenn es um das Finden alternativer Ansätze geht.

Szulanski/Amin (2001) weisen darauf hin, dass bei der Genese von Strategien zwei Typen unterschieden werden können: »discipline« versus »imagination«. Im Falle der »Diszplin« geht es um ausdifferenzierte Planungsprozeduren, die den Charakter der Administration des Bestehenden haben. Bei der »Imagination« versucht man, »outside the box« zu denken. Hier werden Kreativität und unternehmerisches Denken betont. Beide Formen des »strategy making« sind wichtig für Unternehmen. Man sollte sie gleichzeitig verfolgen und vor dem Hintergrund der aktuellen Erfordernisse ausbalancieren. Gefahr des Typs »Disziplin« ist, dass man vor lauter Analyse nicht zu einer Synthese gelangt, dass zu viel Energie in den Auswahlprozess und zu wenig in die Entwicklung gesteckt wird und dass man zu extrapolativ arbeitet. Gefahr der »Imagination« ist, dass es zu chaotisch wird, man den Bezug zur Realität dabei verliert, die Bedeutung der Vergangenheit nicht ausreichend gewichtet wird und der Prozess zu langsam wird.

Nutzung der Imaginatioskraft

Roos/Victor (1998a und b) betonen in diesem Zusammenhang die Imaginationskraft von Unternehmen und stellen Überlegungen an, wie sich diese für strategische Initiativen nutzen lässt. Sie unterscheiden zwischen drei Arten von Imagination:

- Die »*representational* imagination« ist mit der Funktion eines Spiegels gleichzusetzen: Sie bezieht sich auf die Vorstellungskraft, neue Muster in der Komplexität des Umfeldes erkennen und daraus Schlüsse ziehen zu können. Konsequenz ist ein Nachführen der internen kognitiven Modelle zum Umfeld. Solche Erkenntnissprünge bauen meist auf tiefgründigen Auseinandersetzungen mit dem verfügbaren Datenmaterial auf und münden dann in eine Abstraktion und Übertragung des Bestehenden. Klassische Managementkonzepte wie Wertschöpfungsketten, Portfolios oder Szenarien können diese Art der Imagination fördern. Aber auch das Entwickeln von Metaphern oder das Erfinden von Geschichten können helfen, sich die Wirklichkeit anders und neu vorstellen zu können. Es geht darum, neu gewonnene Fakten und Erfahrungen gegen die eigenen Wirklichkeitsmodelle zu testen, und daraus neue Optionen für sich zu erkennen.
- Die »*creative* imagination« bezieht sich auf das klassische Erfinden von Neuem (wie z.B. in der Produktentwicklung die »Glühlampe«) sowie auf das Neuerfinden des Bestehenden durch geschickte Rekombination. Scheinbar gegebene Logiken gilt es neu zu überdenken. Es geht nicht um kleine Verbesserungen, sondern neue »Totallösungen«. Häufiger Anwendungsgegenstand sind hier derzeit die Geschäftssysteme in der Wertschöpfungsarbeit. Die »Spielregeln« des Geschäfts sollen neu erfunden werden. Ausgangspunkt dieses Weges ist die Annahme, dass es Unsinn ist zu glauben, dass irgendetwas immun gegenüber Verbesserung ist und man – schon aus Verzweiflung über die bestehenden Unzulänglichkeiten – niemals ruhen darf, Auswege im Sinne neuer Optionen zu entdecken (»ästhetischer Impuls«).
- Die »*parodic* imagination« bezieht ihre Energie aus einem zerstörerischen Ansatz: Sie dekonstruiert radikal die Modelle, an denen wir uns mehrheitlich orientieren. Durch das »Lesen zwischen den Zeilen« sollen mittels einer kritischen Betrachtung bislang unterdrückte Aspekte zur Debatte gebracht und Widersprüche aufgedeckt werden. »Anarchistisch« soll man sich radikal vom Bestehenden lösen und die Dinge neu denken. Hammer[40] will z.B. sein Reengineering so verstanden wissen. Auch Sarkasmus ist hier einzuordnen, der über die Entmystifizierung geltender Wirklichkeitskonstruktionen »respektlos« das Gegenwärtige diskreditiert und sich darüber lächerlich macht. Die

Energie zur Imagination kommt aus der durch den Sarkasmus zu nährenden Hoffnung, dass es hier wohl doch noch etwas Besseres geben muss. So versuchen die Unternehmer der »new economy« nicht nur als »attackers« die bestehenden Erfolgsmodelle der etablierten Wettbewerber anzugreifen, sie versuchen auch kulturell teilweise ein anderes Bild von der Unternehmerpersönlichkeit (beginnend bei der Kleidung) und seinem Unternehmen (z.B. bei der Form der Zusammenarbeit) zu protegieren.

Um diese Imaginationskraft zu unterstützen, wird empfohlen, auch methodisch andere Wege zu gehen. So schlagen Roos/Victor (1998b) vor, sich eines »*Serious Play*« zu bedienen. Voraussetzung ist, dass bei den Spielern ausreichend Wissen zum Gegenstand des Spieles besteht. Wenn Kinder Bausteine zusammensetzen, dann konkretisieren sie ihre Vorstellungen durch eine von ihnen vorgenommene »Konstruktion der Welt«. Analog können sich Führungskräfte in einem Workshop die Aufgabe stellen, mit Holz- oder Lego-Steinen das aus ihrer Sicht beste Geschäftssystem oder Unternehmensportfolio zu bauen und ihr Ergebnis dann »enthusiastisch« gegenüber den anderen anzupreisen. Hat man konkurrierende Gruppen, dann entstehen über diese »Erzählungen« Vergleichsmöglichkeiten. Man diskutiert Themen wie Machbarkeit, Entfernung vom gegenwärtigen Zustand etc. und gewinnt dadurch eine geteilte Auffassung über die Differenzen im Team. Ebenso können durch solche Konstruktionen die Spieler ihre Vorstellungen auch Dritten zugänglich machen. Vorteil eines solchen seriösen Spiels ist der »risikofreie« Umgang mit »Risiken«. Befürchtetes und Erträumtes kann gleichermaßen realisiert werden.

»Serious Play«

Hamel (1999) weist auch darauf hin, dass es darum geht, den Unternehmergeist in der Organisation zu befreien, um zu neuen Geschäftsinitiativen zu gelangen. Den Weg dazu sieht er in der Einrichtung eines dynamischen internen Marktes für Ideen, Kapital und Talente. Die traditionellen Prozesse der Ressourcenallokation müssen dann durch Prozesse der »resource attraction« ersetzt werden, um auch »nicht-linearen« Entwicklungen eine Chance zu geben.

Interner Markt für Ideen, Kapital und Talente

Exkurs: Strategische Konversationen

Diskurse über strategische Initiativen und ihre operative Wirksamkeit finden in und mit Sprache statt, d.h. es werden bestimmte Begriffe und Worte verwendet, anhand derer man sich zu verständigen versucht. Viele dieser Begriffe sind jedoch mehrdeutig, können unterschiedliche Inhalte transportieren, die je nach Zweck auch unterschiedlich nützlich sind und divergieren, wenn man sie operationalisiert.[41] Während man sich beispielsweise meist leicht auf einen Begriff wie Kostenführerschaft einigen kann, wird es deutlich diffuser, wenn man sich fragt, was dies denn konkret bedeutet. Soll man versuchen in der Produktion zu sparen, Abteilungen zu outsourcen oder allgemein die Gehälter zu reduzieren?

Westley (1990, S. 337) führt den Begriff der *strategischen Konversationen* ein und definiert ihn als »verbal interactions within superior-subordinate dyads focusing on strategic generalities«. Ihm geht es um den sprachlichen Umgang zwischen verschiedenen Managementgruppierungen. Drei Dimensionen werden dabei unterschieden: Erstens die Dynamik des Einschlusses und der Ausgrenzung von Untergebenen bei Konversationen mit strategischem Inhalt, zweitens die Dynamik von Dominanz und Unterwerfung und drittens die Beziehung zwischen strategischen Konversationen, ihrem Ergebnis und der Rolle von Kontextfaktoren wie Koalitionen oder der vorherrschenden Doktrin des Unternehmens. Eine Differenzierung zwischen *operativen und*

Den Sprachstil hinterfragen

strategischen Konversationen wird von v. Krogh/Roos (1995) vorgeschlagen. Während operationale Konversationen auf die tagtäglichen Anforderungen des Geschäftes gerichtet sind, routinisiert ablaufen, faktenorientiert und inhaltlich begrenzt sind, dienen strategische Konversationen dem Zweck, die Zukunft des Unternehmens neu zu gestalten. Dies erfordert eine Sprache, die spielerisch und kreativ ist, bestehende Grenzen herausfordert und mit der ein unbegrenztes Themenspektrum erschlossen werden kann.

Beide Sprachstile (operationaler versus strategischer) folgen unterschiedlichen Regeln, die wie folgt charakterisiert werden können: (1) eindeutig vs. mehrdeutig, (2) Verfechten vs. Dialog, (3) bestimmt vs. hypothetisch, (4) einschüchtern vs. ermutigen, (5) Geschlossenheit versus Offenheit für neue Konversationen, (6) Bedarf nach Expertise vs. nach Generalisten, (7) Macht ist statisch vs. dynamisch sowie (8) Ereignis basiert vs. kontinuierlich.

Die Autoren stellen fest, dass in Unternehmen der operationale Sprachstil dominiert, während der strategische Sprachstil nur ad-hoc oder in überstrukturierten, langweiligen und politischen Diskussionen stattfindet. Sie plädieren dafür den Sprachstil eines Unternehmens intern zum Thema zu machen, und Sprachregelungen zu entwickeln, die strategische Konversationen möglich machen. Ebenfalls die Bedeutung der Sprache betonend, plädieren Knights/Morgan (1991) für ein Verständnis von Strategien als »*set of discourses and practices*« zwischen den Mitgliedern eines Unternehmens. Strategisch relevante Diskurse und soziale Praktiken sind ein Prozess sozialer Konstruktion von Wirklichkeit, durch den die subjektiv geprägten Sichtweisen der beteiligten Akteure zuerst sozialisiert und dann institutionalisiert werden. Durch diesen »lock-in« der Akteure gewinnen Unternehmen die produktive Kraft, die sie zur Bewältigung der an sie gestellten Anforderungen und zum Umgang mit Ambiguität benötigen.

(2) Darstellungsweise

In Zusammenhang mit der Frage nach analytischer versus intuitiver Arbeitsweise steht die Frage nach der Darstellungsform. So lehnen einige Unternehmen bei strategischen Fragestellungen die Verwendung **qualitativer** Aussagen kategorisch ab und lassen nur **quantitativ** untermauerte Aussagen zu. Man glaubt, dadurch die Rationalität der Diskussion und Entscheidungen zu verbessern. Dabei wird dann zumeist auf quantitative »Fakten« zugegriffen und qualitative Aussagen als unpräzise verworfen. Allerdings ist der vermeintliche Gegensatz zwischen quantitativen und qualitativen Aussagen nur auf den ersten Blick gegeben. Jeder quantitativen Aussage liegt zuerst eine qualitative Vorentscheidung darüber zu Grunde, wie ein »Objekt« abgegrenzt, definiert und anschließend gemessen werden kann. Diese qualitative Vorentscheidung kann mehr oder weniger zweckmäßig sein, sie blendet jedoch immer alternative Sichtweisen eines Objektes zumindest vorläufig aus. Ein Bereich des FIAT-Konzerns hat daraus die Konsequenz gezogen, in den ersten Monaten der strategischen Planung auf quantitative Zahlen ganz zu verzichten, ja sie sogar ausdrücklich zu verbieten. Erst dann, wenn interessante Ideen herangereift sind, wird zu ihrer Unterlegung auf quantitatives Zahlenmaterial zurückgegriffen.

Gefahr der Scheinrationalisierung

Zu beachten ist zudem die Gefahr, dass es zu Scheinrationalisierungen kommt, die auf quantitativen Aussagen beruhen. Wie Luhmann treffenderweise bemerkte, kann nur dort entschieden werden, wo eigentlich etwas nicht entscheidbar ist. Denn wenn ein Problem so klar erfassbar ist, dass alle als relevant erachteten Informationen vorhanden sind und sich ein klares Bild ergibt, dann kann auch nicht mehr von einer Entscheidungssituation gesprochen werden. Zu einer solchen kommt es nur, wenn die Ausgangslage nicht eindeutig ist und es eben etwas zu entscheiden gibt. Inwieweit z. B. Cash-Flow-Analysen als exakt zu bewerten sind, wenn ca. die Hälfte des Net Present Value in aller Regel aus dem Restwert stammt, oder geringfügige Variationen beim Diskontierungssatz ihn massiv verändern, mag ein jeder für sich beurteilen. Die Gefahr der Scheingenauigkeit und vermeintlichen Kontrolle der Zukunft durch die Betonung quantitativer »Fakten« besteht zweifelsohne.

Fallbeispiel
In einem deutschen Maschinenbaukonzern wurde in den 80er-Jahren eine Initiative angestoßen, die auf die Entwicklung neuer Geschäftsfelder gerichtet war. Als Anlaufstelle diente die Finanzabteilung, die die eingereichten Business Pläne prüfen sollte. Nach einiger Zeit kam es dann zu nachhaltigen Klagen über die Arbeitsweise der Finanzabteilung. Fast alle Vorschläge wurden hier abgelehnt, teils weil die Finanzzahlen fehlten, teils weil die vorgelegten Unterlagen mit der Bemerkung »spekulativ« zurückgewiesen wurden. Nach einem Jahr, in dem kein Business Plan die Finanzabteilung passiert hatte, und die Anzahl der eingereichten Vorschläge sich deutlich verringerte, reagierte der Vorstand. Spezialisten für die Erstellung von Business Plänen wurden als Ressourcenpool bereitgestellt, auf den kostenlos zugegriffen werden konnte. Die Aufgabe der Überprüfung der Business Pläne wurde einem Gremium übergeben, das sich aus Führungskräften verschiedener Funktionsbereiche zusammensetzte. Ein Anreizsystem wurde implementiert und Mitarbeitern, die Vorschläge einbringen wollten, wurden Zeitgutscheine ausgegeben, die sie je nach Bedarf einsetzen konnten. In den nächsten zwei Jahren wurde aus dieser Initiative heraus ein neues Geschäftsfeld ins Leben gerufen, fünf Großprojekte sowie mehrere kleinere Projekte angestoßen.

(3) Strukturierungsgrad

Die nächste Frage ist, wie **fein** oder **grob** der Strukturierungsgrad einer strategischen Initiative sein sollte: Sollte man sich durch alle Einzelheiten hindurcharbeiten oder genügen rudimentäre Überlegungen? Ein feiner Strukturierungsgrad zwingt dazu, relevante Themen explizit und nach einem standardisierten Modus zu durchdenken sowie Handlungsoptionen und deren Konsequenzen abzuwägen. So bemerkte ein Manager, der in der Strategieentwicklung eines Joint Venture-Projektes involviert war: »Ich denke, dass man die Komplexität eines solchen Projektes und all seine Konsequenzen solange nicht verstehen wird, als man sich noch nicht selbst durch die vielen Details gearbeitet hat.« Eine solche Vorgehensweise ist vom Prinzip des »zuerst denken, dann handeln« gekennzeichnet.

Andererseits ist ein detailliertes Durchstrukturieren der einzelnen Sachverhalte nicht immer hilfreich, wenn sich beispielsweise die Schwerpunkte von Initiativen und der Kontext, in den sie eingebettet sind, rasch ändern. Wenn immer wieder neue Ereignisse eintreten, die Anpassungen erfordern, behindert ein feiner Strukturierungsgrad die Schnelligkeit, mit der eine Initiative vorangebracht werden kann. Gut zeigt sich dies bei sehr ausgefeilten Planungsprozeduren. Über-Standardisierung und -Formalisierung führen hier oft zu einem »Ersticken« von Initiativen, die eigentlich in diesen Prozeduren Platz finden sollten. Die Planung wird dann zu einer jährlich wiederkehrenden Pflicht, die eher als lästig denn als förderlich erachtet wird.

Über-Standardisierung und -Formalisierung führen oft zu einem »Ersticken« von Initiativen

2.2.7 Optionen zur Zusammenarbeit

Als letzte Dimension sind Überlegungen zur Zusammenarbeit anzustellen. Die Parameter liegen hier in der Konfliktintensität, dem Entscheidungsverhalten sowie der Transparenz der Initiative gegenüber der Restorganisation. Konkret stellen sich Fragen wie: Ist die Initiative bewusst so anzulegen, dass Konflikten aus dem Weg gegangen wird? Sollen die »Revolutionäre« des Unternehmens mit ihren Standpunkten eingebunden werden? Werden wichtige Entscheidungen durch die Spitze gefällt oder ringt man um sie partnerschaftlich? Werden die Entscheide begründet und erklärt? Wer kennt zuletzt die Inhalte einer Initiative und wer sollte sie kennen?

(1) Konfliktintensität

Konflikte entstehen aus Unterschieden zwischen Weltsichten und Interessenlagen

Konflikte sind im Rahmen strategischer Diskurse zunächst nichts Ungewöhnliches. Wenn es um mehrdeutige Themen geht, ist zwangsläufig damit zu rechnen, dass unterschiedliche Meinungen bestehen. Wenn zusätzlich noch der Beteiligungsgrad hoch ist, verstärkt sich diese Entwicklung. Prinzipiell ist festzuhalten, dass Konflikte ohne Betrachtung des spezifischen Kontextes weder als destruktiv noch als konstruktiv bewertet werden können. Sie sind Folge eines konfrontativen Aufeinandertreffens unterschiedlicher konzeptioneller Raster und des »Eigensinns« der Beteiligten.[42] Sie entstehen damit aus Unterschieden zwischen Weltsichten und Interessenlagen. Es lässt sich also nicht grundsätzlich klären, ob ein eher **hohes** oder ein eher **niedriges** Konfliktniveau für die Strategiearbeit von Vorteil ist. So produktiv ihre Wirkung sein kann, wenn sie der Klärung strittiger Themen und der Generierung von Neuem dienen, so verheerend kann ihre Wirkung sein, wenn sie eskalieren und sich von der Sach- auf die Verhaltensebene verlagern.

Offene Konflikte findet man eher bei dezentralen Machtstrukturen

Eisenhardt/Bourgeois (1988) unterscheiden beispielsweise in einer Studie über acht Firmen der Chipindustrie zwischen offenem Konflikt einerseits und verdecktem, mikropolitischen Verhalten andererseits. Letzteres definieren sie als die Handlungen, die hinter den »Kulissen« stattfinden. Führungskräfte versuchen, durch ihren gezielten Einsatz wichtige Entscheidungen in ihrem Sinne zu beeinflussen. Besonders ausgeprägt ist dieses Verhalten, wenn die Macht in einem Unternehmen relativ stark zentralisiert ist, während es bei dezentralen Machtstrukturen eher zum Ausbruch offener Konflikte kommt.

Wenn das Konfliktpotenzial niedrig ist, ist man rasch bei der Frage, ob sich denn *Konsens* auszahlt. Nach Wooldridge/Floyd (1990) führt dieser zwar zu einem vertieften Verständnis innerhalb eines Managementteams sowie zwischen oberstem und mittlerem Management, hat jedoch ansonsten keine unmittelbaren Erfolgsauswirkungen. Hingegen ist für Homburg/Krohmer/Workman (1999) eine solche Frage nur in Abhängigkeit von der jeweiligen Wettbewerbsstrategie eines Unternehmens zu beantworten. Während Konsens sich bei einer Differenzierungsstrategie als signifikanter Erfolgsfaktor erweist, kann dies bei einer Strategie der Kostenführerschaft nicht bestätigt werden. Konsens zahlt sich also nicht in jedem Fall aus. Zudem scheint die Verbindung Konsens/Erfolg umso stärker zu sein, je weniger dynamisch sich die Märkte eines Unternehmens verändern und dementsprechend umso schwächer, je höher die Turbulenzen in der Branche sind.

(2) Entscheidungsform

Ein weiterer wichtiger Punkt, der eine strategische Initiative beeinflusst, ist die Entscheidungsform: Wie soll entschieden werden? Wer hat welches Stimmrecht? Ob ein »**patriarchalisches**« oder **demokratisches** Entscheidungsprozedere verwendet wird, hängt von verschiedenen Faktoren ab. Soll ein möglichst breiter Beteiligtenkreis einbezogen werden, dann wird dieser in mehr oder weniger deutlicher Form auch eine Mitsprache an den Entscheidungen einfordern. Die eingangs erwähnten Großgruppenkonzepte haben Auswirkungen auf das Entscheidungsverhalten in Unternehmen, da sie vor allem zu demokratisch ausgerichteten Formen passen, zu anderen hingegen nicht. Will man eine proaktive Mitwirkung Gewähr leisten und die organisatorische »Intelligenz« möglichst umfassend nutzen, so wird man kaum umhinkommen, die Beteiligten auf die Entwicklung solcher Initiativen Einfluss nehmen zu lassen. Sind hingegen die zentralen Leitlinien einer Initiative bereits bestimmt und geht es mehr um die Frage nach der Ausgestaltung einzelner Teilgebiete, so kann auch ein durch Hierarchien geprägtes Entscheidungsprozedere seine Wirkung entfalten. Selten verändert sich das Entscheidungsprozedere von Initiative zu Initiative, sondern meist hat sich in Unternehmen über die Zeit ein bestimmtes Muster eingespielt, nach dem relativ konstant verfahren wird.

Ein breiter Beteiligtenkreis fordert i.Allg. seine Mitsprache an Entscheidungen ein

(3) Transparenzgrad

Die Frage nach dem Transparenzgrad einer strategischen Initiative löst immer wieder lebhafte Diskussionen aus.[43] Nach wie vor gilt in vielen Unternehmen der Leitsatz »Wissen ist Macht« und dementsprechend werden Strategien in der Organisation bewusst zurückgehalten und nur wenig kommuniziert. Oder man befürchtet die Preisgabe von wichtigen Informationen an Wettbewerber und will sie folglich durch eine Einschränkung der Transparenz verhindern. Ebenso werden Initiativen, die zu unpopulären Maßnahmen führen (z.B. Personalabbau) so lange als möglich zurückgehalten, um Gegenreaktionen der Betroffenen zu vermeiden. Damit soll einer Verwässerung sachlich als richtig erachteter Entscheidungen des Top-Managements durch bestimmte Interessengruppen entgegengewirkt werden.

Auf der anderen Seite hat jedoch ein **geringer** Transparenzgrad auch seine Nachteile. Denn überlegen sind in vielen Branchen heute Unternehmen, die schneller agieren und reagieren können als ihre Wettbewerber, und dies erfordert ausreichend **hohe** Transparenz über das, was man vorhat. Die Mitarbeiter müssen dabei nicht nur wichtige Initiativen, sondern auch die ihnen zu Grunde liegenden Annahmen kennen, um sie in ihrer täglichen Arbeit leben und überprüfen zu können. Daher kann ein Ansatz hilfreich sein, der bei der Kommunikation von Strategien versucht, möglichst schnell eine große Masse Beteiligter und Betroffener zu erreichen, um so Energie im Unternehmen freizusetzen. Bis ein Konkurrent eine Information erfasst und daraus die Konsequenzen gezogen hat, ist ein agiles »Opfer« längst schon wieder einen Schritt weiter. Es zeigt sich immer wieder, dass es nicht nur lange dauert bis sich einzelne Initiativen formieren, sondern noch ein wesentlich längerer Zeitraum vergeht, bis sie auch operativ wirksam und gelebt werden. Zudem stehen die offiziellen Strategieformulierungen an der Spitze einer Reihe von Verhaltensmustern, die ein Unternehmen als Ganzes

Eine hohe Lerngeschwindigkeit geht mit einer hohen Transparenz einher prägen und für Dritte nur schwer imitierbar sind. Man denke nur daran, wie viele schon Branchenführer wie IKEA oder McDonalds vergeblich zu imitieren versuchten.

Um die Transparenz zu erhöhen, kann man sich verschiedenster Informationskanäle bedienen: Die schriftliche Kommunikation entlang der Hierarchie ist ein Vehikel, jedoch gerade in Zeiten rascher und tief greifender Veränderungen nicht sehr effizient. Hilfreicher sind hier neue Technologien, indem man z. B. strategische Überlegungen ins Intranet einstellt, per E-Mail kommuniziert oder diese Medien bewusst zur Entwicklung, Verbesserung und Verfeinerung strategischer Initiativen nutzt. Firmenradio und -fernsehen runden in Großunternehmen die Palette der Möglichkeiten ab.

Neue Technologien unterstützen die Kommunikation von Strategien

2.2.8 Evaluation

Initiierungsstil

Strategizing

Mit der Darstellung der obigen Gestaltungsoptionen sind wir einen ersten Schritt zur Ableitung des **Initiierungsstils** einer Organisation(-seinheit) gegangen. Er steht für die spezifische Art und Weise, wie eine Organisation ihre Initiierungsprozesse, ihr »**Strategizing**«, ihr Designen von Strategien betreibt. Dieses »Designen« ist ein konzeptioneller Vorgang, da wir hier ja von der Entwicklung von Strategien für durch die Führung bewusst veranlasste Initiativen sprechen.[44] Das Konzept baut dabei auf der Bewertung und Auswahl der im Bezugsrahmen aus Abb. 2-9 dargestellten Optionen auf.

In Abschnitt (1) wollen wir uns vertieft mit diesem Designprozess auseinander setzen. Welche Anforderungen genereller Natur sind an ihn zu richten? In Abschnitt (2) werden eine Reihe von Vorschlägen zur Ausgestaltung des Initiierungsstils vor dem Hintergrund des jeweiligen Kontext zur Diskussion gestellt. Verschiedene Prozessmodi werden in Abschnitt (3) besprochen. In Abschnitt (4) wird dann – in Form einer Workshop-Struktur – ein Weg aufgezeigt, wie man die Herleitung des Initiierungsstils moderativ unterstützen kann.

(1) Das Designen eines Initiierungsstils

Strategieprozesse haben in Unternehmen heute immer noch etwas »steriles« an sich. Sie wecken meist keine Emotionen und man engagiert sich auch nur ungern in ihnen. Ihr Design wirkt missglückt, da sie an denen vorbeizugehen scheinen, für die sie eigentlich gedacht sind. Oft werden sie als nicht nützlich empfunden. Überhaupt ist es in Verrufenheit geraten, Strategieprozesse zu designen seit der massiven Kritik von Mintzberg (1990, 1994) an der Design-Schule. Doch die Feststellung, dass Strategieprozesse in der Praxis anders laufen, als man sie in der Design-Schule gerne gestaltet hätte, sollte uns eher zu einer intensiveren Auseinandersetzung mit dem empfohlenen Design führen als zu einem Zweifel, ob man überhaupt mit Designs arbeiten sollte. Bei der Entwicklung von Strategien sollen die Möglichkeiten ausgelotet werden, die bestehen, um sich aus der heutigen Situation fortzuentwickeln. Dabei wird man immer nach Wegen suchen, wie man den Prozess der zu durchlaufenden Schritte möglichst wirkungsvoll gestalten kann, wie man sich den Raum der Möglichkeiten, die für das Unternehmen Sinn machen, möglichst weit aufstößt.

Standpunkt
Gary Hamel, einer der derzeitigen Vordenker zum Strategischen Management, vertritt die Meinung, dass es im Management an der Fähigkeit zur Entwicklung wirklich innovativer Strategien fehlt, an »Strategic Breakouts«, die Wege aufzeigen, die Dinge völlig anders zu sehen und zu tun.

»Strategists can't be accused of being ignorant of the new competitive realities. But as informed as they may be, impactful they are not. Why? Because managers simply do not know what to do with all the wonderful concepts, frameworks, and buzzwords that tumble from the pages of the Harvard Business Review, that jam the business aisles of bookstores, and that glisten in the slickly edited pages of business magazines.

Strategists may have a lot to say about the context and content of strategy, but, in recent years, they have had precious little to say about the conduct of strategy – that is, the task of strategy making. No one seems to know much about how to create strategy. Managers today know how to embed quality disciplines, how to reengineer processes, and how to reduce cycle times, but they don't know how to foster the development of innovative wealth-creating strategies.«[45]

Was meinen Sie dazu?
Teilen Sie die Auffassung von Hamel? Haben Sie auch den Eindruck, dass man in Ihrer Organisation wenig dazu weiß, wie man wirkungsvoll Strategien entwickelt und diese zum Leben bringt? Falls ja: Warum ist dies so? Was wurde versäumt zu tun? Was kann dagegen unternommen werden?

Man kann sich nun fragen, was ein »gutes« Design ausmacht? Und was meint man eigentlich mit »gut«? Meint man damit z.B. die Ästhetik des Prozesses, die Eleganz, mit der man zum Ziel gelangt? Was können solche Ziele sein, die man mit dem Prozessdesign verfolgt? Hier könnte man z.B. die Flexibilität des Prozesses gegenüber unterschiedlichen Kontexten anführen. Oder man meint damit, inwieweit der Prozess bestimmten Prinzipien, die man sich vorher gesetzt hat, gerecht wird. Solche Prinzipien können z.B. die Nützlichkeit des Designs betreffen. Ein »gutes« Prozessdesign kann aber auch darauf hinterfragt werden, ob die Symbolik, die von ihm ausgeht, in dieser Form erwünscht ist. So sind Strategieprozesse oft mit Symbolen von Macht, Herrschaft und Elite verbunden. Ein anderes Ziel kann es sein, dass der Prozess so angelegt ist, dass es zur Ausschöpfung eines möglichst breiten Spektrums des inhaltlich Möglichen kommen sollte (Generierung möglichst vieler verschiedener Strategieoptionen). Natürlich geht es – wie bei jeder Prozessoptimierung – auch darum, dass der Prozess nicht zu teuer ist und nicht zu viel Zeit in Anspruch nimmt.

Auch sollte das Prozessdesign der Komplexität (manche sagen auch der »Bösartigkeit«) strategischer Problemstellungen entsprechen. Rein lineare Prozessdesigns, mit ihrer Zerlegung in Analyse und Synthese, helfen hier deshalb häufig nicht weiter. Vielmehr geht es darum, Plattformen zu installieren, über die man mit möglichst vielen der relevanten Stakeholder in strategische Konversationen gelangt. Über dieses »Strategizing« vermögen sich die Strategen neue Einsichten in die komplexe Problemstellung zu verschaffen. Unter den Strategen wachsen dadurch auch die geteilten mentalen Modelle, woraus wiederum auch eine geteiltere Bewertung und Auswahl der Optionen zu erwarten ist.

In diesem »Strategizing« werden durch die Beteiligten teilweise Handlungshypothesen entwickelt und durch Gedankensimulation (»Was wäre, wenn …?«) getestet. Das Design des Strategienentwicklungsprozesses folgt der Leitidee von Planung als Lernprozess. Auf diesem Wege können durchaus auch neuartige und spekulative Strategiehypothesen zum Test gelangen. Damit wird das Entwickeln von Strategien über Simulationen zumindest »virtuell« mit Aktionen verbunden. Dieser Zweiklang des kreativen Hypothesen-Entwickelns und des möglichst Daten-basierten Hypothesen-Testens kann dabei viele Iterationen durchlaufen, im Zuge derer man hofft, dass sich das Bild der zu wählenden Strategie schärft und an Gestalt annimmt. In jeder Runde wird dabei das anfangs Abstrakte mehr und mehr an das Konkrete, an das, was den Leuten etwas sagt, herangeführt. Dabei wird man auch Unvorhergesehenem begegnen, was dann zu bearbeiten ist. Diese Iterationen auf der Suche nach dem Bestmöglichen finden vor dem Hintergrund der spezifischen Situation und den bestehenden Einschränkungen (Gesetze, Ethik etc.) statt.

Von Architekten sagt man z.B., dass sie »mit dem Bleistift denken«. Im Prozess des »Designing« entwerfen sie viele Modellvarianten als spekulative Möglichkeiten, die sie dann gedanklich testen, wieder verwerfen oder präzisieren etc., um dann letztendlich mit einem Design für ein Gebäude zu enden.[46]

Dieses dialogische Durchdenken möglicher Zukünfte ist eine Fähigkeit, die natürlich nicht in allen Organisationen gleich entwickelt ist. Sie aufzubauen und kollektiv zu verankern, ist mühevoll und zeitintensiv, doch Unternehmen haben hier eine Möglichkeit, sich über ihre Form des »Strategizing« zu differenzieren. Partizipation scheint uns hier der Schlüssel zu wirkungsvolleren Strategieprozessen zu sein, da dadurch neue kollektive Einsichten entstehen und die sich entfaltenden Optionen gemeinsam geformt werden.

»Strategizing« muss in diesem Sinne ein synthetisch angelegter Prozess sein, dessen Design in der Lage ist, verschiedene Strategieschulen nebeneinander zu akzeptieren und zu nutzen. Strategische Konversationen sollen die alternativen Rationalisierungslogiken zueinander in Bezug setzen, aber auch das Designing selbst ist Gegenstand der Debatten. Das Prozesskonzept-basierte Entwickeln von Strategien steht deshalb nicht im Widerspruch zur Planung als Lernprozess. Vielmehr hat der Prozessdesigner die Option, die Strategienentwicklung mehr oder weniger als gemeinsamen Lernprozess anzulegen.[47]

Will ein Unternehmen sich nun über eine einzigartige Form des »Strategizing« im Wettbewerb differenzieren, dann wird dies kaum über die Kopie irgendwo anders bewährter Prozessdesigns geschehen können. Ein »Strategizing« ist dann besonders gut, wenn das, was an Strategien dabei herauskommt, hochgradig den gegebenen Zweck erfüllt.

»designing a planning process is more an art than a science«

Campbell (1999) kritisiert den gegenwärtigen Trend, Planungsprozesse mit Hilfe eines systematischen Benchmarkings zwischen Unternehmen unterschiedlicher Branchen vergleichbar zu machen. Für ihn gilt die Aussage, dass »designing a planning process is more an art than a science« und demzufolge führt ein Benchmarking in seinen Augen in die falsche Richtung. Ein strategisches Planungssystem sollte immer auf den Einzelfall maßgeschneidert sein. Ein schnell wachsender Start-up mit einem jungen Managementteam benötigt beispielsweise eine andere Verfahrensweise als ein Stahlhersteller in einem gesättigten Markt und einer etablierten Führungsgruppe.

Benchmarking birgt auch die Gefahr in sich, dass man vergisst zu fragen, was einzigartig am eigenen Prozess ist, was eigentlich das Wertschöpfende daran für die Führungskräfte und das Unternehmen ist. Wenn ein Planungsprozess »best in class«, aber nicht auf die Besonderheiten eines Unternehmens abgestimmt ist, dann vernichtet er eher Wert, als dass er welchen schafft und hält zudem die Führungskräfte von ihrer Arbeit ab. Gelingt es hingegen einen einzigartigen, zum Planungsobjekt (Geschäftseinheit, Unternehmen oder Netzwerk) passenden Prozess zu entwickeln, dann kann dadurch sogar ein Wettbewerbsvorteil erzielt werden, da ein solcher Prozess kaum zu imitieren ist.

(2) Kontext und Initiierungsstil

Wenn man einen »passenden« Planungsprozess fordert, dann meint man damit auch passend zum Kontext, in dem dieser Prozess stattfindet. Es wird hier also davon ausgegangen, dass der Einfluss der Initiierungsarbeit auf den Erfolg durch die seitens des Managements wahrgenommene Ausprägung von Kontextfaktoren moderiert wird. Dabei sollte der Initiierungsstil sowohl auf die internen Kontextfaktoren, wie etwa die Unternehmensgröße oder die Struktur der Aufbauorganisation, als auch auf die externen Kontextfaktoren, wie etwa die Wettbewerbsintensität, ausgerichtet sein. Unternehmen, die in den letzten Jahren eine starke Veränderung ihres Kontextes erfahren haben, müssen sich also fragen, ob sie in geeigneter Form angepasst wurden. Beispiele hierfür sind (1) die Unternehmen, deren Märkte in den letzten Jahren liberalisiert und privatisiert wurden (Telekommunikation, Energiewirtschaft[48] etc.), (2) das Aufkommen neuer Technologien oder die Konvergenz bestehender Technologien, wie man es im Bereich der neuen Medien antrifft oder (3) die Globalisierung bestimmter Branchen.

Welche Faktoren zum Zustand des externen Umfeldes sind es nun, die die Charakteristika des Initiierungsstils nachweisbar zu beeinflussen vermögen? Bereits relativ gut erforscht ist der externe Kontextfaktor »Umfeldynamik«. Ganz grundsätzlich wird z.B. darauf hingewiesen, dass der positive Zusammenhang zwischen einer strategischen Planung und dem Unternehmenserfolg sich in dynamischen Branchen noch erhöht.[49] Dieser Zusammenhang kann hier auch noch dadurch verbessert werden, dass autonome strategische Initiativen neben der formellen strategischen Planung bestehen können und begünstigt werden.[50]

Andere Untersuchungen zeigen, dass bei einer zunehmenden Dynamik des Umfeldes auch bei »schnellem Entscheiden« die Informationsversorgung und Planungsaktivitäten eher umfassender werden als zuvor. Man untersucht dann auch eher mehr Optionen als zuvor.[51] Auch erlangt der Einsatz von Intuition aufgrund der gegebenen Unsicherheit und Vieldeutigkeit der Ereignisse als Bestandteil strategischer Entscheidungsprozesse an Bedeutung[52] (was dem noch intensiveren Betreiben von Analysen hier nicht entgegensteht). Die Erreichung eines strategischen Konsens scheint aber für den Erfolg einer Initiative in dieser Situation von nicht so großer Bedeutung zu sein.[53]

Ähnliches gilt für die »Umfeldkomplexität«. So hat man herausgefunden, dass Planungssysteme in komplexeren Umfeldern flexibler sind, dass die Pläne häufiger überarbeitet und revidiert werden und dass sie kürzere Zeithorizonte haben.[54]

Bezogen auf die Komplexität des internen Kontextes wird die Meinung vertreten, dass bei einer höheren Ausdifferenzierung in strategische Geschäftsfelder und bei mehr Interdependenzen zwischen den Geschäftsfeldern der Planungsbedarf wächst. In diversifizierten und divisionalisierten Strukturen kann der strategischen Planung eine wichtige Koordinations- und Integrationsfunktion zukommen. Meist ist die Planung dann auch formalisierter. Auch wurde erkannt, dass die Intensität und der Durchdringungsgrad der Planungsaktivitäten zunahm, je verletzbarer eine Organisation aufgrund ihrer Gebundenheit an eine langfristige Investitionsentscheidung in eine Kerntechnologie war.[55]

Die auch in Europa aufgekommene Orientierung am Shareholder-Value war eine Veränderung des Kontextes, die besonders deutlich ihre Spuren in den Planungssystemen hinterlassen hat. Aufbauend auf einer veränderten Wahrnehmung des Managements, in welcher Form es seinen Leistungsausweis zu erbringen habe, wurden die Zielgrößen (meist Gesamtkapitalproduktivität und Wachstum), die Abstimmungsprozesse zwischen Corporate- und Geschäftsfeldebene etc. angepasst.

(3) Strategieprozessmodi und »entrepreneurial strategizing«

Strategie-prozessmodus

Wie wir bislang gesehen haben, kann ein strategischer Prozess über Attribute und Ablaufmuster beschrieben bzw. definiert werden. Mit dem Bezugsrahmen zur Initiierungsarbeit wurde eine Liste von Dimensionen zur Verfügung gestellt, über die die Attribute (als gewählte Ausprägungen der Dimensionen) eines zu gestaltenden strategischen Prozesses festgelegt wurden. Alle Attribute zusammen prägen den Initiierungsstil. Mit den GMN-Pfaden wurden unterschiedliche Ablaufmuster angesprochen. Initiierungsstil und GMN-Pfad zusammen wollen wir als den **Strategieprozessmodus** betrachten. Er wird vor dem Hintergrund des jeweiligen Kontextes bestimmt bzw. ausgewählt.

Mintzberg (1973) war einer der Ersten, der von sogenannten »strategy-making modes« sprach. Er unterschied vier Modi: (1) Der »adaptive mode«, in dem die Strategieentwicklung stark durch die Anliegen der Stakeholder bestimmt wird; (2) der »planning mode« ist durch intensive formale Analysen geprägt; (3) beim »bargaining mode« geht es primär darum, dass in der Strategieentwicklung die konfligierenden Ziele der wichtigsten Entscheidungsträger gelöst werden; (4) der »entrepreneurial mode« besteht aus der Suche nach unternehmerischen Chancen und der Übernahme von Risiken.

In den letzten Jahren kam es verstärkt zu der Forderung, dass die Gestaltung der strategischen Prozesse mehr einem unternehmerischen Ansatz folgen sollte. »Strategisches Management« und »Entrepreneurship« sollten zu einem »**strategic entrepreneurship**«[56] oder »corporate entrepreneurship«[57] integriert werden.[58]

Hintergrund dieser Forderung ist der veränderte Kontext, in dem die Strategiearbeit heute teilweise stattfindet: Während die Unternehmen in den letzten Jahrzehnten in relativ wohl definierten Grenzen sich mit der Perfektionierung ihrer Positionierung beschäftigen konnten, verschwimmen heutzutage viele Branchengrenzen (z.B. zwischen der Biologie und der Elektronik bei den Nanotechnologien). Neue Technologien führen zu oft abrupten und diskontinuierlichen Entwicklungen. So verändern die neuen digitalen Technologien in fundamentaler Art und Weise eine Vielzahl der Transaktionen und Interaktionen auf diesem Globus. Sie werden schneller, billiger, andersartig etc. Hier stellt sich eher die Frage, wie man die unternehmerischen Chancen aus derartigen Grenzveränderungen bestmöglich für sich nutzt. Im stabilen Umfeld konnte man also zuerst die Strategie entwickeln, wohin man wollte, dann analysierte man das notwendige Wertschöpfungssystem und setzte es dann um. Ist das Umfeld dagegen extrem instabil, ist man eher damit beschäftigt, wie man für die entdeckten Geschäftsmöglichkeiten an die fehlenden Ressourcen gelangt.

»entrepreneurial strategizing«

Ein »**entrepreneurial strategizing**« steht demnach für den Prozess des kreativen Entdeckens und konsequenten Ausnutzens von bislang nicht genutzten Geschäftsideen – oft ungeachtet der vorhandenen Ressourcen. Es steht auch für das Besorgen, Entwickeln und Neu-Konfigurieren der erforderlichen Ressourcen und Fähigkeiten, um das neue Geschäftsmodell zu einem wettbewerbsfähigen Geschäftsmodell werden zu lassen, denn im Erfolgsfall wird man sich nicht lange der »Monopolrenditen« aus dem »First-Mover-Advantage« unangefochten erfreuen dürfen.

»Hinter« dem Modus des »entrepreneurial strategizing« steht auch ein spezifisches unternehmerisches Denken, das die Chance bietet, in konstruktiver Weise die Veränderungen im Kontext des Unternehmens sich nützlich zu machen. Oder Schumpeter (1926) würde eher argumentieren, dass in kreativer Weise durch Zerstörung der bestehenden Regeln des Geschäfts einer neuen unternehmerischen Idee zum Durchbruch verholfen wird. Diese Form des strategischen Denkens impliziert auch, dass man in der Lage ist,[59]

- visionär in die Zukunft zu sehen (was ein sehr gutes Verständnis der Entwicklung der Vergangenheit voraussetzt),
- sowohl das große entstehende »Muster« wahrzunehmen, als auch die einzelnen Puzzlesteine zu kennen,
- das Wertvolle zu erkennen, das dadurch entsteht, dass eine Idee in einen neuen Kontext gestellt wird, wie es andere noch gar nicht sehen können,
- es aber auch durchschauen zu können, wenn eine Idee nicht machbar ist.

Mit dem »entrepreneurial strategizing« ist auch eine spezifische Art der Prozessgestaltung bei einem sehr instabilen und unsicheren Umfeld verbunden.[60] Auf was ist in den einzelnen Modulen besonders zu achten, wenn man dem Prozessmodus folgen will?

Im Feld der Initiierung muss es zuerst einmal zur bewussten Entscheidung für diesen Modus kommen. Dann gilt es den passenden GMN-Pfad auszuwählen. Hier wird man – in Abb. 1-6 – eher dem Typ »(Neu-)Erfindung des Geschäfts« folgen, da man aus einer Idee für eine neue Geschäftschance – getragen durch eine Vision und getrieben durch die unternehmerischen Ambitionen – nach und nach zu einer Strategie, d.h. zu nachhaltigen Wettbewerbs- und Marktvorteilen gelangen muss. Dann gilt es die Entscheidungen bzgl. des Initiierungsstils entsprechend zu treffen. So wird man z.B. eine hohe Perspektivenvielfalt bevorzugen, um die unsichere Informationslage durch möglichst viele und verschiedenartige Außenbeziehungen und Vernetzungen zu verbessern. Auch ist generell ein hoher Involvierungsgrad der Mitarbeiter zu empfehlen, da dies einer erfolgreichen Implementierung der unternehmerischen Ideen zuträglich ist.[61] Bei der Auswahl der am Prozess Beteiligten sollte darauf geachtet werden, dass das notwendige »entrepreneurial mindset« ausreichend vertreten ist. So kann die Wahrscheinlichkeit erhöht werden, dass auch mit Leidenschaft, Beständigkeit und Kreativität nach neuen Ideen gesucht wird und die vielversprechendsten davon umgesetzt werden.

Internationalität als Vorteil

Bezogen auf die Positionierungsstrategien kann gezeigt werden, dass Unternehmen mit mehr Internationalisierungserfahrungen auch einen höheren Innovationsgrad aufweisen können. Aufgrund der Komplexität internationaler Märkte sind dort auch mehr unternehmerische Chancen zu erwarten. Die neuen Kommunikationstechnologien erleichtern heute in vielen Geschäften die Internationalisierung; Neugründungen können oft sogar direkt international starten (»born global«). Auch bieten Privatisierungen und Liberalisierungen von Branchen in vielen Ländern unternehmerische Möglichkeiten.

Wie noch zu zeigen sein wird, gibt es im Bereich der Positionierungsstrategien schon seit langem eine Vielzahl von Methoden, die die Suche nach unternehmerischen Ideen zu unterstützen vermögen. So gibt es z. B. eine strategische Frühaufklärung, mittels derer Trends und neue Entwicklungen frühzeitig ausfindig gemacht werden sollen. Oder die strategische Suchfeldanalyse unterstützt die Suche nach neuen Geschäftsideen. Da jedoch gerade die größeren Unternehmen oft nicht über das entsprechende »entrepreneurial mindset« verfügen, fanden diese Methoden nie eine besonders große Beachtung.

Von einem »entrepreneurial strategizing« insbesondere betroffen ist das Feld der Wertschöpfung. Im Zentrum steht dabei die Fähigkeit zur Innovation, zur Veränderung der Spielregeln in einer Branche durch die Anwendung einer neuen Geschäfts- und Ertragslogik. Obgleich man weiß, dass hohe Profitabilitäten insbesondere dort bestehen, wo der Innovationsgrad hoch ist, wo man die Vorteile des »first mover« zu realisieren vermag[62], sind es allerdings meist die Neueintritte in eine Branche, die die Branche verändern.

Verstärkung über Netzwerkpartner

Bei den neuen Geschäftsmodellen geht es dann um die Ausstattung des Wertschöpfungssystems mit den erforderlichen Ressourcen. Hier bedient man sich gern externer Netzwerkpartner: Sie stellen fehlende Technologien, Informationen, Expertisen, Marktzugänge etc. im Austausch zur Verfügung. Dies hat gegenüber der internen Entwicklung z. B. den Vorteil, dass die Ressourcen schneller bereit gestellt werden können. Auch erhält sich das Unternehmen – angesichts der bestehenden Entwicklungsunsicherheit – dadurch die notwendige Flexibilität. Oft besorgt man sich über den Partner die komplementären Ressourcen: z. B. das kleine, forschungsstarke Biotechnologieunternehmen begibt sich in eine Allianz mit einem großen Pharmakonzern, um von dessen weltweiter Vertriebsorganisation zu profitieren; oder das junge Online-Shopping-Unternehmen sucht sich einen Partner aus der »Old Economy«, der ihm seine investitionsintensiven Lagerhauskapazitäten zur Verfügung stellt. Partnerschaften können unternehmerische Neustarts aber auch mit »intangible assets« versorgen: Findet man z. B. für die Wachstumsfinanzierung einen angesehenen Venture Capitalist, so kann dies dem Neustart zu mehr Kredibilität verhelfen.

Doch der Erfolg von Strategien erklärt sich nicht nur über die Verfügbarkeit der Ressourcen, sondern über eine *bessere* Ressourcenausstattung. Dies gilt insbesondere für *die* Ressourcen, die Basis der mit den Erfolgsfaktoren verbundenen Wertschöpfungsaktivitäten sind. Bei unternehmerischen Initiativen sind dies vor allem die ausgewählten Mitarbeiter. Sie bringen einerseits das notwendige Wissen mit. Andererseits benötigen sie die Fähigkeit zum Lernen, also zur Erzeugung von neuem Wissen. Dadurch wird die Voraussetzung für die Dynamisierung der vorhandenen Kompetenzen geschaffen.

Wir denken nun nicht, dass es weder möglich noch sinnvoll ist, jedes Unternehmen auf diesen Modus der unternehmerischen Strategieprozesse »umzuschalten«. Da aber das Management gerade in Großunternehmen – egal aus welchen Gründen auch immer – die Tendenz hat, die Geschäfte eher zu verwalten als unternehmerisch zu führen, kann man versuchen die Diversität anzureichern, indem man dem bislang dominanten Prozessmodustyp systematisch noch ein »entrepreneurial strategizing« gegenüberstellt und dieses dann als Kulturbestandteil auch bewusst pflegt.

(4) Überlegungen zur Auswahl eines Initiierungstils

Zielsetzung der obigen Ausführungen war es, aufzuzeigen, dass man bei der Ausgestaltung der Initiierungsarbeit über eine Vielzahl von Optionen verfügt. Je nach Kontext stehen zwar nicht immer alle zur Verfügung, doch meist sind es deutlich mehr, als man es ohne eine systematische Betrachtung vermutet. Die Ausnutzung dieser Optionenvielfalt bietet das Potenzial für das Unternehmen, einen Mehrwert zu schaffen.

Abschließend wird nun noch auf eine Reihe von Vorschlägen zur Bestimmung des Initiierungsstils eingegangen. Teils handelt es sich dabei um normative, teils aus theoretischen Erklärungsmodellen abgeleitete Gestaltungshinweise. Neben divergierenden Aspekten werden dabei auch Gemeinsamkeiten erkennbar, die im Anschluss an die Ausführungen von Hamel, Quinn, Schreyögg sowie Hart/Banbury zusammengefasst werden.

10 Thesen für einen verbesserten Umgang mit dem »Strategischen«

Hamel (1996) steht der Art und Weise, wie in vielen Unternehmen Strategiearbeit betrieben wird, skeptisch gegenüber. Er stellt zehn Thesen auf, die er als Anregung und Impuls für den in seinen Augen oft langweiligen und wenig effektiven Umgang mit dem »Strategischen« sieht:

1. *Strategische Planung ist oft nicht strategisch, sollte es aber sein, wenn sie Nutzen stiften will:* In vielen Unternehmen ist sie eine »kalendergetriebene« Programmierung, die sich an Stabilität orientiert, und meist wenig mit der Entdeckung von Neuem zu tun hat. Daher kann es nicht überraschen, wenn sich oft die Strategien der Unternehmen in einer Branche kaum voneinander unterscheiden.
2. *Der Entwurf von Strategien sollte subversiv sein:* Nur wenn Strategien an den bestehenden Grundannahmen eines Geschäftes rütteln, sind sie in der Lage, revolutionäre Veränderungen zu erzielen.
3. *Der Engpass ist meist am Hals der Flasche:* Erfahrene, ältere Manager agieren meist als die mächtigsten Verteidiger der alten Ordnung. Ihre Erfahrung ist jedoch nur insoweit wertvoll, als die Zukunft wie die Vergangenheit sein wird. Durch ihr Verhalten behindern sie oft die Entstehung von Neuem.
4. *Revolutionäre existieren in jedem Unternehmen:* Immer wieder zeigen sich in Unternehmen revolutionär denkende Individuen, die oft jedoch keine Möglichkeit haben, gehört zu werden. Sei es, da sie kein Plenum finden, um ihre Sichtweisen zu präsentieren, sei es, dass ihre Ansichten als abwegig beurteilt werden, da sie von der herrschenden Norm abweichen. Daher sollte ihnen explizit »Raum« gegeben werden, um ihre Impulse einzubringen.
5. *Wandel ist nicht das Problem – Beteiligung ist es:* Wandel wird meist von oben doktriniert, ohne den Betroffenen eine Kontrolle über ihr Schicksal zu geben. Wenn jedoch einige wenige vorgeben, wohin es zu gehen hat und der Rest hier nicht einbezogen wird, dann kann es auch nicht verwundern, wenn sie sich daran nicht beteiligen.
6. *Der Entwurf von Strategien sollte demokratisch erfolgen:* In einem kleinen elitären Zirkel, der sich bereits gut kennt, werden zumeist bekannte Strategien reproduziert. Nur wenn es gelingt den Prozess zu demokratisieren, kann die strategische »Intelligenz« des gesamten Unternehmens genutzt werden. Von daher ist die Hierarchie der Erfahrung mit der Hierarchie der Vorstellungskraft zu verbinden.
7. *Jeder kann ein Strategieaktivist sein:* Strategien zu entwickeln und zu leben,

ist nicht nur Aufgabe des obersten Managements, sondern kann von überall im Unternehmen ausgehen.

8. *Eine Vielfalt an Perspektiven ist »Gold« wert:* Die Welt aus einer neuen Perspektive zu betrachten, enthüllt neue Zusammenhänge. Je mehr unterschiedliche Perspektiven in einem Strategieprozess zusammenwirken, desto reichhaltiger wird er und desto innovativere Ansätze entstehen.
9. *Top-down und bottom-up sind keine Alternativen:* Strategieprozesse müssen in beide Richtungen laufen und sich gegenseitig befruchten.
10. *Man kann das Ende nicht vom Anfang her sehen:* Ein breit angelegter Strategieprozess führt oft zu Ergebnissen, die nicht jeder Führungskraft gefallen. Allerdings können dadurch Umsetzungsprobleme gesenkt und der Weg in neue Richtungen geöffnet werden.

Mit diesen Thesen stößt Hamel stark in das Horn des oben angesprochenen Prozessmodus eines »entrepreneurial strategizing«.

Auch Quinn (1995) leitet aus seinen Überlegungen zum logischen Inkrementalismus mehrere Gestaltungsempfehlungen ab. Sie setzen an der Perspektive des obersten Managements an und umfassen neben sachlichen auch mikropolitische und kulturelle Anregungen. So rät er, bewusst außerhalb der formellen Aufklärungs- und Reportingsysteme nach strategisch relevanten Veränderungen zu suchen und sich dabei eines breiten Kontaktnetzwerkes zu bedienen. Es gilt die organisationale Aufmerksamkeit zu wecken und bestehendes Wissen konsequent zu hinterfragen. Diskussionsforen müssen bereitgestellt werden, um bedrohende Themen oder alternative Ansätze reflektieren und Handlungsstrategien entwickeln zu können.

Es gilt die organisationale Aufmerksamkeit zu wecken und bestehendes Wissen konsequent zu hinterfragen

Wenn das Top-Management nicht mehr mit jedem direkt kommunizieren kann, sollte es zum Aufbau von Glaubwürdigkeit sich symbolischer Handlungen bedienen. Durch das Werben um politische Unterstützung, die gezielte Auswahl von Mitarbeitern und einen geschickten Umgang mit Koalitionen können Veränderungsprozesse vorangebracht werden. Da die Zukunft nicht sicher zu prognostizieren ist, sollte in die Unternehmen systematisch »Flexibilität« eingebaut werden, sei es durch überschüssige Ressourcen, durch spezielle »Champions«, die bei Veränderungen rasch reagieren oder durch kurze Entscheidungswege zwischen den Hierarchien. Durch »Versuchsballons«, z.B. in Form von kleineren Projekten, sollte die Zukunft immer wieder »angetestet« werden.

In Unternehmen sollte systematisch »Flexibilität« eingebaut werden

Verstärkt sich ein Trend, dann hat das oberste Management die Kräfte zu fokussieren und ein formelles Commitment einzufordern. Insgesamt ist die Formierung von Strategien kein linearer Prozess, sondern beschäftigt sich mit dem Unerwarteten, was es notwendig werden lässt, flexibel auf Initiativen zu reagieren, Ressourcen neu zu allozieren und emergent entstehende Möglichkeiten zu nutzen.

Schreyögg (1999), der auf den Arbeiten von Mintzberg und Quinn aufbaut, empfiehlt die Entwicklung eines Steuerungverständnisses, welches das Emergenzphänomen respektiert und für sich nutzt. Ein solches müsste sich an folgenden Leitlinien orientieren: Zunächst ist davon auszugehen, dass Strategien eher wildwüchsig als gezielt entstehen. Folglich ist Raum für strategische Initiativen zu schaffen und darauf zu achten, dass formale Planungssysteme sie nicht zu früh beschneiden. Denn prinzipiell können solche Initiativen an jedem Ort im Unternehmen entstehen. Jedes Subsystem kann potenziell einen Beitrag leisten, sei es Produktion, Forschung, Marketing oder die Planungsabteilung.

Akzeptanz des Emergenzphänomens

Erst dann, wenn strategische Ideen ein Stück weit gewachsen sind, ist es sinnvoll, einen formellen Ausleseprozess anzusetzen und die Ideen systematisch zu formen. Dies impliziert, dass eine lernfähige Organisation gefordert ist, die in der Lage ist, die Ergebnisse emergenter Prozesse zu entdecken und für sich zu nutzen. Wird der Strategieprozess so verstanden, dann ist auch klar, dass er sich nicht periodisieren lässt. Er ist zu unberechenbar und kann nicht innerhalb vorgegebener Perioden fixiert werden. Unternehmen haben stattdessen jederzeit strategisch präsent zu sein.

Das Top-Management übernimmt die »Meta-Steuerung«

Dem Top-Management kommt in diesem Zusammenhang die Funktion der »Meta-Steuerung« zu. Es hat über das Aufstellen von Spielregeln den Kontext für den weit verzweigten Ideengenerierungs- und Entschlussprozess zu setzen und ist aufgefordert, dem strategischen Diskurs immer wieder Form zu verleihen. Gleichermaßen verändert sich auch die Rolle der strategischen Planer und ihrer Instrumente. Sie werden zu Prozessmoderatoren, die ihr Spezialwissen den Beteiligten zur Verfügung stellen und den strategischen Diskurs mit Hilfe ihrer Instrumente unterstützen und fördern.

Interessante Aussagen werden auch in der Studie von Hart (1992) sowie Hart/Banbury (1994) getroffen. Die Autoren stellen die Frage nach dem Zusammenhang von Initiierungsstil einerseits und der Performance von Unternehmen andererseits. Organisationen betrachten sie dabei als Entitäten, wo Ressourcen und Fähigkeiten im Sinne von fünf verschiedenen Initiierungsstilen eingesetzt werden können:

- Der »*Command Mode*« entspricht dem imperialen Duktus des klassischen Modells. Ein kleines Top-Management-Team gibt die Richtung vor, die Untergebenen verhalten sich wie gehorsame »Soldaten«. Strategien sind hier expliziter Natur, vollständig formuliert und bereit zur Implementierung.
- Im »*Symbolic Mode*« dominiert die Ausstrahlungskraft einer Vision. Sie wird von einem visionären Führer formuliert und bildet eine Richtschnur, an der sich die Initiativen der Restorganisation aus eigenem Antrieb ausrichten. Die Restorganisation wird also nicht – wie beim Command Mode – durch konkrete Direktiven gesteuert, sondern agiert auf Grund einer intrinsischen Motivation, die durch die Vision ausgelöst wird.
- Ein streng analytischer, formalisierter Stil liegt dem »*Rational Mode*« zu Grunde. Hier verwendet man ausdifferenzierte Planungssysteme, die Entscheidungen in eine formale Struktur pressen. Das oberste Management evaluiert und kontrolliert einzelne strategische Initiativen.
- Während die bisherigen Modi eine Trennung zwischen strategischem Denken und Handeln aufweisen, überwindet der »*Transactive Mode*« diese Zweiteilung. Lernprozesse sind die Ursache, dass es zu wechselseitigen Anpassungen zwischen beiden Elementen kommt, wodurch die scharfe Abgrenzung zwischen ihnen verwischt wird. Das oberste Management sieht nun seine Aufgabe darin, diese Lernprozesse zu ermöglichen und zu unterstützen – eine deutliche Kehrtwende gegenüber der Vorstellung einer richtungsweisenden Strategiezentrale. Die Restorganisation ist aktiv an diesem Prozess beteiligt, ja hat sogar die eigentliche Lern- und Verbesserungsarbeit zu erbringen.
- Noch weiter in diese Richtung geht der »*Generative Mode*«. Als Akteure werden jetzt zwar alle Organisationseinheiten betrachtet, doch gerade die Restorganisation wird via Intrapreneurship zum eigentlichen Unternehmer, der mit

Geschäftsideen experimentiert und Risiken eingeht. Das oberste Management wird zu einem Sponsor, der zwischen den Projekten auswählt und die Erfolg versprechenden fördert.

Balance der Rollen zwischen Top-Management und der Restorganisation

Empirisch zeigt sich nun, dass diejenigen Initiierungsstile überlegen sind, die zu einer Balance der Rollen zwischen Top-Management und der Restorganisation führen. Der Command Stil, wo das Top-Management dominiert und der Generative Stil, wo die Restorganisation dominiert, schneiden am schlechtesten ab. Des Weiteren sind diejenigen Unternehmen am erfolgreichsten, die je nach Situation zwischen ihren Initiierungsstilen wechseln können. Vielfalt schlägt also »Einfalt«. Die Fähigkeit, zwischen den einzelnen Stilen je nach Anforderung zu wechseln, erweist sich als sehr wichtig und bleibt auch unter Einbezug wechselnder Umfeldbedingungen ein robuster Erfolgsfaktor.

Erfolg sieht man im »feinen« Wechselspiel zwischen emergenten Prozessen einerseits und direkten Interventionen andererseits

Fazit: Es besteht heute weitgehend Einigkeit darüber, dass die Qualität der strategischen Planungsprozesse Einfluss auf den Erfolg der Unternehmen bzw. deren Geschäftsfelder hat. Deshalb ist es auch wert, sich über ihre Gestaltung dezidiert Gedanken zu machen. Wenn man den gemeinsamen Tenor der einzelnen Vorschläge betrachtet, dann wird zweierlei deutlich: Erstens haben sie den Glauben an die alleinige Wirkungskraft des obersten Managements oder einer strategischen Planung weitgehend verloren. Zu viele Punkte sprechen in ihren Augen dagegen. Allerdings impliziert dies nicht, dass sie sich von einer aktiven Gestaltung vollständig abwenden und stattdessen allein auf die Kraft emergenter Prozesse vertrauen. Vielmehr verweisen sie zweitens auf das »feine« Wechselspiel zwischen emergenten Prozessen einerseits und direkten Interventionen andererseits und betonen die Wichtigkeit beider. Wenn in den Formierungsprozess eingegriffen wird, dann sollte sich das oberste Management vorrangig um die Schaffung von geeigneten Rahmenbedingungen und die Förderung und Kanalisierung strategischer Initiativen bemühen, unabhängig davon, wo und wie diese entstehen. Denn strategische Initiativen können in jedem Subsystem entstehen. Welche Strategie dann letztendlich aus der Interaktion der einzelnen Initiativen entsteht, ist ein emergentes Phänomen und kann nicht sicher prognostiziert werden.

(5) Vorgehensweise zur Bestimmung der Initiierungsarbeit

Nach den Vorschlägen ausgewählter Autoren zur inhaltlichen Bestimmung des Initiierungsstils stehen am Ende dieses Kapitels einige Überlegungen zur praktischen Vorgehensweise. Wie könnte man die angesprochenen Aspekte in einen Workshop mit dem Management transferieren?

1. Schritt: Reflektion zu den Quellen und dem Erfolg strategischer Initiativen. Man kann diesen ersten Schritt ganz allgemein mit der Frage nach der Bedeutung der Strategiearbeit im Unternehmen beginnen: Welcher Stellenwert wird in ihrer Organisation der Entwicklung von Strategien beigemessen? Gibt es dabei Unterschiede zwischen dem Top-Management und den Mitarbeitern? Bestehen signifikante Unterschiede zwischen dem was gesagt und was getan wird?

Danach oder direkt zu Beginn kann man darüber reflektieren, wo und wie sich im eigenen Unternehmen denn typischerweise strategische Initiativen formieren. Von wo gingen die relevanten strategischen Impulse der letzten Jahre aus? Kommen sie aus dem formellen strategischen Planungsprozess? War es eine Inspiration aus dem Top-Management? Waren es bestimmte, exponierte Abteilungen oder »graue Eminenzen«? Hierzu kann auch der Workshop-Vorschlag am Ende von Abschnitt 2.1 benutzt werden. Ziel ist es, von der eigenen Wahrnehmung zu einem geteilten Bild möglichst nahe an der Wirklichkeit zu gelangen. Das obere Management sieht sich z.B. gerne als Quelle der wichtigen strategischen Initiativen. Ein realistischer Blick in die Vergangenheit zeigt aber häufig, dass dem gar nicht so ist. Die Initiativen, die auch erfolgreich umgesetzt wurden, kommen oft aus dem mittleren Management. Das obere Management wirkte hier dann eher als Katalysator. Ist dem wirklich so, dann kann man gleich mit realistischeren Rollenkonzepten arbeiten und diese dann auch methodisch wirkungsvoller unterfüttern.

Oft sieht man auch, dass strategische Initiativen aus dem Top-Management nicht zur Umsetzung kommen und damit als erfolglos eingestuft werden müssen. Auch dieser Frage des »operativ Wirksamwerdens« kann hier nachgegangen werden: Welche Initiativen haben sich durchgesetzt? Warum diese und nicht andere? Haben sie miteinander konkurriert? Wenn ja, wie? Welche Prozesseigenschaften weist eine strategische Initiative bei uns auf, die sich erfolgreich durchsetzen konnte?

2. Schritt: Reflektion zum Stellenwert von Strategieprozess-Know-how. Hier sollte sich das Management mit der Frage konfrontieren, ob es in Unternehmungen üblich ist, sich bei der Strategiearbeit ernsthaft und systematisch Fragen der strategischen Prozessgestaltung zu stellen. Findet man dies überhaupt wichtig? Sieht man bei dieser Arbeit einen Bezug zum Erfolg des Unternehmens? Weiß man, welche Handlungsdimensionen hier zur Verfügung stehen? Nutzt man diese durch eine systematische Hinterfragung der Optionen? Hat man Vorstellungen dazu, was eine professionelle Strategieprozessgestaltung ausmacht? Mit welchen Kriterien erfasst man, wie gut das Unternehmen dabei ist und ob Fortschritte erzielt werden? Wie wird sichergestellt, dass man aus Erfahrungen lernt?

3. Schritt: Ist-Analyse der Initiierungsarbeit. Nun geht es darum, dass man den Initiierungsstil einer systematischen Analyse unterzieht. Wenn möglich, sollte man eine solche Analyse nicht abstrakt am Unternehmen durchführen, sondern ein konkretes Bezugsobjekt auswählen: Dies kann z.B. die formale strategische Planung des Unternehmens sein oder eine strategische Initiative, die gerade anläuft oder eine misslungene strategische Initiative, wo man rückwirkend nach Gründen sucht, warum sie ein Misserfolg war.

Zuerst zeichnet man dazu – wie in Abbildung 2-9 geschehen – das Ist-Profil in den Bezugsrahmen ein. Unterschiedliche Wahrnehmungen dazu sollten ausdebattiert werden. Häufig hilft es, wenn man das Profil nochmals in einen kurzen, beschreibenden Text fasst, um die Analyse auf den Punkt zu bringen.

Fallbeispiel
In der schweizerischen Tochtergesellschaft eines deutschen Industriekonzerns mit knapp 1000 Mitarbeitern ist folgende Ausgangssituation gegeben: Es herrscht ein wenig systematischer Prozess der Strategieentwicklung; eine spezielle Methodik oder spezialisierte Konzepte werden kaum angewandt. Fast nur die erste Führungsebene ist am Planungsprozess beteiligt. Kaum jemand außerhalb dieses Gremiums kennt die offizielle Strategie des Unternehmens. Für deren Erarbeitung steht nur wenig Zeit zur

Verfügung, da das Tagesgeschäft an allen »Ecken und Enden« brennt. Man trifft sich einmal im Jahr für zwei Tage und diskutiert dann relativ eklektizistisch über drängende Fragestellungen. Eine Kontrolle über Akzeptanz, Bekanntheitsgrad etc. der Strategien findet nicht statt. Es erfolgt auch keine Verknüpfung mit den individuellen Zielvereinbarungen. Geführt wird überwiegend über Finanzkennzahlen. Eine Veränderung des Status quo wird zwar von einigen Kadermitgliedern befürwortet, jedoch sind ihr enge Grenzen gesetzt: Man glaubt, weder die Ressourcen für einen »Luxus-Prozess« zu haben, noch haben zu wollen; das Top-Management steht zudem unter enormem Zeitdruck, da die Finanzzahlen nicht den Vorgaben des Stammhauses entsprechen; dieses schaltet sich zudem immer stärker in die Aktivitäten des Unternehmens ein.

Danach sollte man pro Dimension diskutieren, ob man damit gegenwärtig und zukünftig zufrieden ist oder ob Änderungsbedarf besteht. Typische Fragen, die man sich hier pro Dimension stellt, sind: Sollten externe Stakeholder mehr in die Strategieentwicklung miteinbezogen werden? Soll die Kreativität der Initiativen gefördert werden? Sollte man sich neuer bzw. zusätzlicher Konzepte bedienen?

Man sollte sich an dieser Stelle auch schon fragen, ob der Ist-Initiierungsstil in Kombination mit dem zeitlichen Ablaufmodus einem bestimmten Strategieprozessmodus entspricht. Ist dies der Modus, den man auch zukünftig will? Oder gibt es im Unternehmen auch eine gewisse Ansammlung verschiedener Modi? Ist dabei das »entrepreneurial strategezing« als Modus auch ausreichend vertreten?

Deduktiver und induktiver Weg zum Initiierungsprofil

4. Schritt: Ableitung eines Soll-Konzepts. Um von der Ist-Analyse zum Soll-Profil, dem angestrebten Initiierungsprofil, zu gelangen, bieten sich zwei Wege an, die durchaus parallel praktiziert werden können:

1. *Induktiver Weg*: Man baut auf den in der Reflexion diagnostizierten Mängeln auf und überlegt von dort aus, welche Gestaltungsmaßnahmen Abhilfe schaffen könnten.
2. *Deduktiver Weg*: Man entwirft ein wünschenswertes Soll-Profil und sucht anschließend nach Maßnahmen zur Überwindung der Ist-Soll-Lücke.

Beide Wege münden in einer Maßnahmenliste. Die als prioritär eingestuften Aktivitäten sollten dann möglichst gleichzeitig zu den zentralen Handlungsfeldern werden, um die Organisation spürbar in Bewegung zu bringen. Ein sequenzielles Abarbeiten würde zu lange dauern. Ein auf Breite angelegtes Vorgehen ist auch zu bevorzugen, weil davon ausgegangen werden kann, dass nicht jede Maßnahme in der gewünschten Form greift.

Bezüglich der Auswahl der Soll-Ausprägungen im Initiierungsprofil sei nochmals darauf hingewiesen, dass die beiden Pole jeder Dimension keine »Schwarz-Weiß-Alternativen« darstellen, sondern dass es sich hier jeweils um ein Spannungsfeld handelt. Beide Pole stehen zwar prinzipiell im Widerspruch zueinander, doch dieser Widerspruch kann vor dem Hintergrund der erdachten Anwendungsmöglichkeiten sowie der bestehenden Einschränkungen und Kontingenzen situationsspezifisch aufgelöst werden. Ändert sich die Situation, so kann sich dies auf den Initiierungsstil auswirken. Der Initiierungsstil ist damit dynamisch zu sehen und sollte selbst immer wieder Gegenstand strategischer Debatten sein.

Bei dieser Transformation sollte man nie die Gesamthaftigkeit des Soll-Initiierungsstils aus dem Auge verlieren, was man durch die Ausrichtung an einem angestrebten Strategieprozessmodus erreichen kann. Ein erfolgreicher Initiierungsstil weist sich durch einen in den meisten Dimensionen erkennbaren fallspezifischen »Charakter« aus.

Unabhängig davon, ob man den deduktiven oder induktiven Weg einschlägt – man endet in einer Liste von Gestaltungsmaßnahmen zur Initiierung. Diese kann man zuletzt in ein »Drehbuch« überführen, das den Weg zur zukünftig angestrebten Form der Initiierungsarbeit in chronologischer Form beschreibt.

5. Schritt: Performance Messung. Sowohl die Diagnose der Ist-Situation als auch die Auswahl der Optionen zur Verbesserung des Initiierungsstils profitieren von klaren Vorstellungen zu »Leistungsgütekriterien«, an denen eine Veränderung bestimmter Dimensionen der Initiierungsarbeit beobachtet werden kann.

Es ist also festzulegen, an welchen Kriterien die Qualität der geleisteten Initiierungsarbeit gemessen werden soll. Und wo liegt bei diesen Kriterien die Ziellinie, an der man sich messen lassen will? Beispiele sind die Akzeptanz der Strategien bei den Mitarbeitern, ihre Aktualität oder ihr Bekanntheitsgrad. Damit ist auch die Initiierung Teil des in Kapitel 6 entwickelten Konzepts zur Performance Messung. Dort finden sich auch eine ganze Reihe von Hinweisen, wie dieser Schritt 5 konkret ausgestaltet werden kann.

Workshop

- Woher kamen in unserem Unternehmen die erfolgreichen strategischen Initiativen der letzten Jahre? Ist dies unserer Führungsmannschaft so bewusst? Sind wir seitens der Führung genügend offen und fördernd gegenüber diesen Quellen?
- Wenn wir unsere Strategien entwickeln, hinterfragen wir dann systematisch die relevanten Prozessdimensionen (benötigte Expertise, Beteiligungsgrad etc.) oder machen wir es einfach so wie immer?
- Sind wir in unserem Unternehmen besser geworden bzgl. der Entwicklung und Umsetzung von Strategien? Verfeinern wir dieses Prozesswissen systematisch? Teilen wir dieses Wissen auch?
- Gibt es bei uns klare Vorstellungen dazu, was ein gutes Design des Strategieprozesses ausmacht? Falls ja: Setzen wir diese »Gütekriterien« auch in konkrete Messungen um?
- Wurden unsere Strategieprozesse ausreichend an die Veränderungen im in- und externen Kontext angepasst?
- Verfügen wir über klare Vorstellungen zu dem von uns angestrebten Initiierungsstil? Was trennt uns noch davon?
- Auf welche Voraussetzungen trifft bei uns ein »entrepreneurial strategizing«?

Zusammenfassung

- Die Gestaltung strategischer Planungsprozesse hat Einfluss auf den Erfolg eines Unternehmens. Damit stellen sie auch ein Potenzial für Wettbewerbsvorteile dar.
- Die Qualität der Strategieentwicklung wird vielerorts kritisch beurteilt. Sie sei unkreativ, unsystematisch, komme zu spät etc. Es muss deshalb nach Ansätzen zu ihrer Verbesserung gesucht werden.

- Zu einer konzeptionell geleiteten Gestaltung des Strategieprozesses kann man sich in einem ersten Schritt der aufgezeigten Dimensionen der Initiierungsarbeit bedienen. Mit diesem Optionenrahmen werden 17 »Stellhebel« zur systematischen Überprüfung und Verbesserung der Initiierungsarbeit angeboten.
- Das Design des Initiierungsstils von Strategieprozessen ist an den Besonderheiten des Gestaltungsgegenstandes auszurichten (und nicht an »Best-Practice«-Fällen). Die Qualität des Designens sollte beurteilt und einem systematischen Verbesserungsprozess unterworfen sein.
- Signifikante Veränderungen in der Umfelddynamik und -komplexität sollten i. Allg. auch Anpassungen in der Gestaltung der Strategieprozesse zur Konsequenz haben. Ähnliches gilt für Veränderungen des internen Kontextes.
- Für die Initiierungsarbeit stehen verschiedene Strategieprozessmodi (Initiierungsstil plus GMN-Pfade) zur Auswahl. Besondere Bedeutung kommt derzeit einem »entrepreneurial strategizing« zu.

Lernkontrolle

1. Was sind die Vor- und Nachteile einer großen Offenheit bzgl. Herkunft und Optionenvielfalt im Planungsprozess? Was beeinflusst die Offenheit des Planungsprozesses?
2. Warum plädiert man heute eher für einen hohen Beteiligungsgrad der Mitarbeiter bei der Entwicklung von Strategien? Welche Bedeutung messen Sie dabei dem mittleren Management bei?
3. Was versteht man unter »Großgruppentechnologien«? Was wären aus Ihrer Sicht Voraussetzungen für deren Einsatz im Unternehmen?
4. Was können Gründe für eine Beschleunigung der strategischen Planungsprozesse, was für eine Verlangsamung sein? Welche Möglichkeiten und Ansätze kennen Sie, die strategischen Planungsprozesse zu beschleunigen? Was sind deren Vor- und Nachteile?
5. Welche Argumente können Sie nennen, wenn neben einer regelmäßigen strategischen Planung Initiativen vermehrt auch ad hoc, induziert durch aufgetretene »strategic issues«, entwickelt werden sollen? Welche Voraussetzungen müssen für eine derartige problem-induzierte Planung gegeben sein?
6. Welcher Zusammenhang kann zwischen der Art der in einem Unternehmen stattfindenden Konversationen und der Strategienentwicklung in diesem Unternehmen gesehen werden? Welche Konsequenzen können daraus gezogen werden?
7. Häufig ist speziell in großen Unternehmen eine Überstandardisierung und -formalisierung der Strategienentwicklung festzustellen. Warum kann es dazu kommen? Welche negativen Konsequenzen können daraus entstehen?
8. Was spricht für und was spricht gegen eine breite Kommunikation der eigenen Strategien? Wie beurteilen Sie den Einsatz neuer Medien und Technologien (Firmenfernsehen, Internet etc.) hinsichtlich ihrer Eignung für die Kommunikation von Strategien?
9. Was wird unter dem Begriff »Initiierungsstil« verstanden? Welche Anforderungen würden Sie an einen Initiierungsstil richten? Was sind in- und externe Kontextfaktoren, die den Initiierungsstil beeinflussen können?

10. Wie stehen Sie zu der Aussage von Campbell (1999): »Designing a planning process is more an art than a science?«
11. Welche Empfehlungen können aus den fünf Initiierungsstilen von Hart (1992) bzw. Hart/Banbury (1994) abgeleitet werden?

Literatur

Für Leser, die ihr Wissen zur »Initiierung« vertiefen wollen, empfehlen wir insbesondere die *kursiv* hervorgehobenen Autoren.

Abrahamson, E. (1996): Management Fashion. In: Academy of Management Review, Vol. 21 Nr. 1, S. 254–285.

Adler, N.J. (1991): International dimensions of organizational behavior, the Wadsworth international dimensions of business series, 2. Auflage, Boston/Kent.

Agor, W. (1986): The logic of intuitive decision making: A research-based approach for Top Management, New York.

Al-Laham, A. (1997): Strategieprozesse in deutschen Unternehmungen, Wiesbaden.

Andersen, T.J. (2000): Strategic planning, autonomous actions and corporate performance. In: Long Range Planning, Vol. 33, Nr. 2, S. 184–200.

Andrews, K.R. (1971): The concept of corporate strategy, Homewood, Ill.

Ansoff, H.I. (1965): Corporate strategy: an analytical approach to business policy for growth and expansion, New York.

Ansoff, H.I. (1991): Critique of Henry Mintzberg's »The design school«: reconsidering the basic premises of strategic management. In: Strategic Management Journal, Vol. 12, Nr. 6, S. 449–461.

Armstrong, J.S. (1982): The value of formal planning for strategic decisions: review of empirical research. In: Strategic Management Journal, Vol. 3, Nr. 3, S. 197–211.

Armstrong, J.S. (1986): The value of formal planning for strategic decisions: reply. In: Strategic Management Journal, Vol. 7, Nr. 2, S. 183–185.

Bonsen, M. zur (1998): Mit der Konferenzmethode Open Space zu neuen Ideen. In: Harvard Business Manager, Vol. 20, Nr. 3, S. 19–26.

Bourdieu, P. (1993): Sociology in Question, London.

Bower, J.L. (1970): Managing the resource allocation process, Boston.

Burgelman, R.A. (1983): A process model of internal corporate venturing in the diversified major firm. In: Administrative Science Quarterly, Vol. 28, Nr. 2, S. 223–244.

Burgelman, R.A. (1983a): Corporate entrepreneurship and strategic management: Insights from a process study. In: Management Science, Vol. 29, Nr. 12, S. 1349–1364.

Burgelman, R.A. (1991): Interorganizational ecology of strategy making and organizational adaptation: theory and field research. In: Organization Science, Vol. 2, Nr. 3, S. 239–262.

Burgelman, R.A. (1994): Fading memories: A process theory of strategic business exit in dynamic environments, in: Administrative Science Quarterly, Vol. 39, S. 24–56.

Burke, L./Miller, M. (1999): Taking the mystery out of intuitive decision making. In: Academy of Management Executive, Vol. 13, Nr. 4, S. 91–99.

Camillus, J. (2002): The essence of process. Effective strategic planning in practice. In: Chakravarthy, B.S./Müller-Stewens, G./Lorange, P./Lechner, C. (Hrsg.): Strategy Process: Shaping the Contours of the Field, Blackwell, S. 97–109.

Campbell, A.(1999): Tailored, not benchmarked. In: Harvard Business Review, Vol. 77, Nr. 2, S. 41– 50.

Chakravarthy, B.S./Doz, Y. (1992): Strategy process research: focusing on corporate self-renewal. In: Strategic Management Journal, Summer Special Issue, Vol. 13, Nr. 5, S. 5–14.

Cusumano, M. A./Selby, R. W. (1996): Die Microsoft-Methode: sieben Prinzipien, wie man ein Unternehmen an die Weltspitze bringt, Freiburg im Breisgau.

Eden, C./Ackermann, F.(1999): Making Strategy, London.

Eisenhardt, K. M. (1990): Speed and strategic choice: How managers accelerate decision making. In: California Management Review, Vol. 32, Nr. 3, S. 39–54.

Eisenhardt, K. M./Bourgeois, L. J. (1988): Politics of strategic decision making in high-velocity environments: toward a midrange theory. In: Academy of Management Journal, Vol. 31, Nr. 4, S. 737– 770.

Eisenhardt, K. M./Kahwajy, J. L./Bourgeois, L. J. (1997): Conflict and strategic choice: how top management teams disagree. In: California Management Review, Vol. 39, Nr. 2, S. 42–46.

Eisenhardt, K. (1999): Strategy as strategic decision making. In: Sloan Management Review, Vol. 40, Nr. 3, S. 65–72.

Elfring, T./Volberda, H. W. (2001): Schools of thought in strategic management: Fragmentation, integration or synthesis. In: Volberda, H. W./Elfring, T. (Hrsg.): Rethinking strategy, London etc., S. 1–25.

Ericson, T./Melander, A./Melin, L. (2001): The role of the strategist. In: Volberda, H. W./ Elfring, T. (Hrsg.): Rethinking strategy, London etc., S. 57–68.

Eschenbach. R./Kunesch, H.(1994): Strategische Konzepte, Stuttgart.

Floyd, S. W./Wooldridge, B. (2000): Building strategy from the middle. Reconceptualizing strategy process, Thousand Oak etc.

Gerber, M./Gruner, H.(1999): FlowTeams – Selbstorganisation in Arbeitsgruppen, Orientierung 108, Credit Suisse, Goldach.

Glasl, F./de la Houssaye L. (Hrsg., 1975): Organisationsentwicklung, Bern/Stuttgart.

Goffmann, E. (1959): The presentation of self in everyday life, Garden City.

Goold, M./Campbell, A./Alexander, A.(1994): Corporate Level Strategy, New York etc.

Grinyer, P./Al-Bazzaz, S./Yasai-Ardekani, M. (1986): Towards a contingency theory of corporate planning: findings in 48 UK companies. In: Strategic Management Journal, Vol. 7, Nr. 1, S. 3–28.

Hahn, D./Hungenberg, H. (2001): PuK – Wertorientierte Controllingkonzepte, 6. Auflage, Wiesbaden.

Hamel, G. (1996): Strategy as revolution. In: Harvard Business Review, Vol. 74, Nr. 4, S. 69–82.

Hamel, G. (1998): Strategy innovation and the quest for value. In: Sloan Management Review, Vol. 39, Nr. 2, S. 7–17.

Hamel, G. (1999): Bringing Silicon Valley Inside. In: Harvard Business Review, Vol. 77, Nr. 5, S. 71–84.

Hammer, M./Stanton, S. A. (1995): The Reengineering Revolution, New York.

Hart, S. (1992): An integrative framework for strategy-making processes. In: Academy of Management Review, Vol. 17, Nr. 2, S. 327–352.

Hart, S./Banbury, C. (1994): How strategy-making processes can make a difference. In: Strategic Management Journal, Vol. 15, Nr. 4, S. 251–269.

Hitt, M. A./Ireland, R. D./Camp, S. M./Sexton, D. L. (2001): Entrepreneurial strategies for wealth creation. In: Strategic Management Journal, Vol. 22, Special Issue, Nr. 6/7, S. 479–491.

Homburg, C./Krohmer, H./Workman, J. P. (1999): Strategic consensus and performance: the role of strategy type and market-related dynamism. In: Strategic Management Journal, Vol. 20, Nr. 4, S. 339–357.

Huff, A. S. (Hrsg., 1990): Mapping strategic thought, Chichester.

Inkpen, A./Choudhury, N. (1995): The seeking of strategy where it is not: towards a theory of strategy absence. In: Strategic Management Journal, Vol. 16, Nr. 4, S. 313–323.

Jacobs, R. W. (1995): Real time strategic change – how to involve an entire organization in fast and far-reaching change, San Francisco.
Jenner, T. (2001): Zum Einfluss der Gestaltung von Planungsprozessen auf den Erfolg strategischer Geschäftsfelder. In: Zeitschrift für betriebswirtschaftliche Forschung, Vol. 53, Nr. 3, März, S. 107–125.
Jennings, D. (2000): PowerGen: The development of corporate planning in a privatized utility. In: Long Range Planning, Vol. 33, Nr. 2, S. 201–219.
Johnson, G. (1987): Strategic change and the management process, Blackwell.

Keen, T. (1996): An investigation of the role intuition plays in the managerial decision-making process, Dissertation, Walden University.
Kieser, A. (1996): Moden & Mythen des Organisierens. In: Die Betriebswirtschaft, Vol. 56, Nr. 1, S. 21–39.
Kirsch, W. (1990): Unternehmenspolitik und strategische Unternehmensführung, Herrsching.
Kirsch, W. (1997): Wegweiser zur Konstruktion einer evolutionären Theorie der strategischen Führung, München.
Kleine, D. (1999): Adding value to strategic management: the role of strategic planners, Dissertation, Universität St. Gallen.
Knights, D./Morgan, G. (1991): Corporate strategy, organizations and subjectivity: a critique. In: Organization Studies, Vol. 12, Nr. 2, S. 251–273.
Krogh, G. von/Roos, J. (1995): Conversation Management. In: European Management Journal, Vol. 13, Nr. 4, S. 390–394.
Krohn, W./Küppers, G. (Hrsg., 1992): Emergenz: Die Entstehung von Ordnung, Organisation und Bedeutung, Frankfurt.
Krystek, U./Müller-Stewens, G. (1993): Frühaufklärung: Die Sensibilisierung des Managements gegenüber potenziellen Veränderungen des Umfeldes, Stuttgart.
Kukalis, S. (1991): Determinants of strategic planning systems in large organizations: A contingency approach. In: Journal of Management Studies, Vol. 28, Nr. 2, S. 143–160.

Learned, E. P./Christensen, R. C./Andrews, K. R./Guth, W. (1965): Business policy: text and cases, Homewood, Ill.
Lechner, C./Müller-Stewens, G. (1999): Strategische Prozessforschung: Zentrale Fragestellungen und Entwicklungstendenzen, Arbeitspapier Nr. 33, Institut für Betriebswirtschaft, Universität St. Gallen.
Lee, H./Smith, K. G./Grimm, C. M./Schomburg, A. (2000): Timing, order and durability of new product advantages with imitation. In: Strategic Management Journal, Vol. 21, Nr. 1, S. 23–30.
Leifer, R./Rice, M. (1999): Unnatural acts: building the mature firm's capability for breakthrough innovation. In: Hitt, M. A./Clifford, P. G./Nixon, R. D./Coyne, K. P. (Hrsg.): Dynamic strategic resources, Chichester, S. 433–454.
Liedtka, J. (2000): In defense of strategy as design. In: California Management Review, Vol. 42, Nr. 3, S. 8–30.
Lindsay, W. M./Rue, W. (1980): The impact of the organization environment on the long range planning process: A contingency view. In: Academy of Management Journal, Vol. 23, Nr. 3, S. 385–404.
Lyles, M. A. (1981): Formulating strategic problems: empirical analysis and model development. In: Strategic Management Journal, Vol. 2, Nr. 1, S. 61–75.

McGrath, R. G./MacMillan, I. (2000): The entrepreneurial mindset, Boston.
Miller, C. C./Cardinal, L. B. (1994): Strategic planning and firm performance: A synthesis of more than two decades of research. In: Academy of Management Journal, Vol. 37, Nr. 6, S. 1649–1665.
Miller, C. C./Burke, L. M./Glick, W. H. (1998): Cognitive diversity among upper-echelon executives: implications for strategic decision processes. In: Strategic Management Journal, Vol. 19, Nr. 1, S. 39–58.

Mintzberg, H. (1973): The nature of managerial work, New York.

Mintzberg, H. (1987): Crafting Strategy. In: Harvard Business Review, Vol. 65, Nr. 4, S. 66–75.

Mintzberg, H. (1989): Mintzberg on management: inside our strange world of organizations, New York/London.

Mintzberg, H. (1990a): The design school: reconsidering the basic premises of strategic management. In: Strategic Management Journal, Vol. 11, Nr. 3, S. 171–195.

Mintzberg, H. (1990b): Strategy formation: schools of thought. In: Fredrickson, J.W. (Hrsg.): Perspectives on strategic management, Grand Rapids etc., S. 105–235.

Mintzberg, H. (1994): The rise and fall of strategic planning, Hertfordshire.

Mintzberg, H. (2001): Thoughts on schools. In: Volberda, H.W./Elfring, T. (Hrsg.): Rethinking strategy, London etc., S. 41–42.

Mintzberg, H./Ahlstrand, B./Lampel, J. (1998): Strategy safari, Hertfordshire.

Mintzberg, H./McHugh, A. (1985): Strategy formation in an adhocracy. In: Administrative Science Quarterly, Vol. 30, Nr. 2, S. 160–197.

Mintzberg, H./Waters, J.A. (1985): Of strategies, deliberate and emergent. In: Strategic Management Journal, Vol. 6, Nr. 3, S. 257–272.

Naresh, K. (1994): Strategic decision processes and organizational performance, Dissertation, State University of New York, Buffalo.

Noda, T./Bower, J.L. (1996): Strategy making as iterated processes of resource allocation. In: Strategic Management Journal, Vol. 17, Nr. 7, S. 159–192.

Owen, H. (1997): Open space technology – a user's guide, 2. Auflage, San Francisco.

Parikh, J./Neubauer, F./Lank, A. (1994): Intuition: The new frontier of management, Santa Cruz.

Pearce, J./Freeman, D.K./Robinson, R. (1987): The impact of grand strategy and planning formality on financial performance. In: Strategic Management Journal, Vol. 8, Nr. 2, S. 125–134.

Perry, L./Stott, R./Smallwood, R. (1993): Real-time strategy. Improvising team-based planning for a fast-changing world, New York.

Prahalad, C.K./Bettis, R. (1986): The dominant logic: a new linkage between diversity and performance. In: Strategic Management Journal, Vol. 7, Nr. 6, S. 485–501.

Quinn, J.B. (1980): Strategies for change. Logical incrementalism, Homewood, Ill.

Quinn, J.B. (1995): Strategic change: logical incrementalism. In: Mintzberg, H./Quinn, J.B./Ghosal, S. (Hrsg.): The strategy process, London, S. 105–114.

Reichert, R. (1984): Entwurf und Bewertung von Strategien, München.

Rigby, D.K. (1994): Managing the management tools. In: Planning Review, Vol. 22, Nr. 5, S. 20–24.

Roos, J./Victor, B. (1998a): Imagination in strategic management: In search for the original. In: IMD Working Paper Series, 98–1.

Roos, J./Victor, B. (1998b): In search of original strategies: how about some serious play? In: Perspectives for Managers, Vol. 56, Nr. 15.

Schreyögg, G. (1984): Unternehmensstrategie: Grundfragen einer Theorie der strategischen Unternehmensführung, Berlin/New York.

Schreyögg, G. (1999): Strategisches Management – Entwicklungstendenzen und Zukunftsperspektiven. In: Die Unternehmung, Vol. 53, Nr. 6, S. 287–407.

Schumpeter, J.A. (1926): Theorie der wirtschaftlichen Entwicklung, 2. Auflage, München, Leipzig.

Shrader, C./Taylor, L./Dalton, D. (1984): Strategic planning and organizational performance: a critical appraisal. In: Journal of Management, Vol. 10, Nr. 2, S. 149–171.

Stopford, J. (2001): Should strategy makers become dream weavers? In: Harvard Business Review, Vol. 79, Nr. 1, S. 165–169.

Szulanski, G./Amin, K. (2001): Learning to make strategy. Balancing discipline and imagination. In: Long Range Planning, Vol. 34, Nr. 5, S. 537–556

Tochtermann, T. (1990): Organisation der strategischen Planung. Empirische Untersuchung deutscher und amerikanischer Unternehmen, Wiesbaden.

Tschan, F./Semmer, N. (2001): Wenn alle dasselbe denken: Geteilte mentale Modelle und Leistung in der Teamarbeit. In: Fisch, R./Beck, D./Engliar, B. (Hrsg., 2001): Projektgruppen in Organisationen, Göttingen, S. 217–235.

Ulrich, H. (1984): Die Betriebswirtschaftslehre als anwendungsorientierte Sozialwissenschaft. In: Ulrich, H. (Hrsg.): Management, Bern, S. 168–199.

Westley, F. (1990): Middle managers and strategy: microdynamics of inclusion. In: Strategic Management Journal, Vol. 11, Nr. 5, S. 337–351.

Wiersema, M.F./Bantel, K.A. (1992): Top management team demography and corporate strategic change. In: Academy of Management Journal, Vol. 35, Nr. 1, S. 91–121.

Weisbord, M.R./Janoff, S. (1995): Future search – an action guide to finding common ground in organizations and communities, San Francisco.

Whittington, R. (1996): Strategy as practice. In: Long Range Planning, Vol. 29, Nr. 5, S. 731–735.

Wooldridge, B./Floyd, S.W. (1990): The strategy process, middle management involvement, and organizational performance. In: Strategic Management Journal, Vol. 11, Nr. 3, S. 231–241.

Yasai-Ardekani, M./Haug, R.S. (1997): Contextual determinants of strategic planning processes. In: Journal of Management Studies, Vol. 34, Nr. 5, S. 729–768.

Zahn, E. (1993) Die strategische Renaissance des Unternehmens. In: Zahn, E. (Hrsg.): Fit machen für den Wettbewerb, Stuttgart, S. 1–49.

Anmerkungen

1 Sehr ausführlich beschäftigen sich Eden/Ackermann (1999) mit dem Thema des »strategy making«.

2 Anzumerken ist, dass einzelne Modelle nicht nur die Formierung von Initiativen thematisieren, sondern sich auch um ein Verständnis ihrer operativen Wirksamkeit des gesamten Prozesses der Strategieformierung bemühen.

3 Schreyögg, G. (1984).

4 Vgl. Learned/Christensen/Andrews/Guth (1965).

5 Vgl. Learned/Christensen/Andrews/Guth (1965); Andrews (1971); Mintzberg (1990a), (1994).

6 Pearce/Freeman/Robinson (1987), S. 671.

7 Daneben gibt es in Unternehmen aber auch Aktivitäten, die ohne offizielle Legitimation weiterbetrieben werden. Dies ist z.B. dann der Fall, wenn eine Produktentwicklung formell gestoppt wird und das Team trotzdem daran weiterarbeitet.

8 Vgl. Mintzberg (1987); Mintzberg/Waters (1985); Mintzberg/McHugh (1985); Mintzberg (1994).

9 Vgl. Mintzberg/Ahlstrand/Lampel (1998).

10 Krohn/Küppers (1992), S. 7f.

11 Vgl. Mintzberg (1990b); Mintzberg/Ahlstrand/Lampel (1998).

12 Vgl. Ansoff (1991); Kirsch (1997).

13 Whittington (1996) schlägt eine völlig andere, mehr chronologische Form der Strukturierung des Feldes vor: In den 60er-Jahren sah man primär als Bezugsperson den Entscheidungsträger, der darüber zu befinden hatte, wo die Geschäfte zu positionieren seien (»planning«); in den 70er-Jahren ging es darum, dass durch die Organisation Strategien vor dem Hintergrund von Rentabilitätsvorgaben auszuwählen waren (»policy«); in den 80er-Jahren beschäftigte man sich mit den Erkenntnis- und Umsetzungsproblemen in großen Unternehmen (»process«); in den 90er-Jahren fragte man sich, ob das eigene »Strategizing« denn konzeptionell und handwerklich gut und wirkungsvoll genug wäre (»practice«).

14 Mintzberg (2001) nimmt die Kritik denn auch gelassen auf: »The ten schools were meant to capture old and new theories. I have my preferences, but that merely reflects what I find useful, maybe just to promote my own publications! ... Typologies are a weak form of theorizing, but they, too, may be useful, if only to delineate the territory. ... We need to identify categories and at the same time we need to recognize their limitations.«

15 Vgl. Johnson, G. (1987); Tochtermann (1990); Chakravarthy/Doz (1992); Lechner/Müller-Stewens (1999).

16 Vgl. Abschnitt 2.1.2 (2).

17 Eine detaillierte Darstellung der bei DAIMLERCHRYSLER, HANIEL, HENKEL und SIEMENS verfolgten Ansätze findet man bei Hahn/Hungenberg (2001), wobei diese Prozesse in den genannten Unternehmen zwischenzeitlich teilweise erheblich revidiert wurden.

18 Vgl. Mintzberg (1994).

19 Vgl. hierzu auch Bourdieu (1993) oder Goffman (1959), der fordert, dass man in die »back region« der Organisation eintreten müsse, um die wirklichen Strategen und deren Form der Einflussnahme zu verstehen.

20 Vergleiche zu den Großgruppenkonzepten vertiefend Jacobs (1995); Owen (1997); Weisbord/Janoff (1995) und zur Bonsen (1998) sowie Gerber/Gruner (1999) zu selbstorganisierenden Arbeitsgruppen (»FlowTeams«).

21 Vgl. Huff (1990); Lyles (1981).

22 Vgl. Wiersema/Bantel (1992).

23 Vgl. Perry/Stott/Smallwood (1993).

24 In Deutschland verfügen etwa 50–60 % der großen Unternehmen über einen definierten strategischen Planungsprozess.

25 Dieses Fallbeispiel ist ein Auszug aus der Fallstudie von Max Kownatzki: »LUFTHANSA CARGO AG. Der strategische Planungsprozess einer Geschäftseinheit.« Sie ist unter www.strategylab.ch in der Rubrik »GMN« im Internet abgelegt.

26 Camillus (2002) ermittelte in seiner Studie zu den »best practices« bei der strategischen Planung neben dem Kalender als Auslöser der strategischen Planung noch folgende weitere wichtige Auslöser: Ergebnisabweichungen, neue technologische Entwicklungen, Wechsel im Management sowie Veränderungen in den gesetzlichen Rahmenbedingungen, der Wettbewerbssituation oder den Kundenanforderungen.

27 Leider gibt es im Deutschen keine geeignete Übersetzung des Wortes »Issue«. Wir haben uns deshalb mit dem Wort »Problem« beholfen, auch wenn dieses meist negativ konotiert ist, während »Issue« noch wertfrei ist.

28 Vgl. Krystek/Müller-Stewens (1993).

29 Teilweise stammen die Informationen aus einer Studie des Conference Executive Board aus dem Jahr 2000 mit dem Titel »Continuous Strategy. Early Lessons on Accelerating Strategic Decision Making«.

30 Wir sprechen hier später (in Kapitel 3) von der Funktion der »Strategischen Frühaufklärung«.

31 Vgl. Mintzberg (1989), S. 10.

32 Vgl. Tschan/Semmer (2001).

33 Lindsay/Rue (1980) kamen auch zu dem Ergebnis, dass die Intensität der Analyse- und Planungsarbeit mit zunehmender Dynamik eher zunimmt.

34 Vgl. Abrahamson (1996); Kieser (1996).

35 Vgl. Eschenbach/Kunesch (1993) zu einer Übersicht über besonders prominente strategische Konzepte. Vgl. auch Reichert (1984, S. 167 ff.) zum Einsatz von Methoden in der strategischen Planung sowie Eden/Ackermann (1999) für Prozessinstrumente zum »Strategy Making«.
36 Vgl. Parikh (1994).
37 Vgl. Keen (1996) und Parikh (1994).
38 Vgl. Agor (1986).
39 Vgl. Burke/Miller (1999)
40 Vgl. Hammer/Stanton (1995).
41 Zu den Besonderheiten des Argumentierens vgl. auch Kirsch (1990), S. 429 ff.
42 Vgl. Eisenhardt/Kahwajy/Bourgeois (1997).
43 Eine Umfrage von FONTIN & COMPANY (»Strategizing 2001«) bei 187 deutschen Unternehmen ergab einen Transparenzgrad der Strategie beim Top-Management von 76 %, beim mittleren Management von 34 % und bei allen Mitarbeitern von 27 %.
44 Natürlich gibt es in Unternehmen auch ein »strategizing«, das keinen expliziten Prozesskonzeptionen folgt.
45 Hamel (1998), S. 9 f.
46 Liedtka (2000) arbeitet mit der Design-Metapher aus der Architektur und stellt sie neben die Design-Schule des Strategischen Managements.
47 Mintzberg (1990a, S. 182) kritisierte die Design-Schule u.a. wie folgt: »Its promotion of thought independent of action, strategy formation above all as a process of conception, rather than as one of learning.«
48 Jennings (2000) zeigt einen solchen Anpassungsprozess am Beispiel der Privatisierung von POWERGEN.
49 Vgl. die Übersichtsstudie von Miller/Cardinal (1994).
50 Vgl. Andersen (2000). Er stellt allerdings auch fest, dass sich die formelle strategische Planung und die autonomen strategischen Initiativen kaum wechselseitig beeinflussen oder aufeinander Bezug nehmen.
51 Vgl. Eisenhardt (1990) und Yasai-Ardekani/Haug (1997). Auch Jenner (2001) konnte bei einer Untersuchung von 220 Unternehmen in Deutschland die Umweltdynamik als wichtigen Kontextfaktor für die Gestaltung von Planungsprozessen herausarbeiten.
52 Vgl. Keen (1996) und Naresh (1994).
53 Vgl. Homburg/Krohmer/Workman (1999).
54 Vgl. Kukalis (1991).
55 Vgl. Grinyer/Al-Bazzaz/Yasai-Ardekani (1986).
56 Vgl. Hitt et al. (2001).
57 Vgl. zu diesem Begriff z. B. Burgelman (1983a).
58 Vgl. zu dieser Forderung z. B. McGrath/MacMillan (2000).
59 In Anlehnung an Mintzberg et al. (1998).
60 Leifer/Rice (1999) zeigen, dass in Organisationen, in denen vermehrt innovative, unternehmerische Durchbrüche gelingen, auch andere managerielle Praktiken bestehen.
61 Vgl. Stopford (2001).
62 Vgl. z. B. Lee et al. (2000).

Kapitel 3:
Positionierung

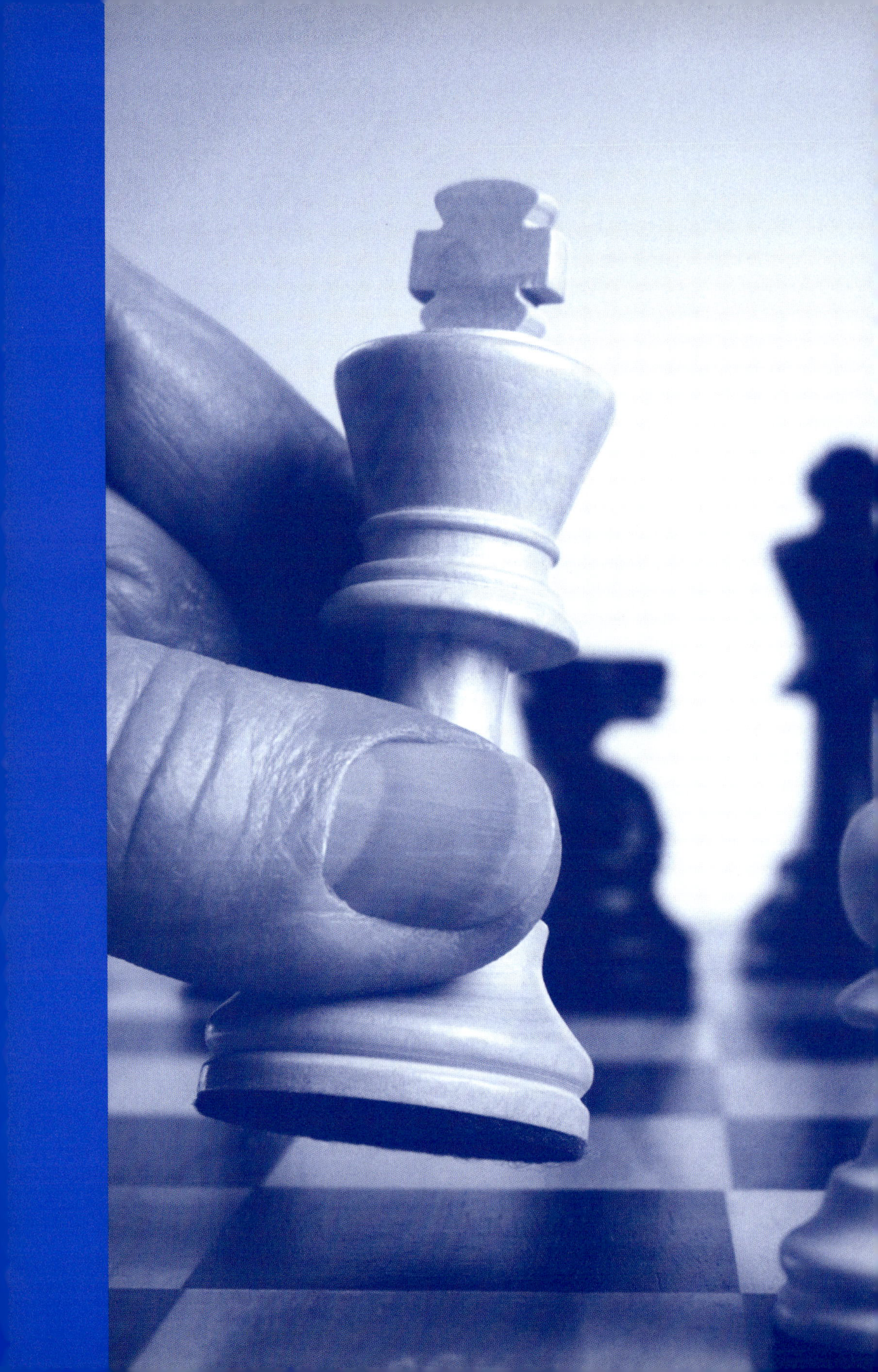

Kapitel 3
Positionierung

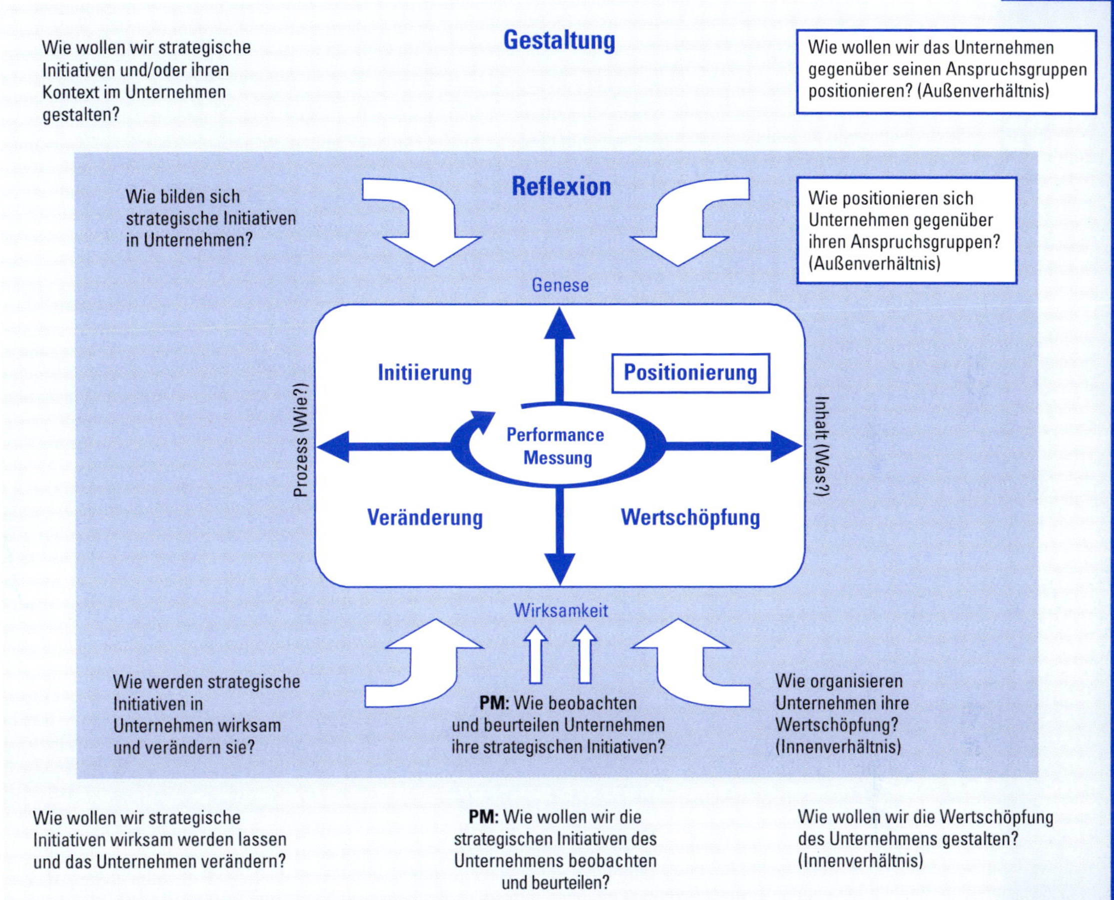

Abb. 3-1: Positionierung im GMN

Angenommen, ein Unternehmen befindet sich in einer sehr dynamisch gewordenen Umwelt, so sind die Strategien der veränderten Markt- und Branchensituation anzupassen. In welchen Geschäften wollen wir überhaupt tätig sein? Wie stellen wir uns intern auf, um diese Geschäfte auch optimal bearbeiten zu können? Auf welche Stakeholder-Erwartungen treffen wir in diesen Geschäften und welchen Nutzen können wir dort stiften? In extrem veränderlichen Geschäften kann es sogar das taktische Ziel sein, den Wettbewerb dadurch immer wieder zu überraschen, indem man seine eigene Vorteilsposition durch Innovationen laufend untergräbt – bevor es eben andere tun. Umgekehrt müssen aber auch Strategien entwickelt werden, um wertvolle Kernkompetenzen umfassend zum Einsatz zu bringen. Doch welches sind die eigenen Kernkompetenzen? In welchen Branchen kann mit ihnen ein Mehrwert erzeugt werden? Aufbauend auf einer Untersuchung des Unternehmens und seiner Umwelt sind möglichst viele strategische Optionen zu generieren, wie das Verhältnis Unternehmen/Umwelt gestaltet werden kann. Überlegen ist der, dem mehr Optionen zur Verfügung stehen, und dabei einer klaren Mission und Vision seines Unternehmens folgt. Doch wie gelangt man zu interessanten Optionen? Und wie wählt man die aus, die dann umgesetzt werden soll?

Kapitelübersicht

- Vermittlung zentraler theoretischer Ansätze eines Strategischen Managements: Industrieökonomik, Institutionenökonomie und Evolutionstheorie (Reflexion)
- Aufzeigen von Verfahren zur Untersuchung des Unternehmens und seiner Umwelt (Analyse)
- Besprechung von Konzepten zur Ausrichtung und Begrenzung (»Kanalisierung«) des strategischen Handlungsraums (Bezugspunkte)
- Darlegung der zur Verfügung stehenden strategischen Handlungsmöglichkeiten auf Ebene der Geschäftseinheiten und des Gesamtunternehmens (Optionen)
- Erläuterung von Verfahren zur Bewertung und Auswahl strategischer Optionen (Selektion)

Bei der Positionierung stellt sich einem Unternehmen die Aufgabe, eine vorteilhafte Stellung gegenüber seinen als relevant erachteten Anspruchsgruppen (= Stakeholder) zu erarbeiten sowie sich Mittel und Wege zu überlegen, wie es eine solche erreichen kann.[1] Es geht hier um die aktive Gestaltung der Beziehungen zu den Anspruchsgruppen der Umwelt, seien es Kunden, Lieferanten, Kooperationspartner, Wettbewerber, staatliche Stellen oder kollektive Akteure wie Kapitalmarkt oder Gesellschaft.[2] Zentrales Thema ist das Außenverhältnis einer unternehmerischen Einheit, die Koordination der »Unternehmens-Umwelt« Beziehungen. Anspruchsgruppen sind alle Gruppierungen, die entweder einen signifikanten Einfluss auf die Aktivitäten des Unternehmens ausüben, oder im Gegenzug von diesen signifikant beeinflusst werden.[3] In Interaktion mit ihnen gilt es, die selbst gesteckten Ziele zu verfolgen und dabei auftretenden Abstimmungsproblemen durch die Entwicklung geeigneter Strategien zu begegnen.

Aktive Gestaltung der Beziehungen zu den Anspruchsgruppen (Stakeholder)

Die Arbeit an der Positionierung ist dabei von nicht zu unterschätzender Bedeutung. Werden hier Entscheidungen getroffen, die sich später als unvorteilhaft erweisen, ist oft die Existenz eines Unternehmens unmittelbar gefährdet. Beispielsweise ist an die Anfang der 90er-Jahre entwickelte Strategie der französischen Crédit Lyonnais zu denken, sich im Retailgeschäft gegenüber der Anspruchsgruppe »Privatkunden« als pan-europäischer Dienstleister zu positionieren. – Eine Entscheidung, die sich nicht nur als wenig rentabel erwies, sondern zudem auch zu schwerwiegenden Liquiditätskrisen führte, die nur durch wiederholte Kapitalzuschüsse der französischen Regierung aufzufangen waren. Oder die in den 80er-Jahre eingeschlagene Strategie des Computer- und Softwareherstellers Apple, die darin bestand, das auf seinen Mac-Computern eingesetzte Betriebssystem gegenüber der Anspruchsgruppe der »Kooperationspartner« proprietär zu halten und – im Gegensatz zum Wettbewerber Microsoft – keine Lizenzen zu erteilen. Apple wollte sich dadurch die vollständige Kontrolle über die einzelnen Applikationen sichern. Wie sich jedoch zeigte, behinderte diese Strategie die Verbreitung des Betriebssystems, obwohl die Fachpresse es gegenüber der Variante von Microsoft als qualitativ überlegen einstufte, und führte in der Folge zu einer Marginalisierung des Apple-Marktanteils im Bereich der PC-Software.

Die Aufgabe, die sich bei der Positionierung stellt, würde auf ein reines Optimierungsproblem hinauslaufen, wenn die gegenwärtigen und zukünftigen Handlungen der einzelnen Anspruchsgruppen bekannt wären oder zumindest mit relativ großer Wahrscheinlichkeit prognostiziert werden könnten. Doch da gleichzeitig eine Vielzahl von Anspruchsgruppen mit nicht immer klar einsehbaren Handlungsstrategien agiert, die sich zudem im Zeitablauf verändern und zu oft unerwarteten Rückkoppelungseffekten führen, entwickelt sich auf den meisten Wirtschaftsmärkten eben jene Eigendynamik moderner Prägung, die es erforderlich werden lässt, fundamentale Unabwägbarkeiten in Kauf zu nehmen und unternehmerisches Handeln als eine mehr oder weniger riskante »Wette auf die Zukunft« zu verstehen.

Wie soll man an diese komplexe Aufgabe herangehen? Auch für die Positionierung gilt, dass »viele Wege nach Rom führen«, d.h. unterschiedliche Vorgehensweisen denkbar sind. Will man sich an der Systematik des GMN orientieren, so lässt sich auch die Aufgabe hier entlang Reflexion und Gestaltung angehen (vgl. Abbildung 3-2).

Im Rahmen der **Reflexion** in **Kapitel 3.1** werden zunächst theoretische Ansätze betrachtet, die für das Thema der Positionierung von Relevanz sind.

Die **Gestaltung** beginnt mit der Analyse des Unternehmens und seiner Umwelt in **Kapitel 3.2.** Hier gilt es, sich einen Überblick über die momentane Situation zu verschaffen. Da man außer im Fall der Neugründung nicht mit einer »Tabula rasa« beginnt, bietet es sich an, die Geschäftsfelder der Umwelt und ihre organisatorische Verankerung in Form von Geschäftseinheiten als Ausgangspunkt zu wählen (Kapitel 3.2.1). Befindet man sich hingegen in einer Start-Up Situation, dann können bereits an dieser Stelle erste Vorstellungen über die zu bearbeitenden Geschäftsfelder und die damit verbundenen Auswirkungen auf das Unternehmen entwickelt werden. Darauf aufbauend stellt sich die Frage, welche Einflusskräfte die Entwicklung der Umwelt prägen und über welche Beeinflussungsmöglichkeiten im Gegenzug das Unternehmen verfügt. Zwei grundlegende Arten von Einflusskräften können dabei prinzipiell unterschieden werden. Erstens die Pull-Kräfte der Umwelt, die durch die verschiedenen Anspruchsgruppen repräsentiert sind (Kapitel 3.2.2). Diese handeln auf Grundlage ihrer spezifischen Fähigkeiten und versuchen ihre Zielvorstellungen ebenso zu realisieren, wie dies das eigene Unternehmen anstrebt. Ihnen stehen zweitens die Einflusskräfte des Unternehmens (Kapitel 3.2.3) gegenüber, die auch als Push-Kräfte zu bezeichnen sind, da mit ihrer Hilfe – bildlich gesprochen – die Handlungsmöglichkeiten des Unternehmens aktiv erweitert werden. Hat man sowohl die Pull- als auch Push-Kräfte einzeln untersucht, so kann man als weiterführenden Schritt die Wechselwirkungen beider Kräfte in einer integrierten Form betrachten (Kapitel 3.2.4).

Organisatorische Verankerung in Form von Geschäftseinheiten als Ausgangspunkt

Im nächsten Schritt der Gestaltung sind nun möglichst reichhaltige Optionen zu generieren, die allesamt Wege aufzeigen, wie die Position gegenüber den Anspruchsgruppen zu beeinflussen ist. Ein solcher Schritt ist erst dann möglich und sinnvoll, wenn eine unternehmerische Einheit dabei über **Bezugspunkte** verfügt (**Kapitel 3.3**): Was bezweckt sie eigentlich mit ihren Aktivitäten? Wozu gibt es sie? Was will sie erreichen? In welchem Rahmen haben sich ihre Aktivitäten zu bewegen? Konzepte wie Vision, Mission und Leitbild helfen auf solche Fragen Antworten zu finden. Durch sie werden gewissermaßen archimedische Punkte geschaffen, die Orientierung bei der Generierung strategischer Optionen bieten. Natürlich kann man Vision, Mission und Zielen auch an den Anfang der Positionierung stellen und davon ausgehend die weiteren Schritte durchlaufen. Welche Vorgehensweise man einschlägt bzw. wie man mit dieser »Henne-Ei«-Problematik umgeht, sollte man vor dem Hintergrund des konkreten Falles entscheiden. Verfügt man bereits über eine Vision bzw. eine klare Zielfunktion, dann kann man die Arbeit mit der Analyse der Umwelt und des Unternehmens fortsetzen und darauf aufbauend passende Strategien entwerfen. Verfügt man hingegen noch über keine klare Vorstellung, dann kann man von der Analyse ausgehend zum Entwurf einer Vision bzw. Zielfunktion übergehen und anschließend dazu passende Strategien generieren.

Bei der Gestaltung muss klar sein, für welche der in Kapitel 1 erwähnten strategischen Gestaltungsebenen eine Positionierungsstrategie entwickelt werden soll. Wie bereits erwähnt, unterscheidet man traditionell zumindest die Ebene der Geschäftseinheiten (»Business-Level«) und die Ebene des Gesamtunternehmens (»Corporate-Level«). Dabei wird davon ausgegangen, dass das Leistungsspektrum eines Unternehmens so diversifiziert ist, dass es sich lohnt, die Führungsstruktur in verschiedene Geschäftseinheiten zu untergliedern, um die

Business- und Corporate-Level

relevanten Teilmärkte besser bedienen zu können.[4] An die Generierung von strategischen Optionen für eine einzelne Geschäftseinheit (insbesondere in Richtung der Anspruchsgruppen »Wettbewerb« und »Kunde«) (**Kapitel 3.4**), schließt sich die mehrere Geschäftseinheiten verbindende Ebene des Gesamtunternehmens an (**Kapitel 3.5**). Dort können dann andere Anspruchsgruppen relevant werden als auf Business-Ebene (z. B. der Kapitalmarkt mit den Investoren).

Zuletzt gilt es bei der Positionierung eine **Auswahl** der erarbeiteten strategischen Optionen vorzunehmen, d. h. aus der Vielzahl an strategischen Optionen werden einige ausgewählt und zu einem aufeinander abgestimmten, **strategischen Programm** verbunden (**Kapitel 3.6**). Welche Auswahlprinzipien hierbei vorgeschlagen werden (Kapitel 3.6.1), wird dabei ebenso zur Sprache kommen wie die Frage nach den Bewertungsverfahren (Kapitel 3.6.2).

Abb. 3-2: Wissenslandkarte zum Kapitel »Positionierung«

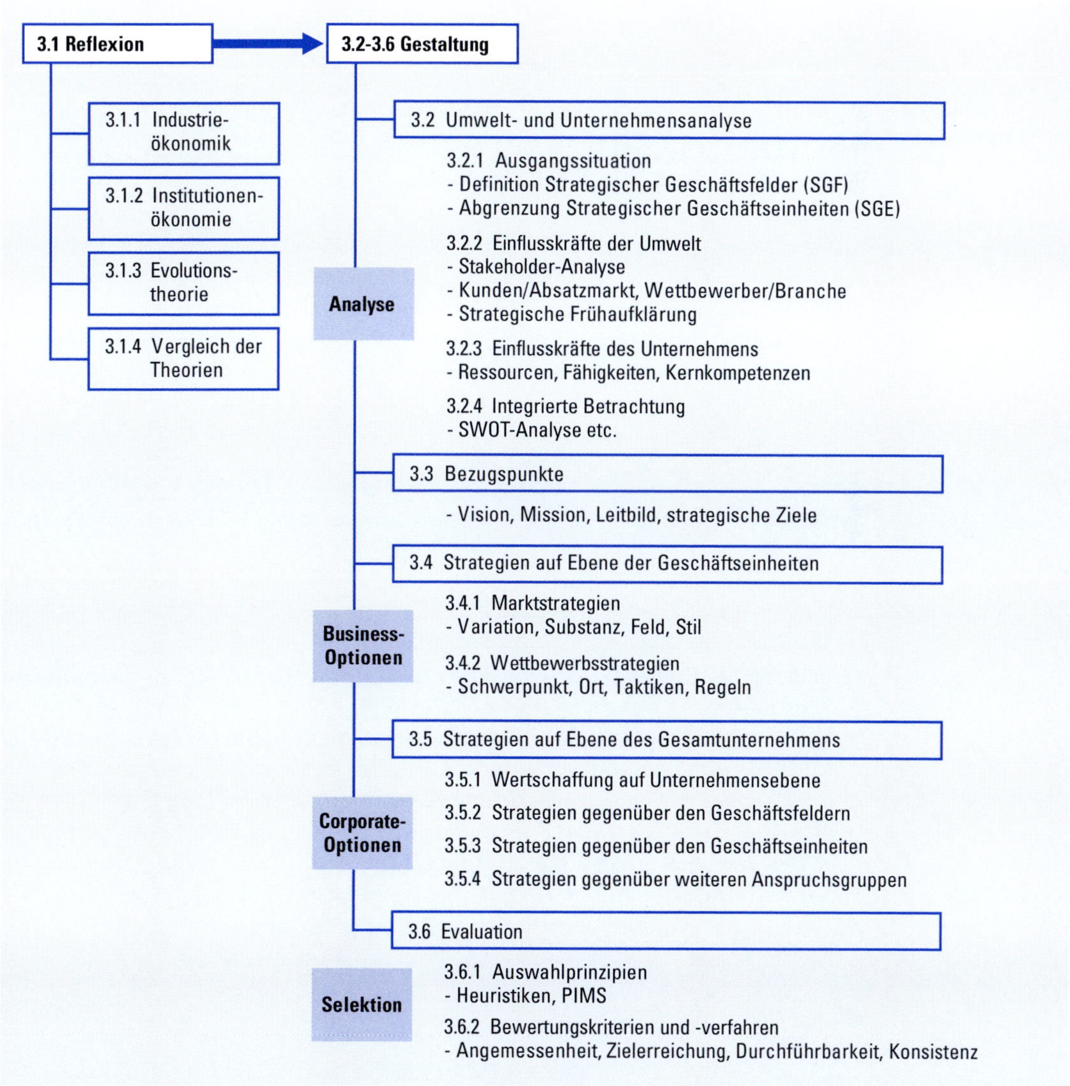

3.1 Reflexion: Theoretische Ansätze des Strategischen

Wie lassen sich die Erfolgsunterschiede zwischen Firmen erklären? Warum sind einzelne Firmen in der Lage über viele Jahre hinweg überdurchschnittliche Ergebnisse zu erwirtschaften, während andere gerade ihre Kapitalkosten decken oder gar gezwungen sind aus dem Wirtschaftsgeschehen auszuscheiden?

Zur Erklärung dieser zentralen Fragestellung – sowie damit verbundener Phänomene – sind in der Disziplin des Strategischen Managements verschiedene Ansätze entwickelt worden. Ein jeder operiert nach einer spezifischen Argumentationslogik und legt den Schwerpunkt auf Faktoren, die ihm wichtig erscheinen: So wird überdurchschnittlicher Erfolg mit geschützten Marktpositionen, dem Besitz einzigartiger Ressourcen, dem Aufbau herausragender Fähigkeiten, der optimalen Minimierung der Transaktionskosten, dem geschickten Austricksen der Wettbewerber oder der optimalen Anpassung an ökologische Nischen erklärt – um einige der wichtigsten Erklärungsansätze zu nennen.[5]

In den Kapiteln 3.1 und 4.1 wollen wir unter der Überschrift »Reflexion« mehrere ausgewählte Ansätze in ihren Grundzügen vorstellen.[6] Wegen ihres direkten Bezugs zur **Außenwelt** der Unternehmung stellen wir in diesem Kapitel die *Industrieökonomik* (»*Industrial Economics*«), die zentralen Ansätze der *Neuen Institutionenökonomie (»New Institutional Economics*«) (Transaktionskostentheorie, Agenturtheorie, Theorie der Verfügungsrechte) sowie die *Evolutionstheorie* vor. Im Kapitel 4.1 wenden wir uns dann Ansätzen zu, die primär aus der Innenwelt des Unternehmens heraus argumentieren. Dabei handelt es sich um den ressourcenorientierten Ansatz (Resource-based view) und darauf aufbauend um den fähigkeitenorientierten (Capability-based) sowie den wissensorientierten (Knowledge-based) Ansatz des Strategischen Managements.[7]

Lernziele

- Darstellung und Vergleich von theoretischen Ansätzen zur Erklärung überdurchschnittlichen Erfolgs von Unternehmen
- Aufzeigen der historischen Entwicklung der Industrieökonomie und ihrer zunehmenden Relevanz für Führungskräfte aufgrund der Veränderung des Bezugsobjektes
- Erläuterung der Transaktionskostentheorie als Konkurrenz zwischen Markt und Hierarchie um die effizientere Koordinationsform sowie Anwendung dieser Theorie auf Fragen eines Strategischen Managements
- Nutzung der »Theorie der Verfügungsrechte« zur Erklärung des Spannungsfeldes zwischen Eigentümern und Managern von Unternehmen (»principal-agent-conflict«)
- Einsatz der Evolutionstheorie zur Darstellung dynamischer Prozesse

3.1.1 Industrieökonomik

Das Interesse der **Industrieökonomik** (»Industrial Economics«), als noch recht jungem Teilgebiet der Nationalökonomie, richtet sich primär auf die Leistungsfähigkeit von Branchen. Was untersucht wird ist die Angebotsseite der Wirtschaft mit den Unternehmen als Verkäufern. Es interessieren Fragen, wie: Welche Größenstrukturen gibt es in einer Branche und warum? Welchen Einfluss hat der Konzentrationsgrad auf den Wettbewerb? Was ist der Einfluss von Wettbewerb auf Preise, Innovation etc.? Die Unternehmen existieren hier zwar als rein rational handelnde Objekte einer Branche, sie sind aber vorerst nicht Bezugspunkt dieser Forschung.

Auslöser für diese Forschungsrichtung waren die Bemühungen zur Erklärung der Weltwirtschaftskrise (1929–33) sowie die zunehmende Trennung von Eigentum und Verfügungsgewalt in der US-amerikanischen Großindustrie. Ende der 30er-Jahre boten Edward H. Chamberlin und Edward S. Mason die ersten Kurse zur *»Industrial Organization«* an der Harvard Business School an.[8]

»Structure-Conduct-Performance-Paradigma«

Historischer Ausgangspunkt der Industrieökonomik (im Sinne der Organisation der Branche) ist das *»Structure-Conduct-Performance-Paradigma«* von Bain (1956). Der Erfolg eines Unternehmens (»performance«: Allokationseffizienz, Preisniveau, Outputwachstum etc.) wird in Abhängigkeit zu einigen zentralen Branchencharakteristika (»structure«: Produktdifferenzierung, Konzentrationsgrad, Kostenstruktur etc.) gesehen, die wiederum das Verhalten des Unternehmens (»conduct«: Preispolitik, Forschung & Entwicklung, Werbeaufwand etc.) bestimmen.

Vier Grundannahmen

Dieses Modell der Industrial Organization basiert auf vier Grundannahmen:[9] (1) Eine überdurchschnittliche Performance ist Ergebnis einer besseren Anpassung an die veränderten Rahmenbedingungen der Branchenstruktur; (2) Alle Unternehmen in einem bestimmten Branchensegment verfügen über die gleiche Ressourcenausstattung und verfolgen damit die gleichen Strategien; (3) Die Ressourcen, die zur Implementierung von Strategien benötigt werden, sind unendlich mobil über das Unternehmen hinweg betrachtet; (4) Manager entscheiden ausschließlich rational und im Interesse des Unternehmens.

Es gibt nun eine ganze Reihe empirischer Untersuchungen zur Relevanz der Branchenstruktur für das Ergebnis. So zeigen z.B. McGahan/Porter (1997), dass 20 % der Profitabilität eines Unternehmens durch die Struktur erklärt werden kann. Gleichzeitig wurde aber auch für die Spezifika des Unternehmens ein Erfolgsbeitrag von 36 % ermittelt, was z.B. Henderson/Mitchell (1997) zu der Annahme führte, dass es zwischen der Branchenstruktur und dem Verhalten des Unternehmens (im Sinne von Strategie) eine wechselseitige Beziehung gibt.

Explizite Berücksichtigung der Verhaltenskomponenten

Bain (1956) räumte diesen Verhaltensoptionen noch relativ wenig Bedeutung ein (»strukturalistischer Ansatz«), und ging davon aus, dass die einmal gewählte Branche einen größeren Einfluss auf den Unternehmenserfolg hätte, als die Entscheidungen der Manager im Unternehmen. Man dachte, dass Performance im Prinzip auf Grund einiger Brancheneigenschaften wie Eintrittsbarrieren, Produktdifferenzierung, Konzentrationsgrad etc. determiniert und damit auch prognostizierbar war. Die Herausforderung für Manager besteht demnach darin, das Unternehmen in einem möglichst attraktiven Branchensegment zu positionieren. Behavioristen – wie etwa Scherer (1980) – legten später jedoch Wert auf die explizite Berücksichtigung der Verhaltenskomponenten, über die bislang unerklärt gebliebene statistische Abweichungen besser erklärbar sind. Durch diese Aufgabe des deterministischen Zusammenhangs kann auch die Branchenstruktur nicht mehr als langfristig stabil betrachtet werden. Es ist realistischer von einer gewissen Dynamik in der Struktur auszugehen, wie sie etwa in Lebenszykluskonzepten zum Ausdruck gebracht wird. Wenn es diese einfache Kausalität zwischen Verhalten und Ergebnis nicht mehr gibt, dann müssen auch innerhalb einer Branchenstruktur unterschiedliche erfolgreiche Geschäftspolitiken möglich sein.[10]

Konzept der fünf Wettbewerbskräfte von Porter

In den Achtzigerjahren haben die ökonomischen Theorien insbesondere durch die Arbeiten von Michael Porter an der Harvard Business School eine Renaissance erlebt. Porter (1980, 1985) entwickelte das *Konzept der fünf Wettbewerbskräfte* als ein Instrument, das helfen sollte, die Attraktivität einer Branche zu analysieren. Dahinter stand die Grundannahme, dass die Performance eines Unternehmens (z.B. die Gesamtkapitalrentabilität) abhängt von fünf Kräften sowie deren Zusammenspiel: Macht der Lieferanten und Abnehmer, Bedrohung durch neue Wettbewerber und Substitutionsprodukte sowie die Rivalität unter den etablierten Wettbewerbern. Verbindet man diese fünf Kräfte mit dem obigen Lebenszykluskonzept, so kann die in Abbildung 3-3 dargestellte Dynamik der Branchenstruktur aufgezeigt werden.

Zur Bewertung der obigen »fünf Kräfte« stößt man bei der »*Rivalität unter den Wettbewerbern*« insbesondere auf den *Konzentrationsgrad*. Welchen Einfluss hat eine atomistische Konkurrenz, eine Oligopolsituation oder ein Monopol auf die Performance der Unternehmen in der Branche? Auf der Basis spieltheoretischer Modellierungen glaubte man lange Zeit, dass ein wachsender Konzentra-

Lebenszyklusphase	**Einführung**	**Wachstum**	**Reife**	**Rückgang**
Bedrohung durch neue Wettbewerber	Unsicherheit und Risiko der Innovation als Eintrittsbarriere	Eintritt vieler neuer Wettbewerber	Neueintritt nur unter günstigen Kostenbedingungen	Eintritt ist relativ unattraktiv
Verhandlungsmacht der Lieferanten	gering	ansteigend	hoch	gering
Verhandlungsmacht der Abnehmer	hoch	gering	ansteigend	hoch
Bedrohung durch Substitutionsprodukte	hoch	gering	ansteigend	hoch
Rivalität unter den etablierten Wettbewerbern	gering, da die Ungewissheit sehr groß ist	zunehmende Abhängigkeit, aber es können sich noch alle verbessern	oligopolistisches Verhalten ohne Wettbewerbskampf	ist Austritt oder Verlagerung nicht möglich, folgt hohe Rivalität
Schwerpunkt des strategischen Verhaltens	Forschung & Entwicklung	Marketing	Effektivität in Produktion und Absatz	Kostenkontrolle
Ergebnis	niedrig	hoch	normal	zunehmender Druck

Abb. 3-3: Entwicklung von Struktur und Verhalten im Lebenszyklus einer Branche

tionsgrad auf Grund der Neigung zu einem abgestimmten Verhalten zu einer höheren Performance führt. In diese Richtung gingen auch die Ergebnisse der PIMS-Studie, deren zentrale Hypothese die positive Korrelation zwischen Marktanteil und Rentabilität ist.[11] Doch es gab dann auch gegenteilige Untersuchungsergebnisse, wie etwa die Studie von Montgomery/Wernerfelt (1991), die einen negativen Zusammenhang zwischen Marktanteil und Unternehmenswert feststellten. Vielfach untersucht ist auch die Hypothese, dass ein höherer Konzentrationsgrad auf Grund von Skaleneffekten zu geringeren Kosten führt. Dagegen stehen allerdings Kosten, die mit dem Ausbau und Erhalt von Monopolmacht verbunden sind.[12]

Bain (1956) ging weiter von der Idee aus, dass es vor jeder Branche gewissermaßen eine Schlange potenzieller Neueintritte gibt. An ihrer Spitze stehen die Unternehmen, die am ehesten fähig sind, die *allgemeine Eintrittsbedingung* (»general condition of entry«) zu erfüllen. Inwieweit sie nun befähigt sind, in dieses Geschäft erfolgreich einzutreten, hängt von den Wettbewerbsvorteilen ab, die die Etablierten zu realisieren vermögen. Bain (1956) verweist dabei insbesondere auf drei Größen, die solche *Eintrittsbarrieren* begründen: absolute Kostenvorteile, Betriebsgrößenvorteile und Vorteile durch Produktdifferenzierung. Während den absoluten Kostenvorteilen keine besondere Relevanz gegeben wird, vertraut man sehr auf den unterstellten positiven Zusammenhang zwischen den Skaleneffekten (Reduktion der Stückkosten bei wachsenden Ausbringungsvolumen) und der Branchenprofitabilität, auch wenn dieser später mehrfach relativiert wurde.[13] Zentral war für Bain (1956) die Eintrittsbarriere »Produktdifferenzierung« auf Grund der zunehmenden Verdrängung des reinen Preiswettbewerbs. Hinzugekommen ist dann auch noch die Kapitalintensität als Verursacherin von Eintrittsbarrieren, wobei Buzell/Gale (1989, S. 132 f.) argumentieren, dass diese auch als Austrittsbarriere wirken kann, da sie die Wettbewerber an unprofitable Branchen bindet (»sunk costs«), einen ruinösen Wettbewerb verursachen kann und die Verhandlungsmacht bei Lieferanten und Kunden schwächt. Je weniger diese Vorteile der Etablierten nun durch die Neueintrittswilligen aufgewogen werden können, desto weniger wird die allgemeine Eintrittsbedingung erfüllt.

Betriebsgrößenvorteile und Produktdifferenzierung als Quellen nachhaltiger Wettbewerbsvorteile

Zusammenfassend betrachtet sah man in den Betriebsgrößenvorteilen und der Produktdifferenzierung die zentralen Quellen für nachhaltige Wettbewerbsvorteile, was dann auch Porter (1980) zu seinen generischen Wettbewerbsstrategien führte: In seinem Konzept geht es darum, die obigen fünf attraktivitätsbestimmenden Einflusskräfte zunächst besser zu verstehen und dann geeignete *Wettbewerbsstrategien* daraus abzuleiten. Dabei hat das Unternehmen zwei Strategieoptionen zur *Erzielung nachhaltiger Wettbewerbsvorteile* zur Auswahl: Die Produktion standardisierter Produkte in möglichst großer Menge unter den Stückkosten der Wettbewerber (*Kostenführerschaft*) oder die Herstellung differenzierender Produkte, bei denen der Kunde bereit ist, eine Preisprämie zu bezahlen (*Differenzierung*). Solche Differenzierungsvorteile können ihre Ursache in der Forschung und Entwicklung, der Kundenloyalität, dem über Werbung generierten Markenimage etc. haben. Folgt man Porter (1980, S. 41 ff.), so muss sich ein Unternehmen für eine der beiden Optionen klar entscheiden. Eine Mischform hätte starke Rentabilitätseinbussen zur Folge (»*stuck in the middle*«). Teilweise konnte diese These auch empirisch gestützt werden.[14] Andere Studien verweisen jedoch darauf, dass es auch Unternehmen gibt, die gerade deshalb erfolgreich sind, weil sie eine Mischform beider Optionen (»*hybride Strategie*«) verfolgen.[15]

»stuck in the middle«

»Hybride Strategie«

Diese Konzepte von Porter werden aus einer Anwendersicht in Kapitel 3.4.2 noch einmal ausführlich beschrieben.

Die Art und Weise wie Porter die Erkenntnisse der Industrial Organization für seine Strategielehre nutzt, wurde auch durch die Veränderung des Bezugsobjektes der modernen Industrieökonomik ermöglicht. Während der klassische Betrachtungsgegenstand die Branche (bzw. »industry«) war, verlagerte sich nun der Analyseschwerpunkt auf das einzelne Unternehmen.[16] Was nun interessierte waren mögliche Verhaltensoptionen eines Unternehmens angesichts der Strukturen und Entwicklungsprozesse von Branchen. Dabei sollte insbesondere auch Berücksichtigung finden, dass im Entwicklungsprozess von Unternehmen entlang des Zeitstrahls immer wieder Entscheidungen getroffen werden, die meist irreversibel sind, was dann auch zur Forderung nach einer dynamischen Theorie des oligopolistischen Verhaltens führte. Damit wurde dann auch der Weg für die Frage – die dann im ressourcenorientierten Ansatz auch vertiefend aufgegriffen wurde – bereitet, warum Unternehmen bei der Wahl gleicher Spielzüge zu unterschiedlichen Positionen im Wettbewerb gelangen können. Handelt es sich um eine bessere Position als die der Konkurrenten, so sieht man die Ursachen in einer spezifischen Ausstattung mit tangiblen oder intangiblen »Assets« (Rohstoffquelle, Patent, Know-how etc.), die dem Unternehmen zu absoluten Opportunitätskostenvorteilen verhilft, da deren Wert höher ist als deren Kosten.[17] In den Erwerb oder Aufbau dieser »Assets« wurde investiert, womit das Unternehmen irreversible Verpflichtungen eingegangen ist. Von besonderem Interesse dürften dabei zukünftig die Investitionen in die intangiblen Ressourcen sein, da man sich dort schwerer imitierbare Vorteile verspricht. Als Beispiel kann hier die Reputation eines Unternehmens genannt werden.[18]

Spieltheorie als Methode zur Analyse des Verhaltens wechselseitig voneinander abhängiger Akteure

Abschließend zu diesen Ausführungen soll noch kurz auf die **Spieltheorie**[19] eingegangen werden, die man sich in vielen industrieökonomischen Untersuchungen zu Nutze gemacht hat und heute mehr oder minder die methodische Grundlage der modernen Industrieökonomik darstellt. In ihrem Zentrum steht die Analyse des Verhaltens wechselseitig voneinander abhängiger Akteure. Es lag damit nahe, sie für die Simulation meist oligopolistischer Marktsituationen in der Industrieökonomik zu nutzen. Von Interesse für eine strategische Unternehmensführung sind dabei insbesondere die dynamischen Spiele, wo angenommen wird, dass es den Wettbewerbern um eine langfristige Optimierung geht, und die »Spieler« jeweils auf die Spielzüge der Mitspieler in spezifischer Weise reagieren. Dabei sollte man davon ausgehen können, dass Wettbewerber über »private Informationen« verfügen, die für die anderen Spieler nicht ohne weiteres zugänglich und nutzbar sind.

Problem der Spieltheorie ist ihre Realitätsferne, die primär auf die weit reichenden Rationalitätsvoraussetzungen zurückgeführt werden kann. Die Annahme, dass ein Wettbewerber rationale Erwartungen über die Einschätzungen und Handlungsweisen eines anderen Wettbewerbers bildet und umgekehrt ist kaum haltbar (»common knowledge assumption«). Man sollte deshalb die Spieltheorie vielleicht eher als eine normative Theorie sehen, die zwar reale Wettbewerbssituationen nur begrenzt abzubilden vermag, die aber hilft, Sequenzen von Spielzügen zu durchdenken, und damit das »Denken in möglichen Welten« schärft. Damit wird man sich dann wohl auch besser in der Lage sehen, die bestehenden Strategievorstellungen schrittweise zu verdichten und zu verfestigen.

3.1.2 Institutionenökonomie

Einer der Ansätze, der die Nachteile der Industrieökonomik zu überwinden versucht, ist die »**Transaktionskostentheorie**«. Sie wurde, insbesondere aufbauend auf die Arbeiten von Ronald Coase (1937) an der University of Chicago, durch Oliver Williamson (1975, 1985) an der University of California, Berkley, begründet. Sie steht im Kern dessen, was man heute als die »**neue institutionelle Ökonomie**« bezeichnet.

Transaktionskostentheorie

Neue institutionelle Ökonomie

In der »**Institutionenökonomie**« geht es um die Analyse von Institutionen – wie Unternehmen, Märkten, Rechtssystemen etc. – in deren Rahmen ökonomischer Austausch betrieben wird. Man versucht die Abhängigkeiten zwischen diesen Institutionen und dem menschlichen Verhalten zu beschreiben, um daraus abgeleitet die Existenz und den Wandel solcher Institutionen zu erklären (erklärende/positive Institutionenlehre) und alternative Institutionsformen vor dem Hintergrund unterschiedlicher Aufgabentypen zu bewerten und zu vergleichen (vergleichende/normative Institutionenlehre). Während in der neoklassischen Markttheorie[20] noch eine gesamthafte Betrachtung eines »Institutionenkomplexes« von Unternehmen und der über ihre Interaktion gebildeten Märkte gegeben ist, werden in der Institutionenökonomie Markt und Hierarchie (entspricht dem Unternehmen) als konkurrierende Koordinationsinstitutionen gedacht. Um detaillierter und damit auch realitätsnäher (als noch in der Neoklassik) modellieren zu können, wird nun in der Institutionenökonomie die Unternehmung als *Nexus von Verträgen* – im Sinne sozialer Vereinbarungen zwischen den Handelnden – betrachtet.[21]

Die Unternehmung als Nexus von Verträgen

Ausgangspunkt der **Transaktionskostentheorie** bildet die Frage, warum Firmen überhaupt existieren. Warum werden in einer Marktwirtschaft eigentlich nicht alle Transaktionen marktlich zwischen Einzelakteuren abgewickelt, sondern teilweise über die dann offenbar günstigere unternehmensinterne Koordinationsform der Hierarchie? Es soll darüber die Entstehung und Entwicklung industrieller Ordnungsmuster erklärt werden, um darauf aufbauend effiziente Regeln zur Koordination wirtschaftlicher Aktivitäten auf einzel-, branchen- und gesamtwirtschaftlicher Ebene entwickeln zu können.

Märkte (Unternehmen) sind dabei immer dann die effizienteren Koordinationsmechanismen, wenn sie die Koordination kostengünstiger als Unternehmen (Märkte) betreiben können. Effizienz ist dann gegeben, wenn es zu möglichst wenig »Reibungsverlusten« – d.h. *Transaktionskosten* (im Sinne von Kosten der Koordination) – zwischen den Transaktionspartnern kommt. Dass diese Kosten dann unterschiedlich sind, je nach Aufgabentyp und der institutionellen Form der Leistungserbringung (Rechtsform, Standards, Kultur etc.), ist nahe liegend. Es muss deshalb für jeden Aufgabentyp die passende Koordinationsform herausgefunden werden.

Damit ist bereits einer der zentralen Unterschiede zur Industrieökonomik angesprochen: Während dort die Marktmachtperspektive dominiert, ist der Transaktionskostenansatz durch die *Effizienzperspektive* geprägt. Wirtschaftlichkeit gilt hier auch gegenüber einem noch so geschickten machtpolitischen Taktieren langfristig als die bessere Strategie.

Dominanz der Effizienzperspektive

Gegenstand der Betrachtung sind damit *Transaktionen*, verstanden als der Prozess, der zur Vereinbarung eines Leistungsaustausches in Form der Übertragung von *Verfügungsrechten* (das Transaktionsobjekt) führt. Williamson (1999,

Verfügungsrechte als Transaktionsobjekte

S. 1089) formuliert dies wie folgt: »... a transaction occurs when a good or service is transferred between technologically separable stages.« Transaktionskosten treten dabei u.a. deshalb auf, weil die Akteure verschiedene Interessen verfolgen können und auch über verschiedene Expertisen und Informationslagen (»asymmetrische Information«) verfügen. Dies verlangt einen Mehraufwand insbesondere an Information und Kommunikation. Damit wird die für die Industrieökonomik zentrale Rationalitätsannahme abgeschwächt: Die im Unternehmen handelnden Menschen streben zwar nach Rationalität, sie leisten dies aber – z.B. wenn aus Eigennutz Normverletzungen begangen werden – nur begrenzt (»bounded rationality«). Dadurch ist die effiziente Koordination durch den Markt nicht mehr gewährleistet (»Marktversagen«).

Deshalb sind die Verträge, die zwischen zwei Handelnden geschlossen werden, notwendigerweise *unvollständig*, da ex ante nicht alles berücksichtigt werden kann, was dann im Verlauf der Transaktionsbeziehung ex post einseitig ausgenutzt und damit zum Problem werden kann. Man sucht deshalb nach einem institutionellen Arrangement (»*governance structure*«), das die dann auftretenden Probleme zu lösen vermag. Während also in der Industrial Organization der Bezugspunkt der Forschung von der Branche zum Unternehmen verlagert wurde, geht es hier nun genau um die Beziehung zwischen den beiden Governance-Strukturen Markt und Unternehmen (Hierarchie). Dabei wird sich dann die kostengünstigste Koordinationsform durchsetzen, wenn alle Wettbewerbsbedingungen erfüllt sind und sich die Entscheidungsträger rational und nutzenmaximierend verhalten.

Die Transaktionskostentheorie beschreibt die Firma damit als Governancestruktur. Firmen und Märkte sind unterschiedliche Governanceformen, die sich entlang mehrerer Dimensionen voneinander unterscheiden, wie etwa das Ausmaß der administrativen Kontrollmechanismen oder die rechtlichen Rahmenbedingungen. Picot (1993a, Sp. 4198) hebt insbesondere zwei *Eigenschaften von Transaktionen* hervor, die ausschlaggebend für die Wahl der geeigneten Koordinationsform zwischen den beiden Extremen Markt und Hierarchie sind:

Zwei Eigenschaften von Transaktionen

- *Spezifität*: Wenn ein Verfügungsrecht – z.B. mangels Vorausschaubarkeit der nächsten Spielzüge der nur begrenzt rational handelnden Akteure – nicht im Rahmen der (ex post betrachtet) bestmöglichen Transaktion eingesetzt wird, sondern bei seiner nächstbesten Verwendungsmöglichkeit, dann könnte der dazugehörige Transaktionspartner eine *Quasi-Rente* abschöpfen, wenn er zu seinem kurzfristigen Vorteil handelt. Dies gilt z.B. dann, wenn über langjährige Lieferanten-Kunden-Beziehungen große Abhängigkeiten – z.B. in Form spezifischen Wissens des Lieferanten über den Kunden (in Form von Investitionen des Lieferanten in den Kunden) – entstanden sind, die sich nun bei einer neuen Transaktion als Ex-ante-Investitionen vorteilhaft für den Lieferanten auswirken. So kann ein sehr hoher Spezifitätsgrad zu monopolartigen Austauschbeziehungen und damit auch zu sehr hohen Transaktionskosten führen. Deshalb wird man auch mit zunehmendem Spezifitätsgrad von der marktlichen Koordination, zu kooperativen und dann zu hierarchischen Koordinationsformen übergehen, um die Transaktionskosten besser unter Kontrolle zu halten. Umgekehrt wird man bei einem hohen Standardisierungsgrad einer Leistung (geringe Spezifität) die marktliche Koordinationsform auf Grund der möglichen Größenvorteile einer Belieferung mehrerer Kunden bevorzugen.

Die Transaktionskosten entscheiden damit über die organisatorische Koordinationsform.

- *Veränderlichkeit*: Je nach Veränderlichkeit der Vertragsbeziehung ist bei den unterstellten unvollständigen Verträgen eine unterschiedliche Koordinationsform zu bevorzugen. Der Markt ist dann geeignet, wenn das Preissystem alle die für eine Anpassung an veränderte Bedingungen erforderlichen Informationen zur Verfügung stellt. Besteht aber zwischen den Vertragspartnern bereits eine gewisse Abhängigkeit auf Grund einer langjährigen Beziehung, und kommt es dabei zu unvorhergesehenen Veränderungen in den angenommenen Vertragsbedingungen, dann besteht die Gefahr, dass die Vertragsparteien dies einseitig zu ihrem Vorteil auszunutzen versuchen. Passiert dies relativ häufig, dann wird die hierarchische Koordinationsform wieder vorteilhafter gegenüber dem Preismechanismus. Kooperationen verlieren bei hoher Veränderlichkeit auf Grund ihrer relativ geringen Anpassungsfähigkeit als Koordinationsform.

Andere, die Koordinationsform bestimmende Faktoren sind die Häufigkeit oder Atmosphäre der Transaktionen. Daraus kann dann z.B. die in Abbildung 3-4 dargestellte Zuordnung von Transaktionen zu den alternativ zur Verfügung stehenden Koordinationsformen erfolgen.

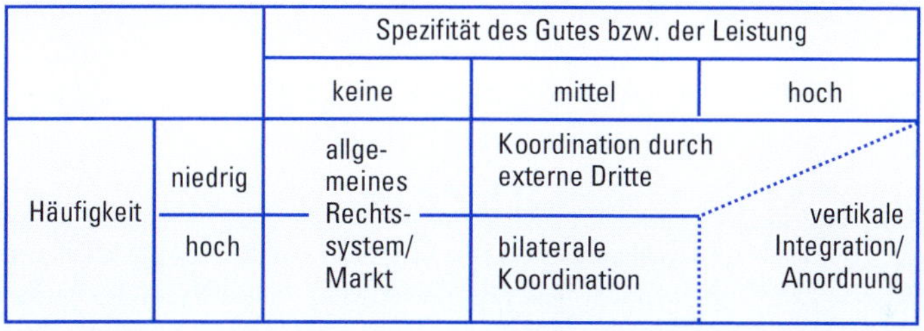

Abb. 3-4: Zuordnung von Transaktionen zu Koordinationsformen (Ordelheide 1993, Sp. 1843)

Ausmaß vertikaler Integration

Damit ist auch ein primäres Anwendungsgebiet der Transaktionskostentheorie offen gelegt, nämlich die Frage nach dem richtigen Ausmaß an *vertikaler Integration* bzw. die Frage nach dem richtigen Verhältnis von *Eigen- und Fremderstellung* (»make or buy«). Dieses Thema steht schon längere Zeit auf der Agenda des Strategischen Managements und wird dort unter den Begriffen *Out- und Insourcing* diskutiert. Doch auch für Fragen der Wahl der richtigen Struktur der Aufbauorganisation[22] (Übergang von funktionaler auf divisionale Struktur) konnten wertvolle, empirisch fundierte Beiträge geleistet werden, die im GMN-Kontext jedoch eher dem Arbeitsfeld »Wertschöpfung« zuzuordnen sind. So konnte z.B. auch gezeigt werden, dass eine Divisionalisierung von Unternehmen nicht nur durch Produktheterogenität begünstigt wird, sondern auch durch die Frage nach der optimalen Betriebsgröße. Insgesamt wird das Anwendungsfeld der Transaktionskostentheorie kontinuierlich reichhaltiger, so dass erwartet werden kann, dass daraus eine neue, strukturorientierte Allgemeine Managementlehre entsteht.[23]

Theorie der Verfügungsrechte

Ergänzend sei noch auf die »**Theorie der Verfügungsrechte**« (»property rights«) hingewiesen, da sie sich die gleiche Grundforschungsfrage wie die Transaktionskostentheorie stellt, aber mit vollständigen Verträgen arbeitet, womit sie einer forschungstechnischen Formalisierung besser zugänglich ist.[24] Primär werden hier wiederum »Spiele« zwischen *Principal* (z. B. Eigentümer) und *Agent* (z. B. Top-Manager) betrachtet und modelliert. Je größer Unternehmen werden, desto mehr geben die Principals Teile ihrer Verfügungsrechte an das durch sie beauftragte Top-Management ab, so dass ihnen häufig nur noch die Verfügungsrechte Aneignung und Veräußerung bleiben. Auch hier entscheiden die Kosten der Kontrolle der Principals über die Agents über die Wahl der geeigneten Kontrollform. Bei einer zu losen Kontrolle und auf Grund einer asymmetrischen Informationsverteilung kann eine Geschäftsleitung Ziele durchsetzen, die von den Interessen der Eigentümer abweichen (»agency costs«). Dieser Gefahr gilt es durch Gegenmaßnahmen zu begegnen, wie etwa der Einrichtung eines Entlohnungssystems, das die Eigentümerziele stärkt (z. B. Gewinnbeteiligung). Was also interessiert, sind die Optimalitätsbedingungen für Verträge, über die der Agent motiviert werden kann, seine Aufgabe innerhalb des ihm zur Verfügung stehenden Handlungsspielraumes so wahrzunehmen, dass der für den Principal daraus entstehende Nutzen möglichst groß ist. D.h. es sind vertragliche und organisatorische Regelungen zu vereinbaren und deren Einhaltung zu kontrollieren, damit die Agenten im Sinne derer, die über die Eigentumsrechte verfügen, auch handeln. Auch hier wird also den Akteuren primär eigennütziges und opportunistisches Verhalten unterstellt (»*moral hazard*«), das es seitens der Principals einzudämmen gilt. Die dabei entstehenden Kosten ähneln wiederum den Transaktionskosten.[25]

Standpunkt
In den USA war es in den 90er-Jahren üblich geworden, dass ein wesentlicher Teil der Entlohnung des Top-Managements großer Konzerne mittels Aktienoptionen stattfand, die sich bei einzelnen Manager sogar bis auf dreistellige Millionenbeträge kumulieren konnten. Welche ethischen Probleme sehen Sie hier auf ein solches Unternehmen zukommen, wenn die Aktienkurse stark überbewertet und dann einmal rückläufig sind? Mit dem auslaufenden Börsenboom ab dem Jahr 2000 wurden eine ganze Reihe von Führungskräften der Bilanzfälschung überführt (z. B. Aktivierung nicht stattgefundener Verkäufe). In einzelnen Fällen endete dies sogar im Konkurs des Unternehmens (z. B. ENRON oder WORLDCOM). Sehen Sie hier einen Zusammenhang zu den ethischen Problemen, die derartige Optionsprogramme aufwerfen?

Kritik

Der zentrale **Nachteil** der Institutionenökonomie wird häufig in ihrer Verankerung im *methodischen Individualismus* gesehen. Staehle (1999, S. 414) formuliert dies wie folgt: »Es erscheint wenig Erfolg versprechend, Entstehung und Veränderung von Institutionen allein aus dem Verhalten nutzenmaximierender Individuen erklären zu wollen. Historisch-politisch gewachsene Organisationen ex post als Ergebnis rationaler Entscheidungen von Individuen, die nach ex ante bekannten Nutzenmaximierungskalkülen handeln, zu interpretieren, muss vom Ansatz her scheitern.« Weitgehend ausgespart bleiben z. B. Aspekte des Wirksamwerdens von Strategien (Mikropolitik, Macht etc.), wodurch es zur Verabschiedung nicht implementierbarer Gestaltungsempfehlungen kommen kann, deren Korrektur dann wieder verschiedenste Formen von Kosten verursacht. Als unrealistisch kritisiert wird damit auch die neo-klassisch liberalistische Annahme von der prinzipiellen Wahlfreiheit der wirtschaftlich handelnden Personen, da auf Grund bestehender Machtstrukturen diese Freiheit häufig erheblich eingeengt ist.

3.1.3 Evolutionstheorie

Evolutionstheoretische Überlegungen gehören mit zu den ältesten und meist verbreiteten in der Wissenschaft. Sie finden sich nicht nur in der Biologie, sondern u. a. auch in Recht, Soziologie, Volkswirtschaftslehre oder der uns hier interessierenden Strategieforschung. Mittlerweile haben sie eine derartige Ausdifferenzierung erreicht, dass es nicht mehr einfach ist, zwischen ihnen noch ein gemeinsames, theoretisches Fundament zu erkennen. Was die bislang vorgelegten Arbeiten zu verbinden scheint, ist ihr Interesse an Prozessen bzw. dynamischen Entwicklungen. Ökonomische und soziale Phänomene werden als Veränderungsprozesse verstanden, und es ist weniger der statische Zustand zu einem bestimmten Zeitpunkt von Relevanz, als die Mechanismen und Prozesse, die dazu geführt haben.

Drei Charakteristika

Nach Nelson (1995) zeichnen sich evolutionäre Ansätze durch drei **Charakteristika** aus: Erstens richten sie ihre Aufmerksamkeit auf einzelne *Variablen oder Mengen von Variablen* und untersuchen, wie sich diese *über die Zeit verändern.* Dynamische Prozessmodelle sind die logische Konsequenz. Den auf Gleichgewichtsvorstellungen beruhenden Modellen der volkswirtschaftlichen Theorie wird auf Grund ihres statischen Charakters sowie ihrer mangelnden Fähigkeit die Komplexität dynamischer Prozesse zu erfassen, eine Absage erteilt. Zweitens wird davon ausgegangen, dass die jeweiligen Analyseeinheiten dem Mechanismus der *Variation* unterliegen, d. h. im Laufe der Evolution kommt es zu Veränderungen, die einige der ursprünglichen Objekte mit neuen Eigenschaften ausstatten und sie von den bisherigen differenzieren. Dieser Prozess wird jedoch im Gegenzug durch Mechanismen der *Selektion* eingeschränkt. Sie prüfen systematisch die entstandenen Variationen und unterziehen sie einer Auswahl. Einzelne überstehen sie, andere hingegen werden eliminiert. Drittens wird von der Existenz *beharrender Mechanismen* ausgegangen, die den überlebenden Variationen eine gewisse Stabilität und Kontinuität garantieren und eine *Retention* der neuen Eigenschaften ermöglichen.

In den meisten evolutionären Ansätzen ist der ursprüngliche, aus der Biologie stammende Dreischritt von »Variation – Selektion – Retention« als zentrale Denkfigur zwar noch erhalten, doch was damit im Detail gemeint ist und welche Analyseeinheit im Vordergrund steht, unterscheidet sich erheblich. Betrachten wir dies an einigen wichtigen Ansätzen.

Populationsökologie

Die ursprünglich aus der Organisationstheorie stammende Populationsökologie (»Population-Ecology«) von Hannan/Freeman (1977, 1984)[26] stellt – wie der Name bereits ankündigt – auf Populationen von Organisationen ab und sieht darin das geeignete Analogon zum biologischen Begriff der Spezies. Die Firmen einer Population sind durch eine gemeinsame organisationale Form gekennzeichnet und insofern Mitglieder eines gleichen Genotyps. Innerhalb einer Population kommt es nun im Laufe der Evolution zu Variationen, die beispielsweise durch technischen Wandel, eine Veränderung der institutionellen Rahmenbedingungen oder schlichtweg Zufall ausgelöst werden. Diese führen zur Entstehung neuer Organisationsformen, die sich entweder in Form von Neugründungen oder Abspaltungen manifestieren. Aus dem dadurch geschaffenen »Angebot« selektiert die Umwelt diejenigen Variationen negativ aus, die den von ihr gestellten Anforderungen nicht gewachsen sind. Nur »effiziente« Firmen, die an die Nische einer Population optimal angepasst sind, überleben. In der Phase der Retention sind die neuen Varianten dann in den Genpool der Population eingegangen und werden, durch Mechanismen (wie institutionelle Barrieren) geschützt, an die nächste Generation weitergegeben und dort reproduziert.

Ist bei Hannan/Freeman noch die Organisationsform die Einheit, die variiert, selektiert und retentiert wird, so stellen McKelvey/Aldrich (1983) so genannte »Competences« (oder abgekürzt Comps) in den Mittelpunkt ihres Ansatzes. Sie wechseln damit die Analyseeinheit und begründen dies damit, dass in der biologischen Evolution nicht Menschen, sondern Gene dem Evolutionsprozess unterliegen und der Grund für deren Reproduktionserfolg in den damit verbundenen Problemlösungseigenschaften liegt. Comps nun bilden das Analogon zur genetischen Information und zeigen sich in Patenten, Produktions- und Produkttechniken, Verfahrensrichtlinien, Computerprogrammen etc. Jede Population weist eine bestimmte Menge dieser Comps auf, die in Form des Wissens und der Fähigkeiten der Mitglieder der Organisationen in dieser Population gespeichert sind. Im Zuge ihrer Reproduktion sowie durch externe Einflüsse kommt es auch hier zu Variationen, die in der Folge selektiert und je nach Erfolg bewahrt werden. Effiziente Comps setzen sich dabei direkt gegen schwächere Konkurrenten durch und verdrängen diese aus dem »Compool« der Population.

Ein weiterer, wichtiger Beitrag stammt von Nelson/Winter (1982). Auch er ist phylogenetischer Natur, d.h. er konzentriert sich auf die Erklärung der Veränderung einer Population von Firmen und nicht einer einzelnen Firma. Die Autoren entwerfen in ihrem Ansatz einen Bezugsrahmen, der Innovation im Sinne von Variation und Mutation versteht, die Retention bei den Firmen als wissenstragende Entitäten sieht und Selektionen als Marktmechanismen versteht. Firmen werden als pfadabhängige Wissensbasen betrachtet, die aus hierarchisch angeordneten Bündeln von Routinen bestehen. Diese Routinen stellen für Nelson/Winter das Basismaterial der Evolution von Firmen dar und werden folglich zu ihrer zentralen Analyseeinheit. Als *Routine* wird definiert:« ... most of what is regular and predictable about business behavior is plausibly subsumed under the heading »routine«, especially if we understand that term to include the relatively constant dispositions and strategic heuristics that shape the approach of a firm to the non-routine problem it faces.« (Nelson/Winter 1982, S. 15). Konkret werden drei Arten von Routinen unterschieden. Erstens gibt es Routinen, die die standardmäßigen, operativen Prozeduren bilden und bestimmen, wie und in welchem Umfang Firmen produzieren. Zu denken ist z.B. an bestimmte Technologien, die die Produktionsfunktion der Firma bestimmen. Zweitens gibt es Routinen, die das Investitionsverhalten von Firmen bestimmen und die Höhe ihres Kapitalstockes regeln. Und drittens sind auch diejenigen Prozesse, die die Suche nach Verbesserungsmöglichkeiten betreffen, als Routinen zu verstehen. Gerade dieser Typ stellt die Quelle für unternehmerische Fitness dar und legt fest, inwieweit sich Unternehmen differenzieren können.

Firmen als pfadabhängige Wissensbasen

Routinen

Mit diesen Überlegungen ist bereits die Brücke zu einer ontogenetischen Theorie geschlagen, die sich auf Veränderungen innerhalb einzelner Firmen konzentrieren kann. Für einen solchen Ansatz plädieren explizit Foss/Knudsen/Montgomery (1994), sehen sie darin doch ein großes Potenzial für Fragestellungen des Strategischen Managements. Arbeiten, die in diese Richtung weisen, setzen sich mit Themen wie dem Suchverhalten von Firmen, dem Einfluss von Anfangsbedingungen oder der Mehr-Ebenen-Selektion auseinander. Stuart/Podolny (1996) beispielsweise messen die relative Variation von Firmen gegenüber ihrer technologischen Nische und ermitteln hier deutlich voneinander abgrenzbare Cluster.

Doz (1996) untersucht die Evolution von Allianzen und kommt zu der überraschenden Erkenntnis, dass der Einsatz bestehender Routinen seitens der Partner die Zusammenarbeit zwischen ihnen nicht erleichtert, sondern im Gegenteil Konflikt und Misstrauen schafft. Burgelman (1991) zuletzt sieht die Firma als eine Ökologie rivalisierender strategischer Initiativen und untersucht, wie diese sich im Wechselspiel der verschiedenen Managementebenen entwickeln (siehe dazu auch Kapitel 2.1.2). Besonders erwähnenswert ist dabei die Erkenntnis, dass firmeninterne Selektionsmechanismen teilweise externe substituieren und die Anforderungen der Umwelt dadurch im Inneren widergespiegelt werden.

Die Firma als eine Ökologie rivalisierender strategischer Initiativen

Kritisch betrachtet kommt dem evolutionstheoretischen Ansatz der Verdienst zu, explizit die Bedeutung dynamischer Prozesse betont und ihr in Abgrenzung zu den Gleichgewichtsmodellen der klassischen, ökonomischen Theorie mit entsprechenden Modellen und Methoden nachgegangen zu sein. Für eine Reihe von Phänomenen (wie z.B. die Diffusion von Innovationen, unternehmerischen Wandel etc.) hat er mit seinen Konstrukten (wie Pfadabhängigkeit, organisationale Trägheit etc.) wichtige Erkenntnisse generiert. Die größere Realitätsnähe musste allerdings meist mit einer ansteigenden Komplexität der Modelle »bezahlt« werden.

Kritik

Prinzipiell bemängelt wird die Übernahme biologischen Gedankengutes auf ökonomische und soziale Zusammenhänge. Der Analogieschluss erscheint kritischen Beobachtern als nicht haltbar. Dem ist allerdings entgegenzuhalten, dass mittlerweile die meisten evolutionären Ansätze sich von einem unreflektierten Transfer entfernt und ein recht eigenständiges Sprach- und Argumentationsmuster entwickelt haben. Zweitens ist umstritten nach welchen Kriterien die Umwelt selektiert. Kieser/Woywode (1999) weisen zu Recht auf die Gefahr des logischen Zirkelschlusses hin, demzufolge von der faktischen Verbreitung einer Organisationsform auf deren Problemlösungsfähigkeit geschlossen wird. Doch auch hier hat sich die Forschung weiterbewegt. So werden die Wechselwirkungen von Mehr-Ebenen-Selektionen ebenso diskutiert, wie Situationen, in denen die Selektion relativ »lax« erfolgt und mit dem ursprünglichen Anspruch der Optimierung nicht mehr viel gemeinsam hat. Die Prognosekraft evolutionärer Ansätze hängt wesentlich davon ab, wie der Selektionsprozess erklärt wird – kein leichtes Unterfangen, wenn man zusätzlich die Möglichkeit mit einbezieht, dass auch Selektionsmechanismen einer Evolution unterliegen. Drittens ist es relativ schwierig, aus dem evolutionstheoretischen Ansatz praktische Handlungsempfehlungen für das Management abzuleiten. Die Möglichkeit evolutionäre Prozesse direkt zu beeinflussen, ist kaum gegeben, da die relevanten Variations- und Selektionsmechanismen außerhalb des Einflussbereiches von Managern liegen. Zudem sind Konzepte wie Variation, Selektion und Retention auf einer relativ hohen Abstraktionsebene angesiedelt. Viertens stellt sich die Frage nach der »richtigen« Analyseeinheit. Können Populationen von Organisationen, Comps, Routinen oder Initiativen wirklich herangezogen werden und wenn ja, wie sind sie in diesem Fall zu operationalisieren? Hier stellen sich noch eine Reihe von ernst zu nehmenden Problemen.

3.1.4 Vergleichende Betrachtung

Die eben besprochenen, theoretischen Ansätze des Strategischen lassen sich, wie in dem Überblick in Abbildung 3-5 dargestellt, vergleichen.

Während sich die Industrieökonomik und insbesondere der transaktionskostentheoretische Ansatz der Institutionenökonomie als relativ stark geschlossene Theoriegebäude präsentieren, ist insbesondere die Evolutionstheorie durch stark heterogene Ansätze gekennzeichnet. Dies erschwert einen Vergleich, da zunächst jeweils zu klären ist, um welchen Ansatz es sich konkret handelt.

Unterschiedliche Sichtweisen der Firma

Nichtsdestotrotz kommt bei einer Gegenüberstellung der Ansätze die unterschiedliche Sichtweise der Firma klar zum Ausdruck. Dies ist u.a. auf ihre historische Entwicklung zurückzuführen bzw. auf die Fragestellungen, die sie am Anfang bewegten. So wurde beispielsweise die Transaktionskostentheorie ursprünglich nicht als Ansatz des Strategischen konzipiert, sondern stellte die Frage nach der Existenz von Firmen. Mittlerweile hat sie sich jedoch zu einer Theorie entwickelt, die für die Erklärung verschiedener strategischer Fragestellungen herangezogen wird. Gleiches gilt auch für die Industrieökonomik sowie die Evolutionstheorie.

	Industrieökonomik	**Institutionenökonomie**	**Evolutionstheorie**
Intellektuelle Wurzeln	Bain/Mason	Coase/Williamson	Hannan/Freeman, Caroll, Nelson/Winter,
Sichtweise der Firma	Firma als Produktionsfunktion, die ihr Verhalten der Branchenstruktur anpasst	Firma als transaktionskostenminimierende Koordinationsform (Nexus von Verträgen)	Firma als Bündel von Routinen (Nelson) oder Ökologie von Initiativen (Burgelman)
Analyseeinheit	Branchenstruktur	Transaktion	Variiert (Population, Comps, Routinen etc.)
Ursache für Wettbewerbsvorteile	Vorteilhafte Position in einer geschützten Industrie (Marktmacht)	Effizienzvorteile durch optimale Gestaltung der Vertragsbedingungen	»Effiziente« Variationen, die die Selektion überstanden haben
Zentrale Annahmen	Rationalität der Handelnden, Dominanz der Branchenstruktur	Beschränkte Rationalität, Opportunismus, »Foresight«	Beschränkte Rationalität, evolutionärer, nur teilweise beeinflussbarer Prozess

Abb. 3-5: Theoretische Ansätze im Vergleich

Zusammenfassung

- In der *Industrieökonomik* ging es anfangs darum, den Leistungsunterschied von Branchen untereinander zu erklären. Generell betrachtet, sieht man die Ursache für Erfolg in der Wahl der attraktiveren Branche, die es für das Unternehmen zu dessen Positionierung ausfindig zu machen gilt. Dann gilt es, eine Strategie zu entdecken, über die eine bessere Anpassung des Unternehmens an seine Branchenstruktur möglich ist (z.B. durch Beachtung der Lebenszyklusphase eines Geschäfts). Dabei sind durchaus verschiedene Strategien zur Erlangung von Erfolg möglich. Dieser Erfolg stellt sich aber nur dann ein, wenn das

Unternehmen die für eine Implementierung der Strategie erforderlichen Ressourcen bereitstellen kann.

- Nach der *Transaktionskostentheorie* stehen Markt und Hierarchie (Unternehmen) in Konkurrenz um die Durchführung von Transaktionen. Das Unternehmen wird sich dann durchsetzen, wenn es (über seine Hierarchie) Transaktionen günstiger abwickeln kann als über den Markt. Ansonsten ist der Markt die effizientere Koordinationsform. Dabei entscheiden insbesondere der Spezifitätsgrad der Leistung sowie die Veränderlichkeit der Vertragsbeziehung darüber, welche Koordinationsform sich durchsetzen wird. Aufgrund der Annahme nur begrenzter Rationalität der Handelnden im Unternehmen kann es allerdings auch zu einem »Marktversagen« kommen.
- Mit wachsender Unternehmensgröße geben nach der »*Theorie der Verfügungsrechte*« die Eigentümer des Unternehmens ihre Verfügungsrechte an die durch sie beauftragten Manager ab. Damit dadurch die Eigentümerinteressen nicht durch die Manager unterlaufen werden, müssen entsprechende Governance-Systeme eingerichtet werden.
- Das Interesse der *Evolutionstheorie* ist auf dynamische Entwicklungsprozesse einzelner Variablen gerichtet. Dabei folgt man grundsätzlich dem Dreiklang »Variation-Selektion-Retention«. Analyseeinheit können Populationen von Organisationen, Routinen, strategische Initiativen etc. sein.

Lernkontrolle

1. Welche theoretischen Ansätze zur Erklärung überdurchschnittlichen Erfolgs von Unternehmen gibt es?
2. Was will die Industrieökonomik erklären? Was ist auf Grund dessen das Bezugsobjekt dieses Ansatzes?
3. Was war der Auslöser der industrieökonomischen Forschung?
4. Was besagt das »Structure-Conduct-Performance-Paradigma«? Worin besteht hier der Bezug zum Thema Strategie?
5. Welche Annahmen bzgl. der Ressourcenausstattung der Unternehmen einer Branche werden in der Industrieökonomik getroffen?
6. Wodurch gewann die industrieökonomische Forschung an Relevanz für Manager?
7. Worin sieht die Industrieökonomik die beiden zentralen Quellen für nachhaltige Wettbewerbsvorteile?
8. Was war der Beitrag von Michael Porter zur industrieökonomischen Forschung?
9. Was leistet die Spieltheorie in der Industrieökonomik?
10. Welche Rolle spielen Markt und Hierarchie in der Transaktionskostentheorie?
11. Warum sieht die Transaktionskostentheorie das Unternehmen als Nexus von Verträgen?
12. Warum wird man bei der Transaktionskostentheorie bei einem hohen Standardisierungsgrad der Leistung (geringe Spezifität) den Markt als Koordinationsform bevorzugen?
13. Wo bzw. wie kann die Transaktionskostentheorie im Strategischen Management angewandt werden?

14. Wann und warum entstehen »agency costs«?
15. Was sind Intention und Grundgedanke evolutionstheoretischer Untersuchungen?
16. Welche Rolle spielen Routinen im Ansatz von Nelson/Winter (1982)?

3.2 Unternehmens- und Umweltanalyse (Gestaltung I)

Die Unternehmens- und Umweltanalyse dient dem Zweck, Aufschluss über Art, Stärke und Zusammenspiel der Einflusskräfte von Unternehmen und Umwelt zu gewinnen. Damit erhält man nicht nur ein Bild über die momentane Position eines Unternehmens, sondern auch über zu erwartende Veränderungen. Wir werden diese Thematik mit einer Betrachtung der Ausgangssituation eines Unternehmens beginnen (Kapitel 3.2.1), darauf aufbauend zuerst die Einflusskräfte der Umwelt (Kapitel 3.2.2), dann die des Unternehmens (Kapitel 3.2.3) analysieren, und zuletzt beide in einer integrierten Betrachtung zusammenführen (Kapitel 3.2.4).

Lernziele

- Segmentierung der Umwelt in die zu bearbeitenden strategischen Geschäftsfelder (SGF) sowie Abgrenzung strategischer Geschäftseinheiten (SGE) als Segmentierung des Unternehmens
- Ausrichtung der Positionierung der jeweiligen Steuerungseinheiten an ihren Anspruchsgruppen (»Stakeholder«) und an ihrer generellen Umwelt
- Durchführung einer Stakeholder-Analyse mit »Tiefenbohrungen« bei ausgewählten Anspruchsgruppen
- Konzeption einer Branchen- und Wettbewerberanalyse unter Einbezug der Komplementäre
- Vermittlung des Grundgedankens einer strategischen Frühaufklärung mit besonderem Verweis auf die Szenario-Technik
- Darstellung von Verfahren zur Unternehmensanalyse mit Fokus auf Fähigkeiten und Kernkompetenzen
- Aufzeigen von Verfahren zur Erlangung einer integrierten Sichtweise nach Durchführung einer Umwelt- und Unternehmensanalyse

3.2.1 Ausgangssituation

Blickt man auf das eigene Unternehmen, dann stellt man fest, dass sich hier im Laufe der Zeit ein bestimmtes Bild über die relevanten Anspruchsgruppen sowie die eigenen Geschäftsaktivitäten gebildet hat. Dieses schlägt sich zumeist auch in den organisationalen Strukturen und Prozessen nieder und wird hier teilweise sichtbar. Will man nun diese Ausgangssituation eines Unternehmens untersuchen, dann kann man entlang der rudimentären Unterscheidung »Umwelt/Unternehmen« vorgehen. Es bietet sich an, die Umwelt in so genannte strategische Geschäftsfelder (SGF) zu zerlegen, die eine marktbezogene Strukturierung der aktuellen Aktivitäten eines Unternehmens vermitteln. Ihnen stehen dann innerhalb des Unternehmens die strategischen Geschäftseinheiten (SGE) als Pendant gegenüber. Diese werden, wie erwähnt, in aller Regel auf der Ebene des Gesamtunternehmens (im Unternehmensportfolio) zusammengefasst und von dort aus koordiniert und gesteuert.

Die Segmentierung und Abgrenzung der SGF und SGE sind extrem erfolgskritisch für die Entwicklung eines Unternehmens. Hier wird nicht nur definiert, in welchen Geschäften man sich sieht, sondern auch entschieden, in welcher Form der Innenstrukturierung (SGE) man diese SGF bearbeiten will, denn Bezugsobjekt der Geschäftsstrategien sind die SGE. Deshalb ist es wichtig, dass man sich für diese Hinterfragung der Ausgangssituation ausreichend Zeit nimmt, da eine vorschnelle oder politisch einfache Abgrenzung enorme Folgefehler zur Konsequenz haben kann, weil alle weiteren Schritte darauf aufbauen. Oft wird hier nicht konsequent genug vorgegangen, weil man z. B. nicht gleich zu Anfang die Unterstützung der Vertreter der gewachsenen Strukturen gefährden möchte.

(1) Die Umwelt als Kombination von strategischen Geschäftsfeldern

Die Umwelt eines Unternehmens ist in aller Regel zu umfassend und zu vielschichtig, als dass sie einheitlich bearbeitet werden könnte. Wenn ein Großunternehmen wie Nestlé beispielsweise gleichzeitig in Märkten wie Milchprodukte, Getränke, Süßwaren, Fertigprodukte, Tiernahrung, Pharmaka und Kosmetik agiert, dann ist es leicht nachvollziehbar, dass in jedem dieser Felder unterschiedliche Rahmenbedingungen und Gesetzmäßigkeiten herrschen und folglich auch speziell auf diese Geschäfte zugeschnittene Strategien zu verfolgen sind. Doch auch kleinere Unternehmen teilen, wenn man sie näher betrachtet, ihre Umwelt zumeist in verschiedene Felder auf, die sie dann gezielt bearbeiten. So sind Bäckereien oft nicht nur im Brot- und Backwarenmarkt tätig, sondern bieten auch Konfitüre und Pralinen an. Vereinzelt findet man sogar Milch- und Käseprodukte, was ihre Palette um ein weiteres Feld erweitert. Und selbst scheinbar homogene Märkte wie der Automobilmarkt werden in einzelne Segmente unterteilt, von denen angenommen wird, dass sie sich hinsichtlich ihrer Funktionsweise markant voneinander unterscheiden.

Solche Segmente der Umwelt werden als **strategische Geschäftsfelder (SGF)** bezeichnet. Sie repräsentieren einen möglichst isoliert »funktionierenden« Ausschnitt aus dem gesamten Betätigungsfeld des Unternehmens, der eigene Ertragsaussichten, Chancen und Risiken aufweist und für den relativ unabhängig eigenständige Strategien entwickelt und realisiert werden können.[27] Fragen, die sich in diesem Zusammenhang stellen, und die in einem Unternehmen diskutiert werden sollten, lauten:

Strategische Geschäftsfelder repräsentieren einen möglichst isoliert »funktionierenden« Ausschnitt aus dem gesamten Betätigungsfeld des Unternehmens

- In welchen Geschäftsfeldern wollen wir überhaupt tätig sein?
- Wie attraktiv ist ein Geschäftsfeld für uns, wie ist seine zukünftige Entwicklung?
- Wer sind in diesem Geschäftsfeld die wichtigsten Anspruchsgruppen?

- Welche Position nehmen wir ihnen gegenüber ein und welche Position wollen wir einnehmen?
- Wie wollen wir diese Position erreichen?

Die Aufteilung der gesamten relevanten Geschäftsumwelt in einzelne Geschäftsfelder dient dem Zweck, angesichts der prinzipiell unendlich hohen Komplexität der Umwelt einige überschaubare Bereiche zu konstruieren, die es dann gezielt zu bearbeiten gilt. Ein Unternehmen legt durch diese Wahl gewissermaßen die Spielfelder fest, auf denen es agieren und seine zur Verfügung stehenden Ressourcen einsetzen will. Der niederländische PHILIPS-KONZERN beispielsweise hat sich acht Geschäftsfelder ausgewählt, auf denen er tätig sein will. Es sind die Unterhaltungselektronik, Komponenten (PC- und TV-Röhren), Beleuchtung, Halbleiter, professionelle Geräte und Systeme (wie z.B. Verkehrsleitsysteme), Medizintechnik, Haushaltsgeräte und EDV-Dienstleistungen.

Bei der Segmentierung der Umwelt in strategische Geschäftsfelder ist darauf zu achten, Überschneidungen zwischen den einzelnen Geschäftsfeldern zu minimieren, damit es bei der Strategienumsetzung zu keinen negativen Wechselwirkungen kommen kann. Die eigentliche Segmentierung kann anhand verschiedener **Kriterien** vorgenommen werden. Welche man dabei als wichtig erachtet, und wie man sie miteinander kombiniert, hängt von der jeweiligen Einschätzung der Umwelt ab und ist von Fall zu Fall verschieden.

Zumeist greift man auf folgende sechs Abgrenzungskriterien zurück, die zudem auch eine Reihe wichtiger Fragen aufwerfen:

Sechs Abgrenzungskriterien

- *Produkte:* Welche Dienstleistungen und Produkte sollen in einem Geschäftsfeld gebündelt werden? Wie stark sind sie miteinander verbunden, wo unterscheiden sie sich? Nehmen die Abnehmer diese Kombination wahr? Ist sie für sie wichtig?
- *Marktsegmente:* Nach welchen Kriterien sollen die einzelnen Kundengruppen eingeteilt werden? Welche Kundengruppen lassen sich unterscheiden? Haben sie ähnliche Kaufgewohnheiten? Können sie mit den gleichen Vertriebskanälen bedient werden?
- *Kundennutzen:* Worin besteht der Nutzen für den Abnehmer, den man bieten will? Fragen die Abnehmer beispielsweise Mobilität, Luxus oder ein spezielles Auto nach? Suchen sie nach ästhetischen Lampen oder nach Lichtqualität? Wie wichtig ist der Nutzen für den Abnehmer? Verändert er sich? Kann ein neuer geschaffen werden?
- *Technologien*: Welche Bedeutung hat die Technologie für dieses Geschäft? Gibt es hier eine einzige dominierende oder mehrere gleichberechtigte Technologien? Wie stark ist mit der Substitution bestehender Technologien zu rechnen?
- *Geografie:* Welche geografische Einteilung bietet sich an? Greift man auf eine lokale, regionale, nationale, kontinentale oder globale Segmentierung zurück? Bestehen Unterschiede hinsichtlich Kundenbedürfnissen oder Technologien in den einzelnen geografischen Gebieten?
- *Kostenstrukturen:* Gibt es Unterschiede in den Kostenstrukturen bei den Produkten und Dienstleistungen? Treten Skalen- oder Verbundeffekte auf? Welche Kosten sind fix, welche variabel? Gibt es Unterschiede bei den Prozesskosten?

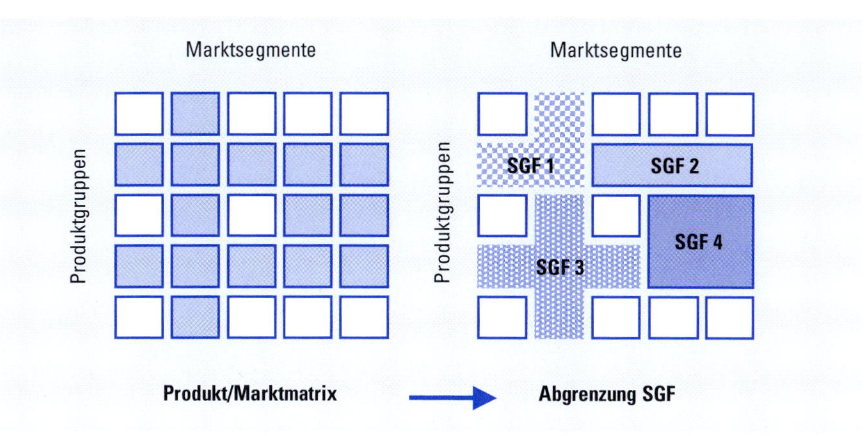

Abb. 3-6: Von Produkt/Marktkombinationen zu strategischen Geschäftsfeldern

Zwei Vorgehensweisen zur Abgrenzung von SGF

Mit Hilfe dieser Kriterien sind einzelne Geschäftsfelder voneinander abzugrenzen. Dabei werden in der praktischen Anwendung zumeist zwei Vorgehensweisen verwendet, von denen die Erste vom bereits bestehenden Angebot eines Unternehmens ausgeht, sich dabei auf die Kriterien »Produkte« und »Abnehmergruppen« stützt und von dieser Basis aus eine Geschäftsfeldsegmentierung vornimmt (Inside-Out-Segmentierung)[28]. Die zweite Vorgehensweise orientiert sich hingegen direkt an den Anforderungen der Umwelt, verwendet Kriterien, die dort als wichtig erachtet werden und gelangt auf dieser Basis zur Abgrenzung einzelner Geschäftsfelder (Outside-In-Segmentierung)[29]. Betrachten wir beide Vorgehensweisen:

Inside-Out-Segmentierung: Nimmt man das bestehende Angebot eines Unternehmens als Ausgangspunkt für eine Geschäftsfeldsegmentierung, so kann zunächst eine zweidimensionale Produkt/Marktmatrix erstellt werden. Auf der einen Seite werden die bestehenden Produkte und Dienstleistungen, auf der anderen Seite die einzelnen Marktsegmente aufgelistet. Im Rahmen dieser Matrix werden dann diejenigen Produkt/Marktkombinationen identifiziert, die ein Unternehmen momentan bedient. Gleichzeitig erhält man dadurch auch Hinweise auf noch unbearbeitete, aber potenziell zu bearbeitende Tätigkeitsfelder. Als Nächstes werden dann auf der Basis des als besonders strategisch differenzierend betrachteten Kriteriums einzelne Produkt/Marktkombinationen zu strategischen Geschäftsfeldern zusammengefasst. So könnte es z.B. sein, dass die Produkt/Marktkombinationen eines SGF jeweils eine bestimmte Technologie vereint nutzen, oder dass sie in etwa das gleiche Wettbewerbsumfeld haben. Vorhergehende Abbildung 3-6 verdeutlicht exemplarisch diese Form der SGF-Abgrenzung. Dabei sollte darauf geachtet werden, dass nicht zu viele Geschäftsfelder abgegrenzt werden, da man in der Lage sein sollte, bei der Bearbeitung der einzelnen SGF die Wechselwirkungen auf die anderen SGF zu überschauen. Dies wird ab etwa zehn SGF fast unmöglich.

Wie auf der linken Matrix zu sehen ist, repräsentieren die dunklen Rechtecke die 15 Produkt/Marktkombinationen, die momentan bedient werden. Sie werden in der rechten Matrix zu vier homogenen Geschäftsfeldern zusammengefasst, die dann gezielt zu bearbeiten sind. Inwieweit eine Homogenität gegeben ist, wird danach beurteilt, ob in einem Geschäftsfeld Gemeinsamkeiten zwischen Anspruchsgruppen wie Kunden, Wettbewerbern oder Lieferanten gegeben sind, oder abstrakter formuliert, ob es Interdependenzen im Ressourcen-, Markt- und Leistungsbereich gibt. Je stärker diese sind, desto sinnvoller wird es, die einzelnen Produkt/Marktkombinationen in einem einheitlichen Geschäftsfeld zusammenzufassen.

Neben der relativ einfachen Handhabung der Inside-Out-Methode, besteht ein weiterer *Vorteil* darin, noch gar nicht bestehende oder noch unbearbeitete Segmente identifizieren zu können, wie sie in Abbildung 3-6 durch die weißen Rechtecke der linken Matrix verkörpert werden. Insofern werden dadurch blinde Flecken sichtbar, die dann Anregungen für die weitere Positionierungsarbeit bieten können. Allerdings sollte bei der Bildung von Geschäftsfeldern darauf geachtet werden, diese hinsichtlich ihres Volumens nicht zu klein werden zu lassen, da ansonsten der Einsatz geschäftsfeldspezifischer Strategien fragwürdig wird. Die Kosten für Entwicklung und Implementierung einer solchen Strategie sind zumeist beachtlich, und daher nur für Geschäftsfelder mit einem ausreichenden Potenzial zu empfehlen. Eine Analyse der Attraktivität eines einzelnen Geschäftsfeldes sowie seiner es treibenden Kräfte kann hier vorab hilfreiche Hinweise geben, ob ein solches Potenzial vorhanden ist oder eben nicht.

!

Fallbeispiel: IT-Dienstleistungsmarkt Schweiz

Im Rahmen eines Strategieentwicklungsprojektes erfolgte eine Segmentierung des IT-Dienstleistungsmarktes in der Schweiz. Man benutzte eine zweidimensionale Matrix, die die Kriterien »Produkte« und »Marktsegmente« verwendete. Die Produktbereiche wurden als »Consult, Design, Build, Operate und Manage«, die Marktsegmente als »Data Center, Desktop, Network, Application und Business Process« bezeichnet. Aus ihnen wurde anschließend eine zweidimensionale Matrix aufgespannt, wie sie in der nachfolgenden Abbildung 3-7 wiedergegeben ist.

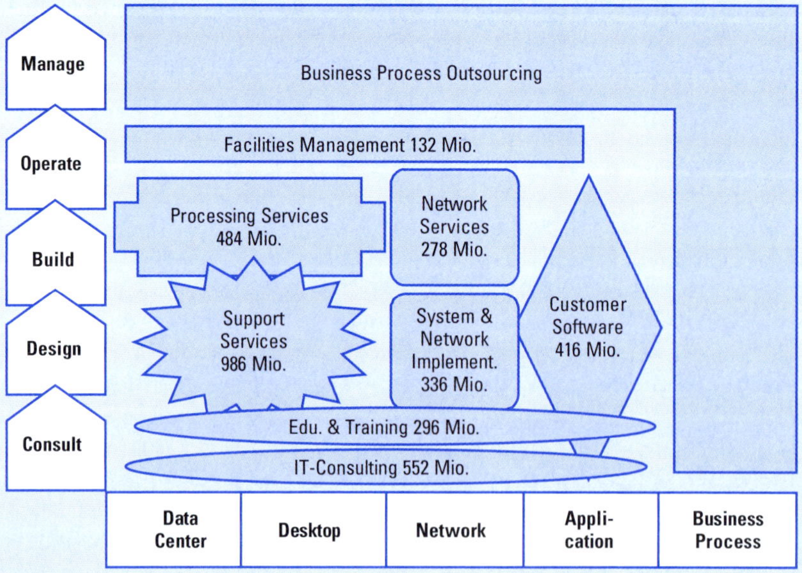

Abb. 3-7: Geschäftsfeldsegmentierung im IT-Dienstleistungsmarkt Schweiz

In der 5x5-Matrix wurden anschließend 9 Geschäftsfelder abgegrenzt und ihr jeweiliges Marktvolumen ermittelt. Die Geschäftsfelder reichten dabei von kleineren Segmenten, wie den 132 Mio. CHF im Facilities Management bis zu umsatzstarken Feldern, wie den 986 Mio. CHF in den Support Services. Nicht geklärt werden konnte, wie groß das gesamte Feld des Business Process Outsourcing war, da hier kaum Daten zu finden waren. Insgesamt wurde der IT-Dienstleistungsmarkt Schweiz auf ca. 3,5 Mrd. CHF geschätzt. Anschließend erfolgte eine Abschätzung der weiteren Entwicklung in den einzelnen Geschäftsfeldern. Es zeigte sich, dass insbesondere bei Support und Network Services starkes Wachstum zu erwarten war. Als Grund wurde die vermehrte Inanspruchnahme externer Dienstleister für den Aufbau, die Wartung und Weiterentwicklung von Telekommunikationsanlagen genannt (eine detaillierte Prognose der einzelnen Produkt/Marktkombinationen zeigt die Abbildung 3-8). Zuletzt wurde auf Grundlage der Analyse pro Geschäftsfeld ein Bündel strategischer Maßnahmen erarbeitet.

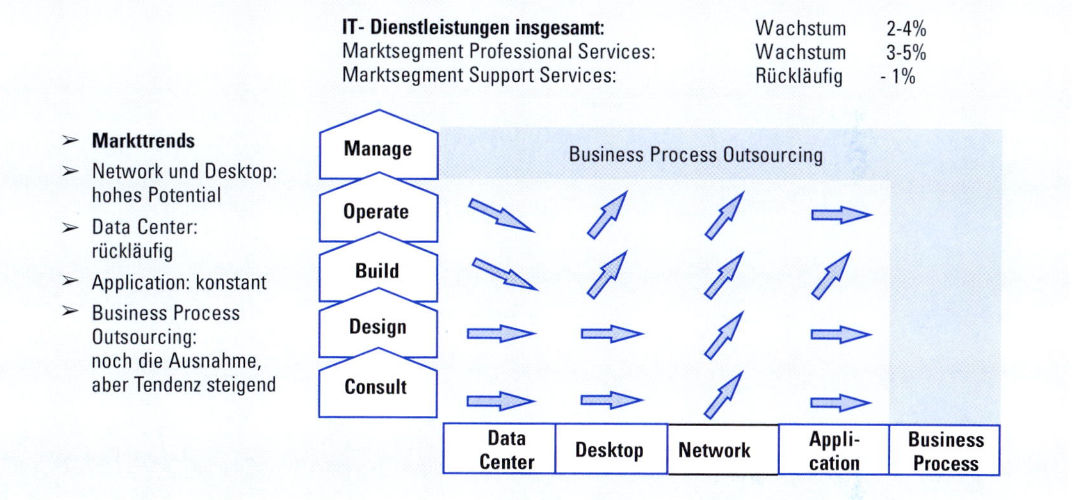

Abb. 3-8: Erwartete Veränderungen im IT-Dienstleistungsmarkt Schweiz

Neben den Vorteilen, die die Inside-Out-Methode bietet, sind jedoch auch zwei wichtige *Problembereiche* zu nennen. Erstens orientiert man sich nur an bestehenden und nicht an neu entstehenden Tätigkeitsfeldern, da man vom momentanen Produktspektrum und den gerade bedienten Marktsegmenten ausgeht. Zum anderen berücksichtigt man die Bedürfnisse der Kunden nicht direkt, sondern nur über den Umweg von als relevant erachteten Marktsegmenten. Der ersten Problematik kann begegnet werden, indem man auch potenzielle Produkte und Märkte in die Matrix aufnimmt und sie somit erweitert. Dadurch eröffnet sich die Möglichkeit neue Geschäftsfelder konzeptionell zu entwerfen und zu erschließen. In unserem Beispiel stellt die Übernahme ganzer Geschäftsprozesse (Business Process Outsourcing) ein derartiges neues Geschäftsfeld dar, dem sich mittlerweile viele Unternehmen widmen.[30] So übernimmt z. B. ein Unternehmen für seine Kunden in der Elektrizitätsindustrie die Aufgabe, Tausende von Stromzählern vollautomatisch abzulesen und die Rechnungen direkt an die privaten Endkunden zu versenden. Durch die effiziente Bereitstellung dieses Dienstes bietet sie den Elektrizitätsunternehmen sowohl die Möglichkeit ihre Kosten zu reduzieren, als auch sich verstärkt ihrem Kerngeschäft zuzuwenden.

Outside-In-Segmentierung: Um die zweite Problematik zu beheben, bietet es sich an, die Segmentierung der Umwelt direkt nach den Bedürfnissen der Anspruchsgruppen auszurichten. Abell (1980, S. 18ff.) bzw. Abell/Hammond (1979, S. 392) haben hierzu einen Bezugsrahmen vorgeschlagen, der zwischen drei Dimensionen unterscheidet, die sich eng an den Anforderungen von Kunden orientieren. Sie unterscheiden hier zwischen:

- Kundenbedürfnissen (customer functions)
- Potenziellen Abnehmergruppen (customer groups)
- Alternativen Technologien (alternative technologies)

Damit werden drei zentrale Fragen beantwortet: Welchen Nutzen bringt das Unternehmen für welches *Kundenbedürfnis*? Welche *Abnehmergruppen* profitieren davon? Mit welchen Verfahren und *Technologien* stiftet man diesen Nutzen?

Entlang dieser Dimensionen lassen sich dann dreidimensionale »Würfel« aufspannen, die jeweils ein spezielles Geschäftsfeld repräsentieren. Betrachten wir exemplarisch die Situation bei den Geräten zur Röntgendiagnostik in Abbildung 3-9, dann erkennt man, dass mittels der drei Dimensionen ein Raum von 3 x 3 x 2 = 18 »Würfeln« aufgespannt wird. Jeder dieser Würfel stellt eine mögliche Komponente eines SGF dar. EMI hat sich sein SGF so zugeschnitten, dass es mittels Röntgentechnologien der 2. Generation (Kopf und Ganzkörper) alle drei Abnehmergruppen bearbeitet. Damit kommt EMI bei den mittleren Krankenhäusern in eine direkte Konkurrenzbeziehung zu Ohio Nuclear.

Abb. 3-9: Bezugsrahmen zur Abgrenzung von Geschäftsfeldern am Beispiel Röntgendiagnostik

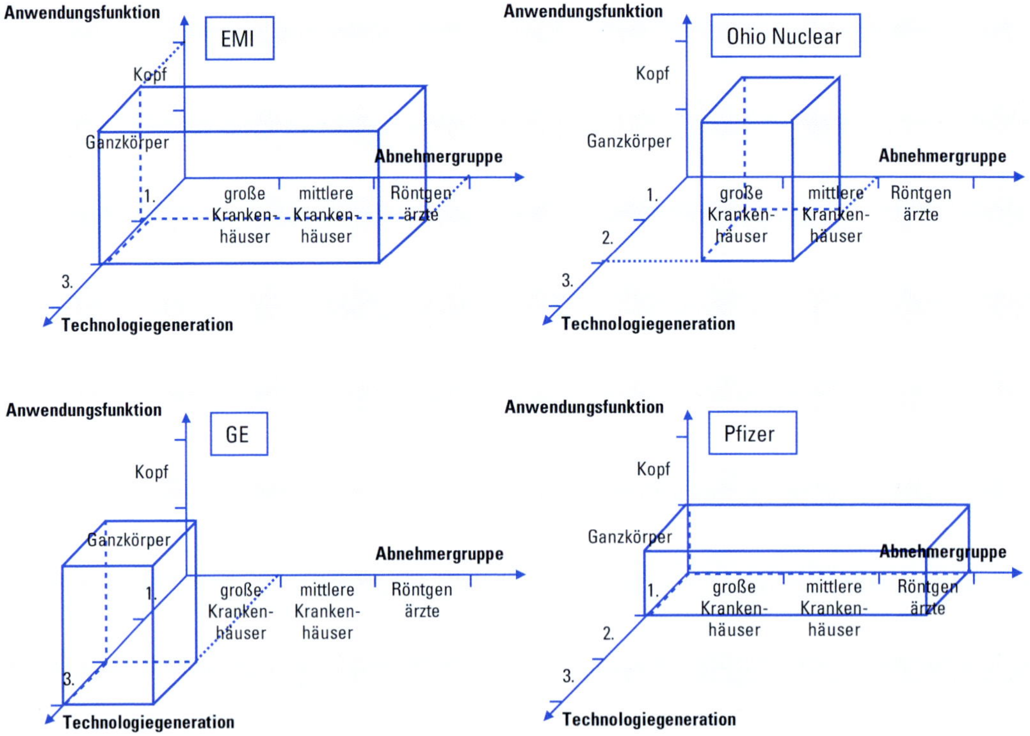

(2) Das Unternehmen als Kombination von strategischen Geschäftseinheiten

Wurden durch die Segmentierung der Umwelt die Spielfelder abgesteckt, auf denen ein Unternehmen wirtschaftlich tätig sein will, dann hat ein Unternehmen nun hierfür geeignete Strategien zu entwickeln. Prinzipiell wird dabei zwischen zwei Planungsebenen unterschieden: Der Ebene der strategischen Geschäftseinheiten (Business-Level) sowie der Ebene des Gesamtunternehmens (Corporate-Level).

Ebene der Strategischen Geschäftseinheiten (SGE): Das Gegenstück zu den strategischen Geschäftsfeldern bilden die strategischen Geschäftseinheiten. Während erstere im Rahmen einer Segmentierung der Umwelt abgegrenzt werden, entstehen strategischen Geschäftseinheiten durch die interne Segmentierung eines Unternehmens. Der Umweltsegmentierung wird also eine Unternehmenssegmentierung gegenübergestellt.[31]

Die strategischen Geschäftseinheiten entstehen durch die interne Segmentierung des Unternehmens

Eine Geschäftseinheit kann dabei durchaus auf mehreren Geschäftsfeldern tätig sein, wobei dann allerdings darauf zu achten ist, dass es zu keinen Überschneidungen zu anderen Geschäftseinheiten kommt. Philips hat sich beispielsweise in insgesamt achtzig solcher Geschäftseinheiten organisiert, die zusammen die bereits erwähnten acht Geschäftsfelder bearbeiten.

Von daher ist eine *strategische Geschäftseinheit* als ein Segment eines Unternehmens zu definieren, das für die Bearbeitung eines oder mehrerer Geschäftsfelder direkt verantwortlich ist. Bei ihrer Bildung ist auf folgende Punkte zu achten:

Anforderungen

- Die strategischen Geschäftseinheiten eines Unternehmens müssen deutlich voneinander abgrenzbar sein. Interdependenzen und Überschneidungen hinsichtlich von Kriterien wie Kunden, Kapazitäten, Konkurrenten, Eintrittsbarrieren oder Marktcharakteristika in den jeweiligen Geschäftsfeldern sind weitgehend zu vermeiden.
- Die Abgrenzung sollte dabei marktorientiert erfolgen. Sie orientiert sich an der Einteilung der Geschäftsfelder.
- Strategische Geschäftseinheiten entwerfen ihre Strategien selbstständig und sind auch für deren Umsetzung direkt verantwortlich.
- Dazu muss ihnen auch die volle Gewinn- und Verlustverantwortung für ihr Geschäft übertragen werden. Dies impliziert die Zuteilung und den Transfer von Verfügungsmacht über die Ressourcen eines Unternehmens. Vor dem Hintergrund von Steuerungsmöglichkeiten (z.B. Kosten, Gewinne, Rentabilitäten, Marktposition) ist damit aber auch eine möglichst eindeutige Abgrenzbarkeit notwendig.

Vorteile

Die Bildung von Geschäftseinheiten bringt für ein Unternehmen mehrere Vorteile. Erstens wird dadurch die interne Komplexität in einer überschaubaren Art und Weise zerlegt und geordnet. Wie viele Zwischenstufen man dabei einbaut und wie man die einzelnen Ebenen nennt, kann dabei von Unternehmen zu Unternehmen verschieden sein. Zweitens wird es damit möglich, zielgenau und maßgeschneidert Strategien für ausgewählte Geschäftsfelder zu erarbeiten, Erfolgspotenziale aufzubauen und sich auf diesen Märkten Wettbewerbsvorteile zu sichern. Ebenso kann flexibel auf Marktveränderungen reagiert werden. Drittens ist gerade in Großunternehmen der damit verbundene Motivationsaspekt nicht zu unterschätzen. Durch den weit gehenden Freiraum und die Eigenverantwortlichkeit, die einer Geschäftseinheit gewährt werden, können unternehmerische

Durch die Eigenverantwortlichkeit können unternehmerische Energien geweckt werden

Energien geweckt werden, die oft zu einer hohen Leistungsbereitschaft führen. Dieser Effekt wird dadurch noch unterstützt, dass die Bezüge der Führungskräfte zu einem hohen Anteil an den Erfolg ihrer Geschäftseinheit gekoppelt werden.

Nachteile

Als Nachteil ist jedoch der zu beobachtende »Eigensinn« der strategischen Geschäftseinheiten festzuhalten. Er äußert sich in einer oft mangelnden Bereitschaft zur Kooperation zwischen den einzelnen Einheiten, stark mikropolitisch geprägten Auseinandersetzungen um die Zuteilung von Ressourcen, wie auch in Form von offen oder verdeckt gezeigtem Widerstand, wenn es dazu kommt, die Struktur des gesamten Unternehmens neu zu ordnen. Zudem besteht die Gefahr der »Atomisierung« in wenig schlagkräftige Bereiche, wenn zu viele Geschäftseinheiten gebildet werden, die sich jeweils an ihren eigenen Zielen orientieren, dabei jedoch das Interesse des Ganzen aus den Augen verlieren. Eine übergreifende Unternehmenszentrale ist in einem solchen Fall noch zusätzlich mit der Problematik einer hohen »strategischen Leitungsspanne« konfrontiert, die ihre Energien nachhaltig bindet.

Gefahr der »Atomisierung«

Strategische Geschäftseinheiten eines Unternehmens lassen sich nicht immer direkt erkennen, wenn man das Organigramm eines Unternehmens betrachtet. Sie können die *Aufbaustruktur* eines Unternehmens widerspiegeln, müssen es jedoch nicht. Zu fragen ist also, wie und ob die SGE, als Einheiten der strategischen Planung, sich in der Organisationsstruktur eines Unternehmens wiederfinden. Dabei können vier verschiedenen Formen unterschieden werden:[32]

Formen

Zusammenspiel SGE und Aufbauorganisation

1. Die SGE sind identisch mit bestehenden Organisationseinheiten (z.B. mit Sparten oder Produktmanagementbereichen);
2. Eine Sparte setzt sich aus mehreren SGE zusammen;
3. Die SGE werden durch ein SGE-Team dargestellt, das aus Mitarbeitern der wichtigsten involvierten Funktionsbereiche besteht, und gelegentlich zur Wahrnehmung von Planungs-, Überwachungs- und Steuerungsaufgaben zusammentrifft. Das Team berichtet dann direkt an die Geschäftsleitung. Die Teammitglieder, die meist nicht nur für eine SGE arbeiten, sind in ihren Bereichen für die SGE verantwortlich.
4. Die SGE werden lediglich als planerisches Konstrukt geführt.

Um dem Verfolgen der Strategien ausreichend Nachhaltigkeit zu geben, sind die Varianten 2 und insbesondere 1 zu bevorzugen. Meist werden sie heutzutage dann in Form von ergebnisverantwortlichen Profitcenters geführt.

!

Deutsche Bank

Fallbeispiel:
Die neue Führungsorganisaton der Deutschen Bank (DB)

(05/02) Im Januar 2002 stellte die Deutsche Bank die neue und in Abbildung 3-10 dargestellte Führungsstruktur vor. Sie weist folgende Besonderheiten auf.

- Diese Geschäfte der Bank sind in drei *Divisionen* zusammengefasst: Corporate & Investment Bank (CIB), Corporate Investments (CI) und Private Clients & Asset Management (PCAM). Koordination und Management dieser drei Divisionen erfolgt jeweils durch ein »*operating committee*«.
- Unterhalb der Divisionen wird weiter in insgesamt sieben *Geschäftseinheiten* untergliedert: 4 in der Division PCAM, 1 bei CI sowie 2 bei PCAM (darunter die Deutsche Bank 24 als Retail-Banking-Tochter). Die Leiter dieser Geschäftseinheiten (»global business heads«) sind automatisch Mitglieder des »*operating committee*« ihrer Division.

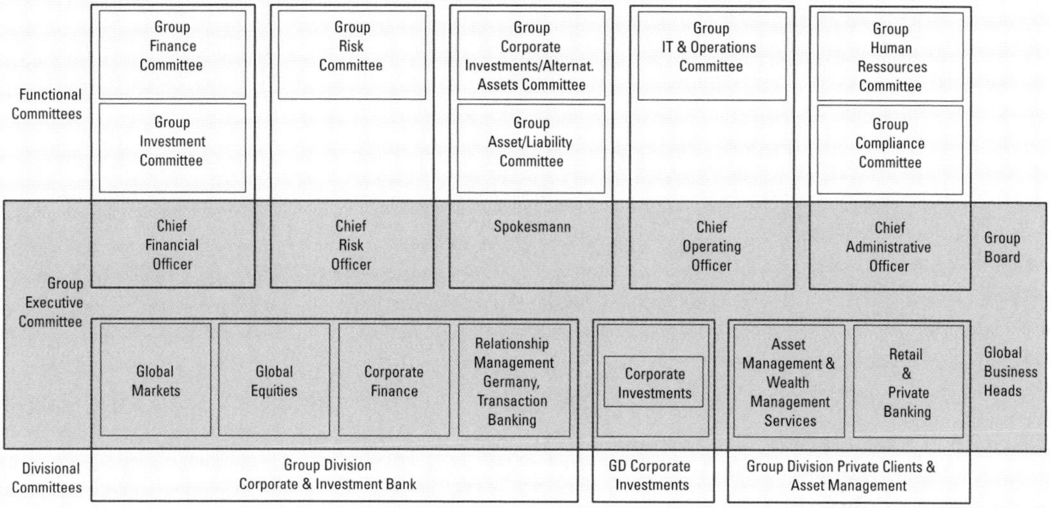

Abb. 3-10: Die Führungsstruktur der DEUTSCHEN BANK

- Neben den Geschäften gibt es acht *funktionale Komitees*, so z. B. das Group Human Ressources Committee, das Group IT & Operations Committee oder das Group Compliance Committee. Diese Komitees sind wie Stabfunktionen einzelnen Mitgliedern des Vorstandes unterstellt und sollen die Implementierung gruppenweiter Funktionalstrategien unterstützen helfen.
- Der fünfköpfige *Vorstand* ist für Strategisches Management, Resourcenallokation und Risikokontrolle zuständig. In ihm werden die Entscheidungen getroffen.
- Geborene Mitglieder des neu geschaffenen *Group Executive Committee (GEC)* sind die fünf Vorstände. Sie ernennen die Global Business Heads als weitere Mitglieder des SEC. Das GEC hat sich primär um das laufende Geschäft zu kümmern.
- Die Leitung des Vorstandes und des GEC liegt beim Sprecher des Vorstandes. Er wird von seinen Vorstandkollegen gewählt (und nicht durch den Aufsichtsrat ernannt).

Welchen an die DB gerichteten Anforderungen versuchte man mit dieser neuen Struktur gerecht zu werden?

- Seitens der internationalen Finanzmärkte wurden mehr Transparenz und klarere Strukturen gefordert. Angesichts der sehr niedrigen Marktkapitalisierung der DB konnte man sich dieser Forderung kaum verschlossen zeigen.
- Strategische und operative Aufgaben sollten getrennt werden.
- Einerseits sollte Frankfurt als Sitz der Bank – und damit die Gültigkeit des deutschen Aktiengesetzes – unangetastet bleiben; andererseits ist man durch die verschiedenen Akquisitionen (MORGAN GRENFELL, BANKERS TRUST etc.) zu einem international auch physisch präsenten Institut mutiert. So arbeiten heute bereits 15 % der Mitarbeiter in New York und 12 % in London. Hier bedarf es einer gewissen Dezentralisierung der einzelnen Geschäftsleitungen, was natürlich eine Art »Virtualisierung der Holding« bzw. des »Group Executive Committee« zur Folge hat. Man sieht in dieser teils dezentralen Struktur aber auch eine Chance zu einer grenzüberschreitenden Konsolidierung der Bank aus Deutschland heraus.
- Die neue Struktur sollte dem Vorstand aber auch die Möglichkeit geben – neben der normalen Stabsfunktion –, über die einzelnen funktionalen Komitees die strategische Ausrichtung der Bank zu bestimmen und voranzutreiben.

- Die neue Aufbauorganisation sollte mehr Kundennähe und »Bodenhaftung« ermöglichen.
- Über den internationalen Ausbau der mehr angelsächsisch geprägten Geschäfte kam es auch zu einer Internationalisierung des Top-Managements. Fünf der sieben »Global Business Heads« sind angelsächsischer Herkunft und Ausbildung. Sie wollen zwar ihre Mitsprache in der Führungsorganisation gewährleistet sehen, haben aber wenig Interesse sich als Vorstände einer deutschen AG mit Betriebsräten oder bestimmten Gesellschaftsfunktionen auseinanderzusetzen. Beides soll ihnen die Mitgliedschaft im »Group Executive Committee« ermöglichen. Damit sollen derartige Positionen auch für ausländische Spitzenmanager attraktiv gemacht werden.
- Das Unternehmen sollte über die Verkleinerung des Vorstandes von acht auf fünf Mitglieder wieder steuerbarer gemacht werden.

Bei kleineren und mittleren Unternehmen, die funktional aufgestellt sind, wird man die SGE lediglich als planungsrelevante Konstrukte verwenden. Aufbaustruktur und Planungsstruktur fallen dann auseinander. Resultat ist eine konzeptionelle, für Zwecke der Planung verwendete Sekundärorganisation strategischer Geschäftseinheiten, die die reale Primärorganisation überlagert. Man spricht hier von einer dualen Organisationsform, die Primär- und Sekundärorganisation miteinander verbindet.[33] Es ist allerdings darauf hinzuweisen, dass immer mehr auch mittlere Unternehmen verstärkt die erste Variante wählen und strategische Geschäftseinheiten nicht nur als planerisches Konstrukt, sondern auch als realorganisatorische Struktur verwenden. Sie versprechen sich dadurch eine Verringerung der internen Komplexität, eine klare Zuordnung der Verantwortlichkeiten und eine rasche Reaktion auf Umweltveränderungen.

Ebene des Gesamtunternehmens: Diese Ebene wird dann relevant, wenn ein Unternehmen aus mehreren Geschäftseinheiten besteht, die entweder ein oder mehrere Geschäftsfelder bearbeiten, und eine Konfiguration und Koordination des Ganzen erforderlich ist. Doch auch wenn die Aktivitäten eines Unternehmens in einer Geschäftseinheit zusammenfassbar sind, sollte in dieser Zweiteilung gedacht werden, denn man stellt sich auf Corporate- und Business-Ebene grundsätzlich andere Fragen. Ein Unternehmen mit einer Geschäftseinheit sollte z.B. auf Corporate-Ebene immer hinterfragen, ob aus Risikogesichtspunkten nicht eine Diversifikation in zusätzliche Geschäfte vorgenommen werden sollte.

Aufgaben auf Ebene Gesamtunternehmen

Grundsätzlich lassen sich die Aufgaben, die sich auf der Ebene des Gesamtunternehmens stellen, in drei Bereiche einteilen. Es sind:

- *Konfiguration: Die Auswahl der Geschäftsfelder, in denen man tätig sein will*: In welchen Branchen und Märkten will man operieren? Ist man hier schon präsent oder ist eine Diversifikation erforderlich? Wie attraktiv sind die einzelnen Geschäftsfelder? Wie hoch sind dabei die Chancen und Risiken? Etc.
- *Koordination: Die Gestaltung der Beziehungen zu und zwischen den Geschäftseinheiten*: Welche Geschäftseinheiten sollte man überhaupt bilden? Woran misst man ihren Erfolg? Wie führt man sie? Wie verteilt man die Ressourcen zwischen ihnen? Wie koordiniert man die Aktivitäten zwischen ihnen? Sind Synergien realisierbar? Wie transferiert man Fähigkeiten von einer Geschäftseinheit auf die andere? Welche Struktur wählt man für das Ganze? Mit wem besetzt man die Führungspositionen? Etc.
- *Interaktion: Die Gestaltung der Beziehungen zu externen Anspruchsgruppen, die für das Gesamtunternehmen von Bedeutung sind:* Wie geht man mit insti-

tutionellen Investoren bzw. den Forderungen des Kapitalmarktes um? Welche Investor-Relations-Strategie verfolgt man hier? Wie steht man gegenüber Anspruchsgruppen wie staatlichen Stellen, Interessenverbänden oder der Gesellschaft im Allgemeinen? Welche Kontakte sind hier zu wem aufzubauen und wie zu pflegen? Wie verhält man sich gegenüber den Ansprüchen der Gewerkschaften? Etc.

In aller Regel werden diese Aufgaben schwerpunktmäßig von einer Unternehmenszentrale wahrgenommen, die die zu erschließenden Geschäftsfelder bestimmt und sich um die Steuerung der dort verantwortlichen Geschäftseinheiten kümmert. Bei der Deutschen Bank spricht man vom *Corporate Center*, das über Stabsabteilungen wie Controlling, Beteiligungen, Strategische Konzernplanung, Führungskräfte, Konzernmarketing und Kommunikation, Risikomanagement, Personal, Presse, Recht und Compliance, Revision, Steuern, Treasury und Volkswirtschaft verfügt. Dieses Corporate Center setzt den Geschäftseinheiten finanzielle Vorgaben, diskutiert mit ihnen strategische Fragestellungen und beteiligt sich an der Besetzung von Spitzenpositionen.

Corporate Center

Ziel einer solchen Unternehmenszentrale ist es entlang der oben skizzierten Aufgaben einen Mehrwert zu generieren, der über die Möglichkeiten der einzelnen Geschäftseinheiten hinausgeht. Gelingt dies, dann hat eine solche Zentrale ihre Existenzberechtigung. Gelingt es hingegen nicht, dann stellt sich die berechtigte Frage, wo die damit verbundenen Kosten zu legitimieren sind, und ob es für die einzelnen Geschäftseinheiten nicht vorteilhafter wäre, unabhängig und auf sich allein gestellt in ihrer Umwelt zu agieren. Die in den letzen Jahren lebhaft geführte Diskussion über die Vor- und Nachteile von Konglomeraten und diversifizierten Konzernen wendet sich solchen Fragestellungen zu.[34]

Unternehmenszentrale muss Mehrwert generieren

(3) Segmentierung eines Analyseobjektes

Bereits mehrere Male wurde bislang ein komplexes Analyseobjekt in einzelne Segmente aufgespalten. So wurde die Umwelt in Geschäftsfelder und das Unternehmen in Geschäftseinheiten unterteilt. Beiden Vorgängen liegt die Technik der Segmentierung zu Grunde. Sie kommt immer dann zur Anwendung, wenn man sich verspricht ein komplexes Analyseobjekt durch seine Zerlegung besser verstehen und gezielter bearbeiten zu können.

Da wir noch des Öfteren auf diese Technik zurückgreifen werden, werden die erforderlichen **Schritte** kurz besprochen:

Vorgehensweise

- Ausgehend von einer Definition des Analyseobjektes beginnt man mit der Segmentierung, indem man zuerst die *Kriterien* ermittelt, anhand derer das Objekt zerlegt wird. Da meist mehrere Kriterien in Frage kommen, gilt es, sich auf die wichtigsten zu beschränken. Dies kann auf mehrere Arten erreicht werden: So können die Kriterien entweder in eine Rangordnung gebracht werden, aus der dann nur die wichtigsten herausgegriffen werden; oder es können bestehende Korrelationen zwischen einzelnen Kriterien ermittelt und diejenigen Kriterien dann zusammengefasst werden, die eng miteinander verbunden sind. Oder es können Kriterien auf ihre gegenseitige Substitutionsfähigkeit hin untersucht werden, d.h. sind zwei Kriterien miteinander austauschbar, so ist nur eines davon zu verwenden. Resultat dieses Prozesses sollte die Begrenzung auf wenige, dafür wichtige Kriterien sein. Als Daumenregel bietet sich eine Reduktion auf zwei bis sechs Kriterien an. Will man trotzdem mit mehreren Kriterien arbeiten, dann bietet sich ein zweistufiges Verfahren an. Dabei wird zuerst eine Makrosegmentierung des Analysebereiches vorgenommen, bei der ein oder zwei besonders wichtige Kriterien herausgegriffen werden, und anschließend in einer zweiten Stufe eine Mikrosegmentierung, bei der die einzelnen Makrosegmente »holzschnittartig« weiter aufgefächert werden.

- Die ausgewählten Kriterien werden anschließend in einer *Segmentierungsmatrix* visualisiert, d.h. man spannt einen n-dimensionalen Raum auf, in dem jedes Kriterium durch einen Vektor repräsentiert wird. Dabei steht man vor dem Dilemma, durch die Verwendung mehrerer Kriterien zwar eine feinere Betrachtung des Analyseobjektes zu erzielen, dies jedoch dann zu Lasten der Übersichtlichkeit. Von daher überrascht es nicht, dass zumeist zweidimensionale Matrizen in der Praxis zum Einsatz kommen.
- Innerhalb dieser Segmentierungsmatrix werden nun die einzelnen *Segmente* abgegrenzt. Als Segment wird dabei ein mehrdimensionaler Matrixbereich bezeichnet, der die Ausprägungen entlang der einzelnen Kriterien zu einem in sich geschlossenen Bild verbindet. Grundsätzlich steht man bei der Bestimmung der Segmente auch immer vor der Frage nach der geeigneten Anzahl von Segmenten. Dabei bewegt man sich zwischen den beiden Extremen »Massenmarkt« und »Segment-of-one« (d.h. jeder Kunde stellt ein Segment für sich dar). Wie man sich hier entscheiden wird, unterliegt Kosten-Nutzen-Überlegungen: Wie weit lohnt sich eine Verfeinerung der Segmentierung angesichts zunehmender Marktbearbeitungskosten? Je nach Geschäft, Anzahl Kunden, verfügbarer Daten und Technologien etc. wird man hier anders entscheiden.
- Hat man die Segmente ermittelt, dann kann abschließend eine *Bewertung* der einzelnen Segmente vorgenommen werden. Bei der Analyse von Geschäftsfeldern steht hier z.B. ihr Wachstumspotenzial im Vordergrund, bei der Analyse von Segmenten der Wettbewerbsumwelt wird auf den Rivalitätsgrad geachtet. Hilfreich ist es auch, die *treibenden Kräfte* eines Segmentes zu ermitteln, um daraus seine weitere Entwicklung abzuschätzen und Implikationen für das eigene Unternehmen zu ziehen.

Bei der Segmentierung eines Analyseobjektes sollte man nicht vergessen, dass die Auswahl der Kriterien und die Art ihrer Kombination ein Vorgang ist, durch den ein Unternehmen erst eine bestimmte Vorstellung seiner Umwelt erzeugt. Daher ist man immer wieder dazu aufgefordert, seine Wahl zu überdenken und bei Bedarf andere Kriterien zu wählen bzw. sie unterschiedlich zu kombinieren, wenn man den Eindruck gewinnt, dass die bisherige Segmentierung nicht länger nutzbringend ist. Eine solche Einstellung macht es zudem auch möglich, ein Analyseobjekt aus verschiedenen Perspektiven zu betrachten und dabei veränderte Einsichten zu gewinnen, die sich auf die angestrebte Positionierung auswirken.

!

Fallbeispiele: Johnson & Johnson und Nike

Das amerikanische Unternehmen Johnson & Johnson begann Anfang der 60er-Jahre seine Haarpflegeprodukte nicht mehr nur nach den jeweiligen Haartypen hin zu vermarkten, wie es bis dahin in der Branche üblich war, sondern nach den Bedürfnissen ethnischer Gruppen. Denn wie sich zeigte, gab es deutliche Unterschiede zwischen den Erwartungen von Afroamerikanern, Südamerikanern oder Menschen anderer ethnischer Gruppen. Die anschließend gezielte Entwicklung und Vermarktung solcher Produkte bescherte Johnson & Johnson eine Erhöhung des Marktanteils. Darüber hinaus generierte man neue Marktsegmente.

NIKE, Hersteller von Sportartikeln, richtete seine Einteilung an Geschäftsfeldern nicht nur nach den verschiedenen klassischen Sportarten wie Football, Basketball, Weitsprung oder Tennis aus, sondern verwendete anfangs der 70er-Jahre für die damalige Zeit unkonventionelle Abgrenzungskriterien wie Lebensstil, Ästhetik oder Freizeitverhalten. In der Folge konnte sich NIKE Marktsegmente erschließen, die bislang einem Hersteller von Sportartikeln verschlossen waren und trug zudem dazu bei, den Sportschuh zu einem Alltagsgegenstand werden zu lassen.

Keine Segmentierung ist also als endgültig zu betrachten. Sowohl die verwendeten Kriterien als auch ihre Kombinationen sind stets kritisch hinsichtlich Zweckmäßigkeit und Potenzial für die weitere Zukunft zu überprüfen.

Eine Segmentierung sollte nie als endgültig betrachtet werden

3.2.2 Einflusskräfte der Umwelt

Zielsetzung der Definition der Ausgangssituation war es, zu hinterfragen, (1) wie man die Geschäfte, in denen man tätig ist, geeignet segmentiert und (2) wie man die Steuerungseinheiten des Unternehmens, für die Strategien entwickelt werden sollen, zweckmäßig und wirkungsvoll abgrenzt. Egal auf welcher strategischen Gestaltungsebene man sich dabei bewegt (z.B. Business-, Corporate- oder Netzwerk-Ebene), nun besteht die Herausforderung, diese Steuerungseinheiten so in ihrem Geschäftsumfeld zu positionieren, dass daraus möglichst nachhaltige Vorteile für das Unternehmen entstehen.

(1) Das Unternehmen als System von Stakeholdern

Doch gegenüber wem soll sich das Unternehmen positionieren? Hier verfolgen wir – wie in Kapitel 1 bereits angesprochen – den Ansatz eines **Stakeholder Managements**, indem wir argumentieren, dass jedes Geschäftsumfeld durch eine Reihe von Einflusskräften charakterisiert ist, die den politischen Kontext des Unternehmens bilden. Diese Kräfte lassen sich »personifizieren« in Form von Anspruchsgruppen, also Akteuren, mit denen ein spezifisches Interesse am Unternehmen verbunden ist. Diese »Stakeholder« beeinflussen das Unternehmen, da sie einen materiellen oder immateriellen Anspruch (»stake«) in der Unternehmung haben; sie werden aber auch durch das Handeln des Unternehmens beeinflusst.[35] Deshalb kann man das Unternehmen auch als ein System von Stakeholdern betrachten, zu denen es Beziehungen aufgebaut hat, die es zu managen gilt.[36] Es benötigt hierfür spezifische Stakeholder-Relations-Management-Kompetenzen.[37]

Kann ein Unternehmen auf Dauer die Erwartungen seiner Stakeholder nicht erfüllen, so werden diese sich – falls es Alternativen gibt – anderen Unternehmen zuwenden. Probleme und Zusammenbrüche von Unternehmen können meist auch in der Form erklärt werden, dass das Unternehmen nicht mehr in der Lage war, relevante Stakeholder-Interessen ausreichend zu bedienen.[38] Damit ist das Management der Stakeholder-Beziehungen erfolgskritisch für ein Unternehmen.

Fallbeispiel: Brent Spar

Auch das Unterschätzen der Interessen bestimmter Stakeholder kann Unternehmen in schwierige Situationen bringen. Man erinnere sich an die Probleme, die ein hoch reputiertes Unternehmen wie ROYAL DUTCH/SHELL (www.shell.com) 1995 mit der geplanten Versenkung seiner überflüssig gewordenen Ölplattform Brent Spar westlich von Schottland hatte. Dieses Vorgehen hatte man mit der Regierung im Detail durchdacht und abgestimmt. Doch Aktivisten der Umweltschutzorganisation GREENPEACE (www.greenpeace.org) besetzten die Plattform, da sie argumentierten, dass sie noch mindestens 5000 Tonnen Öl enthielte, die das Meer stark verschmutzen würden. Professionell propagandiert durch GREENPEACE stellte sich ein Großteil der Bevölkerung gegen Shell und in vielen europäischen Ländern kam es zu Protesten, darunter auch zu Anschlägen auf SHELL-Tankstellen in Deutschland. Obwohl unabhängige Inspektoren später bestätigten, daß die Faktenlage der GREENPEACE-Vorwürfe nicht gegeben war, da das verbleibende Öl tatsächlich weit, weit weniger als die genannten 5000 Tonnen war, gab SHELL nach, schleppte die Bohrinsel an Land und demontierte sie dort. Was blieb, ist der Eindruck, daß SHELL unethisch handelte. Doch hat GREENPEACE korrekt gehandelt?

Stakerholder-Interessen können z.B. von Kunden kommen, die ein entsprechendes Preis/Leistungsverhältnis erwarten, von den Mitarbeitern, die Anreize (Entlohnung, Entfaltungsmöglichkeiten etc.) erwarten, die sie als adäquat für die eingegangenen Belastungen betrachten oder von der Öffentlichkeit, die z.B. Transparenz und ethisches Verhalten erwartet.

Standpunkt: Die Anspruchsgruppe der Aktionäre

(08/02) Eine Anspruchsgruppe hat – trotz teilweise heftigem Widerstand seitens des Managements – in den 90er-Jahren besonders viel an Einfluß gewonnen: die **Eigentümer** – bzw. deren »Sprachrohre« wie Aktionärsverbände, institutionelle Investoren, Analysten, Rating-Agenturen etc. Das Management sollte zu mehr Transparenz seines Tuns gezwungen werden, um sich als Investor (1) ein besseres Bild von der Professionalität seines Managements machen zu können und um sich (2) gegen ein zu ausgeprägtes Verfolgen der Eigeninteressen des Managements schützen zu können.

Besonders stark sind dabei die Analysten in Erscheinung getreten (und bei den börsennotierten Gesellschaften meist auch entsprechend zur Geltung gekommen). Ihre Meinung war wichtig, da sie mit ihren Beurteilungen der Entwicklungsrichtung der Aktie erheblichen Einfluss auf die Marktkapitalisierung besaßen. Ihr Urteil zur Aktie leiteten sie aus der Erfüllung ihrer Erwartungen ab. Bezogen auf die Vergangenheit will man Kontinuität, Verlässlichkeit und Glaubwürdigkeit mit dem Unternehmen erfahren haben, bezogen auf die Gegenwart will man überdurchschnittliche Wachstumsraten sowie eine Profitabilitätssteigerung sehen und bezogen auf die Zukunft hofft man auf »Kurs-anregende Phantasien« wie Effizienzsteigerungs-, Wachstums-, Innovations- oder Akquisitionsphantasien.

Da Analysten nur sehr wenig Zeit zur Verfügung haben, um sich eine Meinung zu bilden, versuchten sie auch Einfluss auf die Arbeitsweise des Unternehmens zu nehmen: So erwartete man eine bestimmte Form der Berichterstattung, die man gewohnt war oder unverschachtelte und leicht durchschaubare Organisationsstrukturen. Wegen der angelsächsischen Prägung der Analystenzunft wurde in Europa auch Druck gemacht, dass aus diesen Regionen stammende Accounting-Standards eingeführt werden und man sich einer am Shareholder-Value orientierten Performancemessung (EVA, ROCE, RORAC etc.) bedient.

Um eine professionellere Bearbeitung dieser Erwartungen zu ermöglichen, richteten viele Unternehmen eigene Abteilungen für »Investor Relations« als organisatorischer Anlaufpunkt für die Vertreter des Kapitalmarktes ein. Auch wurde das Management

»trainiert«, eine attraktive »Equity-Story« zur Entwicklung des Unternehmens zu erzählen. Sie sollte attraktiv, aber auch glaubwürdig sein.

Auch staatlicherseits wurden in vielen Ländern und Regionen Anstrengungen unternommen, die Kapitalmärkte nach angelsächsischem Vorbild effizienter zu machen. So wurden z.B. die Gesetze zur Übernahme von Unternehmen aktionärsfreundlicher gestaltet.

Mit dem Crash der Aktienmärkte ab dem Jahr 2000 änderte sich aber das Blatt schlagartig: Viele »Weisheiten« von Kapitalmarktvertretern, die sie 10 Jahre lang ihren Kunden erzählt haben, erwiesen sich auf einmal als radikal falsch. Scheinbar rationale Bewertungen akquirierter Unternehmen zeigten sich als völlig aus der Luft gegriffen und ließen die Käufer auf riesigen Schuldenbergen sitzen.[39] Die Einschätzungen des Potenzials der deutlichen Mehrzahl der Börseneinführungen (IPO) durch die emittierenden Banken entpuppten sich als Hirngespinste der »new economy«.[40] Durch die Wallstreet hochgelobte Start-up-Firmenstrategien (z.B. Global Crossing) erwiesen sich auf einmal als nicht tragfähig und rissen die Unternehmen in den Konkurs (und mit ihnen die gesunden Unternehmen, die sie zuvor mit ihrem durch den »Internet Hype« aufgeblasenen Börsenwert erworben haben). Und wohl noch nie wurden Aktionäre so »ausgeplündert« wie in den Skandalen um einzelne Top-Manager bei Firmen wie ABB, Enron, Tyco, Worldcom etc. Was bleibt, ist ein hoher Vertrauensverlust der Öffentlichkeit in das Handeln der Wirtschaft: der Ethik von Führungskräften, dem Schutz der Aktionärsinteressen und dem Funktionieren der politischen Kontrollorgane sowie der nicht einmal mittelfristig gegebenen Effizienz der Kapitalmärkte. Was aber auch bleibt, ist ein professionellerer Umgang mit dem Stakeholder »Shareholder«, der nun aber hoffentlich eine etwas adäquatere Gewichtung erfährt.

Ressourcen

Besuchen Sie einmal die Homepage der Börsenaufsichtsbehörde der USA (www.sec.gov). Dort heißt es zur Aufgabe der SEC: »The primary mission of the *U.S. Securities and Exchange Commission* (SEC) is to protect investors and maintain the integrity of the securities markets. As more and more first-time investors turn to the markets to help secure their futures, pay for homes, and send children to college, these goals are more compelling than ever.« Sehen Sie unter den Headlines einmal nach, was die SEC derzeit besonders beschäftigt. Worin besteht aus Ihrer Sicht der Bezug zum Strategischen Management? Denken Sie, dass die SEC ihrer Aufgabenstellung in den letzten Jahren gerecht wurde?

Da die Ressourcen zur Befriedigung der tendenziell unlimitierten Ansprüche der Stakeholder knapp sind, müssen die Ansprüche bestimmter Stakeholder bei der Verteilung von Einfluss und Wertschöpfung zurückgestellt werden. Dies impliziert Verteilungskämpfe.[41] Wie sie ausgehen, stellt ein empirisches Phänomen dar. Über die Jahre kann es hier zu großen Veränderungen kommen. Der Grund dafür ist im Zustand der Märkte zu sehen, in denen das Unternehmen bezogen auf den jeweiligen Stakeholder zu agieren hat und in welchem Ausmaß der Markt durch Aktivitäten der Stakeholder beeinflusst wird: die Investoren bezogen auf den Kapitalmarkt, die Kunden bezogen auf den Güter- und Servicemarkt, die Mitarbeiter bezogen auf den Arbeitsmarkt etc.

International tätige Unternehmen müssen auch damit zurecht kommen, dass die Macht der einzelnen Stakeholder sehr unterschiedlich verteilt ist: In den USA z.B. wird den Aktionären tendenziell ein höherer Einfluss zugestanden als in Europa. In Deutschland haben die Mitarbeitervertretungen aufgrund ihrer gesetzlichen Verankerung im Mitbestimmungsgesetz ein höheres Gewicht als in der Schweiz, was i. Allg. die Flexibilität des Unternehmens reduziert. Etc.

Aufgabe der jeweiligen Führungsorgane ist es, diese Erwartungen der einzelnen Anspruchsgruppen – vor dem Hintergrund der mit ihnen verbundenen Märkte – zu managen. Ihre Erwartungen und Interessen müssen mit den Ambitionen und Möglichkeiten des Unternehmens (bzw. seiner Teileinheiten) in Einklang gebracht werden. Daraus können dann Ziele für die Positionierung des Unternehmens im Markt der jeweiligen Anspruchsgruppe sowie Strategien zur Zielerreichung abgeleitet werden. »Positionierung« wird hier demnach auch politisch verstanden: Je nach Verhandlungsmacht einer Anspruchsgruppe wird die Bandbreite der strategischen Handlungsmöglichkeiten des Unternehmens mehr oder weniger eingeschränkt.

Doch woraus bezieht ein Stakeholder seine Macht; welche Formen von Einflussnahme sind dies, die ihm seine Machtbasis ermöglichen und an welchen *Indikatoren* kann die verfügbare Macht ermessen werden? Macht entsteht für Stakeholder z. B. durch ihre Stellung im überbetrieblichen Wertschöpfungsprozess eines Unternehmens. So genießen z. B. die unabhängigen Broker im Vertrieb eines Versicherungsunternehmens meist einen hohen *Status*, was man z. B. daran erkennen kann, dass schnell auf ihre Anregungen reagiert wird. Befindet sich das Unternehmen in einer hohen *Ressourcenabhängigkeit* zu den Vertriebsbrokern, d. h. man verfügt z. B. nicht noch über einen eigenen Vertrieb, dann stärkt dies die Macht der Broker. Kernfrage ist es, wie einfach ein Stakeholder abwandern und seine Interessen andererorts zur Durchsetzung bringen kann. Aber auch *Symbole* geben guten Aufschluss über die Macht eines Stakeholders. Ab einer bestimmten Vermögenskategorie dürfen Privatkunden einer Bank z. B. im bankeigenen Luxushotel weilen, während sie ihre Bankgeschäfte erledigen. Sicher wird es diesem Kunden dann auch gelingen, besonders günstige *Vertragsvereinbarungen* durchzusetzen. Mit den gleichen Indikatoren kann man nun auch die Macht des Unternehmens gegenüber den Stakeholdern analysieren, um sich ein Bild vom Kräfteverhältnis zweier Parteien machen zu können.[42]

Der Einfluss, der einem Stakeholder durch das Management beigemessen wird, ist aber nicht nur Spiegelbild dessen Verhandlungsmacht und damit Funktion des obigen Kräfteverhältnisses, sondern wird auch durch die im Unternehmen durch seine Mitarbeiter verfolgten Grundsätze geprägt, was dazu führen kann, dass man bewusst einen Stakeholder abwandern lässt, da es z. B. gegen ein ethisches Prinzip des Unternehmens verstoßen würde, dessen Interessen nachzukommen. Dabei kann es auch zu Trade-offs kommen. So mussten z. B. die Schweizer Banken ihre Politik im Umgang mit »fragwürdigen Kunden« (z. B. Diktatoren) auf massiven externen Druck ändern.

Natürlich können mehrere der Stakeholder-Interessen konfliktär zueinander stehen.[43] Dies kann auch im Falle stark überdurchschnittlicher Renditen problematisch sein, da nicht alle Stakeholder wirtschaftlich motivierte Interessen verfolgen. Deshalb greift auch nicht das Argument, dass dann, wenn die Aktionäre gut bedient sind, es den anderen auch automatisch »gut geht«. Viele gesellschaftliche Gruppen wollen sich nicht unter diesen »wirtschaftlichen Imperativ« stellen lassen.

Manchmal finden derartige Interessenskonflikte in der einen Person statt, da sie verschiedenen Anspruchsgruppen angehören kann. Eine Person kann einerseits Mitarbeiter eines Unternehmens sein und ist deshalb an einem sicheren Arbeitsplatz interessiert; andererseits kann sie auch Aktionär dieses Unternehmens sein und ist an einer guten Kursentwicklung und Dividende interessiert. Aus letzterer Perspektive unterstützt sie vielleicht ein geplantes Effizienzsteigerungsprogramm des Unternehmens; gleichzeitig geht sie Gefahr, dass sie selbst Opfer von Entlassungen zur Erreichung der Effizienzsteigerungsziele wird. Als Produktplaner z. B. sieht ein Manager das Potenzial von Kriegsspielzeug und muss darüber entscheiden, ob er mit dem Unternehmen in dieses Geschäft einsteigen will; andererseits hat er bei sich zuhause als Familienvater den Gebrauch von Kriegsspielzeug untersagt.

Teilweise ergeben sich die konfliktären Interessen auch aus ihrem unterschiedlichen zeitlichen Horizont. So sagt man dem Kapitalmarkt ein relativ kurzfristiges Interesse nach (was sich z. B. in dem Druck zu Quartalsabschlüssen der Unternehmen äußert), während die Gesellschaft ein generationenübergreifendes Interesse verfolgen sollte. Hier sollte man auch die Macht der Wirtschaftsmedien nicht unterschätzen, die dem CEO, der den Eindruck vermittelt, dass er permanent im Sinne der Interessen der Aktionäre agiert und dies auch entsprechend professionell kommunikativ zu plazieren vermag, hohe Prominenz einräumt. So findet man z. B. Manager wie Bernie Ebbers (WorldCom) oder Ken Lay (Enron), deren Berufung sich im Nachhinein betrachtet als katastrophal für ihre Unternehmen herausstellten, auf der Liste der »Business Weeks' 25 Top Managers 1999«.

Standpunkt
Welche ethischen Fragen stellen sich aus Ihrer Sicht aufgrund der wachsenden Präsenz der wirtschaftlichen Berichterstattung in den Medien? Welche Forderungen würden Sie hier stellen?

Es gibt nun verschiedene »Algorithmen«, wie man die Zielfunktion des Kranzes der verschiedenen Stakeholder-Interessen »lösen« kann. Man kann sich z. B. für die Maximierung der Wertsteigerung eines der Stakeholder entscheiden. Baumol (1959) argumentierte z. B. für eine Umsatz-Maximierung unter der Nebenbedingung einer Minimalprofitabilität, da z. B. im Alltag der Verkaufsorganisation so oder so die Verkäufe im Zentrum stehen und oft auch die Entlohnung daran gekoppelt ist. In den 90er-Jahren gewann – ausgehend vom Shareholder-Value-Ansatz – eine Sichtweise der Maximierung des für die Aktionäre geschaffenen Wertes stark an Gewicht. Diese Variante ist verführerisch, da sie recht eindeutig rechenbar ist. Auch konnte sie durch Werttreiberkonzepte relativ einfach in die Organisation hinuntergebrochen und zur output-orientierten Steuerung von Subeinheiten (z. B. Profit Center) verwendet werden. Diese Variante ist aber auch gefährlich, da Untersuchungen zeigen, dass die primäre Ausrichtung an nur einer Anspruchsgruppe langfristig systemschädlich ist.[44] Dies gilt auch bezüglich einer primären Ausrichtung an den Interessen der Kunden.

Deshalb sollte man das Stakeholder Management nicht als ein Maximierungs-, sondern als ein Optimierungsproblem betrachten. Doch bevor wir optimieren, gilt es zu entscheiden, welchen Stakeholdern überhaupt eine Mitsprache eingeräumt werden sollte. Welche Stakeholder will man systematisch bearbeiten, was z. B. heißen sollte, dass man sich konkret Ziele setzt (z. B. bzgl. der Stakeholder-Bindung), die Erreichung der Ziele verfolgt, klare organisatorische Verantwortlichkeiten dafür schafft etc. Bei der Umweltanalyse der Einflusskräfte der einzelnen Anspruchsgruppen wird man natürlich nicht jede der Anspruchsgruppen gleich tiefschürfend untersuchen, sondern dies wiederum von der Relevanz der jeweiligen Anspruchsgruppe abhängig machen. Deshalb wird ein erster Schritt in eine Stakeholder-bezogene Umweltanalyse der sein, dass man die existierenden Stakeholder listet und sich gemeinsam eine Meinung über deren Relevanz für das Unternehmen bildet.[45] Dabei muss man sich bewusst sein, dass andere Stakeholder, wie etwa institutionelle Investoren, zu einem anderen Relevanz-Ranking der Stakeholder kommen können als das Unternehmen selbst.

Die grundsätzliche Problematik dabei ist es also, eine Entscheidung zu treffen, welche Einflusskräfte (bzw. Stakeholder) als relevant oder irrelevant einzustufen sind. Denn prinzipiell kann man sich die Umwelt als unbegrenzte Menge von Einflusskräften vorstellen, von denen ein Unternehmen immer nur einige wenige erfassen und analysieren kann. Daher besteht die Gefahr, entweder zu stark deskriptiv vorzugehen und mit viel Ressourceneinsatz eine nicht mehr überschaubare Menge an Einflusskräften zu ermitteln oder im Gegensatz dazu, zu reduktionistisch vorzugehen und wichtige Einflusskräfte zu vernachlässigen. In Abschnitt (2) soll ein einfaches Verfahren aufgezeigt werden, wie man zu einer Benennung der prioritär zu behandelnden Stakeholder gelangen kann.

Ohne Zweifel sollte der Kunde dazugehören. Deloitte Consulting (1999) konnte z. B. für Produktionsunternehmen zeigen, dass am Kunden ausgerichtete Unternehmen profitabler sind als andere. Waterman (1994) kommt z. B. zu der Erkenntnis, dass erfolgreiche Unternehmen ihre Aufmerksamkeit insbesondere den Mitarbeitern und Kunden schenken. Als Ergebnis daraus können sie auch die Aktionäre zufriedenstellen.

Akzeptiert man, dass es mehrere gewichtige Stakeholder-Interessen sind, die es gleichzeitig zu bedienen gilt, dann muss dies auch Auswirkungen auf die Performance Messung haben. Es reicht dann nicht, dass nur finanzielle Ziele verfolgt werden, sondern man muss auch seine Aufmerksamkeit Größen wie z. B. der Kunden- und Mitarbeiterzufriedenheit widmen, die teilweise als »Vorsteuergrößen« der finanziellen Performance fungieren. Auf diesen Überlegungen bauen dann auch die in Kapitel 6 dargestellten neueren Ansätze der Performance Messung, wie etwa der Skandia Navigator oder die Balanced Scorecard, auf.

Aus der Akzeptanz mehrerer, teilweise konfligierender Stakeholder-Interessen erwächst nun die Notwendigkeit zur Optimierung der Zielfunktion. Hierzu gibt es natürlich keine einfache Formel. Generell kann gesagt werden, dass das Gesamtziel einer Organisation immer einen Kompromiss der dominierenden Koalitionen darstellt, der sich aus den konfligierenden Interessen der Stakeholder ableitet, die für diese auch Beschränkungen bei der Zielbildung darstellen können.[46] Doch es ist bereits schwierig zu sagen, wieviel notwendig ist, um einen Stakeholder im System zu halten. Was ist z. B. der Minimallohn, zu dem ich einen mir wichtigen Mitarbeiter motiviert im System halten kann? Gerade hier wird es auch schwierig sein, einmal in einem Kompromiss durchgesetzte Interessen in Krisensituationen zurückzuschrauben, weshalb Organisationen – speziell nach »Hype-Phasen« – dazu neigen, hier »Slack« in ihren Stakeholder-Beziehungen aufgebaut zu haben. Damit besteht auch immer die Gefahr, dass das Management sich für die strategischen Optionen entscheidet, die sich in der Bandbreite des bestehenden Stakeholder-Kompromisses bewegen.

Pragmatisch kann man sich auch damit helfen, indem man jeden als relevant erachteten Stakeholder bzgl. des ihm zugedachten Einflusses gewichtet und dann die zur Verfügung stehenden Strategien bzgl. der Erfüllung der Erwartungen dieser Stakeholder in gewichteter Form bewertet.

Im nächsten Abschnitt wollen wir nun ein einfaches Verfahren aufzeigen, wie man zu der bereits mehrfach angesprochenen Priorisierung der Anspruchsgruppen gelangen kann.

(2) Zu Beginn: Prioritäten setzen

Angesichts der aufgezeigten Problematik bietet es sich an, zunächst eine relativ einfach durchzuführende **Anspruchsgruppen- oder Stakeholder-Analyse** anzustellen, die intuitiv getrieben Aufschluss über die Anspruchsgruppen und deren Relevanz für die jeweilige Gestaltungsebene vermittelt. Weniger bedeutsame Stakeholder sollen dann auch entsprechend grober analysiert werden; je nach Bedarf kann die Arbeit dann aber bei wichtigen Stakeholdern um analytische »Tiefenbohrungen« ergänzt werden, die ein noch besseres Verständnis ermöglichen.

Anspruchsgruppen- und Stakeholder-Analyse

Wie bereits erwähnt, kann eine solche Anspruchsgruppen-Analyse für jede Einheit einer strategischen Gestaltungsebene durchgeführt werden. In aller Regel wird sich ein unterschiedliches Bild ergeben. So stehen aus Sicht einer einzelnen Geschäftseinheit Anspruchsgruppen wie z.B. Kunden, Wettbewerber, Zulieferer und die eigene Holding im Vordergrund des Interesses, während aus Sicht einer Gesamtsteuerung das Verhältnis zu den Geschäftseinheiten, Gewerkschaften, staatlichen Stellen und Investoren von zentraler Bedeutung sein mag. Da ein Trend in Richtung einer Erhöhung der Anzahl relevanter Anspruchsgruppen zu beobachten ist, ist zu erwarten, dass unternehmerisches Handeln in Zukunft kaum weniger anspruchsvoll als in der Vergangenheit sein dürfte.

Trend zu immer mehr relevanten Anspruchsgruppen

Die Anspruchsgruppen-Analyse: Diese Analyse baut auf dem zumeist historisch gewachsenen Verständnis eines Unternehmens über seine Anspruchsgruppen auf. Sie verfolgt mehrere Ziele. Erstens soll sie dabei helfen, die relevanten Anspruchsgruppen zu erkennen, zweitens ihre jeweilige Bedeutung für das Unternehmen zu klären, und drittens Anregungen für den Umgang mit ihren Forderungen und Bedürfnissen zu erarbeiten. Auch bei Neugründungen kann eine derartige Vorgehensweise hilfreich sein. Man gewinnt dadurch Klarheit, auf wen das Start-up Unternehmen seine Aufmerksamkeit richten und wie es mit den verschiedenen Erwartungen umgehen sollte.

Schritt 1: Ermittlung der Anspruchsgruppen: Zuerst gilt es die relevanten Anspruchsgruppen eines Unternehmens zu identifizieren. Dabei werden all die Anspruchsgruppen aufgelistet, die als relevant erachtet und für den Erfolg eines Unternehmens wichtig sind. Ist dies erfolgt, kann anhand der Checkliste in Abbildung 3-11 überprüft werden, ob die spontan erstellte Liste an Anspruchsgruppen vollständig ist.

Vorgehensweise

Bei der Ermittlung der relevanten Anspruchsgruppen ist es nahe liegend, sich auf die externen Anspruchsgruppen zu konzentrieren, wie sie beispielsweise durch Kunden, Zulieferer, Kooperationspartner, Wettbewerber, staatliche Stellen oder Interessenverbände gebildet werden. Oft übersieht man dabei jedoch die Bedeutung der Beziehungen eines Unternehmens zu seinen internen Anspruchsgruppen (wie den einzelnen Managementebenen, dem Verwaltungs- oder Aufsichtsrat und weiteren Gruppierungen von Mitarbeitern) und zieht sie nicht explizit in Betracht. Doch da deren Interessen keineswegs immer mit den Interessen des gesamten Unternehmens übereinstimmen, ja bisweilen drastisch auseinander laufen können, gilt es auch diese explizit zu berücksichtigen.[47] Folgt man Überlegungen der neueren Systemtheorie, dann kann man die Beziehungen eines

Checkliste: Ermittlung der externen und internen Anspruchsgruppen

1. Gibt es Gruppierungen, von denen Aktionen in Zusammenhang mit der Unternehmenspolitik bzw. -strategie ausgehen (z. B. Streiks)?
2. Welche Gruppierungen spielen eine formelle/informelle Rolle bei der Formulierung der Unternehmenspolitik bzw. -strategie (z. B. Vorstand)?
3. Wer verschafft sich – bezogen auf das Unternehmen und seine Geschäfte – lautstarkes Gehör (z. B. Bürgerinitiativen)?
4. Lassen sich Anspruchsgruppen aufgrund demographischer Kriterien benennen (z. B. Alter, Geschlecht, Rasse, Beruf, Religion)?
5. Gibt es Organisationen, zu denen enge Beziehungen unterhalten werden und die das Unternehmen beeinflussen könnten (z. B. Verbände)?
6. Wer besitzt, nach Meinung von Experten, relevante Interessen bezüglich des Unternehmens und seiner Geschäfte (z. B. Kartellbehörde)?

Abb. 3-11: Checkliste für die Ermittlung der Anspruchsgruppen

Systems zu seinen externen Anspruchsgruppen der »Außenwelt« und die Beziehungen zu seinen Mitgliedern der »Innenwelt« zuordnen. Außen- wie Innenwelt bilden zusammen die Umwelt eines fokalen Systems.[48] Eine solche Differenzierung ermöglicht es, beispielsweise die Forderungen eines Betriebsrates als Forderungen aus der Umwelt zu verstehen, denen gegenüber sich das fokale System »Unternehmen« zu positionieren hat.

Zu berücksichtigen ist auch, dass gerade in größeren Konzernen sich die einzelnen Einheiten mit einer Vielzahl von anderen Einheiten auseinander zu setzen haben: sei es, dass sie auf deren Dienste angewiesen sind, sei es, dass sie mit diesen um knappe Ressourcen konkurrieren oder sei es, dass sie sich einfach hinsichtlich gemeinsamer Projekte abzustimmen haben. In Konzernen ist daher nicht nur die zumeist hierarchisch übergeordnete Zentrale mit ihren Ansprüchen zu berücksichtigen, sondern auch die Ansprüche anderer Geschäftseinheiten gilt es ins Kalkül zu ziehen. Je nach Bedarf werden hier Koalitionen eingegangen, finden Absprachen statt oder wird auch ein mehr oder weniger offener Konfrontationskurs verfolgt. So verbündeten sich beispielsweise in einem deutschen Industriekonzern mehrere Geschäftseinheiten, um den für sie alle wichtigen autonom operierenden Forschungs- und Entwicklungsbereich aufzuspalten und seine einzelnen Abteilungen direkt in ihre Geschäftseinheiten zu integrieren. Sie versprachen sich davon eine besser auf ihre Bedürfnisse ausgerichtete F & E-Arbeit. Der betroffene Bereich hingegen versuchte sich dieser Entwicklung zu entziehen, da er um seine Autonomie fürchtete und bemühte sich in der Folge einzelne Geschäftseinheiten sowie die Unternehmenszentrale durch geschicktes Taktieren auf seine Seite zu ziehen.

Schritt 2: Relevanz der Anspruchsgruppen feststellen: Nicht alle Anspruchsgruppen sind für ein Unternehmen von gleicher Bedeutung. Um ihre jeweilige Relevanz zu erkennen, sind nun die im ersten Schritt ermittelten in- und externen Anspruchsgruppen in nachfolgende Matrix einzutragen. Dabei stellt man sich die beiden Fragen: Welchen Einfluss übt ein Stakeholder aus (bzw. könnte er ausüben)? Wie stark wird der Stakeholder beeinflusst (bzw. könnte er beeinflusst werden)?

Geht man davon aus, dass für das Anspruchsgruppen-Management 100 % an Kapazitäten zur Verfügung stehen, dann hilft die Matrix, Prioritäten bei der Ver-

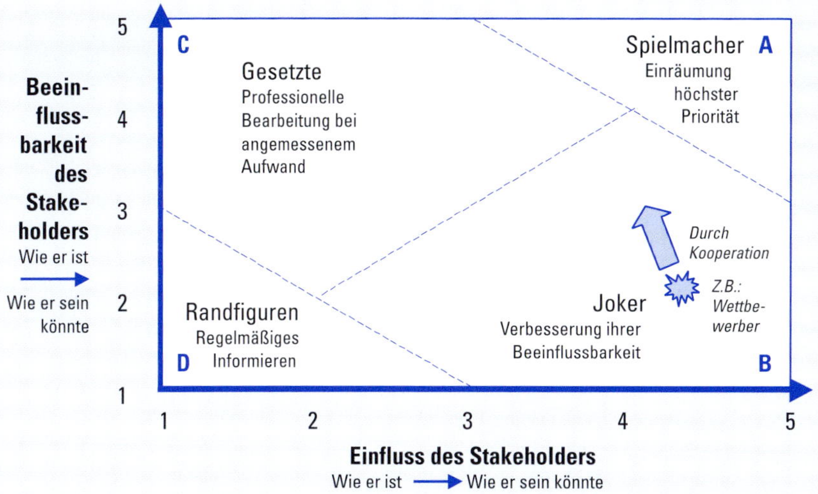

Abb. 3-12: Relevanz-Matrix der Stakeholder (SH)

teilung dieser Kapazitäten zu setzen: Welchen Stakeholdern sollte man sich insbesondere widmen?

Aufbauend auf der Relevanz, die einem Stakeholder oder genauer einer Stakeholder-Beziehung[49] in Abbildung 3-12 beigemessen wird, ergeben sich nun unterschiedliche normative Überlegungen. Sie reflektieren die Machtausübung, die von einer solchen Beziehung in beide Richtungen ausgehen kann.

- *Spielmacher (Typ A)*: Dieser Stakeholder ist zum einen in der Lage, einen großen Einfluss auf das Unternehmen auszuüben. Das Unternehmen befindet sich damit in einer gewissen (Ressourcen-)Abhängigkeit von ihm. Dies gilt aber auch umgekehrt: Der Stakeholder ist stark abhängig vom Unternehmen und damit auch sehr beeinflussbar, d.h. Unternehmen und Stakeholder sind hochgradig interdependent. Aus Sicht einer Holding können dies die Geschäftseinheiten des Unternehmens sein. In manchen Geschäften ist dies z.B. der Kunde. Die Qualität dieser Stakeholder-Beziehung in beide Richtungen bestimmt dominant den Ausgang des gesamten Spiels. Zur Durchsetzung seiner Interessen kann ein A-Stakeholder sein Engagement an bestimmte, direkt gegenüber dem Stakeholder formulierte Bedingungen konditionieren.[50] Gleiches kann das Unternehmen tun. Zur Entwicklung der Qualität der Beziehung kann das Unternehmen spezielle Grundsätze und Strategien für diesen Stakeholder entwickeln, permanente Kommunikationskanäle zu ihm aufbauen oder in der Aufbauorganisation für den Stakeholder einen direkten Ansprechpartner benennen (z.B. ein Key-Account-Management für Top-Kunden).
- *Joker (Typ B)*: Stakeholder dieser Kategorie können einen hohen Einfluss ausüben, sind aber nur schwer beeinflussbar. Die Macht liegt hier also klar beim Stakeholder. Dies kann z.B. ein überlegener Wettbewerber sein, der gewissermaßen das Marktgeschehen diktiert. Zur Durchsetzung seiner Interessen kann ein B-Stakeholder mit dem Abzug seines Engagements bzw. seiner Ressourcen drohen. Mit dieser Drohung wendet er sich in direkter Form an das Unternehmen und sie wird dort – angesichts des Einflusses dieses Stakeholders – sicher auf Gehör stoßen. Wir nennen diesen Stakeholder-Typ deshalb »Joker«, weil

man als Unternehmen versuchen wird, ihn beeinflussbarer zu machen. Bei einem Wettbewerber z.B. kann dies durch Kooperation geschehen.

- *Gesetzte (Typ C):* Hier liegt die Macht klar beim Unternehmen. Der Stakeholder ist in seinem Überleben abhängig vom Zuspruch des Unternehmens. Dies kann z.B. ein Lieferant sein, für den das Unternehmen ein Schlüsselkunde ist, das Unternehmen diesen Lieferanten aber relativ leicht durch einen anderen ersetzen kann. Der Stakeholder könnte hier höchstens über den Einsatz eines »Verbündeten« indirekt seinen Einfluss stärken.
- *Randfiguren (Typ D)*: Diese Stakeholder sind zumindest derzeit nicht spielentscheidend, da weder in die eine noch in die andere Richtung eine ausgeprägte Ressourcenabhängigkeit besteht. Dies kann z.B. eine relativ unbedeutsame Lobbying-Gruppe sein, die wiederum nur über eine Koalition mit anderen Einflussgruppen mehr Gewicht erlangen könnte. Einen solchen Stakeholder wird man informiert halten, i. Allg. aber keinen großen Aufwand dabei betreiben. Das Problem ist hier allerdings, dass derartige »Randfiguren« vorübergehend, meist ausgelöst durch bestimmte Ereignisse, durchaus eine relevante Bedrohung darstellen können. Können z.B. durch Kommunikation Verbündete für die eigenen Interessen gewonnen werden (bei denen kaum Kosten anfallen, wenn Sie im Sinne des Stakeholders aktiv werden), dann lassen sich auch höchst unterschiedliche Individuen einer heterogenen Stakeholdergruppe mobilisieren.[51] Beispiel ist hier der Fall »Brent Spar«, bei dem GREENPEACE viele Autofahrer dazu veranlassen konnte, SHELL-Tankstellen zu boykottieren. Sie empfingen daraus einen moralischen Nutzen, da sie vermutlich durch ihren Verbrauch von Erdöl bzw. Benzin auf die eine oder andere Weise ein schlechtes Gewissen haben.

Es ist darauf zu achten, dass bei diesem Auswahlprozess Stakeholder nicht kurzschlüssig als irrelevant eingestuft wurden, nur weil keine direkte Nutzenbeziehung zu ihnen besteht. Um die Auswahl der Stakeholder auch ethisch tragfähig zu machen, sollten hier auch Stakeholder Beachtung finden, die zwar keinen Einfluss auf das Unternehmen haben, die aber aufgrund ihrer Betroffenheit durch das strategische Handeln legitime Ansprüche an das Unternehmen haben – und zwar selbst dann, wenn sie nicht dazu in der Lage sind, sie selbst direkt vorzubringen. So kann man sich z.B. die »nächste Generation« als Stakeholder vorstellen, die bestimmte legitime Ansprüche hat, wie ein Unternehmen verantwortlich mit seiner Umwelt umzugehen hat. Vertiefend wird auf diesen Aspekt nochmals im Zuge der Zieldiskussion in Abschnitt 3.3.2.(2) eingegangen.

Erwartungen versus Nutzen

Schritt 3: Gegenüberstellung von Erwartungen und Nutzen: Dabei sind zunächst die Erwartungen zu klären, die die jeweilige Anspruchsgruppe gegenüber dem Unternehmen hat. Um den Prozess der eigenen Erkenntnisgewinnung deutlich werden zu lassen, bietet es sich dabei an, zuerst einmal zu rekonstruieren, was man glaubt, was die Erwartungen sind, um dann z.B. in nachfolgenden Interviews die Sichtweise(n) der Anspruchsgruppe selbst in Erfahrung zu bringen. Es ist nahe liegend, dass man dabei kein einheitliches Bild der Erwartungen antreffen wird – was auch zu dokumentieren ist. Was typische Erwartungen von Anspruchsgruppen sind und über welche Stellgrößen sie bedient werden können, dazu soll die Abbildung 3-13 Anregungen geben, die allerdings nicht den Anspruch auf Vollständigkeit erhebt.

Anspruchsgruppe	Erwartungen
Mitarbeiter	Einkommen, Arbeitsplatzsicherheit, Status, Sozialbeziehungen, Sinn, Identität, Selbstverwirklichung
Management	Kontrolle/Macht, Einkommen/Beteiligung, Umsatzwachstum/Gewinn, Sicherheit der Stellung, Job Design, Status
Verwaltungsrat	Kontrolle/Macht, Delegation von Aufgaben, Kompetenzen, Verantwortung, Information, Kompetenz/Leistung, Loyalität, Beziehungen
Aktionäre	Kontrolle/Macht, Information, Wertsteigerung, Investitionen, Steuerrate, Dividende, Kursgewinn, Loyalität
Kunden	Abnehmermacht, Produktqualität, Preiswürdigkeit, Konditionen, Image, Liefersicherheit, Flexibilität
Lieferanten	Macht, Abnahmesicherheit, Image
Banken	Bonität, Macht, kalkulierbares Risiko
Öffentlichkeit	Arbeitsplätze, Spenden/Stiftungen, Umweltschutz, Einhaltung von normativen Werten
Staat	Steuern/Gebühren, Aufgabenentlastung, Einhaltung von Rechtsvorschriften, Prosperität der Privatwirtschaft

Abb. 3-13: Erwartungen ausgewählter Anspruchsgruppen

In gleicher Weise ermittelt man dann den Nutzen bzw. Schaden, zu dem es durch die Aktivitäten des Unternehmens für die einzelnen Anspruchsgruppen kommt. Jetzt nimmt man eine sorgfältige Gegenüberstellung der Erwartungen und des Nutzens/Schadens vor. Zentrale Fragestellung ist es natürlich, inwieweit das Unternehmen die Erwartungen ihrer Anspruchsgruppen erfüllen kann bzw. wo dies nicht der Fall ist.

Schritt 4: Erste Überlegungen zu Zielen, Strategien und Maßnahmen: Dieser Schritt stellt im Prinzip einen sehr groben Vorgriff auf die Inhalte der restlichen Kapitel des Buches dar. Aufbauend auf den Erkenntnissen aus den vorangegangenen Analysen kann ohne weitere Untersuchungen an dieser Stelle ein Grobentwurf des Gesamtkonzeptes gemacht werden. Bei weniger wichtigen Stakeholdern kann es vielleicht dabei bleiben. Bei den relevanten Stakeholdern kann dieser Grobentwurf als »Rohling« dienen, der in den weiteren Arbeitsphasen des GMN gründlich hinterfragt und massiv verfeinert werden muss.

Eine Möglichkeit, diesen pragmatischen Schritt konzeptionell zu unterstützen, stellt das in Abbildung 3-14 dargestellte einfache Arbeitsblatt dar.

(a) Segmentierung: An dieser Stelle ist zu überlegen, gegenüber wem man sich positionieren will: Gegenüber der Anspruchsgruppe als Ganzes oder bietet sich aufgrund der gegebenen Heterogenität eine Segmentierung in Untergruppen an? Im Beispiel aus Abbildung 3-14 hat man sich für eine Segmentierung entschieden, denn das Arbeitsblatt wurde für die Zielgruppe der Großkunden (beim Stakeholder »Kunde« der Schweizer Postbetriebe PTT) ausgearbeitet.

(b) Situation: Um ein gemeinsames Verständnis der Situation, in der sich die jeweilige Steuerungseinheit befindet, voraussetzen zu können, beginnt man mit ihrer kurzen Rekonstruktion.

Ebene:	Situation	Ziele	Strategie	Maßnahmen	Perf. Messung
Sachebene	Deregulierung; Eintritt neuer Wettbewerber	Neue Wettbewerber vom »Cherries picking« abhalten	Verbesserung der Kundenbindung; integrierte Lösungen; Marktsegmentierung	Systemintegration; Innovationen pushen; »Peer groups« einsetzen	Umfragen; »Share of wallet«; Benchmarking mit der Peer Group
Struktur Aufbau-/Ablauf-organisation, Systeme & Prozeduren	Keine definierten Verkaufsprozesse; funktionale Organisation	Verbesserung der Durchlaufzeiten, Qualität und Kosten	Dezentralisierung der Verantwortlichkeit; Standardisierung der Kernprozesse	Key Account Management (1 per 1); Profit & Loss-Verantwortlichkeit; 3-dim. Organisation	Scorecards zur Prozesseffizienz
Kultur Werte Einstellungen	Keine Verkaufskultur; Mangel an Reputation	Aufbau einer Corporate Identity; mehr Kundenorientierung	Definition von »Core values«	Training (Verkauf); Neue Anreizsysteme	360-Grad-Feedback; Scorecards
Macht Machtbasen Einflussnahme Interessen	Abhängigkeit des Kunden aufgrund der Monopolsituation in der Vergangenheit	Machtwechsel von den Funktionen zu den »Client owners«; partnerschaftliches Kundenverhältnis	Interessenpooling; Risikoteilung	Einrichtung von »Customer councils«	Einbindungs-Index; Umfragen
Vertrauen Reputation	Zu viel versprochen, nicht genug gehalten	Stabile, permanente Beziehung mit den Key Accounts	Branding Initiative; Funktionale und emotionale »Links«	Events; Einbindung; regelmäßige Beziehung; »Customer policy«	Umfragen

Abb. 3-14: Positionierung und Bearbeitung von Großkunden der PTT

Jede Spalte ist dabei in fünf Zeilen untergliedert. In der ersten Zeile geht es um die *Sachlage* der Steuerungseinheit zum Zeitpunkt der Analyse. Im Fall der PTT war es die Deregulierung der Märkte, die den Eintritt neuer Wettbewerber in ausgewählten Segmenten zur Konsequenz hatte. Die restlichen vier Zeilen decken die drei Perspektiven der organisatorischen Rahmenbedingungen ab: die *strukturelle Dimension* (mit der Aufbau- und Ablauforganisation, den Managementsystemen etc.), die *politische Dimension* (mit der Verteilung möglicher Einflussnahme auf Machtbasen wie Expertenmacht, Positionsmacht etc.) sowie die *kulturelle Dimension* (mit den Werten und Einstellungen der Mitarbeiter, aber auch – wegen seiner Bedeutung mit einer eigenen Zeile versehen – dem *Vertrauen* als Grundlage von Führung und Zusammenarbeit und als Wurzel der Reputation[52] eines Unternehmens). Bestimmte kritische Teilbereiche wird man aber immer durch »institutionalisiertes Misstrauen« direkt kontrollieren müssen. So kann es ratsam sein, zur Einhaltung unternehmensethischer Grundsätze, etwa zur Abwehr aktiver oder passiver Bestechung, hohe Misstrauenskosten in Kauf zu nehmen. Andere Beispiele, die wie »strukturelle Kontrollpflöcke« auch in einer Vertrauensorganisation eingeschlagen werden können, sind die Praktizierung einer rigorosen Bugdetkontrolle auch für die ansonsten »freischwebende« Entwicklungsabteilung oder die penible Auslegung von Spesenregelungen. Doch daneben bedarf es einer Kultivierung von Vertrauen. Diese gründet auf einem Wertekonsens, auf den sich alle Mitglieder des Unternehmens immer wieder berufen können. Die in Abbildung 3-15 dargestellten fünf vertrauensbildenden Normen, aufbauend auf der Offenheit, können eine immer präsente Form von *indirekter* Kontrolle darstellen.

(c) *Ziele*: In der zweiten Spalte geht es um das Setzen erster Ziele. Sie ergeben sich aus den Gegenüberstellungen der Erwartungen/Interessen der Großkun-

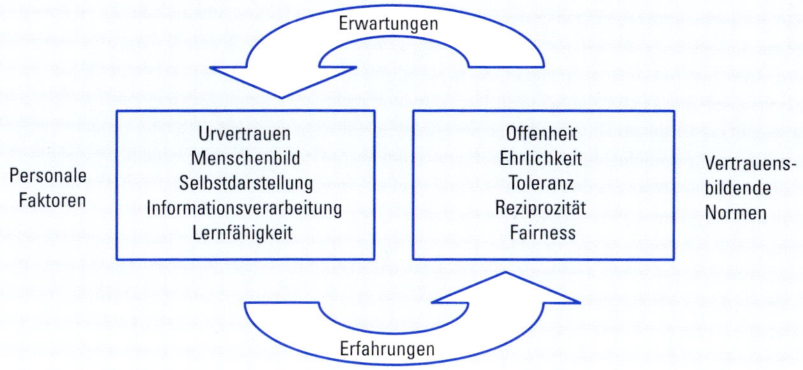

Abb. 3-15: Kultivierung von Vertrauen (Quelle: Müller-Stewens/Lechner/Stahl 2001)

den sowie den Ansichten/Möglichkeiten der PTT und deren Verhandlungsposition gegenüber den Großkunden. Ergibt sich eine Unterdeckung der Erwartungen, so können verschiedene Vorgehensweisen gewählt werden. Entweder hält man die Differenz für unveränderbar, versucht aber, über Kommunikation mit der Anspruchsgruppe Verständnis dafür zu schaffen und die zu erwartenden Widerstände abzuschwächen oder man hält die Differenz für veränderbar und will sie auch verändern. Dann gibt es zwei Ansatzpunkte: Es wird entweder über die Erwartungen oder über Nutzen/Schaden verhandelt. Dies ist meistens nicht eine einmalige Aktion, sondern ein laufender, die Implementierung der Strategien begleitender Verhandlungsprozess, dessen Resultat eine langfristige Gewinnerposition für beide Parteien sein sollte. Es handelt sich also um das »Schnüren eines Verhandlungspaketes«. Dabei wird es meistens nicht möglich sein, alle Anspruchsgruppen-Interessen auf Grund ihrer Verschiedenartigkeit unter ein Dach zu bringen. Deshalb geht es hier um die Aufgabe, zwischen unterschiedlichen Interessen einen Ausgleich zu finden.

(d) Strategie, Maßnahmen und Performance Messung: Hier sollen erste Wege aufgezeigt werden, wie man zu der gewünschten Positionierung gelangen könnte, welche Maßnahmen dazu angedacht sind und mittels welcher Messgrößen man die Implementierung beobachten möchte.

Es sind Spannungsfelder zu erwarten

Fassen wir zusammen: Die Anspruchsgruppen-Analyse zeigt, gegenüber welchen Anspruchsgruppen seiner Umwelt sich ein Unternehmen positionieren will und gibt erste Hinweise, worauf es dabei achten sollte. Dass die Interessen der Anspruchsgruppen mit denen des Unternehmens zusammenfallen, dürfte ein nur selten auftretender Fall sein. Von daher sind immer wieder Spannungsfelder zu erwarten, die es durch spezifische Handlungsstrategien auszubalancieren gilt.

Eine solche Anspruchsgruppen-Analyse bringt normalerweise eine ganze Reihe überraschender Erkenntnisse mit sich. So sieht man z.B. sehr häufig, dass Erwartungen und Nutzen (bzw. entgangener Nutzen) der Anspruchsgruppen sehr verzerrt und wenig realitätsgerecht wahrgenommen werden. Oder aber man erkennt, dass man zwar Anspruchsgruppen-Management betreibt, dabei aber falsche Prioritäten setzt, indem man mit wenig einflussreichen (dafür aber »bequemen«) oder kaum beeinflussbaren Anspruchsgruppen viel Zeit verbringt.

Workshop: Stakeholder-Analyse

Ist-Situation

1. Listen Sie die für Ihre Organisationseinheit relevanten Stakeholder (Anspruchsgruppen) auf.
2. Übertragen Sie die Stakeholder in die Relevanzmatrix, indem Sie bei jedem sich fragen, welchen Einfluss er ausübt (bzw. ausüben könnte) und wie Sie ihn selbst beeinflussen (könnten).

Soll-Situation

3. Positionieren Sie die Stakeholder in der Relevanzmatrix nun so, dass die Position ihrem tatsächlichen zukünftigen Einfluss und der zukünftig als möglich angenommenen Beeinflussbarkeit entspricht.

Einzelbetrachtung wichtiger Stakeholder

4. Wählen Sie einen Ihnen besonders betrachtenswert erscheinenden Stakeholder aus.
5. Diskutieren Sie, welche Erwartungen dieser Stakeholder an Sie hat und welche Absichten Sie mit ihm haben.
6. Diskutieren Sie weiter, welchen Nutzen Sie ihm stiften und welche Erwartungen seinerseits damit gedeckt werden und welche offen bleiben.
7. Bearbeiten Sie dann das Arbeitsblatt aus Abbildung 3-14.

»Tiefenbohrungen«: relevante Anspruchsgruppen im Überblick: War die Analyse und Gewichtung der Anspruchsgruppen ein erster Schritt, um sich relativ einfach einen Überblick über die Umwelt eines Unternehmens zu verschaffen, so kann diese Betrachtung nun durch den Einsatz von Analyseinstrumenten verfeinert werden. Will man dabei systematisch vorgehen, so kann man nach folgenden Anspruchsgruppen unterscheiden.

- Die *Kunden* denen ein Unternehmen seine Produkte und Dienstleistungen anbietet, nehmen zumeist eine herausragende Bedeutung ein. Ein gutes Verständnis dieser Anspruchsgruppe ist wohl für jedes marktwirtschaftlich ausgerichtete Unternehmen unvermeidlich.
- Welche Position ein Unternehmen gegenüber seinen Kunden bzw. auf seinen Absatzmärkten einnimmt, hängt wesentlich davon ab, mit welchen *Wettbewerbern* es sich dort auseinander zu setzen hat. Auch die Verhaltensweisen der Konkurrenten aus einer Branche sind daher zu analysieren und Annahmen über ihre zukünftige Aktionen und Reaktionen zu treffen. Eine Wettbewerbsposition ist immer relativ, d.h. im Verhältnis zu den Wettbewerbern des Unternehmens, zu verstehen.
- Neben diesen beiden, im Rahmen der Positionierungsarbeit zumeist dominierenden Gruppierungen, ist der Erfolg oder Misserfolg eines Unternehmens oft von einer Vielzahl *weiterer Anspruchsgruppen* abhängig. Wie erwähnt, lassen sie sich in externes und interne Anspruchsgruppen unterteilen. Zu den externen zählen beispielsweise die Zulieferer, Kooperations- und Allianzpartner, staatliche Stellen, Non-Profit-Organisationen, Banken oder der Kapitalmarkt. Wie man die internen Anspruchsgruppen einteilt, ist einzelfallspezifisch zu entscheiden. So mag es zweckmäßig sein, zwischen den Interessen der Mitarbeiter und denen des Managements zu unterscheiden, wenn es beispielsweise um Fragen der Entlohnung und Arbeitsplatzsicherheit geht. Oder man betrachtet einzelne Managementebenen, wenn es beispielsweise im Zuge fundamentaler Wandelprozesse zu Divergenzen zwischen dem oberen und mittleren Manage-

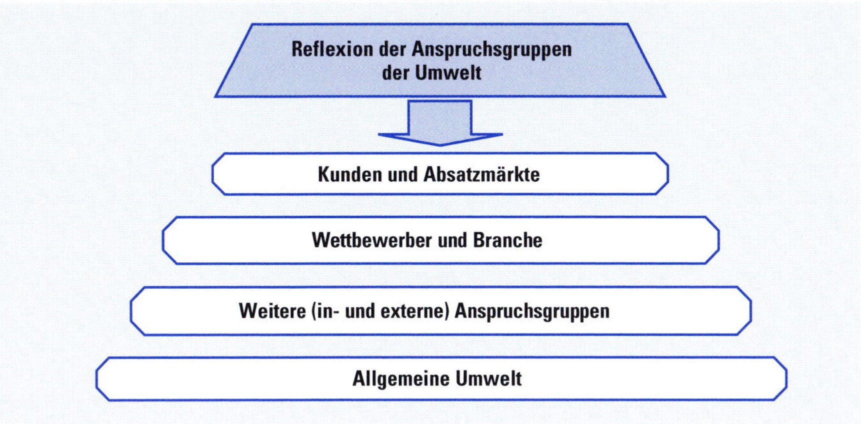

Abb. 3-16: Anspruchsgruppen der Umwelt

ment kommt. Prinzipiell sollte die Einteilung der internen Anspruchsgruppen problembezogen erfolgen, je nachdem welche Gruppierung welche Interessen vertritt und wie markant sich dies auf die Aktivitäten des Unternehmens ausübt.

- Waren die bisherigen Anspruchsgruppen der direkten Aufgabenumwelt eines Unternehmens zuzurechnen, dann kann man auf einem höheren Abstraktionsgrad eine Analyse der *allgemeinen Umwelt* vornehmen. Hier können Bereiche wie Politik, Recht, Wirtschaft, Gesellschaft und Technologie unterschieden werden, die Rahmenbedingungen für unternehmerisches Handeln setzen.

Wir werden im Folgenden von der Annahme ausgehen, die Kunden und Absatzmärkte als Anspruchsgruppen der Kategorie »A« oder »B« zu sehen, und von dieser Basis aus die anderen Anspruchsgruppen untersuchen. Eine solche Auswahl ist jedoch immer auf einen bestimmten Zeitpunkt bezogen. Je nachdem, in welcher Situation sich ein Unternehmen befindet und von welcher Anspruchsgruppe es momentan am meisten unter »Druck« gesetzt wird, wird es unterschiedliche Schwerpunkte legen. Abbildung 3-16 gibt einen Überblick über die verschiedenen Bereiche einer Reflexion der Umwelt, die wir in den nächsten Kapiteln genauer betrachten werden.

(3) Kunden und Absatzmärkte

Kunden und ihre Aggregation in Form von Absatzmärkten bilden die Nachfrageseite wirtschaftlicher Transaktionen. Als Absatzmarkt lassen sich dabei alle Kunden bezeichnen, die tatsächliche oder potenzielle Käufer eines Produktes oder einer Dienstleistung sind.[53] Sie stellen für wohl jedes Unternehmen eine derart zentrale Anspruchsgruppe dar, dass sie zumeist einer ausführlichen Analyse unterzogen werden.

Markttypen

Einer bekannten Einteilung Kotlers folgend, lassen sich Absatzmärkte in mehrere **Markttypen** unterteilen. Während so genannte Konsumgütermärkte (»consumer markets«) durch Einzelpersonen und Haushalte gebildet werden, die Güter und Dienstleistungen für den persönlichen Bedarf kaufen, werden Investitionsgütermärkte (»organizational markets«) nach den Bedürfnissen von Kunden in drei Teilmärkten gebildet. Dabei handelt es sich um die eigentlichen Produzenten von Gütern (producer markets), die Wiederverkäufer (»reseller markets«) sowie die öffentlichen Stellen (»government markets«). Diese drei Typen von Investitionsgütermärkten versorgen die Konsumgütermärkte mit ihrem spezifischen Angebot. Diese Einteilung ist vonnöten, da sich die einzelnen Markttypen durch spezielle Eigenschaften und »Spielregeln« auszeichnen, die für die spätere Strategieentwicklung eines Unternehmens von Bedeutung sind. Um diese Besonderheiten eines Marktes herauszuarbeiten, schlägt Kotler vor, sich an sechs zentralen Fragestellungen zu orientieren, die da lauten:

Besonderheiten eines Marktes

- Wer bildet den Markt? (Marktteilnehmer)
- Was wird auf dem Markt gekauft? (Kaufobjekte)
- Wann wird gekauft? (Kaufanlässe)
- Wer tätigt den Kauf? (Kaufakteure)
- Warum wird gekauft? (Kaufziele)
- Wie wird gekauft? (Kaufpraktiken)

Doch auch innerhalb der einzelnen Markttypen sind in aller Regel die Ansprüche und Bedürfnisse der Käufer derart vielfältig, dass es sich nicht empfiehlt, ihnen gegenüber eine einheitliche Strategie zu verfolgen. Man denke nur an den Automobilmarkt, wo die Palette der Ansprüche von billigen Allroundfahrzeugen bis hin zu Sportwagen und Luxuslimousinen reicht. Ein Unternehmen kann hier zumeist nicht jedem individuellen Anspruch gerecht werden. Daher sollte es sich auf diejenigen Segmente konzentrieren, die aus seiner Sicht am attraktivsten sind und die es auf Grund seiner Fähigkeiten auch am besten bedienen kann.

Zu diesem Zweck empfiehlt sich eine differenzierte Betrachtung des jeweiligen Marktes. Wieder kann man die Technik der Segmentierung einsetzen, um nun eine so genannte **Marktsegmentierung** vorzunehmen. Sie lässt sich nach Kuss/Tomczak (1998, S. 51) als »Aufteilung eines heterogenen Gesamtmarktes in relativ homogene Käufergruppen mit dem Ziel der differenzierten Ansprache dieser Gruppen« definieren. Vier *Voraussetzungen* sind von Bedeutung, um eine solche Marktsegmentierung vornehmen zu können:[54]

Marktsegmentierung und ihre Voraussetzungen

1. Die jeweiligen Kunden müssen Unterschiede zwischen den einzelnen Produkten erkennen und als relevant erachten.
2. Ganze Gruppen von Kunden müssen ähnliche Bedürfnisse haben, um sie in einem Marktsegment zusammenfassen zu können.
3. Dies ist jedoch nur dann sinnvoll, wenn Größe und Potenzial eines Marktsegments ausreichend sind, um eine maßgeschneiderte Strategie erfolgreich zu verfolgen. Dies verweist auch auf die Frage, ob ein Unternehmen überhaupt in der Lage ist, für das jeweilige Segment eine geeignete Strategie entwickeln und umsetzen zu können.
4. Eine eigenständige Kundengruppe kann identifiziert und auch durch Marketingaktivitäten erreicht werden.

Insgesamt gesehen, versucht man durch eine Segmentierung des Marktes homogene Kundengruppen zu erhalten, um anschließend einen hohen Grad von Identität zwischen der angebotenen Leistung und der nachfragenden Kundengruppe zu erzielen.[55] Die Vielzahl an *Kriterien*, mit deren Hilfe dies erreicht werden kann, lässt sich dabei prinzipiell entweder dem Konsumgüter- oder dem Investitionsgütermarkt zuordnen und in einzelnen Kriteriengruppen bündeln (Abbildung 3-17).[56]

Art des Kriteriums	Konsumgütermarkt (K)	Investitionsgütermarkt (O)
Eigenschaften von Menschen/ Organisationen	• Alter, Geschlecht, Rasse • Kaufkraft • Familiengröße • Lebenszyklus • Persönlichkeit und Lebensstil (wie Sicherheitsstreben, Genuss-orientierung)	• Branchenzweig • Lage • Größe • Technologie • Profitabilität • Management
Kauf/ Benutzungs-situation	• Kaufvolumen • Markentreue • Nutzungszweck • Kaufverhalten (Kaufhäufigkeit, Einkaufsstättenwahl) • Bedeutung des Kaufs • Auswahlkriterien	• Verwendung • Bedeutung des Kaufs • Volumen • Einkaufsfrequenz • Kaufprozess • Auswahlkriterien • Vertriebskanäle
Bedürfnis und Charakteristika der Leistung	• Produktähnlichkeit • Preispräferenzen • Markenpräferenzen • Produkteigenschaften • Qualität	• Leistungsanforderungen • Lieferantenunterstützung • Markenpräferenzen • Eigenschaften • Qualität • Service-Anforderungen

Abb. 3-17: Kriterien für die Kunden- und Markt-segmentierung

Segmentierungs-ebenen

Neben einer Auswahl der als relevant erachteten Kriterien gilt es zu entscheiden, ob man mit mehreren *Segmentierungsebenen* arbeiten will. Bei der Feinsegmentierung von Investitionsgütermärkten verwendet man beispielsweise die Einteilung in Makro- und Mikrosegmente. Während sich die Mikro-Segmentierung auf die Eigenschaften der für den Einkauf verantwortlichen Personen bzw. des »Buying Centers« konzentriert, d.h. der Interaktion zwischen diesen beteiligten Personen, werden in der Makro-Segmentierung die einzelnen Unternehmen nach Kriterien klassifiziert, die ihre Bedürfnisse als Ganzes erfassen. Doch auch im Konsumgüterbereich kann man mehrere Segmentierungsebenen einsetzen. Wenn beispielsweise ein Unternehmen im Lebensmittelbereich seine Kunden segmentieren will, dann kann es mehrere Kriterien wählen, auf deren Basis Grobsegmente zu bilden sind. Hat man sich für eine zweidimensionale Segmentierung nach Kundenbedürfnis (Gemüse, Fleisch, Früchte, Käse, Süßigkeiten, Getränke etc.) und Kaufkraft (gering-mittel-hoch) entschieden, dann kann hieraus eine Segmentierungsmatrix aufgespannt werden, aus der sich Segmente wie der »preisbewusste Allroundkäufer« oder der »kaufkräftige Weinliebhaber« herauskristallisieren lassen. Will man nun innerhalb dieser Grobsegmente ein detaillierteres Bild gewinnen, dann können Feinsegmente gebildet werden, die auf einer zweiten Analyseebene wieder möglichst relevante Kriterien (wie z.B. Markenpräferenz, oder Kaufvolumen) verwenden. Jedes dieser Segmente kann dann anschließend analysiert und bewertet werden, indem man z.B. das Volumen, die Wachstumsrate oder die Profitabilität des Segmentes untersucht.

Mit diesen Ausführungen zur Marktsegmentierung sollen die Erläuterungen zum Stakeholder »Kunde« abgeschlossen werden, da die weitere Vertiefung dem Gebiet Marketing/Marktforschung obliegt.

Fallbeispiel: Marktsegmentierung bei BMW[57]

Auch der Automobilkonzern BMW teilt seine Kunden – auf der Basis der »Sinus Milieus« – in einzelne Marktsegmente ein. So werden die beiden Kriterien »Soziale Lage« und »Wertorientierung« verwendet, und aus diesen eine Segmentierungsmatrix aufgespannt, innerhalb derer dann 11 Marktsegmente identifiziert werden (Abbildung 3-18).

BMW richtet seine Aufmerksamkeit auf die beiden Grobsegmente »Upper Conservative« und »Social Climber«. Auf einer zweiten Ebene werden diese Segmente dann durch weitere Kriterien präzisiert. So wird unter »Upper Conservative« ein verheiratetes Ehepaar gesehen, das ein eigenes Haus außerhalb der Großstadt besitzt, zwischen 50 und 55 Jahre alt ist, zu mindestens 20 % einen akademischen Grad innehat, ein monatliches Nettoeinkommen von ca. 12.000 DM aufweist, und Tätigkeiten wie Geschäftsführer, Freiberufler (z. B. Rechtsanwälte, Wirtschaftsprüfer oder Direktoren) ausübt. Das Segment »Social Climber« ist hingegen durch junge Familien mit 3–4 Personen bzw. Singlehaushalten geprägt, die eine großzügige Eigentumswohnung in der Stadt besitzen, im Schnitt zwischen 40 und 45 Jahren alt sind, mindestens die mittlere Reife oder zunehmend Abitur und Hochschulbildung aufweisen, monatlich ca. 7000 DM netto verdienen, und als Kleinunternehmer oder Selbstständige arbeiten. Besonders zu beachten ist in diesem Segment der hohe Anteil berufstätiger Frauen, die in den Augen von BMW eine rasch wachsende Kundengruppe bilden.

(4) Wettbewerber und Branche

Wendet sich die Analyse von Kunden und Absatzmärkten der Nachfrageseite zu, sind die Wettbewerber ein wichtiger Baustein bei der Analyse der Angebotsseite eines Marktes. Daher ist es nützlich, die Wettbewerbsumwelt eines Unternehmens zu untersuchen, um Aufschluss über die eigene Wettbewerbsposition sowie

Abb. 3-18: Marktsegmentierung bei der BMW AG

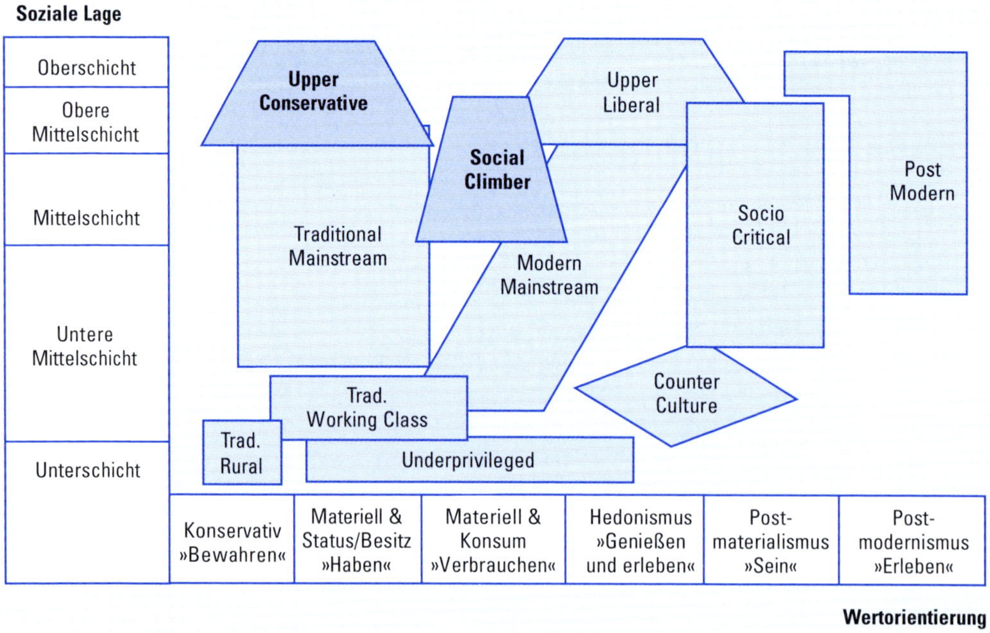

Hinweise zu erhalten, wie diese verbessert werden kann. Die Wettbewerbsumwelt kann zu diesem Zweck in drei Ebenen aufgespalten werden. Es handelt sich dabei um:

Aufteilung der Wettbewerbsumwelt

- Branche
- Strategische Gruppen innerhalb einer Branche
- Einzelne Wettbewerber

Branche und Konzept der fünf Wettbewerbskräfte: Als *Branche* kann – in einer relativ eng gefassten Definition – eine Gruppe von Unternehmen bezeichnet werden, die ähnliche Produkte oder Dienstleistungen anbieten.[58] Eine solche Definition führt dazu, dass das Verhalten der miteinander im Wettbewerb stehenden Unternehmen zur entscheidenden Fragestellung einer Branchenanalyse wird. Insbesondere die industrieökonomische Forschung der 70er-Jahre vertritt die These, dass für den Erfolg oder Misserfolg eines Unternehmens die Wettbewerbsintensität in seiner Branche entscheidend ist. Diese wird von der jeweiligen Branchenstruktur determiniert, die daher besonders zu beachten ist.[59] Vor diesem Hintergrund hat Michael Porter ein Konzept entwickelt, das – industrieökonomisch fundiert – fünf Einflusskräfte betrachtet, die die Wettbewerbsintensität und das Gewinnpotenzial in einer Branche signifikant bestimmen.[60] Sie zu kennen, bietet einem Unternehmen die Möglichkeit, seine Position innerhalb der jeweiligen Branche abzuschätzen und sich erfolgreich zu positionieren. Konkret handelt es sich dabei um den Einfluss, den Lieferanten, Abnehmer, potenzielle neue Wettbewerber, Substitutionsmöglichkeiten sowie das Wettbewerbsverhalten der etablierten Unternehmen untereinander auf eine Branche ausüben. Daraus kann Rückschluss auf die Attraktivität einer Branche gezogen werden.

Die Wettbewerbsintensität entscheidet über Erfolg

Lieferanten beeinflussen die Profitabilität einer Branche, indem sie Güter und Dienstleistungen verkaufen, die als Input für den Wertschöpfungsprozess einer Branche benötigt werden. Können sie für ihre Güter hohe Preise durchsetzen, dann reduziert sich im Gegenzug die Gewinnmarge, die in der Branche zu erzielen ist. Ihre Verhandlungsmacht bestimmt sich dabei aus mehreren Faktoren:

Faktoren, die die Verhandlungsmacht der Lieferanten bestimmen

- Konzentrationsgrad: Je weniger Lieferanten es in einer Branche gibt, desto grösser ist in aller Regel ihr Einfluss, da die Unternehmen der Branche dann von einigen wenigen Lieferanten abhängig sind. Z.B. INTEL, der weltweit dominierende Hersteller von Mikroprozessoren, besitzt gegenüber Unternehmen in der Hardwarebranche eine starke Stellung, da diese für ihre verschiedenen Computer dringend diese intelligenten Bausteine benötigen. Während INTEL über Jahren in der Lage war, in seinem Geschäft einen zweistelligen »Return on Investment« zu erreichen, sind mehrere Hardwarehersteller in den letzten Jahren stark unter Druck geraten, da sie unter anderem die relativ hohen Kosten für die Mikroprozessoren von INTEL nicht an ihre Kunden weitergeben konnten.
- Standardisierungsgrad: Die Ausgestaltung der Produkte und Dienstleistungen der Zulieferer sind ein weiterer wichtiger Faktor. Je standardisierter sie sind, desto einfacher können sie gegeneinander ausgetauscht werden. Sind sie hingegen stark differenziert und spezialisiert, dann erhöhen sie zumeist die Umstellkosten eines Unternehmens, d.h. die Aufwendungen, die anfallen, wenn ein Unternehmen seinen Lieferanten wechselt. Zu denken sind hier an die Kosten, die die Einführung einer neuen Software verursachen, oder die Verwendung

eines alternativen Produktionsplanung und -steuerungs-Systems. Relativ stark standardisierte Produkte, deren Preiselastizität zumeist hoch ist, können hingegen ohne größeren Aufwand ausgetauscht werden, was die Einflussmöglichkeiten der Lieferanten verringert.

- Möglichkeit der Vorwärtsintegration: Die Verhandlungsmacht eines Lieferanten bemisst sich auch danach, inwieweit er mit einer Vorwärtsintegration in die betreffende Branche hinein drohen kann. Wann immer es einem Lieferanten gelingt, glaubhaft eine Ausweitung seiner Aktivitäten in Aussicht zu stellen, verstärkt sich sein Einfluss auf die jeweiligen Unternehmen.
- Bedeutung der Branche: Zuletzt hängt die Verhandlungsmacht der Lieferanten auch davon ab, wie wichtig die Branche für sie ist. Generiert ein Lieferant beispielsweise in einer bestimmten Branche einen hohen Profit oder tätigt er hier einen großen Anteil seines Umsatzes, so ist zu erwarten, dass er sich intensiv um die Unternehmen der Branche bemüht, auf ihre Vorstellungen explizit eingeht und sich beispielsweise an gemeinsamen Forschungs- und Entwicklungsaktivitäten beteiligt. Ist die Branche hingegen für ihn relativ unwichtig, so stärkt dies in aller Regel seine Verhandlungsmacht.

Abnehmer

Das Gegenstück zu den Lieferanten bilden die *Abnehmer* einer Branche. Daher lassen sich die gerade eben angeführten Argumente hier in umgekehrter Form wiederfinden. Was die Position der Abnehmer verbessert, schwächt die Position der Unternehmen einer Branche. Die Höhe des Konzentrations- und Standardisierungsgrades, die Bedeutung der Branche für die Abnehmer spielen daher ebenso eine Rolle wie die Gefahr, dass sie drohen, durch Rückwärtsintegration in die Branche vorzudringen. Zudem ist hier auch die Thematik der Markttransparenz zu erwähnen. Je besser die Abnehmer das Angebot einer Branche kennen und es vergleichen können, desto stärker wird ihre Verhandlungsposition sein, je geringer die Markttransparenz ist, desto schwieriger wird es für sie, die angebotenen Güter auch tatsächlich vergleichen zu können. Anzumerken ist an dieser Stelle auch, dass hinsichtlich der Faktoren, die die Verhandlungsmacht der Abnehmer bestimmen, es kaum wesentliche Unterschiede zwischen den einzelnen Abnehmertypen gibt. Von daher können die einzelnen Faktoren sowohl für die Analyse von privaten Endverbrauchern wie auch für Abnehmer der weiterverarbeitender Industrie verwendet werden.

Die dritte Einflusskraft wird durch die *potenziellen, neuen Anbieter* gebildet, die zwar noch nicht in der Branche tätig sind, jedoch einen Brancheneintritt erwägen. Je profitabler ihnen die Branche erscheint, desto größer ist für sie der Anreiz dort aktiv zu werden und sich einen Anteil zu sichern. Wie stark die Bedrohung ist, die von ihnen ausgeht, hängt dabei primär von zwei Faktoren ab: Zum einen von der erwarteten Reaktion der etablierten Unternehmen auf den Neueintritt. Sind harte Vergeltungsmaßnahmen zu erwarten, senkt dies die Eintrittswahrscheinlichkeit, werden hingegen die etablierten Unternehmen darauf nicht reagieren, begünstigt dies einen solchen Versuch. Der zweite Faktor liegt in den *Markteintrittsbarrieren*, die eine Branche kennzeichnen. Sind sie hoch, dann wird es für neue Anbieter sehr aufwändig sich dort zu etablieren, während niedrige Barrieren ein solches Vorhaben begünstigen. Wie in einem Hindernislauf sind Markteintrittsbarrieren als »Hürden« zu verstehen, die ein neuer Anbieter zu überwinden hat. Sechs solcher Barrieren sind dabei von besonderer Bedeutung:

Markteintrittsbarrieren

- Economies of Scale: Darunter werden Größenvorteile verstanden, die in vielen Wertschöpfungsaktivitäten von Bedeutung sind. Gerade in Branchen, die durch hohe Fixkosten gekennzeichnet sind (wie die Pharma- oder Chemiebranche), sinken die Stückkosten mit der Produktionsmenge. Eine bessere Auslastung der eingesetzten Ressourcen ermöglicht dies. Neue Anbieter sind hier entweder gezwungen mit großen Stückzahlen auf den Markt zu kommen und dementsprechend stark zu investieren, was jedoch riskant ist, oder Kostennachteile zu akzeptieren, die jedoch ihre Wettbewerbskraft schmälern.
- Ausmaß der Produktdifferenzierung: Dieser Faktor spielt eine wichtige Rolle, wenn es dadurch zu einer hohen Kundenbindung kommt. Insbesondere Markenartikel sind hier zu nennen. Man denke nur an Unternehmen wie COCA COLA, MCDONALDS oder PHILIP MORRIS (MARLBORO), denen es gelungen ist, eine attraktive, einzigartige Marke in ihrer Branche zu entwickeln. Um eine solche Barriere zu überwinden, sind oft erhebliche Ressourcen für die Kundenakquisition einzusetzen, was das Risiko des Scheiterns erhöht.
- Kapitalbedarf: Dieser Faktor kann überall dort zur Barriere werden, wo es sich um ressourcenintensive Branchen handelt. So wird z.B. der Aufbau einer Direktbank, die ohne Filialnetz ihre Kunden über moderne Kommunikationsinstrumente bedient, auf ca. 100 Mio. DM geschätzt. Diesen Betrag können kleinere, regional tätige Banken oft nicht aus eigener Kraft erbringen. Gerade Unternehmen, die über eine schwache Kapitalbasis verfügen, sind daher weitgehend von kapitalintensiven Branchen ausgeschlossen.
- Kostennachteile: Diese sind nicht nur auf Größenvorteile zurückzuführen, sondern finden ihren Ursprung auch in Faktoren wie Erfahrungsvorteilen, staatlichen Subventionen, Patenten, Branchenstandards oder einem vorteilhaften Zugang zu Ressourcen. Das Phänomen des »Lock-In« beispielsweise ist darauf zurückzuführen, dass es in Märkten wie etwa dem für Kinderspielzeug (z.B. LEGO) oder dem für Software (z.B. MICROSOFT) einigen wenigen Unternehmen gelungen ist, den Markt durch das Setzen von Standards bildlich gesprochen »einzuschließen«, und Neuankömmlingen kaum noch Entfaltungsraum zu lassen. Wie bereits erwähnt, ist dies auch auf die Höhe der Umstellkosten zurückzuführen, die die Kunden einer Branche zu tragen haben, wenn sie einen Anbieter austauschen. Je höher die Umstellkosten sind, desto weniger sind sie bereit, neue Produkte und Dienstleistungen zu übernehmen.
- Vertriebskanäle: Der Ausgestaltung der Vertriebskanäle kommt oft eine Schlüsselfunktion zu, da es sich hier entscheidet, ob es einem neuen Anbieter gelingt seine Güter an die Kunden zu bringen. Je schwieriger es für ihn ist, darauf Zugriff zu erhalten oder gar eigene Vertriebskanäle aufzubauen, desto geringer sind seine Chancen, sich in einer Branche langfristig zu etablieren.
- Staatliche Politik: Dieser Faktor bildet oft eine weitere Barriere, die zu beachten ist. Sie ist insbesondere dann relevant, wenn der Staat den Marktzugang bestimmt oder Rahmenbedingungen für das Wirtschaften in einer Branche festlegt. So hat der Staat in der Telekommunikation jahrzehntelang den Eintritt in die Branche verboten, oder hat wie in der Energiewirtschaft durch das Setzen von Sicherheits- und Umweltstandards die Eintrittsbarrieren für Neueinsteiger markant hoch gehalten.

Substitutionsanbieter

Substitutionsanbieter stellen Produkte oder Dienstleistungen her, die die Funktion bestehender Güter zumindest gleichwertig ersetzen können. Derartige Ersatzprodukte begrenzen die Möglichkeit zur Preissteigerung der Güter einer Branche. Sie weisen gleiche oder ähnliche Eigenschaften auf und stehen daher in einem Konkurrenzverhältnis mit den Produkten und Dienstleistungen der Branche. Daher ist dem Preis-Leistungsverhältnis zwischen ihnen besondere Aufmerksamkeit zu schenken, da eine markante Veränderung hier eine Veränderung des Einkaufsverhaltens der Abnehmer nach sich zieht. Gefahr droht, wenn es sich deutlich zu Gunsten des Substitutionsproduktes verbessert und die eigene Branche überdurchschnittlich profitabel ist.

Wettbewerbsverhalten der etablierten Unternehmen

Im Zentrum der Branchenanalyse steht das *Wettbewerbsverhalten der etablierten Unternehmen*. Der Rivalitätsgrad zwischen diesen Unternehmen wird maßgeblich von den vier anderen Wettbewerbskräften geprägt, was der Grund dafür ist, dass diese fünfte Kraft im Mittelpunkt des Bezugsrahmens steht. So begünstigt beispielsweise eine hohe Konzentration auf der Abnehmerseite einen intensiven Wettbewerb der anbietenden Unternehmen um diese wenigen Kunden, so kann ein dominanter Lieferant die einzelnen Unternehmen der Branche gegeneinander ausspielen und einen ruinösen Preiskampf auslösen. Das Wettbewerbsverhalten der Unternehmen ist dann durch den Einsatz von taktischen Maßnahmen wie aggressive Werbekampagnen oder Preiskämpfe in ausgewählten Bereichen gekennzeichnet. Neben dem Einfluss der vier anderen Wettbewerbskräfte, wird der Rivalitätsgrad insbesondere durch folgende Faktoren bestimmt:

Faktoren, die den Rivalitätsgrad bestimmen

- Wachstum der Branche: In wachsenden Branchen ist die Wettbewerbsintensität zumeist geringer als in stagnierenden oder schrumpfenden Branchen. Da der »Kuchen« wächst, ist hier noch genügend Raum für alle vorhanden. Kommt das Wachstum jedoch zum Stillstand, dann treten Verteilungs- und Verteidigungskämpfe auf, die den Rivalitätsgrad erhöhen.
- Ausmaß der Produktdifferenzierung: Fehlende Produktdifferenzierung senkt die Umstellkosten der Abnehmer und erhöht deren Preissensibilität. Wenn es leichter ist den Hersteller zu wechseln, erhöht sich der Anreiz, einem Konkurrenten durch aggressive Marketingaktionen einige seiner Kunden abspenstig zu machen.
- Ausmaß der Überschusskapazität: Sind in einer Branche Überkapazitäten aufgebaut worden, so kommt es in der Folge meist zu einem harten, wenn nicht ruinösen Preiskampf. Es wird versucht die aufgebauten Kapazitäten weiterhin gut auszulasten, und den Wettbewerber durch Skaleneffekte aus dem Markt zu drängen. Aktuelles Beispiel ist der Preisverfall auf dem Markt für Speicherchips. Allein in Südostasien wurden 1997 ca. 40 Fabrikanlagen aufgebaut, deren Output dann in 1998 die Märkte überschwemmte.
- Austrittsbarrieren: Sie bilden das Gegenstück zu den Eintrittsbarrieren einer Branche, indem sie den Austritt von Unternehmen aus dem Markt behindern oder stark verteuern. Als Austrittsbarrieren sind neben sachlich zu begründenden Argumenten wie irreversiblen Investitionen oder spezialisierten Vermögenswerten (z. B. für eine Papiermaschine) auch soziale Argumente zu berücksichtigen, wie beispielsweise die traditionelle Verbundenheit eines Unternehmens zu einer Branche oder die Loyalität zu seinen darin ausgebildeten Mitarbeitern.
- Haben sich zwischen den Unternehmen einer Branche ähnliche Geschäftslogiken herausgebildet, dann teilen sie oft stillschweigend den Markt untereinander auf. Besitzen sie hingegen divergente konzeptionelle Raster oder versucht

ein Unternehmen die dominierende Branchenlogik zu seinen Gunsten zu verändern, dann steigt der Rivalitätsgrad zumeist deutlich an.

Diese fünf dominierenden Einflusskräfte bestimmen also kollektiv die Wettbewerbsintensität in einer Branche und damit ihr Gewinnpotenzial. Jede Branche verfügt über eine aus wirtschaftlichen und technischen Charakteristika gebildete Struktur, die es bei der Analyse der Wettbewerbsumwelt zu erkennen gilt. Abbildung 3-19 zeigt als Anwendungsbeispiel in einer hochverdichteten Form die Analyse der deutschen Energiewirtschaft.

Kritik

Drei *Probleme* sind bei der Anwendung des Bezugsrahmens zu beachten. Erstens fällt es schwer, die Grenzen einer Branche genau zu bestimmen. Welche Kriterien sollen hier herangezogen werden? Es stellt sich beispielsweise die Frage, ob ein Unternehmen wie die ALLIANZ Gruppe nur der Versicherungsindustrie oder auch der Vermögensverwaltung oder sogar der Bankenindustrie zuzurechnen ist. Wird die Branchenabgrenzung zudem auf deutscher, europäischer oder weltweiter Ebene vorgenommen? Und viel wichtiger noch: Wie kann man Branchen analysieren, die gerade erst entstehen und daher noch keine klar erkennbaren Branchengrenzen aufweisen, wie beispielsweise die sich formierende »Bit-Industrie« aus Unternehmen der Computer-, Unterhaltungs- und Telekommunikationsindustrie? In diesem Zusammenhang ist auch von einer »Dekonstruktion« des Konstruktes der Branche die Rede und der Suche nach einem neuen Analyseobjekt, das diesen Veränderungen Rechnung trägt. Vorgeschlagen wird hier z. B. die Konzentration auf einzelne Wertschöpfungsebenen oder -stufen.[61]

Abb. 3-19: Die fünf Wettbewerbskräfte in der deutschen Energiebranche 1998

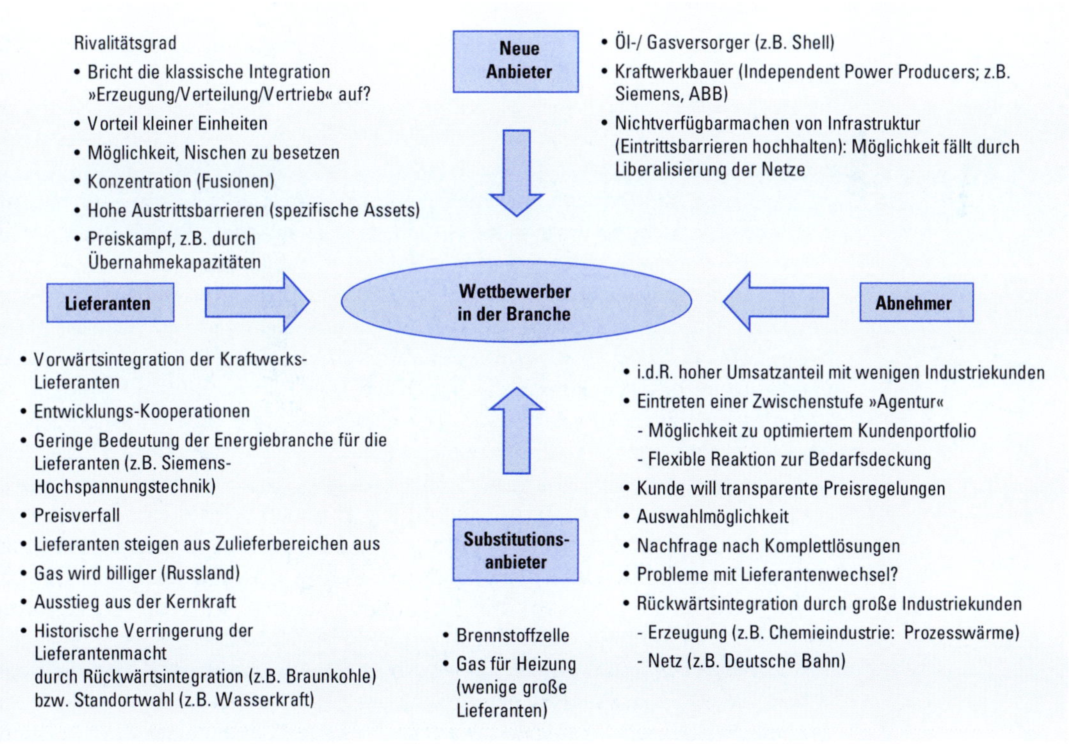

Zweitens geht der Bezugsrahmen von einem statischen Wettbewerbsverständnis aus. Eine exogen vorgegebene Branchenstruktur ist zuerst zu analysieren und anschließend hat sich ein Unternehmen dieser Struktur möglichst optimal anzupassen. Doch sind die Beeinflussungsmöglichkeiten zwischen einer Branche und dem einzelnen Unternehmen wirklich derart einseitig? Wird nicht die Branchenstruktur unablässig durch die Handlungen der beteiligten Unternehmen verändert und neu gestaltet? Je nachdem wie die Wettbewerber einer Branche agieren, verändern sie die Branchenstruktur. Das Verhältnis zwischen Unternehmen und Branchenstruktur ist folglich dynamisch und bedingt sich gegenseitig. Wenn sich z. B. ein Kreditkartenanbieter eine profitable Position im Markt für Privatkunden mit hohem Kreditrisiko sichert und von dort aus seine Fähigkeiten für den Einstieg als Makler von Telefondienstleistungen nutzt, dann ist zu bezweifeln, ob der Bezugsrahmen solche Prozesse analytisch angemessen erfassen kann.

Wie stark bestimmt die Branche die Profitabilität?

Drittens ist zu bezweifeln, ob der Einfluss der Branche auf die Profitabilität von Unternehmen tatsächlich so stark ist, wie man annimmt. Während Schmalensee[62] in seiner empirischen Studie diese Hypothese noch signifikant bestätigen konnte, kam Rumelt einige Jahre später zu dem Ergebnis, dass der Einfluss der Branche auf die Rendite einzelner Geschäftseinheiten lediglich 8,3 % beträgt.[63] Hingegen wird der direkte Einfluss von Geschäftseinheiten mit 46,4 % angegeben und ist damit ca. sechs mal stärker als der Brancheneinfluss. Auch die Studien von Hansen/Wernerfelt[64] und Mauri/Michaels[65] kommen mit anderen Datensätzen zu ähnlichen Ergebnissen. Allerdings stellen Mauri/Michaels fest, dass der Einfluss der Geschäftseinheiten über die Jahre zu Gunsten des Einflusses der Branche abnimmt, die Branche langfristig gesehen also doch einen hohen Einfluss hat. Während die Bedeutung der Handlungen auf Ebene der Geschäftseinheit bei einer 5-Jahres-Betrachtung noch bei 37 % liegt, reduziert er sich bei einer 15-Jahres-Betrachtung auf 25 %. Die Diskussion scheint folglich noch nicht abgeschlossen zu sein.

Strategische Gruppen

Strategische Gruppen: Auch wenn man durch eine Branchenanalyse Einblick in die Vorgänge gewinnt, die die Profitabilität der Branche als Ganzes bestimmen, so ist dieses Bild noch zu unscharf für die Bestimmung der unmittelbaren Wettbewerbsposition eines Unternehmens. Dies kann jedoch eine Betrachtung der strategische Gruppe leisten, der ein Unternehmen angehört. Als *strategische Gruppe* wird dabei eine Menge von Unternehmen bezeichnet, die innerhalb einer Branche die gleiche oder zumindest eine ähnliche Strategie verfolgen.[66] Die Strategie dieser Unternehmen wird dabei entlang ausgewählter Dimensionen (wie z. B. Produktangebot oder Kostenstrukturen) verglichen.

Das Konzept der strategischen Gruppen hat für die Branchenanalyse mehrere *Implikationen*. Der Einfluss der fünf Wettbewerbskräfte wird zunächst relativiert. Ihre Bedeutung ist von strategischer Gruppe zu strategischer Gruppe verschieden und daher individuell zu analysieren. So haben beispielsweise große Konzerne auf Grund ihres Auftragsvolumen eine andere Verhandlungsmacht gegenüber ihren Lieferanten als kleinere Unternehmen. Des Weiteren lenkt das Konzept der strategischen Gruppe den Fokus auf die Unternehmen innerhalb einer Gruppe. Hier findet der entscheidende Marktwettbewerb statt, weniger hingegen mit Unternehmen, die anderen Gruppen angehören. So stehen beispielsweise Luxusrestaurants kaum in Konkurrenz zu billigen Fastfood-Geschäften, obwohl beide der Gastronomiebranche angehören.

Je ähnlicher sich die Strategien zwischen den Unternehmen einer Branche werden, desto mehr nähern sich die strategischen Gruppen einander an, und in der Folge kommt es oft zu Übertritten in andere Gruppen. Der Automobilkonzern VW beispielsweise bemüht sich derzeit mit einer Multi-Markenpolitik und der Aufwertung einiger Modelle den Aufstieg in die automobile Oberklasse zu schaffen. Ob ein solcher Übertritt langfristig gelingt, hängt wesentlich davon ab, wie stark die Mobilitätsbarrieren zwischen den einzelnen Gruppen sind. Als *Mobilitätsbarrieren* sind all die Faktoren zu verstehen, die den Wechsel von Unternehmen von einer strategischen Gruppe in die andere behindern, also sowohl Ein-, als auch Austrittsbarrieren. Sie schützen die zur Gruppe gehörigen Unternehmen vor neuen Wettbewerbern. Für den geplanten Aufstieg von VW in die Oberklasse wird sich noch zeigen, wie stark die Mobilitätsbarrieren sind, und welche Aufwendungen hinsichtlich Produktion, Marketing und Vertrieb hier zu leisten sind.

Mobilitätsbarrieren

Um die einzelnen strategischen Gruppen in einer Branche abzugrenzen und die Unterschiede in ihrem Verhalten zu analysieren, ist auch hier wieder die Technik der *Segmentierung* einsetzbar. Als relevante Kriterien bieten sich an:[67]

Abgrenzungskriterien von strategischen Gruppen

- Vertikale und horizontale Integration
- Geografische Marktabdeckung
- Marktsegmente
- Eigentümerstruktur
- Organisationsgröße
- Kapazitätsauslastung
- Kostenstruktur
- Vertriebskanäle
- Marketingaktivitäten
- Markenbesitz
- Produktvielfalt
- Produktqualität
- Technologieverhalten
- F & E Fähigkeiten

Um die Segmentierung der strategischen Gruppen zu visualisieren, ist es empfehlenswert eine dazu passende »Landkarte« zu erstellen. Abbildung 3-20 stellt exemplarisch eine solche Landkarte für einige PKW-Marken der globalen Automobilindustrie dar.

Dabei werden zuerst zwei oder mehrere Kriterien bestimmt, anhand derer die Gruppen eingeteilt werden. Diese Kriterien bilden die Achsen, aus denen die Segmentierungsmatrix aufgespannt wird. Dabei ist darauf zu achten, nur Kriterien zu verwenden, die für das Verhalten der Wettbewerber von hoher Bedeutung sind, und möglichst wenig Korrelation untereinander aufweisen. Danach werden die Unternehmen der Branche in der Matrix positioniert, und anschließend in Form von strategischen Gruppen voneinander abgegrenzt. Die Unternehmen, die sich in der Matrix am nächsten stehen, bilden dabei eine strategische Gruppe. Je nach Größe der Kreise kann zusätzlich der Anteil der einzelnen Gruppe am Gesamtumsatz der Branche verdeutlicht werden.

Kritik

Auch das Konstrukt der strategischen Gruppen weist einige *Schwachstellen* auf. So gibt es bislang keine empirische Studie, die den Zusammenhang zwischen finanziellem Erfolg und der Zugehörigkeit zu einer strategischen Gruppe eindeutig belegt.[68] Des Weiteren ist der hohe Aggregationsgrad des Konstruktes problematisch. Denn da nur einige wenige Dimensionen herangezogen werden können, ist man nicht in der Lage, hier die »feinen« Unterschiede zwischen den Unternehmen zu erkennen. So sind z.B. in obiger Abbildung BMW und MERCEDES in einer Gruppe zusammengefasst. Doch kann man die Produktlinie des Smart mit der 7er-Klasse von BMW vergleichen, oder umgekehrt, den 3er-BMW mit der neuen S-Klasse? Und falls nein, inwieweit ist dann ein solcher Vergleich ange-

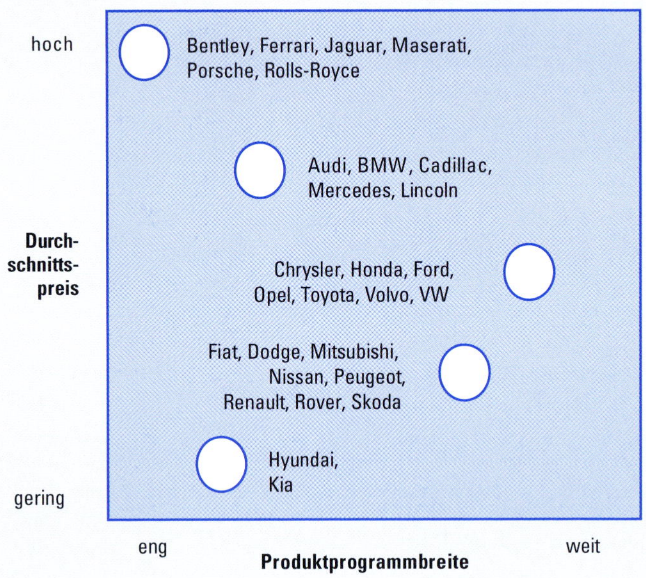

Abb. 3-20: Strategische Gruppen in der Automobilindustrie

bracht? Gilt es auch hier, das Konstrukt der »strategischen Gruppe« zu dekonstruieren, und nach anderen Analyseobjekten zu suchen?

Konkurrenzanalyse

Einzelne Konkurrenten: Die direkte Betrachtung eines Konkurrenten bildet den letzten Teil der Wettbewerbsumwelt. Sie zielt darauf ab, Aufschluss über das Verhalten eines einzelnen, direkten Konkurrenten zu erhalten. Dies ist besonders wichtig für Unternehmen, die auf ihren Geschäftsfeldern nur einem oder wenigen Wettbewerbern gegenüberstehen. So wird z.B. im Flugzeugbau der Wettbewerb weltweit zwischen einem guten Dutzend von Anbietern ausgetragen, im zivilen Geschäft mit Großraumflugzeugen stehen sich mittlerweile sogar nur noch BOEING und AIRBUS gegenüber. Beide Unternehmen haben daher ein großes Interesse, viele Informationen über die Ziele und Strategien des Anderen zu erhalten. Hingegen ist es in fragmentierten Branchen – wie z.B. bei der Textilproduktion – kaum realisierbar, alle dort tätigen Unternehmen zu analysieren.

Eine Reflexion bezüglich eines einzelnen Konkurrenten sollte drei *Zwecke* erfüllen: Sie sollte erstens Aufschluss über die zukünftigen Strategien und Ziele des Konkurrenten geben; sie sollte zweitens dabei helfen, die Reaktionen des Konkurrenten auf die eigenen Aktionen abzuschätzen; und sie sollte drittens Anhaltspunkte liefern, wie man das Verhalten des Wettbewerbers zum eigenen Nutzen hin beeinflussen könnte. Damit dies erreicht werden kann, ist ein Konkurrent systematisch nach seinen Zielen, Strategien, Annahmen und Fähigkeiten hin zu durchleuchten (siehe Abbildung 3-21; dabei können auch die Instrumente eingesetzt werden, die im Rahmen der Unternehmensreflexion in Kapitel 3.2.3 sowie der Wertschöpfungsarbeit in Kapitel 4 vorgestellt werden).

Komplementäre: In den Jahren nach Einführung des Konzepts der fünf Wettbewerbskräfte gab es eine Vielzahl von Vorschlägen zur Modifikation und Ergänzung des Konzeptes. Davon scheint uns der spieltheoretisch fundierte »*Value-Net*«-Bezugsrahmen von Nalebuff/Brandenburger (1996) besonders interessant

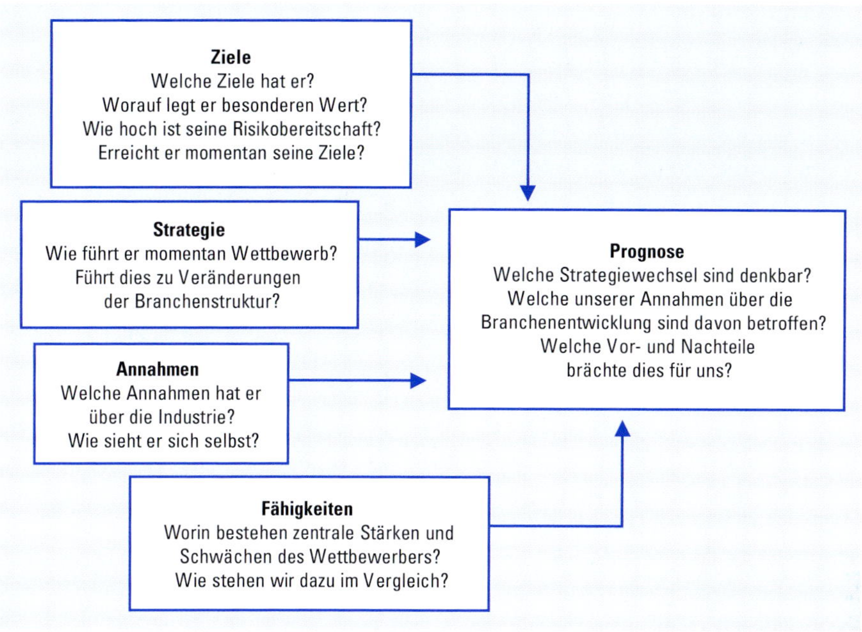

Abb. 3-21: Die Analyse eines einzelnen Konkurrenten

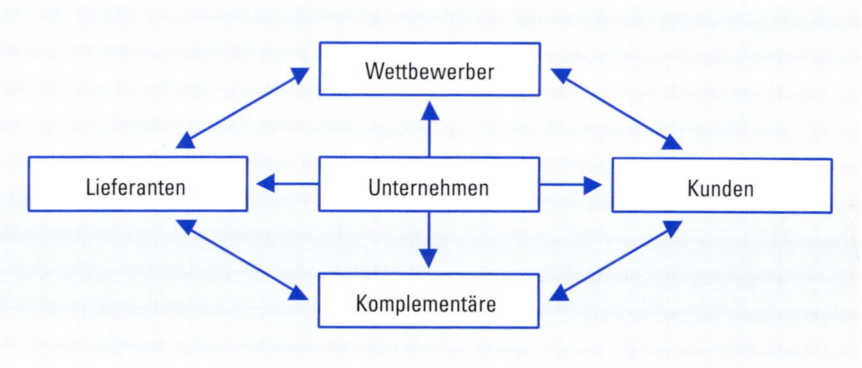

Abb. 3-22: Der »Value-Net«-Bezugsrahmen (Nalebuff/Brandenburger 1996)

zu sein. Sie führen – wie in Abbildung 3-22 dargestellt – als zusätzliche Wettbewerbskraft (die auch einen Stakeholder repräsentiert) die Komplementäre (»complementors«) ein. Auf der Käuferseite können Komplementäre helfen, beim Kunden die Bereitschaft zum Kauf zu stärken. Ein Beispiel ist hier die Rolle, die Ärzte aus Sicht der Pharmaindustrie einnehmen: Sie sind zwar keine Kunden, doch haben sie entscheidenden Einfluss darauf, welche Medikamente der Patient dann erhält. Ähnlich verhält es sich mit dem Zusammenspiel von Hard- und Softwareindustrie: Komplexere Anwendungen bedingen schnellere Prozessoren und mehr Speicherplatz und umgekehrt. Dies hat denn auch dazu geführt, dass bei Intel Microsoft in die regelmäßige Wettbewerbsanalyse miteinbezogen wurde. Auf Lieferantenseite helfen sie dem Unternehmen, den Preis niedriger zu halten, da ihnen die Lieferanten komplementäre Inputs verkaufen.

Damit wird der klassischen Wettbewerbsanalyse eine kooperative Dimension hinzugefügt. Komplementäre sind dann besonders relevant, wenn es darum geht, die Dinge völlig neu bzw. anders zu machen, also z. B. beim Aufziehen eines innovativen Geschäftsmodells: »Thinking complements is a different way of thinking about business. It's about finding ways to make the pie bigger rather than fighting with competitors over a fixed pie. To benefit from this insight, think about how to expand the pie by developing new complements or making existing complements more affordable.«[69] Ein viel zitiertes historisches Beispiel einer solchen »Win-win«-Situation ist das finanzielle Engagement der amerikanischen Automobilhersteller beim Bau des ersten Coast-to-coast-Highway. Komplementäre können aber auch beim Setzen neuer Standards sehr hilfreich sein.

Folgende Faktoren bestimmen die Macht der Komplementäre – und damit auch deren Möglichkeit am wachsenden »Kuchen« teilzuhaben.[70]

- *Relativer Konzentrationsgrad*: Besteht – im Verhältnis zu den Wettbewerbern – ein hoher relativer Konzentrationsgrad auf wenige Komplementäre, so wächst deren Macht. NINTENDO setzt deshalb beim Einkauf neuer Spiele primär auf kleine, unabhängige Spieleentwickler.
- *Relative Umstellkosten*: Angenommen, das Unternehmen ist ein Internet-Service-Provider, bei dem der Kunde eine Software wie etwa den Windows Explorer benötigt. Damit ist MICROSOFT ein Komplementär des Providers. Sind nun für den Kunden des Unternehmens die Kosten, einen anderen Internet Provider zu verwenden, geringer als die Kosten eines Wechsels zu einem konkurrierenden Komplementär (hier der Erwerb, das Installieren und das Erlernen einer anderen Software), dann gibt dies dem Komplementär viel Macht.
- *Schwierigkeit eines getrennten Kaufens (»unbundling«)*: Ist der Komplementär der Hersteller einer Anwendungssoftware, so hat er wenig Macht gegenüber den Wettbewerbern für Betriebssystemsoftware (z. B. Windows von MICROSOFT), da Anwendungssoftware meist unabhängig erwerbbar ist.
- *Wichtigkeit*: Eine große Macht hat der Komplementär dann, wenn er sehr wichtig dafür ist, dass es bei dem Unternehmen überhaupt zu einer Nachfrage kommt. So ist ein Fernsehkanal in einer schwierigen Situation, wenn er nicht an attraktive Sendeinhalte von Produzenten kommt.
- *Integrationsgefahr*: Da Unternehmen und Komplementär über die Zeit immer besser wechselseitig ihre Geschäfte verstehen lernen, wächst die Gefahr, dass aus einem Kooperationspartner nach und nach ein Wettbewerber wird (»coopetition«), und das meist dann, wenn es um die Verteilung des gemeinsam größer gemachten Kuchens geht. Der Komplementär ist mächtiger, wenn er überzeugender mit der Integration des Geschäfts des Unternehmens drohen kann als umgekehrt.
- *Wachstum*: Wächst der gemeinsame Kuchen nur gering, dann wird der Komplementär versuchen, seinen Einfluss auf die Verteilung des Kuchens mehr auszuspielen als bei starkem Wachstum.

Workshop: Analyse der Rolle von Komplementären
Überprüfen Sie in Ihrem Geschäft die Rolle der Komplementäre:

- Wer übernimmt in Ihrem Geschäft die Rolle von Komplementären? Hat sich dies über die Jahre verändert? Machen sich derzeit neue Arten von Komplementären bemerkbar?
- Welche Rolle spielen sie in Ihrem Geschäft? Wo und wie wirken sie unterstützend? Gibt es bei Ihnen »versteckte« oder neue Komplementäre, die zukünftig (besser) genutzt werden könnten? Wenn ja, wie?
- Wie entwickelt sich die Machtposition Ihrer Komplementäre? Wo stehen sie bereits im Wettbewerb mit Ihnen? Verändern sich bei Ihnen die Barrieren des Zugangs zu den Komplementären für Sie günstig oder ungünstig?
- Besteht bei Ihnen die Gefahr, dass aus Komplementären Wettbewerber werden?
- Sehen Sie Handlungsbedarf? Wenn ja, welchen?

5-Schritte-Verfahren: Aufbauend auf den beiden Rastern »Fünf Wettbewerbskräfte« und »Value Net« und in Anlehnung an Collis/Ghemawat (2001) schlagen wir ein einfaches, 5-stufiges Verfahren zur Wettbewerbsanalyse vor:

(1) *Grenzziehung* der Wettbewerbsanalyse
(2) Analyse der *Branchenattraktivität*
(3) Analyse der *Eigenschaften* der einbezogenen Wettbewerber
(4) Analyse der *Dynamik* des Wettbewerbers
(5) Suche nach *Gestaltungsmöglichkeiten* der Wettbewerbslandschaft

Grenzziehung: Hier geht es um die Frage, welche »Spieler« in die Analyse miteinbezogen werden sollen. Im Prinzip sind es alle (Stakeholder), welche die eigene Profitabilität beeinflussen können. Hierbei ist nicht nur an die bestehenden Wettbewerber zu denken, sondern auch an potenziell neue Wettbewerber. Auf die Bedeutung der Komplementäre wurde in diesem Zusammenhang bereits hingewiesen, da sie schnell zu Wettbewerbern werden können. Man sollte aber auch die indirekten Wettbewerber nicht vergessen, die mit substituierenden Produkten, Diensten oder Technologien um die gleichen Kunden werben. Hinsichtlich der horizontalen Breite der Grenzziehung ist dann im Umkehrschluss wichtig, dass man noch um die gleichen Kunden wirbt. Vertikal zu tief ist die Grenze dann gezogen, wenn es hierfür bereits extra Märkte gibt. Zu global ist sie dann, wenn sich die Wettbewerbsposition in einbezogenen Ländern bereits relativ unabhängig von der in den anderen Ländern ergibt. Die Pharmaindustrie benötigt z. B. eine eher globale Grenzziehung wegen der hohen Kosten für Forschung & Entwicklung, die nur über globale Märkte wieder eingespielt werden können.

Branchenattraktivität: Nun kann ein Raster wie das Konzept der fünf Wettbewerbskräfte oder – ergänzend – das Value Net zum Einsatz gebracht werden. Die Attraktivität ergibt sich aus der wahrgenommenen Wettbewerbsintensität, die sich wiederum aus der Machtposition der in die Analyse einbezogenen Spieler(gruppierungen) ableitet.

Wettbewerbereigenschaften: Die als bedeutsam eingestuften Wettbewerber kann man nun z. B. mittels des Rasters zur Konkurrentenanalyse aus Abbildung 3-21 vornehmen.

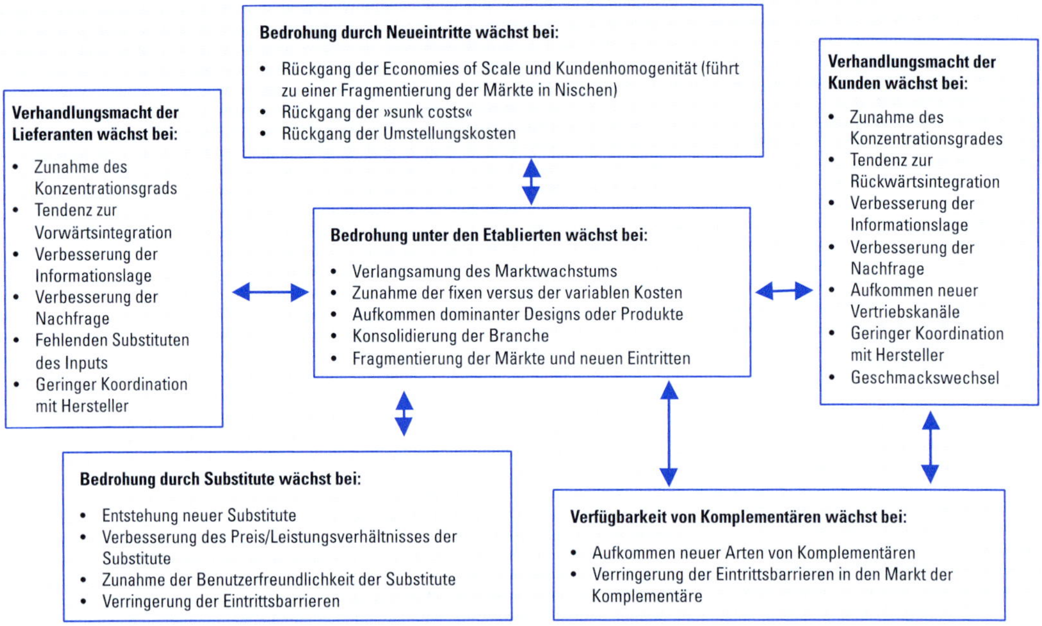

Abb. 3-23: Raster zur Analyse der langfristigen Dynamik der Branchenstruktur (Collis/Ghemawat 2001, S. 188)

Wettbewerbsdynamik: Hier geht es primär um die zentralen Beziehungen zwischen den untersuchten Spielergruppierungen und welchen Veränderungen diese Beziehungen unterworfen waren, sind und wohl sein werden. Man kann z. B. zuerst ganz einfach einmal die Intensität der Beziehung numerisch bewerten (etwa auf einer Skala von 1 bis 6), um dann diese Bewertung qualitativ in einer Diskussion zu unterlegen. Hier ist es wichtig, dass zwischen kurz- und langfristigen Effekten unterschieden wird, um Aspekte wie Geschäftslebenszyklen – wie man sie z. B. in der Flugzeugindustrie kennt – miteinbeziehen zu können. Zur Strukturierung der Diskussion zur langfristigen Dynamik kann man sich des Rasters in Abbildung 3-23 bedienen.

Gestaltungsmöglichkeiten: Im letzten Schritt sollen nun Potenziale ausgelotet werden, wie man den Wettbewerb zu den eigenen Gunsten beeinflussen und gestalten könnte. Dies kann in zwei Formen geschehen: Zum einen ist es die *Adaption* an neue Gegebenheiten. Beispiel hierfür sind die großen, diversifizierten Wirtschaftsprüfungsgesellschaften (»Big Five«), die sich aufgrund möglicher Interessenskonflikte zwischen den einzelnen Servicebereichen (insbesondere Buchprüfung und Beratung) und des daraus erwachsenen Drucks seitens der Aufsichtsbehörden gezwungen sahen, sich von ihren Beratungsgeschäften zu trennen. Zum anderen ist es die *Innovation*, d. h. die aus der Analyse erwachsene Suche nach neuen Spielregeln oder Spielmöglichkeiten. Da es sich hier bereits um eine integrierende Betrachtung von Umwelt- und Unternehmensanalyse handelt, finden sich konzeptionelle Vorschläge dazu in Abschnitt 3.2.4.(3).

Workshop: Wettbewerbsanalyse
Führen Sie eine Wettbewerbsanalyse nach obigem Muster durch.

- Wie grenzen Sie Ihr Analyseobjekt ab (eng/breit; flach/tief; lokal/global)? Welche Spieler bzw. Spielergruppierungen wollen Sie dabei miteinbeziehen? Wie beeinflussen diese Ihre Profitabilität?
- Wie attraktiv ist Ihre Branche? Welche Macht geht von Komplementären aus? Wie wird sich die Wettbewerbsintensität aus Ihrer Sicht zukünftig verändern? Welche Fragen stellen sich daraus für Sie?
- Welche Spieler wollen Sie einer detaillierten Analyse unterziehen? Was sind Ihre Erkenntnisse daraus?
- Wie beurteilen Sie die Intensität und Qualität der Beziehungen zwischen den Spielergruppierungen? Welche Langfristdynamik erwarten Sie? Was bedeutet dies wohl für Ihre Profitabilität?

Zur Verbindung dieser Fragen mit der Perspektive des Unternehmens vgl. Abschnitt 3.2.4.

(5) Weitere Anspruchsgruppen

Die Umweltbeziehungen eines Unternehmens erstrecken sich zumeist nicht nur auf seine Kunden und Konkurrenten, auch wenn es sich dabei zweifelsohne um wichtige Bezugsgruppen handelt. Vielmehr steht ein Unternehmen in direktem oder indirektem Kontakt mit einer Vielzahl weiterer Anspruchsgruppen, die sich oft markant Gehör verschaffen und die Aktivitäten eines Unternehmens beeinflussen. Dabei können die Beziehungen kontinuierlich oder auch nur sporadisch – bis hin zum Einzelfall – aktiviert sein. Betrachtet man externe Anspruchsgruppen wie Zulieferer, Kooperationspartner oder Banken in ihrer Eigenschaft als Kreditgeber, ist dieser Sachverhalt leicht nachvollziehbar. Gleiches gilt auch, wenn man sich beispielsweise den Einfluss des Jüdischen Weltkongresses auf die schweizerischen Großbanken im Zuge der Auseinandersetzung um die nachrichtenlosen Vermögen, den Druck von Umweltverbänden auf die Unternehmen der Chemieindustrie im Zuge der Katastrophen von Bhopal und Seveso, oder die Auseinandersetzung zwischen der amerikanischen Tabakindustrie und dem amerikanischen Senat bzw. den Sammelklagen vor Augen hält. Auch das Softwareunternehmen MICROSOFT ist mittlerweile zu der Erkenntnis gelangt, im Rahmen der Diskussion um seine Geschäftspraktiken den Einfluss von Medien, Interessenverbänden und Regierungsstellen zu wenig beachtet zu haben, was einen Imageverlust auslöste.[71] Derartige Fälle sind zwar spektakulär, sollen jedoch nicht verdecken, dass die Arbeit mit den externen Anspruchsgruppen überwiegend im Rahmen der alltäglichen Geschäftstätigkeit stattfindet und Einzelheiten hierüber nur selten öffentlich bekannt werden. Gleiches gilt selbstverständlich auch für die Arbeit mit den internen Anspruchsgruppen. Im Folgenden werden einige Anspruchsgruppen herausgegriffen und Anhaltspunkte gegeben, wie ihr Verhalten zu erfassen ist bzw. auf welche Punkte bei einer Analyse Wert zu legen ist. Dabei kann es sich nur um einen kleinen Ausschnitt aus der Liste potenzieller Anspruchsgruppen handeln, die je nach Situation für ein Unternehmen von Bedeutung sind. Konkret handelt es sich um

Die Berichtigungen zu Anspruchsgruppen können kontinuierlich oder nur sporadisch aktiviert sein

- Lieferanten
- Kreditinstitute und Investoren
- Regionale und staatliche Stellen

Lieferanten

Lieferanten: War es vor wenigen Jahrzehnten noch durchaus üblich, dass Unternehmen die Produktion und den Vertrieb ihrer Güter fast vollständig selbst ausübten, hat sich die Wertschöpfungstiefe in vielen Branchen deutlich reduziert. Z.B. weist der Sportartikelhersteller ADIDAS heutzutage nur noch einen Wertschöpfungsanteil von ca. 15 % auf, und konzentriert sich auf Design und Vertrieb seiner Produkte. Die eigentliche Produktion hingegen wird fast vollständig von Zulieferern ausgeübt, die in Osteuropa oder Asien angesiedelt sind. Durch die Reduzierung der Wertschöpfungstiefe hat sich im Gegenzug die Bedeutung der Anspruchsgruppe »Zulieferer« für die meisten Unternehmen erhöht. Will man diese analysieren, dann können die *Kriterien* in Abbildung 3-24 herangezogen werden (zu denken ist dabei auch an die Einflussfaktoren, die im Rahmen der Branchenanalyse vorgestellt wurden, und die Verhandlungsmacht der Lieferanten bestimmen).

(1) Qualität	In Bezug auf • Gleich bleibende Qualität • Fristgerechte Lieferung der Güter (Termintreue) • Einhaltung der Serviceversprechungen
(2) Fertigungsmöglichkeiten	• Produktionskapazität des Lieferanten • Qualitätsniveau • Flexibilität bei Sonderanfertigungen oder schwankenden Bestell- bzw. Beschaffungsmengen
(3) Konditionen	• Güterpreis • Liefer- und Zahlungsbedingungen • Lieferfristen • Garantieleistungen
(4) Produkt	• Qualität • Sortiment • Kundendienst • Produktentwicklung (Forschung und Entwicklung)
(5) Geografische Lage	• Transportbedingungen • Politische Stabilität im Beschaffungsland • Wechselkursstabilität
(6) Allgemeine Situation und Merkmale des Lieferanten	• Marktstellung (Marktanteil) • Belieferung der Konkurrenz • Zugehörigkeit zu einem Unternehmenszusammenschluss (z. B. Konzern) • Finanzielle Verhältnisse • Qualität des Managements (insbesondere bezüglich Innovationen)

Abb. 3-24: Kriterien zur Analyse von Lieferanten (Thommen 1993, Band 2, S. 39)

Auf dieser Basis können dann wieder *Segmentierungen* der Lieferanten vorgenommen werden, die zu unterschiedlichen Positionierungsstrategien bei den einzelnen Typen führen würden. So wird man z.B. mit Systemlieferanten auf Grund der hohen Verflochtenheit eine weitgehend partnerschaftliche Form der Zusammenarbeit suchen.

Kapitalgeber

Kreditinstitute und Investoren: Zur Finanzierung ihrer Aktivitäten greifen Unternehmen auf Eigen- und – je nach Bedarf – auf Fremdkapital zurück. Werden die finanziellen Mittel nicht durch das Unternehmen selbst erwirtschaftet[72], kann es sich unterschiedlicher Arten von *Kapitalgebern* bedienen. Während Fremdkapital zumeist durch Kreditinstitute und ihre verschiedenen Formen der Kreditfinanzierung angeboten wird, stehen bei der Beteiligungsfinanzierung einem Unternehmen je nach Rechtsform verschiedene Kapitalgeber zur Verfügung. Bei kleinen und mittleren Betrieben treten zumeist einige wenige private Investoren auf, die sich häufig auch in der Geschäftsleitung engagieren oder einen mehr oder weniger starken Einfluss auf das Management des Unternehmens ausüben. Gleiches gilt auch für größere Unternehmen, wie etwa BMW, LEGO oder ROCHE, wo private Investoren noch einen hohen Anteil des Eigenkapitals halten. Zunehmend gewinnen jedoch institutionelle Investoren wie Pensionskassen, Vermögensverwalter oder Versicherungen an Bedeutung. Dies ist auf zwei Gründe zurückzuführen: Zum einen sind den institutionellen Investoren in den letzten Jahren weltweit Rekordbeträge an Mitteln zugeflossen, für die sie lukrative Anlagemöglichkeiten suchen müssen. Dabei engagieren sie sich oft in der Form von speziell ausgelegten Fonds in Aktien-, Anleihen-, Derivaten-, Währungs-, Rohstoff- und Immobilienmärkten. So erlebte beispielsweise der deutsche Aktienmarkt seit 1992 bis zu seinem Einbruch ab 2000 einen regelrechten Boom. Betrug sein Anteil an dem auf ca. 300 Mrd. DM geschätzten Finanzvermögen der deutschen Haushalte noch 4,9 %, ist er bis 1998 auf 9,5 % geklettert. Auch internationale Investoren haben sich am deutschen Aktienmarkt beteiligt und halten hier ca. 40 % der Aktien. Zum anderen sind immer mehr Unternehmen daran interessiert, sich über eine Notierung an der Börse einen direkten Zugang zu den Finanzmärkten zu verschaffen, um ihre Kapitalbedürfnisse zu decken. Die stetig steigenden Emissionsvolumina belegen diese Entwicklung. Um Kapital für sich zu gewinnen, sind sie auf das Interesse der Anleger, und hier insbesondere der kapitalstarken, institutionellen Anleger angewiesen.

»Investor Relations«

Vor diesem Hintergrund ist die Qualität der Beziehungen zu den Kapitalgebern eines Unternehmens von nicht zu unterschätzender Bedeutung. Alle Aktivitäten, die darauf ausgerichtet sind, werden unter dem Begriff *»Investor Relations«* zusammengefasst. Es handelt sich dabei um die »Pflege« der tatsächlichen und potenziellen Kapitalgeber mit dem Ziel, Hindernisse bei der externen Kapitalbeschaffung abzubauen und dadurch eine Reduktion der Kapitalkosten zu erreichen. Je nach Finanzierungsquelle unterscheidet man dabei zwischen »Creditor relations« (Anspruchsgruppen, die Fremdkapital anbieten) und »Stockholder relations« (Anspruchsgruppen, die Eigenkapital anbieten).[73] Diese Anspruchsgruppen sind mittlerweile nicht mehr nur für die Ebene des Gesamtunternehmens relevant, sondern wirken auch direkt auf die einzelnen Geschäftseinheiten ein. Dies entweder, indem z. B. eine Unternehmenszentrale die Erwartungen dieser Anspruchsgruppen auf seine Geschäftseinheiten »herunterbricht« und hier eine risikoabhängige Verzinsung des eingesetzten Kapitals fordert, oder indem einzelne Geschäftseinheiten direkt an der Börse gehandelt werden bzw. durch Spin-Off's an die Börse gebracht werden, die sich dann ebenfalls mit den verschiedenen Kapitalgebern auseinander zu setzen haben. Bei der Untersuchung der Anbieter von Fremdkapital (wie z. B. eines Kreditinstitutes) stellen sich u. a. Fragen wie:

Fragen zum Kapitalgeber

- Was sind die Ziele des Kreditinstitutes? Welche Rentabilitätskriterien hat es sich selbst gesetzt? Welchen Stellenwert hat meine Branche bei dieser Bank?
- Welche Produkte bietet es an? Sind diese ausreichend?
- Wie groß ist seine Expertise hinsichtlich der einzelnen Finanzierungsinstru-

mente? Entsprechen sie dem aktuellen Wissensstand? Wie kompetent ist seine Beratungsleistung? Wie flexibel reagiert es auf individuelle Wünsche?

- Wie ist seine Konditionspolitik? Ist sie gegenüber anderen Kreditgebern konkurrenzfähig?
- Wie steht es mit der »Belastbarkeit« der Beziehung? Wie verhält es sich bei Kunden, die eine angespannte Liquidität aufweisen? Fordert es eine Verstärkung der Sicherheiten? Droht es, rasch Kredite fällig zu stellen?
- Wie ist das Vertrauensverhältnis zu Schlüsselpersonen?

Betrachtet man Anspruchsgruppen, die Eigenkapital zur Verfügung stellen (wie z. B. einen institutionellen Investor), sind u. a. folgende Fragestellungen zu bedenken:

- Welche Ziele hat der Investor? Unter welchem Performance-Druck steht er selbst?
- Welchen Zeithorizont hat seine Anlagestrategie?
- Welche Risiko/Gewinnerwartungen besitzt er?
- Welchen Einfluss nimmt er auf die Strategie des Unternehmen? Wie stark »mischt« er sich in das Tagesgeschäft ein? Welche Aufsichtsstrukturen (Governance) präferiert er?
- Wie ist seine Reaktion auf ungünstige Informationen? Zieht er rasch sein Kapital ab?
- Wie kann er beeinflusst werden? Auf welche Kommunikationsmedien legt er besonderen Wert? Welche Daten sind für ihn besonders wichtig?

Behörden

Regionale und staatliche Behörden: Gruppierungen, die zu dieser Anspruchsgruppe zu rechnen sind, spielen oft eine wichtigere Rolle, als man gemeinhin annimmt. Nicht nur setzen sie wichtige Parameter, innerhalb derer das wirtschaftliche Geschehen stattfindet, sondern sie beeinflussen auch direkt den Handlungsspielraum von Unternehmen, wie nachfolgendes Fallbeispiel verdeutlicht. Auch sie sollte man daher bei Bedarf einer intensiven Reflexion unterziehen.

!

Fallbeispiel:
Stadtverwaltungen und die neuen Telekommunikationsanbieter
Seit der europäische Telekommunikationsmarkt zum 1.1.1998 liberalisiert wurde, hat sich in den meisten Ländern eine Vielzahl neuer Anbieter im internationalen und Weitverkehrsgeschäft etablieren können. Entscheidend für den Erfolg der Marktöffnung wird es jedoch sein, ob es einigen Anbietern auch gelingt, im lokalen Geschäft Marktanteile zu gewinnen. Hier hat das ehemalige nationale Telekommunikationsunternehmen oft eine Monopolposition, da es mit seinem flächendeckenden Netzwerk den Zugang zum Endkunden beherrscht. Einige neue Anbieter wie COLT TELECOM, oder ESPRIT versuchen diese »last dirty mile« gerade in den großen europäischen Städten zu umgehen, indem sie eigenständig alternative, lokale Netzwerke aufbauen. Hierbei stoßen sie jedoch auf Schwierigkeiten seitens der städtischen Behörden.

Zum einen sind diese nicht besonders daran interessiert, ihre Straßen großflächig von einem jeden neuen Anbieter aufreißen zu lassen, und verweigern daher oft die Genehmigung, da sie Verkehrsstaus und starke Lärmbelästigungen befürchten. Wie Hugh Wilson, Direktor bei COLT TELECOM bemerkt: »They see us like cable TV companies and envisage streets being dug up all round their cities.« Zum anderen fehlen ihnen schlichtweg prozedurale Verfahrensregeln, um die Ankunft neuer Anbieter zu regulieren. Wie viele sollen sie zulassen und in welcher Geschwindigkeit? Wie kann man verhindern, dass der bestehende Anbieter nicht unfair benachteiligt wird, wenn man ihn beispielsweise zwingt, sein Netz den Neuen zur Verfügung zu stellen? COLT hilft daher in jeder Stadt, in der es plant ein Netzwerk aufzubauen, den städtischen Behörden bei der Entwicklung geeigneter Verfahrensregeln. Michael Potter, der Präsident von ESPRIT TELECOM, kommt daher zu der Schlussfolgerung: » The local governments probably have a bigger impact on telecomms development than some people want to believe.«

(6) Allgemeine Umwelt

Die allgemeine Umwelt stellt die höchste Aggregationsebene der Umweltanalyse dar. Sie lässt sich unterteilen in Segmente wie Politik, Recht, Technologie, Ökonomie und Soziokultur. Bei einer Betrachtung der allgemeinen Umwelt wird nach den jeweiligen dominierenden Trends »gefahndet«, von denen zu erwarten ist, dass sie als zukünftige Rahmenbedingungen einen starken Einfluss auf das Unternehmen ausüben werden. Direkt werden diese Trends dann spürbar, wenn sie das Verhalten einzelner Anspruchsgruppen prägen bzw. von diesen aktiv vorangetrieben werden. Je früher sie erkannt und aufgegriffen werden, desto eher ist ein Unternehmen in der Lage ihre Auswirkungen abzuschätzen und sich darauf reaktiv oder proaktiv einzustellen. Innerhalb der einzelnen **Segmente** kann man die in Abbildung 3-25 gezeigten Einflussfaktoren betrachten.

Ökonomisches Segment	Politisch-rechtliches Segment	Sozio-kulturelles Segment	Technologisches Segment
Inflationsraten Zinssätze Sparraten Arbeitslosigkeit Geschäftszyklus Infrastrukturverfügbarkeit Rohstoffversorgung Konsumverhalten	Unternehmensverfassung Steuerrecht Patentrecht Produzentenhaftung Regulation Politische Stabilität Verflechtung Politik/Wirtschaft Subventionspolitik	Bevölkerungsentwicklung Altersstruktur Geographische Verteilung Mobilitätsverhalten Einkommensverteilung Konsumverhalten Arbeitseinstellung Ausbildungsqualität Ökologische Orientierung	Produktinnovationen Prozessinnovationen Veralterungsrate Konvergenz von Technologien Wissenstransfer

Abb. 3-25: Segmente der allgemeinen Umwelt

- Einflussfaktoren des *ökonomischen Segments* wirken auf die Güter- und Kapitalmärkte einer Volkswirtschaft ein, indem sie dort das Angebots- und Nachfrageverhalten prägen (z.B. die Auswirkungen der Asienkrise).
- Faktoren des *politisch-rechtlichen Segments* verändern die Abhängigkeits- und Machtstrukturen, indem sie Rechte in Form von Gesetzen und Verordnungen zuweisen (z.B. der Entscheid der deutschen Regierung die Atomstromgewinnung zu beenden).
- *Sozio-kulturelle Faktoren* beeinflussen Werte und Normen sowie die Struktur von Gesellschaften (z.B. der Trend zur Kleinfamilie in den westeuropäischen Staaten)
- *Technologische Faktoren* wirken auf den Einsatz und die Anwendung von Technologien. Damit haben sie zumeist einen hohen Einfluss auf die Wert-

schöpfungsprozesse und die damit produzierten Güter der Unternehmen (z. B. das Internet und seine Anwendungsfelder).

Viele Einflussfaktoren wirken nicht abrupt, sondern machen sich erst in einem schleichenden Prozess bemerkbar, was Unternehmen jedoch die Möglichkeit bietet sich frühzeitig darauf einzustellen. So erhöht sich beispielsweise seit mehreren Jahrzehnten in vielen europäischen Ländern das Durchschnittsalter der Bevölkerung. Einige Finanzinstitute, die diesen Trend frühzeitig registrierten, entwickelten bereits in den 80er-Jahren für ihre Kunden Konzepte, die die negativen Auswirkungen dieser Entwicklung (wie z. B. Reduktion der Rentenzahlungen) mildern sollten. Als in den letzen Jahren die Sozialversicherungssysteme ihre Leistungen teilweise reduzieren mussten, erhöhte sich sprunghaft die Anzahl der gekauften Finanzkonzepte.

(7) Frühaufklärung: Antizipation der Einflusskräfte der Umwelt

Umgang mit Unsicherheit über Zukunft

Nachdem die wichtigsten Bereiche der Umwelt eines Unternehmens behandelt wurden, gilt es nun das grundlegende Problem zu thematisieren, das sich bei dieser Analyse stellt: Der Umgang mit der Unsicherheit über die zukünftigen Veränderungen der einzelnen Einflusskräfte. Allaire/Firsirotu[74] schlagen hierzu pragmatisch drei Möglichkeiten vor. Erstens kann ein Unternehmen möglichst treffsichere Prognosen erstellen, was ein relativ gutes Gespür für relevante Umweltveränderungen bedingt. Zweitens kann es, wenn die Umwelt nicht sicher zu prognostizieren ist, wenigstens versuchen, sie zu beeinflussen. Je mehr Macht es dabei gegenüber seinen Anspruchsgruppen hat, desto besser stehen hierfür die Chancen. Ist hingegen weder die Prognose noch die Beeinflussung der Umwelt als realistisch einzustufen, dann sollte ein Unternehmen die Fähigkeit aufweisen, sich möglichst rasch und flexibel an die sich ändernden Umweltbedingungen anzupassen.
Der einfachste Weg wäre folglich die Zukunft treffend zu prognostizieren. Dass dies schwierig ist, ist hinlänglich bekannt. Und doch kann ein Unternehmen nicht darauf verzichten, in der Gegenwart Entscheidungen zu treffen, deren Folgen sich erst in der Zukunft zeigen werden. Die Gefahr, dass eine in der Gegenwart vorgenommene Einschätzung von Umweltveränderungen sich ex post als unzutreffend erweist, ist daher prinzipiell nicht zu beseitigen (siehe das nachfolgende Fallbeispiel).

!

Fallbeispiel: INTEL[75]

Der Chipproduzent INTEL befindet sich eigentlich in einer ausgezeichneten Lage. Seine Mikroprozessoren treiben weltweit mehr als 90 % aller PC's an, und selbst wenn es einem Wettbewerber gelingen sollte, einen besseren Chip zu entwickeln, so verfügt momentan kein Konkurrent über ausreichend Produktionskapazität und finanzielle Ressourcen, um die Dominanz von Intel ernsthaft zu gefährden. Und doch ist Andy Grove, Chairman von INTEL, zurückhaltend: »I get a creepy feeling that if things can be done, somebody will do them, and we are going to miss out«. Einen wichtigen Trend zu verpassen, oder sich in einem falschen Gefühl der Sicherheit zu wiegen, sieht er als die größte Gefahr an, die INTEL momentan droht. Was passiert, wenn einige der wichtigsten technologischen Innovationen vom Markt nicht so rasch wie erwartet aufgenommen werden, z. B. die interaktive Unterhaltung zwar weiterhin ein theoretisch höchst interessantes Dauerthema sein wird, sich jedoch nie am Markt durchsetzen kann. So hatte die Fachwelt bereits für das Jahr

1992 den Durchbruch von interaktivem Fernsehen und Breitbandnetzwerken erwartet und sich damit dramatisch verschätzt. Heutzutage würden laut Grove nun die gleichen Unternehmen, die bereits vor fünf Jahren mit ihren Prognosen danebenlagen, wieder vehement eine solche Entwicklung verkünden.

Doch auch INTEL selbst ist vor einem solchen Risiko nicht geschützt. Grove gibt freimütig zu, dass z.B. der Absatzeinbruch, der im Zuge der Asienkrise erfolgte, anfangs nicht in vollem Umfang erkannt wurde. Auch die Bedeutung des World Wide Web wurde zunächst als eher gering eingestuft. Besonders brisant war zudem die Situation, als INTEL auf dem neu entstehenden Markt für Billig-PC's, der preiswerte Chips mit nur wenigen Funktionen benötigte, erst mit einer Verzögerung von mehreren Monaten reagieren konnte, während sich der Konkurrent ADVANCED MICRO DEVICES bis dahin rasch hohe Marktanteile sicherte. Doch milliardenschwere Investitionsentscheidungen, deren Berechtigung sich erst in der Zukunft erweist, müssen schon heute getroffen werden. Risiko gehört nun einmal zum Geschäft. »We invest 5 Billion USD a year in factories to build a product that is non-existent for a non-existent market. That is the stuff of junk bonds!«

Doch INTEL ist auch immer sehr experimentierfreudig, wenn es um eine Möglichkeit geht, einen besseren Blick in die Zukunft zu erhalten, um sich auch neu aufkommende Geschäfte zu erschließen. So trifft man z.B. in den INTEL Architecture Labs auch die Arbeitsgruppe der »ethnographischen Ingenieure« an, die aus zwölf Sozialwissenschaftlern besteht. Diese beobachten den Alltag von Privathaushalten in deren Umgang mit dem Computer und verwandten Geräten, um daraus Hinweise einerseits auf einen veränderten Umgang mit dem Computer, andererseits auch für neue Produkte für das »E-Home«, das vernetzte Haus, zu erhalten.

Erhöhung der Sensibilität

Was jedoch ein Unternehmen tun kann, ist sich systematisch mit Zukunftsfragen zu beschäftigen und seine Fähigkeit zur Sensibilisierung gegenüber Umweltveränderungen zu erhöhen. Organisatorisch kann man dies in Form von **Frühaufklärungssystemen** angehen, die Prozesse der Informationsgewinnung und -verarbeitung unterstützen.

»Strategic Issue Analysis«

»Schwache Signale«

Die *historische Entwicklung* von Frühaufklärungssystemen lässt sich zeitlich betrachtet in drei Phasen einteilen.[76] Die erste Phase wird von kennzahlen- und hochrechnungsorientierten Ansätzen geprägt. Basierend auf klassischen Planungs- und Controllingsystemen melden sie Überschreitungen/Unterschreitungen zuvor definierter oberer und unterer Schwellenwerte. Weichen die dabei gemessenen Werte stark ab, signalisiert dies elementare Bedrohungen, auf die reagiert werden muss. Daher werden sie auch als Frühwarnsysteme bezeichnet. In der zweiten Phase geht es nun nicht mehr darum, allein Bedrohungen zu erkennen, sondern auch um die aktive Suche nach latenten Chancen und Gefahren. Die Frühwarnsysteme entwickeln sich zu Früherkennungssystemen, die mit Hilfe von so genannten »Lead«-Indikatoren wichtige Trends möglichst frühzeitig erspüren wollen. Durch eine systematische Vorgehensweise verspricht man sich Aufschluss über »verborgene«, nicht direkt erfassbare Erscheinungen. Insbesondere das Konzept *der »Strategic Issue Analysis«* von Ansoff[77] ist nun von Bedeutung. Demzufolge kündigen sich Diskontinuitäten zumeist durch so genannte *»schwache Signale«* an, die sich anfangs in intuitiven Eindrücken beim beobachtenden Unternehmen niederschlagen. Diese schwachen Signale sind relativ unstrukturiert, qualitativer Natur und lassen daher anfangs keine präzise Abschätzung zu. Nach und nach verdichten sie sich, treten häufiger auf und werden nun konkret sichtbar, was sich zumeist in quantitativ meßbaren Größen niederschlägt. In der dritten Phase, die durch den Namen Frühaufklärung geprägt ist,

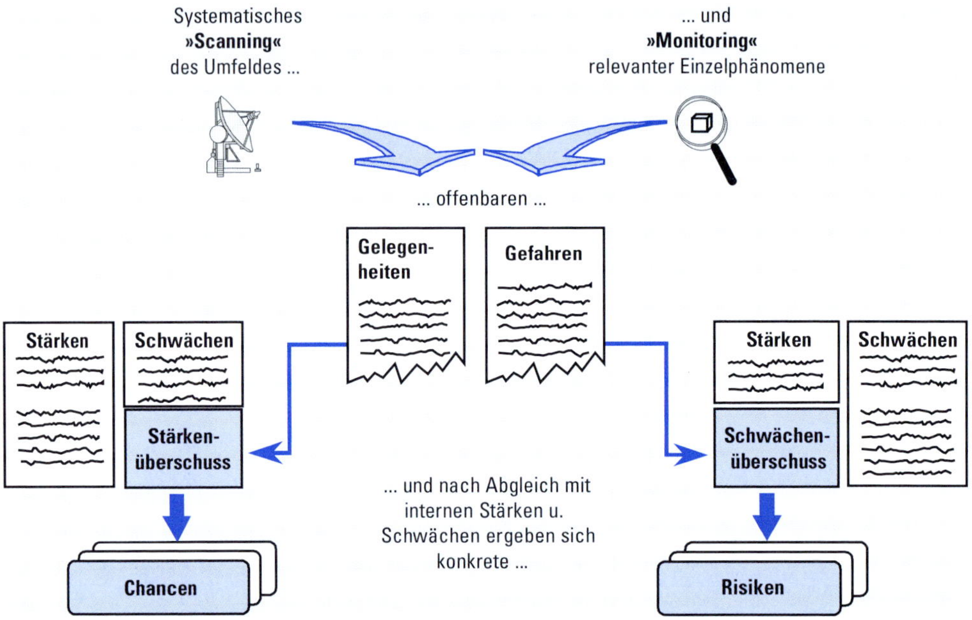

Abb. 3-26:
Basisaktivitäten
einer strategischen
Frühaufklärung

steht neben dem frühzeitigen Erkennen von Bedrohungen und Chancen die Entwicklung von Strategien und Handlungsprogrammen zur Nutzung von Gelegenheiten oder Abwehr von Bedrohungen im Mittelpunkt. Frühaufklärung wird nicht mehr allein als Methodenproblem, sondern vielmehr als Aufgabe der Sensibilisierung des Managements gegenüber Soft-Facts sowie als Problem eines Informationsmanagements und der Umsetzung von Früherkennungs-Informationen in Aktionsprogramme verstanden.

»Scanning«

Die *Aktivitäten* einer strategischen Frühaufklärung lassen sich – wie in Abbildung 3-26 dargestellt – in zwei Arten einteilen. Während des »Scanning«-Prozesses wird die Umwelt weitgehend offen abgetastet. Ähnlich wie bei einem 360-Grad-Radar versucht man, durch eine breite Auswahl an Quellen »*Drittvariablen*«[78] zu identifizieren, die – als zusätzlich ins Spiel gekommene Einflussgrößen – Hinweise auf zukünftige Diskontinuitäten geben könnten. Findet man hierbei Verdachtsmomente, dann verfolgt man im Prozess des »Monitoring« diesen Bereich detailliert weiter, und startet gezielte Analysen.

»Monitoring«

Strategische Frühaufklärung beginnt somit dort, wo Prognosen enden. Sie sensibilisiert ein Unternehmen gegenüber schwachen Signalen seiner Umwelt, und hilft damit Trends frühzeitig zu erkennen. Auch wenn diese Argumente vielen Unternehmen plausibel sind, ist jedoch der Verbreitungsgrad funktionierender Frühaufklärungssysteme in der Praxis als gering einzustufen. Dies liegt weniger an der inhaltlichen Logik, als an den *Problemen*, die sich beim Aufbau einer strategischen Frühaufklärung stellen. Dabei ist zu nennen:

Probleme

- Ein früher Methoden-»Overkill«, der die Diskussion auf Nebenschauplätze lenkt.
- Die Dominanz des Tagesgeschäfts, die ein unzureichendes Klima der Dringlichkeit schafft.

- Der qualitative Nutzen einer Frühaufklärung, der sich quantitativ kaum nachweisen lässt. Dies erhöht den Legitimationsdruck auf ein solches Projekt.
- Die Struktur vieler Planungsprozesse, die periodisch nach einem festen Schema abläuft, das nur wenig Raum für spontan auftretende schwache Signale lässt.
- Die oft nur punktuell etablierte Verankerung der Frühaufklärung. Oft wird sie entweder zum Privatthema einiger Weniger oder sie wird in Stabsabteilungen wegdelegiert.

Für den Umgang mit der Zukunft stehen zur Unterstützung der Aktivitäten einer strategischen Frühaufklärung weitere Konzepte und Instrumente zur Verfügung. Insbesondere sind dies die heuristischen Prognosen wie die Szenariotechnik, Delphi-Befragungen, Trendextrapolationen, Cross-Impact-Analysen oder Analogieschlüsse. Diese Verfahren sind primär qualitativ angelegt, kommen ohne ein strenges schematisches Prognosemodell aus, enthalten viele subjektive Elemente und machen sich oft die Erfahrung von Experten nutzbar.

Am verbreitesten ist hier sicher die **Szenariotechnik**. Der Zukunftsforscher Herman Kahn (RAND CORPORATION/Hudson Institute), der diese Technik populär gemacht hatte, setzte sie insbesondere ein *»to think about the unthinkable«*. Sie wurde ursprünglich für militärische Aufgaben entwickelt (z. B. das Durchdenken eines atomar geführten Weltkrieges mit all seinen Konsequenzen), jedoch Anfang der 70er-Jahre auch von der Wirtschaft aufgegriffen.

Fallbeispiel: Szenarios bei ROYAL DUTCH/SHELL

Insbesondere das im Ölgeschäft tätige Unternehmen ROYAL DUTCH/SHELL trug zur Verbreitung der Szenariotechnik im Rahmen der strategischen Planung bei.[79] Man stellte diese Technik bewusst neben die klassischen Planungstechnologien, um das eigene Denken über die Zukunft herauszufordern. Berühmt wurde die »Year 2000 study«, in der gefragt wurde: »Is there life for the company after oil?« Man überlegte sich, wie kann man 20 bis 30 Jahre in die Zukunft der Ölindustrie schauen, auch wenn diese nicht prognostizierbar ist, und wie kann man die Manager dazu bekommen, das »Undenkbare« bezogen auf diese Industrie zu diskutieren. Ziel war es demnach, nicht vorherzusagen oder zu planen, sondern die Denkwelten (»mindsets«) derer zu verändern, welche die Szenarien benutzen. Dazu musste man sich mit den diese Szenarien treibenden Kräfte (neue Technologien, politische Entwicklungen ect.) auseinandersetzen. Auch gab es im »Committee of Managing Directors« die einfache Regel, dass jedes Mitglied seine Investitionspläne und Budgets vor dem Hintergrund der ausgewählten Szenarien zu rechtfertigen hatte. Damit nahmen die Planungs- und Entscheidungsprozesse auch immer mehr den Charakter von Lernprozessen an. Auf der Homepage des Unternehmens (www.shell.com) kann man eine ganze Reihe von Informationen zu den Shell-Szenarien finden und auch wie man diese Technik methodisch einsetzt. Geben Sie dort einfach das Wort »Szenario« in die Suchmaschine der Seite ein.

Grundgedanke der Szenariotechnik ist es, für Analyseobjekte mit hoher Unsicherheit mehrere mögliche Zukunftsbilder zu entwerfen und die Wege zu beschreiben, die zu diesen »potenziellen Zukünften« führen könnten. Abbildung 3-27 zeigt als Beispiel drei Szenarien für die Entwicklung der OECD-Länder, die auf dem OECD-Zukunftsforum vorgestellt wurden.

Szenarios: Problematik:	Marktszenario	Herkömmliche Überzeugung	Neue Gesellschaft
Wachstum	Höher	Wie in den 80er- und 90er-Jahren	Niedriger
Beschäftigung	Vollbeschäftigung (Duales System)	Hohe Arbeitslosigkeit	Vollbeschäftigung (Arbeitsaufteilung)
Sozialer Zusammenhalt	Wachsende Unregelmäßigkeiten	Alternative Lösungen	Fester Zusammenhalt
Ökologisches Gleichgewicht	Geringe Priorität	Technologische Lösungen	Besteuerungspolitik
Beziehungen mit der restlichen Welt	Entknüpfungsprozess	Kooperativer Prozess	Vertragliche Solidarität
Technologiepolitik	Nachfrageankurbelung durch individuelle Bedürfnisse	Angebotsdruck und Nachfragesog	Angebotsdruck und Nachfragesog durch gemeinschaftliche Bedürfnisse stimuliert

Abb. 3-27: Die OECD-Szenarien[80]

Wie in Abbildung 3-28 dargestellt, werden zunächst ausgehend von der gegenwärtigen Situation zwei möglichst gegensätzliche Extremszenarios gebildet.[81] Diese spannen einen »Szenariotrichter« auf, dessen Rand die Grenzen potenzieller Entwicklungsmöglichkeiten bildet. So wird versucht Mögliches von Unmöglichem abzugrenzen. Aus einer extrapolativen Fortschreibung der Einflussfaktoren ergeben sich dann Trendszenarios, welche innerhalb des Szenariotrichters liegen. Tritt ein Störereignis auf (wie z.B. eine Verteuerung der Ölpreise infolge eines Krieges in den arabischen Staaten), wird die Entwicklungslinie des Trendszena-

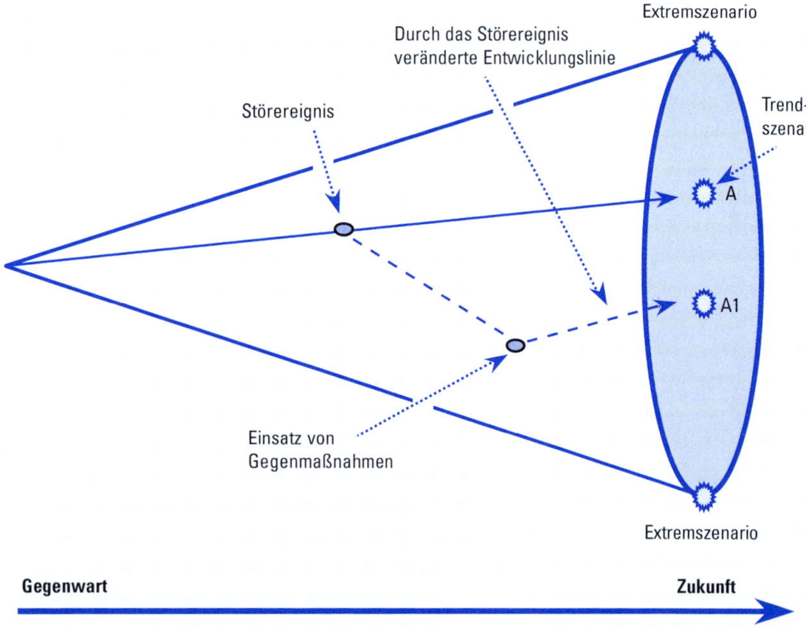

Abb. 3-28: Modell der Szenariotechnik (vgl. von Reibnitz 1987, S. 30)

rios in eine neue Richtung verschoben; jetzt ist zu überlegen, welche Gegenmaßnahmen ein Unternehmen ergreifen kann, um negativen Auswirkungen entgegenzutreten und die Entwicklungslinie wieder in eine vorteilhafte Richtung zu lenken (A1). Wer mehr als diese drei Szenarien verwendet, erhält zwar ein reichhaltigeres Bild möglicher Zukünfte, läuft jedoch Gefahr die Übersicht zu verlieren.

Szenarios sind somit künstlich geschaffene Modelle der Zukunft, die auf Annahmen basieren, die zu hinterfragen und zu prüfen sind. Je länger der gewählte Beobachtungszeitraum ist, desto mehr Szenarien lassen sich zumeist entwerfen, da die Eintrittswahrscheinlichkeit zukünftiger Ereignisse sinkt, je weiter man in die Zukunft blickt. Als sinnvolle Obergrenze wird ein Zeitraum von 20–30 Jahren verwendet, während die Untergrenze bei ca. 5 Jahren liegt. Das Schema in Abbildung 3-29 stellt 8 *Phasen* bei der Anwendung der Szenarioanalyse dar.[82]

1. **Problemanalyse**
   Strukturierung und Definition des Untersuchungsfeldes (z. B. Einfluss des Internet auf ein Marktsegment)
2. **Umfeldanalyse**
   Identifizierung und Strukturierung der wichtigsten Einflussbereiche auf das Untersuchungsfeld
3. **Projektionen**
   Ermittlung von kritischen Größen und Entwicklungstendenzen in diesen Umfeldern
4. **Annahmebündelung**
   Bildung und Auswahl alternativer, konsistenter Annahmebündel und Bündelung zu Extrem- und Trendszenarien
5. **Szenario-Interpretation**
   Interpretation der ausgewählten Umfeldszenarien
6. **Störfallanalyse**
   Einführung und Auswirkungsanalyse signifikanter Störereignisse
7. **Auswirkungsanalyse**
   Ausarbeitung der Szenarien bzw. Ableitung von Konsequenzen für das Untersuchungsfeld
8. **Maßnahmenplanung**
   Konzipieren von Maßnahmen und Planungen

Abb. 3-29: Phasen der Szenarioanalyse

Die gemeinsame Arbeit an Szenarien bietet einem Führungsteam nicht nur die Möglichkeit Trends und Diskontinuitäten zu erkennen, die heute noch schlecht strukturiert und schwach wirken, sondern ermöglicht auch ein einheitliches Verständnis über relevante Umweltentwicklungen zu entwickeln, und bildet eine Plattform, auf der verschiedene Strategiealternativen formuliert und getestet werden können. Damit fordern Szenarien zu einer Überprüfung der bestehenden Geschäftslogik auf, und legen die Kriterien offen, nach denen man die Einschätzung der Zukunft vornimmt.

Hoher Aufwand

Zu beachten ist allerdings der hohe Ressourcenaufwand, der für die Entwicklung von Szenarios zu veranschlagen ist. Gerade der Zeitaufwand wird oft sehr knapp bemessen, was sowohl die Qualität der Szenarios beeinträchtigt, als auch die Frage, welche Konsequenzen aus den unterschiedlichen Zukunftsbildern zu ziehen sind.

Ressourcen:
Die WORLD FUTURE SOCIETY (www.wsf.org) ist weltweit die größte Organisation von Zukunftsforschern und bietet eine Vielzahl auch kostenloser Services auf ihrer Homepage an. Man findet dort unter den »special features« aktuelle Interviews mit bekannten Zukunftsforschern sowie ein Web-Forum, in das Sie sich mit Ihrer Meinung auch selbst einbringen können. Dies können Sie z. B. im »Global Strategy Forum« entweder dadurch tun, indem Sie selbst einen Beitrag zur Lösung eines wichtigen Problems einreichen oder indem Sie Ihre Kommentare zu dort eingestellten Beiträgen abgeben. Die WFS bringt aber auch verschiedene Zeitschriften heraus (Futurist, Future Survey, Futures Research Quarterly etc.).

3.2.3 Einflusskräfte des Unternehmens

Neben den Einflusskräften der Umwelt sind in einem nächsten Schritt die Einflusskräfte der relevanten unternehmerischen Einheit zu untersuchen. Ziel ist es Aufschluss über ihren Aufbau, ihr Zusammenspiel und ihre Wirkungsweise zu gewinnen, um dadurch einschätzen zu können, zu welchen Handlungen die unternehmerische Einheit fähig ist. Wie bei der Umweltanalyse gibt es auch hier keinen »objektiv« richtigen und einzigen Weg, wie man vorgehen sollte. Die Ausführungen dieses Kapitels sind daher nur als »eine« Möglichkeit neben anderen zu verstehen. Diese Bemerkung vorausgeschickt, werden wir im Folgenden drei analytische »Schnitte« setzen, die eine unternehmerische Einheit in Ressourcen, Fähigkeiten und Kernfähigkeiten zerlegen.

(1) Ressourcen

Arbeitsleistung, Betriebsmittel und Werkstoffe, dispositiver Faktor

Traditionellerweise baut (zumindest im klassischen »Mainstream« der deutschsprachigen Betriebswirtschaftslehre) die Analyse der Ressourcen eines Unternehmens auf dem *Gutenbergschen System der produktiven Faktoren* auf. Gutenberg rechnet dazu die menschliche Arbeitsleistung, Betriebsmittel und Werkstoffe. Diese drei Produktionsfaktoren gilt es möglichst optimal miteinander zu kombinieren. Da dies nicht von allein geschieht, bedarf es eines vierten Faktors, des so genannten dispositiven Faktors der den Kombinationsprozess der drei anderen nach dem Wirtschaftlichkeitsprinzip steuert. Gutenberg stuft diesen vierten Faktor als irrational ein, da er nicht in einem quantitativ messbaren Schema erfasst werden könne und letztlich auf die individuellen Eigenschaften Einzelner zurückzuführen sei. Daher kann es für ihn auch niemals eine »wissenschaftliche« Lehre von der Unternehmensführung geben, was zur Folge hat, dass er ihn aus seinen weiteren produktionstheoretischen Überlegungen ausklammert.

Der Sichtweise Gutenbergs folgend hat man die Ressourcen eines Unternehmens mit den produktiven Faktoren Gutenbergs gleichgesetzt und sich dabei – basierend auf der klassischen mikroökonomischen Theorie – um eine detaillierte Erfassung quantitativ messbarer Ressourcen bemüht. Insbesondere im Rahmen des externen und internen Rechnungswesens wurde versucht eine möglichst exakte Erfassung der Mengen- und Wertbewegungen von Ressourcen vorzunehmen.

Exkurs: Ressourcen im Rechnungswesen
Betrachtet man den heutigen Stand des Rechnungswesen, dann lassen sich in Anlehnung an Coenenberg drei Arten unterscheiden:[83] Die Bilanz- und Erfolgsrechnung dient sowohl der Dokumentation der einzelnen Geschäftsvorfälle als auch der Rechnungslegung gegenüber den am Unternehmen beteiligten Anspruchsgruppen. Sie basiert auf gesetzlichen Vorschriften (wie dem Handelsrecht) und zielt darauf ab, einen umfassenden Einblick in die Vermögens-, Finanz- und Ertragslage eines Unternehmens zu gewährleisten. Die Kosten- und Leistungsrechnung, die direkt auf den Gedanken von Gutenberg aufbaut, ist auf die zielgerichtete Steuerung der internen Ressourcenkombinationen eines Unternehmens fokussiert. Sie besteht zumeist aus einer Kostenstellen-, -arten- und -trägerrechnung, und es können – je nach den spezifischen Rechenzwecken – unterschiedliche Systeme der Kosten- und Leistungsrechung eingesetzt werden (z.B. Grenzplankostenrechung, Einzelkostenrechung, Prozesskostenrechung). Zuletzt ist noch die Finanz- und Finanzierungsrechnung zu nennen. Sie ist auf die Liquiditätssteuerung eines Unternehmens gerichtet, baut auf der Bilanz- und Erfolgsrechnung auf, ist stromgrößenorientiert und gibt Auskunft über die zeitliche Fälligkeit einzelner Bilanzpositionen.

Kritik

Für die Zwecke einer strategischen Unternehmensführung waren diese Ansätze vor allem aus drei Gründen nicht befriedigend: Zum Ersten waren sie primär auf die Vergangenheit hin ausgerichtet und gaben wenig Aufschluss über Fragestellungen, die in die Zukunft reichten. Durch die Einführung von Ansätzen wie der Discounted Cashflow Methode[84] oder dem Realoptionsansatz[85] kann man die Zukunftsorientierung zwar herstellen, jedoch tritt dann die Problematik eines adäquaten Umgangs mit Unsicherheit bzw. Risko auf. Zweitens erfassen die jeweiligen Ansätze des Rechnungswesens zwar die Ereignisse in einem Unternehmen, in sehr geringem Maße jedoch die in seiner relevanten Umwelt. Diese fliessen lediglich indirekt ein, wenn sich z.B. der Markteintritt eines neuen Konkurrenten in der Gewinn- und Verlustrechnung bemerkbar macht. Drittens werden schwerpunktmäßig die materiellen Ressourcen erfasst, da diese relativ plausibel quantitativ bewertet und gemessen werden können (allerdings stellen sich bereits bei Größen wie dem bilanztechnisch anerkannten Goodwill erste Bewertungsprobleme), während immaterielle Ressourcen wie Wissensbestand, Markenname oder auch eine spezifische Unternehmenskultur weitgehend vernachlässigt wurden. Doch gerade in den letzten Jahren wird die Bedeutung immaterieller Ressourcen für die Schaffung von Wettbewerbsvorteilen stark betont.[86] So wird argumentiert, dass an der Börse einzelne Unternehmen (wie COCA COLA, AVON, ORACLE oder CISCO SYSTEMS) eine Marktkapitalisierung aufweisen, die das zwanzigfache ihres Buchwertes übersteigt und man sieht diesen »versteckten« Wert in den immateriellen Ressourcen der Unternehmen. Oder man weist auf die hohe Bedeutung des Produktionsfaktors »Wissen« bzw. des »Intellectual Capitals« hin, das sich der traditionellen Rechungslegung entzieht.[87]

Daher sind *neuere Ansätze* entwickelt worden, wie man den Ressourcenbestand eines Unternehmens und insbesondere dessen immaterielle Ressourcen umfassend analysieren kann. Barney (1991) beispielsweise schlägt vor zwischen finanziellen, physischen, humanen und organisationalen Ressourcen zu unterscheiden, und Grant (1991) erweitert diese Einteilung um technologische Ressourcen sowie die Reputation eines Unternehmens. Verbindet man beide Einteilungen miteinander und fächert sie feiner auf, dann lässt sich die Ressourcenpyramide in Abbildung 3-30 erzeugen.

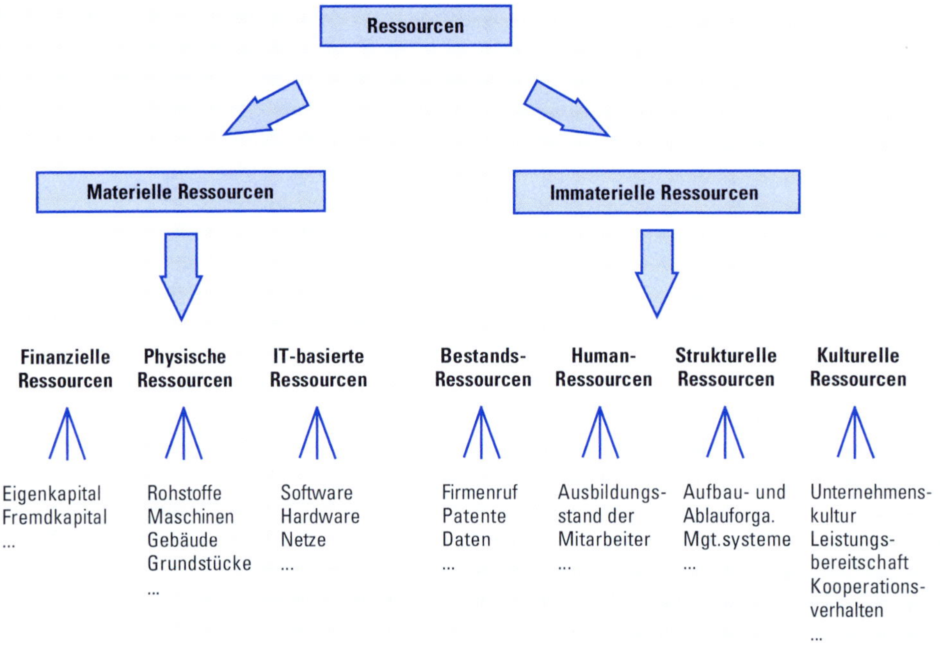

Abb. 3-30 (oben): Die Ressourcenpyramide eines Unternehmens

Abb. 3-31 (rechts): Ressourcentypologie nach Hall (1992, S. 14)

	Materielle Ressourcen	**Immaterielle Ressourcen**
Handelbare Ressourcen	• Ausstattung mit Maschinen • Ausstattung mit Personal • Standardsoftware	• Lizenzen • Individuelles Expertenwissen
Nicht-handelbare Ressourcen	• Selbsterstellte Anlagen • Selbstprogrammierte Anlagen	• Unternehmenskultur • Einzigartige Beziehungen zu den Anspruchsgruppen • Unternehmensspezifische Ausbildung • Implizites Wissen

Hall (1992, 1993) wiederum differenziert in seiner Einteilung in einerseits handelbare und nicht-handelbare, sowie andererseits in materielle und immaterielle Ressourcen und gelangt damit zur Matrix in Abbildung 3-31.

Implizites Wissen

Besondere Bedeutung kommt dabei in seinen Augen dem so genannten **impliziten (tacit) Wissen** zu. Dieser Begriff, der von Polanyi (1966) geprägt und von Nonaka (1994) in die betriebswirtschaftliche Diskussion eingeführt wurde, weist darauf hin, »dass wir mehr wissen als wir zu wissen sagen«. Implizites Wissen wird dabei von formulierfähigem, explizitem und folglich austauschbarem Wissen abgegrenzt und als eine der Quellen wirtschaftlichen Erfolges betrachtet.

(2) Fähigkeiten und Aktivitäten

Von einer auf die unternehmerischen Ressourcen gerichteten Betrachtungsperspektive ist es nur noch ein relativ kleiner, aber folgenreicher Schritt zur Konzeption organisationaler Fähigkeiten. So erweitert sich die Sichtweise um folgende Aspekte: die explizite Berücksichtigung organisationaler Phänomene bei der Bündelung und Kombination von Ressourcen[88] und das Phänomen der Emergenz, auf das wir bereits in Kapitel 2 hingewiesen hatten. Nicht allein die Zerlegung und isolierte Betrachtung einzelner Ressourcen ist folglich von Bedeutung, sondern vielmehr die Art und Weise wie Ressourcen miteinander interagieren bzw. relationiert werden. **Organisationale Fähigkeiten** sind als komplexe Interaktions-, Koordinations- und Problemlösungsmuster zu verstehen, die – oftmals mit spezifischen Gruppierungen und ihrer jeweiligen Wissensbasis verbunden – in einem langwierigen Entwicklungsprozess aufgebaut werden und zu organisationalen Routinen werden.[89] Da diese Ereignisse nicht nur auf sachrationale Prozesse zurückführbar sind, sondern auch – und wohl insbesondere – soziale Prozesse eine Rolle spielen, öffnet sich an dieser Stelle der Bezug zu Überlegungen der Organisationstheorie sowie weiterer sozialwissenschaftlicher Disziplinen (wie Psychologie, Soziologie, Erkenntnistheorie), die wir jedoch an dieser Stelle nicht weiter vertiefen können[90]. Die Frage, die wir im Folgenden in den Vordergrund stellen, lautet hingegen: Welche Ansätze sind vorhanden, um organisationale Fähigkeiten einer unternehmerischen Einheit zu identifizieren bzw. zu rekonstruieren? Zu diesem Zweck werden wir aus dem bestehenden »Angebot« sechs Konzepte näher betrachten, von denen die drei Ersten neueren Ursprungs sind, während es sich bei den drei anderen um altbekannte Ansätze handelt, die für die Identifikation von Fähigkeiten herangezogen werden können. Konkret handelt es sich um:

Organisationale Fähigkeiten

Ansätze zur Identifikation von Fähigkeiten

- Skill-Mapping
- Chancenmatrix
- Skill-Cluster
- Wertkette
- Checklisten
- 7-S Modell

Skill-Mapping

Unter **Skill-Mapping** versteht man die Identifikation und Evaluation der »Skills« eines Unternehmens. Klein/Hickocks (1994) definieren *»Skills«* als eng umrissene und disaggregierte Bruchstücke von Fähigkeiten, die erst in ihrer Kombination eine Fähigkeit ergeben. Da Unternehmen oft nicht detailliert wissen, über welche Skills sie als Ganzes und im Vergleich zu ihren Wettbewerbern verfügen, noch welche Skills ausschlaggebend für den Erfolg ihrer Produkte am Markt sind, bietet das Skill-Mapping eine Vorgehensweise an, die hier Unterstützung bietet. Sie wird in drei Schritten vorgenommen. Zuerst erfolgt die eigentliche Bestandsaufnahme aller Skills. Dies geschieht entlang der Organisationsstrukturen des Unternehmens durch die Analyse der Produkteigenschaften und durch Befragungen der Kunden. Daraus wird eine Liste von Skills generiert, die in einem zweiten Schritt einem Benchmarking unterzogen wird. Eine mehrstufige Bewertungsskala wird herangezogen, in die die einzelnen Skills eingetragen werden. Diese reicht von schwach ausgeprägten Skills bis hin zu weltweit führenden Fähigkeiten. Zuletzt wird bestimmt, welche Skills strategisch wichtig sind, d.h. den

Aufbau und die Sicherung von Wettbewerbsvorteilen ermöglichen. Denn es kann nicht davon ausgegangen werden, dass jede herausragende Fähigkeit auch am Markt honoriert wird, und einen Wettbewerbsvorteil begründet.

Chancenmatrix

Bei der **Chancenmatrix** geht man noch einen Schritt weiter. Ziel ist es auf Basis der bestehenden Skills neue Produkt- und Marktmöglichkeiten zu erkennen. Dies ist insbesondere bei den Diversifikationsanalysen in verwandte Geschäftsfelder hilfreich, wenn ein Unternehmen nicht bereit ist, hohe Investitionen zum Aufbau neuer Fähigkeiten zu tätigen. Die Chancenmatrix wird durch zwei Achsen aufgespannt. Eine Achse wird durch Skills gebildet, die z.B. durch ein Skill-Mapping ermittelt und bewertet werden; die andere Achse besteht aus einer Aufzählung bestehender und insbesondere potenzieller Produkte, von denen angenommen wird, dass sie derartige Skills benötigen. Zuletzt erfolgt eine IT-gestützte Auswertung, die diejenigen Kombinationen herausfiltert, bei denen die Skills des Unternehmens am stärksten ausgeprägt sind und gleichzeitig zur erfolgreichen Herstellung und Vermarktung eines Produktes am wichtigsten sind. Damit gewinnt man Anhaltspunkte auf die Fragen, wie sich bestehende Skills für potenzielle Produkte eignen, sowie welche Produkte welche Skills benötigen.

Skill-Cluster

Die **Analyse von Skill-Clustern** ist eine Technik, die – zumeist computergestützt – die Konzentration der Skills im Produktangebot eines Unternehmens misst. Sie gibt Aufschluss über die Verteilung von Skills sowie die Intensität ihres Zusammenwirkens. Bei der Analyse der Skill-Cluster geht man in zwei Schritten vor. Zuerst wird ein Skill-Cluster Index I_{ij} gebildet. Er gibt den Prozentsatz der Produkte an, die sowohl Skill i als auch j enthalten. Mathematisch lässt er sich definieren als die »Anzahl der Produkte, die Skill i und j benutzen« dividiert durch die »Gesamtzahl der Produkte«. Dieser Index wird nun für alle denkbaren Skill-Kombinationen errechnet. Man erhält dann daraus Ergebnisse wie z.B.: Skill 1 und 3 sind in 60 % aller Produkte enthalten, während die Kombination von Skill 1 und 2 nur in 10 % aller Produkte zu finden ist. Nachteil dieser Vorgehensweise ist allerdings die Beschränkung auf Kombinationen von jeweils zwei Skills. Schaltet man noch zusätzlich statistische Softwareprogramme ein, und rekonfiguriert die Ergebnismatrix dementsprechend, so kann man jedoch auch *Skill-Cluster* ermitteln, d.h. Gruppierungen von Skills, die eng miteinander agieren und gebündelt zur Erstellung von Produkten und Dienstleistungen benutzt werden. Nebenstehende Abbildung 3-32 zeigt das Ergebnis einer solchen mehrdimensionalen Analyse. Hier konnten zwei Cluster identifiziert werden, die bereits dementsprechend arrangiert wurden. So sind einerseits die Skills 4 und 2 eng miteinander verbunden, andererseits die Skills 5, 3 und 1. Vorteil dieser Analyse ist es, das Zusammenwirken von mehreren Skills zu erfassen, und dadurch Hinweise auf breit verankerte organisationale Fähigkeiten zu gewinnen.

	Skill 4	Skill 2	Skill 5	Skill 3	Skill 1
Skill 4	30	30	10	10	10
Skill 2	30	40	20	10	10
Skill 5	10	20	80	60	50
Skill 3	10	10	60	70	60
Skill 1	10	10	50	60	60

Abb. 3-32: Skill-Cluster Indizes (Klein/Hickocks 1994, S. 207)

Betrachtet man die bisher vorgestellten Ansätze, dann lässt sich jedoch anmerken, dass sie sich nicht durch eine hohe Benutzerfreundlichkeit auszeichnen und teilweise den Einsatz anspruchsvoller Statistikprogramme erfordern. Daher bietet es sich an, auch auf etablierte Konzepte der Unternehmensanalyse zurückzugreifen. Eines davon ist die von Michael Porter entwickelte und in Abbildung 3-33 dargestellte **Wertkette**[91]. Auf sie wird im Feld Wertschöpfung des

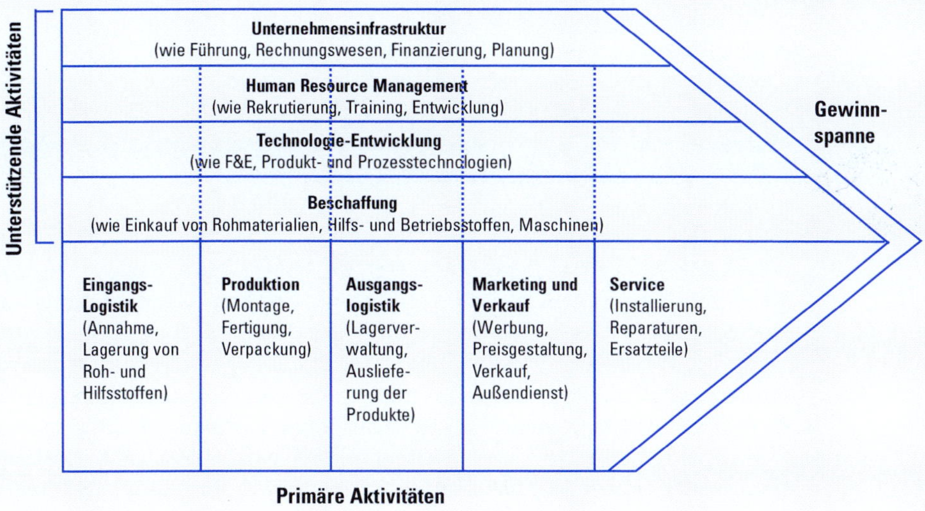

Abb. 3-33 (oben): Das Konzept der Wertkette (Porter 1985)

Wertkette

GMN (Kapitel 4) dann noch näher eingegangen. Die Wertkette folgt dem Gedanken, dass die Ursachen für Wettbewerbsvorteile nur schwer zu erkennen sind, wenn man eine unternehmerische Einheit als Ganzes betrachtet. Daher zerlegt man das Unternehmen in einzelne strategisch wichtige Aktivitäten (Wertaktivitäten) und analysiert diese auf ihren jeweiligen Beitrag zur Wertschöpfung. Gelingt es einem Unternehmen, für seine Leistungen einen Preis zu erzielen, der die Kosten übersteigt, resultiert dies in einer positiven Gewinnspanne, sinkt der am Markt zu erzielende Preis oder erhöhen sich die Kosten, so verringert sie sich. Eine systematische Analyse der Wertaktivitäten macht es nun möglich die jeweiligen Vor- und Nachteile zu erkennen, die man gegenüber den Wettbewerbern aufweist. Zudem hilft sie Ansatzpunkte zu lokalisieren, in denen man entweder relativ besser oder einfach billiger einzelne Aktivitäten erbringen kann. Die Wertaktivitäten werden dabei in so genannte primäre und unterstützende Aktivitäten unterteilt. Primäre Aktivitäten folgen dem Verrichtungsprinzip der Leistungserstellung und werden idealtypisch durch Tätigkeitsfelder wie Eingangslogistik, Produktion, Ausgangslogistik, Marketing/Vertrieb und Service abgebildet. Um ihre Aufgaben erfüllen zu können, benötigen sie die Dienste der unterstützenden Aktivitäten wie Beschaffung, Technologieentwicklung, Personalmanagement und Unternehmensinfrastruktur.

Da nach der Logik der Wertkette ein Wettbewerbsvorteil nur dann erzielt werden kann, wenn man entweder zu geringeren Kosten als die Konkurrenz arbeitet oder sich durch eine spezielle Fertigkeit differenziert, kann man eine Analyse der Wertkette in beide Richtungen vornehmen.

Will man z.B. die relative Kostenposition analysieren, so sind folgende Schritte zu durchlaufen.

- Strategisch relevante Tätigkeiten ermitteln und Wertkette aufstellen
- Kostenstruktur der einzelnen Aktivitäten der Wertkette ermitteln
- Kostenantriebskräfte jeder Wertaktivität und deren Wechselwirkung miteinander analysieren

- Wertkette und Kostenstruktur der Konkurrenten ermitteln und Quellen von Kostenunterschieden feststellen
- Möglichkeiten der Verbesserung der relativen Kostenposition prüfen (wie Kontrolle der Kostenantriebskräfte, Neustrukturierung der Wertkette, Neustrukturierung nachgelagerter Wertaktivitäten)
- Gegencheck, ob Kostensenkungsmaßnahmen strategische Wettbewerbsvorteile der Differenzierung schmälern
- Prüfen, ob Kostensenkungsmaßnahmen dauerhaft sind

Die Wertkette liefert nicht nur wertvolle Hinweise, worauf unterschiedliche Wettbewerbspositionen zurückzuführen sind, sondern zeigt auch Möglichkeiten, wo und wie neue Wettbewerbsvorteile zu generieren sind. In jeder Aktivität oder quer über verschiedene Aktivitäten hinweg kann eine unternehmerische Einheit somit ihre Fähigkeiten identifizieren und nach Bedarf entwickeln. Problematisch ist bei einer Wertkettenanalyse der relativ hohe Zeit- und Arbeitsaufwand. Gerade die aktivitätsorientierte Zuordnung der Kosten fällt schwer, da viele Unternehmen über ein Kostenrechnungssystem verfügen, das auf einer Einteilung in eine Kostenstellen, -arten und -trägerrechnung basiert. Die hier zur Verfügung stehenden Zahlen sind in eine aktivitätsorientierte Kostenbetrachtung umzuwandeln, was mit dem Problem einer passenden Kostenzuordnung verbunden ist. Hilfestellung haben hier gerade die in den letzten Jahren im Rahmen von Business Process Reeingineerung durchgeführten Prozessanalysen mit sich gebracht, die meist mit einer prozessorientierten Erweiterung der Kostenrechnung verbunden waren. Des Weiteren ist oft nicht ein vergleichbares Zahlenmaterial der Konkurrenz erhältlich. Dies ist darauf zurückzuführen, dass derartige Daten verständlicherweise äußerst sensibel sind und daher der Geheimhaltung unterliegen, zum anderen verfügen auch viele Wettbewerber nicht über die notwendige Transparenz bei ihren eigenen Aktivitäten.

Eng mit der Wertkette verbunden sind **Checklisten** zur Ermittlung von Stärken- und Schwächenprofilen.[92] Diese sind zumeist funktional aufgebaut, und versuchen ebenfalls die Position eines Unternehmens im Verhältnis zur Konkurrenz zu ermitteln. Bestandteile solcher Checklisten können dabei sowohl die primären und sekundären Aktivitäten sein, als auch zusätzliche Bereiche wie potenzielle Synergien, Know-How, Qualität der Führungskräfte, Führungssysteme, etc.[93] Checklisten stellen daher oft eine eklektische Erweiterung der Wertkette dar, was man auf Grund der fehlenden Systematik zwar kritisch beurteilen kann, dem Instrument jedoch eine hohe Flexibilität bei der praktischen Anwendung gibt. Als Beispiel für solche Checklisten sei auf ihre Verwendung als Wettbewerbsprofile in Abbildung 3-34 verwiesen.

7-S-Modell

Ein Instrument, das neben den harten Faktoren auch explizit die weichen Faktoren einer Organisation stichwortartig berücksichtigt, ist das vom Beratungsunternehmen McKinsey entwickelte **7-S-Modell**[94]. Nachfolgende Abbildung 3-35 zeigt das 7-S-Modell angewandt auf ein Unternehmen, das Messsysteme für die Öl- und Umweltindustrie produziert.

Während die drei harten Faktoren »Strategy, Structure and Systems« das Erfolgskonzept verkörpern, das ein Unternehmen gegenüber anderen auszeichnen soll, werden die vier weichen Faktoren »Style, Skills, Staff and Shared Values« zum Führungskonzept gerechnet. Letzteres soll das Erfolgskonzept unterstützen, das als Leitline fungiert. Die einzelnen Faktoren sind miteinander vernetzt, was

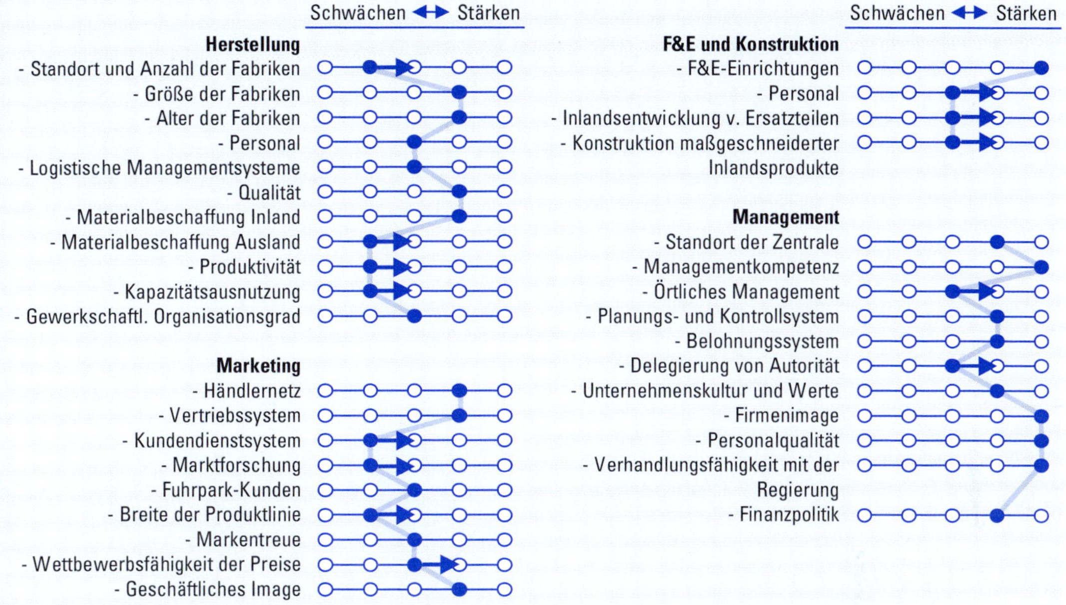

Abb. 3-34:
Stärken und Schwächen der Strategischen Geschäftseinheit Personenfahrzeuge von General Motors Venezuela relativ zur Ford Motor Company (Ausprägung »Mitte«) 1982 (Profillinie) und 1987 (Pfeilspitzen)
(Quelle: Hax/Majluf 1988, S. 342 f.)

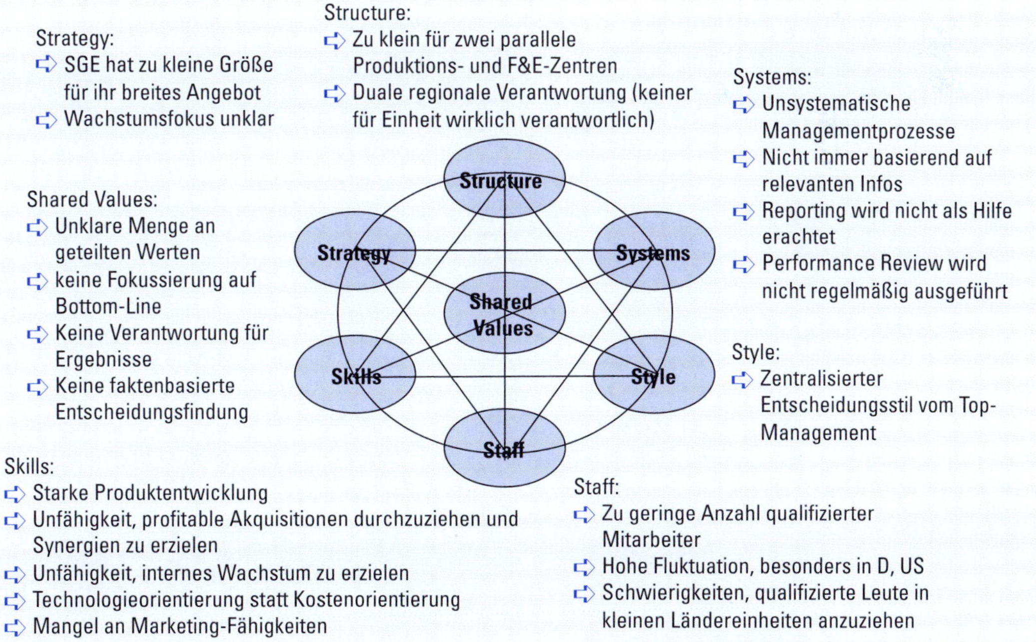

Abb. 3-35:
Das 7-S-Modell (mit Beispiel)

es erforderlich werden lässt ihre gegenseitigen Abhängigkeiten zu berücksichtigen. Bei Änderungen kann dann analysiert werden, wie diese ins Gesamtbild passen bzw. die anderen Faktoren verändern.

Kritik: Der 7-S-Ansatz ist ein grobes, normatives Raster, das einen guten Startpunkt für eine Analyse darstellt. Seine Stärke ist die Hervorhebung der Beziehungen zwischen den sieben Faktoren, insbesondere auch zwischen den »weichen« und den »harten« Faktoren. Dazu, wie man diese Analyse dann aber im Detail durchführen soll, gibt der Ansatz keine Auskunft. Wir erfahren auch keine Begründung, warum es gerade diese Beziehungen sind und welche Logik mit diesen Beziehungen verbunden ist. Und wie immer bei einem reduktionistischen Konzept kann man sich fragen, ob die Auswahl der Faktoren richtig getroffen wurde: Kam z. B. »Innovation« nur deshalb nicht in den Bezugsrahmen, weil es mit »I« und nicht mit »S« beginnt?

Workshop: 7-S-Analyse
Analysieren Sie Ihr Unternehmen einmal mit der 7-S-Analyse. Starten Sie dazu mit der Analyse der einzelnen Faktoren:

1. *Strategy*: Ist Ihnen die intendierte Strategie Ihres Unternehmens bekannt? Bitte geben Sie Ihr Verständnis, worum es hier geht, in ein paar Worten wieder. Ist diese Strategie aus Ihrer Sicht geeignet, die zukünftigen Herausforderungen zu bewältigen? Positioniert sie das Unternehmen klar genug in seinem Umfeld? Hat diese intendierte Strategie auch eine Chance zur realisierten Strategie zu werden? Wo könnte dies der Fall sein, wo eher nicht?
2. *Skills*: Über welche herausragenden Fertigkeiten und Fähigkeiten verfügt Ihr Unternehmen? Entstehen daraus Vorteile gegenüber den Wettbewerbern? Welche Fähigkeiten sind aus Ihrer Sicht über-/unterentwickelt?
3. *Systems*: Welche Systeme sind in Ihrem Unternehmen von besonderer Prominenz? Wie beurteilen Sie deren Qualität? Welche Systeme sind aus Ihrer Sicht unter-/überentwickelt? Wo sehen Sie Handlungsbedarf?
4. *Staff*: Worin sehen Sie die Stärken und Schwächen des Stammpersonals Ihres Unternehmens? Sind die Stärken auch relative Stärken im Verhältnis zum Wettbewerb? Welche Arten von Mitarbeitern fehlen, von welchen hat man eher zu viele?
5. *Structure*: Was repräsentiert aus Ihrer Sicht die Strukturen Ihres Unternehmens? Sind sie einfach/komplex genug? Sind sie hilfreich oder behindern sie eher?
6. *Style*: Was kennzeichnen aus Ihrer Sicht Führung und Zusammenarbeit in Ihrem Unternehmen? Passt dies so zur heutigen Zeit?
7. *Shared Values*: Was sind die gemeinsam geteilten Werte Ihres Unternehmens? Sind sie in Bewegung? Sind sie (noch) geeignet, den »Klebstoff« für den Zusammenhalt des Unternehmens darzustellen?

In einem zweiten Schritt können dann zentrale Beziehungen zwischen den Faktoren hinterfragt werden. Z. B.: Sind die vorhandenen Fähigkeiten und gelebten Werte geeignet und ausreichend vorhanden, um die intendierte Strategie umsetzen zu können?

(3) Kernfähigkeiten

Die Bedeutung von Fähigkeiten für Aufbau und Sicherung von Wettbewerbsvorteilen ist in der Strategie- und Organisationsforschung seit Anfang der 90er-Jahre verstärkt herausgestellt worden. Dabei ist insbesondere der von Hamel/Prahalad geprägte Ansatz der »core competences« sowie grundlegende Überlegungen aus Sicht der so genannten »resource-based view of strategy« zu nennen, die wir im Folgenden betrachten werden.[95]

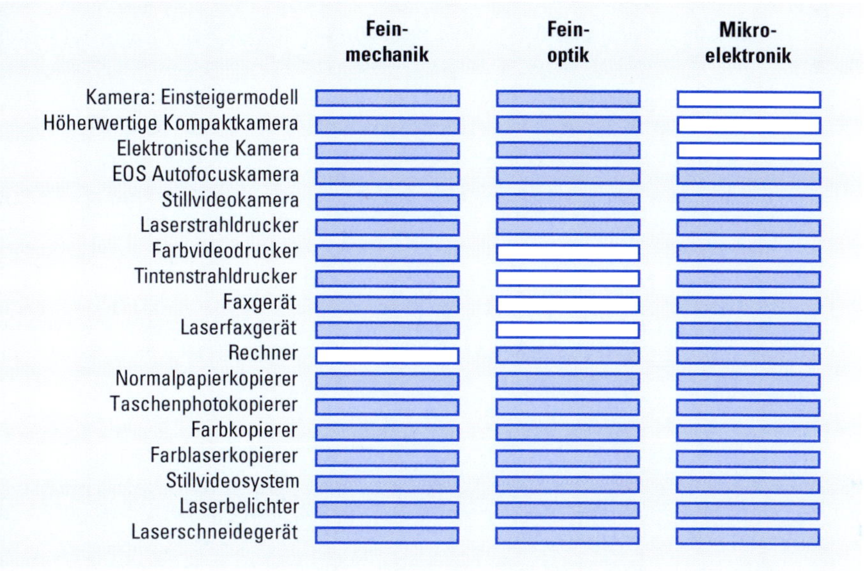

Abb. 3-36: Kernkompetenzen bei CANON (Hamel/Prahalad 1990)

Kernkompetenzen

Hamel/Prahalad führen 1990 in einem vielbeachteten Artikel in der Harvard Business Review den Begriff der »**core competences**« (Kernkompetenzen) ein und definieren ihn als »the collective learning in the organization, especially how to coordinate diverse production skills and integrate multiple streams of technology«. Sie schlagen vor, ein Unternehmen weniger als ein Portfolio einzelner Geschäftseinheiten zu sehen, denn als Portfolio von Fähigkeiten, das sich quer durch bestehende Geschäftseinheiten hindurchzieht. Die Wurzeln von Wettbewerbsvorteilen liegen nach Ansicht von Hamel/Prahalad in der Fähigkeit von Unternehmen solche Kombinationsprozesse schneller und billiger als Wettbewerber vorzunehmen. Der eigentliche Marktauftritt ist dann mit den letzten hundert Metern eines Marathons zu vergleichen, bei dem dasjenige Unternehmen gewinnt, das auf den Kilometern zuvor die besten Fähigkeiten entwickelt hat (Hamel/Heene 1994). Damit wird auch eine gedankliche Umkehr einer einseitigen Fokussierung auf die Absatzmärkte eines Unternehmens ermöglicht.

Nimmt man das in Abbildung 3-36 gezeigte Beispiel CANON, so bilden die Kernkompetenzen Feinmechanik, Feinoptik und Mikroelektronik die Grundlage für die Schaffung von Kernprodukten (wie die Kopiereinheit oder die Kamera), die dann in eine Vielzahl von Endprodukten einfließen und in Geschäftseinheiten marktspezisch gebündelt und vertrieben werden (wie Normalpapierkopierer, Taschenfotokopierer, Farbkopierer etc. in der Geschäftseinheit Kopierer). Dieser muliplikative Effekt ermöglicht es einem Unternehmen immer wieder neue Endprodukte zu generieren, die auf seinen jeweiligen Kernfähigkeiten basieren. Dadurch eröffnet sich auch die Möglichkeit in verwandte Geschäftsfelder einzutreten oder neue zu kreieren.

Kernkompetenzen, um der Tyrannei der SGE entgegenzuwirken

Für Hamel/Prahalad ist die Betrachtung eines Unternehmens als Bündel von Kernkompetenzen auch vonnöten, um der »Tyrannei« der strategischen Geschäftseinheiten entgegenzuwirken. Das Denken in voneinander getrennten »Kästchen« hat in ihren Augen dazu geführt, dass sich keine Geschäftseinheit für den Aufbau und Erhalt von Kernprodukten und Kernkompetenzen verantwortlich fühlt und folglich dafür auch keine Ressourcen zur Verfügung stellt. Zudem neigen Geschäftseinheiten dazu wichtige Ressourcen (wie hoch qualifizierte Mitarbeiter) in ihrem Einflussbereich einzuschließen, auch wenn man sie an anderen Orten besser einsetzen könnte. Und zuletzt wird das Innovationspotenzial des gesamten Unternehmens nicht voll ausgeschöpft, wenn eine jede Einheit sich nur auf die ihrem Geschäft nahe liegenden Möglichkeiten konzentriert. Von daher plädieren sie dafür, das Unternehmenskonzept der Geschäftseinheiten durch eines der Kernkompetenzen zu ersetzen. Nachfolgende Abbildung 3-37 fasst die Unterschiede zwischen beiden Konzepten zusammen.

Abb. 3-37: Strategische Geschäftseinheiten und Kernkompetenzen (Hamel/Prahalad 1990)

Kriterium	**Strategische Geschäftseinheit**	**Kernkompetenz**
Konkurrenzgrundlage	Wettbewerbsfähigkeit der gegenwärtigen Produkte	Unternehmensinterner Wettbewerb zum Aufbau von Kompetenzen
Unternehmensstruktur	Portfolio von strategischen Geschäftseinheiten	Portfolio von Kompetenzen, Kernprodukten und Geschäftseinheiten
Status der Geschäftseinheit	unantastbar autonom; der SGE »gehören« sämtliche Ressourcen (liquide Mittel ausgenommen)	Die SGE als potenzieller Speicher von Kernkompetenzen
Ressourcenverteilung	gesonderte Analyse jeder strateg. *Geschäftseinheit;* Investitionsmittel werden jeder SGE einzeln zugeteilt	Gegenstand der Analyse sind SGE *und* Kompetenzen; die Unternehmensleitung teilt liquide Mittel und begabte Mitarbeiter zu
Wertstiftender Beitrag des Top-Managements	Optimierung der Geschäftserträge durch abwägende Mittelverteilung auf die einzelnen SGE's	Formulierung eines strategischen Gesamtkonzeptes und Schaffen von Kompetenzen zur Zukunftssicherung

Betrachtet man ein Unternehmen aus Sicht des Kernkompetenzen-Ansatzes von Hamel/Prahalad, dann ergeben sich eine Reihe *weiterführender Fragen und Anregungen*: So muss man sich erstens nicht notwendigerweise nur auf die Gesamtunternehmensebene beschränken, sondern kann jegliche unternehmerische Einheit aus einer »Fähigkeitenbrille« heraus betrachten. Zweitens kann man den Fähigkeitenbegriff dahingehend erweitern, dass darin nicht mehr nur eine technologisch geprägte Begriffsfassung enthalten ist. Teece/Pisano/Shuen (1992, S. 22) definieren organisationale Fähigkeiten ganz allgemein als »the capabilities of an enterprise to organize, manage, coordinate or govern specific sets of activities«, was auch immer diese Aktivitäten im Einzelnen sind. Und drittens ist noch nicht geklärt, was denn eine Fähigkeit zu einer Kernfähigkeit werden lässt und welche Rolle dabei die Ressourcen einer unternehmerischen Einheit spielen.

»resource-based view«

Diese Thematik nun ist in der wissenschaftlichen Debatte im Zusammenhang mit der »resource-based view of strategy« intensiv diskutiert worden (siehe auch Kapitel 4). Diese Sichtweise des Strategischen, die auf den Arbeiten von Penrose (1959) und Wernerfelt (1984) aufbaut, sieht die Ursache für nachhaltigen unternehmerischen Erfolg in wertvollen Ressourcen bzw. ihrer Bündelung zu Fähigkeiten. Unternehmen können nur dann langfristig überdurchschnittliche Gewinne[96] erzielen, wenn folgende Bedingungen erfüllt sind:

- Erstens dürfen die Wettbewerber nicht über die gleichen Ressourcen und Fähigkeiten wie das eigene Unternehmen verfügen. Je *heterogener* sie in einer Branche verteilt sind, desto größer ist das Potenzial, sich differenzieren zu können.
- Zweitens sollte diese Heterogenität zu *Wettbewerbsvorteilen* führen. Nur wenn es einem Unternehmen gelingt, damit effizienter und effektiver als seine Konkurrenten zu agieren, ist ihm diese Heterogenität auch von Nutzen.
- Hinzu kommt drittens, dass die Beurteilung des Nutzens einer Ressource bzw. Fähigkeit letztendlich vom *Markt* vorgenommen wird. Nur dann, wenn ein Unternehmen in der Lage ist, seinen Kunden gegenüber Leistungen zu erbringen, die diese finanziell auch überdurchschnittlich honorieren, ist die Heterogenität von Bedeutung. Es nützt wenig, sich von seinen Konkurrenten zu differenzieren, wenn dies am Markt nicht wahrgenommen und entsprechend belohnt wird.

Durch ihre komplexe Zusammensetzung und die Verankerung in der jeweiligen Organisation sind solche Ressourcen und Fähigkeiten weder von einem Unternehmen auf ein anderes transferierbar noch käuflich zu erwerben. Ein Konkurrent ist folglich gezwungen, einen äquivalenten Aufbauprozess zu durchlaufen, der ihn Zeit und Ressourcen kostet. Will eine unternehmerische Einheit nun feststellen, ob es sich bei einigen seiner Fähigkeiten um **Kernfähigkeiten** handelt – also um Fähigkeiten, die am Markt zu nachhaltigen Wettbewerbsvorteilen führen – dann sollte diese Prüfung anhand von vier Kriterien erfolgen:[97]

Prüfkriterien

- Erstens müssen diese Fähigkeiten *wertvoll* sein. Sie müssen die Effizienz und Effektivität des Unternehmens erhöhen und zu einer verbesserten Leistung am Markt führen. Rühli (1994, S. 50) weist beispielsweise darauf hin, dass ein »Happy Engineering« in vielen Unternehmen zwar zu technischen Spitzenleistungen führt, dies jedoch am Markt oft nicht honoriert wird.
- Zweitens müssen diese Fähigkeiten *selten* sein, denn wenn auch Wettbewerber über sie verfügen, ist eine Differenzierung nicht möglich. So bildet bei Retailbanken der Einsatz eines flächendeckenden Netzes mit Geldautomaten nur dann einen Wettbewerbsvorteil, wenn die Konkurrenten über kein solches Netz verfügen.
- Drittens muss ihre *Imitation ausgeschlossen* sein. Gelingt es einem Wettbewerber, eine ähnliche Ressourcenausstattung nachzubilden, kann er den Vorsprung eines Unternehmens damit zunichte machen. Der Automobilzulieferer Bosch beispielsweise sieht den Imitationsschutz neuer Applikationen (wie z. B. eines Airbags oder eines Satellitennavigationssystems) heutzutage bei einem halben Jahr, da innerhalb dieser Zeitspanne die meisten Wettbewerber in der Lage sind, die erforderlichen Fertigkeiten ebenfalls aufzubauen.
- Und viertens dürfen sie *nicht substituierbar* sein. Denn gelingt es eine Fähigkeit funktional äquivalent zu ersetzen, dann wird sie gewissermaßen »ausgehebelt« und neutralisiert. Das Unternehmen Brothers war z. B. bis Anfang der 80er-Jahre einer der weltweit führenden Hersteller von Schreibmaschinen. Als sich jedoch die Digitaltechnik ausbreitete und die Ära der Personal Computers anbrach, wurden die von Brothers beherrschten technischen Fähigkeiten fast vollständig durch eine höherwertige Technologie substituiert. Der Versuch, sie sich anzueignen, wurde nach kurzer Zeit aufgegeben, da sich der Rückstand zur Konkurrenz einfach als zu groß erwies.

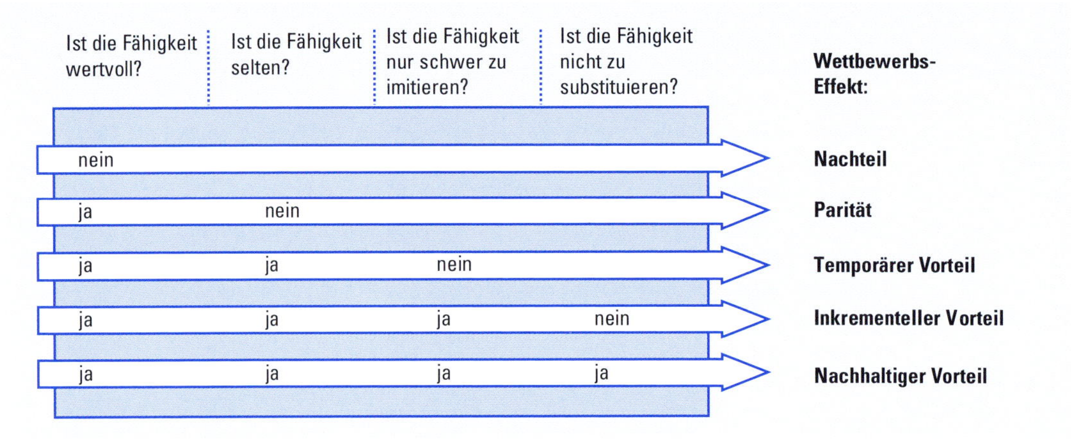

Abb. 3-38: Eskalationstreppe zur Prüfung von Fähigkeiten

Streng genommen sollte man also nur dann von einer Kernfähigkeit sprechen, wenn alle vier Kriterien erfüllt sind. Da dies jedoch in einem Unternehmen nur selten der Fall sein dürfte, ist zumindest anzustreben, sich so weit als möglich auf der in Abbildung 3-38 dargestellten »Eskalationstreppe« nach unten zu bewegen. Je besser dies gelingt, desto mehr wird die Wettbewerbsposition einer unternehmerischen Einheit verbessert.

3.2.4 Integrierte Betrachtung der Einflusskräfte

Hatten wir bislang die Einflusskräfte der Umwelt und des Unternehmens relativ isoliert voneinander betrachtet, so kann als Nächstes eine Integration beider Bereiche vorgenommen werden. Ziel ist es, die dabei auftretenden Wechselwirkungen zwischen Umwelt und Unternehmen zu untersuchen und Hinweise zu erlangen, wie sich beispielsweise der Eintritt neuer Konkurrenten auf die Handlungsmöglichkeiten des Unternehmens auswirkt bzw. vice versa.

Da es auch hier keinen »one best way« gibt, wollen wir im Folgenden vier Konzepte betrachten, die jeweils aus einem unterschiedlichen Blickwinkel heraus das Verhältnis von Unternehmen und Umwelt beleuchten und es erlauben iterativ zwischen beiden Bereichen hin und her zu pendeln. Zusätzlich schlagen die einzelnen Konzepte bereits die Brücke zum nächsten Arbeitsschritt Gestaltung. Sie sind also nicht nur für den Zweck einer integrierten Analyse nützlich, sondern auch dafür geeignet, daraus Hinweise und Anregungen für die Bildung strategischer Optionen zu erhalten. Folgende Konzepte werden vorgestellt:

Konzepte zur integrierten Analyse

- SWOT-Analyse
- Kernfähigkeiten-Szenario-Analyse
- Spieltheoretische Überlegungen
- Methodik des vernetzten Denkens

SWOT-Analyse

(1) Die **SWOT-Analyse** stellt wichtige Einflussfaktoren von Umwelt und Unternehmen komprimiert und im Überblick dar und gewinnt aus deren »Konfrontation« eine Vielzahl strategischer Optionen. Man geht hier in mehreren Etappen

vor: Mit Hilfe einer Umwelt- und Unternehmensachse wird zuerst eine zweidimensionale Matrix aufgespannt. Beide Achsen werden dann jeweils in ein positiv und negativ besetztes Feld unterteilt, was dazu führt, dass sich die Unternehmensachse in Strengths (Stärken) und Weaknesses (Schwächen) und die Umweltachse in Opportunities (Chancen) und Threats (Gefahren) ausdifferenziert. Damit wird auch die Herkunft des Begriffes »SWOT« deutlich, der auf die Aneinanderreihung der vier Anfangsbuchstaben zurückzuführen ist. In diese Felder trägt man die wichtigsten Einflussfaktoren ein, die man im Zuge der Umwelt- und Unternehmensanalyse ermittelt hat. Zuletzt setzt man diese miteinander in Beziehung und generiert aus dieser Anregung strategische Optionen, welche sich in vier Gruppen einteilen lassen. Bei *SO-Strategien* werden die Stärken des Unternehmens verwendet, um Chancen im Umfeld zu nutzen. Typisch sind hier Strategien, die auf eine Expansion des Geschäftes und die Entwicklung neuer Dienste ausgerichtet sind. *ST-Strategien* zielen darauf ab, durch Einsatz der internen Stärken die externen Bedrohungen zu neutralisieren oder zumindest zu mildern. Im Fallbeispiel in Abbildung 3-39, das die Ergebnisse einer SWOT-Analyse aus Sicht eines Unternehmens der europäischen Verteidigungsindustrie illustriert, bieten langjährige Kontakte zu militärischen Beschaffungsbehörden die strategische Option, die Reduktion der Militärbudgets zu Lasten von Konkurrenten mit weniger guten Kontakten abzufangen, ebenso wie auch die starke Cash-Position zum Kauf dieser Wettbewerber verwendet werden kann. *WO-Strategien* versuchen an Chancen zu partizipieren, um dadurch Schwächen zu beseitigen oder weniger gewichtig werden zu lassen. Die Bildung von Joint Ventures mit ausländischen Kooperationspartnern wäre eine Strategie, die bisherige nationale Präsenz zu überwinden, um dadurch die Marktchancen auf dem internationalen Rüstungsmarkt früher erkennen und besser nutzen zu können. *WT-Strategien* bemühen sich durch den Abbau interner Schwächen die Gefahren im Umfeld zu reduzieren. Da die Kombination von Schwächen und Gefahren für ein Unterneh-

Umweltfaktoren / Unternehmensfaktoren	**Opportunities** 1. Neue Verteidigungsmärkte in Osteuropa 2. Zugang zu zivilen Märkten (Dual use products) 3. Verstärkt pan-europäische Projekte (z. B. Eurofighter)	**Threats** 1. Reduktion der Militärbudgets 2. Neue Konkurrenten aus europäischen Ländern 3. Konzentrationstendenzen in der Branche
Strengths 1. Technologische Führerschaft 2. Gute Kontakte zu Militärbehörden 3. Starke Cash Position	**SO-Strategien** • Entwicklung neuer Produkte (Satellitennavigation) und Dienstleistungen (Flughafenbefeuerung) • Expansion in osteuropäische Märkte	**ST-Strategien** • Kooperationen oder Akquisitionen in Europa • Intensivierung der Marketing-Aktivitäten
Weaknesses 1. Hohe Produktionskosten 2. Unflexible Aufbau- und Ablaufstrukturen 3. Nationale Vertriebspräsenz 4. Teilweise fehlende kritische Masse	**WO-Strategien** • Gründung von Vertriebseinheiten im Ausland • Gründung von New Ventures in Teilbereichen • Gründung von Joint Ventures	**WT-Strategien** • Schließung oder Outsourcing unrentabler Bereiche • Erhöhung der Effizienz (BPR-Projekte)

Abb. 3-39: SWOT-Analyse eines europäischen Verteidigungsunternehmens

men die ungünstigste Konstellation darstellt, wird diesen Strategien zumeist eine hohe Priorität eingeräumt.

Mit Hilfe der SWOT-Analyse werden also strategische Optionen generiert, die aus einem expliziten Abgleich zwischen den Einflussfaktoren des Unternehmens und denen seiner Umwelt stammen. Dabei orientiert man sich an dem Prinzip, sowohl Stärken und Chancen zu maximieren als auch Schwächen und Risiken zu minimieren.

Kritik

Vorteil dieser Analyse ist die übersichtliche, integrierte Darstellungsweise, die notwendige Komplexitätsreduktion auf die wichtigsten Einflussfaktoren sowie ihre relativ einfache, direkte Verknüpfung, die die Entwicklung strategischer Optionen unterstützt. Problematisch ist allerdings, dass die SWOT-Analyse bei der Auswahl der Einflussfaktoren keine Hilfestellung bietet sowie die einzelnen Einflussfaktoren als auch die strategischen Optionen gleich gewichtet und damit keine Schwerpunkte setzt. Zudem stellen sich Probleme bei der Abstimmung zwischen den einzelnen Optionen. Abhängigkeiten und Wechselwirkungen werden nicht berücksichtigt, was dazu führt, dass es zu prinzipiellen Widersprüchen zwischen einzelnen Optionen kommen kann.

(2) Während die SWOT-Analyse bei der Auswahl der Einflussfaktoren nur wenig methodische Hilfestellung gibt, leistet dies die **Kernfähigkeiten-Szenario-Analyse**[98], indem sie auf zwei Konzepten aufbaut, die wir bereits bei der Umwelt- und Unternehmensanalyse kennen gelernt haben: die Geschäftsfeldsegmentierung sowie die Szenario-Technik. Bei ihrer Erstellung wird nach folgendem Schema vorgegangen: Im Rahmen einer wiederum zweidimensionalen Matrix werden auf der vertikalen Achse einzelne Geschäftsfelder und auf der horizontalen Achse verschiedene Szenarien eingetragen, die zuvor ermittelt wurden.

Kernfähigkeiten-Szenario-Analyse

Innerhalb dieser Matrix werden dann in einem nächsten Schritt all die Fähigkeiten ermittelt, über die eine unternehmerische Einheit entweder bereits verfügt oder die es für die jeweilige Kombination von Szenario und Geschäftsfeld dringend erwerben sollte. Will man nun wissen, welche Fähigkeit am wertvollsten ist, so zählt man anschließend einfach quer durch alle Felder hindurch, wie oft die einzelnen Fähigkeiten verwendet werden und hält dieses Ergebnis numerisch fest. Je öfters eine spezifische Fähigkeit dabei auftaucht, desto wertvoller ist sie. Man kann damit ermitteln, welche Fähigkeiten am häufigsten in allen Geschäftsfeldern benötigt werden und sich gleichzeitig am robustesten in den jeweiligen Szenarien verhalten. Quintessenz der Analyse ist dann die Aussage, dass ein Unternehmen seine Aufmerksamkeit auf diejenigen Fähigkeiten mit der höchsten Wertung richten und sie adäquat mit Ressourcen ausstatten sollte.

Fallbeispiel: Apple

Betrachtet man beispielsweise die Situation des Computerherstellers Apple im Jahre 1992, so ergibt sich nach Shoemaker (1992) zu diesem Zeitpunkt folgendes – in der Abbildung 3-40 dargestelltes – Bild.

Szenarios:	Stagnation & Sättigung	Verwirrung	Schlaraffenland
SGF:			
Privatkunden	h/c/b/d	c/b/h/d	b/c/a/d
Aus- u. Weiterbildung	c/h/d/e	c/d/h/a	d/c/e/b
Firmenkunden	a/f/e/c	e/f/a/d	f/a/e/d
Workstations	g/d/e/a	d/g/h/e	d/f/g/b

Kernfähigkeiten:	Nennungen:
a) Gut ausgebildetes Vertriebsteam	6
b) Zugang zu Vertriebskanälen	5
c) Benutzerfreundlichkeit in der Produktentwicklung	7
d) Verfügbarkeit von Software und Peripheriegeräten	11 *Top 1!*
e) Kompatibilität/Integrative Produktlinie	7
f) Professionelles Image (Qualität & Verlässlichkeit)	7
g) Einsatz neuer, innovativer Technologie	3
h) Niedrige Kostenposition bei der Produktion	5

Abb. 3-40: Die Kernfähigkeiten-Szenarien-Matrix von Apple (Shoemaker 1992, S. 77)

Apple definiert seinen relevanten Markt in Form der fünf Geschäftsfelder Privatmarkt, Aus- und Weiterbildung, Firmenkunden und Workstations. Drei Szenarien stehen zur Debatte: Das Szenario »Stagnation und Sättigung« ist dadurch gekennzeichnet, dass der PC-Absatz auf Grund einer allgemeinen Rezession einbricht, die Anbieter zu viel produzieren und sich in intensiven Kämpfen gegenseitig die Margen ruinieren. Bei der »Computer-Verwirrung«, dem zweiten Szenario, führt das Fehlen von Industriestandards zur Verunsicherung bei den Kunden, mit der Folge, dass sie zurückhaltend einkaufen. Das dritte Szenario gleicht einem »Computer-Schlaraffenland«, in dem der Markt national und international rasch wächst und die Vernetzung des PC mit anderen Geräten eine Fülle neuer Möglichkeiten eröffnet. Mit diesen Informationen setzt man nun eine zweidimensionale Matrix zusammen, in deren Feldern man dann die Fähigkeiten von Apple verorten kann. Bei der anschließenden Zählung, wie oft die einzelnen Fähigkeiten in der Matrix auftauchen, ergaben sich die meisten Nennungen für »Verfügbarkeit von Software und Peripheriegeräten«.

Wenn man aus Sicht der heutigen Zeit über die Geschäftsfeld-Szenarien-Matrix von Apple reflektiert, so lässt sich eine interessante Tatsache feststellen: Die Matrix wurde 1992 erstellt, zu einer Zeit, als die starke Position Apple's langsam zu erodieren begann. Getreu ihrer Empfehlung hätte sich Apple auf die Fähigkeiten d und e konzentrieren müssen, da sie einerseits die breiteste Abdeckung der Geschäftsfelder ermöglichten und andererseits unter wechselnden Szenarien am robustesten waren. Tatsächlich jedoch führte Apple in den folgenden Jahren mehrere strategische Manöver aus, die weder die breite Verfügbarkeit von Software, noch die Kompatibilität der Apple-Produkte zum Inhalt hatten. Bis 1997 beharrte Apple sogar auf einer proprietären Verwendung seines Betriebssystems, womit es sich vom allgemeinen Branchentrend abkoppelte. Wie allseits bekannt ist, schlugen die verfolgten Strategien mehr oder weniger fehl und brachten Apple an den Rand des Konkurses, wovon sich das Unternehmen in den letzten Jahren erst wieder langsam zu erholen hatte. Es wäre also Apple wohl nicht schlecht bekommen, wenn es die Empfehlungen der Matrix bereits 1992 befolgt hätte.

Spieltheorie

(3) **Spieltheoretische Überlegungen** sind eine dritte Möglichkeit, um die Einflussfaktoren von Umwelt und Unternehmen integriert zu betrachten. Dabei modelliert man die Interaktionen zwischen beiden Bereichen in Form von Spielen, die nach unterschiedlichen Kriterien segmentierbar sind.[99] Man unterscheidet beispielsweise Aufteilungen nach der Zahl der Spieler (Zwei- versus N-Spieler), nach der Anzahl der gespielten Runden (Ein-Rundenspiele; Wiederholungsspiele, in denen ein Spiel begrenzt oder unbegrenzt oft wiederholt wird; Dynamische Spiele, in denen einzelne Teilspiele systematisch miteinander vernetzt werden), nach dem Informationsstand (Spiele mit vollständiger und unvollständiger Information), nach der Variabilität der gesammelten Auszahlungen (Konstant- und Variabelsummenspiele) oder nach der Einstellung zur Zusammenarbeit (Kooperative versus nicht-kooperative Spiele). Da die Spieltheorie in einer mathematischen Form modelliert und um der Exaktheit willen gezwungen ist, rigide, oft limitierende Annahmen zu verwenden, ist der Transfer spieltheoretischer Überlegungen in die Praxis nicht ohne weiteres möglich. (Interessant und durchaus praktikabel ist sie aber dort, wo es nur noch wenige Spieler gibt (Oligopol).) Dies dürfte auch mit ein Grund sein, warum die Spieltheorie nicht die breite Akzeptanz gefunden hat, die man sich anfangs von ihr erwartet hatte. Eine Übersetzung spieltheoretischer Gedanken in eine allgemein verständliche Form haben Nalebuff/Brandenburger (1996) vorgelegt. Sie greifen dabei typische Fragestellungen der Spieltheorie auf, und besprechen sie anhand mehrerer Dimensionen, die sich der Zweiteilung in Unternehmen und Umwelt zuordnen lassen. Damit gewinnen sie Ansatzpunkte, mit deren Hilfe eine unternehmerische Einheit ein spezifisches »Geschäftsspiel« zu ihren Gunsten verändern kann.

Fünf »Hebel« sind dabei von Interesse. Erstens kann eine geschickte Veränderung der *Zusammensetzung der Spieler* (wie Kunden, Wettbewerber, Lieferanten oder Kooperationspartner) zu einer neuen Spielsituation führen.

!

Fallbeispiel: Luftfahrtallianzen
Als Beispiel sind Allianzen in der Luftfahrt wie STAR ALLIANCE oder ONE WORLD zu nennen. Ausgehend von einzeln gegeneinander konkurrierenden Luftfahrtgesellschaften begannen sich ab Ende der 80er-Jahre einzelne Unternehmen kooperativ zusammenschließen, um sich Wettbewerbsvorteile zu verschaffen: Code-Sharing Abkommen, die Aufteilung und Optimierung von Flugnetzen oder die gemeinsame Nutzung von Bodenstationen waren Maßnahmen, die diesen kooperativen Spielzug kennzeichneten und einzeln operierende Anbieter unter massiven Druck setzten.

Ein gelungenes Beispiel für eine Veränderung der *Spielregeln* ist DELL, das über ein Direktvertriebskonzept innert kürzester Zeit zur Nr. 1 im PC-Geschäft aufstieg.

Ein weiterer Hebel liegt in der *Veränderung der Mehrwerte*. Dabei wird eine Veränderung der eigenen Wertschöpfungsleistung vorgenommen, mit dem Ziel, dadurch die Wertschöpfung der Konkurrenten zu limitieren.

!

Fallbeispiel: CWS
Das Unternehmen CWS beispielsweise begann sein Geschäft mit der Lieferung und Wartung von Papierspendern in den Toiletten von Hotels, Restaurants oder Fabrikgebäuden. Seine Wertschöpfung erweiterte es sukzessive um die Bereitstellung von Seife, Toilettenpapier, Abfallentsorgung und Toilettenreinigung, und wurde dadurch zu einem integrierten Anbieter. Dadurch konnte es die Wertschöpfung anderer Unternehmen begrenzen und diese sogar teilweise aus dem Markt drängen.

Taktiken sind darauf ausgerichtet, die Wahrnehmung der Mitspieler zu verändern, Zonen der Ungewissheit zu schaffen und sie bei Bedarf aufzulösen. So bemühen sich gerade Markenartikler ihre Produkt durch Werbeaktivitäten deutlich von konkurrierenden Produkten abzusetzen, und dies umso stärker, je geringer die Unterschiede zwischen den Produkten sind.

Fallbeispiel: Coca Cola versus Pepsi Cola
Während dies beispielsweise von Getränkeherstellern wie Coca Cola oder Pepsi Cola bereits seit Jahren intensiv praktiziert wird, sind in den letzten Jahren auch in anderen Branchen derartige Taktiken zu beobachten. Der Fahrradhersteller Maxx Bikes beispielsweise wirbt gezielt mit einer »maßgeschneiderten« Anfertigung eines Fahrrads und baut dieses aus seinem Fundus an Komponeten jeweils dem individuellen Auftrag entsprechend zusammen. Selbst wenn man argumentiert, dass ein solches Verhalten in der Branche immer wieder zu beobachten war, so lässt sich doch nicht übersehen, dass Maxx Bikes eines der ersten Unternehmen war, das dieses Angebot in seinem Marktauftritt prägnant herausstrich und es bei Fahrradkäufern nachhaltig verankerte.

Eine anderer Ansatzpunkt besteht in der *Verschiebung des Spielraums* eines Spiels. So kann man das Spiel erweitern, indem man es mit anderen Spielen koppelt.

Fallbeispiel: Planet Hollywood
Die Kette der Planet Hollywood Restaurants hat einen solchen Ansatz gewählt. Der Betrieb von Restaurants wurde mit der Filmindustrie Hollywoods gekoppelt, mit dem Resultat, dass dort nicht nur Mahlzeiten mit Bezug zu bekannten Kinofilmen kredenzt werden, sondern auch T-Shirts, Kappen oder Taschen mit dem Signet der Kette zu erhalten sind. Das Ambiente wird durch die Ausstellung von Original-Requisiten weiter intensiviert.

Umwelt ⟷ **Unternehmen**

Umwelt

- Welches sind die Akteure *(»Spieler«)* im »Value net«?
- Wer ist das *Publikum* (z. B. Pressure Groups)?
- Was kennzeichnet die *Rahmenbedingungen* (z. B. demographisch, technisch, rechtlich)?
- Wer sind *»Schiedsrichter«* (z. B. Kartellbehörden, Systemlieferanten, Referenzkunden)?
- Wie lauten die *»Spielregeln«?*
- Was ist das *»Spielfeld«* (regional, branchenbezogen usw.)?

Unternehmen

- *Spieler:* Wie lässt sich die Zusammensetzung der Spieler ändern (z. B. durch Akquisitionen und Allianzen)?
- *Mehrwerte:* Wodurch kann die eigene Wertschöpfung erhöht (und dadurch diejenige der Wettbewerber limitiert) werden?
- *Spielregeln:* Wie lassen sich die »Spielregeln« verändern (z. B. Etablierung eines neuen Vertriebskonzeptes)?
- *Taktiken:* Mittels welcher Taktiken kann die Wahrnehmung der »Mitspieler« z. B. durch den Kunden beeinflusst werden?
- *Spielraum:* Wie kann man die Grenzen des »Spiels« verändern?

Abb. 3-41: Spieltheoretische Ansätze (nach Nalebuff/Brandenburger 1996)

Wechselt man aus der Mikroperspektive eines einzelnen Unternehmens in die Makroperspektive Umwelt, die das Spiel in einer Branche insgesamt beschreibt, dann lassen sich auch hier verschiedene Ansatzpunkte finden: So ist zu fragen, wer alles die relevanten *Akteure* in diesem Spiel sind, und ob diese sich gegeneinander kooperativ und/oder kompetitiv verhalten, welche *Rahmenbedingungen* das Spiel lenken, welche *Spielregeln* über die Jahre entstanden sind, wie groß das *Spielfeld* ist, und wer als *Zuschauer* und wer als *Schiedsrichter* fungiert. In der Telekommunikationsindustrie tritt beispielsweise in fast allen europäischen Ländern eine Regulierungsbehörde auf, deren Verhalten sich von Land zu Land deutlich unterscheidet und das Wettbewerbsspiel beeinflusst. Die zentralen Fragestellungen werden in Abbildung 3-41 zusammengestellt. Dabei wurden die Fragen zur Umweltanalyse bereits teilweise bei den Ausführungen zur Branchenanalyse angesprochen.

Workshop: Unternehmensanalyse
Verbinden Sie nun das in Abschnitt 3.2.2(4) durchgeführte Verfahren zur Wettbewerbsanalyse mit den Fragen zum Unternehmen wie in Abbildung 3-41 vorgegeben. Welche Konsequenzen ergeben sich daraus für Ihr Unternehmen? Bringen Sie diese Überlegungen auch auf Ideen für neue Geschäfte?

Vernetztes Denken

(4) Eine weitere Möglichkeit, die Interaktionen zwischen Umwelt und Unternehmen zu betrachten, bietet die **Methodik des vernetzten Denkens**. Sie wurde von Vester entwickelt und von Gomez/Probst (1996) für Managementfragen weiter nutzbar gemacht. Ihr Einsatzfeld ist der Umgang mit komplexen Problemsituationen. Dies muss nicht nur – wie im vorliegenden Fall – für das Verhältnis zwischen Umwelt und Unternehmen gelten, vielmehr kann jedes als komplex zu beurteilendes Problem mit der Methodik des vernetzten Denkens bearbeitet werden. Was von Bedeutung ist, ist die Frage, ob es sich auch tatsächlich um ein solches handelt – was wohl bereits selbst eine komplexe Problemstellung ist. Gomez/Probst gehen diese Thematik an, indem sie zwischen einfachen, komplizierten und komplexen Problemen unterscheiden. Einfache Probleme sind für sie dadurch gekennzeichnet, dass sie nur wenige Einflussfaktoren, Beziehungen und Interaktionen enthalten. Komplizierte Probleme weisen viele Faktoren und Verknüpfungen auf, lösen jedoch als Ganzes nur wenig Dynamik aus. *Komplexe Probleme* hingegen zeichnen sich durch eine Vielzahl von Faktoren aus, die miteinander vernetzt sind, sich daher wechselseitig beeinflussen und eine Dynamik auslösen, die dem System ein nicht mehr eindeutig prognostizierbares Eigenleben verleiht.

Um mit solchen Problemen umgehen zu können, und sich nicht in den Fallstricken mono-kausaler Lösungsansätze zu verstricken, plädieren Gomez/Probst für eine Gestaltungs- und Lenkungsweise, die nicht auf das System einwirkt, sondern mit ihm arbeitet. Sie schlagen eine generelle Methodik aus *fünf Schritten* vor, die selbst wieder ein vernetztes System bildet. Die ersten drei Schritte dienen der Analyse der Zusammenhänge, während die letzten beiden sich der Umsetzung widmen.

Zunächst gilt es, in einem ersten Schritt die relevanten Probleme zu entdecken und zu identifizieren. Da Probleme nicht einfach etwas objektiv Gegebenes sind, sondern subjektiv konstruiert und wahrgenommen werden, sind verschiedene Abgrenzungsmöglichkeiten eines Systems denkbar. Es empfiehlt sich daher aus verschiedenen Perspektiven (z. B. aus Sicht der einzelnen Anspruchsgruppen) auf ein Problem zu blicken und eine Auflistung aller wesentlichen Einflussfaktoren

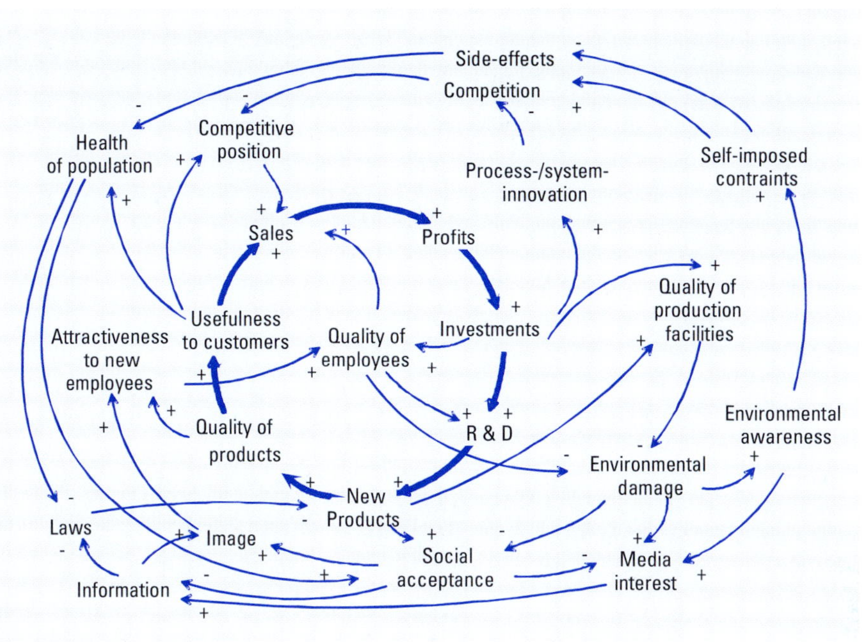

Abb. 3-42: Geschäftslogik eines Verlagsunternehmens

zu erstellen. Die Faktoren, die dann bestimmend für die Dynamik des Systems sind, werden als Schlüsselfaktoren bezeichnet.

Als zweiter Schritt sind nun die Zusammenhänge und Spannungsfelder im abgegrenzten System zu verstehen. Die Beziehungen zwischen den Faktoren sind in ihrem Muster, ihrer Wirkungsrichtung, den Zeitaspekten und der Intensität zu erfassen. Zu diesem Zweck erstellt man ein Netzwerk, das die einzelnen Faktoren mit Pfeilen verknüpft und ihre Wirkung anhand von Symbolen wie »+« (für einen positiven Einfluss) und »–« (für einen negativen Einfluss) kennzeichnet. Wichtig ist es trotz der Fülle an Faktoren den zentralen Kreislauf des Systems zu identifizieren. Abbildung 3-42 stellt ein solches Netzwerk dar, das am Beispiel eines Verlagsunternehmens Einflussfaktoren der Umwelt und des Unternehmens miteinander und untereinander verknüpft. Der zentrale Kreislauf wird durch die Faktorenkette »New products – Quality of products – Usefulness to customers – Sales – Profits – Investments – R & D« gebildet.

In einem dritten Schritt werden nun auf Basis des Netzwerkes Lenkungsmöglichkeiten erarbeitet. Dazu ist es erforderlich zwischen lenkbaren Faktoren und Indikatoren (Messgrößen des Erfolges) und nicht-lenkbaren Faktoren zu unterscheiden. Natürlich interessiert man sich besonders für die lenkbaren Faktoren, stellen doch sie die »Hebel« dar, mit denen Veränderungsinitiativen eingeleitet werden können. Mit Hilfe von Kreativitätstechniken werden verschiedene Handlungsalternativen und Szenarien entwickelt, und im vierten Schritt qualitativ und quantitativ beurteilt. Allgemeine Regeln wie »Passe deine Lenkungseingriffe der Komplexität der Problemsituation an«, oder »Nutze die Eigendynamik des Systems zur Erzielung von Synergieeffekten« oder »Fördere die Autonomie der kleinsten Einheit« sollen dabei als Leitschnur dienen. Zuletzt sind die einzelnen Maßnahmen so umzusetzen, dass sie eine Anpassung (Reparaturfähigkeit) und

Weiterentwicklung (Entwicklungsfähigkeit) der vorgeschlagenen Problemlösung erlauben sowie die Früherkennung neuer Probleme unterstützen.

Vergleich der Ansätze

Damit haben wir nun exemplarisch vier Ansätze vorgestellt, die die Einflusskräfte von Umwelt und Unternehmen integriert analysieren können. Zur Frage, wann denn welcher Ansatz zu nehmen sei, ist anzumerken, dass man dies von der jeweiligen Problemstellung abhängig machen sollte. Ein jedes Konzept beleuchtet diese Interaktion aus seiner spezifischen Perspektive und bietet hier dementsprechende sprachliche und inhaltliche Vorteile der Ausdifferenzierung. Ist dies bei der SWOT-Analyse der Zusammenhang zwischen Chancen und Risiken der Umwelt sowie Stärken und Schwächen des Unternehmens, konzentriert sich die Spieltheorie auf eine Modellierung der Interaktionen zwischen den Akteuren eines Spiels, hilft die Geschäftsfeld-Szenarien-Matrix die Bedeutung und Robustheit einzelner Fähigkeiten zu ermitteln, und vermag die Methodik des vernetzten Denkens Wechselwirkungen in einem komplexen System zu erkennen und Ansatzpunkte zu dessen Gestaltung und Lenkung zu generieren. Ein problemorientierter Umgang mit diesen Ansätzen erfordert jedoch einerseits eine fundierte Kenntnis über Annahmen, Reichweite und Einsatzmöglichkeiten sowie andererseits eine innere Distanz zum jeweiligen Ansatz, um im Einzelfall entscheiden zu können, welcher zu verwenden ist. Ansonsten ist man nicht weit von dem Sprichwort entfernt: »Wer einen Hammer hat, sieht nur noch Nägel«, das man im Umgang mit Konzepten immer wieder beobachten kann.

Zusammenfassung

- Man segmentiert die Umwelt zu ihrer gezielteren Bearbeitung in strategische Geschäftsfelder. Analog dazu werden im Unternehmen strategische Geschäftseinheiten abgegrenzt.
- Stakeholder beeinflussen Unternehmen und werden durch diese beeinflusst. Deshalb erfolgt die Positionierung der abgegrenzten Steuerungseinheiten auf den verschiedenen strategischen Gestaltungsebenen einerseits gegenüber den relevanten Anspruchsgruppen, welche die Einflusskräfte auf eine Steuerungseinheit repräsentieren, andererseits aber auch gegenüber den Entwicklungen in der generellen Umwelt.
- Mit dem aus der Industrieökonomik stammenden Konzept der fünf Wettbewerbskräfte kann man die Attraktivität einer Branche bestimmen. Hat man es dabei mit einer relativ heterogenen Wettbewerberlandschaft zu tun, dann wird die Einteilung der Wettbewerber in strategische Gruppen empfohlen. Dabei kann eine Betrachtung von »Komplementären« eine Wettbewerbsanalyse sinnvoll ergänzen.
- Zentrales Ziel einer strategischen Frühaufklärung ist die frühzeitige Sensibilisierung des Unternehmens gegenüber »schwachen Signalen« in seinem Umfeld. Eine Technik, die dabei unterstützend eingesetzt werden kann, ist die Szenario-Technik zur Beschreibung denkbarer »Zukünfte«.
- Die Unternehmensanalyse richtet sich auf die materiellen und immateriellen Ressourcen eines Unternehmens. Besonderes Interesse kommt dabei den organisationalen Fähigkeiten zu. Mit dem Schritt zur Betrachtung der Kernkompe-

tenzen versuchte man, auch eine andere Sicht auf die Entwicklung von Unternehmen zu richten.

- Für eine integrierende Betrachtung von Umwelt- und Unternehmensanalyse stehen Methoden wie die SWOT-Analyse, das vernetzte Denken oder auch spieltheoretische Verfahren zur Verfügung.

Lernkontrolle

1. Welche Anforderungen sind an eine Abgrenzung von SGF zu richten? Auf Basis welcher Kriterien könnte sie vorgenommen werden?
2. Was unterscheidet die Outside-In- von der Inside-Out-SGF-Umweltsegmentierung?
3. Welche Anforderungen sind an eine Abgrenzung von SGE zu richten?
4. Was verspricht man sich davon, wenn man die planerische Abgrenzung der SGE auch zur Grundlage der Primärstruktur der Aufbauorganisation macht?
5. Was sind Stakeholder? Woraus beziehen sie ihren Einfluss? Wie verteilt sich Einfluss auf die verschiedenen, oft konkurrierenden Stakeholder? Wie geht man bei einer Stakeholder-Analyse vor? Welche ethischen Fragestellungen werden durch den Stakeholder-Ansatz thematisiert?
6. Warum führt man eine Marktsegmentierung durch? Wie geht man dabei vor?
7. Wie kann man die Attraktivität einer Branche analysieren? Welche Rolle spielen dabei Markteintrittsbarrieren? Welche gibt es hier?
8. Was versteht man unter strategischen Gruppen? Wie grenzt man sie ab? Wozu benötigt man dieses Konzept?
9. Welche Rolle nehmen Komplementäre in einer Wettbewerbsanalyse ein? Wie kann man deren Einflusspotenzial evaluieren?
10. Wie könnte man den Arbeitsprozess einer Wettbewerbsanalyse gestalten?
11. Für welche Zwecke betreibt man in einer strategischen Frühaufklärung ein »Scanning« und ein »Monitoring«?
12. Was ist der Grundgedanke einer Szenario-Analyse und wie funktioniert sie?
13. Führen Sie Beispiele für immaterielle Ressourcen an. Worin sehen Sie ihren heutigen Stellenwert?
14. Was versteht man unter einer Wertkette?
15. Wofür kann das 7-S-Modell genutzt werden? Was ist das Besondere an ihm?
16. Was ist eine Kernkompetenz? Welche Voraussetzungen werden an sie gerichtet? Warum will man mit ihr der »Tyrannei« der strategischen Geschäftseinheiten entgegenwirken?
17. Worin unterscheiden sich der Kernkompetenzen-Ansatz und der durch die Industrieökonomik geprägte Ansatz von Michael Porter in ihrer Sichtweise der strategischen Unternehmensentwicklung?
18. Wie funktioniert eine SWOT-Analyse?
19. Wie kann die Spieltheorie genutzt werden, um Unternehmens- und Wettbewerbsanalyse zu integrieren?

3.3 Bezugspunkte (Gestaltung II)

Ist es mit Hilfe der Unternehmens- und Umweltreflexion gelungen, fundierte Kenntnisse über die Position einer unternehmerischen Einheit zu erhalten, so ist in einem nächsten Arbeitsschritt – vorausgesetzt man sieht Handlungsbedarf – diese Position **zielorientiert** zu verändern. Der grundlegende Gedanke der Positionierungsarbeit – die Position einer unternehmerischen Einheit durch ihr Verhältnis zu den Anspruchsgruppen der Umwelt zu bestimmen – wird dabei konsequent weiterverfolgt. Für jede relevante Anspruchsgruppe sind Gestaltungsoptionen zu konzipieren, zu bewerten und aufeinander abzustimmen. Die Strategie einer unternehmerischen Einheit ist daher ein aufeinander abgestimmtes Bündel von Maßnahmen, durch das die Position zu den Stakeholdern gestaltet werden soll. Es handelt sich um Ziel-Wegbeschreibungen, die sich auf das Außenverhältnis einer unternehmerischen Einheit beziehen. Dabei dürfen speziell in Phasen fundamentalen unternehmerischen Wandels Ziele nicht als etwas Fixes betrachtet werden. Sie sind vielmehr fließende Zwischenziele eines zielsuchenden Systems in einem Prozess der eigendynamischen Ordnungsbildung.

Über Ziele Klarheit verschaffen

Um dies leisten zu können ist es natürlich erforderlich, sich über eben diese Ziele Klarheit zu verschaffen. Was bezweckt eine unternehmerische Einheit überhaupt? Was will sie erreichen? Wozu existiert sie? Betrachten wir daher, wie eine unternehmerische Einheit eine Vorstellung über ihre weitere Entwicklung bzw. ihre handlungsleitenden Ziele gewinnen kann. Zu diesem Zweck werden wir die Begriffe der Vision, Mission und des Leitbildes vorstellen und mit Praxisbeispielen unterlegen (Kap. 3.3.1). Im Anschluss daran wird ein Überblick über die wissenschaftliche Diskussion zum Thema »Ziele« gegeben, um die dortigen teils homogenen, teils heterogenen Sichtweisen verstehen und reflexiv nutzen zu können (Kap. 3.3.2).

Lernziele

- Einführung von Vision, Mission und Leitbild als normative Bezugspunkte für die Entwicklung und Auswahl von Strategien
- Vermittlung der Grundzüge der Diskussion um die Ziele der Entwicklung von Unternehmen
- Herstellung des Zusammenhangs von Zieldiskussion und Unternehmensethik

3.3.1 Vision, Mission, Leitbild

Gestaltung der Unternehmenspolitik (Normatives Management)

Vision, Mission und Leitbild sind Instrumente zur Gestaltung der Unternehmenspolitik, über die man der Unternehmung und den Geschäftsfeldern Orientierung geben möchte und dadurch gewissermaßen ihre Entwicklung »kanalisiert«. Im St. Galler Management-Konzept ist die Unternehmenspolitik Teil des Normativen Managements, wie es ausführlich bei Bleicher (1994) dargestellt wird.

(1) Vision

Dass eine unternehmerische Einheit sich an einer Vision orientiert und sich in ihrem Verhalten auch wirklich davon leiten lässt, ist keineswegs selbstverständlich, selbst wenn heutzutage die meisten Geschäftsideen mit dem Etikett der »Vision« versehen werden. Von einer **Vision** sollte jedoch erst dann gesprochen werden, wenn eine unternehmerische Einheit eine auf die Zukunft gerichtete Leitidee über die eigene Entwicklung hat, sie also eine richtungsweisende, normative Vorstellung eines zentralen Zieles besitzt und ihre Handlungen an diesem Ziel konsequent ausrichtet.

Auf die Zukunft gerichtete Leitidee

Eine solch wirksame, und nicht nur elegant formulierte Leitidee zeichnet sich durch drei **Eigenschaften** aus: Erstens wirkt sie *sinnstiftend*, und dies sowohl für ein Kollektiv als auch für die einzelnen, in einer unternehmerischen Einheit tätigen Menschen. Sie reduziert Komplexität, hilft Umweltbeobachtungen zu verarbeiten und einzuordnen, und schafft damit Ordnung und Orientierung. Folgt man Gedanken der neueren Systemtheorie, dann ist dies darauf zurückzuführen, dass unternehmerische Einheiten – sofern sie als soziale Systeme betrachtet werden – sowohl sinnkonstituierend als auch sinnkonstituiert sind. D.h. sie produzieren für sie tragfähige Sinnkonstruktionen und werden im Gegenzug durch diese allerdings auch gesteuert.[100] Der Sinn, den eine spezifische Vision verkörpert, hat somit entscheidenden Einfluss auf die Operationslogik sozialer Systeme, ja ist für ihr Verständnis unabdingbar. Zweitens wirkt eine Vision *motivierend*. Sie entwirft nicht ein Bild der Zukunft, das gleichberechtigt neben anderen Entwürfen steht, sondern hebt dieses als besonders erstrebenswert heraus. Die Divergenz zwischen der momentanen Situation und der neuen, noch zu realisierenden Wirklichkeit weckt Begeisterung, wirkt stimulierend und ist in der Lage, in einem Kollektiv Energie zu wecken und zu erzeugen. Allerdings darf eine Vision dabei nicht ins Utopische »abdriften« und den Rahmen des Möglichen und Machbaren verlassen. Sie muss also einerseits konkret genug sein, um den Weg zu ihrer Realisierung sehen und nachvollziehen zu können, andererseits jedoch auch weit genug vom momentanen Zustand entfernt sein, um noch motivierend zu wirken. Drittens wirkt eine Vision *handlungsleitend*. Macht man sich bewusst, dass eine der großen Herausforderungen in Organisationen darin besteht, aus den Handlungen Einzelner ein kollektives, aufeinander abgestimmtes Muster zu formen, um als Ganzes handlungsfähig zu werden, dann wird einsichtig wie wichtig es ist, dies zu erreichen. Denn nur wenn dies gelingt, wird eine unternehmerische Einheit zu einem kollektiven Akteur, der in der Lage ist, sich Positionierungsvorteile gegenüber seiner Umwelt zu verschaffen, die dem einzelnen Individuum nicht offen stehen. Zusammenfassend betrachtet lässt sich also Folgendes sagen: wenn eine Fluggesellschaft wie BRITISH AIRWAYS ihre Vision darin sieht, die beste und erfolgreichste Fluglinie der Welt zu werden, oder eine Universität wie die kalifornische Stanford University verkündet, das Harvard des amerikanischen Westens werden zu wollen, dann haben sich diese Visionen daran zu messen, ob sie Sinn stiften, motivierend wirken und schlussendlich auch in der Lage sind, zu kollektiv koordinierten Handlungen zu führen. Erst wenn diese Anforderungen erfüllt sind, dann sollte man davon sprechen, dass eine unternehmerische Einheit über eine Vision verfügt und sie zu realisieren versucht.

Eigenschaften

Betrachtet man die Vielfalt visionärer Ideen, die von Unternehmen entwickelt werden, dann lassen sich vier **Kategorien** unterscheiden.[101]

Kategorien

- *Zielfokussierte* Visionen geben genau an, wann der zukünftige Zustand erreicht ist. Entweder quantitativ oder qualitativ definieren sie die anzustrebende Wirklichkeit (z. B. WAL-MART 1990: »Wir wollen ein 125 Mrd. USD Unternehmen bis zum Jahre 2000 werden«. Defacto betrugen die Umsätze im Jahr 2000 dann 165 Mrd. USD.)
- *Feindfokussierte* Visionen zielen darauf ab einen Konkurrenten zu übertreffen. Oft werden sie in der Form »David gegen Goliath« formuliert, in dem Sinn, dass ein kleines, noch unbedeutendes Unternehmen gegen einen dominanten Marktspieler antritt (z. B. NIKE 1960: Smash ADIDAS; oder KOMATSU 1960: Encircle CATERPILLAR; oder CANON: Beat IBM).
- *Rollenfokussierte* Visionen hingegen sind nicht martialisch, sondern betonen den Vorbildcharakter herausragender Unternehmen. Sie eignen sich besonders für rasch aufstrebende Firmen, die sich die jeweiligen Rollenanforderungen zu Leitlinien machen (z. B. WATKINS-JOHNSON 1996: Wir wollen in 20 Jahren so respektiert werden wie es HEWLETT-PACKARD heute wird).
- *Wandelfokussierte* Visionen werden besonders von älteren und großen Unternehmen verwendet, die sich fundamentalen Transformationsprozessen unterziehen (z. B. ROCKWELL 1995: Wir wollen von einem Hersteller von Verteidigungsprodukten zu dem am besten diversifizierten Hochtechnologieunternehmen werden).

(2) Mission

Der Begriff der **Mission** wird häufig austauschbar mit dem der Vision verwendet, was allerdings die Konsequenz nach sich zieht, dass man sich aufschlussreicher Differenzierungsmöglichkeiten beraubt. So ist eine Mission nicht notwendigerweise mit der Annahme einer ›besseren‹ Zukunft verbunden, wie sie einer Vision zu Grunde liegt, sondern kann sich explizit auch auf die Gegenwart erstrecken. Sie bezieht sich dann schlichtweg auf eine als wertvoll erachtete Aufgabe. Zudem wird die Botschaft, die eine Vision verkündet, immer dann obsolet, wenn die neue Wirklichkeit eingetreten ist. In diesem Fall ist erst einmal eine neue Vision zu entwickeln, die einer unternehmerischen Einheit wieder als Orientierungspunkt dienen kann. Hingegen kann eine Mission über die Jahre weitgehend unverändert bleiben, wenn sie beispielsweise auf sich nur wenig verändernde Grundbedürfnisse ausgerichtet ist. Visionen tragen also ihr Verfallsdatum mit sich, Missionen hingegen nicht. Damit sind bereits einige wichtige Elemente von Missionen angesprochen, die es nun zu präzisieren gilt. Greift man auf einen Bezugsrahmen zurück, der vom Ashridge Management Zentrum entwickelt wurde, dann sind für eine Mission Aussagen zu mindestens vier zentralen **Elementen** erforderlich: zum Unternehmenszweck und den Zielen, zu Werten, Verhaltensstandards und Strategien.

Vier Elemente einer Mission

Ein *Unternehmenszweck* gibt an, wozu eine unternehmerische Einheit überhaupt existiert. Was will sie tun? Wie legitimiert sie ihr Bestehen? Für wen ist sie da? Eine Antwort auf diese Fragen führt zum innersten Kern unternehmerischen Handelns. Sie beschreibt den Nutzen, den sie zu stiften gedenkt. Führende Unternehmen formulieren ihren Unternehmenszweck in einer knappen, leicht verständlichen und überzeugenden Form, wie nachfolgende Beispiele in Abbildung 3-43 verdeutlichen.[102]

Wenn man diese Aussagen in Abbildung 3-43 betrachtet, fällt auf, dass keine von ihnen – konträr zu der weit verbreiteten Annahme – in der Maximierung des

Unternehmen	Zweck
AT & T	To bring people together anytime and anywhere
Marks & Spencer	To raise standards for the working man
Merck	To preserve and improve human life
Network Shipping	To build great ships
Nike	To experience the emotion of competition, winning and crushing competitors
Telecare	To help people with mental impairements realize their full potential
The Body Shop	To produce cosmetica that don't hurt animals or the environment
Wal-Mart	To give ordinary folk the chance to buy the same things as rich people
Walt Disney	To make people happy

Abb. 3-43: Unternehmenszweck

Wertes für die Aktionäre besteht. Dies kann natürlich an der Auswahl der Firmen liegen (z.B. stellt die englische HANSON GRUPPE eindeutig auf das finanzielle Wohl des Aktionärs ab und COCA COLA sieht seine Existenz darin »to create value for our share owners on a long-term basis«), oder die Vermutung aufkommen lassen, dass zwischen »Lippenbekenntnissen« einerseits und dem tatsächlichen Verhalten andererseits eine mehr oder weniger große Diskrepanz besteht. Allerdings haben Collins/Porras (1997, S. 55) in ihrer vergleichenden Studie »Built to last« darauf hingewiesen, dass die von ihnen als visionär bezeichneten Unternehmen ihren Zweck eben gerade nicht darin sehen, nur das Aktionärsvermögen möglichst groß werden zu lassen, sondern sich eine Aufgabe setzen, wie sie in den obigen Beschreibungen zum Ausdruck kommt. Sie stellen fest, dass »contrary to business school doctrine, we did not find ›maximizing shareholder wealth‹ or ›profit maximization‹ as the dominant driving force or primary objective through the history of most of the visionary companies« und folgern: »this is the key point – they have had core ideology to a greater degree than the comparison companies in our study.« Verantwortlich dafür ist in ihren Augen die starke Motivation, die von einer Kernideologie (definiert als Zweck plus Werte) ausgeht. Sie setze Kreativität und Inspiration frei und gebe den Mitarbeitern das Gefühl etwas Sinn- und Wertvolles voranzutreiben, was eine ausschließlich finanzielle Zweckbeschreibung nicht leiste.

Visionäre Unternehmen und Shareholder Value

Dies impliziert jedoch keineswegs, dass Unternehmen nicht über finanzielle Ziele verfügen sollten. Sie sind unabdingbar vonnöten, wenn ein Unternehmen langfristig wirtschaftlich erfolgreich geführt werden soll. Wie stark man die finanziellen Ziele dabei ausdifferenziert, ist von Unternehmen zu Unternehmen verschieden. Während sich einige mit ein oder zwei rudimentären Zielgrößen begnügen, nehmen andere eine feinere Einteilung vor.

Clariant

Fallbeispiel: CLARIANT

Das schweizer Chemieunternehmen CLARIANT beispielsweise hatte sich zum Ziel gesetzt bis zum Jahr 2001 einen Betriebsgewinn (Ebit) von 15 %, einen um die Abschreibungen und die Amortisationen erweiterten Betriebsgewinn (Ebitda) von 20 %, einen Ertrag auf das eingesetzte Kapital (Rona) von ebenfalls 20 %, eine Eigenkapitalrendite von 20 %, einen Cashflow zwischen 400 und 700 Mio. Franken sowie ein Umsatzwachstum, das jeweils um zwei Prozentpunkte über dem der einzelnen Märkte liegt, zu erwirtschaften.

Aus dem Zweck eines Unternehmens werden die Ziele abgeleitet

Aus dem Zweck eines Unternehmens werden die konkret zu verfolgenden Ziele abgeleitet. Diese sind so weit zu operationalisieren, dass eine Messung und Überprüfung möglich wird. Sie hat eindeutig anzugeben, ob man sich dem Ziel nähert oder eben nicht. Ein Beispiel soll dies verdeutlichen. Die Fluglinie BRITISH AIRWAYS operationalisiert ihren Unternehmenszweck – »die beste und erfolgreichste Fluglinie der Welt zu sein und mit allen Aktivitäten hohe Gewinne zu erzielen« – mit folgenden Zielen: Zuverlässigkeit und Sicherheit, finanzielle Ertragskraft, weltweiter Führer im Luftfahrtgeschäft mit Präsenz an allen wichtigen regionalen Märkten, ein im Vergleich zur Konkurrenz ausgezeichnetes Service- und Preis-Leistungs-Verhältnis, Kundenorientierung, ein guter Arbeitgeber und ein guter Nachbar. Für jedes dieser Ziele werden dann Messindikatoren konstruiert und mit Vorgaben versehen, die angeben, wo man hinsichtlich der Zielerfüllung steht. Die Zuverlässigkeit wird beispielsweise anhand von Verspätungs- und Wartezeiten gemessen. Stehen zwei Ziele miteinander in Konflikt, was immer wieder der Fall ist, wird eine Einzelfallentscheidung getroffen.

!

Fallbeispiel: BBC

BBC formuliert sein »statement of aim« folgendermaßen: »We aim to be the world's most creative and trusted broadcaster and program maker, seeking to satisfy all our audiences in the UK with services that inform, educate and entertain and that enrich their lives in ways that the market alone will not. We aim to be guided by our public purposes to encourage the UK's most innovative talents to act independently of all interests; to aspire the highest ethical standards, to offer the best value for money, to be accountable to our license payers, to endeavour to be the world's leading international broadcaster; and to be the best – or learn from the best – in everything we do.«

Werte als handlungsleitende Maximen

Das zweite Element einer Mission sind die *zentralen Werte* eines Unternehmens. Dabei handelt es sich um dauerhafte, handlungsleitende Maximen, die einen kollektiven Status besitzen. Sie geben Aufschluss über das, was als angemessen und wertvoll empfunden wird und was nicht.

In aller Regel handelt es sich nur um eine kleine Menge an Grundsätzen, die jedoch für alle Situationen wirksam sein sollen. Betrachtet man beispielsweise, wie das Unternehmen BRITISH PETROLEUM in Abb. 3-44 sein Verhalten gegenüber einzelnen Anspruchsgruppen beschreibt, dann tauchen hier Begriffe wie Fairness, Integrität und Verantwortung auf. Die Bewährungsprobe, ob diese Werte denn auch wirklich handlungsleitend sind, zeigt sich jedoch erst im direkten Kontakt mit den einzelnen Gruppen.

Die beiden weiteren Elemente im Bezugsrahmen des Ashridge Management Zentrum sind zuletzt konkrete *Verhaltensstandards*, die in Einklang mit den zentralen Werten zu stehen haben, sowie markt- und wettbewerbsorientierte *Strategien*, die dabei helfen den spezifischen Unternehmenszweck und die daraus abgeleiteten Ziele zu erfüllen. Alle vier Elemente zusammen, d.h. Zweck und Ziele, Werte, Verhaltensstandards und Strategien, bilden die Mission einer unternehmerischen Einheit.

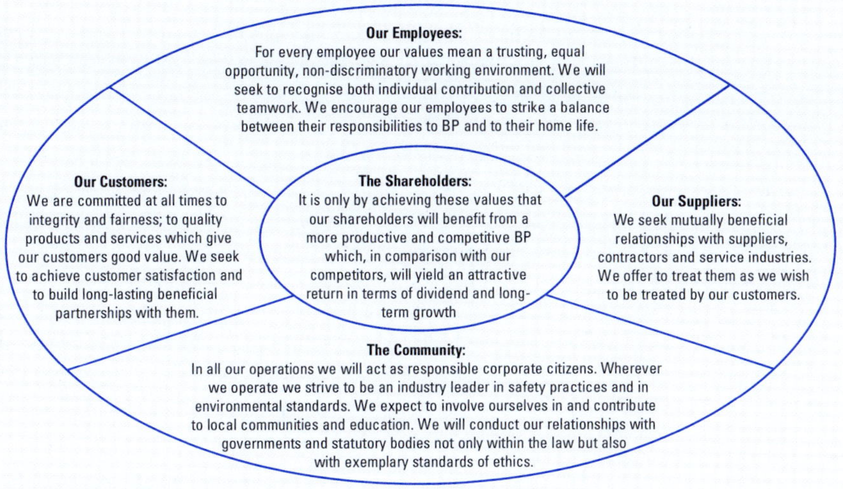

Abb. 3-44: Die Werte von British Petroleum

Exkurs: Strategic Intent

Eine »Zwitterposition« zwischen Vision und Mission nimmt der von Hamel/Prahalad (1989) geprägte Begriff des »Strategic Intent« ein. Sie bezeichnen damit einen animierenden Traum, der sowohl eine strategische Grundorientierung aufweist als auch herausfordert und Entdeckungslust weckt. Von daher greift der Begriff auf Elemente einer Vision zu, indem er die Vorstellung einer anzustrebenden Wirklichkeit formuliert: »On the one hand strategic intent envisions a desired leadership position and establishes the criterion the organization will use to chart its progress« (S. 64). Gleichzeitig gibt er jedoch auch einen Unternehmenszweck wieder, leitet konkrete Ziele daraus ab und fokussiert die Handlungen einer Organisation: »The concept also encompasses an active management process that includes: focusing the organization's attention on the essence of winning; motivating people by communicating the value of the target; leaving room for individual and team contributions; sustaining enthusiasm by providing new operational definitions as circumstances change; and using intent consistently to guide resource allocations«. (S. 64).

(3) Leitbild

Wird eine Mission schriftlich und etwas umfassender fixiert, dann spricht man von einem **Leitbild** bzw. ›Mission Statement‹. Es enthält Aussagen zum Unternehmenszweck, zentralen Werten, Aktivitätsfeldern und konkreten Zielen des Unternehmens. Leitbilder sind heutzutage in der Praxis weit verbreitet. Das Beratungsunternehmen Bain & Company hat bei einer Umfrage in 500 Unternehmen festgestellt, dass ca. 90 % der befragten Unternehmen in den letzten fünf Jahren ein Leitbild entwickelt haben. Damit dürften Leitbilder eines der populärsten Managementkonzepte der Gegenwart sein.

Orientierungsfunktion

Die Erwartungen, die Unternehmen an ein Leitbild knüpfen, sind relativ hoch. So verspricht man sich – als **Funktion** eines Leitbildes – Unterstützung bei der Schaffung einer kollektiv geteilten Vorstellung über Zweck und Richtung des Unternehmens. Dies wird als notwendig erachtet, um kollektiv koordiniert handeln zu können. Das Leitbild übernimmt dann eine *Orientierungsfunktion*. Es hat konstitutiven Charakter und soll den Mitarbeitern eine Art Kompass sein, der ihr Verhalten koordiniert. Unterstützt soll dies durch gemeinsame Werte und Verhaltensstandards werden, die ebenfalls Bestandteil eines Leitbilds sind. Sie dienen zudem der Kontrolle des Verhaltens der Mitarbeiter. Auch können Leitbilder den Geschäftsauftrag schärfen, indem sie klar werden lassen, auf welchen Feldern man tätig sein will und wo nicht.

Legitimationsfunktion

Leitbilder haben aber auch eine *Legitimationsfunktion*. Es kann an dieser Stelle Aufklärung gegenüber den wichtigsten Anspruchsgruppen betrieben werden. Dabei besteht auch die Möglichkeit, sich für bestimmte Entscheidungen zu rechtfertigen, indem man Begründungszusammenhänge mit angibt. Damit dient ein Leitbild denn auch als Kommunikationsinstrument nach außen in die Umwelt einer unternehmerischen Einheit.

Motivationsfunktion

Nach innen hat das Leitbild aber auch eine *Motivationsfunktion*. Es soll den Mitarbeitern helfen, sich mit ihrem Unternehmen besser zu identifizieren. Es soll dabei auch klar werden, was der Motor der eigenen Geschäftsentwicklung ist und sein wird und warum das Unternehmen eben attraktiv ist.

!

Fallbeispiel: LEGO[103]

Die LEGO Gruppe blickt auf eine Geschichte zurück, die 1916 begann, als Ole Kirk Kristiansen in Billund (Dänemark) eine kleine Schreinerei gründete. Wurden anfangs noch Leitern, Bügelbretter und Spielzeuge aus Holz produziert, konzentrierte man sich ab 1954 auf die Herstellung von Plastikspielzeug. Die mittlerweile weltbekannten Legosteine schufen das Fundament für das 1955 auf den Markt gebrachte LEGO Spielsystem, mit dem der rasante Aufstieg des Unternehmens begann. Heutzutage ist die LEGO Gruppe, die von einem Enkel des Gründers, Kjeld Kirk Kristiansen geleitet wird, der weltweit führende Hersteller von aus Bausteinen zusammengesetzten Spielzeugen. Zudem betreibt die LEGO Gruppe in Billund (Dänemark), Windsor (England) und Carlsbad (Kalifornien) LEGOLAND Spielparks, lizensiert die LEGO Marke an Konsumgüterhersteller und entwickelt seit 1996 die ersten Mulitmediaprodukte. In 50 Unternehmen arbeiten weltweit knapp 10.000 Beschäftigte. Um ein gemeinsames Verständis der zukünftigen Entwicklung zu schaffen, hat sich die LEGO Gruppe ein Leitbild namens ›strategische Plattform‹ gegeben, das aus folgenden Elementen besteht.

Die *Vision* besteht darin, LEGO (d.h. Marke, Name, Logo und Aktivitäten) in allen Geschäftsfeldern mit Ideenreichtum, Überschwang und bestimmten Werten (wie Qualität, aktive Anteilnahme, etc.) in Verbindung zu bringen. Die *strategische Absicht* ist es LEGO zu der stärksten, weltweiten Marke für Familien und Kinder zu entwickeln. Dieses Ziel soll spätestens im Jahre 2005 erreicht werden. Als *Unternehmenszweck* hat sich LEGO primär den Kindern verschrieben, deren Fantasie und Kreativität stimuliert werden soll, um ihre Welt zu erkunden und zu erfahren, eine Welt ohne Grenzen (»Children are our vital concern«). Damit dies gelingen kann, bedarf es einer *Unternehmenskultur*, die auf Respekt gegenüber dem einzelnen Angestellten, den Kunden und den Verbrauchern basiert. Sie soll durch Prinzipien wie Kundenfokussierung, Offenheit, Marktführerschaft, Leistung, Handlungsorientierung, gemeinsame Sichtweisen und Einfachheit geprägt sein. Das konkrete *Unternehmensziel* ist die jährliche Steigerung des Umsatzes um 10 % bis ins Jahr 2005. Dies entspricht einer Verdreifachung des Umsatzes im Vergleich zu 1995. Damit dies möglich wird, soll sich LEGO in mehrere Richtungen bewegen. Jede Geschäftseinheit hat dabei ein wettbewerbsfähiges Wertschöpfungssystem zu schaffen, das einen engen Kundenkontakt ermöglicht, intensive F & E-Aktivitäten vorsieht, effiziente Managementsysteme einsetzt, qualifizierte und motivierte Mitarbeiter beschäftigt und eine flache Organisation ohne überlappende Funktionen hat. Expliziter Wert wird zudem auch auf die Schaffung von Synergien zwischen den Geschäftseinheiten gelegt, da alle von der LEGO Marke profitieren und zu ihrer Stärkung auch beizutragen hätten.

Empirische Ergebnisse: Überprüft man jedoch, ob Leitbilder tatsächlich die an sie gesetzten Erwartungen erfüllen, so fällt das Ergebnis in den meisten Fällen wenig befriedigend aus. Bart (1997), der unter dem Titel »Sex, Lies and Mission Statements« die Ergebnisse einer Umfrage in 88 nordamerikanischen Unternehmen vorstellt, kommt zu dem Ergebnis, dass Anspruch und Wirklichkeit zumeist so weit auseinanderklaffen, dass die meisten Leitbilder nicht das Papier wert sind, auf dem sie geschrieben wurden. Die Gründe hierfür sind in seinen Augen vielschichtig. So halten überraschenderweise 75 % der Befragten die Realisierung der in der Mission festgesetzten Ziele für schlichtweg unmöglich. Sie begründen dies damit, dass die Ziele entweder zu ehrgeizig sind oder mehrdeutig und unklar formuliert wurden. Zufriedenheit mit den Inhalten von Leitbildern ist nur bei einem Drittel der Befragten gegeben, der Rest hält von all den Inhalten wenig, und argumentiert, dass die Mission weder zum Unternehmen noch zur Umwelt passe und in die falsche Richtung führe. Wie wenig Bedeutung Leitbilder zu haben scheinen, zeigt sich zudem bei der Frage nach ihrem Einfluss auf die Ressourcenallokation. Wichtige Entscheidungen werden durch die Machtverhältnisse in Unternehmen viel stärker beeinflusst als durch die Vorgaben, wie sie in Leitbildern stehen. Was für die Ressourcenallokation gilt, gilt zuletzt auch für das soziale Verhalten in Unternehmen. Auch hier ist eine Übereinstimmung zwischen den Normen von Leitbildern und dem tatsächlichen Verhalten eher die Ausnahme als die Regel.

Anspruch und Wirklichkeit klaffen zumeist weit auseinander

Machtverhältnisse beeinflussen mehr als Leitbilder

Welche **Schlussfolgerungen** lassen sich aus derart zwiespältigen Einsichten ziehen, wenn auf der einen Seite die Bedeutung von Leitbildern betont und mit stichhaltigen Argumenten unterlegt wird, auf der anderen Seite jedoch empirische Untersuchungen zeigen, dass Leitbilder nur selten die an sie gestellten Erwartungen erfüllen? Die wichtigste Konsequenz dürfte in einer Veränderung des Prozesses der Leitbilderstellung liegen. Zumeist nimmt daran nur das oberste Management teil (laut Bart waren nur 44 % des mittleren Managements involviert, tiefere Hierarchieebenen kaum noch) und selbst dieses ist mit den erstellten Leitbildern oft nicht zufrieden. Da die anschließende Verbreitung in einem top-down-Prozess vorgenommen werden muss, ist die Gefahr, dass das Leitbild an die Befindlichkeit der Restorganisation nicht anschlussfähig ist bzw. dort abgeblockt wird, relativ hoch. Wie ein Leitbild erstellt wird, scheint folglich einen hohen Einfluss auf seine spätere Wirksamkeit zu haben. Auch wird in den meisten Unternehmen kaum darauf geachtet, ob Verhaltensweisen mit den Vorstellungen des Leitbildes vereinbar sind. Dies ist nicht zuletzt darauf zurückzuführen, dass zumeist nicht die Möglichkeit besteht, die Einhaltung eines Leitbildes »einzuklagen«, wenn es zu einer Verletzung der dort aufgeführten Spielregeln kommt.

Schlussfolgerungen

Vorgehen bei der Leitbilderstellung: Wenn es zutrifft, dass der Prozess der Leitbilderstellung von so hoher Bedeutung ist, dann ist ihm besondere Aufmerksamkeit zu widmen. Exemplarisch kann man sich dabei an Abbildung 3-45 orientieren, die acht Phasen einer Leitbilderstellung zeigt.[104] Es wird ein stufenweises Gegenstromverfahren verwendet, das zwischen top-down- und bottom-up-Prozessen solange iterativ hin- und herpendelt, bis eine breite Verankerung und weit gehende Akzeptanz des Leitbildes stattgefunden hat.

Vorgehen bei Leitbilderstellung

Die Initiative zu einem Leitbild sollte formell von der Führungsspitze ausgehen, da sie auch später für die Verfolgung des Leitbildes verantwortlich ist (1). Sie setzt ein Projektteam ein, in dem die Fach- und Interessenvertreter der wichtigsten Themenkreise, die im Leitbild zu thematisieren sind, vertreten sind (2). Je-

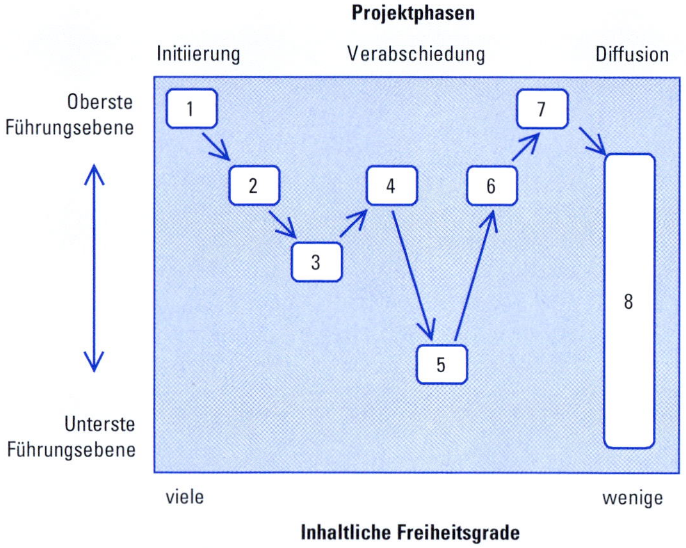

Abb. 3-45: Stufenweises Gegenstromverfahren bei der Leitbilderstellung

der Themenkreis wird dann in einer Fachgruppe vertieft ausgearbeitet (3). Daraus wird dann eine erste Fassung des Leitbildes zusammengestellt, die in das Projektteam zurückgegeben wird (4). Dort muss darüber befunden werden, ob die Auswahl der Themen sich noch als zweckmäßig erweist und ob die Erstfassungen der einzelnen Themen so tragbar sind. Falls dies in einzelnen Fällen nicht so ist, kann nochmals vertieft darüber diskutiert werden, vielleicht auch unter einem breiteren Einbezug der Mitarbeiterschaft (5). Danach hat das Projektteam eine aus seiner Sicht verabschiedbare Fassung des Leitbildes zu erstellen (6). Sie geht dann in die Geschäftsleitung und wird dort so verabschiedet, korrigiert oder nochmals zur Überarbeitung in die Projektgruppe zurückgegeben (7). Letztendlich muss das Leitbild noch in der Mitarbeiterschaft diffundiert und zum Leben gebracht werden (8).

Inhaltlich kann das Leitbild in drei **Teile** gegliedert werden:

1. *Präambel*: Hier wird auf einer Seite der Anlass zur Leitbildentwicklung nochmals kurz dargestellt. Auch der Stellenwert, den man dem Leitbild beimessen will, soll hier zum Ausdruck gebracht werden. Es bietet sich an, dass diese Präambel durch die Verantwortungsträger unterzeichnet wird.
2. *Kernleitbild*: Pro Themenbereich (ca. 4–7) sollte ein zentrales Statement als Kernsatz ausgewählt werden. Diese Kernsätze bilden zusammen das möglichst auf einer Seite dargestellte Kernleitbild.
3. *Erweitertes Leitbild*: Jeder Themenbereich wird nun auf einer Seite nochmals vertieft. Die Seite beginnt mit dem Kernsatz. Danach folgt vielleicht noch ein kurzer Zwischentext, der erklärt, mit welchem Verständnis man an die Thematik herangegangen ist. Dann folgen die speziellen, themenbezogenen Aussagen (ca. 5–8).

3.3.2 Skizze der Zieldiskussion

Sowohl bei Vision, Mission als auch bei der Formulierung eines Leitbildes stellt sich die Frage nach den Zielen von Unternehmen. Gibt es eine allgemein gültige Antwort, oder ist es jedem Unternehmen selbst überlassen, seine Ziele zu bestimmen? Ein Blick in die wissenschaftliche Diskussion offeriert einen reichhaltigen Fundus an normativen und deskriptiven Positionen zu diesem Thema, die sich teils aufeinander bezogen, teils voneinander getrennt, zu Worte melden. Wir wollen einige Wichtige kurz skizzieren. Dabei soll auch auf die besondere Bedeutung der Unternehmensethik eingegangen werden, die einerseits Einfluss auf die Zielbildung selbst hat, andererseits aber auch eine »Lösungsformel« bei Zielkonflikten zu liefern vermag.

(1) Zur Zielausrichtung von Unternehmen

Als Ausgangspunkt für eine kurze Übersicht über die Zieldiskussion bietet sich die klassische Mikroökonomie an. Hier wird in Verbindung mit dem Menschenbild des ›homo oeconomicus‹ die Annahme vertreten, dass Unternehmen dem vom Unternehmer gesetzten Ziel der *Gewinnmaximierung* folgen. Das betriebswirtschaftliche Problem liegt in der optimalen Kombination der eingesetzten Produktionsfaktoren. Dies soll nach Maßgabe rationaler Entscheidungskriterien erfolgen. Je effektiver und effizienter dies erfolgt, desto größer wird der unternehmerische Gewinn. Aggregiert man ein derartiges Verhalten der Unternehmen makroökonomisch auf und verbindet das volkswirtschaftliche Angebot mit der Nachfrageseite, dann bewirkt der Preismechanismus der »unsichtbaren« Hand die optimale Ressourcenallokation in einer freien Marktwirtschaft.

Die Vorstellung, dass Unternehmen ausschließlich das Ziel der Gewinnmaximierung verfolgen, ist jedoch schon bald kritisiert und als nicht realitätsnah bewertet worden. So macht es sich die **Zielforschung** in den 60er-Jahren zunächst zur Aufgabe, die »tatsächlichen« Ziele von Unternehmen in einer deskriptiven Form zu erfassen und zu kategorisieren.[105] In einer Reihe von empirischen Untersuchungen kommt man zu dem Ergebnis, dass die Gewinnmaximierung weder das einzige Ziel von Unternehmen ist noch die dominante Stellung hat, die man ihm beimisst. Der Begriff des *Zielsystems* (Heinen 1966) etabliert sich und weist auf die Bedeutung miteinander in Beziehung stehender Ziele hin, die als generelle Imperative verstanden werden. In weiteren empirischen Studien zeigt sich dann, dass in Unternehmen die Ziele oft weder vollständig, noch eindeutig, noch miteinander konsistent sind, ja sich sogar widersprechen. Kirsch (1977) sieht daher das Zielsystem einer Organisation als eine höchst unscharf abgegrenzte, vage definierte und kaum geordnete Menge unvollständig formulierter Ziele an. Diese Unbestimmtheit ist in seinen Augen sogar häufig beabsichtigt, um überhaupt konsensfähige Ziele aushandeln zu können.

Deskriptive Zielforschung

Konsens zum Preis von Unbestimmtheit?

Derartige Einsichten treiben die Zielforschung weiter voran und führen sie zu der Frage, wie in der Unternehmensrealität die Zielbildung vonstatten geht. Das Forschungsfeld öffnet sich damit für die Untersuchung des *Entscheidungsverhaltens* in Organisationen. Zunächst dient hier wieder die rationale Entscheidungslogik, wie sie der klassischen Mikroökonomie zu Grunde liegt, als Ausgangspunkt. Diese unterstellt ein rational handelndes Individuum, das unbeeinflusst von persönlichen Werten und Gruppennormen ist. Die Ziele sind bekannt und

Entscheidungsverhalten

eindeutig formuliert, ebenso alle möglichen Alternativen und deren Konsequenzen. Diese Annahmen werden erstmals von Cyert/March (1963) sowie Simon (1978) als nicht der Realität entsprechend kritisiert und dementsprechend revidiert. Sie prägen den Begriff der *begrenzten Rationalität* (»bounded rationality«) und gehen davon aus, dass Entscheider keine vollständigen Informationen besitzen, niemals alle Alternativen und deren Konsequenzen kennen und sich daher auch keine optimale Lösung, sondern lediglich ein zufrieden stellendes Ergebnis bestimmen lässt.[106] In enger Auseinandersetzung mit diesen Überlegungen entwickelt sich im deutschen Sprachraum eine entscheidungsorientierte Betriebswirtschaftslehre, innerhalb derer Heinen (1966) eine eher präskriptiv-normative Variante vorantreibt, während Kirsch (1971) sich einer deskriptiven, verhaltenswissenschaftlich ausgerichteten Entscheidungstheorie zuwendet.

Zeitlich leicht nachgelagert findet die Thematik der Unternehmensziele auch Eingang in Überlegungen zu einem Strategischen Management.[107] Zunächst werden dabei Anfang der 70er-Jahre die Möglichkeiten einer prinzipiellen Planbarkeit der Entwicklung von Unternehmen diskutiert. Es wird die Frage gestellt, ob angesichts von Diskontinuitäten im unternehmerischen Umfeld eine langfristige, zielgerichtete Planung überhaupt noch Aussicht auf Erfolg habe oder man sich eher an einer inkrementellen Vorgehensweise im Sinne eines Muddling-Through orientieren müsse. Ansoff (1976), der sich mit beiden Alternativen kritisch auseinander setzt und sie jeweils als nicht befriedigend erachtet, schlägt eine Synthese zwischen ihnen vor und bezeichnet den sich dadurch ergebenden dritten Weg als *geplantes Lernen*. Die Zieldiskussion wird also in dieser Phase nicht über die Zielinhalte geführt, sondern ist ein »Ausloten« der Möglichkeiten einer Zielplanung.

Unternehmensentwicklung als geplantes Lernen

Zielinhalte

Anfang der 80er-Jahre schiebt sich dann jedoch die Frage nach den Zielinhalten auch im Strategischen Management nach vorne und wird auch heute noch heftig diskutiert. Bleicher (1992) teilt die hier bestehenden Standpunkte prinzipiell in zwei Lager ein: eine monistische Zielausrichtung orientiert sich an ökonomischen Zielen und stellt das Interesse der Aktionäre in den Mittelpunkt (*Shareholder-Ansatz*). Hingegen versucht eine pluralistische, gesellschaftsorientierte Zielausrichtung sowohl für die an den wirtschaftlichen Leistungen des Unternehmens interessierten Anspruchsgruppen als auch für andere gesellschaftliche Bezugsgruppen Nutzen zu stiften (*Stakeholder-Ansatz*).

Schaffung von Wert als Unternehmenszweck

Beide Ansätze verbindet die Einsicht, dass der Zweck von Unternehmen in der Schaffung von Wert zu sehen sei, jedoch gehen ihre Ansichten hinsichtlich der Frage, was denn unter Wert genau zu verstehen sei sowie an wen wie viel von dem geschaffenen Wert verteilt werden soll, wie bereits weiter oben dargestellt, weit auseinander. Der Shareholder-Ansatz baut beispielsweise auf der Shareholder-Value-Analyse auf, einer Technik zur Berechnung des Unternehmenswertes. Sie wurde von Rappaport (1981) in einem viel beachteten Artikel in der Harvard Business Review erstmalig zur Evaluation von Strategien und den damit verbundenen Investitionsentscheidungen vorgeschlagen.[108] Das Unternehmensgeschehen wird dabei als eine Reihe von Zahlungen betrachtet, deren ökonomischer Wert auf Grundlage der Kapitalwertmethode als Barwert der zukünftig zu erwartenden Cashflows zu berechnen ist. Je höher dieser Wert ist bzw. je mehr er durch eine Strategiealternative gesteigert werden kann, desto größer wird der Marktwert des Eigenkapitals und damit letztendlich das Aktionärsvermögen.

Der Shareholder-Ansatz misst also den Wert eines Unternehmens aus einer rein finanziellen Perspektive und fokussiert hier auf das Interesse der Aktionäre als ausschlaggebende Zielgruppe. Andere Wertkriterien werden nicht berücksichtigt. Ebenso werden Ansprüche anderer Interessensgruppen nur dann erfasst, wenn sie in der Lage sind, den Unternehmenswert zu beeinflussen (wie z.B. wenn staatliche Stellen Steuern einfordern, Mitarbeiter ihren Lohn oder Lieferanten die Zahlung ihrer Dienste). Gegen diese »doppelte Verengung« wendet sich hingegen der Stakeholder-Ansatz, indem er sich sowohl für andere Wertkriterien öffnet als auch explizit die Interessen anderer Anspruchsgruppen als der Aktionäre miteinbezieht und ihre Berücksichtigung fordert. Doch auf welcher Basis soll in einer Marktwirtschaft im Fall unterschiedlicher Zielvorstellungen und konfligierender Interessen entschieden werden? So kann sich z.B. eine Interessenskoalition aufgrund der ihr derzeit zur Verfügung stehenden Macht versuchen durchzusetzen. Oder aber es kommen ethische Überlegungen zum Tragen, die nicht nur den Ausgleich schaffen, sondern bereits die Zielbildung lenken bzw. in Frage stellen.

(2) Unternehmensethik als Regulativ

Während die *Wirtschaftsethik* sich um die Begründung einer bestimmten Wirtschaftsordnung (wie z.B. der freien Marktwirtschaft) bemüht, versteht sich die *Unternehmensethik* als eine Lehre vom friedensstiftenden Handeln der Unternehmensführung bei Konflikten mit den jeweiligen Anspruchsgruppen.[109] Damit wendet sich die Unternehmensethik gegen die Annahme, dass – wie es der amerikanische Nationalökonom Milton Friedman (1970) zugespitzt formuliert – die einzige gesellschaftliche Verantwortung des Unternehmers darin bestehe, seine Gewinne zu erhöhen, während unerwünschte Nebenwirkungen eine Sache des Gesetzgebers und der Gerichte seien. Im Gegensatz dazu weist die Unternehmensethik darauf hin, dass das Streben nach Gewinn zwar durchaus ethisch legitim ist, jedoch immer wieder Entwicklungen eintreten können, die aufgrund ihrer negativen Effekte auf bestimmte Gruppen von Betroffenen nicht mehr akzeptabel sind. Da einerseits weder Staat noch Rechtssystem in der Lage sind, stets Rahmenbedingungen zu schaffen, durch die derart ungewollte Entwicklungen vermieden werden können und andererseits die Konkretisierung des Gewinnziels nicht irgendwo außerhalb des Unternehmens, sondern erst in diesem vorgenommen wird, haben konsequenterweise ethische Überlegungen auch dort ihren Platz und sind nicht in die Umwelt zu verlagern.[110]

Damit wird die bereits in Abschnitt 3.2.2 aufgeworfene Diskussion zum Stakeholder-Ansatz wieder aufgegriffen. Wer Ziele herleiten will, hat sich zuerst zu fragen, gegenüber wem dies eigentlich geschehen soll. Es geht hier also um die Auswahl der Stakeholder, an deren Ansprüche das Unternehmen bereit ist, sein Handeln auszurichten.

Aus Sicht der Unternehmensethik hat das Unternehmen offen zu sein gegenüber *allen* Anspruchsgruppen, die selbst oder treuhänderisch rechtmäßige Ansprüche gegenüber dem Unternehmen geltend machen können. Es besteht die Pflicht zu einer vorbehaltlosen Klärung dieser Ansprüche durch die Auseinandersetzung mit den Argumenten der Betroffenen, unabhängig von deren Machtposition. Dies können auch potenziell Betroffene sein, wie etwa die nächste Generation. Entscheidend ist, dass das Wohlergehen der Anspruchsgruppe durch die zukünftige Entwicklung des Unternehmens signifikant beeinflusst wird. Es reicht also nicht aus, die mächtigen Stakeholder zufriedenzustellen, um sich als Nutzen daraus im Gegenzug deren Unterstützung zu vergewissern. Hier geht es um ein Anstreben von Gerechtigkeit, auch wenn das Unternehmen keinen direkten Nutzen durch Gegenleistungen daraus zu ziehen vermag.

Relevant sind also die Stakeholder, die legitime Ansprüche vorzubringen vermögen. Drei Arten solcher Stakeholder können dabei unterschieden werden:

- Erstens sind dies die Stakeholder, die aus einer strategisch-instrumentalistischen Sichtweise in Abbildung 3-12 als »relevant« eingestuft wurden. Hier ging es primär um die Verhandlungsposition, die das Unternehmen gegenüber dem Stakeholder (und umgekehrt) hatte. Einerseits ist dies der vielleicht opportunistische, aber sicher legitime Anspruch auf Selbsterhaltung des Unternehmens durch Beachtung der Interessen einflussreicher Stakeholder, andererseits aber auch der Wunsch und Wille zur Durchsetzung der eigenen Interessen.
- Zweitens sind dies Anspruchsgruppen, die durch das Handeln des Unternehmens besonders negativ betroffen sind. Dabei bestimmt sich das Ausmaß an Betroffenheit über fundamentale moralische Rechte, wie sie in öffentlichen Kodizes, wie etwa der UN-Erklärung der Menschenrechte, festgehalten sind.
- Drittens sind dies Anspruchsgruppen, gegenüber deren Anliegen sich das Unternehmen aus moralischen Präferenzen heraus besonders verpflichtet fühlt. So kann sich ein Unternehmen z. B. speziell der Nachhaltigkeit seines Handelns im Bereich des Umweltschutzes verpflichten und auch regelmäßig darüber Bericht erstatten.[111]

PHILIPS

Ressourcen

Besuchen Sie einmal die Homepage des niederländischen Philips-Konzerns (www.philips.com). Unter der Rubrik »Environmental & Ethical Issues« finden Sie dort Dokumente zur Legitimierung des Verhaltens von Philips in Umweltangelegenheiten, wie etwa den Umweltbericht. Was fällt Ihnen dabei auf? Denken Sie, dass Philips sich gut in die Ansprüche der Vertreter von Umweltangelegenheiten hineinzuversetzen vermag? Überzeugt Sie die Argumentation?

Ein erster wichtiger Schritt zur legitimen *Gestaltung einer Stakeholder-Beziehung* ist bereits das laufende Sammeln von Informationen zu den Stakeholdern, um so ein Bewusstsein für deren Anliegen und Bedürfnisse zu schaffen, wodurch eventuell entstehende Ansprüche auch vorweggenommen werden können. Aufbauend auf diesen Informationen kann dann eine systematische und regelmäßige Bewertung der jeweiligen Beziehung erfolgen, wie man sie unter dem Stichwort »*Social Accounting and Auditing*« kennt.[112] Dass ein solches Vorgehen, wenn es gewissenhaft geschehen soll, nur für eine begrenzte Anzahl von Stakeholdern ökonomisch sinnvoll ist, ist naheliegend. Deshalb ist es aus Gründen der Praktikabilität nicht nur zweckmäßig und legitim, sondern auch notwendig, sich auf einige Haupt-Stakeholder zu konzentrieren.

Geht es dann um die *Bedeutung*, die den einzelnen Stakeholder-Interessen im Handeln des Unternehmens beizumessen ist, dann ist aus unternehmensethischer Perspektive vorerst keine der drei erwähnten Gruppierungen höher zu gewichten. Vielmehr muss es nun Ziel sein, zwischen allen konfligierenden Interessen der einzelnen Anspruchsgruppen gut begründete Regelungen zu treffen, die auf einem gerechten Kompromiss basieren oder sogar über einen Konsens der involvierten Parteien erreicht werden können.

Die moderne Unternehmensethik[113] liefert hier keine Handlungsregeln, sondern lediglich einen Prozess mit einer regulativen Idee zum Nachdenken über Moral, über den die bestehenden Handlungsregeln reflektiert werden können. Sie urteilt also auch nicht, was gut und schlecht ist. Sie setzt aber einen Willensakt der moralisch Handeln wollenden Person voraus, als Ausdruck der Motivation, das eigene Wollen möglichst weitgehend an einem ethisch tragfähigen Sollen auszurichten. Primat hat damit die *Verständigungsorientierung*, bei der man sowohl seine eigenen Ansprüche argumentativ (öffentlich) begründet, als sich auch die Argumente anderer anhört und sie auch gelten lässt, sobald sie (neutral betrachtet) auch die besseren Argumente sind. Dies würde dann allerdings auch den Verzicht auf das machtvolle Durchsetzen der eigenen Interessen dort bedeuten, wo legitime Interessen Betroffener stehen. Was richtig ist und was nicht, ist damit Ergebnis einer diskursiven Klärung.

Inhaltliche versus prozessuale Normen

Auf der Grundlage dieses Gedankens kann man die Unternehmensethik dann in eine materielle und formale Variante unterteilen. Die *materielle* Variante versucht Normen zu entwickeln, die handlungsleitend wirken und eine universelle Gültigkeit besitzen sollen. Hingegen verzichtet die *formelle* Alternative auf die Entwicklung inhaltlicher Normen. Sie wendet sich vielmehr der Schaffung prozessualer Verfahrensnormen zu, die den friedlichen Umgang mit Konflikten regeln sollen. So bietet beispielsweise die von Habermas (1981) entwickelte Diskursethik mehrere Kriterien (wie Unvoreingenommenheit, Nicht-Persuasivität, Zwanglosigkeit oder Sachverständigkeit) an, die dabei helfen sollen, im Dialog einen Ausgleich zwischen unterschiedlichen Zielvorstellungen zu erreichen.

Der v.a. in den USA geprägte Ansatz der »*business ethics*« befasst sich mit der praktischen Umsetzung einer Unternehmensethik. Ein auf ethische Grundsätze gerichtetes Handeln soll im Unternehmen durch Maßnahmen unterstützt werden, wie z.B. die Durchführung von Ethik-Seminaren oder die Dokumentation der ethischen Grundsätze in einem »code of ethics«.

Fallbeispiel: Fiat
Der »Code of Ethics for Business Conduct« der Fiat Group ist in fünf Sektionen untergliedert mit jeweils 3–4 Standards. So findet man z.B. in Sektion 1 den Standard I: »No employee of the Group shall promise or transfer sums of money or goods, regardless of their amount or value, to any public official or to promote or favour the interests of one or more Group companies, even if unlawful pressure has been exerted.«

Folgt man Reidenbach/Robin (1989), dann können fünf Typen von Unternehmen unterschieden werden, was deren Zielorientierung anbelangt: Es gibt erstens *unmoralische Unternehmen*, die gewinnen wollen, egal was es sie kostet. Dazu setzt man sich auch über Vorschriften hinweg in der Hoffnung, dass es niemand bemerkt.

Fallbeispiel: ENRON
Das unethische Verhalten einiger Führungskräfte des US-amerikanischen Energiekonzerns ENRON hat im Jahr 2002 dessen spektakulären Konkurs verursacht. Bewusst wurden dort Interessenkonflikte in Kauf genommen, um persönliche Vorteile daraus zu ziehen. Mit fragwürdigen Buchungspraktiken verfälschte man gezielt die tatsächliche Lage des Unternehmens. Vielen Anspruchsgruppen entstand so großer Schaden. Allein die Aktionäre und Mitarbeiter verloren über 68 Mrd. US$. Im Strudel der Ereignisse um ENRON kam es auch zur Auflösung der Dachgesellschaft einer der fünf größten Wirtschaftsprüfungsgesellschaften der Welt, ANDERSEN WORLDWIDE. Das Unternehmen wurde wegen Justizbehinderung verurteilt. Mit dafür verantwortlich gewesen sein dürfte der Interessenkonflikt zwischen dem Beratungs- und dem Prüfungsgeschäft, wo ENRON ein wichtiger Kunde in beiden Segmenten der US-Tochtergesellschaft ARTHUR ANDERSEN LLP war. Der Fall ENRON führte dazu, dass die Wirksamkeit von Kontrollmechanismen zum Schutz der Interessen anderer Anspruchsgruppen massiv in Frage gestellt wurde. Im Sarbanes-Oxley Act wurden Direktmaßnahmen für die USA verabschiedet (z.B. kürzere Fristen für die Publizierung der Quartalsausweise), um das verloren gegangene Vertrauen wiederzugewinnen. So mussten zum 14.8.02 die CEO und Finanzchefs der 942 größten US-Unternehmen die der SEC eingereichten Finanzberichte erstmalig eidesstattlich beglaubigen. Eine Beglaubigung falscher Zahlen kann strafrechtliche Konsequenzen haben.

Dann gibt es zweitens *legalistische Unternehmen*, die genau das machen, was der Gesetzgeber verlangt, aber auch nicht mehr. Eine dritte Kategorie bilden die für ethische Fragestellungen *empfänglichen Unternehmen*. Sie gehen davon aus, dass sich ethisches Handeln auch auszahlt. *Ethisch engagierte Unternehmen* stellen einen vierten Typ dar. Sie nehmen sich aktiv ethischer Argumentationen an und wollen, dass dies auch bemerkt wird. Es gibt aber kein umfassendes Konzept oder Programm dazu. Auch fehlt es an einer tiefgreifenden Verankerung in der Unternehmenskultur, wie es beim fünften Typ, den *ethischen Unternehmen,* der Fall ist. Dort ist ethisches Verhalten Programm und steht im Zentrum des Selbstverständnisses und Wertesystems. Es gibt spezielle Strategien und Aktionsprogramme dazu.

Ressourcen
Besuchen Sie einmal die Homepage des britischen Kosmetikunternehmens THE BODY SHOP (www.bodyshop.com). Welchem Typ entspricht das Unternehmen aus Ihrer Sicht am ehesten? Warum? Gegenüber welchen Anspruchsgruppen engagiert sich das Unternehmen speziell? Wie wird dort zur Legitimierung der eigenen Stakeholder-Beziehungen argumentiert und gehandelt? Überzeugt Sie dies?

(3) Zur Eigenständigkeit des Sozialen

Eine interessante Verschiebung der Diskussion über die Ziele von Unternehmen ergibt sich, wenn man einige neuere Ansätze in der Organisations- und Sozialforschung sowie im Strategischen Management betrachtet. Wurde in den bisherigen Ausführungen zumeist implizit davon ausgegangen, dass betriebswirtschaftliche Organisationen einzig und allein ein Vehikel zur Erreichung der Ziele der daran beteiligten Individuen seien, so verstellte eine solche Annahme weiter gehende organisationstheoretische Einsichten »in jene Charakteristika von Organisationen, die sich dem übermächtigen, rationalistischen und instrumentalistischen Verständnis von Organisationen nicht länger fügten«.[114]

Eigenständigkeit des Sozialen

An dieser Stelle ist insbesondere die Eigenständigkeit des Sozialen und die damit einhergehende Eigendynamik sowie die operative Logik von Organisationen zu nennen. Luhmann (1984) beispielsweise weist darauf hin, dass soziale Systeme – als deren Elemente er Kommunikationen ansieht – ihren Sinn nach Maßgabe selbst gesetzter Differenzen konstituieren. Ausgelöst wird dieser Prozess, der in einer operativ geschlossenen Art und Weise abläuft, durch die Konfrontation mit einer prinzipiell unendlich hohen Komplexität der Umwelt. Komplexitätsbewältigung wird zur zentralen Herausforderung sozialer Systeme, der sie in kommunikativer Weise durch die Produktion von Sinn begegnen. Unter bestimmten Voraussetzungen sind sie sogar kollektiv handlungsfähig, dann beispielsweise, wenn Symbole verfügbar sind, die kontextfrei nutzbar sind. Auf diesen Gedanken aufbauend schlägt Willke (1993) vor, die Evolution von sozialen Systemen als selbstorganisierenden, autopoietischen Prozess zu verstehen, in dem in System-Umwelt-Beziehungen das Maß an verarbeitbarer Umweltkomplexität sukzessive gesteigert wird. Durch den Aufbau von emergent entstehenden Systemfunktionen – wie Grenzbildung, Ressourcengewinnung, Strukturbildung, Prozesssteuerung, Reflexion und Genese – erzeugt ein soziales System immer höhere Grade organisierter Binnenkomplexität. Es ist dann nicht nur in der Lage, sich gegenüber seiner äußeren Umwelt zu behaupten, sondern kann seine internen Kombinationsmöglichkeiten auch dazu nutzen, sich eigenständig gesetzte, qualitativ neue Freiheitsgrade der Selbststeuerung zu erschließen und diese für systemeigene Zwecke zu nutzen.

Korporative Akteure

Die Betonung der Eigenständigkeit bei der Entwicklung von Organisationen findet man sodann auch bei Coleman (1979; 1992), einem Vertreter der Rational-Choice-Theorie. Er geht davon aus, dass durch die Gründung einer Organisation eine neue Kategorie von Interessen und Zielen entsteht, die darauf ausgerichtet ist, einen korporativen Akteur, wie ein Unternehmen, von den Beschränkungen des Souveräns (z.B. der staatlichen Gewalt) zu befreien. Die Macht in einer Gesellschaft ist für ihn daher nicht mehr ausschließlich an natürliche Personen gebunden, sondern geht zu einem großen Teil auf korporative Akteure über. Sie sieht er sogar als Hauptakteure in modernen Gesellschaften.

»Stakeholder Value« als Beschränkung der Handlungsmöglichkeiten

Zuletzt sind solche Überlegungen auch im Zusammenhang mit Fragen des Strategischen Managements zu finden. Hier lassen sie nicht nur den Shareholder-, sondern auch den Stakeholder-Ansatz in einem neuen Licht erscheinen. Campbell/Alexander (1997) weisen daraufhin, dass die Schaffung von *»Stakeholder Value« nicht als Ziel, sondern als Beschränkung* der Handlungsmöglichkeiten eines Unternehmens zu verstehen sei. Die ausschließliche Orientierung an den Zielen der Anspruchsgruppen erachten sie für das Strategische Management als unbefriedigend, da eine solche Sichtweise dazu zwingt, lediglich die bekannten Spielregeln einer Branche zu wiederholen. Wirklich neue Einsichten würden sich daraus kaum ergeben.[115]

Daher wird vorgeschlagen, nicht von Zielen der Anspruchsgruppen, sondern von Zwecken und Beschränkungen des Unternehmens zu reden. Worin dieser Zweck liegen soll, lassen sie – beabsichtigt oder unbeabsichtigt – weitgehend offen. An anderer Stelle plädieren jedoch Campbell/Devine/Young (1990) für Unternehmen, die jenseits einer ausschließlichen Ausrichtung an den letztlich egoistischen Anforderungen ihrer Shareholder und Stakeholder anzusiedeln seien.

Unternehmen dieses Typs würden sich an ›höheren‹ Idealen orientieren, wie beispielsweise der Aufgabe, den Lebensstandard von Arbeitern zu erhöhen und dadurch einen hohen Einsatzwillen und Enthusiasmus seitens ihrer Mitarbeiter erzeugen. Eine hohe Rentabilität käme dann gewissermaßen »automatisch« zu Stande. Als **Fazit** der bisherigen Ausführungen können wir festhalten, dass nicht nur die Ansichten über die Zielbildung, sondern insbesondere auch die Ansichten zu den Zielinhalten weit auseinander gehen. Die einzelnen Argumentationsketten greifen relativ rasch auf normative Annahmen zurück, um ihre spezielle Sichtweise zu begründen. Ein allgemein akzeptiertes Fundament, das Sicherheit bieten könnte, scheint nicht in Sicht zu sein. Dies ist auch wenig verwunderlich, wenn man die Pluralität der Beobachtungs- und auch Bewertungsstandpunkte betrachtet und diese anerkennt. Denn wie in der Philosophie wäre auch hier jeder Versuch, eine Letztbegründung zu geben, mit dem so genannten »Münchhausen-Trilemma« konfrontiert[116], d.h. man würde in die Situation geraten, zwischen drei wenig befriedigenden Alternativen wählen zu müssen. Erstens könnte man in einen infiniten Regress fallen, da man bei der Begründung von Gründen immer weiter in der Kausalkette zurückgehen müsste. Zweitens könnte man sich in einem logischen Zirkel verstricken, wenn man zur Begründung von Normen auf Aussagen zurückgreifen müsste, die schon vorher als begründungsbedürftig offen geblieben waren. Drittens könnte man durch eine dogmatische Entscheidung einen Abbruch des Begründungsverfahrens vornehmen. Allerdings müsste man dann den Grund angeben, warum man diesen Abbruch vorgenommen hätte. Und dieser wäre wieder begründungspflichtig.

Fazit

Angesichts einer solch ›vertrackten‹ Situation lässt sich u.E. nur die Schlussfolgerung ziehen, dass Unternehmen einerseits prinzipiell die Freiheit haben, ihre Ziele selbst zu bestimmen, sich andererseits jedoch mit den Konsequenzen ihres Verhaltens bzw. den Aktionen und Reaktionen ihrer Umwelt auseinander setzen müssen. Inwieweit sie ihre Ziele reflexiv vor sich und/oder ihrer Umwelt verantworten, ist im Einzelfall empirisch zu beantworten, ebenso wie die Frage, ob ein Unternehmen sich ausschließlich auf die Befriedigung der Ansprüche einer einzelnen Anspruchsgruppe (wie z.B. der Aktionäre) konzentriert, einen Ausgleich zwischen den unterschiedlichen Interessen seiner Anspruchsgruppen anstrebt oder sein zentrales Ziel vor allem darin sieht, ein abstraktes Ideal anzustreben. Dies soll offen gelassen werden. Begründungsversuche müssen sich dabei nicht nur auf kognitiv-instrumentelle Rationalitätsannahmen beschränken, sondern können durchaus auch auf moralisch-ethische und ästhetisch-expressive Vorstellungen zurückgreifen.[117]

Freiheit der Ziele, jedoch Auseinandersetzung mit Konsequenzen

Workshop: Vision und Mission

- Verfügt Ihr Unternehmen über eine Vision und Mission? Falls nein: Was spricht dagegen? Was spräche dafür?
- Sollte Ihr Unternehmen über eine Vision verfügen, überprüfen Sie die Orientierungskraft, die von dieser Vision ausgeht. Sollte sie nicht besonders wahrnehmbar sein, so überprüfen Sie, ob diese Vision den genannten Kriterien an eine Vision entspricht. Falls nein: Wie könnte/müsste man die Vision verbessern?
- Sollte Ihr Unternehmen über eine Mission verfügen: Gibt diese Mission genügend Auskunft über die ethische Grundhaltung des Unternehmens? Falls nein: Wie könnte dies verbessert werden?

- Reflektieren Sie, welchem der oben dargestellten fünf Typen ethischer Grundhaltungen Ihr Unternehmen entspricht bzw. entsprechen sollte. Gibt es seitens Ihres Unternehmens einen verständnisorientierten Dialog mit den wichtigsten Stakeholdern, die legitime Ansprüche vorzubringen haben?

Zusammenfassung

- Vision, Mission und Leitbild sind Instrumente der Unternehmenspolitik zur Ausrichtung und »Kanalisierung« der Unternehmensentwicklung. Sie sind Bezugspunkte beim Entwurf und der Auswahl von Strategien.
- Die deskriptive Zielforschung hat gezeigt, dass erstens die Gewinnmaximierung weder das einzige noch das dominante Ziel der meisten Unternehmen ist, und dass zweitens das Entscheidungsverhalten von Führungskräften nur »begrenzt rational« ist.
- Zur ethischen Unterlegung eines Stakeholder-Ansatzes bedarf es einer Offenheit gegenüber legitimen Ansprüchen aller Anspruchsgruppen.

Lernkontrolle

1. Was will man mit einer Vision erreichen, was mit einer Mission? Worin unterscheiden sich Vision und Mission?
2. Welche Eigenschaften sollte eine Vision aufweisen?
3. Welche Arten von Visionen kann man unterscheiden?
4. Was kann eine Mission alles umfassen?
5. Was versteht man unter »strategic intent«?
6. Welche Funktionen hat ein Leitbild zu erfüllen?
7. Worin bestehen die Probleme bei der Implementierung solcher Bezugspunkte wie Vision, Mission oder Leitbild?
8. Was versteht man unter dem Zielsystem eines Unternehmens? Wie kann man sich erklären, dass dieses Zielsystem oft relativ unscharf definiert ist?
9. Was muss unter der Aussage verstanden werden, dass Führungskräfte i. Allg. nur begrenzt rational ihre Entscheidungen treffen?
10. Was ist unter dem von Ansoff (1976) eingeführten Begriff »geplantes Lernen« zu verstehen?
11. Was kennzeichnet einen ethisch orientierten Stakeholder-Ansatz?
12. Auf was verweist die Unterscheidung in inhaltliche und prozessuale Normen in der Ethikdiskussion? Welche Haltung wird hier von der modernen Wirtschaftsethik eingenommen?

3.4 Strategien auf Ebene der Geschäftseinheiten (Gestaltung III)

Wird – wie in diesem Kapitel – als unternehmerische Einheit eine einzelne Geschäftseinheit betrachtet, dann geht es auch hier um die zielorientierte Veränderung der Beziehung zu den Anspruchsgruppen. Gestaltungsoptionen sollen alternative Wege aufzeigen, wie dies im betreffenden Geschäftsfeld geschehen kann. Anpassungen sind insofern vorzunehmen, als sich eine Geschäftseinheit hier mit anderen Anspruchsgruppen auseinander zu setzen hat als beispielsweise eine Unternehmenszentrale.

Primär ist die Strategie einer Geschäftseinheit an zwei Anspruchsgruppen auszurichten, nämlich den *Konkurrenten in einer Branche* und den Kunden im bedienten Geschäftsfeld. Stehen beispielsweise die Konkurrenten im Vordergrund, so spricht man von einer *Wettbewerbsstrategie*, die darüber zu entscheiden hat, wie der Wettbewerb in diesem Geschäftsfeld bestritten werden soll.[118] Werden zusätzlich noch die *Kunden (Abnehmer und Endverbraucher)* berücksichtigt, dann hat die *Marktstrategie* einer Geschäftseinheit Auskunft zu geben, wie man für Kunden Nutzen stiften und gleichzeitig eine vorteilhafte Wettbewerbsposition erreichen will.

Neben diesen zweifelsohne zentralen Anspruchsgruppen ist eine Geschäftseinheit auf eine Reihe weiterer Anspruchsgruppen angewiesen. So ist beispielsweise an Lieferanten zu denken, deren Einfluss gerade in Branchen, wo sie elementare Komponenten eines Endproduktes liefern, nicht zu unterschätzen ist, oder an Kooperationspartner, auf deren Unterstützung man mehr oder weniger angewiesen ist. Und auch die Unternehmenszentrale ist aus Sicht einer Geschäftseinheit von Bedeutung, da sie deren Aktivität wesentlich beeinflusst. Dies reicht von der Mitsprache bei der Besetzung von Schlüsselpositionen, der Allokation von Ressourcen bis hin zu der Entscheidung, ob eine Geschäftseinheit an Dritte verkauft wird oder weiterhin Teil des Konzernportfolios bleibt. Von daher ist es zwar denkbar, je nach Situation eine Anspruchsgruppe in den Mittelpunkt zu stellen oder aus Gründen der Komplexitätsreduktion sich nur auf eine zu konzentrieren, jedoch spielen je nach Situation auch andere Anspruchsgruppen eine wesentliche Rolle und sind folglich ebenfalls bei der Generierung strategischer Optionen zu berücksichtigen.

Exkurs: Hyperwettbewerb

Angesichts der oben dargestellten Umweltunsicherheit kann argumentiert werden, dass die Generierung strategischer Optionen kein Problem der Prognosemethodik ist, sondern dass das Verhalten, wie und wofür wir Strategien entwickeln, grundsätzlich zu hinterfragen ist.

D'Aveni (1994) plädiert in seinem Konzept des Hyperwettbewerbs dafür, dass wir die aus der Unsicherheit resultierende Dynamik akzeptieren müssen und uns taktisch darauf einstellen müssen. Dies beginnt damit, dass man sich von der klassischen Annahme relativ stabiler Markt- und Branchenstrukturen trennen sollte; die angestrebte Nachhaltigkeit von Wettbewerbsvorteilen wird es nicht mehr geben; Brancheneintrittsbarrieren sind nur noch von vorübergehender Natur. Jeder will permanent den anderen überholen (»Eskalationsleitern«), was er am besten dadurch tut, dass er fortwährend seine gewonnenen Vorteile selbst wieder zerstört (und nicht so lange als möglich zu halten versucht) und innovativ durch Neue ersetzt. Jede Form der Berechenbarkeit, wie etwa das langfristige Verfolgen einer Strategie, ist als Schutzmaßnahme gegen

Unberechenbarkeit als Schutzmaßnahme

aggressive Wettbewerber zu vermeiden. Auch das Abstellen von Strategien auf Stärken/Schwächen-Profile ist nur hinderlich, da das notwendige Generieren von Überraschungen auf die eine oder andere Weise ein permanentes Neuausrichten von Strukturen und Ressourcen erfordert. Nur wer Improvisationsgabe, Flexibilität, Spontanität etc. mitbringt, wird im harten Kampf um neu entstehende Geschäfte die Nase vorne haben können. Damit wird eine auf den Unternehmen-Umwelt-Fit ausgerichtete strategische Planung obsolet. Strategien entwickelt man nur noch für ein Durchspielen der direkt folgenden Kurzfristmanöver. Überlegen sind dann die, die ein solches strategisches Vorgehensmuster besser in die Tat umsetzen können.

Lernziele

- Aufzeigen der zentralen Optionen, die auf Ebene der Geschäftseinheiten bestehen, um sich gegenüber den Anspruchsgruppen »Kunden« (Marktstrategien) und »Konkurrenten« (Wettbewerbsstrategien) zu positionieren
- Einführung des Konzepts der generischen Strategietypen von Porter (1985)

3.4.1 Marktstrategien

Die Stellung gegenüber den einzelnen Marktsegmenten bzw. Zielgruppen in einem Geschäftsfeld festzulegen, ist Aufgabe der Marktstrategie. Einer Geschäftseinheit stehen hier mehrere Optionen offen, die sich entlang von vier Dimensionen erfassen lassen.[119]

Optionen für Marktstrategien

- *Variation* der Marktstrategie:
  Inwieweit sind Veränderungen der Marktstrategie erforderlich?
- *Substanz* der Marktstrategie:
  Welcher Nutzen soll geboten werden?
- *Feld* der Marktstrategie:
  Welche Marktsegmente und Zielgruppen sollen bearbeitet werden?
- *Stil* der Marktstrategie:
  Welches Verhalten soll gewählt werden?

(1) Variation

Zunächst ist zu prüfen, ob die bisherige Marktposition weiterhin von Vorteil ist oder ob hier **Veränderungen** vorzunehmen sind. Einer zentralen Grundhypothese des Marketing folgend wählen Kunden diejenigen Angebote aus, deren wahrgenommene Eigenschaften ihren Nutzenerwartungen am besten entsprechen. Sie weisen jedem von ihnen betrachteten Angebot eine bestimmte *Position* am Markt zu und entscheiden auf dieser Grundlage, was sie kaufen. Die Position eines Angebots ist Resultat ihrer subjektiven Wahrnehmung und kann auf einer Vielzahl von Faktoren basieren, die sich den Bereichen Qualitäts-, Preis-, Image-, Innovations-, Zeit-, und Flexibilitätsorientierung[120] zuordnen lassen. Diese sind einzelfallspezifisch zu bestimmen. Gelingt es einem Unternehmen, die Wahrnehmung seiner Kunden über die von ihnen als relevant erachteten Faktoren zu verändern, dann verändert sich konsequenterweise die Position im Markt. Sofern dies ein Unternehmen nicht dem Zufall überlässt, sondern sich um eine aktive Gestaltung und Steuerung der Stellung einer Marktleistung in einem als relevant erachteten Markt bemüht, spricht man von *Marktpositionierung*. Dabei kann auf zwei Arten vorgegangen werden. Bei der reaktiven Positionierung geht man von den explizit artikulierten Kundenerwartungen aus, wie sie beispielsweise durch die klassische Marktforschung ermittelt werden. Dabei versucht man entweder die angebotenen Leistungen an die Erwartungen der Kunden oder die Erwartungen der Kunden an die angebotenen Leistungen anzupassen. In der Praxis ist dies der Regelfall. Im Gegensatz dazu geht man bei der aktiven Positionierung von momentan erst latent vorhandenen Kundenerwartungen aus, d.h. Erwartungen, die von den Kunden heutzutage noch nicht explizit geäußert, sondern sich erst in der Zukunft zeigen bzw. geschaffen werden. Für sie gilt es innovative Ideen zur Problemlösung schon heute zu generieren, um sich frühzeitig die Grundlagen für eine spätere, vorteilhafte Position zu sichern.

Marktposition beibehalten, umpositionieren oder neupositionieren

Je nachdem wie die Überprüfung der momentanen Marktposition ausfällt, bieten sich einer Geschäftseinheit prinzipiell drei Möglichkeiten: Erstens kann sie zu der Einsicht gelangen ihre *Marktposition beizubehalten*. In diesem Fall wird die Arbeit an den bereits anvisierten Marktsegmenten mit einer weitgehend unveränderten Strategie fortgesetzt. Modifikationen sind nur so weit vorzunehmen, wie die bestehende Position dadurch gesichert und weiter ausgebaut werden kann. Grundlegendes ändert sich nicht. Ist man allerdings von der momentanen Position nicht mehr vollständig überzeugt, so kann man zweitens eine *Umpositionierung* einleiten. Dabei legt man den Schwerpunkt der Aktivitäten zwar weiterhin auf die traditionellen Marktsegmente, versucht sie jedoch an ihren Randbereichen zu erweitern. Neue Zielgruppen sollten hier erschlossen werden. Dies hat natürlich Konsequenzen für die Marktstrategie: Sie ist so weit anzupassen bis es möglich wird, neue Zielgruppen an das Unternehmen zu binden. In der Praxis zeigt sich allerdings oft wie schwer und komplex diese Aufgabe ist. Denn einerseits darf durch die Variation der Marktstrategie nicht die enge Bindung der bisherigen Kernzielgruppen aufs Spiel gesetzt werden, andererseits muss die Veränderung jedoch so signifikant sein, dass damit auch Randzielgruppen angezogen werden, die sich bislang noch nicht angesprochen fühlten. Im ungünstigsten Fall wird die Umpositionierung von den bisherigen Kundengruppen abgelehnt, während es gleichzeitig nicht gelingt neue anzuziehen; im günstigsten Fall gelingt die Erweiterung, ohne dass die Kernzielgruppen sich abwenden. Die dritte Möglichkeit besteht in einer *Neupositionierung* am Markt. Sie ist zu wählen, wenn die bisherige Positionierung keine Marktchancen mehr bietet, beispielsweise wenn die Zielgruppe wirtschaftlich nicht mehr interessant ist, sich ihre Einstellung negativ verschoben hat, oder keine Wettbewerbsvorteile mehr erzielbar sind. Für eine Neupositionierung bedarf es einer grundlegend neuen Marktstrategie, die angibt, welche Zielgruppen man in Zukunft nun anzusprechen und welchen Nutzen man ihnen bieten will.

(2) Substanz

Kundennutzen

Unabhängig davon, welche Vorgehensweise man wählt, in allen drei Fällen ist die Frage zu beantworten, welcher **Kundennutzen** angeboten werden soll. Damit wird die Thematik der eigentlichen Substanz einer Marktstrategie angeschnitten. Das Überdenken des Kundennutzens kann dabei immer wieder zu überraschenden Einsichten führen. Die dazugehörige Kernfrage lautet: In welchem Geschäft wollen wir eigentlich sein?

Will ein Unternehmen den angebotenen Kundennutzen verändern, dann kann dies entlang von zwei zentralen Einflussgrößen geschehen: den subjektiv wahrgenommenen Leistungsmerkmalen und dem dazu gehörigen Preis. Konzentriert man sich auf die erste Einflussgröße, dann wird Kundennutzen durch eine an einer oder mehreren Leistungsmerkmalen ansetzenden Bedürfnisbefriedigung gestiftet. Der Kunde ist dabei bereit, für diesen Kundennutzen eine gewisse »Preisprämie« zu bezahlen. Einer solchen *Präferenzstrategie* steht eine *Preis/Mengen-Strategie* gegenüber, die auf die Einflussgröße »Preis« fokussiert. Den Kunden werden Angebote offeriert, die gegenüber den Angeboten der Wettbewerber einen Preisvorteil bieten, sich jedoch hinsichtlich der Leistungsmerkmale kaum oder nur unwesentlich unterscheiden.

Präferenz versus Preis/Mengenstrategie

Zusätzlich ist zu berücksichtigen, dass sich die Nutzenerwartungen der Kunden über die Zeit verändern, sei es in Folge von Geschmacks- und Stilwandlungen, sei es durch das Auftreten von Substituten oder technischem Fortschritt. Dies hat weit reichende Konsequenzen für die Angebote einer Geschäftseinheit. Wie erstmalig bei der Untersuchung von Markenartikeln belegt wurde, durchlaufen Produkte zwischen ihrer Einführung und ihrem Ausscheiden aus dem Markt mehrere Phasen, die sich in Form eines Lebenszyklus rekonstruieren liessen. Manche Marken »altern« mit ihren Kunden. Auf Grundlage dieser Beobachtung entstanden **Produkt-Lebenszyklus-Modelle,** die Regelmäßigkeiten in der Entwicklung von Produkten unterstellten. Als abhängige Variablen verwenden sie Erfolgsgrößen wie Umsatz oder Gewinn, als unabhängige Variable die Zeit. Stellt man diesen Zusammenhang in Abbildung 3-46 grafisch dar – wobei die Erfolgsgrößen auf der Ordinate und die Zeit auf der Abszisse eingetragen werden – dann ergibt sich in seiner idealtypischen Form ein s-förmiger Kurvenverlauf, innerhalb dessen je nach Modell zwischen vier bis sechs Phasen unterschieden werden.

Produkt-Lebenszyklus-Modelle

Den *Phasen* liegen folgende Überlegungen zu Grunde: Ausgehend von einer Produktidee, wird ein Produkt entwickelt, getestet und anschließend am Markt eingeführt. Während am Anfang nur Kosten anfallen, kommt es während der Einführungsphase zu ersten Umsätzen. Diese sind allerdings noch relativ gering, da das Produkt erst wenig bekannt ist. Probekäufe sind die Regel, Gewinn stellt

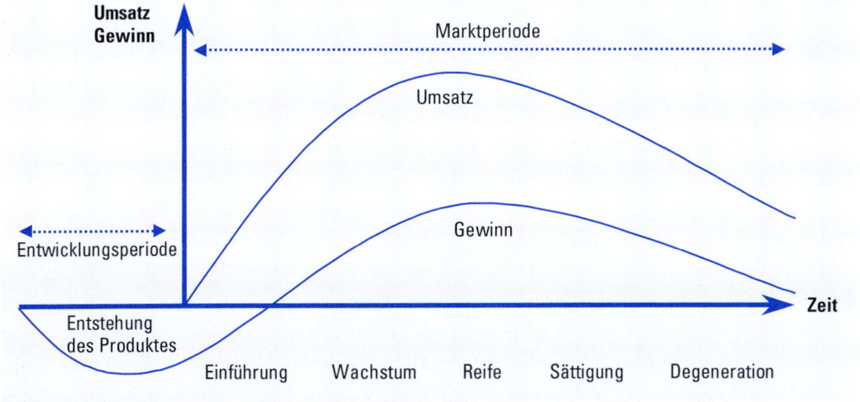

Abb. 3-46: Idealtypische Darstellung des Produkt-Lebenszyklus

sich noch nicht ein, da hohe Investitionen in den Aufbau der Vertriebs- und Produktionskapazitäten zu investieren sind. Zeigt sich jedoch, dass das Produkt in der Lage ist, nachhaltig Kundennutzen zu stiften, so kommen zu den Probekäufen Wiederholungskäufe hinzu und die Wachstumsphase beginnt. Der Umsatz steigt jetzt rasch an und erstmalig wird die Gewinnzone erreicht. Konkurrenzprodukte, die vom Erfolg angezogen werden, treten nun ebenfalls am Markt auf, können sich jedoch nur mühsam etablieren. Am Wendepunkt der Umsatzkurve tritt das Produkt in seine Reifephase ein. In der nachfolgenden Sättigungsphase kommt das Umsatzwachstum zum Stillstand. Der Markt wächst nicht mehr und infolgedessen intensiviert sich der Konkurrenzkampf, was die Gewinne nach unten drückt. Gelingt es in dieser Phase durch einen »Relaunch« des Produktes (z.B. durch modifizierte Leistungsmerkmale wie Design oder Verpackung) den Abwärtstrend aufzuhalten, kann die Degeneration aufgehalten und ein neuer Aufwärtstrend eingeleitet werden. Klappt dies hingegen nicht, dann sinken Umsätze und Gewinne immer weiter nach unten, bis es nötig wird das Produkt aus dem Markt zu nehmen und durch ein neues zu ersetzen.

Da es sich beim Produkt-Lebenszyklus-Modell um einen Idealtypus handelt, sind bei seiner *Anwendung* eine Reihe von Punkten zu beachten. Erstens ist die zeitliche Abfolge keineswegs im Sinne eines invariaten Naturgesetztes zu verstehen. Wie lange eine Phase dauert, lässt sich mit Sicherheit nur ex post, jedoch nicht ex ante bestimmen. Zweitens können durch Marketingmaßnahmen sowohl die Länge als auch die Ausprägungen der einzelnen Phasen entscheidend beeinflusst werden. Coca Cola ist ein gutes Beispiel dafür, wie eine Marke – und mit ihr das Produkt – immer wieder revitalisiert wird, ohne bislang die Degenerationsphase erreicht zu haben. In Branchen wie z.B. der Mikroelektronik hingegen sind Lebenszyklen, die länger als ein Jahr dauern, eher die Ausnahme als die Regel. Ebenso ist daher zu unterscheiden, ob es sich um Konsum- oder Investitionsgüter handelt. Letzere weisen zumeist längere Lebenszyklen als Konsumgüter auf. Drittens ist im Anwendungsfall zu klären, worauf die Lebenszyklusbetrachtung gerichtet ist. Handelt es sich um ein einzelnes Produkt oder um eine Produktgruppe, sind die abhängigen Variablen Umsatz, Gewinn, Kosten oder Deckungsbeiträge?

(3) Feld

Bestimmung der Marktsegmente und Zielgruppen

Wenn man davon ausgeht, dass Entscheidungen über die Auswahl der Geschäftsfelder auf Ebene des Gesamtunternehmens getroffen werden, so sind die Geschäftseinheiten für die **Bestimmung der Marktsegmente und Zielgruppen** innerhalb eines Geschäftsfeldes zuständig. Betrachtet man beispielsweise eine Bank, die in den Geschäftsfeldern Firmenkunden, Vermögensanlage und Investmentbanking tätig sein will, so sind auf Ebene der Geschäftseinheiten die Marktsegmente und Zielgruppen innerhalb der einzelnen Geschäftsfelder zu bestimmen. Zwei Anmerkungen sind hier zu treffen: Erstens sind in der Praxis die Trennlinien zwischen Entscheidungen auf der Gesamtunternehmens- und Geschäftseinheitsebene nicht immer eindeutig zu ziehen, da sie sich gegenseitig bedingen. Zumeist wird in iterativen top-down- und bottom-up-Prozessen eine Festlegung auf beiden Ebenen vorgenommen. Zweitens ist die weiterführende Unterteilung zwischen Marktsegment und Zielgruppe in der Praxis durchaus üblich, empfiehlt sich jedoch nur, wenn ein Geschäftsfeld über eine angemessene Größe verfügt, die eine differenzierte Marktbearbeitung erfordert. Ein Marktsegment stellt in diesem Fall eine übergeordnete Kundengruppe dar, die sich aus mehreren Zielgruppen zusammensetzt. Das Geschäftsfeld Vermögensanlage kann beispielsweise in die Marktsegmente private Anleger, Institutionelle (wie Pensionskassen), Großunternehmen und Kleinunternehmen zerlegt werden, und private Anleger weiter in Zielgruppen mit hoher, mittlerer und geringer Kapitalkraft.

Marktabdeckung

Worauf es auf Ebene einer Geschäftseinheit also ankommt, ist die Einteilung und Auswahl von Marktsegmenten und Zielgruppen. Hinsichtlich der **Marktabdeckung** (Anzahl der bearbeiteten Segmente) kann eine Geschäftseinheit eine Single-Segment-, Multi-Segment- oder eine auf den Gesamtmarkt gerichtete Strategie einschlagen. Bei der *Single-Segment-Strategie* liegt der Vorteil in der Bündelung der Kräfte. Das Unternehmen konzentriert sich voll auf das ausgewählte Segment, geht jedoch mit der damit verbundenen hohen Abhängigkeit starke Risiken ein. Kleine und mittelständische Unternehmen entscheiden sich denn auch eher für diese Strategie. Bei *Multi-Segment-Strategien* begegnet man dieser Abhängigkeit indem man mehrere Segmente auswählt. Trifft eine Umsatzstagnation in einem Segment ein, kann dies durch die anderen ausgeglichen werden. Allerdings wird dieser Vorteil durch erhöhte Koordinationskosten erkauft. Will man zuletzt den *gesamten Markt* bedienen, so hat man zwar die Abhängigkeit von einzelnen Segmenten vollständig reduziert, läuft jedoch Gefahr, die Kundengruppen zu undifferenziert zu bedienen.

Produkt-/Marktstrategien

Des Weiteren ist die Frage zu beantworten, ob eine Geschäftseinheit nur die bereits bestehenden Marktsegmente bearbeiten will oder sich auch neue Marktsegmente zu erschließen gedenkt. Kombiniert man diese Fragestellung mit der Option dies entweder mit alten oder neuen Produkten zu tun, so lassen sich neun **Produkt-/Marktstrategien** unterscheiden, wie Abbildung 3-47 illustriert. Dort wurde die Möglichkeit der Erweiterung und Durchdringung noch um die Optionen eines Abbaus, also der Reduktion von Produkt- und/oder Marktspektrum ergänzt, wie er häufig mit Umpositionierungen einher geht.

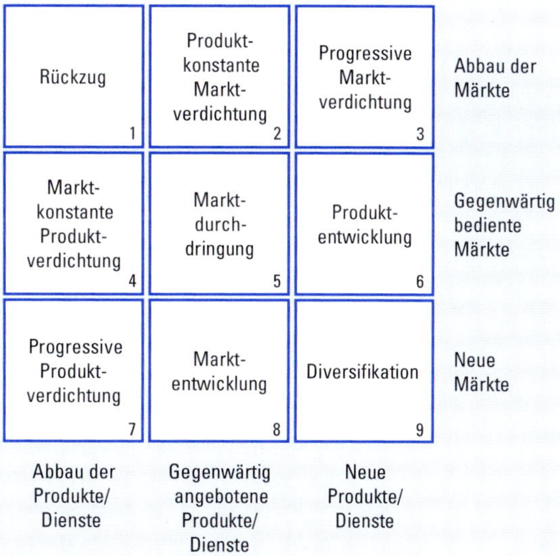

Abb. 3-47: Produkt/Markt-Matrix

Die Strategie der *Marktdurchdringung* versucht das Volumen bestehender Marktsegmente auszuschöpfen. Diese Strategie ist umso Erfolg versprechender, je mehr der betreffende Markt wächst; denn dann wachsen in absoluten Einheiten die Umsätze der Unternehmen weiter an, ja sind die Unternehmen oft nicht in der Lage die Nachfrage zu befriedigen. Im Gegensatz dazu wird bei stagnierendem Marktwachstum versucht, den Wettbewerbern möglichst viele Kunden abzuwerben, um dadurch den eigenen Marktanteil zu erhöhen. Intensive Vertriebs- und Marketinganstrengungen oder aggressive Preissenkungen sind die Folge.

Da die meisten Unternehmen nicht einen gesamten Markt abdecken, ist historisch bedingt eine Konzentration auf einzelne Marktsegmente die Regel. Daher ist es nahe liegend mit den bestehenden Produkten eine Verbreiterung der Marktabdeckung anzustreben. Dies ist der Gedanke der Strategie der *Marktentwick-*

lung. Drei Möglichkeiten stehen einem Unternehmen dabei offen. So kann eine Ausdehnung in noch nicht bediente Marktsegmente stattfinden, was z.B. geschieht, wenn Kosmetikunternehmen ihre Produkte gezielt auf Zielgruppen wie die Senioren zuschneiden. Oft sind hier nur geringfügige Veränderungen an der angebotenen Leistung notwendig, um diese Umstellung vorzunehmen. Eine andere Möglichkeit ist es, sich geografisch neue Märkte zu erschließen. Der Eintritt deutscher Automobilunternehmen wie BMW mit eigenen Produktionsstätten und Vertriebskanälen in Nordamerika ist dafür ein Beispiel, ebenso wie die Internationalisierungsaktivitäten von Versicherungsunternehmen wie z.B. von ALLIANZ und GENERALI. Zuletzt können bestehende Produkte auf andere Kundenbedürfnisse hin ausgerichtet werden, wodurch sich neue Märkte eröffnen. Z.B. äußert sich dies in der Konversion von Produkten der Verteidigungsindustrie für die Anwendung in Marktsegmenten wie der satellitengestützten Autonavigation oder der Herstellung mobiler Sanitätsboxen für Katastrophenfälle.

!

Fallbeispiel: WESTEND CLOTHING
Das Unternehmen WESTEND CLOTHING[121] konzentriert seine Aktivitäten auf ein Marktsegment der Textilbranche, das in den letzten Jahren hohe Zuwachsraten verzeichnet: »Corporate Fashion« oder »Corporate Sportswear«. Darunter ist Dienst- und Freizeitkleidung zu verstehen, die speziell für einzelne Unternehmen hergestellt wird. Textilien wie Jacken, T-Shirts, Mützen oder Arbeitshosen werden dabei mit dem Logo oder markanten Slogans eines Unternehmens versehen und an Kunden und Mitarbeiter verteilt. Unternehmen wie der Maschinenbauer MAN, das Reiseunternehmen TUI oder der Hersteller von Landwirtschaftsmaschinen FENDT setzen solche Textilien gezielt zur Bindung wichtiger Anspruchsgruppen ein. Für WESTEND CLOTHING hat diese Entwicklung mehrere Vorteile: Erstens ist die Gefahr, mit einer Kollektion neben dem Modetrend zu liegen, deutlich geringer als im Rest der Branche. Zweitens schwankt die Nachfrage nach Corporate Fashion wesentlich weniger, was eine bessere Planung ermöglicht. Positiv sind hier auch die hohen Losgrößen pro Artikel, die bei rund 1000 Stück liegen. Und drittens läuft eine Kollektion zwischen ein und zwei Jahren und weist damit eine relativ lange Laufzeit auf, was im Gegensatz zur restlichen Textilbranche deutlich geringere Entwicklungskosten verursacht.

Die Strategie der *Produktentwicklung* kann in mehreren Variationen eingesetzt werden. Sie reicht von der Verbesserung bestehender Produkteigenschaften, der Entwicklung von Varianten und Zusatzfunktionen, bis hin zur Entwicklung vollständig neuer Produkte oder des Angebots zusätzlicher Dienstleistungen. Je kürzer die Produktlebenszyklen in einem Markt sind, desto wichtiger wird die Entwicklung neuer Produkte. So angenehm der Wettbewerbsvorteil eines am Markt erfolgreichen Neuproduktes ist, so wenig sollte jedoch die Gefahr hoher Flopraten unterschätzt werden. Nur ca. jede zehnte Neuentwicklung kann sich am Markt durchsetzen. Und auch die, die es geschafft haben, erreichen oft nicht den Break-even-Bereich, da oft hohe Investitionen für F & E, die Umstellung der Produktion sowie intensive Werbe- und Vertriebsaktivitäten damit einhergehen. Ein weiteres Feld der Marktstrategie besteht in der *Diversifikation*. Darunter ist der Eintritt in neue Geschäftsfelder zu verstehen: mit neuen Produkten in neue Märkte. Da Diversifikationsentscheidungen zumeist nicht auf Ebene einer Geschäftseinheit getroffen werden, wird diese Thematik bei den Ausführungen zur Gesamtunternehmensebene zu behandeln sein.

Diversifikation

Wie bereits bei der Strategie der Marktentwicklung angesprochen, betrifft eine

Geografisches Feld

weitere wichtige Fragestellung das **geografische Feld** der Marktstrategie: Konzentriert man sich nur auf das lokale Umfeld (wie z.B. viele Bäckereien oder Rechtsanwaltsbüros) oder versucht man sich geografisch auszudehnen und sogar über die Landesgrenzen zu gehen? Waren Unternehmen früher weitgehend an ihr lokales Umfeld gebunden, so sind heute nicht nur Großunternehmen, sondern auch viele Mittelständler und Kleinunternehmen international tätig. Z.B. das auf die Herstellung von Frischpflanzenpräparaten spezialisierte Unternehmen Bioforce AG ist mit 600 Mitarbeitern in mehr als 30 Ländern tätig. In der Schweiz arbeiten 180 Personen, der Rest ist auf zwölf Tochter- und Partnerfirmen verteilt.

Internationale Strategie: global versus multilokal

Bei der Formulierung einer internationalen Strategie ist es wichtig zwischen einem globalen und einem multilokalen Ansatz zu unterscheiden. Eine *globale* Strategie versucht mit weitgehend standardisierten Leistungen, die innerhalb eines weltweit verteilten Wertschöpfungssystems produziert werden, sich Märkte zu erschließen. Man geht davon aus, dass lokale Bedürfnisse an Bedeutung verlieren und global weitgehend einheitliche Anforderungen entstehen. Eine solche Strategie, wie sie von McDonalds, Levi Strauss oder Ford verfolgt wird, hat mehrere Vorteile. Sie ist flexibel hinsichtlich der Standortwahl, realisiert Economies of Scale in der Produktion, verstärkt die Nachfragemacht gegenüber Lieferanten und harmonisiert weltweit den Marktauftritt, was insbesondere die Entstehung global bekannter Marken begünstigt. Allerdings ist sie nur anzuwenden, wenn die Nachfrage global relativ homogen ist, und die Bündelung von Aktivitäten im Sinne eines Global Sourcing oder die Einrichtung globaler Kompetenzzentren deutliche Vorteile verspricht. Ansonsten empfiehlt sich eine *multilokale* Strategie. Hier geht man von der Annahme aus, dass die Marktbedürfnisse weiterhin sehr unterschiedlich bleiben und daher je nach Land differenzierte Strategien erforderlich sind. Daher versucht man möglichst auf die jeweiligen lokalen Bedürfnisse zugeschnittene Leistungen anzubieten, was mit einer weit gehenden Produktdifferenzierung verbunden ist. Zudem werden dadurch – im Gegensatz zur globalen Strategie – Transportkosten reduziert und der Einfluss von Handelsbarrieren umgangen. In neueren Ansätzen zum Internationalen Management sieht man die globale und die multilokale Strategie allerdings nicht mehr als Gegensatz. So wird z.B. in der von Bartlett/Goshal (1998) entworfenen »*Transnational Solution*« versucht, die einzelnen Fähigkeiten, die in verschiedenen internationalen Strategien aufgebaut werden sollen, in einem Gesamtkonzept zu integrieren.

Fallbeispiel: Britische Banken reagieren auf die Konkurrenz im Internet (FAZ, 29. 2. 2000)

»Der Einstieg in das britische Bankgeschäft ist attraktiv. Allein in den vergangenen drei Jahren hat sich die reale Eigenkapitalrendite der britischen Banken verdreifacht – ein Ertragsniveau, das viele Konkurrenten anlockt. Das Internet bietet neuen Marktteilnehmern erstmals die Möglichkeit, in das Bankgeschäft einzusteigen und neue Kunden zu gewinnen, ohne in ein Filialnetz investieren zu müssen, wie dies früher der Fall gewesen wäre. Wer im Internet surft, kann in wenigen Minuten Preisvergleiche anstellen. Stimmen die Produkte und Preise nicht, ist man mit einem Mausklick bei der Konkurrenz. Diese extreme Preistransparenz ist der Grund, warum Neueinsteiger zum Beispiel mit einer hohen Verzinsung auf Einlagen und günstigen Hypothekendarlehen schnell neue Kunden gewinnen können.

Das Zweigstellennetz ist für die traditionellen Banken plötzlich ein Ballast. Die Konkurrenz aus dem Internet hat nämlich den Vorteil, den Kostenblock der Zweigstellen nicht tragen zu müssen. Sie kann mit vergleichsweise geringen Investitionen Finanzprodukte im Internet anbieten, kommt mit einer Personalstärke von in der Regel weniger als 100 Mitarbeitern aus und muss sich nicht mit einer veralteten Computergeneration herumschlagen, wie traditionelle Banken. Diese geringeren Kosten ermöglichen es den Internet-Einsteigern, günstigere Konditionen und höherverzinsliche Produkte anzubieten.

Die Furcht, das Internet werde die Erträge der Banken auf Dauer kräftig beschneiden, spiegelt sich auch in den schwachen Aktienkursen der britischen Banken wider. Zudem hat der Markt seine Einstellung zur Konsolidierung in der Branche geändert. Viele Banken stellen sich zunehmend die Frage, ob es wirklich sinnvoll ist, sich mit der Übernahme einer anderen Bank Kosten, Personal- und Computerprobleme sowie Integrationsschwierigkeiten aufzuhalsen, nur um den eigenen Kundenstamm und die Produktpalette ausweiten zu können. LLOYDS TSB ist zum Beispiel davon abgerückt, im europäischen Ausland eine Bank übernehmen zu wollen, kündigte aber an Stelle dessen die Gründung einer europäischen Internet-Bank an. Die Übernahmefantasie in der Branche hat nachgelassen, und auch das drückt auf die Kurse der Aktien.

Im vergangenen Jahr haben sich britische Bankaktien daher um 16 Prozent schlechter als der FTSE-100-Aktienindex entwickelt. Die Aktienkurse der Hypothekenbanken, die von dem Angebot über das Internet am meisten bedroht sind, blieben in den vergangenen 12 Monaten sogar um 36 Prozent hinter dem FTSE-100-Index zurück. Mittlerweile sind britische Bankaktien nach einer Berechnung von GOLDMAN SACHS mit einem Kurs-Gewinn-Verhältnis von 10,4 (auf Basis der Gewinne vom Jahr 2000) billiger als Bankaktien aus Frankreich, Deutschland, Italien und Spanien.

PRUDENTIAL macht es vor

GOLDMAN SACHS glaubt, dass diese Unterbewertung – unter anderem auch mit dem Blick auf das Internet – gerechtfertigt sei. In der Tat haben die vergangenen Monate gezeigt, wie schnell die Banken sich dem Wettbewerb mit eigenen Internet-Angeboten stellen müssen. Die schärfste Konkurrenz kam von der größten britischen Lebensversicherung PRUDENTIAL mit der Internet-Bank »EGG« auf den Markt. EGG hat nach etwas mehr als einem Jahr einen so gewaltigen Erfolg, dass Prudenzial einen Teil der Internet-Bank an die Börse bringen will. EGG hat bereits mehr als 800 000 Kunden und Einlagen von 7,6 Milliarden Pfund (24,15 Milliarden DM). EGG vergab im ersten Jahr des Bestehens Hypothekendarlehen von 452 Millionen Pfund – die Anträge auf die Darlehen wurden zu 90 Prozent über das Internet gestellt. PRUDENTIAL hat schnell erkannt, dass die Kundenakzeptanz von EGG auch für andere Produkte genutzt werden kann. PRUDENTIAL entwickelte eine eigens für EGG-Kunden ausgegebene Kreditkarte, will im Internet ein Angebot für den Kauf von Investmentfonds sowie Aktienhandel bereitstellen und bietet jetzt schon eine Internet-Seite an, auf der die Egg-Kunden bei mehr als 100 Einzelhändlern einkaufen können.

Umstrittene Strategien

Die Banken reagierten auf EGG nun mit einer ganzen Welle von Ankündigungen, selbst mit einem Internet-Angebot an den Markt gehen zu wollen. Dabei gründet eine Bank entweder eine eigenständige Internet-Bank mit neuem Markennamen. Oder die Bank versucht, das bisherige Geschäft um ein integriertes Online-Angebot unter dem alten Markennamen auszuweiten.

Bei der ersten Strategie versucht die Bank, ihre Stammkunden im traditionellen Bankgeschäft zu halten. Gleichzeitig wird die eigenständige Internet-Bank mit neuem Markennamen dazu genutzt, Kunden von anderen Banken und vor allem von anderen Internet-Angeboten fortzulocken. Zugleich will die traditionelle Bank mit dieser Strategie vermeiden, dass die Stammkundschaft zu anderen Internet-Banken abwandert. Wer von der Stammkundschaft an Internet-Banking interessiert ist, kann zur Internet-Bank wechseln.

Diese Strategie erklärt, warum plötzlich so viele Institute mit neuen Internet-Banken an den Markt kommen: die COOPERATIVE BANK mit »smile.co«, die BANQUE D'ESCOMPTE und die BANK OF IRELAND mit »first-e«, ABBEY NATIONAL mit »Cahoot«,

Halifax mit »IF« und das Institut Alliance & Leicester, das ebenfalls die Gründung einer Internet-Bank angekündigt hat. Vor allem die traditionellen Hypothekenbanken kommen mit eigenen Internet-Banken an den Markt, denn kein Produkt lässt sich so leicht über das Internet anbieten wie Hypotheken und nirgendwo ist der Margendruck so groß.

Nicht alle Internet-Pläne der Banken sind freilich gleich ernst zu nehmen. In der Regel investieren die Banken zwei bis drei Jahre jährlich 100 Millionen Pfund in eine Internet-Bank. Prudential zum Beispiel investiert nach 1999 in diesem Jahr nochmals 150 Millionen Pfund in die Bank und erst im Jahr 2001 wird Egg mit einem ausgeglichenen Geschäftsergebnis abschneiden, erwartet Prudential.

Auch Abbey National oder Halifax werden zunächst kräftig in die neue Technik und vor allem Marketing investieren müssen, um später ein Bankgeschäft zu betreiben, das mit einer Kostenertragsquote von nur 25 Prozent im Vergleich zu einer Quote von 40 Prozent im Filialgeschäft arbeitet und daher langfristig sehr ertragreich sein kann. Der Markt nimmt daher Ankündigungen von Alliance & Leicester, zunächst 15 Millionen Pfund in die Entwicklung einer Internet-Bank zu stecken, nicht sehr ernst.

Doch die Strategie einer eigenständigen Internet-Bank ist umstritten. Im Bankgeschäft findet ein Verdrängungswettbewerb statt. Bei einem Markt, der ohnehin mit Überkapazitäten kämpft, ist fraglich, ob die Kunden noch einmal die gleiche Anzahl von neuen Internet-Banken nutzen werden. Es steht also außer Frage, dass ein Teil der Internet-Banken nicht überleben wird. Damit erklärt sich die Strategie von Egg, schon jetzt aus dem Bankgeschäft in den Einzelhandel und das Kreditkartengeschäft zu diversifizieren.

Das Management von Barclays Bank lehnt unterdessen die Gründung einer Internet-Bank rundweg ab, weil die Gefahr zu groß sei, dass die Internet-Bank und die traditionelle Bank um die gleichen Kunden konkurrierten. »Warum sollen wir mit dem exzellenten Kundenstamm, den wir haben, eine Internet-Bank aufbauen? Nur, um dann um Marktanteile gegen die Konkurrenz kämpfen zu müssen?«, meinte der neue Chief Executive der Bank, Matthew Barrett. Barclays will vielmehr seinen Markennamen im Internet vermarkten, also ein integriertes Online-Geschäft aufbauen. Barclays hat schon jetzt 650000 Kunden, die das elektronische Internet-Banking nutzen – mehr als jede andere Bank in Großbritannien. Und diese Zahl will die Bank bis Ende des Jahres auf eine Million steigern.

Eine ähnliche Strategie verfolgt die Hypothekenbank Woolwich, die fast alle Produkte mittlerweile im Internet anbietet und als erste britische Bank der Kundschaft in ihren Filialen einen Internet-Zugang anbieten will. Schon jetzt nutzen 50 000 Kunden das Internet-Angebot »Open Plan« von Woolwich. Bis 2002 sollen es 2 Millionen sein. Gleichzeitig steigt Woolwich in das Bankgeschäft über Mobiltelefone mit Vodafone ein.

Hausgemachte Konkurrenz

Angesichts der umstrittenen Strategie, eigenständige Internet-Banken aufzubauen, bekam Lloyds TSB den Unbill der Aktionäre zu spüren, als das Management die Gründung einer europäischen Internet-Bank ankündigte. Diese Konkurrenz zur klassischen Lloyds TSB Bank soll zunächst in Spanien, dann in Italien, Frankreich und Deutschland eingeführt werden, bevor die Internet-Bank auch in Großbritannien auf den Markt kommen soll. Damit wird Lloyds TSB die traditionelle Bank, das elektronische Onlinebanking von Lloyds TSB und die neue Internet-Bank im Portfolio haben – eine Strategie, die die Börse mit einem kräftigen Kursrutsch der Aktie quittierte, obwohl die Bank ein sehr gutes Geschäftsergebnis für 1999 vorgelegt hatte. Lloyds TSB wurde vorgeworfen, keine durchdachte Internet-Strategie präsentiert zu haben. Ernster war freilich die Kritik, dass Lloyds TSB in Zeiten des Internet auf Dauer nicht mehr die hohen Erträge wird erwirtschaften können, die die Bank bisher zum erfolgreichsten britischen Geldinstitut gemacht hat.«

Standpunkt

1. Angenommen, Sie wollen als Bank oder Versicherung in einen *neuen regionalen Markt diversifizieren*. Wie beurteilen Sie aus heutiger Sicht die Vor- und Nachteile des Internets hierfür (gegenüber anderen Vertriebskonzepten wie Außendienst oder Filialnetz)?
2. Worin sehen Sie den *Erfolg* von EGG Anfang 2000? Wie ist es heute um EGG bestellt? (siehe: www.egg.com)
3. Welche *Reaktionsoptionen* hatte die damalige lokale Konkurrenz auf einen derartigen »Internet-Angriff« von außen? Wie beurteilen Sie diese bzgl. ihrer Vor- und Nachteile?
4. Welche *Erfahrungen* haben andere Finanzdienstleister mit dem Eintritt in das Internet (jenseits des klassischen E-Banking) gemacht?
5. Ist das *Internet* nur ein zusätzlicher Vertriebskanal für eine Bank/Versicherung oder ein anderes Geschäft?

(4) Stil

Verhalten einer Geschäftseinheit

Wenn vom Stil einer Marktstrategie die Rede ist, dann geht es um das **Verhalten** einer Geschäftseinheit in zweierlei Hinsicht: Einerseits stellt sich die Frage, wie die ausgewählten Marktsegmente und Zielgruppen konkret anzusprechen und zu bearbeiten sind. Wann geht man an welche Zielgruppe wie heran? Die Maßnahmen lassen sich dabei den als Marketing-Mix bezeichneten Bereichen Preis, Produkt, Distribution und Kommunikation zuordnen und sind zeitlich aufeinander abzustimmen. Andererseits ist zu bedenken, dass es sich beim Verhältnis zwischen einer Geschäftseinheit und ihren Kunden um keine reine Zweierbeziehung handelt, sondern die Interaktionen stets unter Berücksichtigung der Konkurrenz erfolgen. Versetzt man sich in die Lage eines Kunden, dann betrachtet dieser das Angebot eines Unternehmens stets in Relation zu dem anderer Anbieter. Es genügt also nicht sich allein an den Kunden zu orientieren, vielmehr geht es dabei immer auch um die Frage, ob man gegenüber der Konkurrenz hier einen komparativen Vorteil erzielt. Dieser Gedanke findet sich in seiner einfachsten Form im *strategischen Dreieck*, einer Denkfigur, die darauf hinweist, dass marktwirtschaftliche Unternehmen prinzipiell im Spannungsverhältnis zwischen Kunden, dem eigenen und dem Angebot von Konkurrenten agieren. Folglich sind Marktstrategien unmittelbar mit Wettbewerbsstrategien verbunden, die als Nächstes zu betrachten sind.

3.4.2 Wettbewerbsstrategien

Bei der Entwicklung von **Wettbewerbsstrategien**, bei denen die Positionierung gegenüber den Konkurrenten im Vordergrund steht, scheinen der Kreativität von Unternehmen keine Grenzen gesetzt zu sein. Dies zeigt sich immer wieder, wenn man in den einzelnen Branchen der Wirtschaft die strategischen Manöver der dort tätigen Unternehmen beobachtet. Die hier auftretende Vielfalt lässt sich sinnvoll reduzieren, wenn man sich auf vier zentrale Dimensionen konzentriert, die auch zur Entwicklung einer Wettbewerbsstrategie geeignet sind. Dabei handelt es sich um:[122]

Optionen für Wettbewerbsstrategien

- *Schwerpunkt* des Wettbewerbs:
  Womit soll konkurriert werden?
- *Ort* des Wettbewerbs:
  Wo soll konkurriert werden?
- *Taktiken* des Wettbewerbs
  Welche Taktiken sollen eingesetzt werden?
- *Regeln* des Wettbewerbs:
  Nach welchen Regeln soll konkurriert werden?

(1) Schwerpunkt

Generische Wettbewerbsstrategien: Kostenführerschaft versus Differenzierung

Zunächst einmal geht es um die Thematik, wie eine Geschäftseinheit sich grundsätzlich dem Wettbewerb mit ihren Konkurrenten zu stellen gedenkt. Was ist die dominierende Stoßrichtung der Wettbewerbsstrategie? Wodurch führt sie zu einem Vorteil gegenüber den Wettbewerbern? Selbst wenn – wie erwähnt – die Wege dorthin vielfältig sind, so lassen sie sich doch in zwei grundlegenden Stoßrichtungen zusammenfassen, die Porter (1985) als »**generische Wettbewerbsstrategien**« bezeichnet: Entweder kann über geringere Kosten oder über eine Differenzierung der angebotenen Leistung konkurriert werden.

Im ersten Fall wird von einer *Strategie der Kostenführerschaft* gesprochen. Hier versucht man, einen Wettbewerbsvorteil durch einen – relativ zu den Konkurrenten – zu entwickelnden Kostenvorsprung zu erzielen. Die angebotene Leistung muss billiger entwickelt, produziert oder am Markt vertrieben werden als die Wettbewerber dazu in der Lage sind. Erreicht wird dies, indem entweder einzelne Wertschöpfungsaktivitäten kostengünstiger ausgeführt werden oder sich durch eine einzigartige Gestaltung des ganzen Wertschöpfungssystems insgesamt Effizienzverbesserungen ergeben. Beides kann natürlich auch parallel vorangetrieben werden. Die Strategie der Kostenführerschaft bietet sich insbesondere bei stark standardisierten Produkten bzw. bei Dienstleistungen an, wo eine hohe Transparenz der Preise besteht. Solche »Commodities« sind z.B. Papier oder Flachglas, aber auch Teile der Beratungsleistung von Wirtschaftsprüfern gehen in diese Richtung, was natürlich immer auch Preisverfall zur Folge hat. Kunden können hier direkte Preisvergleiche vornehmen und wechseln den Anbieter, wenn dieser nur geringfügig teurer ist als ein anderer. Die Preiselastizität der Nachfrage ist dementsprechend hoch.

Reduktion der Stückkosten um 20–30 % bei Volumensverdopplung

Eng mit der Strategie der Kostenführerschaft ist die von der Boston Consulting Group Anfang der 60er-Jahre geprägte Konzeption der **Erfahrungskurve**[123] verbunden. Sie beschreibt die Entwicklung der Stückkosten in Abhängigkeit von der produzierten Menge. In Zahlen ausgedrückt geht sie davon aus, dass sich mit jeder Verdoppelung der kumulierten Produktionsmenge die inflationsbereinigten Stückkosten (Fertigungskosten, Kapitalkosten, Verwaltungskosten, Marketing-Kosten usw.) konstant um 20 % bis 30 % senken lassen, vorausgesetzt man nutzt auch die sich bietenden Rationalisierungspotenziale. Man vergleiche dazu Abbildung 3-48.

Die mathematische Formel für die Erfahrungskurve lautet: $K_n = K_{1n}^{-b}$

K_n = Stückkosten der n-ten Produkteinheit
K_1 = Stückkosten der 1-ten Produkteinheit
n = kumulierte Produktionsmenge (Erfahrung)
b = Degressionsfaktor, der durch die Erfahrungsrate bestimmt wird.

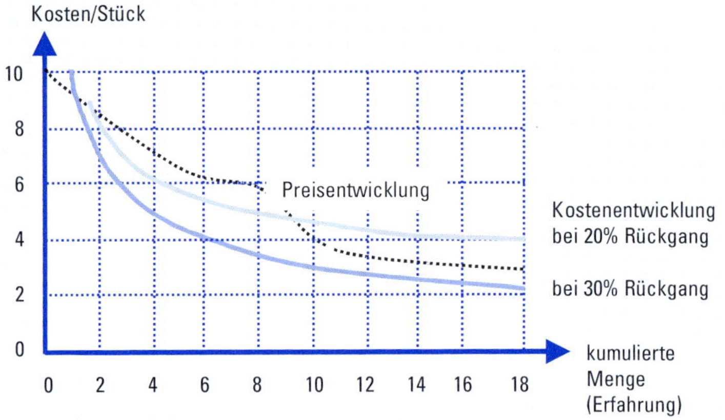

Abb. 3-48:
Die Erfahrungskurve

Setzt man in die obige Gleichung die tatsächlichen Stückkosten ein, so lässt sich zu einem bestimmten Produkt nun die Erfahrungsrate berechnen. Oder kennt man bereits die Erfahrungsrate, so lässt sich mit dieser Gleichung eine Prognose der zukünftigen Stückkosten bei jeder Verdoppelung der Produktionsmenge errechnen.

Realisierung von Übungsgewinnen

Als Ursache der Stückkostendegression wird insbesondere auf zwei Faktoren verwiesen: erstens die *Lernkurve*, die davon ausgeht, dass Arbeiter ihre Fertigkeiten sukzessive verbessern und damit Übungsgewinne realisieren. Ein solcher Zusammenhang wurde erstmals in der Flugzeugindustrie entdeckt, als die Montagezeiten der Arbeiter (und damit die Kosten je Flugzeug) bei steigendem Produktionsvolumen zu sinken begannen. Auch wurde erkannt, dass bei höherem Ausbildungsgrad der Mitarbeiter schneller die Stückkosten reduziert werden können. Zweitens wird mit Größendegressionseffekten argumentiert. Liegen aus produktionstheoretischer Sicht steigende Skalenerträge vor, so führt dies bei einem Anwachsen der jährlichen Kapazität zu einer Abnahme der Kosten, da immer weniger Input erforderlich wird. Oder umgekehrt: eine Erhöhung des Inputs führt nicht zu einer proportionalen, sondern zu einer überproportionalen Erhöhung des Outputs. Diese so genannten »*Economies of Scale*« hängen von der optimalen Betriebsgröße ab, was eine allgemeine Aussage über ihre Höhe nicht möglich macht, da diese von Branche zu Branche verschieden ist.

»Economies of Scale«

Implikationen

Aus der Erfahrungskurve sind nun *strategische Implikationen* direkt ableitbar. Wenn es einem Unternehmen gelingt, einen großen Marktanteil aufzubauen, so gewinnt es durch jede Verdoppelung seiner Produktionsmenge einen Kostenvorteil gegenüber der Konkurrenz. Je öfters dies geschieht, desto grösser wird sein Vorsprung. Von daher sollte ein Unternehmen zunächst einmal versuchen, den größten Marktanteil in seiner Branche zu erringen. Laut Henderson (1971) sind Konkurrenten folglich so lange am Markteintritt und am Erwerb von Marktanteilen und von Erfahrung zu hindern, bis ein eigenes (neues) Produkt ein marktbeherrschendes Volumen erreicht hat. Aus der Erfahrungskurve lässt sich also das Streben nach einem hohen Marktanteil ableiten, da dieser die entscheidende Voraussetzung für eine Strategie der Kostenführerschaft ist.

Kritik

Es ist allerdings kritisch anzumerken, dass empirische Untersuchungen zur Überprüfung der Erfahrungskurve einerseits mit ernsthaften Messproblemen konfrontiert sind, und andererseits zu ihrer Relativierung geführt haben. So ist man z. B. gezwungen auf Preisdaten zurückzugreifen, die jedoch als Ersatz für Kostendaten nicht befriedigen. Preisreduktionen können auch das Ergebnis harten Wettbewerbs oder technischen Fortschritts sein, und sind nicht monokausal auf Kostendegressionen zurückzuführen. Zudem sind bei unterschiedlichen Produkten unterschiedliche Verläufe der Erfahrungskurve ermittelt worden. Während die Erfahrungsrate bei einigen Produkten bis zu 60 % betrug, war sie bei anderen nicht feststellbar.

Daher kann man abschließend festhalten, dass bei der Anwendung der Erfahrungskurve sowohl viel Sorgfalt auf messtechnische Fragestellungen zu legen ist als auch je nach Produkt die Erfahrungsrate einzelfallspezifisch zu bestimmen ist. Zudem ist der Kostendegressionseffekt kein Automatismus, sondern lediglich ein Potenzial, das es durch bewusste Anstrengungen eines Unternehmens auszuschöpfen gilt.

Die zweite Stoßrichtung wird als *Differenzierungsstrategie* bezeichnet. Ziel ist es hier die Eigenschaften einer Leistung so zu gestalten, dass sie sich vom Angebot der Konkurrenten markant unterscheidet und Kunden diese Unterschiede als so wichtig beurteilen, dass sie dafür eine Preisprämie zu zahlen bereit sind. Es geht also darum einen einzigartigen Nutzen zu stiften. Differenzierungsmöglichkeiten bieten sich beispielsweise in der Qualität einer Leistung, Zusatzfunktionen, Design, innovativen Technologien, Kundendienst oder einem Produkt- und Firmenimage. Der Markenname von COCA COLA, das Design der SWATCH Uhren, die Kundenbetreuung von SINGAPORE AIRLINES führen ebenso zur Differenzierung von den Wettbewerbern wie die Sicherheitsstandards von VOLVO oder die Schnelligkeit in der Paketvermittlung von FEDERAL EXPRESS. Gut eignet sich diese Strategie auch in Situationen, in denen die angebotene Leistung so komplex ist, dass sie nicht einfach standardisiert werden kann oder mehrere Möglichkeiten bestehen eine Leistung zu modifizieren und von den Angeboten der Konkurrenten zu differenzieren. Blickt man in die Beratungsbranche, dann versuchen sich die dort tätigen Unternehmen in der Art und Weise wie sie ihre Leistung erbringen sowie in ihrem Marktauftritt voneinander abzugrenzen. Während z. B. ACCENTURE sich stark auf die Verzahnung von Strategie und Informationstechnologie konzentriert, fokussiert sich die BOSTON CONSULTING GROUP auf ihre Kompetenz bei der kreativen Entwicklung von Strategien. GEMINI CONSULTING zuletzt hebt seinen integrierten Geschäftsansatz hervor, der neben Strategieelementen insbesondere Fragen der Implementierung umfasst.

Einzigartigkeit

Zusammenfassend betrachtet stellen die Strategien der Kostenführerschaft und der Differenzierung zwei grundlegende Stoßrichtungen dar, wie eine Geschäftseinheit Wettbewerbsvorteile erzielen kann. Porter betont explizit – und belegt dies durch empirische Untersuchungen[124] – wie wichtig es ist eine klare und eindeutige Entscheidung für eine der beiden Optionen zu treffen. Ansonsten drohe die Gefahr eines »*Stuck in the Middle*«, einer Zwischenposition ohne klare Positionierungs- und Wettbewerbsvorteile. Sowohl Kostenführer als auch Differenzierer sein zu wollen, führe zu keinem Erfolg, da sich die beiden Optionen grundsätzlich widersprechen, was dann auch negative Auswirkungen auf die Rentabilität hätte. Denn wenn sich z. B. ein Kostenführer bemüht Differenzierungsvorteile aufzubauen, läuft er dadurch Gefahr das Fundament seines Wettbewerbsvorteils auszuhöhlen. Er müsste dann eben genau entgegengesetze Fähigkeiten benötigen.

»Stuck in the Middle«

Hybride Wettbewerbsstrategien

Hybride Wettbewerbsstrategien: Doch ist die einmalige Entscheidung zwischen Kostenführerschaft und Differenzierung ausreichend, um Erfolg langfristig zu sichern? Sind nicht bei Veränderungen im Markt- und Wettbewerbsumfeld auch Veränderungen der strategischen Stoßrichtung vorzunehmen? Ist es daher nicht nahe liegend, beide Optionen doch zu kombinieren? Hybride Wettbewerbsstrategien widersprechen auf den ersten Blick der klassischen Zweiteilung in Kostenführerschaft und Differenzierung. Gilbert/Strebel (1987) kommen jedoch – wiederum basierend auf einer empirischen Studie – zu der Einsicht, dass Unternehmen, die zum richtigen Zeitpunkt zwischen Kostenführerschaft und Differenzierung wechseln, Konkurrenten überlegen sind, die strikt nur eine Strategieoption verfolgen.[125] Wenn man also die zeitliche Dimension explizit berücksichtigt, löst sich der vermeintliche Widerspruch auf. Hybride Wettbewerbsstrategien wechseln zwar zwischen beiden Optionen ab, verfolgen jedoch konsequent innerhalb einer bestimmten Zeitspanne nur eine der beiden Alternativen.

Überlegenheit durch Strategiewechsel zum richtigen Zeitpunkt

Folgendes Muster liegt dieser Strategieoption zu Grunde: Zuerst verschafft man sich durch eine Kostenführer- oder Differenzierungsstrategie dort einen Wettbewerbsvorteil, wo es einem möglich ist. Die japanische Automobilindustrie tat dies in den 80er-Jahren mit einer Kostenführerschaftsstrategie bei Kleinwagen, da sie so ihre Lohnkostenvorteile ausnutzen konnte. Versuchen dann die Wettbewerber aufzuholen, dann wechselt man zur anderen Stoßrichtung über. Dies verlangt allerdings, dass rechtzeitig die Erträge aus der einen Strategie auch in die Umsetzung der andern gesteckt werden. So begann HONDA recht frühzeitig damit, in die Entwicklung anspruchsvoller Motoren zu investieren (Einstieg in die Formel 1), womit der Einstieg in das Luxuswagensegment vorbereitet werden konnte, denn er verlangte eine Differenzierungsstrategie. Führt dies zum Erfolg, dann wird die neue Stoßrichtung solange weiterverfolgt, bis sich wieder ein Wechsel empfiehlt. Eine solche Vorgehensweise bezeichnen Gilbert/Strebel als »*Outpacing*« oder Überholstrategie. Sie erfordert die explizit zu entwickelnde Fähigkeit, je nach Konkurrenzlage das Hauptgewicht zwischen der Schaffung eines anerkannten Produktwertes und der Verringerung der gesamten Herstellungskosten zu verlagern, und damit an den Wettbewerbern vorbeizuziehen.

Überholstrategie

!

Fallbeispiel: Unterhaltungselektronik
Die japanischen Unternehmen in der Unterhaltungselektronik schlugen in den 60er und 70er-Jahren die Strategie der Kostenführerschaft ein, und griffen dort die am schlechtesten geschützten unteren Marktsegmente an. Ab Anfang der 80er-Jahre zogen sie durch Differenzierungsstrategien nach, und eroberten in dieser Überholphase die Wettbewerber auch in qualitativ höherwertigen Marktsegmenten. Ausgelöst durch den hohen Jen-Kurs versuchten sie anschließend wieder durch Kosten senkende Maßnahmen (wie massive Verlagerung der Produktion in billige Länder, oder Programme zur Steigerung der Effizienz) ihre Wettbewerbsposition weiter zu steigern.

Der Einsatz hybrider Strategien steht zumeist in einem engen Zusammenhang mit Veränderungen auf den Absatzmärkten. Hier lässt sich folgendes Muster beobachten: Anfangs bringt ein Unternehmen ein äußerst innovatives Produkt auf den Markt, welches den Kunden einen hohen Nutzen bietet. Meist steht es in Konkurrenz zu Angeboten anderer Unternehmen, die zwar das gleiche Kundenbedürfnis zu befriedigen versuchen, doch dem neuen Produkt deutlich unterlegen sind. Gelingt es dem neuen Produkt sich durchzusetzen – was keineswegs immer der Fall sein muss, wie Ortmann (1995) am Beispiel der Videosysteme VHC und Betamax verdeutlicht – dann kommt es zur Bildung von Standards. Unternehmen, deren Produkte mit dem Standard übereinstimmen, verfügen nun über Differenzierungsvorteile, die es ihnen erlauben, Preisprämien zu realisieren. In der nächsten Phase können sie sich dann auf Maßnahmen zur Senkung der Kosten konzentrieren. Finanzielle Ressourcen sind dabei durch den Erfolg in der ersten Phase ausreichend geschaffen, wodurch Investitionen in effiziente Produktionsverfahren finanzierbar werden. Begleitet wird dies durch die Straffung der Administrations- und Vertriebsprozesse. Das Produkt kommt nun in großen Stückzahlen auf den Markt und wird dadurch zu einem Massenartikel. In der nächsten Phase können dann wieder Differenzierungsversuche initiiert werden.

Fallbeipiel: Sony und Toshiba
In den 60er-Jahren trat die japanische Sony Corporation als Erstanbieter mit dem für damalige Verhältnisse revolutionären Walkman im Markt auf (Differenzierungsstrategie). Dieser konnte sich rasch als Standard etablieren, nicht zuletzt auch deshalb, da die Konkurrenz die Absatzchancen eines solchen Produktes anfangs unterschätzte. Als Nächstes verbesserte Sony dann mit hohen Investitionen seine Produktionsprozesse und stieg in die Massenproduktion ein, womit es seine Wettbewerbsposition weiter gegenüber den etablierten Anbietern verbessern konnte (Kostenführerstrategie). Zweitanbieter wie z.B. Toshiba wählten hingegen eine andere Strategie. Sie übernahmen den von Sony geprägten Standard, konzentrierten sich darauf mit hohen Stückvolumina möglichst kostengünstig zu produzieren und wechselten dann erst später in Richtung Differenzierung. Abbildung 3-49 veranschaulicht diesen Prozess.

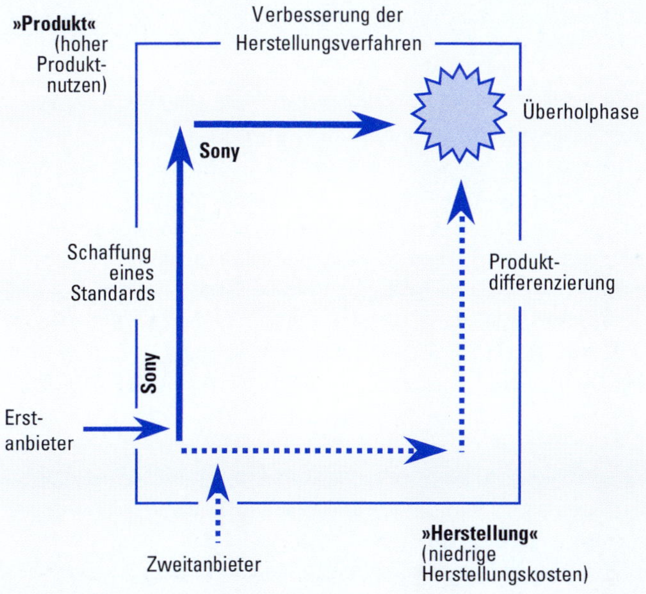

Abb. 3-49: Hybride Wettbewerbsstrategien (in Anlehnung an Gilbert/Strebel 1987)

(2) Ort

In der zweiten Dimension stellt sich die Frage, wo eine unternehmerische Einheit ihre Wettbewerbsvorteile zu erzielen gedenkt. Fokussiert sie sich nur auf ein einzelnes Segment oder will sie in der gesamten Branche tätig sein? Ein Segment kann dabei eine bestimmte Kundengruppe, eine Produktgruppe oder eine abgegrenzte Region sein. *Fokusstrategien* stellen damit – neben der Differenzierung und der Kostenführerschaft – ein dritten generischen Strategietyp dar.

Fokusstrategien werden meist dadurch möglich, dass sich die dafür erforderlichen Mehraufwendungen für die branchenweit operierenden Unternehmen zumeist nicht auszahlen. Dies gilt umso mehr, je kleiner die Volumina sind, die in dem Segment zu erwirtschaften sind. Wie sich in vielen Branchen gezeigt hat, sind Spezialisierungs- und Koordinationskosten oft nicht zu unterschätzen. Sind hingegen die Leistungen in einer Branche relativ stark standardisiert, so ist die Fokussierung auf einzelne Segmente wenig ratsam, wenn hier keine speziellen Kundenbedürfnisse vorhanden bzw. zu entwickeln sind. In Abbildung 3-50 sind beide Strategien nochmals einander gegenüber gestellt.

	Branchenweite Strategie	**Segmentspezifische Strategie**
Merkmale	• Angebotsbreite als Anreiz für die Kunden • Abdeckung einer breiten Bedürfnispalette	• Spezialisierung auf ein Segment als Anreiz • Abdeckung einzelner Kundenbedürfnisse
Vorteile	• Economies of Scale (Größenvorteile) durch die Bearbeitung mehrere Segmente • Economies of Scope (Verbundeffekte) durch die gemeinsame Nutzung von Ressourcen • Schutz bei Zersplitterung des Marktes und heterogenen Kundenbedürfnissen	• Höhere Flexibilität bei Markt- und Kundenveränderungen • Konzentration der Kräfte auf nur ein Segment • Geringere Koordinationskosten

Abb. 3-50: Branchenweite und segmentspezifische Strategie

Von daher fokussieren sich oft kleine und mittlere Unternehmen auf einzelne Segmente, während ihre größeren Gegenspieler zumeist versuchen den Markt breit anzugehen. Porter geht in diesem Zusammenhang von einer U-förmigen Beziehung zwischen Marktanteil und Rentabilität aus. Erfolgreich sind demzufolge Unternehmen, die (a) mit kleinem Marktanteil sich entweder branchenweit differenzieren oder auf eine Nische fokussieren oder (b) Unternehmen mit einem hohen Marktanteil, die als Kostenführer die gesamte Branche bedienen. Für den Rest gilt wieder ein »Stuck in the Middle«, d.h. geringe Rentabilität mit mittelgroßem Marktanteil. Abbildung 3-51 verdeutlicht diesen Zusammenhang.

Fokusstrategien, die sich nur begrenzen, sind allerdings wertlos. Sie müssen sich von den branchenweit angelegten Wettbewerbern für den Kunden deutlich erkennbar unterscheiden, indem sie etwas anders oder besser machen. Damit stehen zwei Varianten einer Fokusstrategie zur Verfügung: Der Differenzierungs- und der Kostenfokus (vgl. Abbildung 3-52).

Ein *Differenzierungsfokus* empfiehlt sich, wenn ein spezifisches Bedürfnis, das bislang durch die am Gesamtmarkt tätigen Unternehmen nicht wirkungsvoll genug befriedigt wurde, nun besser bedient werden kann. Ein Beispiel hierfür ist das in der Reisebranche entstandene Segment der Konzertreisen zu den bedeutendsten Opernhäusern dieser Welt. Der Kunde wird hier auf interessante Premieren aufmerksam gemacht, die Tickets werden ihm besorgt, er reist in einer Gruppe Gleichgesinnter, hat danach vielleicht noch ein Dinner mit den Künstlern etc. Für diese über normale Städtereisearrangements hinausgehenden Dienstleistungen ist er bereit eine Zusatzprämie zu bezahlen. Meist sind solche Segmente relativ preisunelastisch. Es kann aber auch sein, dass ein Unternehmen bezogen auf das anvisierte Segment einen Kostenvorsprung vor den branchenweiten Anbieter zu realisieren vermag (*Kostenfokus*). Beispiel dafür ist ein Zwischenhändler, der sich in seinem Sortiment auf Läden in einer bestimmten Region konzentriert hat, die primär Frischwaren (Obst, Gemüse, Milchprodukte) führen.

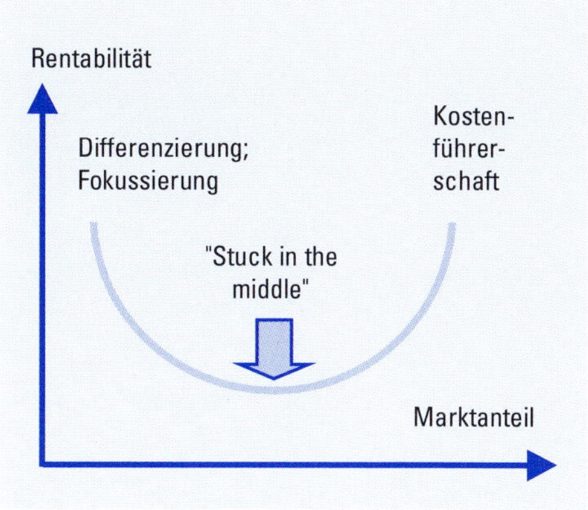

Abb. 3-51: Zusammenhang zwischen Marktanteil und Rentabilität

Schwerpunkt des Wettbewerbs über Vorteile durch ...

Ort (oder Umfang) des Wettbewerbs	... Differenzierung	... niedrige Kosten
branchenweit	**Differenzierung** - Leistung/Qualität - Einzigartigkeit	**Kostenführerschaft** - Preis/Kosten - Standardprodukt
segmentspezifisch	**Differenzierungsfokus** - spezif. Bedürfnis - preisunelastisch	**Kostenfokus** - begrenztes Bedürfnis - preiselastisch

Abb. 3-52: Generische Strategietypen nach Porter (1985)

LEICA

Fallbeispiel: LEICA

(08/02) LEICA (www.leica.com), ein bekannter Hersteller von Fotoausrüstungen hat sich mit einer Strategie der fokussierten Differenzierung erfolgreich aus einer Krise befreit, die Mitte der 80er-Jahre den Fortbestand des Unternehmens bedrohte. Jahrelange Verluste in Millionenhöhe brachten damals LEICA an den Rand des Konkurses. Japanische Hightech-Kameras überschwemmten mit Billigangeboten den Markt und trieben viele traditionelle Anbieter aus dem Geschäft. Zusätzlich stagnierte die Nachfrage nach Fotokameras, die 1994 weltweit noch auf rund 30 Millionen Stück geschätzt wurde. In dieser Situation veränderte LEICA fundamental seine Wettbewerbsstrategie. Man zog sich auf das Segment hochqualitativer Kameras zurück und konzipierte seinen Marktauftritt neu. Nur noch 450 streng ausgewählte LEICA-Händler durften fortan die Geräte vertreiben, deren Preis gleichzeitig um 20 Prozent erhöht wurde. Gezielt wurde auf fotografische Kunstwerke weltbekannter LEICA-Fotografen wie z.B. Cartier-Bresson verwiesen, und dadurch der Bekanntheitsgrad weiter gesteigert. Hinzu kam die Betonung der allgemein anerkannten hohen Qualität der Geräte sowie der langen Tradition des Unternehmens. Als Prunkstück –

und wie sich später zeigte auch als Cash Cow – wurde der Leica-Klassiker M6 platziert, einerseits die Verkörperung von Tradition, Individualität und technischem Purismus, andererseits ein technologisches Fossil ohne Autofocus, elektronische Rückspulung oder Blendeneinstellung zum Preis von 4.500 DM ohne Objektiv. Die fokussierte Strategie war zwar riskant, führte das Unternehmen jedoch aus der Krise. Der Umsatz steigerte sich bis 1995 auf ca. 238 Millionen DM, bei einem Gewinn von rund 20 Millionen DM. Ein prominenter Kunde, der Sultan von Brunei, orderte gleich 350 Apparate der M6, verziert mit 24 Karat Gold und eingehüllt in feinstes Emu-Leder.

(3) Taktiken

Welche Maßnahmen sind wie zu kombinieren und in welcher zeitlichen Reihenfolge durchzuführen?

Wettbewerbsstrategien können des Weiteren auf ihre taktische Dimension hin analysiert werden. Dabei geht es um die Frage, welche Maßnahmen wie zu kombinieren und in welcher zeitlichen Reihenfolge durchzuführen sind. Prinzipiell kann man hier zwischen offensiven und defensiven Varianten differenzieren. Ihr militärischer Ursprung ist, wie sich gleich zeigen wird, zwar deutlich sichtbar, sollte jedoch hinsichtlich dreier Punkte relativiert werden. Erstens findet in der Wirtschaft in aller Regel keine direkte Konfrontation zwischen zwei Unternehmen statt[126], sondern über den Umweg des Verhältnisses zu wichtigen Anspruchsgruppen (wie Kunden oder Kapitalgebern). Zweitens geht es nicht in einem physischen Sinn um die Vernichtung des Gegners, sondern im Extremfall kommt es »nur« zu dessen Konkurs. Drittens verstellen militärische Metaphern den Blick auf kooperative Verhaltensweisen, die dazu führen können, dass der »Kuchen« auch für alle größer wird. Diese Bemerkungen vorausgeschickt, lassen sich folgende **offensive Strategievarianten** unterscheiden:[127]

Offensive Strategievarianten

- Von einem *Frontalangriff* spricht man, wenn die Geschäftsaktivitäten der Wettbewerber an vielen Punkten gleichzeitig unter Druck gesetzt werden. Ziel ist es, sie so stark zu belasten, dass sie an einer oder mehreren zentralen Stellen einbrechen. Dieser Ansatz erfordert zumeist die Bereitschaft, hohe Ressourceninvestitionen zu tätigen. Ein solcher Frontalangriff konnte Ende der 90er-Jahre im Investmentbanking beobachtet werden, als z.B. die Deutsche Bank gleich ganze Analysten- und Händlerteams ihren Konkurrenten abwarb, eine breite Produktoffensive startete, aggressiv Neukunden akquirierte und auf schnellste IT-Systeme setzte.
- Bei einem *Flankenangriff* konzentriert man sich auf Marktsegmente, die vom Wettbewerber nicht vehement verteidigt werden, wo er deutlich erkennbare Schwächen aufweist oder die er noch nicht direkt besetzt hat. Letzteres ist heutzutage oft mit Internationalisierungsaktivitäten verbunden. Dabei begibt man sich bewusst in die Länder, wo der Konkurrent noch wenig präsent ist und baut dort einen starken Marktanteil auf. Mit diesem First-Mover-Vorteil kann man dann aus einer Position der Stärke heraus auch in den Stammländern den Wettbewerber attackieren. Er wird gewissermaßen umzingelt. Pepsi-Cola beispielsweise gelang es nach einem solchen Muster Ende der 80er-Jahre seinen Konkurrenten Coca Cola sowohl im Ausland als auch in den USA massiv unter Druck zu setzen.
- Bei einer *Umgehungsstrategie* vermeidet man zunächst die direkte Konfrontation. Stattdessen versucht man beispielsweise sich frühzeitig in den Besitz einer

neuen Technologie oder eines Vertriebskanals zu bringen, um anschließend den Wettbewerber in seinem Kerngeschäft anzugehen.

- *Guerilla-Attacken* eignen sich besonders für kleine, oft regional begrenzte Unternehmen, die nicht über die erforderlichen Ressourcen verfügen, um eine offenen Angriff zu lancieren.[128] Sie orientieren sich dabei an dem Prinzip »Angriff/Rückzug/Angriff«, das ihnen jedoch eine hohe Flexibilität abverlangt. Diese Strategievariante empfiehlt sich, wenn nur ein kleines, schwach verteidigtes Marktsegment angegangen werden soll, wo größere Wettbewerber nur wenige Ressourcen einzusetzen gedenken oder diese breit gestreut halten. Mit überraschenden Preissenkungen oder kurzen, intensiven Werbeaktionen sind dann diejenigen Kunden zu gewinnen, die schlecht bedient werden.

Eine Heuristik, die den »Angreifer« bei der Auswahl der geeigneten Taktik helfen kann, ist in Abbildung 3-53 dargestellt.

	alte Strategie	neue Strategie
mehr Ressourcen als die Wettbewerber	**Frontalangriff**	**Flankenangriff**
weniger Ressourcen als die Wettbewerber	**Einschleichen/ Umgehen**	**»Blitzkrieg«/ Guerilla**

Abb. 3-53: Heuristik zur Auswahl einer offensiven Taktik

Defensive Strategievarianten

Mit **defensiven Strategien** soll hingegen die bestehende Position verteidigt werden, und dies sowohl gegenüber etablierten Wettbewerbern als auch gegenüber neu eintretenden Konkurrenten. Insbesondere geht es um die Frage, wie Eintritts- und Mobilitätsbarrieren in einer Branche zu erhöhen sind. Als Maßnahmen bieten sich u.a. an: Eine Verbreiterung der Produktlinie, um bestehende Lücken zu schließen und Nischen zu besetzten, niedrige Preise für Produkte, die denen der Wettbewerber ähneln, das Anheben von Garantiebedingungen, der Einsatz von Patenten, Exklusivverträge und Mengenermäßigungen für Distributoren, die Sicherung vorteilhafter Positionen in den Ressourcen- und Absatzmärkten, die Reduktion von Lieferzeiten für Ersatzteile sowie eine Sicherung des internen Knowhow (F & E, Produktion). Diese Maßnahmen lassen sich nun in mehreren defensiven Varianten kombinieren:[129]

- Mit einer *Festungsstrategie* versucht man die bestehende Position zu sichern. Dazu gehören insbesondere der Zugriff auf exklusive Verkaufslagen, eine Sicherung des Zugangs zu wichtigen Rohstoffen, oder die Verstärkung der Vertriebskanäle (z.B. durch die Vergabe von Alleinvertretungen). Ebenso, wenn auch riskant, können (wie teilweise in der Chipindustrie geschehen) bewusst hohe Produktionskapazitäten aufgebaut werden, um potenzielle Wettbewerber vor einem Markteintritt abzuschrecken.
- Die Idee der *Flankenabsicherung* besteht darin, das Eindringen von Konkurrenten in wenig geschützte Segmente zu verhindern. Bedroht sind gerade heterogene Märkte, da man hier oft nicht allen Ansprüchen gerecht wird. Eine von finanzstarken Unternehmen oft angewandte Maßnahme besteht darin, einen Wettbewerber gleich aufzukaufen, wenn man befürchtet, ihn in Zukunft nicht

in Schach halten zu können. Gerade in Hochtechnologiebereichen, wie Pharmazie oder Softwareentwicklung, ist ein solches Verhalten regelmäßig zu beobachten.

- Helfen all diese Maßnahmen nur wenig, dann gilt es im Rahmen einer *Konfrontationsstrategie* die Stärken eines Wettbewerbers systematisch »auszuhebeln« oder sie zumindest zu kompensieren. Nach dem Motto, dass Angriff die beste Verteidigung ist, beabsichtigt eine gezielte *Marktausweitung* die Erschließung neuer Segmente, auch und gerade wenn dies zu Lasten des Wettbewerbers geht.
- Ist zuletzt eine Wettbewerbsposition in einzelnen Segmenten nicht länger zu halten, ist auch der *Rückzug* und die Konzentration auf die Segmente, in denen ein Unternehmen über besondere Stärken verfügt, eine explizit vorzubereitende Variante.

Fallbeispiel:
Wettbewerb in der Branche für Flugzeugturbinen[130]

(03/98) Die Branche für Flugzeugturbinen wird weltweit von drei Unternehmen beherrscht. Größter Anbieter ist die amerikanische GENERAL ELECTRIC (GE), gefolgt von der britischen ROLLS-ROYCE sowie der amerikanischen PRATT & WHITNEY. 1997 konnte sich GE einen Marktanteil von 53 % aller Aufträge sichern, während ROLLS-ROYCE auf 34 % und PRATT & WHITNEY auf 13 % kam. Der Wettbewerb zwischen den Konkurrenten ist intensiv, ja mittlerweise in einzelnen Segmenten ruinös. Beispielsweise stellen alle drei Unternehmen Turbinen für die zweistrahlige Boeing 777 und den Airbus A330 her. Um hier Aufträge zu bekommen, haben sie sich gegenseitig so lange unterboten, bis, wie Mr Krapek, President von PRATT & WHITNEY betont, es für diese Maschinen nie mehr eine Amortisation der Kosten geben wird. Zudem sind die drei Anbieter Opfer ihres eigenen Erfolgs geworden. Ihre Turbinen weisen eine immer höher werdende Qualität auf, die jedoch mit immer weniger Wartungsaufwand verbunden ist. Da die Profite schon längst nicht mehr beim Neukauf von Turbinen, sondern im Ersatzteilgeschäft liegen, geraten ihre Margen weiter unter Druck. Gleichzeitig können sie ihren Kunden die bessere Qualität nicht mit einem höheren Preis verrechnen, denn die Luftfahrtgesellschaften, die selbst auf Grund des harten Wettbewerbs in ihrer Branche zu einer drastischen Reduktion der Kosten gezwungen sind, akzeptieren dies nicht. Wie der Marketingdirektor bei GE beklagt: »They have grown up with the idea of a heavily discounted price«. Um den Druck aufzufangen, beginnen die drei Turbinenhersteller jetzt weltweit den Luftfahrtgesellschaften Wartungsdienste anzubieten. GE gelang dies bereits im Alleingang bei BRITISH AIRWAYS und US AIRLINES, während ROLLS-ROYCE dies mit Hilfe von Joint Ventures in Singapore, Hongkong und den USA erreichen will.

Doch es ist fraglich, ob dies ausreichen wird, die Situation zu stabilisieren. Marktbeobachter gehen davon aus, dass langfristig nur zwei Anbieter überleben werden und sich wie in der Luftfahrtindustrie ein Duopol (BOEING und AIRBUS) entwickeln wird. Wie jedoch Karl Krapek bestätigt sind beispielsweise Fusionsverhandlungen mit ROLLS-ROYCE gescheitert, in seinen Augen an der Forderung von ROLLS-ROYCE, den Mehrheitsbesitz zu halten. Doch was ist dann zu tun? Verstärkte, produktbasierte Zusammenarbeit, argumentieren die drei Unternehmen. Wenn schon nicht eine Fusion zwischen ihnen klappen sollte, dann hoffen sie zumindest den Wettbewerb zu reduzieren. So planen GE und PRATT & WHITNEY die Turbinen für die von BOEING und AIRBUS geplanten »Superjumbos« gemeinsam zu entwickeln. Ein anderer Weg besteht darin, Allianzen mit kleineren Herstellern einzugehen. GE arbeitet z. B. eng mit SNECMA (Frankreich) zusammen, PRATT & WHITNEY hat Beziehungen zur MTU in Deutschland und ROLLS-ROYCE besitzt bereits mit BMW ein erfolgreiches Joint Venture. Doch wie die Erfahrung zeigt, sind leider auch die Allianzen oft nur von beschränkter Dauer.

(4) Regeln

Typen

Während Taktiken sich im Rahmen der etablierten Spielregeln einer Branche bewegen, stellt sich bei der vierten Dimension die viel grundlegendere Frage, ob man die Spielregeln so lässt wie sie sind und sich hier möglichst vorteilhaft anzupassen gedenkt, oder den Versuch wagt, sie innovativ neu zu gestalten?[131] Je nachdem, welche Antwort darauf gegeben wird, lassen sich in fast allen Branchen drei **Typen** von Unternehmen unterscheiden:[132] Die *Regelmacher* sind die dominierenden Akteure einer Branche. Sie haben prägend an der Gestaltung der Regeln mitgewirkt und beherrschen diese daher auch besser als die anderen Unternehmen. Meist halten sie die größten Marktanteile und sind daher nur wenig an einer grundlegenden Änderung des Status quo interessiert. An ihrem Verhalten orientieren sich Unternehmen, die als *Regelnehmer* zu bezeichnen sind. Sie passen sich der herrschenden Branchenlogik an und versuchen sie zu ihren Gunsten zu nutzen. Oft verlagern sie dabei ihre Aktivitäten in Nischen, wo sie den dominierenden Unternehmen nicht in den Weg geraten. Da die meisten Unternehmen einer Branche zu den Regelnehmern zu rechnen sind, bewegen sich folglich auch die meisten Wettbewerbsstrategien innerhalb dieses Rahmens. Hingegen werden die Revolutionäre in einer Branche als *Regelbrecher* bezeichnet. Sie kommen mit unkonventionellen Geschäftsideen in den Markt und stellen damit die bestehende Branchenlogik in Frage. Gelingt es ihnen sich durchzusetzen, dominieren sie in der nächsten Runde als neue Regelmacher ihre Branche.

»New-Game«-Strategien

Die »**New-Game**«-**Strategien**[133], durch die sich eine Branchenlogik verändert, sind dabei nicht nur auf eine Variation des Produktangebots beschränkt, sondern können sich auf alle Arten von Wertschöpfungsaktivitäten in einer Branche erstrecken. Dem »First-Mover« bieten sie u.a. lern- und produktionstechnische Erfahrungskurvenvorteile, die zu einer intensiven Kundenbindung (auf Grund von Umstellkosten oder dem dabei aufgebauten Image) führen oder helfen knappe Ressourcen bereits vorzeitig zu sichern. Abbildung 3-54 zeigt den Vergleich zwischen der Geschäftslogik im traditionellen und Online-Buchhandel. Wenn man bedenkt, dass ein Online-Buchhändler wie AMAZON.COM bereits nach drei Jahren einen Marktwert von 16,6 Mrd. USD aufwies, so stellt sich die Frage, ob der Regelbrecher hier eines Tages dieses Geschäft dominieren wird.

	Traditionelle Buchhändler	**Online-Buchhandel**
Preis	• Preisbindung	• Discounts bis zu 40% • Preisagenturen (Acses.com)
Auswahl	• Bis zu 150.000 Titel	• Bis zu 4,5 Mio. Titel
Service	• Öffnungszeiten von 9 - max. 20 Uhr • Beratung beim Fachhändler bzw. Self-Service	• Bestellung von der Wohnung oder aus dem Büro • Lieferung innerhalb 48 Stunden möglich
Zugang	• Anfahrt zum nächsten Händler • Sofortiges Kauferlebnis	• 24 Stunden Service, »One-click« - Bestellung • Schnelle Suche, Individuelle Empfehlungen • Kontakt zu Autoren und gleichgesinnten Lesern

Abb. 3-54: Spielregeln im traditionellen und Online-Buchgeschäft (Quelle: Mark Wössner, BERTELSMANN AG)

»Lock-In«-Effekte

In einzelnen Segmenten (wie z.B. in der Computerindustrie) kommt es in diesem Zuge zu so genannten »**Lock-In**«**-Effekten**[134], der systematischen »Verriegelung« von Branchen, die nicht mehr aufgebrochen werden kann. Die ersten Unternehmen, die sich ein Segment erschließen, bauen eine derart starke Position auf, dass nachfolgende Unternehmen sich nicht mehr etablieren können. Das Segment wird sozusagen monopolisiert. Allerdings sind die Risiken einer auf Regelveränderung abzielenden Strategie nicht unerheblich. Von daher sprechen auch Argumente für ein imitierendes, auf Anpassung bedachtes Vorgehen. So können Regelnehmer aus den Fehlern der Innovatoren lernen und ihr Verhalten hinsichtlich wichtiger Anspruchsgruppen gleich von Anfang an besser einstellen. Zudem können sie »**Free Rider**«**-Effekte** (Trittbrettfahrer-Effekte) nutzen, da sie z.B. kaum Entwicklungskosten für neue Technologien oder Produktionsverfahren zu tragen haben. Folglich ist auch das Risiko, dem sie durch Technologiesprünge ausgesetzt sind, weit geringer.

»Free Rider«-Effekte

Zusammenfassend betrachtet bieten die einzelnen Dimensionen einer Wettbewerbsstrategie die Möglichkeit, strategische Manöver in einer Branche differenziert zu erfassen und einen Überblick über das Verhalten der einzelnen Wettbewerber zu gewinnen.

Gleichzeitig kann man sie jedoch auch verwenden, um für das eigene Unternehmen eine umfassende Wettbewerbsstrategie zu entwickeln. Entlang der einzelnen Dimensionen sind in diesem Fall Entscheidungen über die angestrebte Positionierung und den Weg dorthin zu treffen. Diese Dimensionen sind – zusammen mit den vier Dimensionen der Markstrategie – in Abbildung 3-55 dargestellt.

Markt-strategie	1	Variation	alt	◄ - - - - - ►	neu
	2	Substanz	Präferenzen	◄ - - - - - ►	Kosten
	3	Feld	Rückzug	◄ - - - - - ►	Diversifikation
	4	Stil	alt	◄ - - - - - ►	neu
Wett-bewerbs-strategie	5	Schwerpunkt	Differenzierung	◄ - - - - - ►	Kostenführerschaft
	6	Ort/Umfang	branchenweit	◄ - - - - - ►	segmentspezifisch
	7	Taktik	defensiv	◄ - - - - - ►	offensiv
	8	Regeln	anpassen	◄ - - - - - ►	verändern

Abb. 3-55: Optionenrahmen der Positionierungsarbeit auf der Ebene eines strategischen Geschäftsfeldes

Vergleicht man die Optionen der Markt- und Wettbewerbsstrategien, so fallen teilweise Ähnlichkeiten bzw. *Überlappungen* auf (z.B. Substanz und Schwerpunkt). Dies verweist einerseits darauf, wie verflochten die Positionierung gegenüber Kunden und Konkurrenten ist. Anderseits sollte trotzdem getrennt verfahren werden, da eben i. Allg. die Branchengrenzen nicht deckungsgleich zu den Marktgrenzen sind.

Im konkreten Fall kann es zweckmäßig sein, im Optionenrahmen statt mit einer stetigen Skala mit den einzelnen möglichen Ausprägungen der acht Dimensionen zu arbeiten. Man kann dann kombinatorische Überlegungen anstellen. So schließen sich aufgrund von *Interdependenzen* zwischen Dimensionen oft auch bestimmte Ausprägungskombinationen aus. Eine derartige Kombinatorik zu möglichen Positionierungsprofilen kann auch mit entsprechenden Softwareprogrammen unterstützt werden.[135] In einer zweiten Stufe können die einzelnen Dimensionen dann natürlich über Unterdimensionen weiter präzisiert werden.

Fallbeispiel: Luftfrachtbranche
Betrachtet man z. B. die Luftfrachtbranche, so gibt es im Prinzip nur zwei mögliche Kundengruppenausprägungen: die Spediteure oder die Endkunden. CARGOLUX (ww.cargolux.com) fokussiert dabei nur auf die Spediteure. Der Wettbewerber LUFTHANSA CARGO wendet sich an beide Zielgruppen. Gegenüber beiden Zielgruppen kann man sich mit zwei unterschiedlichen Geschäftsverständnissen positionieren: Versteht man sich wie LUFTHANSA CARGO (www.lufthansacargo.com) als »Problemlöser«, der eine komplexe »Door-to-door«-Aufgabenstellung für den Kunden lösen will, dann hat man einen Ansatz für eine Differenzierungsstrategie gefunden, die auch eine gewisse Preisprämie zuläßt. Dagegen steht CARGOLUX mit dem Selbstverständnis eines reinen »Airport-to-airport«-Transporteurs, dann befindet man sich in einem hoch preiselastischen Segment und es bleibt nur noch die Strategie der Kostenführerschaft.

Workshop: Positionierungsstrategie
- Ermitteln Sie das Positionierungs-Ist- und Soll-Profil für eine strategische Geschäftseinheit mit Hilfe des Optionenrahmens aus Abbildung 3-55.
- Beurteilen Sie jede der acht Soll-Ist-Differenzen bzgl. ihres Verbesserungspotenzials und bzgl. ihrer Machbarkeit. Leiten Sie dann daraus Prioritäten für die nächsten Aktivitäten ab.

Zusammenfassung

- Marktstrategien legen die Position einer Geschäftseinheit gegenüber den Segmenten eines Geschäftsfeldes fest. Dazu werden vier Optionen angeboten: Variation, Substanz, Feld und Stil.
- Wettbewerbsstrategien legen die Position einer Geschäftseinheit gegenüber den Konkurrenten in einer Branche fest. Dazu werden vier Optionen angeboten: Schwerpunkt, Ort, Taktiken und Regeln.
- Man kann folgende generische Strategietypen unterscheiden: Differenzierung versus Kostenführerschaft. Beide Optionen können dann nochmals spezifiziert werden, je nachdem ob man sich im Wettbewerb branchenweit oder segmentspezifisch positioniert.

Lernkontrolle

1. Was wird unter dem Konzept des Hyperwettbewerbs verstanden?
2. Welches sind die beiden zentralen Dimensionen zur Beeinflussung des Kundennutzens?
3. Was versteht man unter einem Produkt-Lebenszyklus-Modell? Wie wird hier argumentiert? Wie kann man es nutzvoll einsetzen? Wo liegen die Grenzen eines solchen Modells?
4. Was sind die Vor- und Nachteile einer engen versus breiten Marktabdeckung?
5. Welche Voraussetzungen müssen für eine multilokale Form der Marktbearbeitung gegeben sein?

6. Was besagt die Erfahrungskurve? An welche Voraussetzungen ist sie geknüpft? Was versteht man unter »economies of scale«? Was unterscheidet die Erfahrungskurve von der Lernkurve? Welche Kritik kann an der Erfahrungskurve angebracht werden?
7. Was versteht man unter einer »hybriden Wettbewerbsstrategie«? Was hat ein »Outpacing« damit zu tun?
8. Welche generischen Strategietypen werden durch Porter (1985) unterschieden? Welche Voraussetzungen sind an Fokusstrategien gebunden? Was unterscheidet den Kosten- vom Differenzierungsfokus? Nennen Sie ein Beispiel für beide Optionen. Auf welche Gefahr wird mit dem Begriff »stuck in the middle« verwiesen?
9. Was versteht man unter einer Wettbewerbstaktik und wofür wird sie benötigt? Welche offensiven und defensiven Strategievarianten stehen als Wettbewerbstaktiken zur Verfügung?
10. Welche Rolle spielen Regeln bei der Entwicklung von Wettbewerbsstrategien?

3.5 Strategien auf Ebene des Gesamtunternehmens (Gestaltung IV)

Gesamtunternehmensstrategie

Spätestens wenn ein Unternehmen nicht nur in einem Geschäftsfeld tätig ist bzw. es mit seinen Geschäftseinheiten mehrere Geschäftsfelder bearbeitet, stellt sich die Frage nach der **Gesamtunternehmensstrategie** (»**Corporate Strategy**«) – dem unternehmerischen Spielplan für ein diversifiziertes Unternehmen.

Lernziele

- Definition der zentralen Aktivitäten zur Schaffung von Wert auf Ebene des Gesamtunternehmens
- Unterscheidung der möglichen Strategien gegenüber den Geschäftsfeldern in Form der verschiedenen Diversifikationsansätze
- Darstellung der Vor- und Nachteile der verschiedenen Diversifikationsformen (interne Entwicklung, Kooperation, Akquisition)
- Erläuterung der Prozessfolge zur Durchführung einer Diversifikationsstrategie inklusiv einer strategischen Suchfeldanalyse zur Identifikation neuer Diversifikationskandidaten
- Darlegung von Möglichkeiten der Einflussnahme bzw. Steuerung der strategischen Geschäftseinheiten durch das Gesamtunternehmen unter Abklärung der Rolle der Zentrale

3.5.1 Aktivitäten zur Wertschaffung auf Unternehmensebene

Die Unternehmensstrategie hat aufzuzeigen, wie (1) durch die Konfiguration der Geschäftsfelder, (2) die Koordination der gesamten Unternehmensaktivitäten und (3) die Interaktion mit wichtigen Anspruchsgruppen Wert geschaffen[136] werden kann.[137] Anzustreben ist dabei eine Situation, in der möglichst für alle prioritär behandelten Stakeholder eine solche Wertsteigerung entsteht oder dass zumindest keiner von ihnen substantiellen Schaden erleidet. Die realisierte Wertsteigerung entspricht damit auch dem für die Anspruchsgruppen generierbaren Nutzen. Die Aktivität der **Konfiguration** ist auf den Umfang eines Unternehmens gerichtet – seine produktbezogenen, geografischen oder vertikalen Grenzen.[138] Hier gilt es festzulegen, in welchen Geschäftsfeldern man tätig sein will und ob und wie man diese miteinander zu kombinieren gedenkt. Die relevante Anspruchsgruppe sind die verschiedenen Geschäftsfelder, die sich Unternehmen im Zuge ihrer Entwicklung erschließen. Bei ihrer Gründung konzentrieren Unternehmen ihre Anstrengungen in aller Regel auf ein einzelnes Geschäftsfeld. Dort bieten sie ein begrenztes Leistungsprogramm an und versuchen, sich mit diesem schrittweise eine vorteilhafte Wettbewerbsposition zu erkämpfen. Gelingt es sich am Markt zu etablieren und erhöht sich die Eigenfinanzierungskraft, so erweitern sie ihr Leistungsprogramm, wenden sich noch unbedienten Marktsegmenten zu und dehnen sich geografisch aus. Solange die Wachstumsmöglichkeiten günstig bleiben und ihre weitere Entwicklung durch keine wesentlichen Barrieren gehemmt sind, richten sie ihre Energie und Aufmerksamkeit weiterhin auf ihr jeweiliges Geschäftsfeld. Verschlechtern sich jedoch die Wachstumsmöglichkeiten oder bieten sich neue, lukrative Geschäftsfelder, dann stellt sich die Frage, ob es sinnvoll ist, sich wie bisher auf das traditionelle Geschäftsfeld zu *konzentrieren* oder ob es nicht besser wäre zu *diversifizieren*. Für beide Möglichkeiten lassen sich stichhaltige Argumente anführen, wie nachfolgende Abbildung 3-56 zeigt.

Konfiguration: Festlegung der SGF

Gründe nicht zu diversifizieren	Gründe zu diversifizieren
• Klare Ausrichtung und Mission • Konzentration der Ressourcen • Vertiefte Kenntnis des Geschäfts • Gezielte Marktbearbeitung • Nachhaltigkeit, etc.	• Partizipation an neuen Wachstumsfeldern • Verringerung zyklischer Entwicklungen • Unterstützung beim Aufbau neuer Geschäfte • Nutzung von Synergien • Bessere Auslastung der Kapazitäten, etc.

Abb. 3-56: Konzentration vs. Diversifikation

Unternehmen wie INTEL, MCDONALDS, COCA COLA oder ALDI haben sich erfolgreich für die Konzentration auf ihr ursprüngliches Geschäftsfeld entschieden und der »Versuchung« der Diversifikation – nach teilweise wenig erfolgreichen Erweiterungen (wie COCA COLA, das zeitweise in das Weingeschäft eingestiegen war) – eine Absage erteilt. In ihren Märken konnten sie recht hohe Wachstumsraten erzielen. Andere Unternehmen entschlossen sich jedoch, ihre Aktivitäten signifikant zu erweitern, und diversifizierten in neue Geschäftsfelder. Man vergleiche dazu das Beispiel der sehr erfolgreichen Diversifikation von MANNESMANN in den Telekommunikationsbereich in Abbildung 3-57.[139] Es entstanden die großen Konglomerate, wie wir sie heute kennen. Diese Entwicklung wurde

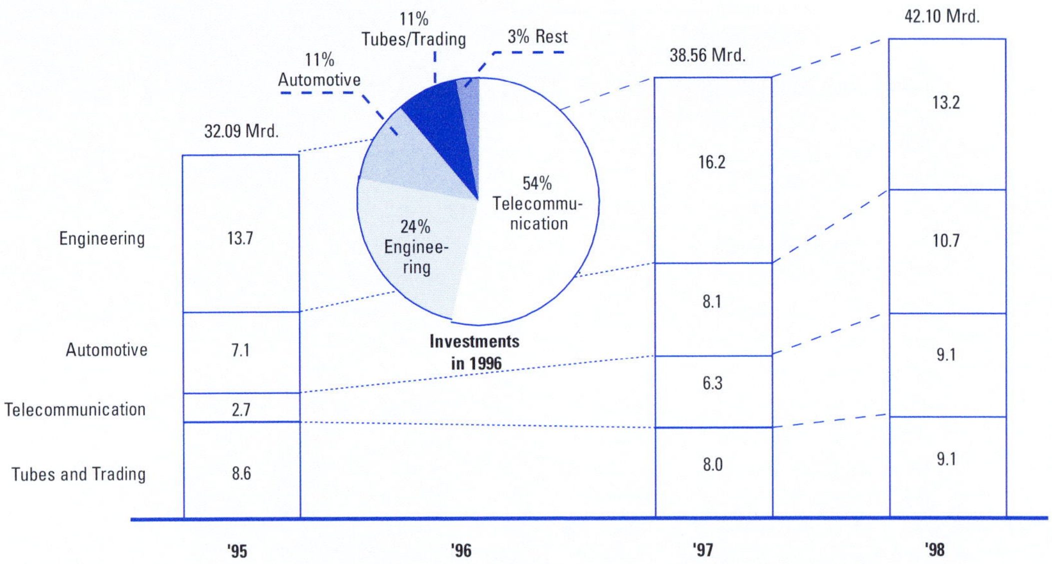

Abb. 3-57: Die Diversifikation von MANNESMANN 1995–1998

auch durch die immer feinere Differenzierung in vielen ehemals homogenen Märkten unterstützt. Die Finanzdienstleistungen beispielsweise haben sich im Laufe der letzten Jahre stark ausdifferenziert und es entstanden Geschäftsfelder, die sich hinsichtlich Kunden, Produkten, Technologien, Wettbewerbsstrukturen, etc. markant voneinander unterschieden. Retailbanking, Investmentbanking, Asset Management oder Transaction Banking sind heutzutage Geschäftsfelder, die nur noch wenige Gemeinsamkeiten aufweisen.

Koordination

Bei der **Koordination** geht es um die Steuerung der Aktivitäten innerhalb der unternehmerischen Hierarchie des Gesamtunternehmens. Unternehmen, die auf mehreren Geschäftsfeldern tätig sind, organisieren sich überwiegend in Form von Geschäftseinheiten, die für die Erschließung und Bearbeitung der einzelnen Geschäftsfelder verantwortlich sind. Eine Gesamtunternehmensstrategie hat hierbei nicht nur anzugeben, wie die Geschäftseinheiten zu steuern sind, sondern auch, wie deren Marktposition zu unterstützen und zu verstärken ist. Wenn sie einen Mehrwert stiften will, hat sie folglich einen klar erkennbaren Beitrag zur Stärkung der Position der einzelnen Geschäftseinheiten zu liefern. Ansonsten stellt sich die berechtigte Frage, warum man diese nicht unabhängig am Markt operieren lässt und sie aus der Hierarchie einer Unternehmenszentrale entlässt, die ihnen Administrationskosten auferlegt und ihre Handlungsmöglichkeiten begrenzt. Am Kapitalmarkt werden folgerichtig Konglomerate, die diesen Mehrwert nicht erbringen, mit einem so genannten »*conglomerate discount*« bestraft; d.h. man geht von der Vorstellung aus, dass das gesamte Unternehmen einen geringeren Wert als die Summe seiner Teile hat, und bewertet dies mit einem entsprechenden Abschlag. Wenn daher zu beurteilen ist, ob eine Gesamtunternehmensstrategie zu einem Vorteil führt, helfen bei einer kritischen Überprüfung drei Fragen:[140]

Mehrwert der Zentrale

»conglomerate discount«

1. *Schafft der Besitz einzelner Geschäftseinheiten irgendwo im Unternehmen einen Mehrwert?* Dieser Mehrwert kann entweder innerhalb einer Geschäftsein-

heit entstehen (z. B. durch die Ausnutzung von Synergien), durch den Transfer von Ressourcen von einer Einheit zu einer anderen (z. B. durch die Übertragung technischer Fertigkeiten) oder auf Gesamtunternehmensebene (z. B. durch einen billigeren Zugang zu Eigen- und Fremdkapital).

2. *Sind die positiven Auswirkungen größer als die Kosten, die eine Unternehmenszentrale verursacht?* Unternehmenszentralen sind nicht billig. Sie verursachen Kosten für Personal oder administrative Systeme und belasten zusätzlich die Geschäftseinheiten mit Arbeit, indem sie diese z. B. in ein einheitliches Berichtswesen einbinden, dessen Anforderungen zu erfüllen sind. Nur wenn der geschaffene Mehrwert die anfallenden Kosten übersteigt, ist die Arbeit einer Unternehmenszentrale zu rechtfertigen.
3. *Ist das Gesamtunternehmen der optimale Besitzer einer Geschäftsaktivität oder könnte mit ihrer Hilfe bei einem anderen Unternehmen mehr Wert generiert werden?* Diese Frage ist am schwersten zu beantworten. Sie greift das Thema auf, ob ein Unternehmen in seiner jetzigen Form mehr Wert schaffen kann als in einer anderen Führungs- und Kontrollstruktur. Oft sind Unternehmen nicht bereit, besonders lukrative Geschäftseinheiten aus ihrem Portfolio zu verkaufen, selbst wenn diese nicht zu ihrer Gesamtstrategie passen und ein anderes Unternehmen mehr Wert hinzufügen kann als sie es in der Lage sind.

Interaktion

Bei der **Interaktion** zuletzt geht es um das Verhältnis zu weiteren wichtigen Anspruchsgruppen, wie sie beispielsweise durch nationale Regierungen, Gewerkschaften oder institutionelle Anleger verkörpert werden. Unternehmen orientieren sich dabei keineswegs »folgsam« an staatlichen Rahmenbedingungen, sondern versuchen durch mehr oder minder sublimen Druck ihre Interessen zu wahren oder die Entwicklungen zu ihren Gunsten zu beeinflussen. Ein gutes Beispiel sind die Auseinandersetzungen zwischen Staat und Wirtschaft im Anschluss an den Wahlsieg der rot-grünen Koalition in Deutschland. Die Energiewirtschaft verstand es geschickt den Ausstieg aus der Atomwirtschaft zu verhindern und konnte auch ihre über die Jahre angesammelten stillen Reserven von 18 Mrd. DM vor dem Zugriff des Staates schützen.

Mit diesen Überlegungen sind die erforderlichen Grundlagen gelegt, um Optionen auf Ebene des Gesamtunternehmens besprechen zu können. Wir werden sie im Verhältnis zu Geschäftsfeldern, Geschäftseinheiten sowie weiteren relevanten Anspruchsgruppen beleuchten.

Degussa-Hüls

Fallbeispiel: VEBA AG – Aktivitäten einer Unternehmenszentrale[141]

(03/98) Der deutsche Mischkonzern VEBA war seit vielen Jahren durch seine Geschäftseinheit HÜLS AG (Marl) im Chemiemarkt tätig. 1996 hatte sich VEBA zusätzlich mit 36,4 % am Aktienkapital der DEGUSSA AG beteiligt und dafür die Summe von 2,9 Mrd. DM bezahlt. Am 4. März 1998 gaben nun Ulrich Hartmann und Michael Gaul, Vorstandsvorsitzender und Finanzvorstand der VEBA AG, die Verschmelzung der DEGUSSA AG auf die HÜLS AG der Öffentlichkeit bekannt. Dadurch entsteht ein Unternehmen mit 25 Mrd. DM Umsatz. Das Chemiegeschäft wird neu geordnet und erhält eine stabile Plattform, von der aus weiter expandiert und vor allem internationalisiert werden kann. Laut Hartmann haben Synergieüberlegungen bei der anstehenden Fusion keine Rolle gespielt. Nur 15 % der einzelnen Geschäftsfelder würden sich überlappen. Man habe auch bewusst die Variante gewählt, DEGUSSA und HÜLS zu fusionieren, da man ansonsten mit langwierigen

Anfechtungsklagen hätte rechnen müssen, was jetzt nicht mehr möglich sei. Positiv bewertet Hartmann die Haltung der Arbeitnehmervertretungen. Sie hätten das Konzept begrüßt und unterstützt. Bereits vorher wurden mit ihnen die wichtigsten Eckpunkte der geplanten Fusion besprochen. Bei der Entwicklung eines strategischen Konzeptes für die neue Einheit will die VEBA AG keine inhaltlichen Vorgaben stellen. Es sei geplant Arbeitsgruppen aus beiden Unternehmen zu bilden. Diese würden dann unverzüglich mit der Arbeit zu Themen der strategischen Ausrichtung sowie einer geeigneten Organisationsstruktur beginnen. Laut Hartmann ist für den Erfolg der Fusionsgespräche insbesondere die rasche Klärung wichtiger Personalfragen kritisch. Langwierige Verzögerung hätten dadurch vermieden werden können. Zum Vorstandsvorsitzenden des neuen Unternehmens wurde Uwe-Ernst Bufe berufen, der bislang in gleicher Position bei DEGUSSA tätig war. Analysten und Börse reagierten auf die Fusionsankündigung positiv und ließen die DEGUSSA-Aktie entgegen dem Börsentrend um 6,7 % steigen. Hohe Bedeutung wird von dieser Seite Bewertungsfragen sowie der Form der zukünftigen Organisationsstruktur beigemessen.

3.5.2 Strategien gegenüber den Geschäftsfeldern

Geht es um Strategien bezüglich der zu bearbeitenden Umweltsegmente, also um Strategien im Verhältnis zu den Geschäftsfeldern, so lassen sich die Gestaltungsoptionen der Gesamtunternehmensstrategie entlang folgender Dimensionen verorten.

Optionen der Gesamtunternehmensstrategie bzgl. der SGF

- Diversifikations*richtungen*
- *Suchstrategien* zur Identifikation von Diversifikationskandidaten
- *Formen* der Diversifikation
- *Prozess* der Diversifikation

(1) Diversifikationsrichtungen

Diversifikation ist der Eintritt eines Unternehmens in ein neues Geschäftsfeld. Was dabei unter »neu« zu verstehen ist, lässt sich nicht allgemein verbindlich festlegen, sondern ist je nach Geschäft im Einzelfall zu bestimmen. Hilfreich ist es dabei auf die Kriterien zurückzugreifen, anhand derer Geschäftsfelder gemeinhin abgegrenzt werden (wie Produkte, Marktsegmente, Nutzen, Technologien, Geografie etc.) und sich an folgendem Maßstab zu orientieren: Verändern sich mindestens zwei Kriterien signifikant und sind diese für ein bestimmtes Geschäft von hoher Relevanz, dann ist von einem neuen Geschäftsfeld zu sprechen.[142] Setzt man eine solche Anforderung nicht, dann sind die Grenzen zwischen einer Erweiterung im Rahmen der normalen Geschäftstätigkeit einerseits (wie z. B. einer Markterschließung) und einer Diversifikation andererseits kaum noch zu ziehen. Prinzipiell kann sich ein Unternehmen entlang von vier **Diversifikationsrichtungen** bewegen.

Verwandte oder horizontale Diversifikation

Die nahe liegendste Option ist die der *verwandten oder horizontalen Diversifikation*. Dabei bewegt man sich in ein Geschäftsfeld, das in weiten Bereichen Gemeinsamkeiten mit dem bestehenden Geschäftsfeld aufweist. Die Frage nach den Gemeinsamkeiten steht dabei natürlich wieder in Zusammenhang mit den Abgrenzungskriterien von Geschäftsfeldern. Zumeist bleibt man bei der verwandten Diversifikation in der angestammten Branche und variiert beim Leistungsprogramm, den Marktsegmenten und der geografischen Ausdehnung. Die dominierende Fokussierung des Unternehmens wird zwar nicht verlassen, jedoch bemüht man sich von dort aus um die Erschließung angrenzender Geschäftsfelder. Die Vorteile bei dieser Vorgehensweise liegen in der Nutzung von Synergiemöglichkeiten in Bereichen wie Vertrieb, Produktion oder Einkauf, der Möglichkeit, das bestehende Know-how in den neuen Geschäftsfeldern zu verwenden und dem relativ geringen Geschäftsrisiko, das auf Grund der Nähe gegeben ist. Insbesondere eine Diversifikation entlang der Kernfähigkeiten eines Unternehmens wird dabei heute empfohlen, was den Fokus weg von der Produkt/Marktbetrachtung und hin auf die Stärken eines Unternehmens und ihre multiple Anwendung richtet. Nachteile der verwandten Diversifikation liegen in ihrer relativ einfachen Imitation durch Wettbewerber sowie der hohen Abhängigkeit von der Entwicklung der jeweiligen Branche, die man nicht verlässt.

Vertikale Diversifikation

Für ein Verständnis einer *vertikalen Diversifikation* ist es hilfreich von der Wertschöpfungsleistung einer ganzen Branche (wie z.B. der für Lebensmittel) auszugehen. Die meisten Unternehmen üben hier nicht alle Aktivitäten aus, sondern beschränken sich auf diejenigen, die sie am besten beherrschen und in denen es ihnen gelungen ist, Wettbewerbsvorteile zu erlangen. Wenn nun ein Unternehmen in ein Geschäftsfeld eintritt, das seinem momentanen Aktivitätsspektrum entweder vor- oder nachgelagert ist, so spricht man von einer vertikalen Diversifikation. Als Beispiel einer *Vorwärtsintegration* ist ein Hersteller von Lebensmitteln zu nennen, der in den Großhandels- und/oder Einzelhandel einsteigt, um einen besseren Zugang zu seinen Endkunden zu gewinnen, während von einer *Rückwärtsintegration* dann zu sprechen ist, wenn sich ein Produzent von Süßigkeiten an Kakaoplantagen beteiligt, um gegenüber Angebotsschwankungen unabhängiger zu sein und die Rohstoffqualität besser kontrollieren zu können. Bei Vorwärtsintegrationen spielen oft Absatzüberlegungen eine Rolle. Man sucht z.B. den direkteren Zugang zum Konsumenten, indem man ein eigenes Vertriebsnetz aufbaut. Bei Rückwärtsintegrationen hingegen geht es primär um den Zugang zu technischem Wissen und/oder Rohstoffen. Wichtige Elemente der eigenen Wertschöpfungsleistung sollen dadurch unterstützt und abgesichert werden.

Fallbeispiel: Kopf-an-Kopf-Rennen in der Rückversicherung

(8/01) Die globale Rückversicherungsbranche wird seit vielen Jahren durch zwei Unternehmen angeführt: die SCHWEIZER RÜCK (www.swissre.com) und die MÜNCHNER RÜCK (www.munichre.com). Man lebte recht friedlich und dabei auch sehr profitabel nebeneinander her und mal hatte der eine und mal der andere etwas den Kopf weiter vorne. Strategisch gab es einen wesentlichen Unterschied bei beiden Unternehmen: Die SwissRe hatte 1994 unter der Leitung ihres damaligen CEO Lukas Mühlemann ihre Erstversicherungen abgestoßen. Man sprach damals von einem »Befreiungsschlag«, da überall die kritische Masse fehlte und viele der Gesellschaften sich in einem desolaten Zustand befanden. Dagegen verfügt die MÜNCHNER RÜCK mit ERGO nach wie vor über einen respektablen Erstversicherer (Lebens-, Unfall-, Krankenversicherung etc.). Zwei diametral entgegengesetzte Diversifikations- und Wachstumskonzepte (»Konzentration auf das Kerngeschäft« versus »vertikale Vorwärtsdiversifikation in das Geschäft der eigenen Kunden«) stehen hier einander gegenüber. Wird dadurch nun angesichts der einschneidenden Veränderungen im Versicherungsgeschäft der Grundstein für eine Verschärfung des Zweikampfes gelegt, aus dem dann eines der beiden Unternehmen als Sieger hervorgeht? Welches der beiden Unternehmen hat dann die bessere Wachstumsstrategie?

Für die Strategie der Münchner Rück spricht der anhaltende Konzentrationsprozess bei den Erstversicherern. Dies reduziert zum einen die Anzahl der Kunden. Zum anderen entstehen dadurch auch immer größere Unternehmen, die aufgrund ihrer enormen Finanzkraft immer besser in der Lage sind, ihre eingegangenen Risiken auch selbst zu tragen. Dadurch geht der Erstversicherer über einen erhöhten Selbstbehalt zwar ein höheres Eigenrisiko ein, man spart dabei aber an Prämien an den Rückversicherer. Der Vorstoß in die Erstversicherung ist damit ein denkbarer Ausgleich für das rückgängige Prämienvolumen.

Doch wie werden die Erstversicherer reagieren, wenn ihre Rückversicherer immer mehr zu ihren eigenen Konkurrenten im Erstversicherungsgeschäft werden? Will ein Erstversicherer mit einem solchen Rückversicherer weiterhin im Geschäft sein, denn beim Abschluss der Rückversicherung muss er (seinem direkten Konkurrenten) seine Kalkulation offen legen? Diese Probleme sprechen eher für die Strategie der Schweizer Rück. Diesen Problemen könnte eine Münchner Rück mit einer radikalen Reorganisation etwas entgegentreten, bei der man zur Organisationsform einer Holding übergeht, unter deren Dach die Erst- und Rückversicherung als getrennte Geschäftsbereiche fungieren. Dazwischen richtet man »chinese walls« ein, die zum Schutz des Kunden den Informationsfluss zwischen den Bereichen verhindern sollen. Doch wird der Kunde diesen »chinese walls« trauen?

Für die Strategie der Münchner Rück spricht auch das große Wachstumspotenzial, das im deutschen Markt aufgrund der Rentenreform liegt, die Milliarden an Rentengeldern aus dem staatlichen in privaten Besitz überführen wird. Hier kommt der Münchner Rück auch der glückliche Umstand zugute, dass sie aufgrund der Entflechtung der Allianz-Beteiligungen im Zuge der Übernahme der Dresdner Bank praktisch »nebenbei« ihre Beteiligung an der HypoVereinsbank auf über 25 % erhöhen konnte und somit über einen bereits recht gut etablierten zusätzlichen Vertriebskanal für ihre Versicherungsprodukte verfügt.

Nicht ganz unerheblich dürfte in einem aufbrandenden Wettbewerb auch die Kapitalstärke beider Unternehmen sein. Dies gilt zum einen in Bezug auf Vertrauenswürdigkeit aus Sicht der Kunden angesichts der stark wachsenden Zahl von Großrisiken, zum anderen aber auch, falls man bei Wachstumsakquisitionen gegeneinander um das gleiche Unternehmen buhlen sollte. Beide Unternehmen sind sicher sehr vermögend, doch die Münchner Rück ist derzeit vermögender.

Dass man trotz aller Konkurrenz auch die Notwendigkeit zur Zusammenarbeit sieht, zeigt der gemeinsame Aufbau des virtuellen Rückversicherungsmarktplatzes Inreon (www.inreon.com), den man zusammen mit Accenture und der Internet Capital Group aufgebaut hat.

Standpunkt
Wird nur eines der beiden Diversifikationskonzepte in nächster Zeit erfolgreich sein? Wenn ja, welches? Sollte die Schweizer Rück in dieser Situation ihre Diversifikationsstrategie anpassen (auch wenn man damit indirekt die Rückzugsentscheidung von 1994 für falsch erklärt)?

In welchem Ausmaß Unternehmen in vor- oder nachgelagerte Geschäftsfelder diversifizieren, hängt von verschiedenen Punkten ab:[143] Je spezifischer eine Leistung und je größer ihre strategische Bedeutung ist, desto sinnvoller ist es, die dazu nötigen Aktivitäten im eigenen Unternehmen zu integrieren. Gerade angesichts des allgemeinen Trends zum Outsourcing (d. h. der Auslagerung von Wertschöpfungsaktivitäten) stellt sich im Gegenzug die Frage, ob damit nicht vorschnell wichtige Fähigkeiten vernachlässigt werden, die man in der Zukunft dringend benötigt. In der Automobilindustrie beispielsweise haben im Zuge von Outsourcingprozessen der Hersteller, Zulieferer wie z. B. Bosch weitgehend die Produktion der immer wichtiger werdenden mikroelektronischen Steuerungssysteme unter ihrer Kontrolle. In diese Richtung verlagert sich auch der Wertschöpfungsanteil bei der Autoproduktion, während Komponenten wie die Karosserie an Bedeutung verlieren. Ein weiterer Punkt, der bei der Entscheidung über eine vertikale Diversifikation berücksichtigt werden sollte, ist die Unsicherheit über die Quantität und Qualität der vor- oder nachgelagerten Leistungen. Ist diese relativ hoch, sollte man die Aktivität eher selbst ausüben, um sich nicht einseitig einem schwer kalkulierbaren Risiko auszusetzen. Des Weiteren spielt auch die Häufigkeit der Leistung eine Rolle. Je mehr von einer Leistung nachgefragt wird, desto eher empfiehlt sich eine interne Mengenfertigung, je seltener man sie benötigt, desto eher kann man sie von Dritten erbringen lassen.

Konzentrische Diversifikation

Konzentrisch ist eine Diversifikation dann, wenn bestimmte Fähigkeiten, die in der bestehenden Wertschöpfungskette positiv zum Tragen kommen, auf die Wertschöpfungskette eines anderen Geschäfts wertschöpfend übertragen werden kann. Ein Konsumgüterhersteller mit exzellentem Marketing-Know-how erkennt z. B., dass ein Geschäft außerhalb seines bisherigen Wirkungsbereiches noch weitgehend »untermarketiert« ist. Erschließt er sich dieses Geschäft z. B. durch eine Akquisition, so kann er erwarten, dass er über seine Marketingkompetenzen zu schnellen Marktanteilsgewinnen kommen kann.

Laterale oder konglomerate Diversifikation

Hat das neue Geschäftsfeld kaum noch Gemeinsamkeiten mit dem ursprünglichen, so spricht man von einer *nicht-verwandten, lateralen oder konglomeraten Diversifikation*. Diese Diversifikationsart wird zumeist mit Argumenten wie der Erschließung lukrativer Geschäftsfelder, der starken Abhängigkeit von einem Bereich, der Reduktion des gesamtunternehmerischen Risikos, der Sicherung der Beschäftigung, etc. begründet. Diesen Argumenten steht man heutzutage allerdings weitgehend skeptisch gegenüber, da durch die Auswahl eines ausgewogenen Unternehmensportfolios viele dieser Vorteile direkt am Kapitalmarkt zu realisieren sind und gerade Unternehmen, die in nicht-verwandten Geschäften tätig sind, meist unterdurchschnittliche Erfolge erwirtschaftet haben. Eine Ausnahme stellt hier sicher General Electric dar. Von daher empfiehlt sich dieser Diversifikationstyp noch am ehesten, wenn auf Grund fundamentaler Veränderungen Geschäftsfelder entstehen, die es bislang in dieser Form noch nicht gab, oder das Management eines Unternehmens überzeugt ist, die dafür notwendigen Fähigkeiten sich rasch aneignen zu können.

NOKIA
Connecting People

Fallbeispiel: Der Durchbruch von Nokia mit Mobiltelephonen
(7/01) Nokia (www.nokia.com) wurde 1860 als ein Unternehmen der Waldwirtschaft in Finnland gegründet. Später diversifizierte man in die Herstellung von Papier, Gummi, Elektrokabeln etc. Mitte der 80er-Jahre war Nokia ein konturloses Konglomerat, das alles machte, von Autoreifen bis zu Fernsehgeräten. Man war auch im Geschäft für Mobiltelephone, was dann an Dynamik erhielt, als sich verschiedene skandinavische Staatstelefongesellschaften sehr frühzeitig zu einem Konsortium zusammenschlossen. Damit hatte man sich einen zeitlichen Vorteil erarbeitet, als Anfang der 90er-Jahre europaweite Netzwerke auf dem informationstechnologisch anspruchsvollen GSM-Standard eingeführt wurden. Das GSM-Team unter der Leitung des späteren CEO Jorma Ollila war hier besonders erfolgreich, was dann zur Konzentration des Konzerns auf das Telekommunikationsgeschäft führte. Man betrachtete Mobiltelephone schon frühzeitig als Modeprodukte und investierte deshalb viel in das Design und die leichte Benutzbarkeit der Geräte. Im Jahr 2000 erzielte Nokia einen Umsatz von 30 Mrd. Euro, wobei 72 % des Umsatzes und sogar 84 % der Erträge aus dem Geschäft mit Mobiltelefonen kam.

Rückzug

Ebenso wie der Eintritt in ein neues Geschäftsfeld aktiv zu planen und voranzutreiben ist, gilt dies auch für den **Rückzug** aus einem Geschäftsfeld. Ein solcher Schritt wird erforderlich, wenn z.B. die Nachfrage in einem Markt auf Grund technologischer Innovationen, eines sozial-kulturellen Wertewandels oder einer Änderung staatlicher Rahmenbedingungen immer weiter schrumpft. Zumeist kommt es in einem solchen Fall zu Überkapazitäten und einer Zunahme des Preisdrucks. Die Wettbewerbsintensität verschärft sich und je nachdem, wie hoch die ökonomischen, strategischen und emotionalen Austrittsbarrieren sind, ziehen sich einzelne Unternehmen aus den betroffenen Geschäftsfeldern zurück. Einen solchen Rückzug kann man auf verschiedene Arten vornehmen. Drei Optionen bieten sich hier an. Erstens kann man das gesamte Geschäft verkaufen. Dabei bietet sich entweder ein anderes Unternehmen an, das in diesem Geschäftsfeld interessiert ist, oder alternativ im Rahmen eines »Management Buyouts«, d.h. eines Verkaufs an das bisherige Management, das damit zum Eigentümer wird. Zweitens kann der Ertrag des Geschäftes abgeschöpft werden, ohne weitere Investitionen zu tätigen. Durch Rationalisierungsmaßnahmen versucht man, noch so viel wie möglich Cashflow zu generieren. Drittens und letztens kann man das Geschäft umgehend liquidieren und die Aktivitäten beenden.

Die Diversifikation eines Unternehmens ist ökonomisch nur dann zu rechtfertigen, wenn dadurch ein Mehrwert geschaffen wird, der sich dann auch positiv auf das Unternehmensergebnis auswirkt. Doch bei welcher Art von Diversifikation kann dieser Mehrwert eher erwartet werden? Dieser Frage wird in der Forschung unter dem Begriff der »Verbundenheit« nachgegangen, der auf Ähnlichkeiten zwischen den Geschäftsfeldern abzielt: Je größer die Ähnlichkeiten, desto höher der Erfolgsbeitrag. Doch welche Ähnlichkeiten wirken sich positiv aus?

X

Exkurs: Empirische Diversifikationsstudien

Untersuchungen zu den Auswirkungen von Diversifikation bzw. Verbundenheit auf den Unternehmenserfolg sind insbesondere seit den 1970er Jahren im anglo-amerikanischen Raum zu finden und die Forschungstätigkeit in diesem Bereich steigt seitdem kontinuierlich an.[144] Die Antwort auf die Frage, ob sich Diversifikationen überhaupt auszahlen und welche Diversifikationsrichtungen welches Ergebnis erzielen, variiert jedoch erheblich von Untersuchung zu Untersuchung. Einheitliche Schlussfolgerungen sind kaum möglich.[145]

Zurückzuführen ist dies u.a. auf die Stichprobenauswahl und -gruppierung, unterschiedliche Analysezeiträume, heterogene Verbundenheits- und Erfolgskriterien, die kaum miteinander zu vergleichen sind, sowie Zurechnungsprobleme mit externen und internen Einflüssen. Auch ist nicht notwendigerweise von einem linearen Verhältnis von Diversifikation und Erfolg auszugehen, wie es viele Studien unterstellen. Doch betrachten wir einige Untersuchungen genauer:

- Auf die Frage, ob Diversifikationen überhaupt sinnvoll sind, kommt Porter (1987) bei einer Betrachtung von 33 US-amerikanischen Unternehmen, die in einem Zeitraum von 1950 bis 1986 rund 2.644 Diversifikationsversuche initiierten, zu einem weitgehend negativen Ergebnis. Weit mehr als die Hälfte der Diversifikationsprojekte wurden nach wenigen Jahren abgestoßen. Laterale Diversifikationen liegen dabei mit 74 % an der Spitze der Desinvestitionen.
- Rumelt (1974)[146] untersucht zunächst 100 und in einer Folgestudie 273 US-amerikanische Unternehmen nach dem Erfolg einzelner Diversifikationsrichtungen. Er kommt dabei zu dem eindeutigen Ergebnis, dass sich die verschiedenen Diversifikationsarten signifikant voneinander unterscheiden. Die höchsten Erfolgsraten weisen Unternehmen auf, die sich Bereiche mit ähnlichen Ressourcen- und Fähigkeitenan-

forderungen erschließen und somit eine horizontale Diversifikation einschlagen. Hingegen schneiden vertikale und insbesondere laterale Diversifikationen deutlich schlechter ab.

- Robins/Wiersema (1995) können zeigen, dass diversifizierte US-amerikanische Unternehmen, deren Geschäftsfelder ähnliche Muster interindustrieller Technologieflüsse aufweisen, einen besseren Unternehmenserfolg erzielen als diversifizierte Unternehmen, deren Geschäftsfelder diese Verbundenheit nicht besitzen. Demnach haben Unternehmen, die mit ihren Geschäften in Branchen tätig sind, in welchen *ähnliche immaterielle Ressourcen* benötigt werden, im Durchschnitt höhere Erfolgsaussichten.[147]

Konnte also Rumelt (1974) noch ein einheitliches Ergebnis vorweisen, so boten die nachfolgenden Studien ein äußerst heterogenes Bild.[148] Teilweise bestätigten sie die Ergebnisse Rumelts, teilweise modifizierten und relativierten sie diese, teilweise verwarfen sie sie. Angesichts dieser wenig befriedigenden Situation wird geschlussfolgert, dass es mit dem bisherigen Wissensstand einfach nicht möglich sei, eindeutige Aussagen zu treffen. Man verweist auf eine Reihe intervenierender Variablen, wie die spezifische Branche, die Erfahrung des Managements mit Diversifikationen oder dem Einfluss konjunktureller Entwicklungen und fordert, den Einfluss dieser Variablen erst einmal in longitudinalen Studien zu klären.

(2) Suchstrategien zur Identifikation von Diversifikationskandidaten

Wenn man eine Diversifikation in Erwägung zieht, dann stellt sich unmittelbar die Frage, welche Geschäftsfelder denn hier von Interesse sein könnten. Bietet sich hier eine grosse Anzahl potenzieller Kandidaten an, so sind diese auf ihre Chancen und Risiken hin zu untersuchen. Ist man hingegen noch auf der Suche nach geeigneten Feldern, dann empfiehlt sich eine **strategische Suchfeldanalyse.** Dieser Begriff steht für eine Systemkonzeption, die die Identifikation, Analyse, Bewertung und Auswahl neuer Geschäfte zu unterstützen hat. Sie besteht aus drei Bausteinen[149]: Der potenziell unbegrenzte Suchraum, der für neue Geschäftsfelder zur Verfügung steht, wird zunächst durch ein *Suchprofil* grob abgegrenzt. Dieses bewegt sich innerhalb der Leitplanken, die durch die Mission des Unternehmens gegeben sind, sowie aus einer vorläufigen Analyse des Unternehmens und seiner Umwelt. Dadurch erhält man erste Anhaltspunkte, in welchen Gebieten man überhaupt suchen sollte und welche Vorgaben hier z. B. hinsichtlich Rentabilität oder Produkt/Marktkriterien bestehen.

Strategische Suchfeldanalyse

Innerhalb dieser groben Leitplanken findet dann der eigentliche *Suchprozess* statt. Dabei ist zwischen horizontalen und vertikalen Suchstrategien zu unterscheiden. Horizontale Suchstrategien versuchen dabei das »Wo« der Suche durch ein Angebot möglichst reichhaltiger Suchwege zu verbessern. Das »Explorieren« ist ein weitgehend ungerichteter Suchvorgang. Man knüpft dabei am bereits bestehenden Erfahrungshorizont an, der zumeist nur implizit vorhanden ist, und versucht, durch explizite Reflexionsvorgänge Ansatzpunkte zu gewinnen. Beim »Entdecken« geht man davon aus, dass neue Ideen zwar bereits im Unternehmen vorhanden sind, sie jedoch noch nicht als solche erkannt wurden. Durch das Abklopfen bestehender Vorstellungen auf Vollständigkeit und Komplementarität wird versucht, die brach liegenden Möglichkeiten sichtbar zu machen. Schlägt man die Suchstrategie des »Entwickelns« ein, dann arbeitet man gezielt mit Methoden der Synektik oder Längs- und Querschnittsvernetzungen. Ziel ist es hier

Informationen, Aktivitäten und Ideen sowohl sachlich als auch zeitlich miteinander zu vernetzen. Das »Erfinden« zuletzt beruht weitgehend auf Inspiration. Hier kommen vor allem Kreativitätstechniken wie Brainstorming zum Einsatz. Vertikale Suchstrategien sind auf den zeitlichen Aspekt der Suchfeldanalyse gerichtet. Möglichst frühzeitig sollen hier Suchzeitpunkte angeboten werden. Dabei spielen insbesondere die Aktivitäten einer strategischen Frühaufklärung eine wichtige Rolle. Je früher es gelingt durch »schwache Signale« erfolgsträchtige Geschäftsfelder zu identifizieren, desto besser sind auch die Chancen, sich hier rechtzeitig zu positionieren, bevor die Marktanteile und die Überschussrenditen für innovative Unternehmen verteilt sind.

Mit der *Bewertung* wird die Suchfeldanalyse abgeschlossen. Die potenziellen Geschäftsfelder durchlaufen einen mehrstufigen Selektionsprozess, in dem durch den Einsatz von unternehmens-, suchraum- und problembezogenen Bewertungsrastern interessante Geschäftsfelder herausgefiltert werden. Dabei kann man sich an Kriterien wie der Markt- und Wettbewerbsattraktivität sowie dem erwarteten Synergiepotenzial orientieren.

(3) Formen der Diversifikation

Hat sich ein Unternehmen zur Diversifikation entschieden, so kann es sich verschiedener Vorgehensweisen bedienen. Prinzipiell stehen drei Diversifikationsformen zur Auswahl: die interne Entwicklung, die Akquisition, sowie die Kooperation. Sie sind nicht nur für Zwecke der Diversifikation auf Ebene des Gesamtunternehmens von Relevanz, sondern können auch wichtige Elemente einer Strategie auf Ebene der Geschäftseinheiten sein (z.B. wenn man durch den Kauf eines Unternehmens die eigene Wettbewerbsposition verbessert). Darauf sei hinsichtlich der nachfolgenden Ausführungen explizit hingewiesen.[150]

Interne Entwicklung

Interne Entwicklung: Versucht ein Unternehmen ein neues Geschäftsfeld gänzlich aus eigener Kraft zu erschließen, so spricht man von interner Entwicklung. Eine solche hat Vor- und Nachteile. Sie ist *vorteilhaft*, wenn es darum geht, das bestehende Know-how eines Unternehmens für die Erschließung neuer Geschäftsfelder zu nutzen. Dem Einsatz von explizitem wie auch implizitem (»tacit«) Wissen stehen hier die geringsten Barrieren entgegen. Man agiert innerhalb der Grenzen des Unternehmens und ist nicht mit Schwierigkeiten im Umgang mit fremden Strukturen und Kulturen konfrontiert, wie sie bei Kooperationen und vor allem Akquisitionen zu erwarten sind. Die interne Entwicklung empfiehlt sich daher besonders dann, wenn eine Diversifikation entlang der Kernfähigkeiten des Unternehmens angedacht ist. Da diese in der Tiefenstruktur eines Unternehmens »verwurzelt« und folglich an einen spezifischen Kontext gebunden sind, können sie ihre Wirkung auch am besten innerhalb dieses Kontextes entfalten. Je stärker die Fähigkeiten eines Unternehmens in den neuen Geschäftsfeldern von Bedeutung sind, desto höher sind im Gegenzug auch die Aussichten, die Geschäftfelder erfolgreich zu erschließen. Auch werden die Fähigkeiten eines Unternehmens im Zuge der internen Entwicklung weiterentwickelt, da ein Unternehmen neue Fertigkeiten erlernt, die ihm wiederum neue Anwendungsmöglichkeiten öffnen. Auch ermöglicht die interne Entwicklung eine inkrementelle Entscheidungsfindung. Sie begrenzt und verteilt das Risiko »daneben zu liegen«. Die interne Entwicklung zieht sich meist über einen längeren Zeitraum hin, in dem das neue Geschäftsfeld schrittweise aufgebaut werden muss. Wichtige Ent-

Fähigkeiten sind im Unternehmen

scheidungen sind hier nicht einmalig zu treffen, sondern können über den gesamten Eintrittspfad verteilt werden. Auch ist die Entscheidung zur internen Entwicklung – insbesondere im Verhältnis zur Akquisition – bis zu einem gewissen Zeitpunkt noch im Prozess reversibel. Je nach Situation kann daher flexibel agiert und auf Umweltveränderungen reagiert werden. Zuletzt sendet die interne Entwicklung ein deutliches, positives Signal in Richtung »Unternehmergeist«. Gerade Großkonzernen fällt es auf Grund ihrer strukturellen Rigiditäten oft schwer, unternehmerischen Initiativen den nötigen Freiraum zu gewähren und sie nicht bereits am Anfang zu ersticken.[151] Sie versuchen daher ein neues Geschäftsfeld entweder von der »grünen Wiese« aus, d.h. weitgehend außerhalb der etablierten Strukturen, zu erschließen oder die Verantwortung dafür direkt an die einzelnen Geschäftseinheiten zu delegieren. Ziel beider Vorgehensweisen ist es ein »Unternehmertum im Unternehmen« (Intrapreneurship) zu schaffen. Gelingt dies nicht, verlassen gerade Unternehmertalente den Konzern, da sie nicht ihren Fähigkeiten entsprechend gefördert werden. Ein derzeit häufig anzutreffendes Beispiel für die interne Entwicklung ist der Aufbau von Online-Vetriebskanälen bei Banken und Versicherungen.

Nachteilig ist der lange Zeitraum

Nachteilig an der internen Entwicklung ist der lange Zeitraum, der dafür benötigt wird. Dies kann dazu führen, dass ein Unternehmen zu spät mit seinen Leistungen auf den Markt kommt und sich dann in einer ungünstigen Wettbewerbsposition wiederfindet. In Geschäftsfeldern, in denen mit einer steilen Erfahrungskurve zu rechnen ist, wirkt sich dies besonders nachteilig aus. Auch ist die interne Entwicklung problematisch, wenn hohe Eintrittsbarrieren vorliegen, deren Überwindung erhebliche Investitionen erfordern. Der Vorteil, wichtige Ressourcenallokationen sukzessive vorzunehmen, entfällt dann. Sollte die interne Entwicklung nicht zum gewünschten Erfolg führen, fällt es in einer solchen Situation schwer, die eingesetzten Mittel wieder zurückzugewinnen.

Vernachlässigt ein Unternehmen die interne Entwicklung zu lange, dann geht es das Risiko ein, dass es sein Innovationspotenzial verliert. Was dann oft bleibt ist eine finanzgetriebene Holding, die immer wieder nach rentablen Einstiegen in junge Unternehmen sucht, welche das zur Verfügung stehende Kapital und ein schlagkräftiger Vertrieb in die Arme des Konzerns lockt. Beispiele hierfür sind einige etablierte Pharmakonzerne und ihre Beteiligungen in gentechnologischen Start-ups.

Akquisition

Akquisition (»Mergers & Acquisitions«): Der Kauf eines Unternehmens, das in den anvisierten Geschäftsfeldern bereits tätig ist, gilt als »einfachste« Möglichkeit der Diversifikation. »Einfach« in dem Sinne, dass man – zumindest theoretisch – direkt nach dem Erwerb des Zielunternehmens Zugriff auf die Ressourcen hat, deretwegen man das Unternehmen gekauft hat und die man für die eigene Unternehmensentwicklung zu benötigen glaubt. Meist aufgrund von Integrationsproblemen stellt sich im Einzelfall dieser Zugriff oft nicht so »einfach« dar, wie gedacht. Daraus erklärt sich auch ein relativ hohes Scheiternsrisiko von Akquisitionen. Trotzdem sind Akquisitionen in den vergangenen Jahren zu einem immer häufiger angewandten Instrument der Unternehmensentwicklung geworden.

Exkurs: Die fünf M & A-Wellen in den USA
Unternehmenskäufe finden am Markt für Unternehmenskontrolle statt. Wie in allen Märkten sind auch hier »Konjunkturen« zu konstatieren, so können zumindest für den traditionell führenden Markt USA bis heute die fünf in Abbildung 3-58 dargestellten M & A-Wellen identifiziert werden[152]:

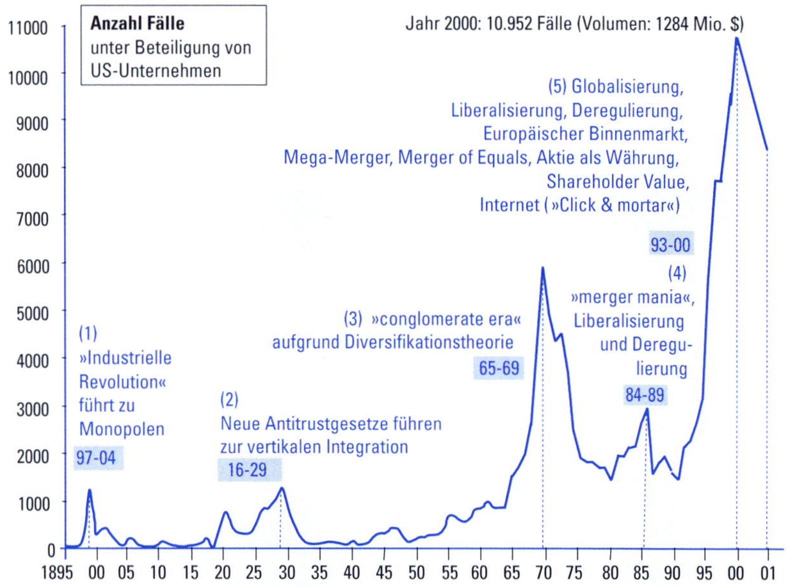

Abb. 3-58:
Die fünf
M & A-Wellen

- Die erste Fusionswelle (1880–1904) kann mit der »Industriellen Revolution« verbunden werden. Technologiebedingten Überkapazitäten wurde mit horizontalen Übernahmen von Wettbewerbern mit monopolistischen Strukturen und Kartellen begegnet. Hier liegt die Geburtsstunde vieler heutiger amerikanischer Blue Chip-Unternehmen, wie z. B. Eastman Kodak, DuPont und General Electric.
- Der zweiten Welle (1916–1929) lag verstärkt das Motiv der Optimierung der Wertschöpfungskette zugrunde, das mit Zukäufen von vor- bzw. nachgelagerten Unternehmen zu einer vertikalen Integration der Wirtschaft führte. Während dieser Welle entstandene Unternehmen sind z. B. General Motors und IBM.
- Die Übernahmeaktivitäten der sechziger Jahre (1965–1969) ließen vor dem Hintergrund der populär gewordenen Diversifikations- bzw. Portfoliotheorie riesige Konglomerate wie Gulf & Western, ITT oder Teledyne durch Zukäufe von unverwandten Geschäftsbereichen entstehen.
- Die spektakuläre vierte Welle (1984–1990) wies zwei Phänomene auf: Zum einen ging es um eine – kartellrechtlich ermöglichte – Kernkompetenzenorientierung mit horizontalen Zukäufen zur Synergieerzielung. Zum anderen war parallel eine Weiterentwicklung der Finanzmärkte zu erkennen, die auch steuerrechtlich die Durchführung so genannter »Leveraged Buyouts« (LBO) begünstigte. Weiterhin trugen aktive Investoren zur Weiterentwicklung der Finanzmärkte bei, in dem sie als unterbewertet betrachtete Unternehmen nach der Übernahme »aufbrachen«, um sie dann einzeln mit einem Mehrwert wieder weiterzuverkaufen (»corporate raider«).
- Die fünfte und bislang letzte Welle (1993–2000) hatte verschiedene Treiber: Grenzüberschreitende Transaktionen hatten durch die *Globalisierung* der Wirtschaft Konjunktur. Der Merger DaimlerChrysler, die Übernahme von Bankers Trust durch die Deutsche Bank oder auch der Zusammenschluss der Luftfahrtkonzerne

DASA, CASA und AEROSPATIALE MATRA zur EADS sind bekannte Beispiele dafür. Hinzu kam die *Deregulierung und Liberalisierung* insbesondere der Infrastrukturmärkte (Energie etc.) in vielen Ländern. Insbesondere entstanden aber rund um das Internet vielfältigste Akquisitionsphantasien, die zu neuen Bewertungsansätzen und astronomischen Preisen führten. Beispiel hierfür sind die Akquisitionen im Bereich der Telekommunikation. Unternehmen wie ADOBE, BAY NETWORKS, CISCO, INTEL oder YAHOO! zogen Akquisitionsprogramme mit Dutzenden Transaktionen pro Jahr durch.

Alle in immer kürzeren Abständen einsetzenden Wellen wiesen große Unterschiede hinsichtlich ihrer strategischen Zielsetzungen auf. Gemeinsam war ihnen ihre Korrelation zur Entwicklung des Sozialproduktes und zu den Aktienmärkten. Alle Fusionswellen hatten volkswirtschaftliche Rezessionen bzw. Einbrüche am Aktienmarkt zur Folge. So z. B. der Börsencrash von 1904 und die sich anschließende Krise des Finanzdienstleistungssektors. Auch der Zusammenbruch der Börsen am »Black Friday« und die darauf folgende Weltwirtschaftskrise beendete die zweite Übernahmewelle. Der Einbruch an den Aktienmärkten Ende der sechziger Jahre und die nachfolgende Ölkrise beendete die dritte Welle. Und schließlich fand auch die fünfte Welle ihr Ende im Crash der Aktienmärkte der Jahre 2000–2002.

Ressourcen
Die Entwicklung im US-amerikanischen Markt für Unternehmenskontrolle hat i.Allg. Vorlaufcharakter zur Entwicklung in Europa. Machen Sie sich auf der Homepage von MergerStat (www.mergerstat.com) ein Bild von der Entwicklung in den USA. Zur Unterstützung können Sie auch noch Thomson Financial Securities Data (www.tfsd.com) heranziehen. Welche Schlüsse ziehen Sie für die Entwicklung in Europa?

Einer der größten *Vorteile* besteht zweifelsohne in der hohen Geschwindigkeit, mit der sich ein Unternehmen durch eine Akquisition in einem neuen Geschäftsfeld positionieren kann: Mit Abschluss des Kaufvertrages ist man unmittelbar darin eingetreten. Zudem muss das erforderliche Markt- und Produktwissen nicht erst mühsam erworben werden, sondern steht sofort zur Verfügung. Dies ist von Relevanz, wenn ein selbst initiierter Aufbauprozess entweder sehr lange dauern oder die Ressourcen und Fähigkeiten des Kaufobjektes nur schwierig zu imitieren wären. Gerade wenn es sich um Kernfähigkeiten handelt, sind diese rascher durch eine Akquisition als durch eigene Imitationsversuche zu erlangen. Auch ist eine Akquisition oft die einzig verbleibende Alternative, wenn es aus eigener Kraft nicht gelungen ist, sich in einem als wichtig erachteten Geschäftsfeld zu etablieren.

Motive

Motiv der Akquisition ist jedoch meist nicht nur der Eintritt in das neue Geschäft, sondern auch über diesen Eintritt gesamthaft Synergien realisieren zu können. Dies können bei horizontalen Akquisitionen Kostensynergien sein. Beispiel ist hier die 1998 vollzogene Akquisition DAIMLERCHRYSLER, wo man im Geschäftsbericht 1998 lesen kann: »Zusammengeführt wurden unsere Einkaufsbereiche – der erste wichtige Schritt, um die Vorteile unseres gemeinsamen Beschaffungsvolumens von mehr als 89 Mrd. Euro zu nutzen«. Bei vertikalen Akquisitionen sieht man den Vorteil in der Ergänzung beider Partner in der Wertschöpfungskette der Branche. Spektakulärer, aber – wie sich beim Börsen-Crash herausstellte – auch problematischer Fall ist hier die Fusion von TIME WARNER und AOL (AMERICA ONLINE) zum weltgrössten Medienkonzern im Januar 2000: AOL kann nun für die Speisung seines Netzes auf die Inhalte (Nachrichten, Spielfilme, Musik etc.) von Time Warner zurückgreifen; Time Warner erhält mit AOL (und seinen 20 Mio. Nutzern) Zugang zu den Verwertungskanälen der Zukunft (digitales Radio über das Internet etc.).

Fallbeispiel: Wachstumsakquisitionen in der Pharmabranche
Was macht ein Pharma-Unternehmen, wenn es glaubt, dass es die üblich gewordenen zweistelligen Ertragswachstumserwartungen der Investoren nicht mehr erfüllen kann, da aus der Neu-Produkte-Pipeline keine baldigen Durchbrüche zu erwarten sind, wichtige Patente auslaufen, der Vertrieb an seine geographischen und mengenmäßigen Grenzen gestoßen ist, der Preisdruck zunimmt und man auch keine wesentlichen Produktivitätssteigerungen mehr sieht? Mehr und mehr Unternehmen beantworten diese Herausforderung durch den Zukauf ertragreicher Produkte. Diese erhält man allerdings meist nur dann, wenn man zuerst das ganze Unternehmen, dem dieses Produkt gehört, erwirbt. Man sieht darin einen schneller wirkenden Hebel auf die rückläufigen Erträge als in erst langfristig und nur eventuell ertragswirksamen F & E-Projekten (z.B. Genomforschung). So hat z.B. Johnson & Johnson Tibotec-Virco gekauft oder Schering erwarb Leukine von Immunex. Aber insbesondere auch Pfizer scheint diese Strategie zu verfolgen. So hat man im Jahr 2000 Warner-Lambert (feindlich) akquiriert, primär wohl wegen des sehr profitablen Cholesterol-Senkers Lipitor. Im Juli 2002 wurde dann – für die meisten Marktteilnehmer völlig überraschend – der spektakuläre Erwerb von Pharmacia angekündigt, womit sich das Unternehmen mit einem Marktanteil von 11 % auf Platz 1 der Pharma-Weltrangliste katapultierte (mit einem kombinierten Jahresumsatz von 48 Mrd. US$, einem F & E-Budget von 7 Mrd. US$ und über 30.000 Verkäufern), weit vor der Nummer 2 GlaxoSmithKline.

Pharmacia gehört (durch den Erwerb von Monsanto im Jahr 2000) das entzündungshemmende Mittel Celebrex, das allein einen Jahresumsatz von 3.1 Mrd. US$ einbringt. Natürlich betont Pfizer-CEO Jean-Pierre Garnier, dass Pharmacia noch über andere interessante Assets verfüge, wie etwa eine Vertriebsmannschaft, die, da sie auf Spezialisten ausgerichtet ist, den eigenen, mehr auf Generalisten fokussierten Vertrieb, gut zu ergänzen vermag, um eine höhere Marktdurchdringung zu erzielen. Auch wird auf eine attraktive Pipeline im Bereich der Krebsforschung verwiesen.

Der Erwerb erfolgt als Aktienkauf im Wert von etwa 60 Mrd. US$. Pfizer bezahlt damit ein Premium von 44 % über dem Börsenwert (wobei man sich vorgängig zur Fusion noch über einen Spin-off von Monsanto zu trennen hat). Die Börse reagierte nervös und skeptisch: Die Pfizer-Aktie verlor 13 %, Pharmacia gewann 19,4 %, was vorerst einer Reduktion der Prämie auf 1 % entspricht.

Standpunkt
1. Wird eine solche Transaktion nun automatisch eine weitere Akquisitions- und Konsolidierungsrunde in der Branche auslösen? Kommen dadurch insbesondere die europäischen Pharmafirmen unter Zugzwang? Wie kann z.B. die auf Platz 7 liegende Novartis reagieren? Sollte sie auch auf Einkaufstour gehen? Sie hatte zu diesem Zeitpunkt bereits verschiedentlich bei Roche angeklopft; dort will man aber die Unabhängigkeit bewahren. Bleibt hier den kleineren Wettbewerbern, wie etwa Abbott oder Schering-Plough, nur noch die Option, sich selbst auf die Suche nach einem Partner zu begeben?
2. Sollte man die Alternative in der internen Entwicklung sehen? Falls ja, so müssten zur Absicherung eines 10 %-igen Umsatzwachstums die Entwicklungszeiten etwa halbiert werden und jährlich bis zu fünf neue chemische Wirkstoffe (dreimal soviel wie heute) auf den Markt gebracht werden.
3. Doch kann Größe langfristig überhaupt eine adäquate Absicherung gegen die in der Pharmabranche typischen Risiken der Produktentwicklung darstellen? Ist nicht eher zu erwarten, dass es zu neuen wissenschaftlichen Erkenntnissen kommen wird, die neue F & E-Strategien ermöglichen werden, mit denen man die Ziele schneller

und vielleicht sogar billiger erreichen wird? Wäre es damit nicht geradezu fahrlässig, wenn man die Option »interne Entwicklung« gegenüber der »Akquisition« zu vernachlässigen beginnt? Doch wie geht man dabei mit dem Problem um, dass diese Durchbrüche erfahrungsgemäß meist von den kleinen Unternehmen kommen?

Oft zu hoher finanzieller Einsatz

Von *Nachteil* ist bei einer Akquisition der hohe finanzielle Einsatz, der für das Kaufobjekt in aller Regel erbracht werden muss. Um bei börsennotierten Unternehmen die Aktionäre zum Verkauf ihrer Anteile zu bewegen, sind Aufschläge erforderlich, die bisweilen weit über dem aktuellen Marktwert liegen. Wie empirische Studien belegen, ist die Gefahr eines zu hohen Kaufpreises eher die Regel als die Ausnahme.[153] Im Schnitt gewinnen die Aktien des Käufers nach Bekanntgabe einer Transaktion nicht an Wert, während die des Zielobjektes überproportional ansteigen. Akquisitionen börsennotierter Unternehmen wirken sich also zu Lasten der Käufer und zu Gunsten der gekauften Unternehmen aus. Oder anders formuliert: die eigentlichen Gewinner einer Akquisition sind die Aktionäre des gekauften Unternehmens. Da viele Akquisitionen angesichts der Höhe des dann zu bezahlenden Kaufpreises mittlerweile nicht mehr finanzierbar sind, gehen viele Unternehmen dazu über, miteinander zu fusionieren.

Oft muss die Entscheidung für eine Akquisition unter hohem, meist zeitlichen Druck gefällt werden. Die Informationsbasis ist dabei oft recht dürftig, speziell wenn der Verkäufer angesichts einer großen Nachfrage am längeren Hebel sitzt. Nur selten erhält man im Vorfeld all die Informationen, die erforderlich sind, um eine fundierte Einschätzung der Chancen und – mehr noch – der Risiken vorzunehmen. Mit Due Diligence-Prüfungen, die unter Beteiligung spezialisierter Prüfungsgesellschaften durchgeführt werden, wird zwar versucht das Kaufobjekt vor Vertragsabschluss gründlich zu durchleuchten, aber oft treten wesentliche Schwachstellen erst im Nachhinein offen zu Tage. Akquisitionen sind dann – einmal getätigt – irreversibel.

Ein anderer Nachteil einer Akquisition ist der, dass das Objekt häufig nicht so zugeschnitten ist, wie es der Käufer genau brauchen könnte. Man erwirbt aus Käufersicht meist »Ballast« mit, z.B. in Form von Beteiligungen, die eigentlich gar nicht ins eigene Portfolio passen.

Gefahr der »Abschmelzverluste« wichtiger Kunden und Mitarbeiter

Die größten Probleme einer Akquisition treten jedoch meist nicht in den Phasen »Vorbereitung« oder »Durchführung« auf, sondern erst während der »Integration« des Kaufobjektes, der Phase also, wenn es darum geht, die vorab berechneten Synergienpotenziale auch zu realisieren.[154] Sie ist die über den Erfolg oder Misserfolg letztlich entscheidende Phase. Die Probleme, die sich im Rahmen der Integration stellen, sind vielfältig: Es kommt zu offenem und verdecktem Widerstand der Mitarbeiter, wichtige Kunden und Schlüsselmitarbeiter gehen an Wettbewerber verloren (»Abschmelzverluste«), die Unternehmenskulturen erweisen sich als extrem kontrovers (»Cultural Clash«) etc.

Fallbeispiel: Eine französisch-japanische Auto-Partnerschaft
(8/01) Am 27.3.99 erwarb Renault (www.renault.com) für 643 Mrd. JPY (etwa 5,7 Mrd. US$) 36,8 % an Nissan Motor (inklusiv 22,5 % an der LKW-Tochter Nissan Diesel). Für Renault war dieses Engagement ein Teil seiner Internationalisierungsstrategie und man hoffte, im Zusammenwirken mit den Werken in Argentinien und der Türkei geographische Synergien

erzielen zu können. So konnte schon wenig später Renault mittels Nissan z. B. in den mexikanischen und den japanischen Markt eintreten. Umgekehrt unterstütze Renault Nissan in Europa.

Direkt danach wurde eine gemeinsame Führungsorganisation zur Integration beider Partnerunternehmen geschaffen: Es wurde ein »Global Alliance Committee« (GAC), »Cross-Company Teams« (CCT) sowie ein »Steering Committee« eingerichtet. Das GAC ist für das Strategische Management der neuen Gruppe zuständig. Zu ihm gehören die beiden CEO, Louis Schweitzer und Yoshikazu Hanawa, sowie von jedem Unternehmen fünf oberste Führungskräfte. Aufgabe der CCT ist das Erkennen und Umsetzen von Synergiepotenzialen zwischen beiden Unternehmen. Die CCT beziehen sich auf Geschäftsfelder (z.B. »Powertrains«), Funktionen (z.B. Einkauf) oder Regionen (z.B. Nord- und Zentralamerika). Daneben gibt es das zweimal jährlich tagende International Advisory Board, das ebenso durch Louis Schweitzer und Yoshikazu Hanawa präsidiert wird und in das zehn internationale Persönlichkeiten gewählt wurden. Ihre Aufgabe ist, aus externer Sicht wichtig erscheinende Aspekte in die globale Strategie der Allianz einzubringen.

Renault entsandte Carlos Ghosn zum Management der Integration der Allianz. Da Nissan noch im März 2000 zum Ende des Geschäftsjahres 684 Mrd. JPY (etwa 6,1 Mrd. US$) Verluste auswies, gab man der Allianz wenig Chancen. Doch bereits im März 2001 konnte Ghosn einen stolzen Gewinn von 331 Mrd. JPY vorweisen.

Die große Herausforderung einer strategischen Allianz sieht Ghosn im Management des Spannungsfeldes zwischen Synergienrealisierung und Identitätswahrung. Durch eine zu starke Betonung von Synergien wird die Identität der Unternehmen zerstört, doch Identität sieht er als zentrale Basis der überlebenswichtigen Motivation in einem Unternehmen. So bewahrte man z.B. die beiden Markennamen als Bestandteil der Identität. Die nächste Herausforderung sieht man nun im Verändern der Einstellungen über alle Funktionsbereiche hinweg. Dazu wurden auch cross-funktionale Teams gegründet, wo man an den Schnittstellen zwischen den Funktionen auch die Quelle für Innovationen sieht. Weiter will man auch das Markenimage von Nissan verbessern und Synergien über eine gemeinsame Plattformstrategie realisieren.

Dieses Beispiel zeigt deutlich, dass es zum erfolgreichen Management einer strategischen Allianz spezieller Fähigkeiten bedarf. Sie benötigen klare gemeinsame Ziele und Strategien sowie einen »diplomatischen« Führungsstil. Es braucht aber auch eine Vielzahl vertrauensbildender Maßnahmen, da Allianzen ein schier endloses Potenzial an Skepsis und Misstrauen bieten.

Standpunkt
Worauf ist aus Ihrer Sicht bei den neuen Maßnahmen zur Führung und Integration beider Unternehmen besonders zu achten? Welche Chancen bieten sich dabei? Welche Risiken sind zu beachten?

Kooperation

Kooperation: Eine weitere Form der Diversifikation stellen bi- und multilaterale Kooperationen dar. Sie bieten gegenüber den anderen Diversifikationsformen eine Reihe von *Vorteilen*: Wie bei der Akquisition wird auch durch sie die Geschwindigkeit, mit der man in ein neues Geschäftsfeld eintritt, deutlich erhöht. Zu zweit oder zu mehreren ist man rascher in der Lage diese Aufgabe zu bewältigen. Gerade Entwicklungszeiten können dadurch markant verkürzt werden. Ist der Partner bereits im anvisierten Geschäftsfeld tätig, erhält man hier unmittelbaren Zugang. Auch das unternehmerische Risiko wird durch eine Kooperation verteilt, was im Falle der Akquisition oder internen Entwicklung nicht der Fall ist. Einer der wichtigsten Vorteile einer Kooperation liegt in der Möglichkeit, komplementäre Fähigkeiten zu einer leistungsstarken Einheit zu verbinden. Wenn jeder Partner seine Kernfähigkeiten einbringt und diese sich bei der Er-

Risikoverteilung

schließung eines neuen Geschäftsfeldes sinnvoll ergänzen, entfalten Kooperationen mit ihre stärkste Wirkung. Weitere Argumente liegen in der Erzielung einer größeren Marktmacht (z. B. durch das Setzen von Industriestandards), der Überwindung von Eintrittsbarrieren in Auslandsmärkten sowie dem direkten Zugang zu neuen Technologien, Produkten und Märkten. Dabei kann gezielt nur dort kooperiert werden, wo man kooperieren will, d. h. es muss nicht unnötiger »Ballast« in die Kooperation mit eingebunden werden.

Hohe Instabilität

Diesen Vorteilen stehen allerdings schwer wiegende *Probleme* gegenüber. Wie empirische Studien gezeigt haben, sind Kooperationen eine äußerst instabile Organisationsform.[155] Da die Partner weiterhin rechtlich und wirtschaftlich selbstständig bleiben, wirkt sich ihr »Eigensinn« direkt auf die Kooperation aus. Selbst wenn die Partner am Anfang ihre jeweiligen Zielvorstellungen als kompatibel einstufen, verändern sich diese oft im Zeitablauf und lassen dann die Partner immer wieder »auseinander driften«. Das relativ hohe Konfliktpotenzial ist allerdings nicht nur auf Zieldivergenzen zurückzuführen. Gerade in der alltäglichen Zusammenarbeit führen strukturelle, politische und kulturelle Unterschiede zu Spannungen, die die Funktionsfähigkeit von Kooperationen wesentlich beeinträchtigen.[156] Oberflächlich hat man dabei hohe Übereinstimmung bei den Zielen; doch bei deren Umsetzung im Arbeitsalltag werden Unterschiede sichtbar und wirksam. Bei internationalen Formen der Zusammenarbeit verstärken sich diese Probleme oft, da noch Sprachbarrieren und national-kulturell bedingte Unterschiede hinzukommen.[157]

Hohes Konfliktpotenzial

»cultural clash«

Hoher Steuerungs- und Koordinationsaufwand

Um all diesen Schwierigkeiten zumindest begegnen zu können, erfordern Kooperationen einen hohen Steuerungs- und Koordinationsaufwand, der viel Zeit und Energie erfordert. Dabei sollte man sich allerdings bewusst sein, dass im Gegensatz zu Akquisition und interner Entwicklung, Kontrolle und Führungsanspruch in einer Kooperation eingeschränkt ist. Werden grundlegende Veränderungen als wünschenswert erachtet, ist dies erst mit dem Partner abzustimmen, was oft zu langwierigen Verhandlungszyklen führt. Während also bei der internen Entwicklung und Akquisition die Hierarchie als Koordinationsmechanismus wirkt, und damit auch Kontrolle ausgeübt werden kann, sind es bei Kooperationen nur die gemeinsamen Interessen und das Vertrauen in den Nutzen und die Machbarkeit der Zusammenarbeit. Man öffnet durch eine Kooperation auch das eigene Unternehmen und steht daher vor der Problematik, einen einseitigen Abfluss von Know-how zu verhindern. Dies ist insbesondere dann ein Problem, wenn die Partner miteinander kollaborieren, um rascher als der andere zu lernen und dies anschließend zu dessen Ungunsten einzusetzen.[158] Die Kooperation ist dann nur ein Mittel, um die eigene Wettbewerbsfähigkeit zu erhöhen. Von daher ist die Bedeutung und der Aufbau von Vertrauen bei der Gestaltung von Kooperationen eine stets erhobene Forderung.

Abhängigkeit

Zuletzt kann eine Kooperation auch dazu führen, dass die Abhängigkeit von einem Partner sich erhöht und damit das Risiko steigt, im Falle des Scheiterns der Kooperation, mit schwer wiegenden Problemen konfrontiert zu sein. In einem Geschäftsfeld fehlt dann plötzlich das Vertriebssystem oder man stellt fest, dass man bestimmte Leistungen gar nicht mehr produzieren kann, da wichtige Komponenten fehlen. Werden Kooperationen aus einer Position der Schwäche eingegangen (»letzter Strohhalm«), so ist die Kooperation nicht selten nur Vorstufe zu einer Akquisition des schwächeren Partners.

Trotz all dieser Nachteile sind Kooperationen heutzutage in vielen Branchen schlichtweg eine Notwendigkeit angesichts knapper Ressourcen und eines intensiven Wettbewerbsdrucks. Auch eröffnen sie vielen Unternehmen Möglichkeiten, die sich ihnen im Alleingang nicht bieten würden. Die Erschließung neuer Geschäftsfelder ist dabei zwar durchaus ein wichtiges Motiv, jedoch nicht das einzige. Insgesamt lassen sich die *Motive* für eine Kooperation in fünf Gruppen zusammenfassen: Ressourcen-, Zeit-, Kosten-, Markt- sowie spekulative Motive.[159] Ressourcenorientierte Motive stehen im Vordergrund, wenn nicht genügend eigene Ressourcen und Fähigkeiten zur Verfügung stehen, um eine spezifische Strategie zu verfolgen. Entweder fehlt das notwendige produkt- und marktbezogene Wissen oder man versucht sich durch eine Kooperation den Zugang zu wichtigen Ressourcen (wie z. B. Rohstoffen oder Patenten) zu sichern. Zeitmotive spielen in all den Wertschöpfungsaktivitäten eine Rolle, wo eine eigene Entwicklung zu lange dauern würde und man sich durch eine Kooperation schnellere Fortschritte verspricht. Gerade bei der Produktentwicklung poolen Unternehmen oft ihre Aktivitäten, um rascher innovative Durchbrüche zu erzielen. Des Weiteren versprechen Kooperationen oft erhebliche Kosteneinsparungen. Externe Synergieeffekte können durch die Verknüpfung einzelner Wertschöpfungsaktivitäten genutzt werden. Wenn beispielsweise im Flugverkehr kooperierende Gesellschaften sich wechselseitig ihre Bodenstationen zur Verfügung stellen, so entfällt die Notwendigkeit, für die einzelne Gesellschaft jeweils kostspielige, eigene Stationen zu unterhalten. Zudem steigt die Einkaufsmacht gegenüber den Lieferanten und die Verkaufsmacht gegenüber den Abnehmern. Dem Marktmotiv kommt in Zeiten eines Anwachsens grenzüberschreitender Geschäftsaktivitäten eine hohe Bedeutung zu. Strategische Allianzen bilden hier eine gute Möglichkeit, sich neue Märkte zu erschließen – oft sogar die einzige, wenn beispielsweise Märkte protektionistisch abgeschottet werden. Kooperationen, die sich an diesem Motiv orientieren, richten sich häufig auf die Vertriebs- und Absatzseite. Ein Partner bringt seine Produkte und Dienste ein, der andere kümmert sich in einem Markt um ihren Verkauf und den anschließenden Service. Was noch bleibt sind die spekulativen Motive, wie z. B. die Furcht vor einer Übernahme, die Paralyse eines Wettbewerbers oder ein »Fit-Test« vor einer Fusion, sind zwar nur schwer zu erfassen, werden jedoch aus taktischen Gründen immer wieder eingesetzt. Meist treten sie in Verbindung mit anderen Motiven auf, ohne jedoch explizit genannt zu werden.

Motive

Kooperationen treten in der Praxis in vielfältigen Formen auf: Sie reichen von wechselseitigen Beteiligungen, langfristigen Verträgen über Joint Ventures bis hin zu strategischen Allianzen und Netzwerken. Besonderer Prominenz erfreuen sich dabei *strategische Allianzen*. Sie stellen eine formalisierte, längerfristige Kooperation dar, die dem Ziel dient, sich gemeinsam Wettbewerbsvorteile zu sichern bzw. sie zu verbessern. Folgende Merkmale zeichnen sie aus:

Merkmale strategischer Allianzen

- Die Partnerunternehmen bleiben rechtlich und wirtschaftlich selbstständig.
- Die strategische Allianz stellt eine Zwischenform zwischen einer Konzern- und einer Marktkoordination der betrieblichen Aktivitäten dar.
- Teile der Entscheidungsautonomie werden an die Kooperationsinstanz abgegeben.
- Sie ist von vornherein auf die Erreichung eines bestimmten Zieles und nicht auf Dauer angelegt.
- Oft sind nur Teile der beteiligten Unternehmen an der Umsetzung des gemeinsamen Vorhabens direkt einbezogen.

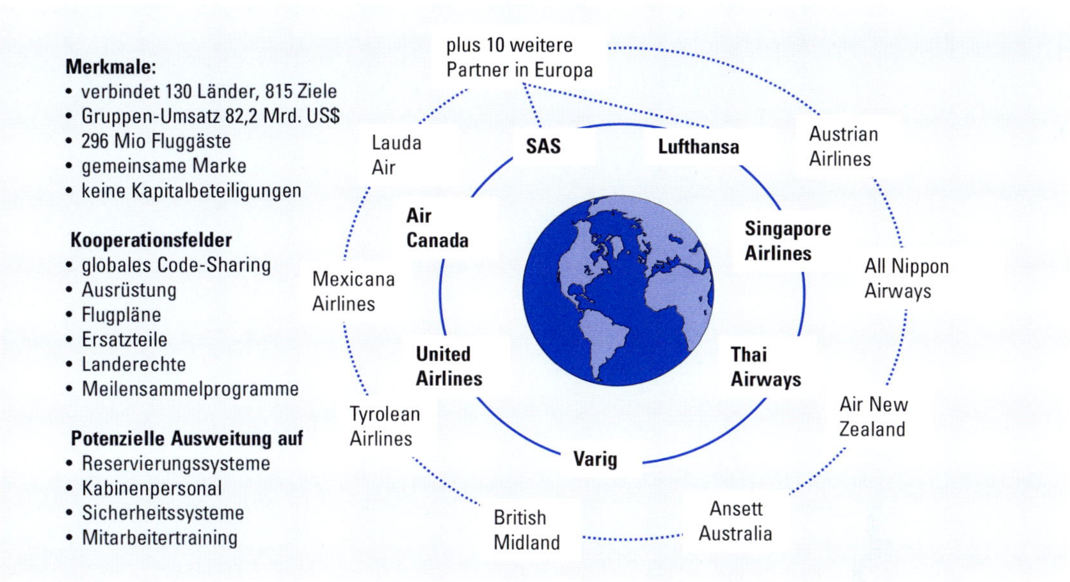

Abb. 3-59 (oben): Das strategische Netzwerk der »Star Alliance«

Strategische Netzwerke

Eine weitere, sich in den letzten Jahren rasch verbreitende Kooperationsform stellen *strategische Netzwerke* dar. Die traditionellen Zweierkooperationen werden hierzu in Richtung miteinander eng zusammenarbeitender Gruppen erweitert. Sind strategische Allianzen bereits von einer hohen Eigendynamik gekennzeichnet, so verstärkt sich dieses Verhalten bei strategischen Netzwerken noch weiter. In der Telekommunikationsindustrie beispielsweise entstanden seit Anfang der 90er-Jahre mehrere Zusammenschlüsse (wie AT & T Unisource oder Concert), innerhalb und zwischen derer Grenzen einzelne Unternehmen ein- und austraten.[160] Auch in der Luftfahrtbranche schließen sich Unternehmen in strategischen Netzwerken zusammen, wie das Beispiel der Star Alliance in Abbildung 3-59 zeigt.

STAR ALLIANCE™ The airline network for Earth.

Fallbeispiel: Luftfahrt (I)

Die Luftfahrt ist eine der aktivsten Branchen, wenn es um die Bildung strategischer Netzwerke geht. Beispielsweise haben sich unter dem Dach der »Star Alliance« die 15 Fluggesellschaften zu einem strategischen Netzwerk zusammengeschlossen, das nicht nur über ein einheitliches Code-Sharing-System verfügt, das eine verbesserte Kapazitätsauslastung auf den einzelnen Routen ermöglicht, sondern auch das Einkaufsvolumen der beteiligten Unternehmen hinsichtlich Roh- und Betriebsstoffen bündelt, und dadurch verbesserte Konditionen bei der Beschaffung von Benzin, Ersatzteilen und neuem Fluggerät erzielt.

Darüber hinaus nehmen die Partner wechselseitig Pflege- und Wartungsdienste in ihren jeweiligen »Hubs« vor, betreiben gemeinsam Bodenstationen und lancieren weltweit Marketingkampagnen, in denen sie auf die Vorteile ihres globalen, harmonisierten Flugnetzes aufmerksam machen. Den einzelnen Unternehmen eröffnet das Netzwerk neue Freiheitsgrade, allerdings auch neue Abhängigkeiten. Denn jedes Unternehmen muss sich an die kollektiv vereinbarten Abmachungen halten, wenn es die gemeinsame Arbeit nicht aufs Spiel setzen will. Veränderungen bedürfen der Zustimmung aller Partner und benötigen daher relativ viel Zeit. Wesentlicher Vermögensgegenstand des Netzwerkes sind die Millionen von Kundendaten aus den wechselseitig anerkannten Meilensammelprogrammen.

Prinzipiell lässt sich ein strategisches Netzwerk durch folgende Merkmale charakterisieren:[161]

- Ein Netzwerk ist eine polyzentrische Organisationsform ökonomischer Aktivitäten. Polyzentrisch bedeutet dabei, dass es mehrere Aktions- und Führungszentren gibt, von denen keines in der Lage ist, das gesamte System wesentlich zu prägen oder gar zu steuern.
- Wie die strategische Allianz dient auch das strategische Netzwerk der Schaffung und Realisierung von Wettbewerbsvorteilen. Sie entstehen sowohl auf individueller wie auch auf kollektiver Ebene.
- Das Netzwerk ist durch komplex-reziproke und eher kooperative denn kompetitive Beziehungen gekennzeichnet. Es nimmt eine Zwischen- oder Hybridposition zwischen Markt und Hierarchie ein (»coopetition«).
- Die beteiligten Unternehmen sind rechtlich selbstständig, und bleiben auch wirtschaftlich weitgehend voneinander unabhängig.

Auf Grund der Geschwindigkeit des derzeitigen tief greifenden Strukturwandels in vielen Branchen (verursacht durch Globalisierung, Deregulierung, Liberalisierung, neue Technologien etc.) findet Diversifikation heute sehr häufig per Akquisition statt. Auch die Bereitschaft sich in mehr oder minder losen Kooperationen zu engagieren hat sich in den letzten Jahren in fast allen Branchen markant erhöht. Allein in der Telekommunikationsindustrie stieg in den Jahren 1992–1997 ihre Anzahl mit einer durchschnittlichen Rate von jährlich rund 40 %.[162]

Die Wahl einer Diversifikationsform ist insbesondere von zwei Faktoren abhängig. Erstens ist dies die Vertrautheit des Unternehmens mit den verschiedenen Dimensionen eines Geschäfts. Eine kleine Entscheidungshilfe mag hier die Matrix in Abbildung 3-60 geben, wo auf die Vertrautheit mit dem Markt und der Technologie abgestellt wird.

Zweitens ergibt sich die geeignete Diversifikationsform auch aus den Rahmenbedingungen einer Branche. Verändern sich diese, so kann es auch zu einem Wechsel der Diversifikationsform kommen. So wird die Kooperation oft nur als Übergangsform gewählt, wenn eine Branche im Umbruch ist und man sich möglichst viel Flexibilität erhalten will.

!

Fallbeispiel: Luftfahrt (II)

(10/00) Die kommerzielle Luftfahrt ist längst ein globales Geschäft, ihr Wettbewerb ist aber immer noch fragmentiert. Ihre Rahmenbedingungen werden nach wie vor durch nationale und regionale Interessen gesetzt. Dieses Zusammenwirken behördlicher Restriktionen bedingt die ungesunde Branchenstruktur, deren Überkapazitäten zum Dauerzustand geworden sind. Es war zwar durch teilweise Deregulierung (»open skies«) der Märkte und Privatisierung der Airlines in den letzten Jahren etwas Bewegung in die Thematik gekommen, doch nach wie vor bestimmt das Schritttempo der Regulierungsbehörden die strategischen Optionen der noch immer mit gestutzten Flügeln operierenden Airlines. Doch der Druck auf die verhandelnden Behörden erhöht sich. Teilweise beziehen sich diese Verhandlungen auf ganz konkrete Strecken, wie etwa auf die Frage, wer Heathrow mit der US-Ostküste verbinden darf. Teilweise geht es aber auch um bestehende Regelungen, wie etwa die, dass eine ausländische Airline nur maximal 25 % an einer US-Airline besitzen darf, während in der EU dies maximal 49 % für Nicht-EU-Mitglieder sind. Hinzu kommen die Fragen zur Vergabepraxis von Flugrechten: Wie werden z. B. die Slots an die Airlines verteilt, da darüber die Zugänge zu den Flughäfen reguliert ist?

Vertrautheit mit dem Markt	Vertrautheit mit der Technologie: bestehend; vertraut	neu; vertraut	neu; unvertraut
neu; unvertraut	Joint Ventures	Risikokapitalbeteiligung; Venture Aufzucht; Lernakquisition	Risikokapitalbeteiligung; Venture Aufzucht; Lernakquisition
neu; vertraut	Interne Marktentwicklung; Akquisition; Joint Venture	Internes Venture; Akquisition; Lizenznahme	Risikokapitalbeteiligung; Venture Aufzucht; Lernakquisition
bestehend; vertraut	Interne Basisentwicklung; Akquisition	Interne Produktentwicklung; Akquisition; Lizenznahme	Joint Venture

Abb. 3-60: Die Wahl der Diversifikationsform (Quelle: in Anlehnung an Roberts/Berry 1985)

Bislang behalfen sich die Airlines mit *bilateralen Partnerschaften*. So hatte eine Umfrage der Fachzeitschrift Airline Business zum Ergebnis, dass es Ende 1999 579 solcher Abkommen gab, in die 220 Airlines involviert waren. Daneben haben sich fünf dominante *Allianzsysteme* herausgebildet: An der Spitze steht (1) die 1997 gegründete Star Alliance (Gruppenumsatz 1999: 82.2 Mrd. US$), (2) Oneworld (51.0 Mrd. US$), (3) Sky Team (30.1 Mrd. US$), (4) Wings (26.7 Mrd. US$) und (5) Qualiflyer (15.5 Mrd. US$).

Diese Allianzsysteme können als eine hilfreiche Übergangskonstruktion betrachtet werden. Mit ihnen konnte man indirekt Zugang zu ausländischen Märkten erlangen, die Flugnetzwerke konnten vergrößert und die Flugpläne optimiert werden, man konnte sich wechselseitig helfen (z.B. beim unfreundlichen Übernahmeversuch der Air Canada durch American Airlines), das Marketing wurde koordiniert sowie die Vielfliegerprogramme integriert und natürlich suchte man – je nach Bereitschaft zur Aufgabe eigener Autonomie – auch nach Kosteneinsparungen. Um die Effizienz dieser Netzwerke zu erhöhen, wurde die Star Alliance mit einem eigenen Management versehen. Seine primäre Aufgabe wird es sein, Synergien zu realisieren und einheitliche Standards voranzutreiben.

Diese Allianzsysteme sind aber als relativ fragil zu bewerten, sobald die Deregulierung fortschreiten wird und *Cross-Border-Merger* zwischen den Airlines möglich sein werden. Dann können sich eventuell ganz andere Koalitionen bilden – zumal es auch schon in der Vergangenheit viele Partnerwechsel gab. Es darf also bei den Airlines in naher Zukunft eine *Konsolidierung der Branche* erwartet werden, wobei die Karten teilweise auch neu gemischt werden. Dies wird dann die Bedeutung der bestehenden Allianzsysteme relativieren.

(4) Prozess der Diversifikation

Die bisherigen Ausführungen lassen sich zusammenfassen, indem wir sie in einen umfassenden Diversifikationsprozess einfügen. Ein solcher lässt sich in vier **Phasen** unterteilen (vgl. Abbildung 3-61).

1 ***Entwurf einer Diversifikationsstrategie und -politik***
Rekonstruktion der Diversifikationsgründe ++ Eingrenzung des Suchraumes ++ Wahl des Diversifikationskonzeptes ++ Ableitung eines Diversifikationsprofils

2 ***Identifikation und Auswahl von erfolgsträchtigen Geschäftsfeldern***
Festlegung von Suchstrategien ++ Durchführung von Suchprozeduren ++ Bewertung und Auswahl potenzieller neuer Geschäfte

3 ***Entwurf und Umsetzung einer Eintrittsstrategie***
Bestimmung der relativen Höhe der Eintrittsbarrieren ++ Wahl des Eintrittspfades ++ Wahl der Eintrittsform ++ Kandidatensuche und -auswahl

4 ***Aufzucht und Integration***
Entwicklungskonzept ++ Projektorganisation ++ Schaffung der organisationskulturellen und -strukturellen Rahmenbedingungen ++ Feedback-Mechanismen

Abb. 3-61: Der Prozess der Diversifikation im Überblick

Ausgangspunkt ist der *Entwurf einer Diversifikationsstrategie und -politik*. Zunächst ist der Suchraum, innerhalb dessen die Erweiterung stattfinden soll, in seinen groben Umrissen zu bestimmen. Der Rahmen dazu wird durch die unternehmerische Mission des Unternehmens gesetzt, wie sie beispielsweise im Leitbild bestimmt wird. Ebenso sind die Gründe, die für oder gegen eine Diversifikation sprechen, explizit herauszuarbeiten und auf ihre Stichhaltigkeit hin zu überprüfen. Dabei ist auch zu überlegen, welche Diversifikationsform wohl am besten gewählt werden sollte. Empfiehlt es sich eher in verwandte oder nicht-verwandte Geschäfte einzusteigen? Zuletzt ist das Diversifikationsprofil zu bestimmen. Es enthält die Eigenschaften, die das neue Geschäftsfeld idealtypischerweise aufweisen sollte.

In der zweiten Phase kommt es zur *Identifikation und Auswahl von geeigneten Geschäftsfeldern*. Im Rahmen der strategischen Suchfeldanalyse wird eine möglichst reichhaltige Palette an potenziellen Geschäftsfeldern generiert. Im Anschluss daran werden Bewertungs- und Auswahlprozeduren durchgeführt, die einen Abgleich zwischen den gestellten Anforderungen und den konkreten Merkmalen der einzelnen Geschäftsfelder ermöglichen. Ergebnis ist eine Liste potenzieller neuer Geschäfte.

Eintrittsstrategien

Sind die neuen Geschäftsfelder, in die man eintreten will, bestimmt, so kommt es in der dritten Phase zum *Entwurf und Umsetzung einer Eintrittsstrategie*. Drei Themen sind dabei von Relevanz: Zunächst ist die *strategische Plattform* zu ermitteln, von der aus der Neueintritt gestartet wird. Diese hängt von der relativen Höhe der Eintritts- und Austrittsbarrieren ab, mit denen das Unternehmen konfrontiert ist. Je höher diese sind, desto schwieriger ist es in den neuen Markt ein- und wieder auszusteigen. Marktbarrieren sind jedoch nicht unveränderlich, sondern können oft durch geschickte Strategien gesenkt oder umgangen werden. So bringen Neueinsteiger oft moderne Technologien mit, attackieren bewusst die schwachen Seiten der etablierten Wettbewerber, oder transferieren ihre in anderen Geschäftsfeldern erworbenen Fähigkeiten auf den neuen Markt.

Ein Neueintritt zieht sich über mehrere Etappen hin – je nach den eigenen Stärken und Schwächen sowie den anzutreffenden Barrieren. Durch die Planung des *strategischen Eintrittspfads* werden die durch die Eintrittsstrategie ausgelösten Prozesse in möglichst robuste Phasen zerlegt. Dadurch kann man ein differenziertes Design seiner Eintrittsstrategie vornehmen, und die Einzeletappen auf ihre Konsistenz prüfen. Danach steht noch die Wahl der Eintrittsform zur Entscheidung an. Die drei grundsätzlichen Alternativen bestehen in der internen Entwicklung, der Akquisition und der Kooperation, zwischen denen sich eine Reihe von Unter- und Zwischenformen finden lassen. Je nach Entscheid, fallen nun die nächsten Umsetzungsschritte an: Im Falle einer externen Diversifikation gilt es nach geeigneten Kandidaten zu suchen, um sie dann – falls möglich – zu erwerben oder in eine Partnerschaft einzubinden. Im Falle der internen Entwicklung sind die entsprechenden internen Vorkehrungen zu treffen, wie z.B. Gründung einer Tochtergesellschaft, in der das neue Geschäft aufgezogen werden soll.

Mit der Phase *Aufzucht und Integration* wird der gesamte Prozess abgeschlossen. Wichtig ist es hier, ausdifferenzierte Diversifikationsprogramme zu entwickeln, die anhand von klar messbaren Meilensteinen den Fortschritt des Neueintritts erfassen. Über eine Projektorganisation wird der Prozess der Aufzucht sowie – insbesondere bei der externen Diversifikation – Integration in die bestehende Organisation gesteuert. Dazu gilt es die geeigneten organisationskulturellen und -strukturellen Rahmenbedingungen zu schaffen (wie z.B. Anreizsysteme), die die Diversifikationsanstrengungen unterstützen und ermöglichen sollen.

3.5.3 Strategien gegenüber den Geschäftseinheiten

Der Auftrag für die Bearbeitung der ausgewählten Geschäftsfelder wird in den meisten Unternehmen an die Geschäftseinheiten übertragen. Wie bereits erwähnt, sind dies entweder primär planungsrelevante Konstrukte, die von der tatsächlichen Aufbauorganisation abweichen, oder die Einteilung des Unternehmens in Geschäftseinheiten schlägt sich auch real-organisatorisch nieder. Das Unternehmen besteht dann aus einzelnen Geschäftseinheiten über denen eine Zentrale steht. Unabhängig davon, welche Variante gewählt wird, immer steht man im Rahmen der Gesamtunternehmensstrategie vor der Aufgabe die Geschäftseinheiten zu koordinieren und zu steuern. Zu diesem Zweck werden wir zuerst den Portfolioansatz vorstellen, durch den einerseits unterschiedliche Geschäfte miteinander vergleichbar werden und aus dem sich andererseits strategische Empfehlungen ableiten lassen. Um die Ausführungen nicht unnötig zu komplizieren, werden wir von der Annahme einer Übereinstimmung zwischen Geschäftsfeldern (Umwelt) und Geschäftseinheiten (Unternehmen) ausgehen; d.h. eine Geschäftseinheit repräsentiert ein Geschäftsfeld. Anschließend werden unterschiedliche Verhaltensoptionen vorgestellt, die eine Unternehmenszentrale gegenüber ihren Geschäftseinheiten einschlagen kann. Eine der anspruchvollsten und schwierigsten Aufgaben ist dabei die Identifikation und Realisierung von Synergiepotenzialen. Ihr wird besondere Aufmerksamkeit geschenkt.

Aufgabe die Geschäftseinheiten zu koordinieren und zu steuern

Realisierung von Synergiepotenzialen

(1) Vergleich der Geschäfte: Portfolioansatz

Der Portfolioansatz ist heutzutage eines der am weitesten verbreiteten Konzepte des Strategischen Managements.[163] Er entstand in den 60er-Jahren, als viele amerikanische Konzerne – meist aus risiko- und anlagepolitischen Gründen – ihre Geschäftsbasis durch den Eintritt in neue Geschäftsfelder verbreitert hatten, und nun vor der Problematik standen, wie sie mit dieser Vielfalt an Geschäften am besten umgehen sollten. Ohne noch alle Geschäftsaktivitäten im Detail verstehen zu können, musste das Top-Management Entscheidungen über die Verteilung der finanziellen Ressourcen treffen. Aus der Finanzierungstheorie wurden zu diesem Zweck die Überlegungen von Markowitz (1959), der in seiner »Portfolio Selection Theory« erstmalig die Zusammensetzung eines optimalen Wertpapier-Portfeuilles bestimmte, auf das Strategische Management übertragen.

Integrierte Steuerung

Mit dem Portfolioansatz werden primär zwei **Ziele** verfolgt: Zum einen dient er der *integrierten Steuerung* eines Unternehmens, indem eine »ausgewogene« Struktur aller Geschäftseinheiten eines Unternehmens angestrebt wird. Man versucht dadurch der Gefahr von Suboptimierungseffekten vorzubeugen, die im Fall einer isolierten Steuerung der einzelnen Geschäftseinheiten zu befürchten sind. Zum Zweiten werden aus dieser integrierten Analyse auch die strategischen Leitlinien – die so genannten *Normstrategien* – für die einzelnen Geschäftseinheiten abgeleitet. Diese gilt es so zu entwickeln, dass das Gesamtunternehmen auch in Zukunft über eine ausgewogene Geschäftsstruktur verfügt. Ein Kriterium der Ausgewogenheit kann dabei z. B. der Cashflow sein. Cashflow verzehrenden Geschäftseinheiten sollten dann in ausreichendem Maße Cashflow erzeugende gegenüberstehen, oder umgekehrt sollte es aufzubauende, Cash verzehrende Geschäfte geben, die Gegenstand eines Mitteltransfers von auslaufenden, noch Cash generierenden Geschäften sind.

Normstrategien

Ziel ist eine ausgewogene Geschäftsstruktur

Um die Struktur und Ausgewogenheit der Geschäftseinheiten zu visualisieren, wird eine zweidimensionale Matrix verwendet, die in nahezu allen Varianten der **Portfolio-Analyse** nach dem gleichen Schema aufgebaut ist: Einer Umweltachse steht eine Unternehmensachse gegenüber. Die Umweltachse repräsentiert dabei in einer verdichteten Form die dort dominierenden Einflusskräfte, ist also extern und für das Unternehmen kaum zu beinflussen. Sie kann sich dabei sowohl auf deren gegenwärtigen als auch zukünftigen Zustand beziehen, womit auch zu erwartende externe Entwicklungen und Ereignisse in die Beurteilung einfließen können. Auf der Unternehmensachse werden in einer ebenfalls verdichteten Form die Einflusskräfte des Unternehmens abgetragen. Sie können durch das Verhalten des Unternehmens direkt beeinflusst werden. In der dadurch aufgespannten Matrix werden anschliessend die zu analysierenden Objekte – in unserem Fall die strategischen Geschäftseinheiten – positioniert, und Normstrategien abgeleitet.

Nun gibt es eine ganze Reihe von **Ausgestaltungsvarianten** dieser Portfolio-Matrix. Eine der bekanntesten ist die *Marktanteil-Marktwachstum-Matrix* der Boston Consulting Group (vgl. Abbildung 3-62).[164]

In ihr erfolgt die Positionierung der Geschäfte über eine Operationalisierung der beiden Achsen: Das Marktwachstum steht repräsentativ für die Umwelt, der relative Marktanteil für das Unternehmen. Die Y-Achse wird nun zweigeteilt nach den Wachstumschancen in den jeweiligen Geschäften. Dabei bleibt es dem Anwender überlassen, an welchem Vergleichsmaßstab er das Wachstum seines relevanten Marktes misst. Bei einem stark diversifizierten Portfolio kann dies z. B. das Wachstum des Bruttosozialproduktes sein, ansonsten empfiehlt sich eine Orientierung an branchenspezifischen Durchschnittswerten. Die Zweiteilung der X-Achse erfolgt zumeist bei einem relativen Marktanteil von 1, d. h. an der Stelle, wo der eigene Marktanteil gleich groß wie der des Marktführers ist. Innerhalb der dadurch entstehenden Vier-Felder Matrix werden anschließend die betrachteten Geschäfte positioniert.

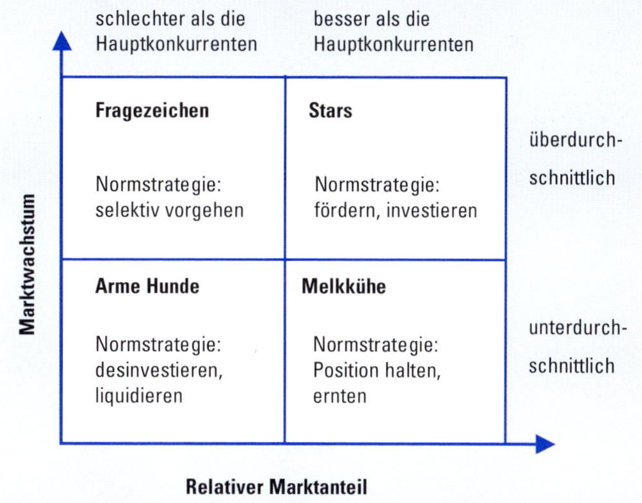

Abb. 3-62: Die Marktanteil-Marktwachstum-Matrix (in Anlehnung an Hedley 1977)

Die Normstrategien lassen sich aus den vier Feldern direkt ableiten. Stars fördert man, Melkkühe werden angezapft, Arme Hunde stehen kurz vor der Liquidierung und bei Fragezeichen kommt es darauf an, ob Cashflow aus anderen Geschäftseinheiten zum Ausbau der Fragezeichen zur Verfügung steht. Die Normstrategien zielen auf eine Ressourcenzuteilung ab, die ein längerfristiges Gleichgewicht der Zahlungsströme sowie eine ausgewogene Investitionspolitik erwarten lässt. Es wird in diesem Ansatz also davon ausgegangen, dass die »Melkkühe« bei einem hohen relativen Marktanteil und in eher unterdurchschnittlich wachsenden Märkten einen hohen positiven Cashflow zu erzeugen vermögen, der zur Finanzierung noch zu entwickelnder Potenziale (z. B. die »Fragezeichen«) umgeleitet und verwendet werden kann. »Arme Hunde« befinden sich zwar ebenfalls in einem langsam wachsenden Markt, verfügen dort aber nur (noch) über einen geringen relativen Marktanteil. Auf Grund dieser eher schwachen Position sollte man ihnen nur die notwendigsten Finanzmittel zuführen und eher eine Rückzugsstrategie fahren. Dagegen haben »Fragezeichen« zwar auch einen erst geringen Marktanteil. Dieses Geschäft befindet sich aber in einem schnell wachsenden Markt. Will man es aufbauen, so beansprucht es erheblich mehr Cashflow als es zu erzeugen vermag. Kann oder will man dies nicht, so sollte man sich aus den »Fragezeichen« zurückziehen, da sie ansonsten nur unnötig Cash verzehren. Viele Geschäftsfelder der »E-Economy« sind noch »Fragezeichen«: Sie lösen enorme Wachstumsfantasien auf Grund des exponenziellen Charakters der Logik des Internet aus, und verfüg(t)en auf Grund dessen über einen erstaunlich hohen Börsenwert, haben aber gleichzeitig noch nie Gewinne erzielt. »Stars« beanspruchen normalerweise etwa gleich viel Cashflow (zur Finanzierung des Wachstums) wie sie auf Grund ihrer starken Marktposition erzeugen. Insgesamt sollte ein Portfolio so konfiguriert sein, dass es sich langfristig etwa im Cash-Gleichgewicht befindet.

Fallbeispiel: CLARIANT

Nach der Ausgliederung von SANDOZ (heute: NOVARTIS) und der Integration der Spezialitätenchemie von HOECHST will das Unternehmen CLARIANT nun den Sprung in die dritte Phase seiner Unternehmensentwicklung wagen.

	Halbspezialitäten	Spezialisten	Feinchemikalien
Strategie	Abbauen	Halten	Ausbauen
Umsatzanteil	Heute: 30–35 % Zukunft: 25 %	Heute: 50–60 % Zukunft: 50 %	Heute: 10 % Zukunft: 25 %
Arbeitsbereiche	Textilfarbstoffe, Leder, Druckfarbe, Pigmente, Dispersionen, Waschmittelrohstoffe, Special Intermediates	Masterbatches, Celluloseether, Dispersionspulver, Polyvinalkohol, Textilchemie, Papier, Pigmente, Additive	Photoresists und Elektrochemikalien, Spezialadditive, Wirkstoffe für Life Science
Cashflow heute	Überschüssig	Balanciert	Defizitär
Taktik	Ausbau nur in innovativen Segmenten, Konsolidierung von Werken, Abbau Kapitalintensität	Regionaler Geschäftsausbau, Entwicklung von neuen Marktsegmenten	Starkes inneres Wachstum, Akquisitionen

Abb. 3-63: Konzernstrategie der CLARIANT

Dafür hat sich CLARIANT eine ehrgeizige Konzernstrategie gegeben, in deren Zentrum Veränderungen in drei Geschäftsbereichen anstehen. Die Halbspezialitäten sollten dabei ausgedünnt werden, was zur Folge hat, dass Arbeitsbereiche mit Massenprodukten an Gewicht verlieren. Ein straffes Kostenmanagement und eine geringe Kapitalintensität sollen zudem dazu beitragen einen hohen Cashflow zu erwirtschaften. Dieser ist in den Ausbau der Feinchemikalien zu investieren, die ihren Umsatzanteil mehr als verdoppeln sollen. Die Hälfte davon soll aus eigener Kraft geschaffen werden, während die andere Hälfte durch Akquisitionen beigesteuert werden soll. [165]

Fallbeispiel: MERKUR

Wie das Ergebnis einer Portfolio-Analyse visualisiert werden kann, zeigt in Abbildung 3-64 das Bereichsportfolio der schweizer MERKUR AG aus dem Jahr 1993. Die Kreisgröße ist dabei proportional zum Umsatz gezeichnet.

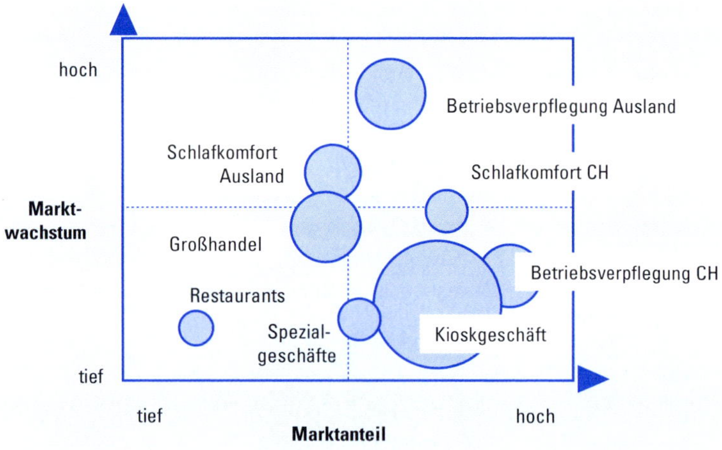

Abb. 3-64: Bereichsportfolio der MERKUR AG (Quelle: BANK JULIUS BÄR, 8/1993)

schlechter als die Hauptkonkurrenten ⟷ besser als die Hauptkonkurrenten

Attraktivität			
hoch	**Selektives Vorgehen** Spezialisierung Nischen suchen Akquisitionen erwägen	**Selektives Wachstum** Potenzial für Marktführung durch Segmentierung abschätzen Schwächen identifizieren Stärken aufbauen	**Investition und Wachstum** Wachsen Marktführerschaft anstreben Investitionen maximieren
mittel	**Ernten** Spezialisierung Nischen suchen Rückzug erwägen	**Selektives Vorgehen** Wachstumsbereiche identifizieren Spezialisierung Selektiv investieren	**Selektives Wachstum** Wachstumsbereiche identifizieren Stark investieren Position halten
gering	**Ernten** Rückzug planen Desinvestieren	**Ernten** SGE »aussaugen« Investitionen minimieren Desinvestitionen vorbereiten	**Selektives Vorgehen** Gesamtposition halten Cashflow anstreben Investitionen nur zur Instandhaltung

Relative Wettbewerbsposition

Auszug aus einem Faktorenkatalog

Marktattraktivität

a. Marktwachstum und Marktgrösse
b. Marktqualität
   Rentabilität der Branche
   Stellung im Markt-Lebenszyklus
   Spielraum für die Preispolitik
c. Energie- und Rohstoffversorgung
   Störungsanfälligkeit
   Existenz von Alternativen
d. Umfeldsituation
   Konjunkturabhängigkeit
   Inflationsauswirkungen
   Risiko staatlicher Eingriffe

Relative Wettbewerbsposition

a. relative Marktpostion
   Marktanteil und seine Entwicklung
   Risiko
   Marketingpotenzial
b. relatives Produktionspotenzial
   Prozesswirtschaftlichkeit
   Umweltbelastung
   Hardware (wie Standortvorteil usw.)
c. relatives F&E Potenzial
   Innovationspotenzial
   Stand der Forschung
d. relative Mitarbeiterqualität
e. relative Qualität der Systeme und Strukturen

Abb. 3-65: Wettbewerbs-position-Markt-attraktivität-Matrix (in Anlehnung an Hinterhuber 1992, Hax/Majluf 1991)

Eine andere Portfolio-Matrix, die *Wettbewerbsposition-Marktattraktivität-Matrix* (Abbildung 3-65), geht auf das Beratungsunternehmen McKinsey & Company zurück. Sie wurde in Zusammenarbeit mit der amerikanischen General Electric entwickelt. Sie unterscheidet sich von der vorherigen Matrix durch eine stärkere Berücksichtigung der Komplexität des Analysefeldes. So wird erstens die Matrix in neun (statt vier) Felder unterteilt, wodurch Normstrategien differenzierter angegeben werden können. Zweitens stellen die beiden Achsen nun jeweils das Aggregat einer durch den Anwender selbst zu bestimmenden Menge quantitativer, aber auch qualitativer Variablen dar. Es handelt sich damit um ein Multifaktoren-Konzept, welchem umfangreiche Faktorenlisten zu Grunde liegen. Die Umweltachse »Marktattraktivität« setzt sich dabei aus Faktoren wie Marktwachstum, Marktgröße, Marktrisiko, Markteintrittskosten, Konkurrenzsituation, Investitionsattraktivität zusammen, während die Unternehmensachse »Relative Wettbewerbsposition« durch Faktoren wie relativer Marktanteil, Produktqualität oder Preisvorteile gebildet werden kann. Aus diesen Faktorlisten werden relevante Faktoren ausgesucht, im Rahmen einer Nutzwertanalyse gewichtet und zu einem Gesamturteil aufaddiert, das dann in die Matrix einfließt.

Durch die neun Felder kann nun eine differenzierte Aussage über die Normstrategien einzelner Geschäfte getroffen werden. Investitions- und Wachstumsstrategien (»Wachstum«) sind auf den Aufbau von Wettbewerbsvorteilen gerichtet. Den betroffenen Geschäftseinheiten wird in der Zukunft ein hohes Erfolgspotenzial zugesprochen, und dementsprechend erhalten sie hohe Investitionen, die anfangs zu negativen Cashflow-Strömen führen und Kapital binden. Abschöpfungs- und Desinvestitionsstrategien (»Ernten«) werden bei den Geschäftseinheiten angewandt, die zwar momentan noch hohe Cashflows erwirtschaften, denen jedoch langfristig wenig Entwicklungspotenzial beigemessen wird. Bei Selektionsstrategien (»Selektives Vorgehen«) zuletzt ist abzuwägen, ob entweder eine offensive Wachstumsstrategie, eine Cash-abziehende Abschöpfungsstrategie oder eine Übergangsstrategie anzuwenden ist, bei der man versucht, den Status quo vorerst zu halten.

Exkurs: Weitere Portfolioansätze

Neben diesen beiden absatzmarktorientierten Portfolioansätzen, hat der Portfolioansatz eine kaum noch zu überblickende Anzahl von Varianten hervorgebracht.

- Eine *Marktstadien-Wettbewerbspositions-Matrix* hat das Beratungsunternehmen A.D. Little entwickelt. Die Umweltdimension wird dabei durch die Phasen des Marktlebenszyklus (Einführung, Wachstum, Reife, Alter) repräsentiert, die Unternehmensdimension durch insgesamt fünf Freiheitsgrade, die einem Unternehmen zur Umsetzung seiner Strategien offen stehen.
- Eine *Bereichspositionierungs-Matrix* wurde von Ansoff entwickelt. Sie zwingt nicht, wie die McKinsey-Matrix, sich bei der Faktorenanalyse auf einen bestimmten Wert zu einigen, der dann als Punktwert die Ausprägung der Dimensionen bestimmt, sondern operiert bewusst mit Unsicherheitsbereichen, die Bandbreiten möglicher Entwicklungen darstellen.
- Eine weitere Portfoliovariante differenziert die Analysefelder weiter aus, und gelangt so z.B. in Zeiten rückläufiger Märkte zu Feldern wie den »Under-Dogs«[166], für die dann detaillierte Strategieempfehlungen abgegeben werden.
- *Länder-Portfolios* helfen bei Entscheidungen, in denen international tätige Unternehmen in den einzelnen geografischen Märkten auf unterschiedliche Situationen treffen, die besonders zu berücksichtigen sind[167].
- In Anlehnung an die marktorientierte Variante wurde das Portfoliokonzept aber auch auf andere *Potenzialfelder* (wie z.B. Human-Ressourcen, Produktion) angewandt, die sich oft in Strategien der Funktionsbereiche des Unternehmens widerspiegeln (Strategisches F & E-Management, Strategisches Personalmanagement usw.). Eine Anwendung des Portfolio-Ansatzes auf technologische Potenziale stellt das *Technologie-Portfolio* der Forschungsgruppe für Innovation und technologische Voraussage dar.[168] Hier wird von der These ausgegangen, dass Technologie-Lebenszyklen erheblich länger dauern und andersartiger sind als die hinter den Produkt/Markt-Portfolio-Ansätzen stehenden Produkt-Lebenszyklen. Anhand der Dimensionen Technologie-Attraktivität (potenzial- und bedarfsseitige Umfeldsituation im Technologiebereich) und unternehmenseigene Ressourcenstärke (hinsichtlich der Beherrschung eines Technologiegebietes relativ zur Konkurrenz) werden die hinter den Produkt/Markt-Kombinationen der SGE stehenden Produkt- und Prozesstechnologien positioniert.[169]

Vorteile

Kritisch betrachtet hat der Portfolioansatz mehrere **Vor- und Nachteile.** Sein Erfolg dürfte erstens darauf zurückzuführen sein, dass in diversifizierten Unternehmen unterschiedlichste Geschäfte nach einem einheitlichen Maßstab (wie dem Cashflow) analysier- und vergleichbar werden. Zweitens dient der Portfolioansatz nicht nur der Analyse, sondern gibt gleichzeitig auch Empfehlungen in Form der Normstrategien ab. Damit leistet er einen Beitrag zur Entscheidungsfindung. Drittens bietet er die Möglichkeit zur differenzierten Allokation der Ressourcen eines Unternehmens, ohne dabei den Gesamtzusammenhang aus den Augen zu verlieren. Neben all diesen Punkten ist der Portfolioansatz viertens ein hilfreiches Moderations- und Redeinstrument, mit dessen Hilfe die externe und interne Sicht der Potenziale eines Unternehmens zusammengeführt und diskutiert werden kann. Dies ist vor allem dann von Bedeutung, wenn die einzelnen Geschäfte sich so stark voneinander unterscheiden, dass ein gemeinsames Verständnis der Führungskräfte nicht mehr erwartet werden kann. Da der Portfolioansatz – zumindest auf den ersten Blick – relativ einfach zu verstehen ist, kann er hier gut angewendet werden.

Nachteile

Doch auch die Nachteile sind bei seiner Anwendung zu bedenken. Erstens birgt die hohe Komplexitätsreduktion das Risiko in sich, wichtige Faktoren zu vernachlässigen. Im Fall der Matrix der Boston Consulting Group ist beispielsweise zu bezweifeln, ob die Umwelt- bzw. Unternehmenskomponente angemessen über die Variablen »Marktwachstum« bzw. »relativer Marktanteil« erfasst werden kann. Versucht man diese Vereinfachung aufzuheben und wendet sich einer differenzierteren Portfoliovariante zu, so verlässt man jedoch rasch den Vorteil der hohen Abstraktion und normativen Kraft des Ursprungsmodells und setzt sich einer intensiven Diskussion über Variablenlisten und Gewichtsfaktoren aus. Neben dem zu starken Reduktionismus besteht zweitens die Gefahr, die Normstrategien als Patentrezept misszuverstehen und ihnen »blind« zu folgen. Normstrategien sind bestenfalls als Handlungsanregungen und nicht als rigide Vorgaben zu betrachten, denen unreflektiert gefolgt werden sollte. Drittens berücksichtigt der Portfolioansatz nicht die Abhängigkeiten zwischen den einzelnen Geschäften. Wird beispielsweise ein Geschäft verkauft oder desinvestiert, kann dies negative Auswirkungen auf andere Geschäfte haben. Gleiches gilt natürlich auch für den umgekehrten Fall. Der Portfolioansatz ist nicht in der Lage diese Zusammenhänge zu erkennen. Je nach Situation sind hier zusätzliche Analysen durchzuführen.

Gefahr, die Normstrategien als Patentrezept misszuverstehen

Ein vierter Kritikpunkt richtet sich auf die theoretischen Annahmen, wie sie beispielsweise der Marktanteil-Marktwachstum-Matrix zugrunde liegen. Einerseits wird hier auf Annahmen des Produkt-Lebenszyklus-Modells, andererseits auf die Erfahrungskurve zurückgegriffen (siehe Abbildung 3-66). Man geht davon aus, dass die einzelnen Geschäfte einem Zyklus folgen, der sie von einem Fragezeichen über den Star über die Melkkuh zu einem Armen Hund werden

Abb. 3-66: Theoretische Grundlagen der Marktanteil-Marktwachstum-Matrix

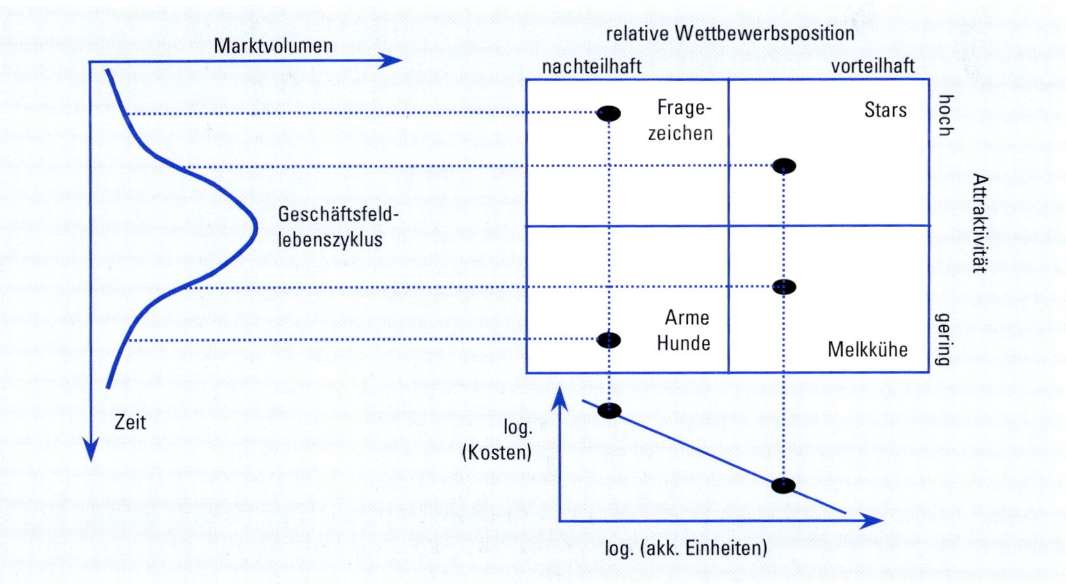

lässt und unterstellt damit eine Lebenszyklusbetrachtung, die einem quasi naturgesetzlich ablaufenden Prozess gleicht. Diese Annahme ist jedoch nicht immer zutreffend. Geschäfte können revitalisiert werden und müssen nicht als Arme Hunde enden. Als Beispiel kann hier das Fahrrad-Geschäft angeführt werden. Oder sie folgen nicht der angenommenen Phasenabfolge, wenn es z.B. auf Grund harter Wettbewerbsbedingungen nicht gelingt, sich von einem Star in Richtung einer Melkkuh zu entwickeln. Hinsichtlich der Erfahrungskurve ist anzumerken, dass diese von einer positiv-linearen Korrelation zwischen dem ROI und dem Marktanteil ausgeht: Je höher der Marktanteil ist und je schneller dieser Markt wächst, desto rascher sollte man Lernvorteile erzielen und die Stückkosten senken können. Geht man jedoch von einem U-förmigen Zusammenhang zwischen Marktanteil und Rendite aus – wie ihn z.B. Porter (1985) sieht – ergibt sich ein anderes Bild. Hohe Renditen können demnach auch bei kleinen Marktanteilen realisiert werden, wenn sich der Anbieter in den Augen seiner Abnehmer über andere Variablen als den Preis von seinen Wettbewerbern zu differenzieren weiss. Und auch Kostenführer kann nicht ein jeder sein, sondern streng genommen gibt es hier nur einen. Zudem geht das Erfahrungskurvenkonzept von einer kontinuierlichen Entwicklung des technischen Fortschritts aus, was jedoch in vielen Geschäften nicht zutrifft. Von daher sollte man bei der Verwendung des Portfolioansatzes immer auch eine kritische Überprüfung vornehmen, inwieweit die ihm zu Grunde liegenden theoretischen Voranahmen im konkreten Anwendungsfall gültig sind.

(2) Ansätze im Umgang mit den Geschäftseinheiten

Wenn man sich in die Situation einer Unternehmenszentrale auf Gesamtunternehmensebene versetzt, so stehen dieser die einzelnen Geschäftseinheiten als relevante Anspruchsgruppe gegenüber. Will sie ihnen gegenüber zusätzlichen Wert schaffen, kann sie zwischen vier unterschiedlichen **Ansätzen** wählen. Sie erfordern eine zunehmend höhere Beteiligung und Einflussnahme der Zentrale hinsichtlich der Aktivitäten der einzelnen Geschäftseinheiten:[170]

Portfolio-management

Portfoliomanagement: Verhält sich die Zentrale als Portfoliomanager, dann kauft sie attraktive Unternehmen, hält sie in ihrem Beteiligungsportfolio und betreibt einen unternehmensinternen Kapitalmarkt, an dem sich die Unternehmen finanzielle Ressourcen beschaffen können. Die aufgekauften Unternehmen operieren dabei weitgehend selbstständig und verfolgen in ihrem Geschäftsfeld die von ihnen entwickelten Strategien. Der Wert, den eine Unternehmenszentrale schaffen kann, begrenzt sich daher – bezogen auf das Portfoliomanagement – auf wenige Aktivitäten:

Aktivitäten der Zentrale

- Erstens, Identifikation und Kauf geeigneter Unternehmen, die z.B. am Kapitalmarkt unterbewertet sind, oder wo noch wenig Transparenz über ihren tatsächlichen Marktwert herrscht. Von der Zentrale sind primär Fähigkeiten im Bereich Mergers & Acquisitions gefragt.
- Zweitens, Reduktion der Kapitalkosten der einzelnen Geschäftseinheiten durch die Möglichkeit als Gesamtunternehmen rascher und billiger an den Finanzmärkten an Kapital zu gelangen, sowie die Optimierung der Kapitalallokationen durch eine professionelle Evaluierung der Investitionspläne und der Steuerung der Finanzströme.

- Drittens, Kontrolle und Überwachung, inwieweit die Geschäftseinheiten ihre finanziellen Vorgaben erfüllen. Dazu gehört auch die Herstellung der Situation einer internen Konkurrenz um knappe finanzielle Ressourcen, durch die die Anstrengungen der Geschäftseinheiten intensiviert werden sollen. Dort, wo die SGE die Vorgaben nicht erfüllen, werden Divestments, Spin-offs etc. vorgenommen.[171]

Ein Verhalten als Portfoliomanager basiert allerdings auf Annahmen, die heute keineswegs durchgängig gegeben sind: Unterbewertete Unternehmen zu identifizieren gelingt angesichts effizienterer Kapitalmärkte immer weniger. Auch stellt sich die Frage, ob eine Zentrale besser eine Vielzahl von Geschäftseinheiten bewerten und steuern kann, als dies direkt am Kapitalmarkt durch Investitionen in ein Portfolio von einzelnen Unternehmen möglich wäre. Nicht nur entfallen dann die Verwaltungskosten für die Zentrale sowie die relativ teuren und risikobehafteten M & A-Aktivitäten, sondern es kann auch wesentlich schneller und billiger an der Börse ein Risikoausgleich durch eine Umschichtung des Portfolios erreicht werden. Unternehmen, die als Portfoliomanager auftreten, sind daher heutzutage besonders anfällig für den Abzug eines »*Conglomerate Discount*« und stehen dementsprechend in der Kritik.

Zentrale versus Kapitalmarkt

Restrukturierung: Eine zweite Möglichkeit ist es, einen Restrukturierungsansatz zu verfolgen. Dabei werden sanierungsbedürftige oder wenig rentable Unternehmen gekauft und anschließend »auf Vordermann« gebracht. Oft tauscht man dabei das Management aus und setzt für eine Übergangsphase eigene Spezialisten ein. Bisweilen werden weitere Akquisitionen getätigt, und man versucht dadurch eine kritische Masse zu erreichen und einen wachstumsstarken Verbund zu formen. Dieses Verhalten wird solange fortgesetzt, bis es der Unternehmenszentrale nicht mehr gelingt, einen Wertzuwachs zu erzielen. An diesem Punkt wird die betreffende Geschäftseinheit dann zu einem nun deutlich erhöhten Preis verkauft, und die Suche nach restrukturierungsfähigen Unternehmen beginnt von neuem. Problematisch an dieser Strategie ist auch hier wieder, ob es gelingt interessante Unternehmen zu identifizieren und diese erfolgreich zu restrukturieren. Letzteres hängt natürlich weitgehend davon ab, ob die Zentrale über genügend Expertise in den jeweiligen Geschäften verfügt. Oft zeigt sich auch nach einer erfolgreichen Sanierung, wie schwer es den Unternehmen fällt, die Geschäftseinheit wieder zu verkaufen, selbst dann, wenn keine weitere Wertsteigerung mehr hinzugefügt werden kann.

Restrukturierung

Will man bei der **Restrukturierung** systematisch vorgehen, so kann man auf einen Ansatz von Copeland/Koller/Murrin (2000) zurückgreifen. Sie haben einen Bezugsrahmen zur Restrukturierung von Unternehmen vorgelegt, das so genannte »**Hexagon**«**-Konzept**[172], das explizit auf Ansatzpunkte zur Steigerung des Unternehmenswertes ausgelegt ist. Zunächst wird dabei für jede Geschäftseinheit ein Marktwert ermittelt, wie er dem Börsenwert entsprechen würde. Fehlen hier konkrete Zahlen, da die Geschäftseinheit selbst nicht börsennotiert ist, so greift man auf das durchschnittliche Kurs/Gewinnverhältnis der Branche zurück und vergleicht es mit den aktuellen Erträgen der betreffenden Geschäftseinheit. Anschließend evaluiert man über mehrere Stufen, wo Wertsteigerungspotenziale liegen und durch welche Verbesserungsmöglichkeiten sie genutzt werden können: Durchführung operativer Verbesserungen, Ausnutzung des Akquisitions- und Desinvestitionspotenzials, Wahrnehmung neuer Wachstumsgelegenheiten

»Hexagon«-Konzept

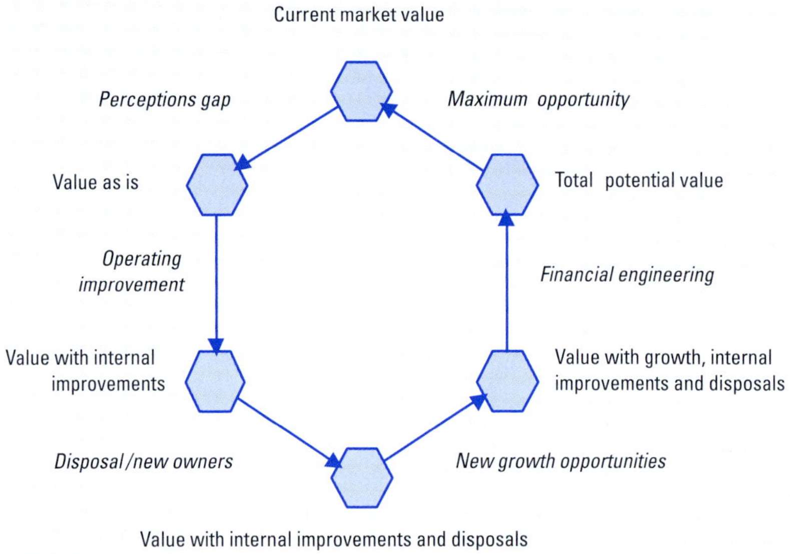

Abb. 3-67: Bezugsrahmen zur Restrukturierung von Unternehmen (Hexagon-Konzept) (Quelle: Copeland/Koller/Murrin 2000, S. 21)

sowie Financial Engineering. Ergebnis ist ein Urteil über den Zustand des Portfolios des Unternehmens und über Möglichkeiten, Wert zu steigern.

Ein solch *wertorientierter Ansatz,* wie er in den 90er-Jahren von mehreren Beratungsunternehmen entwickelt wurde, zwang die Unternehmen ihre Aktivitäten strikt an der Schaffung von Shareholder Value auszurichten. Auf Unternehmensebene wurden in der Folge unrentable Geschäftseinheiten verkauft oder energisch restrukturiert, während auf Ebene der Geschäftseinheiten zahlreiche Investitionsprojekte, die nicht ihre Kapitalkosten erwirtschaften, aufgegeben wurden. Problematisch an solchen Ansätzen ist jedoch zu bemerken, dass erstens die Cashflow-Projektionen der einzelnen Geschäfte relativ genau prognostiziert werden müssen (was oft nicht möglich ist), zweitens Verbindungen zwischen einzelnen Geschäftseinheiten nicht berücksichtigt werden und drittens es keineswegs gesagt ist, dass eine rein rechnerisch ermittelte Wertsteigerung auch tatsächlich zu realisieren ist. Das Potenzial wertorientierter Ansätze ist daher mehr in der effizienten Nutzung bestehender Vermögenswerte und weniger in der Entwicklung langfristig angelegter Strategien zu sehen.

Patching: Ausrichtung der SGE auf neue SGF

Patching: Während das klassische Portfolio-Management sich auf die strategische Zusammensetzung der Geschäfte, in denen ein Unternehmen tätig sein will, bezieht, plädieren Eisenhardt/Brown (1999) dafür, dass Unternehmen in dynamischen Märkten auf Corporate-Ebene den strategischen Prozess des »Patching« beherrschen müssen. Damit meinen sie, dass die Geschäftseinheiten permanent darauf zu überprüfen sind, ob sie genau genug auf die (neuen) Geschäftsfelder ausgerichtet sind, die man bearbeiten möchte. Angesichts der Dynamik der Märkte verlangt dies, dass die SGE immer wieder neu konfiguriert werden. Dies kann bedeuten, dass man eine Aktivität überhaupt erst einmal zu einer SGE macht, um sie politisch aufzuwerten. Oder man muss die Aktivität über eine Bündelung bisheriger SGE organisatorisch »auf eine höhere Umlaufbahn«[173] schicken. Oder bestehende SGE müssen aufgebrochen und nach neuen Strukturen konfiguriert (und organisatorisch abgebildet) werden. Es geht darum, die Ressourcenströme möglichst zügig und in richtiger Dosierung – den sich bietenden Marktstrukturen entsprechend – den richtigen Einheiten zukommen zu lassen.

Fallbeispiel: Patching bei BBDO[174]
(03/00) Rainer Zimmermann, Chef der deutschen Tochter von BBDO (www.bbdo.de), erkannte Ende der 90er-Jahre, dass im Markt zunehmend das Bedürfnis entstand, den Kunden über alle Dialogmarketingkanäle hinweg, vom Mailing über Telefonmarketing bis hin zum Online-Kontakt, integriert anzusprechen und zu betreuen. Er sagte: »In der Regel läuft der Dialog mit dem Kunden über Mailings, Telefonanrufe und Online-Medien noch nebeneinander her, die Maßnahmen sind nicht systematisch geplant und verzahnt.« Um sich dieses Wachstumsfeld »Customer Relationship Management« (CRM) zu erschließen, gründete man in einer anfangs 2000 durchgeführten Neuorganisation des Unternehmens die Tochter BBDO InterOne. Hierzu wurden Mitarbeiter aus den Bereichen Direkt-, Telefon- und Onlinemarketing neu zusammengeführt und um Spezialisten für den Aufbau von Kundendatenbanken sowie Unternehmensberater ergänzt. Dazu Zimmermann: »BBDO hat erstklassige Ressourcen, nur sind sie falsch aufgestellt.« Um die Einzelinteressen zurückzudrängen und das Engagement für die Gruppe zu stärken, wurden die Chefs der sieben BBDO-Töchter als Partner auch nicht mehr an den Töchtern, sondern an der deutschen Holding beteiligt. BBDO war zu diesem Zeitpunkt Deutschlands größte Werbeagentur mit einem Honorarvolumen von über 455 Mio. DM im Jahr 1999. Heute beschäftigt BBDO InterOne mit Sitz in München bereits über 200 Mitarbeiter.

Herausforderung bei diesem »Patching« ist nicht nur die richtige Ausrichtung der SGE, sondern auch die Skalierung auf eine geeignete Größe. Einerseits wird man die SGE möglichst klein zuschneiden wollen. BP hat sich z. B. in ca. 90 SGE aufgespalten. Sun Microsystems hat seine SGE (dort »Planeten« genannt) nochmals in fokussierte Produkteteams aufgeteilt. Gründe sind die höhere Identifikation der Experten mit überschaubaren Einheiten. Microsoft hat z. B. seine Einheiten in der Anwendungssoftware auf maximal 200 Mitarbeiter beschränkt. Auch kann man sich in diesen Strukturen intensiver mit den spezifischen Gegebenheiten der bearbeiteten Geschäftsfelder beschäftigen. Hinzu kommt, dass dadurch die für ein Patching notwendige Modularität der Organisation unterstützt wird. Diesen Vorteilen steht andererseits die Notwendigkeit nach Effizienz und optimaler Betriebsgröße gegenüber. Beides ist immer wieder gegeneinander auszubalancieren.

Durch die Permanenz solcher Patching-Prozesse lohnt es sich für ein Unternehmen, Standards zur Professionalisierung immer wiederkehrender Aufgaben zu entwickeln. Dazu zählt z. B. die Identifikation und Integration geeigneter Akquisitionskandidaten, wie man es z. B. bei Cisco antrifft, die Einrichtung geeigneter Re-Patching-Teams, die Entwicklung unternehmensübergreifender Regeln, nach denen Patching abläuft, die umgehende Zurverfügungstellung der notwendigen Führungsinformationen etc. Beim Patching hat die Corporate-Ebene die Funktion, diese Prozesse professionell zu managen. Dabei nimmt sie die Strukturanpassungen – angesichts der Unsicherheiten in solchen Geschäften – nur grob vor und überlässt die strategische Positionierung den SGE selbst.

Corporate-Ebene managt Patching-Prozesse

Transfer von Fähigkeiten: Gingen die bisherigen Ansätze davon aus, die Geschäftseinheiten unabhängig voneinander zu führen, so versuchen die beiden

Mehrwert durch Verknüpfung

nächsten Ansätze, Mehrwert durch deren explizite Verknüpfung zu erzielen. Dabei steht zunächst die Möglichkeit offen, sich auf den Transfer von Fähigkeiten zu konzentrieren. Es ist daran zu erinnern, dass dies einer der zentralen Gedanken des Kernkompetenzansatzes ist, der unternehmensübergreifenden Fähigkeiten eine integrierende Klammerfunktion zwischen den einzelnen Geschäftseinheiten zuweist. Um jedoch einen solchen Transfer von Fähigkeiten zu realisieren, sind mehrere Punkte zu beachten. So müssen die Aktivitäten in den einzelnen Geschäftseinheiten zumindest so weit Gemeinsamkeiten aufweisen, dass ein Transfer von Fähigkeiten überhaupt sinnvoll ist. Zudem kann nicht davon ausgegangen werden, dass ein solcher Transfer ohne größere Anstrengungen machbar ist. Wie sich gezeigt hat, erfordert dies eine äußerst aktive Zentrale, die über wichtige Ressourcen verfügt, die Macht und den Willen hat derartige Projekte voranzutreiben und in der Lage ist auch unpopuläre Entscheidungen zu fällen. So stemmen sich beispielsweise oft Geschäftseinheiten gegen den Transfer von Teams, die über besondere Fertigkeiten und Wissen verfügen, da sie diese lieber in ihren eigenen Reihen halten. Bereichsegoismen bilden beim Transfer von Wissen eine nicht zu unterschätzende Barriere.

Integration der Aktivitäten zur Erzielung von »Economies of Scope«

Integration der Aktivitäten: Geht man noch einen Schritt weiter und beschränkt sich nicht nur auf den Transfer von Fähigkeiten, dann kann eine Unternehmenszentrale auch explizit versuchen, die Aktivitäten einzelner Geschäftseinheiten zu integrieren, um dadurch Wettbewerbsvorteile aufzubauen. Es geht also um die Schaffung von Economies of Scope, Verbundeffekten, die durch die gemeinsame und kombinierte Ausübung von Aktivitäten entstehen. Die Zentrale agiert in dieser Rolle als Koordinationsstelle, die sich aktiv an der Strategieformulierung der Geschäftseinheiten beteiligt, und sich auch in die Umsetzung gemeinsamer Projekte in den einzelnen Funktionsbereichen wie F & E, Produktion oder Vertrieb aktiv einschaltet. Erleichtert wird diese Aufgabe durch Mechanismen wie z. B. ein Anreizsystem, das kollaboratives Verhalten belohnt, oder durch bereichsübergreifende Projektteams.

Synergien: finanzielle, funktionelle und organisatorische

Synergien: Die beiden letzten Ansätze sind nur zu empfehlen, wenn der dabei geschaffene Mehrwert durch die gleichermaßen anfallenden Kosten nicht aufgezehrt wird. Gemeinhin hat sich hier der Begriff der Synergie etabliert. Er steht etymologisch für ein Zusammenwirken von Teilen, unabhängig davon, ob dies positive oder negative Konsequenzen hat. Folglich sind neben positiven Synergieeffekten auch negative Synergieeffekte ins Kalkül zu ziehen, was viele Unternehmen erst schmerzhaft erfahren mussten.

Beide *Synergiepotenziale* lassen sich auf verschiedene Arten einteilen. Ansoff beispielsweise sieht Synergiepotenziale in den vier Funktionsbereichen Vertrieb, Beschaffung und Produktion, gemeinsame Benutzung von Anlagevermögen und Management und misst gerade dem letzten Synergiepotenzial die größte Bedeutung zu. Diese funktionalen Synergiepotenziale lassen sich um finanzielle (wie z. B. durch interne Kapitalbündelung) und organisatorische Synergien (wie z. B. durch Restrukturierungen) erweitern. Eine andere Unterteilung wählt Porter, der sich am Konzept der Wertkette orientiert. Er verortet Synergiepotenziale im Zusammenwirken zwischen den Wertketten einzelner Geschäftseinheiten und teilt sie in zwei Arten ein:[175] Bei materiellen Verflechtungen werden Aktivitäten der Wertkette gemeinsam ausgeübt. Dies reicht von Produktions- und Markt- bis hin zu Infrastruktur-, Technologie- und Beschaffungsverflechtungen. Immaterielle Verflechtungen hingegen basieren auf dem Transfer von Know-how zwischen

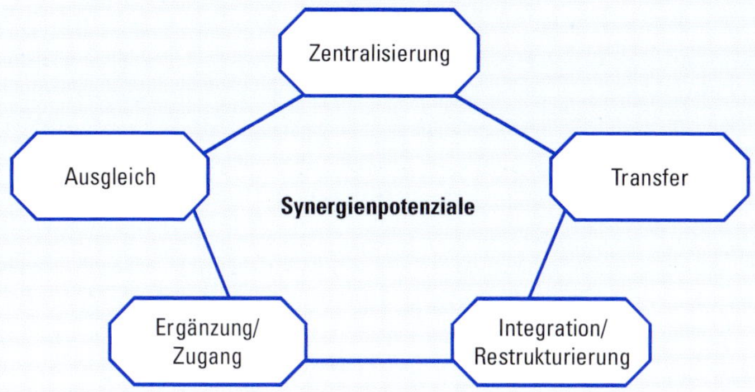

Abb. 3-68: Synergiepotenziale nach Reissner (1992)

den Wertketten der einzelnen Einheiten. Eine weitere Einteilung schlägt Reissner (1992) vor, der Synergiepotenziale in fünf Synergiefeldern verortet (siehe Abbildung 3-68).

- Potenziale der Zentralisierung bestehen darin, Aktivitäten der Wertkette zusammenzulegen, um dadurch Doppelarbeiten zu vermeiden und Kapazitäten besser auszulasten (z. B. Rechtsdienste)
- Potenziale des Transfers werden durch die Übertragung von Fähigkeiten und Know-how zwischen zwei Geschäftseinheiten geschaffen.
- Potenziale der Integration/Restrukturierung liegen in der aktiven Eingliederung von Aktivitäten, die mit einer Veränderung der Wertkette einhergeht.
- Potenziale durch Ergänzung und Zugang ergeben sich, wenn eine Geschäftseinheit z. B. Zugang zu den Vertriebskanälen der anderen erhält und ihre Produkte über diese vertreiben kann (z. B. Allfinanz: Verkauf von Versicherungen an Bankschaltern).
- Potenziale durch Ausgleich sind besonders bei Beschäftigungs- oder Umsatzschwankungen von Bedeutung. Hier kann eine Organisation die Instabilitäten der anderen kompensieren und einen Risikoausgleich bewirken (z. B. Winter- und Sommertourismus).

Ernüchterung über die Realisierung von Synergien

Auch wenn in all diesen Synergiefeldern sowohl positive als auch negative Synergieeffekte auftreten können, ist es in vielen Unternehmen zu einer Ernüchterung über die Realisierung positiver Synergiepotenziale gekommen. Oft erwiesen sie sich kleiner als vorab prognostiziert, sind später kaum noch eindeutig zu erfassen, oder werden durch gleichzeitig auftretende negative Synergieeffekte drastisch reduziert. Letztere entstehen, da entweder Koordinationskosten anfallen, die sich aus der Notwendigkeit der Abstimmung zwischen den Geschäftseinheiten ergeben. Oder es sind Kompromisskosten zu berücksichtigen, da die gemeinsam gefundene Lösung für eine einzelne Geschäftseinheit suboptimal sein kann, oder es treten Inflexibilitätskosten auf, da der Handlungsspielraum der Geschäftseinheiten eingeschränkt wird. Gleichwohl gelingt es Unternehmen, die sich systematisch und nachhaltig auf eine Realisierung positiver Synergiepotenziale konzentrieren, diese auch zu verwirklichen. Insbesondere im Zusammenhang mit Fusionen oder Akquisitionen bietet es sich an, Synergien zwischen den beteiligten Unternehmen zu nutzen. Das Unternehmen Clariant veranschlagte beispielsweise im Zuge der Fusion mit der Spezialitätenchemie von Hoechst ein

Synergienpotenzial von rund 500 Mio. Franken. Bis 1998 gelang es davon 80 % zu realisieren, der Rest war für das Folgejahr vorgesehen. HOECHST setzte seine Konsolidierungsstrategie fort und ist heute Teil des Life-Science-Unternehmens AVENTIS.

Empirische Ergebnisse: Untersucht man, welcher Ansatz den höchsten Wert stiftet, so findet man unterschiedliche Ergebnisse vor. In einer der umfangreichsten Untersuchungen zu diesem Thema argumentiert beispielsweise Porter (1987), dass umso mehr Wert geschaffen werde, je mehr sich die Unternehmenszentrale vom Portfoliomanager weg und hin zur Integration der Aktivitäten bewege.

Wertschaffung durch Integration

Hingegen kommen Goold/Campbell/Alexander (1994) bei einer Untersuchung englischer Unternehmen zu dem Ergebnis, dass prinzipiell kein Ansatz dem anderen überlegen sei. Sie unterscheiden dabei nach zwei zentralen Funktionen, die eine Unternehmenszentrale ausüben kann: (1) die Art der Beteiligung an der Entwicklung der Strategien der Geschäftseinheiten sowie (2) die Art der Ergebniskontrolle. Auf Grundlage dieser Funktionen kommen sie zu den bereits in Abbildung 2-11 dargestellten drei Ansätzen:

- *Strategische Planung*, wie sie von UNITED BISCUITS, CADBURRY-SCHWEPPES oder BRITISH PETROLEUM vertreten wird, eignet sich besonders gut für Unternehmen, die nur wenige Geschäftseinheiten aufweisen, sich auf wenige Produkte und Dienstleistungen beschränken, und auf gemeinsame Fähigkeiten zurückgreifen. Die Zentrale mischt sich hier intensiv in die Planungsprozesse der Geschäftseinheiten ein, übt einen großen Einfluss auf Ziele und Inhalt der Strategien aus und kümmert sich intensiv um die Koordination zwischen den einzelnen Geschäftseinheiten. Nachteile dieses Ansatzes liegen im zumeist langwierigen Planungsprozess, der zu einer verminderten Anpassungsfähigkeit der Geschäftseinheiten führt und zudem demoralisierend wirken kann, da ihre Autonomie eingeschränkt wird.
- Wird hingegen ein Ansatz der *Finanziellen Kontrolle* verfolgt, enthält sich die Zentrale der Einflussnahme auf die Strategien der Geschäftseinheiten, übt jedoch eine auf kurzfristige Performance-Ergebnisse ausgerichtete Kontrolltätigkeit aus. Durch die sorgfältige Überwachung wichtiger Kenngrößen, die quantitativer Natur und leicht zu messen sind, wird auf die Geschäftseinheiten ein permanenter Druck ausgeübt die Vorgaben zu erreichen. Unternehmen dieser Art sind z. B. HANSEN, GENERAL ELECTRIC (U.K.) oder FERRANTI. Vorteil ist die frühzeitige Erkennung von Fehlentwicklungen, die relative Autonomie der einzelnen Geschäftseinheiten sowie die dadurch freigesetzte Motivation der Führungskräfte. Nachteilig ist die Vernachlässigung der Ausnutzung von Synergien, sowie die Konzentration auf kurzfristige Erfolge. Besonders geeignet ist dieser Ansatz für eine Zentrale, die viele Geschäftseinheiten in ihrem Portfolio hat, in Industrien mit geringer Innovationskraft arbeitet, und Investitionsprojekte hat, die kurz- oder mittelfristiger Natur sind.
- Der Ansatz der *Strategischen Kontrolle* stellt eine Mischform der ersten beiden dar. Er wird von Unternehmen wie VICKERS, PLESSEY oder ICI praktiziert. Dabei wird versucht, trotz der hohen Autonomie der Geschäftseinheiten in ausgewählten Feldern kooperativ miteinander zu arbeiten. Eine hohe Bereitschaft Kompromisse einzugehen ist hier erforderlich ebenso wie die permanente Suche nach Situationen, die für alle Parteien von Vorteil sind. Die Chancen dieses Ansatzes Wert zu generieren, sind so groß wie bei den beiden anderen.

Steuerung international tätiger Unternehmen: Die Internationalisierung der Unternehmen hat zu einer intensiven Auseinandersetzung mit dafür geeigneten Steuerungsformen geführt. Dabei zeigen sich deutliche Unterschiede zwischen einzelnen Unternehmen, die oft mit einem spezifischen Kulturkreis verbunden sind. In Anlehnung an Bartlett/Goshal (1998) organisieren sich japanische Unternehmen idealtypischerweise als straff geführtes, zentralisiertes System, bei dem den Auslandsgesellschaften in allen wichtigen strategischen und operativen Fragestellungen von der Zentrale Vorgaben gesetzt werden. Diese behält sich auch weitgehend die Entscheidungshoheit vor, was einerseits eine gute Abstimmung sämtlicher Auslandsaktivitäten ermöglicht, andererseits jedoch zu langsamen Entscheidungsprozessen und Homogenisierungstendenzen führt. Im Gegensatz dazu gestehen europäisch geprägte Unternehmen ihre Auslandsgesellschaften ein hohes Maß an Autonomie zu. Man kann sie daher als dezentralisierte Systeme bezeichnen. Amerikanische Multinationale zuletzt nehmen eine Mittelposition ein. Einerseits ruht die prinzipielle Entscheidungsgewalt weiterhin in der Unternehmenszentrale, jedoch werden den Auslandsgesellschaften nur einige wenige, allerdings tief greifende Rahmenbedingungen gesetzt, innerhalb derer sie dann weitgehend eigenständig operieren können. Ein koordiniertes System ist die Folge. Man vergleiche dazu Abbildung 3-69.

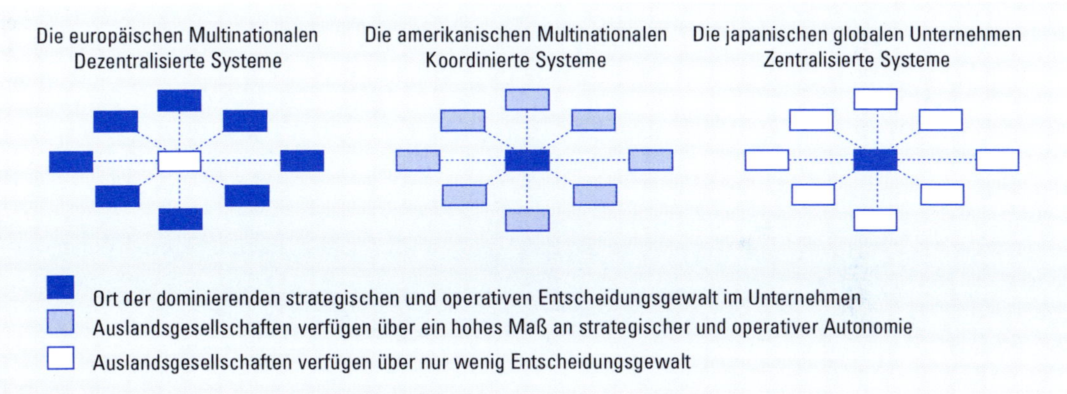

Abb. 3-69: Steuerungsformen internationaler Unternehmen (Bartlett/Goshal 1998)

Überprüfung der Beziehung zwischen Zentrale und Geschäftseinheiten: In aller Regel hat sich das Verhalten, das eine Unternehmenszentrale gegenüber ihren Geschäftseinheiten ausübt, über die Zeit auf die eine oder andere Art und Weise eingependelt. Doch es ist immer wieder zu überprüfen, ob eine Geschäftseinheit noch in das Gesamtkonzept passt oder eine andere Lösung besser wäre. Zwei Punkte sind dabei zu bedenken: Erstens ist zu bedenken, inwieweit die Strategien einer Geschäftseinheit mit den Vorstellungen auf Unternehmensebene noch zusammenpassen. Zweitens ist jedoch auch die Frage zu stellen, ob die Anforderungen und Bedürfnisse der Geschäftseinheiten mit den Fähigkeiten der Unternehmenszentrale harmonieren. Hinsichtlich beider Punkte kann es zu signifikanten Divergenzen zwischen Zentrale und Geschäftseinheiten kommen. So kann die Zentrale eine Neuausrichtung des gesamten Unternehmens anstreben, die jedoch im Widerspruch zu den etablierten Strategien einzelner Geschäftseinheiten steht. Dies ist vor allem dann von Relevanz, wenn relativ große und mächtige Geschäftseinheiten eine Autonomie erreicht haben, die es schwer werden lässt, Vorschläge gegen ihre Interessen durchzusetzen.

Führt man beide Fragestellungen in einer Matrix zusammen, ergibt sich eine so genannte »*Corporate Parenting*«*-Matrix*[176] (vgl. Abbildung 3-70). Sie teilt aus Sicht einer Unternehmenszentrale die einzelnen Geschäftseinheiten in vier Klassen ein. Bei »Fremden« gibt es kaum Gemeinsamkeiten zwischen der Zentrale und ihren Geschäftseinheiten und daher wenig Möglichkeiten, eine fruchtbare Zusammenarbeit aufzubauen. Die hier anzusiedelnden Geschäftseinheiten sind folglich potenzielle Verkaufskandidaten. Bei den »Ballastgeschäften« bestehen kaum noch Ansatzpunkte für die Zentrale, einen Mehrwert zu schaffen, obgleich man ein gutes Verständnis für diese Geschäfte mitbringt. Besonders gefährlich für eine Holding sind die »Wertfalle-Geschäfte«: Man lässt sich durch die Potenziale für ein Parenting blenden, versteht aber zu wenig von diesen Geschäften, um sie wirklich nutzen zu können. Geschäftseinheiten, die drittens als Wertfalle (»Value Trap«) zu bezeichnen sind, binden Zeit und Ressourcen, ohne dadurch eine einheitliche strategische Richtung des Gesamtunternehmens voranzutreiben. Auf Geschäftseinheiten, die auf beiden Dimensionen eine hohe Übereinstimmung mit der Zentrale erzielen – so genannte »Stammland-Geschäfte« – sollten hingegen die Anstrengungen konzentriert werden. Hier kann die Zentrale ihren größten Nutzen stiften.

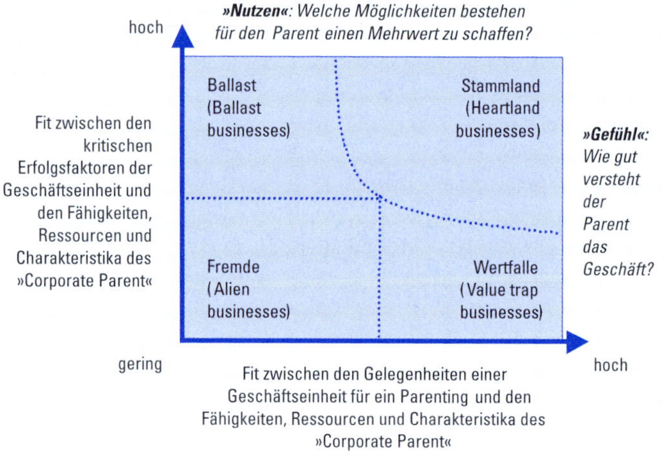

Abb. 3-70: Die »Corporate Parenting«-Matrix (Quelle: in Anlehnung an Goold/Campbell/Alexander 1994)

3.5.4 Strategien gegenüber weiteren Anspruchsgruppen

Es wäre in den meisten Fällen zu kurz gegriffen, die Aktivitäten eines Unternehmens auf die Konfiguration der Geschäftsfelder und die Koordination der Geschäftseinheiten zu begrenzen. Gerade dem Gesamtunternehmen gegenüber machen sich eine Reihe wichtiger Anspruchsgruppen bemerkbar bzw. haben auf dessen Handlungsspielraum einen hohen Einfluss.

Kapitalmarkt

Dies gilt in besonderem Maße für die Anspruchsgruppen des **Kapitalmarktes.** Private Anleger, Banken, Pensionskassen, Fonds oder andere institutionelle Investoren stellen dem Unternehmen Eigen- und Fremdkapital zur Verfügung und erwarten dafür eine zumeist finanzielle Gegenleistung. Während der Einfluss von

Banken – sofern er auf der Vergabe von Krediten und damit der Fremdkapitalfinanzierung beruht – sich in den letzten Jahren tendenziell verringert hat, ist der Einfluss der institutionellen Anleger auf Grund starker Kapitalzuflüsse deutlich gewachsen. Die Vorstände großer Aktiengesellschaften verwenden bis zu einem Drittel ihrer Arbeitszeit für das Gespräch mit Analysten und Fondsmanagern. Einerseits fordern diese transparente und vollständige Informationen über das Unternehmen und seine Aktivitäten. Wie eine aktuelle Studie jedoch belegt,[177] monieren drei Viertel der befragten Großanleger die Qualität der veröffentlichten Daten, ihre Aussagekraft und die fehlende Gliederung nach Geschäftssparten. Andererseits beschränken sich deren Forderungen nicht nur auf Informationen, sondern sie nehmen teilweise auch direkten Einfluss auf die Unternehmensstrategie, indem sie eine wertorientierte Unternehmenspolitik, klare Renditevorgaben für die einzelnen Bereiche oder Vergütungssysteme fordern, die sich am Zielerreichungsgrad orientieren. Unternehmen sind heutzutage angesichts einer weltweiten Konkurrenz um Kapital mehr denn je darauf angewiesen, den Ansprüchen dieser Akteure Rechnung zu tragen.

Fallbeispiel: Mannesmann
Der Mannesmann-Konzern[178], der zum Ausbau seines Telekommunikationsgeschäftes auf zusätzliches Kapital angewiesen war, wollte sich 1998 zusätzliche Mittel durch eine Eigenkapitalerhöhung von drei Milliarden DM über die Börse beschaffen. Finanzieller Bedarf bestand bei der Finanzierung des Joint Venture in Italien mit dem Technologiekonzern Olivetti, dem Einstieg in den österreichischen Markt und bei der Festnetztochter Arcor. Die Projekte wurden gegenüber finanziellen Investoren detailliert vorgestellt und von diesen positiv bewertet. Die geplante Erhöhung ging anschließend erfolgreich vonstatten.

Hingegen musste der Volkswagenkonzern im gleichen Jahr ein ähnliches Vorhaben deutlich modifizieren. Ursprünglich war geplant, sich 600 Mio. DM an neuem Kapital zu beschaffen. Doch da VW nicht bekannt gab, was mit diesem Geld geschehen sollte, reagierten die institutionellen Anleger äußerst skeptisch. Schließlich wurde die Neuemission um die Hälfte reduziert. VW-Sprecher Kocks ließ durchblicken, dass es sich dabei um ein Zugeständnis an die Finanzmärkte handle. Der Konzern habe lernen müssen, dass die ursprüngliche Kapitalerhöhung von den Märkten als problematisch angesehen und deshalb nicht gewollt sei.

»Corporate Governance«

Intensiv diskutiert wird in diesem Zusammenhang auch die Wahl der »*Corporate Governance*«-Struktur von Unternehmen. Dieser Begriff umfasst zwei unterschiedliche Elemente.[179] Zum einen steht er für die Spitzenverfassung der Unternehmensleitung, d.h. die sachgerechte Festlegung der Aufgaben und die zweckmäßige Strukturierung der obersten Leitungsorgane im Gleichgewicht zwischen erfolgsbezogener strategischer Führung und finanziell/betriebswirtschaftlicher Kontrolle. Gleichzeitig regelt er jedoch auch, zumindest im angloamerikanischen Raum, das Verhältnis zwischen der obersten Leitung eines Unternehmens und den Aktionären. Damit ist er ideologisch eingebunden in den Shareholder-Value-Ansatz aus Sicht großer, institutioneller Investoren. Zwei Modelle stehen sich hier grundsätzlich gegenüber. Ihr zentraler Unterschied besteht darin, dass das angloamerikanische Führungsmodell einen einheitlichen Verwaltungsrat vorsieht (Unitary Board), während das in Kontintentaleuropa präferierte Modell von einer zweistufigen Führungsstruktur ausgeht, die zwischen Vorstand und Aufsichtsrat unterscheidet. Im angloamerikanischen Modell werden zwar auch unterschiedliche Funktionen unterschieden, jedoch innerhalb des einheitlichen

Führungsgremiums. Typisch ist hier die Unterscheidung in so genannte »executive directors«, die die Doppelfunktion Manager und Verwaltungsrat wahrnehmen und das Unternehmen strategisch und operativ führen, und so genannten »non-executive directors«, die als reine Verwaltungsräte beaufsichtigende Aufgaben übernehmen (monitory functions). Auch kann in diesem Modell die Rolle des Chairman und des Chief Executive Officers zusammenfallen, was z.B. nach deutschem Gesetz verboten ist. In Kapitel 4 soll dieses Thema bei der Wahl der Führungsorganisation vertieft werden.

Staat

Eine weitere wichtige Anspruchsgruppe stellen **staatliche Stellen** dar. Einerseits erheben sie Ansprüche gegenüber den Unternehmen (z.B. Steuerzahlungen) und legen wichtige Rahmenbedingungen fest, andererseits wirken die Unternehmen in vielschichtiger Weise auf sie ein und versuchen ihren Handlungsspielraum zu erweitern. Die Aktivitäten der Unternehmen dabei nur im Sinne einer reinen Lobbying-Tätigkeit zu verstehen, ist heutzutage nicht mehr angebracht – wenn es denn je angebracht war. In Foren wie dem runden Tisch oder Konsensgesprächen werden die Ziele und Interessen staatlicher Stellen und Unternehmen auf für alle Seiten akzeptable Optionen hin untersucht und aufeinander abgeglichen. Das gegenseitige Verhalten variiert zwischen den Extremen offener Drohungen (wie z.B. der Verlagerung von Werken) und verständnisorientierter Kommunikation. Die Rahmenbedingungen wirtschaftlichen Handelns sind nicht einfach gegeben, sondern werden in einem komplexen Wechselspiel zwischen den beteiligten Akteuren jeweils erst geschaffen.[180]

Gut zeigt sich dieses Wechselspiel im Zusammenhang mit *Regulierungsbehörden*, wie es sie in vielen Branchen gibt. In der Telekommunikationsindustrie beispielsweise hat sich im Zuge der Marktliberalisierung ein erbittertes »Gerangel« zwischen Regulierungsbehörde, den ehemaligen Monopolisten und den neu eingetretenen Anbietern entwickelt. Als die DEUTSCHE TELEKOM für die Nutzung ihres Festnetzes für konkurrierende Anbieter eine Zugangsgebühr von über 60 DM forderte, kam es zu monatelangen Auseinandersetzungen. Staatssekretäre schalteten sich ein, die Gerichte wurden bemüht, auf die öffentliche Meinung wurde eingewirkt, mit dem Ziel sie für die jeweiligen Interessen zu nutzen. Letztendlich setzte die Regulierungsbehörde dann den Preis auf ca. 40 DM fest. Hält man sich das milliardenschwere Gesprächsvolumen vor Augen, das jedes Jahr über die Netze fließt, dann wird unmittelbar einsichtig, welche Bedeutung eine Mark mehr oder weniger bei der Zugangsgebühr für ein Unternehmen hat. In der Finanzindustrie gibt die Bankenaufsicht Richtlinien vor, die die Geschäftsaktivitäten der einzelnen Institute direkt betreffen. In Deutschland beispielsweise müssen sie eine Mindestreserve bei den Landeszentralbanken hinterlegen. Dadurch verringern sich ihre finanziellen Mittel, die sie am freien Markt anlegen können. Angesichts von ausländischen Konkurrenten, die solchen Auflagen nicht unterliegen, fordern viele Kreditinstitute eine Abschaffung dieser Auflage.

Gewerkschaften

Des Weiteren ist das Verhältnis zu **Gewerkschaften** oder anderen Arbeitgebervertretungen zu bedenken. Ihr Einfluss ist von Land zu Land unterschiedlich stark ausgeprägt. Während beispielsweise Länder wie Deutschland oder Frankreich über gut organisierte, finanzstarke Gewerkschaften verfügen, haben sie in anderen Ländern wie Großbritannien oder den USA nur wenige Einflussmöglichkeiten. Doch auch diese sollte man nicht unterschätzen. Der Streik, der 1998 über mehrere Wochen weite Teile der Produktion von GENERAL MOTORS blockierte, verursachte dem Unternehmen Kosten in Höhe von rund 700 Mio. US$.

debis

Fallbeispiel: Debis AG und IG Metall[181]

Nach monatelangen Verhandlungen konnten sich im März 98 die in dieser Zeit zum DaimlerChrysler Konzern gehördende Debis AG (heute: Tochtergesellschaft der Deutschen Telekom) und die dem Gewerkschaftslager angehörige IG Metall auf einen Tarifvertrag für den Dienstleistungssektor verständigen, dem nach allgemeiner Einschätzung Modellcharakter für die gesamte Branche zugestanden wird. Die Gewerkschaft fängt damit Arbeitsbereiche in einem stark wachsenden Dienstleistungskonzern ein, die sich bislang dem Flächentarif entzogen haben. Debis gewinnt eine einheitliche Regelung für rund 5000 Angestellte, eine stärkere Flexibilisierung bei der Wochen- und Lebensarbeitszeit sowie eine stärkere Beteiligung der Beschäftigten an Erfolg oder Misserfolg des Unternehmens.

Damit betreten die Partner in mehrfacher Hinsicht Neuland. Die IG Metall, die vor Jahren in der deutschen Tarifpolitik die 35 Wochenstunde durchsetzte, lässt für den Dienstleistungssektor Arbeitsspielräume zu, die weit über 40 Wochenstunden hinausgehen. Jährlich dürfen jedoch nicht mehr als 135 Stunden angespart werden. Die IG Metall bezeichnet die stärkere Flexibilisierung als einen der innovativsten Kernpunkte des neuen Vertrags. Damit berücksichtigt sie Anforderungen, wie sie sich insbesondere in Unternehmen stellen, die informationstechnologische Dienstleistungen erbringen (1993 überzog beispielsweise die IG Metall das Unternehmen IBM mit einer Flut von Prozessen, als diese dem Metalltarif den Rücken kehrte und mit der Deutschen Angestellten-Gewerkschaft einen Haustarifvertrag abschloss). Des Weiteren sind sich Debis und IG Metall einig, dass je 50 % der variablen Vergütung vom Erreichen persönlicher Zielvereinbarungen und der Unternehmensziele, die am operativen Gewinn gemessen werden, abhängen sollen. Die variable Komponente soll zwischen 10 und 20 % des Jahresgehaltes betragen. In neun Vergütungsgruppen und etwa 60 Eckpunkten wird die Gehaltsstruktur insgesamt erfasst.

Workshop

Überprüfen Sie für Ihr Unternehmen, wo noch auf Unternehmensebene Potenziale bestehen, Mehrwert zu schaffen.

- Überprüfen Sie, ob Sie durch eine Veränderung der Konfiguration Ihrer Geschäfte Mehrwert schaffen können. Führen Sie dazu eine Portfolio-Analyse durch. Verwenden Sie auch die Corporate-Parenting-Matrix um herauszufinden, welches Ihre Stammland-Geschäfte sind.
- Überprüfen Sie, ob Sie durch eine verbesserte Koordination Ihrer Geschäfte Mehrwert schaffen können. Gibt es Möglichkeiten, durch einen Transfer von Fähigkeiten (»best practices«) von einer strategischen Geschäftseinheit zur anderen oder durch die Integration ähnlicher Aktivitäten Verbundvorteile zu realisieren?
- Überprüfen Sie, ob Sie durch Patching Mehrwert schaffen können. Gibt es neue Geschäftsmöglichkeiten, die Sie durch eine Verknüpfung komplementärer Ressourcen aus mehreren Geschäftseinheiten wirkungsvoll bearbeiten könnten?
- Überprüfen Sie, ob Sie durch eine Verbesserung der Interaktion zwischen der Zentrale und den Geschäftseinheiten, aber auch mit anderen Anspruchsgruppen, Mehrwert schaffen können.

Zusammenfassung

- Die Schaffung von Mehrwert auf der Ebene des Gesamtunternehmens kann über die Aktivitäten der Optimierung der Konfiguration der strategischen Geschäftsfelder, der Realisierung von Vorteilen aus der Koordination der strategischen Geschäftsfelder sowie eine wirkungsvollere Interaktion mit den relevanten Anspruchsgruppen erfolgen.

- Es lassen sich verschiedene Diversifikationsrichtungen unterscheiden (horizontal, vertikal vorwärts und rückwärts, konzentrisch sowie lateral bzw. konglomerat). Dabei geht es nicht nur um das Vorstoßen in neue Geschäfte, sondern auch um den Rückzug. Zum Erfolg der einzelnen Diversifikationsrichtungen gibt es nur sehr widersprüchliche empirische Untersuchungsergebnisse.
- Mittels einer strategischen Suchfeldanalyse kann die Suche nach Diversifikationskandidaten unterstützt werden.
- Bei den Diversifikationsformen stehen sich die interne Entwicklung und die Akquisition gegenüber. Dazwischen liegen kooperative Formen (strategische Allianzen, Joint Ventures, Cross-Shareholdings etc.).
- Ziel des Portfolio-Ansatzes ist eine ausgewogene Struktur der strategischen Geschäftseinheiten.
- Über wertorientierte Ansätze (wie z.B. das Hexagon-Konzept) versucht man, unterbewertete Geschäfte wertsteigernd zu restrukturieren.
- Ziel des Patching-Ansatzes ist es, neue Geschäftschancen möglichst zügig zu ergreifen, in dem man Elemente aus mehreren strategischen Geschäftseinheiten neu konfiguriert.
- Durch den Transfer von Fähigkeiten zwischen den strategischen Geschäftseinheiten sowie durch die Integration gleichartiger Aktivitäten über mehrere Geschäftseinheiten hinweg sollen Verbundvorteile realisiert werden.

Lernkontrolle

1. Welche Aktivitäten stehen zur Schaffung von Mehrwert auf Unternehmensebene zur Verfügung? Welche Fragen stellt man sich bei diesen Corporate-Strategy-Aktivitäten?
2. Welche Diversifikationsrichtungen können unterschieden werden? Geben Sie jeweils ein Beispiel dazu an.
3. Welche Varianten gibt es zur Ausübung der Rückzugsoption?
4. Welche Diversifikationsformen können unterschieden werden? Was sind deren Vor- und Nachteile?
5. Wie würden Sie den Prozess der Durchführung einer Diversifikationsstrategie gestalten? Was bezweckt man dabei mit einer strategischen Suchfeldanalyse? Wie läuft deren Prozess ab?
6. Welche Ziele verfolgt man mit dem Portfolio-Ansatz? Wie ist die Marktanteil-Marktwachstum-Matrix aufgebaut? Was sind deren theoretische Grundlagen? Welche weiteren Ausgestaltungsvarianten der Portfolio-Matrix kennen Sie sonst noch? Was sind die Vor- und Nachteile des Portfolioansatzes? Was sind die Aufgaben einer Zentrale beim Portfoliomanagement?
7. Was soll mit dem Hexagon-Konzept erreicht werden?
8. Was besagt das Konzept des Patching?
9. Welche Arten von Synergien(potenzialen) kann man unterscheiden?
10. Wie können Vorteile aus der Zusammenarbeit strategischer Geschäftseinheiten erzielt werden?

3.6 Evaluation (Gestaltung V)

An die Generierung von Gestaltungsoptionen auf Ebene der Geschäftseinheit und/oder des Gesamtunternehmens schließt sich ihre Bewertung und Kombination zu einem konsistenten strategischen Programm an. Dieser Schritt wird oft vorschnell übersprungen oder abgekürzt. Er »rächt« sich spätestens dann, wenn man feststellt, dass man die Konsequenzen der einzelnen Optionen nicht gründlich durchdacht hat. Schon Andrews hat 1971 in seinem Standardwerk »*The Concept of Corporate Strategy*« auf dieses Problem hingewiesen: »*The intrinsic difficulty of determining and choosing among strategic alternatives leads many companies to do what the rest of the industry is doing rather than to make an independent determination of opportunity and resources.*«

Bei der Bildung eines strategischen Programms kann man sich sowohl an allgemeinen Auswahlprinzipien orientieren, die auf Erfahrungswissen oder statistischen Untersuchungen beruhen, als auch sich einer Vielzahl von Analyse- und Beurteilungsverfahren bedienen, die aus unterschiedlichen Blickwinkeln heraus Entscheidungsunterstützung bieten. Ziel dieses Kapitels kann es nicht sein, detailliert alle denkbaren Verfahren zu erläutern. Jedoch soll ein Überblick über mögliche Verfahren geboten werden, der ihren jeweiligen Beitrag für die Evaluation und Auswahl strategischer Optionen sichtbar macht.

Lernziele

- Darstellung von Heuristiken, Prinzipien, Kriterien und Verfahren zur Bewertung und Auswahl von Strategieoptionen
- Erläuterung der Ziele, Erkenntnisse und Einsatzmöglichkeiten des PIMS-Projektes

3.6.1 Auswahlprinzipien

Allgemeine Prinzipien zur strategischen Wahl werden beipielsweise in relativ abstrakten Kriterienkatalogen zusammengefasst. Neben diesen grundlegenden strategischen Prinzipien können die Ergebnisse des PIMS-Projektes die Auswahl strategischer Optionen unterstützen.

(1) Allgemeine Prinzipien

Gibt es bei der Auswahl strategischer Optionen allgemeine Prinzipien, an denen man sich orientieren sollte? Was kann man aus Erfahrungen für die Zukunft lernen? Zu diesem Thema sind mehrere Kriterienkataloge vorgeschlagen worden, die sowohl für die Generierung als auch die Auswahl von Strategien verwendbar sind. Hinterhuber (1992) – in Anlehnung an die Grundsätze des Militärtheoretikers von Clausewitz – sowie Pümpin (1980) empfehlen, sich nach folgenden Prinzipien zu richten (vgl. Abbildung 3-71):

Hinterhuber (1992)	Pümpin (1980)
• Das Ziel • Die Offensive • Die strategische Defensive • Die einheitliche Ausrichtung • Die Konzentration der Kräfte • Die Ökonomie der Kräfte • Die Zusammenarbeit • Die Flexibilität • Die Handlungsfreiheit • Die Überraschung • Die Sicherheit • Die Einfachheit • Die Entschlossenheit • Die Einsatzbereitschaft • Das Prinzip der strategischen Reserven • Der Grundsatz der unüberschreitbaren Grenzen	• Konzentration der Kräfte • Aufbau von Stärken • Vermeiden von Schwächen • Ausnutzung von Umwelt- und Marktchancen • Geschickte Innovation • Ausnutzung von Synergievorteilen • Abstimmung von Zielen und Mitteln • Schaffung einer zweckmäßigen, führbaren Organisationsstruktur • Risikoausgleich • Ausnutzung von Koalitionsmöglichkeiten • Einfachheit

Abb. 3-71: Strategische Prinzipien

Konzentration der Kräfte

Besonderes Gewicht geben beide Autoren der Konzentration der Kräfte. Pümpin will diese sowohl extern als auch intern verstanden wissen. Die externe Perspektive betont, dass es zu keiner Zerstreuung der Kräfte in einer Vielzahl von Geschäftsfeldern kommen darf. Die interne Perspektive hingegen überprüft, inwieweit die einzelnen Aktivitäten eines Unternehmens zu einem Wettbewerbsvorteil führen. Alles was hierzu nichts beiträgt, ist auch nicht von Relevanz. Ebenso wird darauf hingewiesen, dass erfolgreiche Strategien nicht auf eine Verbesserung der Schwächen gerichtet sind, sondern diese nach Möglichkeit umgehen und stattdessen die Stärken des Unternehmens deutlich in den Vordergrund stellen. Diese müssen eng miteinander verbunden werden, um Synergiepotenziale zu realisieren.

(2) Das PIMS-Projekt

Auch wenn die genannten Prinzipien interessante Anregungen bieten (heuristische Funktion), sind sie zu abstrakt formuliert, um für konkrete Empfehlungen herangezogen werden zu können. Auch ist die Allgemeingültigkeit, die sie zumindest implizit beanspruchen, in Zweifel zu ziehen, da sie nicht empirisch überprüft wurden und alternative Argumentationen denkbar sind. Einen Schritt weiter in Richtung statistischer Beweisführung geht das in den frühen 60er-Jahren gestartete PIMS Projekt (**P**rofit **I**mpact of **M**arket **S**trategy). Es wurde von Fred Borch (General Electric) initiiert und von Sidney Schoeffler (Harvard Business School) geleitet, der auch das grundlegende statistische Modell entwickelte. Aus der Harvard Business School wurde 1975 das PIMS-Projekt in das Strategic Planing Institute (SPI) in Cambridge, Massachusetts, ausgelagert. Es arbeitet noch heute als Non-profit-Organisation und befindet sich im Besitz der daran beteiligten Unternehmen.

»Laws of the market place«

Ziel des PIMS-Projektes ist es durch eine großzahlig angelegte Sammlung und Auswertung branchenübergreifender Daten, so genannte »laws of the market place«, zu finden. Aus diesen versucht man diejenigen Faktoren abzuleiten, die letztendlich den Erfolg von Unternehmen bestimmen. Es wird davon ausgegangen, dass diese Gesetze sowohl erfassbar als auch erlernbar sind. Aus den Erfahrungen anderer Unternehmen glaubt man allgemein gültige Prinzipien ableiten zu können.

Exkurs: Das PIMS-Projekt

Das PIMS-Projekt erhebt dabei Daten von ca. 3000 strategischen Geschäftseinheiten in rund 500 Unternehmen in Nordamerika und Europa. Jede Geschäftseinheit übermittelt jährlich ca. 400 Einzelinformationen an das Strategic Planing Institute, das diese dann aggregiert und regressionsanalytisch auswertet. Als Geschäftseinheit wird dabei eine Division, Produktlinie oder ein Profitcenter eines Unternehmens definiert, das eine genau bestimmbare Menge von verwandten Leistungen herstellt und vermarktet, einen klar definierten Kundenkreis innerhalb eines abgegrenzten geografischen Bereichs bedient und Wettbewerb mit einem genau definierten Kreis von Unternehmen führt.

Das PIMS-Projekt arbeitet mit verschiedenen Modellen und Auswertungstableaus. Wichtig sind insbesondere drei: Das PAR-ROI-Modell untersucht den empirischen Zusammenhang zwischen dem ROI (der Return on Investment wird definiert als Nettobetriebsgewinn vor Zinsen auf Fremdkapital und Steuern in Prozent des eingesetzten Kapitals, das sich aus Anlagevermögen zu Buchwerten und dem Working Capital zusammensetzt) und rund 35 unabhängigen Erfolgsvariablen. Der Report on »Look Alikes« (über strategisch ähnliche Geschäftseinheiten) ist in drei Phasen unterteilt.

- Zuerst wird eine Stichprobe aus den Geschäftsfeldern gezogen, die sich anhand frei bestimmbarer Merkmale wie Kosten- und Produktionsstruktur, Markt- und Kundensegement oder Wettbewerbsposition ähneln.
- Diese Stichprobe wird dann in zwei Gruppen aufgeteilt, von denen die eine die Gewinner und die andere die Verlierer repräsentiert. Das Kriterium, nach dem diese Einteilung vorgenommen wird, ist ebenfalls frei wählbar.
- Zuletzt werden dann die Unterschiede zwischen beiden Gruppen herausgearbeitet und strategische Empfehlungen abgegeben.

Das dritte wichtige Modell ist ein strategisches Simulationsmodell. Hier können die Auswirkungen bestimmter Strategien auf ROI und Cashflow variiert und analysiert werden. Ziel ist es damit, optimale Strategien zu bestimmen.

Identifikation von 8 zentralen Einflussfaktoren

Resultat der bisherigen Forschungsarbeit ist u.a. die Identifikation von 8 zentralen **Einflussfaktoren**, die ca. 70–80 % der Variation des Erfolgs einer Geschäftseinheit erklären (vgl. Abbildung 3-72). Als Erfolgsmaßstab wird dabei der eben genannte ROI sowie der ROS (= Return on Sales, wird definiert als Nettobetriebsgewinn vor Steuern und Zinsen in Prozent des Umsatzes) verwendet.[182, 183]

Kritik

An diesen Erkenntnissen wurde vielfache **Kritik** geäußert. Sie richtet sich auf die grundsätzliche Vorgehensweise, das zu Grunde liegende statistische Modell sowie die Ergebnisse und deren Interpretation.

- So sind mittlerweile wichtige Aussagen des PIMS-Projektes von diesem selbst oder von unabhängigen Studien falsifiziert bzw. zumindest stark relativiert worden. Der positive Zusammenhang zwischen Marktanteil und Erfolg konnte beispielsweise nicht signifikant bestätigt werden. Es zeigte sich, dass auch kleine Unternehmen, die oft nur einen geringen Marktanteil halten, eine hohe Rentabilität erwirtschaften. Deterministische, allgemein gültige Marktgesetze scheinen nicht zu existieren. Positive Korrelationen sind zwar gegeben, schwanken jedoch stark.

Faktor	Definition	Wirkung
Investitions-intensität	Investition: Wertschöpfung (Investition = betriebs-notwendiges Kapital)	Dieser Faktor wirkt sich negativ auf den ROI aus. Ursache sind Preiskämpfe auf Grund der hohen Investitionen, die geringe Effizienz, mit der das Anlagevermögen genutzt wird oder der erschwerte Austritt aus unrentablen Geschäften.
Produktivität	Wertschöpfung pro Mitarbeiter	Eine hohe Produktivität ist immer positiv. Jedoch ist sie nicht so hoch wie anfangs vermutet wurde, denn wird sie durch erhöhte Investitionen erreicht, so reduziert die gestiegene Investitionsintensität gleichzeitig den ROI.
Relativer Marktanteil	Eigener Marktanteil: Summe der Marktanteile der drei größten Konkurrenten	Ein hoher Marktanteil trägt signifikant zur Rentabilität bei. Gründe dafür liegen in Economies of Scale, der Risikoaversion der Kunden, der Qualität des Managements sowie der Marktmacht der Geschäftseinheit gegenüber Lieferanten, Kunden und Wettbewerbern.
Marktwachs-tumsrate	Prozentuale Wachstumsrate des bedienten Marktes	Eine Wachstumsrate ist positiv für den absoluten Gewinn, neutral bezüglich des relativen Gewinns und sogar negativ für die Cashflows, da intensiv investiert wird. Je weiter sich das Produkt im Lebenszyklus fortbewegt, desto mehr nimmt der ROI ab.
Relative Qualität	Umsatzanteil aus Produkten mit überlegener Qualität minus Umsatzanteil aus Produkten mit unterlegener Qualität	Die Produktqualität wird aus Sicht des Kunden beurteilt. Eine im Vergleich zur Konkurrenz hohe Qualität wirkt sich stark positiv aus. Höhere Preise werden durchsetzbar und mit zunehmendem Marktanteil sinken zudem die relativen Kosten. Beides erhöht den ROI.
Innovations-rate	Umsatzanteil von Produkten, die nicht älter als drei Jahre sind	Eine hohe Innovationsrate ist nur bis zu einem gewissen Grad (Marktanteil) positiv. Danach übersteigen die Kosten den geschaffenen Mehrwert. Sie zahlt sich insbesondere bei einem hohen Marktanteil aus, hat jedoch bei kleinen Marktanteilen einen negativen Einfluss.
Vertikale Integration	Wertschöpfung: Umsatz	Sie ist positiv nur in reifen, stabilen Märkten, hingegen negativ sowohl in wachsenden wie auch in schrumpfenden Märkten. Das Verhältnis zwischen v. Integration und ROI lässt sich als V-förmige Kurve darstellen, was entweder für eine hohe oder niedrige vertikale Integration spricht.
Kundenprofil	Anzahl der direkten Kunden, die 50 % des Umsatzes ausmachen	Eine eher kleine Kundenzahl wirkt sich positiv aus. Die Marketingintensität kann hier geringer ausfallen und dies reduziert die Kosten.

Abb. 3-72: Die wichtigsten Erfolgsfaktoren des PIMS-Projektes

Exkurs: Skalenerträge in der Finanzbranche?
Lohnt sich Größe? Können z. B. aus der – meist über Fusionen stattfindenden – Konsolidierung des europäischen Finanzsektors Economies of Scale erwartet werden? Mit diesen Fragen sehen sich derzeit viele Banken angesichts eines immer härter werdenden Marktumfeldes konfrontiert. Doch kann dieser Druck wirklich über die Realisierung von Größenvorteilen aufgefangen werden?

Goddard/Moyneux/Wilson (2001) bestätigen in einer Studie des europäischen Bankensektors zwar diesen Konzentrationsprozess, der zu immer weniger und zu immer größeren Banken führt, sie sehen aber keinen signifikanten Zusammenhang zwischen der Größe einer Bank und ihrer Performance. Sie meinen, es wäre zur Verbesserung der Leistungskraft einer Bank wirkungsvoller, »best practices« von Wettbewerbern zu studieren und angepasst zu transferieren, als Wettbewerber zu akquirieren. Doch warum kommt es trotzdem immer wieder zu solchen Fusionen? Eine wesentliche Triebfeder sehen die Autoren hier u. a. in der erweiterten Basis für die Entgelte der involvierten Manager und Kontrollorgane. Positiv ist an diesem Sachverhalt zu werten, dass dadurch innovative und strategisch klug positionierte kleinere Wettbewerber immer wieder eine Chance haben, sich erfolgreich zu betätigen.

- Zudem geben positive Korrelationen keinen Hinweis auf die ihnen zu Grunde liegenden Kausalzusammenhänge. Diese lassen sich jedoch mit Hilfe der Daten des PIMS-Projektes nur äußerst schwer ermitteln.
- Die Fixierung auf den ROI als alleiniger Maßstab unternehmerischen Erfolgs ist ebenso fraglich, wie die Auswahl der Einflussfaktoren ohne theoretische Fundierung. Andere ebenfalls potenziell wichtige Einflussfaktoren wie z. B. die Managementqualität werden dadurch vorschnell ausgeklammert.
- Des Weiteren ist zu bedenken, dass selbst die am stärksten mit dem ROI korrelierenden Faktoren wie Kapitalintensität oder Marktanteil nur jeweils 10 bis 12 % der Varianz des ROI erklären. Sie daher als Schlüsselfaktoren zu bezeichen, würde ihren Einfluss übersteigern, da sie 90 % der Varianz nicht erklären können.
- Durch den Vergleich von Geschäftsfeldern aus unterschiedlichen Branchen wird der Einfluss inter- und intraindustrieller Faktoren vernachlässigt.
- Auch unterliegen die Aussagen der Gefahr immer weniger Aussagekraft zu haben, je mehr ihr Abstraktionsgrad steigt; z. B. ist es nahe liegend Unternehmen mit einer höheren Produktivität einen relativ höheren ROI zuzusprechen als weniger produktiven Unternehmen.
- Zuletzt rekonstruiert und interpretiert das PIMS-Projekt Vorgänge in der Vergangenheit. Die aus der Vergangenheit abgeleiteten Erkenntnisse sind allerdings nur insoweit zu gebrauchen, als sie sich tatsächlich auf die Zukunft übertragen lassen. Da erfolgreiche Strategien jedoch viel mit einem Kippen der Branchenlogik zu tun haben, ist keineswegs anzunehmen, dass dann die gleichen Regeln wie in der Vergangenheit gelten werden.

Das PIMS-Projekt ist der bislang größte systematische Versuch, die Faktoren unternehmerischen Erfolgs quantitativ zu erfassen und ihre Wechselwirkungen abzuschätzen. Es bietet damit wichtige Anhaltspunkte für die Bewertung strategischer Optionen. Allgemein gültige Marktgesetze konnten jedoch nicht gefunden werden.

3.6.2 Bewertungskriterien und -verfahren

Bei der Bewertung von Gestaltungsoptionen lassen sich vier **Kriterien** zu Grunde legen: Geht man davon aus, dass Strategien Ziel-Weg-Beschreibungen sind, dann ist zunächst die *Angemessenheit* des eingeschlagenen Weges zu prüfen. Die Kernfrage lautet: Handelt es sich um eine zur Situation passende Strategie, die einer überzeugenden Logik folgt? Zu bewerten ist in diesem Zusammenhang u.a., ob die jeweilige Strategie den Möglichkeiten des Unternehmens und den Anforderungen der Umwelt gerecht wird und sich das Unternehmen dadurch vorteilhaft auf seinen Geschäftsfeldern und gegenüber Anspruchsgruppen wie Kunden, Wettbewerbern, Lieferanten, etc. positionieren kann. Das zweite Kriterium, die *Zielerreichung*, richtet ihre Aufmerksamkeit hingegen weniger auf den Weg als auf das Ziel einer Strategie. Die Kernfrage lautet hier: Inwieweit können durch eine bestimmte Strategie die Ziele des Unternehmens erreicht werden? Welche Auswirkungen hat sie? Die Höhe des Zielerreichungsgrades ist an dieser Stelle entscheidend. Sind die beiden ersten Kriterien erfüllt, so wendet sich das Kriterium der *Durchführbarkeit* der Frage zu, ob ein Unternehmen auch über die notwendigen Ressourcen und Fähigkeiten verfügt um eine Strategie in die Tat umzusetzen. Viele Optionen scheiden an dieser Stelle aus, da sie oft nur eine »kreative« Idee verkörpern, jedoch die Möglichkeiten eines Unternehmens übersteigen. Ebenso kann nicht davon ausgegangen werden, dass im Unternehmen stets ausreichend Veränderungsbereitschaft für eine bestimmte Strategie vorhanden ist. Auch dies ist zu prüfen. Zudem ist der Frage nachzugehen, ob die einzelnen Optionen sich widersprechen oder zusammenpassen. Es geht also um ihre *Konsistenz*. Sollte diese nicht gegeben sein, ist solange an den Gegensätzen zu arbeiten, bis sie auf ein erträgliches Mass reduziert sind und ein weitgehend schlüssiges, strategisches Programm enstanden ist.

Angemessenheit

Zielerreichung

Durchführbarkeit

Konsistenz

(1) Angemessenheit

Will man die Angemessenheit strategischer Optionen prüfen, so ist zunächst ihre jeweilige Logik klar und einfach darzulegen und auf ihren jeweiligen Beitrag zu bewerten. **Fragelisten** unterschiedlichen Detaillierungsgrades bieten hier einen ersten Zugang. Sie geben Anhaltspunkte, an denen die Qualität einer Strategie zu bewerten ist. Nach Gomez (1999, S. 254) sind dabei mindestens folgende Fragen zu stellen:

- Welche Stärken zeichnen die Strategie aus?
- Welche Schwächen zeichnen die Strategie aus?
- Trägt die Strategie den Interessen der verschiedenen Anspruchsgruppen Rechnung?
- Ist die Strategie mit den Eigengesetzlichkeiten des Unternehmens vereinbar?

Strategieprofile

Strategieprofile sind eine Erweiterung des Fragelistenverfahrens. Mit Hilfe eines ausdifferenzierten Kriterienkataloges werden die einzelnen Strategien auf einer Ordinalskala eingestuft (z.B. sehr schlecht/schlecht/neutral/gut/sehr gut) und anschließend als Gesamtbild betrachtet. Als Kriterien werden Anforderungen seitens der Umwelt und des Unternehmens verwendet, wie z.B. die Reaktionen der Konkurrenz, die Stimmigkeit mit dem Image des Unternehmens, die Robustheit der Strategie im Falle von Umweltveränderungen, etc.

Nutzwertanalysen

Mit Hilfe von **Nutzwertanalysen** kann die Angemessenheit einer Strategie nicht nur qualitativ sondern auch quantitativ bewertet werden. Man stellt hier zunächst Anforderungen auf, die eine Strategie unbedingt erfüllen sollte (z.B. die Erschließung eines ausländischen Marktes). Dann betrachtet man die unterschiedlichen strategischen Optionen und bewertet ihren Beitrag anhand von Kriterien, wie sie bei den Strategieprofilen vorgestellt wurden. Da die einzelnen Kriterien von unterschiedlicher Relevanz sein können, werden sie je nach Präferenz mit einem speziellen Gewichtungsfaktor versehen. Anschließend werden die jeweiligen Nutzwerte berechnet und miteinander verglichen. Je nach Entscheidungsregel erfolgt dann die Auswahl einer Option.[184]

Entscheidungsbäume

Entscheidungsbäume verfolgen eine schrittweise Entscheidungsstrategie. Beispielsweise kann sich für einen Anbieter von Telekommunikationsdiensten die Frage stellen, ob er die Preise drastisch reduzieren oder wie bisher weitermachen sollte. Beide Alternativen kann er dann in einem nächsten Schritt nach weiteren Entscheidungsmöglichkeiten hin aufschlüsseln. Zieht er nun z.B. die Reaktionen der Wettbewerber ins Kalkül, ergeben sich daraus wieder neue Alternativen, die dann weiter zu analysieren sind, etc. Führt eine Entscheidungsalternative zu einer negativen Konsequenz, so wird sie eliminiert, während die anderen weiter durchdacht werden. Auch wenn derartige Entscheidungsbäume dabei helfen eine Strategie schrittweise zu durchdenken und zu bewerten, ist anzumerken, dass sie schnell äußerst komplex werden können. Alle Kriterien werden solange weiter aufgeschlüsselt, bis sie zu einer Alternativen führen, die abgelehnt wird, womit der »Ast« beendet wird. Zudem wird jede Alternative nur anhand eines Entscheidungskriteriums beurteilt, was jedoch oft der Realität nicht gerecht wird. Interessante Anwendungsmöglichkeiten ergeben sich allerdings, wenn man Entscheidungsbäume im Zusammenhang mit spieltheoretischen Ansätzen verwendet und die Leistungsfähigkeit moderner Computer nutzt.

EADS
European Aeronautic Defence and Space Company
IN FORMATION

Fallbeispiel: Spieltheoretische Bewertung von Wettbewerbsstrategien

Als Sir Richard Evans, Chairman von British Aerospace (BA) Anfang 1999 zu entscheiden hat, ob er für 37% seiner Aktien die Verteidigungstochter Marconi der britischen General Electric Company (GEC) akquirieren oder mit der Daimler Chrysler Aerospace (DASA) und der französischen Aeorospatiale zur »European Aerospace and Defence Company« (EDAC) fusionieren soll, holt er sich Rat beim früheren Investmentbanker Harry Roundell. Dieser hat in seiner Firma Design Insights einen Craig-Supercomputer stehen, mit dem er komplexe spieltheoretische Züge simulieren kann. Alternative Wettbewerbsstrategien werden auf Basis mehrstufiger (Re-)Aktionen der Konkurrenten auf ihre Tauglichkeit hin geprüft. Ergebnis der 1 Mio. Britischen Pfund teuren Strategieberatung ist, dass selbst nach 10 Verhandlungsrunden es zwischen DASA, Aerospatiale und British Aerospace noch kein Übereinkommen zu Stande gekommen ist. Erwirbt British Aerospace dagegen zuerst Marconi, dann dauert es nur noch vier Runden, bis man bezüglich eines gemeinsamen, europäischen Verteidigungsunternehmens zu einer Einigung kommt – am 19.1.99 gibt British Aerospace den Kauf von Marconi der Öffentlichkeit bekannt. In der Folgezeit schritt die Konsolidierung in der europäischen Luft- und Raumfahrtindustrie tatsächlich fort. 1999 beschloss man die Gründung des Luft- und Raumfahrtunternehmens EADS (European Aeronautic, Defense and Space Company), in dem sich DASA, Aerospatiale Matra und das spanische Unternehmen Casa (Construcciones Aeronauticas) zusammenschließen.[185]

Um über die Angemessenheit einer Strategie zu entscheiden, können zuletzt auch einige der bereits vorgestellten Instrumente herangezogen werden. Szenarien sind hilfreich, wenn es darum geht die Auswirkungen von Umweltveränderungen auf eine Strategie abzuschätzen und ihre Robustheit zu überprüfen. Einen Schritt weiter geht die Fähigkeiten-Szenarien-Matrix, die einzelne Szenarien direkt mit den Stärken eines Unternehmens verknüpft. Anhand der Wertkette kann der Einfluss einer Strategie auf die einzelnen primären und sekundären Aktivitäten eines Unternehmens bewertet werden. Die Portfoliotechnik gibt mit ihren Normstrategien bereits deutliche Hinweise auf die Auswahl strategischer Optionen. Und die Methodik des vernetzten Denkens hilft komplexe Wirkungszusammenhänge nicht nur statisch, sondern auch dynamisch zu erfasssen und abzuschätzen.

(2) Zielerreichung

Die Verfahren zur Prüfung der Zielerreichung einer Strategie sind fast ausschließlich auf die Prüfung der finanziellen Ziele gerichtet.[186] Sie geben an, wie hoch der Zielerreichungsgrad einer Strategie ist. Dabei stehen zwei eng miteinander verbundene Größen im Vordergrund: Das Risiko einer Strategie und ihr Erfolgsbeitrag.

Wertanalysen

Eines der etabliertesten Verfahren stellen **Wertanalysen** dar.[187] Sie werden in unterschiedlichen Ausprägungen durchgeführt. Weitgehend durchgesetzt haben sich dabei diejenigen, die auf der Kapitalwertmethode beruhen, einem Verfahren der dynamischen Investitionsrechung.[188] Sie geben an, inwieweit eine Investition zu einem finanziell messbaren Mehrwert führt. Der Bezug zur Bewertung von Strategien wird hergestellt, indem man eine Strategie mit einer finanziellen Investition gleichsetzt, die aus messbaren Ressourcenallokationen (Auszahlungen) und Ressourcenrückflüssen (Einzahlungen) besteht. Auf dieser Grundlage wird dann entweder – aus Sicht einer Geschäftseinheit – die Wirkung einer Einzelinvestition als Strategie beurteilt oder es wird – aus Gesamtunternehmenssicht – die Investition in eine ganze Geschäftseinheit als Strategie bewertet.[189] Was in beiden Fällen interessiert, ist einzig und allein die Höhe des Wertes, der durch diese Strategie geschaffen wird. Rechentechnisch gesehen geht es bei der Wertanalyse um die Berechnung des Barwertes einer Investition. Dieser ergibt sich aus der abdiskontierten Summe der in einer bestimmten Periode erzielbaren freien Cashflows[190] sowie des Restwertes zum Ende dieser Periode (= Discounted Cashflow Ansatz oder kurz DCF). Mathematisch lautet die Formel:

$$BW = \frac{fCF_1}{(1+r)^1} + \frac{fCF_2}{(1+r)^2} + \ldots + \frac{fCF_n}{(1+r)^n} + \frac{RW_n}{(1+r)^n}$$

BW = Barwert zum Zeitpunkt t=0
fCF = Freie Cashflows über die Periode t=1, 2, …, n
r = Diskontierungsfaktor
RW = Endwert zum Zeitpunkt t=n

Die Berechnung des Barwertes umfasst folgende Schritte:

- Zuerst prognostiziert man die *freien Cashflows*, die mit einer bestimmten Strategie erwirtschaftet werden. Definiert sind diese als die betrieblichen Cashflows[191] abzüglich zu zahlender Steuern und Investitionen im Anlage- und Nettoumlaufvermögen. Man ermittelt sie für die gesamte Lebensdauer[192] der Strategie. Am Ende ihrer Lebensdauer wird der Restwert des Geschäftes ermittelt. Dabei geht man nicht von einer Liquidation des Geschäftes, sondern von dessen Fortführung aus.

- Um den *Restwert* zu berechnen, nimmt man den Gewinn nach Steuern des letzen Jahres, kalkuliert ihn in Form einer ewigen Rente und diskontiert diesen Betrag ebenfalls auf den Zeitpunkt t=0 ab.
- Dann ist der *Diskontierungssatz* zu berechnen, mit dem die Zahlungsströme abgezinst werden. 100 Franken in der Zukunft sind dabei weniger wert als 100 Franken heute, da die Zinskosten zu berücksichtigen sind. Der Diskontierungssatz errechnet sich aus den gewichteten Durchschnittskosten des Fremd- und Eigenkapitals eines Geschäftes. Während dies beim Fremdkapital relativ einfach zu bewerkstelligen ist (man zieht einfach die aktuellen Marktkonditionen als Maßstab heran) ist die Berechnung der Eigenkapitalkosten deutlich aufwändiger. Hier geht man zunächst von einem risikolos zu erzielenden Zinssatz aus, wie er z.B. durch Bundesanleihen gegeben ist, und addiert dann zu diesem zwei Risikozuschläge hinzu: erstens eine Marktrisikoprämie, die das allgemeine Unternehmensrisiko erfasst, und zweitens einen unternehmensspezifischen Risikozuschlag, der mit Hilfe des so genannten Beta-Koeffizienten berechnet wird. Dieser Koeffizient erfasst die Fluktuation der Aktienkurse eines Unternehmens in Relation zum Gesamtmarkt und ist ein Maßstab für das Risiko, das mit einem bestimmten Unternehmen verbunden ist. Ein Beta über 1 signalisiert eine höhere Fluktuation als der gesamte Markt und ist daher als riskant einzustufen, während ein Beta unter 1 auf eine geringere Fluktuation und damit ein geringeres Risiko hinweist.
- Zuletzt gilt es mit Hilfe der vorgestellten Berechnungsformel den *Wertbeitrag* der verschiedenen Strategieoptionen zu ermitteln. Diejenige, die dabei den höchsten Wert erzielt, ist dann zu wählen.

Vorteile

Eine auf dem DCF-Ansatz basierende Bewertung von Strategien bietet mehrere *Vorteile*. Sie gibt ein Bewertungsverfahren an die Hand, mit dem unterschiedliche Optionen nach einem einheitlichen Leistungsmaßstab verglichen werden können. Zudem erleichtert es ein systematisches Denken in strategischen Alternativen. Auch werden die Zukunftserwartungen einer Strategie dynamisch berücksichtigt, indem die finanziellen Ergebnisse transparent einzelnen Perioden zugeordnet werden. Je nach Bedarf kann der Einfluss interner und externer Variablen (wie z.B. der Markteinführung neuer Produkte) in die Berechnung aufgenommen werden. Gleichzeitig ist die Kapitalwertmethode in der Lage auch die Finanzierungskosten, das Risiko einer Investition und die Kapitalstruktur zu erfassen. Und zuletzt erlaubt die Verwendung von Cashflows eine deutlich »unverzerrtere« Bewertung einer Strategie als dies buchhalterische Größen erlauben, da sie um betriebsfremde, aperiodische sowie außerordentliche Ergebnisse bereinigt werden.

Nachteile

Gleichwohl sind einige *kritische Punkte* zu berücksichtigen, die den DCF-Ansatz zwar nicht grundsätzlich in Frage stellen, jedoch seine Anwendungskraft für die Strategiebewertung relativieren. Erstens ist die Prognose der freien Cashflows umso schwieriger, je weiter man in die Zukunft blickt. In vielen Branchen ist es kaum möglich, realistische Prognosen über die Entwicklung in vier oder fünf Jahren zu treffen. Oft kann man daher einen so genannten Hockey-Schläger-Effekt beobachten. Nach Zeiten stagnierender Leistungen wird durch eine neue Strategie eine deutliche Trendumkehr prognostiziert, die den scharfen Knick nach oben verursacht. Wählt man daher nur einen kurzen Prognosezeitraum und greift schon früh auf den als ewige Rente berechneten Restwert zurück, so steigt dessen eh schon hoher Anteil am Barwert noch weiter, was die Genauigkeit der Berechnung beeinträchtigt. Zweitens reagiert der Barwert stark auf den jeweiligen Diskontierungsfaktor. Daher ist dessen exakte Berechnung für die Aussagekraft einer Wertanalyse äußerst wichtig. Allerdings ist dies weder einfach (z.B. wenn auf Grund fehlender Börsennotierung der Betafaktor nicht direkt zu bestimmen ist) noch ist die Berechnung der Eigenkapitalkosten, die auf dem so genannten Capital-Asset-Pricing-Modell basiert, unumstritten[193] noch für jede Situation geeignet. Drittens ist die grundlegende Sichtweise einer Strategie als Investition in Zweifel zu ziehen. Der Verlauf einer Strategie ähnelt zumeist nicht dem eines Investitionsplans und die Trennung vom Tagesgeschäft ist kaum zu erreichen und die Fokussierung auf finanziell messbare Größen vernachlässigt strategische Zusammenhänge. Wertanalysen sollten daher nicht isoliert verwendet werden, sondern stellen eine sinnvolle Ergänzung der Strategiebewertung dar.

Sensitivitäts-analysen

Das Problem der schwierigen Prognose der Cashflows, wie es dem DCF-Ansatz zu Eigen ist, kann durch die Anwendung von **Sensitivitätsanalysen** wenn auch nicht behoben, so doch zumindest abgeschwächt werden. Kurz formuliert: Mit einer Sensitivitätsanalyse wird ermittelt wie hoch der Einfluss einzelner Variablen auf eine Investition ist. Je nach Bedarf und Interesse werden dazu einzelne Variablen im Rahmen des DCF-Ansatzes variiert und die Auswirkungen auf den Barwert untersucht. Verändert man beispielsweise bei der Berechnung der freien Cashflows eine Variable wie den prognostizierten Marktanteil oder die fixen Kosten, ergeben sich daraus aufschlussreiche Erkenntnisse über die Veränderung des Barwertes: Schwankt dieser proportional mit oder kommt es zu signifikanten Abweichungen nach oben oder unten? Ziel der Sensitivitätsanalyse ist es genau diejenigen Variablen zu identifizieren, die auf den Wert einer Investition – und damit einer Strategie – den stärksten Einfluss ausüben. Auf sie ist höchste Aufmerksamkeit zu richten, entscheiden sie doch über den Erfolg oder Misserfolg einer Investition.

Monte-Carlo-Simulation

Während bei der Sensitivitätsanalyse pro Berechnungsdurchgang nur jeweils eine Variable variiert wird, kann im Rahmen einer **Monte-Carlo-Simulation** ein Projekt unter verschiedenen Szenarien beurteilt werden, die die Variation einer begrenzten Menge von Variablen erlauben. Aufbauend auf einem mathematischen Modell, das die Abhängigkeiten zwischen den einzelnen Variablen erfasst, werden Wahrscheinlichkeiten für das Eintreffen und die Fehlerrate einzelner Prognosen ermittelt und in einen Computer eingegeben. Dieser errechnet dann mit Hilfe der jeweiligen Wahrscheinlichkeitsverteilungen die Höhe der einzelnen Cashflows. Wie sich gut vorstellen lässt, ist die Sensitivitätsanalyse und noch mehr die Monte Carlo Simulation eine aufwändige und komplizierte Angelegenheit. Es ist äußerst schwierig die richtigen Kausalitäten zwischen den Variablen zu erfassen sowie unverzerrte Wahrscheinlichkeitsverteilungen im Voraus anzugeben. Die beiden Verfahren erfordern daher nicht nur gut geschulte Anwender, sondern auch die Bereitschaft der Entscheidungsträger sich auf die Qualität der dabei getroffenen Annahmen zu verlassen.

Economic Value Added

Als Alternative zum DCF-Ansatz wurde der so genannte **Economic Value Added (EVA)**-Ansatz vorgeschlagen. Dieser Ansatz verwendet zur Berechnung des Erfolgs eines Unternehmens die Differenz zwischen der operativen Rendite des eingesetzten Kapitals und den Kapitalkosten, und nicht die Eigenkapitalrendite per se. Die Differenz wird als »Spread« (oder auch »Übergewinn«) bezeichnet und mit dem eingesetzten Kapital multipliziert, woraus sich der Economic Value Added ergibt.[194] Gelingt es einer Geschäftseinheit keinen Spread zu erwirtschaften, dann vernichtet sie Wert, da sie dann nur in der Lage ist die Kapitalkosten hereinzuholen, nicht jedoch einen darüber hinausgehenden Mehrwert zu generieren. Damit berücksichtigt der EVA-Ansatz explizit die Opportunitätskosten einer Investition, denn Investoren könnten eine Rendite in Höhe der Kapitalkosten auch durch eine Anlage in einem diversifizierten Aktienportfolio erhalten und müssten dazu nicht die Aktien der Geschäftseinheit erwerben. *Kritisch* ist am EVA-Ansatz allerdings, dass der zeitliche Anfall der Cashflows ebenso wenig wie der Restwert am Ende einer Planungsperiode berücksichtigt wird. Da letzterer oft einen großen Anteil des Unternehmenswertes darstellt, kann dies nicht begrüßt werden.

Realoptionsansatz

Noch einen Schritt weiter geht der **Realoptionsansatz.**[195] Finanzoptionen und ihre unzähligen Varianten haben in den letzen Jahren eine rasante Entwicklung an den internationalen Kapitalmärkten erlebt. Die verschiedenen Risikoarten werden dabei jeweils in ihre einzelnen Bausteine zerlegt, bewertet und anschliessend am Kapitalmarkt gehandelt. Der Umgang mit Risiko ist allerdings nicht nur für Kapitalmärkte, sondern auch für strategische Überlegungen von Relevanz. Besonders wenn es um die Beurteilung von Investitionsvorhaben angesichts knapper Ressourcen geht, spielen Risikoüberlegungen eine wichtige Rolle. Zudem weist der DCF-Ansatz noch eine weitere, bislang nicht behandelte Schwäche auf. Er ist nicht in der Lage den Wert von Flexibilität zu erkennen. Beispielsweise ist es für ein Unternehmen von Vorteil, wenn es angesichts zweier miteinander konkurrierender, gleichwertiger Investitionsvorhaben die eine nicht sofort durchführen muss, sondern abwarten kann, bis sich wesentliche Unsicherheiten aufgelöst haben. Diese Flexibilität ist ein realwirtschaftliches Optionsrecht. Sie hat für den Halter ein Gewinnpotenzial, jedoch kein Verlustrisiko. Ein jedes Investitionsprojekt kann daher als Option betrachtet werden und mit Hilfe des Realoptionsansatzes berechnet werden. Hingegen stellen Berechnungen auf Basis des Kapitalwertverfahrens lediglich einen Sonderfall dar, der nämlich immer dann eintritt, wenn die Investition sofort ausgeübt werden muss und ihr Zeitwert gegen Null tendiert.

Exkurs: Optionsformen

Gemeinhin unterscheidet man sieben realwirtschaftliche *Optionsformen*. Warte- und Verzögerungsoptionen sind gegeben, wenn auf Grund schwerwiegender Unsicherheiten ein Investitionsprojekt solange verschoben wird, bis sich die Situation geklärt hat. Schließungsoptionen stellen das Recht dar, jederzeit aus einem Projekt auszusteigen und den Restwert der projektbezogenen Aktiva minus des Kapitalwertes des Projektes zu realisieren. Kommt es hingegen nur zu einer momentanen Unterbrechung (z.B. bis sich die Marktentwicklung wieder verbessert hat), so ergibt sich eine Stilllegungsoption. Fortsetzungsoptionen sind von Relevanz, wenn zu entscheiden ist ob Investitionsprojekte, die gerade bei höheren Beträgen in sich über mehrere Jahre hinziehende Teilphasen aufgespalten werden, fortgesetzt werden oder man sich bei Nichterfüllung eines vorab festgesetzten Meilensteins aus dem Projekt zurückzieht. Von Erweiterungs- und Einschränkungsoptionen spricht man, wenn die Flexibilität gegeben ist, z.B. auf Grund einer starken Marktnachfrage, die Produktionskapazitäten zu erhöhen oder sie im entgegengesetzten Fall zu reduzieren. Umstellungsoptionen sind von Relevanz, wenn ein Unternehmen die Möglichkeit hat seine internen Wertschöpfungsprozesse flexibel anzupassen und zu optimieren. Kommt es beispielsweise bei einem international agierenden Unternehmen in einem seiner Werke zu einer Verschlechterung des Wechselkurses und kann es darauf durch eine Verlagerung der Produktion reagieren, stellt diese Option für das Unternehmen einen Wert dar, der durch eine Option zu erfassen ist. Innovationsoptionen zuletzt repräsentieren die Flexibilität eines Unternehmens an einer Wachstumschance zu partizipieren oder sie zeitweilig zurückzustellen, ohne sich das Recht an ihr dadurch nehmen zu lassen. Eine Bewertung dieser Optionen erfolgt entweder durch die klassische Methode des Entscheidungsbaums sowie gängige Optionspreisverfahren. Während erstere auf der Kapitalwertmethode aufbaut und mit Szenarien die Veränderung wichtiger Rahmenbedingungen antizipiert, greifen Optionsverfahren auf Formeln zurück, wie sie von Black-Scholes oder Cox/Ross/Rubinstein entwickelt wurden.[196]

(3) Durchführbarkeit

Die Prüfung der Durchführbarkeit umfasst eine sachliche und soziale Komponente. Während die sachliche Komponente analysiert, ob ein Unternehmen über die erforderlichen Ressourcen und Fähigkeiten verfügt, bewertet die soziale Komponente die Bereitschaft eines Unternehmens eine bestimmte Strategie zu verfolgen.

Mittelfluss-rechnung

Eine **Mittelflussrechung** gibt Auskunft über die Höhe der einzusetzenden finanziellen Mittel und ihrer Quellen sowie des Zeitpunktes, an dem sie benötigt werden. Man erkennt dadurch, ob man sich eine bestimmte Strategie überhaupt leisten kann und welche Verpflichtungen sich daraus ergeben. Wie jede Prognose unterliegt auch die Mittelflussrechnung der Unsicherheitsproblematik, aber dies kann nicht vermieden werden.

Ermittlung der Ressourcen-beanspruchung

Ist die Mittelflussrechnung ausschließlich mit den finanziellen Ressourcen beschäftigt, geht es bei einer Ermittlung der **Ressourcenbeanspruchung** um alle für die Durchführung einer Strategie notwendigen Ressourcen. Dabei sind auch die immateriellen Ressourcen sowie weitere nicht-finanzielle Ressourcenarten zu berücksichtigen. Zu prüfen ist, ob sie ausreichend und zeitpunktbezogen zur Verfügung oder erst noch aufzubauen oder zu erwerben sind. Bei dem Eintritt in ein neues, ausländisches Geschäftsfeld kann beispielsweise erkannt werden, dass das vorhandene Marketingwissen nicht ausreicht, um den Herausforderungen gewachsen zu sein. Zur Abhilfe kann man dann erfahrene Marketingspezialisten in dem betreffenden Land einstellen oder mit einem anderen Unternehmen eine Vertriebskooperation eingehen. Keineswegs sollte eine Prüfung der Ressourcenbeanspruchung nur zur Wahl von Strategien führen, die mit dem bestehenden Ressourcenprofil bestmöglich übereinstimmen. Ein solches Verhalten würde den Status Quo bestätigen und ein Unternehmen wichtiger Impulse berauben.

Aufschluss über die Veränderungs-bereitschaft

Besonders wichtig ist es sich Aufschluss über die **Veränderungsbereitschaft** des Unternehmens hinsichtlich einer bestimmten Strategie zu verschaffen: Ist das Unternehmen gewillt sich in Richtung der neuen Strategie zu bewegen, oder ist mit starken Abwehrreaktionen zu rechnen? Eine solche Prüfung sollte quer durch alle Gruppen des Unternehmens hindurch gehen. Gerade die Selbstverpflichtung und Intention der Führungsmannschaft ist dabei von Bedeutung. Wenn wichtige Führungskräfte nicht aktiv involviert sind oder wenig Interesse haben, eine Strategie zu realisieren (z.B. auf Grund der Abgabe von Verantwortung), sind ihre Erfolgsaussichten nicht hoch einzustufen. Für die Prüfung der sozialen Komponente stehen verschiedene Denkmodelle zur Verfügung, die wir bei der Dramaturgiearbeit noch vertieft besprechen werden. Zudem ist der General Management Navigator explizit daraufhin ausgerichtet, die Auswirkungen einer Markt- oder Wettbewerbsstrategie auch bis in das Unternehmen hinein zu durchdenken und erst dann eine endgültige Entscheidung zu treffen.

(4) Konsistenz

Verfolgt ein Unternehmen entweder auf Ebene der Geschäftseinheiten oder des Gesamtunternehmens ein strategisches Programm, das aus mehreren Elementen besteht, ist zuletzt noch deren Konsistenz zu prüfen. Nach Scholz[197] kann man dabei zwischen einem Fit in den drei Bereichen Intra-Strategie (Passen die einzelnen Elemente zusammen?), Strategie-System (Passen die Elemente einer Strategie zu dem relevanten System einer unternehmerischen Einheit?) sowie Intra-System (Passen die Elemente des gesamten Systems sowohl nach innen als auch nach außen zusammen?).[198] Eine solche Prüfung wird in der Praxis meist nur anhand von Plausibilitätsüberlegungen vorgenommen. Ein mathematisches Modell müsste alle relevanten Wechselwirkungen erfassen, was jedoch kaum möglich ist. Von daher behilft man sich mit einem iterativen Abgleich, bei dem an Unstimmigkeiten entweder solange gearbeitet wird, bis die einzelnen Elemente zueinander passen oder neue Kombinationen herangezogen werden. Am Ende der Bewertung sollte dann ein in sich stimmiges strategisches Programm stehen, das aufbauend auf den in Kapitel 3.4 und 3.5 vorgestellten Optionen die Strategie einer unternehmerischen Einheit erfasst.

MOKSEL UNTERNEHMENSGRUPPE

Fallbeispiel: Auszüge aus dem strategischen Programm von Moksel [199]

In den 90er-Jahre wurde der Fleischkonzern Moksel zum Sanierungsfall. Nur durch hohe Finanzspritzen der Banken wurde ein Konkurs vermieden. Nach einer erfolgreichen Sanierung in den letzten Jahren kann Moksel nun nicht mehr nur passiv reagieren, sondern seine Position auch aktiv verbessern. Das Unternehmen (Umsatz 3,6 Mrd. DM) stellt sich zu diesem Zweck in einer Holdingstruktur auf, die drei Geschäftseinheiten steuert. Diese richten ihre Aktivitäten auf die drei Geschäftsfelder Schlacht- und Zerlegebereich (Frischfleisch), Fleischhandel (Im- und Export) sowie Veredelung. In allen drei Geschäftsfeldern wird eine Marktstrategie verfolgt, die auf Qualität beruht. Zu diesem Zweck wird eine Dachmarke namens »Food Family« eingeführt, die es als Gütezeichen zu verankern gilt. Denn im Gegensatz zu vielen anderen Branchen ist die Markenkonkurrenz in der Fleischindustrie noch weitgehend unbekannt. »Wir müssen das Fleisch aus der Anonymität herausholen, und Marktnischen besetzen« ist die Meinung des Vorstandsvorsitzenden Uwe Tillmann. Moksel will sich dabei auf die oberen 40 % des Marktes konzentrieren und andere, insbesondere Marktsegmente im Billigpreisbereich nicht bearbeiten. Kooperationen sollen mittelfristig eine wichtige Rolle spielen. Alle drei Geschäftseinheiten verfügen nicht über die kritische Größe, um mittelfrisitig allein am Markt zu bestehen. Insbesondere in den Mittelmeerländern ist man an Joint Ventures interessiert und verspricht sich in diesem Zuge auch die Ausweitung des internationalen Geschäftes. Eine Fusion mit einem Wettbewerber wird allerdings auch nicht ausgeschlossen, ist jedoch nur denkbar, wenn die weitere Geschäftsentwicklung zu einem solchen Schritt zwingt.

Zusammenfassung

- Als Prinzipien für die Auswahl von Strategieoptionen können erstens Listen von Auswahlkriterien dienen oder empirisch hergeleitete Erkenntnisse, wie etwa die Ergebnisse aus dem PIMS-Projekt.
- Als Bewertungskriterien für Strategien dienen die Angemessenheit (Wie geeignet ist der gewählte Weg?), die Akzeptanz (Wie gut meint man, auf diesem Weg die angestrebten Ziele erreichen zu können?), die Durchführbarkeit (Verfügt man über ausreichend Ressourcen und Fähigkeiten zur Umsetzung der Strategie?) und Konsistenz (Wie gut passen die ausgewählten Strategieoptionen zueinander?).

Lernkontrolle

1. Wie kann die Auswahl einer Strategie aus einer Gruppe alternativer Strategien systematisch unterstützt werden? Was für Verfahren stehen hier zur Verfügung?
2. Was sind Ziel und zentrale Erkenntnis des PIMS-Projektes? Welche Kritik besteht gegenüber dem PIMS-Projekt?
3. Welche zentralen und mehr oder minder allgemeingültigen Kriterien können zur Bewertung von Strategieoptionen herangezogen werden? Welche Verfahren gibt es zur Unterstützung der Kriterienüberprüfung?

Literatur

Für Leser, die ihr Wissen zu »Positionierung« vertiefen wollen, empfehlen wir insbesondere die *kursiv* hervorgehobenen Autoren.

Abell, D. F. (1980): Defining the business – the starting point of strategic planning, Englewood Cliffs, NJ.

Abell, D. F./Hammond, I. S. (1979): Strategic market planning, Englewood Cliffs, NJ.

Albert, H. (1980): Traktat über kritische Vernunft, 4. Auflage, Tübingen.

Al-Laham, A. (1997): Strategieprozesse in deutschen Unternehmungen, Wiesbaden.

Allaire, Y./Firsirotu, M. E. (1989): Coping with strategic uncertainty. In: Sloan Management Review, Vol. 30, Nr. 3, S. 7–16.

Amit, R./Shoemaker, P. J. (1993): Strategic assets and organizational rent. In: Strategic Management Journal, Vol. 14, Nr. 1, S. 33–46.

Ansoff, H. I. (1965): Corporate strategy: An analytical approach to business policy for growth and expansion, New York.

Ansoff, H. I. (1976): Managing surprise and discontinuity – strategic response to weak signals. In: Zeitschrift für betriebswirtschaftliche Forschung, Vol. 28, S. 129–152.

Antoni, M./Riekhof, H.C. (1994): Die Portfolio-Analyse als Instrument der Strategieentwicklung. In: Riekhof, H.C. (Hrsg.): Praxis der Strategieentwicklung: Konzepte-Erfahrungen-Fallstudien, 2. Auflage, Stuttgart, S. 109–128.

Arthur, W.B. (1989): Competing technologies, increasing returns and lock-in by historical events. In: Economic Journal, Vol. 99, Nr. 394, S. 245–273.

Bain, J. S. (1956): Barriers to new competition, Cambridge.

Bamberg, G./Coenenberg, A. G. (1991): Betriebswirtschaftliche Entscheidungslehre, 6. Auflage, München.

Baumol, W. J. (1959): Business behaviour, value and growth, Houndmills.

Barney, J. B. (1991): Firm resources and sustained competitive advantage. In: Journal of Management, Vol. 17, Nr. 1, S. 99–120.

Barney, J. B./Hoskisson, R.E (1990): Strategic groups: untested assertions and research proposals. In: Managerial and Decision Economics, Vol. 11, Nr. 3, S. 198–208.

Barringer, B.R./Bluedorn, A.C. (1999): The relationship between corporate entrepreneurship and strategic management. In: Strategic Management Journal, Vol. 20, Nr. 5, S. 421–444.

Bart, C. K. (1997): Sex, lies and mission statements. In: Business Horizons, Vol. 40, Nr. 6, S. 9–18.

Bartlett, C. A./Goshal, S. (1998), Managing across borders: the transnational solution, 2. Auflage, Boston, MA.

Berghai, M./Coley, S./White, D. (1999): The Alchemy of Growth, Boulder, Co.

Black, B.S. (1989): Bidder overpayment in takeovers. In: Stanford Law Review, Vol. 41, S. 597–660.
Black, F./Scholes, M. (1973): The pricing of options and corporate liabilities. In: Journal of Political Economy, Vol. 81, Nr. 3, S. 637–654.
Bleeke, J./Bull-Larsen, T./Ernst, D. (1992): Wertsteigerung durch Allianzen. In: Bronder, C./Pritzl, R. (Hrsg.): Wegweiser für strategische Allianzen. Meilen- und Stolpersteine bei Kooperationen, Frankfurt/Wiesbaden, S. 103–125.
Bleicher, K. (1992): Das Konzept Integriertes Management, 4. Auflage, Frankfurt/New York.
Bleicher, K. (1994): Normatives Management. Politik, Verfassung und Philosophie des Unternehmens, Frankfurt/New York.
Böckli, P. (1999): Corporate Governance nach dem »Hampel Report« und »Rapport Viénot«. In: Leadership, Vol. 1, S. 6–16.
Bood, R./Postma, T. (1997): Strategic learning with scenarios. In: European Management Journal, Vol. 15, Nr. 6, S. 633–647.
Brealey, R.A./Myers, S.C. (1991): Principles of corporate finance, 4. Auflage, New York etc.
Buaron, R. (1981): New-game strategies. In: McKinsey Quarterly, Nr. 1, S. 24–40.
Bühner, R. (1983): Portfolio-Risikoanalyse der Unternehmensdiversifikation von Industrieaktiengesellschaften. In: Zeitschrift für Betriebswirtschaft, Vol. 53, S. 1023–1041.
Bühner, R. (1987): Assessing International Diversification of West German Corporations. In: Strategic Management Journal, Vol. 8, Nr. 1, S. 25–37.
Burgelman, R.A. (1991): Interorganizational ecology of strategy making and organizational adaptation: theory and field research. In: Organization Science, Vol. 2, Nr. 3, S. 239–262.
Buzell, R.D./Gale, B.T (1989): Das PIMS-Programm – Strategien und Unternehmenserfolg, Wiesbaden.

Campbell, A./Alexander, M. (1997): What's wrong with strategy?. In: Harvard Business Review, Vol. 75, Nr. 6, S. 42–51.
Campbell, A./Devine, M./Young, D. (1990): A sense of mission, London.
Coase, R. (1937): The Nature of the Firm. In: Economia, Vol. 4, Nr. 16, S. 386–405.
Coenenberg, A.G. (1992): Kostenrechnung und Analyse, Landsberg am Lech.
Coleman, J.S. (1979): Macht und Gesellschaftsstruktur, Tübingen.
Coleman, J.S. (1992): Grundlagen der Sozialtheorie, Band 2: Körperschaften und moderne Gesellschaft, München/Wien.
Collins, J./Porras, J (1997): Built to last – successful habits of visionary companies, New York.
Collis, D.J./Ghemawat, P. (2001): Mapping the business landscape. In: Fahey, L./Randall, R.M. (Hrsg.): The portable MBA in strategy, New York etc., S. 171–188.
Collis, D.J./Montgomery, C.A. (1997): Corporate strategy – resources and the scope of the firm, New York.
Connor, K. (1991): A historical comparison of resource-based theory and five schools of thought within industrial organization economics: do we have a new theory of the firm?. In: Journal of Management, Vol. 17, Nr. 1, S. 121–154.
Cooper, R./Burell, G. (1988): Modernism, postmodernism and organizational analysis: an introduction. In: Organization Studies, Vol. 9, Nr. 1, S. 91–112.
Copeland, T./Keenan, P.T. (1998): How much is flexibility worth?. In: McKinsey Quarterly, Nr. 2, S. 38–49.
Copeland, T./Koller, T./Murrin, J. (2000): Valuation: measuring and managing the value of companies, 3. Auflage, New York etc.
Cox, J.C. (1985): Options markets, Englewood Cliffs, NJ.
Cyert, R.M./March, J.G. (1963): A behavioural theory of the firm, Englewood Cliffs, NJ.

D'Aveni, R.A. (1994): Hypercompetition. Managing the dynamics of strategic maneuvering, New York.

De Geus, A.P. (1988): Planning as learning. In: Harvard Business Review, Vol. 66, Nr. 2, S. 70–74.
Deloitte (1999): Making customer loyality real – A global manufacturing study, Deloitte Consulting and Deloitte & Touche.
Derrida, J. (1976): Die Schrift und die Differenz, Frankfurt am Main.
Donaldson, T./Preston, L. (1995): The stakeholder theory of the corporation. Concepts, evidence, and implications. In: Academy of Management Review, Vol. 20, Nr. 1, S. 65–91.
Doz, Y. (1996): The evolution of cooperation in strategic alliances: initial conditions or learning processes?. In: Strategic Management Journal, Vol. 17, Nr. 7, S. 55–83.
Dranove, D./Peteraf, M./Shanley, M. (1998): Do strategic groups exist? An economic framework for analysis. In: Strategic Management Journal, Vol. 19, Nr. 11, S. 1029–1044.
Dunst, K.H. (1983.): Portfolio Management, 2. Auflage, Berlin/New York.
Dyllick, T./Belz, F./Schneidewind, U. (1997): Ökologie und Wettbewerbsfähigkeit, Zürich.

Ebers, M./Gotsch, W. (1995): Industrieökonomische Theorien der Organisation. In: Kieser, A. (Hrsg.): Organisationstheorien, Stuttgart etc., S. 185–235.
Eisenhardt, K.M./Brown, S. (1999): Wie sie ihr Geschäftsportfolio flexibel gestalten. In: Harvard Business Manager, Nr. 6, S. 72–85
Emans, H. (1988): Konzepte zur strategischen Planung. In: Henzler, H.A. (Hrsg.): Handbuch Strategische Führung, Wiesbaden, S. 109–131.
Esser, W.M./Ringlstetter, M. (1991): Die Rolle der Wertschöpfungskette in der strategischen Planung. In: Kirsch, W. (Hrsg.): Beiträge zum Management strategischer Programme, München, S. 511–539.

Freeman, R.E. (1984): Strategic Management – a stakeholder approach, Boston etc.
Frese, E. (1995): Grundlagen der Organisation. Konzept-Prinzipien-Strukturen, Wiesbaden.
Foss, N.J./Knudsen, C./Montgomery, C.A. (1994): An exploration of common ground: integrating evolutionary and strategic theories of the firm. In: Montgomery, C.A. (Hrsg.): Resource-based and evolutionary theories of the firm: towards a synthesis, S. 1–17.
Friedman, M. (1970): New York Times Magazine vom 13. Sept. 1970, S. 32ff.
Frooman, J. (1999): Stakeholder influence strategies. In: Academy of Management Review, Vol. 24, Nr. 2, S. 191–205.

Galtung, J. (1978): Methodologie und Ideologie, Band I, Frankfurt am Main.
Gelb, B. (1982): Strategic planning for the underdog. In: Business Horizons, Vol. 25, Nr. 6, S. 8–11.
Geldern, M. van (1997): Organisation, Frankfurt/New York.
Geschka, H./Hammer, R. (1990): Die Szenario-Technik in der strategischen Unternehmensplanung. In: Hahn, D./Taylor, B. (Hrsg.): Strategische Unternehmensplanung, Heidelberg, S. 311–337.
Geus, Arie de (1997): The living company, Boston.
Giddens, A. (1984): The constitution of society. Outline of the theory of structuration, Cambridge.
Gilbert, X./Strebel, P. (1987): Strategies to outpace the competition. In: Journal of Business Strategy, Vol. 8, Nr. 1, S. 28–36.
Gioia, D.A. (1999): Response: Practicality, paradigms, and problems in stakeholder theorizing. In: Academy of Management Review, Vol. 24, Nr. 2, S. 228–232.
Gneisenau, A. von/Koth, H. (1997): Strategische Allianzen – Liebesehen, Zweckbeziehungen oder Modetrend?. In: Booz, Allen & Hamilton (Hrsg.): Telekommunikation in der Welt von morgen, Frankfurt, S. 227–245.
Goddard, J.A./Molyneux, P./Wilson, J.O.S. (2001): European banking. Efficiency, technology, and growth, Chicester.
Gomez, P. (1993): Wertmanagement. Vernetzte Strategien im Wandel, Düsseldorf.
Gomez, P. (1999): Integrated Value Management, London.

Gomez, P./Probst, G. (1996): Die Praxis des ganzheitlichen Problemlösens, Bern etc.
Gomez-Casseres, B. (1996): The alliance revolution, Cambridge/London.
Goold, M./Campbell, A./Alexander, M. (1994): Corporate-level strategy: creating value in the multi-business company, New York.
Grant, R. (1991): The resource-based theory of competitive advantage: implications for strategy formulation. In: California Management Review, Vol. 33, Nr. 3, S. 114–135.
Gutenberg, E. (1951, 1955, 1968): Grundlagen der Betriebswirtschaftslehre, Band 1 bis 3, Berlin etc.

Habermas, J. (1981): Theorie des kommunikativen Handelns, Band 1 und 2, Frankfurt am Main.
Hall, R. (1992): The strategic analysis of intangible resources. In: Strategic Management Journal, Vol. 13, Nr. 2, S. 135–144.
Hall, R. (1993): A framework linking intangible resources and capabilities to sustainable competitive advantage. In: Strategic Management Journal, Vol. 14, Nr. 8, S. 607–618.
Hambrick, D. (1983): High profit strategies in mature capital goods industries: a contingency approach. In: Academy of Management Journal, Vol. 26, Nr. 4, S. 687–707.
Hamel, G. (1996): Strategy as revolution. In: Harvard Business Review, Vol. 74, Nr. 4, S. 69–82.
Hamel, G./Heene, A. (Hrsg., 1994): Competence-based competition, Chichester etc.
Hamel, G./Prahalad, C.K. (1989): Strategic intent. In: Harvard Business Review, Vol. 67, Nr. 3, S. 63–76.
Hamel, G./Prahalad, C.K. (1990): The core competence and the corporation. In: Harvard Business Review, Vol. 68, Nr. 3, S. 79–91.
Hannan, M.T./Freeman, J.H. (1977): The population ecology of organizations. In: American Journal of Sociology, Vol. 82, Nr. 5, S. 929–964.
Hannan, M.T./Freeman, J.H. (1984): Structural inertia and organizational change. In: American Sociological Review, Vol. 49, Nr. 2, S. 149–164.
Hansen, G./Wernerfelt, B. (1989): Determinants of firm performance: the relative importance of economic and organizational factors. In: Strategic Management Journal, Vol. 10, Nr. 5, S. 399–411.
Harrigan, K.R. (1986): Guerilla strategies of underdog competitors. In: Planning Review, Vol. 14, S. 4–11.
Harrison, J./Caron, H. (1993): Strategic Management of Organisations and Stakeholders: Concepts and Cases, Stamford, CT.
Harrison, J.S./John, C.H. (1996): Managing and partnering with external stakeholders. In: Academy of Management Executive, Vol. 10, Nr. 2, S. 46–60.
Hart, O. (1995): Firms, Contracts and Financial Structure, Oxford.
Haspeslagh, P.C./Jemison, D.B. (1992): Akquistionsmanagement: Wertschöpfung durch strategische Neuausrichtung des Unternehmens, Frankfurt.
Hax, A.C./Majluf, N.S. (1991): Strategisches Management – ein integratives Konzept aus dem MIT, Frankfurt/New York.
Hedley, B. (1977): Strategy and the business portfolio. In: Long Range Planning, Vol. 10, Nr. 1, S 9–15.
Heijden, K. van der (1996): Scenarios: The art of strategic conversation, New York.
Heinen, E. (1966): Grundlagen betriebswirtschaftlicher Entscheidungen: Das Zielsystem der Unternehmung, Wiesbaden.
Henderson, B.D. (1971): Construction of a business strategy. The Boston Consulting Group, Series on Corporate Strategy, Boston.
Henderson, R./Mitchell, W. (1997): The interactions of organizational and competitive influences on strategy and performance. In: Strategic Management Journal, Vol. 18, Nr. 6, S. 5–14.
Hilb, M. (1994): Integriertes Personal-Management, Berlin.
Hill, C./Jones, G. (1992): Strategic management – an integrated approach, 2. Auflage, Boston/Toronto.
Hill, W. (1982): Marketing, 5. unveränderte Auflage, Band 1, Bern/Stuttgart.

Hinterhuber, H. (1992): Strategische Unternehmensführung, Band 1, Berlin etc.
Hitt, M. A./Ireland, R. D./Hoskisson, R. E. (2003): Strategic Management. Competitiveness and Globalization, Cincinnati etc.
Hoskisson, R. E./Hitt, M. A./Wan, W. P./Yiu, D. (1999): Theory and research in strategic management: swings of a pendulum. In: Journal of Management, Vol. 25, Nr. 3, S. 417–456.
Hunger, D./Wheelen, T.L. (1998): Strategic Management, 6. Auflage, New York.
Hunt, M.S. (1972): Competition in the major home appliance industry 1960–1970. Doctoral dissertation, Harvard University.

Itami, H. (1987): Mobilizing invisible assets, Boston.

Jacobs, S. (1992): Strategische Erfolgsfaktoren der Diversifikation, Wiesbaden.
Johnson, G./Scholes, K. (1997): Exploring corporate strategy, 4. Auflage, Harlow etc.
Johnson, G./Scholes, K. (2002): Exploring corporate strategy, 6. Auflage, Harlow etc.
Jones, T. M./Wicks, C. (1999): Convergent stakeholder theory. In: Academy of Management Review, Vol. 24, Nr. 2, S. 206–221.
Jones, T. M./Wicks, C./Freemann, R. E. (2002): Stakeholder theory: The state of the art. In: Bowie, N. (Hrsg.): The Blackwell Guide to Business Ethics, Oxford.

Kale, P./Singh, H./Perlmutter, H. (2000): Learning and protection of proprietary assets in strategic alliances: building relational capital. In: Strategic Management Journal, Vol. 21, Nr. 3, S. 217–238.
Kanter, R.M. (1994): Collaborative advantage: the art of alliances. In: Harvard Business Review, Vol. 72, Nr. 4, S. 96–108.
Kieser, A./Woywode, M. (1999): Evolutionstheoretische Ansätze. In: Kieser, A. (Hrsg.), Organisationstheorien, 3. Auflage, Stuttgart etc.
Kirchgässner, G. (1992): Towards a theory of low-cost decisions. In: European Journal of Political Economy, Vol. 8, S. 305–320.
Kirsch, W. (1971): Entscheidungsprozesse, 3 Bände, Wiesbaden.
Kirsch, W. (1977): Die Betriebswirtschaftslehre als Führungslehre: Erkenntnisperspektiven, Aussagensysteme, wissenschaftlicher Standort, München.
Kirsch, W. (1991): Unternehmenspolitik und strategische Unternehmensführung, 2. Auflage, München.
Kirsch, W. (1997): Wegweiser zur Konstruktion einer evolutionären Theorie der strategischen Führung, 2. überarbeitete und erweiterte Fassung, München.
Klein, J. A./Hickocks, P. G. (1994): Competence-based competition: a practical toolkit. In: Hamel, G./Heene, A. (Hrsg.): competence based competition, Chichster etc., S. 183–212.
Knyphausen-Aufseß, D. zu (1995): Theorie der strategischen Unternehmensführung, Wiesbaden.
Kochan, T./Rubenstein, S. (2000): Toward a stakeholder theory of the firm. The saturn partnership. In: Organization Science, Vol. 11, Nr. 4, S. 367–386.
Kohler, H. P. (1992): Grundlagen der Bewertung von Optionen und Optionsscheinen: Darstellung und Anwendung der Modelle von Boness, Black-Scholes, Galai-Scheller und Schulz-Trautmann-Fischer, Wiesbaden.
Kotler, P. (1994): Marketing Management, 8. Auflage, Upper Saddle River, NJ.
Kotler, P./Singh, R. (1981): Marketing warfare in the 1980's. In: Journal of Business Strategy, Vol. 1, Nr. 3, S. 30–41.
Krafft, A. (1998): Organisationale Differenz – Einheit von Vielfalt und Differenz. Dissertation der Universität St. Gallen, Bamberg.
Kreilkamp, E. (1987): Strategisches Management und Marketing, Berlin.
Krüger, W./Homp, C. (1997): Kernkompetenz-Management: Steigerung von Flexibilität und Schlagkraft im Wettbewerb, Wiesbaden.
Krystek, U./Müller-Stewens, G. (1993): Frühaufklärung für Unternehmen: Identifikation und Handhabung zukünftiger Chancen und Bedrohungen, Stuttgart.

Kuppel, E. (1993): Systematische Generierung und Evaluierung von Geschäftsfeldern. Dissertation Universität St. Gallen, Bamberg.
Kuss, A./Tomczak, T. (1998): Marketingplanung, Wiesbaden.
Kutschker, M./Schmid, S. (2002): Internationales Management, München/Wien.

Lechner, C. (1999): Die Entwicklung von Allianzsystemen – Überlegungen an einem Beispiel aus der Telekommunikationsindustrie, Bern/Stuttgart/Wien.
Lechner, C./Müller-Stewens, G. (1998): Die Entwicklung der Allianz um AT & T Unisource, Fallstudie Nr. 1/99 des Instituts für Betriebswirtschaft, Universität St. Gallen.
Link, J. (1985): Organisation der strategischen Planung, Heidelberg/Wien.
Lins, K./Servaes, H. (1999): International Evidence on the Value of Corporate Diversification. In: Journal of Finance, Vol. 54, Nr. 6, S. 2215–2239.
Löbler, H. (1988.): Diversifikation und Unternehmenserfolg, Wiesbaden.
Lombriser. R./Abplanalp, P.A. (1997): Strategisches Management, Zürich.
Luehrman, T.A. (1998): Strategy as a portfolio of real options. In: Harvard Business Review, Vol. 76, Nr. 5, S. 89–99.
Luhmann, N. (1984): Soziale Systeme: Grundriss einer allgemeinen Theorie, Frankfurt am Main.

Macharzina, K. (1993): Unternehmensführung, Wiesbaden.
MacMillan, J. (1983): Preemptive Strategies. In: Journal of Business Strategy, Vol. 4, Nr. 2, S. 16–26.
Malaska, P. (1985): Multiple scenario approach and strategic behaviour in European companies. In: Strategic Management Journal, Vol. 6, Nr. 4, S. 339–355.
Malik, F. (1987): Messbare Erfolgspotenziale: PIMS-Profit Impact of Market Strategies, GDI-Impuls, Vol. 3, S. 53–60.
Markowitz, H.M. (1959): Portfolio selection: efficient diversification of investments, New York.
Mauri, A.J./Michaels, M.P. (1998): Firm and industry effects within strategic management: an empirical examination. In: Strategic Management Journal, Vol. 19, Nr. 3, S. 211–220.
Mauthe, K.D./Roventa, P. (1982): Versionen der Portfolio-Analyse auf dem Prüfstand. In: Kirsch, W./Roventa, P. (Hrsg.): Bausteine eines strategischen Managements: Dialoge zwischen Wissenschaft und Praxis, Berlin etc., S. 109–139.
McGahan, A.M./Porter, M.E. (1997): How much does industry matter, really?. In: Strategic Management Journal, Vol. 18, Nr. 6, Summer Special Issue, S. 15–30.
McGee, J./Thomas, H. (1986): Strategic groups: theory, research and taxonomy. In: Strategic Management Journal, Vol. 7, Nr. 2, S. 141–160.
McKelvey, B./Aldrich, H. (1983): Populations, natural selection, and applied organizational science. In: Administrative Science Quarterly, Vol. 28, Nr. 1, S. 101–128.
Meffert, H. (1986): Marketing – Grundlagen der Absatzpolitik, 7. Auflage, Wiesbaden.
Milgrom, P./Roberts, J. (1982): Predation, reputation, and entry deterrence, Journal of Economic Theory, Vol. 27, Nr. 2, S. 280–312.
Miller, A./Dess, G.G. (1993): Assessing Porter's (1980) model in terms of its generalizability, accuracy and simplicity. In: Journal of Management Studies, Vol. 30, Nr. 4, S. 553–585.
Miller, D./Friesen, H. (1986): Porter's (1980) generic strategies and performance: an empirical examination with American data. In: Organization Studies, Vol. 7, Nr. 1, S. 37–55, und, Vol. 7, Nr. 3, S. 225–261.
Mitchell, R.K./Agle, B.R./Wood, D.J. (1997): Toward a theory of stakeholder identification and salience: Defining the principle of who and what really count. In: Academy of Management Review, Vol. 22, Nr. 4, S. 853–886.
Mitroff, I.I. (1983): Stakeholder of the organizational mind, San Francisco.
Montgomery, C.A. (1985): Product-market diversification and market power. In: Academy of Management Journal, Vol. 28, Nr. 4, S. 789–798.
Montgomery, C.A./Wernerfelt, B. (1991): Sources of superior performance: market share

versus industry effects in the U.S. brewing industry. In: Management Science, Vol. 37, Nr. 8, S. 954–959.
Müller-Stewens, G. (1989): Vorstoss in neue Märkte: Identifikation und Eintrittsstrategien. In: Riekhof, H.C. (Hrsg.): Strategieentwicklung: Konzepte und Erfahrungen, Stuttgart, S. 313–332.
Müller-Stewens, G. (1990): Strategische Suchfeldanalyse, 2. Auflage, Wiesbaden.
Müller-Stewens, G. (1995): Bausteine zu einem Management strategischer Allianzen. In: Thommen, J.P. (Hrsg.): Management Kompetenz, S. 339–357.
Müller-Stewens, G./Hillig, A. (1992): Motive Strategischer Allianzen: die aktivsten Branchen im Vergleich. In: Bronder, C./Pritzl, R. (Hrsg.): Wegweiser für Strategische Allianzen: Meilen- und Stolpersteine bei Kooperationen, Wiesbaden, S. 65–101.
Müller-Stewens, G./Lechner, C./Stahl, H. (2001): Die Gestaltung von Stakeholder-Beziehungen als Grundlage jedes Grenzmanagements. In: Hinterhuber, H./Stahl, H. (Hrsg.): Fallen die Unternehmensgrenzen? Beiträge zur Aussenorientierung der Unternehmensführung, Renningen-Malmsheim, S. 270–291.
Müller-Stewens, G./Radel, T. (1997): Allianzsysteme als Spieler auf dem globalen Telekommunikationsmarkt: Kampf der Giganten oder emperors without empires. Diskussionsbeiträge des Instituts für Betriebswirtschaft, 25, St. Gallen.
Müller-Stewens, G./Spickers, J./Deiss, C. (1999): Mergers & Acquisitions. Markttendenzen und Beraterprofile, Stuttgart.
Murray, A. (1988): A contingency view of porter's »generic strategies«. In: Academy of Management Review, Vol. 13, Nr. 3, S. 390–400.
Nalebuff, B./Brandenburger, A. (1996): Coopetition – kooperativ konkurrieren: mit der Spieltheorie zum Unternehmenserfolg, Frankfurt/New York.

Nelson, R.R. (1995): Recent evolutionary theorizing about economic change. In: Journal of Economic Literature, Vol. 33, Nr. 1, S. 48–90.
Nelson, R.R/Winter, S.G (1982): An evolutionary theory of economic change, Cambridge.
Neumann, J. von/Morgenstern, O. (1944): Theory of games and economic behaviour, Princeton.
Nonaka, I. (1994): A dynamic theory of organizational knowledge creation. In: Organization Science, Vol. 5, Nr. 1, S. 14–37.

Ordelheide, D. (1993): Institutionelle Theorie und Organisation. In: Wittmann, W./Kern, W./Köhler, R./Küpper, H.-U./Wysocki, K. von (Hrsg.): Handwörterbuch der Betriebswirtschaft, Band 3, Stuttgart, Sp. 1838–1855.
Ortmann, G. (1995): Formen der Produktion, Opladen.
Ortmann, G./Zimmer, M. (1998): Strategisches Management, Recht und Politik. In: Die Betriebswirtschaft, Vol. 58, Nr. 6, S. 747–769.
Ortmann,G./Sydow, J./Türk, K. (Hrsg., 1997): Theorien der Organisation. Die Rückkehr der Gesellschaft, Opladen.

Pascale, R./Athos, A. (1982): The art of Japanese management, London.
Penrose, E. (1959): The theory of the growth of the firm, Oxford.
Peteraf, M. (1993): The cornerstones of competitive advantage: a resource-based view. In: Strategic Management Journal, Vol. 14, Nr. 3, S. 179–191.
Peters, T./Waterman, R. (1982): In search of excellence, New York.
Pfeffer, J. (1992): Managing with power: Politics and influence in Organisations, Boston.
Philipps, L.W./Chang, D.R./Buzell, R.D. (1983): Product quality, cost position and business performance: a test of some key hypotheses. In: Journal of Marketing, Vol. 47, Nr. 2, S. 26–43.
Picot, A. (1993a): Transaktionskostenansatz. In: Wittmann, W./Kern, W./Köhler, R./Küpper, H.-U./Wysocki, K. von (Hrsg.): Handwörterbuch der Betriebswirtschaft, Band 3, Stuttgart, Sp. 4194–4204.
Picot, A. (1993b): Marktorientierte Gestaltung der Leistungstiefe. In: Steger, U. (Hrsg.): Der Niedergang des US-Management-Paradigmas, Düsseldorf, S. 167–201.

Picot, A./Dietl, H./Franck, E. (1999): Organisation. Eine ökonomische Perspektive, 2. Auflage, Stuttgart.
Polanyi, M. (1966): The Tacit Dimension, London.
Porter, M. (1987): Diversifikation – Konzerne ohne Konzept. In: Harvard Business Manager, Nr. 4, S. 30–49.
Porter, M.E. (1981): The contributions of industrial organization to strategic management. In: Academy of Management Review, Vol. 6, Nr. 4, S. 609–620.
PricewaterhouseCoopers (1998): Shareholder Value und Corporate Governance, Frankfurt.
Pümpin, C. (1980): Strategische Führung in der Unternehmenspraxis, Bern.
Pümpin, C. (1986): Management strategischer Erfolgspositionen, Bern/Stuttgart.

Rappaport, A. (1981): Selecting strategies that create shareholder value. In: Harvard Business Review, Vol. 59, Nr. 3, S. 139–149.
Rappaport, A. (1997): Creating Shareholder Value, New York.
Reibnitz, U. von (1987): Szenarien: Optionen für die Zukunft, Hamburg.
Reidenbach, R.E./Robin, D.P. (1989): Business ethics. Where profits meet value systems, Upper Saddle River, NJ.
Reissner, S. (1992): Synergiemanagement und Akquisitionserfolg, Wiesbaden.
Roberts, E.B./Berry, C.A.(1985): Entering new business: selecting strategies for success. In: Sloan Management Review, Vol. 26, Nr. 3, S. 3–17.
Robins, J./Wiersema, M.F. (1995): A Resource-Based Approach to the Multibusiness Firm: Empirical Analysis of Portfolio Interrelationships and Corporate Financial Performance. In: Strategic Management Journal, Vol. 16, Nr. 4, S. 277–299.
Roos, J./Roos, G./Dragonetti, N.C./Edvinsson, L. (1997): Intellectual capital – navigating the new business landscape, London.
Rowley, T.J. (1997): Moving beyond dyadic ties. A network theory of stakeholder influences. In: Academy of Management Review, Vol. 22, Nr. 4, S. 887–910.
Rubin, P.H. (1990): Managing business transactions, New York.
Rühli, E. (1994): Die Resource-based View of Strategy. In: Gomez/Hahn/Müller-Stewens/Wunderer (Hrsg): Unternehmerischer Wandel, Wiesbaden, S. 31–58.
Rumelt, R.P. (1974): Strategy, structure, and economic performance, Cambridge.
Rumelt, R.P. (1991): How much does industry matter?. In: Strategic Management Journal, Vol. 12, Nr. 3, S. 167–185.

Saloner, G. (1991): Modelling, game theory and strategic management. In: Strategic Management Journal, Special Issue, Vol. 12, Nr. 8, S. 119–136.
Schaltegger, S. (1999): Bildung und Durchsetzung von Interessen zwischen Stakeholdern der Unternehmung. In: Die Unternehmung, Vol. 53, Nr. 1, S. 3–20.
Scherer, F.M. (1980): Industrial market structure and economic performance, Chicago.
Schmalensee, R. (1985): Do markets differ much?. In: American Economic Review, Vol. 75, Nr. 3, S. 341- 351.
Schmalensee, R. (1989): Inter-industry studies of structure and performance. In: Schmalensee, R./Willig, R. (Hrsg.): Handbook of Industrial Organization, Amsterdam etc., S. 951–1009.
Schoeffler, S. (1984): Nine basic findings on business strategy. In: The PIMSletter on Business Strategy, 1, Cambridge, S. 3–5.
Schüle, F.M. (1992): Diversifikation und Unternehmenserfolg. Eine Analyse empirischer Forschungsergebnisse. Dissertation, Universität München, Wiesbaden.
Scholz, C. (1987): Strategisches Management – ein integrativer Ansatz, Berlin/New York.
Schreyögg, G. (1984): Unternehmensstrategie, Berlin/New York.
Schreyögg, G. (1999): Strategisches Management – Entwicklungstendenzen und Zukunftsperspektiven. In: Die Unternehmung, Vol. 53, Nr. 6, S. 387–407.
Schwalbach, J. (1985): Diversifizierung von Unternehmen und Betrieben im verarbeitenden Gewerbe. In: Zeitschrift für betriebswirtschaftliche Forschung, Vol. 37, S. 567–578.
Schwartz, P. (1991): The art of long view: Planning for the future in an uncertain world, New York.

Shapiro, A.C. (1989): Multinational financial management, 3. Auflage, Boston.
Shoemaker, P.J. (1992): How to link strategic vision to core capabilities. In: Sloan Management Review, Vol. 34, Nr. 1, S. 67–81.
Shoemaker, P.J. (1993): Multiple scenario development: its conceptual and behavioral foundation. In: Strategic Management Journal, Vol. 14, Nr. 3, S. 193–213.
Shoemaker, P.J. (1995): Scenario Planning: a tool for strategic thinking. In: Sloan Management Review, Vol. 36, Nr. 2, S. 25–40.
Siegert, T. (2000): Entwicklungstendenzen der wertorientierten Geschäftsfeld-Steuerung. In: Hinterhuber, H./Friedrich, S./Matzler, K. (Hrsg.): Die Zukunft der diversifizierten Unternehmung, München, S. 248–275.
Simon, H.A. (1964): On the concept of organizational goal. In: Administrative Science Quarterly, Vol. 9, Nr. 1, S. 1–22.
Simon, H.A. (1978): Die Architektur der Komplexität. In: Türk, K. (Hrsg.): Handlungssysteme, Opladen, S. 94–112.
Speckbacher, G. (1997): Shareholder Value und Stakeholder Ansatz. In: Die Betriebswirtschaft, Vol. 57, Nr. 5, S. 630–639.
Spindler, H.-J. (1988): Risiko- und Renditeeffekte der Diversifikation in Konjunkturkrisen. In: Zeitschrift für Betriebswirtschaft, Vol. 58, S. 858–875.
Staehle, W.H. (1999): Management. Eine verhaltenswissenschaftliche Perspektive, 8. Auflage, München.
Stahl, H.K. (1996): Beziehungskompetenz. In: Hinterhuber, H.H./Al-Ani, A./Handlbauer, G. (Hrsg.): Das Neue Strategische Management. Elemente und Perspektiven einer zukunftsorientierten Unternehmensführung, Wiesbaden, S. 217–244.
Stahl, H.K. (1998): Zum Aufbau und Erhalt von Reputationskapital in Stakeholder-Beziehungen. In: Handlbauer, G./Matzler, K./Sauerwein, E./Stumpf, M.: Perspektiven im Strategischen Management, Berlin/New York, S. 351–368.
Steinmann, H./Löhr, A. (1992): Grundlagen der Unternehmensethik, Stuttgart.
Steinmann, H./Schreyögg, G. (1993): Management. Grundlagen der Unternehmensführung, 3. Auflage, Wiesbaden.
Stuart, T.E./Podolny, J.M. (1996): Local search and the evolution of technological capabilities. In: Strategic Management Journal, Vol. 17, Nr. 7, S. 21–38.
Stüdlein, Y. (1997): Kulturelle Perspektive internationaler strategischer Allianzen – Phasenkonzept zum Management von Kulturunterschieden, Wiesbaden.
Süssmuth-Dyckerhoff, C. (1995): Intrapreneuring. Ein Ansatz zur Vitalisierung reifer Gross-Unternehmen, Bern/Stuttgart/Wien.
Sydow, J. (1992): Strategische Netzwerke: Evolution und Organisation, Wiesbaden.
Szeless, G./Müller-Stewens, G./Wiersema, M. (2002): Diversifikation, Verbundenheit und Unternehmenserfolg deutscher, schweizerischer und österreichischer Unternehmen. In: Betriebswirtschaftliche Forschung und Praxis, Vol. 54, Nr. 5, S. 524–543.

Teece, D.J. (1986): Firm boundaries, technological innovation, and strategic management. In: Thomas, L. (Hrsg.): The economics of strategic planning, Lexington/Toronto, S. 187–199.
Teece, D.J./Pisano, G./Shuen, A. (1997): Dynamic capabilities and strategic management. In: Strategic Management Journal, Vol. 18, Nr. 7, S. 509–533.
Thommen, J.P. (1993): Betriebswirtschaftslehre – Band 2, 3. Auflage, Winterthur.
Thompson, A.T./Strickland, A.J. (1992): Strategy formulation and implementation, 5. Auflage, Homewood/Boston.
Tiemann, K. (1997): Investor Relations, Wiesbaden.
Trigeorgis, L. (1996): Real options, managerial flexibility and strategy in resource allocation, Cambridge.

Ulrich, P. (1995): Postscripta: Wie liberal ist die Diskursethik? Der ethische Universalismus und die Freiheit der Andersdenkenden – Briefwechsel mit Peter Ulrich. In: Ortmann, G. (1995): Formen der Produktion, Opladen, S. 241–249.

Ulrich, P. (2001): Integrative Wirtschaftsethik. Grundlagen einer lebensdienlichen Ökonomie, 3. Auflage, Bern etc.
Ulrich, P. (2002): Der entzauberte Markt. Eine wirtschaftsethische Orientierung, Freiburg etc.
Unzeitig, E./Köthner, D. (1995): Shareholder Value Analyse, Stuttgart.

Vester, F. (1999): Die Kunst vernetzt zu denken: Ideen und Werkzeuge für einen neuen Umgang mit Komplexität, Frankfurt am Main.

Wack, P. (1986): Szenarien: Unbekannte Gewässer voraus. In: Harvard Business Manager, Nr. 2, S. 60–77.
Waterman, R. (1994): The frontiers of excellence. Learning from companies that put people first, London.
Welge, M.K./Al-Laham, A. (1992): Strategisches Management, Organisation. In: Frese, E (Hrsg.): Handwörterbuch der Organisation, 3. Auflage, Stuttgart, Sp. 2355–2374.
Wernerfelt, B. (1984): A resource based view of the firm. In: Strategic Management Journal, Vol. 5, Nr. 2, S. 171–180.
Williamson, O.E. (1975): Markets and hierarchies: analysis and antitrust implications, New York.
Williamson, O.E. (1985): The economic institutions of capitalism, New York.
Williamson, O.E. (1999): Strategy research: governance and competence perspectives. In: Strategic Management Journal, Vol. 20, Nr. 12, S. 1087–1108.
Willke, H. (1993): Systemtheorie I: eine Einführung in die Grundprobleme der Theorie sozialer Systeme, 4. überarbeitete Auflage, Stuttgart.
Witte, E. (1968): Die Organisation komplexer Entscheidungsverläufe – ein Forschungsbericht. In: Zeitschrift für betriebswirtschaftliche Forschung, Vol. 20, S. 581–599.
Zadek, S./Pruzan, P./Evans, R. (Hrsg., 1997): Building corporate accountability. Emerging practices in social and ethical accounting, auditing and reporting, London.
Zajac, E.J./Kraatz, M.S. (2000): Modelling the dynamics of strategic fit: a normative approach to strategic change. In: Strategic Management Journal, Vol. 21, Nr. 4, S. 429–453.
Zollo, M./Winter, S.G. (2000): From organizational routines to dynamic capabilities. Working Paper (unveröffentlicht).

Anmerkungen

1 Die Beurteilung, wie die Position eines Unternehmens gegenüber seinen Anspruchsgruppen einzustufen ist, lässt sich nicht objektiv »richtig« ermitteln. Sie hängt vielmehr davon ab, wer eine solche Beurteilung vornimmt und welche Kriterien und Messverfahren er dabei verwendet. Damit ist die Bestimmung der Position eines Unternehmens prinzipiell abhängig von dem Blickwinkel, aus dem heraus beobachtet wird. Das Eigenbild des Unternehmens muss nicht mit den Fremdbildern der Anspruchsgruppen übereinstimmen. Von der Existenz unterschiedlicher Beobachtungsstandpunkte und Realitätskonstruktionen ist auch hier auszugehen.
2 Vgl. Freeman (1984).
3 Vgl. Harrison/John (1996), S. 47.
4 In Großunternehmen wird diese Differenzierung noch um weitere Ebenen fortgesetzt, um die hohe Binnenkomplexität der Organisation besser in den Griff zu bekommen. Es gilt dabei i.Allg. das *Subsidaritätsprinzip*, d.h. dass die relevanten Fragestellungen soweit unten als möglich zu entscheiden sind.

5 In den letzten Jahren haben sich wieder verstärkt ökonomische Ansätze in den Vordergrund geschoben, und dies aus mehreren Gründen. Einer der wichtigsten liegt sicher darin, dass der Analysefokus ökonomischer Ansätze nicht mehr nur auf die Branchen- sondern auch auf die Unternehmensebene gerichtet ist und sie dort ihr Instrumentarium an Modellen und Methoden wirkungsvoll einsetzen können. Dadurch erhalten sie gerade für Überlegungen einer strategischen Unternehmensführung Relevanz, was sie lange Zeit nicht hatten. Charakteristisch für diese mikroökonomischen Ansätze ist ihr Versuch, auf Grundlage relativ einfacher Modelle und Annahmen (wie der des eigennützigen, opportunistischen Handelns der Akteure) Erklärungen abzugeben, die dann als Gestaltungsempfehlungen für ein wirkungsvolles Management nutzbar sind. Ein weiterer Vorteil ist ihre breite empirische Fundierung, die eine intersubjektive Überprüfbarkeit erlaubt sowie – im Sinne eines positivistischen Wissenschaftsverständnisses – die kumulative »Anhäufung« der Erkenntnisse.

6 Vgl. Hoskisson et al. (1999); zu deutschsprachigen Übersichten und Diskussionen siehe zu Knyphausen-Aufseß (1995) und Schreyögg (1984).

7 Interessant sind auch Kombinationsmöglichkeiten zwischen den einzelnen Ansätzen, wie z.B. zwischen der Evolutionstheorie und dem Knowledge-based View: vgl. exemplarisch Zollo/Winter (2000).

8 Vgl. Staehle (1999), S. 415.

9 Vgl. Hitt/Ireland/Hoskisson (2003), S. 21–23.

10 Was Porter (1980, 1981) später zur Abgrenzung sogenannter »*Strategischer Gruppen*« veranlasste, in denen ein Unternehmen mit seinen »Nachbarn«, die über ein ähnliches strategisches Konzept verfügen – und sich gewissermassen in einer Oligopolsituation befinden –, zusammengefasst wird. Man vgl. dazu Kapitel 3.2.2.

11 Vgl. zu PIMS Buzell/Gale (1989) sowie die Ausführungen in Kapitel 3.6.1.

12 Vgl. zu einer Übersicht der empirischen Untersuchungsergebnisse zum Konzentrationsgrad Schmalensee (1989).

13 Vgl. Scherer (1980), S. 81 ff.

14 Vgl. z.B. Hambrick (1983).

15 Vgl. z.B. Murray (1988), S. 395 ff.

16 Vgl. dazu auch zu Knyphausen-Aufseß (1995), S. 61 ff.

17 Zu Knyphausen-Aufseß (1995, S. 65 f.) weist darauf hin, dass damit die bei Bain (1956) als Eintrittsbarrieren noch eher weniger relevanten »absoluten Kostenvorteile« eine andere Bedeutung erlangen. Auch verfließt diese Barriere mit den »Differenzierungsvorteilen«, als die man solche spezifischen »Assets« auch betrachten kann.

18 Teece (1986) weist noch darauf hin, dass es sich oft weniger um einzelne »Assets« handelt, sondern eher um eine spezifische Kombination von »Assets«. Dies dürfte auch bei der Reputation als Vorteilsquelle der Fall sein. Milgrom/Roberts (1982) haben sich mit dem Aufbau von Reputation beschäftigt, die sich auf die zu erwartende Verhaltensweise eines Wettbewerbers bezieht. Man könnte sich z.B. eine »Reputation of Toughness« aufbauen, die Neueintretenden in eine Branche auf der Basis der Rekonstruktion vergangener Verhaltensweisen der Etablierten signalisieren soll, was sie zu erwarten haben.

19 Die *Spieltheorie* wurde 1928 von Johann von Neumann als Theorie strategischer Spiele entwickelt, der dann zusammen mit Oskar Morgenstern ihre Anwendung auf ökonomische Analysen erforschte. Vgl. Neumann/Morgenstern (1944).

20 Vgl. dazu die vielen Arbeiten von K.J. Arrow und davon beeinflusst Gutenberg (1951, 1955, 1968) in der deutschsprachigen allgemeinen Betriebswirtschaftslehre.

21 Vgl. Ebers/Gotsch (1995) und Ordelheide (1993).

22 Vgl. hierzu z.B. Frese (1995, S. 407 ff.) und Picot/Dietl/Franck (1999).

23 Vgl. z.B. Rubin (1990).

24 Vgl. z.B. Hart (1995).

25 Vgl. hierzu auch die Ausführungen bei Sydow (1992), S. 171 ff.

26 Vgl. die ausführliche Darstellung des Ansatzes bei Kieser/Woywode (1999).

27 Vgl. zu dieser Definition Kreilkamp (1987), S. 316.

28 Vgl. Lombriser/Abplanalp (1997), S. 69 f.; Hill/Jones (1992), S. 35 ff.

29 Vgl. Lombriser/Abplanalp (1997), S. 71.
30 Viele Beratungsunternehmen haben sich mit der Übernahme solcher Outsourcing-Dienstleistungen neue Geschäftsfelder erschlossen.
31 Vgl. Link (1985), S. 52 f.; Kuppel (1993).
32 Vgl. ausführlicher dazu z. B. van Geldern (1997), S. 117–120.
33 Zur Diskussion dieser Thematik: vgl. Welge/Al-Laham (1992); Dunst (1983).
34 Man spricht auch vom sogenannten »*Conglomerate Discount*«, womit die Kosten gemeint sind, die durch die Komplexität eines diversifizierten Konzerns entstehen. Sind die realisierbaren Synergien nicht größer als dieser »Conglomerate Discount«, so muss der Nutzen des Konglomerats in Frage gestellt werden.
35 Freeman (1984, S. 25), auf den der Stakeholder-Ansatz zurückgeht, definiert Stakeholder als »*any group or individual who can affect or is affected by the achievement of the firm's objectives.*«
36 Vgl. zu verschiedenen Aspekten des an Bedeutung zunehmenden Stakeholder-Ansatzes Gioia (1999), Harrison/Caron (1993), Jones/Wicks (1999) und Mitroff (1983).
37 Vgl. Stahl (1996) zum Konstrukt der »Beziehungskompetenz«.
38 Vgl. dazu Simon (1964).
39 Noch Ende 2000 bot Carly Fiorny, damals neu ernannte CEO bei HEWLETT PACKARD, 18 Mrd. US$ für den Erwerb der Beratungssparte von PRICEWATERHOUSECOOPERS. Sie konnte sich allerdings nicht gegen die eigenen Aktionäre durchsetzen. Am 1.8.02 wurde bekannt gegeben, dass IBM für 3,5 Mrd. US$ PWC CONSULTING (Umsatz 4,9 Mrd. US$) übernimmt.
40 Protegiert durch das Netzwerk um das World Economic Forum gelang in der Schweiz dem Beratungs- und Softwareunternehmen THINKTOOLS (www.thinktools.com) am 24.3.00 ein Börsengang, der dem Unternehmen, das 1999 noch einen Umsatz von etwa 10 Mio. CHF auswies, teilweise schon kurz nach dem IPO zu einer Marktkapitalisierung von über 1 Mrd. CHF verhalf. Im Oktober 2002 lag sie jedoch nur noch bei etwas mehr als 20 Mio. CHF. Der Kurs ist von einem Hoch von über 1000 CHF auf unter 10 CHF gestürzt.
41 Vgl. Schaltegger (1999).
42 Vgl. zum Verhältnis Macht und Strategie Pfeffer (1992) sowie zu den Indikatoren von Macht Johnson/Scholes (2002), S. 212–215.
43 Vgl. zum Verhältnis zwischen den Shareholder-Interessen und den anderen Stakeholder-Interessen Speckbacher (1997).
44 Vgl. Collins/Porras (1997).
45 Vgl. dazu Mitchell/Agle/Wood (1997).
46 Vgl. Cyert/March (1963).
47 Dass nicht immer von einer Übereinstimmung der Interessen auszugehen ist, zeigt u.a. die Diskussion um eine geeignete »Governance« (Beaufsichtigung und Kontrolle)-Struktur von Unternehmen. Theorien wie z. B. die Principal-Agency Theorie gehen von einem Gegensatz der Interessen zwischen Eigentümer und Management aus, und richten daher ihr Augenmerk auf Fragen wie die Schaffung optimaler Überwachungs- und Anreizmechanismen.
48 Vgl. Willke (1993), S. 59 f.
49 Auch Frooman (1999, S. 192) bezieht sich auf die Beziehung zwischen Unternehmen und Stakeholder und nicht auf den Stakeholder selbst.
50 Frooman (1999) unterscheidet – aufbauend auf der Theorie der Ressourcenabhängigkeit von Pfeffer (1992) – vier mögliche Strategien von Stakeholdern bzgl. deren Ressourceneinsatz beim Unternehmen: withholding/direct, withholding/indirect, usage/direct und usage/indirect.
51 Vgl. Kirchgässner (1992), der Stakeholderaktivitäten aus Sicht der Neuen Politischen Ökonomie (»public choice theory«) und dort der Interessengruppentheorie, in der es um die Organisation und Durchsetzung von Interessen geht, betrachtet.
52 Vgl. zur Bedeutung des Reputationskapitals Stahl (1998).

53 Vgl. Kotler (1994). Hill (1982, S. 16) definiert einen Absatzmarkt »als Gesamtheit jener Bedarfsträger, an die sich die Unternehmung als tatsächliche und potenzielle Abnehmerin ihrer Leistungen wendet, um sie durch die Gestaltung ihres Angebots und dem aktiven Einsatz ihrer Marketing-Instrumente zum Kauf ihrer Leistungen zu veranlassen«.
54 Vgl. Kuss/Tomczak (1998), S. 52 f.
55 Vgl. Meffert (1986), S. 243.
56 Vgl. Johnson/Scholes (1997), S. 123; Kuss/Tomczak (1998), S. 54 f.
57 Quelle: Zentrales Marketing, BMW AG, München.
58 Vgl. Porter (1985).
59 Man spricht hier auch vom »Structure-Conduct-Performance«-Paradigma. Die Arbeiten Michael Porter's waren wegweisend bei der Übertragung der im Rahmen der Industrieökonomie gewonnenen Erkenntnisse auf unternehmensstrategische Fragestellungen.
60 Die folgenden Ausführungen geben die Gedanken von Porter (1980) wieder.
61 Vergleiche hierzu den »Call for Papers« der Strategic Management Society für die Berliner Konferenz 1999. Mit dem Begriff der Dekonstruktion, der vom französichen Philosophen Derrida (1976) geprägt wurde, wird ursprünglich eine Methode bezeichnet, die das hierarchische Denken in binäre Oppositionen auflöst und durch den dadurch ausgelösten Perspektivenwechsel die Vielfalt »unterdrückter« Interpretationsmöglichkeiten sichtbar werden lässt. In der Organisationstheorie sind diese Überlegungen in den letzten Jahren verstärkt aufgegriffen worden (siehe exemplarisch: Cooper/Burell 1988; Krafft 1998).
62 Vgl. Schmalensee (1985).
63 Vgl. Rumelt (1991), S. 168 ff.
64 Die Studie von Hansen/Wernerfelt (1989, S. 406 ff.) belegt insbesondere den hohen Einfluss von organisationalen Elementen wie Arbeitsgestaltung, Kommunikationsfluss oder Entscheidungsverhalten auf die Rentabilität einer Geschäftseinheit.
65 Vgl. Mauri/Michaels (1998), S. 216.
66 Vgl. Hunt (1972); Porter (1980); McGee/Thomas (1986); Dranove/Peteraf/Shanley (1998). Das Konzept der strategischen Gruppen wurde Mitte der 70er Jahre an der Harvard Universität entwickelt und empirisch vor allem von der Purdue Universität eingesetzt.
67 McGee/Thomas (1986).
68 Vgl. Barney/Hoskisson (1990).
69 Vgl. Nalebuff/Brandenburger 1996, S. 12.
70 Vgl. dazu auch Collis/Ghemawat (2001).
71 Vgl. o.V.: Microsoft considers softening its image, The Wall Street Journal Europe, 9/10 Januar 1989, S. 4.
72 Man spricht von einer Thesaurierung des Gewinns, wenn eine unternehmerische Einheit Erlösüberschüsse (teilweise) einbehält, um z. B. eigene Investitionen zu tätigen.
73 Vgl. Tiemann (1997), S. 4.
74 Allaire/Firsirotu (1989).
75 Financial Times, 6.3.98, S. 21, NZZ, 24. 3. 00
76 Vgl. Krystek/Müller-Stewens (1993).
77 Vgl. Ansoff (1965), (1976).
78 Vgl. zum Konzept der »Drittvariablen« Galtung (1978).
79 Vgl. zur Szenariotechnik Malaska (1985); Bood/Postma (1997); Shoemaker (1993), (1995); De Geus (1988, 1997); Geschka/Hammer (1990), Schwartz (1991), van der Heijden (1996), Wack (1986).
80 Quelle: Organisation für wirtschaftliche Zusammenarbeit und Entwicklung: Technologien des 21. Jahrhunderts. Herausforderungen einer dynamischen Zukunft, OECD 1998/99.
81 Vgl. Wack (1986). Diese Extremszenarien beschreiben beispielsweise die beste und die schlechteste denkbare Entwicklung des Untersuchungsobjektes (»best and worst case szenario«).

82 Vgl. von Reibnitz (1987).
83 Vgl. Coenenberg (1992), S. 30 ff.
84 Vgl. Rappaport (1997); Gomez (1999).
85 Vgl. Luehrman (1998); Trigeorgis (1996).
86 Vgl. Itami (1987); Grant (1991); Barney (1991).
87 Vgl. Nonaka (1994); Roos et al. (1997).
88 Vgl. zu Knyphausen-Aufsess (1995), S. 94.
89 Vgl. Amit/Schoemaker (1993), S. 35., Nelson/Winter (1982), S. 99 ff.
90 (siehe dazu Kirsch 1997)
91 Vgl. Porter (1985), Esser/Ringlstetter (1991).
92 Vgl. Hax/Majluf (1991), S. 341ff; Welge/Al-Laham (1992), S. 128.
93 Siehe exemplarisch Hinterhuber (1992), S. 83 ff.
94 Der »Seven S-Framework« sollte die Antwort der Unternehmensberatung McKinsey auf den Erfolg ihres Erzrivalen Boston Consulting Group mit der Portfolio-Analyse sein. McKinsey beauftragte damit vier seiner Berater (Richard Pascale, Tony Athos, Tom Peters und Bob Waterman), die den Bezugsrahmen dann in ihren sehr bekannt gewordenen Büchern publizierten (Pascale/Athos 1982, Peters/Waterman 1982). Der Ansatz war auch einer kleinen Änderung unterworfen: Ursprünglich hatte man statt den »shared values« den Faktor »superordinate goals« in dem Ansatz.
95 Es ist darauf hinzuweisen, dass im deutschsprachigen Raum Cuno Pümpin mit seinem Konzept der strategischen Erfolgspositionen bereits 1986 vieles von dem vorweggenommen hat, was in der anglo-amerikanischen Literatur ab 1990 thematisiert wird. Unter einer strategischen Erfolgsposition versteht Pümpin eine »in einer Unternehmung durch den Aufbau von wichtigen und dominierenden Fähigkeiten bewusst geschaffene Voraussetzung, die es dieser Unternehmung erlaubt, im Vergleich zur Konkurrenz langfristig überdurchschnittliche Ergebnisse zu erzielen« (Pümpin 1986, S. 34). Er weist u.a. explizit darauf hin, dass ihr Aufbau durch die Zuordnung von Ressourcen erfolgt, ihre Anzahl begrenzt ist, interdisziplinäre Zusammenarbeit erforderlich ist, es sich um eine langfristige Angelegenheit handelt, Wettbewerber sie nicht rasch imitieren können und sie letztendlich für den Unternehmenserfolg verantwortlich sind.
96 Man spricht hier von Renten und meint damit im Sinne der mikroökonomischen Theorie diejenigen Erträge, die die Opportunitätskosten des Ressourceneinsatzes in einem Industriezweig überschreiten, ohne neue Wettbewerber anzuziehen (Vgl. Peteraf 1993, S. 180).
97 Vgl. Barney (1991); Grant (1991).
98 Vgl. Shoemaker (1992), S. 77, (1993), (1995).
99 Vgl. Saloner (1991), S. 120ff; Zu Knyphausen-Aufseß (1995), S. 67 ff.;
100 Vgl. Luhmann (1984); Willke (1993).
101 Vgl. Collins/Porras (1997).
102 Vgl. Collins/Porras (1997), S. 225; Campbell et al. (1990).
103 Vgl. Lego (1998): Towards the year 2005: The LEGO Strategic Platform.
104 Ein dreiphasiges Workshopdesign schlägt Hilb (1994, S. 46 ff.) vor. Ausgehend von einer gemeinsamen Analyse der Ausgangslage, wird in einem iterativ zwischen top-down und bottom-up pendelnden Prozess ein Leitbild auf Unternehmensebene entworfen. Daraus werden dann in einer dritten Phase mehrere Bereichs- und Funktionsleitbilder abgeleitet.
105 Vgl. z.B. Kirsch (1991), S. 238 oder Witte (1968)
106 Eine Beschreibung weiterer Entscheidungstheorien findet sich z.B. bei Staehle (1999), S. 518 ff.
107 Vgl. zu einer Übersicht Schreyögg (1999).

108 Im deutschen Sprachraum war bereits in den frühen 60er Jahren eine Diskussion um die richtige Ermittlung von Gewinnen entstanden, die ausschüttbar sind, ohne die Ertragskraft des Unternehmens zu beeinträchtigen. Da man den buchhalterisch ermittelten Gewinn dafür als nicht geeignet ansah, wurde der sogenannte ökonomische Gewinn als zukünftig zu erwartende, auf den Bilanzstichtag diskontierte Einnahmenüberschüsse definiert. Da es nicht einfach war diese zu ermitteln, erstellte man Kapitalflussrechnungen, die wie die Shareholder Value-Analyse bereits Cashflows ausweisen (Vgl. Unzeitig/Köthner 1995).
109 Vgl. Steinmann/Schreyögg (1993), S. 106; Ulrich (1995).
110 Vgl. Steinmann/Löhr (1992), 96f.
111 Vgl. Dyllick/Belz/Schneidewind (1997).
112 Vgl. hierzu die Aufsatzsammlung in Zadek/Prizan/Evans (Hrsg. 1997).
113 Vgl. zum Ansatz einer integrativen Wirtschaftsethik Ulrich (1998). Eine einfach lesbare, aber trotzdem fundierte Einführung in die Wirtschaftsethik gibt Ulrich (2002).
114 Ortmann/Sydow/Türk (1997), S. 15f.
115 «Companies must win and retain some loyalty from each of their active stakeholders ... Stakeholders in our economic system are being actively wooed all the time by competitors. A company must give a stream of value to each stakeholder that the stakeholder views as being at least as good as the stream of value offered by competitors, taking into account switching costs ... Seen in this light, creating stakeholder value is not so much an objective as it is an economic constraint on a company's actions. If, for example a company takes actions that fail to deliver sufficient shareholder value, it will loose the loyalty of its shareholders and as a result go out of business. The same is true of its relationship with the other active stakeholders.« (Campbell/Alexander 1997, S. 43f.)
116 Vgl. Albert (1980), S. 11ff.
117 Vgl. Habermas (1981).
118 Vgl. Emans (1988), S. 122; Steinmann/Schreyögg (1993), S. 151; Hunger/Wheelen (1998), S. 183.
119 Die nachfolgenden Ausführungen orientieren sich an Kuss/Tomczak (1998), S. 130ff. Sie verwenden auf Geschäftsfeldebene an Stelle des Begriffs der Marktstrategie den der Marketingstrategie und sehen ihren Zweck in der Schaffung von Richtlinen für den Einsatz der marketingpolitischen Instrumente (product, price, promotion, placement), die zu komparativen Konkurrenzvorteilen führen sollen.
120 Vgl. Meffert (1994), S. 126ff.
121 Vgl. Handelsblatt 16.3.98.
122 Vgl. Porter (1985); Thompson/Strickland (1992); Steinmann/Schreyögg (1993); Hunger/Wheelen (1998).
123 Zu einer ausführlichen Besprechung der Erfahrungskurve vgl. Hax/Majluf (1991), Kapitel 6.
124 Vgl. dazu auch die Studien von Philipps/Chang/Buzell (1983); Miller/Friesen (1986).
125 Vgl. auch die Studie von Miller/Dess (1993).
126 Eine Ausnahme bilden Aktivitäten der Wirtschaftsspionage.
127 Vgl. Thompson/Strickland (1992); MacMillan (1983); Kotler/Singh (1981).
128 Vgl. Harrigan (1986).
129 Vgl. Thompson/Strickland (1992); MacMillan (1983); Kotler/Singh (1981).
130 Financial Times, Combatants fly closer, 6.3.98.
131 Den Unterschied zwischen Regeln und Taktiken kann man sich anhand eines Mannschaftsspiels (wie z.B. Handball oder Basketball) verdeutlichen. Taktiken beziehen sich darauf, welche Angriffs-und Verteidigungsstrategien für die gegnerische Mannschaft am besten geeignet sind. Man verlässt dabei jedoch nicht den Handlungsspielraum, der durch die Regeln gesetzt ist. In der Wirtschaft hingegen steht nicht nur die Wahl der Taktiken zur Disposition sondern auch die Spielregeln selbst. Sie verändern sich hier evolutionär, in Folge der Interaktionen zwischen den Beteiligten.
132 Vgl. Hamel (1996).
133 Vgl. auch Buaron (1981).

134 Vgl. Arthur (1989).
135 Vgl. z. B. das Programm, das die Firma THINK TOOLS (www.thinktools.com) dazu anbietet.
136 Wert – im Sinne von »organizational wealth« – wird dann geschaffen, wenn entweder die gewünschten Outputs der Organisation mit weniger Ressourcen und/oder weniger Risiken oder mehr Output bei gleichbleibenden Ressourcen und/oder Risiken generiert werden können.
137 Vgl. Collis/Montgomery (1997), die sich auf die Konfiguration und Koordination beschränken.
138 Unter vertikalen Grenzen versteht man hier, wie viele Stufen ein Unternehmen im gesamtwirtschaftlichen Produktionsprozess bearbeitet. So kann z.B. eine Bäckerei nicht nur Backwaren herstellen, sondern auch auf vorgelagerten Produktionsstufen wie der Herstellung von Backzusatzstoffen tätig sein.
139 Mittlerweile ist der Telekommunikationsbereich der MANNESMANN AG von dem amerikanisch-britischen Unternehmen VODAFONE AIRTOUCH übernommen worden. Die traditionellen Bereiche der MANNESMANN AG firmieren heute unter dem Namen ATECS, einem Gemeinschaftsunternehmen von SIEMENS und BOSCH.
140 Vgl. Goold/Campbell/Alexander (1994).
141 Ende 1999 ist die VEBA durch ihr Zusammengehen mit der VIAG zum Unternehmen EON geworden. Zu DEGUSSA-HÜLS kann noch SKW TROSTBERG hinzu.
142 Ansoff (1965) beispielsweise sieht eine Diversifikation durch neue Produkte in neuen Märkten gegeben, und grenzt dementsprechend ein Geschäftsfeld durch die Kriterien Produkte und Märkte ab.
143 Picot (1993b); Thompson/Strickland (1995).
144 Vgl. Schüle (1992).
145 Eine ähnliche Unschlüssigkeit bezüglich des Zusammenhanges zwischen Verbundenheit und Unternehmenserfolg wie bei den anglo-amerikanische Studien trifft man bei den vier für den deutschsprachigen Raum publizierten Diversifikationsstudien deutscher Unternehmen an. Vgl. Bühner (1983, 1987), Lins/Servaes (1999), Schwalbach (1985) und Spindler (1988).
146 Vgl. Rumelt (1974). Rumelt unterscheidet dabei zwischen 9 Diversifikationskategorien, die er als single business, dominant constrained, dominant vertical, dominant linked, dominant unrelated, related constrained, related linked, unrelated linked and conglomerate bezeichnet.
147 Diese für US-Unternehmen ermittelten Ergebnisse konnten in einer replikativen Studie durch Szeless/Müller-Stewens/Wiersema (2002) auch für deutsche, schweizerische und österreichische Unternehmen im wesentlichen bestätigt werden.
148 Vgl. Montgomery (1985); Löbler (1988) sowie Jacobs (1992) für einen Überblick.
149 Vgl. Müller-Stewens (1989), (1990).
150 In vielen Unternehmen ist es bei Akquisitionen jedoch so geregelt, dass die Entscheidungskompetenz auch für Akquisitionen auf der Business-Ebene ab einem bestimmten Volumen auf der Corporate-Ebene angesiedelt ist.
151 Vgl. Süssmuth-Dyckerhoff (1995); Barringer/Bluedorn (1999).
152 Da für die gesamte Zeitreihe keine einheitliche Datenquelle vorliegt, wurden die Übergänge zwischen jeweils zwei Datenreihen angeglichen. Die Quelle der verwendeten Daten sind: 1895–1920: Nelson (1959); 1921–1939: Thorp/Crowder (1941); 1940–1962: FTC (1971, 1972), 1963–99: MergerStat Review.
153 Vgl. Black (1989) für eine Übersicht über 12 empirische Studien zu diesem Thema.
154 Vgl. zum Management von Akquisitionen Müller-Stewens/Spickers/Deiss (1999) und Haspeslagh/Jemison (1992).
155 Vgl. Bleeke/Bull-Larsen/Ernst (1992); Müller-Stewens (1995).
156 Vgl. Kanter (1994).
157 Vgl. Stüdlein (1997).
158 Kale/Singh/Perlmutter (2000) weisen auf diese Problematik in Zusammenhang mit dem Know-how-Transfer hin.
159 Vgl. Müller-Stewens/Hillig (1992).

160 Vgl. Müller-Stewens/Radel (1997); Lechner/Müller-Stewens (1998); Lechner (1999).
161 Vgl. Sydow (1992); Kirsch (1997).
162 Vgl. von Gneisenau/Koth (1997), S. 243; Gomez-Casseres (1996).
163 Vgl. Al-Laham (1997).
164 Vgl. Henderson (1971).
165 Vgl. Neue Zürcher Zeitung, 20./21. Februar 1999, S. 27; sowie Geschäftsbericht CLARIANT 1999.
166 Vgl. Gelb (1982).
167 Vgl. Macharzina (1993).
168 Vgl. Pfeiffer/Metze/Schneider et al. (1985).
169 Weitere Varianten, die in der Praxis noch eine gewisse Verbreitung erfahren haben, sind das Markt-Produktlebenszyklus-Portfolio, das Branchenattraktivität-Geschäftsfeldstärken-Portfolio, die Directional Policy-Matrix, das Geschäftsfeld-Ressourcen-Portfolio sowie der Ronagraph. Vgl. Mauthe/Roventa 1982; Antoni/Riekhof (1994).
170 Vgl. Porter (1987).
171 Dabei werden heutzutage häufig Fusionen als Instrument benutzt, um sich dann in einem zweiten Schritt als Eigentümer aus einem Unternehmen zurückzuziehen.
172 In der 1. Auflage des Buches aus dem Jahr 1990 hiess der Ansatz noch »Pentagon-Konzept«. Was inzwischen hinzukam, ist der Schritt mit der Suche nach Wachstumsmöglichkeiten.
173 Vgl. Berghai/Coley/White (1999).
174 Vgl. Handelsblatt, 14.3.2000, S. 24 und S. 32.
175 Konkurrenzverflechtungen weisen auf die Bedeutung von Konkurrenzsituationen hin, bei denen Unternehmen auf mehr als einem Feld miteinander konkurrieren. Sie geben jedoch keine weiteren Hinweise auf die Erfassung von Synergiepotenzialen.
176 Goold/Campbell/Alexander (1994).
177 Vgl. PRICEWATERHOUSECOOPERS 1998.
178 Vgl. Handelsblatt 1998, 11.3.99, S. 1 f.
179 Vgl. Böckli (1999), S. 6 ff.
180 Vgl. Ortmann/Zimmer (1998).
181 Vgl. Handelsblatt, 19.3.98, S. 6.
182 Vgl. Schoeffler (1984); Buzell/Gale (1989); Malik (1987).
183 Vgl. Buzell/Gale (1989).
184 Vgl. Bamberg/Coenenberg (1991).
185 Vgl. Financial Times, 23./24. Januar 1999, S. 2.
186 Steinmann/Schreyögg (1993), S. 210 weisen auf die Prüfung der ethischen Vertretbarkeit einer Strategie hin und sehen einen solchen durch einen Abgleich mit dem Wertsystem und den in einem Unternehmen geltenden ethischen Regeln gewährleistet.
187 Vgl. Rappaport (1991); Brealey/Myers (1991); Gomez (1993).
188 Andere Verfahren sind die Amortisationsmethode, der durchschnittliche Erfolg auf den Buchwert, der interne Zinsfuss oder der Profitabilitätsindex (vgl. Brealey/Myers 1991, S. 75 ff.).
189 Vgl. zu den Entwicklungstendenzen wertorientierter Steuerungskonzepte Siegert (2000).
190 Verschiedene Beratungsfirmen verwenden Modifizierungen des freien Cash flows. Die BOSTON CONSULTING GROUP setzt den CFROI ein (definiert als Summe aus Gewinn, Zinsen und Abschreibungen dividiert durch die Summe aus Kapital und kumulierter Abschreibung und angepasst gemäß Inflation, Nutzungsdauer und Endwert).
191 Definiert als operativer Gewinn vor Zinsen plus Abschreibungen plus/minus Veränderungen der langfristigen Rückstellungen.
192 In der Praxis ist dies meist zwischen 3 bis 5 Jahren. Allerdings sollte man eine solche Zahl nicht als Richtgröße missverstehen. Der Prognosezeitraum sollte sich vielmehr danach richten, wie weit man in die Zukunft hinein noch gesicherte Aussagen treffen kann.

193 Das CAPM-Modell, das Mitte der 60er Jahre von Sharpe/Linter und Treynor entwickelt wurde, geht davon aus, dass in einem effizienten Markt die erwartete Risikoprämie auf eine Kapitalanlage in direkter Beziehung zum Betafaktor steht, der das Risiko einer Kapitalanlage angibt. Je höher also das Risiko ist, desto höher muss in einem effizienten Portfolio die Rendite der Kapitalanlage sein. An dem Modell ist jedoch über die Jahre Kritik geäußert worden. So wurde beispielsweise die Annahme bezweifelt, dass der Betafaktor der einzige Grund für unterschiedliche Renditen ist (Vgl. Brealey/Myers 1991, S. 166 ff.).

194 Berechnet wird der EVA als (Turnover minus Operating Expenses) minus (Invested Capital * Weighted Average Cost of Capital).

195 Trigeorgis (1996); Copeland/Keenan (1998); Luehrman (1998).

196 Zu den Optionsverfahren vgl. z. B. Kohler (1992); Cox (1985).

197 Vgl. Scholz (1987), S. 61 ff.

198 Mit der Thematik eines »strategic fit« befassen sich z. B. auch Zajac und Kraatz (2000).

199 Handelsblatt, 26.2.1998, S. 18.

Kapitel 4:
Wertschöpfung

Kapitel 4
Wertschöpfung

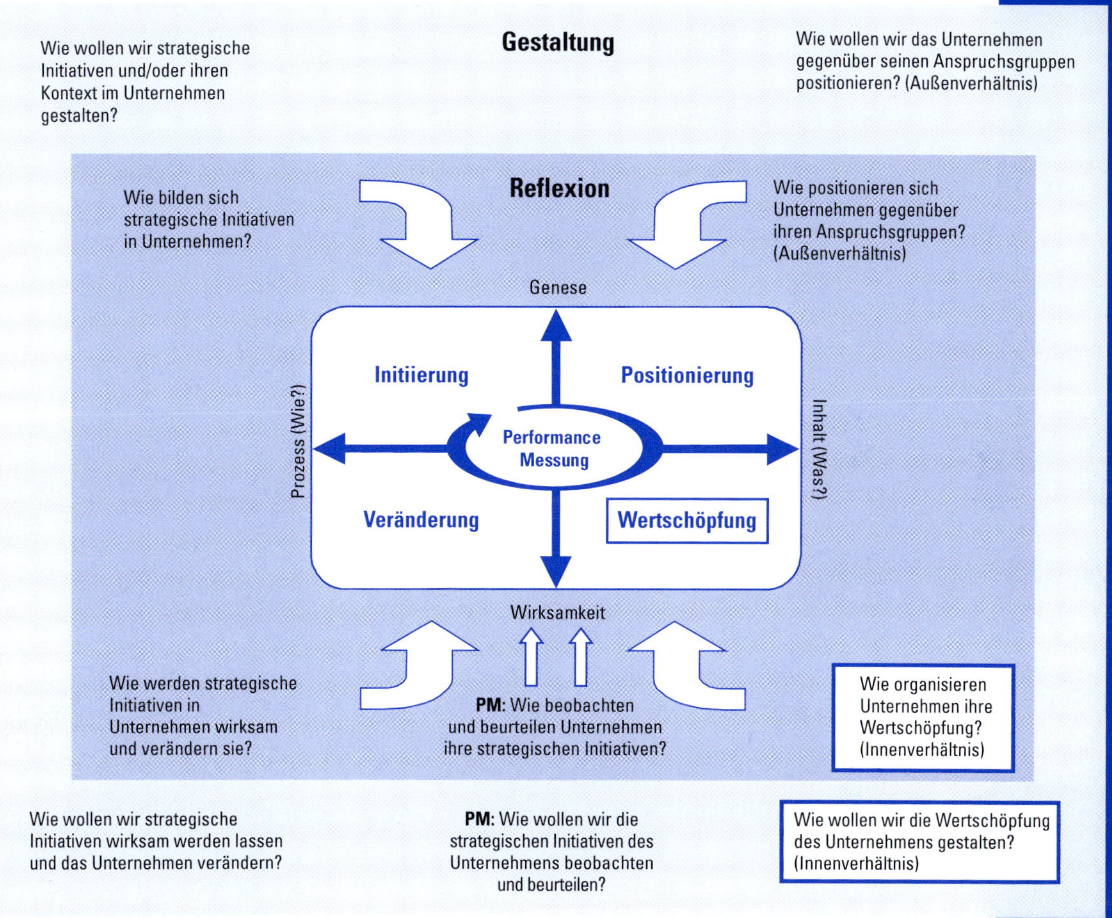

Abb. 4-1: Wertschöpfung im GMN

Neben ihrem operativen Tagesgeschäft versuchen Unternehmen durch eine Vielzahl von kleineren und größeren Maßnahmen ihre Wertschöpfung nicht nur »am Laufen zu halten«, sondern sie auch zu verbessern und auf neue Entwicklungen einzustellen. Oft verliert man dabei in der Fülle der notwendigen Details den größeren Zusammenhang und die Eigendynamik der einzelnen Abteilungen führt zu einer kaum noch zu überblickenden Ansammlung sich teils ergänzender, teils zueinander im Widerspruch stehender Initiativen. Wie kann man hier den Zusammenhang bewahren? Wie kann aus dem Zusammenwirken einzelner Teile ein Mehrwert geschaffen werden? Wie kann hier sicher gestellt werden, dass das strategisch Gewollte auch in den alltäglichen »Operationen« zur Umsetzung kommt? – Die Art und Weise, wie es zur Wertschöpfung kommt, kann aber auch direkt Gegenstand von Überlegungen sein: Wie gelangen wir zu einer neuen »Ertragsmechanik«, die die etablierten Wettbewerber und Verfechter der bislang dominanten Geschäftslogik herausfordert? Welche Wege gibt es, um nach innovativen Wertschöpfungsmodellen zu suchen?

Kapitelübersicht

- Überblick über theoretische Ansätze des Strategischen, die auf der Ebene der Firma ansetzen
- Einführung in den Begriff »Wertschöpfung« und Darstellung von Verfahren zu ihrer Analyse
- Aufzeigen von Verfahren zur Entwicklung innovativer Wertschöpfungsmodelle
- Kennen lernen von Optionen zur Ausgestaltung strategischer Wertschöpfungsprogramme
- Diskussion strategischer Fragestellungen bei ausgewählten Funktionalstrategien
- Erörterung von Fragen der Corporate Governance aus einer strategischen Perspektive

Im Mittelpunkt dieses Kapitels steht die Frage nach der Wertschöpfung unternehmerischer Einheiten. Als Wertschöpfung wird dabei der *Prozess des Schaffens von Mehrwert durch Bearbeitung* bezeichnet, wobei im Rahmen dieses Kapitels u.a. zu klären ist, was unter einem Mehrwert zu verstehen ist und durch welche Aktivitäten und Ressourcen ein solcher geschaffen werden kann.

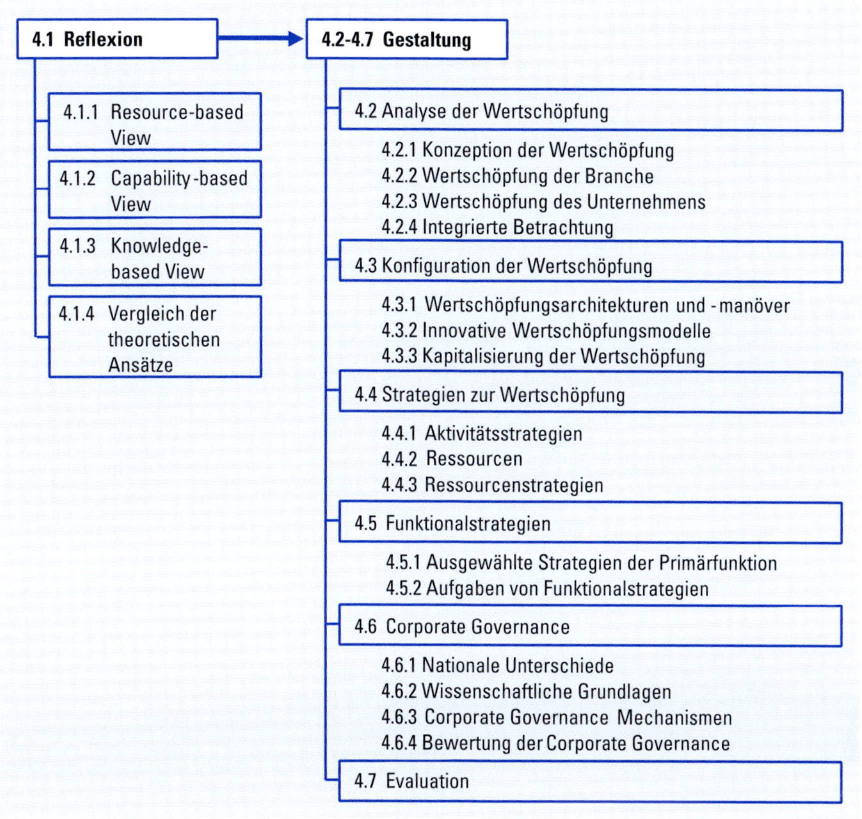

Abb. 4-2: Wissenslandkarte zum Kapitel «Wertschöpfung«

Das Kapitel ist wie folgt aufgebaut (vgl. Abbildung 4-2): In der **Reflexion (Kapitel 4.1)** werden zunächst theoretische Ansätze kurz vorgestellt, die für das Arbeitsfeld »Wertschöpfung« von Interesse sind.

An die Reflexion schließt sich die **Gestaltung** an. Hier wird im Rahmen der **Analyse der Wertschöpfung (Kapitel 4.2)** zunächst die Konzeption der Wertschöpfung erörtert. Danach wird schrittweise gezeigt, wie zuerst die Wertschöpfung der Branche und dann die des Unternehmens analysiert werden kann. Dies führt zur Thematik der Wertschöpfungsmodelle, d.h. zu Abbildungen der für wesentlich gehaltenen Elemente und Prozesse der Wertschöpfung. Neben »klassischen« Ansätzen zur **Konfiguration der Wertschöpfung (Kapitel 4.3)** werden dabei auch solche vorgestellt, die sich mit »innovativen Wertschöpfungsmodellen« beschäftigen.

Den Ausführungen zu den **Strategien zur Wertschöpfung (Kapitel 4.4)** liegt hier ein aus mehreren Dimensionen zusammengesetzter Bezugsrahmen zu Grunde. Dieser zeigt verschiedene Optionen auf, entlang derer die Wertschöp-

Aktivitäten und Ressourcen

fung einer unternehmerischen Einheit verändert werden kann. Zwei Bereiche stehen dabei im Vordergrund: erstens die Aktivitäten, durch die Wert geschaffen wird und zweitens die Ressourcen, die dafür erforderlich sind. Während bei den Aktivitäten Themen wie die generelle Konzeption, Wertschöpfungstiefe, Fokus und Neuerungsverhalten zur Diskussion stehen, geht es bei den Ressourcen um deren Vielfalt, Einsatzspektrum, Vernetzungsgrad und Auslöser. Zusätzlich werden vier Ressourcenarten, die in den meisten Unternehmen von großer Bedeutung sind, herausgegriffen und näher betrachtet. Dabei handelt es sich um die Mitarbeiter, die Strukturen, die Managementsysteme sowie – als Querschnittsressource – das individuelle und kollektive Wissen.

Der Schritt von den Primäraktivitäten der Wertkette zu den **Funktionalstrategien (Kapitel 4.5)** liegt sehr nahe. Wir werden auf deren Aufgaben eingehen und ausgewählte Funktionalstrategien auch vertiefend besprechen. Auf die Ressource der Führungsorganisation soll unter dem Begriff der **Corporate Governance (Kapitel 4.6)** dann noch vertiefend eingegangen werden. Das Kapitel 4 wird mit Fragen der **Evaluation (Kapitel 4.4)** bzw. den Kriterien, nach denen die Optionen für Wertschöpfungsstrategien einzeln und gesamthaft beurteilt werden können sowie Überlegungen zur Arbeitsweise im Feld »Wertschöpfung« abgeschlossen. Ziel ist es, den Leser in die Lage zu versetzen, eigenständig ein strategisches Wertschöpfungsprogramm zu entwickeln.

4.1 Reflexion: Theoretische Ansätze des Strategischen

In diesem Kapitel setzen wir den Überblick über die theoretischen Ansätze des Strategischen, der in Kapitel 3.1 begonnen wurde, fort. Schwerpunkt sind jetzt Argumentationslogiken, die auf der **Ebene der Firma** ansetzen und von dort aus die Generierung überdurchschnittlicher Erträge zu erklären versuchen. Im Folgenden werden zuerst der so genannte *Resource-based View*, dann der *Capability-based View* und zuletzt der *Knowledge-based View* vorgestellt.

Lernziele

- Darstellung von drei unterschiedlichen, aber aufeinander aufbauenden Ansätzen zur Erklärung überdurchschnittlicher Erträge (»Theories of the firm«): Resource-based View, Capability-based View und Knowledge-based View
- Auseinandersetzung mit den Vorteilen, Kritikpunkten und offenen Fragen dieser Ansätze

4.1.1 Resource-based View

»Theory of the Firm«

Eine der fruchtbarsten theoretischen Strömungen der letzten Jahre ist der ressourcenorientierte Ansatz oder **Resource-based View (RBV)**. Er baut auf den Überlegungen von Penrose auf, die in ihrem 1957 verfassten Buch »Theory of the Firm« Unternehmen erstmals nicht als administrative Einheiten, sondern als Ansammlung von Ressourcen konzeptualisiert. Mitte der 80er-Jahre wird dieser Gedanke durch die Arbeiten von Wernerfelt (1984) aufgegriffen und auf strategische Fragestellungen übertragen. In der Folge entwickelt sich daraus eine intensive Forschungsbewegung.[1] Worum geht es?

Zunächst setzt der RBV nicht an der Ebene der Industrie an, sondern geht eine Ebene tiefer, auf die *Ebene der Firma*. Hier betrachtet er Firmen nicht länger als Abbildung einer homogenen, allen frei zugänglichen Produktionsfunktion (wie im neoklassischen Modell des perfekten Wettbewerbs) oder als Menge von Produkt-Marktpositionen (wie im industrieökonomischen Ansatz), sondern als Bündel von Ressourcen. Durch diesen Perspektivenwechsel gewinnt er eine neue, eigenständige Analyseeinheit, die Ressource.

Firma als Bündel von Ressourcen

Der Begriff der *Ressource* ist relativ breit gefasst. Mit ihm wird all das bezeichnet, was einem Unternehmen zur Verfügung steht und worauf es direkt oder indirekt zugreifen kann. So definiert Wernerfelt (1984) eine Ressource als »anything that could be termed a strength or weakness of a given firm ... (tangible and intangible) assets which are tied semi-permanently to the firm«. Amit/Shoemaker (1993) sprechen von »stocks of available factors owned or controlled by the firm«, Sanchez/Heene/Thomas (1996) von »assets that are available and useful in detecting and responding to market opportunities and threats« und Teece/Pisano/Shuen (1997) verstehen unter Ressourcen »firm-specific assets that are difficult if not impossible to imitate«. Konkreter wird es, wenn versucht wird, die verschiedenen Ressourcenarten zu klassifizieren und man dann z.B. zwischen physischen, humanen und organisationalen Ressourcen unterscheidet (Barney 1991) oder – weiter ausdifferenziert – finanzielle, technologische und reputationsbezogene Ressourcen hinzufügt (Grant 1991). Alternativ wird auch zunächst in materielle und immaterielle Ressourcen getrennt und anschließend darauf aufbauend weiter differenziert (Hall 1993).

Die *zentrale These* des RBV besteht nun darin, dass Erfolgsunterschiede zwischen Firmen durch Unterschiede zwischen ihren jeweiligen Ressourcen zu erklären sind. Oder noch präziser: Es kommt auf die Effizienzunterschiede zwischen Ressourcen an. Verfügt eine Firma über Ressourcen, die ihr einen Effizienzvorteil sichern, so wird sich dieser in Form eines höheren Erfolgs auszahlen. Verfügt sie über »schlechtere« Ressourcen, so wird auch ihr Erfolg unterdurchschnittlich sein. Wie unmittelbar ersichtlich ist, liegt die Aufmerksamkeit beim RBV nicht auf der Homogenität von Firmen, sondern auf deren Heterogenität. Denn nur dort, wo Firmen sich unterscheiden, können Effizienz- und in der Folge Erfolgsunterschiede auftreten.

Effizienzvorteile aufgrund heterogener Ressourcen

Von Erfolg wird dabei gesprochen, wenn es einem Unternehmen gelingt, über einen längeren Zeitraum so genannte *Renten* zu erwirtschaften. Der Begriff der Rente, der aus der mikroökonomischen Theorie stammt, bezeichnet diejenigen Erträge, die die Opportunitätskosten des Ressourceneinsatzes in einem Industriezweig überschreiten, ohne neue Wettbewerber anzuziehen. Dadurch sind sie für eine bestimmte Zeit dauerhaft und sichern einem Unternehmen überdurchschnittliche Erträge. Unter den Annahmen des neoklassischen Ansatzes des perfekten Wettbewerbs kann dieser Fall gar nicht eintreten, denn dort verfügen alle Firmen über die gleiche, homogene Produktionsfunktion mit vollständig flexiblen Inputfaktoren. Angebot und Nachfrage balancieren sich im Gleichgewicht aus und bestimmen die Breakeven-Kosten der beteiligten Firmen. Der industrie-

Renten

ökonomische Ansatz Bain's (1968) hingegen geht von monopolistischen Branchenstrukturen aus. Den mit Marktmacht ausgestatteten Firmen fließen hier Renten zu, indem sie bewusst die Produktionsmenge einschränken und Monopolgewinne einstreichen. Unvollkommenheiten der Industriestruktur führen folglich zu Renten.

Ricardorente

Der RBV ist nun ebenfalls am Phänomen der Rente interessiert und daher auch an Unvollkommenheiten, allerdings legt er sein Augenmerk neben der Monopol- besonders auf die Ricardorente. Diese basiert auf herausragenden Inputfaktoren, die es in einer Branche nur in begrenztem Umfang gibt. Da ihr Angebot entweder überhaupt nicht oder nur langsam erweitert werden kann, weisen Firmen, die sie besitzen, geringere Durchschnittkosten als ihre Konkurrenten auf, und generieren folglich solange Renten, wie sie in der Lage sind, ihre Heterogenität bzw. die Effizienzvorteile aufrechtzuerhalten.

Bedingungen für Renten

Neben der Heterogenität von Ressourcen sind noch weitere *Bedingungen* erforderlich, um dauerhaft Renten »einstreichen« zu können[2]. Erstens muss es »ex ante«-Beschränkungen des Wettbewerbs um wertvolle Ressourcen geben, da ansonsten ihr Preis schon im Vorfeld so weit steigen würde, dass die anfallenden Kosten das Rentenpotenzial aufbrauchen würden. Denn geht man von der Vorstellung eines Marktes für strategisch wichtige Ressourcen aus, dann kann eine Firma nur auf zwei Arten in den Besitz wertvoller Ressourcen gelangen: entweder durch reines Glück oder durch »hellseherische« Voraussicht, indem sie Ressourcen, die sich dann später als wertvoll erweisen, vorab billig erwirbt. Aufgabe der Firma ist es, hier ein ausgezeichnetes Gespür für ihr »Resource-picking« zu entwickeln, d. h. sie muss systematisch genauere Erwartungen über den zukünftigen Wert von Ressourcen als andere Firmen haben. Der Wettbewerb um wertvolle Ressourcen findet also vor ihrer eigentlichen Akquisition statt. Hier wird das Rentenpotenzial durch kluge Auswahlentscheidungen der Firma geschaffen.

Als zweite Bedingung dürfen wertvolle Ressourcen nicht vollständig mobil und damit handelbar sein. Ansonsten bestünde die Gefahr, dass andere Benutzer sie durch hohe Preise von ihren jeweiligen Benutzern »wegbieten« würden. Diese Gefahr reduziert sich jedoch, wenn die betreffenden Ressourcen mit Umstellungskosten verbunden sind, auf firmenspezifische Anforderungen hin spezialisiert sind oder nur in Kombination mit anderen Ressourcen, über die ein interessierter Bieter nicht verfügt, einen höheren Wert generieren.

Drittens kann eine Rente nur dauerhaft gesichert werden, wenn »ex post«-Beschränkungen des Wettbewerbs bestehen, die die Heterogenität der jeweiligen Ressourcen sichern. Dies geschieht im Falle von unvollständiger Imitation und Substitution. Sind diese Beschränkungen nicht gegeben, so bauen Konkurrenten die einzigartige Ressourcenausstattung einer Firma entweder nach oder neutralisieren sie durch alternative Kombinationen ihrer Ressourcen. Wie sich allerdings in der Praxis immer wieder zeigt, ist dies oft nicht möglich. Rumelt verweist hier auf so genannte »isolierende Mechanismen«, die er als »phenomena that limit the ex post equilibration of rents among firms« (1984, S. 567) definiert. Konkret sind dies Mechanismen wie Eigentumsrechte an seltenen Ressourcen, einmalige historische Anfangsbedingungen, Informationsasymetrien etc. Von besonderem Interesse ist der Mechanismus der kausalen Ambiguität[3]. Er weist auf die Unsicherheit hin, die oft über die Ursachen von Effizienzunterschieden besteht. Wenn eine »Entschlüsselung« dieses Unterschiedes nicht machbar ist, kann auch kein Konkurrent als Imitator auftreten.

Insgesamt entwirft der RBV also eine Argumentationslogik, die die Generierung, Nutzung und Sicherung von Ricardorenten auf Grundlage der Heterogenität von Ressourcen erklärt. Sie beginnt mit ex-ante-Beschränkungen des Wettbewerbs (Generierung), setzt sich mit einer Diskussion der Eigenschaften und des Einsatzes wertvoller Ressourcen fort (Nutzung) und endet in einer Analyse der ex-post-Beschränkungen, die ein Abschmelzen der Ricardorenten verhindern (Sicherung).

Kritik

Kritisch betrachtet handelt es sich beim RBV um einen wegweisenden, gleichwohl jedoch entwicklungsbedürftigen Ansatz des Strategischen. Positiv ist vor allem sein Versuch zu bewerten, die »Black box« der Firma zu öffnen und mikroökonomische Vorgänge mit Hilfe eines eigenständigen Sprachspiels theoretisch und empirisch zu erfassen. Auch die Fokussierung auf die Heterogenität von Ressourcen ist ein Pluspunkt im Vergleich zu Theorien mit wesentlich restriktiveren, realitätsfernen Annahmen. Ungeklärt sind jedoch noch eine Reihe von Punkten: So gibt der RBV keine Hinweise darauf, wie sich wertvolle Ressourcen ex ante und nicht ex post von nicht-wertvollen Ressourcen unterscheiden lassen. Die Rekonstruktion von unternehmerischen Erfolgsgeschichten, wie sie in empirischen Arbeiten immer wieder zu beobachten ist, hat noch keine prediktive Aussagekraft. Daher ist der RBV auch dem Tautologievorwurf ausgesetzt, nach dem Motto: Wertvolle Ressourcen sind Ressourcen, die eben wertvoll sind. Des Weiteren ist es schwierig den Wert von Ressourcen isoliert zu analysieren. Oft gewinnen Ressourcen erst durch die Kombination mit anderen Ressourcen an Wert und stehen in einem Komplementaritätsverhältnis zueinander. Wie dies bei einer Vielzahl von Ressourcen theoretisch verarbeitet werden kann, ist eine noch offene Frage. Ebenso ist ungeklärt, ob und wie wertvolle Ressourcen und damit Renten entstehen. Können solche Prozesse im Rahmen des RBV überhaupt angemessen erfasst werden oder beschränkt sich seine Aussagekraft auf Vorschläge zum »Herauspicken« unterbewerteter Ressourcen?

4.1.2 Capability-based View

Der fähigkeitenorientierte Ansatz oder **Capability-based View (CBV)**[4] des Strategischen ist eine Fortführung des RBV, setzt jedoch an mehreren Stellen neue Akzente. Zwei der wichtigsten *Unterschiede* liegen in der Frage nach dem Zeitpunkt sowie dem Mechanismus der Rentengenerierung[5]. Während im RBV die ökonomische Rente in der Phase bis zur Akquisition einer (hoffentlich) unterbewerteten Ressource geschaffen wird, beginnt für den CBV der Prozess der Rentengenerierung erst nachdem die Firma in den Besitz der Ressourcen gelangt ist. Das Timing ist also verschieden. Die beiden Phasen schliessen zwar aneinander an, sind jedoch voneinander getrennt. Auch der Mechanismus, durch den Wert geschaffen wird, ist ein anderer. Während es im RBV um die Frage geht, wie Unternehmen durch überlegene Informationen und ein geschicktes Aufspüren von unterbewerteten Ressourcen ein Rentenpotenzial erzielen, das es dann anschließend zu bewahren und verteidigen gilt, wird im CBV eine Rente erst durch den koordinierten Einsatz von Ressourcen in der Firma, sprich deren Fähigkeiten, geschaffen.

Renten durch den koordinativen Einsatz von Fähigkeiten

Damit wird auch verständlich, warum im CBV nicht Ressourcen, sondern Fähigkeiten die zentrale *Analyseeinheit* sind. Denn erst durch seine Fähigkeiten (wie z. B. Design und Entwicklung von Computerchips oder erfolgreiche Integration von akquirierten Unternehmen) wird eine Firma in die Lage versetzt, Renten zu generieren, während Ressourcen gewissermaßen das »Baumaterial« sind, mit dem Fähigkeiten hantieren und die dieses »Baumaterial« geschickt einsetzen. So meinen Amit/Shoemaker (1993, S. 35): »*Capabilities*, in contrast, refer to a firm's capacity to deploy *resources*, usually in combination, using organizational processes, to effect a desired end«. Sie schließen damit an Penrose an, die bereits 1959 verdeutlichte, dass: »A firm may achieve rents not because it has better resources, but rather the firm's distinctive competence involves making better use of its resources«.[6]

Konsequenterweise werden *Fähigkeiten* im CBV als komplexe Interaktions-, Koordinations- und Problemlösungsmuster einer Organisation verstanden. Oft sind sie mit spezifischen Gruppen und ihrer jeweiligen Wissensbasis verbunden. Sie werden in einem langwierigen Entwicklungsprozess aufgebaut[7], und sind auf Grund ihrer komplexen Zusammensetzung und organisatorischen Verankerung weder zu transferieren noch käuflich zu erwerben. Eine konkurrierende Firma ist daher gezwungen, einen ähnlichen Aufbauprozess zu durchlaufen, wie die Firma, die über herausragende Fähigkeiten verfügt. Damit wird die Generierung von Renten zu einem mühsamen, in seinen Einzelheiten oft kaum durchschaubaren Prozess.

Der Fähigkeitsbegriff trägt diesen Überlegungen Rechnung. Für Teece/Pisano/Shuen (1997) sind organisationale Fähigkeiten »the capabilities of an enterprise to organize, manage, coordinate or govern specific sets of activities«. In einer überarbeiteten Fassung betonen sie den dynamischen Aspekt einer Fähigkeit stärker und kommen damit zu folgender Definition: »We define dynamic capabilities as the firm's ability to integrate, build, and reconfigure internal and external competences to address rapidly changing environments.« (Teece/Pisano/Shuen 1997, S. 516). Die zentrale Aufgabe eines strategischen Managements liegt in der Anpassung, Integration und Rekonfiguration von internen und externen Fertigkeiten und Ressourcen. Ziel ist es, jeweils den Anforderungen einer sich kontinuierlich verändernden Umwelt gerecht zu werden.

Charakteristika von Fähigkeiten

Im Detail zeichnen sich Fähigkeiten durch folgende *Charakteristika* aus[8]: Erstens werden durch sie Handlungen von Individuen und Gruppen koordiniert. Die dazu notwendige Abstimmung der einzelnen Handlungen zu Handlungsketten erfolgt nun nicht mehr »fallweise«, sondern vollzieht sich routinisiert. Es sind wiederholbare Interaktionsmuster entstanden, die umso effizienter werden, je mehr sie eingeübt und internalisiert sind. Fähigkeiten können daher auch als organisationale *Routinen* verstanden werden, die spezielle Probleme erfolgreich lösen.[9]

Zweitens ist die Koordination von Handlungen nicht nur in der Oberflächenstruktur einer Organisation verankert, sondern greift insbesondere auf die Tiefenstruktur zu, die das »organisatorisch Unbewusste« verkörpert. Sie umfasst die kognitiven Strukturen, Gruppen- und Individualinteressen sowie die Kultur als Ausdruck von Werten, Normen und Weltbildern einer Organisation[10]. Von daher ist es nicht überraschend, wenn sich der CBV zunehmend mit Fragen des Lernens in Organisationen oder der Entstehung von Kognitionen auf individueller und kollektiver Ebene beschäftigt.

Drittens führt die Verankerung in der Tiefenstruktur dazu, dass Fähigkeiten Potenzialcharakter aufweisen. Investitionen in sie verändern den »Opportunity

Set«, der einem Unternehmen zur Verfügung steht und erhöhen damit seinen Handlungsspielraum.[11]

Viertens ist der Akkumulationsprozess von Fähigkeiten relativ komplex. Amit/Shoemaker (1993) gehen davon aus, dass Manager von Natur aus mit begrenzter Rationalität ausgestattet sind und deshalb nicht-perfekte, ins eigene Ermessen gestellte Entscheidungen treffen. Diese kulminieren sich im Zeitablauf zu organisationalen Fähigkeiten, die oft erst ex post als solche erkennbar werden. Dierickx/Cool (1989) untersuchen den Akkumulationsprozess strategischer Vermögenswerte und sehen ihn durch Eigenschaften wie »time compression diseconomies, asset mass efficiencies, interconnectedness of asset stocks, asset erosion and causal ambiguity« gekennzeichnet. Teece/Pisano/Shuen (1997) betonen die Bedeutung von Pfadabhängigkeiten und begründen die Erkenntnis »*history matters*« mit dem Verweis auf Versuchs-, Feed-back- und Evaluationsprozesse während der Entwicklung von Fähigkeiten.

Aus diesen Ausführungen wird deutlich, dass der CBV – analog zum RBV – ebenfalls über die *Heterogenität* von Firmen argumentiert, nun allerdings nicht auf Basis unterschiedlicher Ressourcen, sondern auf Basis unterschiedlicher, firmenspezifischer Fähigkeiten. Erfolgsunterschiede zwischen Firmen erklärt er durch Unterschiede in ihren jeweiligen Fähigkeiten, die in der Folge zu Effizienzunterschieden zwischen den Ressourcen führen. Mit dieser Argumentation entfernt sich der CBV nicht vollständig von einer ressourcenorientierten Betrachtung, sondern errichtet gewissermaßen eine fähigkeitenorientierte »Metaebene« über ihr, auf der er die eigentlichen Quellen wirtschaftlichen Erfolgs vermutet.

Ähnliches gilt in seinem *Rentenverständnis*. Betont der RBV die auf immobilen Ressourcen beruhenden Ricardorenten, hält der CBV dem die so genannten Schumpeterrenten entgegen. Diese ergeben sich als Belohnung für risikofreudige, unternehmerische Entscheidungen in einer ungewissen, komplexen Umwelt. Sie sind inhärent selbstzerstörerisch, da das mit ihnen verbundene Wissen in der Umwelt diffundiert und einen neuen Zyklus der »kreativen Zerstörung« auslöst. Dem CBV kommt es also weniger auf die Eigenschaften der Ressourcen einer Firma an, sondern auf die Frage, wie diese Ressourcen immer wieder neu konfiguriert und kombiniert werden müssen, um auf eine innovative Form Wert zu schaffen.

Schumpeterrente

Kritisch betrachtet kommt dem CBV der Verdienst zu, die statische Betrachtungsweise des RBV dynamisiert und sich explizit auf den Prozess der Akkumulation von Fähigkeiten konzentriert zu haben. Hier liegt sein größtes Potenzial. Gleichzeitig öffnet er sich dadurch den Einsichten, die in der Organisationstheorie über Phänomene wie Lernen, Kognitionen etc. bereits bestehen. Zu bedenken sind hingegen folgende Punkte: Erstens ist die Trennlinie zwischen Ressourcen und Fähigkeiten nicht einfach zu ziehen. Wenn Fähigkeiten auf den Einsatz von Ressourcen abzielen, sind sie dann nicht auch eine »spezielle« Ressource, die der Firma zur Verfügung steht? Werden sie aber als eine solche Ressource behandelt[12], dann stellt sich wieder die Frage der Abgrenzung und der Interaktion zwischen Ressourcen und Fähigkeiten. Konsequenter wäre es dann wohl, den Fähigkeitenbegriff eigenständig zu definieren und ihn mit spezifischen Attributen auszustatten, die nicht wieder auf Ressourcen verweisen. Wie damit empirisch gearbeitet werden kann, ohne auf die Beobachtung von Ressourcen zurückzufallen, ist allerdings eine noch ungeklärte Fragestellung. Dies führt zum zweiten Kritikpunkt. Der Fähigkeitenbegriff ist bislang kaum überzeugend operationali-

Kritik

siert. Viele Definitionen sind letztendlich tautologischer Natur und definieren eine Fähigkeit mehr oder weniger als die Fähigkeit, etwas zu tun. Einen interessanten Ausweg aus diesem Dilemma könnte das Konstrukt der »Routine« darstellen, falls es als Platzhalter für den Fähigkeitenbegriff verwendet wird. Drittens stellt sich wie beim RBV die Problematik der ex ante versus ex post Rationalisierung. Wie kann man vorab erkennen, welche Fähigkeiten aufzubauen sind und wie ist ein solch zielgerichteter Aufbau – angesichts von Problemen, wie z.B. der kausalen Ambiguität – überhaupt möglich? Kann eigentlich über Phänomene, die auf Einzigartigkeit und Kontextabhängigkeit beruhen, in generalisierter Form theoretisiert werden, ohne dadurch gerade dies zu verlieren?

4.1.3 Knowledge-based View

Ressource »Wissen«

Auch der wissensorientierte Ansatz oder **Knowledge-based View (KBV)** basiert auf dem ressourcenorientierten Ansatz, treibt ihn jedoch in eine eigenständige Richtung weiter. Die Ressource »Wissen« ist im RBV zwar bereits bekannt und wird dort als immaterieller Vermögensgegenstand behandelt, gleichwohl kommt ihm dabei zunächst keine besondere Bedeutung zu. Wissen steht gleichberechtigt neben anderen Ressourcenarten und ist nur eine mögliche Quelle von Wettbewerbsvorteilen.

Im KBV verändert sich nun diese Sichtweise. Wissen wird zum entscheidenden Merkmal von Firmen. Sie werden nicht länger als ein Bündel von Ressourcen oder Fähigkeiten betrachtet, sondern als soziale Organisationen, in denen Individuen auf Grundlage ihrer individuellen Wertvorstellungen sowie gemeinsam geteilter Ideologien und Deutungsmuster interagieren[13]. Die Firma wird zu einem »body of knowledge«.

Definition von Wissen

Doch was ist Wissen? Gibt es eine einheitliche Vorstellung davon? Wenn das Konstrukt »Wissen« zur zentralen Analyseeinheit des KBV wird, stellt sich automatisch die Frage, wie es definiert werden kann. Hier fallen die Antworten unterschiedlich aus, und man verweist auf die lange Diskussion, die sich im philosophischen Diskurs von Plato und Aristoteles bis hin zu Popper und Latour zieht. Je nachdem, welcher epistemologischen Position man zuneigt, werden dann verschiedene Definitionen vorgeschlagen[14]. Folgt man z.B. den Annahmen einer positivistischen Erkenntnistheorie und versteht man Wissen als ein objektives, übertragbares Gut, dann kann Wissen als »information whose validity has been established through tests of proof« (Liebeskind 1996) oder als »justified true beliefs« (Spender 1996) definiert werden. Geht man hingegen von anderen epistemologischen Annahmen aus, so verändern sich in der Folge auch die Definitionen. Knüpft man beispielsweise Wissen an die subjektiven Wertvorstellungen von Individuen und ihren Interaktionen und sieht man Wissen als soziale Konstruktion auf individueller oder kollektiver Ebene, so verlieren »objektive« Definitionen ihre Grundlage.

Wissensarten

Aufbauend auf der Debatte, was denn Wissen eigentlich ist, hat sich im KBV eine Strömung herausgebildet, die sich primär mit verschiedenen *Wissensarten* beschäftigt und in der die jeweiligen epistemologischen Annahmen nur noch indirekt nachwirken. Mehrere Unterscheidungen sind hier vorgeschlagen worden, die das Konstrukt »Wissen« in seine Einzelteile zerlegen. So wird differenziert zwischen explizitem und impliziten Wissen, sozial konstruiertem, verinnerlichtem, konzeptionellem Wissen etc.[15]. Daneben werden die verschiedenen Ebenen betrachtet, auf denen Wissen untersucht wird. Während einige Autoren sich auf die individuelle Ebene konzentrieren (z.B. Grant 1996), haben andere primär die kollektive Ebene im Fokus (z.B. Nonaka 1992, 1994).

Um die Verbindung zum strategischen Management bzw. zur Frage nach *Wettbewerbsvorteilen* herzustellen, schlägt der KBV zwei Wege vor. In einer statischen Version geht er vom RBV aus und argumentiert, dass Wissen einfach die wichtigste aller Ressourcen ist. Andere Ressourcen spielen zwar auch eine Rolle, aber Wissen ist letztendlich die entscheidende. In einer prozessualen Version wird die Lokalisierung, Generierung, Nutzung, Transfer und die Sicherung von Wissen zur Grundlage für jegliches Verhalten in Organisationen – inklusive natürlich all der Aktivitäten, durch die Wettbewerbsvorteile geschaffen werden. Damit argumentiert er ähnlich wie der CBV.

Schlüssel zum Verständnis von Fähigkeiten

Insgesamt kann der KBV als eine bewusste Verengung des ressourcen- und fähigkeitenorientierten Ansatzes betrachtet werden. Aus der statischen Sicht der Auswahl »unterbewerteter« Ressourcen konzentriert er sich auf die Ressource Wissen, aus der dynamischen Sicht der Akkumulation von Fähigkeiten betrachtet er Wissen als den letztendlichen »Schlüssel« zu einem Verständnis organisationaler Fähigkeiten. Mit beiden Ansätzen verbindet ihn die Bedeutung, die er der Heterogenität von Firmen zurechnet. Sie allein ermöglicht es Wettbewerbsvorteile dauerhaft zu erhalten. In seiner Logik ist es firmenspezifisches Wissen, was Unternehmen voneinander unterscheidet.

Hinsichtlich seines *Rentenverständisses* hat er keine Präferenz für einen bestimmten Typ. Führt einzigartiges Wissen zu einer starken Position am Markt, können durch die Einschränkung der Produktionsmenge Monopolrenten generiert werden. Geht man davon aus, dass einzigartiges Wissen relativ immobil ist und Effizienzunterschiede zwischen Firmen nach sich zieht, so treten Ricardorenten auf. Und entstehen durch neues Wissen innovative Lösungen, so fließen der Firma Schumpeterrenten zu.

Kritik

Kritisch betrachtet ist es dem KBV gelungen, das Strategische Management für epistemologische Fragestellungen und alternative Annahmen zu sensibilisieren. Wissen ist ein Konstrukt, das zu solcherlei Überlegungen geradezu verleitet. Der positivistischen Tradition, die die Disziplin prägt, kann dies ein hilfreiches Gegengewicht bieten, auch oder gerade weil sich dann natürlich die Frage stellt, wie ein wissenschaftlicher Diskurs mit unterschiedlichen epistemologischen Annahmen praktisch umgehen kann und sollte. Ebenfalls positiv zu bewerten ist die Konzentration des KBV auf die (in seinen Augen) entscheidende Ressource bzw. das wichtigste Element einer Fähigkeit: das Wissen. Dies kann dazu beitragen, einen klaren Fokus zu gewinnen und an den »richtigen« Stellen zu suchen. Paradoxerweise stellen sich jedoch gerade dadurch dem KBV eine Reihe von Schwierigkeiten. Denn Wissen ist ein omnipräsentes Phänomen in Organisationen und folglich ist die Gefahr gegeben nun alles dort als »wissensrelevant« zu beurteilen. Wie eine sinnvolle Abgrenzung zwischen wertvollem und nicht-wertvollem Wissen getroffen werden kann, ist eine noch ungeklärte Frage. Des Weiteren kann dem KBV – ähnlich wie RBV und CBV – der Vorwurf der Tautologie und mangelnder Prognosekraft nicht erspart werden.

4.1.4 Vergleichende Betrachtung

Damit sind drei Ansätze vorgestellt, die – wie gezeigt wurde – teils aufeinander aufbauend, teils ergänzend, teils widersprüchlich der Frage nachgehen, wie Unternehmen überdurchschnittliche Erträge erwirtschaften. Um einen Überblick über sie zu geben, sind ihre wichtigsten Charakteristika in Abbildung 4-3 zusammengefasst.

Abb. 4-3: Der RBV, CBV und KBV im Vergleich

	RBV	CBV	KBV
Intellektuelle Wurzeln	Penrose, Selznick, Andrews, Wernerfelt, Barney	Penrose, Schumpeter, Chandler, Nelson, Winter, Teece	Nonaka, Grant, Spender, Liebeskind, v. Krogh
Sichtweise der Firma	Firmen sind einzigartige Ansammlungen von Ressourcen	Firmen sind Bündel von Fähigkeiten, die mit Ressourcen »hantieren«	Firmen sind soziale Entitäten von Wissen
Analyseeinheit	Ressource	Fähigkeit	Wissen
Rentenart	Monopol & Ricardo	Schumpeter	Monopol, Ricardo & Schumpeter
Ursache für Wettbewerbsvorteile	Wertvolle, seltene, nicht-imitierbare und nicht-substituierbare Ressourcen	Die Fähigkeit, Ressourcen unter der Kontrolle der Firma nutzvoll einzusetzen	Firmenspezifisches Wissen und der Umgang damit
Mechanismus der Rentengenerierung	Glück und »voraussehende« Wahl unterbewerteter Ressourcen	Akkumulation von Fähigkeiten durch interne Prozesse	Generierung, Transfer und Nutzung von Wissen
Zeitpunkt der Rentengenerierung	Statisch: vor der Akquisition einer Ressource	Prozessual: während der Entwicklung der Fähigkeit	Prozessual: während der Entwicklung des Wissens
Epistemologische Basis	Objektivismus	Subjektivismus & Objektivismus	Subjektivismus & Objektivismus

Zusammenfassung

- Effizienzunterschiede zwischen Ressourcen erklären Erfolgsunterschiede zwischen Firmen. Erfolg und das Abschöpfen von (Ricardo-)Renten basieren demnach auf *einer heterogenen Ressourcenausstattung*.
- Im CBV werden (Schumpeter-)Renten durch die *Fähigkeiten* der Firma zum koordinierten Einsatz ihrer Ressourcen realisiert.
- Im KBV steht die Ressource »*Wissen*« im Zentrum des Ansatzes. Ihre Identifikation, Allokation, Nutzung, Transfer und Sicherung unterscheidet Firmen voneinander.

Lernkontrolle

1. Was war das Neuartige in der »Theory of the Firm« von Penrose (1959)? Was erklärt in ihrem RBV-Ansatz den Erfolg eines Unternehmens?
2. Wie stellt man sich im Ansatz des RBV die Generierung, Nutzung und Sicherung von Ricardorenten vor? Welche drei Bedingungen sind im RBV an die Realisierung von Renten gebunden?
3. Was ist die Aussage des CBV? Warum sind hier die Fähigkeiten die zentrale Analyseeinheit?
4. Was wird im CBV unter einer Fähigkeit verstanden? Welche Eigenschaften werden ihr zugerechnet?
5. Woraus entstehen nach dem KBV Wettbewerbsvorteile? Was unterscheidet hier die statische von der dynamischen Sichtweise?
6. Welche Kritikpunkte bzw. offenen Fragen können gegenüber dem RBV-, dem CBV- und dem KBV-Ansatz vorgebracht werden?
7. Welches unterschiedliche Rentenverständnis ist mit den drei Ansätzen RBV, CBV und KBV verbunden?

4.2 Analyse der Wertschöpfung (Gestaltung I)

Ging es bei der Positionierung um die Beziehung zu den Anspruchsgruppen der Umwelt (Außenverhältnis), so geht es jetzt um die Beziehung zwischen den einzelnen Elementen innerhalb eines Unternehmens (Innenverhältnis). War es im Arbeitsfeld »Positionierung« die Definition der angestrebten Position gegenüber den als relevant erachteten Anspruchsgruppen sowie die Suche nach Strategien zur Besetzung dieser Position, so ist es nun die Ausgestaltung des Arbeitsfeldes »Wertschöpfung« sowie die Benennung der zur Realisierung der angestrebten Positionierung zu ergreifenden Aktivitäten und erforderlichen Ressourcen, auf die es ankommt.

Am Anfang dieses Kapitels stehen konzeptionelle Überlegungen zur Wertschöpfung (Kapitel 4.2.1). Danach werden Wege aufgezeigt, wie man die Wertschöpfung der Branche (Kapitel 4.2.2) und darauf aufbauend die des Unternehmens (Kapitel 4.2.3) analysieren und zu einer integrierenden Betrachtung (Kapitel 4.2.4) zusammenführen kann.

Lernziele

- Veranschaulichung der Schnittstelle zwischen den Arbeitsfeldern Positionierung und Wertschöpfung
- Auseinandersetzung mit den begrifflichen Grundlagen und der Konzeption der Wertschöpfung
- Strukturierung des Arbeitsprozesses im Feld »Wertschöpfung«
- Auseinandersetzung mit Begriff und Konzeption der Wertschöpfung
- Aufzeigen eines Arbeitsprozesses zur Analyse der Wertschöpfung

4.2.1 Konzeption der Wertschöpfung

Mit der Wertschöpfung haben wir wiederum ein sehr reichhaltiges und komplexes Arbeitsfeld zu erschließen. Welcher Konzeption wollen wir dabei folgen? Ein erster Aspekt stellt dabei das Prozessmodell dar, nach welchem im GMN verfahren wird: Kommt man »klassisch« aus der Positionierung in die Wertschöpfung oder geht es um die Erschließung einer innovativen Geschäftsidee, zu der die Märkte erst im Entstehen sind und bei der man direkt aus der Initiierung in die Wertschöpfung geht? In Abschnitt (1) werden eine Reihe von Überlegungen zur Schnittstelle im »klassischen« Prozessmodell angestellt. Danach wird in Abschnitt (2) der konzeptionelle Faden des Stakeholder-Ansatzes aus der Positionierung nochmals aufgegriffen und über den Begriff des »Stakeholder Relations Management« in Bezug zur Wertschöpfung gesetzt. In Abschnitt (3) wollen wir dann unser Verständnis des Begriffes »Wertschöpfung« darlegen und präzisieren. Abschließend wird ein Überblick über den Arbeitsprozess gegeben, der im Feld »Wertschöpfung« verfolgt wird.

(1) Schnittstelle Positionierung/Wertschöpfung

Wie eng Positionierung und Wertschöpfung miteinander verbunden sind, zeigt nachfolgende Überlegung: Kommt beispielsweise ein Uhrenproduzent zu der Überzeugung, dass im Geschäftsfeld für modische Billiguhren hohe Wachstumsraten zu erwarten sind, und will er durch eine aggressive Wettbewerbsstrategie dort rasch Marktanteile aufbauen (Positionierung), so hat er sich im Gegenzug zu fragen, was er denn alles zu tun bzw. zu verändern habe, um diese Zielsetzung auch zu erreichen. Er wird u.a. zu prüfen haben, ob seine momentanen Produktionsverfahren auch für die Herstellung von Billiguhren geeignet sind, ob das erforderliche Know-how zur Produktentwicklung vorhanden ist, welche Vertriebskanäle zu aktivieren oder aufzubauen sind etc. Kurzum, er wird seine Wertschöpfung kritisch betrachten und Außen- und Innenverhältnis aufeinander abzustimmen haben.

Wie dieses einfache Beispiel verdeutlicht, ist die Schnittstelle zwischen Positionierung und Wertschöpfung von elementarer Bedeutung. Findet hier keine konzeptionelle und handlungsleitende Verbindung statt, so reißt der logische Zusammenhang und es ist nicht mehr einsichtig, welche Auswirkungen eine spezifische Positionierung für die Wertschöpfung einer unternehmerischen Einheit mit sich bringt oder – im Gegenzug – welche Potenziale sich aus einer bestimmten Wertschöpfungskonfiguration für die Positionierung ergeben. Will man inhaltliche Lücken vermeiden, dann empfiehlt es sich bereits von Anfang an, auf Konsistenz zu achten. Pragmatisch wird man dabei iterativ vorgehen und Positionierung und Wertschöpfung so lange miteinander abgleichen, bis beide zueinander kompatibel sind. Mit fortlaufenden Feedbackschleifen ist zu rechnen.

In der **Praxis** ist dies jedoch keineswegs selbstverständlich der Fall. Immer wieder lässt sich beobachten, dass im Rahmen der Positionierungsarbeit Strategien entwickelt werden, die nur wenig Bezug zur Wertschöpfung aufweisen oder Vorgaben gesetzt werden, die weder durchdacht noch realisierbar sind. Ebenso finden sich Unternehmen, die tief greifende Veränderungen ihrer Wertschöpfung initiieren, ohne einen direkten Bezug zu ihrer Positionierung herzustellen. Man setzt z.B. auf ausgefeilte Qualitätsprogramme, ohne sich darüber im Klaren zu sein, ob dies überhaupt in der eingeschlagenen Form oder Intensität vonnöten ist. Abstimmungsprobleme sind die logische Konsequenz.

Problem der Arbeitsteiligkeit

Des Weiteren wird die »Verzahnung« von Positionierung und Wertschöpfung oft auch dadurch erschwert, dass die beteiligten Personengruppen auseinander fallen. Während die Positionierung meist Sache eines obersten Führungsteams ist, wird die Wertschöpfung in die Hände des mittleren und unteren Managements gelegt. Zum kritischen Faktor wird dann, ob es gelungen ist, zwischen den einzelnen Arbeitsteams ein gemeinsames Verständnis über Annahmen, Zielrichtungen und Prioritäten zu entwickeln. Deshalb kann es sinnvoll sein, über eine entsprechende »Mischung« der Arbeitsteams einen durchgängigen Prozess zu unterstützen. Dies kann dadurch erreicht werden, dass sich die Mitglieder der Führungsmannschaft auf die einzelnen Arbeitsteams verteilen und dort auch explizit für die Nachvollziehbarkeit und operative Umsetzung der strategischen Initiativen verantwortlich sind. Alternativ kann der Gefahr des »Auseinanderdriftens« von »innen« und »außen« auch dadurch entgegengetreten werden, dass man eine entsprechende Performance Messung institutionalisiert, die einerseits die Zielgrößen bezogen auf die Erwartungen der Anspruchsgruppen und andererseits Messgrößen und Performance-Treiber der Wertschöpfung enthält.

Lücken-Analyse

Ein weiterer Weg, um die Verknüpfung der beiden Felder sicherzustellen, liegt im Einsatz einer **Lücken-Analyse**. Durch diese einfache Technik identifiziert man zuerst die Lücken zwischen den beiden Bereichen und versucht sie dann durch passende Maßnahmen zu reduzieren. Wie das nachfolgende Fallbeispiel »Rentenanstalt/Swiss Life« zeigt, kann man sich dabei u.a. folgender Fragen bedienen:

- Wie sieht die momentane Wertschöpfung der untersuchten unternehmerischen Einheit aus?
- Ist sie in der Lage, die Strategien der Positionierung zu verwirklichen?
- Wie ist die Wertschöpfung zu verändern? Was ist konkret zu tun?

Oder im Gegenzug:

- Welche Potenziale ergeben sich aus der momentanen Ausprägung der Wertschöpfung für die Positionierung?
- Wo bestehen welche Lücken zwischen der Positionierung und der Wertschöpfung?
- Was ist zu tun, um sie zu schließen?

Fallbeispiel: Rentenanstalt/Swiss Life

(08/00) Um die Durchgängigkeit ihrer strategischen Überlegungen zwischen Positionierung und Wertschöpfung zu sichern, betont der Versicherungskonzern Rentenanstalt/Swiss Life in seinem Planungsprozess diese Schnittstelle besonders. Er verwendet dazu eine Lücken-Analyse. Ausgangspunkt ist zunächst Schritt 6 der Planungsvorlage, das strategische Programm der Positionierung. Es besteht aus 5 (+/–2) Aussagen *zu strategischen Stoßrichtungen* (»strategic directions«).

Darauf aufbauend werden die Lücken zur momentanen Wertschöpfung der einzelnen Geschäftseinheiten herausgearbeitet und festgehalten. Für diese Lücken-Analyse bedient man sich des Bezugsrahmens in Abbildung 4-4. Entlang der sieben *Schlüsselerfolgsgebiete* wird analysiert, wo Lücken zwischen der momentanen Wertschöpfung und den Anforderungen, die sich aus der angestrebten Positionierung ergeben, beste-

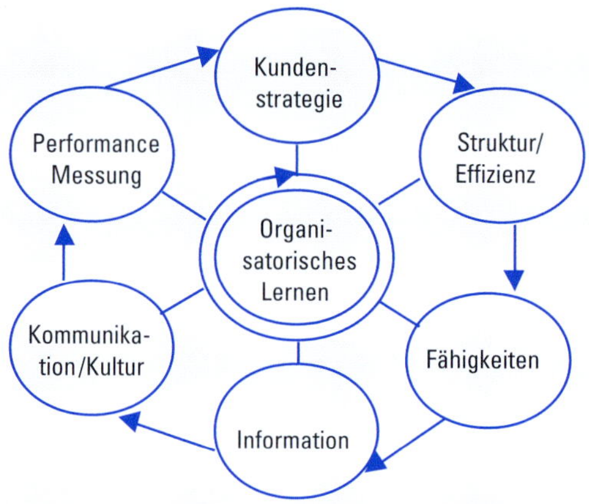

Abb. 4-4:
Lücken-Analyse der Rentenanstalt/ Swiss Life

hen. Die enge »Verzahnung« zwischen den beiden Feldern wird dadurch institutionalisiert.

Zuletzt werden in den sieben Dimensionen der Wertschöpfung die *Schlüsselerfolgsfaktoren* herausgearbeitet, zu *Schlüsselthemen* verdichtet, welche die Verbindung zu den operativen Plänen darstellen und anhand von *Schlüsselaufgaben* priorisiert, die über Meilensteine, Messgrößen, Verantwortlichkeiten und Endtermine verfügen.

(2) Stakeholder Relations Management

Verfolgt man konsequent den mit dem GMN gewählten Ansatz, dann sollte nun gegenüber jedem der als relevant ausgewählten Stakeholder ein Konzept des Wertschöpfungsprozesses entwickelt werden. Mit einem solchen Konzept sollen die Aktivitäten umschrieben werden, mittels derer die Beziehung zum jeweiligen Stakeholder ausgestaltet werden sollen. Wir sprechen an dieser Stelle von einem »Stakeholder Relations Management«.[16] In seiner einfachsten Form geht es dabei um die »Wert(schöpfungs)kette«, also dem Fluss an Diensten und Gütern, mittels dessen Wert geschaffen wird. Abbildung 4-5 veranschaulicht dies.

Primär konzeptionalisiert man natürlich das Netzwerk der Stakeholder-Beziehungen, die am direkten Wertschöpfungsfluss in einer Branche beteiligt sind: Von den Lieferanten geht es über das eigene Unternehmen hin zu den Abnehmern und von dort zu den Endabnehmern. Doch es lohnt sich auch über die konzeptionelle Hinterlegung anderer Stakeholder-Beziehungen nachzudenken, falls sie wertschaffend sind. So könnte etwa die Arbeit eines Bereichs »Investors Relations« auf einer solchen Wertschöpfungssystematik aufbauen, in dem die gegenüber den einzelnen Segmenten bzw. Repräsentanten des Kapitalmarktes (Großaktionäre, Streubesitz, Analysten, Rating-Agenturen etc.) entwickelten Positionierungsstrategien nun in ein internes Wertschöpfungssystem »übersetzt« werden. So kann eine professionelle Interaktion mit den Analysten einen erheblichen Einfluss auf die Börsenbewertung eines Unternehmens haben.

Die einzelnen Stakeholder-Beziehungen haben in den vergangenen Jahren unter unterschiedlichen Begriffen eine gewisse Vermarktung erfahren: Die Ausgestaltung der Beziehung zu den Kunden lief unter dem Schlagwort »Customer Relations Management (CRM)«, bei den Lieferanten war es das »Supply Chain

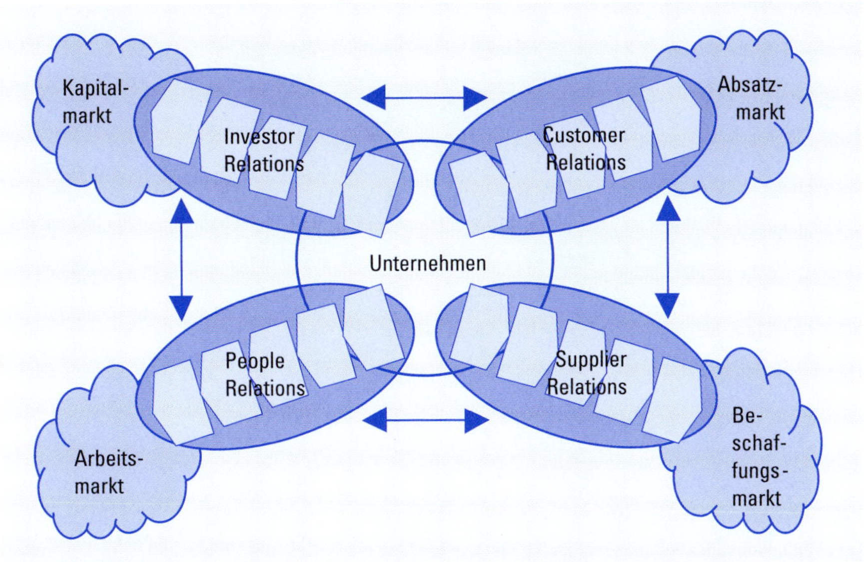

Abb. 4-5: Stakeholder Relations Management

Management«, beim Kapitalmarkt das »Investor Relations«[17], die Öffentlichkeitsarbeit hieß »Public Relations« etc. Besonders viele Projekte liefen dabei in den Bereichen, wo man versuchte, über IT-basierte Prozesse gewissermaßen lückenlos den Wertschöpfungsprozess abzubilden.[18] Damit befindet man sich zwar bereits in der konkreten Leistungserstellung bzw. im operativen Management. Die Verfügbarkeit eines solchen Managementsystems, wie etwa CRM, kann einem Unternehmen aber zum strategischen Wettbewerbsvorteil gereichen, wenn dadurch z. B. signifikante Vorsprünge bei Kosten, Durchlaufzeiten etc. erzielt werden können.

(3) Zum Begriff der Wertschöpfung

Wie eingangs erwähnt, wird als *Wertschöpfung* der *Prozess des Schaffens von Mehrwert durch Bearbeitung* bezeichnet. Mehrwert lässt sich demzufolge als Resultat einer »Eigenleistung« verstehen, die eine Differenz zwischen dem Wert der Abgabeleistungen und der übernommenen Vorleistungen schafft. Dieser Mehrwert entsteht dadurch, dass im Rahmen der Bearbeitung bestimmte *Fähigkeiten und Ressourcen* des Unternehmens zum Einsatz kommen. Das Unternehmen kann also als *ein System untereinander vernetzter Wertschöpfungsprozesse* betrachtet werden, die so angelegt sein sollten, dass am Ende die angestrebte Leistung erzielt wird.

Ist der Saldo aus dem Ertrag einer betrieblichen Leistung und dem Wert der in der Leistungserstellung eingegangenen Vor- und Fremdleistungen positiv, so spricht man von Wertschöpfung, ist er negativ, von Wertvernichtung.

Exkurs: Return on Value Adding (ROVA)
In Abbildung 4-6a wird der Prozess der Entstehung einer Branchenwertschöpfung vereinfachend dargestellt. Da in die Wertschöpfung aber auch die Kosten zur Realisierung dieser Wertschöpfung eingehen, reicht eine alleinige Betrachtung der Wertschöpfung nicht, um die Erzielung von Gewinnen zu gewährleisten. Die Wertschöpfung repräsen-

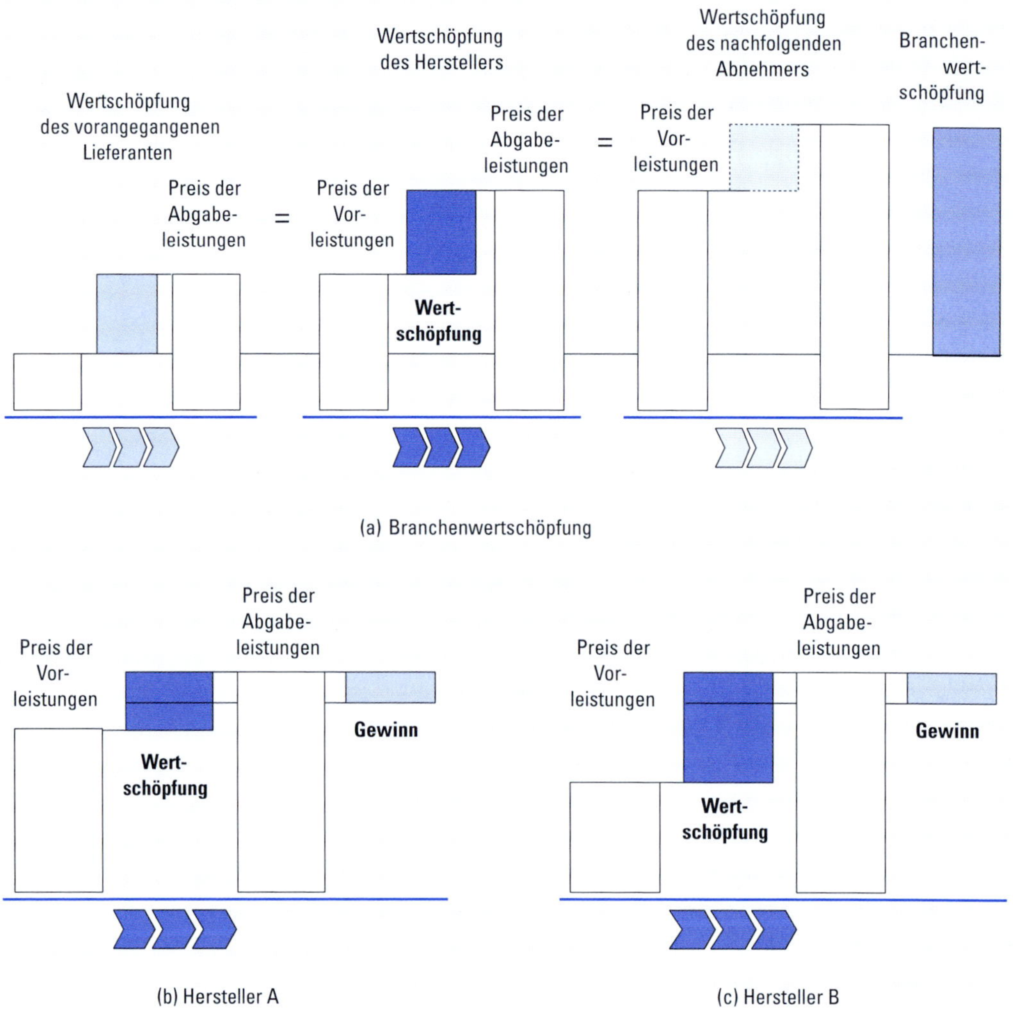

Abb. 4-6: Branchenwertschöpfung

tiert lediglich das theoretisch maximale Gewinnpotenzial, aber nicht den tatsächlichen Gewinn. *Gewinn* entsteht erst durch die Kapitalisierung der Wertschöpfung, die mehr oder weniger optimal ausfallen kann. Gewinn ist der *Mehrwert*, der durch die eigene Wertschöpfung – über die Kosten dieser Wertschöpfung hinaus – geschaffen wurde. Vergleicht man in Abbildung 4-6b/c die beiden Hersteller, so erzielen beide absolut betrachtet den gleichen Gewinn, relativ betrachtet stellt sich Hersteller A aber deutlich besser. Hersteller A könnte z. B. PORSCHE bei der Produktion des Boxter sein, wo man sehr hohe Vorleistungen bei der Produktion über die finnische Firma VALMET bezieht. Eine Betrachtung des Return on Sales (ROS) würde bei beiden Herstellern zum gleichen Ergebnis führen. Wäre es dann nicht aussagekräftiger, wenn man zur Beurteilung der Profitabilität einen Return on Value Adding (ROVA) als Quotient aus Gewinn und Wertschöpfung berechnen würde? Vorteile aus dem Bezug der Vorleistungen könnte man, falls diese zwischen den Peers in einer signifikanten Form überhaupt bestehen, einer gesonderten Betrachtung unterziehen.

Demnach gilt es zu beachten, dass der pro Wertschöpfungsaktivität erzielbare Mehrwert bzw. Gewinn i. Allg. nicht mit den Kosten dieser Aktivitäten korreliert. Es ist nicht so, dass Aktivitäten mit einem hohen Kostenanteil auch die Aktivitäten mit dem höchsten Potenzial an Mehrwert darstellen. Dies gilt besonders auch dann, wenn man sich bei diesen Aktivitäten nicht wesentlich vom Wettbewerb differenzieren kann. Obgleich z. B. in der Automobilindustrie die Produktion mit etwa 25 % den höchsten Kostenanteil hat, wird der deutlich größere relative Mehrwert vermutlich bei den Design- oder Branding-Aktivitäten erzielt. Deshalb unterscheidet sich die Verteilung der strategischen Bedeutung der einzelnen Wertschöpfungsaktivitäten oft erheblich von der Verteilung der anfallenden Kosten.

So präzise diese quantitative, primär auf finanziell messbare Größen abgestellte Begriffsfassung auf der einen Seite auch ist, so problematisch ist sie bei näherer Betrachtung auf der Seite ihrer Annahmen: Denn was nicht entlang der dabei definierten Messgrößen (meist im internen Rechnungswesen) erfasst werden kann, spielt für eine so verstandene Wertschöpfung auch keine Rolle. All die Faktoren, die nach herrschendem »Messverfahren« weder ertrags- noch aufwandswirksam sind, werden ausgeklammert. Ein Beispiel dafür sind die bekannten externen Effekte, wie sie in der Volkswirtschaftslehre diskutiert werden. Die Nutzung der Umwelt verursacht Folgekosten, die im betriebswirtschaftlichen Rechnungswesen – wenn überhaupt – oft nur indirekt berücksichtigt werden. Erst dann, wenn diese Größen ertrags- oder aufwandswirksam »legitimiert« sind, finden sie in die Berechnung der Wertschöpfung Eingang.

Wunderer/Jaritz (1999) schlagen daher vor, zwischen unterschiedlichen Wertschöpfungsbegriffen zu differenzieren. Wie Abbildung 4-7 zeigt, reichen sie von volkswirtschaftlichen über anspruchsgruppenbezogenen bis hin zu qualitätsbezogenen Definitionen. Ein Beispiel für eine anspruchsgruppenbezogene Wertschöpfungsrechnung bietet der Geschäftsbericht der schweizerischen MIGROS AG. Sie zeigt erstens, wie die Wertschöpfung entstanden ist und wie sie zweitens an die einzelnen Anspruchsgruppen verteilt wurde. Dazu werden die Mitarbeiter, die öffentliche Hand, die Gesellschaft, Kreditgeber als auch das Unternehmen MIGROS selbst gerechnet. Auch wenn viel für eine solche Wertschöpfungsrech-

Arten der Wertschöpfung	**Verständnis**
Volkswirtschaftliche Wertschöpfung	Wertschöpfung als Differenz zwischen Output und Input als Nutzen bzw. Leistungsmaßstab für die Gesellschaft
Anspruchsgruppenbezogene Wertschöpfung	Wertschöpfung als Differenz zwischen Output und Input als Nutzen bzw. Leistungsmaßstab für die Anspruchsgruppen des Unternehmens (v. a. Mitarbeiter, Kapitalgeber, Staat)
Prozessbezogene Wertschöpfung	Wertschöpfung als Wertbeitrag jeder betrieblichen Aktivität für das Betriebsergebnis durch geeigneten Ressourceneinsatz und Prozessgestaltung
Strategiebezogene Wertschöpfung	Wertschöpfung als Wertsteigerung für Investoren durch die Wahl einer geeigneten Strategie
Qualitätsbezogene Wertschöpfung	Wertschöpfung als Nutzen bzw. Leistungsmaßstab für die externen und auch internen Kunden durch Qualität
Dienstleistungsbezogene Wertschöpfung	Wertschöpfung als Nutzen der Leistungserbringung für die externen und internen Kunden durch eine optimale Leistungserstellung

Abb. 4-7: Wertschöpfungsarten (Quelle: Wunderer/Jaritz 1999, S. 8)

nung spricht, wollen wir an dieser Stelle offen lassen, an welchem Wertschöpfungsbegriff sich ein Unternehmen orientieren sollte. Dies ist eine Thematik, die uns zur Diskussion über die normativ begründeten Zielvorstellungen von Unternehmen zurückführt, wie sie in Kapitel 3.3.1 diskutiert wurde.

(4) Arbeitsprozess

Analog zum Arbeitsprozess im Feld »Positionierung« soll auch hier eine Dreiteilung in Analyse, Optionen und Auswahl erfolgen. Abbildung 4-8 gibt eine Übersicht dazu. Die *Analyse* beginnt mit der inhaltlichen Umschreibung der Ausgangssituation: In welchem Geschäft sieht man sich eigentlich? Für dieses Geschäft soll dann die Wertschöpfungsstruktur mit ihren einzelnen Wertschöpfungspotenzialen analysiert werden. Dazu gehört die Zerlegung der Wertschöpfung in ihre einzelnen Aktivitäten sowie die Frage nach den Erfolgsfaktoren und den dafür erforderlichen Fähigkeiten. Dem gegenübergestellt werden die Stärken und Schwächen des Unternehmens. Eine Integration dieser externen und internen Sichtweise schließt die Analyse ab.

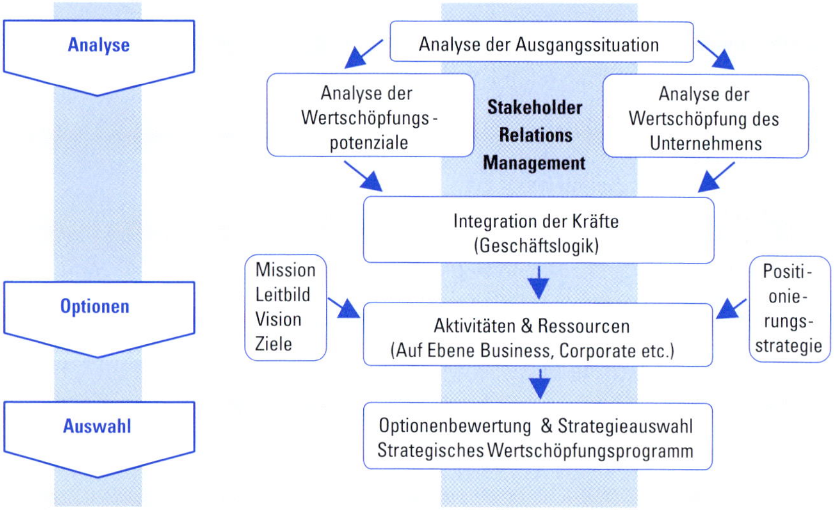

Abb. 4-8: Übersicht über den Arbeitsprozess

Danach wird wiederum ein achtdimensionaler Bezugsrahmen angeboten, über den die wichtigsten strategischen *Handlungsoptionen* thematisiert werden sollen. Vier beziehen sich dabei auf die *Aktivitäten* der Wertschöpfung und weitere vier auf die für diese Aktivitäten erforderliche *Ressourcenallokation*. Die Bandbreite der zur Verfügung stehenden Optionen wird dabei durch Bezugspunkte aus dem normativen Management wie Vision, Mission, Leitbild etc. sowie durch die Positionierungsstrategien (falls man aus diesem Feld kommt) eingeschränkt.

Die letzte Phase beinhaltet dann die Bewertung der Optionen sowie deren *Auswahl* und Zusammenstellung zu einem strategischen **Wertschöpfungsprogramm.**

4.2.2 Wertschöpfung der Branche

Die Auseinandersetzung mit der Wertschöpfung der Branche beginnt mit der Abgrenzungsfrage: In welchem Geschäft sieht man sich eigentlich? Danach werden Wege zur konzeptionellen Erfassung der Wertschöpfung einer Branche über ein Wertschöpfungsmodell und mit dem Instrument der Wertkette oder des Aktivitätensystems aufgezeigt.

(1) Definition des Geschäfts

Zur Bestimmung der Ausgangssituation bei einer Wertschöpfungsanalyse gehört die Frage, für welches Geschäft man eigentlich diese Analyse durchführt und ein Wertschöpfungsprogramm bestimmen will. Auch wenn sich diese Frage vielleicht trivial anhört, so kann sie durchaus spielentscheidend sein. Auf dieser Frage setzt nämlich die Suche nach neuem Mehrwert an (»*value adding*«). Die Entdeckung einer kreativen Neudefinition kann Unternehmen zu Quantensprüngen in ihrer Entwicklung verhelfen. Je nach dem, wie die Antwort ausfällt, ergeben sich andere Systemgrenzen, andere relevante Aktivitäten, ein anderer Ressourcenbedarf etc. Folgende Beispiele sollen dies verdeutlichen.

»Value Adding«

Fallbeispiele:

Die Firma ERCO kam Anfang der 60er-Jahre zu der Einsicht, ihr Geschäft nicht mehr wie bisher in Form von Lampen und Leuchten zu definieren, sondern in Form von Beleuchtungsqualität. Man ging vom Objekt zur Funktion über. In der Folge baute es gezielt dazu erforderliche Kompetenzen (z.B. Innenarchitektur oder Raumausstattung) auf, was auch zu einer Neustrukturierung von Teilen des Wertschöpfungsprozesses führte. Heutzutage zählt ERCO weltweit Unternehmen wie Banken, Versicherungen oder Museen zu seinen Kunden, die an einer möglichst optimalen Ausleuchtung ihrer Gebäude interessiert sind und nicht am Kauf einzelner Beleuchtungsmittel. Man erhielt dafür auch eine Vielzahl von Auszeichnungen. Auf der Homepage (www.erco.com) präsentiert sich das Unternehmen unter dem Begriff »*Lichtfabrik*«: »Licht interpretiert unsere Umwelt, macht sie wahrnehmbar und erlebbar. Für ERCO ist Licht die vierte Dimension der Architektur.«

ROLEX (www.rolex.com) sieht sich mehr im Geschäft mit *Luxusgütern* als mit Uhren. Dabei geht es darum, anderen Luxusgüterherstellern Wertschöpfung wegzunehmen. Relevant ist deshalb der Anteil, den Rolex am »Geldbeutel des Kunden« zu erzielen vermag. Dabei steht man in Konkurrenz mit einer Weltreise oder einer Ferienwohnung.

Auch *Versicherungen* sind auf der Suche nach einem veränderten Geschäftsverständnis, da die Differenzierungsvorteile im klassischen Versicherungsgeschäft immer mehr verschwinden: Ist man im Geschäft des »Asset gathering«, wo es primär darum geht, so viel als möglich Kapital anzusammeln, um es dann möglichst profitabel zu verwalten? Oder ist man im Vorsorgegeschäft? Dies hätte allerdings Konsequenzen auf die Dienstleistungsaktivitäten und -kompetenzen gegenüber den Versicherungsnehmern, die man heute noch nicht darzustellen vermag.

Die Hinterfragung der Definition des Geschäfts ist auch immer mit der Frage verbunden, ob man nicht in Richtung der Lieferanten (»upstream«) oder der Abnehmer (»downstream«) seine Geschäftsgrenzen ausdehnen könnte, um damit einen größeren Anteil an der totalen Wertschöpfung einer Branche zu Lasten anderer Wettbewerber zu ergattern (»*value capture*«).

»Value Capture«

Dies ist auch horizontal möglich. Geht es etwa um das Geschäft, Geschäftsreisende in Deutschland von A nach B zu bringen, dann konkurrieren dort z.B. die LUFTHANSA und die DEUTSCHE BAHN – zumindest bis zu mittleren Entfernungen – miteinander. Nun hat sich mit EASY JET jedoch ein neuer Wettbewerber dazwischen geschoben. Aufgrund des enorm günstigen Preises nimmt er nun nicht nur der Lufthansa Marktanteile weg, sondern vermag teilweise auch die Deutsche Bahn zu unterbieten. Dass dadurch die totale Wertschöpfung in diesem Geschäft signifikant wächst, ist eher unwahrscheinlich. Wahrscheinlicher ist, dass damit potenzielle Wertschöpfung in andere Branchen abwandert (*»value migration«*). Abbildung 4-9 soll dies verdeutlichen.

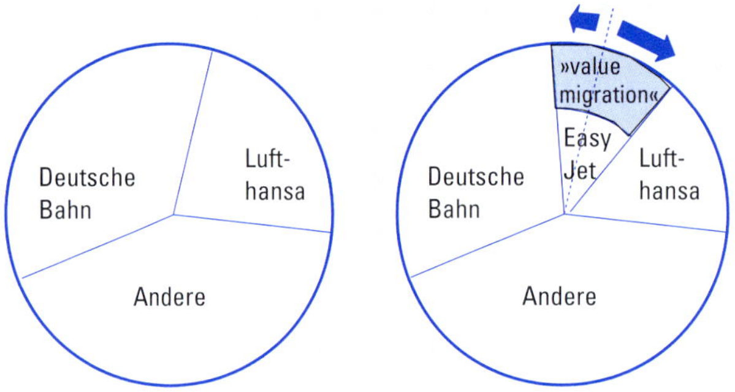

Legende: Die Anteile entsprechen nicht den realen Verhältnissen

Abb. 4-9: »Value capture« und »Value migration«

Oder man sucht nach Möglichkeiten, wie man den Kuchen der totalen Wertschöpfung einer Branche durch Zusatzaktivitäten vergrößern kann (*»value creation«*). So konnte z.B. das Autogeschäft durch das Autoleasing in seinem Gesamtvolumen vergrößert werden und die meisten Autohersteller verfügen heute auch über eine eigene Leasinggesellschaft bzw. Bank.

(2) Zur konzeptionellen Erfassung der Wertschöpfung

Wertschöpfungsmodell

Denkmodell und Betriebsmodell

Wenn man eine unternehmerische Einheit betrachtet und verstehen will, was zu Wertschöpfung, aber auch zu Wertvernichtung führt, bedarf es einer geeigneten Form der Darstellung, um aufzeigen zu können, wo und wie, d.h. durch welche Aktivitäten, in einer Branche welcher Wert generiert werden kann und wie die Wettbewerber diese Potenziale unterschiedlich nutzen. Man benötigt ein **Wertschöpfungsmodell.** Ein solches Modell sollte eine konsistente Sicht der zentralen Aktivitäten (oft entlang dem Verrichtungsprinzip) sowie ihres systemischen Zusammenwirkens ermöglichen. Dabei unterscheiden wir in das *Denkmodell*, das in einer allgemeinen konzeptionellen Form die Wertschöpfung beschreibt, und in das *Betriebsmodell*, das eine Anwendung des Denkmodells in einem konkreten Einzelfall darstellt.

Wir gehen dabei davon aus, dass jedes Unternehmen über ein solches Betriebsmodell der Wertschöpfung seiner Geschäfte zumindest implizit verfügt. Doch massiver externer Druck verlangt, dass wir uns *explizit* damit beschäftigen, um es effizienter zu tun und um das intellektuelle Potenzial der gesamten Organisation möglichst gleichzeitig zu nutzen. Es kann in diesen Fällen davon ausgegangen werden, dass der kreative Output einer Teamarbeit größer ist als die Summe »einsamer Einzelbeschäftigungen« mit der Thematik. Vorgemacht haben uns diese explizite Beschäftigung mit den Wertschöpfungsmodellen die Start-ups der New Economy, indem sie versuchten, die Wertschöpfungsmodelle der etablierten Wettbewerber auszuhebeln (*»killer applications«*). Manchmal ist dies durchaus auch sehr erfolgreich gelungen, oft nicht – wie eben immer bei unternehmerischen Tätigkeiten. Doch diesen konzeptionellen Gedanken sollte man nun in die Unternehmen tragen, damit diese sich schneller und wirkungsvoller selbst erneuern. Viele neue Bedürfnisse und Rahmenbedingungen verlangen nach neuen Herangehensweisen. Natürlich stehen dabei herrschende Auffassungen, Koalitionen, Strategien etc. »im Wege«, doch eine konzeptionell fundierte Auseinandersetzung mit der entsprechenden Unterfütterung durch geeignete Prozessdesigns organisatorischen Wandels (Kapitel 5) sollten solchen strategischen Initiativen zu mehr Schlagkraft verhelfen.

Damit kann auch in der Krise ein Ausweg aufgezeigt werden. Die Reaktionen auf Krisen erschöpfen sich oft in Kostensenkungsmaßnahmen, Warten auf Wachstum und Warten auf technische Innovationen. Doch was tun, wenn die Kostensenkungspotenziale ausgeschöpft sind (denn irgend jemand muss die verbleibende Arbeit ja noch tun), das Wachstum in den klassischen Geschäften sich nicht einstellt und die Marktreife erwarteter technologischer Durchbrüche noch auf sich warten lässt? Wir sehen hier im kreativen Hinterfragen bestehender Wertschöpfungsmodelle und im aufmerksamen Beobachten und Analysieren der externen Verwerfungen und den Strukturen der Branchenwertschöpfung einen »vierten« erfolgsversprechenden Weg.

Kreatives Hinterfragen der Wertschöpfung

Doch wo findet man nun Anleitungen, die einen bei dieser konzeptionellen Tätigkeit unterstützen? Nahe liegend ist zunächst, die Aufbauorganisation einer unternehmerischen Einheit zu betrachten und über diese Einblick in ihre Strukturen zu gewinnen. Die Aufbauorganisation zeigt die aus der unternehmerischen Zielsetzung abgeleitete Aufgabe hinsichtlich des Merkmals der Verrichtung (was ist geistig oder körperlich zu tun?) und des Objekts (woran ist etwas zu tun?). Damit regelt sie die Gliederung und Koordination der einzelnen Teile. Allerdings zeigt sie nicht, wo welcher Wert generiert wird. Von daher kann man sich als Nächstes der Ablauforganisation zuwenden und über sie ein Verständnis der sich innerhalb der Strukturen vollziehenden Prozesse erhalten. Die Ablauforganisation ordnet die jeweilige Aufgabe nach Merkmalen der Zeit (wann ist etwas zu tun?) und des Raums (wo ist etwas zu tun?).[19]

Doch auch bei der Ablauforganisation ist nicht unmittelbar erkennbar, wo welcher Wert generiert wird. Daher kann man sich in einem nächsten Schritt einer Reihe von »spezialisierten« *Konzeptionen* bedienen, die – im Gegensatz zu Aufbau- und Ablauforganisation – nicht die real-organisatorische Abbildung einer unternehmerischen Einheit wiedergeben, sondern analytischen Zwecken dienen.

Die wohl prominenteste und in der Praxis am weitesten verbreitete Darstellungsform ist die in Abbildung 4-10 dargestellte und auf Porter (1985) zurück gehende **Wert(schöpfungs)kette** (»*value chain*«), die im Zusammenhang mit der Unternehmensanalyse in Abbildung 3-33 bereits einmal in einer etwas ausführlicheren Fassung vorgestellt wurde. Dieses Denkmodell stellt zentrale Aktivitäten eines Unternehmens zur Bereitstellung eines Leistungsangebots in einer dem Verrichtungsprinzip der Branche folgenden Reihenfolge dar. Dabei wird zwischen *primären Aktivitäten* (wie F & E, Beschaffung, Produktion, Distribution, Marketing, Verkauf und Service) und *sekundären, unterstützenden Aktivitäten* (wie Unternehmensinfrastruktur, Human Ressourcen Management, Technologieentwicklung, Beschaffung) unterschieden. Zumeist ist die Wertkette nicht deckungsgleich mit dem tatsächlichen Aufbau eines Unternehmens und folglich eine der Konzeptionen, die analytischen Zwecken dient. Allerdings finden sich auch Unternehmen, die versuchen, ihre Aufbauorganisation in Übereinstimmung mit ihrer Wertkette zu strukturieren.

Wertkette

Abb. 4-10: Das Konzept der Wertkette (Porter 1985)

Aktivitätensystem

Eine Fortführung der Wertkette stellt das **Aktivitätensystem** dar. Es bildet zunächst ebenfalls wichtige Aktivitäten einer unternehmerischen Einheit ab, überwindet jedoch im Gegensatz zur Wertkette deren lineare Abfolge. Im Vordergrund steht ihr systemisches Zusammenwirken. Es wird argumentiert, dass der Wert einzelner Aktivitäten nicht gesondert vom Ganzen gesehen werden kann – eine Aussage, wie sie auch im Zusammenhang mit dem Einsatz von Netzwerken bereits diskutiert wurde. Ebenso wird betont, dass sich eine strategische Positionierung nur dann erfolgreich erreichen lässt, wenn sich das Aktivitätensystem einer Einheit deutlich von dem seiner Konkurrenten differenziert. Dies wird möglich, indem entweder nicht-übliche Tätigkeiten oder bereits bestehende Tätigkeiten alternativ und besser ausgeübt werden. Da solch eine Leistung meist nicht innerhalb einer kurzen Planungsperiode zu erreichen ist, wird ein zeitlicher Horizont von zehn oder mehr Jahren als notwendig erachtet.

!

IKEA®

Fallbeispiel: Ikea

Der schwedische Möbelkonzern Ikea konzentriert sich schwerpunktmäßig auf die Zielgruppe junger Familien und Singles. Dort positioniert er sich als Anbieter, der modische Möbeldesigns zu niedrigen Preisen liefert. Um den Anforderungen seiner Zielgruppe gerecht zu werden, hat Ikea über viele Jahre ein Wertschöpfungsmodell entwickelt, das die angestrebte strategische Position über ein System miteinander vernetzter Aktivitäten erreicht. Man vergleiche dazu Abbildung 4-11.

Die vier zentralen Positionen (dunkel unterlegt) werden über ein Cluster zusammenwirkender Aktivitäten erbracht, mit deren Hilfe sich Ikea von anderen Anbietern differenziert. So wird z.B. nur ein eingeschränkter Kundendienst geboten. Ikea stellt kaum Personal für Service und Beratung zur Verfügung. Die Kunden wandern ohne große Ansprache und Unterstützung durch die Ausstellungsflächen, auf denen ein breites Warenangebot präsentiert wird. Selbstbedienung ist die Regel. Hingegen werden gezielt Möglichkeiten zur Kinderbetreuung angeboten, um gerade junge Eltern während ihres Einkaufs zu entlasten. Auch wartet Ikea mit langen Öffnungszeiten auf, um seiner Zielgruppe gute Möglichkeiten für den Möbelkauf nach der Arbeit zu bieten. Die Ware, als Bausatz abgepackt, kann direkt im Lagerhaus mitgenommen und zu Hause nach dem »Do-it-yourself«-Prinzip montiert werden.

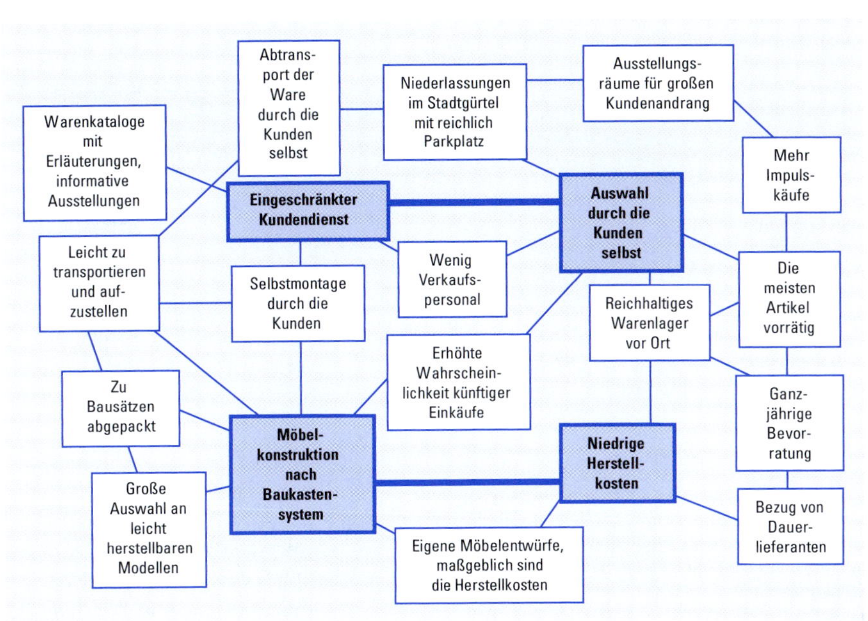

Abb. 4-11: Das Aktivitätensystem von IKEA (Quelle: Porter 1997, S. 49)

Neben dem Aktivitätensystem gibt es noch viele weitere Konzeptionen der Wertschöpfung, die auf der Idee der Wertkette beruhen, wie etwa der »*Value shop*« und das »*Value network*« von Stabell/Fjeldstad (1998) oder das – mehr auf die Lieferantenwertkette bezogene – »*Value Net*« von Bovet/Martha (2000). Angesichts dieser Vielfalt wollen wir uns aber der Frage, was denn die »beste« Form der Darstellung sei, bewusst enthalten. Je nach Situation und Interesse bietet sich die eine oder andere Konzeption an. Sie beleuchtet die Wertschöpfung aus ihrem spezifischen Blickwinkel und liefert von dort aus Erkenntnisse. Es ist sogar anzunehmen, dass durch den Einsatz nicht nur einer, sondern mehrerer Konzeptionen das Potenzial, aufschlussreiche und nützliche Einsichten zu gewinnen, erhöht wird. Man beobachtet dann »mehr« und man beobachtet »vielfältiger«, als wenn man sich nur einer Darstellungsform bedient. Dies erleichtert nicht die Aufgabe, eröffnet jedoch zusätzliches Erkenntnispotenzial.

(3) Analyse der Wertkette

Nachdem verschiedene Wertschöpfungsmodelle als mögliche konzeptionelle Darstellungformen der Wertschöpfung erörtert wurden, widmen wir uns nun in diesem Abschnitt der Analyse des Wertschöpfungsmodells eines Geschäfts (bzw. einer Branche), wobei vereinfachend unterstellt wird, dass die Wertkette als Darstellungsform ausgewählt wurde.

Die Analyse kann über eine Reihe von Kernfragen strukturiert werden. Welchen der Fragen man dann letztendlich nachgeht, hängt vom Einzelfall ab.

- Welches sind die bezogen auf den erzielbaren relativen Mehrwert interessanten Aktivitäten? Wieviel wird wo verdient?
- Welche Aktivitäten sollten auf Grund ihrer strategischen Bedeutung auf keinen Fall vernachlässigt werden (z.B. durch ein Outsourcing)?

- Welche *Schlüsselerfolgsfaktoren* bestimmen heute bzw. zukünftig den Erfolg in diesem Geschäft? Welche *Ressourcen* sind kritisch bezogen auf diese Erfolgsfaktoren? Die Beherrschung welcher *Fähigkeiten* ist hier von zentraler Bedeutung in diesem Geschäft? Welche der Erfolgsfaktoren wirken dabei wettbewerbsneutral (d.h. alle Wettbewerber müssen sie gleichermaßen beherrschen) und welche bieten Ansatzpunkte zur Differenzierung im Wettbewerb?
- Gibt es *neue Wettbewerber*, die in das Geschäft einer bestimmten Aktivität eingetreten sind? Kommen sie aus der gleichen oder einer anderen Branche? Welche potenziellen Vor- und Nachteile bringen sie für den Kunden mit?
- Wie beeinflusst der *technologische Fortschritt* die Branchenwertschöpfung?
- Wie unterscheiden sich die Wettbewerber bezogen auf die gewählte *Wertschöpfungstiefe*? Welche Konsequenzen hat dies bzgl. ihrer Profitabilität? (vgl. Abschnitt 4)
- Welche *Stellhebel* gibt es, um die bestehende Wertschöpfung zu verändern?
- Wo gibt es in der Branche noch *Schnittstellenprobleme* zwischen den Aktivitäten?
- Welche *Trends* sind bzgl. der Entwicklung des Wertschöpfungsmodells in einer bestimmten Branche zu beobachten? Welche Gefahren und Gelegenheiten ergeben sich daraus? Kann hier von Entwicklungsübergängen in anderen Branchen gelernt werden?

!

Fallbeispiel: Versicherungen auf dem Weg in den dynamischen Wettbewerb
(10/02) In der Vergangenheit standen die Versicherungsmärkte im Zeichen von Stabilität und Kontinuität. Das Geschäftsmodell war vom Gedanken der Zuschlagskalkulation geprägt. Strategisch unterschied man sich kaum voneinander, was z.B. das Leistungsangebot, die Verwaltungskostenstrukturen oder die Merkmale der Außendienstsysteme ausmachte. Doch diese Zeiten scheinen nun vorbei zu sein. Die Branche befindet sich in einem fundamentalen Strukturwandel, ausgelöst durch Faktoren wie Deregulierung, neue Informations- und Kommunikationstechnologien, Druck aus den Kapitalmärkten, Veränderungen in der Nachfrage etc..[20] Resultat dieser Veränderungen ist ein deutlich intensiverer Wettbewerb. Durch Konsolidierungsprozesse werden ineffiziente Marktstrukturen, die über Jahrzehnte mittels staatlicher Regulatorien künstlich aufgebaut wurden, durch effizientere abgelöst. Das Wertschöpfungsmodell der Versicherungsbranche (Abbildung 4-12) wird in Frage gestellt: Neue Erfolgsfaktoren kommen hinzu; neue Wettbewerber (auch von außerhalb der Branche) konkurrieren bei einzelnen Aktivitäten etc.

Ein Phänomen dieses Übergangs zu einem neuen Marktzyklus ist, dass man sich aufgrund der noch sehr geringen strategischen Differenzierung zuerst in einen Effizienzsteigerungswettlauf begeben wird. Dies gilt insbesondere angesichts der schwierigen wirtschaftlichen Situation, in der sich die Branche befindet: Das Attentat auf das World Trade Center brachte der Branche den größten versicherten Schaden in der Geschichte, die Häufung von Naturkatastrophen könnte ein systemisches Risiko darstellen, Zusammenbrüche wie ENRON lösen Schäden für die Organhaftpflicht- und Kautionsversicherung aus etc. Alles zusammen führte dies zu einem erheblichen Abschmelzen des vorhandenen Risikokapitals. Allein im Jahr 2001 waren es etwa 100 Mrd. USD und im Jahr 2002 dürften es nochmals ebenso viel sein. Als Konsequenz daraus hat man unter der Entwicklung der Aktienmärkte überdurchschnittlich zu leiden. Manche Versicherer sind nun so knapp an Eigenkapital, dass sie kein Neugeschäft mehr zeichnen können. Die Situation versucht man klassisch zu verbessern: Auf Geschäftsebene durch Reduktion der Kosten (»combined ratio«), Erhöhung der Prämien im Sachgeschäft und Verringerung der garantierten Mindestverzinsung bei der Lebensversicherung; auf Unternehmensebene durch Abstoßen von Industriebeteiligungen und

Wertkette	**Produktentwicklung/ Tarifierung**	**Marketing/ Vertrieb**	**Underwriting**	**Betrieb/ Administr./ IT**	**Schadenabwicklung**	**Kapitalanlage**
Erfolgsfaktoren	• Anzahl neuer Produkte • Anzahl erfolgreicher Einführungen • Reaktionsgeschwindigkeit auf Konkurrentenverhalten • Vollständigkeit	• Effizienz (Verträge pro MA) • Effektivität (Altkunden, Neukunden, Marktabdeckung)	• Quotierungsgeschwindigkeit • Schadenquote • Schadenhäufigkeit	• Effizienz der Abwicklung • IT-Quote	• Schnelligkeit der Abwicklung • Durchschnittliche Schadenssumme	• Rendite-/ Risikostruktur • Auszahlungsstimmigkeit
Mögliche Spezialanbieter als Wettbewerber	• Banken • Aktuarbüros	• Banken • Finanzberater • Supermärkte • Autohersteller	• Rückversicherer • Makler	• Technologiepartner • Pensionskassenverwalter	• Reparaturbetriebe • Unabhängige Schadenbearbeitungsbüros	• Institutionelle Vermögensverwalter • Fonds-Manager

Abb. 4-12: Erfolgsfaktoren und Wettbewerber in der Wertkette eines Versicherers

Landesgesellschaften oder durch Kapitalerhöhungen. Doch selbst angenommen, dass dies alles gelingt: Wird man dann strategisch bereits differenzierter aufgestellt sein oder ist man nur wieder so weit wie alle, die überlebt haben?

Ackermann (2002) sieht vier Konsolidierungsphasen, die eine Versicherung zu durchlaufen hat, um den Strukturwandel erfolgreich zu meistern: Zuerst wird alle Aufmerksamkeit auf dem Vertrieb (bzw. genauer gesagt dem Mix der verschiedenen Vertriebsformen) liegen. Insbesondere dort ist eine Service- und Qualitätsorientierung zu verwirklichen, die differenziert und nachhaltig wirkt. In der zweiten Phase wird sich der Schwerpunkt im Wertschöpfungsmodell auf die Produktinnovation verlagern, die sich »linear« aus dem Kernprodukt der Versicherungsdeckung entwickelt. Man wird gezwungen sein, schnell, kompetent und günstig auf immer neue Problemstellungen zu reagieren, um sich die Reputation des Problemlösers aufzubauen und dadurch Kundenbindung zu erreichen. Im Zentrum von Phase 3 wird die Frage nach der optimalen Wertschöpfungstiefe stehen: Mit welchem Ausmaß und Typ vertikaler Integration lassen sich welche Profitabilitäten erzielen? Dabei wird davon ausgegangen, dass es zu einer Dekonstruktion (bzw. Desintegration) der Wertschöpfung der Branche kommt, d.h. dass Spezialisten bei den einzelnen Aktivitäten in intensiven Wettbewerb mit den etablierten, voll integrierten Unternehmen treten werden. Da alle drei Phasen letztendlich nicht zu wirklich dauerhaften Wettbewerbsvorteilen führen, werden die Versicherer in einer vierten Phase gezwungen sein, über die Entwicklung innovativer Wertschöpfungsmodelle zu sich selbst in Konkurrenz zu treten, um einen neuen Marktzyklus zu begründen.

Oft ist es nicht ausreichend, die Wertschöpfung – wie in Abbildung 4-12 geschehen – nur auf der obersten Ebene einer Wertkette zu betrachten. Für ein differenziertes Bild ist es notwendig, die einzelnen Aktivitäten in ihre jeweiligen Bestandteile zu unterteilen, d.h. die Teilaktivitäten zu betrachten. Die Aktivität »Marketing/Vertrieb« kann beispielsweise in Teilaktivitäten zerlegt werden wie

Akquisition, Beratung, Schulung, Offertenerstellung, Verhandlung und Fakturierung. Doch auch auf dieser Ebene stellt sich wieder die Frage, welchen Beitrag die Teilaktivitäten zur Wertschöpfung der gesamten Einheit leisten.

(4) Wertschöpfungstiefe und Profitabilität auf Branchenebene

Viel Aufschluss bei einer Branchenwertschöpfungsanalyse kann man sich auch aus einem Vergleich der Konfigurationen der Wertkette bezogen auf die Wertschöpfungstiefe versprechen. Es gibt zwar durchaus Branchen, in denen sich ein einzelnes Modell herausbildete, an dem sich die meisten Firmen der Branche ausrichten. Die Wettbewerber versuchen dann, sich innerhalb der grundlegenden »Funktionslogik« des Modells lediglich durch unterschiedliche Schwerpunkte voneinander zu differenzieren. Doch es lohnt sich auch zu hinterfragen, bei welchen Aktivitäten man überhaupt in Konkurrenz mit dem Wettbewerb treten möchte und bei welchen nicht.

Fallbeispiel: Textilindustrie
Wie das Beispiel der Textilindustrie in Abbildung 4-13 verdeutlicht, bestehen dort die zentralen Aktivitäten im Design, der Produktion der Stoffe, der Produktion der Konfektion, der Distribution der Ware sowie dem Verkauf im Einzelhandel. Betrachtet man die in dieser Branche tätigen Unternehmen, so wird deutlich, dass sie recht unterschiedliche Konfigurationen entwickelt haben. Während beispielsweise BENETTON in allen Aktivitäten eigenständig tätig ist, konzentriert sich der OTTO VERSAND auf Design (und auch dies nur partiell) sowie die Distribution von Waren durch Werbekatalog und/oder Internet, womit der Einzelhandel ausgeschaltet wird.

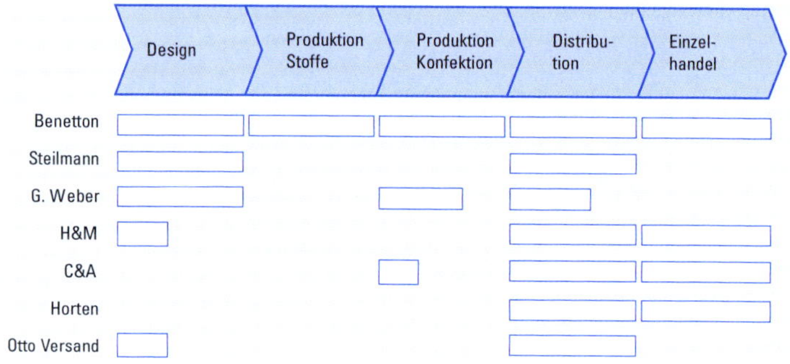

Abb. 4-13: Wertschöpfung der Textilbranche und einzelner Akteure

Natürlich haben solche unterschiedlichen Konfigurationen in der Wertschöpfungstiefe auch Auswirkungen auf die Profitabilität ihrer Repräsentanten. So kann es durchaus sein, dass der Wettbewerber mit der kürzesten Wertkette die höchste Profitabilität erwirtschaftet.[21]

Fallbeispiel: Plasmaindustrie
In Abbildung 4-14 werden zuerst die zentralen Aktivitäten in der Wertkette der Plasma herstellenden Industrie gezeigt. Darunter sind die unterschiedlichen denkbaren Typen an Wertschöpfungskonfigurationen aufgeführt. Für drei davon konnten keine Wettbewerber identifiziert werden. Für die fünf anderen Typen werden in den Pfeilen die Spannweiten der durch die dort vertretenen Wettbewerber realisierten Return on

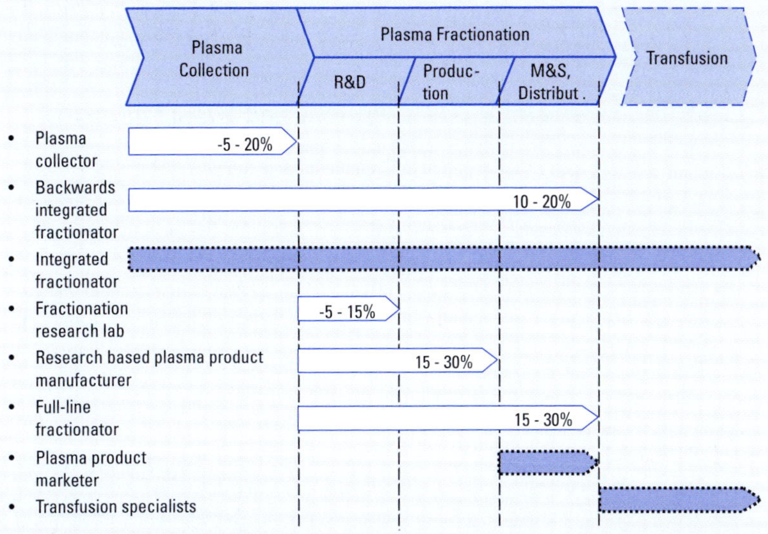

Legende: Die Prozentsätze stehen für die durch Wettbewerber dieses Typs realisierten Return on Sales

Abb. 4-14: Wertschöpfung der Plasmaindustrie und einzelner Akteure (Quelle: BAIN & CO.)

Sales (ROS) genannt. Offensichtlich scheint man mit der Konzentration auf die Plasmafraktionierung die höchsten ROS erreichen zu können.

Nachdem in den Ausführungen dieses Abschnitts die externe Sicht auf die Branchenwertschöpfung eingenommen wurde, richtet sich nun der Blick auf das Unternehmen, wie es in Bezug auf die Branchenwertschöpfung zu beurteilen ist.

4.2.3 Wertschöpfung des Unternehmens

Bei der Analyse der Wertschöpfung eines Unternehmens wollen wir zuerst wieder einen Katalog an Fragen aufwerfen, die eine solche Analyse leiten können (Abschnitt 1). Danach werden zwei wichtige Teilaspekte vertieft: Der Vergleich der eigenen Wertschöpfungsaktivitäten mit denjenigen der wichtigen Wettbewerber mittels der Benchmarking-Methode (Abschnitt 2) mit einem besonderen Fokus auf die Kostenstrukturen (Abschnitt 3) sowie der Abgleich mit Wertschöpfungsüberlegungen auf Ebene des Gesamtunternehmens (Abschnitt 4).

(1) Analyse der eigenen Konfiguration der Wertkette

Unter dem Begriff der **Konfiguration** wollen wir hier die fallspezifische Ausgestaltung der Wertkette eines Unternehmens auf Basis der Branchenwertschöpfungsstruktur verstehen. Dieses Konfigurieren geschieht durch Entscheidungen über die Auswahl der selbst betriebenen Aktivitäten, über die inhaltliche Ausrichtung der Wertschöpfung (z. B. Kostenführerschaft) etc.

Auch hier kann uns eine Liste von Fragen helfen, die Analyse zu strukturieren:

- Wie ist die Wertkette der betrachteten unternehmerischen Einheit momentan aufgebaut? Was charakterisiert die einzelnen Aktivitäten?
- Welche *strategische Bedeutung* wird den einzelnen Aktivitäten beigemessen? Welches Differenzierungspotenzial wird damit verbunden?
- Wo liegen die eigenen *Stärken und Schwächen*?
- Wie sind die Konkurrenten im Vergleich zum eigenen Unternehmen bei den einzelnen Aktivitäten aufgestellt (*Benchmarking*)? (Abschnitt 2)
- Wie ist das *Budget* über die einzelnen Wertschöpfungsaktivitäten verteilt? Was davon sind Kosten für Fremdleistungen, was sind Kosten der eigenen Wertschöpfung? Welcher Mehrwert lässt sich durch die einzelnen Aktivitäten generieren?
- Wie stehen die *Kosten* der einzelnen Aktivität im Verhältnis zu den Gesamtkosten? Was sind Treiber der Kosten in den einzelnen Aktivitäten? Wie effizient ist man in den einzelnen Aktivitäten im Verhältnis zu den Wettbewerbern aufgestellt? Wie beeinflussen die Kosten in einer Aktivität die Kosten in anderen Aktivitäten? (Abschnitt 3)
- Wie ist es um die Konsistenz eines Wertschöpfungsmodells auf Ebene der Geschäftseinheiten und einem eventuell auf der Ebene des Gesamtunternehmens zur Anwendung kommenden Wertschöpfungsmodells bestellt? (Abschnitt 4)?

!

Fallbeispiel: Pharmaunternehmen
In Abbildung 4-15 werden am Beispiel eines Pharmaunternehmens einige der obigen Fragen beantwortet. Oberhalb der Wertkette findet man zum einen die Verteilung der Budgets entlang der Wertschöpfung. Daneben sieht man auf der Basis einer subjektiven Einschätzung die relative strategische Bedeutung, die den einzelnen Aktivitäten im Wettbewerb beigemessen wird. So wurde hier die höchste Bedeutung der Forschung & Entwicklung beigemessen, da die Ergiebigkeit der Pipeline neuer Produkte die zukünftige Ertragskraft des Unternehmens bestimmt.

(2) Benchmarking: Vergleich der Wertketten

Beim Vergleich von Wertschöpfungsaktivitäten bedient man sich einer Methode, die als **Benchmarking**[22] bezeichnet wird. Darunter versteht man den systematischen Prozess, die eigenen Produkte, Dienstleistungen und Geschäftsprozesse gegen die stärksten Wettbewerber oder diejenigen Unternehmen zu messen, die in bestimmten Segmenten als »Weltklasse« angesehen werden. Man spricht hier oft auch vom Vergleich mit der *»Peer Group«*. Da sich Geschäftspraktiken ständig ändern und auch die führenden Unternehmen nicht stehen bleiben, sondern versuchen sich zu verbessern, hat die Marktbeobachtung fortlaufend zu erfolgen. Dadurch wird sichergestellt, dass jeweils die »besten« Praktiken aufgedeckt werden.

Peer-Group-Vergleich

Für Benchmark-Vergleiche werden interne und externe Unternehmenspraktiken zunächst anhand bestimmter Parameter gemessen und anschließend verglichen. Somit können wesentliche Unterschiede dargestellt, in ein Verhältnis zueinander gebracht und dokumentiert werden. In der Regel wird ein bestimmtes Maß aufgestellt, entlang dessen die besten Geschäftspraktiken umgesetzt werden müssen, um Überlegenheit zu erlangen. Entscheidend für das Benchmarking ist,

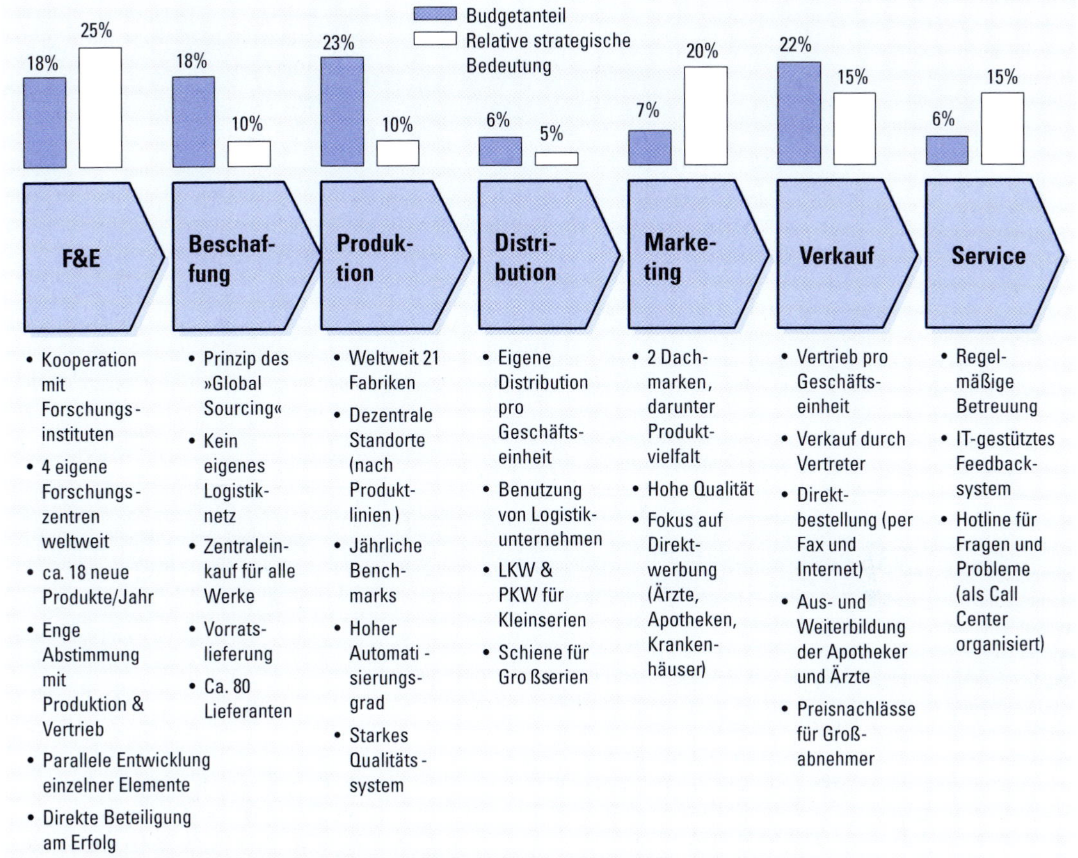

Abb. 4-15: Die Wertkette eines Herstellers von Pharmaka

dass es nicht allein auf direkte Wettbewerber der gleichen Branche abzielt, sondern auf Firmen- und Geschäftsbereiche von Unternehmen, die als »die Besten« oder als Industrieführer in ihrer Branche anerkannt sind. Durch eine solche Orientierung an (branchenfremden) »*Best Practices*« wird eine Übertragung von Wettbewerbsvorteilen möglich, die im eigenen Wirtschaftszweig bislang noch nicht bekannt sind.

»Best Practices«

Fallbeispiel: GATE GOURMET

(02/99) Beim Catering Serviceunternehmen GATE GOURMET überlegte man sich, wie man seinen Kunden, den Fluggesellschaften, zu Vorteilen verhelfen könnte. Da man mit den Flugzeugen dann Geld verdient, wenn sie in der Luft sind, legte man den Schwerpunkt auf einen Beitrag zur Reduktion der Standzeiten am Boden. Man überlegte sich, wo die Abwicklungsgeschwindigkeit eine besonders kritische Rolle spielt und kam dabei auf die Boxenstopps bei den Formel-1-Rennen als Benchmark.

Benchmarking wird daher als ein Managementkonzept zur kontinuierlichen und progressiven Selbstverbesserung des eigenen Unternehmens verwendet. Im Benchmark-Vergleich sucht man die Konfrontation mit den »Weltklasse«-Produzenten. Insgesamt lassen sich die drei in Abbildung 4-16 dargestellten *Typen von Benchmarking* unterscheiden: Beim internen Benchmarking vergleicht z.B. eine Bank ihre verschiedenen Filialen untereinander, beim wettbewerbsorientierten Benchmarking vergleicht sich VW mit HONDA, und GATE GOURMET ist ein Beispiel für ein Best-Practice-Benchmarking.

Typ	**Vorteile**	**Nachteile**
Internes Benchmarking	• Relative einfache Datenerfassung • Geeignet für diversifizierte, führende Unternehmen	• Begrenzter Blickwinkel • Interne Vorurteile
Wettbewerbs-orientiertes Benchmarking	• Geschäftsrelevante Informationen • Vergleichbarkeit von Produkten und Prozessen • Relativ hohe Akzeptanz • Bestimmung der Wettbewerbsposition	• Schwierige Datenerfassung • Gefahr des branchenorientierten Kopierens
Funktionales Benchmarking (mit Externen)	• Hohes innovatives Potenzial • Vergrößerung des Ideenspektrums	• Schwieriger Transfer von Wissen in ein anderes Umfeld • Zeitaufwändige Analyse • Probleme der Vergleichbarkeit

Abb. 4-16: Benchmarking (Quelle: Pieske 1994, S. 20)

!

Fallbeispiele
XEROX als einer der Pioniere des Benchmarking setzt dieses Instrument in sehr umfassender Weise ein. Das Unternehmen benchmarkt sich beim Rechnungswesen mit AMERICAN EXPRESS, bei der Strategienimplementierung mit TEXAS INSTRUMENTS, bei der IT-Infrastruktur mit DEERE & COMPANY, beim Vorschlagswesen mit MILLIKEN CARPET, bei der Technologieentwicklung mit HEWLETT PACKARD, bei der Logistik mit L. L. BEAN, bei der Produktion mit FUJI-XEROX und TOYOTA sowie bei Marketing und Vertrieb mit PROCTER & GAMBLE.

Für die Durchführung eines Benchmark-Vergleichs sind verschiedene Vorgehensweisen vorgeschlagen worden. Wichtige Punkte dabei sind:

- *Feststellung der betroffenen Funktionen:* Funktionen eines Unternehmens liefern Arbeitsergebnisse in Form von Produkten, Dienstleistungen, Aufträgen, Lieferungen, Rechnungen etc. Benchmarking lässt sich auf diese und alle anderen Arbeitsergebnisse anwenden. Deshalb müssen zuerst die einzelnen Arbeitsergebnisse festgestellt und auf die Möglichkeit, sie zu vergleichen, überprüft werden. Die Schwerpunkte der Betrachtung werden auf die Anforderungen des Endbenutzers gelegt.
- *Benchmarking-Partner:* Die ersten Kandidaten für Benchmarking werden meist bei unmittelbaren Wettbewerbern gesucht. Dies ist allerdings in den meisten Fällen nicht ausreichend. Benchmarking muss gegen führende Unternehmen und Geschäftspraktiken durchgeführt werden, gleichgültig, aus welcher Branche sie stammen.
- *Zusammenstellung des Datenmaterials:* Benchmarking ist ein Prozess, der nicht nur dazu dient, quantifizierbare Ziele und Sollvorgaben abzuleiten, son-

dern Daten über die besten industriellen Praktiken und Methoden zu sammeln, sie zu untersuchen und zu dokumentieren. Die jeweiligen Auswirkungen können dann quantifiziert werden.

- *Bestimmung der Leistungslücke:* Die aktuellen eigenen Prozesse und Methoden werden analysiert und mit den entsprechenden Praktiken der Benchmarking-Partner verglichen. Ziel ist es, ein Verständnis dafür zu erlangen, in welchen Bereichen die Benchmarking-Partner besser sind, wie viel besser sie sind und weshalb sie besser sind. Des Weiteren stellt sich die Frage, ob deren Praktiken an die eigenen Verhältnisse angepasst und übernommen werden können. In der Regel konzentriert man sich auf die größten Kostenverursacher und strebt die Vereinfachung von Prozessen und Geschäftspraktiken an.
- *Beurteilung der zukünftigen Leistungsfähigkeit:* Die Art der Lücke stellt die Grundlage für zukünftiges Handeln dar. Die Lücke kann einfach geschlossen oder sogar zum eigenen Vorteil ausgenutzt werden. Voraussetzung für die Nutzung der Lücke ist jedoch ein Verständnis der zukünftigen Leistungsfähigkeit über die gegenwärtigen Praktiken hinaus.
- *Kommunikation und Akzeptanz der Studie:* Um Unterstützung, Verpflichtung und Übernahme von Verantwortung zu erreichen, müssen alle Organisationsebenen von den Ergebnissen der Benchmarking-Studie unterrichtet werden. Die Ergebnisse müssen klar, überzeugend und glaubwürdig dargestellt werden. Auf der Grundlage dieser Daten können dann Aktionspläne erstellt werden.
- *Aufstellen von Regeln:* Ausgehend von den Resultaten der Studie werden innerbetriebliche Prinzipien erarbeitet, an denen alle Aktionen zur Veränderung beurteilt werden. Dies sind die Regeln, nach denen sich das Unternehmen langfristig verbessern will, um Kundenbedürfnisse besser zu befriedigen und Spitzenleistungen zu erzielen.
- *Erstellen von Aktionsplänen:* Die durch die Analyse gewonnenen Erkenntnisse müssen nun operationalisiert werden. Die Ausführenden der jeweiligen Arbeitsaufgaben sollen in die Umsetzung einbezogen werden. Des Weiteren muss dafür Vorsorge getroffen werden, dass im Zeitablauf wiederholt Anpassungen durchgeführt werden und Benchmarking zu einem dauerhaften und systematisch angelegten Prozess wird.

Abbildung 4-17 zeigt ein Beispiel für das Ergebnis eines Benchmark-Vergleichs. Bei der Analyse der Deckungslücke von 45 %, die gegenüber dem besten Wettbewerber der Branche besteht, wurde nach Differenzen hinsichtlich Faktoreinsatz, Produktgestaltung und Faktorkosten unterschieden. Der größte Nachteil gegenüber dem Wettbewerb besteht demnach vor allem bei den Faktorkosten, besonders bei den Personalkosten. Interessant ist aber auch, dass kleine Details in der Produktgestaltung – bei sonst vergleichbaren Eigenschaften – signifikante Unterschiede in der Kostenposition verursachen.

Abb. 4-17: Beispiel für einen Benchmark-Vergleich

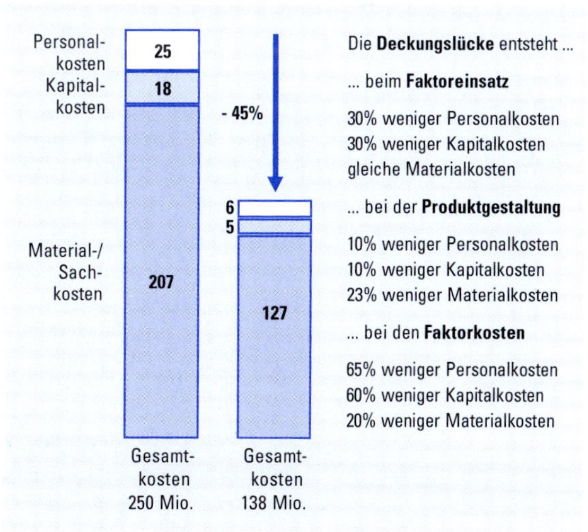

(3) Analyse der Kostenstruktur

Viele Branchen sind in den letzten Jahren unter einen erheblichen Kostendruck geraten. Man denke nur an die Telekommunikations- oder die Luftfahrtbranche. Um eine gezielte Analyse der Kostenstrukturen durchführen zu können, ist die Geschäftseinheit oder gar das gesamte Unternehmen eine viel zu umfassende Analyseeinheit. Was sich anbietet ist die Analyse der Aktivitäten in der Wertkette:[23]

(1) Nach der bereits erfolgten Zerlegung der Wertschöpfung eines Geschäfts in seine einzelnen relevanten Tätigkeiten, ordnet man ihnen – z.B. nach den Prinzipien des »*Activity-based costing*«[24] – die dort anfallenden Kosten zu. Da dies aufgrund des vorhandenen Zahlenmaterials nicht immer einfach zu erledigen ist, reicht hier eine grobe Zuordnung für den Anfang, um zu erkennen, welches die Aktivitäten sind, die wirklich Gewicht haben.

(2) Mittels der oben dargestellten Benchmarking-Methode vergleicht man dann – soweit möglich – die eigene Kostenstruktur mit derjenigen der Wettbewerber, um sich einen Eindruck von der eigenen relativen Kosteneffizienz zu verschaffen.

(3) Im nächsten Schritt sind pro Aktivität die relevanten *Kostentreiber* zu ermitteln. In einer Unternehmensberatung sind dies z.B. Personalkosten. Zu einem Industrieunternehmen vergleiche man das Beispiel in Abbildung 4-18.

(4) Teilweise werden die Kosten in einer Aktivität durch *Wechselwirkungen* mit anderen Aktivitäten beeinflusst. So kann z.B. eine zentrale Beschaffung der IT-Infrastruktur, die in jeder Aktivität benötigt wird, die Beschaffungskosten senken. Diese Wechselwirkungen zu erfassen ist auch wichtig, um bestimmte Effekte, die an einer Stelle auftauchen (z.B. Qualitätsmängel), auch in ihre Wurzeln zurückverfolgen zu können. Gerade hier konnten durch integrierende Softwarelösungen (z.B. in den Bereichen Customer Relations Management und Supply Chain Management) erhebliche Fortschritte erzielt werden.

(5) Letztlich müssen dann *Potenziale für Kostenreduktionen* ausgemacht werden. Möglichkeiten der Verbesserung der relativen Kostenposition sind zu prüfen (Kontrolle der Kostenantriebskräfte, Neustrukturierung der Wertkette, Neustrukturierung nachgelagerter Wertaktivitäten). Derartige Potenziale ergeben sich häufig aus einer näheren Durchleuchtung der im Verhältnis zum Wettbewerb ineffizienten Aktivitäten und deren Kostentreiber. Hat man z.B. die Personalkosten als Problem ausgemacht, entsteht die Frage, ob man sie vor Ort oder durch eine Standortverlagerung reduzieren kann. Beim Automobilhersteller in Abbildung 4-18 könnten dies Möglichkeiten zur Reduktion der Komplexitätskosten sein: Seltenere Relaunchs einer Modellreihe, weniger Modellvarianten, Verwendung einer gemeinsamen Plattform für verschiedene Modelle (oder verschiedene Marken bei Mehr-Marken-Herstellern wie VOLKSWAGEN). Die gewonnenen Vorschläge für Kostensenkungsmaßnahmen müssen kritisch darauf überprüft werden, ob sie strategische Wettbewerbsvorteile der Differenzierung schmälern und ob sie auch dauerhaft sind.

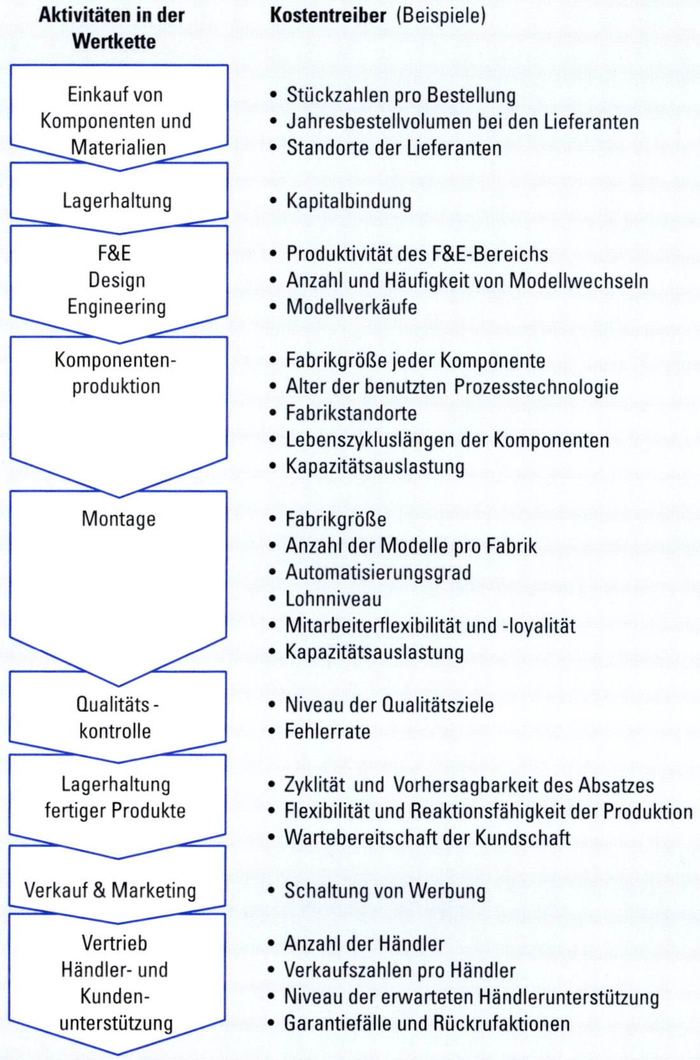

Abb. 4-18: Kostenanalyse eines Automobilherstellers (In Anlehnung an Grant 2002, S. 270)

(4) Zusammenspiel der Unternehmensebene und der Ebene der Geschäftseinheiten

Bei manchen Unternehmen erklärt sich die Logik ihrer Diversifikation auf der Gesamtunternehmensebene ebenfalls vor dem Hintergrund einer Wertschöpfungsüberlegung. Die Zentrale versteht dann das Entwickeln und Betreiben eines Wertschöpfungsansatzes auf Unternehmensebene als Teil ihrer Corporate Strategy. Sie versucht dadurch einen zusätzlichen Mehrwert zu schaffen. Damit stellt sie neben den klassischen Portfolio-Ansatz einen weiteren Ansatz zur Konzeptionalisierung einer Diversifikationsstrategie.

AutoNation.com

Fallbeispiel: AutoNation (früher: Republic Industries)[25]

(http://corp.autonation.com)

AutoNation hat in den USA durch eine geschickte Anordnung seiner Aktivitäten nicht nur den Vertrieb von PKWs grundlegend verändert, sondern auch die Machtverhältnisse in der gesamten Automobilbranche verändert. Wie die Abbildung 4-19 zeigt, hat AutoNation die einzelnen Elemente des Fahrzeugsvertriebs horizontal integriert, wodurch einerseits Synergien zwischen einzelnen Geschäftseinheiten geschaffen werden und es andererseits zu einer Optimierung des gesamten Fahrzeugvertriebes kommt. Das Gesamtmodell folgt dem Lebenszyklus eines PKWs. Es fehlt dann nur noch ein Ausschlacht- und Verschrottungsbetrieb.

AutoNation tritt in einer ersten Wertschöpfungsstufe als Neuwagenhändler (Direktverkauf & Leasing) auf und kauft bei allen wichtigen Herstellern (wie General Motors, Ford, Chrysler, Nissan etc.) Autos in hohen Stückzahlen ein. Dafür erhält es Rabatte bis zu 40 Prozent. In einer zweiten Wertschöpfungsstufe kommen die Autos für 3 bis 6 Monate bei den Autovermietungen »Alamo« und »Eurodollar« (beides Konzerntöchter) zum Einsatz. Als Nächstes werden sie in einem eigenen Servicenetz von 72 Werkstätten, die über die gesamten USA verteilt sind, grundüberholt und anschließend über die Konzerntochter »AutoNation« als »Junger Gebrauchter« erneut für 6 bis 24 Monate verleast oder verkauft. Dazu stehen ca. 80 Supermärkte für Gebrauchtwagen zur Verfügung, die ca. 1.000 PKW je Betrieb führen. Nach dieser abermaligen Laufzeit und einer weiteren Wartung im eigenen Servicenetz werden die Autos wieder verkauft: Jetzt als »Geprüfter Gebrauchter« mit 7-Tage-Rückgaberecht und 99 Tagen Garantie. Zuletzt werden in einer abschließenden Wertschöpfungsstufe die Autos noch einmal zurückgenommen und ohne größere Reparaturen in der Discount-Kette »Value-Stop« ein letztes Mal verkauft. Traditionelle Autohersteller, die in aller Regel auf mehr als 40 % des Umsatzes und auf rund 90 % des Gewinns aus dem Lebenszyklus eines Autos verzichten, werden durch dieses Wertschöpfungsmodell nachhaltig unter Druck gesetzt. Der PKW wird hier zum Konsumgut, die Macht in der Branche verschiebt sich hin zum Händler »AutoNation« und weg von den Herstellern.

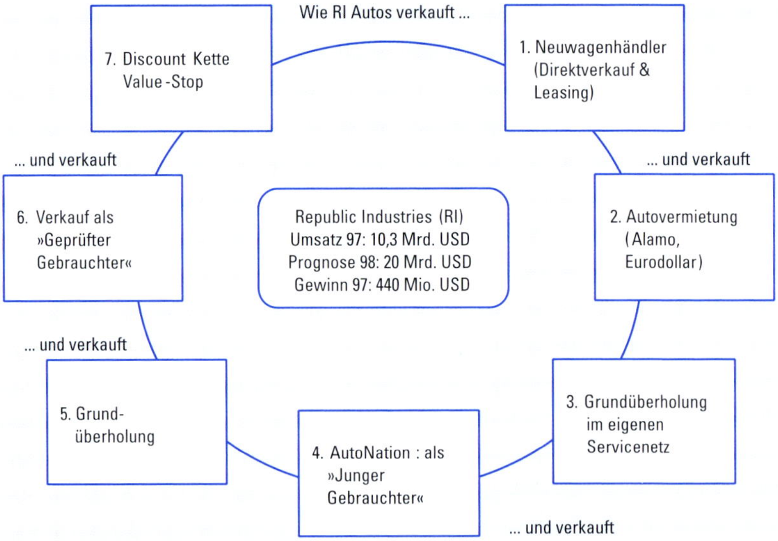

Abb. 4-19: Das Wertschöpfungsmodell von AutoNation

Besteht ein solches Wertschöpfungsmodell auf Unternehmensebene, so bedarf es einer Analyse der vielfältigen Wechselwirkungen zu den Wertschöpfungsstrukturen der einzelnen Geschäftseinheiten.

Ressourcen
Über eine der reichhaltigsten Sammlungen an Fallstudien zum Strategischen Management verfügen die Harvard Business School (HBS) (www.hbr.com) und das European Case Clearing House (ECCH) (www.ecch.com). Auf der Homepage des ECCH gibt es auch von Colis eine Suchfunktion zu den Sammlungen mehrerer Fallstudienanbieter inklusiv HBS und ECCH. Dort kann auch direkt bestellt werden.

Bei der HBS gibt es den Fall Nr. 387-170 zu Saatchi & Saatchi aus dem Jahr 1992. Besorgen Sie sich einmal diesen Fall und überlegen Sie sich, welches Wertschöpfungsmodell Saatchi & Saatchi auf der Corporate-Ebene zur Anwendung bringt. Ergänzend dazu kann noch die aus dem Jahr 1994 stammende Fallstudie zum gleichen Unternehmen von Meyer (1998) gelesen werden.

Damit konnte nun auch der Blick auf die Wertschöpfungskonfiguration des Unternehmens abgeschlossen werden. Im nächsten Abschnitt wollen wir zu einer die Analyse abschließenden integrierten Betrachtung der Wertschöpfung gelangen.

4.2.4 Integrierte Betrachtung

In Abschnitt 4.2.2 (2)–(4) wurde eine Analyse der Branchenwertschöpfung für das in Abschnitt 4.2.1 (1) definierte Geschäft durchgeführt. Aufbauend auf dieser Grundstruktur der Wertkette der Branche wurde dann in Abschnitt 4.2.3 die spezifische Konfiguration des Wertschöpfungsmodells einer Unternehmenseinheit (bzw. eines Unternehmens) in dieser Branche untersucht. Abschließend sollen nun diese externe und interne Sichtweisen der Wertschöpfung zusammengeführt werden. Wird dieser Schritt nicht gemacht, besteht die Gefahr, dass beide Analysen nebeneinander stehen bleiben, und damit auch keine Konsequenzen aus der Konfrontation der eigenen Konfiguration mit den Entwicklungen in der Branchenwertschöpfung gezogen werden.

Ein einfacher, aber wirkungsvoller Weg um dies zu tun, ist – analog zur Vorgehensweise bei der SWOT-Analyse im Feld »Positionierung« (vgl. Abbildung 3-39) – die Durchführung einer die interne und externe Betrachtung integrierende Analyse nach der in Abbildung 4-20 vorgeschlagenen Struktur. Zuerst überträgt und listet man die Erfolgsfaktoren in Feld 1 sowie die Trends bzw. die sich daraus ergebenden Gefahren und Gelegenheiten in Feld 2. Analog überträgt und listet man die Erkenntnisse aus der Stärken-Schwächen-Analyse in den Feldern 3 und 4. Dann beginnt die eigentliche Denk- und Integrationsarbeit, bei der man sich mit den Fragen in den Feldern 5–8 auseinandersetzt.

Damit ist im Arbeitsprozess des Feldes »Wertschöpfung« die Analysephase abgeschlossen (vgl. Übersicht in Abbildung 4-8). Was sich nun anschließt, ist die Suche nach den Optionen, die für die Herleitung eines strategischen Wertschöpfungsprogramms zur Verfügung stehen.

Unternehmen / Branchenumwelt	(3) Stärken	(4) Schwächen
(1) Für Erfolgsfaktoren erforderliche Fähigkeiten	(5) Wie wirken unsere Stärken bzgl. der für die Erfolgsfaktoren erforderlichen Fähigkeiten?	(6) Wie wirken unsere Schwächen bzgl. der für die Erfolgsfaktoren erforderlichen Fähigkeiten?
(2) Trends/Issues/Gefahren/Gelegenheiten	(7) Wie wirken die Trends angesichts unserer Stärken? Welche der Trends könnten wir mit unseren Stärken positiv nutzen? Wie könnte dies geschehen?	(8) Wie wirken die Trends angesichts unserer Schwächen? Welche der Trends könnten uns angesichts unserer Schwächen negativ beeinflussen? Wie könnten wir dies vermeiden?

Abb. 4-20: Integrierende Analyse der Wertschöpfung

Workshop
Führen Sie eine Wertschöpfungsanalyse entlang der folgenden Schritte durch:

1. Definieren Sie das Geschäft, das Sie analysieren wollen (Abschnitt 4.2.2 (1)).
2. Analysieren Sie die Wertschöpfung der Branche (Fragenkatalog in Abschnitt 4.2.2 (3)).
3. Analysieren Sie die Wertschöpfung Ihrer Unternehmenseinheit (Fragenkatalog in Abschnitt 4.2.3 (1)).
4. Integrieren Sie nun beide Analysen (Abschnitt 4.2.4).
5. Welche zentralen Erkenntnisse ziehen Sie aus dieser Analyse? Wie werden diese die Entwicklung Ihrer Wertschöpfungsstrategien beeinflussen?

Zusammenfassung

- Als *Wertschöpfung* bezeichnet wird der Prozess des Schaffens von Mehrwert durch Bearbeitung.
- Ein *Wertschöpfungsmodell* ermöglicht eine möglichst konsistente Sicht der zentralen Aktivitäten in einem Wertschöpfungsprozess. Zwei Darstellungsformen dazu sind die *Wertkette* und das *Aktivitätensystem*.
- Die fallspezifische Ausgestaltung einer Wertkette erfolgt über die *Konfiguration* der Aktivitäten (und der dazugehörigen Ressourcen).
- Mittels der *Benchmarking*-Technik kann ein Konkurrenzvergleich der Wertkette vorgenommen werden.

Lernkontrolle

1. Wie kann über das Konzept des Stakeholder Relations Managements der Bezug des Feldes »Wertschöpfung« zur »Positionierung« hergestellt werden?
2. Welche Möglichkeiten gibt es im Feld »Wertschöpfung«, den Arbeitsprozess zu strukturieren?

3. Was unterscheidet die Begriffe »value adding«, »value capture«, »value migration« und »value creation«?
4. Für welche Zwecke setzt man die Instrumente »Wertkette« und »Aktivitätensystem« ein? Wie sind diese Instrumente aufgebaut?
5. Welche Fragen hat man sich bei der Analyse der Wertkette einer Branche zu stellen? Welche Zusammenhänge gibt es zwischen der Ausgestaltung der Wertkette und der Profitabilität?
6. Wie funktioniert ein Benchmarking?
7. Wie kann die Kostenstruktur als Teil einer Wertschöpfungsanalyse untersucht werden?
8. Wie kann der Wertschöpfungsgedanke auch auf die Ebene des Gesamtunternehmens übertragen werden?
9. Welche Möglichkeit gibt es, die externe Analyse der Branchenwertschöpfung und die interne Analyse der Unternehmenswertschöpfung zu einer integrierten Betrachtung zusammenzuführen?

4.3 Konfiguration der Wertschöpfung (Gestaltung II)

Konfigurieren der Wertschöpfung

Der Analyse der Wertschöpfung folgt nun eine Darstellung von Ansätzen und Optionen zu ihrer Konfiguration. Der Begriff des **Konfigurierens** bezieht sich dabei auf das »Zusammenstellen« und Abstimmen des Wertschöpfungsmodells. Damit sind Tätigkeiten wie die Auswahl der Aktivitäten der eigenen Wertschöpfung, die Bestimmung ihres Zusammenspiels oder die Festlegung einer grundsätzlichen Ausrichtung der Wertschöpfung gemeint.[26]

Gerade mittels dieses Kapitels 4.3 ist es uns wichtig zu zeigen, dass das Feld »Wertschöpfung« mehr als nur das Umsetzungsfeld zur Positionierung ist. Vermutlich ist es sogar so, dass man in Zeiten starker Veränderlichkeit dieses Feld sogar vor der Positionierung ansteuert, um vielleicht aufgrund ausbleibenden Wachstums und saturierter Märkte oder aufgrund neuer technologischer Möglichkeiten mehr experimentell getrieben nach neuen Geschäften zu suchen. Wir denken, dass der konzeptionelle Ansatz des Wertschöpfungsmodells über ein großes Potenzial verfügt, um innovativ über neue (Formen der) Geschäfte zu reflektieren.

Lernziele

- Darstellung alternativer Wertschöpfungsarchitekturen und -manöver
- Erläuterung von Verfahren zur Entdeckung und Entwicklung innovativer Wertschöpfungsmodelle
- Aufzeigen der Komponenten eines Geschäftsmodells

4.3.1 Wertschöpfungsarchitekturen und -manöver

Die Ausführungen zur Konfiguration der Wertschöpfung werden hier in zwei Teilbereiche untergliedert: Den Auftakt bildet eine typologische Überlegung zu Wertschöpfungsarchitekturen und Wertschöpfungsmanöver. Es soll zuerst gezeigt werden, welche grundsätzlichen Typen von Wertschöpfungsmodellen zum Betreiben eines Geschäfts zur Auswahl stehen. In einem zweiten Schritt erfährt diese eher statische Typologie eine Ergänzung durch eine dynamische Sicht solcher Architekturen, in dem gefragt wird, welche grundsätzlichen Stoßrichtungen zur Veränderung der derzeitigen Modellstruktur eingeschlagen werden können. Resultat sind sechs generische Manöver zur Veränderung eines Wertschöpfungsmodells.

(1) Wettbewerb der Wertschöpfungsarchitekturen

»Business Migration«

Ausgangspunkt der Überlegungen von Heuskel (1999) ist das in zahlreichen Branchen zu beobachtende Phänomen der »**Business Migration**«, d.h. der Eintritt von Unternehmen über ihre traditionellen Branchen- und Produktgrenzen hinweg in neue Geschäftsfelder. Die traditionelle, vertikal integrierte Wertkette wird dabei »dekonstruiert«, was bedeuten soll, dass sich die ehemals fest miteinander verbundenen Elemente der Kette voneinander lösen und an ihren Grenzen den Übergang in neue Geschäftsfelder ermöglichen (vgl. Abbildung 4-21). Als Musterbeispiel werden die großen Mineralölunternehmen angeführt, die ihr Shop-Geschäft derart ausgeweitet haben, dass mittlerweile an einigen »Tankstellen« die »Convenience« Produkte (wie Lebensmittel, Zeitschriften etc.) gegen-

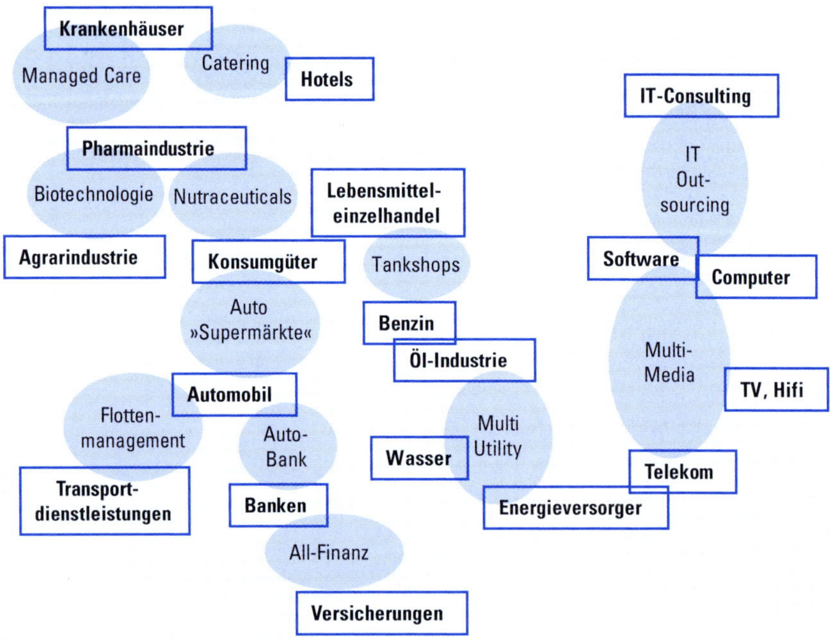

Abb. 4-21: Die Emergenz neuer Geschäfte (Quelle: Heuskel 1999, S. 32f.)

über dem ursprünglichen Produkt »Benzin« absolut in den Vordergrund getreten sind. Diese Bewegung in den Lebensmitteleinzelhandel wurde Anfang der 90er-Jahre eingeleitet, als die Ölkonzerne das vielfältig nutzbare Potenzial erkannten, das ihr dichtes und gut zugängliches Tankstellennetz in sich barg.

Laut Heuskel verschiebt sich der Wettbewerb innerhalb klassischer Industriegrenzen mehr und mehr in Richtung eines Wettbewerbs zwischen verschiedenen Wertschöpfungsarchitekturen, die sich quer durch etablierte Brancheneinteilungen ziehen und neue, zuvor noch gar nicht bestehende Geschäftsfelder entstehen lassen. Klassifizierend werden die vier in Abbildung 4-22 dargestellten Typen von **Wertschöpfungsarchitekturen**[27] unterschieden:

Wertschöpfungs-architekturen

- Die *Schichtenspezialisten (»Layer Player«)* konzentrieren sich auf eine oder wenige Stufen ihrer Wertkette, lösen diese aus dem Gesamtzusammenhang und expandieren über diesen Hebel horizontal in andere Industrien. Beispiel ist hier die Nutzung der Marketingfähigkeiten bei PROCTER & GAMBLE als Know-how-Basis für den Eintritt in bislang untermarketierte Märkte. Die Spezialisierung ermöglicht es Größenvorteile, Wissensvorteile oder Eigentumsrechte multiplikativ zu nutzen und sich nicht nur auf ihre traditionelle Branche zu begrenzen. Zur entscheidenden Frage wird, ob es gelingt, die jeweilige Wertschöpfungsfunktion unabhängig und profitabel in den Geschäftsfeldern der anderen Industriezweige anzubieten. Prüfen lässt sich dies anhand von Fragen wie: Wo lassen sich vergleichbare Elemente eigener und fremder Branchen identifizieren, die unterdurchschnittlich profitabel oder deren Optimierungspotenziale im Unternehmen bereits ausgeschöpft sind? Können diese »herausgelöst« werden und selbständig agieren? Kann dieses Element ausgebaut und auch in anderen Industrien erfolgreich genutzt werden?
- *Pioniere (»Market Maker«)* versuchen, zusätzliche Wertschöpfungsstufen in bestehende Wertketten einzufügen und diese dann mit einem von ihnen geprägten Standard zu besetzen. Sie schaffen sich einen eigenen Markt, indem sie meist durch eine nachhaltige Innovation Leistungen offerieren können, die dann für verschiedene Industrien von Nutzen sind. So ist es SABRE gelungen, ein Flug-Reservierungssystem zu entwickeln, das die Buchung von Flügen in Realtime erlaubt. Zuvor mussten dafür im Reisebüro und bei den Fluggesellschaften eine Reihe von Arbeitsschritten durchlaufen werden, die im Schnitt ca. 3 Stunden dauerten und eine Vielzahl von Mitarbeitern beschäftigten. SABRE gelang es hier, eine Wertschöpfungsstufe zu schaffen und für sich zu sichern, die mittlerweile weltweit von ca. 30.000 Reisebüros, 400 Fluggesellschaften, Mietwagenunternehmen, Eisenbahnen und Reiseveranstaltern in Anspruch genommen wird.
- Einen weiteren Architekturtyp verkörpern die *»Orchestratoren« (»Orchestrators«)*. Auch sie konzentrieren sich – wie die Schichtenspezialisten – auf einzelne Elemente der Wertkette, erzeugen jedoch Mehrwert durch die geschickte Koordination der anderen Wertschöpfungsstufen. Wie ein Dirigent »orchestrieren« sie das Ganze und beschränken sich auf wesentliche Kernstufen, wie z. B. Produktentwicklung, Marketing oder Vertrieb. In der Sportartikelindustrie beispielsweise verfolgen ADIDAS oder REEBOK diese Strategie schon seit längerem: Sie steuern ein Netzwerk von Zulieferern, die für sie Logistikfunktionen und Produktion übernehmen und konzentrieren sich selbst auf die Entwicklung innovativer Produkte oder das Sportmarketing.

- *Integratoren (»Integrators«)* halten die Wertkette größtenteils unter eigener Kontrolle, weisen nahezu keinen Fremdbezug auf und optimieren die Transaktionskosten zwischen den einzelnen Wertschöpfungsstufen. Je nachdem, wohin auf Industrieebene die Rentabilität sich verlagert, bewegen sie sich in vor- oder nachgelagerten Stufen. Dies gelingt besonders dort gut, wo hohe Investitionen und damit oft auch hohe Risiken das Geschäft prägen (z.B. in der Pharmaindustrie). Generalistisch ausgerichtet müssen die Integratoren darauf achten, einerseits auf jeder Stufe den Schichtenspezialisten gewachsen zu sein und andererseits gleichzeitig die Schnittstellen zwischen den Stufen so zu optimieren, dass nicht Orchestratoren sie hier unter Druck setzen.

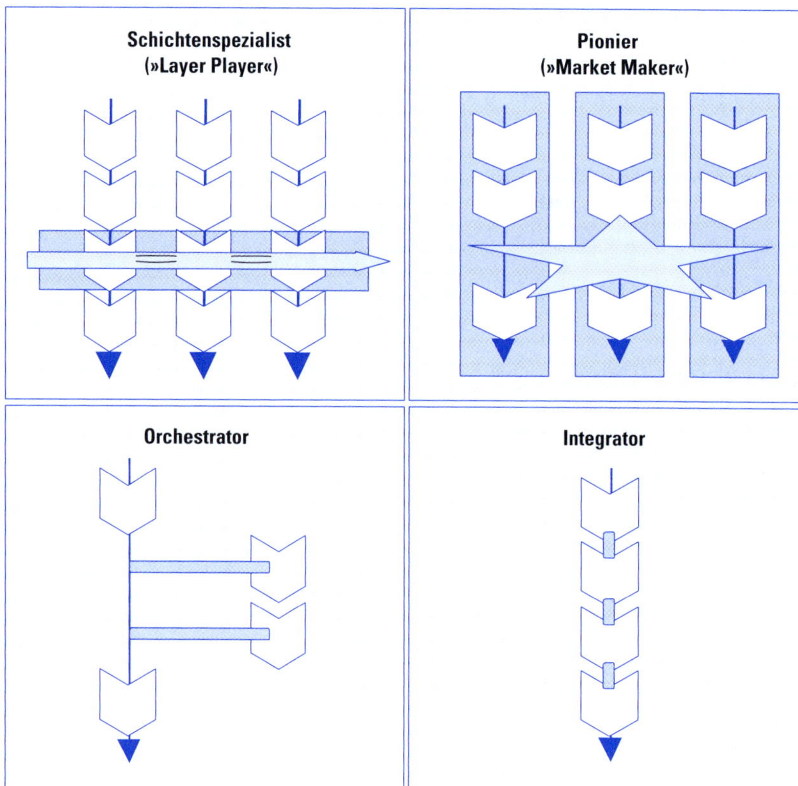

Abb. 4-22: Wertarchitekturen (Quelle: Heuskel 1999)

Fallbeispiel: Fondsgeschäft

(5/02) Am Beispiel des Anlagefondsgeschäfts kann gezeigt werden, dass das Aufbrechen der Wertschöpfungskette und das Konkurrieren der Wertarchitekturen nicht nur zu Wertschöpfungsverschiebungen zwischen Branchen, sondern auch zu Wertschöpfungsverschiebungen zwischen Standorten und Regionen führt.

Vereinfacht kann man das Fondsgeschäft in drei Aktivitäten (mit ihrem jeweiligen etwaigen Anteil an der Wertschöpfung) aufteilen: (1) Fondsleitung (mit Depotbank) (10 %), (2) das Asset Management (30 %) und (3) den Vetrieb (60 %).[28] Früher war es üblich, dass eine Schweizer Bank diese Wertschöpfung vollständig bei sich im Haus und im Land behielt. Doch heute bricht diese Wertkette mehr und mehr über Europa auf. So befindet sich der Fondsstandort (Fondsleitung und Depotbank) der knapp 3400 im Jahr 2000 zum öffentlichen Vertrieb zugelassenen Fonds nur noch in 475 Fällen in der Schweiz. Zu dieser Entwicklung kam es u.a. deshalb, weil der Kunde der Schweizer Bank (62 % des dort verwalteten Kundenvermögens gehören Ausländern) nicht nur in den Fondsprodukten dieser Bank sein Geld anlegen möchte. Damit begann der Kunde auch, direktere Vergleiche zwischen den Fonds anzustellen, was Rationalisierungsmaßnahmen seitens der Fondsleitungen zur Folge hatte.

Als Fondsstandort beliebt sind derzeit die »Offshore«-Finanzplätze Luxemburg und mehr und mehr auch Irland, das mit Steuervorteilen lockt. Dies u.a. aufgrund eines regulatorischen Vorteils, da gemäß den EU-Richtlinien konzipierte Fonds (UCITS) sowohl in der ganzen EU als auch in der Schweiz vereinfacht zum Vertrieb zugelassen sind. Das Asset Management der Fonds findet heute primär in den internationalen Finanzzentren (New York, London, Frankfurt, Zürich und Singapur) statt. Dabei sind Länder, in denen viel Vermögensverwaltung stattfindet auch stark im Fondsvertrieb, denn der Vertriebsträger des Fonds verfügt hier über die Kundenbeziehung.

(2) Manöver zur Veränderung des Wertschöpfungsmodells

Aus dem Ansatz von Heuskel wird deutlich, dass eine Konfiguration der Wertschöpfung sowohl eine Betrachtung innerhalb der eigenen Branche als auch der angrenzenden und verbundenen Branchen verlangt. Innerhalb einer Branche geht es um die Kenntnis der wertschöpfungsstarken Stufen und damit verbunden um die Veränderung bzw. Verschiebung der Wertschöpfung entlang der Branchenwertschöpfung. Ein Denken über die Branchengrenzen hinaus ist vor dem Hintergrund sich auflösender Branchengrenzen notwendig: Neue Wachstumsfelder entstehen zwischen oder überlappend zu den alten Strukturen.

Geht man nun einmal davon aus, dass ein Unternehmen bereits mit einer bestimmten Konfiguration eines Wertschöpfungsmodells in einem Geschäft präsent ist: Welche grundsätzlichen Optionen hat es dann, sich von dort aus in Konfigurationen zu bewegen, die höhere oder neue Wettbewerbsvorteile erwarten lassen? Im Ansatz von Müller-Stewens/Fontin (2002) stehen hier die sechs in Abbildung 4-23 aufgezeigten generischen Optionen zur Verfügung, die wir hier als **Wertschöpfungsmanöver** bezeichnen wollen. Dabei gibt es gewisse Überschneidungen mit dem Ansatz von Heuskel, die wir aber aufgrund der unterschiedlichen Intention dieses Ansatzes in Kauf nehmen.

Wertschöpfungs-manöver

Fokussieren: Hier reduziert ein Unternehmen seine Wertschöpfungstiefe, um sich noch mehr auf bestimmte Wertschöpfungsstufen konzentrieren zu können. Dies geschieht natürlich dort, wo man einerseits eine interessante Marktentwicklung sieht und andererseits dort, wo man sich mit seinen Fähigkeiten im Verhältnis zur Konkurrenz gut positioniert sieht. Vorteil des Ansatzes ist die Konzentration der Kräfte; Nachteil ist der fehlende Risikoausgleich, wenn die Märkte eng werden.

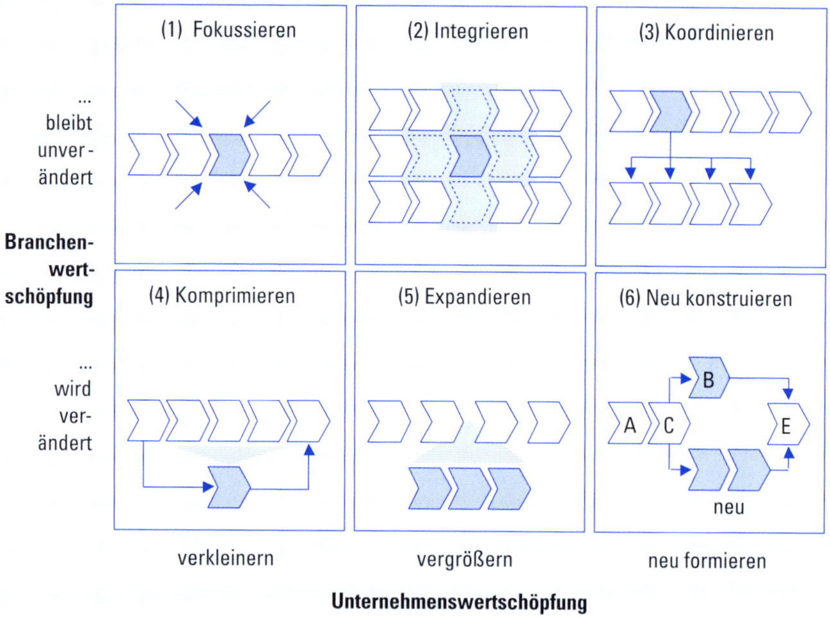

Abb. 4-23: Wertschöpfungsmanöver (Quelle: Müller-Stewens/Fontin 2002)

!

TEXAS INSTRUMENTS **Fallbeispiel: Texas Instruments (TI)**
(04/02) TI (www.ti.com) ist mit einem Umsatz von 8,2 Mrd. USD (2001) der weltweit führende Hersteller von Halbleiterprozessoren im Bereich Digital Signal Processing (DSD) und Analogchips. Das Unternehmen hat sich über die vergangenen Jahre nach und nach *fokussiert auf das Design spezialisierter Halbleiterprozessoren* mit Schwerpunkt Signalverarbeitung für den Einsatz in der Telekommunikation (Mobiltelefone, Computermodems etc.). Die Fertigung, Montage und Test der Chips überlässt man nachgelagerten Unternehmen. Die zukünftige Entwicklung von TI sieht man in der Ausweitung der DSP-Chips auf angrenzende Schlüsselmärkte wie optische, kabel- und funkbasierte Kommunikationstechnologien.

Integrieren: Hier wird entweder innerhalb der Branchenwertschöpfung vertikal zwischen zwei Aktivitäten integriert oder es werden horizontal Zusatzleistungen hinzugenommen, die das Spektrum der Aktivität über das für das Produkt notwendige Ausmaß hinaus erweitern.

!

BMW Financial Services **Fallbeispiel: BMW Financial Services (BFS)**
(04/02) BFS (www.bmwusa.com) ist innerhalb der BMW Gruppe für die Finanzdienstleistungen zuständig. 2001 hatte man ein Geschäftsvolumen von 20,6 Mrd. Euro bei einem Bestand von 1,2 Mio. abgeschlossenen Finanzierungsverträgen. BFS bietet den BMW-Kunden Möglichkeiten zur Finanzierung und zum Leasing des Fahrzeugs an. In einem horizontalen Integrationsschritt kamen dann noch »klassische« Bankdienstleistungen des Vermögensmanagements (Festgeld und Sparbrief, Investmentfonds etc.) oder die Kreditkarte BMW Card für die BMW-Kunden hinzu. Zielsetzung von BFS war die Erhöhung der Wertschöpfung durch Erweiterung und Kopplung unterschiedlicher Dienstleistungen, eine intensivere Nutzung und Bindung des vorhandenen Kundenstamms sowie eine Erweiterung der Marke BMW.

Koordinieren: Auch hier fokussiert man sich selbst auf einzelne Aktivitäten der Wertkette mit einer hohen Wertschöpfung. Gleichzeitig koordiniert und steuert man allerdings sehr eng andere Aktivitäten der Wertkette. Man hat sie an andere Unternehmen vergeben (Outsourcing), da man in ihnen ein zu geringes Potenzial für die eigene Erzeugung von Mehrwert sieht, aber durch die enge Steuerung als solches, ein Mehrwert erzeugt werden kann. Vorteil eines solchen Ansatzes kann der Verzicht auf nicht-strategische und kapitalintensive Aktivitäten sein, verbunden mit einer höheren Hebelwirkung der eigenen eingesetzten Mitteln bei Aktivitäten mit einem höheren relativen Mehrwert (ROVA). Auch gibt dieser Ansatz dem Unternehmen eine größere Flexibilität bei Aspekten wie Partnerwahl oder Kapazitätsanpassung. Nachteil könnte es sein, dass in stabileren Zeiten die Hierarchie wieder die günstigere Koordinationsform darstellt und man dann nicht so schnell diese Aktivitäten (wieder) aufbauen kann.

Fallbeispiel: Nike

(04/02) NIKE (www.nike.com) ist ein weltweit agierender Hersteller von Sportschuhen, der erst 1972 gegründet wurde und 2001 bereits einen Umsatz von 9,5 Mrd. USD erwirtschaftete. Nike konzentriert sich auf Design, Marketing und Vertrieb. Die Produktion erfolgt als Auftragsproduktion durch etwa 700 Low-Cost-Lieferanten in über 50 Ländern. Die Leistung der Lieferanten wird streng überwacht anhand von Kriterien wie Preis, Qualität, Lieferung, Einhaltung von Vorschriften (»compliance«) etc.

Komprimieren: Hier ist es die Zielsetzung, die eigene Wertschöpfung durch Ausschalten des Zwischen- und Einzelhandels zu erhöhen. Dadurch verringert sich die Branchenwertschöpfung. Begünstigt werden derartige Manöver derzeit durch die Möglichkeiten des Internets. Primärer Vorteil ist hier der direktere Zugang zum Endkunden, oft auch verbunden mit schnelleren und günstigeren Ablaufprozessen.

Fallbeispiel: Quelle

(04/02) Quelle (www.quelle.com) ist ein Katalogversandhaus mit einem Marktanteil von 25 % am deutschen Versandhandel und einem Umsatz von 5,6 Mrd. Euro. Im Direktvertrieb (12 Mio. Kataloge pro Saison) werden der Zwischen- und Einzelhandel ausgeschaltet. 0,6 Mrd. Euro der Warenbestellungen treffen bereits über das Internet ein. Daneben optimiert man den Umsatz noch durch die Nutzung zusätzlicher Verkaufskanäle: Man verfügt über ein eigenes direktes Vertriebsnetz mit 9.800 Vertriebsstellen, u.a. 7.000 Quelle-Shops in Deutschland, Österreich und der Schweiz.

Expandieren: Hier wird die Branchenwertschöpfung dadurch geändert und erhöht, indem eine zusätzliche Aktivität durch einen Wettbewerber in die bestehende Wertkette eingefügt wird. Vorteil davon ist eine Ausdifferenzierung des Leistungsspektrums gegenüber dem Kunden. Risiko ist es, ob beim Kunden das Bedürfnis danach ausreichend vorhanden ist.

Fallbeispiel: Debitel

(04/02) Debitel (www.debitel.com) ist Europas größter netzunabhängiger Mobilfunk Service Provider. Das Unternehmen vermittelt und vermarktet Mobilfunkdienstleistungen der Mobilfunkanbieter an Endkunden. Daneben gestaltet es durch die Entwicklung eigener Dienstleistungen (Serviceplattform, SIM-Karte etc.) – teilweise über strategische Partnerschaften (z.B.

mit Photoporst für bildbasierte Mehrwertdienste oder mit Webmiles für Bonusprogramme) – als »Enhanced Service Provider« den Markt auch selbst. Das Unternehmen wurde 1992 gegründet und verfügt bereits über 10 Mio. Kunden und einen Umsatz von 2,5 Mrd. Euro (2001).

Neu konstruieren: Hier wird die bestehende lineare Wertkette aufgebrochen und in eine neue Logik gebracht, die meist auch in einer neuen Prozessfolge ihren Ausdruck findet. Dadurch werden aber insbesondere die Spielregeln des Geschäfts verändert. Es kommt zu Marktanteils-, Macht- und Wertschöpfungsverlagerungen in der Branchenwertschöpfung. Häufig haben diese Fälle etwas mit der Veränderung des Kundenzugangs zu tun. Gelingt einem eine solche kreative Neukonstruktion, so hat man den Innovationsvorteil. Risiko ist eine fehlende Durchsetzung in der Branche, die man ja zuerst einmal gegen sich hat, d.h. dass i. Allg. die Zugkraft vom Kunden ausgehen muss.

!

KVADRAT

Fallbeispiel: Kvadrat
(04/02) Kvadrat (www.kvadrat.com) ist ein dänischer Möbelstoffhersteller, der die Entwicklung und die Vermarktung von modernem Design für Möbelstoffe und Gardinen für Großkunden betreibt und einen Umsatz in Höhe von 47 Mio. Euro ausweist (2001). Während der klassische Wertschöpfungsprozess vom Stoffdesigner über den Stoffhersteller, dem Möbelhersteller und dem Ausstatter zum Kunden läuft, designt und vermarktet Kvadrat die Stoffe direkt beim Endkunden. Die danach in Auftrag gegebene Produktion geschieht über ein Netzwerk von 28 weitgehend spezialisierten Webereien. Kvadrat ist es dadurch gelungen, den Einfluss von Herstellern und Ausstattern stark zu den eigenen Gunsten zu reduzieren und durch den direkten Zugang zum Endkunden die eigene Wertschöpfung zu erhöhen.

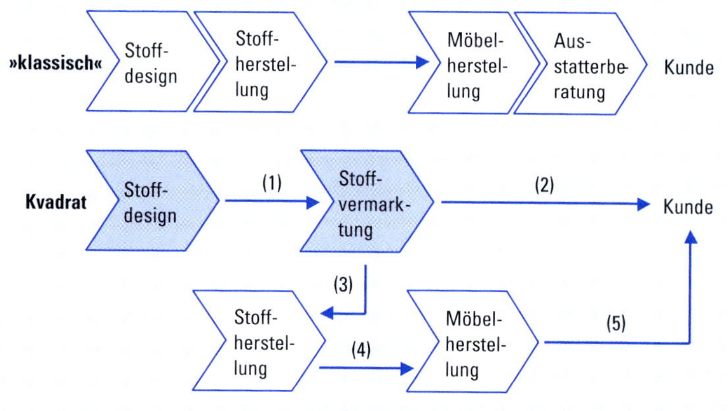

Abb. 4-24: Wertschöpfungsmodell von Kvadrat

4.3.2 Innovative Wertschöpfungsmodelle

Ein Thema, das in Wissenschaft und Praxis in den letzten Jahren verstärkte Aufmerksamkeit erfahren hat, ist das der innovativen Wertschöpfungsmodelle. Einzelnen Unternehmen gelingt es dabei, durch eine neue Form der Wertschöpfung eine oft jahrelang gültige Industrielogik zu »kippen« und sich Wettbewerbsvorteile zu sichern. Möglich wird dies häufig durch die auf Grund der Globalisierung erweiterten Systemgrenzen vieler Geschäfte sowie durch die neuen Informations- und Telekommunikationstechnologien. Unter dem Begriff »*New Economy*« war hier eine wahre Goldgräberstimmung ausgebrochen, die im Börsencrash jedoch ein jähes Ende fand.[29] Da in diesen Fällen überdurchschnittliche Renditen entstehen können und es ja auch Unternehmen gibt, die sehr erfolgreich und dauerhaft aus der New Economy hervorgegangen sind, ist jedoch das Interesse für dieses Thema geblieben. Fragestellungen, die diesbezüglich diskutiert werden, lauten: Wie entwickelt man solch neue Modelle? Wie erkennt man, welche Modelle zu Wettbewerbsvorteilen führen und welche nicht? Wie können Unternehmen ihre existierenden Fähigkeiten zum Aufbau innovativer Wertschöpfungsmodelle nutzen? Welche Rahmenbedingungen begünstigen diese Entwicklung? Welche hemmen sie?

Im Folgenden werden wir vier Ansätze vorstellen, die zu diesem Thema vorgelegt wurden. Es ist daran zu erinnern, dass auch sie teils neue, teils erweiterte Konzeptionen der Wertschöpfung bieten, die für Reflexionszwecke nutzbar sind. Teilweise sind sie auch überlappend zu den eher grundsätzlicheren Ansätzen in Abschnitt 4.3.1. Wir denken aber, dass diese Ansätze geeignet sind, diese grundsätzlicheren Ansätze um Überlegungen zu einer kreativen Veränderung, Weiterentwicklung oder Neuentwicklung von Wertschöpfungsmodellen zu unterstützen. Im Einzelnen sind es:

Ansätze zur Entwicklung innovativer Wertschöpfungsmodelle

- Wege zur Revolution von Industrien (Hamel 1996)
- Innovative Wertkurven (Kim/Mauborgne 1999)
- Migration von Wert (Slywotzky 1996)
- Das Innovator's Dilemma (Christensen 1997)

(1) Wege zur Revolution von Industrien

Gary Hamel (1996) schlägt neun Wege vor, wie eine – in seinen Worten – »revolutionäre« Veränderung einer Branche erfolgen kann. Fast jedes Unternehmen ist für ihn an einem solch radikalen Umsturz interessiert, wenn es sich dadurch neue Wettbewerbsvorteile sichern kann. Die ersten drei Wege beinhalten eine Redefinition der angebotenen Produkte und Dienstleistungen, die nächsten drei eine der bestehenden Marktgrenzen und die letzten drei eine Redefinition der Branchengrenzen.

Radikale Verbesserung der Leistung

Redefinition von Produkten und Dienstleistungen: Die erste Vorgehensweise ist die *radikale Verbesserung der Leistung eines Angebots*. Dies ist erreicht, wenn entweder für den gleichen Geldbetrag ein höherer Gegenwert oder der gleiche Gegenwert für einen geringeren Geldbetrag angeboten wird. Häufig geschieht eine solche Verbesserung in Verbindung mit einer Produktinnovation[30]. Ein Beispiel sind die Anfang der 80er-Jahre aufkommenden digitalen CD-Player, die im Vergleich zu analogen Geräten die Klangqualität verbesserten. Gleiches geschah mit der Einführung von Investmentfonds, die privaten Kleinanlegern die Möglichkeit boten, sich erstmalig in breitem Umfang an den internationalen Kapitalmärkten zu engagieren. Ein zweiter Weg liegt in der *Trennung von Funktion und Form* eines Produktes. Wichtig ist dabei zunächst die gedankliche Trennung der zentralen Funktionen eines Produktes von der Form, in der sie erbracht werden.

Trennung von Funktion und Form

Gelingt es, die beiden Bereiche voneinander zu trennen und einen Teil neu zu konzipieren, so wird das ursprüngliche Angebot nachhaltig redefiniert. So haben Kreditkarten beispielsweise zwei Funktionen: Erstens signalisieren sie Kreditwürdigkeit und schaffen Vertrauen gegenüber dem Kartenhalter durch dessen Name, Foto und Unterschrift. Diese Funktion kann jedoch auch durch alternative Technologien erbracht werden. Systeme zur Erkennung von Sprache oder Mustern an Daumen oder Augen leisten das Gleiche. Kaum ein Anbieter von Kreditkarten (wie VISA, MASTERCARD etc.) hat allerdings in diesen Technologien Expertise aufgebaut, obwohl sie eine der zentralen Funktionen ihrer Kreditkarten substituieren könnten. Zweitens erlaubt die Kreditkarte ihre Nutzung bis zu einem vorab festgelegten Limit. Die Funktion, eine »Erlaubnis für etwas zu bieten«, ist jedoch nicht nur im Zahlungsverkehr, sondern in einer Reihe weiterer Anwendungen von Nutzen. Zu denken ist z.B. an den Einsatz von Karten in Unternehmen, Hotels oder Freizeitparks. Doch auch hier haben die traditionellen Kreditkartenanbieter das Feld anderen Unternehmen überlassen, welche die Form von der ursprünglichen Funktion trennten. Ein dritter Weg liegt in der *Erzeugung von Spaß und Freude bei der Benutzung* eines Produktes. Das eigentliche Kernprodukt wird dazu mit Attributen versehen, die informativ, ungewöhnlich oder lustig sind und damit Kunden anziehen. So geht auch beim E-Business der Trend dahin, dass man den »traffic« auf seiner Homepage durch andere Dienste erzeugt als die, die man verkauft. Es werden »Domains« geschaffen, die ein prominentes Interessensfeld des Kunden umfassen (Wellness/Gesundheit, Eigenheim etc.).

Erzeugung von Spaß und Freude

Redefinition von Marktgrenzen: Das Sprengen des bisherigen Anwendungsmarktes hin zu *größerer Universalität* ist ein vierter Weg, um eine Branche zu revolutionieren. Man verlässt die bislang betreuten Zielsegmente und versucht, die Produkte und Dienstleistungen für ein breiteres Publikum zugänglich zu machen. Zum Zielsegment wird der gesamte, vorstellbare Markt und nicht mehr nur ein kleiner Teil davon. Waren beispielsweise Schreibgeräte der Marke MONTBLANC lange Zeit vermögenden Kunden vorbehalten, so werden sie heute auch von Angehörigen tieferer Sozialschichten benutzt. Der fünfte Weg liegt im *Streben nach Individualität.* Ziel ist es, Produkte der Massenfertigung auf die Bedürfnisse des einzelnen Kunden anzupassen. So ist LEVI STRAUSS dazu übergegangen, die Körpermaße seiner Kunden computergestützt zu vermessen und ihnen innerhalb weniger Tage ein exakt passendes Paar Jeans anzufertigen. Als Aufschlag werden nur ca. 10 USD verrechnet. Die *Erhöhung der Zugangsmöglichkeiten* ist ein weiterer Weg zur Transformation bestehender Marktgrenzen. Da die meisten Märkte eine zeitliche und geografische Ausdehnung besitzen, sind sie entweder nur zu bestimmten Zeitspannen in Betrieb und/oder an einem fixen Ort verwurzelt. Durch moderne Informations- und Kommunikationssysteme wird es jedoch möglich, beide Grenzen zu durchbrechen und neu auszurichten. Telefonbanking ist ebenso ein Indiz dafür, wie Auktionen im Internet oder die Möglichkeit, dort 24 Stunden am Tag einzukaufen. Mit 15 % Marktanteil steht hier der Online-Handel mit Aktien an der Spitze.

Größere Universalität

Streben nach Individualität

Erhöhung der Zugangsmöglichkeiten

Redefinition von Branchengrenzen: Wie sich momentan in vielen Branchen beobachten lässt, liegt ein siebter Weg in der *höheren Skalierung von Branchen.* Diese bietet sich besonders in stark fragmentierten oder national separierten Branchen an. Auf der Suche nach Economies of Scale und Scope kommt es zu Konzentrationen, selbst in Bereichen, wo man dies nicht unbedingt erwartet hätte. Kleine Bäckereien, Restaurants, Anbieter von Reinigungsleistungen, Fri-

Höhere Skalierung

seursalons etc. schließen sich hier zunehmend zu größeren Einheiten zusammen. Der achte Weg, das »*Quetschen« der Wertkette*, wird meist dann eingeschlagen, wenn die Möglichkeit besteht, einzelne Wertschöpfungsstufen zu umgehen und zu substituieren. Gerade Unternehmen, die eine Intermediärsfunktion ausüben, sind davon betroffen. So droht Banken die Gefahr, ihre Mittlerposition zwischen Geldangebot und Nachfrage zu verlieren, wenn z.B. einzelne Unternehmen, unter Rückgriff auf Ratingagenturen wie MOODY'S, direkt miteinander Finanzgeschäfte tätigen. Zuletzt, im neunten Weg, können revolutionäre Veränderungen auch durch das *Vorantreiben der Konvergenz von Industrien* ausgelöst werden. Wie in Abbildung 4-21 gezeigt wurde, »weichen« die traditionellen Grenzen von Industrien auf, verschieben sich, verschmelzen mit anderen Industrien und formieren sich in neuer Form. Besonders gut beobachten lässt sich dieses Phänomen in der sich langsam formierenden Multimedia- oder Bit-Industrie, in der sich Unternehmen aus der Medien- und Unterhaltungs-, Telekommunikations- sowie Soft- und Hardwarebranche teils allein, teils mit Partnern neu zu positionieren versuchen.

»Quetschen« der Wertkette

Vorantreiben der Konvergenz

AOL Anywhere®

Fallbeispiel:
Die Akquisition von TIME WARNER durch AOL

Beim Design eines Wertschöpfungsmodells ist darauf zu achten, wie seine Logik wirkt, wenn die Märkte sich in die Gegenrichtung entwickeln. Die Wende an den Kapitalmärkten hat gezeigt, dass viele Wertschöpfungsmodelle der New Economy auf einer reinen Wachstumslogik basierten.

1. Akt (02/00): Spektakulärer hätte das Jahr 2000 kaum starten können: Zuerst kündigt am 10.1. AOL (AMERICA ONLINE) die Übernahme von TIME WARNER – das erst 1989 aus einer Fusion hervorging – an. Am 24.1. wird dann noch das Joint Venture von TIME WARNER und EMI bekannt gegeben. Der Börsenwert des 1985 gegründeten Internet-Providers AOL betrug am 7.1. bei 4,8 Mrd. USD Umsatz fast 164 Mrd. USD, was mehr ist als TIME WARNER (gegründet 1922, Umsatz 27 Mrd. USD) und DISNEY zusammen. Damit hat einer der bekanntesten Internet-Werte reale Konsequenzen in eine andere Branche hinein: 55 % der Aktien des neuen Unternehmens plus der Vorstandsvorsitz (Stephen Case) gehen an AOL!

Es wird dadurch die zweite Runde der durch die neuen Kommunikationstechnologien ausgelösten »digitalen Revolution« eingeläutet. Die *Konvergenzthese* (das Zusammenwachsen von Inhalt und Plattform) wird nun real. »For once, the superlatives and the hype seem justified!« schreibt der Economist begeistert. AOL kann jetzt auf Inhalte mit starken Marken (z.B. CNN) in Hülle und Fülle zugreifen. Auch der viel schnellere Internet-Zugang »Road Runner« über Kabelnetz von TIME WARNER ist ein Asset, das bei AOL zu mehr Kunden und zu höheren Gewinnen pro Kunde führen dürfte. Dagegen erhält TIME WARNER Zugang zu 20 Mio. Internet-Kunden. Dies ist spätestens dann relevant, wenn das Internet nicht mehr nur dazu dient, z.B. CDs per Mail zu bestellen, sondern wenn es zu gar keinem physischen Versand mehr kommt, sondern Haushalte sich aus dem Netz Filme und Musik schnell und günstig direkt herunterladen können. Konsequenz wird dann auch sein, dass EMI seine Musik viel zügiger als bislang ins Netz stellen wird. Dies will man allerdings über die eigene technologische Plattform erledigt wissen, um ein unkontrolliertes Kopieren zu verhindern und um für die Nutzung auch Gebühren eintreiben zu können. Deshalb hat man auch im Verbund mit anderen Produzenten Klage gegen den Internet-Musikanbieter MP3.COM erhoben, der Musik jetzt auch als Dateien versenden will.

Man kann nun trefflich darüber streiten, was zukünftig wichtiger sein wird: Inhalte oder Technologie? Einerseits sind starke Marken mit deren Inhalten nicht beliebig vermehrbar. Sie helfen auch, im Dschungel der Internet-Angebote etwas sichtbar zu machen. Andererseits ergibt sich der Wert von Inhalten oft erst durch die zusätzlichen Vertriebskanäle. Auch wäre es verkürzt, das Internet nur als Träger von Inhalten zu sehen. Das Internet steht erst am Anfang seiner Entwicklung. Es verfügt nicht nur über sehr viele technologische Verbesserungsmöglichkeiten, sondern bietet auch enormes Potenzial für die Ausprägung verschiedener Internets (*Differenzierungsthese*) mit unterschiedlichen Nutzeninhalten.

2. Akt (08/02): Der Anfangsbegeisterung ist starke Ernüchterung gewichen. Der Aktienkurs ist gegenüber dem Fusionsdatum um über 75 % gefallen. Die interne Unruhe ist groß; viele Time-Warner-Manager machen AOL für das Debakel verantwortlich. »Old-Economy«-Manager von Time Warner werden – teilweise aus dem Frühruhestand – zurück geholt, um den Konzern zu steuern. Bob Pittmann, früherer Chef von AOL, musste am 18.7.02 seine Position als COO von AOL Time Warner an Richard Parson abtreten. Es wurden zwei Divisionen gebildet, die im Prinzip die beiden Parteien widerspiegeln und von Jonathan Miller und Don Logan geleitet werden. Die Suche nach den erhofften Synergien wurde vorerst einmal ausgesetzt. Logan ist ein alt gedienter und erfahrener Time Inc. Manager.

Was den Konzern besonders hart getroffen hat, waren die Rückgänge bei den Werbeeinnahmen. Dies gilt insbesondere für AOL wo die Umsätze sich etwa halbierten. Auch wuchs das Geschäft mit dem Internet-Zugang nicht mehr wie zuvor. Des Weiteren gab es Probleme bei der Umstellung auf die Breitbandtechnologie, wo nun mit MICROSOFT's MSN auch ein ernsthafter Wettbewerber auftauchte. Ebenso stellten sich für AOL eine ganze Reihe schwieriger strategischer Fragen, wie etwa die Entscheidung, inwieweit man in die Inhalte (gegenüber der reinen Software) gehen sollte.

Ende 2001 verteilte sich das Umsatzvolumen von 38.2 Mrd. USD von AOL TIME WARNER wie folgt auf die einzelnen Bereiche: Filmed Entertainment 22 %, AOL 22 %, Cable 17 %, Networks 17 %, Publishing 12 % und Music 10 %.

(2) Innovative Wertkurven

Ein weiterer Ansatz ist von Kim/Mauborgne (1999) vorgelegt worden. Sie identifizieren sechs **elementare Verhaltensmuster**, mit denen Firmen neue Märkte erschaffen und bestehende neu beleben. Durch diese Wertinnovationen schaffen die Firmen neuen Marktraum und entziehen sich einem direkten Konkurrenzkampf mit ihren Branchenrivalen.

- Beim ersten Weg *richtet man den Blick systematisch auf weitere Branchen*. Oft konkurrieren Unternehmen gegenüber ihren Kunden nicht nur mit den anderen Anbietern der Branche, sondern ebenso mit Firmen aus angrenzenden Branchen, die Substitute bieten. Fluggesellschaften konkurrieren beispielsweise auf Kurzstrecken nicht nur mit anderen Fluggesellschaften, sondern mit Bahn oder Auto. Wenn es nun einer Fluggesellschaft (wie z.B. SOUTHWEST AIRLINES) gelingt, die Schnelligkeit des Fluges mit dem regelmäßigen, iterativen Fahrplan der Bahn und den niedrigen Kosten des Autos zu verbinden, hat sie eine Wertkurve geschaffen, die den traditionellen Fluggesellschaften überlegen ist. Ihre Wertschöpfungsleistung ist dann so zu gestalten, dass sie diese Faktoren nachhaltig erbringen kann.
- Bei der zweiten Vorgehensweise *mustert man die strategischen Gruppen in einer Branche* und analysiert die Gründe, warum einzelne Käufersegmente sich für die Produkte der einen oder anderen Gruppe entscheiden. Darauf aufbauend wird ein hybrides Angebot entwickelt, das zwischen den beiden Anbietergruppen positioniert wird und die Vorzüge beider Gruppen enthält. So ist es

POLO RALPH LAUREN gelungen, eine Marke zu verankern, die einerseits über einen Designernamen, elegante Einkaufsgeschäfte und wertvolle Materialien verfügt und an die Gruppe der Haute Couture anknüpft, andererseits jedoch durch moderate Preisgestaltung und klassischen, zeitlosen Stil die Vorzüge traditioneller Modeanbieter liefert. Durch diese Konstellation wurde neuer Marktraum geschaffen, über den Kunden aus beiden Marktsegmenten und völlig neuen Schichten gewonnen werden konnten.

- Bei der dritten Vorgehensweise geht es nun nicht um neue Kundensegmente, sondern um die Frage, wie die scheinbar »einheitliche« *Zielkundengruppe weiter nach innen aufgeteilt und besser bedient* werden kann. In aller Regel existieren bei einer Kaufentscheidung mehrere »Käufer«, die direkt oder indirekt die Kaufentscheidung beeinflussen. Da gibt es z.B. bei Investitionsgütern zunächst die eigentlichen Käufer, welche die Ware bezahlen, dann Nutzer, die die Ware verwenden und zuletzt noch wichtige Einflussnehmer auf die Kaufentscheidung. Wertinnovationen können nun dadurch entstehen, dass man *gezielt die Interessen einzelner, bislang unberücksichtigter Gruppen aufgreift* und sich auf diese einstellt. BLOOMBERG beispielsweise gelang es, den Markt für Fachinformationsdienste durch Konzentration auf die Bedürfnisse der Nutzer (wie Effektenhändler und Analysten) und nicht die der Käufer (wie die IT-Manager von Banken) nachhaltig zu verändern. Im Gegensatz zu REUTERS und TELERATE bot BLOOMBERG bei seinem Markteintritt eine Reihe von zusätzlichen Produktinformationen an, wie Online Kursanalysen, Informationen zu historischen Kursverläufen oder mittlerweile auch interessante Lifestyle-Informationen zu Reisezielen, Wein, Blumen etc.
- Viertens sind Wertinnovationen durch die Berücksichtigung komplementärer Produkte und Dienstleistungen zu erzielen. Der *ungenutzte Wert, der in einer Gesamtlösung steckt*, ist hierbei das Entscheidende. So zieht ein Flug zwangsläufig die Auswahl einer Destination, die Buchung eines Tickets, den Transport zum Flughafen und den Transport nach dem Flug nach sich. Folglich ist es nahe liegend, all diese Leistungen miteinander zu kombinieren und integriert anzubieten.
- Fünftens ist zu beobachten, dass sich viele Branchen entweder in eine überwiegend funktionale oder überwiegend emotionale Richtung entwickeln. Während die einen – wie z.B. der Maschinenbau – ihre Produkte möglichst rational anbieten, appellieren andere (wie z.B. die Kosmetikbranche) vornehmlich an Gefühle. Werden nun wechselseitig *jeweils Elemente der anderen »Argumentationslinie« in das eigene Angebot eingebaut*, ergeben sich oft nachhaltige Wertinnovationen. Zu denken ist an die ehemals funktionell ausgerichtete Uhrenindustrie, in der die Firma SMH mit ihren Swatch Uhren modisches Design einbrachte, oder THE BODY SHOP, die in der weitgehend von Verpackungs- und Werbekosten dominierten Kosmetikbranche gezielt durch den Verzicht auf üppige Flakons und die Verwendung natürlicher Stoffe eine starke Marktposition aufbaute.
- Der letzte, und nach Meinung der Autoren schwerste Weg besteht darin, den Blick auf zeitliche Abläufe zu richten und *auf Grund der Analyse von Entwicklungen, die sich heute schon beobachten lassen, Marktveränderungen aktiv mit zu gestalten.* Soll ein solcher Trend für die Entwicklung einer Wertkurve genutzt werden, ist zunächst zu prüfen, ob er für das Geschäft des Beobachters erstens entscheidend, zweitens unumkehrbar und drittens in eine

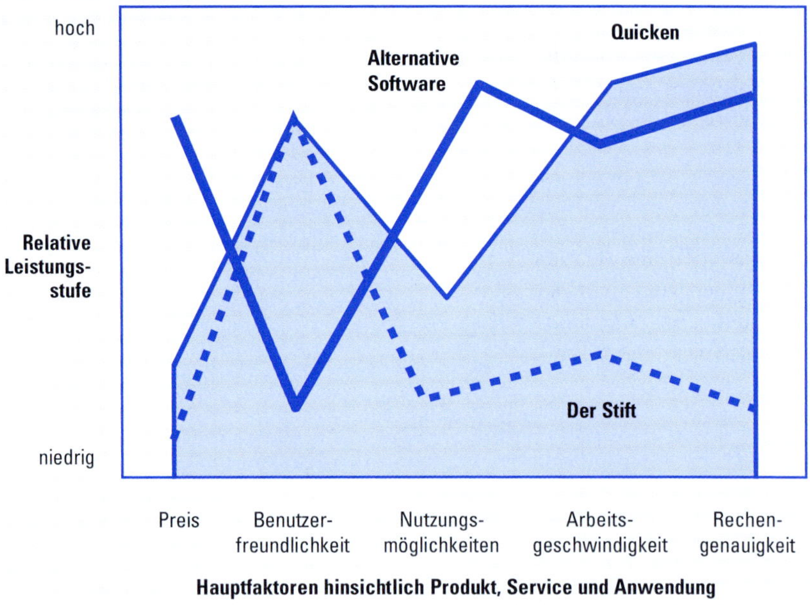

Abb. 4-25: Wertkurven für Angebote zur privaten Finanzverwaltung (Kim/Mauborgne 1999)

klare Richtung weist. Wenn diese Voraussetzungen gegeben sind, dann kann er für die Entwicklung einer neuen Wertkurve genutzt werden. CISCO SYSTEMS schuf neuen Marktraum, als es erkannte, dass die zunehmende Nachfrage nach einem beschleunigten Datenaustausch alle drei Attribute aufwies. Da sich die Situation durch die rapide Ausbreitung des Internets eher noch verstärken würde, setzte es darauf, Router, Switches und andere Netzsteuerungsgeräte zu entwickeln, die den Kunden einen raschen, reibungslosen Datentransfer gestatteten.

Analytisch werden die sechs Vorgehensweisen mit dem Konzept der **Wertkurve** aus Abbildung 4-25 erfasst. Diese gibt bildlich wieder, auf welche Art und Weise eine Firma oder die ganze Branche ihr Angebot an die Käufer gestaltet. Sie zeigt die Marktergebnisse eines Angebots in Relation zu Alternativangeboten und bewertet die Differenz nach den jeweiligen Erfolgsfaktoren in der betreffenden Branche bzw. Produktkategorie.

Wie die Abbildung 4-25 verdeutlicht, gelang es beispielsweise der Firma INTUIT mit ihrem Softwareprogramm Quicken eine Wertkurve zu schaffen, die sich entlang wichtiger Faktoren von dem der Konkurrenten deutlich unterscheidet. Ausgangspunkt war, dass es bis Mitte der 80er-Jahre keinem der rund 40 Softwarepakete für die private Vermögensverwaltung und Haushaltsführung gelungen war, sich am Markt durchzusetzen. Die meisten Amerikaner benutzten nach wie vor Stift und Papier, wenn es darum ging, die monatlichen Rechnungen zu begleichen. Zu teuer und zu kompliziert erschienen ihnen die einzelnen Softwareprogramme. INTUIT trat nun mit einer deutlich veränderten Wertkurve an den Markt. Man kombinierte die Vorteile von Stift und Papier hinsichtlich Preis und Benutzerfreundlichkeit mit den Vorteilen einer erhöhten Arbeitsgeschwindigkeit und Rechengenauigkeit, wie sie traditionelle Softwarepakete auszeichneten. Resultat war das Programm Quicken, das nur noch 70 Dollar kostete, eine begrenzte Funktionspalette aufwies, auf Fachbegriffe der Buchhaltung weitgehend verzichtete, einfach zu bedienen war und schnell und genau arbeitete. Heute bieten Banken ihren Kunden Quicken zu Vorzugspreisen an, um ihr Online-Banking zu forcieren.

Nach Kim/Mauborgne können neue Wertkurven prinzipiell entwickelt werden, indem man sich vier zentrale **Fragen** stellt:

Vier zentrale Fragen

1. Welche Merkmalsausprägungen sollten geschickt unter die Branchennorm gesenkt werden *(Reduzieren)*?
2. Welche der Merkmale sollten wegfallen, die in der Branche bislang als unentbehrlich galten *(Eliminieren)*?
3. Welche Merkmale sollten entwickelt werden, die bislang in der Branche nie geboten wurden *(Kreieren)*?
4. Welche Merkmale sollten geschickt über den Branchenstandard angehoben werden *(Anheben)*?

(3) Migration von Wert

Die massive Verschiebung von Unternehmenswert zwischen Unternehmen einer Branche war für Slywotzky (1996) Anlass, dieses Phänomen näher zu untersuchen. So verloren zwischen 1984 und 1994 IBM und DEC rund 55 Mrd. USD an Börsenwert, während MICROSOFT, INTEL, EDS und NOVELL um rund 80 Mrd. USD zulegten. Der Grund dieses Phänomens – als »**Value Migration**« bezeichnet – liegt laut Slywotzky in der Ablösung alter Wertschöpfungsmodelle durch neue, die den Nutzen für die Kunden deutlich steigern.

Idealtypisch lassen sich dabei drei Phasen unterscheiden: In der ersten Phase gelingt es einem Unternehmen (oft einem Start-up) durch ein neues, überlegenes Modell Wert aus einer bestehenden Industrie auf sich zu ziehen, indem die Kunden nun seine Produkte kaufen. In der zweiten Phase, nach diesem Wertfluss, konsolidiert sich die Branche in ihrem neuen Zustand und es kehrt Stabilität ein. Fast alle Unternehmen richten sich nun an dem dominierenden Wertschöpfungsmodell aus. In der dritten Phase jedoch verliert es seine Fähigkeit, Wert zu generieren und wird durch einen, nun wieder überlegenen Herausforderer ersetzt. Dieses Phänomen der Verschiebung von Wert ist zwar in der Wirtschaftsgeschichte an sich nichts überraschendes, doch hat es laut Slywotzky (1996) in den letzten zwei Jahrzehnten an Dynamik gewonnen. Immer rascher entstehen und vergehen neue Wertschöpfungsmodelle, immer rascher reduziert sich ihre zeitliche »Haltbarkeit«.

Des Weiteren folgt dieser Ein- und Ausfluss von Wert bestimmten Mustern. Insgesamt unterscheidet Slywotzky *sechs verschiedene Wege*, die er mit Zahlenmaterial unterlegt:

Sechs Wege

- Bei der multidirektionalen Migration fließt Wert aus einem zentralen, integrierten Wertschöpfungsmodell *gleichzeitig in mehrere neue Modelle*. Diese können z. B. auf einer differenzierteren Segmentierung und Ansprache von Kundengruppen oder der Substitution und dem Einsatz neuer Technologien beruhen.
- Ein zweites Muster ist die Migration von Wert in einer Branche *zu Gunsten der Kunden* und zu Lasten der Unternehmen. Diese konkurrieren so intensiv,

dass die Profite in der Branche auf den Nullpunkt getrieben werden und sie folglich gerade oder kaum noch in der Lage sind, die Kapitalkosten zu erwirtschaften.

- Eine Blockbuster Migration liegt vor, wenn es Unternehmen gelingt, *immer wieder ihr Wertschöpfungsmodell von Grund auf zu erneuern* und in ein überragendes, neues überzuführen, wodurch sie beständig einen Zufluss von Wert auf sich ziehen.
- Die multikategoriale Migration beruht auf der *Aufspaltung* von scheinbar einheitlichen Produkten *in vielfältige Produktkategorien.* So offeriert das Gourmet-Cafe STARBUCK Kaffee nicht wie andere Shops als standardisierte Ware, sondern hat es in verschiedene Kategorien ausdifferenziert und zu einem hoch qualitativen Produkt entwickelt, für das relativ hohe Aufpreise bezahlt werden.
- Wertschöpfungsmodelle, die auf der Integration ganzer Wertketten einer Branche beruhen, verlieren zunehmend an Bedeutung gegenüber Unternehmen, deren Wertschöpfungsmodelle *wesentlich enger und spezialisierter* sind. Zu nennen sind hier Anbieter wie IBM, die anfangs vom Chip über das Betriebssystem bis hin zur Applikation alles produzierten, und gegenüber spezialisiert attackierenden Angreifern wie INTEL, MICROSOFT oder NOVELL nachhaltig an Wert verloren.
- Ein weiteres Muster, Wert auf sich zu ziehen, besteht in der *Distribution von Produkten* und Leistungen. Hier stehen zwei Extrempositionen offen, die sich markant vom traditionellen Verkauf unterscheiden: Erstens wird konsequent auf Distributionsformen mit den geringsten Kosten gesetzt, wenn für die Kunden der Distributionsweg kaum oder nur eine geringe Rolle spielt. Lebensmitteldiscounter wie WAL-MART oder ALDI nutzen diese Entwicklung ebenso für sich wie DELL mit dem Direktverkauf von Computern per Telefon/Fax oder Internet. Zweitens fokussiert man sich im Gegenzug auf Lösungen für anspruchsvolle Kundenbedürfnisse und bietet hier einen klar erkennbaren Mehrwert, der dann auch honoriert wird. In beide Wertschöpfungsmodelle fließt Wert, während Wertschöpfungsmodelle, die auf dem traditionellen Verkauf basieren, Abflüsse hinnehmen mussten.

(4) Das Innovator's Dilemma

Eine Erklärung, warum immer wieder die Chance besteht, mit innovativen Wertschöpfungsmodellen die etablierten Wettbewerber herauszufordern, liefert Christensen (1997) mit seinem »Innovator's Dilemma«. Er argumentiert, dass in den meisten Märkten die dominanten Wettbewerber darauf ausgerichtet sind, durch permanente Innovation die Bedürfnisse der profitablen High-end-Kunden zu befriedigen. Recht bald schießt man damit aber über die Bedürfnisse der meisten Kunden hinaus (»Over shooting the market«). Wer nutzt z. B. auch nur annähernd die Möglichkeiten, die einem das Textverarbeitungsprogramm, mit dem man vielleicht nahezu jeden Tag arbeitet, bietet? Die (Mehrzahl der) Kunden können weniger Innovation/Sophistication absorbieren, als geboten wird.

Disruptive Technologies

Damit wird der Markt »*Business Models*« reif für neue Wertschöpfungsmodelle/Technologien (»*Disruptive Technologies*«) für die unteren Segmente des Marktes. Weniger anspruchsvolle oder weniger befähigte Kunden erhalten billigere (Desktop-Kopierer, Staroperationen in Indien etc.), einfachere (»Internet für alle« etc.), bequemere (Online brokerages etc.), dezentraler anwendbare (PC, Self-care etc.) Produkte bzw. Dienstleistungen. Damit erhalten auch Kunden Zugang zu Märkten, denen es zuvor nicht möglich war.

Neue Unternehmen kommen durch derartige »Innovationen von unten« in den Markt. Diese neuen Unternehmen sind recht gut geschützt vor den Etablierten, da diese in ihrem Entwicklungsmodell »gefangen« sind: Zuerst erkennen sie die Bedrohung gar nicht, dann »diskreditieren« sie die Qualität der erbrachten Leistungen, und dann sind sie auf Grund ihrer Kostenstrukturen und Kultur nicht in der Lage, in diesen Segmenten zu konkurrieren. Oft können sie sich aber auch nicht anders verhalten, denn man stelle sich vor, wie wohl der Markt reagieren würde, wenn die nächste Version des Textverarbeitungsprogrammes Word weniger Leistungsmerkmale aufweisen würde als die vorangegangene.

Dieses in Abbildung 4-26 dargestellte Dilemma der ursprünglichen Innovatoren lässt sich an zwei Beispielen erläutert. Die klassischen Top Business Schools, die in ihrem Ausdifferenzierungsgrad der Ausbildung nur noch auf eine limitierte Nachfrage stoßen (Investmentbanken, Strategieberater etc.) werden durch Distance-Learning-Institutionen herausgefordert, da diese billiger, bequemer und einfacher eine weniger anspruchsvolle, aber große Klientel abzudecken vermögen. Gleiches gilt für das Gesundheitswesen, wo die Krankenhäuser so ausgerichtet sind, dass sie im Prinzip jede Art von Notfall bearbeiten können, auch wenn er nur höchst selten auftritt. Dies wird Organisationen entstehen lassen, die sich auf weniger komplizierte Sachverhalte konzentrieren und mit Mitarbeitern auskommen, die einen geringeren Ausbildungsgrad haben. Damit können sie auch mit günstigeren Kostenstrukturen operieren.[31]

(5) Kritischer Vergleich

Die vorgestellten Ansätze zeigen jeweils mehrere Wege auf, wie Unternehmen durch eine innovative Veränderung ihrer Aktivitäten Wert schaffen können, bzw. wie es den exemplarisch angeführten Unternehmen bereits gelungen ist, diesen Wert faktisch zu erzeugen. Da sie relativ heterogen sind, werden wir sie im Folgenden anhand von ausgewählten Kriterien vergleichen, um sowohl Unterschiede und Gemeinsamkeiten, als auch Stärken und Schwächen herauszuarbeiten.

Erkenntnisobjekt*:* Auch wenn es allen Ansätzen um die Schaffung von Wert geht, sind die zentralen Erkenntnisobjekte nicht die gleichen. Kim/Mauborgne und Slywotzky argumentieren »marketinglastig« und konzentrieren sich auf den Umgang mit Kunden und die Bereitstellung von Produkten/Dienstleistungen. Diese bilden bei ihnen den dominanten Bezugspunkt. Heuskel und Fontin entwickeln auf Basis der Wertkette eine Typologie von Wertarchitekturen, die innerhalb und »jenseits« von Branchengrenzen angesiedelt sind. Ihnen geht es um unterschiedliche Wertarchitekturen im Kontext von Branchen, wobei durch Fontin mit dem Fokus auf die Veränderungsaktivitäten eine eher dynamische Perspektive eingenommen wird. Der Ansatz von Hamel ist am breitesten angelegt. Er bedient sich mehrerer Bezugsobjekte und hat folglich die meisten Berührungspunkte mit den anderen Ansätzen: Hinsichtlich Produkten/Dienstleistungen sowie Märkten sind dies Kim/Mauborgne und Slywotzky, hinsichtlich Branchen der Ansatz von Heuskel und Müller-Stewens/Fontin.

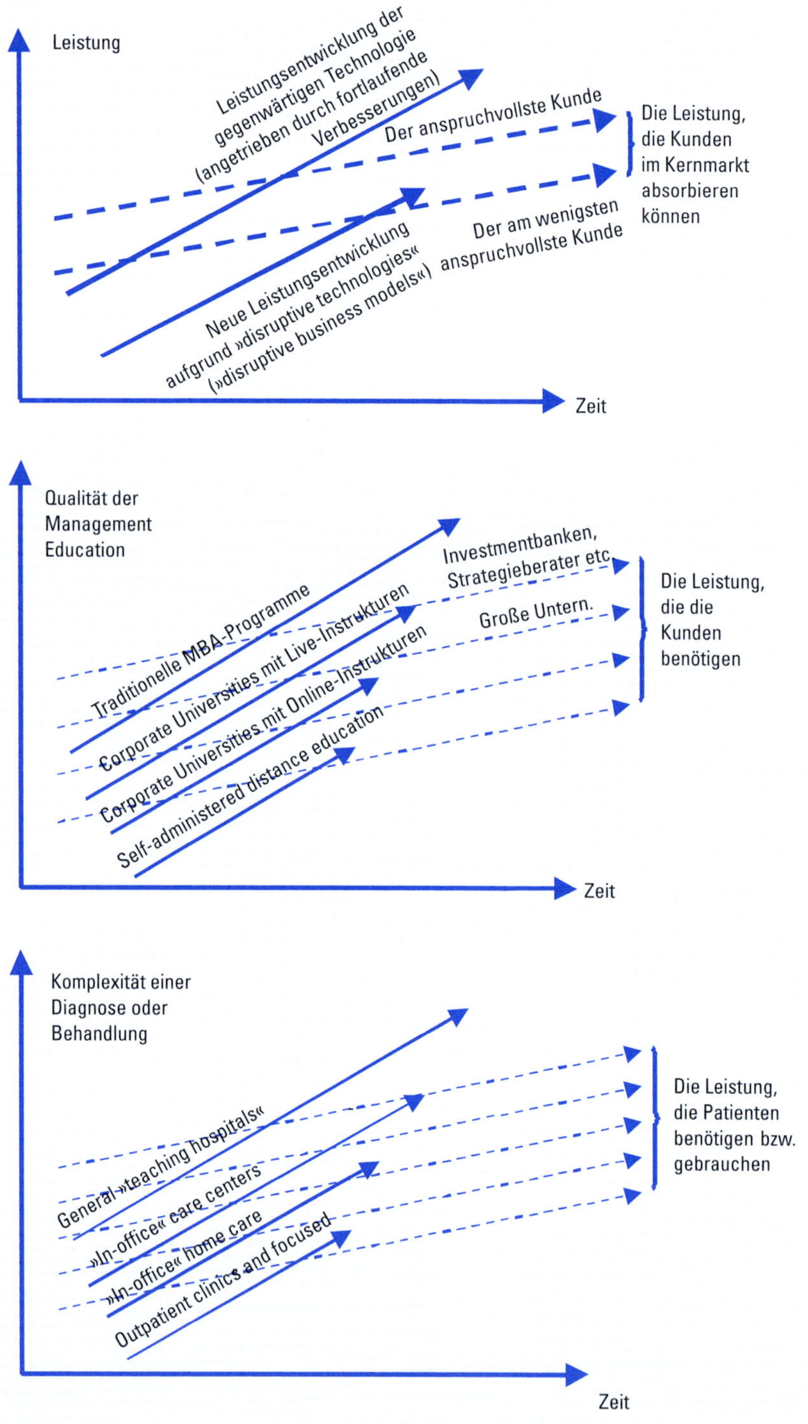

Abb. 4-26:
Das Innovator's Dilemma
(Christensen 1997)

Systematik und Methodik: Die Systematik der Ansätze ist insgesamt gesehen relativ gering. Es wird nicht erkennbar, nach welchen Merkmalen die Abgrenzung der einzelnen Vorgehensweisen erfolgt ist. Von daher ist auch nicht diskutabel, ob die Einteilung sinnvoll ist, bzw. welche anderen Möglichkeiten noch offen stehen oder von der bestehenden Einteilung verdeckt werden. Folglich sind diese Ansätze auch nicht geschlossen; in jedem Fall sind auch andere Wege als die vorgestellten denkbar. So wären z.B. bei Kim/Mauborgne Vorgehensweisen, wie sie Hamel unterbreitet (»Spaß bei der Benutzung erzeugen«) problemlos hinzuzufügen. Die »Offenheit« der Ansätze hängt wohl auch mit ihrer methodischen Erarbeitung zusammen. Obwohl diese nicht explizit beschrieben wird, ist zu vermuten, dass man sich bei der Einteilung der einzelnen Wege wohl einer induktiven Vorgehensweise bediente, d.h. man beobachtete eine Reihe von Unternehmen und leitete aus den Beobachtungen die beschriebenen Muster ab.

Konzeptionen: Drei der vier Ansätze (mit Ausnahme von Hamel) arbeiten mit Konzeptionen der Wertschöpfung. Heuskel und Müller-Stewens/Fontin greifen zunächst auf die Wertkette zurück und entwickeln von dort aus weiterführende Typologien. Slywotzky schlägt einen dreiteiligen Bezugsrahmen vor, der zwischen Einfluss, Stabilität und Ausfluss von Wert unterscheidet. Dort verortet er seine sieben Wege. Kim/Mauborgne entwickeln das Konzept der Wertkurve und stellen mit diesem dar, wie einzelne Unternehmen oder ganze Branchen ihr Angebot an die Käufer gestalten. Lediglich Hamel verzichtet auf eine übergreifende Konzeption und zählt lediglich alternative Vorgehensweisen auf.

Präskriptive Aussagekraft und Einblicke: Der präskriptive Anspruch der einzelnen Ansätze wird primär mit unternehmerischen »Erfolgsgeschichten« begründet. Aus den Mustern der Vergangenheit gewinnt man Empfehlungen für die Zukunft. Zweierlei ist dabei jedoch kritisch anzumerken: Erstens ist keineswegs sicher, ob die angeführten Unternehmen sich bewusst in die eine oder andere Richtung entwickelten und es sich folglich nicht um eine »ex post« Rationalisierung handelt. Zweitens ist ungewiss, ob die einzelnen Pfade auch in der Zukunft Mehrwert generieren werden, d.h. ob sie auch für Unternehmen hilfreich sind, die erst am Anfang eines solchen Weges stehen. Dieser Beweis ist noch zu erbringen. Sollte er gelingen, würde er die Ansätze in Richtung einer Hypothesen- und Theoriebildung führen.

Insgesamt gesehen bieten die vorgestellten Ansätze zahlreiche interessante Einblicke, wie es Unternehmen gelungen ist, durch innovative Wertschöpfungsmodelle herausragende Positionen zu erringen. Das Erkennen von Mustern und die Rekonstruktion dieser Wege ist ebenso kreativ gelungen wie der Gegenstand, den sie beschreiben. In diesem Sinne sollten sie als reichhaltige Anregungen zur Entwicklung von Wertschöpfungsmodellen verstanden werden, ohne jedoch ihre präskriptive Fundierung zu überschätzen. Sie haben also primär eine heuristische Funktion.

Heuristische Funktion

4.3.3 Kapitalisierung der Wertschöpfung

Es wäre nun ein Trugschluss zu glauben, dass man mit einem Wertschöpfungsmodell bereits das **Geschäftsmodell** (»*business model*«) einer unternehmerischen Einheit erarbeitet habe. Dazu ist das Wertschöpfungsmodell noch viel zu grob und zu allgemein. Es ist aber nicht so, dass ein Geschäftsmodell nur die »verein-

Geschäftsmodell

fachte Beschreibung der Strategie« eines Unternehmens darstellt, z. B. um »potenziellen Investoren die Sinnhaftigkeit ihres Engagements deutlich zu machen«.[32] Ein Geschäftsmodell verlangt nicht nur nach Vereinfachung, sondern primär nach Konkretisierung, denn sonst fehlen die genauen Anhaltspunkte, um zu einem Business Plan zu gelangen. Ein Wertschöpfungsmodell muss also noch durch Einnahme einer **Kapitalisierungsperspektive** durchdacht und konkretisiert werden. Dazu müssen zumindest vier Fragen detailliert bearbeitet werden. Die Beantwortung dieser Fragen bilden dann auch die *Schnittstelle zum operativen Management*:[33]

Fragen zur Kapitalisierung der Wertschöpfung

(1) Welche Leistung soll welcher Kundengruppe nun genau angeboten werden?
(2) Wie und in welcher Struktur soll diese Leistung erstellt werden?
(3) Wie gewinne, pflege und erhalte ich die dazugehörigen Kunden?
(4) Wie soll die Ertragsmechanik konkret ausgestaltet sein?

Bei der Beantwortung dieser Fragen zur Entwicklung eines Geschäftsmodells orientiert sich die Kapitalisierungsperspektive natürlich an dem, was im Zuge des GMN-Prozesses bereits erarbeitet wurde: Je nach Prozesspfad im GMN ist dies zumindest die angestrebte Konfiguration der eigenen Wertschöpfung (Pfad B in Abb. 4-27) und – soweit bereits vorhanden – sind dies aus der Positionierung die Bezugspunkte der Strategien (Vision, Ziele etc.) und die Markt- und Wettbewerbsstrategien (Pfad A). Die Verifizierung eines gewählten Kapitalisierungsansatzes erfolgt dann im **Business Plan**, womit dann das Geschäftsmodell vollständig wäre.

Leistungsangebotsmodell

Das *Leistungsangebotsmodell* definiert, mit welchen Produkten/Dienstleistungen bei welchen Kunden welche Bedürfnisse befriedigt werden sollen. Hierbei kann man (zumindest im Pfad A) auf den bereits in der Positionierung entwickelten Marktstrategien aufsetzen. Im Falle des Pfades B wird es sich mehr um einen Versuch-und-Irrtum-Prozess handeln, da die Entwicklung des Marktes noch mit einer sehr hohen Unsicherheit versehen ist. In diesem Leistungsangebotsmodell müssen nun auch – aufbauend auf den Wettbewerbsstrategien – konkrete Aussagen dazu getroffen werden, durch was man sich vom Wettbewerb differenzieren will. Zum Leistungsangebotsmodell gehören auch Maßnahmen zur Schaffung neuer Leistungsangebote (Leistungsinnovation).

Leistungserstellungsmodell

Das *Leistungserstellungsmodell* definiert die Art und Weise der Struktur der Leistungserstellung. Aufbauend auf der verabschiedeten Konfiguration der Wertschöpfung sind nun deren einzelnen Stufen detailliert festzulegen, die Ressourcen

Abb. 4-27: Das Geschäftsmodell

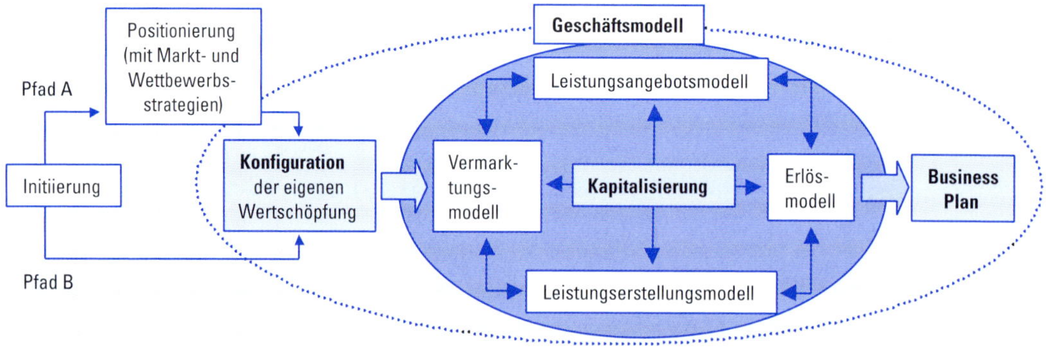

und Fähigkeiten sind zu alloziieren, die Make-or-Buy-Entscheidungen sind zu treffen, die Aufgaben der Wertschöpfungspartner müssen genau festgelegt werden, die Kommunikationskanäle und Koordinationsmechanismen zwischen den Wertschöpfungsstufen und -partnern müssen installiert werden etc.

Fallbeispiel: Lufthansa
Nach internationalen Standards ist ein Flug dann pünktlich, wenn er innerhalb von 15 Minuten nach der im Flugplan festgelegten Abflugzeit startet. Pünktlichkeit ist ein wesentlicher strategischer Erfolgsfaktor für eine Fluggesellschaft. Die Beherrschung dieses Faktors liegt teilweise nicht in den Händen der Fluggesellschaft (Verkehrssteuerung durch die Flugsicherung); bei den Abläufen am Boden hat man sie allerdings in der Hand. Die Optimierung dieser Prozesse verlangt den Einstieg bis ins äußerste Detail. Dazu wurde das Programm »Operational Excellence« eingeführt, über das alle Leistungen der Bodenabfertigung zeitlich analysiert und Schwachstellen eliminiert wurden. Über das neue Steuerungssystem »Allegro« wird jeder Vorgang am Boden auf die Sekunde erfasst, wodurch Verzögerungen direkt gemeldet, in ihren Ursachen transparent gemacht und für Reaktionen vorbereitet werden können. Am Flughafen Frankfurt konnte die Lufthansa bereits eine Pünktlichkeitsrate von 85 % realisieren, womit sie vor der Konkurrenz liegt, was ihr damit einen Wettbewerbsvorteil gibt.

Absolut kritisch für das operative Funktionieren der Leistungserstellung im Zeitalter des »grenzenlosen Unternehmens«[34] ist heutzutage häufig *die IT-Infrastruktur.* Umgekehrt entstehen durch Innovationen im Bereich der Informations- und Kommunikationstechnologien neue strategische Optionen, wie etwa die Sinnhaftigkeit und Werthaltigkeit bestimmter strategischer Allianzen oder die Möglichkeit der gezielten Steuerung von Systemlieferanten.

Exkurs: IT-unterstütztes Stakeholder Relations Management
Wertschöpfung ist mit Blick auf ihre Arbeitsteiligkeit ein kooperativer Prozess. Es gilt ein Netzwerk von Geschäftsbeziehungen interner und externer Partnerschaften zu managen: Seien es die Erstellung einer Vorleistung über eine ausländische Tochtergesellschaft, die Just-in-time-Belieferung eines Kunden, die Integration eines spezialisierten Lieferanten oder die Abstimmung mit einem Vertriebspartner. Dabei sind die Ansprüche an dieses Management der Geschäftsbeziehungen in vielerlei Hinsicht permanent gewachsen: Drastische Verkürzung der Abwicklungszeiten trotz wachsender räumlicher Distanzen in globalen Märkten, Erhöhung der Flexibilität aufgrund mangelnder Vorhersagbarkeit, Bewältigung höherer Komplexität aufgrund gewachsener Variantenvielfalt, Ausnutzen verschiedener Zeitzonen zur Realisierung eines 24-Stunden-Arbeitstages, permanentes Prozesscontrolling etc. Hier kommt der IT-Unterstützung eine erhebliche Bedeutung zu. Alt/Fleisch/Österle (2002) sprechen hier vom »**Business Networking**«.[35]

Business Networking

In den 90er-Jahren wurde die Integration der Geschäftsbeziehungen durch die Enterprise Resource Planning-Systeme (*ERP-Systeme*) vorangetrieben. Damit konnten durchgängige Prozesse (z.B. die Auftragsbearbeitung) vom Kunden (z.B. der Verkauf) und zum Kunden (z.B. Rechnungsstellung und Zahlungseingang) installiert werden. Parallel dazu richteten einige Unternehmen einen elektronischen Datenaustausch (EDI Electronic Data Interchange) ein, um Massentransaktionen effizienter abwickeln zu können. Derzeit geht man nun noch einen Schritt weiter, indem man Informationen und Geschäftsprozesse überbetrieblich und gesamthaft zu koordinieren versucht. Dabei stützt man sich auf den »Business Bus« als eine Vernetzungsinfrastruktur, die analog zum Straßennetz aus der physischen Welt funktioniert. Unterstützende Teilsysteme sind neuere Ansätze des Supply Chain Management und des Electronic Commerce.

Risiken aufgrund mangelhafter Organisation

Zum Zweck der Führungskontrolle muss bei der Leistungserstellung auch nach Wegen gesucht werden, um Risiken, die aus Regel- und Gesetzesverstößen aufgrund mangelhafter Organisation resultieren könnten, zu erkennen und abzusichern. Dabei kann die Aufgabe soweit gefasst werden, dass sie auch Verstöße gegen ethische Grundsätze mit einschließt. Von strategischer Bedeutung sind dabei die Rückkopplungen, die bei Verstößen auf die *Reputation* des Unternehmens entstehen können.

Exkurs: »Compliance«
Unter dem Begriff der »Compliance« sucht man nach Strategien für das ordnungsgemäße Verhalten eines Unternehmens, das zumindest im Einklang mit dem Recht zu stehen hat.[36] Dies geschieht insbesondere dort, wo die Einhaltung bestimmter Vorschriften für die Ausübung der Geschäftstätigkeit zentral ist, wo jedoch eine wachsende Komplexität und Intransparenz die Geschäftstätigkeit erschweren und man sich deshalb mit einer wachsenden Gefahr von Gesetzesverletzungen und Regelverstößen konfrontiert sieht. Um etwa im Alltagsgeschäft und eventuell bei Tausenden von Kundentransaktionen pro Tag die Einhaltung von Regeln und Vorschriften sicherzustellen, bedarf es einer hohen Standardisierung der Prozesse bei entsprechender IT-Unterstützung. Es geht hier aber auch z. B. um das ordnungsgemäße Handeln von Führungsorganen und deren Mitglieder.[37] Ziel der »Compliance«-Aktivität ist demnach die Schadensprävention durch das Erteilen formeller Verhaltensanweisungen in rechtlichen, eventuell aber auch ethischen Belangen. Damit sollen die Führungsorgane auch vom Vorwurf der mangelnden Aufsicht und Anweisung enthoben werden.

Vermarktungsmodell

Das *Vermarktungsmodell* definiert die Beziehung zwischen Kunde und Unternehmen. Hier geht es zuerst einmal um die Erschließung von Kundenpotenzialen. Dazu müssen Maßnahmen unternommen werden, um die relevanten Bedürfnisse wirtschaftlich interessanter Kunden zu erkennen und anzusprechen. Das Ansprechen erfolgt über die Ausgestaltung der Vertriebsstruktur und die Festlegung der Distributionskanäle, über die man Kunden gewinnen will. Dazu sind auch die geeigneten Kommunikationsinstrumente auszuwählen, die Markenbotschaft festzulegen etc. Setzt das Wertschöpfungsmodell auf bestehenden Kunden auf, so geht es um Fragen der Kundenbindung durch Maßnahmen, die zu kontinuierlichen oder vermehrten Wieder- und Folgekäufen führen, bzw. verhindern, dass Kunden abwandern. Im Vermarktungsmodell müssen auch Maßnahmen dazu getroffen werden, wie neue Leistungsangebote im Markt durchgesetzt werden können und wie die Marktpräsenz bestehender Leistungsangebote möglichst hoch und dauerhaft gehalten werden kann.[38]

Erlösmodell und Ertragsmechanik

Durch das *Erlösmodell* soll die Frage nach der **Ertragsmechanik** beantwortet werden. Dabei geht es um die Identifikation der Bestimmungsfelder der Preisgestaltung, die Festlegung der eigenen Erlösbasis (Einheiten, Nutzung, Leistung), die Abschätzung der realisierbaren Transaktionserlöse, die Auswahl der Erlöshebel und deren konkrete Ausgestaltung sowie Festlegungen zu Preis- und Zahlungskonditionen, Provisionsgestaltung etc.

Die Ertragsmechanik muss aber nicht unbedingt der letzte Schritt in einer Prozesskette sein, sondern kann ebenso auch Ausgangspunkt wettbewerbsstrategischer Aktionen sein und damit sogar bis in das Feld »Positionierung« rückwirken.

Fallbeispiel: Dell

(10/02) In geschickter Weise weiß Dell (www.dell.com) seine Ertragsmechanik zu nutzen, um sich strategische Vorteile zu erwirtschaften, was daran auch zu erkennen ist, dass der Konzern trotz der Krise in der Computerindustrie auch im Jahr 2002 gewachsen ist und Marktanteile dazu gewonnen hat. So attakierte er Ende 2002 auch Hewlett Packard (HP), das sich in einer schwierigen Integration seiner Akquisition Compaq befand. Die Achillesverse sah man in der Tatsache, dass der diversifizierte Computerkonzern HP nur in einer Sparte wesentliche positive Cashflows zu realisieren vermochte, und zwar im Druckergeschäft. Deshalb schmiedete man schnell eine strategische Allianz mit dem Druckerhersteller Lexmark. Ziel von Dell wird es nun wohl kaum sein, Erträge im Druckergeschäft anzustreben, sondern HP mit einer äußerst agressiven Preispolitik im Druckergeschäft auf seinem einzigen Standbein zu treffen und weitere Marktanteile abzunehmen. Hatte HP-CEO Carly Fiorina mit diesem Schachzug ihres Kontrahenten Michael Dell gerechnet? Wie wird sie sich verteidigen können?

Alle vier Teilmodelle sind systematisch miteinander verbunden und hängen voneinander ab. Die Erarbeitung der Kapitalisierungsperspektive muss daher als ein iterativer Prozess mit laufender Rückkopplung und Redesign verstanden werden. Während die ersten drei Modelle die Kosten der Erlösgenerierung auslösen, zeigt das Erlösmodell, wie es zu Umsätzen kommen soll. Eine Gewinnbetrachtung ergibt sich demnach über die Differenz beider Teilperspektiven.

Fallbeispiel: Fresenius Medical Care

(06/02) Fresenius Medical Care (FMC) (www.fmc-ag.com) ist auf die umfassende Behandlung von Dialysepatienten mittels eigener Dialysegeräte und Dialysezentren spezialisiert. (1) *Leistungsangebotsmodell*: Zielgruppe von FMC sind weltweit 1,1 Mio. Patienten mit chronischem Nierenversagen, die einer Dialyse bedürfen. Dazu stellt man Dialysegeräte und dazugehörige Zusatzprodukte für Dialysebehandlungen her. Die Zielgruppe wird nun erweitert auf Patienten mit Lebererkrankungen durch ein Angebot anderer extrakorporaler Therapien. (2) *Leistungserstellungsmodell*: FMC betreibt eine intensive Forschung & Entwicklung zur Optimierung und Erweiterung der bestehenden Angebotspalette. Dazu unterhält man Forschungskooperationen und klinische Kollaborationen (zur Durchführung klinischer Studien). FMC verfügt auch über eine eigene Fertigung und Produktion. (3) *Vermarktungsmodell*: FMC stattet aus und betreibt weltweit ein Netzwerk von 1.400 Dialysezentren, wobei es eine gewisse Fokussierung auf den nordamerikanischen Markt gibt. Über diese Zentren erfolgt auch der Produktvertrieb. Durch Fachbeiträge in Journals und auf Konferenzen bringt man sich in die medizinisch-wissenschaftliche Kommunikation ein. (4) *Erlösmodell*: Etwa 80 % des Gesamtumsatzes kommt aus den Behandlungen in den eigenen Dialysezentren, womit die Produkterträge verstetigt werden konnten. Die Preiskonditionen werden mit den Krankenkassen verhandelt.

Workshop

- Überprüfen Sie einmal, wo in ihrem weiteren Umfeld Wachstum entsteht. Ist es in der Branche oder »zwischen« den klassischen Branchengrenzen? Konvergieren bestimmte Branchensegmente Ihres Umfeldes zu neuen Geschäften?
- Überprüfen Sie in Ihrer Branche, welchen Typ Wertschöpfungsarchitektur die einzelnen Wettbewerber gewählt haben. Sind mit den einzelnen Typen signifikante Unterschiede in der erzielbaren Profitabilität verbunden?

- Überprüfen Sie, ob Ihre Profitabilität durch Wertschöpfungsmanöver verbessert werden kann. Unterstützen Sie diese Überlegungen durch den Einsatz von Verfahren zur Entdeckung und Entwicklung innovativer Wertschöpfungsmodelle.
- Überprüfen Sie die Schlüssigkeit Ihres Geschäftsmodells (auch im Vergleich zu Ihren Wettbewerbern). Wie dauerhaft funktioniert die zur Anwendung kommende Ertragsmechanik? Muss sie weiter optimiert werden?

Zusammenfassung

- *Wertschöpfungsarchitekturen* repräsentieren bestimmte Grundtypen von Wertschöpfungsmodellen, die zu einer sehr unterschiedlichen Aufstellung im Wettbewerb führen.
- *Wertschöpfungsmanöver* repräsentieren bestimmte Grundtypen, wie die bestehende Konfiguration des Wertschöpfungsmodells verändert werden kann.
- Die Suche nach innovativen Wertschöpfungsmodellen kann durch verschiedene Verfahren unterstützt werden.
- Ein Wertschöpfungsmodell bedarf seiner Kapitalisierung in einem *Geschäftsmodell*.

Lernkontrolle

1. Was versteht Heuskel (1999) unter den Begriffen »Business Migration« und damit verbunden dem »Wettbewerb der Wertschöpfungsarchitekturen«? Welche vier Typen solcher Architekturen unterscheidet er?
2. Was wird unter dem Begriff der Wertschöpfungsmanöver verstanden? Welche Typen werden hier unterschieden?
3. Welche Ansätze zur Entwicklung innovativer Wertschöpfungsmodelle kennen Sie? Was besagen diese Ansätze bzw. wie funktionieren sie? Wie sind sie im Vergleich zu beurteilen?
4. Was versteht Slywotzky (1996) unter dem Begriff der »Value Migration«?
5. Was besagt das »Innovators's Dilemma« von Christensen (1997)?
6. Was ist unter der Kapitalisierung der Wertschöpfung zu verstehen? Welche Komponenten sollte ein Geschäftsmodell zumindest umfassen?

4.4 Strategien zur Wertschöpfung (Gestaltung III)

Während im vorangegangenen Kapitel 4.3.1 eher typologisch gefragt wurde, welche alternativen Architekturen zur Gestaltung und Manöver zur Veränderung des Wertschöpfungsmodells zur Verfügung stehen und in Kapitel 4.3.2 primär heuristische Verfahren zur Unterstützung solcher Veränderungsüberlegungen aufgezeigt wurden, werden in diesem Kapitel nun wichtige Optionen zur Gestaltung der Wertschöpfung unternehmerischer Einheiten diskutiert. Ziel ist – analog zu Abbildung 3-55 im Feld »Positionierung« – einen Bezugsrahmen der wichtigsten Dimensionen herauszuarbeiten, die zur gezielten Veränderung des Wertschöpfungsmodells herangezogen werden können.

Die Veränderung der Dimensionen eines Wertschöpfungsmodells ist kein einfaches Unterfangen, da es meist eine Veränderung der organisationalen Fähigkeiten impliziert. Geht ein Unternehmen z. B. von einer sehr hohen Wertschöpfungstiefe auf eine sehr niedrige über, dann benötigt man einerseits bei weitem nicht mehr im gleichen Umfang die mit den ausgelagerten Aktivitäten verbundenen Fähigkeiten, andererseits sind neue Fähigkeiten erforderlich. Nun muss z. B. die Fähigkeit aufgebaut werden, eine Vielzahl neuer Lieferanten auszuwählen, zu entwickeln und zu steuern. Wir hatten bereits mehrfach darauf verwiesen, dass organisationale Fähigkeiten als Routinen zu verstehen sind, durch die Handlungen koordiniert werden. Sie weisen einen komplexen, schwer zu durchschauenden Aufbau auf, sind nicht nur in der Oberflächen-, sondern auch in der Tiefenstruktur von Organisationen verwurzelt und entziehen sich eines direkten, unmittelbaren Zugriffs. Eine gezielte Steuerung stellt dies vor ernsthafte, kaum lösbare Schwierigkeiten. Daher ist es realistischer, die in diesem Kapitel diskutierten Gestaltungsoptionen lediglich als *»Hebel«* zu verstehen, *mit deren Hilfe auf die organisationalen Fähigkeiten einzuwirken versucht wird.* Ob damit immer das gewünschte Resultat erzielt wird, ist zu bezweifeln. Angesichts komplexer Zusammenhänge ist Bescheidenheit über die eigenen Möglichkeiten eine anzuratende Tugend. Doch dürfen diese Zweifel an der Gestaltbarkeit auch kein Argument gegen Gestaltungskonzepte sein, sondern implizieren lediglich die Aufforderung zu einem – sowohl inhaltlich als auch zeitlich – hohen Maß an Lernfähigkeit, bezogen auf die durch Gestaltung entstandenen Konsequenzen.

Orientierungspunkte: Woran kann man sich bei der Gestaltung der Wertschöpfung orientieren? Welche Zielvorstellungen bieten hier Orientierung? Diese Themen sind einführend zu diskutieren. Zwei Anhaltspunkte lassen sich an dieser Stelle nennen: (1) Wird durch eine Veränderung der Wertschöpfung ein Beitrag zur Verbesserung ihrer Effektivität geleistet? (2) Kommt es dadurch zu einer Verbesserung der Effizienz?

Effektivität und Effizienz

An den Kriterien der Effektivität und Effizienz können sich Gestaltungsoptionen der Wertschöpfung orientieren. *Effektivität* liegt vor, wenn die richtigen »Dinge« getan werden (»to do the right things«). Dies impliziert festzulegen, worauf ein Wertschöpfungsmodell auszurichten ist und welche Aktivitäten und Ressourcen dazu notwendig sind. Die Ziele und Absichten, die mit einem Wertschöpfungsmodell verfolgt werden, stehen im Vordergrund. Es soll mit den gegebenen Ressourcen möglichst viel Wert generiert werden. *Effizienz* hingegen ist gegeben, wenn die angestrebten Ziele mit dem geringstmöglichen Aufwand erreicht werden, d. h. die »Dinge« richtig getan werden (»to do the things right«). Um ein Beispiel zu geben: Wenn ein Versicherungsunternehmen zu der Einsicht kommt, den Anforderungen seiner Kunden am besten durch eine eigene Hotline zur Schadensregulierung gerecht zu werden, dann hat es zunächst eine Aussage zur Effektivität getroffen. Wie es diese dann ausführt, welche Technik es verwendet, welche Mitarbeiter es einsetzt etc., ist eine Frage der Effizienz.

Bezugsrahmen zur Gestaltung der Wertschöpfung: Um systematisch die Gestaltungsoptionen besprechen zu können, wird im Folgenden der in Abbildung 4-28 dargestellte Bezugsrahmen verwendet, der – im unteren Teil – aus zwei logisch miteinander verbundenen Blöcken besteht: die einzelnen Aktivitätsstrategien (Kapitel 4.4.1) und die Strategien zu den zum Einsatz kommenden Ressour-

Aktivitäts- und Ressourcenstrategien

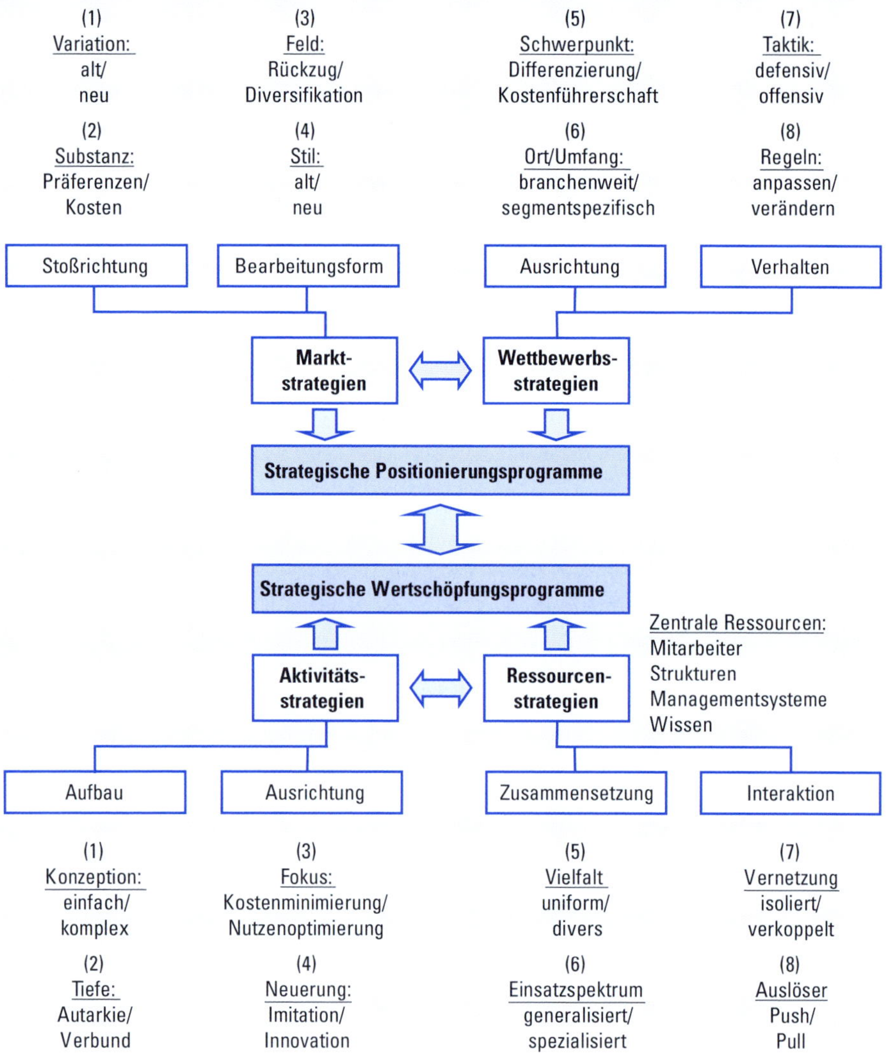

Abb. 4-28: Bezugsrahmen der Gestaltungsoptionen zur Wertschöpfungsarbeit (in Verbindung mit der Positionierungsarbeit)

cen (Kapitel 4.4.3).[39] Dabei wollen wir uns jedoch vorweg mit strategisch in vielen Branchen besonders erfolgsentscheidenden Ressourcen beschäftigen: Mitarbeiter, Strukturen, Managementsysteme und Wissen (Kapitel 4.4.2). Natürlich stellt dies eine Auswahl dar, womit nicht gesagt werden soll, dass z.B. die Frage der Kapitalausstattung eines Unternehmens im Einzelfall nicht ebenso erfolgsrelevant sein kann.

Sowohl die Aktivitäts- als auch die Ressourcenstrategien werden wiederum mittels vier Dimensionen operationalisiert. Jede Dimension verkörpert ein Kontinuum, auf dem die einzelnen Optionen zu verorten sind. Diese sind prinzipiell als gleichwertig zu betrachten. Hinzuzufügen ist, dass sich die Ausführungen schwerpunktmässig auf die Ebene von Geschäftseinheiten beziehen, jedoch auch auf die Ebene des Gesamtunternehmens übertragen werden können.

Lernziele

- Darlegung der wichtigsten Entscheidungsoptionen bei der Entwicklung eines strategischen Wertschöpfungsprogrammes aufgeteilt nach Aktivitäts- und Ressourcenstrategien
- Vertiefung ausgewählter Ressourcen bezüglich ihrer strategischen Bedeutung: Mitarbeiter, Strukturen, Managementsysteme und Wissen
- Verknüpfung der Ressource »Mitarbeiter« mit dem Thema »Strategic Leadership«

4.4.1 Aktivitätsstrategien

Die Schöpfung von Wert ist untrennbar mit der Ausführung von Aktivitäten verbunden, durch die eben dieser Wert erzeugt wird. Über das Bündel der zu ergreifenden Aktivitäten sind die Positionierungsabsichten aus Feld 2 abzusichern.

Ausgangspunkt der Gestaltungsoptionen zu den Aktivitäten ist das Wertschöpfungsmodell einer unternehmerischen Einheit. Soll es verändert werden, dann geht es inbesondere um dessen **Aufbau** (Wie komplex soll seine *Konzeption* sein? Welche *Wertschöpfungstiefe* wird angestrebt?) und um dessen inhaltliche **Ausrichtung** (Soll der *Fokus* auf Kostenminimierung oder Nutzenoptimierung liegen? Soll die *Innovation* des Modells im Mittelpunkt stehen?).

(1) Konzeption

In der ersten Dimension geht es um die angestrebte Komplexität der Konzeption des Wertschöpfungsmodells. Dabei unterscheiden wir bei der Konzeption den Detaillierungsgrad und den Vernetzungsgrad des Wertschöpfungsmodells.

Anordnung der Aktivitäten

Bezogen auf den *Detaillierungsgrad* stellt sich die Frage, *wie viele und welche Aktivitäten zur Erfassung des Modells erforderlich sind und wie diese in ihrer Reihenfolge anzuordnen sind.* Reicht ein sehr einfaches, die Komplexität des Geschäfts reduzierendes Modell, mit dem es aber gelingt, die Funktionsdynamik auf den Punkt zu bringen? Oder muss mit einem sehr ausdifferenzierten, viele Teilaktivitäten umfassenden Modell gearbeitet werden? Die Art und Weise, wie ein Wertschöpfungsmodell konfiguriert ist, bestimmt sich aber nicht nur über die Anzahl und Anordnung der einzelnen Aktivitäten, sondern auch über deren Vernetzung (wie sie z.B. im Aktivitätensystem von IKEA in Abbildung 4-11 dargestellt ist). Wie stark stehen die einzelnen Aktivitäten zueinander in Bezug? Bei einem hoch komplexen *Vernetzungsgrad* hat dies Konsequenzen auf die Interaktion der Ressourcen mit dem Wertschöpfungsprozess. Bei einer z.B. engen, externen Vernetzung der Wertschöpfungskette eines Automobilherstellers mit der seiner Systemlieferanten entstehen spezielle Anforderungen an die Informationssysteme zur systemgerechten Gestaltung der Informationsströme zwischen Hersteller und Lieferanten.

Vernetzungsgrad

Demnach bieten sich bei der Konzeption eines Wertschöpfungsmodells zwei Gestaltungsoptionen an: Auf der einen Seite stehen einfach konzipierte Wertschöpfungsmodelle mit wenigen Aktivitäten und einem meist linearen, wenig vernetzten Aufbau. Auf der anderen Seite finden sich Konfigurationen, die eine

Vielzahl von komplex miteinander verbundenen Aktivitäten aufweisen und zwischen Aktivitäten auf unterschiedlichen Ebenen unterscheiden. Beide Ausprägungen haben ihre Vor- und Nachteile. So wachsen z.B. einerseits mit einer zunehmenden Entfernung von einer einfachen Konzeption die Komplexitätskosten. Andererseits wird man dadurch vielleicht besser der gegebenen inneren Systemlogik gerecht (konkretere Massnahmen, präzisere Vorgehensweisen etc.) und erhöht dadurch die Umsetzungswahrscheinlichkeit.

Einfacher Aufbau

Ein **einfacher Aufbau** erleichtert zunächst die Konzentration auf wenige, klar definierte Aktivitäten. In aller Regel werden – wie z.B. in Abbildung 4-15 geschehen – nicht mehr als vier bis acht Elemente verwendet, die sequenziell aneinander gereiht sind. Beginnend mit Forschung & Entwicklung, über Produktion und Distribution bis hin zu Marketing und Vertrieb folgen sie dem »klassischen« Schema der Wertkette, meist angepasst an die Besonderheiten des jeweiligen Geschäftes. Bei einem Versicherungsunternehmen ergibt sich dann beispielsweise eine Abfolge von den sechs Aktivitäten »Produktentwicklung, Marketing & Vertrieb, Underwriting, Betrieb, Schadenabwicklung und Kapitalanlage«, während ein Beratungsunternehmen seine Wertschöpfung entlang der Aktivitäten »Akquisition, Projektplanung, Ressourcenbeschaffung, Projektabwicklung und Nachfolgeaufträge« organisiert. Tätigkeiten, die ausserhalb dieses Spektrums liegen, bleiben ausgeblendet. Man konzentriert sich auf das, was für das Gelingen des Geschäfts als elementar erachtet wird.

Ein einfacher Aufbau erhöht die Transparenz und Übersichtlichkeit der betrieblichen Aktivitäten. Es wird deutlich, auf welche Weise Wert geschaffen wird und wie die einzelnen Teile ineinander greifen. Dies hat mehrere Konsequenzen. Zum einen erleichtert es die Kommunikation, da ein gut verständliches Wertschöpfungsmodell jedermann zugänglich ist. Zum anderen können Verantwortlichkeiten klar definiert und zugewiesen werden, ohne dass es zu einer »Inflationierung« von Positionen und – in der Folge – zu Koordinationsproblemen kommt. Daher bietet sich ein einfacher Aufbau auch an, um ein Geschäft direkt zu steuern und Fehlentwicklungen rasch entgegenzuwirken. Meist lassen sich einer jeden Stufe eine überschaubare Anzahl von Kennzahlen und Messgrössen zuweisen, die Aufschluss über den momentanen Zustand bieten. Signalisieren sie Handlungsbedarf, so können Ursachen zügig lokalisiert und Gegenmassnahmen eingeleitet werden. So ist z.B. ein einfacher Aufbau des Wertschöpfungsmodells für eine Fastfood-Kette wie McDonalds zu empfehlen, da es sich hier um hoch standardisierte Produkte und Verfahren handelt, die leicht und präzise kontrollierbar sein müssen.

Zuletzt verkürzt ein einfacher Aufbau die Zeit, die erforderlich ist, um ein Wertschöpfungsmodell funktionsfähig werden zu lassen. Je weniger Aktivitäten vonnöten sind, um ein Geschäft zu betreiben, desto schneller kann es in aller Regel aufgebaut werden. Dies ist gerade in Start-up Situationen oder in Branchen, wo Wertschöpfungsmodelle rasch veralten, von nicht zu unterschätzender Bedeutung. Um ein komplexes Modell zum Leben zu erwecken, sind meist mehr Zeit und Ressourcen erforderlich, als bei einem Design, das aus wenigen, linear aneinander gereihten Aktivitäten besteht. Eine wichtige Fähigkeit ist daher – vorausgesetzt, die jeweilige Geschäftsidee ist überzeugend – die rasche Entwicklung, Implementierung und gegebenenfalls Neukombination einzelner Aktivitäten. Wie zügig dies gelingt, ist in vielen Branchen zum kleinen, aber feinen Unterschied zwischen erfolgreichen und weniger erfolgreichen Konkurrenten geworden.

Allerdings weist ein einfach strukturiertes Wertschöpfungsmodell auch *Nachteile* auf. Der Wettbewerbsschutz ist meist gering. Einer Kopie durch Konkurrenten steht wenig im Wege. »Kausale Ambiguität« über die Ursachen, warum es erfolgreich funktioniert, ist kaum gegeben. Es ist relativ klar ersichtlich, wie und warum das Wertschöpfungsmodell erfolgreich ist. Gefährlich werden in einer solchen Situation oft »Kooperationspartner«, die vor- oder nachgelagerte Aktivitäten ausüben. Mit ihrer Expansion in das eigene Geschäft ist zu rechnen, wenn sie sich davon besondere Wertsteigerungsmöglichkeiten versprechen.

Komplexer Aufbau

Diese Überlegungen führen uns bereits in Richtung der anderen Option, des **komplexen Aufbaus** von Wertschöpfungsmodellen. Hier bestehen zahlreiche Schnittstellen nach aussen und innen, die Elemente sind netzwerkförmig miteinander verbunden, Aktivitäten arbeiten auf unterschiedlichen Ebenen. Ein komplexes Wertschöpfungsmodell ist meist über einen längeren Zeitraum entstanden. Oft hat ein Wertschöpfungsmodell seine Komplexität aber auch durch immer wieder vorgenommene »Anbauten« erfahren und ist damit nicht gesamthaft optimiert.

Ein komplexes Wertschöpfungsmodell ist in manchen Branchen aber die einzige Möglichkeit, um anspruchsvollen Kundenforderungen gerecht zu werden. War am Anfang ein Marktauftritt mit einem relativ engen Angebot ausreichend, so kann auf Druck der Abnehmer und der Wettbewerbssituation eine Verbreiterung erforderlich werden, die dann direkte Auswirkungen auf das Wertschöpfungsmodell hat. Um zwei Beispiele zu nennen: Seit ca. 1992 haben viele Automobilhersteller den Druck auf ihre Zulieferunternehmen markant verstärkt. Ziel ist es, nicht mehr mit Hunderten, sondern nur noch mit einigen Dutzend Zulieferunternehmen zu verhandeln und von diesen Vorprodukte zu beziehen. Viele Zulieferer waren gezwungen, ihr Wertschöpfungsmodell signifikant zu verändern. Einige wurden zu Systemlieferanten, entwickelten und produzierten eine breite Palette von Produkten oder stiegen sogar zu Systemführern auf (z.B. für ein vollständig bestücktes Armaturenbrett), was eine äußerst detaillierte Abstimmung mit anderen Zulieferern erforderlich werden liess. Gleiches gilt für das Geschäft mit großen Infrastrukturaufträgen. In den Ländern Osteuropas und Asiens sind hier Anforderungen völlig neuer Art und Dimension entstanden. Nicht mehr eine einzelne Leistung, sondern Leistungspakete wie die Ausarbeitung und Sicherstellung der Finanzierung, das Mitwirken an der politischen Entscheidungsfindung etc. sind erforderlich, um den Auftrag für ein solches Projekt zu erhalten. Wird z. B. ein neuer Flughafen gebaut, so geht es sowohl um eine Gesamtoptimierung der Verkehrsströme, d.h. die integrierte Steuerung und Gestaltung des Straßen-, Schienen- und Luftverkehrs, um Finanzierungsmodelle sowie Fragen der Sicherheit und Lärmkontrolle. Generalunternehmer, wie etwa das Handelshaus von Mitsubishi, waren gezwungen, ihr Wertschöpfungsmodell dementsprechend zu erweitern und sich die erforderliche Expertise anzueignen.

Stärkere Differenzierung der Leistungserstellung

Mit einem komplexeren Wertschöpfungssystem verfolgt man zudem die Absicht, den Prozess der Leistungserstellung stärker zu differenzieren. Dadurch können Spezialisierungsvorteile aufgebaut werden. Was als eigenständige Aktivität abgegrenzt wird, erhält meist mehr Aufmerksamkeit und wird daher auch fokusierter ausgeübt. So sind beispielsweise die meisten Lebensmittelproduzenten dazu übergegangen, nicht nur konsequent die Aktivitäten Marketing und Vertrieb voneinander zu trennen, sondern haben zusätzlich sogar noch ein getrenntes »Markenmanagement« eingeführt, das sich produkt- und spartenübergreifend um die Entwicklung ausgewählter Marken kümmert. Neben dem »Einschieben« zusätzlicher Wertschöpfungsstufen – durch die eine Wertkette verlängert wird – treten folglich auch Konstellationen auf, in denen die Wertschöpfungselemente nicht nur horizontal, sondern auch vertikal und diagonal miteinander verbunden werden. Dadurch erhöhen sich auch die Optionen, in neue Geschäfte einzusteigen. Der IT-Bereich von SIEMENS war ursprünglich nur als Dienstleister der Marktgesellschaften angedacht und sollte diesen Soft- und Hardware bereitstellen. Als sich jedoch zeigte, dass diese Leistungen nicht nur innerhalb des Konzerns, sondern auch am Markt gefragt waren, wurde die SIEMENS BUSINESS SERVICES gegründet und mit einem eigenen Wertschöpfungsmodell versehen.

Wichtig ist auch die Berücksichtigung der Flexibilität. Diese kann durch einen komplexeren Aufbau gesteigert werden. Entscheidend ist, wie stark die einzelnen Teile miteinander gekoppelt bzw. voneinander abhängig sind. Kommt es zu Störungen in einer Aktivität, so wirken sich diese – je nach Vernetzungsgrad – mehr oder weniger schwerwiegend auf die anderen Aktivitäten aus. Zuletzt bietet ein komplexes Wertschöpfungssystem einen höheren Wettbewerbsschutz als ein einfacher strukturiertes. Wenn Konkurrenten es kopieren wollen, müssen sie mit einem relativ langen Zeitraum rechnen, den das betreffende Unternehmen für sich nutzen kann.

Ein komplexerer Aufbau bringt jedoch auch *Nachteile* mit sich, wie Abbildung 4-29 zeigt. Im Gegensatz zu einer einfachen Abfolge gehen Transparenz und Übersichtlichkeit verloren. Steuerungseingriffe müssen zumeist an mehreren Stellen ansetzen und sind zudem der Gefahr ausgesetzt, ungewollte Nebeneffekte zu produzieren, die vorab nicht erkennbar waren. Ist die gegenseitige Abhängigkeit der Elemente hoch, so ist bei Veränderungen das gesamte Wirkungsgefüge neu zu justieren. Hohe Komplexitätskosten sind die Folge. So waren die aus mehreren Partnern zusammengesetzten Allianzen in der europäischen Telekommunikationsindustrie (UNISOURCE, GLOBAL ONE, etc.) stark damit beschäftigt, ihr gemeinsames, äusserst komplexes Wertschöpfungsmodell zum Le-

Konzeption	Einfach	Komplex
Absichten	• Konzentration auf wenige, klar definierte Aktivitäten • Transparenz, Übersichtlichkeit • Rasches Feed-back bei Fehlentwicklungen; Kontrollierbarkeit • Gezielte Interventionseingriffe	• Adäquate Antwort auf anspruchsvolle Anforderungen durch Kunden, Technologien und Produkte • Aufbau von Spezialisierungsvorteilen • Erhöhung der Flexibilität bei »lockerer« Kopplung der Elemente
Konsequenzen	• Hohe Schlagkraft, wenn die Idee sich als richtig erweist • Vereinfachte Kommunikation	• Sukzessive Weiterentwicklung • Eigendynamik der Teile
Fähigkeiten	• Blick für das Wesentliche • Standardisierung • Rasche Implementation	• Steuerung komplexer Systeme • Toleranz gegenüber Ambiguitäten
Gefahren	• Relativ geringer Imitationsschutz • Zu starke Vereinfachung des Geschäfts • Ausblenden wichtiger Faktoren	• Transparenz und Übersichtlichkeit gehen verloren • Wahrscheinlichkeit ungewollter Nebeneffekte erhöht sich • Suboptimierung durch »Anbauten«

Abb. 4-29: Konzeption (einfach versus komplex)

ben zu erwecken. Als sich nicht die erwarteten Erfolge einstellten, wurde das Unterfangen wieder beendet.

(2) Wertschöpfungstiefe

Nachdem die Konzeption des Wertschöpfungsmodells geklärt ist, kann danach gefragt werden, welche Aktivitäten man selbst machen will und welche man auslagert. Unternehmen wie NESTLÉ oder PROCTER & GAMBLE üben fast alle Elemente ihres Wertschöpfungsmodells in Eigenregie aus. Sie sind weitgehend autark und kontrollieren daher direkt die gesamte Leistungserstellung. Hingegen beschränken sich Unternehmen wie DELL, NIKE oder ADIDAS auf einige wenige Aktivitäten, kaufen den Rest ein oder lassen ihn von Kooperationspartnern erbringen. Sie agieren folglich im Verbund mit anderen Unternehmen. Was die beiden Extremoptionen voneinander unterscheidet, ist ihre Wertschöpfungstiefe, d. h. das Ausmaß dessen, was an der gesamten Wertschöpfung selbst übernommen wird bzw. was andere ausüben. Doch wie legt man die optimale Wertschöpfungstiefe fest?

Transaktionskostentheorie

Weiterhelfen kann hier die *Transaktionskostentheorie* (siehe auch Kapitel 3.1.2). Sie postuliert, dass ökonomische Aktivitäten so organisiert werden, dass die dabei anfallenden Transaktionskosten minimiert werden. Als Transaktionskosten gelten dabei vor allem[40]:

- Anbahnungskosten (wie z. B. Informationssuche und -beschaffung über potenzielle Transaktionspartner und deren Konditionen),
- Vereinbarungskosten (z. B. Intensität und zeitliche Ausdehnung von Verhandlungen, Vertragsformulierung und Einigung),
- Kontrollkosten (z. B. Sicherstellung der Einhaltung von Termin-, Qualitäts-, Mengen-, Preis- und evtl. Geheimhaltungsvereinbarungen) sowie
- Anpassungskosten (z. B. Durchsetzung von Termin-, Qualitäts-, Mengen- und Preisänderungen auf Grund veränderter Bedingungen während der Laufzeit der Vereinbarung).

Die Transaktionskosten variieren nun, je nachdem welche Organisationsform für eine Transaktion verwendet wird. Sie sind also die Kosten der Organisation und Abwicklung eines ökonomischen Austauschprozesses. Wann immer es günstiger ist, Transaktionen innerhalb einer Unternehmung, d. h. über die Hierarchie statt über den Markt durchzuführen, werden sie internalisiert und finden folglich innerhalb der Grenzen eines Unternehmens statt. Können sie hingegen am Markt billiger abgewickelt werden, so gibt man sie nach außen. Die optimale Organisationsform wird folglich durch die jeweiligen Transaktionskosten bestimmt. Sie legen die Grenze zwischen Hierarchie und Markt fest und damit die optimale Wertschöpfungstiefe eines Unternehmens.

Grenze zwischen Hierarchie und Markt

Da sich Transaktionskosten verändern können, ist auch die optimale Wertschöpfungstiefe keine einmalig festzulegende Größe. Vielmehr ist immer wieder kritisch zu überprüfen, ob man vielleicht zu wenig oder zu viel macht, die »falschen« Aktivitäten ausübt oder dort, wo man Aktivitäten nicht selbst ausführt, mit den richtigen Verbundunternehmen (in einer geeigneten Form der Institutionalisierung) zusammenarbeitet. Bei 100 % Eigenanteil (und 0 % Fremdanteil) an der Leistungserstellung ist die Wertschöpfungstiefe logischerweise am höchsten. Nachdem die Arbeitsteilung eines der Grundprinzipien unserer Wirtschaft ist, findet man diese volle Autarkie jedoch praktisch nie oder nur äußerst selten. Autarkie liegt daher vor, wenn alle wesentlichen Teile der Wertschöpfung in den eigenen Händen liegen. Im Gegenzug gibt es kein Unternehmen mit 0 % Eigenanteil. Bezogen auf die jeweilige Branche finden sich jedoch z. B. in der Textilindustrie Unternehmen, deren Wertschöpfungsanteil sich unterhalb von 5 % bewegt.

Vertikale Diversifikation

Die Wertschöpfungstiefe ist damit auch ein Indikator für die vertikale Diversifikation. Soll die vertikale Integration erhöht werden, so geschieht dies über den Einstieg in der bisherigen Wertschöpfung vorgelagerte (*Rückwärtsintegration*) oder nachgelagerte Aktivitäten (*Vorwärtsintegration*).

Fallbeispiel: Bedarf nach Strategie bei British Telecom (BT)

Anfang 2001 befand sich British Telecom (www.britishtelecom.com) in einer sehr schwierigen Lage: Man hatte 17.5 Mrd. Pfund Schulden und eine verfahrene Strategie. Dies lockte Mitte 2001 übernahmewillige Unternehmen an: So gingen zwei unterschiedlich umfassende Angebote für die Infrastruktur von BT ein. Ein erstes 8-Mrd.-Pfund-Angebot kam von einem Konsortium namens Earthlease, ein zweites Angebot kurz danach von der deutschen WestLB, die für das gesamte Festnetz 18 Mrd. Pfund zu zahlen bereit war. In beiden Fällen hätte BT seine Kunden behalten und für die Nutzung des Netzes Gebühren bezahlen müssen. An einer solchen Stelle zeigt sich dann, wie gut durchdacht die Strategie eines Unternehmens ist. Im konkreten Fall geht es um die Frage nach der strategisch »richtigen« Wertschöpfungstiefe: Soll man weiterhin die volle Wertschöpfungskette selbst bearbeiten und damit die beiden Angebote ablehnen? Soll man sich auf den »Besitz« der Kunden konzentrieren und eines der beiden Angebote annehmen? Oder soll man gar die Kunden verkaufen und nur noch die Infrastruktur betreiben? Was sind also die wichtigsten Wertschöpfer bei BT: Die Infrastruktur? Die Kunden? Beides gemeinsam?

Sieht man einmal von der Frage der angemessenen Höhe des Angebots ab, so spricht für seine Ablehnung, dass es für BT gefährlich werden könnte, wenn es die Preise für die Nutzung der Infrastruktur vorgegeben bekommt und damit an Einfluss über die Kosten verliert. Auch könnte dies einladend wirken für neue Markteintritte, die dann auch über diese Infrastruktur ihre Dienste vertreiben könnten. Gerade dies hat BT nahezu vollständig erfolgreich zu verhindern vermocht, obgleich es – was die lokalen Netze betrifft – zu einem solchen »unbundling« wettbewerbsrechtlich verpflichtet wäre. Man scheint abwarten zu wollen, bis alle möglichen Wettbewerber aufgeben und man dann selbst diese Dienste anbieten kann. Diese Strategie hat allerdings dazu geführt, dass Großbritannien auf Platz 22 der OECD-Liste zurückgefallen ist, was den Breitband-Internetzugang betrifft.

Für eine Annahme des Angebots spricht aus Sicht der Aktionäre sicher die geringe Gesamtkapitalrentabilität des Infrastrukturbereiches (0,2 %). Auch die Wettbewerbsbehörden wären zufrieden, da dann das Infrastrukturmonopol endlich fallen würde. Nimmt man an, dass dieses Monopol so oder so bald fallen wird, kann man auch davon ausgehen, dass man nun noch einen besseren Verkaufspreis realisieren kann. Und dieses Geld könnte BT auch gut gebrauchen, um leistungsfähige neue Dienste möglichst schnell zu entwickeln. Dass man dafür genügend Geld aus dem Kapitalmarkt erhält, konnte man in dem damaligen Börsenklima kaum annehmen.

Oder soll BT eher seine Kunden als seine Infrastruktur verkaufen? Ein Unternehmen, das nur die Infrastruktur besitzt, könnte aufgrund des dann einsetzenden Wettbewerbs um die Dienste vermutlich deutlich profitabler wirtschaften.

Standpunkt

BT entschied sich für eine Ablehnung des Angebots. Zur Verbesserung der Transparenz schlug man vor, die beiden Bereiche in zwei getrennten Geschäftsbereichen zu führen. War diese Entscheidung zur Wertschöpfungstiefe nun Ausdruck einer ausgereiften Strategie oder nur Mittel, um möglichst lang wirklichen Wettbewerb zu verhindern? Was meinen Sie dazu?

(04/02) Im Frühling 2002 erhält BT einen neuen Konzernchef: Ben Verwaayen löst vorzeitig den 1996 berufenen Peter Bonfield ab. Verwaayen gab bekannt, dass er sich auf das inländische Kerngeschäft konzentrieren wird und den Schuldenberg von 14 Mrd. Pfund (ursprünglich 30 Mrd. Pfund) auf unter 10 Mrd. Pfund abbauen will. Man will ein integrierter Konzern bleiben. Eine weitere Entflechtung ist nach Abtrennung des Mobilfunkgeschäfts mmO2 in 2001 nicht vorgesehen. Auch will man nun (recht spät) in die Breitübermittlung (ADSL) einsteigen.

Vertrauen und Kontrolle

Die Frage nach der richtigen Wertschöpfungstiefe (bzw. dem richtigen Ausmaß an vertikaler Integration) ist allerdings nicht nur eine Frage der direkt sichtbaren Kosten, sondern hängt auch von *Vertrauen und Kontrolle* ab: Welche Wertschöpfungsstufen möchte man unter eigener Kontrolle sehen, wo könnte man sich eine geteilte Kontrolle vorstellen und wo würde man sich auf den freien Markt verlassen, dass er das Unternehmen mit den richtigen Leistungen versorgt? Zwischen beiden Extremen liegt also die Variante, dass das Unternehmen selbst in Zusammenarbeit mit einem Partnerunternehmen die Teilleistung erbringt: Dann sind ein ausgewogenes Interessengleichgewicht und das Vertrauen in den Partner die Koordinationsinstanz. Je mehr man sich auf dem Kontinuum dem Extrem »Verbund« nähert, desto mehr verliert das Unternehmen die direkte Kontrolle über die zu integrierenden Aktivitäten. Die Koordination der Wertschöpfung überlässt es zu gewissen Teilen dem Spiel von Angebot und Nachfrage, indem die jeweilige Teilleistung zugekauft wird. Bewegt sich ein Unternehmen hingegen in Richtung »Autarkie«, dann strebt es nach Leistungsautonomie. Die Hierarchie tritt als Instanz der Wertschöpfungskoordination auf. Hier wird ein hohes Maß an Eigenständigkeit gesucht, um die Gesamtleistung möglichst weitgehend selbst beeinflussen zu können, d. h. unter eigener Kontrolle zu halten.

!

Fallbeispiel: MIGROS
Das schweizerische Handelsunternehmen MIGROS wird wegen seiner Leistungsfähigkeit und seinem eher unorthodoxen Branchenverhalten von den Wettbewerbern eher skeptisch betrachtet. In der Phase, als der Lebensmittelhandel von MIGROS sehr expansiv war, verbündeten sich Teile des konkurrierenden Handels gegen das Unternehmen. So wurde z. B. Herstellern nahe gelegt, MIGROS zu boykottieren. Dies veranlasste das Unternehmen zu mehr Autarkie: Man erwarb z. B. eigene Bananenplantagen und kümmerte sich um den eigenen Transport zu Wasser und zu Land.

Autarkie

Das Streben nach **Autarkie** hat demnach zur Folge, dass der Vollzug nahezu aller relevanter Aktivitäten unter eigener Regie stattfindet. Schon bei durchschnittlich komplexen Wertschöpfungsprozessen hat ein solches Unternehmen mit einer hohen Ressourcenbindung zu rechnen: In einem Industriebetrieb benötigt man nicht nur die jeweiligen Anlagen, sondern auch die Fachleute, um all diese Aktivitäten durchführen und integrieren zu können. Je nach Verwandtschaft dieser Aktivitäten kann hier jedoch auch mit Synergieeffekten oder Möglichkeiten zum Know-how-Transfer gerechnet werden. Relativ weitgehend autark waren die Kombinate der früheren DDR. Dies betrifft insbesondere den Dienstleistungsanteil; man besass aber häufig auch eigene Rohstoffquellen, über die man sich die Versorgung absicherte. Dies geschah aber – wie man heute sieht – zum Preis der eigenen Wettbewerbsfähigkeit. Dies ist eine generelle Gefahr, gegen die sich Unternehmen in dieser Extrempositionierung absichern müssen: Wenn man in sehr vielen Aktivitätsfeldern internationale Wettbewerbsfähigkeit zeigen muss, dann kann es durchaus sein, dass auf Dauer in einigen Feldern die eigenen Stärken nicht ausreichen, um dies zu Gewähr leisten. Damit verbunden könnte eine autarke Position zu einer starken Beschäftigung mit sich selbst führen, die einem den Blick für Wettbewerbsunterschiede verstellt.

Wer nur auf sich selbst baut, droht auch in eine gewisse Isolation getrieben zu werden, zu deren erfolgreichem Überleben dauerhafte Stärke (Einfallsreichtum, Ausdauer usw.) verlangt wird. Eine Vernetzung mit Partnerunternehmen kann dagegen durchaus auch taktische Vorteile bieten: Man sichert das Unternehmen durch wechselseitige Interessenverflechtung ab. Hier können auch Aspekte der Risikoteilung genannt werden, da bei einer autarken Position allein schon wegen der hohen Kapitalbindung (z.B. einer Neuentwicklung) schnell eine vertretbare Risikoschwelle überschritten werden kann. Wer ein Zunehmen dieser Gefahren aus der Position der Autarkie heraus bei sich beobachten kann, sollte eine Umpositionierung in Richtung einer geringeren Wertschöpfungstiefe (Position »**Verbund**«) überprüfen. Hier geht es allerdings nicht nur um eine bloße Selbstbeschränkung, sondern um eine bewusste Konzentration auf die Aktivitäten, die man (1) relativ zum Wettbewerb besonders gut (und möglichst überlegen) beherrscht und (2) aus taktischen Gründen nicht aus der Hand geben will.

»Verbund«

!

Fallbeispiel: Fahrzeugelektronik
Ein Teil der Mikroelektronik für ein Auto muss für den jeweiligen Fahrzeugtyp maßgeschneidert werden. Wird ein neues Modell entwickelt, so müssen, wenn das Modell konzeptionell festgelegt ist, auch frühzeitig die dafür erforderlichen Mikrochips in Auftrag gegeben werden. Werden diese Chips dann z.B. nicht im eigenen Haus hergestellt, dann könnten in einem frühen Stadium wettbewerbsrelevante Informationen an die Konkurrenz abfliessen, da man aus dem Chip relativ genau auf die Modelldaten zurückschliessen kann. Beschliesst man auf Grund dessen, diese Chips selbst herzustellen, dann geht man allerdings Gefahr, einen »ewigen Kostgänger« für das Unternehmen zu schaffen, solange man diesen nicht in eine industriell relevante Dimension wachsen lässt.

Neben dem Aspekt der Konzentration können als Absicht hinter einer Verbund-Positionierung aber noch all die Motive stehen, die mit dem Eingehen von Kooperationen verbunden sind: Know-how-Transfer, Zugang zu anderen Märkten und Technologien oder Risikoteilung. Externe Partnerunternehmen werden über Kooperationen (z.B. Joint Ventures) eingebunden, weil man sie zumindest teilweise unter die eigene Kontrolle nehmen möchte oder weil man sie gerne akquiriert hätte, diese Unternehmen aber – zumindest derzeit – nicht kaufbar sind. Logische Konsequenz der Verbund-Positionierung ist ein wachsender Anteil an Fremdleistungen.

Zur Absicherung der Lieferqualität an den Schnittstellen zwischen der in- und externen Wertkette kommt es immer häufiger zu einer Institutionalisierung dieser Verbindung in Form so genannter »Stakeholder-Allianzen«: D.h. man sucht nach einer Optimierung der Informations- und Güterströme und damit nach einer besseren Verzahnung der Wertketten zwischen dem eigenen Unternehmen und den Unternehmen der wichtigsten Lieferanten und Abnehmer. Insgesamt ist durch eine Verbund-Positionierung auch eine Komplexitätsreduktion zu erwarten: Hinzu kommt zwar das Problem der Integration der Partnerunternehmen; weg fällt aller-

»Stakeholder-Allianzen«

dings der i.Allg. größere Aufwand der Steuerung ihrer Teile des Wertschöpfungsprozesses. Um die Komplexität eines Lieferantenmanagements nicht zu groß werden zu lassen, wird von denen, deren Teile später so oder so zu einem höherwertigen Teil zusammengesetzt werden (z.B. Armaturenbrett), verlangt, dass sie zusammen mit dem Abnehmer einen Systemführer bestimmen, der dann auch verantwortlicher Ansprechpartner für den Abnehmer ist. Diese Konzentration auf ausgewählte Fähigkeiten in der Wertschöpfung hat heute oft auch zur Konsequenz, dass im Unternehmen so genannte Kompetenzzentren benannt werden. Ihnen sind – vorerst nur im Sinne einer Sekundärorganisation – institutionell alle Träger einer bestimmten Fähigkeit zugeordnet. Manchmal kommt es allerdings auch zu einer räumlichen oder sogar juristischen Ausgründung dieser Centers. Letzteres kann in Form einer 100%igen Tochtergesellschaft geschehen, aber auch unter einer Beteiligung des Managements, die bis zu 100% reichen kann. Eine Verbindung zur ausgegründenden Gesellschaft besteht dann oft nur noch über ein zeitlich befristetes Kooperationsabkommen. Primäres Ziel dieser Center-Bildung ist natürlich die Revitalisierung organisatorischer Einheiten zu mehr unternehmerischen Handeln. Manchmal handelt es sich aber auch um eine Art »Entsorgung über die Hintertüre«.

Fallbeispiel: IT-Outsourcing
Häufiger Gegenstand derartiger Outsourcing-Aktivitäten sind z.B. die sehr kostenträchtigen und schwer kontrollierbaren IT-Abteilungen von Großunternehmen. Betrachtet man z.B. eine Großbank, so hat sie hier verschiedene Optionen: Sie gründet den Bereich als Tochterunternehmen aus. Um die Eigenverantwortlichkeit zu stärken, organisiert sie dies als Management Buy-out, d.h. Mitarbeiter der ausgegründeten Abteilung können sich an der Neugründung beteiligen. Gleichzeitig behält die Bank aber daran noch eine wesentliche Beteiligung. Den Start kann sie der Tochter dadurch erleichtern, indem sie ihr eine Auslastungsgarantie für einen gewissen Zeitraum einräumt, danach aber ihre IT-Leistungen auch am freien Markt einkaufen kann. Im Gegenzug ist es der Tochter erlaubt, dass freie Kapazitäten am Markt angeboten werden (Insourcing). Man geht hier allerdings recht hohe Risiken ein, wenn man sich verdeutlicht, dass ein Gesamtausfall des IT-Systems ein solches Unternehmen praktisch bereits nach wenigen Tagen in den Konkurs treiben würde.

Insourcing

Die Center-Bildung geht heute in vielen Unternehmen mit noch drei anderen Konzepten einher: das Target-Pricing, das Benchmarking und das Business Process Reengineering. Dies sei wieder am Beispiel der Automobilindustrie erläutert. Wenn dort ein neues Auto in einem preissensiblen Segment geplant wird, dann wird zuerst festgelegt, zu welchem Preis (Target-Price) das Fahrzeug einen Platz im Markt finden kann. Dann wird von dort aus zurückgerechnet, was die einzelnen Komponenten kosten dürfen[41]. Über Benchmark-Unternehmen werden Messlatten festgelegt, zu welchem Preis bei der hierfür erforderlichen Qualität dieses Teil möglichst günstig am Weltmarkt bezogen werden kann. Noch 1994 waren hier die deutschen Automobilhersteller 25–35% teurer als ihre Benchmarks, die heute schon meistens in den wieder erstarkten Unternehmen der USA zu suchen sind. Ergebnis kann es dann sein, dass man sehen muss, dass man selbst nicht in der Lage sein wird, bei Einhaltung des Target-Preises die Komponente zu fertigen. So hatte z.B. die Mercedes Benz AG beschlossen, für das damals neue Modell Vario den Motor bei VW einzukaufen und ihn bei Mercedes nur noch zu konfigurieren.

Target-Pricing
Benchmarking

Business Process
Reengineering

Über das Organisationskonzept Business Process Reengineering soll sichergestellt werden, dass der Ablaufprozess der hintereinander geschalteten Aktivitäten (Center-Leistungen, Leistungen von Partnerunternehmen, Verkopplung mit Lieferanten und Abnehmern) bezogen auf den zu erzeugenden Kundennutzen gestaltet wird. Angesprochen sind damit Fragen der Koordination von Güter- und Informationsströmen unter gewissen Zeitvorstellungen (»faster time to market«) und das Management der Schnittstellen zwischen den beteiligten Aktivitätsträgern. Damit ist auch die Ausschaltung funktionaler Suboptimierungen und Ressortegoismen gemeint. Diese Bildung von Wertschöpfungszentren führt dann in den Unternehmen häufig auch zur Typologisierung der Center: Z.B. in Center, die man aus taktischen Erwägungen bei sich behalten will; Center, denen eine Chance gegeben wird, zur Benchmark aufzuschließen und Center, die ausgegliedert oder aufgegeben werden sollen. Natürlich sind auch für das Verfolgen einer Verbund-Strategie spezielle Fähigkeiten Voraussetzung: Wer heute Fremdleistungen einkauft, muss grundsätzlich dazu in der Lage sein, dies global zu tun (»global sourcing«). Gleiches gilt für den Vertrieb. Dabei ist natürlich zu überlegen, ob sich die globale Dimension auch rechnet.

Wertschöpfungszentren

Gefahren für eine Verbund-Positionierung tun sich auf, wenn die Abhängigkeit von einem der Partner zu groß wird oder der freie Markt einen anforderungsgerechten Einkauf und Vertrieb immer weniger Gewähr leisten kann. Zunehmende Schnittstellenprobleme sind ein weiteres Signal, aus dem ein Risiko für die Positionierung werden könnte: Diese können sich auf eine nachlassende Qualität und Zuverlässigkeit der Anlieferungen beziehen; vielleicht hat man aber auch selbst an Fähigkeit verloren, die Anforderungen marktgerecht zu formulieren. Ergänzend ist auch noch auf die Gefahren hinzuweisen, die generell mit strategischen Partnerschaften einhergehen. Hervorzuheben sind hier der unkontrollierte Know-how-Abfluss und die Situation, dass das Partnerunternehmen diesen Verbund eigentlich gar nicht will, sondern ihn nur als Mittel nimmt, um das andere Unternehmen entweder aus konkurrierenden Partnerschaften heraus zu halten oder es später selbst übernehmen zu wollen.

Zusammenfassend gibt Abbildung 4-30 nochmals die zur Dimension Wertschöpfungstiefe geführte Argumentation wieder. Dabei wird auch auf den Punkt

Abb. 4-30: Wertschöpfungstiefe (Autarkie versus Verbund)

Tiefe	Autarkie	Verbund
Absichten	• Hohe Kontrolle über die Gesamtleistungserstellung und damit starke Beeinflussbarkeit der einzelnen Aktivitäten	• Konzentration auf das, was man besonders gut kann und das, was man nicht aus der Hand geben möchte • Taktische Bindung Dritter • Flexibilisierung des Unternehmens
Konsequenzen	• Hohe Ressourcenbindung • Komplexe Organisation	• Auflösung der Unternehmensgrenzen • Globaler Einkauf und Vertrieb
Fähigkeiten	• Vielseitig und breit • Integration hoher interner Komplexität • Koordination über die Hierarchie	• Spezialisiert und fokusiert • Lieferantenmanagement • Verhandeln um Interessen/Vertrauen aufbauen
Gefahren	• Verzettelung der Ressourcen • Nachteilige Kostenposition • Vernachlässigung des taktischen Elements einer industriellen Vernetzung	• Wachsende Abhängigkeit von Partnerunternehmen • Zunehmendes Marktversagen • Schnittstellenproblematik zwischen in- und externen Aktivitäten • Ungewollter Know-how-Abfluss • Hinhaltetaktik des Partners

hingewiesen, dass Kooperationen heute manchmal aus taktischen Gründen auch deshalb eingegangen werden, um den Partner taktisch hinzuhalten, d.h. ihn von anderen Partnerschaften abzuhalten.

(3) Fokus

Um die für eine Strategie notwendige Schlagkraft in der operativen Umsetzung aufzubringen, empfiehlt es sich als Nächstes, das Wertschöpfungsmodell als Ganzes mit seinen Hunderten an Teilaktivitäten an bestimmten handlungsleitenden Maximen grundsätzlich auszurichten. Dazu kann zuerst die bereits bei den Wettbewerbsstrategien getroffene Entscheidung zum Schwerpunkt des Wettbewerbs (Kostenführerschaft versus Differenzierung) als Dimension aufgegriffen werden und die daraus erwarteten Vorteile zum Inhalt der Ausrichtung gemacht werden: Kostenminimierung versus Nutzenoptimierung.

Kostenminimierung

Bei einer Strategie der **Kostenminimierung** bestimmen Programme zur Effizienzsteigerung weitgehend das Handeln. Alle innerhalb des Wertschöpfungsprozesses anfallenden Aktivitäten werden unter dem Gesamtziel möglicher Rationalisierungseffekte bzw. Produktivitätsgewinne durchleuchtet.[42] Jede Form der Standardisierung ist hier willkommen. Entscheidungskonflikte bei einzelnen Aktivitäten müssen im Sinne der Leitidee »Kostenminimierung« bei der gesamten Leistungserstellung gelöst werden. Dabei ist auch zu erwarten, dass Leitungsaspekte, die nur wenige Kunden als notwendig betrachten, der Rationalisierung zum Opfer fallen. Dies lässt sich vor dem Hintergrund der Annahme rechtfertigen, dass der Wettbewerb so oder so primär über den Preis entschieden wird. Die Anstrengungen richten sich insbesondere auf die Verfahrenstechnologien. Logische Zielsetzung – und hoffentlich auch Konsequenz eines solchen Vorgehens – ist die Kostenführerschaft: D.h. die Fähigkeit, zu geringeren Kosten als der Wettbewerb zu produzieren, wird als Potenzial zur Erzielung eines nachhaltigen Wettbewerbsvorteils betrachtet.

Eine solche Wettbewerbsstrategie erfordert allerdings spezielle Fertigkeiten zur Kostenminimierung. Dazu gehört u.a. eine strikte Kontrolle der Kosten in den Wertschöpfungsaktivitäten (wie Forschung, Entwicklung, Vertrieb oder Administration), die Vermeidung von kleinen Kundenvolumina sowie Produktionsanlagen, die Erfahrungskurvenvorteile nutzbar machen. Daneben herrscht in Unternehmen, die die Strategie einer Kostenführerschaft verfolgen, eine ausgeprägte Kultur der Sparsamkeit vor, die durch entsprechende Managementsysteme oder den Einsatz symbolischer Handlungen unterstützt wird. Dazu gehört die intensive Überprüfung und Rechtfertigung von Investitionsanträgen auch geringer Beträge, Anreizsysteme, die auf möglichst geringe Ausschussquoten ausgerichtet sind und diese mit Prämien belohnen, oder auch einfach eine bewusst spartanische Ausstattung des Betriebsgeländes und der Arbeitsräume.

Fallbeispiele: Osram und Aldi

Ein Vertreter dieser Strategieart ist beispielsweise der deutsche Lampenproduzent Osram. Durch ein ausgefeiltes Kostenüberwachungs- und Kostensenkungsprogramm wird hier kontinuierlich versucht, die Produktionskosten immer weiter zu reduzieren. Denn da bei Glüh- und Halogenlampen die Gewinnspanne nur wenige Pfennige pro Stück beträgt, führen Schwankungen der Kostenstrukturen schnell in die Verlustzone.

Eine kleine Preisprämie kann man allerdings noch durch die Stärke der Marke »Osram« realisieren.

Gleiches gilt für das Unternehmen ALDI, dem es seit Jahren durch eine konsequente Billigpreisstrategie und einem sauber darauf abgestimmten Ladenkonzept – die Ware wird in den Anlieferkisten präsentiert – gelungen ist, in seiner Branche eine herausragende Position einzunehmen und für viele Kunden sogar zu so etwas wie einem »Kultbetrieb« geworden ist. Die vor kurzem getroffene Entscheidung, teure Markenartikel weitgehend auszulisten und stattdessen auf unter eigener Marke produzierte Lebensmittel zu setzen, verstärkt dies weiter.

Aufgrund eines immer härter werdenden Preiswettbewerbes, besonders in den Commodities produzierenden Branchen (Flachglas, Stahl, Papier, Hypothekardarlehnen etc.) sowie den Branchen, die über lange Zeit von einem wirklichen Wettbewerb ausgeblendet waren (Telekommunikation, Energiewirtschaft, Banken) hat man erkannt, dass inkrementale Veränderungen der Kostenposition kaum noch die Probleme zu lösen vermögen, sondern dass die Kostenwirtschaftlichkeit der Wertschöpfung eines Geschäftes grundsätzlich neu gedacht werden muss. Schmerzlich musste man dies auch nach dem Einbruch der Aktienmärkte zu Beginn dieses Jahrzehnts in Erfahrung bringen. Gefordert sind hier auch die Überlebenden aus der Dot-com-Ära (Online-Broker, Online-Versandgeschäfte etc.), die oft auf sehr hohen Overheads (z. B. Kosten für Lagerhäuser) sitzen.

Kostenmanagement

Rein durch die Brille eines Kostenmanagements betrachtet, verlangt die Erzielung einschneidender Kostensenkungen ein »*Reengineering*« der Ablaufprozesse (Fertigung, Administration etc.) sowie eine konsequente Ausrichtung auf Aktivitäten, bei denen Kostenvorteile erzielt werden können (und damit verbunden das Outsourcing der Aktivitäten, wo dies nicht möglich ist). Im Prinzip stehen hier zwei Programmalternativen zur Verfügung, die sich aber auch ergänzen können:[43] Das eine sind Verfahren, die auf die *kontinuierliche Verbesserung* abzielen, wie etwa das aus Japan kommende **Kaizen**[44], mit dem man auch versuchte, die Dynamik der Kostenbeziehungen in der Wertkette zu erfassen und zu verbessern. In den westlichen Ländern wurde unter dem Begriff **Total Quality Management** (TQM)[45] eine konzeptionelle Antwort auf Japan gefunden, die als eine Art Bewegung einen sehr tiefen Widerhall in der Unternehmenspraxis fand. Nahezu alles wurde rigorosen Kostenanalysen unterzogen: Möglichkeiten zur Vereinfachung und Beschleunigung der Durchlaufprozesse, zur Reduktion der Ausschussraten, zum eigenständigeren Handeln (»*empowerment*«) der Mitarbeiter in der Fertigung durch Training oder zur Erhöhung der Innovationsrate bei den Verfahrensprozessen. Zusammenfassend betrachtet ergibt sich hier der Durchbruch bei den Kosten aus der Nachhaltigkeit der TQM-Initiativen. TQM wurde vielerorts zum festen Bestandteil der Managementsysteme.

Corporate Restructuring

Daneben steht als die radikalere Alternative das »*Corporate Restructuring*«: Hier geht es um das konsequente Abstoßen unprofitabler Geschäftseinheiten oder lokaler Gesellschaften (als Aspekt des Wertschöpfungsmodells auf der Ebene des Gesamtunternehmens), die Fokussierung auf die Stärken des Unternehmens, den Abbau von Überkapazitäten durch das Schließen von Fabriken oder Filialen, das Auslagern von Aktivitäten, bei denen man im Vergleich zum Wettbewerb zu teuer ist (»*Outsourcing*«), die Reduktion der administrativen Kosten durch Abbau der hierarchischen Ebenen (»delayering«) und der Stabsabteilungen, den Abbau der Mitarbeiterschaft oder das Setzen absolut verbindlicher agressiver finanzieller Zielsetzungen. Corporate-Restructuring-Initiativen werden i. Allg. aus der Corporate-Ebene heraus betrieben. Da es sich hier um Projekte mit begrenzter Dauer handelt, geht mit solchen Phasen meist eine gewisse Zentralisierung der Macht einher und die Anzahl der Top-down-Entscheidungen nimmt zu. Danach ist daran zu denken, dies möglichst zügig wieder rückgängig zu machen, um die Bereiche nicht in der Eigendynamik ihrer Entwicklung zu hindern.

Der Erfolg wirkungsvoller Kostensenkungsprogramme hängt zumindest von drei Faktoren ganz wesentlich ab: Erstens von einem wirklich detaillierten Verständnis der Bestimmungsgrößen und Treiber der Kosten hinter jeder Wertschöpfungsaktivität eines Unternehmens (wie wir sie in Abschnitt 4.2.3.(3) angesprochen haben), zweitens von der Fähigkeit zur Steuerung und Koordination der verschiedenen Kostensenkungsinitiativen, die an einer Vielzahl von Treibern und organisatorischen Ebenen ansetzen und drittens von der Qualität des sozialen Veränderungsprozesses (Kapitel 5), der mit derartigen »Kostenrunden« verbunden ist. Das eine geht nicht ohne das andere. Ist der letzte Faktor nicht gegeben, so bekommt es die Organisation mit dem »*Survivor Syndrom*« zu tun (demotivierte Mitarbeiter, Schuldgefühle, innere Emigration, Abwanderung, fehlende Risikobereitschaft, ausbleibende Innovationen etc.), was eine mindestens ebenso große Herausforderung in der Weiterentwicklung des Unternehmens darstellt wie die Kostensenkung.

Survivor Syndrom

Natürlich sollte man bei allen Bemühungen um Kostensenkung nie vergessen, dass eine hohe Kosteneffizienz keine Garantie für eine hohe Profitabilität ist, da der Wettbewerb über andere Vorteilsdimensionen entschieden wird. Doch Kosteneffizienz ist heute in den meisten Branchen zur absoluten Grundvoraussetzung geworden, um eine ernsthafte Rolle im internationalen Wettbewerb überhaupt übernehmen zu können.

Abbildung 4-31 fasst die wichtigsten Elemente einer auf Kostenführerschaft ausgerichteten Wertschöpfungsarbeit zusammen[46].

Benötige Fähigkeiten	Hohe Investitionen und Zugang zu Kapital; Verfahrensinnovationen und -verbesserung; intensive Beaufsichtigung der Arbeitskräfte; Produkte, die im Hinblick auf eine Standardisierung der Herstellung entworfen sind; kostengünstiges Vertriebssystem
Organisatorische Anforderungen	Intensive Kostenkontrolle; häufige, detaillierte Kontrollberichte; klar gegliederte Organisation und Verantwortlichkeiten; Anreizsystem, das auf der strikten Erfüllung quantitativer Ziele beruht; Kostensenkungskultur
Typische Kostentreiber	Skaleneffekte; Lerneffekte; Produktionstechniken; Produktdesign; Inputkosten; Kapazitätsauslastung; Managementeffizienz
Risiken	Verlust der Kostenführerschaft (Imitation durch Konkurrenten, Technologische Sprünge); Ausblenden der Innovationspotenziale (Gefahr des »Austrocknens«)

Abb. 4-31: Anforderungen an eine Kostenminimierung

Während bei der Kostenminimierung oft die Verfahrenstechnologien im Mittelpunkt ihrer Anstrengungen stehen, konzentrieren sich differenzierende Wertschöpfungsmodelle auf die Generierung von Nutzenvorteilen. Maßstab der **Nutzenoptimierung** ist eine höhere Zweckerfüllung der Leistung bezogen auf die nachfragende Kundengruppe. Diese ist dann erreicht, wenn die eigene Wertschöpfung zum einen möglichst weitgehend in die Wertschöpfung des Kunden –

Nutzenoptimierung

zur Erzielung von Kundenzufriedenheit – eingepasst ist und zum anderen, daraus abgeleitet, jede Form der Beschaffung von Vorleistungen über Lieferanten bereits daran ausgerichtet ist.

Die Nutzenoptimierung steht nicht im Widerspruch zu ehrgeizigen Kostenzielen, denn eines der anzustrebenden Prozessziele kann durchaus die Effizienz des Wertschöpfungsmodells sein. Doch dieses Ziel steht in einem Kranz anderer durch eine Differenzierung dem Kunden erwachsender Nutzenvorteile, die geschaffen werden sollen. Da diese Ziele teilweise konfligieren, haben wir es nicht mit einer Nutzenmaximierung zu tun, sondern mit einer Nutzenoptimierung.

Auch bei der Nutzenoptimierung müssen bestimmte organisatorische Fähigkeiten gegeben sein, damit eine solche Ausrichtung der Wertschöpfungsarbeit erfolgsversprechend ist. Man vergleiche dazu die Abbildung 4-32[47].

Benötigte Fähigkeiten	Gute Marketingfähigkeiten; Produktengineering; Kreativität; Stärken in der Grundlagenforschung; guter Ruf in Sachen Qualität; technologische Spitzenstellung; lange Branchentradition; einmalige Kombination von Fähigkeiten aus anderen Branchen; enge Kooperation mit Beschaffungs- und Vertriebskanälen
Organisatorische Anforderungen	Subjektive Bewertungen und Anreize an Stelle von quantitativen Kriterien; enge Koordination von F & E, Produktentwicklung und Marketing; »Annehmlichkeiten«, um hoch qualifizierte Arbeitskräfte, Wissenschaftler oder kreative Menschen anzuziehen und binden zu können
Typische Treiber der Differenzierung	Eigenschaften der Produkte und Dienstleistungen; Technologieeinsatz; Qualität; Beschaffenheit der Rohstoffe; Fertigkeiten der Mitarbeiter; vertikale Integration; Lage (z. B. bei Einzelhandelsgeschäften)
Risiken	Differenzierungsvorteil geht verloren; Differenzierung wird von den Kunden nicht wahrgenommen; Differenzierung bietet keinen Mehrwert mehr; zu hohe Preisaufschläge; Intransparenz der Kosten für die Differenzierung

Abb. 4-32: Anforderungen an eine Nutzenoptimierung

Hybride Strategie

Trotz der klassischen Zweiteilung in Kostenmininierung und Nutzenoptimierung schliessen sich diese beiden Strategietypen nicht aus. Ein Wechsel zwischen den beiden Optionen im Rahmen einer *hybriden Strategie* kann durchaus sinnvoll sein. Ein Unternehmen, welches sich die Kostenminimierung zur Leitidee macht, handelt i.Allg. vor dem Hintergrund bestimmter Situationen, in denen es sich befindet. Dies kann z. B. der Fall sein, wenn über Jahre oder Jahrzehnte hinweg eine Differenzierungsstrategie verfolgt wurde und man dabei mehr oder minder verlernt hat, auf die Kosten zu achten. Nur das Beste (Anlagen, Mitarbeiter, Werkstoffe etc.) war gut genug, egal was es kostete. Normalerweise kommt aber irgendwann einmal die Phase, in der der Kunde den gebotenen Zusatznutzen als abnehmend wahrnimmt. Auch die Distanz zu den deutlich preisgünstigeren Wettbewerbern nimmt – trotz aller Verteidigungsmaßnahmen – scheinbar unaufhaltsam ab. Dann ist es an der Zeit, kontinuierlich wieder mehr den Kostenaspekt in den Mittelpunkt des Handelns zu stellen. Genauso kann es umgekehrt sein, dass die Möglichkeiten zum Aufbau von Kostenvorteilen weitgehend ausgeschöpft sind und man nun wieder nach neuen Differenzierungsmöglichkeiten zu suchen hat.

Bei der Erstellung des Angebots ist es häufig wettbewerbsentscheidend, dass nicht nur die Bedürfnisse der Kunden erfasst werden, sondern auch deren Preiskurven. Hier ist insbesondere auf das häufig anzutreffende Phänomen des »*Overengineering*« hinzuweisen. D.h. es wird ein hochgradig ausdifferenziertes Produkt angeboten, mit welchem auch mehr oder minder alle Kundenbedürfnisse abgedeckt werden können, 90 % der Kunden aber nur 30 % der Funktionen ausschöpfen. Sobald hier ein Hersteller an den Markt kommt, dessen Angebot nur die genannten 30 % der Funktionen abdeckt, hat dieser gute Chancen 90 % der Kunden des obigen Anbieters abzuziehen, da er – trotz geringerer Stückzahlen, aber auf Grund der weit geringeren Komplexität des Produktes – niedrigere Herstellkosten hat und damit zu einem günstigeren Preis (bei anfänglich wohl auch besseren Deckungsbeiträgen) anbieten kann. Geht man also davon aus, dass der Wert einer Leistung durch den vom (potenziellen) Kunden wahrgenommenen Nutzen bestimmt wird, so können die Kosten einer Unternehmung durch die Konzentration auf die aus Kundensicht relevanten Funktionen der Leistung reduziert werden. Auf diese Art und Weise hatte der japanische Maschinenbau den deutschen in Bedrängnis gebracht. Und denkt man daran, wie viel Prozent des Leistungsspektrums einer Textverarbeitungssoftware 90 % der Nutzer wohl ausschöpfen, dann kann man sich vorstellen, welches Potenzial zur Modularisierung noch in diesem Geschäft liegt.

»Overengineering«

Die Fähigkeit zur *Modularisierung* der Herstellung, d. h. zur Verwendung von Komponenten nach dem Baukastenprinzip, scheint – neben der Kundennähe – die wohl ausschlaggebendste Erfolgsgröße dieser Dimension zu sein. Modularisierung heißt innerhalb eines Produktsegmentes vorerst nur einmal die Erstellung eines Angebots für verschiedene Kundentypen. D.h. trotz unterschiedlicher Produkttypen für verschiedene Kundengruppen versucht man über alle Typen hinweg mit möglichst vielen gleichen, standardisierten Komponenten auszukommen.

Modularisierung

Fallbeispiel: MTU
Die MTU Friedrichshafen nimmt seit Jahren eine führende Position bei Schiffsdieselmotoren ein. Insbesondere war man auch in der Lage, besonders komplizierte und anspruchsvolle Einzelaufträge auszuführen. Als japanische Unternehmen in dieses Segment eindrangen, sah man dies zuerst relativ gelassen, da deren Motoren nur den Massenbedarf im untersten Segment abdeckten. Modularisierungen führten über die Zeit aber dazu, dass das für MTU verbleibende Segment immer enger wurde. Die japanischen Unternehmen kamen den Kundenwünschen im mittleren Segment immer näher und dies aber auf der Basis von deutlich günstigeren Großserienmotoren. Die MTU wurde in eine immer kleiner werdende obere Ecke eines Marktes gedrängt, der nach oben kaum noch erweitert werden konnte. Dies hat zur Konsequenz, dass man wieder lernen muss, billige Motoren zu bauen, d. h. Großserieneffekte über Modularisierung von Komponenten auch in Nischen zu nutzen.

Zusammenfassend stellt die Abbildung 4-33 nochmals die wichtigsten Charakteristika der Dimension »Fokus« dar. Die Gefahr bei der Nutzenoptimierung liegt darin, den für die zu fördernde Kreativität erforderlichen Freiraum zu großzügig zu bemessen. So ist es zwar oft notwendig, z. B. die Forschung und Entwicklung nicht immer sofort unter Rechtfertigungsdruck bzgl. des direkten Nutzens ihres Tuns zu setzen und bewusst auch Redundanzen in Kauf zu nehmen, gleichzeitig kann dadurch jedoch auch eine Eigendynamik entstehen, bei der eine kritische Grenze überschritten wird. Umgekehrt besteht in einer Kultur, bei der Sparsamkeit die oberste Tugend ist, die Gefahr, sämtliche Entwicklungspotenziale wegzurationalisieren.

Fokus	Kostenminimierung	Nutzenoptimierung
Absichten	• Suche nach Kostenvorteilen gegenüber Wettbewerbern • Preisunterbietung ermöglichen	• Suche nach Nutzenvorteilen gegenüber Wettbewerbern • Preisprämien erschliessen
Konsequenzen	• Hohe Kapitalbindung in den Produktionsanlagen • Fokus auf Verfahrensinnovationen	• Investitionen in die Attraktivität des Arbeitsplatzes • Fokus auf Produkt- und Service-innovationen
Fähigkeiten	• Sparsamkeit/Kostenbewusstsein • Kontrolle der Prozesse	• Kreativität/Innovationsgeist • Marketing der Vorteile
Gefahren	• Verlust des Kundenbezugs • Patt-Situation	• Verlust des Kostenbezugs • Zu viel »organizational slack«

Abb. 4-33: Wertschöpfungsfokus (Kostenminimierung versus Nutzenoptimierung)

(4) Neuerungsverhalten

Eine zweite Frage zur Ausrichtung des Wertschöpfungsmodells betrifft das Neuerungsverhalten der Organisation: Erstens kann man – den Ansätzen aus Kapitel 4.3 folgend – versuchen durch *Innovation* ein (revolutionär) neues Wertschöpfungsmodell zu entwerfen. Zweitens kann es Ziel sein, sich durch *Imitation* mit seinem Wertschöpfungsmodell (weiterhin) der dominierenden Branchenlogik anzupassen.

Innovation

Wie zuvor gezeigt wurde, ist es einer Reihe von Unternehmen gelungen, mit **innovativen Wertschöpfungsmodellen** die Logik ihrer Branche zu erneuern, indem sie die alte Logik entweder ablösten oder um eine mögliche Erfolgsvariante reichhaltiger machten. Sie fügten z.B. eine besonders wichtige Aktivität hinzu oder veränderten die Bedeutung einer Aktivität oder nutzten – eine mehrfach einsetzbare Aktivität zum Eintritt in neue Geschäftsfelder hinein. Ergebnis war, dass nach »neuen Spielregeln« gearbeitet wurde; diese »neuen Spielregeln« konnten auch durch etablierte Wettbewerber in der Branche auf Dauer nicht ignoriert werden.

Innovative Wertschöpfungsmodelle basieren oft auf technologischen Entwicklungen. Diese eröffnen den Zugang zu neuen Geschäftsfeldern oder erlauben es, Aktivitäten in einer markant verbesserten Form zu erbringen. Prägnant sieht man dies am Beispiel des Internets. Unternehmen wie AMAZON oder EBAY offerieren Handelsgeschäfte rascher, preisgünstiger und mit mehr Zusatzapplikationen versehen, als etablierte Unternehmen dazu in der Lage sind. Unternehmen wie YAHOO und LYCOS bieten Such- und Informationsdienste an, die noch vor wenigen Jahren von keinem Unternehmen erbracht werden konnten. Technologische Entwicklungen sind jedoch nicht ausreichend, um das ganze Phänomen zu erklären. Meist sind hierzu eine Reihe von Kontextfaktoren in Betracht zu ziehen, die einer Technologie den Weg bereiten. Als z.B. der erste Personal Computer von APPLE an den Markt kam, wurde sein Siegeszug maßgeblich durch den in der Computerindustrie herrschenden Trend »Weg von den großen Mainframes und hin zu kleinen, dezentral operierenden Systemen« unterstützt.

»First-Mover Advantage«

Wer mit innovativen Wertschöpfungsmodellen antritt, setzt natürlich meist darauf *als Erster* (»first mover«[48]) damit auf den Markt zu treten. Analog zur Einführung neuer Produkte will man dadurch rasch Marktanteile erlangen und glaubt sie dadurch am besten verteidigen zu können. Kurzfristig verfügt ein solcher Innovator über eine Monopolstellung, die es ihm erlaubt, Industriestandards zu setzen, an denen sich dann die nachfolgenden Unternehmen zu orientieren haben. Vermag er die ersten Erfahrungen in weitere Leistungsverbesserungen und Prozessstandardisierungen zu übersetzen, so ergibt sich gegenüber seinen Verfolgern eine günstige Position, die sie ihm nur schwer streitig machen können. Der Erstanbieter kann dann bereits auf ein etabliertes Netzwerk von Lieferanten, Vertriebsorganisationen usw. aufbauen. So finden sich mittlerweile eine Reihe von Unternehmen, die das Wertschöpfungsmodell von AMAZON kopiert haben, jedoch ist es bislang keinem Nachfolger gelungen, die Stellung von AMAZON ernsthaft zu gefährden.

Natürlich impliziert eine innovative Grundhaltung auch ein höheres *Risiko*. Wer das Suchen nach neuen Wegen zu seinem Verhaltensgrundsatz gemacht hat bzw. kulturell konditioniert ist bzgl. eines innovativen Verhaltens, der wird auch häufiger in Sackgassen gehen: Viele neue Wertschöpfungsmodelle werden nach einer Testphase aufgegeben. Ist man zudem mit unausgereiften Produkten an den Markt getreten und ist es nicht gelungen Standards zu setzen, drohen Imageschäden, die sich auf die weiteren Vorhaben negativ auswirken.

Imitation

Mit den »Verfolgern« ist bereits auch schon die zweite Option angesprochen worden: **Imitation** als Verhaltensgrundsatz. Diese Unternehmen sind eher zurückhaltend in der Übernahme von Veränderungen. Sie lassen bewusst andere mit Neuem experimentieren. Veränderungsinitiativen gehen von ihnen nur selten aus. Dies muss nicht immer von Nachteil sein. Die rasche und konsequente Imitation eines Wertschöpfungsmodells verlangt ebenso spezifische Fähigkeiten wie die innovative Vorgehensweise. Imitation kann umschrieben werden als der Versuch, eine »bewährte« Konfiguration an Erfolgspotenzialen, die bereits von anderen Unternehmen vorgelebt wird, ebenfalls auszuschöpfen. Ein Imitator möchte also – oft durch das Anlehnen an eine strategische Gruppe – das Risiko, in »Sackgassen« zu gelangen, bewusst gering halten. Typische Pionierkosten sollen vermieden werden. Durch Anpassung an den Industriestandard möchte man kostenlos von den Erfahrungen der Innovatoren profitieren. Ihre Fehler will man vermeiden, ihre Anstrengungen zur Öffnung des Marktes will man unentgeltlich nutzen. Intensiv sind daher Neuentwicklungen zu beobachten, zu bewerten und zügig aufzunehmen.

Risiken imitativer Wertschöpfungsmodelle sind hingegen die kürzere Amortisationszeit sowie Markteintrittsbarrieren, wie etwa Patentschutz oder Markenbindung. Ein Unternehmen, das sich mit seinem Wertschöpfungsmodell immer nur anpassend verhält, setzt sich natürlich auch der Gefahr aus, nur noch zu reagieren und nicht mehr zu agieren. Es kann dann durch eine rasante Branchenentwicklung zum »Gehetzten« werden, das die erforderlichen Anpassungen nur dann vollzieht, wenn es gar nicht mehr anders geht. Gezielte Investitionen in die Zukunft finden kaum noch statt. Fehlende organisatorische Lernfähigkeit weist man durch Schuldzuweisungen an Dritte von sich. Anpasser im negativen Sinne des Wortes sind damit auch Unternehmen, die sich einmal eine beeindruckende Erfolgsposition geschaffen haben, sich aber dann primär auf ihren Lorbeeren ausgeruht haben. Oder Unternehmen, die aus Erstarrung vor »übermächtigen Wettbewerbern« zur reaktiven Anpassung übergegangen sind.

Beide Extrempositionen verlangen nach höchst unterschiedlichen *organisationalen Fähigkeiten*. Die innovative Suche nach neuen Spielregeln setzt Kreativität, Flexibilität und Risikobereitschaft voraus. Dies impliziert nicht nur das Entdecken und Erlernen neuartiger Zusammenhänge, sondern auch das bewusste Entfernen und Entlernen von geltenden Verhaltensregeln und von scheinbar »gesichertem« Wissen. Auch sind Freiräume erforderlich, was im Begriff des »*organizational slack*« zum Ausdruck kommt. Nicht jede Aktivität muss sofort einen direkten Nutzen zeigen können, Raum zur Entfaltung ist erforderlich. BERNAFON, ein Hersteller von Hörgeräten räumt z.B. seinen Mitarbeitern bis zu 20 % ihrer Arbeitszeit für Aktivitäten ein, die sie als wichtig erachten. Da trotz dieser Freiräume das Unternehmen jedoch auch nur über begrenzte eigene Mittel verfügt, werden die laufenden Projekte im Gegenzug intensiv kontrolliert. Mit dem Paradox geschützter Freiräume und gleichzeitig straffer Erfolgskontrolle hat das Unternehmen gut umzugehen gelernt.

»organizational slack«

Zusammenfassend sei darauf hingewiesen, dass die Frage der Erfolgschance eines innovativen oder imitativen Wertschöpfungsmodells immer vor dem Hintergrund der diesen Erfolg beeinflussenden Faktoren betrachtet werden muss: Hier wurde z.B. bereits auf das richtige Timing, die passende Organisation oder die Möglichkeit zum Aufbau von Eintrittsbarrieren verwiesen. Zur Übersicht zu den Besonderheiten der beiden Optionen sei auf Abbildung 4-34 verwiesen.

Neuerung	Imitation	Innovation
Absichten	• Optimierung existenter Erfolgskonzepte • Erlangung von Kontinuität durch Übernahme von Bewährtem • Vermeidung von »Sackgassen«	• Wettbewerbsvorteile durch neuartiges Wertschöpfungsmodell • Erlangung von mehr Autonomie durch innovativen Vorsprung • »Leichte« erste Marktanteile
Konsequenzen	• Verdrängungswettbewerb • Verlust von Innovationspotenzialen • Image des Imitators	• Häufige Strategierevision • Häufige Restrukturierungen • »Organizational slack«/Redundanz
Fähigkeiten	• »Monitoring« und Imitation von Entwicklungen • Auswahl der »richtigen« Veränderungen • Hohe Reaktionsfähigkeit • Hohes planerisches Vermögen • Standardisierungs-Know-how	• Kreativität • Flexibilität • Risikofreudigkeit • Markteinführung/-öffnung • Selbstvertrauen
Gefahren	• Anpassung als Ausdruck eigener Schwäche • Strukturkrisen werden oft zu spät erkannt • Mündet oft in reinen Preiskampf	• Selbsttäuschung bzgl. eigener Innovationskraft • Standardisierungsdruck seitens der Verfolger • Wertschöpfungsmodell führt zu keinem Wettbewerbsvorteil

Abb. 4-34: Neuerungsverhalten (Imitation versus Innovation)

Eine Technologie wie das Internet ist eine nach wie vor nahezu unerschöpfliche Quelle für Innovationen der Wertschöpfungsmodelle in den einzelnen Branchen. Während die Pioniere schon Anfang der 90er-Jahre in Erscheinung traten, wurden die vom Internet ausgehenden Innovationsmöglichkeiten zur »*Digitalisierung der Wertkette*« eigentlich erst seit Anfang 1999 breitflächiger aufgegriffen, obgleich die Technologie schon weit über 10 Jahre alt ist. Pioniere wie AMAZON, YAHOO, MP3.COM etc. waren angetreten, um mittels so genannter »Killer-Applikationen« die traditionellen Wettbewerber aus ihren Geschäften zu verdrängen.[49] Der Begriff des *E-Business* war zu einem Zauberwort an den Weltbörsen

»Digitalisierung der Wertkette«

»Killer-Applikationen« E-Business

geworden. Unternehmen versuchten, bereits durch die Ankündigung von Investitionen in diesem Bereich Kurssprünge anzuregen.[50]

Dies lockte nun auch in Scharen die Imitatoren auf diese Fährte. Neben dem Pionier AMAZON.DE gab es im Internetbuchhandel in Deutschland schnell auch Portale wie BOL.DE, BUECHER.DE, LIBRI.DE und BUCH.DE. Es konnte sich kaum eine Bank oder Versicherung noch leisten, nicht auch ein viele Millionen schweres Investitionsprogramm zu den eigenen E-Business-Plänen den Analysten vorzustellen. Doch auch in dieser Branche traf man die Pioniere bereits spätestens Mitte der 90er-Jahre an. Da gab es zum einen Neugründungen wie E-TRADE, CONSORS etc., zum andern aber auch etablierte Wettbewerber, die sich systematisch eine frühe Expertise auf diesem Gebiet aufbauten und nun einen Vorsprung auf diesem Gebiet haben.

Durch die ausgebrochene Gründungseuphorie hatten die etablierten Unternehmen auch größte Mühe, ihre besten Mitarbeiter zu halten, denn viele von ihnen drängten in eines der Start-up-Unternehmen, den »dot.com companies« der »new economy«. Mit dieser Abwanderung hatten insbesondere auch die etablierten Beratungsunternehmen zu kämpfen. Man versuchte dagegenzuhalten, indem man selbst sich der Start-ups annahm; BAIN z.B. hatte schon sehr früh selbst in solche Start-ups investiert. MCKINSEY baute später in verschiedenen Ländern so genannte »Accelerators« auf, um dort Start-ups für den internationalen Wettbewerb fit zu machen. Auch wurde es dabei üblich, dass man in diesen Fällen die Beratung gegen Firmenanteile (und nicht gegen Honorar) erbrachte, was angesichts der notwendigen Unabhängigkeit des Beraters gegenüber seinen Klienten auf Grund möglicher Interessenkonflikte nicht unproblematisch war.

Fallbeispiel: Digitalisierung der Wertkette[51]

(01/01) Während in der Schweiz die Bank UBS mit ihrem Fusionsprozess stark beschäftigt war, gelang es ihrer direkten Konkurrentin CREDIT SUISSE (CS), im Verlauf der letzten Jahre im Bereich E-Business einen Vorsprung aufzubauen. Man begann damit, dass man über das Internet z.B. sehr genaue Informationen zu den durch die CS angebotenen Fondsprodukte abrufen konnte, bis hin zu den Lebensläufen der involvierten Fondsmanager. Diese Stoßrichtung wurde systematisch ausgebaut.

Im Jahre 2000 wurde ein neues Geschäftsmodell eingeführt, das einerseits der Welt des E-Business und andererseits den veränderten Kundenbedürfnissen und dem Entstehen eines europäischen Marktes für Finanzdienstleistungen entsprechen sollte. Kunden sollten durch ein digitalisiertes Geschäftsmodell bedient werden, das aus einem elektronischen *Multi-Kanal System* mit personalisiertem Finanz-Portal, telefonischer Unterstützung via Call-Zentren, Investment-Zentren und der Unterstützung durch vom Kunden ausgewählte Berater bestand. Neben einem breiten Spektrum an Fremd- und Eigenprodukten wurde auch ein Lernzentrum sowie ein Informationsblock angeboten, der aktuelle Marktdaten, Nachrichten und Recherchen enthielt. In Italien, wo man bereits mit diesem Modell tätig war, hatte man überwiegend positive Erfahrungen gemacht. 250 Personal Banker mit mindestens vier Jahren Arbeitserfahrung verwalteten bereits 4 Mrd. CHF, im Schnitt mehr als doppelt so viel wie der italienische Durchschnitt. Die Investitionen von 200 bis 300 Mio. CHF sollten voraussichtlich in drei bis vier Jahren amortisiert sein.

Multi-Kanal System

Mit innovativen neuen »Labs« auf der elektronischen Oberfläche des Unternehmens sollten auch bereits die anvisierten zukünftigen Allfinanzstrukturen des Unternehmens, zu dem auch die Winterthur Versicherung gehört, vorweggenommen werden. Anfang April 2000 wurde z.B. »Estate Lab« angekündigt, das den westeuropäischen Immobilien- und Hypothekarmarkt (von Objekten teurer als 1 Mio. CHF) im Visier hatte. Ulrich Kopp, Vizepräsident der CS, kommentierte diesen Schritt wie folgt: »Durch die Integration verschiedener Länder in diese Beratungsdienstleistung betritt die CREDIT SUISSE neuen Boden im Private Banking in Europa.« Auf der dazugehörigen Web-Seite, www.cspb.com, fand man z.B. Informationen zur aktuellen Lage des jeweiligen Immobilienmarktes, zu steuerlichen und rechtlichen Vorschriften, zu vertraglichen Aspekten sowie zu Finanzierungs- und Versicherungsmöglichkeiten. Auch wurden die Hypothekarzinsen der wichtigsten Banken im Land der gewählten Immobilie verglichen. Damit sollte insbesondere dem aus anderen Ländern stammenden Käufer Sicherheit beim Immobilienkauf (und auch ganz allgemein bei der Optimierung seiner Anlagestrategie) gegeben werden.

Konzerne, die in mehreren ihrer Geschäfte mit der Veränderung ihrer Wertschöpfungsmodelle durch das Internet konfrontiert waren, mussten ihre Aktivitäten koordinieren, um diesen genügend Schlagkraft zu geben und nicht den Eindruck der Strategielosigkeit zu erwecken. Dies verweist dann auch zurück auf die Positionierungsarbeit. So unternahm das deutsche Medienunternehmen BERTELSMANN im Frühjahr 2000 einen Vorstoß, um seine Aktivitäten entlang der drei Säulen Produktion von Inhalten, Aufbau von Netzgemeinschaften und elektronischer Handel (Content, Community, Commerce) voranzutreiben (vgl. Abbildung 4-35).

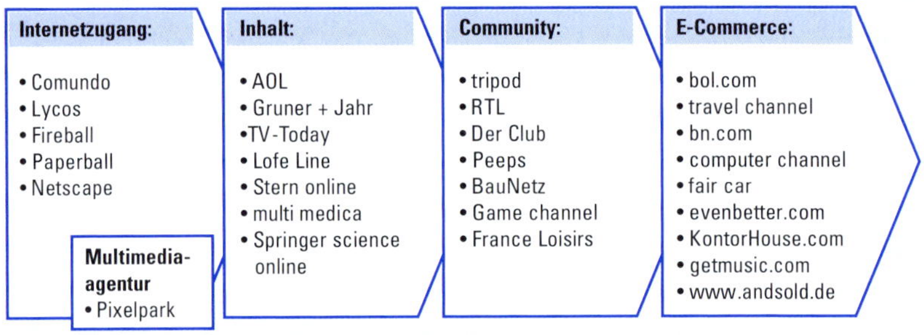

Abb. 4-35: BERTELSMANNS größte Internetbeteiligungen (Quelle: BERTELSMANN)

Inzwischen wissen wir nun alle, dass diese Internet-Begeisterung in ihrem Ausmaß weitgehend ohne Fundament war und ihre erforderliche Neubewertung mit zu den Verursachern des katastrophalen Einbruchs an den Weltbörsen zählte. Die gleiche Multiplikationslogik, die die Märkte scheinbar endlos nach oben trieb, riss sie wieder nach unten. Die Ersten verkündeten bereits das Ende der Konjunkturzyklen, als uns die Wirklichkeit jäh einholte. Die Mehrzahl der Internet-Geschäftsmodelle beruhte auf gewaltigen Fehleinschätzungen ihrer Ertragspotenziale und führte damit verbunden zu imensen Fehlinvestitionen. Man denke nur an die Schließung der vielen Dienstleistungsportale der Finanzdienstleister (z.B. Redssafe der RENTENANSTALT). Selbst die überlebenden E-Business-Start-ups mussten ihren Ansatz nun grundsätzlich neu überdenken.

Es wäre nun aber bedauerlich und der wirtschaftlichen Entwicklung sicher abträglich, wenn mit der Überschätzung der Internet-Geschäftsideen diese damals neu entstandene Welle der unternehmerischen Innovationsbereitschaft wieder generell zum Erliegen käme. Das Thema »innovative Wertschöpfungsmodelle« ist nach wie vor von höchster Relevanz für die Weiterentwicklung der Unternehmen – nun aber hoffentlich auf einem wirtschaftlich realistischeren und auch ethisch tragfähigeren Fundament aufbauend.

4.4.2 Ressourcen

Um Wert zu schöpfen, bedarf es einer Vielzahl von Ressourcen: Mitarbeiter sind einzustellen und zu qualifizieren, Aufbau- und Ablaufstrukturen einzurichten, Managementsysteme zu etablieren, Kapital gilt es zu beschaffen. Diese Ressourcen müssen aufgebaut, modifiziert, neu kombiniert oder am Markt »käuflich« erworben werden, sind also Mittel zum Zweck. Dementsprechend wird dann mit »Structure follows Strategy«[52] oder mit »People follow Strategy« argumentiert. Andererseits begrenzen und beeinflussen Ressourcen die Handlungsmöglichkeiten einer unternehmerischen Einheit. Sie eröffnen Potenziale, innerhalb derer Zwecke erst bestimmbar und definierbar werden. Zudem sind sie wesentlich weniger rasch verfügbar und veränderbar, als dies unterstellt wird, wenn man sie nur der Strategie nachordnet. Im Gegenzug wird daher nach dem Motto eines »Strategy follows Resources« argumentiert und darauf verwiesen, dass z.B. Organisationsstrukturen und Mitarbeiter eine Eigendynamik aufweisen, die auch bei der Strategieentwicklung explizit zu berücksichtigen ist.

»Structure follows Strategy«
«People follow Strategy«

»Strategy follows Resources«

Insgesamt lässt sich also sagen, dass die Beziehung zwischen den zur Verfügung stehenden Ressourcen einerseits und den Strategien andererseits keine einseitige ist. Beide Bereiche sind ineinander »verschränkt« und wirken rekursiv aufeinander. Ressourcen werden zum Input für Strategien, diese beeinflussen den Einsatz und die Beschaffung von Ressourcen etc. Wo das Wechselspiel beginnt, ist letztlich unerheblich.

In einer verallgemeinernden Form können die vier in Abbildung 4-36 genannten Ressourcenkategorien zur Erbringung der Wertschöpfung unterschieden werden: die Mitarbeiter und das Kapital sowie die »Hardware« (Maschinen etc.) und die »Software« (Wissen, Strukturen, Routinen, Managementsysteme etc.).[53] Welche Ressourcen dann für ein spezifisches Wertschöpfungsmodell von Relevanz sind, bzw. welchen Handlungsspielraum sie im Gegenzug eröffnen, ist einzelfallspezifisch zu bestimmen. Im Folgenden werden wir einzelne Arten von Ressourcen näher betrachten. Ausgewählt wurden solche Ressourcen, die für die

Abb. 4-36: Ressourcenkategorien

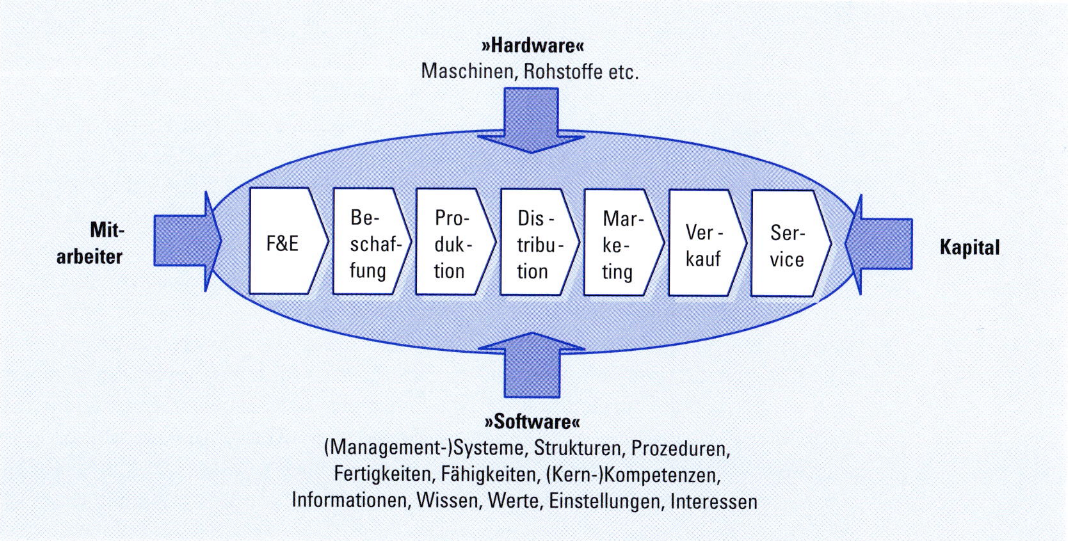

meisten Wertschöpfungsmodelle von besonderer strategischer Bedeutung sind. Konkret sind dies die Mitarbeiter, Strukturen, Managementsysteme und als übergreifende Ressource das organisationale Wissen.

(1) Mitarbeiter

Aus der Sicht eines Strategischen Managements können Unternehmen über Unterschiede in der Qualität ihrer Ressourcenausstattung zu Vorteilen gegenüber den Wettbewerbern und damit zu einer überdurchschnittlichen Rendite gelangen. Dabei stellen die Mitarbeiter eine der besonders bedeutsamen Ressourcen eines Unternehmens dar. Dass sie wichtig sind, ist jedoch eine allgemein akzeptierte »Binsenweisheit«. Wie wichtig sie jedoch sind, was ihre Funktion in Unternehmen ist und wie sie eingesetzt und mit ihnen umgegangen werden sollte, darüber gehen die Meinungen auseinander. Die bestehenden Positionen und ihre Unterschiede und Gemeinsamkeiten aufzuzeigen, ist Intention dieses Kapitels.

Human Resource Management

Von der Personalverwaltung zum Human Resource Management (HRM): Seit Anfang der 60er-Jahre hat die Einstellung zu und der Umgang mit den Humanressourcen eine Verschiebung erfahren, die sich als »von der Personalverwaltung weg« und »hin zum Human Resource Management« beschreiben lässt.[54] Traditionell wurde in der Personallehre der Umgang mit der Ressource »Mitarbeiter« von den Zielen der Unternehmung her thematisiert. Die Mitarbeiter sind ein Instrument zur Umsetzung der Markt/Produktstrategien und haben einen klar definierten Beitrag zur Realisierung der unternehmerischen Ziele zu leisten. Personalbeschaffung und -entwicklung sind nachgeordnete Aufgabenbereiche, die sich aus der Unternehmensstrategie rational ableiten lassen. Die Mitarbeiter fungieren als Erfüllungsgehilfen in Unternehmen, die nach dem Maschinenmodell konzipiert sind. Die einzelnen Abteilungen melden ihren Bedarf und die Personalabteilung stellt die Humanressourcen zum richtigen Zeitpunkt in der richtigen Quantität und Qualität bereit. *Personalverwaltung* ist die Maxime.

Während diese Sichtweise eine Option darstellt, die auch heute noch denk- und handlungsleitend ist, hat sich seit den 80er-Jahren unter dem Begriff des »*strategischen Personalmanagements*«[55] (oder Human Resource Management) eine Option entwickelt, die die Kausalkette teils umkehrt, teils auflöst. Der Anstoß zu dieser veränderten Einschätzung kam aus mehreren Quellen: So wurde argumentiert, dass die Mitarbeiter bereits bei der Formulierung von Strategien – und nicht nur bei der Umsetzung – eine wesentliche Rolle spielen. Strategien zu entwickeln ohne explizite Berücksichtigung der Mitarbeiter, reduziert die Chance, dass sie überhaupt umgesetzt werden können und trägt damit zur »Realitätsferne« strategischer Planung bei. Es erwies sich in der Praxis als wenig realistisch, je nach Bedarf rasch die erforderlichen Humanressourcen einkaufen und zielgerecht einsetzen zu können. Ebenso ist es unzureichend, die strategische Intelligenz nur an einer Stelle im Unternehmen zu verorten. Gerade angesichts komplexer Umwelten tragen die Mitarbeiter wesentlich dazu bei, Wichtiges von Unwichtigem zu unterscheiden und ein breites Spektrum an Handlungsalternativen zu entwickeln, durch das die Lern- und damit auch Überlebensfähigkeit von Unternehmen gesteigert werden kann. Zuletzt erwiesen sich auch Motivations- und Identifikationsprobleme als gravierender, als man anfangs annahm. Die Ressource Mitarbeiter unterscheidet sich eben fundamental von anderen Ressourcenarten. Menschen sind Subjekte, die nicht einfach nur zu Objekten zu degradieren sind.[56] Sie haben einen Selbstwert, der sich in ihren Wünschen, Bedürfnissen, Werten und Normen widerspiegelt. Dadurch erhalten sie eine Sonderrolle, die explizit zu berücksichtigen ist. So schlagen z.B. Wunderer/Bruch (2000, S. 299) zur Überwindung mangelnder *Umsetzungskompetenz* das *»Mitunternehmertum«*[57] vor: »Kernidee mitunternehmerischer Ansätze ist eine Stimulierung von Innovationen (in) der Unternehmung durch die Nutzung der Initiative »von unten«, durch eine Kooperation und Unterstützung »von oben« sowie durch eine Aktivierung der wertschöpfenden *Innovationskraft der Mitarbeiter(in)* in ihrem eigenen Arbeitsbereich.« Dies setzt natürlich dann auch ein unternehmerischeres Selbstverständnis der Personalorganisation voraus, bei dem es insbesondere auch zu einer aktiven und strategiebasierten Förderung und Entwicklung der Mitarbeiter und ihrer Fähigkeiten kommt. Wunderer/von Arx (1998) plädieren deshalb auch für ein Verständnis des *»Personalmanagement als Wertschöpfungscenter«*.[58]

Insgesamt ist strategische Personalführung – nach dieser Lesart – nicht nur ein abgeleitetes Planungsproblem, das von der Unternehmensstrategie determiniert wird, sondern ein (mindestens) gleichberechtigtes Element neben Politik, Strategie und Struktur. Die Humanressourcen werden zum »faktisch unausweichlichen Dreh- und Angelpunkt für die Unternehmensstrategie«.[59] In letzter Konsequenz hat diese der Personalstrategie zu folgen.

Zwischen den beiden Extrempositionen ist natürlich genügend »Raum« für Sichtweisen, die von Interaktion und Rekursivität zwischen Strategie und Personal ausgehen und weder dem einen noch dem anderen die dominierende Stellung zuweisen. Pragmatisch wird man jedoch mit dem einen oder anderen beginnen und sich iterativ um eine Abstimmung zwischen beiden Elementen bemühen.

Übergreifende Konzepte: Innerhalb des Spannungsfeldes zwischen Personalverwaltung und strategischem Personalmanagement sind verschiedene Ansätze entwickelt worden, die entweder mehr der einen oder der anderen Position zuzuordnen sind. Zwei werden wir näher betrachten:[60] Tichy et al. (1984) haben ein Konzept zur integrativen Verknüpfung von Unternehmensstrategie, Organisationsstruktur und HRM entwickelt – das *Michigan Konzept*. Die Autoren fordern den bestmöglichen »Fit« zwischen den drei Bereichen unter Einbezug der allgemeinen Umwelt, sehen jedoch in der Unternehmensstrategie die treibende Kraft ihres Konzeptes. Dieser kommt die höchste Priorität zu, Struktur und HRM folgen ihr zeitlich und inhaltlich nach. Die Rolle des HRM beschränkt sich auf die Strategieimplementierung, der Beitrag für den Entwurf von Strategien wird nicht thematisiert.

Michigan Konzept

Innerhalb dieses – in Abbildung 4-37 dargestellten – Rahmens hat das HRM die vier Teilfunktionen der Personalgewinnung, -beurteilung, -honorierung und -entwicklung zu erfüllen. Diese sind in einem sequenziellen Prozess aneinander gereiht, weisen jedoch zueinander Rückkopplungen auf. Die abhängige Variable des »Human Resource Cycle« ist die Leistung der Mitarbeiter. Sie soll durch die einzelnen Teilfunktionen positiv beeinflusst werden. Insgesamt weist dieses Konzept dem HRM eine reaktive Rolle zu und begrenzt sie auf die Implementierungsphase. Boxall (1992, S. 68) meint denn auch: »HRM appears as something that is done to passive human resources rather than something that is done with active human beings.« Ebenso werden wichtige Personalfunktionen wie die innerbetriebliche Kommunikation oder die Arbeitsplatzgestaltung nicht thematisiert.[61]

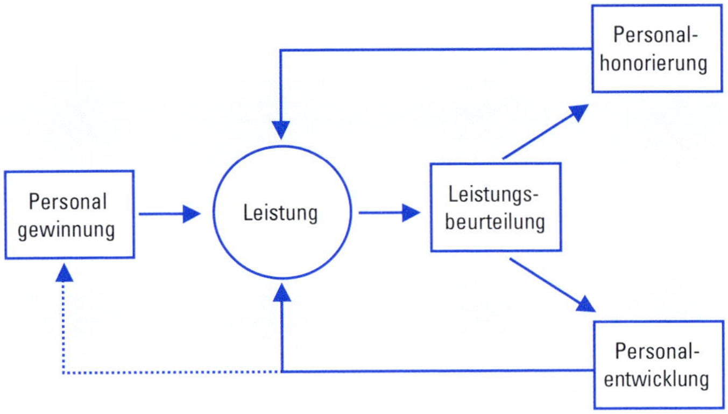

Abb. 4-37:
Der Human Resource Cycle des Michigan Konzeptes (Quelle: Tichy/Fombrun/Devanna 1984)

Harvard Konzept

Ein alternatives Konzept, das aus der Perspektive des General Management argumentiert, wurde an der *Harvard Business School* entwickelt. Man vergleiche dazu Abbildung 4-38. Es geht davon aus, dass die Politikfelder eines HRM durch Stakeholder wie Staat, Management, Gewerkschaften oder Mitarbeiter einerseits, und durch situative Faktoren wie Gesetze, Technologien oder Arbeitsmarktbedingungen andererseits beeinflusst werden. Als zentrale HRM-Politikfelder unterscheiden sie erstens die Mitarbeiterbeteiligung im Sinne ihres Partizipationsgrades, zweitens die Bewegungen der Humanressourcen entlang der Dimensionen Beschaffung, Einsatz und Entlassung, drittens das Belohnungssystem, das Aussagen zur Entlohnung, Anreizen und Beteiligungen trifft und viertens die Arbeitsorganisation, welche die arbeitsrelevanten Strukturen und Prozesse festlegt. Je nachdem, welche Entscheidungen in diesen Politikfeldern getroffen werden, hat dies Einfluss auf die HR-Ergebnisse. Diese können entweder unmittelbar erfolgen und äußern sich dann beispielsweise in der Motivation, der Kompetenz oder der Effizienz der Arbeitsleistung, oder sie machen sich zeitlich verzögert bemerkbar und bestehen in gesellschaftlichem Wohlstand oder individueller Zufriedenheit. Rückkopplungsschleifen, die Feed-back-Prozesse darstellen, runden auch hier den Ansatz ab.

Funktionen des HRM: Wenn man den Wertschöpfungsgedanken auf den Umgang mit Humanressourcen richtet, so bietet es sich an, die Funktionen eines

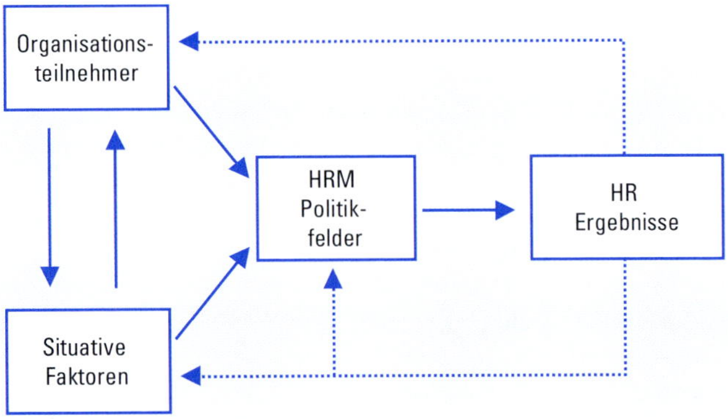

Abb. 4-38:
Das Harvard Konzept des HRM

HRM entlang wichtiger Aktivitäten zu gliedern. Drei zentrale Funktionen sind dabei zu beachten:

Personalgewinnun

- Ziel der *Personalgewinnung* ist es, Mitarbeiter am Arbeitsmarkt zur »richtigen Zeit, am richtigen Ort und zu nutzengerechten Kosten« (Hilb 1994, S. 59) zu finden und für das Unternehmen zu gewinnen. Im Einzelnen geht es dabei um Teilaufgaben wie die Ermittlung des Personalbedarfs, Werbung, Auswahl, Anstellung sowie die Einführung der neuen Mitarbeiter. Zu jeder dieser Aufgaben stehen eine Reihe von Instrumenten bereit, wie z.B. Anforderungsprofile, Interviews, Assessment-Center, Mentorenprogramme etc. Kritisch weist Kieser (1997) darauf hin, dass die Gewinnung von Mitarbeitern immer auch als Disziplinierung durch Selektion zu verstehen ist. Auswahlprozeduren haben den Charakter von Machtspielen, sie formen die beteiligten Individuen gemäß den angelegten Selektionskriterien, da diese in ihrem Verhalten das antizipieren, was von ihnen verlangt wird und die entsprechenden Qualifikationen erlernen.

Personal-beurteilung

- Als *Personalbeurteilung* bezeichnet man die »innerbetriebliche, systematische Urteilsbildung über Mitglieder von Organisationen hinsichtlich ihrer Leistungen (Verhalten und Ergebnisse) und ihrer Potenziale« (Wunderer 2001). Sie dient als Entscheidungsgrundlage für die interne versus externe Stellenbesetzung, Nachfolgeregelung, individuelle Laufbahnplanung, Beurteilung des unternehmensweiten Human-Potenzials, Förderkonzepte und -maßnahmen, Anreizsysteme und Weiterbildungsprogramme. Ebenso ist sie Grundlage für die Honorierung der erbrachten Arbeitsleistung (dies wird explizit bei den Managementsystemen diskutiert werden).

Personal-entwicklung

- Die *Personalentwicklung* zuletzt zielt auf die Erhaltung, Entfaltung, Anpassung und Verbesserung der Humanressourcen. Sie impliziert eine zielgerichtete Beeinflussung menschlichen Verhaltens und damit einen Versuch der geplanten Entwicklung der Mitarbeiter. Idealtypischerweise wird eine Harmonie zwischen den Zielen der Unternehmung sowie denen der Mitarbeiter angestrebt. Realiter finden sich jedoch meist auch divergierende Vorstellungen, die nicht immer zu vereinbaren sind. Um die Mitarbeiter zu entwickeln, setzt man in aller Regel auf Weiterbildung, Karriereplanung sowie die Strukturierung des Arbeitsplatzes. Der Weiterbildung kommt dabei eine besondere Rolle zu. Sie soll in turbulenten Zeiten auch die Beschäftigungsfähigkeit der Mitarbeiter absichern helfen. Viele Konzerne etablieren momentan Corporate Universities, die hier federführend agieren sollen. Erstens versuchen sie dadurch, Qualifikationen und Kompetenzen ihrer Mitarbeiter zu erweitern und aufzubauen, und zweitens versprechen sie sich dadurch die Schaffung einheitlicher Prozesse sowie einer gemeinsamen Sprache und Identität.[62]

Top-Management

Ressource »Top-Management« und Strategic Leadership: Insbesondere hinsichtlich der Bedeutung des Mitarbeiters »Top-Management« kam es im Jahr 2002 zu heftigen Diskussionen. Im Zentrum stand dabei – insbesondere auch vor dem Hintergrund der schlechten Ertragslage vieler Unternehmen – die Frage nach dem, was seine Leistung nun tatsächlich sei und was sie dem Unternehmen auch wert sein sollte. Aufgeheizt wurde die Debatte durch eine Reihe spektakulärer strategischer Fehlentscheidungen, die nun ihre Konsequenzen zeigten, sowie durch teilweise kriminelles Fehlverhalten an der Spitze einiger Konzerne. Dabei ist viel Vertrauen der Öffentlichkeit in die Führungselite verloren gegangen. Es kam auch zu immer häufigeren und schnelleren Kündigungen der CEO von Unternehmen, um ungeduldige Kapitalmärkte zu beruhigen. Eine Untersuchung von Wiersema (2002) zeigt allerdings, dass der beschleunigte Wechsel der CEO mittelfristig keine positiven Effekte auf die Performance der betroffenen Unternehmen hatte.

Im Top-Management ist die Aufgabe verankert, der Organisation zu einem tragfähigen Selbstverständnis zu verhelfen, was deren Zweck anbelangt. Dieses Zweckverständnis sollte die Frage beantworten können, warum man sich auf einen persönlichen Bund mit diesem Unternehmen eingelassen hat. Es katalysiert auch die im Unternehmen vorhandenen Ambitionen und Intentionen.

Strategien sind für sich genommen wertlos. Erst wenn sich das Management explizit hinter sie stellt, wenn es ein Commitment der Mitarbeiter zu diesen Strategien gibt, besteht die Chance, einen Mehrwert zu schaffen. Umgekehrt ist es auch so, dass mit der Wahl eines neuen Top-Managers strategische Signale in viele Richtungen gegeben werden. Allein die Wahl eines neuen Top-Managers kann den Wert eines börsennotierten Konzerns innert Tagen um mehrere Milliarden Euro verändern. Dies deshalb, weil z. B. ein neuer CEO häufig in Erwartung bestimmter Strategieinhalte ins Spiel gebracht wird. So sieht man in der Praxis immer häufiger das Muster, dass in kritischen Situationen ein »Sanierer« gewählt wird, der dann Kostenstrategien zu verfolgen hat. Da er sich dabei gegenüber der Mitarbeiterschaft oft »verbraucht«, folgt ihm dann ein neuer CEO, der zuerst wieder das »Humankapital« aufzubauen hat. Gleichzeitig wissen wir aber, dass diese immer häufigeren Wechsel an der Spitze von Unternehmen ihrer Profitabilität schadet.

Die Wahl eines Top-Managers gibt aber nicht nur Signale in Richtung von Strategieinhalten, sondern auch in Richtung bevorzugter kultureller Werte oder ethischer Prinzipien. Da dieses *»Signaling«* so oder so zumindest implizit geschieht, sollte man den Spieß umdrehen und sich als Management vornehmen, zu einem geteilten Verständnis zu gelangen, was man denn im Unternehmen unter einer effektiven strategischen Führung verstehen will. Damit schafft man Verbindlichkeit und Orientierung nach innen und außen. Die Stakeholder erfahren darüber, an was sich das Management messen lassen will.

Komponenten eines »strategic leadership«

An welche *Komponenten eines »strategic leadership«* könnte man hier denken, wenn man eine solche normative Festlegung sucht? Man kann sich hier z. B. an dem orientieren, was sich in der wissenschaftlichen Diskussion dazu herausgeschält hat. Im Kern sind dies in Anlehnung an Hitt/Ireland/Hoskisson (2003): (1) die Vorgabe der strategischen Ausrichtung und der dazugehörigen strategischen Prozesse, (2) die Identifikation der Kernkompetenzen eines Unternehmens sowie deren Transfer und synergetische Nutzung und Weiterentwicklung über die bestehenden Organisationseinheiten hinweg, (3) die Entwicklung des für den Erfolg des Unternehmens erforderlichen »human capital«, (4) die Pflege einer wirkungsvollen Organisationskultur, die insbesondere einem auch unternehmerischen Verhalten förderlich ist sowie (5) die Betonung und Anwendung ethischer Prinzipien, die als eine Art »moralischer Filter« das strategische Denken und Handeln selektieren.

Unsere *Forderung* ist es deshalb, derartige Komponenten in der Führungskultur zu verankern, so dass sie auch Gegenstand der strategischen Prozesse eines Unternehmens sind. Dadurch entsteht Transparenz für die Mitarbeiter, die nun ihre Entwicklung und ihr Handeln daran ausrichten können. Man kann damit auch einem eventuellen Eindruck von Willkür entgegentreten. Dies soll den Führungskräften aber auch helfen, mehr als nur Manager (im Sinne reiner Problemlöser) zu sein. Es soll ihnen helfen, ihr Handeln in expliziter Form in Einklang mit ihren Überzeugungen und ihren Worten zu bringen. Es gibt ihnen die Chance, sich aus dem »Windschatten« ihrer »Technologien« herauszubewegen. Dies könnte der »Zunft der Top-Manager« vielleicht auch einen Teil ihrer in der Öffentlichkeit etwas verloren gegangenen Glaubwürdigkeit zurückgeben.

Standpunkt

(10/02) »*Fallen idols. The overthrow of celebrity CEOs*« lautete die Titelzeile des Economist vom 4.5.02. Damit nimmt man Bezug zu einer ganzen Reihe von Top-Managern, deren Genius noch im Boom der 90er-Jahre gefeiert wurde, von deren Mythos nun aber wenig übrig bleibt, wenn man nach der Nachhaltigkeit des Erfolgs ihrer Strategien sucht. Sie bezogen exorbitante Gehälter für ihre »Aufbauleistung«; hinterlassen haben sie einen Scherbenhaufen.

So scheiterte z.B. die Vision von Michael Armstrong, den traditionsreichen Telekommunikationskonzern AT & T zu einem voll integrierten Telefon-, Kabelfernseh- und Internet-Konzern umzubauen. Mit dieser Vision wurden etwa 140 Mrd. USD Unternehmenswert zerstört. Was bleibt, ist eine höchst verletzliche »Rumpf-AT & T«, die wieder nur noch die klassischen Telefondienste anbietet. Um einem noch größeren Kursverfall entgegenzuwirken, wurde das Mobilfunkgeschäft im Jahr 2001 als eigenständiges Unternehmen ausgegliedert. Noch im Jahr 2001 konnte Armstrong eine Steigerung seiner Bezüge um über 70 % realisieren.

Seinen Hut musste auch der Gründer und CEO von WorldCom Bernard Ebbers nehmen. Innert 15 Jahren hatte er einen Weltkonzern aus dem Nichts aufgebaut, der im Jahr 2001 noch auf Platz 42 der größten US-Unternehmen lag und der ihm im Jahr 2001 auch ein Einkommen von 34,6 Mio. USD erbrachte. Die Aktien waren bis zum Zeitpunkt des Abtritts von Ebbers um über 96 % gefallen. Er selbst sieht sich mit Vorwürfen der persönlichen Bereicherung seitens der SEC konfrontiert. Was dem Nachfolger John Sidgmore bleibt, ist ein Schuldenberg von etwa 30 Mrd. USD aus über 75 Akquisitionen sowie hartnäckige Konkursgerüchte.

Beim Mischkonzern Tyco ist der Marktwert des Unternehmens in den ersten vier Monaten des Jahres 2002 um 80 Mrd. USD gefallen. Der Schuldenberg beträgt hier etwa 30 Mrd. USD, Resultat aus einem achtjährigen, 65,5 Mrd teuren Akquisitionsprogramm. Seinem CEO Dennis Kozlowski wurden im Jahr 2001 die Bezüge um 42 % auf 62,4 Mio. USD gekürzt. Im Jahr 2002 wurde er strafrechtlich verurteilt. Ebenfalls bereits verurteilt wurde der frühere CFO des Konkurs gegangenen Energiekonzerns Enron, Andrew Fastow.

Doch auch viele andere Fälle, die Aufsehen erregten, müssen noch den Beweis antreten, dass die Strategien, auf die man setzte, ihr Geld wert waren. Gemeinsam ist vielen dieser Fälle, dass guter Cashflow in Geschäfte und Technologien investiert wurde, die man nicht vollends verstand. Dies betrifft sowohl die Manager als auch die Investoren. Mit »Zauberformeln«, die niemand seriös hinterlegen konnte, bestätigte man sich wechselseitig in seinen Strategien. Gemeinsam ist diesen Fällen auch, dass das Wachstum mittels umfassender Akquisitionsprogramme realisiert wurde. Im Strudel des Scheiterns der Akquisitionsstrategien scheiterten dann auch viele Unternehmen, die zum Zeitpunkt ihres Erwerbs gesunde Unternehmen mit guten Zukunftsaussichten waren. Eine Gemeinsamkeit ist aber auch darin zu erkennen, dass die persönlichen Bezüge dieser Top-Manager weitgehend entkoppelt von den Erfolgen ihrer Strategien waren. Oft erhöhten sich sogar die Bezüge, während parallel umfassende Entlassungsprogramme angekündigt wurden.

Was meinen Sie dazu?

Man kann nun sagen, dass all dies das Risiko jedes unternehmerischen Handelns ist: Wäre die Strategie gut gegangen, dann würde heute niemand klagen. Oder wurde hier fahrlässig, unprofessionell und auch im starken Eigeninteresse gehandelt? Waren die

Kontrollmechanismen ungenügend ausgestaltet? Haben hier die Aufsichtsbehörden versagt? Ist es richtig, das ganze Risiko der Unternehmensentwicklung auf die Vision einer Einzelperson zu konzentrieren? Überschätzen wir vielleicht generell die Leistungskraft einzelner Personen bzgl. der Steuerbarkeit großer Konzerne und übertragen ihnen dabei zu viel Macht? Dürfen wir wirklich so viel dem Wettbewerb überlassen? Und was ist hier eigentlich genau passiert? Wer hat hier wem etwas weggenommen? Waren es etwa »klassenkämpferisch«[63] einzelne Manager, die den Aktionären, für die sie offiziell vorgaben Wert zu schaffen, das Geld abnahmen? Oder ist dies gar Ausdruck eines schleichenden ethischen Verfalls in der »Manager-Kaste«? Oder entsteht gerade eine neue moralische Basis? Einige frühere US-CEO (z.B. Gary Winnick, früherer CEO von Global Crossing oder Jack Welch, früherer CEO von General Electric) haben nun gerade begonnen, großzügige Schecks zum Nutzen der Geschädigten auszustellen.[64] Oder sind – wie Rakesh Khurana von der Harvard Business School in seinem Buch »Searching for a corporate saviour« es vertritt, die Executive-Search-Firmen daran Schuld, da sie in immer größerem Tempo noch tollere »superstar bosses« von außen heranbrachten, die sich dann aber schnell als ungeeignet herausstellten? Was sollte aus Ihrer Sicht getan werden? Entsteht daraus z.B. vielleicht wieder eine neue Rolle und Chance der Politik (im Stellungskampf mit den globalen Konzernen)? Wie sähe sie aus? Etc.

(2) Strukturen

Wenn Wertschöpfungsmodelle auf Grund strategischer Überlegungen verändert werden, hat dies in aller Regel auch real-organisatorische Implikationen. Neben den beiden Optionen des »Structure follows Strategy« oder im Gegenzug eines »Strategy follows Structure«, lässt sich auch ein rekursives Verhalten beobachten, bei dem Strukturen und Strategien sich wechselseitig bedingen und iterativ aufeinander wirken. Was bereits beim Management der Humanressourcen thematisiert wurde, gilt auch für die Strukturen: Ressourcen sind einerseits Mittel zum Zweck, andererseits eröffnen sie auch Potenziale, aus denen sich Zwecke ableiten lassen.

Aufbau- und Ablauforganisation

Gestaltung der Struktur: Im deutschsprachigen Raum werden Fragen zur Strukturgestaltung im Rahmen der Aufbau- und Ablauforganisation diskutiert[65]. Die *Aufbauorganisation* zeigt, wie die aus der unternehmerischen Zielsetzung abgeleitete Aufgabe nach Verrichtung (was ist geistig oder körperlich zu tun?) und Objekt (woran ist etwas zu tun?) strukturiert wird.[66] Sie bestimmt die Zuordnung von Sachaufgaben auf Stellen und regelt die Gestaltung der Beziehungen zwischen diesen Stellen durch Kompetenz-, Verantwortungs- und Informatinsregelungen[67]. Hingegen beschreibt die *Ablauforganisation* den Ablaufprozess der betrieblichen Aktivitäten, deren Vollzug sowie die Ausübung und Erfüllung bestimmter Funktionen. Die Ablauforganisation gliedert die jeweilige Aufgabe nach Merkmalen der Zeit (wann ist etwas zu tun?) und des Raumes (wo ist etwas zu tun?)[68].

Differenzierung mit Integration

Wie Abbildung 4-39 zeigt sind zwei Dimensionen bei der Strukturgestaltung zu berücksichtigen: Die *Differenzierung* (oder Arbeitsteilung) legt fest, wie die unternehmerische Gesamtaufgabe in einzelne »Pakete« zerteilt und Arbeits- und Entscheidungsstellen zugeteilt wird. Als horizontale Differenzierung führt sie zu verschiedenen Strukturformen, die nach Funktionen, Objekten, Regionen, etc. gegliedert sind, als vertikale Differenzierung regelt sie die hierarchische Ausgestaltung der Entscheidungs- und Weisungsbefugnisse entlang von Kriterien wie

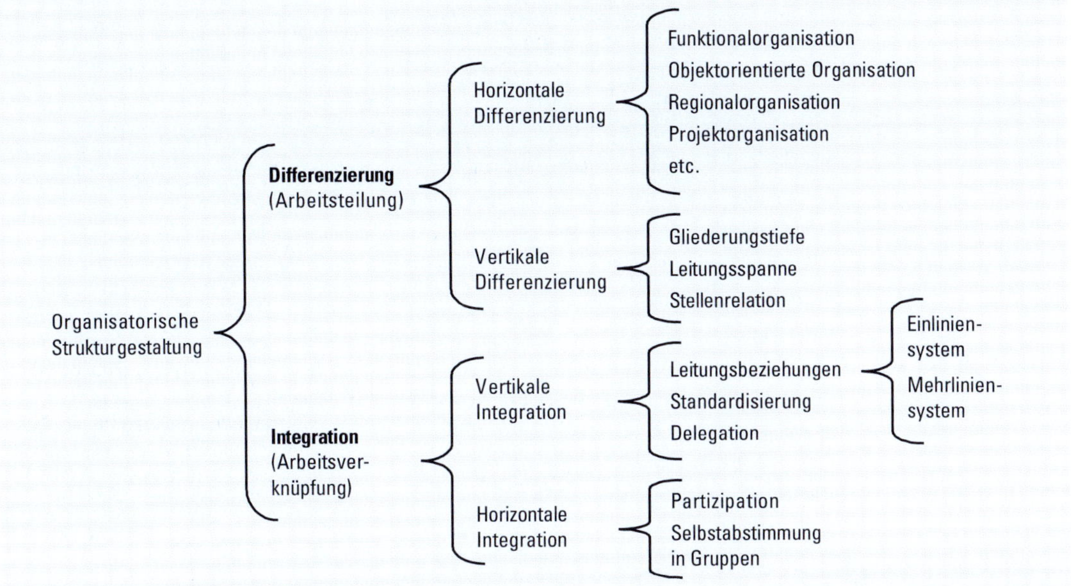

Abb. 4-39: Differenzierung und Integration als Grundprinzipien der Koordination (Quelle: Osterloh/Frost 1998, S. 194)

optimale Gliederungstiefe, Leitungsspanne und Stellenrelationen. Was differenziert wird, ist im Gegenzug auch wieder zu integrieren, da Interdependenzen zwischen den einzelnen Stellen bestehen. *Integration* impliziert daher, die einzelnen Arbeitspakete wieder zielgerecht zusammenzufassen und die Zusammenarbeit zwischen den betroffenen Stellen zu regeln. Auch hier ist eine horizontale und vertikale Komponente zu berücksichtigen. Die vertikale Integration bezieht sich auf Leitungsbeziehungen sowie das Ausmaß an Standardisierung und Delegation, während die horizontale Integration das Ausmaß an Partizipation sowie Selbstabstimmung bestimmt.

Aufbaustrukturen: Im Rahmen der horizontalen Differenzierung stehen mehrere Grundformen zur Auswahl.[69] Sie werden jeweils nach der zweiten Hierarchieebene unterhalb der Geschäftsleitung bestimmt. Dies gilt auch, wenn auf tiefer gelegenen Gliederungsebenen alternative Strukturformen verwendet werden.

Einfache Organisationsstruktur: Genau genommen handelt es sich bei der einfachen Struktur noch gar nicht um eine Aufbauorganisation, die diesen Namen auch verdient. Zumeist findet man sie bei kleinen Handwerks- oder Dienstleistungsunternehmen, in denen der Eigentümer die zentrale Rolle einnimmt. Dieser gibt direkte Anweisungen, was wann wie getan wird und steht dabei in engem, unmittelbarem Kontakt zu seinen Mitarbeitern. Führungsverantwortung und Kontrolle liegen bei ihm, sind also nicht auf mehrere Stellen verteilt. Eine formelle, stabile Definition und Zuteilung einzelner Aufgabenbereiche ist in aller Regel nicht existent. Damit ist diese Form zwar flexibel und einfach im Aufbau, stößt jedoch rasch an ihre Grenzen, wenn z. B. die Geschäftsaktivitäten anwachsen und ein höherer Koordinationsbedarf entsteht. Der Eigentümer ist dann meist nicht mehr in der Lage, alle betrieblichen Entscheidungen alleine zu treffen und ihre Umsetzung zu überwachen.

Funktionale Organisation

Funktionale Organisation: Die funktionale Organisation geht – analog zu den primären Aktivitäten der Wertkette – von den zentralen Funktionen einer unter-

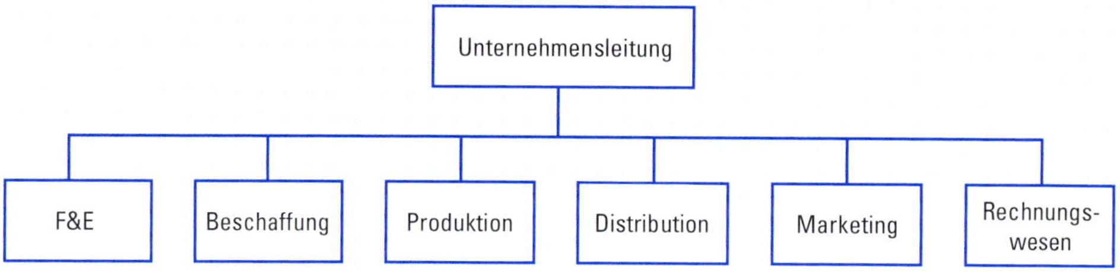

Abb. 4-40: Funktionale Organisation

nehmerischen Einheit aus. Beschaffung, Produktion, Marketing, Rechnungswesen etc. werden – wie in Abbildung 4-40 dargestellt – gemäß dem Verrichtungsprinzip sequenziell aneinander gereiht. Beginnend mit dem Beschaffungsmarkt ist die Leistungserstellung bis hin zum Absatzmarkt in einzelne Funktionsbereiche strukturiert. Die Leitung erfolgt nach dem Einliniensystem, d.h. die Funktionsbereiche sind der Unternehmensleitung direkt verantwortlich unterstellt. Die funktionale Organisation findet man oft in kleineren Unternehmen, die mit einer kleinen Produktpalette ein Geschäftsfeld bearbeiten, oder aber in Subsystemen grösserer Unternehmen, wie z.B. in den Geschäftseinheiten diversifizierter Konzerne.

Die funktionale Organisation weist mehrere Vorteile auf: Erstens ermöglicht sie Spezialisierung und damit den Aufbau funktionsspezifischer Fähigkeiten. Die einzelnen Bereiche können sich ausschließlich auf die ihnen gestellte Teilaufgabe konzentrieren und ihr Wissen dort ständig auf dem aktuellsten Stand halten. Zweitens führt sie zu Lern- und Erfahrungskurveneffekten. Je mehr Aufgaben routinemäßig und repetitiv zu erbringen sind, desto mehr spielen sich Abläufe ein, können Verbesserungspotenziale aufgebaut und genutzt werden. Die operative Effizienz wird gesteigert. Drittens sind die Verantwortlichkeiten klar geregelt. Es ist unmittelbar ersichtlich, wer für welche Funktion zuständig und wer verantwortlich ist, wenn Schwierigkeiten auftreten. Die einzelnen Funktionsbereiche berichten daher auch meist direkt an die Geschäftsleitung. Viertens ist auf Grund der direkten Unterstellung der einzelnen Funktionen an die Geschäftsleitung es auch möglich die Kontrollaktivitäten im Unternehmen zu zentralisieren. Die Geschäftsleitung hat unmittelbaren Zugriff auf die Umsetzung strategischer Initiativen in den jeweiligen Funktionen.

Nachteilig an der funktionalen Organisation sind mehrere Punkte: Erstens ist der Koordinationsaufwand zwischen den einzelnen Funktionen relativ hoch und muss bei allen übergreifenden Entscheidungen von der Geschäftsleitung geleistet werden. Gerade wenn das Leistungsprogramm einer unternehmerischen Einheit sich auszuweiten beginnt und relativ heterogene Produkte und Dienstleistungen gleichzeitig produziert werden, werden die Vorteile der Spezialisierung durch den erhöhten Koordinationsaufwand rasch aufgehoben. Zweitens kommt es zu »lähmenden« Rivalitäten und Auseinandersetzungen zwischen den einzelnen Funktionsbereichen, wenn diese ihre Eigeninteressen zu Lasten anderer Funktionen wie auch des Ganzen vorantreiben. Wie sich immer wieder zeigt, sind die Interessen einer Produktion (wie z.B. stabile, regelmässige Fertigungslose) oft andere als die eines Vertriebs (wie z.B. variable, auf die Nachfrage reagierende Produktionsmengen). Daher können drittens funktionale Strukturen den Blickwinkel von Führungskräften auf ihren eigenen Funktionsbereich verengen und einer übergreifenden Ausrichtung des Ganzen im Wege stehen. Verschärft wird dies oft durch Anreizsysteme, die strikt auf die Ergebnisse der einzelnen Funktion ausgerichtet sind. Zudem ist ein Transfer von Führungskräften zwischen den einzelnen Funktionen auf Grund des gegebenen Spezialisierungsgrades nur schwer machbar. Viertens wird bei funktionalen Strukturen die Ergebnisverantwortung für das gesamte Geschäft nach »oben«, zur Geschäftsleitung hin, verschoben. Sie hat zwischen den Interessen der einzelnen Funktionen den »Schiedsrichter« zu spielen und muss als oberste Instanz das Wohl der gesamten Einheit im Auge behalten. Dementsprechend ist ihre Leitungsspanne relativ hoch, Abstimmungsprobleme zwischen den Funktionen werden unmittelbar nach oben »eskaliert«. Die Gefahr der Überlastung und damit langwieriger Entscheidungsprozesse ist die Folge.

Objektorganisation

Objektorganisation: Von einer Objektorganisation wird gesprochen, wenn ein Unternehmen auf seiner Hauptgliederungsebene (also der zweiten Ebene) nach Objekten strukturiert ist. Als Objekte dienen dabei Produktgruppen, Kundengruppen oder Regionen (alternativ spricht man von Sparten, Divisionen oder Unternehmensbereichen). Im Zuge der Entwicklung von Unternehmen ist die Objektorganisation meist eine Antwort auf die Nachteile, die mit einer funktionalen Struktur verbunden sind.

Folgende, in Abbildung 4-41 dargestellte Typen lassen sich unterscheiden:

Produktgruppenorganisation

- Bei der *Produktgruppenorganisation*, die am häufigsten anzutreffen ist, wird wie der Name schon andeutet, nach Produktgruppen organisiert. Sie wird eingesetzt, wenn die einzelnen Produkte eines Unternehmens so heterogen sind, dass es wenig sinnvoll ist, sie einheitlich zusammenzufassen. Ist beispielsweise ein Unternehmen wie die SIEMENS AG gleichzeitig im Geschäft mit Kraftwerken, Handys, Medizintechnik etc. tätig, so haben diese Produktgruppen hinsichtlich Technologie, Produktion oder Beschaffung nur wenig miteinander gemeinsam. Eine Einteilung nach getrennt voneinander agierenden Produktgruppen ist die Folge.

Kundengruppenorganisation

- Die *Kundengruppenorganisation* stellt die verschiedenen Ansprüche der Kunden in den Vordergrund.[70] Selbst wenn das Leistungsangebot weitgehend gleich ist, können sich die Bedürfnisse der Kundengruppen so stark unterscheiden, dass eine getrennte Aufstellung erforderlich wird. Ein Unternehmen wie z. B. die HÜGLI AG bietet Trockenmischprodukte (Suppen, Saucen, Bouillons, etc.) sowohl den grossen Lebensmitteleinzelhändlern, Großverbrauchern wie Restaurants oder Betriebskantinen als auch Reformfachgeschäften an. Da sich diese Kundengruppen hinsichtlich Losgrößen, Verpackung, Marketing, Vertriebskanäle wie auch Logistik stark voneinander unterscheiden, bietet die Kundengruppenorganisation die Möglichkeit sich auf ihre Ansprüche gezielt einzustellen.

Regionalorganisation

- Im Zuge der Internationalisierung von Unternehmen gewinnt die geografische Komponente an Bedeutung und schlägt sich folglich auch in der Organisationsstruktur nieder. So wird die *Regionalorganisation* verwendet, wenn es die jeweiligen landesspezifischen Gegebenheiten besonders zu berücksichtigen gilt. Je stärker diese sich voneinander unterscheiden, desto eher stellt man sich auf die Unterschiede auch organisatorisch ein. Sie wird daher insbesondere von vielen multinational tätigen Unternehmen verwendet.

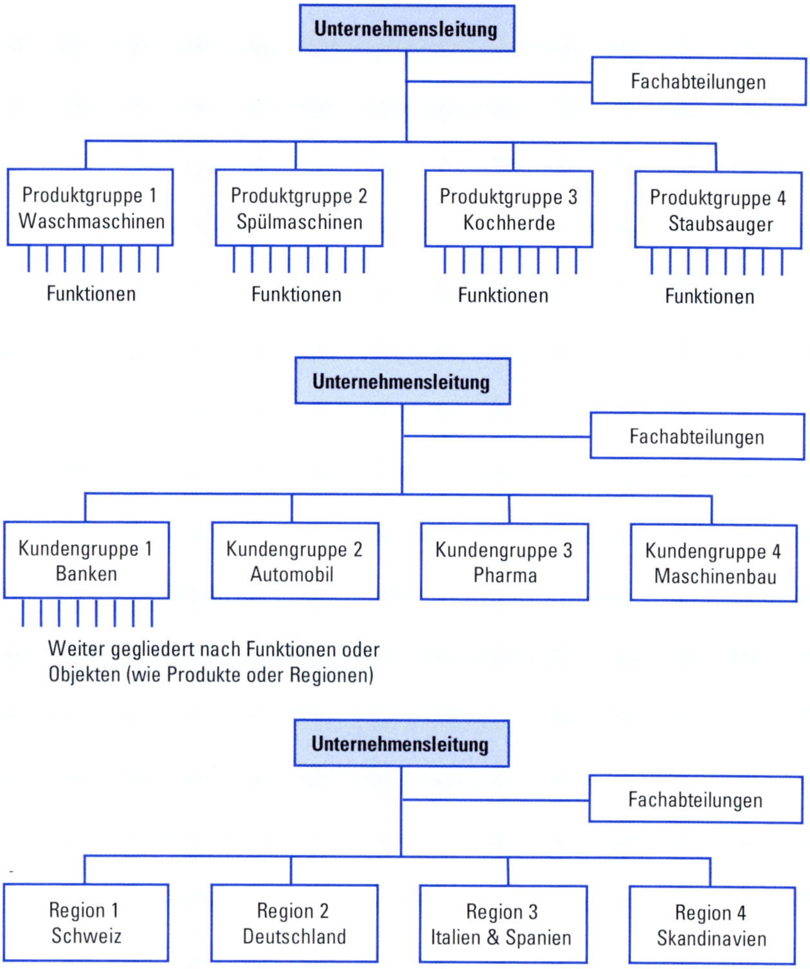

Abb. 4-41: Objektorganisation nach Produktgruppen, Kundengruppen und Regionen (mit Fachabteilungen)

Vorteilhaft an den drei dargestellten Objektorganisationen sind die folgenden Punkte: Erstens sind sie besser als eine funktionale Organisation dazu geeignet, den Besonderheiten und der Heterogenität von Produkten, Kunden oder Regionen Rechnung zu tragen. Zweitens wird durch die Objektorganisation einer relativ hohen Autonomie der einzelnen Objektbereiche gewährleistet. Dies schafft Raum für unternehmerische Initiativen, erhöht die Motivation der Führungskräfte und ermöglicht eine gezielte Bearbeitung der jeweiligen Aufgaben. Drittens wird die Unternehmensleitung wesentlich entlastet, da sie sich nun nicht mehr um die operative Abstimmung zwischen den Funktionen kümmern muss. Die Ergebnisverantwortung liegt jetzt bei den Objektbereichen, während sich die Unternehmensleitung der übergreifenden, strategischen Ausrichtung zuwendet. Viertens wird durch die Zerlegung in Objekte die Flexibilität des Unternehmens deutlich erhöht. Die einzelnen Teile sind viel rascher in der Lage sich auf wechselnde Umweltbedingungen einzustellen, als dies für das Ganze möglich ist. Entscheidungen können rascher getroffen und realisiert werden.

Nachteilig an der Objektorganisation sind ebenfalls potenzielle Bereichsegoismen, nun allerdings nicht solche zwischen den Funktionen, sondern zwischen den jeweiligen Objektgruppen. Was für die gesamte Unternehmung von Vorteil ist, hat nun noch weniger Relevanz für die einzelnen Objektbereiche, als dies bei der funktionalen Organisation der Fall ist. Die Nutzung von Synergien tritt damit in den Hintergrund, sie wird zur expliziten Aufgabe der Gesamtleitung. Doch auch bei Überschneidungen zwischen den Objektbereichen tauchen Probleme auf. Werden z.B. Fachabteilungen (wie Rechnungswesen, Personal) oder Produktionsanlagen aus Wirtschaftlichkeitsüberlegungen gemeinsam genutzt, dann ist zu klären, wie insbesondere bei Engpässen welcher Bereich in welcher Reihenfolge auf diese zugreifen kann. Ebenso kann es zu Überschneidungen auf der Kundenseite kommen, Hier ist dann zu bestimmen, ob die Kunden von jedem Produktbereich einzeln oder durch einen gemeinsamen Vertrieb (eventuell mit Key-Account Managern) betreut werden. Ein letzter Nachteil besteht darin, dass durch die Zersplitterung von Funktionen auf die einzelnen Objektbereiche es viel schwieriger wird, nun wieder die Spezialisierungsvorteile zu erreichen, wie sie die funktionale Organisation bietet.

Holding

Ein bei großen Konzernen häufig zu beobachtender Spezialfall einer objektorientierten Struktur stellt die *Management Holding* dar[71]. Sie ist eine Spartenorganisation, bei der die Sparten rechtlich selbstständig sind und von der Holding meist als Vertragskonzern geführt werden. Die Holdingleitung bestimmt die Rechtsform, legt die Gesamtstrategie fest, trifft Entscheidungen zur Ressourcenallokation, besetzt wichtige Führungspositionen und überwacht die einzelnen Bereiche. Diese Organisationsform realisiert damit organisatorisch die strategische Zweiteilung in Geschäftseinheiten und Gesamtunternehmen. Sie stellt derzeit eine bevorzugte Organisationsform dar, da sie dem Unternehmen – z.B. beim Portfolio-Management – eine hohes Maß an Manövrierfähigkeit lässt. Auch können die Sparten gezielt in Kooperationen mit Kapitalverflechtung eingebracht werden, ohne dass dadurch die Holding selbst direkt tangiert wird.

Matrixorganisation

Matrixorganisation: Dieser Organisationsstruktur liegt ursprünglich die Idee einer Kombination von funktionaler und objektbezogener Organisation zu Grunde. Doch prinzipiell kann von einer Matrixorganisation immer dann gesprochen werden, wenn eine unternehmerische Einheit nicht nur nach einem, sondern nach zwei oder mehreren Strukturprinzipien gleichzeitig gegliedert ist. In Frage kommen dabei neben der Kombination aus Funktionen und Objekten auch Kombinationen zwischen mehreren Objektbereichen (z.B. Regionen und Produktgruppen). So sind z.B. die meisten großen Wirtschaftsprüfungsgesellschaften sowohl nach Regionen (Amerika, Europa, Asien), Klientengruppen (Energie, Telekom, Maschinenbau, etc.) als auch Dienstleistungen (Auditing, Consulting, Taxation, etc.) aufgestellt. In diesem multidimensionalen Fall spricht man auch von einer Tensororganisation.

Charakteristisch für die Matrixorganisation ist die bewusste Überkreuzung von Zuständigkeiten: Zwei Matrixstellen, die je nach Gliederung mit Funktions- oder Objektaufgaben betraut sind, haben sich für die eigentliche Aufgabenerfüllung, die in der Schnittstelle zwischen ihnen erbracht wird, miteinander abzustimmen. Die Schnittstelle wird nicht nach dem Einliniensystem geführt, sondern nach dem Mehrliniensystem. In das dadurch geschaffene Spannungsfeld sollen beide Matrixstellen ihr Wissen einbringen und kooperativ zu möglichst optimalen Lösungen gelangen.

Die Matrixstruktur bringt hohe Anforderungen für die beteiligten Stellen mit sich. Daher ist sie nur zu empfehlen, wenn mehrere Bedingungen erfüllt sind:[72] Erstens sollte die Erfüllung der unternehmerischen Aufgabe von zwei oder mehr Gliederungskriterien abhängig sein. Wenn dies nicht der Fall ist, sollte man besser darauf verzichten, da der hohe Abstimmungsaufwand ansonsten nicht gerechtfertigt ist. Die zweite Bedingung besteht in der Fähigkeit der beteiligten Stellen, die durch ihr Aufeinandertreffen entstehende Komplexität zu verarbeiten. Durch eine Matrixstruktur kommt es zwangsläufig zur Analyse von Problemen aus unterschiedlichen Blickwinkeln. Drittens sollte zur bestmöglichen Erfüllung der unternehmerischen Aufgabe die gemeinsame Nutzung von Ressourcen durch Funktionen und Objekte wesentlich sein. Dies ist oft dann der Fall, wenn gleichzeitig mehrere Ziele als kritisch erachtet werden.

Sind diese Bedingungen erfüllt, so weist die Matrixstruktur folgende Vorteile auf: Erstens ist sie in der Lage ein Höchstmaß an Umwelt- und Binnenkomplexität zu verarbeiten. Nicht nur eine strategische Ausrichtung, sondern zwei oder mehrere werden formell in der Organisation verankert und mit Priorität versehen. Zweitens wird durch sie ein System der »Checks and Balances« institutionalisiert, das divergierende Sichtweisen zusammenführt und einer Bearbeitung zugänglich macht. Drittens erlaubt sie bei wichtigen Entscheidungen, die das Gesamtunternehmen betreffen, eine explizite Abwägung vorzunehmen, was denn das Beste für das Ganze sei. Viertens kann sie im günstigsten Fall Kooperation und den Aufbau von Konsens unterstützen, was gerade zur Koordination komplexer Aufgabenstellungen wichtig ist.

Diese Vorteile können jedoch – quasi spiegelbildlich – zu Nachteilen werden, wenn das Verhalten mit und in der Matrixstruktur negativ eskaliert. Was positiv beabsichtigt war, schlägt dann in sein Gegenteil um. So ist erstens das Konfliktpotenzial zwischen den einzelnen Stellen relativ hoch. Unterschiedliche Interessen prallen aufeinander und stets muss eine für alle Seiten akzeptable Lösung gefunden werden. Dies führt zu langwierigen Verhandlungsrunden, in denen viel Energie und Zeit verbraucht wird oder mündet in Kompromisse, die eher zum kleinsten gemeinsamen Nenner als zur besten Lösung führen. Zweitens besteht auch bei einer Matrixorganisation die Gefahr, dass es zu einer Überlastung der Matrix-Leitung kommt. Können sich die beiden Matrix-Stellen nämlich nicht einigen, so hat die Matrix-Leitung eine Entscheidung zu treffen. Je mehr Konflikte auftreten und je gespannter der Umgang miteinander ist, desto mehr hat sie folglich zu tun. Von daher sind reine Matrixstrukturen heutzutage in nur wenigen Unternehmen zu finden. Meist dominiert eine Dimension über die andere und kann Entscheidungen letztendlich in ihrem Sinne fällen.

Prozess-organisation

Prozessorganisation: Ging es bei der Diskussion um geeignete Organisationsstrukturen lange Zeit schwerpunktmäßig um Fragen der Aufbauorganisation, ist – im Zuge des »Business Process Reengineering« – die Ablauforganisation verstärkt in den Vordergrund gerückt. Traditionell war diese der Aufbauorganisation nachgelagert. Sie hatte den Auftrag, die durch die Aufbauorganisation geschaffenen Potenziale zu nutzen. Die Prozessorganisation kehrt nun dieses Verhältnis um:[73] Die betrieblichen Prozesse werden zum organisatorischen Strukturierungsmerkmal. An ihnen hat sich die **Aufbauorganisation** auszurichten. Die Wertschöpfung wird so gestaltet, dass eigenständige, am Kunden orientierte Prozesse dominieren, die ohne Schnittstellen zwischen den einzelnen Bereichen das Unternehmen durchlaufen. Ziel ist es die Schnittstellen weitgehend zu

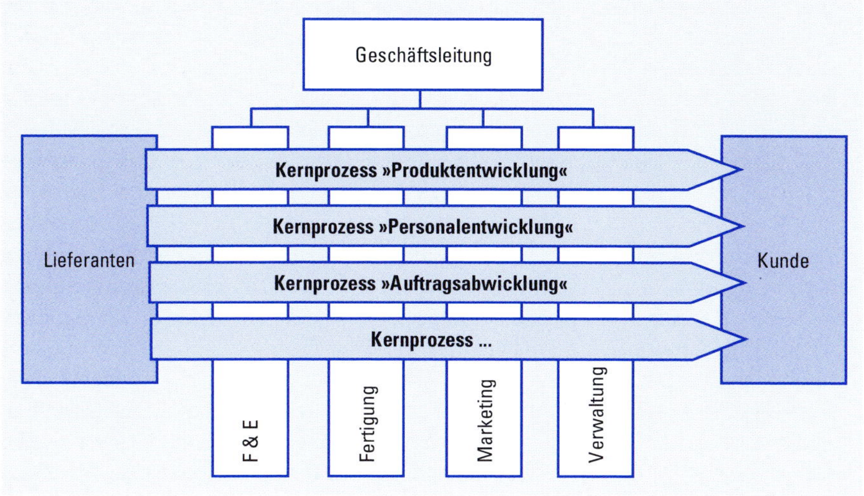

Abb. 4-42: Prozessorganisation

eliminieren, da sie zu Abstimmungsproblemen führen, Informationsverluste verursachen und die Zuordnung von Verantwortlichkeiten erschweren. Gelingt dies, so können durch eine Prozessorganisation hohe horizontale Synergien realisiert werden.

Wichtig ist daher die Identifikation der so genannten Kernprozesse. Dies sind – wie in Abbildung 4-42 dargestellt – funktionsübergreifende, strategisch relevante Wertschöpfungsprozesse, durch die der Kundennutzen optimiert werden soll. Sie werden direkt aus diesem abgeleitet und erhalten Unterstützung durch Supportprozesse, die meist keinen direkten Marktkontakt haben. Um die Kernprozesse im Unternehmen zu verankern, richtet man Prozessteams ein, die von einem Prozessverantwortlichen (process owner) geführt werden.

»Fluide« Organisationsstruktur

»Fluide« Organisationsstrukturen[74]: Der Wunsch noch rascher agieren und reagieren und sich dazu möglichst flexibel nach innen und – mit Partnern – nach außen organisieren zu können, ist charakteristisch für eine Reihe alternativer Organisationsstrukturen. Gleichzeitig will man die Vorteile »traditioneller« Strukturformen nicht verlieren und ist daher gezwungen hybride Konstellationen zu schaffen. Betrachten wir einige intra- und interorganisatorische Formen:

Clusterorganisation

- *Clusterorganisationen* werden innerhalb von Unternehmen, d.h. intraorganisatorisch, eingesetzt. Der Begriff »Cluster« steht dabei für eine semi-permanente, multidisziplinär zusammengesetzte Gruppe ohne interne Hierarchie.[75] Jedes Cluster besteht aus ca. 30–50 Personen. Die Stellung der Mitglieder bemisst sich nach ihrer Fachkompetenz, Erfahrung und Führungsfähigkeiten. Da sie multidisziplinär zusammengesetzt sind, wechseln die Führungsaufgaben von Projekt zu Projekt. Unterstützung erhalten die Cluster durch so genannte Support Groups. Diese sind ebenfalls informell – stellen also keine zusätzliche Hierarchieebene dar – und haben die Aufgabe, erstens die Cluster bei ihrer Arbeit zu unterstützen sowie zweitens den Außenkontakt sicherzustellen. Die Mitglieder der Cluster können sich jeweils direkt an die Support Groups wenden. Da auch bei Clusterorganisationen eine Koordination zwischen den einzelnen Clustern erfolgen muss, setzt man entweder auf direkte, bi- oder multidirektionale Abstimmung oder bedient sich Managementeinheiten, die als Clearing-Stellen fungieren. Im Verhältnis zur Größe des ganzen Unternehmens versucht man jedoch die notwendigen Managementebenen stark zu begrenzen.

Projektorganisation

- *Projektorganisationen* bestehen schwerpunktmäßig aus zeitlich befristeten Formen der Zusammenarbeit, den Projekten. Sie werden eingesetzt, um besonders komplexe, einzigartige oder neuartige Aufgaben zu bewältigen. Ist dies geleistet, lösen sich die Projekte auf. Projektorganisationen bieten damit ein hohes Maß an Flexibilität. Sie ermöglichen die unmittelbare Zusammenarbeit verschiedener Funktionen, führen jedoch durch ihre fortwährende Bildung, Auflösung und Neukonfiguration eine Instabilität in die Organisation ein, die hohe Koordinationsleistungen verlangt.

Virtuelle Unternehmen

- *Virtuelle Unternehmen*[76] stellen interorganisatorische Arrangements dar. Sie bezeichnen Netzwerke von Kooperationspartnern, die sich bei Erhalt ihrer rechtlichen Selbstständigkeit für kurze Zeit zusammenschließen, um kurzfristig Marktchancen zu nutzen. Der Begriff »virtuell«, der aus der Informationstechnologie stammt, stand ursprünglich für die scheinbare Vergrößerung von Arbeitsspeichern durch die Auslagerung und Einbeziehung von Daten in periphere Speicher. Für den Anwender war dieser Vorgang allerdings nicht offenkundig. Er hatte den Eindruck mit einem großen, einheitlichen Speicher zu arbeiten. Dieser existiert jedoch nur scheinbar, nicht in Wirklichkeit. Er ist eben »virtuell«. Auf die Unternehmenswelt übertragen haben auch hier die Kunden eines Produktes analog den Eindruck, dieses aus einer Hand zu erhalten, was jedoch nicht der Realität entspricht. Vielmehr verzichten die beteiligten Unternehmen weitgehend auf die Institutionalisierung zentraler Funktionen, setzen moderne Informations- und Kommunikationstechnologien zur Integration ihrer Aktivitäten ein, wählen sich nach Maßgabe der spezifischen Kernkompetenzen, die ein jeder einbringen kann, aus und setzen Vertrauen als verbindenden und stabilisierenden Mechanismus ein. Virtuelle Unternehmen sind also künstliche Gebilde, die sich problem- und kompetenzorientiert für eine kurze Zeitspanne zusammensetzen. Von der Einführung einer virtuellen Organisation verspricht man sich u.a. die Verkürzung der Zeitbedarfs für den Markteintritt, die Reduktion und Verteilung des unternehmerischen Risikos, einen Wissen- und Fähigkeitenzuwachs sowie die Erhöhung der Flexibilität durch eine dynamische Re- und Neukonfiguration der Partnerunternehmen. Diesen positiven Erwartungen sind einige kritische Bemerkungen gegenüberzustellen[77]. So bieten erstens virtuelle Unternehmen nur wenig Absicherung bei kooperationsspezifischen Investitionen, d.h. Investitionen, die weitgehend irreversibel in eine solche Beziehung eingebracht werden. Dies will man ja gerade vermeiden. Andererseits ist dann fraglich, was ein virtuelles Unternehmen noch von einer Ansammlung reiner Markttransaktion unterscheidet. Ist hier doch mehr gegeben, so ist fraglich, warum die beteiligten Partner sich auf ein solches Risiko einlassen sollten, wenn sie im Gegenzug nicht vertraglich abgesichert sind. Verweist man hier auf die besondere Bedeutung des Faktors »Vertrauen«, so steht dem zweitens entgegen, dass ja gerade die kurzfristige Zusammenarbeit und die bewusst gewollte Rekonfiguration der Partnerunternehmen nicht gerade hilfreich sind um Vertrauen aufzubauen. Denn dieses hängt u.a. von der Zeitdauer und den positiven Erfahrungen während einer Beziehung ab. Eine gewisse Stabilität scheinen daher auch virtuelle Unternehmen zur Ausschöpfung ihrer Kooperationspotenziale zu benötigen.

Mehrdimensionale Betrachtungen von Organisationsstrukturen: Die bisherigen Ausführungen stellten Organisationsstrukturen als Abbildung der hierarchischen Ebenen eines Unternehmens dar. Diese zwar hilfreiche, aber zwangsläufig stark vereinfachende Sichtweise vernachlässigt andere, gleichwohl wichtige Dimensionen wie z. B. den Zentralisierungs- und Formalisierungsgrad. Um hier Abhilfe zu schaffen und ein differenzierteres Bild der Struktur von Unternehmen zu ermöglichen, sind Ansätze entwickelt worden, von denen zwei näher betrachtet werden.

Gomez/Zimmermann (1993) stellen in ihrem Beitrag zum St. Galler Management-Konzept ein *Klassifikationsraster* bereit, das eine ganzheitliche Erfassung von Organisationen ermöglicht, Optionen zur Reorganisation aufzeigt und diese durch die Zuordnung von Organisationstheorien und-ansätzen absichert. Das Raster besteht aus den in Abbildung 4-43 dargestellten acht Dimensionen:

- Sachorientierung versus Personenorientierung verweist darauf, ob die Struktur eher nach sach-rationalen (wie Optimierungs- und Funktionalitätsgesichtspunkten) oder sozio-emotionalen Aspekten (wie Motivation oder Machtverteilung) ausgerichtet ist.
- Formalisierung versus Symbolorientierung thematisiert das Spannungsfeld zwischen einer primär auf schriftlichen Regelungen basierenden Verteilung

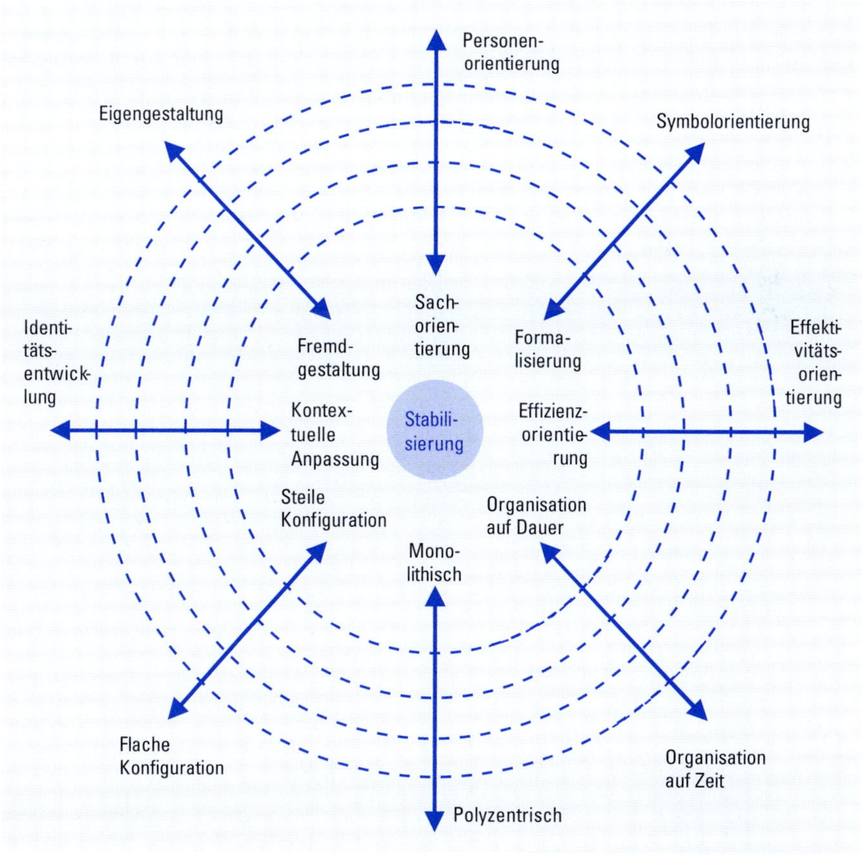

Abb. 4-43: Organisationsstrukturprofil im St. Galler Management-Konzept (Quelle: Gomez/ Zimmermann 1993)

von Aufgaben, Kompetenzen und Arbeitsprozessen gegenüber einer Gestaltung von Handlungen durch Artefakte, Normen und verbaler Kommunikationen.

- Während eine Effizienzorientierung als Programmierung und Arbeitszerlegung zur strukturellen Realisation von Rationalisierungs- und Kostensenkungspotenzialen gesehen wird, liegt eine Effektivitätsorientierung vor, wenn die Strukturierung der strategischen Einheiten eher zielgerichtet, einzelfallspezifisch und flexibel erfolgt.
- Organisationen auf Dauer sind Strukturen ohne zeitliche Befristung, die sich nur relativ selten verändern. Organisationen auf Zeit hingegen sind durch Strukturen charakterisiert, deren zeitliches Ende absehbar ist und die folglich einem raschen Wandel unterliegen.
- Monolithische versus polyzentrische Strukturen unterscheiden sich hinsichtlich der Verteilung der Entscheidungsmacht. Während erstere sich durch eine Zentralisation der Entscheidungsgewalt an der höchstmöglichen Instanz auszeichnen, kommt es bei polyzentrischen Strukturen zu einer Dezentralisation von Verantwortlichkeit auf die Ebene mit der höchsten Sachkompetenz.
- Eine steile Konfiguration liegt vor, wenn auf Grund hoher Aufgabenzergliederung zahlreiche organisatorische Bereiche gebildet und entlang von vielen Hierarchieebenen verortet werden. Flache Konfigurationen hingegen zeichen sich durch wenige Bereiche bei geringer Aufgabenzergliederung aus.
- Von einer kontextuellen Anpassung spricht man bei Strukturen, die sich möglichst gut der Umwelt der Organisation anzupassen versuchen und folglich stark außengerichtet sind. Folgen sie jedoch dem Ziel die Umwelt durch eigenständige Prinzipien, Normen und Fähigkeiten zu beeinflussen und zu gestalten, so wird eine solch innenweltgerichte Struktur mit dem Begriff der Identitätsentwicklung belegt.
- Das letzte Spannungsfeld wendet sich der Fremd- versus Eigengestaltung zu. Fremdgestaltung liegt vor, wenn die Struktur Top-down mit relativ geringer Autonomie der Subsysteme ausgestattet ist, während von einer Eigengestaltung zu sprechen ist, wenn Bottom-Up Strukturen mit hoher Autonomie auch der kleinsten Einheiten ausgestattet sind.

Das Raster kann nun sowohl zu einer Analyse des Ist-Profils als auch zur Herleitung eines Soll-Profils verwendet werden. Die acht Dimensionen stellen Spannungsfelder dar, zwischen deren Polen man sich bewegen kann. Dabei stehen die im Innenkreis liegenden Ausprägungen eher für eine stabilisierende Organisation und die außen stehenden Ausprägungen für eine entwicklungsfähige Organisation. Als normative Empfehlung weisen Gomez/Zimmermann darauf hin, dass in Phasen des Wandels eher die nach außen weisenden Ausprägungen gewählt werden sollten, während in Phasen relativer Stabilität die innen liegenden Alternativen zu präferieren sind.

Auch für Mintzberg (1979) ist eine Konzentration auf die aufbaustrukturelle Dimension nicht ausreichend. Er schlägt vor, Organisationen als komplexe *Konfigurationen* von zentralen Bausteinen, den so genannten »Building Blocks«, und den zwischen ihnen koordinierenden Mechanismen zu verstehen. Er unterscheidet die in Abbildung 4-44 dargestellten fünf Bausteine:

Bausteine einer Organisation als Konfiguration

- »Operating core«: Ort, wo die grundlegenden Wertschöpfungsarbeiten erledigt werden, (z. B. in der Fabrik oder dem Verkaufsladen);

- »Strategische Spitze«: das oberste Management der Organisation;
- »Mittlere Linie«: all die Manager, die zwischen dem obersten Management und den operativen Bereichen stehen;
- »Technostruktur«: Analysten, die die Managementsysteme entwickeln und die Arbeitsprozesse der operativen Bereiche kontrollieren (wie z.B. Ingenieure, Finanz- oder Computerspezialisten);
- »Hilfsstäbe«: Mitarbeiter, die die Arbeit der operativen Bereiche unterstützen (wie z.B. Sekräterinnen, Hilfskräfte, Kantine).

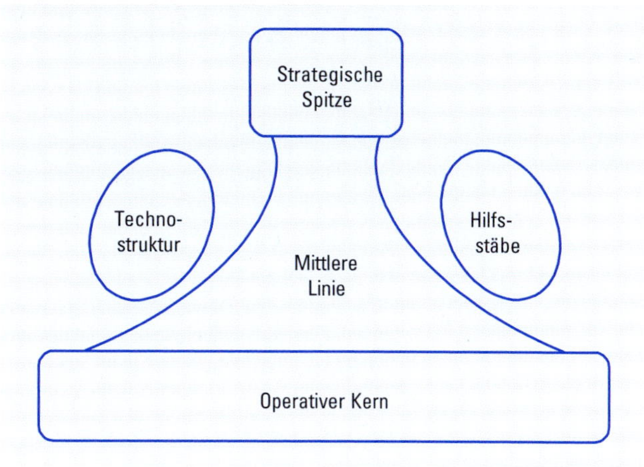

Abb. 4-44: Bausteine von Organisationen (Quelle: Mintzberg 1979)

Die Bedeutung und Größe dieser Bausteine kann je nach Situation der Organisation und ihrer Umweltbedingungen variieren. Gleiches gilt für die Koordinationsmechanismen zwischen den einzelnen Bausteinen. Die wichtigsten hier sind:

- Gegenseitige Abstimmung durch informelle Gespräche
- Direkte Beaufsichtigung durch die Managementbereiche (dies umfasst auch die Überwachung des mittleren durch das oberste Management)
- Standardisierung von Arbeitsprozessen durch Systeme und Prozeduren (dies wird im Regelfall von der Technostruktur durchgeführt)
- Standardisierung des Outputs durch Produkt- und Dienstleistungsspezifikationen (die einzelnen Einheiten dokumentieren Umfang/Qualität der gegenseitig zu erbringenden Leistungen)
- Standardisierug von Fähigkeiten (besonders wichtig bei Unternehmen, deren Erfolg von der Entwicklung und dem Transfer von Wissen abhängt, wie z.B. Beratungsunternehmen)
- Standardisierung durch Normen (besonders wichtig bei polyzentrisch strukturieren Unternehmen, deren Teile über ein hohes Ausmaß an Autonomie verfügen)

Sechs Konfigurationen

Die organisatorischen Bausteine und Koordinationsmechanismen können nun auf vielfältige Art und Weise miteinander kombiniert werden. In ihrer Gesamtheit bilden sie die eingangs erwähnten Konfigurationen, die ein Unternehmen bei der Umsetzung seiner Strategien bestmöglich unterstützen sollen. Normalerweise entwickelt sich eine solche Konfiguration über die Zeit, ist also Ausdruck emergent verlaufender Entwicklungsprozesse. Idealtypisch lassen sich nach Mintzberg sechs Konfigurationen unterscheiden, die jeweils durch die unterschiedliche Größe und Bedeutung ihrer Bausteine sowie der dabei eingesetzten Koordinationsmechanismen gekennzeichnet sind:

- Einfache Struktur: Die Organisation besteht aus einem oder wenigen Top-Managern und einer Gruppe von Ausführenden (klassisches Einzelunternehmen). Die Koordination erfolgt seitens der strategischen Führungsspitze, man bedient sich einer direkten Überwachungsform, die rasche Steuerungseingriffe erlaubt. Flexibilität ist die Folge.

- Maschinelle Bürokratie: Eine ausgeprägte Technostruktur und starke Standardisierungstendenzen herrschen. Der dezentralen Struktur wird mit starker Koordination durch standardisierte Prozeduren entgegengewirkt.
- Professionelle Bürokratie: Viele Professionelle, die nicht durch allgemeine Regelungen ersetzbar sind, arbeiten im operativen Kern. Die Befugnis betriebliche und strategische Entscheidungen zu fällen wird durch die ganze Hierarchie hindurch direkt zu den Experten vor Ort delegiert. Die Technostruktur ist verkümmert, da kaum Standardisierung gegeben ist.
- Divisionalisierung: Ansammlung von relativ unabhängigen Organisationseinheiten, die durch ein lockeres, administratives Netz verbunden sind. Die Gliederung entspricht den diversifizierten Produktgruppen. Eine Kontrolle der Führungsspitze erfolgt durch die Divisionen.
- Adhokratie: »Projektstruktur«, die Experten verschiedener Disziplinen in kreativen Teams zusammenfasst. Experten sind über die ganze Organisation verstreut. Entscheidungen werden primär basierend auf Fachwissen und lateraler Abstimmungsprozeduren getroffen, hierarchische Positionen zählen wenig.
- Missionarische Konfiguration: Bestimmend ist hier kein eigentlicher Baustein, sondern die alle Bausteine »umhüllende« Ideologie. Die Koordination der Teile erfolgt daher durch gemeinsame Normen und Weltbilder. Zudem besteht ein missionarischer Impetus der Organisation.

(3) Managementsysteme

Das Interesse an Managementsystemen intensivierte sich Anfang der 60er-Jahre, als viele große Unternehmen ihre Aktivitäten diversifizierten und zu einer divisionalen Struktur übergingen, um mit der so entstandenen Komplexität besser umgehen zu können. Gleichzeitig wurden Abläufe und Prozeduren immer mehr standardisiert, um gezielter an ihrer Effizienz arbeiten zu können – ein Trend, der sich bis heute fortgesetzt hat.

Managementsysteme dienen der Diagnose, Planung und Kontrolle betrieblicher Aktivitäten. Sie bilden unternehmensinterne und externe Vorgänge ab und bereiten die dabei gewonnenen Daten als Informationen, d.h. als zweckbezogenes Wissen auf. Wie der Begriff »System« verdeutlicht, geschieht dies geordnet und konsistent. Indem sie sich auf führungsrelevantes Wissen spezialisieren, haben sie einen starken Einfluss auf Wahrnehmung, Erkenntnisgewinnung, Orientierung, Strukturierung und damit auf die Gestaltung betrieblicher Aktivitäten.

Wie Abbildung 4-45 zeigt, lassen sich Managementsysteme entlang mehrerer *Dimensionen* konzeptionell erfassen: Erstens determinieren sie, wie Informationen gewonnen, zweitens, wie sie aufbereitet, drittens, wie sie zur Verfügung gestellt und viertens, wie sie vom Management verarbeitet werden. Dabei bestehen jeweils verschiedene Optionen.

Der Begriff »Management«-Systeme unterstreicht, dass nur solche Systeme von Relevanz sind, die die Führung von unternehmerischen Einheiten betreffen. Mittlerweile finden sich für fast jede Wertschöpfungsaktivität eigene Managementsysteme, die zunehmend auch computergestützt zum Einsatz kommen. In Anlehnung an Schwaninger (1994)[78] werden wir im Folgenden zwei wichtige Managementsysteme näher betrachten:

Dimensionen	Optionen
1. Gewinnung und Verarbeitung von Informationen	• Geschlossene versus offene Informationsgewinnung • Sequenzielle versus simultane Informationsverarbeitung
2. Anwenderorientierung von Informationen	• Spezifikation der Informationsgenerierung • Umgang mit dem Informationssystem
3. Kommunikative Verfügbarkeit von Informationen	• Insulare versus vernetzte Kommunikation • Zeitversetzte versus real-time Kommunikation
4. Verarbeitung von Informationen durch das Management	• Zeitbezug der Information • Grad der Quantifizierung der Information

Abb. 4-45: Dimensionen von Managementsystemen und ihre potenziellen Ausprägungen (Quelle: Bleicher 1999, S. 353 f.)

Anreiz- und Belohnungssystem

Anreiz- und Belohnungssysteme: Das Verhalten in unternehmerischen Einheiten wird maßgeblich durch Anreiz- und Belohnungssysteme beeinflusst. Diese wirken als extrinsische Motivatoren, indem sie Geld, Macht, Prestige etc. verteilen, »konformes« Verhalten honorieren, abweichendes Verhalten sanktionieren. Langfristig ist davon auszugehen, dass sich in Unternehmen diejenigen Verhaltensweisen durchsetzen, die dort auch anerkannt und belohnt werden. Um strategische Initiativen operativ wirksam werden zu lassen, ist folglich ein Anreiz- und Belohnungssystem hilfreich, das diese konsequent unterstützt. Je mehr Systeme und Strategien aufeinander abgestimmt sind, desto höher ist die Wahrscheinlichkeit, dass eine strategische Initiative im Unternehmen auch realisiert wird. Umgekehrt kann aber auch ein zu starkes Wirken solcher Systeme die vorhandene intrinsische Motivation eindämmen, wodurch der Organisation wichtige Bottom-up-Initiativen verloren gehen.

Zweck

Anreiz- und Belohnungssysteme dienen idealtypisch den folgenden Zwecken:

- Qualitative und quantitative Ausstattung der Unternehmung mit Humanressourcen
- Effizienter und effektiver Einsatz von Humanressourcen
- Ermittlung und Entwicklung der Humanpotenziale
- Strategiekonforme Realisierung dieser Potenziale
- Beitrag zur Erfüllung menschlicher Bedürfnisse
- Förderung der Integration von Individuum und Organisation

Ansprüche ≠ Realität

Blickt man in die Praxis, so klaffen hier Anspruch und Realität oft weit auseinander. Dafür gibt es mehrere Gründe: Erstens vernachlässigt man auf Grund mangelnder Konsequenz oder wegen eines als zu hoch erachteten Aufwandes schlichtweg die Abstimmung des Anreiz- und Belohnungssystems mit den Strategien bzw. dem jeweiligen Wertschöpfungsmodell. Zweitens gelingt es nicht immer überzeugend, übergreifende Ziele in Einzelziele aufzuspalten. Sei es, weil kollektive Vorgaben sich nicht auf individuelle Vorgaben reduzieren lassen, sei es, weil eine hierarchische Zerlegung Schwierigkeiten bereitet. Drittens bestehen Messprobleme, die sich aus zeitlichen Verzögerungen zwischen Verhalten und Ergebnis ergeben. Oft vergeht eine längere Zeit, bis sich Resultate zeigen und selbst dann, wenn sie eintreten, ist nicht immer klar, ob sie auf das spezifische Verhalten oder auf andere Faktoren zurückzuführen sind. Viertens kann die Steuerungswirkung auch negative Konsequenzen nach sich ziehen. Wenn z. B. Führungskräfte nach kurzfristigen Zielvorgaben wie ROI, Cashflow etc. entlohnt werden, hat dies zur Folge, dass sie langfristige Investitionen (z. B. in F & E, Personal) reduzieren. Dies geschieht umso mehr, je kürzer ihre durchschnittliche Verweildauer in einem Unternehmen noch ist. In den USA liegt sie für das oberste Management mittlerweile bei weniger als vier Jahren, in West-Europa bei knapp sieben Jahren. Geht man daher auf zeitlich verzögerte Anreize über (wie z. B. Aktienoptionen, die erst nach einer bestimmten Zeitdauer ausgeübt werden können), so wird die Zurechnungsproblematik wieder aktuell, da dann nicht mehr sicher ist, ob ein bestimmter Aktienkurs auf das Verhalten der Führungskräfte oder anderer Faktoren zurückzuführen ist.

!

Fallbeispiel: Porsche

Interview mit Wendelin Wiedeking, Vorstandsvorsitzender der Porsche AG (SZ 19.2.00, S. 28):

SZ: Herr Wiedeking, Sie haben im Jahr 1992, als die meisten keinen Pfifferling mehr auf die weitere Selbstständigkeit des Unternehmens gewettet hätten, bei Porsche das Heft in die Hand genommen. Seitdem hat sich der Kurs der Porsche-Aktie verzwanzigfacht. Haben Sie sich rechtzeitig eingedeckt?

Wiedeking: Nein, ich habe mich nicht mit Porsche-Aktien eingedeckt. Ich habe sogar angeordnet, dass keiner unserer Führungskräfte Porsche-Aktien kaufen darf. Der Grund ist ganz einfach: Wer bei uns die Pläne für die künftigen Modellreihen oder die geplanten Resultate der Prozessoptimierung in allen Bereichen kennt, der kann sich leicht die Ergebnissteigerungen ausrechnen, die zwangsläufig zu höheren Kursen führen müssen. Dieses Insiderwissen ist, an der Börse genutzt, strafbar. Deswegen haben weder ich noch meine Vorstandskollegen noch die oberste Führungsebene Porsche-Aktien. Und das ist gut so.

SZ: Sie besitzen wirklich keine einzige Porsche-Aktie?

Wiedeking: Ich sagte es schon: Ich besitze nicht eine einzige Porsche-Aktie. Das hat auch etwas mit der Kultur zu tun. Wer Aktien von dem Unternehmen besitzt, für das er verantwortlich tätig ist, kann immer auch auf den Kurs Einfluss nehmen. Hinzu kommt, dass die Porsche-Aktie eine hohe Volatilität besitzt. Das heisst, schon mit relativ geringen Käufen oder Verkäufen kann der Kurs beeinflusst werden. Ich kann mir nicht vorstellen, dass eine solche Konstellation nicht auch Auswirkungen auf die Entscheidungen des Führungskaders eines Unternehmens hätte. Und aus diesem Grund bleibe ich dabei: keine Porsche-Aktien auf der Entscheidungsebene im Unternehmen.

SZ: Der Turn-Around, der Ihnen bei Porsche geglückt ist, sucht in der Autoindustrie seinesgleichen. Aber wäre er nicht noch spektakulärer ausgefallen, wenn Sie und die anderen Führungskräfte zusätzlich durch Aktienoptionen angefeuert worden wären?

Wiedeking: Ich glaube das nicht. Kurse können durch Vorgänge steigen, die mit den Entscheidungen des Vorstands nichts zu tun haben. In unserem Fall beispielsweise profitieren wir zwangsläufig immer auch von steigenden Dollarkursen, obwohl wir auf diese Entwicklung nun wahrlich keinen Einfluss nehmen können. Kurse fallen und steigen auch, wenn sich mit dem Unternehmen irgendwelche Erwartungen verbinden, die unter Umständen nicht einmal eine reale Grundlage haben. Nehmen Sie das Beispiel Mannesmann: Während der Übernahmeschlacht mit Vodafone hat sich der Mannesmann-Kurs mehr als verdoppelt, ohne dass sich substanziell etwas an dem Unternehmen geändert hat. Sicherlich gibt es Konstellationen, in denen Aktienoptionen auch Sinn machen. Aber jedenfalls nicht in einer Phase der Unternehmenssanierung.

Trotz dieser Probleme versuchen viele Unternehmen, ihre Anreiz- und Belohnungssysteme möglichst direkt an ihre offiziellen Ziele und Strategien zu koppeln. Variieren können sie dabei entlang folgender Parameter:

- Monetäre und nichtmonetäre Bestandteile (Soll die Honorierung nur aus Geld bzw. geldwerten Äquivalenten oder auch aus Anreizen wie Auszeichnungen, Beförderungen, etc. bestehen?)
- Fixe versus variable Entlohnung (Wie stark soll die Entlohnung leistungsabhängig sein?)
- Individuelle versus kollektive Zuordnung (Wird die Leistung des ganzen Teams berücksichtigt oder nur die individuelle?)
- Zeitpunkt der Entlohnung (Soll sie ausschließlich sofort oder auch mit zeitlicher Verzögerung erfolgen?)
- Zeitspanne der Zielsetzungen (An welchen kurz-, mittel- und langfristigen Zielen soll sie ausgerichtet sein?)
- Organisationale Differenzierung (Sollen die einzelnen Entlohnungsarten nach Hierarchieebenen unterschiedlich eingesetzt werden?)

Planungs- und Kontrollsysteme

Planungs- und Kontrollsysteme: Diese beiden Typen von Managementsystemen sind inhaltlich eng miteinander verbunden. Planung bedingt Kontrolle, um erstens zu erkennen, ob man sich in die angestrebte Richtung bewegt und zweitens, ob die eingesetzten Ressourcen effektiv und effizient eingesetzt werden. Kontrolle bedingt jedoch auch Planung, da eventuelle Abweichungen der Planung neue Impulse geben. Im Detail dienen diese Managementsysteme folgenden Zwecken[79]:

Zweck

- Gewährleistung der Wahrnehmung und Erkenntnis der Organisation in ihrem Umfeld
- Zukunftsbezogene Ausrichtung und Zielbestimmung
- Allokation von Ressourcen
- Überwachung und Lenkung
- Erhöhung der Lernfähigkeit
- Koordination und Orientierung der Teilsysteme

Besondere Bedeutung erhalten diese Managementsysteme durch die Tatsache, dass zur operativen Wirksamkeit strategischer Initiativen die Allokation von Ressourcen und die Kontrolle ihres Einsatzes unabdingbar sind. Strategien greifen im betrieblichen Alltag oft erst dann, wenn sie mit Entscheidungen über die Verteilung und Nutzung von Ressourcen einhergehen. Die Absicht beispielsweise, ein neues Marktsegment zu erschliessen, wird nur dann machbar, wenn für diese Aufgabe auch Ressourcen bereitgestellt werden.

Doch der Einsatz von Planungssystemen ist nur eine Möglichkeit um die Allokation von Ressourcen zu steuern und zu kontrollieren. Daneben bieten sich alternative Vorgehensweisen wie die Kontrolle durch direkte Überwachung, das Setzen von Performance-Zielen, die Nutzung sozialer oder kultureller Kontrollverfahren oder zuletzt die Einführung von Marktmechanismen zwischen den Bereichen eines Unternehmens. Welche Vorgehensweise gewählt wird, hängt nach Johnson/Scholes (2002) von zwei Punkten ab: Zum einen von der Veränderungsnotwendigkeit der betrieblichen Aktivitäten und zum anderen, wie zentral oder dezentral die einzelnen Teilbereiche arbeiten. Man vergleiche dazu Abbildung 4-46.

Planungs- und Kontrollsysteme sind i.Allg. umso wirkungsvoller, je detaillierter sie ausgestaltet sind[80]. Verbleiben ihre Vorgaben zu sehr in der Abstraktion, besteht die Gefahr, dass wenig Konkretes daraus abgeleitet und realisiert wird.

Zentralisierungsgrad \ Notwendigkeit zur Veränderung	gering	hoch
hoch	Top-Down Planung Regelbasierte Allokation Direkte Überwachung	Direkte Überwachung Vorgegebene Ziele
gering	Bottom-up Planung Aushandeln Performance Ziele Soziale/Kulturelle Kontrolle	Marktmechanismen Selbstkontrolle

Abb. 4-46: Ansätze zur Ressourcenallokation und Kontrolle

Zudem ist es für die Allokation von Ressourcen notwendig genau zu spezifizieren, wofür welche und wie viele Ressourcen verwendet werden. In der Praxis behilft man sich hier mit der Erstellung von Aktionsprogrammen und Budgets. *Aktionsprogramme* sind Maßnahmenpläne, die Auskunft über die als wichtig erachteten Projekte geben. Nach Hax/Majluf (1991) sollten sie enthalten:

Aktionsprogramme

- Verantwortliche Person und die weiteren Beteiligten
- Beschreibung des Vorhabens
- Aussage zur Priorität und zu den Auswirkungen auf die Wettbewerbsposition
- Geschätzte Erträge und Kosten
- Meilensteine und Endtermin
- Standards und Methoden der Erfolgskontrolle

Budgets

Um die Aktionsprogramme mit den erforderlichen Ressourcen »bestücken« zu können, bedient man sich *Budgets*. Dies sind Aufstellungen über Erträge und Kosten, die normalerweise für ein Jahr, nach Bedarf jedoch auch für mehrere Jahre erstellt werden. Die einzelnen Positionen werden hier detailliert aufgeführt. Kontrolliert wird, ob die Vorgaben eingehalten werden und – falls es zu Abweichungen kommt – warum dies der Fall ist. Da Budgets für die operative Arbeit genutzt werden, ist die Gefahr groß, dass dabei strategische Initiativen aus den Augen verloren werden. Es bietet sich daher an, auf Budgetebene eine Zweiteilung in strategische und operative Budgets vorzunehmen. Letztere sind z. B. Verkaufs- oder Produktionsbudgets, erstere beinhalten wichtige Projekte, die für das Unternehmen von übergreifender Bedeutung sind.

(4) Wissen

Wissen als zentrale unternehmerische Ressource zu verstehen, zollt der hohen Aufmerksamkeit Tribut, die diesem Thema für die Wettbewerbsfähigkeit von Unternehmen derzeit beigemessen wird. Je besser es Unternehmen gelingt, Wissen zu lokalisieren, gezielt einzusetzen und neu zu schaffen, desto mehr kann es sich – nach dieser Lesart – von seinen Konkurrenten nachhaltig absetzen.

Andererseits stellt sich jedoch die Frage, ob die Ressource »Wissen« überhaupt so klar erfasst, objektiviert und zielgerichtet gestaltet werden kann, wie dies für ein solches Unterfangen notwendig wäre. Wenn man z. B. Wissen als »justified, true beliefs« definiert, so sind all die Auffassungen oder Überzeugungen von Interesse, die intersubjektiv legitimiert und sich – zumindest vorläufig – als nicht falsch erwiesen haben. Eine intersubjektive Legitimation setzt jedoch immer einen gemeinsamen Kontext voraus und hier beginnt die eigentliche Problematik. Oft ist ein solcher nur bei einfachsten Verfahren und Prozeduren gegeben, hingegen wird es relativ rasch schwierig, wenn sozial und kulturell geprägte Weltsichten aufeinander prallen und eine intersubjektive Validierung nicht mehr möglich ist. Was als gerechtfertigt und legitim erachtet wird, ist nun einmal vom jeweiligen Kontext abhängig. Zudem ist oft erst im Nachhinein ersichtlich, welches Wissen für den Aufbau eines Wettbewerbsvorteils von Bedeutung gewesen wäre und welches nicht. Schwierig ist des Weiteren, dass die Auseinandersetzung mit Wissen ein Querschnittsthema darstellt, das sich durch alle Aktivitäten eines Unternehmens zieht. Wo hier die Grenzen zu ziehen sind und worauf man sich konkret konzentrieren sollte, ohne dass alles plötzlich relevant und »wissensverdächtig« wird, sind in der Praxis nicht einfach zu beantwortende Fragen. Im Folgenden werden wir uns schrittweise dem Phänomen »Wissen« nähern und folgende Themen näher betrachten:

- Wissensarten (welche Kategorien von Wissen lassen sich unterscheiden?)
- Wissensprozesse (Welche Prozesse sind im Umgang mit Wissen von Relevanz?)
- Wissensmanagement (Welche Ansätze bestehen, um Wissen zu gestalten?)

Wissensarten

Wissensarten: Blickt man in die Literatur, dann scheint Wissen nicht gleich Wissen zu sein. Um angemessen darüber sprechen zu können, werden verschiedene Arten von Wissen unterschieden. Wichtige Kategorien, die jeweils ihren spezifischen Blickwinkel auf den Begriff werfen, sind[81]:

- Explizites Wissen (explicit knowledge) bezeichnet all das, was kommunikativ, schriftlich oder grafisch ausgedrückt werden kann. Es ist artikulierbar und kann umfänglich erklärt werden.
- Implizites Wissen (tacit knowledge) weist im Gegensatz dazu darauf hin, dass es Wissensbestandteile gibt, die nicht klar explizierbar, jedoch gleichwohl vorhanden sind. So kann z. B. ein Athlet äußerst geschickt bei der Ausübung einer Sportart sein, ohne explizit darüber Auskunft geben zu können, wie dies gemacht werden kann. Er tut es einfach. Der Mensch weiß hier mehr, als er in Worten auszudrücken vermag.
- Verinnerlichtes Wissen (embodied knowledge) wird durch Erfahrung mit körperlicher Präsenz erzeugt und kann nur teilweise artikuliert werden. Es bezieht sich auf den Prozess der Wissensgenerierung, z. B. im Rahmen eines Projektes oder der Einübung einer Fertigkeit.
- Konzeptionelles Wissen (embrained knowledge) ist im Bereich der kognitiven Fähigkeiten angeordnet. Es erlaubt Muster zu erkennen, Basisannahmen zu überdenken, zu abstrahieren und zu synthetisieren.
- Sozial konstruiertes Wissen (embedded knowledge) hängt ebenfalls mit dem Prozess der Wissensgenerierung zusammen. Es ist vom jeweiligen Kontext abhängig und variiert daher situativ. Was in einem Kontext als relevantes Wissen gilt, kann in einem anderen Kontext als falsch oder irrelevant beurteilt werden.
- Ereigniswissen (event knowledge) umfasst Wissen über deutlich erkennbare Ergebnisse, während Prozesswissen (procedural knowledge) Wissen über Abläufe und Zusammenhänge enthält.

Schichtenmodell

Eine in sich geschlossene Begriffsdifferenzierung ist von Pautzke (1989) in seinem *Schichtenmodell* der organisatorischen Wissensbasis vorgelegt worden. Es zeigt, dass man der Vielschichtigkeit organisationalen Wissens nur gerecht wird, wenn man ein mindestens ebenso vielschichtiges Sprachspiel verwendet. Als organisatorische Wissensbasis bezeichnet Pautzke das Wissen, das den Mitgliedern einer Organisation im Prinzip verfügbar ist und damit die Chance hat, in organisationale Entscheidungen und Handlungen einzufließen. Pautzke differenziert in eine aktuelle Wissensbasis, die das der Organisation zugängliche Wissen enthält, sowie eine latente Wissensbasis, die das nicht direkt zugängliche, aber gleichwohl bestehende Wissen verkörpert (man beachte die Parallelität zur Zweiteilung in explizites und implizites Wissen). Die zentralen Aussagen des Schichtenmodells lauten nun, dass erstens verschiedene Wissensschichten existieren und dass zweitens sie die Entscheidungsprozesse in Organisationen in unterschiedlicher Ausprägung beeinflussen. In der aktuellen Wissensbasis finden sich folgende Schichten:

- Schicht 1: Wissen, das von allen Mitgliedern der Organisation geteilt wird
- Schicht 2: Wissen, das zwar individuell besteht, aber der Organisation zugänglich ist

Die latente Wissensbasis wird in die Schichten 3–5 eingeteilt:

- Schicht 3: Wissen, das der Organisation nicht zugänglich ist. Es setzt sich aus dem Wissen der einzelnen Organisationsmitglieder zusammen und stammt aus deren jeweiliger Lebenswelt.
- Schicht 4: Wissen der Umwelt, über das ein Metawissen in der Organisation besteht.
- Schicht 5: »Kosmisches Wissen«, das darauf hinweisen soll, dass die bisherigen Schichten 1–4 nur einen kleinen Teil des gesamten, jeweils möglichen Wissens repräsentieren.

Das von allen Mitgliedern der Organisation geteilte Wissen (Schicht 1), das den Kern des Modells ausmacht, ist also nur ein kleiner Teil des gesamten Wissensschatzes einer organisatorischen Wissensbasis. Der Zugang zu den anderen Wissensschichten ist zwar prinzipiell möglich, jedoch bestehen, wie Abbildung 4-47 zeigt, Zugangsbarrieren, die sowohl räumlicher als auch zeitlicher Natur sind.

Wissensprozesse: Um den Umgang von Unternehmen mit Wissen zu analysieren, bietet sich eine Einteilung in drei Prozesse an: Im Rahmen des ersten Prozesses wird das vorhandene Wissen in der Organisation lokalisiert und verortet, beim zweiten dorthin transferiert und eingesetzt, wo es benötigt wird und beim dritten kommt es zur Schaffung neuer Wissenselemente. Krogh/Ichijo/Nonaka (2000) sprechen hier von »Enabling knowlege creation«. In der Praxis erfolgen diese Prozesse jedoch weder zeitlich nacheinander noch unabhängig voneinander – es handelt sich also nur um eine analytische Trennung.

Lokalisierung von Wissen

Zur *Lokalisierung von Wissen* ist es erforderlich, Wissen sowohl zu definieren als auch zu verorten. Beides ist mit Schwierigkeiten verbunden. Ersteres, da viele Wissenskategorien – wie erwähnt – kontextabhängig sind und daher – wenn überhaupt – nur schlecht zu objektivieren sind. Zweitens, da Wissen oft nicht statisch zugeordnet, sondern ein relationales, sich dynamisch veränderndes Phänomen ist, das sich einer »Verdinglichung« entzieht. Pragmatisch geht man diese Probleme in der Praxis meist so an, dass nur lokalisiert wird, was sich auch einigermassen sinnvoll lokalisieren und beschreiben lässt und man sich dazu Indikatoren bedient, von denen man zwar nicht glaubt, dass sie eine objektive Messung ermöglichen, diese aber doch Anhaltspunkte und Tendenzaussagen liefern. Wis-

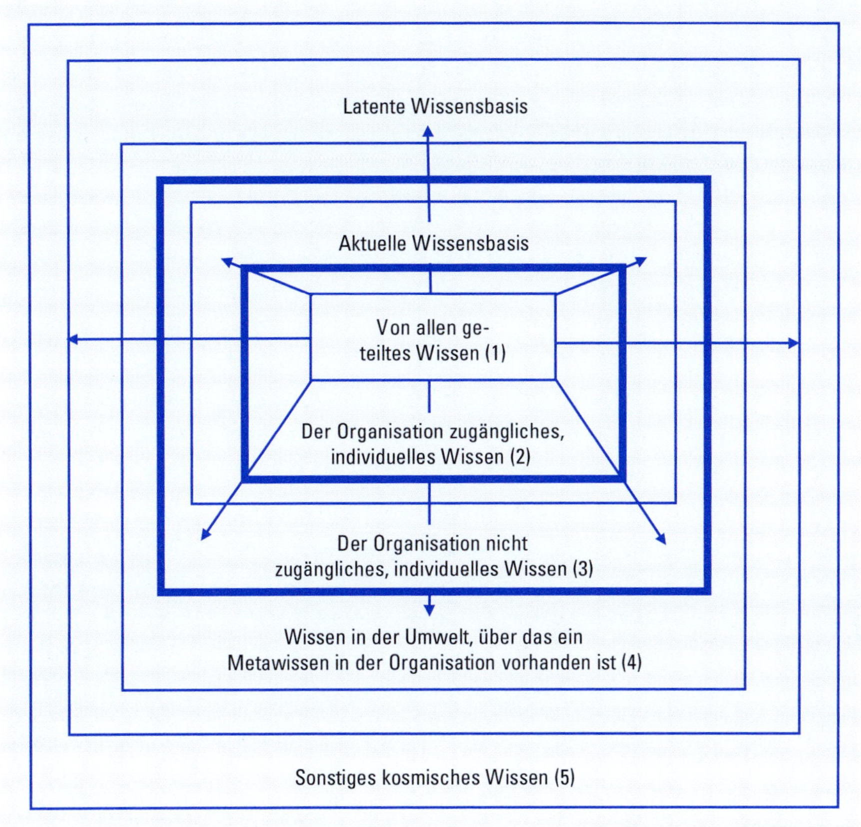

Abb. 4-47: Das Schichtenmodell der organisationalen Wissensbasis (Quelle: Pautzke 1989, S. 87)

sens-Audits, Datenbanken, gelbe Wissensseiten oder Scorecards sind Instrumente, die in diese Richtung weisen und intensiv eingesetzt werden.

Wissensübertragung

Um den Prozess der *Wissensübertragung* besser zu verstehen, haben Nonaka/Takeuchi (1995) einen Bezugsrahmen vorgeschlagen, der auf der Unterscheidung zwischen explizitem und implizitem Wissen basiert. Beide Kategorien werden jeweils matrixartig angeordnet, wodurch sich in Abbildung 4-48 vier Formen der Wissensübertragung ergeben:

- Bei der Sozialisation wird Wissen durch gemeinsam geteilte Erfahrungen ohne das Medium der Sprache übertragen. Implizite Wissensbestände werden hier implizit transferiert.

	zum impliziten Wissen	zum expliziten Wissen
Vom impliziten Wissen	**Sozialisation**	**Externalisierung**
Vom expliziten Wissen	**Internalisierung**	**Kombination**

Abb. 4-48: Formen der Wissensübertragung (Quelle: Nonaka/Takeuchi 1995, S. 71)

- Die Externalisierung folgt dem Modus »von implizit zu explizit« und erfolgt primär durch Metaphern und Analogien.
- Internalisierung liegt vor, wenn durch gemeinsame Handlungen und die Herausbildung von Routinen explizites Wissen zu implizitem Wissen wird. Was anfangs ausdrücklich diskutiert und geklärt werden musste, wird zur nicht mehr reflektierten Selbstverständlichkeit.
- Die Kombination zuletzt operiert nach dem Modus »von explizit zu explizit«. In schriftlichen und verbalen Kommunikationen »fliesst« Wissen zwischen den beteiligten Akteuren.

Generierung neuen Wissens

Organisatorische Lernprozesse

Die Generierung neuen Wissens wird bereits seit vielen Jahren unter dem Begriff des organisationalen Lernens diskutiert. Wegweisend waren hier die Arbeiten von Argyris/Schön (1978) bzw. die Unterscheidung verschiedener Lernprozesse. Ausgangspunkt ihrer Überlegungen ist die Kausalkette von handlungsleitenden Werten, den eingeschlagenen Handlungsstrategien und den sich daraus ergebenden Konsequenzen, die ein soziales System durchläuft:

- Beim »Single-Loop-Learning« kommt es auf Grund ungewollter Konsequenzen zu einer Veränderung der Handlungsstrategie. Die zu Grunde liegenden Werte und Normen bleiben unberührt. Lernen ist hier ein inkrementeller, routinemäßiger Prozess, durch den ein soziales System seine Stabilität in einer sich wandelnden Umwelt sichert. Die Feedbackschleife ist einfach, sie umfasst die Rückkopplung von den Konsequenzen zur dahinterliegenden Handlungsstrategie.
- Der zweite Lernprozess, das »Double-loop-Learning« ist hingegen weitreichender. Hier kommt es nicht nur zu einer Rückkopplung, die sich auf die Handlungsstrategie auswirkt, sondern über eine zweite Feedbackschleife werden auch die organisatorischen Werte und Normen Gegenstand eines Lernprozesses. Die Suche nach Neuem resultiert hier aus der Einsicht, dass die eingetretenen Konsequenzen nicht mehr mit dem bestehenden Werte- und Normenrepertoire in Einklang gebracht werden können.
- Das »Deutero Learning«, der dritte Lernprozess, umfasst die beiden vorherigen. Er ist auf der Metaebene angesiedelt und beinhaltet all die Lernprozesse, die die Fähigkeit zu Lernprozessen erster und zweiter Ordnung verbessern können. Er gibt damit einen übergeordneten Rahmen vor, innerhalb dessen sich die Lernprozesse niedriger Ordnung abspielen.

Wie in diesen Ausführungen bereits anklingt, kommt der zeitlichen Dimension bei der Generierung neuen Wissens eine besondere Bedeutung zu. Jede neue Erkenntnis wirkt auf eine Organisation zurück und wird zum Ausgangspunkt für Anschlussprozesse. Wissensgenerierung ist folglich nicht von außen induziert, sondern entsteht relativ autonom und aktiv aus der Eigendynamik einer Organisation heraus. Konsequent weitergedacht, ergibt sich daraus die Vorstellung von Lernzyklen, die über geschlossene Kausalschleifen verfügen. Miller (1986) hat hier ein Modell vorgeschlagen, das nicht nur durchgängig argumentiert, sondern auch die individuelle und kollektive Ebene miteinander in Beziehung setzt. Nach diesem Modell lösen individuelle Weltbilder individuelle Handlungen aus, die zu organisationalen Handlungen führen, die dann Umweltreaktionen erzeugen, die dann wieder auf die individuellen Weltbilder einwirken etc. – und den Lernzirkel vollenden. Bricht die Verbindung zwischen zwei der nacheinandergeschalteten

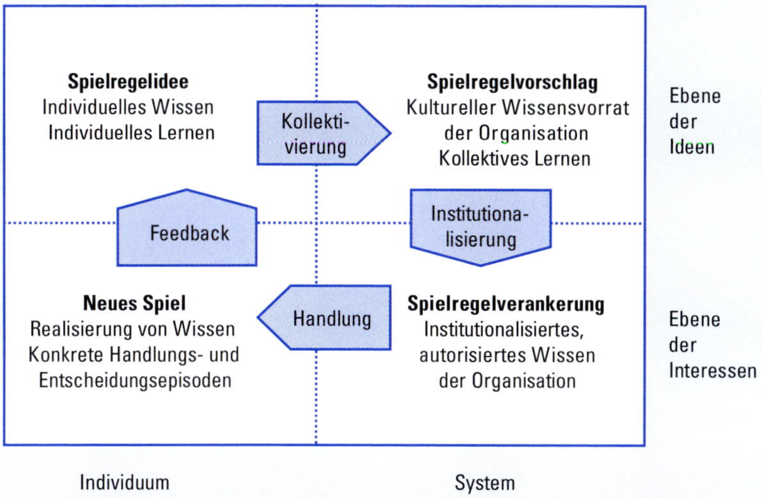

Abb. 4-49: Der organisatorische Lernzirkel (Quelle: Müller-Stewens/Pautzke 1991)

Elemente, dann kommt es zu Störungen und unvollständige Lernzyklen sind die Folge. Ein automatischer Lernerfolg ist also keineswegs gewährleistet.

Organisatorische Lernzirkel

Die Überlegungen Millers fortführend, entwickelten Müller-Stewens/Pautzke (1991) den in Abbildung 4-49 dargestellten *organisatorischen Lernzirkel*, der die Prozesse der Kollektivierung und Institutionalisierung explizit berücksichtigt. Auch sie gehen davon aus, dass individuelles Wissen und Lernen dazu führen, dass neue Ideen in Form neuer »Spielregeln« in die Organisation eingespeist werden. Sie werden zunächst kollektiviert und gehen in den kulturellen Wissensvorrat eines sozialen Systems über. In einem weiteren Schritt kommt es zur Institutionalisierung, d. h. der Trennung von verbindlich gültigem von nicht toleriertem Wissen. Dies hängt davon ab, ob die neuen Ideen auf dementsprechende Interessen stoßen. Diese offizielle Autorisierung von Wissen löst dann entsprechende Handlungs- und Entscheidungsepisoden aus, welche wiederum auf das Individuum als Feedback zurückwirken.

Wissensmanagement

Wissensmanagement: Während bislang einzelne Kategorien und Prozesse besprochen wurden, wendet sich das Wissensmanagement direkt Fragen der Gestaltung zu.[82] Ein anwendungsorientierter Bezugsrahmen ist von Probst et al. (1997) vorgelegt worden. Sie sehen die acht in Abbildung 4-50 dargestellten Bausteine, die prozessual aufeinander folgen: Bei der Festlegung der Wissensziele (1) empfehlen sie zunächst die Ausrichtung an einer organisationalen Kompetenz, die dem Unternehmen nachhaltige Wettbewerbsvorteile verschaffen soll. Bei der anschließenden Wissensidentifikation (2) sind interne und externe Quellen nach »Wissenswertem« zu durchforsten. Die hier gewonnenen Erkenntnisse führen zu einer systematischen Aneignung von Wissen, dem Wissenserwerb (3). Je nach Bedürfnis werden dann Programme zur Wissensentwicklung (4) definiert. Sie sind die eigentlichen »Motoren« beim Aufbau von Kompetenzen. Mit Hilfe dezentraler »Schaltzentralen« oder »Attraktoren« werden die dabei gewonnenen Erkenntnisse im Unternehmen an ihre jeweiligen Einsatzorte »transportiert«. Dabei ist darauf zu achten, dass es zu keinen Abflüssen oder Fehlverwendungen kommt. Maßnahmen zur Wissens(ver)teilung (5) und -bewahrung (6) sind

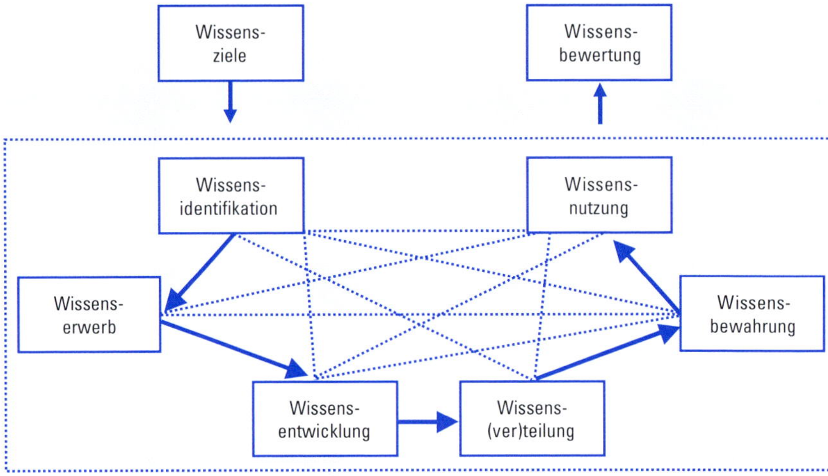

Abb. 4-50: Bausteine des Wissensmanagements (Probst/Raub/Romhardt 1997)

folglich zu berücksichtigen. Nach diesen Arbeiten kommt es zur eigentlichen Wissensnutzung (7). An sie schließt sich zuletzt die Wissensbewertung (8) an, in deren Verlauf ein Abgleich mit den eingangs festgelegten Wissenzielen stattfindet. Abweichungen führen dazu, dass der ganze Managementprozess von neuem beginnt.

Ressourcen
Die Zeitschrift »Wissensmangement« (www.wissensmangement.net) informiert Führungskräfte rund um das Thema »Wissensmanagement«. Das Internet-Portal dazu verfügt über eine Suchfunktion zur Datenbasis der Zeitschrift sowie über eine zweimonatliche Online-Ausgabe.

4.4.3 Ressourcenstrategien

Die Gestaltungsoptionen bei den Ressourcen beziehen sich – innerhalb unseres Bezugsrahmens – zum einen auf deren **Zusammensetzung** (Wie viel *Vielfalt* wird angestrebt? Wie eng/breit soll das mögliche *Einsatzspektrum* der Ressourcen sein?) und zum anderen auf deren **Interaktion** (Welcher *Vernetzungsgrad* wird zwischen den einzelnen Aktivitäten angestrebt? Wo befindet sich der *Auslöser* der Interaktionsprozesse?). Damit sind auch hier – wie bei den Aktivitätsstrategien – wieder vier Gestaltungsoptionen bzgl. ihrer Ausprägung zu bestimmen. Diese Entscheidungen betreffen jeweils eine bestimmte Ressourcenart. D.h. zuvor werden, bezogen auf den jeweiligen Anwendungsfall, die besonders kritischen Ressourcen ausgewählt werden, um dann jede mittels der vier Optionen zu hinterfragen und Gestaltungsentscheidungen zu treffen. Auch ist natürlich nicht jede der Gestaltungsdimensionen für jede Ressourcenart gleich relevant. So kann man sich z. B. bzgl. des Vernetzungsgrades stark auf die Ressource Informationen konzentrieren.

(1) Vielfalt (Zusammensetzung)

Eine Möglichkeit zur Beschreibung der Ressourcenzusammensetzung ist deren Vielfältigkeit. Wir unterscheiden dabei eine uniforme und eine diverse Struktur der jeweiligen Ressourcenart. Eine **uniforme** Zusammensetzung verweist auf eine hohe Einheitlichkeit bezogen auf ein betrachtetes Kriterium. Mit einer **diversen** Zusammensetzung haben wir es dagegen zu tun, wenn eine Vielzahl verschiedenartiger Ausprägungen einer Ressource anzutreffen ist.

Uniform versus divers

Die Diversität hat gegenüber der Uniformität ihren Preis in Form von Komplexitätskosten. Gleichzeitig ist die Diversität jedoch eine Antwort auf die zunehmende Komplexität der Außenstrukturen. Z.B. ist ein in immer mehr Ländern tätiges Unternehmen i.Allg. gut daran beraten, wenn die Vielfalt der in seiner Mitarbeiterschaft vertretenen Nationalitäten zunimmt, um besser mit den verschiedenartigen Ansprüchen aus den einzelnen Kulturkreisen umgehen zu können. Man versucht, der gewachsenen Außenkomplexität durch eine Erhöhung der Innenkomplexität zu begegnen. Vorteil einer uniformen Ressourcenausstattung ist dagegen ihre Beherrschbarkeit. Die Organisation verfügt über Erfahrung im Umgang mit diesen Ressourcen. I.Allg. können auch Skaleneffekte realisiert werden. Eine größere Vielfalt kann aber auch dann wieder wünschenswert erscheinen, wenn eine bestimmte Ressourcenkonzentration zu einer zu großen Abhängigkeit führt und man über die Diversität eine gewisse Risikostreuung sucht. Als Beispiel kann hier die Anzahl der Herkunftsländer von für die eigene Produktion kritischen Rohstoffen sein.

Bei einer uniformen Ressourcenzusammensetzung ist insbesondere die Fähigkeit gefragt, angesichts der vorgenommenen Fokusierung dann die geeignetste Ressource auszuwählen, die die Gefahren einer solchen Strategie möglichst weitgehend eliminiert. Diversität verlangt dagegen zum einen die Fähigkeit, überhaupt wahrzunehmen, wann die Notwendigkeit zu mehr Diversität besteht und welches Ausmaß dabei angebracht ist sowie die Fähigkeit zum Ungang mit einem dann oft sehr heterogenen Ressourcenbestand (z.B. Vielfalt verschiedener Finanzierungsquellen wie »Private equity«, »High yield debt« etc.). Im negativen Fall kann dies zu einem Kontrollverlust beim Management führen. Dieser Gefahr stehen, wie Abbildung 4-51 zeigt, eventuell eine zu geringe Problemlösungskapazität und eine zu große Abhängigkeit bei einer geringen Ressourcenvielfalt gegenüber.

Vielfalt	Uniform	Divers
Absichten	• Beherrschbarkeit; nicht zu kompliziert werden lassen • Realisierung von Scale-Effekten	• Begegnung von Komplexität • Erweiterung des Problemlösungsspektrums der Organisation • Risikostreuung
Konsequenzen	• Überschaubarkeit • Vertrautheit	• Wachsende Komplexitätskosten • Erhöhte Ansprüche an die Führung
Fähigkeiten	• Selektion • Komplexitätsreduktion	• »Awareness« für Bedarf an Diversität • Management von Diversität
Gefahren	• Zu geringe Problemlösungskapazität • Abhängigkeit	• Kontrollverlust • »Diversity-Overload«

Abb. 4-51: Optionen zur Vielfalt (uniform versus divers)

Wissensquelle:	Intern	Extern	Klienten
Wege und Mittel	• Interne Schulung • Computer Based Training • Knowledge X-Change • Arenen zum gezielten Aufbau von Wissen auf spezifischen Gebieten: - »Smart Stores« - »Center for Strategic Technology and Research« - »Solution Centers«	• Externe Schulung • Strategische Allianzen bzw. »knowledge links« • Einstellung von Mitarbeitern mit bestimmten Wissenspotentialen • Nutzung von Beratern mit Expertenwissen	• Lernen von Kunden bzw. durch Kunden und ihre Problemstellungen • Internes AC-Netzwerk (»Community of Practice«, Projektteam)
Erfolgsvoraussetzungen je Quelle	• Verteilung des Wissens, d.h. der Erkenntnisse und Erfahrungen in der gesamten Organisation • Umsetzung des neu erworbenen Wissens in Projekten	• Klares, an Wissenszielen orientiertes Suchprofil • Überprüfung der Kulturkompatibilität • Internalisierung statt lediglich Nutzung fremden Wissens • Klare, frühzeitige Zielabstimmung	• Auswahl der Kunden nicht nur nach Ertrags-, sondern auch nach Lernpotential • Explizieren der gemachten Erfahrungen
Allgemeine Erfolgsvoraussetzungen	• Realistische Potentialeinschätzung • Ständige Evaluation externer Wissenspoteniale	• Festlegung klarer Wissensziele • Etablierung von Transferkanälen	

Abb. 4-52: Wissensquellen bei ACCENTURE

Bei den Humanressourcen bezieht sich Diversität inbesondere auf deren kulturelle Herkunft und die einbringbare Expertise. Bei den Strukturen stellt sich die Frage, wie viel Vielfalt sie zulassen. Muss z.B. eine Aufbauorganisation in jedem Land, in dem ein international tätiger Konzern vertreten ist, den gleichen Prinzipien folgen? Bei den Managementsystemen ist Vielfalt wohl eher unerwünscht, da sie zu Widersprüchlichkeit führen könnte. Trotzdem entscheiden sich Unternehmen z.B. zu parallelen Formen der Rechnungslegung. So wird etwa zusätzlich nach US-GAAP bilanziert, um etwa der Forderung nach mehr internationaler Vergleichbarkeit des Abschlusses gerecht zu werden. Speziell beim Thema Wissen ist Diversität angesichts der Komplexität der meisten Problemstellungen etwas wünschenswertes. Abbildung 4-52 zeigt dazu die Struktur des Wissenserwerbs bei ACCENTURE.

(2) Einsatzspektrum (Zusammensetzung)

Spezialisiert versus universell

Mit dem Einsatzspektrum werden die Anwendungsmöglichkeiten betrieblicher Ressourcen aufgezeigt. Ist die Möglichkeit der Leistungsabgabe auf einige wenige Anwendungen begrenzt, so spricht man von einem **spezialisierten** Einsatzspektrum. Dies gilt z.B. für einen Arbeiter, der nur für einen ganz bestimmten Arbeitsvorgang angelernt wurde, oder aber für das Kapital, das z.B. nur für einen ganz speziellen Zweck als Bundeshilfe zur Verfügung gestellt wird. Mit dem Einsatz spezialisierter Ressourcen ist meist eine sehr stark fokussierte und klar vorgegebene Aufgabenstellung der Organisation verbunden.

Von der Konzentration einer Ressource auf eine hochspezialisierte Aufgabenstellung verspricht man sich Verbesserungen in der Leistung. Oft sind die Anforderungen an eine zu erbringende Leistung so hoch, dass man ihnen nur über eine möglichst weit reichende Spezialisierung gerecht werden kann. Der Aufwand der Spezialisierung lohnt sich allerdings nur dann, wenn die dazugehörige Aktivität häufig und lang genug ausgeführt werden kann, denn nur dann besteht Aussicht darauf, dass z.B. in der Produktion die mit einer Spezialisierung verbundenen hohen Rüstkosten und langen Amortisationszeiten der teuren Anlagen über Erfahrungskurveneffekte mehr als ausgeglichen werden.

Genau diese Spezialisierungsvorteile gibt ein Unternehmen weitgehend auf, wenn es ein **universelles** Einsatzspektrum seiner Ressourcen anstrebt. Damit möchte man zum einen wachsender Planungsunsicherheit gerecht werden, die das Risiko von Fehlinvestitionen in Ressourcen erhöht. Geringere Effizienz nimmt man zu Gunsten einer höheren Flexibilität in Kauf. Bei Humanressourcen sucht man die universelle Einsetzbarkeit allerdings auch im Sinne eines anzustrebenden Generalistentums: Entscheidungen im Speziellen sollen aus einem Verständnis für das Ganze heraus gefällt werden. Ein Instrument, wie z.B. die Job Rotation, soll diese vielfältigen Einblicke geben und führt im Nebeneffekt natürlich auch zu einem breiteren Einsatzspektrum. Ein breiteres Einsatzspektrum soll aber auch der Demotivation aus einer sehr spezialisierten Tätigkeit entgegenwirken (Job Enrichement).

Ab einer gewissen Dynamik der Märkte (z.B. in Form sehr unregelmäßiger Auftragseingänge) kann das Unternehmen mit seinem Leistungsangebot nur noch dann dieser Dynamik folgen, wenn es die Autonomie »an der Front«, d.h. auf der Arbeitsebene, steigert. Es wird aber nicht ausreichen, dass man diesen Kleingruppen mehr Verantwortung gibt. Denn sollen diese ihre sich häufig verändernden Aufgabenstellungen möglichst selbstorganisierend lösen, muss das Fähigkeitenspektrum jedes Mitglieds erweitert werden, sodass z.B. jeder für den anderen auch einmal einspringen kann.

Fallbeispiel: METTLER-TOLEDO
Um ihre Marktnähe zu verbessern hat der deutsche Waagenhersteller METTLER-TOLEDO die Arbeitsteilung in der Produktion nahezu aufgehoben. Aufträge werden eigenverantwortlichen Teams zugeordnet. Die Monteure in jeder Arbeitsgruppe beherrschen die Technik von mehr als 70% des Sortiments; d.h. Redundanzen bei den Mitarbeiterqualifikationen werden bewusst gewünscht. Dabei sind sie nicht nur für die vollständige Herstellung eines Gerätes zuständig, sondern auch für dessen Verpackung und Etikettierung. Einziger direkter Kunde der Produktion ist die zentrale Vertriebsorganisation. Oberste Zielgröße ist die Einhaltung des Liefertermins (bei gegebenen Qualitätsanforderungen).

Zu einem universellen Ressourceneinsatz gehört auch eine starke Orientierung der Leistungserstellung am Absatzmarkt und damit auch am Kunden. Dabei geht es nicht nur um die schnelle Anpassung auf erfolgte Veränderungen, sondern auch um den – bezogen auf zukünftige Erfolgspotenziale – antizipativ erfolgten Aufbau erforderlicher Fähigkeiten.

Damit werden auch gleichzeitig Gefahrenquellen aufgezeigt: Das mit dem Flexibilitätsziel verbundene Vorhalten der so vielfältig einsetzbaren Ressourcen kann schnell zu teuer werden: Insbesondere in Übergangsphasen sind Kapazitäten häufiger einmal weit zu wenig oder zu viel ausgelastet. Auch drohen derartige Unternehmen über die Zeit ihr Kostenbewusstsein zu verlieren, da ja ein wichtiges Ziel darin gesehen wird, für eventuell zu erwartende Variationen in den Leistungsanforderungen bereits gerüstet zu sein.

Sind Ressourcen hinsichtlich ihres Einsatz nicht genau spezifiziert, so kann es auch zu Verteilungskämpfen zwischen Bereichen kommen, die bestimmte Ressourcen gleichzeitig für sich beanspruchen. Ressortegoismus und Profitcenter-Denken könnten hier einer das Gesamte optimierenden Lösung im Wege stehen. Eine Politisierung der Problemlösung ist aber auch bei den Ansätzen zu erwarten, die selbstorganisierend arbeitenden Gruppen mehr Veranwortung zuweisen, denn dazu ist die Bereitschaft des Managements, selbst Macht abzugeben, Voraussetzung.

Alarmierend ist es für ein hier positioniertes Unternehmen, wenn es Markteintritte neuer Wettbewerber gibt, die mit Spezialisierungsvorteilen Kunden weglocken, die bislang die Effektivität der eigenen Ressourcen sicherstellten. Dies deutet darauf hin, dass die eigene Flexibilität zu teuer geworden ist, durch Bürokratie behindert wird oder dass sich sogar die Grundlagen des Wettbewerbs geändert haben. Konsequenz sollte eine Überarbeitung der eigenen Positionierung sein oder aber auch eine Repositionierung in Richtung Spezialisierung. Letzteres ist häufig dann empfehlenswert, wenn ein anfangs recht kleiner Markt sehr stark gewachsen ist und sich nun voneinander relativ unterschiedliche Teilmärkte gebildet haben, die nach einer differenzierteren Ausrichtung der Ressourcen verlangen.

Austrittsbarrieren

Größte Gefahrenquelle der Spezialisierung sind deren hohe Austrittsbarrieren. Die meisten Ressouren sind in ihrem Einsatz so hochgradig spezialisiert, dass sie kaum veräußerbar sind. Andere Investoren können sie – ohne größere Umrüstaktionen – kaum anwenden. Oft ist diese Spezialisierung sogar noch auf einige wenige Kunden ausgerichtet, von denen sich dann eine große Abhängigkeit ergibt. Dieses Risiko versucht man über Abnahmegarantien etwas abzuschwächen. Verbunden mit den hohen Austrittsbarrieren ist die geringe Flexibilität des Spezialisten bzgl. Änderungen in den Leistungsanforderungen. Auch wenn er selbst handeln könnte, »binden« ihn lange Amortisationsdauern an seine Ressourcen.

Heutige Märkte sind häufig durch eine zunehmende Stückelung der Nachfrage gekennzeichnet. So versucht z. B. der Handel seine Aufträge immer kleinzahliger zu zeichnen, um flexibel auf Änderungen des Endverbraucherverhaltens reagieren zu können. Auch wenn damit nicht unbedingt immer gleich Änderungen in den Leistungsanforderungen verbunden sein müssen, so bedroht diese Entwicklung zumindest die in der Produktion notwendigen »Economies of Scale«.

Grundsätzlich muss der Spezialist sehr sorgfältig seinen nachhaltigen Kostenvorteil im Auge behalten. Dabei müssen die Szenarien, die die Annahmen zu dieser Positionierung beinhalten, immer wieder kritisch hinterfragt werden: Worauf begründet sich der Kostenvorteil? Ist er durch Veränderungen in den Standortfaktoren gefährdet? Gibt es Trends in den Verfahrens- und Marktentwicklungen die verpasst wurden? Welche Konsequenzen sind damit verbunden?

Zusammenfassend zeigt Abbildung 4-53 nochmals die wichtigsten Vergleichsmerkmale zur Dimension des Einsatzspektrums.

Einsatzspektrum	Spezialisiert	Universell
Absichten	• Effizienzsteigerung • Erfahrungskurveneffekte	• Flexibilität gegenüber veränderten Leistungsanforderungen
Konsequenzen	• Modernste Ressourcen • Konfiguration des Ressourceneinsatzes am Kostenziel	• Akzeptanz von Redundanzen • Konfiguration des Ressourceneinsatzes am jeweiligen Auftrag
Fähigkeiten	• Selbstorganisation, Kostenbewusstsein • Standardisierung	• Anpassungsfähigkeit
Gefahren	• Hohe Austrittssbarrieren • Fehlende Planbarkeit der Nachfrage nach Ressourcen • Nachführung der Spezialisierung hält mit Veränderung der Aufgabenstellung nicht Schritt	• Bürokratie behindert Flexibilität • Verteilungskämpfe • Flexibilitätskosten übersteigen den Flexibilitätsnutzen • Fehlende Bereitschaft zur Abgabe von Macht nach unten

Abb. 4-53: Optionen zum Einsatzspektrum (spezialisiert versus universell)

(3) Vernetzungsgrad (Interaktion)

Ein Aspekt, den es bei der Gestaltung der Interaktion zwischen den Wertschöpfungsaktivitäten zu berücksichtigen gilt, ist der Vernetzungsgrad: Auf welche Art und Weise wird der Leistungsprozess mit den notwendigen Ressourcen versorgt? Wie intensiv sind die einzelnen Aktivitäten im Leistungsprozess miteinander verkoppelt? Wie werden externe Leistungserbringer in den Leistungsprozess eingebunden? Letztere Frage stellt sich insbesondere vor dem Hintergrund einer immer geringeren Wertschöpfungstiefe bzw. dem Trend zum Outsourcing.

Isoliert versus verkoppelt

Bei einem geringen Vernetzungsgrad stehen die einzelnen Wertschöpfungsaktivitäten relativ *isoliert* nebeneinander: Weder intern sind die Prozesse besonders vernetzt, noch will man sich in keine großen Abhängigkeiten über eine Vernetzung mit Externen begeben. Die direkte Kontrolle der relevanten Aktivitäten über die Hierarchie ist dabei häufig mit ein Ziel. Auch scheut man die hohen IT-Investitionen. Konsequenz daraus ist häufig die Notwendigkeit zu einer hohen vertikalen Integration. Das Unternehmen muss dann auch über ein breites Fähigkeitenspektrum verfügen, um überall wettbewerbsfähig zu sein. Gelingt dies nicht, droht ein Verlust auch Wettbewerbsfähigkeit.

Bei einem hohen Vernetzungsgrad werden die einzelnen Wertschöpfungsaktivitäten intern wie auch extern stark miteinander *verkoppelt*. Ziel ist es oft dabei, sich auf die eigenen Kernkompetenzen konzentrieren zu können und trotzdem gegenüber dem Kunden wie ein Unternehmen zu erscheinen. Man erhofft sich daraus auch eine Effizienzsteigerung (Zeit, Kosten). Konsequenz daraus sind meist hohe Investitionen in Informations- und Kommunikationstechnologie. Dazu bedarf es auch der entsprechenden Fähigkeiten: IT, Management von Partner-Netzwerken und die Herstellung von Transparenz entlang der Prozesskette.

Je enger die einzelnen Aktivitäten allerdings miteinander verkoppelt sind, desto stärker sind sie auch voneinander abhängig. Kommt es zu Störungen in einem Bereich, so sind die nachfolgenden Aktivitäten dadurch unmittelbar beeinträchtigt (»Domino-Effekt«). Ist die Kopplung hingegen lockerer und bestehen

Ausweichmöglichkeiten oder zeitliche Puffer, so gewinnt das Wertschöpfungsmodell zwar an Stabilität, verliert jedoch an Stringenz und oft auch an Effizienz.

In Abbildung 4-54 werden die beiden Optionen nochmals einander gegenübergestellt.

Abb. 4-54: Optionen zum Vernetzungsgrad (isoliert versus verkoppelt)

Vernetzung	Isoliert	Verkoppelt
Absichten	• Keine zu grossen Abhängigkeiten • Kontrolle über den Prozess	• Effizienzvorteile (Zeit, Kosten) • Konzentration auf Kernkompetenzen
Konsequenzen	• Hohe vertikale Integration	• Hohe Investitionen in IT
Fähigkeiten	• Breites Fähigkeitenspektrum • Führung über die Hierarchie	• IT • Kooperationsmanagement • Herstellung von Transparenz
Gefahren	• Rückläufige Wettbewerbsfähigkeit • Überkreuzfinanzierung	• Störanfälligkeit • Zu große externe Abhängigkeit

Die Frage nach dem richtigen Vernetzungsgrad kann nun wieder bezogen auf jede Ressourcenart gestellt werden: Sollen z.B. unsere Führungskräfte über laterale Strukuren besser informell, über die Bereichsgrenzen der Aufbauorganisation hinweg, vernetzt werden? Könnte dies z.B. durch die Gründung eines »Alumni-Clubs« aus den Jahrgangsabsolventen zentraler Management-Development-Programme geschehen oder durch die Einrichtung themenbezogener Arbeitsgruppen in der Aufbauorganisation (z.B. durch ein »Quality Council«)?

Business-Networking

Die Frage nach der Vernetzung stellt sich aber insbesondere in Bezug auf die Ressource Informationen. In sehr wettbewerbsintensiven Branchen stellt sich die im Prinzip paradoxe Herausforderung, einerseits alles, was nicht Kernkompetenz ist, auszulagern und andererseits die einzelnen in- und externen Wertschöpfungsaktivitäten und -partner über eine entsprechende »*Business-Networking-Strategie*«[83] zumindest so miteinander zu verkoppeln, wie es einem hoch integrierten Unternehmen entspräche.

!

Fallbeispiel: Diamond Multimedia Systems Inc

Die in San Jose in den USA angesiedelte Diamond Multimedia Systems Inc. ist ein Hersteller von Multimediageräten für Computer. 1998 führte man »RIO« ein, ein Gerät zum Speichern und Abspielen von Musik unter Verwendung des MP3-Formats, das normalerweise vom Internet heruntergeladen wird. Bis zu diesem Zeitpunkt verfügte Diamond lediglich über einen Online-Shop, man wusste aber, dass die umgehende und fehlerlose Auslieferung der Produkte zu einem kritischen Erfolgsfaktoren von Unternehmen werden wird, die über das Internet verkaufen. Da dies aber nicht die eigene Kompetenz darstellt, wandte man sich an Skyway, ein spezialisiertes Logistikunternehmen, das auch für Dell, Cisco, Compaq, Hewlett Packard etc. arbeitet. Mit ihrer »Concerto Suite« bietet Skyway eine voll mit Diamond vernetzbare elektronische Unterstützung für die Nachfrageplanung, das Lagermanagement und die Auslieferungsüberwachung an. Durch dieses Outsourcing der Transaktionsinfrastruktur ist es es Diamond möglich, sich auf die Entwicklung und Produktion des RIO zu konzentrieren und gleichzeitig marktgerecht zu liefern.

Mit einer zunehmenden Virtualisierung der Organisation wird der Anteil der extern erbrachten Aktivitäten, die mit dem internen Leistungsprozess zu koordinieren sind, immer dominanter und insbesondere die informationstechnische Vernetzung immer erfolgskritischer.

Fallbeispiel: ENBA
ENBA[84] ist ein in Dublin angesiedelter Start-up, der Internet-basierte Finanzdienstleistungen anbietet, dabei allerdings eine äußerst geringe Wertschöpfungstiefe aufweist. ENBA arbeitet mit einer ausgewählten Gruppe international reputierter Partnerunternehmen zusammen, von denen jedes auf Grund seiner speziellen Expertise ausgewählt wurde. So übernimmt z.B. die ROYAL BANK OF SCOTLAND das »Clearing & Settlement«, die MERCHANTS GROUP ist für das Call Center verantwortlich, Aufträge zu Akientransaktionen werden an DRESDNER KLEINWORT BENSON weitergeleitet. Alle Prozesse laufen über das Internet und werden über begleitende Informationssysteme gesteuert und kontrolliert. Damit wird es den Kunden auch leicht gemacht, ihre Konten selbst zu verwalten, Transaktionsaufträge zu geben und sie in ihrem Gang zu verfolgen. Dadurch wird es ENBA wiederum möglich, z.B. Aufträge für Aktientransaktionen 50 % billiger anzubieten, als die meisten Wettbewerber.

Besonders wichtige informationstechnische Vernetzungsfelder sind demnach die Beziehungen zu den Kunden, den Lieferanten bzw. Netzwerk- und Outsourcing-Partnern. Die Vernetzung wird dabei wiederum entlang der Prozessaktivitäten strukturiert, über die die jeweilige Stakeholder-Relations-Strategie umgesetzt wird. In Richtung Kunde ist es z.B. der Zyklus Marketing, Angebot & Auswahl, Kauf und After Sales. Dabei kann die Transaktionsbeziehung zwischen Kunden und Lieferanten (Information, Vertragsgestaltung, Vollzug) auf einer *E-Commerce*-Plattform gestaltet werden.

Fallbeispiel: BLAUPUNKT
BLAUPUNKT[85] ist ein auf die Herstellung von Autokommunikationssystemen (Autoradios, Verkehrsleitsysteme, etc.) spezialisiertes deutsches Unternehmen. 1998 führte man Blaupunkt Extr@Net ein, wo Spezialhändler und andere Kunden einen Internet-basierten Katalog vorfinden, über den sie sich zu Produkten, Preisen, Lieferbedingungen etc. informieren können und den man sich auch auf den eigenen Computer herunterladen kann. Natürlich kann hierüber auch elektronisch bestellt werden, was BLAUPUNKT die manuelle Bearbeitungskosten reduziert und dem Kunden die Auftragskosten erspart.

Natürlich wird der informationtechnologische Vernetzungsgrad immer noch erheblich limitiert durch die Unterschiede bei den Zugangsmöglichkeiten und dem Verbreitungsgrad des Internets. Teilweise ist der unbegrenzte Zugang politisch (noch) nicht gewollt (Beispiel China), teilweise zeigen sich aber immer noch große Unterschiede bei der Ausstattung mit der notwendigen Infrastruktur in den einzelnen Ländern. Während bei der Internet-Nutzung – und damit auch beim E-Commerce – die USA klar führend ist, trifft man in Europa ein klares Nord-Süd-Gefälle an. Auf Grund der höheren Mobiltelefonpenetration in Europa im Vergleich zu den USA, hofft man in Europa gegenüber den USA über den *M-Commerce* (»mobile commerce«, der auf der neuen Handy-Generation mit Internetzugang basiert) aufzuholen. Doch dies hat aufgrund der wirtschaftlichen Entwicklung in 2001/2002 vorerst alles einen deutlichen Rückschlag erhalten. M-Commerce

(4) Auslöser (Interaktion)

Pull- versus Push-Prinzip

Hinsichtlich der Interaktion der Wertschöpfungsaktivitäten kommt auch der Frage Bedeutung zu, von wo und wie die Impulse ausgehen, die ein Wertschöpfungsmodell antreiben. Zwei Extrempositionen lassen sich unterscheiden: So kann einerseits nach dem *Pull-Prinzip* gearbeitet werden, d.h. ein Wertschöpfungselement wird nur dann aktiv, wenn es von einem oder mehreren anderen einen Impuls erfährt. Ist es beispielsweise einer Werbeagentur gelungen einen Auftrag zu erhalten, so löst dies eine Reihe von Folgeaktivitäten aus: Zuerst wird das Projekt zeitlich geplant und mit Meilensteinen versehen, mit geeigneten Mitarbeitern und Ressourcen ausgestattet, dann beginnt die eigentliche Projektarbeit, die Ergebnisse werden präsentiert und am Ende steht der Versuch Nachfolgeaufträge zu erhalten. Im Gegensatz dazu steht das *Push-Prinzip*. Hier sind die einzelnen Wertschöpfungselemente von sich aus kontinuierlich eigenständig aktiv und produzieren ihre jeweilige Leistung. Beispiel sind hier Unternehmen, bei denen nach traditionellen Verfahren auf der Basis von Marktprognosen auf Vorrat (eine optimale Losgröße an Produkten) produziert wird. Bei Massenartikeln wie Butter, Milch etc. wartet man in aller Regel nicht auf einzelne Aufträge, sondern produziert und vermarktet die Erzeugnisse fortlaufend.

Das Push-Prinzip setzt die Fähigkeit zur Einschätzung der Nachfrage und zur aktiven Marktbearbeitung voraus. Gefahr ist, dass dabei am Bedarf vorbei produziert wird. Beim Pull-Prinzip werden hohe Anforderungen an die informationstechnologische Unterstützung des Interaktionsprozesses und an die logistische Zuverlässigkeit und Flexibilität gestellt. Zusammenfassend sind beide Optionen in Abbildung 4-55 einander gegenüber gestellt.

Betrachtet man beispielsweise die Humanressourcen und dort die Personalbeschaffung, so schreiben einige Unternehmen Mitarbeiterstellen nur dann aus, wenn sie frei oder neu geschaffen werden (Pull). Im Gegensatz hierzu können z.B. Nachwuchskräfte auch angesichts einer zukünftig zu erwartenden Nachfrage (z.B. Führungskräfte) oder Angebotsverknappung (z.B. Informatiker) nach dem Push-Prinzip angestellt werden.

Auslöser	Push	Pull
Absichten	• Vermeidung von Ressourcenangebotslücken bei zukünftigem Bedarf • Gezielte Bearbeitung angenommener Marktpotenziale • Ausnutzung optimaler Losgrößen	• Vermeidung unnützer Ressourcenbereitstellung • Reduktion von Lagerkosten durch Just-in-time-Anlieferung • Kurze Lieferzeiten
Konsequenzen	• Bereitstellung der Ressource auf Grund potenzieller Nachfrage • Leistungslieferant als Auslöser	• Bereitstellung der Ressource auf Grund einer bestehenden Nachfrage • Leistungskunde als Auslöser
Fähigkeiten	• Hohe Prognosefähigkeit des Bedarfs • Marktbearbeitung	• Hohe Flexibilität zur kurzfristigen Bearbeitung von Nachfrage (Logistik etc.) • Lieferantenkoordination
Gefahren	• Ressourcenbereitstellung am Bedarf vorbei	• Zu hohe Flexibilitätskosten • Kurzfristig auftretender Bedarf kann nicht gedeckt werden.

Abb. 4-55: Optionen zum Auslöser (Push versus Pull)

Aktivitätsstrategie:			
1	Konzeption	einfach	komplex
2	Tiefe	Autarkie	Verbund
3	Fokus	Kostenmin.	Nutzenopt.
4	Neuerung	Imitation	Innovation
Ressourcenstrategie:			
5	Vielfalt	uniform	divers
6	Einsatzspektrum	generalisiert	spezialisiert
7	Vernetzung	isoliert	verkoppelt
8	Auslöser	Push	Pull

Abb. 4-56: Optionenrahmen der Wertschöpfungsarbeit

Auch die Interaktion mit den Lieferanten kann bezogen auf Vorprodukte entweder dem Pull-oder Push-Prinzip folgen. Liefert z.B. ein Sitzehersteller Just-in-time an das Montageband eines Herstellers, so wurde der Prozess durch die mit einem bestimmten, in Produktion gegangenen Auftrag verbundene Disposition ausgelöst (Pull). Umgekehrt gibt es Beschaffungsvorgänge, bei denen Lieferanten regelmäßig ihre Kunden besuchen und man dort auf Vorrat ordert (z.B. im Textilhandel).

Ähnliches kann zur Versorgung mit der Ressource »Informationen« ausgeführt werden. Bestimmte Informationsvorgänge werden als Holschuld betrachtet, also vom Nutzer ausgelöst und abgerufen (Pull), andere erfolgen automatisch und periodisch (Push).

Damit ist die Darstellung der Gestaltungsdimensionen der Wertschöpfungsarbeit abgeschlossen. Zusammenfassend können sie wieder in einem Optionenrahmen in Abbildung 4-56 dargestellt werden. In diesen können z.B. Ist- und Soll-Profil für ein Geschäft eingetragen werden.

Workshop

- Versuchen Sie den Optionenrahmen der Wertschöpfungsarbeit aus Abbildung 4-56 auf Ihr Geschäft anzuwenden. Bei den Ressourcenstrategien sollten Sie vorher entschieden haben, welche Ressource(n) Sie meinen, d.h. welche strategisch von herausragender Relevanz sind. Entwerfen Sie ein Ist- und Sollprofil in diesem Bezugsrahmen. Welcher Initiativen bedarf es genau, um vom Ist zum Soll zu kommen?

Zusammenfassung

- Die Optionen für strategische Wertschöpfungsprogramme werden unterschieden in Optionen zur Konzeption der *Aktivitäten* im Wertschöpfungsmodell sowie Optionen zu den im Wertschöpfungsprozess zum Einsatz kommenden *Ressourcen.*
- Es stehen vier Dimensionen für Optionen zu den Aktivitätsstrategien zur Auswahl: Konzeption, Tiefe, Fokus und Neuerung.
- Vier Ressourcenarten sind von besonderer Bedeutung für den Erfolg von Wertschöpfungsstrategien: Mitarbeiter, Strukturen, Managementsysteme und Wissen.
- Es stehen vier Dimensionen für Optionen zu den Ressourcenstrategien zur Auswahl: Vielfalt, Einsatzspektrum, Vernetzung und Auslöser.

Lernkontrolle

1. Was spricht für bzw. gegen einen komplexen Aufbau des Wertschöpfungsmodells eines Geschäfts?
2. In welche Richtung geht heute der Trend bzgl. des Ausmaßes vertikaler Integration eines Geschäfts? Warum? Worin bestehen die Vor- und Nachteile einer niedrigen vertikalen Integration der Wertschöpfung?
3. Auf was ist die Nutzenoptimierung im Unterschied zur Kostenoptimierung als Fokus der Wertschöpfung ausgerichtet?
4. Was versteht man unter dem so genannten »First Mover Advantage«?
5. Was versteht man unter einer »Killer-Applikation«?
6. Worin sieht man heute die Rolle eines strategischen Personalmanagements? Was sind seine zentralen Funktionen?
7. Was beinhaltet der Begriff »Strategic Leadership«?
8. Welche Vor- und Nachteile weisen die verschiedenen Typen von Aufbaustrukturen auf?
9. In welche fünf Bausteine hat Mintzberg (1979) die Aufbauorganisation eines Unternehmens zerlegt, um daraus sechs verschiedene Konfigurationstypen abzuleiten? Welche sechs Typen sind dies?
10. Welche Zwecksetzungen verfolgt man mit Planungs- und Kontrollsystemen?
11. Wie läuft der Prozess der Wissensübertragung nach Nonaka/Takeuchi (1995) ab? Was unterscheidet diese Sichtweise vom »organisatorischen Lernzirkel«?

4.5 Funktionalstrategien (Gestaltung IV)

In jeder Organisation gibt es die Notwendigkeit, gleichartige Tätigkeiten zu koordinieren, um sie wirkungsvoller betreiben zu können. Dies gilt zum einen in Richtung administrativer Aufgaben, wie etwa das Controlling oder das Personalwesen. Wir sprechen hier von *unterstützenden Funktionen*. Zum anderen gilt dies aber auch hinsichtlich von Aktivitäten, die direkt im operativen Leistungsprozess (entlang der Wertkette) erbracht werden müssen. Hat man es z. B. mit einem Industriebetrieb zu tun, so trifft man in den meisten Fällen für diese *Primärfunktionen*[86] eigenständige Organisationseinheiten wie »Beschaffung«, »Produktion« oder »Marketing« an.

Funktionalbereiche als Orte des »laufenden Betriebs«

Die mit derartigen Funktionen verbundenen Aufgaben können speziell dafür eingerichteten Organisationseinheiten, die so genannten *Funktionalbereiche*, übertragen werden. Diese Funktionalbereiche sind in den meisten Unternehmen die Orte des täglichen Handelns, wo der »laufende Betrieb« stattfindet. In ihnen sind die für den Wertschöpfungsprozess erforderlichen Kapazitäten »beheimatet«; in ihnen werden die Aktivitäten ausgelöst, die zur Leistungserstellung erforderlich sind.

Einerseits sollten die in den Funktionalbereichen in Form von operativen Routinen ablaufenden Prozesse die umgesetzten Strategien widerspiegeln. Hier obliegt es dem *operativen Management*, für diese Funktionalbereiche aus den Strategien abgeleitete Ziele und Maßnahmenkataloge (Art, Menge, Zeit, Ort) zu entwickeln und deren Umsetzung zu überwachen.

Strategische Fragestellungen

Andererseits sind mit den einzelnen Funktionen auch eine ganze Reihe strategischer Fragestellungen verknüpft. Sie betreffen das Management der einem Funktionsbereich zugerechneten Erfolgspotenziale. So ist z.B. im Bereich Forschung & Entwicklung darüber zu entscheiden, in welches Portfolio von Technologien eine Organisationseinheit investieren möchte. Oder es ist die Frage des Verhältnisses zwischen angewandter Forschung und Grundlagenforschung zu klären. Oder im Bereich der Beschaffung bedarf es einer Entscheidung, ob man bei der Anlieferung von Vorprodukten ein Just-in-time-Konzept mit den Lieferanten vereinbaren will oder nicht. Derartige Fragen finden ihre Beantwortung bei der Entwicklung von *Funktionalstrategien.*

Der Charakter und der Stellenwert von Funktionalstrategien hat sich in Relation zu den in Abschnitt 1.2.4 dargestellten Strategien der vier anderen Gestaltungsobjekte (Unternehmen, Geschäftseinheit, Netzwerk, Issue) deutlich geändert. Die Funktionalbereiche konnten in Zeiten, als die meisten Unternehmen nur in einem Geschäftsfeld tätig waren, eine starke Machtposition entfalten. Die meisten Aufbauorganisationen waren hier direkt unterhalb der Geschäftsleitungsfunktionen nach den für das Unternehmen wichtigsten Primärfunktionen untergliedert (*Funktionalorganisation*).[87] Die damit verbundene Machtanhäufung führte oft zu einer beträchtlichen Eigendynamik und Suboptimierung dieser Bereiche. Disfunktionalitäten im Fertigungsprozess hatten nicht selten ihre Ursache darin, dass diese Funktionsbereiche nicht in der Lage waren, ihre Schnittstellen effizient zu gestalten. Auch fehlte es an der Bereitschaft mancher funktionaler »Stammesfürsten«, sich auf die Interessen eines benachbarten Funktionsbereiches einzulassen. Vorteil dieser Organisationsform war es jedoch, dass die Funktionen gesamthaft optimiert werden konnten.

Machtverlust der Funktionsbereiche

Doch in den letzten Jahren kam es schrittweise zu einer Entmachtung der Funktionsbereiche: Der erste Schritt war die Einführung von *Geschäftsbereichsorganisationen* in diversifizierten Unternehmen, d.h. die funktionale Gliederung wurde in der Aufbauorganisation meist auf die zweite Ebene verdrängt. Der zweite Schritt war die Einführung der *Prozessorganisation*, der integrierten Betrachtung aller in einem Leistungsprozess zum Zuge kommenden Funktionsbereiche.

Integrationsfunktion der Prozessorganisation

Damit ist das Pendel des Spannungsfeldes in das andere Extrem ausgeschlagen: Während zuvor die Funktionalbereiche optimiert werden konnten und dies zu Suboptimierungen bei den Prozessen führte, hat man nun – angesichts der Optimierung der Geschäfte und dort der Geschäftsprozesse – die Suboptimierungseffekte auf Seiten der Funktionsbereiche. Man stelle sich nur einen stark diversifizierten Pharmakonzern vor, in dem jede strategische Geschäftseinheit ihre eigene Grundlagenforschung betreibt. Es ist also durchaus denkbar, dass sich das Pendel eines Tages wieder in die Gegenrichtung bewegen wird, was dann häufig zuerst in Mischformen stattfindet. So behilft man sich schon heute damit, dass bestimmte Aktivitäten eines Funktionsbereichs zumindest teilweise zentral betrieben werden. So richteten manche Unternehmen z.B. eine zentrale Grundlagenforschung ein oder forcierten eine globale Beschaffung für den Einkauf von IT-Infrastrukturen, während der Rest des Einkaufs über die Geschäftseinheiten läuft. Ein solcher, mehr zentralistischer Ansatz muss allerdings nicht bedeuten, dass diese Aktivität nun durch die Zentrale selbst durchgeführt wird. Man kann eine zentrale funktionale Verantwortung z.B. auch in die Hände und an den Ort einer der Geschäftseinheiten geben.

Gefahr der Suboptimierung bei den Funktionen

Zentralisierung außerhalb der Zentrale

Diese aufbauorganisatorische »Entmachtung« der Funktionsbereiche darf nun nicht dahingehend missverstanden werden, dass die Funktionsbereiche bzw. die Funktionalstrategien weniger wichtig für den Erfolg eines Unternehmens geworden sind. Man denke z.B. an die zentrale Bedeutung, welche die Beschaffungsstrategie mit einer offensichtlich perfekt funktionierenden Supply-Chain für den kometenhaften Aufstieg von CISCO hatte. Die Funktionsbereiche sind und bleiben derjenige Ort, an dem sich definiert, was das tägliche Handeln einer Organisation ist, wo sich z.B. gerade jetzt entscheidet, ob man einem Kunden eine geeignete Technologie zur Lösung seines Problems anzubieten vermag oder welchem Lieferanten man die Rolle eines Systemlieferanten anbieten möchte. Auch sind besondere Kompetenzen der Mitarbeiter oft an bestimmte Berufsstände gebunden, die ihre »Zunft« wohl am ehesten in den Funktionalbereichen sehen. Damit wollen wir allerdings nicht sagen, dass im konkreten Fall jedem Funktionalbereich die gleiche Bedeutung zukommt. Auch hier zählt die Fähigkeit, die Schwerpunkte richtig zu setzen.

Zusammenfassend kann gesagt werden, dass die Funktionalbereiche zwar an Macht verloren haben, dass dadurch aber die Bedeutung der Funktionalstrategien als integraler Bestandteil eines Strategischen Managements sich nicht wesentlich verändert hat. Nach wie vor gibt es eine ganze Reihe strategischer Fragestellungen, die im Prinzip nur aus einer funktionalen Sicht adäquat zu beantworten sind. Es ist sogar so, dass durch diese aufbauorganisatorische »Zersplitterung« der Funktionalbereiche auf die Geschäftssparten die dazugehörige strategische Managementaufgabe eher anspruchsvoller geworden ist. Deshalb wollen wir im zweiten Abschnitt die Anforderungen, die heute durch Funktionalstrategien zu erfüllen sind, etwas näher betrachten. Davor soll jedoch noch exemplarisch aufgezeigt werden, welche Fragestellungen Gegenstand der Entwicklung ausgewählter Funktionalstrategien sein können.

Fallbeispiel: Funktionalstrategien bei CIBA SPECIALTY CHEMICALS[88] (12/01) »We create effects to improve the quality of life.« Dies ist die Vison der CIBA SPECIALTY CHEMICALS (www.cibasc.com). Durch den Einsatz chemischer Verfahren will man das Erscheinungsbild und die Leistung von Produkten verbessern. In der strategischen Geschäftseinheit »Coating Effects« etwa soll durch Beschichtungen erreicht werden, dass Produkte farbiger, dauerhafter, stabiler etc. erscheinen. Im Jahr 2000 erzielte das Unternehmen einen Umsatz von 7.9 Mrd. CHF.

Im Mission Statement heißt es: »Ciba Specialty Chemicals is a global leader, committed to be number one in all our chosen markets. We strive to be the partner of choice for customers seeking innovative effects to enhance the performance of their products. We endeavor to be the employer of choice for the best people. We are determined to create value for our shareholders.« Zusätzlich werden vier zentrale Werte normativ hervorgehoben: »Performance, Customer first, Innovation, Leadership, Sustainability«.

Zwei Funktionalbereiche sind für das Unternehmen von besonderer Bedeutung: (1) Forschung & Entwicklung (F & E): 293 Mio. CHF, das sind 3.7 % des Umsatzes, wurden im Jahr 2000 in F & E investiert. (2) Produktion: Man hat über 60 Produktionsstätten in der ganzen Welt zu koordinieren. Oft wird in ihnen für verschiedene Segmente gefertigt. Auf Ebene der Business Lines trifft man dann auch die Funktionen Verkauf & Marketing (»Market Center« und »International Accounts«) sowie Kundendienst und Produkteentwicklung (»Technology Center«) an.

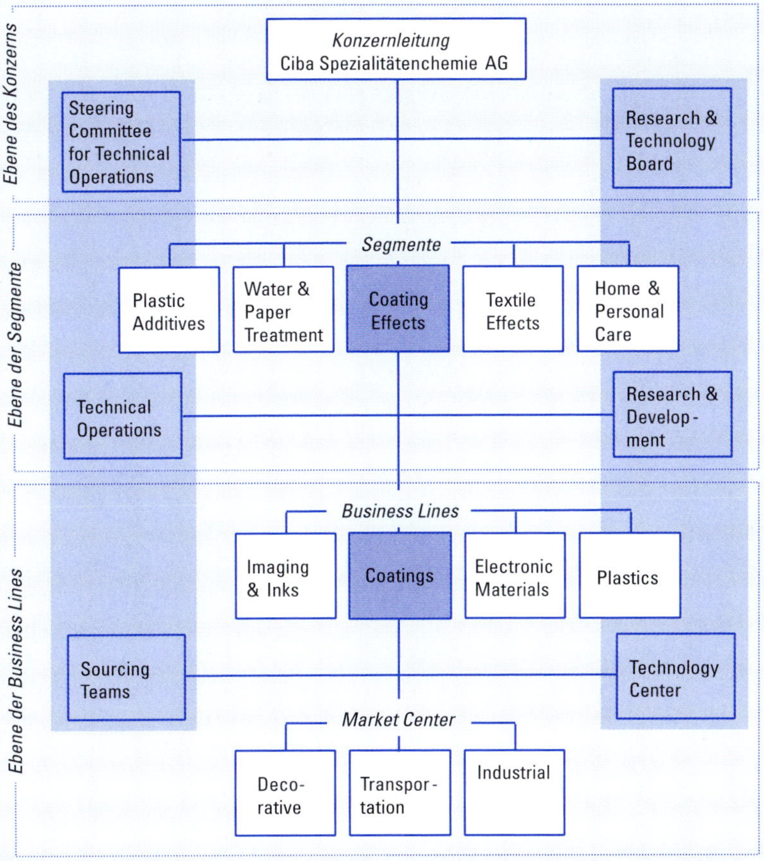

Abb. 4-57: Die Aufbauorganisation der Ciba SC (in vereinfachter Form)

Abbildung 4-57 zeigt in vereinfachter Form die Verankerung dieser Funktionen in der divisionalisierten und stark rekursiven Aufbauorganisation des Unternehmens nach der Reorganisation vom 1.3.2001. An der Spitze steht die Konzernleitung, die sich aus 9 Personen zusammensetzt: (1) Der CEO, (2) die Leiter der fünf strategischen Geschäftseinheiten (»business segments«), die jeweils für F & E, Fertigung/Produktion, Marketing und Verkauf/Vertrieb in ihren Segmenten verantwortlich zeichnen, (3) die Leiter der zwei Koordinations- und Dienstleistungsfunktionen (Finanzen und internationale Koordination & Personal,) sowie (4) der CTO (Chief Technology Officer). Über die Segmente werden Gruppen in sich relativ homogener Kundenbranchen abgebildet. Die Leiter der Bereiche Recht & Umwelt sowie Unternehmenskommunikation rapportieren direkt an den CEO, sind aber nicht Mitglieder der Konzernleitung.

Mit der neu geschaffenen Funktion des CTO auf Konzernebene wird die große Bedeutung des Themas *Forschung & Entwicklung* bzw. Innovation für das Unternehmen dokumentiert. Der CTO leitet das *»Research & Technology(R & T) Board«*. Dieses hat primär zwei Aufgaben: (1) Die Durchführung segmentübergreifender Innovationsinitiativen sowie (2) die Abstimmung der Segment-F & E-Strategien und das Verfolgen von Synergien. In diesem R & T Board sind die Konzernebene durch den CTO, die Segmente durch die F & E-Leiter, welche auch die im Bereich »Technical Operations« angesiedelte Prozessentwicklung repräsentieren, vertreten. Dem R & T Board ist auch noch ein »Corporate Technology Office« zugeordnet. Auch koordiniert es die 6 segmentübergreifenden »Technology & Competency Networks«, über welche die weltweit über 1500 Forscher aus den verschiedenen Forschungszentren zusammenarbeiten.

Auf Ebene der Segmente findet man ebenfalls einen Bereich »*Research & Development*« (R & D). Im Fall des Segments »Coating Effects« arbeiten dort weltweit 380 Forscher in 10 Forschungsgruppen zusammen. Innerhalb eines Segments wurden analog für jede Business Line »*Technology Centers*« (TC) eingerichtet, die applikatorische Prüfungen durchführen.

Die *Produktion* wird auf Konzernebene durch das »*Steering Committee for Technical Operations*« (TECOP) primär unter Effizienzgesichtspunkten koordiniert. Dazu gehören z.B. die effiziente Nutzung der Kapazitäten der über 60 Produktionsstätten ebenso wie die Realisierung von Synergien zwischen diesen Produktionsstätten. Ansprechpartner des TECOP sind auf Segment-Ebene die Bereiche »*Technical Operation*« (TO) und auf Business-Line-Ebene die »*Sourcing Teams*«. Für TO arbeiten im Segment »Coating Effects« etwa 2500 Mitarbeiter. Dieses Segment ist in die Funktionen Produktion, Logistik, Engineering, Prozessentwicklung, EH & S (Environment, Health & Safety) sowie die verschiedenen Werke gegliedert. Das TECOP setzt sich aus den TO-Verantwortlichen sowie einem EH & S-Vertreter zusammen.

Hauptpartner der Prozessentwicklung sind die F & E-Einheiten sowie die »*Sourcing Teams*«. Sie begleiten die Neuentwicklung eines Produktes über mehrere Jahre hinweg. Der Segmentleitung unterbreiten sie Vorschläge bzgl. der anstehenden Entscheidungen, wie z.B. zur Standortwahl oder zu erforderlichen Investitionen. Neben der Prozessentwicklung sind in diesen multifunktionalen Teams u.a. auch die betroffenen Business Lines sowie das Produktmanagement vertreten.

Tritt ein Kunde mit einem zu lösenden Problem an Ciba SC heran, so wird dieses meist durch das entsprechende »*Market Center*« einer Business Line aufgegriffen. Dieses wendet sich dann an das zuständige »Technology Center« oder an den insbesondere auch zur Unterstützung der Business Lines auf Segment-Ebene eingerichteten Bereich »F & E«, um die Form der technischen Lösung und die Verfügbarkeit von Produktionskapazitäten abzustimmen. Dann wird durch F & E ein Projektteam gebildet, dem i.d.R. ein Mitarbeiter aus dem »Market Center« als Sponsor vorsteht und zu dem zumindest ein F & E-Mitarbeiter sowie ein Mitarbeiter aus dem »Technology Center« gehören.

Das R & T-Board entwickelt und verabschiedet die »*Group Technology Strategy*« (GTS), die dann erheblich die F & E-Strategien auf Segment-Ebene und diese wiederum die TC-Strategien auf Business-Line-Ebene beeinflussen. Wichtigster Inhalt der GTS ist die Bestimmung des gegenwärtigen und die Planung des zukünftigen Portfolios der im Unternehmen zum Einsatz kommenden Technologien. Dies impliziert auch die Fragen der Erforschung, Entwicklung und Nutzung dieser Technologien in den Segmenten und Business Lines. Dazu werden, koordiniert durch das »Corporate Technology Office«, zuerst alle im Unternehmen vorhandenen Produkt- und Prozesstechnologien erfasst, dann – vor dem Hintergrund der Konzern- und Segmentstrategien – hinsichtlich ihrer Attraktivität und Relevanz beurteilt und schließlich in ein Ist-*Technologie-Portfolio* übertragen. Aufbauend auf Trendanalysen und der Betrachtung von Chancen und Risiken wird dann ein Soll-Portfolio abgeleitet. Mit dieser Vorgehensweise will man u.a. sicherstellen, dass sich die Segmente auch mit als zukunftsträchtig eingestuften neuen Technologien beschäftigen, selbst wenn sich diese noch nicht direkt als Profit in ihrem Jahresergebnis niederschlagen. Die Bedeutung dieser Technologieentscheide wird offensichtlich, wenn man bedenkt, dass eine einzelne Technologie durchaus ein Absatzvolumen von mehr als 1 Mrd. CHF im Jahr zu generieren vermag.

Technologie-Portfolio

Um angesichts der Vielzahl der einzelnen Technologien die richtigen Prioritäten zu bilden, wurden ca. 25 Ciba *Corporate Technology Competences* (CCTC) bestimmt. Ein Beispiel hierfür ist der UV-Schutz, der in allen fünf Segmenten zum Einsatz kommt: Bei den Autolacken im Segment »Coating Effects«, bei den Sonnenschutzcremes im Segment »Home & Personal Care« etc. Die Verantwortung für die CCTC liegt beim R & T-Board.

Neben der Frage nach den Technologien wird in der GTS auch über die F & E-Ressourcenzuteilung auf die Segmente, die F & E-Standorte (Wo wird was geforscht?), F & E-Partnerschaften/-Akquisitionen sowie das Verhältnis zwischen Grundlagenforschung und angewandter F & E entschieden.

Die aus der GTS zu ziehenden Konsequenzen finden dann Eingang in die Segmentstrategien, die durch die Segmentleitungen entwickelt und durch die Konzernleitung verabschiedet werden. Der Segmentleitung gehören die Leiter der Business Lines sowie die Leiter TO und F & E an.

Aus den Segmentstrategien erhalten auch die F & E-Bereiche ihre Vorgaben (an deren Entwicklung sie ja mitgewirkt haben) für ihre F & E-Strategien. Bei ihnen geht es um die Anwendung der einem bestimmten Segment zugeordneten Technologien in seinen verschiedenen Business Lines. Entsprechend sind auch die Business Lines bei der Entwicklung der F & E-Strategien beteiligt. Als Schnittstelle zur Produktion nimmt der Leiter der Prozessentwicklung (aus dem Bereich »Technical Operations«) daran teil. Eine F & E-Strategie wird dann durch die jeweilige Segmentleitung verabschiedet. Die F & E-Führung konkretisiert – in Zusammenarbeit mit den Leitern der Forschungsgruppen – die F & E-Strategie in Form einer Mittelfristplanung. Die F & E-Strategien werden durch die Segmentleitung verabschiedet.

Intern sind die F & E-Bereiche nach Forschungsgruppen untergliedert. Im Segment »Coating Effects« sind dies 10 thematische Gruppen (z.B. Pigment Chemie oder UV-Absorber) sowie vier regionalen Gruppen (z.B. in USA oder UK).

Inhalte der F & E-Strategien sind: segmentspezifische Bestimmung des Technologieportfolios und des Projektportfolios (kurz- und langfristige, risikoarme und -reiche), Ressourcenzuteilung an die Projekte, Definition von Forschungszielen und Aussagen zu den damit verbundenen Kosten, Planung erforderlicher Kapazitäten (Infrastruktur, Personal, finanzielle Mittel) sowie Zuteilung der Technologien zu einer oder mehreren Business Lines.

Auf der Produktionsseite läuft das Zusammenspiel zwischen den einzelnen Ebenen analog zur F & E-Seite. So ist es z.B. primäre Aufgabe des TECOP, die einzelnen TO-Strategien hinsichtlich ihrer inhaltlichen Konsistenz und Ausschöpfung von Synergien zu koordinieren. So war es z.B. Ergebnis einer solchen Koordination, dass der bislang dezentral durchgeführte technische Einkauf unternehmensweit in die Verantwortung des Segments »Textile Effects« gegeben wurde.

Aufgaben der TO sind (1) das Treffen der Entscheidungen bzgl. der Produktionswerke (Wo wird was hergestellt?, Kauf oder Verkauf von Werken, Standortinvestitionen, Festlegung der Leistungsaufträge an die Werke etc.), (2) die Bedarfsformulierung zur längerfristigen Investitionsplanung der Segmente und Unterstützung der Entscheidungsvorbereitung, (3) Sicherstellung der Einhaltung gesetzlicher Auflagen und interner Weisungen bzgl. Umweltschutz, Arbeitsschutz und Sicherheit in den Werken, (4) die Führung der Prozessentwicklung sowie (5) das Management von Kernkompetenzen. Ist eine Kernkompetenz für mehrere Segmente relevant, so wird unter diesen der »major user« bestimmt, der dann die strategische Verantwortung für diese CCTC trägt.

Im folgenden Abschnitt 4.5.1 wird nun zuerst auf ausgewählte Strategien zu den Primärfunktionen eingegangen (F & E, Beschaffung, Produktion und Marketing). Danach sollen in Abschnitt 4.5.2 die Aufgaben, die von Funktionalstrategien zu erfüllen sind, eine Präzisierung erfahren.

Lernziele

- Unterscheidung in Funktionalbereiche und Funktionalstrategien sowie in unterstützende Funktionen und Primärfunktionen.
- Erklärung der veränderten Bedeutung der Funktionalbereiche und der Konsequenzen für die Funktionalstrategien
- Exemplarische Gliederung von Inhalten ausgewählter Funktionalstrategien zu den Primäraktivitäten
- Darlegung fünf zentraler Aufgaben von Funktionalstrategien
- Anwendung der »Corporate Parenting«-Matrix auf Kernkompetenzen

4.5.1 Ausgewählte Strategien der Primärfunktionen

Um sich eine bessere Vorstellung der Inhalte von Funktionalstrategien machen zu können, soll im Folgenden kurz auf die zentralen Fragestellungen ausgewählter Primärfunktionen eingegangen werden. Grundsätzlich könnte man natürlich die gesamte Arbeitsstruktur des GMN rekursiv auch auf einen Funktionalbereich anwenden. Wir wollen hier jedoch nur kurz auf die Elemente eingehen, die man auf alle Fälle in einer Funktionalstrategie vorfinden sollte.

Dabei kann von einer Dreiteilung der Inhalte ausgegangen werden:

- *Funktionspolitik und -ziele*: Welche funktionspolitischen Fragen müssen aus einer gesamthaften Sicht des Funktionalbereichs (entspricht der »Corporate-Ebene«) beantwortet werden? Welche Ziele sollen für einen Funktionalbereich angestrebt werden?
- *Portfolio funktionaler Objekte*: Welche funktionalen Objekte, die meist auch die Erfolgspotenziale eines Funktionalbereichs darstellen (z.B. Technologien) sollten gesamthaft gesteuert werden? Wie soll das zukünftige Portfolio dieser Objekte aussehen? Welche Normstrategie sollte, je nach Positionierung eines Objektes im Portfolio, verfolgt werden?
- *Vorgaben für das operative Funktionsmanagement*: Welche Aussagen müssen als Rahmenvorgaben für die konkrete Ausgestaltung des funktionspolitischen Instrumentariums im operativen Management getroffen werden?

Eine oder mehrere dieser drei Kategorien werden im Folgenden bei den einzelnen Funktionalstrategien konkretisiert. Je nach Bedarf und Ambitionen lassen sich diese drei Kategorien nach der Methodik des GMN schrittweise erweitern. Beispiele sind: Wie will man den Funktionsbereich nach außen positionieren (z.B. F & E in der Wissenschaftsgemeinschaft)? Wie sähe eine Wertkette für den Funktionalbereich aus? Welche Erfolgsfaktoren wirken dort bei welchen Aktivitäten? Etc.

(1) Forschungs- und Entwicklungsstrategie

Wesentliche Quelle des Wachstums von Volkswirtschaften sind neue Technologien, die sich in neuen Produkten und Dienstleistungen niederschlagen. Dies wird in Zukunft auch nicht anders sein, denkt man an bevorstehende technologische Durchbrüche wie etwa in der Brennstoffzellentechnik oder der Nanotechnologie.

Für viele Unternehmen ist deshalb die Frage, in welche technologische Entwicklungen das Unternehmen investieren sollte und über welche Technologien es verfügen können sollte, von höchster strategischer Relevanz. Dabei ist dann auch zu klären, inwieweit man in die Forschung & Entwicklung (F & E) neuer Technologien selbst investiert und falls ja, an welcher Stelle man dies tut: Will man sogar eine eigene *Grundlagenforschung* betreiben, wo es primär um die Erlangung neuer wissenschaftlicher Erkenntnisse geht und der kommerzielle Nutzen noch weitgehend unbekannt ist? Oder will man darauf aufbauend nur *eine angewandte Forschung* betreiben, die bereits auf spezifische praktische Ziele ausgerichtet ist? Oder will man sich mit einer reinen *Entwicklung* begnügen, die unter Nutzung des verfügbaren Wissens und orientiert an den Märkten nach neuen oder fortentwickelten Produkten und Verfahren sucht?[89]

Zentrale F & E-politische Themen, die es zu bearbeiten gilt, sind: Wie soll die Verteilung von Grundlagenforschung, angewandter Forschung sowie Entwicklung geregelt sein? Auf welche Gebiete soll man sich in der eigenen F & E konzentrieren? Will man bestimmte Gebiete als *Gemeinschaftsforschung* mit anderen Unternehmen weitertreiben oder sie sogar in Form einer *Vertragsforschung* an andere Institutionen delegieren? Will man eher an der Spitze der Innovation stehen oder will man sich eher imitierend verhalten (wozu es ja bereits im Zuge der Entwicklung der Aktivitätsstrategien in Abschnitt 4.4.1 (4) eine Vorgabe gibt)? Damit hängt auch die Frage zusammen, in welcher Lebenszyklusphase man sich in einer Technologie engagieren möchte: Sollte man eher in Schrittmachertechnologien (mit einem noch unsicheren Einsatzpotenzial), Schlüsseltechnologien oder Basistechnologien (mit einem weitgehend ausgeschöpften Einsatzpotenzial) investieren?[90] Welche mittel- und langfristige Veränderung der F & E-Kapazitäten betrachtet man als notwendig? Welche Ressourcen sollen hier in welcher Höhe eingesetzt werden? Wie soll unsere Kompetenz im Management (internationaler) Forschungs- und Entwicklungsprojekte ausgebaut werden?[91] Etc.

Technologie-Portfolio

Eine Anwendung des Portfolio-Ansatzes auf technologische Potenziale stellt das *Technologie-Portfolio* dar.[92] Hier wird von der These ausgegangen, dass Technologie-Lebenszyklen erheblich länger dauern und andersartiger sind als die hinter den Produkt/Markt-Portfolio-Ansätzen stehenden Produkt-Lebenszyklen. Anhand der Dimensionen Technologie-Attraktivität (potenzial- und bedarfsseitige Umfeldsituation im Technologiebereich) und unternehmenseigene Ressourcenstärke (hinsichtlich der Beherrschung eines Technologiegebietes relativ zur Konkurrenz) werden die hinter den Produkt/Markt-Kombinationen der SGE stehenden Produkt- und Prozesstechnologien positioniert. Bei hoher Attraktivität und Ressourcenstärke wird eine Investitionsstrategie vorgeschlagen und im entgegengesetzten Fall eine Desinvestitionsstrategie. Für alle anderen Fälle wird ein selektives Vorgehen empfohlen.

Ressourcen

Forrester (www.forrester.com) untersucht als unabhängiges Forschungsinstitut die Entwicklung neuer Technologien und deren Auswirkungen auf Branchen und Unternehmen. Die Berichte gehen auch an Agenten des Kapitalmarktes wie Analysten und Ratingagenturen und beeinflussen so auch die wertmäßige Beurteilung eines Unternehmens.

(2) Beschaffungsstrategie

Der Beschaffung obliegt die Aufgabe, die für den Wertschöpfungsprozess erforderlichen Güter und Dienstleistungen einzukaufen. Klassisch handelt es sich dabei um materielle Einsatzgüter; man könnte das Funktionsverständnis aber auch auf die Beschaffung geeigneter Mitarbeiter ausdehnen, speziell wenn man z. B. an das Recruiting der »Knowledge Worker« in Professional Service Firms (z. B. Beratungsunternehmen) denkt. Die Effizienz, in der in einem Unternehmen die Beschaffungsfunktion wahrgenommen wird, ist oft kritisch bzgl. der relativen Kostenposition seiner Geschäfte im Wettbewerb. Angesichts der stark gewachsenen Dynamik und Komplexität der internationalen Beschaffungsmärkte ist es zu einer anspruchsvollen Aufgabe geworden, diese Effizienz immer zu gewährleisten.

Folgende beschaffungspolitischen Fragestellungen sind z. B. bei der Entwicklung einer Beschaffungsstrategie zu bearbeiten:[93] Wie kann die Beschaffungsmarktposition gesichert werden? Wie kann man die Beschaffungsflexibilität möglichst groß halten? Wie streut man am besten das Beschaffungsrisiko? Wie lässt sich die Versorgungssicherheit verbessern und was ist uns dies wert? Wie lässt sich die geforderte Qualität sicherstellen? Welche Bedeutung ist der eigenen Versorgungsautonomie beizumessen? Welche Rollen sollen dabei Partnerschaften mit externen Institutionen spielen? Wie sollen grundsätzlich die internen logistischen Beziehungen (z. B. zur Produktion) geregelt werden? Etc. Bei der Beantwortung dieser Fragen sind die Entscheidungen zu den Ressourcenstrategien (Abschnitt 4.4.3) als Rahmenvorgaben zu beachten.

Beschaffungsmarktportfolio

Eine Möglichkeit der typspezifischen Strategiebildung bietet Kraljic (1988) mit der Ableitung eines *Beschaffungsmarktportfolios* an.[94] Darin positioniert man die Objekte bzw. deren Lieferanten entlang der Achsen »Lieferantenmacht« und »Nachfragemacht«. Beispielsweise im Fall einer dominanten Nachfragemacht und einer eher schwachen Lieferantenmacht wird eine Strategie des Abschöpfens empfohlen. Hier kann man versuchen, bei den Lieferanten stärker seine Interessen bzgl. Qualität, informationstechnologische Vernetzung zwischen Lieferant und Kunde, Lieferkonzept, Preise etc. zur Geltung zu bringen.

Wie in jeder Funktionalstrategie so müssen für eine präzise Ausgestaltung des beschaffungspolitischen Instrumentariums Rahmenvorgaben zu folgenden Bereichen bestimmt werden:

beschaffungspolitische Fragen

- Beschaffungsobjekte: Art, Menge, Qualität, Preis
- Beschaffungsquellen: Art, Anzahl und räumliche Aufteilung der Lieferanten
- Beschaffungstransaktionsbedingungen: Ausgestaltung der Lieferantenbeziehung, Kanäle, Technologien, Werbung, Organe, Kooperationen

(3) Produktionsstrategie

Klassischerweise hatte die Produktion lediglich eine Vollzugsfunktion. Doch in den letzten Jahren hat sich das Umfeld der Produktion derart geändert, dass auch diese Funktion nach einer ganzen Reihe strategischer Entscheidungen verlangt.[95] Gründe hierfür sind z. B. die zunehmende Unberechenbarkeit der Nachfrageentwicklung, die eine hohe Flexibilität in der Produktion verlangt, die in manchen Branchen immer größer werdende Variantenvielfalt oder die Konkurrenz ausländischer Fertigungsstandorte mit niedrigen Arbeitskosten.

Die produktionspolitischen Fragen betreffen i. Allg. drei Bereiche:

produktionspolitische Fragen

- *Produktionsprogramm*
  Welche Produkte sollen in welcher Menge produziert werden? Welche Produktionskapazitäten werden dafür wann und wo benötigt? Gilt es die Produktion von Produktinnovationen vorzubereiten? Welchen Grad an Fertigungstiefe (vertikaler Integration) strebt man an? Was macht man in Eigenfertigung und was in Fremdfertigung? Etc.
- *Produktionsstruktur*
  Gilt es Veränderungen bei den Fertigungsstätten (Ausstattung, Layout, Kapazitäten) und deren Infrastruktur (z.B. Informations- und Kommunikationssysteme) einzuleiten? Etc.
- *Produktionsprozess*
  Welche Verfahrenstechnologien und welcher Prozesstyp sollen zum Einsatz gebracht werden? Welchen Automatisierungsgrad strebt man an? Sollen neue Verfahrenstechnologien erprobt werden? Soll auf Prozesstypinnovationen (z.B. CIM Computer Integrated Manufacturing) eingegangen werden und wenn ja, wie sollen sie eingeführt werden? Etc.

(4) Marketingstrategie

Die Entwicklung der Marketingstrategie ist bereits signifikant geprägt durch die Entscheidungen, die im Bereich der Markt- und Wettbewerbsstrategien auf Ebene der Geschäfte getroffen wurden (Abschnitt 3.4). Doch dort ging es primär um grobe strategische Richtungsentscheide, die nun in der Marketingstrategie zu detaillieren sind.

Marktwahl

In ihr geht es primär um die *Marktwahl*: Diese betrifft die Auswahl der *Kunden*, die man bearbeiten (akquirieren, binden, aufgeben) möchte sowie die Leistungen, die man anbieten (pflegen, neu entwickeln, aufgeben) möchte.[96] Bei der Auswahl ist die Frage, welchen Fokus man bzgl. der angestrebten Marktabdeckung wählt, zu beantworten:[97] Will man mit einer sehr engen Leistungs-/Kundenauswahl sich auf eine spezielle Nische konzentrieren oder will man den ganzen Markt abdecken? Oder will man sich mit einem sehr breiten Sortiment auf eine spezielle Kundengruppe fokussieren oder umgekehrt, mit einem sehr fokussierten Sortiment alle Kunden erreichen?

Marketing-Mix

Weiter sind wiederum Rahmenaussagen zum absatzpolitischen Instrumentarium zu treffen: Neben dem bereits angesprochenen Leistungsspektrum sind dies im *Marketing-Mix* Aussagen zu Preissetzung, Kommunikation und Distribution der Leistung bezogen auf eine Kundengruppe. Hierzu wird man sich auch den Erkenntnissen aus der Marktforschung bedienen.

Vertriebsstrategie

Was heute zumeist noch als Teilthema des Marketings behandelt wird, ist das Thema der *Vertriebsstrategie*.[98] Diesem Thema wird zukünftig deutlich mehr strategisches Gewicht beigemessen werden müssen. Auch wird dieser Bereich in vielen Geschäften einen höheren Anteil der Wertschöpfung für sich beanspruchen, als dies heute noch der Fall ist. Dies ist deshalb der Fall, weil die Produkte (im engeren Sinne des Wortes) immer weniger voneinander unterscheidbar sein werden und deshalb Vertriebs-nahe Funktionen wie »Pre-sales support«, »After-sales services«, »Consulting Services«, »Logistik Management« etc. immer mehr zur Differenzierung der Dienstleistung in einer Wertschöpfungsstrategie dienen müssen. Damit wird die Konkurrenz im Vertrieb und um die effizienteste und effektivste Vertriebsform auch massiv zunehmen. Es werden Fragen zu diskutieren sein, wie z. B.: Soll man eine Multi-Vertriebskanal-Strategie verfolgen? Falls ja: In welchen Kanälen und mit welchem Mix der Kanäle soll dies erfolgen? Etc. Zusammenfassend ist zu erwarten, dass die Vetriebsstrategie mehr strategische Eigenständigkeit neben der Marketingstrategie erfahren wird.

4.5.2 Aufgaben von Funktionalstrategien

Im Folgenden sollen fünf Aufgaben von Funktionalstrategien definiert werden; Anforderungen, denen sich ein Management von Funktionalbereichen zu stellen hat.[99]

(1) Konkretisierungsaufgabe

In ihrer einfachsten Form haben die Funktionalstrategien die Aufgabe, die Schnittstelle zwischen den Geschäftsstrategien und dem operativen Management zu bilden. Dies tun sie, indem sie die Geschäftsstrategien auf ihre Konsequenzen für die Funktionsbereiche durchleuchten, um dann in den Funktionalstrategien dem operativen Management funktionsspezifische strategische Rahmenvorgaben zu geben, aus denen dann die operativen Ziele und Maßnahmen abgeleitet werden können. Funktionalstrategien haben demnach den operativen Planungsbedarf zu definieren. So wird man z. B. für den Produktionsbereich in den Produktionsstrategien den Rahmen setzen durch Aussagen zur Fertigungsaufgabe (Art und Menge der herzustellenden Produkte etc.), zum Produktionsverfahren, zur Standort- bzw. Betriebsstättenwahl etc. Im operativen Management wird man dann z. B. die konkreten Produktionsprogramme entwickeln: Welcher Produkttyp soll wann, wie oft und wo hergestellt werden? Daraus leiten sich dann wieder Materialbeschaffungs- und Logistikprozesse ab etc. Ähnlich erwartet man aus den Marketingstrategien grundsätzliche Vorgaben für den operativen Einsatz des Marketing-Mix.

(2) Integrationsaufgabe

Mit der *Integrationsaufgabe* ist die Notwendigkeit zur Abstimmung der Funktionalstrategieninhalte mit den Strategien der anderen Gestaltungsobjekte angesprochen. Da eine funktionenbezogene Gliederung der Aufbauorganisation meist unterhalb der Geschäftsebene anzutreffen ist, sieht man die zentrale Aufgabe von Funktionalstrategien i. Allg. darin, die Geschäftsstrategien dadurch zu unterstützen, indem die in den Funktionsbereichen befindlichen Potenziale genutzt werden, um im Kontext einer Geschäftsstrategie wettbewerbsrelevante Kompetenzen zu benennen und systematisch auszubauen.[100] Bei dieser Sichtweise kann man einem deduktiven Ansatz folgen, d. h. die Inhalte der Funktionalstrategien werden »top-down« aus den Unternehmens- und Geschäftsstrategien abgeleitet, um sie an den Zielen der strategischen Geschäftseinheiten auszurichten. Man sollte hierin aber eher ein Wechselspiel sehen, in dem auch auf die Interessen der

Funktionalbereiche eingegangen werden kann und in dem strategische Impulse auch von einer Funktion ausgehen können.

In Abbildung 4-58 wird anhand eines Industriebetriebes gezeigt, wie die Wahl der Wettbewerbsstrategie, als Teil der Geschäftsstrategie, die Strategien ausgewählter Primärfunktionen zu beeinflussen vermag.[101] Dabei wird bei den Optionen für die Wettbewerbsstrategien auf die generischen Strategien von Porter (1985) zurückgegriffen.[102]

	Beschaffung	Produktion	F&E	Marketing
Kostenführerschaft	Einkauf von großen Mengen zu niedrigen Preisen; effizientes Lagerwesen	Fokus auf effiziente Fertigung durch Economies of Scale und Kapital-Arbeit-Substitution	Fokus auf Prozessentwicklung zur Kostenreduzierung von Fertigung und Distribution	Fokus auf kostengünstige Distribution und Werbung
Differenzierung	Einkauf von qualitativ hochwertigen Materialien; sorgfältiges Lagerwesen	Fokus auf Qualität in der Fertigung	Fokus auf Produktentwicklung	Fokus auf differenzierte Distribution und breit angelegte Werbung
Nische/ Kostenführerschaft	Einkauf zu niedrigen Preisen von in- und ausländischen Zulieferern; effizientes Lagerwesen	Fokus auf niedrige Investitionen und niedrige Fertigungskosten	Fokus auf Prozessentwicklung zur Kostenreduzierung von Fertigung und Distribution	Fokus auf kostengünstige Distribution und Werbung
Nische/ Differenzierung	Einkauf von qualitativ hochwertigen Materialien; Lagerwesen mit höchster Sorgfalt	Fokus auf hohe Qualität in der Fertigung, z.B. durch Handarbeit; Kosten weniger bedeutend	Fokus auf Produktentwicklung	Fokus auf spezielle Distribution und zielgerichtete Werbung

Abb. 4-58: Beziehungen zwischen Wettbewerbsstrategien und Funktionalstrategien (in Anlehnung an Wright et al. 1994, S. 172 f.)

Die Bedeutung, die man einer einzelnen Funktionsstrategie bezogen auf das gesamte Strategiekonzept eines Unternehmens beimisst, wird man vom strategischen Stellenwert abhängig machen, den man einer bestimmten Aktivität für das Erzielen von Wettbewerbsvorteilen gibt. So kann man sich unschwer vorstellen, dass die Bestimmung und Umsetzung der Forschungs- und Entwicklungsstrategie für ein pharmazeutisches Unternehmen absolut erfolgskritisch ist. Will ein solches Unternehmen sich z.B. gesamthaft über eine neue Innovationspolitik (z.B. Abkehr von der Grundlagenforschung) strategisch anders positionieren, dann ist die Funktionsstrategie Forschung & Entwicklung der zentrale Ort, von dem aus dieser Veränderungsprozess betrieben wird und an dem sich auch die anderen strategischen Gestaltungsbereiche auszurichten haben.

Exkurs: Funktional bedingte Veränderungen der strategischen Geschäftslogik

(01/02) Commodity-Geschäfte sind Geschäfte, in denen es für die Wettbewerber kaum möglich ist, sich außer über den Preis gegenüber der Konkurrenz zu differenzieren. Beispiele hierfür sind die Papier-, Stahl-, Chip- oder Glasindustrie. Dort kommt auf Business-Ebene der Produktion eine absolut zentrale strategische Bedeutung zu, da dort die notwendigen »Economies of Scale« (EoS) realisiert werden müssen. Auf Corporate-Ebene kann man nach horizontalen Akquisitionen Ausschau halten, welche die eigenen Fertigungsvolumen erweitern könnten.

Commodity-Geschäfte

Meist sind in derartigen Geschäften hohe Investitionen in Anlagen und Verfahrenstechnologien gebunden (»sunk costs«). Sehen sich solche Branchen (wie z.B. Ende

Sunk Costs

2001) erheblichen Nachfragerückgängen gegenüber, dann kommt es zu Preiskriegen, da man wegen der Erhaltung der EoS die Kapazitäten ausgelastet lassen will. Nach solchen rezessiven Phasen wird dann nicht jeder Wettbewerber in der Lage sein, in die meist noch erheblich teurere nächste Technologiegeneration zu investieren, was wiederum dazu führt, dass eine neue Runde im Konzentrationsprozess einer solchen Branche eingeleitet wird. In der Chipindustrie könnte es sein, dass nach der gegenwärtigen Rezession nur noch drei große Wettbewerber(-gruppen) übrig bleiben: INFINEON/TOSHIBA, MICRON/MYNIX und INTEL. Damit drängt sich die Frage auf, ob dann irgendwann nur noch ein Unternehmen übrig bleibt? Nicht unbedingt.

In der Stahlindustrie wurde diese Logik durch eine neue Produktionstechnologie (»electric arc«) gebrochen. Viele neue Wettbewerber (wie z.B. NUCOR) konnten in »Minimills« zwar nicht die EoS der etablierten Wettbewerber erreichen, mit einer wesentlich höheren Flexibilität und deutlich geringeren Kapitalkosten hatten sie jedoch andere Vorteile dagegenzuhalten. Wird es etwas Ähnliches in der Chipindustrie geben? Vielleicht.

In der Chipindustrie könnte der Umbruch aus drei Quellen kommen: (1) Ebenfalls eine neue »disruptive technology«, (2) aus einer Spezialisierung und (3) einer nachhaltigen Veränderung der Charakteristika des Bedarfs. Eine neue Technologie ist derzeit wohl nicht in Sicht. Was sich aber zumindest bei den Speicherchips abzeichnet, ist eine Dekonstruktion der Wertkette der meist voll integrierten Wettbewerber in das Design von Chips und in die Produktion. So könnte es dann einerseits eine Vielzahl auch kleinerer Unternehmen geben, deren funktionale Priorität bei der Entwicklung und dem Design von Chips läge, während andere Wettbewerber sich andererseits noch mehr auf die Produktion konzentrieren und diese für die »Designer« übernehmen. Ein erstes Beispiel in diese Richtung ist TSMC (Taiwan). Dies könnte noch dadurch begünstigt werden, dass die Leistungsfähigkeit der Chips heute deutlich größer ist, als es die meisten Konsumenten benötigen. Dies würde den Zeitdruck aus den Innovationsprozessen nehmen, das »Time-to-market«-Credo würde an Bedeutung verlieren und auch das Rennen nach immer neuen und noch teureren Produktionsanlagen könnte sich verlangsamen.

(3) Koordinationsaufgabe

Bei der *Koordinationsaufgabe* geht es um die Abstimmung der Funktionalstrategien untereinander. Dies betrifft zum einen die vertikale Koordination einer bestimmten Funktion über die einzelnen hierarchischen Ebenen einer Organisation. Der weiter oben aufgeführte Fall Ciba SC illustriert dies. So muss z.B. die Markenpolitik auf der Geschäftsebene mit derjenigen auf der Unternehmensebene koordiniert werden. Zum anderen bedarf es aber auch der horizontalen Koordination der Inhalte der verschiedenen Funktionen. Dies ist besonders bei den Primärfunktionen erforderlich, um den reibungslosen Ablauf der Wertschöpfungsprozesse zu garantieren. Dabei kann es sein, dass eine Funktion so dominant ist, dass sich die anderen Funktionen – bewusst oder unbewusst – an ihr ausrichten. So trifft man in High-Tech-Unternehmen häufig eine Dominanz von F & E zu Lasten des Marketings an.[103]

Die Notwendigkeit zur Koordination ergibt sich aus den zahlreichen Interdependenzen zwischen den Funktionen.[104] Je komplexer diese sind (z.B. aufgrund der Auslagerung von Funktionen an Partnerunternehmen), desto größer ist der Koordinationsaufwand. Ein klassisches Beispiel hierzu ist der Produktinnovationsprozess, bei dem die Gefahr besteht, dass neue Produkte am Markt vorbei entwickelt werden.[105] Oft diskutiert ist auch die Schnittstelle zwischen der Produktion und dem Marketing.[106] Die Produktion würde am liebsten eine enge Produktpalette in optimalen Losen und bei hoher Kapazitätsauslastung fertigen, während das Marketing mit einer möglichst großen Produktvarietät zum Kunden will und gerne eine auftragsorientierte Fertigung hätte, um mit kurzen Lieferzeiten argumentieren zu können.

Ausrichtung der Wertkette

Die horizontale Koordination der Wertkette bezieht sich heute auch oft auf die durch die Geschäftsleitung ausgegebenen »strategischen Imperative«, die wie »Schlachtrufe« alle Aktivitäten auf ein bestimmtes Ziel ausrichten sollen. Ein Beispiel hierfür ist die »Kundenorientierung«, bei der alle Funktionen darauf durchleuchtet werden, ob ihre Abläufe zur Verbesserung des Kundennutzens gesamthaft optimiert werden könnten. Ein anderes Beispiel ist die »Effizienzsteigerung«, wo ebenfalls alle Aktivitäten daraufhin untersucht werden, ob man gesamthaft die Kosten reduzieren, die Durchlaufzeit verringern (*»time to market«*) oder die Qualität verbessern könnte.

Große Auswirkungen auf die Gesamtabstimmung der Wertketten hatten auch die neuen Informations- und Kommunikationstechnologien gebracht. Dies gilt insbesondere für die Funktionen »Beschaffung« (B2B, »business-to-business«) und Marketing/Vertrieb (B2C, »business-to-consumer«). Dabei haben sich allerdings die Akzente verschoben.

Exkurs: Nach dem Dotcom-Boom

Der Fokus des Einsatzes des Internets während des Dotcom-Booms war das Erzielen großen Wachstums durch einfach skalierbare Geschäftsmodelle. Der Crash brachte zwei zentrale Erkenntnisse mit sich: Erstens passten die »Alles-oder-Nichts-Eintrittsstrategien« vieler Wettbewerber nicht zum Ausmaß der eingegangenen Investitionsrisiken. Beispiel hier ist der *»Born global«*-Ansatz, bei dem man gleichzeitig weltweit in den Markt eintritt. Zweitens hat man die Fähigkeiten, die zur professionellen Beherrschung des neuen Geschäftsmodells erforderlich sind, oft signifikant unterschätzt.

Nach dem Dotcom-Boom geht man nun deutlich pragmatischer und risikobewusster an die Internet-Projekte heran. Nun geht es mehr darum, das Internet zur Erhöhung der Produktivität in den Wertschöpfungsprozessen und Funktionalbereichen (z.B. »e-procurement«) zu nutzen. Spektakuläre, kapitalintensive Großprojekte (wie z.B. »Wissensmanagement« oder »Customer Relations Management«) werden nun deutlich genauer und illusionsloser auf ihre realisierten Rentabilitäten durchleuchtet. Oft zeigen heute kleinere, funktionsbezogene Projekte eine schnellere Wirkung bei deutlich überschaubareren Investitionsrisiken.

Auch mussten viele Unternehmen erkennen, dass ihnen die Fähigkeiten fehlten, um ihre neuen Geschäftsmodelle zeitgerecht und professionell umzusetzen. Eine neue Geschäftsidee ist eben nur so lange gut, als die damit verbundenen funktionalen Ablaufprozesse auch wirklich zuverlässig funktionieren. Deshalb ist heute der Wert einer Marke nicht nur eng mit der Qualität des Produktes verbunden, sondern auch mit der Fähigkeit eines Unternehmens zur Handhabung der damit verbundenen Informationsprozesse. Was nutzt z.B. ein ausgezeichneter Online-Kurs, wenn die dazugehörige Lernplattform, über die der Kurs gesteuert und verwaltet wird, nicht funktioniert.

Bei den B2C-Projekten rechnet man heute genauer nach, ob den Investitionen, z.B. den Kosten des Aufbaus einer zu einem Geschäft gehörenden Infrastruktur wie etwa der Aufbau von Lagerhäusern eines Online-Buchhändlers, auch ein schnell genug wachsender Markt gegenübersteht. Angesichts der Unsicherheit solcher Prognosen wendet man dann eher schrittweise Eintrittstrategien an, die ein weniger teures Lernen im Zuge der Ausweitung des Systems zulassen.

Ähnlich ist die Situation im Bereich B2B. So ist man heute eher zurückhaltend geworden, gleich branchenweite Einkaufsplattformen mehrerer Wettbeweber (wie etwa in der Automobilindustrie) zu bauen, da es doch deutlich aufwendiger und schwieriger ist, die damit verbundenen Systeme und Prozesse der einzelnen Teilnehmerorganisationen zu harmonisieren. Man hat auch gesehen, dass man dann die Systeme nicht mehr ausreichend an den eigenen Prioritäten in den Funktionalstrategien ausrichten kann.

(4) Kooperationsaufgabe

Die *Kooperationsaufgabe* setzt direkt an die *Koordinationsaufgabe* an. Damit ist gemeint, dass jede Koordination auch die Möglichkeit der Realisierung von *Synergien* durch Kooperation in Betracht zu ziehen hat. Diese Suche nach Verbundvorteilen gilt insbesondere auch vor dem Hintergrund der Zersplitterung der Primärfunktionen auf die Geschäfte. Ihnen stehen andere Suboptimierungslogiken, aber auch Ressortegoismen entgegen.

Die Kooperationsvorteile, aus deren Nutzung Wettbewerbsvorteile entstehen können, lassen sich in drei Kategorien einteilen:

- *Gemeinsame Ressourcennutzung*: Sie entstehen daraus, dass mehrere Funktionalbereiche spezifische Aktivitäten zusammenlegen und gemeinsam betreiben. Beispiele sind die Zentralisierung der Beschaffung, die Nutzung von Produktionsstätten durch mehrere Geschäftseinheiten, die Steuerung einer Kernkompetenz auf Unternehmensebene oder die Entwicklung gemeinsamer Managemententwicklungsprogramme im Bereich »Personal«.
- *Ressourcentransfer*: Kooperationsvorteile entstehen hier aus der Übertragung von Ressourcen (z.B. Know-how) von einem Geschäft auf das andere. Die Entwicklung der Gucci Group ist von diesem Gedanken geprägt, indem sie ihr Know-how zur Entwicklung und Führung von Luxusmarken immer wieder auf neu erworbene oder neu eingeführte Marken transferiert.[107]
- *Externe Verflechtungen:* Beide oben genannten Formen zur internen Erzielung von Synergien kann man auch versuchen, in Form externer Kooperationen über *Verbundvorteile* zu erreichen. So kann man ebenso an eine gemeinsame Grundlagenforschung oder eine Einkaufsgemeinschaft mit Wettbewerbern denken, wie an das Outsourcing bestimmter (Teil-)Funktionen, da man extern diese Leistung billiger oder qualitativ besser beziehen kann.

!

Fallbeispiel: Business Process Outsourcing (BPO)
(12/01) Zu einem eigenen Geschäftszweig hat sich das BPO entwickelt. Das Phänomen, dass externe Dienstleister funktionale Routineprozesse aus Unternehmen übernehmen, ist nicht neu. So waren z.B. schon Anfang der 90er-Jahre Unternehmen wie EDS oder IBM im IT-Outsourcing tätig. Oder Accenture (damals noch Andersen Consulting) über das Finanz- und Rechnungswesen von BP. Inzwischen sind aber Anbieter am Markt, die sich ausschließlich auf das BPO-Geschäft konzentrieren, wie etwa Exult, Xchange oder LeapSource. Exult (www.exult.net) konzentriert sich auf Personalprozesse. So hat man mit International Paper einen 600-Mio.-USD-Vertrag geschlossen, der die Versorgung der 70.000 Angestellten des Unternehmens in den USA mit HR-Services betrifft. Diese Unternehmen argumentieren, dass sie – aufgrund von Economies of Scale – in der Lage sind, Back-Office-Aktivitäten zu geringeren Kosten und mit den besseren Technologien zu übernehmen. Herausforderung ist dabei das Management der Schnittstelle zum Outsourcing-Unternehmen, so dass der Output des Gesamtprozesses sich auch tatsächlich verbessert.

Die Form der Wahrnehmung der Kooperationsaufgabe durch die Zentrale kann konzeptionell durch die in Abbildung 4-59 dargestellte Matrix von Campbell/Goold (1997) unterstützt werden.[108] Sie bezieht sich auf die Entwicklung und den Transfer von Kernkompetenzen und thematisiert die dabei mögliche Rollenteilung zwischen der Unternehmens- und Geschäftsebene.

Auf der Y-Achse ist die *Rollenteilung im Entwicklungsprozess* abgetragen: Da es sich bei den Kernkompetenzen um Fähigkeiten handelt, die für mehrere Geschäfte von großer Relevanz sind, besteht seitens der Unternehmensebene ein berechtigtes Interesse zur Wahrnehmung von Kooperationsvorteilen. Deshalb ist zu entscheiden, wie die Rollenteilung vorgenommen werden soll. Im einen Extremfall erhalten die Geschäfte vollständige Autonomie, im anderen verfügt die Zentrale über das Vorgehen. Dazwischen liegen Mischformen, wo z.B. ein Geschäft die zentrale Steuerung einer Kernkompetenz übernimmt.

Auf der X-Achse wird über die *Rolle der Zentrale im Transferprozess* entschieden. Hier geht es um den Grad der Einflussnahme: Inwieweit hält die Zentrale die Geschäftseinheiten zum Transfer von Kompetenzen an? Gibt man den Geschäften nur Anregungen, schreibt man es ihnen detailliert vor oder wählt man Mischformen?

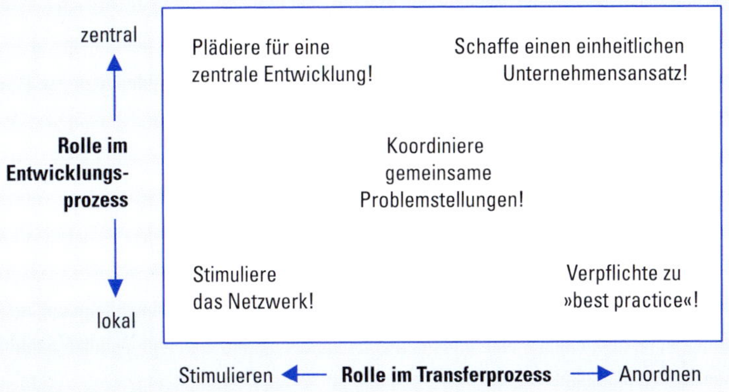

Abb. 4-59: Koordinationsrollen der Zentrale (Campbell/Goold 1997, S. 172)

Aus dieser Matrix lassen sich nun fünf alternative Verhaltensempfehlungen für die Wahrnehmung der Kooperationsaufgabe bzgl. einer die Geschäfte übergreifenden Nutzung von Kernkompetenzen ableiten:

- *Stimuliere das Netzwerk*: Hier verfolgt man die Strategie einer nur minimalen Koordination. Die Zentrale gibt den Geschäften nur Hinweise. Ansonsten arbeiten die Funktionsbereiche der Geschäfte weitgehend autonom und es kommt kaum zu einer Koordination.
- *Plädiere für eine zentrale Entwicklung*: Ein Beispiel ist hier, wenn die Zentrale die Geschäfte bzgl. der gemeinsamen Entwicklung einer bestimmten Kernkompetenz zu überzeugen versucht und sie z.B. zur Nutzung und Unterstützung einer zentralen F & E einlädt. Die Geschäfte entscheiden aber autonom, ob sie diese Kernkompetenz überhaupt nutzen wollen und ob sie sich an einer zentralen F & E beteiligen würden.
- *Koordiniere gemeinsame Problemstellungen*: Hier arbeiten die Zentrale und

die Geschäfte eng zusammen, um bei ähnlichen Problemstellungen gemeinsam nach einer möglichst effizienten Lösung zu suchen.

- *Verpflichte zu »best practice«*: Treten z.B. bzgl. einer Funktion erhebliche Leistungsdiskrepanzen zwischen verschiedenen Geschäften auf, so gibt die Zentrale unternehmensweit bestimmte »best practice« aus dem Unternehmen als Standard vor. Voraussetzung ist allerdings, dass der fragliche Kompetenzbereich einigermaßen kodifizierbar ist.
- *Schaffe einen einheitlichen Unternehmensansatz*: Die Zentrale übernimmt die volle Kontrolle mit der Absicht, eine konsistente und standardisierte Kompetenzbasis zu schaffen.

!

NOVARTIS

Fallbeispiel: Novartis

(05/02) Novartis hatte im Mai 2002 beschlossen, ihre Entscheidungszentrale für die Forschung von Basel, dem Sitz der Unternehmenszentrale, nach Boston (USA) zu verlegen. Bereits Anfang 2003 sollen hier 400 Forscher in einem neuen Gebäude mitten auf dem MIT-Gelände arbeiten. Mittelfristig sollen es über 900 werden. Alles in allem will man hier etwa 4 Mrd.USD investieren.

Mehrere Komponenten machen den Standort attraktiv: (1) Im direkten Umkreis befinden sich etwa 50 weitere Pharma- und Biotechunternehmen.(2) Man ist in direkter Nähe zu einer Vielzahl von Forschungseinrichtungen (darunter das MIT und die Harvard University), die nicht nur eine große Zahl gut ausgebildeter Forscher hervorbringen, sondern auch Jungunternehmer, die sich in dieser Branche betätigen möchten. (3) Es gibt vor Ort auch eine Reihe bedeutsamer Kliniken (darunter das Massachusetts General Hospital), was die Voraussetzungen für die Durchführung der notwendigen klinischen Tests verbessert. (4) Hinzu kommen eine große Anzahl von Spezialisten (Anwälte, Lobbyisten, Risikokapitalgeber etc.), die das lokale Netzwerk vervollständigen. Neben der Kooperation treibt aber auch ein äußerst starker Konkurrenzdruck die Anstrengungen der Unternehmen voran. (5) Man ist damit auch »mitten« in dem Land des größten und wohl auch profitabelsten Pharmamarktes der Welt expliziter tätig, den man kaum optimal von der Schweiz aus bedienen kann. Auch auf staatlicher Ebene genießt das Forschungsgebiet eine hohe Beachtung, was an den ihm zugesprochenen 23 Mrd. USD Forschungsmitteln ermessen werden kann.

Für die Leitung des Forschungszentrums konnte Novartis den international reputierten Entwicklungsbiologen und Kardiologen Mark Fishman gewinnen. Sein Ruf und seine Beziehungen sollen auch andere talentierte Forscher zu Novartis bringen. So rechtfertigt der Novartis-CEO Daniel Vasella denn auch wie folgt die Verlegung: »Der wichtigste Faktor ist der viel größere Forscherpool in den USA und speziell in Boston mit seinem Netzwerk von Spitzenuniversitäten und -spitälern. Für unser langfristiges Wachstum ist der Zugang zu diesen Forschern essenziell.«[109]

Mit dieser Leitungsfunktion ist für Fishman aber auch die Verantwortung für die weltweite Novartis-Forschung von Boston aus verbunden. Diese Koordination und Integration der Forschung in Europa und den USA ist sicher eine herausfordernde Aufgabe, denn erfolgreiche Forschung hat viel mit direkter Zusammenarbeit zu tun: »My physical presence there (Basel) is important, so I've tried to be there more than one week a month. I meet with scientists and employees at all levels. People need to feel included. They must be part of the decision-making process. The most effective way to do this is to meet with individuals and small groups. That's how you find things out. Giving speeches doesn't help. My style is to communicate constantly, through emails, phone calls, and trips over to Basel. It's time consuming but essential. To keep people working together toward the same goal, everyone must be part of the operations. A shared sense of mission, getting people on the same page, is essential.«[110]

Da die Forschung im Zentrum eines Pharmaunternehmens steht, bedeutet dieser Schritt für den Konzern nicht weniger als *»eine Verschiebung des Gravitationszentrums«*, wie es Daniel Vasella ausdrückt.

Die Selektionsaufgabe schließt wiederum direkt an die Frage der Kooperation an, denn die Kompetenzen, die in den Funktionen über einen Selektionsprozess als strategisch besonders wichtig beurteilt werden, sind es dann auch, die eine Beantwortung der Frage nach der Rolle der Zentrale bei der Koordination einer Kernkompetenz verlangen.

(5) Selektionsaufgabe

Wie bereits mehrfach dargelegt, sind die Funktionsbereiche die Orte, in denen i. Allg. die Fähigkeiten einer Organisation »beheimatet« sind. Die grobe Entscheidung, in welche Fähigkeiten zu investieren ist, wird i. Allg. zwar auf Geschäftsebene getroffen. Bei Kernkompetenzen, die in mehreren Geschäften zur Anwendung kommen, geschieht dies sogar auf Unternehmensebene. Doch die Führungsverantwortung liegt in den Funktionen. Deshalb sollten die Funktionsbereiche aufgrund ihrer Detail- und Fachkenntnisse auch an diesen Selektionsentscheidungen beteiligt sein. Auch obliegt den Funktionen nun die Präzisierung, welches Portfolio an Fähigkeiten genau benötigt wird. Die Fähigkeiten sind dann normalerweise eng mit den strategischen Erfolgspotenzialen verbunden. Im Bereich F & E implizieren sie z. B. die Auswahl der zum Einsatz kommenden Technologien.

Mit der Selektierung ist meist auch die Segmentierung verbunden: Da man allen ausgewählten Objekten nicht die gleiche Aufmerksamkeit schenken kann, wird man in Objekte höherer und geringerer strategischer Bedeutung unterscheiden. Ein Beispiel hierfür ist die Benennung von Kernkompetenzen auf der Basis zu erfüllender Kriterien. Auch wird man – wie in Abschnitt 4.5.1 gezeigt wurde – strategisch nicht mit allen Objekten im Portfolio gleich verfahren wollen, sondern je nach Positionierung im Portfolio andere Normstrategien anwenden.

Workshop: Ciba SC
In den obigen Ausführungen wurden verschiedene Aufgaben von Funktionalstrategien benannt. Überprüfen Sie, inwieweit im Fall Ciba SC diese Aufgaben für die Funktion »Forschung & Entwicklung« im Einzelnen erfüllt wurden? Wo sehen Sie eventuellen Verbesserungsbedarf? Welchen Ansatz des »Corporate Parenting« verfolgt man bei Ciba SC?

Damit sollen die Ausführungen zu den Funktionalstrategien abgeschlossen werden. Zu funktionsspezifischen Vertiefungen verweisen wir auf die umfangreiche Fachliteratur in den einzelnen betriebswirtschaftlichen Teildisziplinen. Wir meinen aber, dass es sich lohnen könnte, das Unternehmen auch wieder einmal aus einer funktionalen, strategischen Perspektive zu betrachten. Die Selbsterneuerungskraft von Unternehmen nährt sich nicht unwesentlich aus der Fähigkeit des Managements, bei den klassischen Entscheidungsdilemmata dann den anderen Pol eines Dilemmas zu forcieren, wenn die Eigendynamik der Organisation das Pendel scheinbar »automatisch« in Richtung des »Trend-Pol« ausschlagen lässt. Im Augenblick weist die Eigendynamik klar in Richtung einer marktorientierten Optimierung der Geschäfte. Ohne sagen zu wollen, dass die Arbeit hier beendet ist, kann man trotzdem einmal fragen, ob man noch genug für die strategische Ausrichtung der Funktionen tut. Dem Pendel wieder einmal etwas Energie in die andere Richtung zu geben, heißt ja nicht, dass man den Weg, den man gerade geht, aufgeben sollte. Gerade durch die Auswirkungen des Internets auf die Wertkette sind viele ihrer involvierten Funktionen strategisch zu hinterfragen: Soll man sich bei einer gemeinsamen elektronischen Einkaufsplattform mehrerer Wettbewerber engagieren? Was ist der Einfluss des Internets auf unser Marketing und die Vertriebskanäle? Etc.

Workshop
Betrachten Sie Ihre Organisation einmal durch die Brille der Funktionalstrategien und konfrontieren Sie sich mit folgenden Fragen:

- Sind bei uns die einzelnen Gestaltungsebenen klar voneinander getrennt? Ist der Platz, den man den Funktionalstrategien dabei einräumt, ihrer Bedeutung adäquat?
- Wie geeignet ist unsere aufbauorganisatorische Verankerung der funktionalen Aufgaben und Verantwortlichkeiten zur Erreichung unserer strategischen Ziele?
- Wissen die einzelnen Funktionsbereiche darüber Bescheid, welcher strategische Stellenwert ihnen im Geschäftsmodell eingeräumt ist? Sind die strategisch sehr wichtigen Funktionen in der Aufbauorganisation ausreichend einflussreich verankert?
- Wie wirkungsvoll sind die Prozesse zur Integration der Strategien der einzelnen Gestaltungsebenen? Wie gut sind bei uns die jeweiligen Funktionalstrategien insbesondere den Geschäftsstrategien angepasst?
- Wie wirkungsvoll sind die Prozesse zur vertikalen und horizontalen Koordination einer Funktionalstrategie?
- Werden bei uns die Vorteile aus internen und externen Kooperationen richtig und ausreichend genutzt?
- Wissen wir, welches unsere Kernkompetenzen sind? Wenn ja, ist klar, wer die Verantwortung für die Weiterentwicklung und den Transfer der Kernkompetenzen trägt? Und wurde dabei die Rollenverteilung zwischen Zentrale und Geschäftseinheiten zweckmäßig vorgenommen?
- Erhält bei uns das operative Management ausreichend klare Rahmenvorgaben aus den Funktionalstrategien?
- Besteht in den einzelnen Funktionalbereichen eine geteilte Meinung darüber, wie das Portfolio der dort angesiedelten strategischen Erfolgspotenziale aussieht und in welche Richtung man es weiter entwickeln möchte?

Zusammenfassung

- Mit zunehmender Diversifikation und Prozessorientierung der Unternehmen kam es zu einer Entmachtung der Funktionalbereiche.
- Funktionalstrategien haben insbesondere funktionalpolitische Fragen zu beantworten und den Rahmen für das operative Management zu setzen.
- Die konzeptionelle Qualität der Funktionalstrategien kann anhand von fünf Aufgaben bemessen werden, die sie zu erfüllen haben: Konkretisierungs-, Integrations-, Koordinations-, Kooperations- und Selektionsaufgabe.

Lernkontrolle

1. Was ist der Unterschied zwischen unterstützenden Funktionen und Primärfunktionen? Nennen Sie Beispiele!

2. Warum kam es in vielen Unternehmen zu einer Entmachtung der Funktionalbereiche? Was waren die Konsequenzen daraus?
3. Worin besteht der Bezug zwischen einer Funktionalorganisation und einer Prozessorganisation?
4. Was sind Mindestinhalte einer Funktionalstrategie?
5. Was sind Fragen von strategischer Bedeutung in den Bereichen F & E, Beschaffung, Produktion und Marketing?
6. Inwieweit kann eine Beschaffungsstrategie erfolgskritisch für ein Unternehmen sein?
7. Geben Sie ein Beispiel für ein funktionspolitisches Portfolio. Was bezweckt man damit?
8. Wo würden Sie die Festlegung des Marketing-Mix einordnen?
9. Welche Aufgaben sollten Funktionalstrategien erfüllen?
10. Wie sehen Sie den Zusammenhang zwischen Wettbewerbsstrategien und Funktionalstrategien?
11. Was versteht man unter dem »Parenting-Advantage« bezogen auf Kernkompetenzen? Wie kann er zur Koordination von Funktionalstrategien genutzt werden?

4.6 Corporate Governance (Gestaltung V)

Kaum ein wirtschaftliches Thema wurde in aktueller Zeit in den westlichen Industrieländern so intensiv diskutiert wie das der Corporate Governance. Es ist allerdings naheliegend, dass gerade in Zeiten des Umbruchs die relative Leistungsfähigkeit der Ressource »Führungsorganisation«, als Teil der Wertschöpfung eines Unternehmens, besonderes Augenmerk erfährt. Der Umbruch ist die Phase, in der sich die *Führungsorganisation* insbesondere bewähren muss, in der neue »Corporate Strategies« entwickelt und vor allem auch umgesetzt werden müssen.

Fallbeispiel: Auf dem Weg zum Grounding der Swissair
Meist rückt die Frage nach der »richtigen« Führungsorganisation wieder dann ins öffentliche Interesse, wenn es zu spektakulären Krisen in prominenten Unternehmen kommt. So auch in der Schweiz, als die Turbulenzen um die Swissair Anfang 2001 und der dort entbrannte Kampf, was denn die »richtige Strategie« des Unternehmens sei, bzw. gewesen wäre, einen heftigen Disput entfachte: Warum hat der Verwaltungsrat überhaupt diese Strategie der Diversifikation unterstützt? Warum hat er nicht früher auf die Fehlentwicklung reagiert? War er überhaupt richtig besetzt? War er kompetent genug, bezogen auf das zivile Fluggeschäft? War er international genug, bezogen auf die Globalität dieser Branche? War er überhaupt unabhängig genug, wenn man z. B. die Interessensverflechtungen mehrerer externer Mitglieder des Verwaltungsrats betrachtet? Dieser Fall entfachte eine allgemeine Diskussion zur Qualität der Führungsgremien.[111] So konnte man z. B. wenige Wochen vor dem endgültigen Grounding der Swissair (im Oktober 2001) in der NZZ vom 17.3.01 unter der Überschrift »*Sesselrücken vor dem Reinemachen: Corti ersetzt Honegger an der SAir-Konzernspitze*« lesen:

»In der bewegten Geschichte der SAirGroup ist mit der vorzeitigen Ablösung von Eric Honegger als Verwaltungsratspräsident und interimistischem Konzernchef ein weiteres Kapitel geschrieben worden. Der bisherige Finanzchef von NESTLÉ, Mario Corti, wird, unterstützt von den Banken, nun zügig die Sanierung der zu rasch gewachsenen Swissair in Angriff nehmen. Die Börse reagierte positiv auf das Revirement.

Nur eine Woche nach der Ankündigung eines gestaffelten Rücktritts von neun der zehn SAirGroup-Verwaltungsräte folgt der nächste Hammerschlag: Verwaltungsratspräsident Eric Honegger, der auch bei der AG für die Neue Zürcher Zeitung dieses Amt bekleidet und bei der UBS im Verwaltungsrat sitzt, scheidet ein Jahr früher als geplant aus diesem Gremium aus ..... Sogleich macht sich Mario Corti – er war in der letzten Woche als Einziger ohne Terminierung als Verwaltungsrat in seinem Amt bestätigt worden – mit erweiterten Kompetenzen an die Arbeit, um die in einer tiefen Krise steckende Swissair-Gruppe zu stabilisieren. Der 55-jährige Corti übernimmt laut Pressecommuniqué per sofort das VR-Präsidium, wird zugleich Delegierter des Verwaltungsrates und trägt als Konzernchef auch die operative Verantwortung.

Die Absetzung Honeggers hat insofern nicht allzu sehr überrascht, als ihm in letzter Zeit die Kontrolle zu entgleiten schien. Auf der einen Seite war es zunehmend verdächtig still um ihn geworden, und auf der anderen Seite gingen andere Verwaltungsräte im Einzelsprung an die Öffentlichkeit, um ihre Version über die Hintergründe des Debakels darzulegen. Weiter ergriffen sie die Initiative zur Einberufung einer VR-Sitzung, um Honegger zum Rücktritt zu bewegen. Der Eindruck von Desorientierung und Führungslosigkeit verstärkte sich immer mehr. Die Idee, erst innert Jahresfrist zu demissionieren, war zudem mit der Problematik verbunden, dass Honegger auf diese Weise nach innen und auch nach außen als »lame duck« erscheinen musste. Gerade bei Vertragsabschlüssen oder dem langwierigen Aushandeln von Kompromissen in Frankreich, Deutschland und Belgien hätte die SAir Group unter der schwachen Stellung von Honegger womöglich gelitten. Im Prinzip sind auch die Verwaltungsräte Mühlemann, Hentsch und Leuenberger »lame ducks«, denn sie müssen die »Hunter«-Strategie mitverantworten, welche die Swissair unter der Führung Bruggissers an den Rand des finanziellen Ruins brachte. Indessen stehen sie nicht an der vordersten Front, was erklären mag, warum sie bleiben, wogegen der VR-Präsident als Hauptverantwortlicher für die fehlgeschlagene Expansionsstrategie vorzeitig das Feld räumen musste.«

Die Zusammensetzung der Führungs- und Kontrollgremien ist nur eine der Möglichkeiten, wie mittels einer geeigneten *Corporate Governance*[112] die Interessen der Stakeholder bezogen auf die Ausrichtung und die Leistung des Unternehmens überwacht und möglichst weitgehend durchgesetzt werden können. Später werden wir dann noch auf andere Corporate-Governance-Mechanismen eingehen. Verkürzt gesagt, geht es hier um die Regelung des Verhältnisses zwischen den relevanten Anspruchsgruppen und dem eingesetzten Top-Management. In den USA und Großbritannien haben dabei die Aktionäre einen besonders dominanten Einfluss unter den Anspruchsgruppen. Aber auch in den anderen Industrienationen ist der Einfluss der Aktionäre über die letzten Jahre gewachsen. Was hier das »richtige« Ausmaß an Einfluss ist, muss – wie später noch gezeigt wird – vor dem Hintergrund des jeweiligen nationalen Kontextes gesehen werden.

Mit der Forderung nach einer möglichst geeigneten Corporate Governance entsteht also auch die Frage: Was heißt hier »geeignet«? Heißt dies »wirkungsvoll«? Falls ja, wirkungsvoll für wen? Wessen Stakeholderinteressen sollen wie bedient werden? Und zu wessen Lasten geschieht dies dann? Ziel dieses Kapitels ist es, zuerst einen kurzen Einblick in die nationalen Unterschiede der Corporate-Governance-Diskussion zu nehmen (4.6.1). Danach wollen wir auf die wissenschaftlichen Grundlagen der Corporate-Governance-Diskussion und deren zentralen Fragestellungen und Instrumente eingehen (4.6.2), um dann die wichtigsten Gestaltungsparameter darzustellen (4.6.3). Wir konzentrieren uns demnach auf die strategischen Aspekte der Corporate-Governance-Diskussion.

Corporate Governance als Einflussfaktor auf die Performance

Doch vorweg noch kurz zu der Frage, warum das Thema Corporate Governance auch in der Strategiediskussion auf vermehrtes Interesse stößt? Die Argumentation ist hier einfach: Man geht davon aus, dass die Performance einer Unternehmung maßgeblich auch über die Qualität des obersten Führungsgremiums bestimmt wird: *Bessere Führungsgremien führen zu überdurchschnittlichen Renditen und stellen damit einen Vorteil gegenüber vergleichbaren Unternehmen dar.* Oder umgekehrt gesagt: Wenn das Führungsgremium nicht gut arbeitet, dann wird das Unternehmen meist auch keine guten Resultate abliefern. Ein qualifiziertes Führungsgremium ist also notwendig, es wird aber nicht hinreichend für den langfristigen Erfolg eines Unternehmens sein.

Doch wann ist ein solches Gremium besser als ein anderes? Erstens ist hier die vorhandene *Professionalität* anzusprechen. Beherrscht man sein »Handwerkszeug«? Zweitens geht es um die *Qualität der Interaktion.* Wie ist das Team als Ganzes zu beurteilen (Zusammenarbeit, Diversität etc.)? Und drittens ist zu fragen, ob eine *adäquate Vertretung der Interessen der Stakeholder* erfolgt, die man in diesen Gremien vertritt.

Lernziele

- Erklärung des Begriffes »Corporate Governance«, was die damit verbundenen Ziele und Anforderungen an die Unternehmen sind und warum dies so ist.
- Vergleich der verschiedenen nationalen Ansätze der Spitzenverfassung eines Unternehmens
- Darlegung der wissenschaftlichen Hintergründe der Thematik, Erläuterung des »Principal-Agent-Konflikts« und seiner Implikationen auf das Unternehmen
- Aufzeigen von fünf Corporate-Governance-Mechanismen, wie sie funktionieren, was man von ihnen erwarten kann und was nicht sowie Verweise auf aktuelle Trends.
- Hinweise auf Besonderheiten und Unterschiede in der Corporate Governance von Unternehmen in ausgewählten Ländern

4.6.1 Nationale Unterschiede

Konvergenz der Führungsformen

Angesichts eines zunehmenden »Aufeinandertreffens« der Volkswirtschaften im globalen Markt ist es naheliegend, dass (1) auch die Leistungsfähigkeit der nationalen Formen von Unternehmensführung- und überwachung zueinander in Konkurrenz gehen, und dass es aufgrund dieses Benchmarkings der Führungsorganisationen auch zu einer Konvergenz der Systeme kommen wird. Ein Beispiel hierfür ist der enorme Druck der zur Durchsetzung internationaler Accounting-Standards ausgeübt wird[113], damit z.B. Investoren auf einer vergleichbaren Basis Unternehmen beurteilen können. Wessen System dann obsiegt, ist nicht nur eine Frage von Qualität und Eignung, sondern auch von Macht.

Da viele nationale Gegebenheiten in enger Verbindung zur Geschichte einer Volkswirtschaft und zu deren gewachsenen (rechtlichen) Rahmenbedingungen gesehen werden müssen, muss bei der Standardisierung jedoch sorgsam darauf geachtet werden, dass deren Vorteile ihre Nachteile noch tatsächlich überwiegen. Einen Teil ihrer Dynamik bezieht die Weltwirtschaft auch aus dem Wettbewerb konkurrierender Corporate-Governance-Modelle.[114]

(1) Modelle der Führung und Überwachung

Drei Corporate Governance-Systeme in Konkurrenz

Die Führungsorganisation jedes Unternehmens unterliegt einer Vielzahl gesetzlicher Vorschriften. Da die Gesetzgeber in den einzelnen Ländern hier unterschiedliche Absichten verfolgen, die wie gesagt oft auch entwicklungsgeschichtlich bedingt sind, sind auch die Möglichkeiten zur Ausgestaltung einer Führungsorganisation unterschiedlich ausgeprägt.[115] Im Prinzip stehen derzeit in den westlichen Industrienationen drei Corporate-Governance-Systeme zueinander im Vergleich, die sich insbesondere bzgl. der Vielfalt vertretener Stakeholderinteressen sowie der Stufigkeit der Struktur von Geschäftsführung und Überwachung unterscheiden: die *Aufsichtsrats-Verfassung (»Two-tier-System«)* sowie die beiden *»One-tier-Systeme« der Board-Verfassung und das Verwaltungsratsmodell.* Man vergleiche dazu Abbildung 4-60. Diese drei Grundmodelle werden nun am Beispiel Ihrer wichtigsten Anwenderländer erörtert.[116]

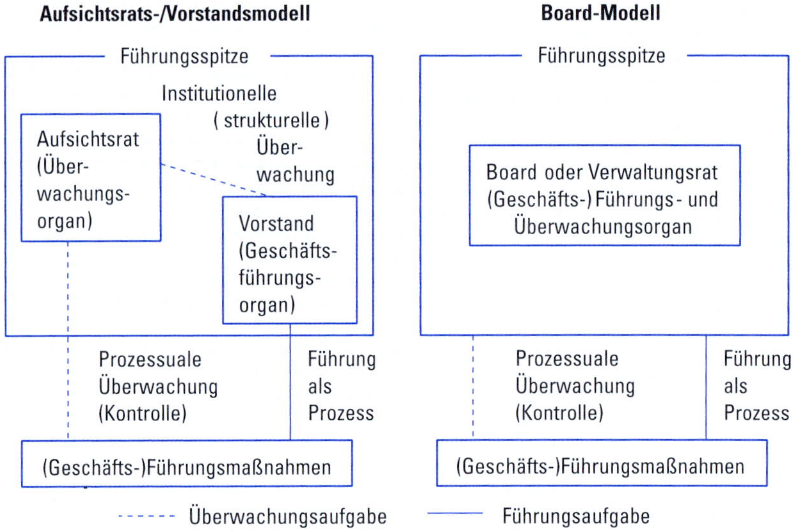

Abb. 4-60: Aufsichtsrats- versus Board-Verfassung (Quelle: Bleicher/Leberl/Paul 1989)

2-stufige Aufsichtsratverfassung

Deutschland: Für die Spitzenverfassung der deutschen Aktiengesellschaft gilt seit 1870 obligatorisch die Dreiteilung in die Organe *Aufsichtsrat*, *Vorstand* und *Hauptversammlung* der Aktionäre. Typisch ist hier, dass dem Vorstand, der sich nur aus internen Managern zusammensetzt und dem die gemeinsame Geschäftsführungsverantwortung zukommt, als externes Kontrollorgan der Aufsichtsrat darrübergestellt wird, der die Interessen der Stakeholder (Aktionäre, Mitarbeiter etc.) gegenüber dem Management zu vertreten hat.[117] Beide Organe werden durch einen Vorsitzenden präsidiert. In diesem Trennungsmodell wird also bewusst auf direkte funktionelle oder personelle Verbindungen zwischen Führungs- und Überwachungsorgan verzichtet. Dieses Modell war z. B. dahingehend hilfreich, dass eine direkte Vertretung der Mitarbeiterinteressen in der Unternehmensführung ohne Einsitznahme in das Management möglich wurde. Ab 2000 Mitarbeiter sitzen im Aufsichtsrat zur Hälfte auch Vertreter der Mitarbeiterschaft.[118] Manche machen diese im Aufsichtsrat vertretene Interessenvielfalt dafür verantwortlich, dass man teilweise nicht in der Lage war, entschlossen genug auf die globalen Wettbewerbsherausforderungen zu reagieren, was wiederum zum Verlust vieler Arbeitsplätze führte. Andere argumentieren, dass dieses Modell eine Arena schuf, in der die unterschiedlichen Interessenlagen ausgefochten werden konnten und man so einen weit reichenden »sozialen Frieden« (z. B. mit relativ wenigen Streiks) in den Unternehmen hatte.

Direkte Vertretung der Mitarbeiterinteressen

Die Aufgabe des Strategischen Managements steht in diesem Ansatz unbestritten allein in der Verantwortung des Vorstandes. Damit wird dem Vorstand (als Kollektiv) eine uneingeschränkte Führungsrolle und -verantwortung zugewiesen. Wichtigste Funktion des Aufsichtsrates sind die (Wieder-)Bestellung und ggf. Abberufung der Vorstandsmitglieder (womit er natürlich indirekt auch Einfluss auf die Strategie nimmt).

Strategie ist allein Vorstandsverantwortung

Fallbeispiel: Auszug aus dem Bericht des Aufsichtsrats der BMW AG

»Der Aufsichtsrat der BMW AG hat während des Geschäftsjahres 2000 den Vorstand regelmäßig beraten und die Geschäftsführung überwacht. In fünf gemeinsamen Sitzungen und anhand schriftlicher und mündlicher Berichte des Vorstands hat sich der Aufsichtsrat eingehend mit der wirtschaftlichen Lage des Unternehmens, dem Geschäftsverlauf sowie der Geschäftspolitik und anderen grundsätzlichen Fragen der Unternehmensplanung und -entwicklung befasst und darüber mit dem Vorstand beraten. Auch außerhalb der Aufsichtsratssitzungen hat der Aufsichtsratsvorsitzende mit dem Vorstandsvorsitzenden regelmäßig Gespräche über die wesentlichen Fragen der Geschäftspolitik und Geschäftsentwicklung geführt.

In den ersten drei Monaten der Berichtsperiode hat sich der Aufsichtsrat gemeinsam mit dem Vorstand – wie schon im gesamten vergangenen Geschäftsjahr 1999 – detailliert mit der Positionierung sowie der Absatz- und Ergebnisentwicklung von Rover befasst. Angesichts der Erkenntnis, dass auch die bereits durchgeführten sowie die eingeleiteten weiteren tiefgreifenden Restrukturierungsmaßnahmen mit hoher Wahrscheinlichkeit in einem überschaubaren Zeitraum nicht zu einem erfolgreichen Turn Around mit günstigen Geschäftsaussichten für die Zukunft geführt hätten, sah sich der Vorstand aus unternehmerischer Verantwortung zum Handeln veranlasst. Vorstand und Aufsichtsrat haben daher unterschiedliche Szenarien unter besonderer Berücksichtigung der Interessen aller Stakeholder erörtert. In Kenntnis und Abschätzung der Risiken und Chancen hat der Aufsichtsrat den Vorschlag des Vorstands, das Kerngeschäft Automobile grundlegend neu zu ordnen, befürwortet und den Vorstand aufgefordert, eine Umsetzung mit Nachdruck und zeitnah vorzunehmen. Als Folge wurden am 9. Mai 2000 Rover Cars an das britische Phoenix Konsortium und zum 30. Juni 2000 das Land Rover Geschäft an die Ford Motor Company veräußert. ... Der Aufsichtsrat hat sich vom Vorstand regelmäßig über die Neustrukturierung des Automobilgeschäfts und den Stand der Abwicklung des Verkaufs von Rover Cars und Land Rover berichten lassen.

Der Aufsichtsrat unterstützt die Strategie des Vorstands, die Stellung der BMW Group als Anbieter von Premiumautomobilen zu stärken und auszubauen. BMW wird deshalb seine Produktpalette in den Premiumsegmenten ausweiten. ...

Weitere Schwerpunkte waren die Personalpolitik sowie die Maßnahmen und Strategien des Vorstands im Bereich des e-Business. Darüber hinaus wurde die längerfristige Entwicklung des Konzerns ausführlich behandelt.

Der Aufsichtsrat ließ sich ferner vom Vorstand über das Risikomanagementsystem informieren. Er hat sich davon überzeugt, dass das bereits bestehende Risikomanagementsystem nach den Vorgaben des Gesetzes zur Kontrolle und Transparenz im Unternehmensbereich (KonTraG) ergänzt, spezifiziert und organisatorisch verankert ist.

Der Jahresabschluss der Bayerischen Motoren Werke Aktiengesellschaft und der Konzernabschluss zum 31. Dezember 2000 sowie der mit dem Lagebericht zusammengefasste Konzernlagebericht wurden durch die KPMG Deutsche Treuhand-Gesellschaft Aktiengesellschaft Wirtschaftsprüfungsgesellschaft, München, geprüft und mit dem uneingeschränkten Bestätigungsvermerk versehen. Auch der Aufsichtsrat prüfte diese Vorlagen des Vorstands. Die Prüfungsberichte der KPMG lagen allen Mitgliedern des Aufsichtsrats vor. Der Abschlussprüfer nahm an der Bilanz-Aufsichtsratssitzung am 15. März 2001 teil und berichtete über die wesentlichen Ergebnisse seiner Prüfung. Der Aufsichtsrat stimmt dem Ergebnis der Abschlussprüfung zu. Der Aufsichtsrat billigt den vom Vorstand für das Geschäftsjahr 2000 aufgestellten Jahresabschluss der Bayerischen Motoren Werke Aktiengesellschaft. Der Jahresabschluss ist damit festgestellt.

Der Vorschlag des Vorstands für die Verwendung des Bilanzgewinns wurde durch den Aufsichtsrat geprüft. Der Aufsichtsrat schließt sich dem Vorschlag des Vorstands an. Nach dem abschließenden Ergebnis der Prüfung des Aufsichtsrats sind keine Einwendungen zu erheben. Im vergangenen Jahr musste im Konzern für das Geschäftsjahr 1999 ein Fehlbetrag ausgewiesen werden. Auch im Geschäftsjahr 2000 belasteten noch Verluste aus den Segmenten Rover Cars (bis 09.05.2000) und Land Rover (bis 30.06.2000) das Konzernergebnis. Dennoch ist das für das Geschäftsjahr 2000 erzielte Ergebnis das mit Abstand beste in der Geschichte der BMW Group und damit Ausdruck der Konzentration auf ertragsstarke Segmente des Automobilgeschäfts.

Das Präsidium, das auch die Funktion des Personalausschusses wahrnimmt, ist zu sieben Sitzungen zusammengetreten. Der außerdem vom Aufsichtsrat gebildete gesetzliche Vermittlungsausschuss (§ 27 Abs. 3 MitbestG) brauchte nicht zusammenzutreten.

In seiner Sitzung am 5. Oktober 2000 berief der Aufsichtsrat Herrn Dr. Michael Ganal in den Vorstand.

München, 15. März 2001, Der Aufsichtsrat, Volker Doppelfeld, Vorsitzender«
(Quelle: Geschäftsbericht 2000)

Dominante Rolle der Banken bei der AG

Bei den deutschen Aktiengesellschaften spielen auf der Eigentümerseite nach wie vor die Banken als Kreditgeber, als Beteiligungsnehmer oder als Verwalter von Depotstimmrechten eine dominante Rolle. Im Prinzip kann man sagen, dass der Wiederaufbau Deutschlands nach dem zweiten Weltkrieg durch die Banken finanziert wurde, während z. B. in Großbritannien die Bürger als Aktionäre das Wachstum finanzierten. Damit liegt die Corporate-Governance-Verpflichtung in Deutschland – ähnlich wie in Japan – dominant bei den Banken.

Gesamthaft betrachtet ist die *deutsche Unternehmenslandschaft* natürlich immer noch sehr stark durch die Rechtsform der GmbH (Gesellschaft mit beschränkter Haftung) geprägt. Hier gibt es meist kein Agency-Problem, da die Rolle von Eigentümer und Geschäftsleitung in Personalunion wahrgenommen wird.

Als primäre Vorteile der Aufsichtsrats-Verfassung werden die strikte Trennung von Führung und Überwachung sowie die Möglichkeit der Beteiligung weiterer

Stakeholder (Mitarbeiter) gesehen. Als nachteilig werden empfunden, dass gesetzliche Absicht und Aufsichtsratspraxis immer weiter auseinanderklaffen.

Auseinanderklaffen von gesetzlicher Absicht und Praxis

USA: In den angelsächsischen Ländern überwiegt das einstufige Board-Modell, in dem Führung und Überwachung in einer integrierten Form wahrgenommen werden. Einziges Verwaltungsorgan ist hier der *Board*, der sich aus den internen und – meist in der Minderzahl befindlichen – externen Direktoren zusammensetzt. An der Spitze des Boards steht der *Chairman of the Board*. Zum Inhaber dieser Position kann z.B. die Spitze des professionellen Managements, *der Chief Executive Officer* (CEO) – also einer der internen Direktoren –, bestellt werden. Damit wäre eine hohe Konzentration der Macht verbunden, denn – im Vergleich zum deutschen Modell – würden die Positionen des Vorsitzes von Aufsichtsrat und Vorstand durch die gleiche Person wahrgenommen. *Das Shareholder Meeting* kann in etwa mit der deutschen Hauptversammlung gleichgesetzt werden. Die internen Direktoren sind Angestellte des Unternehmens, während die externen Direktoren in keinem Anstellungsverhältnis zum Unternehmen stehen.

Board-Verfassung

Das Board ist gemeinschaftlich für Führung und Überwachung zuständig. Die Aufgabenverteilung wird innerorganisatorisch – z.B. über die Bildung von Ausschüssen – vorgenommen. So übernimmt die Gruppe der internen Direktoren (manchmal noch ergänzt um so genannte *Executive Directors*, die allerdings nicht Mitglieder des Boards sind) die Funktion der operativen Geschäftsführung und vertritt die Gesellschaft auch gegenüber Dritten. Wichtigster Träger der Überwachungsfunktion ist das »*Audit Committee*«, das nur mit externen Direktoren besetzt ist. Manchmal werden noch namhafte außenstehende Fachexperten dazugewählt, um die Unabhängigkeit dieses wohl wichtigsten Board-Ausschusses zu unterstreichen. Damit kann man im Vergleich zum deutschen System wiederum von einer »faktisch dualistischen Strukturierung des Boards« sprechen.[119]

Überwachungsfunktion des »Audit Committee«

Die Vorteile des Board-Modells sieht man insbesondere in der deutlich stärkeren Einbindung der externen Direktoren in die Unternehmensführung. So gehört das Strategische Management hier auch zu deren Aufgabenbereich. Dies hat für sie zwei direkte Implikationen: Sie müssen über eine deutlich bessere Informationsbasis verfügen (allerdings in einer faktischen Abhängigkeit von der Informationsbereitschaft des Managements) und sie müssen sich auch zeitlich deutlich intensiver mit dem Unternehmen auseinandersetzen (höhere Sitzungsfrequenz). Nachteile des Board-Modells sind eine eventuell zu hohe Machtfülle in der Personalunion von Chairman und CEO, in der Asymmetrie der Verteilung von Macht, Wissen, Arbeit etc. im gleichen Gremium sowie in der mangelnden Objektivität.

Strategie auch in Verantwortung des Board

Schweiz: Auch bei der schweizerischen Aktiengesellschaft folgt man einem einstufigen Modell und unterscheidet in die drei Organe *Generalversammlung*, *Verwaltungsrat* und *Kontrollstelle*. Im Unterschied zum Board-Modell erlaubt das Obligationenrecht der Schweiz allerdings die Übertragung der Führungsfunktion auch auf einen oder mehrere Delegierte *außerhalb* des Verwaltungsrates. Damit besteht – falls dies gewollt ist – die Möglichkeit, institutionell zwischen Führungs- und Überwachungsfunktion zu trennen. Vier Ausgestaltungsvarianten sind damit praktisch möglich:[120]

Verwaltungsratsmodell

Möglichkeit der Trennung von Führungs- und Überwachungsfunktion

- Nur-Insider-Board: Der Verwaltungsrat übernimmt als Gesamtgremium die Führungs- und Überwachungsaufgabe;

- Insider-Outsider-Board: Der Verwaltungsrat übernimmt die Überwachungsaufgabe. Die Führungsaufgabe delegiert er an einen oder mehrere Verwaltungsratsdelegierte aus dem Kreis des Verwaltungsrates;
- Nur-Outsider-Board: Der Verwaltungsrat übernimmt die Überwachungsaufgabe. Die Führungsaufgabe delegiert er an einen oder mehrere Direktoren, die allerdings nicht dem Verwaltungsrat angehören;
- Board-Aufsichtsrats-Modell: Der Verwaltungsrat übernimmt die Überwachungsaufgabe. Die Führungsaufgabe delegiert er an einen oder mehrere Verwaltungsratsdelegierte aus dem Kreis des Verwaltungsrates sowie an einen oder mehrere Direktoren, die nicht dem Verwaltungsrat angehören. Zusammen bilden sie dann die Geschäftsführung.

Verantwortung für die Unternehmensführung beim Verwaltungsrat

Die große Flexibilität dieses Modells hat dazu geführt, dass in der Schweiz die AG die weitaus verbreitetste Rechtsform von Unternehmen ist. Die Trennung von Führungs- und Überwachungsfunktion wird als »unechte Trennung« betrachtet, da in jedem der Fälle die Verantwortung für die Unternehmensführung beim Verwaltungsrat als Institution bleibt. Problem dieses Modells ist – ähnlich wie im Board-Modell – die Asymmetrie in der Verteilung von Macht, Wissen, Arbeit etc. im Verwaltungsrat, was nach einer klareren Definition der Funktionen und Aufgaben des Verwaltungsrates und seiner Untergruppen verlangt. Damit kann zu den Bemühungen um eine Reform der nationalen Corporate-Governance-Regelungen übergeleitet werden.

Japan

Diese Grundmodelle trifft man in den meisten Ländern wieder an, oder es sind Mischformen dieser Grundmodelle. Natürlich müssen die jeweiligen Ausgestaltungsvarianten wiederum vor dem Hintergrund der jeweiligen Landeskultur gesehen werden. Wirft man z. B. einen Blick auf *Japan*, so werden dort weite Teile der japanischen Großindustrie durch ein enges Netzwerk von Persönlichkeiten kontrolliert, die zueinander in einer verpflichtenden Beziehung stehen. Diese Verpflichtung kann aus familiären Strukturen, aus der Zugehörigkeit zu Alumni-Organisationen, zum Keiretsu (über wechselseitige Beteiligungen verbundene »Familie von Unternehmen«) etc. resultieren. Wichtiges Element der japanischen Führungskultur ist das Bedürfnis nach Konsens. Dafür nimmt man auch eine erhebliche Verlangsamung von Prozessen in Kauf. Ähnlich wie in Deutschland nehmen die Banken die zentrale Rolle bei der Finanzierung und Überwachung der Unternehmen ein – allerdings aufgrund der lange anhaltenden Wirtschaftskrise des Landes mit rückläufigem Einfluss.

(2) Reformbestrebungen

Im Zuge der Globalisierung der Märkte haben die Investoren und deren Vertreter in nahezu allen industrialisierten Ländern mehr und mehr Druck aufgebaut, Corporate Governance zu professionalisieren und zu standardisieren. Dabei gewinnt das einstufige angelsächsische Modell (mit seinen verschiedenen Teilaspekten) gegenüber dem zweistufigen Modell (auch »Rhein-Modell« genannt) klar an Einfluss, auch wenn es nicht in allen Teilfragen das bessere Modell ist. Dementsprechend rege waren in den letzten Jahren die Bemühungen vieler Länder zur Verbesserung der regulatorischen Rahmenbedingungen, denn die Qualität der Corporate Governance ist als *Standortfaktor* zu betrachten, da er etwas über die Effizienz des Kapitalmarktes eines Landes aussagt.

Corporate Governance als Standortfaktor

Viele dieser Anstrengungen fanden in Form der Verfassung von Leitsätzen und Richtlinien statt, was man als »best practice« in Sachen Corporate Governance betrachtet. Dabei kamen auch unterschiedliche Verständnisse zu Tage, was man überhaupt genau unter Corporate Governance verstehen will und welche Ziele zu verfolgen sind. Im britischen »*Cadbury Code*« (von 1992) ist es »... the system whereby companies are directed and controlled«. Im italienischen »*Preda Code*« sind es die Regeln, nach denen Unternehmen geführt werden. Eine etwas andere Position trifft man bei der *OECD* an, wo man Corporate Governance als eine Menge von Beziehungen zwischen dem Top-Management eines bestimmten Unternehmens und den verschiedenen Gruppen betrachtet, die spezifische Interessen in den Aktivitäten verfolgen. Während man im Preda Code als Hauptaufgabe einer Corporate Governance die Schaffung von Shareholder Value sieht, wird im französischen »*Viènot report*« (von 1995/99) betont, dass man vor allen anderen Stakeholder-Erwartungen den allgemeinen Interessen des Landes gerecht zu werden habe. Im deutschen Ansatz wird eine Art Zwischenposition eingenommen, wenn es heißt, dass man eine verantwortungsbewusste und wertorientierte Führung und Steuerung von Unternehmen erwarte, die in der Lage ist, das Vertrauen von Aktionären, Mitarbeitern, Geschäftspartnern und der Öffentlichkeit zu rechtfertigen und zu stärken.

Unterschiedliche Verständnisse

Ressource
Das European Corporate Governance Institute (ECGI) (www.ecgi.org) bietet ein sehr gut strukturiertes Portal mit vielen Links zu nationalen Corporate-Governance-Regelungen in der Rubrik »codes & principles« an.

Die Webseite des European Corporate Governance Forum (www.corpgov.net) wurde 1995 gestartet. Gründer ist Lutgart Van den Berghe, Professor an der Vlerick Leuven Gent Management School. Die Webseite enthält eine große Anzahl von Informationen und Links zum Thema Corporate Governance. Sie dient aber auch Stakeholdern an Unternehmen als Kommunikationsplattform, um sich aktiv in die Diskussion um eine professionelle Corporate Governance einzuschalten.

Die dritte Web-Adresse verweist auf von *Robert A.G. Monks* herausgegebene Homepage (www.ragm.com). Er ist einer der Meinungsführer in dieser Diskussion.

Exkurs: Die Reformen in Deutschland, Schweiz, Österreich und den USA
Deutschland (05/02): Die Kritik an der Leistungsfähigkeit der Corporate Governance in Deutschland war aufgrund einer ganzen Reihe von Unternehmensfehlentwicklungen und -skandalen bereits in den neunziger Jahren laut geworden. Dies löste eine nachhaltige wissenschaftliche und politische Diskussion aus, in deren Zentrum Theisen (2002, S. 1054) »die geltende Unternehmens- und Konzernverfassung mit ihren internen und externen Führungs- und Überwachungssituationen« sieht. Letztendlich geht es dabei um die Frage, welche Aufgaben zu übernehmen sind, ob diese effizient erledigt werden und ob dies durch den Markt auch so erkannt und wahrgenommen wird. Indirekt geht es aber auch darum, dass man sich einem Wettbewerb der verschiedenen nationalen Systeme der Corporate Governance stellt.

Im Juni 2000 wurde auch eine Regierungskommission »*Corporate Governance – Unternehmensführung – Unternehmenskontrolle – Modernisierung des Aktienrechts*« eingerichtet. Dieses eher rechtspolitisch ausgerichtete Gremium zielte auf Änderungsvorschläge des AktG und HGB sowie auf die Nennung von Regelungsbereichen ab, die einem Corporate-Governance-Codex überantwortet werden sollten. Darauf aufbauend wurden dann im Herbst 2001 erstens die Vorbereitungsarbeiten zum neuen

Transparenz- und Publizitätsgesetz (TransPuG 2002) gestartet sowie zweitens, als privatwirtschaftliche Initiative[121], die Cromme-Kommission eingerichtet, die einen »*Deutschen Corporate-Governance-Index*« (»*Cromme Code*«) zu erarbeiten hatte.

Mit dem 13 Seiten umfassenden »*Deutschen Corporate-Governance-Index*« wurde das Ziel verfolgt, innerhalb der bestehenden Gesetze »international und national anerkannte Standards guter und verantwortungsvoller Unternehmensführung« vor allem für die dem TransPu unterworfenen börsennotierten Gesellschaften zu setzen und »in einer auch für ausländische Investoren geeigneten Form« darzustellen. Eine Abweichung davon sollte nur dann möglich sein, wenn diese auch begründet offengelegt wird. Diese Verpflichtung wurde auch im neuen § 161 AktG verankert.[122] Daneben sollten noch Anregungen in den Kodex aufgenommen werden, bei denen eine Abweichung in der Anwendung nicht offenzulegen wäre.

De facto wird es wohl die Konsequenz aus diesen Bestrebungen sein, dass deutsche Konzerne mit Elementen aus dem »Two tier-Modell« mehr und mehr die Grenzen der deutschen Unternehmensverfassung austesten werden, um so sich international vergleichbarer zu machen. In diesem Sinne muss wohl die Einführung der Position des CEO bei der Deutschen Bank und das ihm unterstellte Executive Committee verstanden werden. Ähnlich einzuordnen ist die Einrichtung eines »Anteilseignerausschusses« (»Shareholder Committee«) im paritätisch besetzten DaimlerChrysler-Aufsichtsrats. Er umfasst die Nicht-Arbeitnehmervertreter und wurde noch um vier externe Direktoren sowie die beiden Vorstandssprecher ergänzt. Er beschäftigt sich im Auftrag des Aufsichtsrates u.a. mit der Nominierung und Vergütung der Vorstandsmitglieder, aber auch mit Fragen des Strategischen Managements. Es ist nun zu hoffen, dass der zukünftige internationale Wettbewerb zwischen dem ein- und zweistufigen System nicht nur auf der Basis von Macht ausgetragen wird, sondern dass es mehr solide empirische Erkenntnisse zu diesem Leistungsvergleich geben wird, um inhaltlich eine bestmögliche Entwicklung gewährleisten zu können.

Schweiz (03/02): In den Jahren 2001/02 gab es in der Schweiz eine ganze Reihe von Ereignissen, die für Unruhe in der Öffentlichkeit sorgten und die deutlich machten, dass höchster Handlungsbedarf in Sachen Corporate Governance bestand: Die zu geringe Kontrolle der Aktionäre durch die Eigentümer wurde offensichtlich, als bekannt wurde, dass der frühere ABB-CEO Percy Barnevik sich 148 Mio. CHF an Pensionsbezügen mehr oder minder am Verwaltungsrat vorbei auszahlen lassen konnte. Bei diesem Fall wurde auch nochmals deutlich, dass es in der Schweiz keinerlei Transparenz bei der Top-Management-Entlohnung gibt, denn über sie muss nicht einmal summarisch berichtet werden; die Inhaber wissen also nicht, was sie ihren Angestellten bezahlen. Nachdenklich wurde man auch, als im Oktober 2001 Marcel Ospel (als Chairman des Board of Directors der UBS) offensichtlich ohne offizielle Rücksprache mit seinem Group Executive Board (GEB), erhebliche Mittel der Bank (1,4 Mrd. CHF) zur Rettung der Swissair zusagen konnte. Dies führte zur Konfrontation mit dem Chief Executive des GEB, dem Briten Luqman Arnold, der dann kurzfristig durch Peter Wuffli ersetzt wurde. Man stellte sich hier die Frage, wer wirklich die Bank führt. Das Problem zu großer Machtfülle in einer Person (als Chairman des Board of Directors und als Chief Executive des Executive Boards) wurde in den Fällen der Holding-Unternehmen Credit Suisse (Lukas Mühlemann) und Zurich Financial Services (Rolf Hüppi) deutlich. Beide, aber auch Manfred Zobel (Rentenanstalt/Swiss Life), mussten in relativ kurzen Zeitabständen ihre Positionen räumen, da die Investoren das Vertrauen in das Management verloren hatten. Durch die Vertreter der internationalen Kapitalmärkte wurde jedoch nicht nur bemängelt, dass »... all the boardrooms tend to be full of the same people«[123], sondern dass in den Verwaltungsräten tendenziell auch zu wenig Sachkompetenz anzutreffen wäre und die Besetzungsentscheide in den großen Konzernen aus einer zu nationalen Sichtweise getroffen würden. Dass es immer noch »Aktionäre zweiter Klasse« gibt, wurde deutlich, als Multipapiers mit seiner Übernahme von Baumgartner Papiers scheiterte: Obgleich die hinter Multipapiers stehenden Investoren (insbesondere der New Yorker Financier Asher Edelman) bereits zu Anfang der Offerte gut 27% des Kapitals an Baumgartner hielt (nach Auslauf der Offerte waren es 37,27%), war ihr Stimmrecht aufgrund der in den Firmenstatuten festgelegten Vinkulierungsbestimmungen auf 3% beschränkt. Dagegen erhielt die WAADTLÄNDER KANTONALBANK vom Verwaltungsrat das Recht mit ihrem gesamten Aktienbesitz (17%) zu stimmen.

Vor diesem Hintergrund hat es in der Schweiz insbesondere im Jahr 2001 Bemühungen zur Verbesserung der Corporate Governance gegeben. So hat erstens der Vorstand des Dachverbands ECONOMIESUISSE im März 2001 eine Expertengruppe ernannt, die den Zustand der Corporate Governance in der Schweiz untersucht. Daraus wurde dann ein »*Swiss code of best practice*« abgeleitet und in die Vernehmlassung gegeben. Er umfasst 30 kurze Leitsätze (plus konkretisierende Ausführungen). Auch hier geht es darum, dem Aktionär einen größeren Stellenwert zu geben, indem man ihm z.B. die Ausübung seines ihm zustehenden Einflusses erleichtert. Den Verwaltungsrat will man so klein als möglich halten, um den Dialog zu verbessern. Die Mehrheit soll aus nicht exekutiven Mitgliedern bestehen. Mindestens vier Sitzungen pro Jahr werden empfohlen. Etc. Zweitens hatte unter Einflussnahme der Eidgenössischen Bankenkommission auch die SCHWEIZER BÖRSE SWX eine Richtlinie über einheitliche Offenlegungspflichten (Bezüge etc.) als Empfehlung ausgearbeitet. Im Juni 2001 wurde auch noch der Bundesrat aufgefordert, das Aktienrecht auf die Vereinbarkeit mit den Grundsätzen der Corporate Governance zu überprüfen. Diese und andere Ausarbeitungen gingen Ende 2001 bei rund 350 Adressen in die Vernehmlassung. Anfang 2002 lagen dann die definitiven Fassungen vor, die erstmals für die Jahresabschlüsse 2002 wirksam werden.

Österreich (03/02): Hier ist die Situation dadurch gekennzeichnet, dass die Unternehmen sich in der Vergangenheit ihr Kapital sehr einfach und auch relativ günstig von ihren Hausbanken besorgen konnten. So hat der aufwendige Gang über die Börse zur Eigenkapitalbeschaffung dort nahezu keine Bedeutung. Die Marktkapitalisierung aller börsennotierten inländischen Unternehmen erreichte 1999 gerade einmal 15% des Bruttosozialproduktes. Nur etwa 7% der Österreicher halten Aktien. Dementsprechend unbedeutend war bislang auch das Thema Corporate Governance. Auf Druck der Kapitalmärkte wurden zwar bei einigen »Vorzeigeunternehmen« Verbesserungen erreicht, wie etwa eine Berichterstattung nach internationalen Standards, der Ausweis von Spartenergebnissen, die Einrichtung von Investor-Relations-Abteilungen oder die Sicherung der Rechte von Minderheitsaktionären. Diese Maßnahmen zur Verbesserung der Transparenz wirken sicher vertrauensbildend, trotzdem ist die Liste der offenen Punkte noch lang: Die Aufsichtsräte sind oft sehr groß und unbeweglich, trotzdem gibt es keine Ausschüsse; ihre Zusammensetzung ist eher politisch zu sehen, denn auf der Basis von Expertise; auch verwendet man kaum Optionsprogramme zur Incentivierung der Führungskräfte. Es sind deshalb in den nächsten Jahren verstärkt Anstrengungen in Richtung der europäischen Standards zu erwarten.

USA (10/02): Auch in den USA gab es bereits seit längerem Plädoyers für eine längerfristigere Ausrichtung der Interessen und Stakeholder-Beziehungen, für ein »geduldigeres« Kapital. Auf diese Kritik wurde auch in Diskussionen reagiert, es veränderte sich aber nichts Grundsätzliches an den Rahmenbedingungen. Erst seit den Skandalen um ENRON, WORLDCOM etc., die Millionen von Kleinanlegern viel Vertrauen in das Funktionieren der Überwachungsfunktion genommen haben, ist nun großer Aktivismus auf der politischen Bühne entstanden. »The US thought it had the biggest, the best and the most desirable rules and now recognizes that this was not so!«, sagte Paul Volcker, der frühere Chairman der US FEDERAL RESERVE.[124] Der politische Aktivismus lässt jedoch bereits wieder Befürchtungen aufkommen, dass durch Überregulierung das Unternehmertum und die Risikobereitschaft der Manager zu sehr eingeschränkt werden könnten.

Die Entwicklung der Corporate Governance wird in den USA durch das AMERICAN LAW INSTITUTE (ALI), die Börsen, die SEC, aber auch durch die Unternehmen und institutionellen Anleger betrieben. Zur Wiederherstellung des Vertrauens der Anleger sind folgende Initiativen nennenswert: (1) Der *Sarbanes-Oxley Act*, der u.a. verlangt, dass die finanzielle Berichterstattung zertifiziert wird, dass Transaktionen außerhalb der Bilanz offengelegt werden, dass es keine Darlehen an Manager des Unternehmens mehr gibt oder dass Boni und andere Incentives zurückerstattet werden müssen, wenn die Buchhaltung manipuliert wurde. (2) In den *New York Stock Exchange/Nasdaq Principles*, die der Genehmigung durch die SEC SECURITIES AND EXCHANGE COMMISSION unterliegen, wird gefordert, dass die Aktionäre über alle Stock Option Pläne abstimmen müssen, dass mindestens die Hälfte des Boards mit unabhängigen Direktoren besetzt ist, und dass die Unternehmen sich auf Corporate Governance Guidelines zu verpflichten hätten. (3) Das einflussreiche *»Conference Board«* hat Empfehlungen für die Bezahlung von Führungskräften herausgegeben. Man fordert dort u.a. eine weit reichendere Abhängigkeit der Bezahlung von der Leistung, ausgeweitete Pflichtzeiträume des Haltens von Anteilen am Unternehmen durch das Top-Management, Ankündigung von Aktienverkäufen durch das Top-Management oder genauere Angaben zu den CEO-Verträgen.

Zusammenfassend können in den Industrieländern folgende allgemeine Trends festgestellt werden: (1) Das Thema Qualität der Corporate Governance hat einen erhöhten Stellenwert (auch in der öffentlichen Diskussion) erhalten, was auch zu Konsequenzen bei den Managementsystemen und der Führungsorganisation führte, (2) die Banken verlieren an Einfluss als Kontrollorgan und Anteilseigner, da ein global gewordener Kapitalmarkt eine größere Vielfalt an Finanzierungsmöglichkeiten geschaffen hat, (3) das Management widmet den Belangen der Stakeholder (und hier insbesondere der Shareholder) mehr Aufmerksamkeit und (4) sind die einzelnen Länder mehr oder minder entschlossen bemüht, die Effizienz ihrer Kapitalmärkte zu verbessern.

Standpunkt
Sir Adrian Cadbury, früherer Vorsitzender des »Committee on the Financial Aspects of Corporate Governance« in Großbritannien und derzeitige Director of NEC Group sowie Kanzler der Aston University in Birmingham, vertritt folgende Auffassung: *»Meiner Meinung nach erleben wir im Bereich der Corporate Governance in ganz Europa eine Annäherung, aber es ist eine Annäherung der Standards und der Verfahren und nicht notwendigerweise der Strukturen. Unternehmensstrukturen sind wichtig. Aber wie sie im Einzelnen aussehen, ist aus meiner Sicht nicht so wichtig. Es darf innerhalb der EU ruhig Unterschiede bezüglich der Leitungs- und Kontrollorganen von Unternehmen geben, wichtig ist nur, dass ihre Effektivität im Hinblick auf Performance den Standards entspricht, die Anleger und Geldgeber erwarten. Nationale Leitsätze für ein optimales Verfahren helfen den Leitungs- und Kontrollorganen von Unternehmen, diese Standards zu erfüllen und so zur Konvergenz beizutragen.«*[125]

Was meinen Sie dazu?
Bei welchen Aspekten der Sicherstellung der Qualität einer Corporate Governance sollten aus Ihrer Sicht Standards gesetzt werden? In welche Richtung sollten diese Standards weisen? Wie sollte die Einhaltung dieser Standards überwacht werden?

Natürlich genügt es nun nicht, nur Leitsätze für eine professionelle Corporate Governance zu haben. Ebenso wichtig ist es, ihre Einhaltung zu überwachen. Bei den großen Aktiengesellschaften sind hier die Aufsichtsinstanzen für die Kapitalmärkte ebenso wie die großen institutionellen Anleger gefordert. Bei anderen Gesellschaftsformen werden die Hauptanteilseigner eine entscheidende Rolle in der Förderung des Shareholder Value übernehmen müssen. Insbesondere deshalb ist auch dort ein unabhängiges Leitungsorgan und eine unabhängige Rechnungsprüfung unabdingbar.

Der *Rolle des Wirtschaftsprüfers* wurde in den bisherigen nationalen Corporate-Governance-Debatten vielleicht noch nicht ausreichend Rechnung getragen. So wird in den »OECD Principles of Corporate Governance« gefordert: »An annual audit should be conducted by an independent auditor in order to provide an external and objective assurance on the way in which financial statements have been prepared and presented.« Absolut zentral ist hier die Unabhängigkeit des Prüfers. Genau diese wurde aber angesichts der Diversifikation der großen Wirtschaftsprüfungsgesellschaften in andere Dienstleistungssektoren (Unternehmensberatung, Corporate Finance, Rechtsberatung etc.) teilweise in Frage gestellt. Es wird argumentiert, dass bestimmte Aufgaben hier per se konfliktär seien. Dabei ist zu bedenken, dass der Bericht des Prüfers der *einzige* Bericht zum Unternehmen ist, in dem in einer unabhängigen Form die finanzielle Berichterstattung des Unternehmens auf ihre Korrektheit überprüft wird. Damit ist er auch der einzige wirklich zuverlässige Bericht zum Unternehmen auf den Externe ihre Entscheidungen abstützen können.

Standpunkt: Interessenkonflikte bei den Wirtschaftsprüfern?
(01/02) »*Die großen Wirtschaftsprüfungsgesellschaften sind zu abhängig von ihren Beratungshonoraren geworden!*« meint Lynn Turner, der frühere Chefbuchhalter der SEC (Securities and Exchange Commission). Der Zusammenbruch der gigantischen Enron Corporation Ende 2001 hat aufgrund der von Enron in großem Stil vorgenommenen Gewinn- und Marktmanipulationen die großen Buchprüfungsgesellschaften wieder ins Schussfeld heftiger Kritik gerückt. Arthur Andersen, Enrons Auditor seit 1985, hatten im Jahr 2000 neben den 25 Mio. USD Revisionseinnahmen noch 27 Mio. USD Einnahmen aus der Unternehmensberatung (Due Diligence, Steuerberatung, Risikomanagement etc.). John Dingell, der ranghöchste Demokrat im Energieausschuss des amerikanischen Repräsentantenhauses meinte: »*Andersen ist entweder korrupt oder unfähig, vielleicht auch beides.*« Paul Volcker, der frühere Chairman der US Federal Reserve, kommentierte: »Andersen had become very diversified. The emphasis of the firm had turned to consulting to achieve revenues and in the process a firm which had been known as the strictest had lost that central focus in highly disciplined auditing.«[126] Arthur Levitt, der 2001 in Ruhestand gegangene Präsident der SEC, der für eine Ausgründung des Beratungsgeschäfts vom Revisionsgeschäft gekämpft hatte, dann aber unter dem Druck der Branche weitgehend nachgeben musste, meint: »*Bei ›Bull Markets‹ werden häufig nur ›hocus pocus audits‹ gemacht, damit die Unternehmen ihre Prognosen erreichen.*«

Dass mit derartigen Manipulationen auch institutionelle Anleger wie Barclays Bank, Citigroup etc. getäuscht werden konnten und diese Enron sogar zu einem Börsenliebling pushten, zeigt erstens, dass auch Profis viel Geld (bis zu 45 Mio. Anteile) in Geschäfte investieren, die sie offensichtlich nicht ganz verstehen, und dass zweitens auch diese Profis auf die Kompetenz und Objektivität des Auditors angewiesen sind. »*The financial community relies on auditors as the first line of defence against corporate misreporting. If anyone should ask the awkward questions, it is they.*«, kann man dazu in der Financial Times (6.12.01, S. 14) lesen.

Natürlich sind Fehler und Verfehlungen beim Auditing von Unternehmen nicht neu. Teilweise wurde auch auf der Seite des Kunden betrügerisch gehandelt. Solche Fehler gab es in der Geschichte immer wieder. Auch werden heutzutage meist zuerst die Auditoren angeklagt, wenn ein Unternehmen in derartige Probleme gerät – speziell, wenn beim betroffenen Unternehmen nichts mehr zu holen ist. Doch was auffällt, ist, dass derartige Fälle in der letzten Zeit häufiger und spektakulärer geworden sind. So galt es für Arthur Andersen erst vor kurzem, die Vergleiche aus den Fällen SUNBEAM (110 Mio. USD), WASTE MANAGEMENT (75 Mio. USD) und BABTIST FOUNDATION OF ARIZONA (217 Mio. USD) zu bewältigen.

(10/02) Die Konsequenzen aus diesen Entwicklungen für die Wirtschaftsprüfungsgesellschaften waren drastisch bis dramatisch: Alle mussten unter dem starken Druck der amerikanischen Wertpapieraufsicht SEC ihre noch kurz zuvor mühevoll und teuer aufgebaute Diversifikation (»multi-disciplinary practice«) durch Veräußerung ihrer Unternehmensberatungsgeschäfte (und teilweise durch juristische Ausgliederung ihrer Rechtsberatung) wieder zurückführen: ERNST & YOUNG hatte das Consulting im Mai 2000 an CAP GEMINI verkauft und DELOITTE & TOUCHE hatte im Juni darauf den Bereich an die eigenen Partner veräußert, was auch KMPG im Jahr 2001 praktizierte. Im August 2002 verkaufte dann letztlich noch PRICEWATERHOUSECOOPERS (nachdem ein Initial Public Offering offenbar nicht funktionierte) für 3,5 Mrd. USD (in Cash) seine Consulting-Sparte (mit 30.000 Mitarbeitern und Erlösen von etwa 1 Mrd. USD) an IBM (zur Stärkung des Bereichs IBM GLOBAL SERVICES). Dabei hatte Carly Fiorny (im Jahr 2000 neu ernannter CEO von HEWLETT-PACKARD) noch Ende 2000 für die gleiche PWC Consulting phantastische 18 Mrd. USD (in Aktien) geboten, konnte sich damals aber gegen die Aktionäre von HP nicht durchsetzen.

ANDERSEN CONSULTING hatte auch schon im Jahr 2000 aufgrund interner Konflikte die Abspaltung von ARTHUR ANDERSEN gerichtlich durchgesetzt und 2001 das neue Unternehmen an die Börse gebracht – ein sicher sehr glücklicher Entscheid für die heutige ACCENTURE, wenn man die damals nicht absehbare weitere Entwicklung von Arthur Andersen bedenkt. Für ARTHUR ANDERSEN, damals sicher weltweit eine der Top-Wirtschaftsprüfungsgesellschaften, brachte Enron innert nur weniger Monate das katastrophale Aus: Am 31.8.02 stellte Andersen die Buchprüfungsaufgaben ein; seither befindet sich die Gesellschaft in der Auflösung; von den einst 28.000 Mitarbeitern sind noch 1.000 vorhanden; die Ländergesellschaften wurden größtenteils durch die Wettbewerber übernommen. Insgesamt ein Vorgang, den sich in dieser kurzen Zeit und diesem Ausmaß wohl kaum jemand vorzustellen vermochte.

Was meinen Sie dazu?

(1) Ist das nun nur ein Problem von Arthur Andersen, dass vielleicht das Kunden-Auditoren-Verhältnis im Fall Enron zu lasch gehandhabt wurde (eine ganze Reihe früherer Arthur Andersen-Mitarbeiter traf man über die Jahre in Top-Management-Positionen der involvierten Enron-Abteilungen – z. B. als Chief Accounting Officier – an)? Oder ist das ein Problem der Branche, die nicht mehr die Wahrnehmung ihrer Pflichten in der Corporate Governance zu garantieren vermag? Sollte es aus Ihrer Sicht hier deutlich härtere Auflagen geben?

(2) Im Fall Enron haben kurz vor dem Kollaps einige Top-Manager von Enron für Hunderte von Millionen USD eigene Aktien verkauft, während man den Enron-Angestellten noch den Kauf der Aktien empfahl. Sehen Sie hierin ein Problem? Falls ja, wer/ was hat hier versagt, wen trifft hier Schuld?

Aus diesen Beispielen ist erkennbar, dass es im Zentrum der Corporate-Governance-Debatte um die Fragen geht, (1) an wessen Interessen eine Corporate Governance sich in welcher thematischen und zeitlichen Prioritätenabfolge auszurichten hat, (2) nach welchen Verfahren und Standards dies zu geschehen hat und (3) inwieweit hier auf nationale Besonderheiten eingegangen werden soll. Um dies noch besser zu verstehen und bewerten zu können, wird nun ein Schritt zurück in die theoretischen Ursprünge dieser Diskussion getan. Danach soll dann auf die Gestaltungsmöglichkeiten eingegangen werden.

4.6.2 Wissenschaftliche Grundlagen

Historisch betrachtet waren bei den meisten Unternehmen am Anfang Eigentum und Management in einer Hand. Der geschäftsführende Gesellschafter hatte häufig die deutliche Mehrheit am Unternehmen in seinem Besitz und hatte aber auch die höchste Managementposition inne. Mit zunehmendem Wachstum der Unternehmen entstand aber die Frage, über wen dieses Wachstum finanziert wurde. Reichte das Eigenkapital der Eigentümerfamilie(n) nicht aus, dann sprangen z. B. in Deutschland häufig die Banken oder große Einzelaktionäre in diese Lücke. In Großbritannien dagegen wurde das Wachstum sehr stark über Aktien finanziert. Deshalb gibt es dort auch viel mehr Unternehmen, die sich im Besitz tausender Aktionäre befinden. Ähnlich findet man auch in anderen Ländern eine Vielzahl von Unternehmen, die in Streubesitz sind. Dieser Streubesitz ist meist unkoordiniert, d. h. die Aktionäre stehen in keiner geordneten Beziehung zueinander und können deshalb auch keine entsprechende Macht entfalten. Aktionärsschutzvereinigungen greifen dieses Problem auf, indem sie versuchen, Aktionäre zu einem koordinierten Handeln (z. B. bei Abstimmungen) zu bewegen.

Das System differenzierte sich damit durch Spezialisierung dahingehend aus, dass es nun Investoren gab, die damit beschäftigt waren, möglichst geschickt ihr Kapital anzulegen. Sie durften zwar als Eigentümer am Unternehmen an dessen Gewinnen partizipieren, aber es bestand ja für sie das Risiko, dass gar keine Gewinne erzielt wurden. Deshalb verfolgten sie aus Gründen der Investitionsrisikenstreuung eine Anlagepolitik der Diversifikation. Ihre Herausforderung bestand darin, eine möglichst geeignete Form der Diversifikation ihrer Anlagetitel zu finden. Was »geeignet« ist, hängt von ihren Zielen und Grundsätzen, ihrer Risikoneigung etc. ab. Daneben gab es dann die durch die Eigentümer eingesetzten obersten Führungskräfte, die im Sinne der Investoren zu handeln hatten. Sie wurden deshalb bestellt, weil man annahm, dass sie als Spezialisten in Unternehmensführung in der Lage seien, bessere strategische Entscheidungen zu treffen als Nicht-Spezialisten. Gelingt es den Investoren, die besseren dieser Spezialisten für sich zu gewinnen, dann müsste dies auch zu überdurchschnittlichen Renditen für die Investoren führen. Dass es dabei sehr unterschiedliche Auffassungen dazu gibt, was diese überdurchschnittlichen Fähigkeiten beim Entwickeln und Umsetzen strategischer Entscheidungen von Führungskräften für die Eigentümer Wert sein darf, kann an den extremen Unterschieden in der Bezahlung der CEO US-amerikanischer und europäischer Unternehmen abgelesen werden. Diese Rechnung geht für die Investoren aber nur dann auf, wenn die Manager tatsächlich im Interesse der Investoren handeln und nicht opportunistisch in ihrem eigenen Interesse. Um sicher zu sein, dass dies nicht geschieht, müssen die Investoren das Management in seiner Arbeit (bzw. deren Ergebnis) überwachen (lassen).

Diversifikation der Anlagen

Diese Spezialisierung dürfte wohl auch effizient sein, denn ansonsten wäre die Entwicklung eines Unternehmens durch die Managementfähigkeiten seiner Eigentümer begrenzt. Auch heute ist es zwar noch so, dass in kleinen Unternehmen Eigentum und Management häufig in Personalunion wahrgenommen werden. Mit zunehmender Größe und Komplexität des Unternehmens greift jedoch diese Spezialisierung. Nur wenigen Familienunternehmen gelingt es, über mehrere Generationen hinweg ausreichend begabte, motivierte und ausgebildete Führungskräfte aus den eigenen Reihen hervorzubringen. Etwas anders ist die Situation bei *Start-up-Unternehmen*, die gleich von Anfang an primär über spezialisierte

Trennung von Eigentum und Management

Hinzukommen der institutionellen Investoren

Investoren (»Business Angels«, Venture Capitalist etc.) finanziert sind. Was sich auch signifikant verändert hat, ist das Hinzukommen der *institutionellen Investoren*, die sich auf der Basis der enormen Mittel, die sie verwalten und anzulegen haben (z.B. in Form von Pensionsfonds), als machtvolle Agenten zwischen Kapitaleigentümer und Unternehmen geschoben haben.

Agency-Probleme

Berle/Means (1932) waren es wohl, die zuerst auf die zunehmenden Unterschiede zwischen den Interessen der Investoren (»principals«) und der Unternehmer bzw. Manager (»agents«) aufmerksam machten. Das auftretende *»Agency-Problem«* kann auf die Frage zugespitzt werden: »Wie kann für die Investoren sichergestellt werden, dass sich die Manager als ›Angestellte‹ der Investoren auch in deren Interessen verhalten?«[127] Corporate Governance sehen die Autoren deshalb als das Set der Institutionen, Verfahren und Regeln, die verhindern sollen, dass außenstehende Investoren durch »Insider« wie Manager, Mehrheitsaktionäre etc. in ihren zustehenden Interessen ungerechtfertigt beschnitten werden. Beispiel hierfür kann das Verfolgen konfliktärer Eigeninteressen des Managements sein.

Auf eine solche Gefahr wird z.B. häufig bei *Diversifikationen* hingewiesen. Einerseits gibt es durchaus gemeinsame Interessen zwischen Management und Investoren bei Diversifikationen. Hier ist z.B. das Risiko zu nennen, dass das Unternehmen vollständig scheitert, was durch Diversifikation des Geschäftsportfolios reduziert werden kann. Hinzu kommen mögliche Wirtschaftlichkeitseffekte für das Unternehmen aufgrund realisierbarer Synergien. Andererseits gibt es aber auch Motive, die Diversifikation für Manager noch interessanter machen als für die Eigentümer. Erstens ist i. Allg. die Höhe der Gehälter des Top-Managements an die Unternehmensgröße gebunden: In größeren Unternehmen wird besser verdient.[128] Dies kann verbunden sein mit dem bei Akquisitionen bekannten Motiv des »empire building«, dem Bedürfnis nach Machtanhäufung. Zweitens begrenzt Diversifikation das persönliche Beschäftigungsrisiko des Managements, da es dann in seinem gesamthaften Geschäftserfolg nicht nur von der Geschäftslage in einem oder wenigen Geschäften abhängig ist. Auch können – je nach Transparenz des Unternehmens für Externe – unbemerkt »Überkreuzsubventionierungen« vorgenommen werden. Arbeitet das Unternehmen insgesamt erfolgreich, so kann das Management die freien Cashflows auch zur weiteren Diversifikation verwenden. Doch vielleicht wäre es den Eigentümern lieber, wenn diese Cashflows an sie selbst zurückfließen und ihnen dieses Geld dann für die Diversifikation des eigenen Anlageportfolios zur Verfügung stünde. Deshalb kann zusammenfassend davon ausgangen werden, dass das Management aus seinen eigenen Interessen heraus einen höheren Diversifikationsgrad bevorzugt als die Eigentümer. Das Risiko für das Management nimmt erst dann wieder zu, wenn der Diversifikationsgrad so hoch ist, dass aufgrund der Komplexität die Profitabilität deutlich nach unten geht und nun aufgrund einer Unterbewertung das Übernahmerisiko für das Unternehmen steigt. Dann nimmt auch das Beschäftigungsrisiko für das Management deutlich zu, denn häufig verliert es nach solchen Akquisitionen seinen Job – außer die vertraglich für solche Fälle mit dem Unternehmen vereinbarten Abfindungszahlungen sind so attraktiv, dass man den Jobverlust dafür gerne in Kauf nimmt.

Sucht man nun nach Möglichkeiten, seine Interessen als Investor zu kontrollieren, so kann auf Coase (1937) zurückgegriffen werden. Er wies darauf hin, dass es grundsätzlich zwei Wege gibt, ökonomische Transaktionen zwischen Menschen zu regulieren: Im ersten Fall sucht man eine *marktliche Regelung*, die z. B. in einem Vertrag verfasst sein kann. Dabei werden wir weiter unten in legale und strategische Verträge unterscheiden. In manchen Situationen reichen jedoch diese Verträge zur Regelung komplexer Beziehungen zwischen den Stakeholdern und dem Management nicht aus. In diesem zweiten Fall bildet die Ausübung von Macht auf der Basis zugeordneter Autorität den Koordinationsmechanismus. Dem Markt wird die Firma (mit ihrer *Machtverteilung* z. B. über die *Hierarchie*) gegenübergestellt. Es wird dann wieder im Interesse der Investoren liegen, diese durch das Management ausgeübte Macht so zu kontrollieren, dass die dort verfolgten Eigeninteressen ein als sinnvoll und förderlich erachtetes Ausmaß nicht überschreiten.

Marktliche Regelung

Doch widmen wir uns zuerst dem Markt als Koordinationsmechanismus der Interessen, wo die Möglichkeit besteht, über das Verfassen eines Vertrages die Rechte und Pflichten des Managements gegenüber den Investoren festzuhalten. Des Weiteren kann geregelt werden, über welche Mechanismen die Investoren das Verhalten der Manager kontrollieren wollen. Jensen/Meckling (1976) interpretieren eine Firma deshalb als *Nexus von Verträgen* zwischen »principals« und »agents«. Diesen Nexus von Verträgen zu entwickeln und zu optimieren, ist Aufgabe einer Corporate Governance, und zwar in der Form, dass die *Agency-Kosten* aus potenziellen Interessenkonflikten möglichst gering gehalten werden. Eine besonders wichtige Optimierungsdimension stellt dabei sicherlich die Kapitalstruktur dar, wo innovative Instrumente eines *Financial Engineering* in den letzten Jahren sicherlich die Optionenvielfalt stark anwachsen ließen. Ein anderes Instrument sind Boni und Stock-Option-Pläne, die – je nach Land – ein wesentliches Element der Verträge mit dem Management darstellen können, um die Interessen von Investoren und Management zu harmonisieren.

Firma als Nexus von Verträgen

Doch egal, wie detailliert und sophistifiziert solche Vertragsgestaltungen auch ausfallen mögen, es wird keine perfekten Verträge geben. Zum einen besteht das Problem der Messung dessen, was man beeinflussen möchte. Wie soll man z. B. genau das Ausmaß der manageriellen Anstrengungen ermitteln? Zum anderen wird es immer auch vieles geben, was im Vertrag ungeregelt bleibt. Eine Regelung unter Aufwand-Nutzen-Gesichtspunkten ließe sich nicht rechtfertigen, da man keinen Weg zur Operationalisierung sieht, weil man es entweder vergessen hat oder – besonders wichtig – weil man es nicht will: Einerseits sind die dem Vertrage zugrunde liegenden und die Zukunft betreffenden Annahmen so vieldeutig und unsicher und andererseits sind die relevanten Informationen vielleicht auch bei den Parteien nicht gleichermaßen zugänglich. Die Konsequenz davon ist, dass die legalen Verträge nur von begrenztem Nutzen sind. Reichen sie nicht mehr zur Regelung zwischen Parteien aus, so müssen gemäß Baker/Gibbons/Murphy (1997) *»strategische Verträge«* bestehen, d. h. implizite zwischen den Parteien bestehende Vereinbarungen. Ein Marktmechanismus kann nun – falls existent – die Funktion der Herbeiführung einer Einigung übernehmen. So mag einem Unternehmen z. B. soviel an der Aufrechterhaltung einer Kundenbeziehung gelegen sein, dass es seine aus eigener Sicht gegebenen Ansprüche juristisch nicht geltend macht. Agency-Kosten werden aber auch z. B. durch die Macht der Finanzpresse in Grenzen gehalten. Man wird hier auch jenseits legaler Verpflichtungen bereit sein, auf deren Informationsinteressen einzugehen, da einem hier an einer ausgezeichneten Reputation gelegen ist.

Strategische Verträge

Offensichtlich wird hier nun auch, dass bei den über den Markt geregelten impliziten Verträgen die »weichen Faktoren« eines Unternehmens (Verantwortung, Reputation, Vertrauen etc.) stark zum Tragen kommen. Die Organisationskultur kann nach Lazzari (2001) deshalb auch als der nicht niedergeschriebene »Gesetzesrahmen« gesehen werden, auf dessen Basis die impliziten Verträge geschrieben werden. Ist z. B. ein Unternehmen für seine Seriosität und Fairness bekannt, so ist man auch eher bereit, mit ihm unvollständige Verträge einzugehen.

Die legalen und strategischen Verträge zwischen Unternehmen und ihren Stakeholdern werden aber auch immer unvollständig sein, da es eine teilweise Unvorhersagbarkeit künftiger Konstellationen zwischen den Vertragspartnern gibt. In *solchen unvollständigen Vertragssituationen* reicht der Markt als Regelungsmechanismus nicht mehr aus. Nun greift eine bereits vorweg vorgenommene Verteilung von Macht. Kraft ihrer Autorität entscheidet die dafür vorgesehene Partei über den ungeregelten Sachverhalt. Grossman/Hart (1986) sprechen hier von dem *»residual rights of control«*.

Macht als Regulator bei unvollständigen Verträgen

Um nun in einer solchen unvorhergesehenen Situation als »Outsider« nicht den Eigeninteressen der Machtinhaber ausgeliefert zu sein, gibt es auch hier Instrumente, um solche Situationen von ihrem Ergebnis her für die Stakeholder zumindest einigermaßen in berechenbaren Bahnen zu halten. Ein Beispiel hierfür können eine Mission und Vision des Unternehmens sein, auf die sich das Management verpflichtet hat und die nun als Normen das Entscheidungsverhalten so zu »kanalisieren« vermögen, dass dann de facto ein Interessensausgleich gefunden wird. Solche Instrumente sind auch schon für Start-up-Unternehmen von Bedeutung, um deren Verhältnis z. B. zu den Venture Capitalists zu gestalten, denn wie sollte man in der Start-up-Situation in der Lage sein, über legale und strategische Verträge bereits alle zukünftigen Regelungs-Situationen zu erfassen? Weiter kann die Ausübung von Autorität (Art und Umfang) aber auch nur an bestimmte Kontrollrechte gebunden sein oder von der (ökonomischen) Situation des Unternehmens abhängig gemacht werden.

Wenn hier die Frage gestellt wird, wie man die Macht des Managements als Stakeholder zu kontrollieren vermag, muss man im Umkehrschluss natürlich auch die Frage stellen, *wie viel Macht man den einzelnen Stakeholdern eigentlich zukommen lassen soll*, d. h. inwieweit man auf ihre Erwartungen dann in der Zielbildung des Unternehmens durch das Management auch konkret eingehen soll. Hier kann allgemein gesagt werden, dass der Wert des Unternehmens wesentlich auch durch die Qualität bzw. Produktivität ihrer Stakeholderbeziehungen bestimmt wird. Welches Niveau hier erreicht wird, hängt auch wesentlich davon ab, was diese Stakeholder bereit sind, in die Beziehung zu investieren. Verträge werden hier im Allgemeinen nicht ausreichend stimulativ wirken. Dass die Stakeholder investieren, wird stark von den speziellen Anreizen bestimmt sein, die man ihnen zu bieten vermag. Ein wichtiger Anreiz ist dabei die Übertragung von Macht bzw. die Zubilligung von Einflussnahme, da sie zu einer veränderten Verteilung des generierten Vermögenszuwachses führen wird. Bestimmte Stakeholder zu stark zu ermächtigen, kann aber auch kontraproduktiv sein:[129] Gewährt z. B. ein Start-up einem Venture Capitalist zu viel Einfluss, so kann dies den Gründerunternehmer, der oft auch der technische Entwickler ist, in seiner Innovationsbereitschaft stark demotivieren, da sein technisches Perfektionsinteresse im Konflikt zum Profitinteresse des Investors steht.

Wie die Macht zwischen dem Unternehmer und seinen Stakeholdern verteilt ist, wird auch durch die Struktur und Rolle der obersten Führungsorganisation

Welchen Stakeholder-Interessen ist man verpflichtet?

bestimmt. Wessen Interessen ist man inwieweit verpflichtet? Welche Stakeholderinteressen sind dort durch Entsendung von Vertretern repräsentiert? In den großen deutschen Aktiengesellschaften mit ihrem Zwei-Ebenen-System ist der Vorstand primär den Anteilseignern verpflichtet, während der Aufsichtsrat darauf zu achten hat, dass allen relevanten Stakeholderinteressen adäquat Rechnung getragen wird. Die Hälfte des Aufsichtsrats einer Aktiengesellschaft setzt sich dabei – ab 2000 Mitarbeitern – aus Vertretern der Stakeholder »Mitarbeiter« zusammen.

Im angelsächsischen Ein-Ebenen-System (Board of Directors) besteht – zumindest auf dem Papier – eine klare Ausrichtung am Shareholder, da dieser auch die Direktoren wählt. Die vom Unternehmen unabhängigen Direktoren im Board haben die Funktion, im Konfliktfall zwischen Shareholdern und Management zu vermitteln oder aber auch Minderheitsinteressen zu schützen. De facto sind die Beziehungen zwischen Management und Direktoren meist dominant, was dazu führt, dass man (zumindest bei gutem Gang der Geschäfte) auch in diesem Ansatz auf die Interessen der anderen Stakeholder einzugehen vermag – was ja auch wiederum für die Investoren positiv sein kann, wenn dies zur oben erwähnten Verbesserung der Produktivität der Vertragsbeziehungen führt.

Trotz dieser Möglichkeiten in beiden Systemen alle Stakeholderinteressen in die Strategiebildung miteinzubeziehen und trotz des Wissens, dass der Umfang des generierbaren Wohlstands von der Produktivität des Nexus *aller* Verträge abhängt, besteht die klare Tendenz, dem Shareholder immer mehr Macht einzuräumen. Wie wird hier argumentiert? Einerseits wird gesagt, dass eine Strategie zur Maximierung des Shareholder Values gewissermaßen »automatisch« immer auch die Wertgenerierung der anderen Stakeholder positiv beeinflusst. Dass dabei der allen Stakeholdern entstehende Wert auch rückgängig sein kann, zeigen z.B. Shleifer/Summers (1988) in ihrer Studie zur Restrukturierung der Fluggesellschaft TWA. Auch ist es wohl nicht richtig anzunehmen, dass alle anderen Stakeholder neben dem Shareholder aufgrund der Verträge insensitiv gegenüber einer zu starken Machtallokation beim Shareholder sind, weshalb man sich dann problemlos auf die Shareholderinteressen konzentrieren könne. In Wirklichkeit können auch die anderen Stakeholder auf eine unzureichende Berücksichtigung ihrer Interessen so reagieren, dass die Gesamtproduktivität des Nexus der Verträge empfindlich gestört wird. Dies ist bei Mitarbeitern z.B. dann der Fall, wenn sie innerlich emigrieren oder in Vertragsstrukturen mit anderen Unternehmen abwandern, in denen sie ihre Interessen besser geschützt sehen. Wo dabei das richtige Ausmaß an Gewährung von Einfluss für einen Stakeholder liegt, kann nicht allgemein beantwortet werden. Dies hängt von den Rahmenbedingungen ab, die das jeweilige Land bietet. So kann die Situation des Mitarbeiters im hoch mobilen US-amerikanischen Arbeitsmarkt nicht mit der eines Mitarbeiters in Kontinentaleuropa gleichgestellt werden, wo der Interessensschutz weit mehr über strategische Verträge gestellt wird. Dies lässt auch den Schluss zu, *dass die Eignung einer Corporate-Governance-Struktur immer nur vor dem Hintergrund ihres nationalen Anwendungskontextes beurteilt werden kann.*

4.6.3 Corporate-Governance-Mechanismen

Anerkennt man nun den oben genannten positiven Zusammenhang zwischen der Qualität der Führungsgremien und dem wirtschaftlichen Erfolg eines Unternehmens, dann ist es naheliegend, dass insbesondere die Eigentümer am Unternehmen die Leistung des Führungsgremiums beobachten und beurteilen wollen und auch Einfluss auf seine Arbeit und die Zusammensetzung nehmen wollen. Sie suchen deshalb nach möglichst wirkungsvollen Mechanismen, wie sie die Arbeit dieser Gremien in ihrem Sinne beeinflussen können.

Aus Sicht der Aktionäre kann hier insbesondere auf fünf solcher »*Corporate-Governance-Mechanismen*« hingewiesen werden:[130]

Fünf Mechanismen

1. Konzentration des Eigentums
   Unterstellter Zusammenhang: Eine höhere Konzentration des Eigentums kann zur schärferen Kontrolle und aktiveren Einflussnahme genutzt werden.
2. Zusammensetzung des Führungs- und Kontrollgremiums
   Unterstellter Zusammenhang: Je geeigneter ein Kontrollorgan des Managements zusammengesetzt ist, desto wirkungsvoller kann dieses die Interessen der Aktionäre auch durchsetzen.
3. Bezahlung der Führungskräfte
   Unterstellter Zusammenhang: Über entsprechend gestaltete Anreiz- und Sanktionssysteme können die Interessen der Führungskräfte besser auf die Interessen der Eigentümer ausgerichtet werden.
4. Divisionale Aufbauorganisation nach Geschäftsbereichen
   Unterstellter Zusammenhang: Eine auf getrennte Geschäftsbereiche aufbauende Führungsorganisation bietet mehr externe Transparenz und Kontrolle.
5. Markt für Unternehmenskontrolle
   Unterstellter Zusammenhang: Eine Firma, die im Verhältnis zu ihren Wettbewerbern schlechtere Ergebnisse bringt, kann eventuell am Markt für Unternehmen erworben werden, um dann ihre Wettbewerbsfähigkeit zu verbessern.

Die Mechanismen 1–4 sind interne Mechanismen, während der »Markt für Unternehmenskontrolle« einen externen Mechanismus darstellt. Alle vier Mechanismen werden aus wissenschaftlicher Sicht als nützlich betrachtet, wobei anzumerken ist, dass diese Studien meist aus den USA kommen.[131] Ihre eigentliche Wirkung entfalten sie jedoch erst, wenn sie *in Kombination* zur Anwendung kommen.[132]

(1) Konzentration des Eigentums

Ein erster Mechanismus, welcher der Corporate Governance zuträglich ist, ist eine *stärkere Konzentration des Eigentums.*[133] Umgekehrt heißt dies, dass bei Unternehmen, die sich im Streubesitz befinden, eine nur schwache Überwachung der Entscheidungen des Managements zu erwarten ist.[134] Die Aktionäre tun sich hier auch schwer ihre Aktivitäten zu koordinieren, was dem Management wieder eher die Chance gibt, seine Eigeninteressen zu verfolgen.

Doch die Eigentümerlandschaft verändert sich derzeit durch den zunehmenden *Einfluss institutioneller Investoren* (z.B. Pensionsfonds) als Aktionäre. In den USA halten sie bereits über die Hälfte des Kapitals der 1000 größten Unternehmen. Dieser Prozess wird sich vielerorts fortsetzen, da viele Länder auch das institutionelle Sparen begünstigen. Da derartige Finanzinstitutionen selbst einer starken Leistungskontrolle bzgl. der Profitabilität ihrer Anlagen unterliegen, sollten sie auch die Motivation haben, ihre Investitionsobjekte intensiv zu überwachen. Es ist auch erkennbar, dass sie ihre Überwachung immer mehr ausdifferenzieren: Zuerst interessierte nur der CEO, dann die Expertise aller Board-Mitglieder, nun auch die Zusammenarbeit im Board. Auch ist zu erwarten, dass die gesetzlichen Rahmenbedingungen es in Zukunft erleichtern werden, dass verschiedene Aktionäre bei Interessenübereinstimmung als ein Block abstimmen können. Dies geschieht letztendlich auch wieder auf Druck solcher Investoren. So fordert beispielsweise der öffentliche US-Pensionsfonds CalPERS Reformen der deutschen Unternehmenskontrolle: Die Rechnungslegung soll transparenter und die Überkreuzverflechtungen sollen verringert werden. Untersuchungen zeigen allerdings auch, dass institutionelle Investoren der ihnen zugedachten Rolle bislang erst recht begrenzt gerecht werden. Eine Ursache dafür sind die begrenzten Ressourcen, die zur Überwachung zur Verfügung stehen. So muss sich ein Fonds wie CalPERS, der in über 1000 Unternehmen investiert hat, auf einige besonders wichtige Anlageobjekte in der Überwachung und Einflussnahme konzentrieren.[135]

Druck auf das Management erhöht sich

Natürlich erhöht dies alles den Druck auf das Management. Es kann offensiv darauf reagieren, in dem es die eigene Arbeit verbessert. Dies kann z. B. dadurch geschehen, dass Manager sich mehr auf das eigene Unternehmen konzentrieren, indem sie die Anzahl der externen Board-Sitze von selbst reduzieren. Es wird aber auch zu defensiven Reaktionen kommen, indem die Manager Spezialvereinbarungen in ihre Verträge aufnehmen. Im Top-Management häufig anzutreffen ist z. B. der so genannte »goldene Fallschirm«, der das Unternehmen zur Zahlung eines bestimmten, meist sehr hohen Betrages verpflichtet, etwa bei Jobverlust im Falle einer Übernahme durch ein anderes Unternehmen.

Exkurs (1): Golden Handshake für Esser

(9/01) »In der Übernahmeschlacht gegen VODAFONE-Chef Chris Gent war MANNESMANN-Primus Klaus Esser der Verlierer. Der Düsseldorfer Telekommunikationskonzern fällt an die Briten, Esser ist seinen Job los. Die Abfindung, die der 52 Jahre alte Konzernchef erhält, wird ihm die Niederlage allerdings erleichtern. Nach Vollzug der Übernahme durch Vodafone wird Esser eine Abschieds-Vergütung von knapp 60 Millionen Mark erhalten .... Im Einzelnen setzt sich diese Summe so zusammen: Von Vodafone erhält Esser eine Prämie (Appreciation Award) in Höhe von 15,9 Millionen Euro (31 Millionen Mark), »zahlbar nach Erwerb der Mehrheit der Mannesmann-Aktien durch Vodafone AirTouch«, wie aus den Übernahmemodalitäten hervorgeht, auf die beide Seiten sich geeinigt haben. Zusätzlich behält er sämtliche Bezüge seines bis Ende Juni 2004 laufenden Mannesmann-Vertrags. Diese Vereinbarung hatte Esser bereits am 10. Dezember vergangenen Jahres mit dem Ausschuss für Vorstandsangelegenheiten getroffen. Im Detail sieht die Regelung vor, »dass er, sollte der Vertrag als Folge einer Übernahme von Mannesmann nicht fortgeführt werden, Gehalt und Boni in der Höhe erhält, in der er diese bis zum 30. Juni 2004 hätte erhalten können«. Zu seinem Grundgehalt (1,4 Millionen Mark pro Jahr) kämen damit vier Jahresboni von jeweils 2,8 Millionen Mark – insgesamt also 15,2 Millionen Mark. Obendrauf kommt noch ein »mittelfristiger Leistungsbonus« von insgesamt neun Jahresgehältern, also 12,6 Millionen Mark. Gesamtwert der Ausstiegsvereinbarungen: knapp 60 Millionen Mark.« (Manager Magazin, 11.2.00)

Exkurs (2): Millionen aus Hongkong, Schelte aus Deutschland
(9/01) »Jetzt ist es aufgeklärt: ... Canning Fok, Geschäftsführender Direktor bei HUTCHISON WHAMPOA, hat die Sonderabfindung für Klaus Esser in Höhe von 60 Millionen Mark vorgeschlagen. ... Fok habe die Abfindung durchgesetzt, weil Esser als Vorstandschef so viel für die MANNESMANN-Aktionäre getan habe. Um sicherzugehen, dass VODAFONE die Abfindungszahlung nach der Übernahme nicht stoppe, habe er sich am 3. Februar 2000 mit dem Chef der britischen Mobilfunker, Chris Gent, in Verbindung gesetzt. Der hätte nach einer Abstimmung mit seinen Vorstandskollegen gleich am nächsten Tag grünes Licht gegeben .... Wenig später wurde der Vorschlag Foks umgesetzt und die Abfindung vom Aufsichtsrat der Mannesmann AG beschlossen. Hutchison Whampoa war zu dieser Zeit einer der größten Anteilseigner an Mannesmann.« (Manager Magazin, 24.8.01)

Wenn es einem Eigentümer – aus welchen Gründen auch immer (Mangel an Zeit, Möglichkeiten etc.) – nicht gelingt, direkt auf das Top-Management Einfluss zu nehmen, dann muss er sich auf das Führungsgremium verlassen, das seine Interessen gegenüber dem Management sicherzustellen hat. Auch wenn es aktuell relativ viel Kritik an der Qualität und Besetzung derartiger Kontrollgremien des Top-Managements gibt, so besteht nach wir vor die Meinung, dass solche Gremien ein probates Kontrollmedium darstellen. Die Frage, die sich eher stellt, ist, wie das Gremium zusammengesetzt sein muss, damit es wirkungsvoll (im Sinne der jeweiligen Stakeholder als Kontrollnehmer) auch »funktioniert«.

(2) Zusammensetzung des Führungs- und Kontrollgremiums

Ein wichtiger Punkt bei der *Zusammensetzung des Führungs- und Kontrollgremiums* ist die Verbindung der Gremienmitglieder zum Unternehmen. Wie weiter oben bereits erwähnt, trifft man z. B. in einem US-amerikanischen Board of Directors meist drei Kategorien von Personen an: (1) Interne (Führungskräfte des Unternehmens inklusive des CEO), (2) abhängige Externe, die zwar nicht als Manager für das Unternehmen arbeiten, aber in einer Interessensbeziehung zum Unternehmen stehen sowie (3) unabhängige Externe. Diese Aufteilung trifft auch auf den Schweizer Verwaltungsrat zu, während im deutschen Aufsichtsrat nur Externe und im Vorstand nur Interne sitzen, wobei die Externen teilweise (historische) Verflechtungen zum Unternehmen haben, z. B. wenn der Vorsitzende des Aufsichtsrates davor Vorsitzender des Vorstandes war.

Als erste Gestaltungsvariable drängt sich damit die Gewichtung der drei Kategorien im Führungsgremium auf. So stellt sich z. B. bei den abhängigen Externen gleich die Frage, inwieweit sie tatsächlich die Stakeholderinteressen vertreten oder ob sie – aufgrund einer Interessenverflechtung – primär im Sinne des Top-Managements agieren. Man kann sich z. B. fragen, wie viele der deutschen Aufsichtsräte durch die Vorstände zu Jasager-Gremien instrumentalisiert wurden. So konnte beispielsweise gezeigt werden, dass je höher der Anteil der Internen in einem Board of Directors ist, desto schwächer wird auch die Kontrollfunktion wahrgenommen.[136] Es verwundert deshalb nicht, wenn generell für eine Verstärkung des Anteils der unabhängigen Externen plädiert wird. So gibt es in den USA inzwischen reine Outsider-Boards, was dann allerdings wieder die Frage auslöst, ob hier noch ausreichend Wissen über das Unternehmen vorhanden ist. Werden dann nur noch die Finanzkennzahlen kontrolliert, da man nicht mehr qualifiziert zu strategischen Entscheidungsprozessen beitragen kann?

Standpunkt

Robert Monks, eine der Schlüsselfiguren der so genannten »Shareholder-Activism«-Bewegung in Großbritannien und Gründer von Institutional Shareholder Services (ISS), vertritt dazu folgende Meinung: »*Man kann sagen, dass sowohl in den USA als auch in Großbritannien aus formaljuristischer Sicht und nach dem öffentlichen Verständnis der Primat bei den Aktionären liegt. In der Praxis trifft dies für die USA aber schlichtweg nicht zu und in Großbritannien machen die Aktionäre nur selten von ihren Vollmachten Gebrauch. Directors sind mehr oder weniger ein Mythos (in Großbritannien weniger stark ausgeprägt). Das Ergebnis ist, dass die absolute Macht bei den leitenden Angestellten liegt – wenn sie sich nicht gerade unübersehbare Skandale leisten (und manchmal selbst dann). Die leitenden Angestellten wählen sich weitgehend selbst aus und verewigen sich selbst. Da man aber doch irgendwie das Gefühl hat, dass diese Praxis politisch oder psychologisch nicht akzeptabel ist, wird in Gesetzen und Leitsätzen weiterhin an Fiktionen festgehalten, die nicht der Wirklichkeit entsprechen.*«[137]

Was meinen Sie dazu?

Wie stehen Sie zu der Aussage von Robert Monks? Vergleichen Sie diese Beurteilung mit der Situation in einem Land Ihrer Wahl. Denken Sie, dass diese Aussage auf dieses Land eher zutrifft oder eher nicht?

Grundsätzlich kann man sagen, dass in Zukunft die Leistungsfähigkeit der Führungsgremien genauer und häufiger überprüft werden wird. Beispielsweise werden institutionelle Investoren hier mehr Ressourcen einsetzen und ihre Verfahren verbessern. Dem sollten moderne Unternehmen zuvorkommen, indem sie von sich aus Selbst-Einschätzungen vorantreiben und einen formalen Prozess dazu aufsetzen.[138] Auch könnte ein solches Führungsgremium ein Leitbild entwickeln, in dem es sich – transparent nach außen – auf die Grundsätze, nach denen man arbeiten will und nach denen man sich auch messen lassen will, verpflichtet.

Fallbeispiel: Die Corporate-Governance-Grundsätze der Deutschen Bank

(09/01) Im März 2001 haben Vorstand und Aufsichtsrat der Deutschen Bank gemeinsam ihre Corporate-Governance-Grundsätze beschlossen. Es handelt sich dabei um eine freiwillige Selbstverpflichtung, die über die gesetzlichen Vorschriften hinausgeht. Behandelt werden in dem 18-seitigen Dokument, das durch eine Konzernseminar-Projektgruppe entwickelt wurde, insbesondere die Beziehungen zu den Aktionären (inklusiv Verhalten bei Unternehmensübernahmen), Aufgaben und Pflichten von Aufsichtsrat und Vorstand (inklusiv Regelung zur Vermeidung von Interessenkonflikten des Vorstandes), Ausgestaltung und Veröffentlichung der erfolgsorientierten Vergütung sowie die Anforderungen an Rechnungslegung und Transparenz. Man kann dort z.B. nachlesen: »Die Übernahme von Aufsichtsratsmandaten durch ein Vorstandsmitglied … darf seine Vorstandstätigkeit auch zeitlich nicht beeinträchtigen.« Oder: »Der Aufsichtsrat legt im Rahmen der individuellen Zielvereinbarungen mit dem Vorstand Kriterien zur Leistungsbeurteilung der einzelnen Vorstandsmitglieder fest.« Oder: »Die Struktur, der Gesamtumfang, Ausübungspreise und -fristen sowie im Berichtszeitraum erfolgte Zuteilungen von Aktienoptionen und vergleichbaren Instrumenten der Deutschen Bank sind im Geschäftsbericht (Notes) zusammenfassend für alle Mitglieder des Vorstandes zu veröffentlichen.«

Diversität

Innerhalb eines solchen Leitbildprozesses können dann Detailfragen aufgeworfen und bearbeitet werden. Beispielsweise kann hinterfragt werden, ob das Führungsgremium über eine geeignete *Diversität* verfügt: Wie groß soll der Anteil der Internen sein? Sind alle relevanten Expertisen vertreten? Etc.

Letztendlich ist dann noch zu entscheiden, wer alle diese Fragen beantwortet und damit auch über die Besetzung des Führungsgremiums entscheidet. Rein formell darf es ja nicht das Management sein. Eine Möglichkeit besteht darin, dass man einen eigens dafür gebildeten Ausschuss damit beauftragt.

!

NOVARTIS

Fallbeispiel:
Corporate Governance-Ausschuss der Novartis

(12/01) Der Schweizer Pharmakonzern Novartis hat sich im November 2001 eine neue Verwaltungsratsstruktur gegeben. Dazu gehören vier permanente Ausschüsse, die dem Verwaltungsrat unterstellt sind: das Präsidium, der Vergütungsausschuss, der Audit- und Compliance-Ausschuss sowie der neu gegründete Corporate-Governance-Ausschuss. Letzterer hat die Aufgabe, Vorschläge zuhanden des Verwaltungsrats über Ernennungen in den Verwaltungsrat auszuarbeiten und die Evaluation der Tätigkeit der Verwaltungsräte vorzunehmen. Weiter beurteilt er mögliche Interessenkonflikte und befasst sich mit Fragen der Nachfolgeregelung für den Präsidenten und Konzernchef.

Auch wenn Geschäftsleitungs- und Verwaltungsratsvorsitz weiter in Personalunion durch Daniel Vasella wahrgenommen werden, so gibt es mit der Position des »Lead Outside Director« ein Gegengewicht zum Präsidenten. Diese Funktion des Sprechers der externen Verwaltungsräte wird durch den Vize-Präsidenten wahrgenommen, der auch in allen vier Ausschüssen Einsitz hat. Dagegen leitet Vasella nur noch das Präsidium. Den drei anderen Ausschüssen gehört er nicht mehr an.

(3) Entlohnung der Führungskräfte

Ein dritter Corporate-Governance-Mechanismus ist die *Entlohnung der Führungskräfte*. Wie alles, was extrem ist, so ist auch dieses Thema immer wieder Gegenstand der öffentlichen Diskussion, die dabei oft auch klassenkämpferische Züge annimmt. Es wird gefragt, ob denn ein Top-Manager wirklich so viel Wert sein kann. Auch sind Erhöhungen der Bezüge von Top-Managern oft Gegenstand öffentlichen Ärgernisses, wenn andere Stakeholder erheblich Schaden nehmen. Ein Beispiel für solch konfliktäre Interessen ist es, wenn aufgrund von Entlassungen vieler Mitarbeiter sich das Finanzergebnis kurzfristig verbessert und damit die Entscheidungsträger dieser Maßnahmen auch stark persönlich davon profitieren.

Transparenz der Bezüge

Die Bezüge, welche die Mitglieder von Führungsgremien in einer Aktiengesellschaft erhalten, kann man mehr oder minder verschlüsselt dem Geschäftsbericht entnehmen. So kann man z. B. im Anhang des Geschäftsberichts 2000 des deutschen Energiekonzerns Eon (www.eon.com) nachlesen, dass im Geschäftsjahr der Gesamtbezug der 20 Mitglieder des Aufsichtsrates 2,8 Mio. Euro betrug und der des Vorstandes 13 Mio. Euro.[139] Die Bezahlungsstrukturen geben aber auch indirekt Aufschluss über die Bedeutung bestimmter Zuständigkeitsbereiche und den damit verbundenen Machtstrukturen in einem Unternehmen. So wird in vielen Unternehmen z. B. das für Personal zuständige Vorstandsmitglied deutlich geringer bezahlt als die anderen Vorstandskollegen.

Ressourcen
Will man etwas über die Bezahlung US-amerikanischer Top-Manager erfahren, so bietet sich die Webseite der *American Federation of Labor-Congress of Industrial Organizations* (AFL-CIO) (www.aflcio.org/paywatch) an, einer freiwilligen Vereinigung von über 60 Gewerkschaften. So erhält man dort z. B. die Entlohnung der CEO der 1500 größten US-Unternehmen aufgelistet. Dort kann man beispielsweise erfahren, dass Steven Jobs, CEO von APPLE COMPUTER, im Jahr 2000 die Liste mit einem Gehalt von 381 Millionen USD und Optionen im Wert von 872 Millionen USD anführt. Hinzu kommen noch Boni, wie etwa 1999 der Gulfstream-Jet für 9 Millionen USD. Steven Jobs ist Mitbegründer von Apple im Jahr 1976 und kam 1997 zum Unternehmen zurück.

Das *ISS Institutional Shareholder Services* (www.iss.cda.com) ist eine Dienstleistungsorganisation für institutionelle Investoren und Unternehmen, um insbesondere die finanziellen Implikationen von Corporate-Governance-Maßnahmen durchzukalkulieren, wie z. B. eine neue Entlohnungsstruktur. Sie wurde von Robert Monks gegründet.

Die Entlohnung der Führungskräfte ist heute ein anerkanntes Mittel, um das Handeln der Führungskräfte möglichst weitgehend auf die Interessen der Anspruchsgruppen auszurichten und um Manager auch für besondere Leistungen zu entlohnen. Verantwortlich für die Festsetzung der Bezüge ist das oberste Aufsichtsorgan eines Unternehmens (Aufsichtsrat, Verwaltungsrat, Board of Directors etc.). Die Bezüge können dabei aus unterschiedlichen Elementen bestehen. Dazu zählen z. B. das Gehalt einer Führungskraft, der Jahresbonus oder eher langfristig ausgerichtete Instrumente, wie Optionen auf Aktien des Unternehmens. Auch wenn der Trend heute eher darin besteht, den erfolgsabhängigen Teil zu vergrößern, sind auch bereits Nachteile deutlich geworden, wenn zu viel in diese Richtung getan wird, und es gibt durchaus auch prominente Vertreter einer Gegenposition.[140] So ist häufig der Zusammenhang zwischen einem Finanzergebnis und den vorangegangenen strategischen Entscheidungen, welche die Manager getroffen haben, keineswegs so eindeutig, wie die Entlohnungslogik unterstellt. So verdienten erfolgsabhängig entlohnte Top-Manager manchmal nur deshalb mehr, weil sie das Glück boomender Aktienmärkte hatten, ihr Unternehmen selbst aber eher schlecht geführt war. Nicht zu vernachlässigen ist auch die Gefahr, dass – angesichts immer kürzerer durchschnittlicher Verweildauern in Top-Management-Positionen und großer Marktunwägbarkeiten – wichtige Zukunftsinvestitionen unterbleiben, um die kurzfristigen Finanzergebnisse zu verbessern. Solche möglichen Imperfektionen des Mechanismus »Entlohnungssysteme« müssen durch die verantwortlichen Aufsichtsorgane erkannt und möglichst weitgehend korrigiert werden.

Elemente der Bezüge

Stellt man internationale Vergleiche zu den Entlohnungssystemen an, so wird man feststellen, dass es hier extreme Unterschiede gibt, wobei die CEO's der USA mit weitem Abstand an der Spitze der Extreme stehen. Internationale Konzerne stehen dabei vor dem Dilemma, ob sie die Managerbezüge eher konzernweit gleich gestalten sollten oder ob man in den einzelnen Landesgesellschaften entsprechend nationalen Besonderheiten entlohnt. Untersuchungen kommen zum Schluss, dass auf alle Fälle zumindest eine Anpassung an die nationalen Gepflogenheiten zu empfehlen ist.[141]

Konzernweite Gleichschaltung der Bezüge?

Standpunkt: »Deutsche Vorstände zeigen sich zugeknöpft«
» »Über Geld spricht man nicht, Geld hat man.« Diese Spruchweisheit bestätigt den Vorstandssprecher der DEUTSCHEN BANK in einem offenkundigen Sinneswandel. Rolf Breuer und seine Vorstandskollegen legen auch nach der Notierung der Deutschen-Bank-Aktie an der New York Stock Exchange ihre individuellen Gehälter nicht offen. Diese Zugeknöpftheit unterscheidet sie von amerikanischen Spitzenmanagern. Die Bank ist andererseits in guter Gesellschaft: Alle 14 an der Wall Street gelisteten deutschen Unternehmen beanspruchen das gleiche Ausnahmerecht auf Geheimhaltung. Allerdings: Breuer war bisher immer so verstanden worden, dass er eine Offenlegung der individuellen Vorstandsentgelte als Beitrag zu transparenteren Aktiengesellschaften wertete. Für die Transparenz spricht ein berechtigter Wunsch der Aktionäre. Sie wollen schlicht wissen, ob die Spitzenleute verdienen, was sie verdienen. Nachvollziehbar ist aber auch die Haltung der Vorstände, die die Preisgabe ihrer Einkünfte fürchten in einem Land, in dem der Neid zu den gepflegten Tugenden zählt. Doch Neid gedeiht vermutlich noch trefflicher, wenn er auf Unwissenheit gründet statt auf Sachkenntnis. Zudem gilt es auch, dem vermutlich falschen Verdacht entgegenzusteuern, die Spitzenleute der Deutschland AG schusterten sich in geheimen Aufsichtsratsausschüssen gegenseitig großzügige Gehälter zu. Wer sich, wie Breuer, mit großem Engagement für mehr Transparenz nach angelsächsischem Vorbild einsetzt, sollte in der Konsequenz nicht nachlassen, wenn es um die eigene Geldbörse geht.« (FAZ, 15.09.01)

Was meinen Sie dazu?
Was spricht aus Ihrer Sicht für die Haltung der Deutschen Bank, was dagegen?[142] Hat diese Haltung Konsequenzen auf die wahrgenommene Qualität der Corporate Governance der Deutschen Bank? Wie würden Sie entscheiden?

(4) Divisionale Aufbauorganisation

Transparenz durch M-Form

Ein letzter, hier darzustellender interner Mechanismus ist die Wahl *einer divisionalen Aufbauorganisation nach Geschäftsbereichen (M-Form)*. Über sie vermag man die Transparenz des Unternehmens für die Stakeholder zu erhöhen, da nun jedes Geschäft (und dessen Management) getrennt auf seine Leistungsfähigkeit beurteilt werden kann. Damit reduziert sich auch die Möglichkeit, unbemerkt schlecht laufende Geschäfte überkreuz zu »subventionieren«. Auch können die Geschäfte nun von der Corporate-Ebene aus einzeln evaluiert und gesteuert werden. Von dort aus können auch unternehmensweite Initiativen zentral gestartet und gesteuert werden, die für alle Geschäftsbereiche gleichermaßen verpflichtend sind und auf die auch spezielle Anreize in der Entlohnung der Manager ausgerichtet sein können. Beispiel hierfür kann in einem Industrieunternehmen das Ziel sein, in allen Geschäftsbereichen den Dienstleistungsanteil auf einen bestimmten Prozentanteil an der Gesamtwertschöpfung auszuweiten.

Fallbeispiel: BAYER
(9/01) Anfang August 2001 war der deutsche BAYER-Konzern in die Schlagzeilen gelangt, als sein cholesterinsenkendes Medikament Lipobay/Baycol mit weltweit 50 Todesfällen in Verbindung gebracht wurde. Der Konzern nahm daraufhin das Produkt vom Markt, worauf der Aktienkurs sehr stark nachgab. Dieses Ereignis warf dann – auf Druck aus den Kapitalmärkten – die Frage auf, ob Bayer sich nicht von seinem Pharmabereich trennen sollte (oder sich zumindest mit einem Partner zusammentut) und sich dann voll auf Chemie spezialisiert. Kritiker sagen, dass Bayer das Geld aus einem Pharma-Verkauf dringend benötige, um in den anderen Bereichen wettbewerbsfähig zu sein.

Im Anschluss an die Aufsichtsratssitzung vom 13.9.01 kündigte dann der Konzern an, dass man weiterhin beim bisherigen »Vier-Säulen-Konzept« der Arbeitsgebiete Landwirtschaft, Gesundheit, Polymere und Chemie bleiben werde, dass man aber die Aufbauorganisation reorganisieren will, indem die Bereiche Gesundheit (zu dessen Kern dann auch das Pharma-Geschäft gehören wird) und Landwirtschaft jeweils in einer eigenen Kapitalgesellschaft verselbständigt werden. Dann hätte man im Bereich Gesundheit auch die notwendige Flexibilität, um eventuell mit einem Partner zusammenzuarbeiten. Dazu brauche man aber mehr Zeit. Angesichts der noch unklaren Folgerisiken dürfte auch die Anzahl der Kooperations- und Kaufinteressenten sehr begrenzt sein. Die Aventis Crop-Science soll dann nach der in Kürze bevorstehenden Übernahme von Aventis und Schering in die neu zu bildende Gesellschaft für Landwirtschaft integriert werden, die als selbständige unternehmerische Einheit im Bayer-Konzern geführt werden soll. Der Kurs der Bayer-Aktie gab als Reaktion auf die Ankündigung bis zum Abend um mehr als 4 Prozent auf 31,60 Euro nach.

Standpunkt
Warum gab aus Ihrer Sicht der Aktienkurs nach? Welche Logik verbirgt sich dahinter? Teilen Sie diese Logik?

Gefahr der M-Form ist es, dass Manager – in ihrem Eigeninteresse – den Diversifikationsgrad (z.B. durch Akquisitionen) weiter erhöhen und es dann für die Stakeholder schwieriger wird, die Vielzahl der einzelnen Geschäftsentscheidungen zu verstehen und zu überwachen. Deshalb müssen die Stakeholder speziell in der M-Form darauf Wert legen, dass differenzierte und wirkungsvolle interne Überwachungs- und Steuerungssysteme – z.B. in Form eines leistungsfähigen Aufsichtsrates – bestehen.

(5) Der Markt für Unternehmenskontrolle

Greifen alle internen Corporate-Governance-Mechanismen nicht und weist das Unternehmen im Branchenvergleich immer noch unterdurchschnittliche Renditen aus, dann findet dies bei börsennotierten Gesellschaften in einer Unterbewertung des Unternehmens seinen Ausdruck. Aus Sicht des Kapitalmarktes also könnte ein besseres Management mehr aus den Ressourcen des Unternehmens machen. Diese Unterbewertung lockt andere Unternehmen an. Sie überprüfen, ob sie mit ihrem Management in der Lage wären, den potenziellen Mehrwert des Unternehmens zu realisieren. Man spricht hier auch vom *»Markt für Unternehmenskontrolle«* als externen Corporate-Governance-Mechanismus, der immer dann greifen sollte, wenn die internen Mechanismen versagen. Deshalb kann man den Markt für Unternehmenskontrolle auch als die *Arena* begreifen, in der *verschiedene Führungsteams um die Rechte zum Management der Ressourcen eines Unternehmens konkurrieren.*[143]

Akquisition als Übergang von Kontrollrechten

Kommt es dann zur Akquisition eines unterbewerteten Unternehmens, dann gehen die Rechte zur Unternehmenskontrolle vom erworbenen Unternehmen auf das Käuferunternehmen über. Damit ist dann auch wieder das Recht verbunden, das Management der Ressourcen eines Unternehmens zu bestimmen, d.h. auch die Führungsmannschaft zu bestellen, zu entlassen, ihre Vergütung festzulegen etc. Nicht selten kommt es deshalb nach einer Akquisition auch zu einem Austausch des Managements des Zielunternehmens, da man es für die Unterbewertung verantwortlich macht. In einem effizienten Kapitalmarkt kann man auch

Sanktion durch den Markt

sagen, dass der Markt hier ein nicht ausreichend kompetent arbeitendes Management bestraft. Dazu ist allerdings anzumerken, dass die Kapitalmärkte, und damit dann auch die Märkte für Unternehmenskontrolle, wie wir insbesondere in den Jahren 1998–2000 gesehen haben, zumindest kurzfristig keineswegs immer effizient sind. Doch auch hier gibt es – insbesondere aufgrund der jeweiligen rechtlichen Rahmenbedingungen – signifikante Unterschiede zwischen den Ländern. Während die USA wohl über den effizientesten Markt für Unternehmenskontrolle verfügt, ist er in Japan kaum existent. In Europa wird seit vielen Jahren an einer Harmonisierung gearbeitet, doch die großen bestehenden nationalen Unterschiede (von den Niederlanden bis Großbritannien) scheinen dies noch zu verhindern. Aufgrund dieser Ineffizienz stellt die Angst vor einer Unternehmensübernahme deshalb auch nur ein beschränkt wirksamer Corporate-Governance-Mechanismus dar, wenn die internen Mechanismen versagen.

X

Exkurs: Der »Corporate Raider« Martin Ebner

(9/01) Der Schweizer Martin Ebner ist einer der prominenten Teilnehmer am europäischen Markt für Unternehmenskontrolle. Nachdem er in Zürich die BZ-Bank gegründet hatte, gelang es ihm recht schnell, insbesondere Versicherungen und Fondsgesellschaften als Geldgeber für den Erwerb von unterbewerteten Aktienpaketen zu gewinnen. Über sie übt er – oft als Mitglied des Verwaltungsrates – Einfluss auf diejenigen Unternehmen aus, welche aus seiner Sicht nicht ausreichend im Sinne der Aktionäre geführt werden. Anfangs konzentrierte er sich auf Schweizer Werte und kontrollierte rasch relativ große Aktienpakete (z.B. ABB). Die Schweizerische Bankgesellschaft hatte er so unter Druck gesetzt, dass dies deren Fusion mit dem Schweizerischen Bankverein zur UBS Vorschub leistete. Mit dem Verkauf eines 20%igen-Anteils des Basler Pharmakonzerns Roche an Novartis gab er im Mai 2001 Nahrung für neue Fusionsgerüchte beider Unternehmen. Anfang 2001 erhöhte er auch deutlich seine Anteile an den beiden, auf die Familie Wallenberg zurückgehenden, einflussreichsten schwedischen Beteiligungsgesellschaften Investor und Industrivärden, wo u.a. auch über die Hälfte der Stimmrechte am angeschlagenen Telekomkonzern Ericsson gehalten werden. Investor ist an der Börse schon seit langem weniger wert als die Summe seiner Beteiligungswerte. Die Beteiligungen der Investor sind heute rund 30 Mrd. CHF wert, die Börsenkapitalisierung liegt hingegen bei etwa 18 Mrd. CHF. Um diese unerwünschte Differenz zu korrigieren, hatte Verwaltungsratspräsident Percy Barnevik in den letzten beiden Jahren etwa ein Drittel der Verwaltungsratsmandate neu besetzt, was jedoch kaum Auswirkungen zeigte. Ebner wirft Barnevik vor, dass er mit den vielen eigenen Verwaltungsratssitzen in den Beteiligungsgesellschaften überfordert sei. Die BZ-Gruppe verfügt derzeit etwa über eine Bilanzsumme von 30 Mrd. CHF – sie ist damit etwa gleich groß wie Investor.

(02/02) Mitte Februar 2002 ging der ABB-Verwaltungsrat, in dem auch Martin Ebner einsitzt, mit der Meldung an die Öffentlichkeit, dass sich Percy Barnevik 1988 bei seinem Ausscheiden als CEO der ABB 148 Mio. CHF auszahlen ließ. Daraufhin stellte Barnevik – auf Drängen von Jakob Wallenberg, der ebenfalls im ABB-Verwaltungsrat einsitzt – seine Position als Aufsichtsratsvorsitzender bei Investor zur Verfügung. Die als unangemessen empfundene Höhe des Betrages als auch das Prozedere machten deutlich, dass die Eigentümerkontrolle in Bezug auf die Eigeninteressen des Managers zu schwach war. Der Vorgang schadete den involvierten Unternehmen und Volkswirtschaften. Ein Vergleich im März 2002 ergab, dass Barnevik 73,3 Mio CHF zurückzahlte.

(01/03) Mit dem Verfall der Weltbörsen kam die BZ-Gruppe von Martin Ebner sehr stark unter Bedrängnis. So musste er die BZ-Visionen sowie Aktienpakete zu sehr günstigen Preisen abstoßen (Lonza etc.), da die Bankkredite, mit denen seine Akquisitionen teilweise finanziert wurden, mit Aktienpaketen abgesichert waren. Sie mussten bei Unterschreiten eines vereinbarten Kurses verkauft werden. Dies löste im Oktober 2002 auch einen hohen Druck auf den Kurs der Credit Suisse aus, da hier der Verkauf eines Paketes von etwa 5 % zur Disposition stand. Ebenfalls trat Ebner in diesem Monat von seinen Ämtern als Verwaltungsratspräsident von Lonza und als Verwaltungsrat der ABB zurück. Bis Ende 2002 war auch die Beteiligung an Investor von 13 % auf unter 5 % gefallen.

Abwehrtaktiken gegen Übernahmen

Es ist nun naheliegend, dass das Management über die Jahre viele raffinierte Abwehrtaktiken entwickelt hat, um sich gegenüber solchen Übernahmen zu schützen. Auf individueller Ebene sind dies z. B. die oben erwähnten Entschädigungszahlungen bei vorzeitiger Vertragsauflösung, wie man sie auch heute bei den meisten CEO-Verträgen antrifft. Oder aber es sind Instrumente, welche die Übernahmen erschweren oder verunmöglichen sollten. Exemplarisch seien hier die Stimmrechtsbegrenzungen (unabhängig vom Kapitalanteil) genannt, die sich besonders in Deutschland einer hohen Beliebtheit erfreuen. Problem solcher Verteidigungsmaßnahmen ist es, dass sie aus Sicht des Kapitalmarktes als Begrenzung der Wirkung von Corporate-Governance-Mechanismen betrachtet werden und deshalb zu einem Abschlag beim Börsenkurs führen.

4.6.4 Bewertung der Corporate Governance

Aufgrund der gestiegenen Prominenz des Themas Corporate Governance in der Unternehmenspraxis, Wissenschaft und Öffentlichkeit ist es nicht verwunderlich, dass von verschiedenen Seiten aus versucht wurde, die Qualität der Corporate Governance eines Unternehmens in einer standardisierten Form zu beurteilen. Die Kriterien, die dabei zur Anwendung kommen, widerspiegeln dabei mehr oder minder die obigen Überlegungen zu den Corporate-Governance-Mechanismen.

Exkurs: Standard & Poors-Bewertung

Die Rating-Agentur Standard & Poors versteht unter Corporate Governance »… the interactions between a company's management, its board of directors, shareholders and other financial stakeholders.« Auf dieser Definition aufbauend, hat man für die Bewertung der Corporate Governance von Unternehmen ein eigenes Verfahren entwickelt (www.standardandpoors.com/ResourceCenter/RatingsCriteria/CorpGovScores/index.html). Mit der Vergabe eines Corporate-Governance-Score (CGS vom niedrigsten Wert 1 bis zum höchsten Wert 10) will man ein Urteil darüber abgeben, inwieweit ein Unternehmen dem nahe ist, was man allgemein unter »good corporate governance practices« versteht. Die CGS-Bewertung besteht dabei aus folgenden Komponenten:

- *Eigentümerstruktur und -einflussnahme*: Hier geht es um die Transparenz der Eigentümerstrukturen, den Konzentrationsgrad sowie die Einflussnahme der Eigentümerschaft auf das Management.
- *Finanzielle Stakeholder-Beziehungen (shareholders and creditors)*: Hier werden die Regelmäßigkeit der Information beurteilt, ebenso wie die Leichtigkeit des Zugangs zu diesen Informationen, die Stimmprozeduren auf den Aktionärsversammlungen sowie die Handhabung der Eigentümerrechte (Registrierung und Transfer, Gleichbehandlung etc.).

- *Finanzielle Transparenz und Veröffentlichungspolitik*: Hier kommen die Standards, nach denen veröffentlicht wird (Was? Wann? Wo?) sowie die Unabhängigkeit und die Reputation der Buchprüfungsgesellschaft zur Bewertung.
- *Struktur und Prozess von Board und Management*: Hier werden die Kriterien Board-Struktur und -Kompensierung, Rolle und Effektivität der Arbeit des Boards, Rolle und Unabhängigkeit der externen Board-Mitglieder sowie Bewertung des Boards und Nachfolgeplanung untersucht.

Eine standardisierte Form der Bewertung öffnete dann auch die Möglichkeit zur Erstellung von Rankings, über die Unternehmen mit ihren Corporate-Governance-Strukturen zueinander in Wettbewerb gestellt wurden.

Exkurs: Corporate-Governance-Qualität der Euro Stoxx 50 Unternehmen
Das Manager Magazin (18.7.01) führte in Zusammenarbeit mit der Investmentgesellschaft DWS und dem Brüsseler Beraterhaus DÉMINOR eine Bewertung der Corporate Governance der Unternehmen des europäischen Aktienindex Euro Stoxx 50 durch. Dazu wurden mehr als 200 europäische Analysten und Fondsmanager befragt, welche Aspekte der Corporate Governance bei ihren Anlageentscheidungen die größte Bedeutung haben. Insgesamt 34 Kriterien der Unternehmensverfassung wurden entsprechend den Vorgaben der Kapitalmarktprofis gewichtet und in fünf Blöcken zusammengefasst. Aus den Ergebnissen der Investorenbefragung entwickelten DWS und Déminor einen umfangreichen Fragebogen, der in einem zweiten Schritt den Konzernen des europäischen Aktienindex Euro Stoxx 50 vorgelegt wurde. Zugleich wurden Geschäftsberichte, Satzungen, Corporate-Governance-Richtlinien (falls vorhanden) und Stock-Options-Programme geprüft. Von 49 angeschriebenen Firmen nahmen 43 an der Umfrage teil. In jeder Kategorie waren maximal zehn Punkte erreichbar. Die einzelnen Kriterien wurden wie folgt gewichtet: Aktionärsrechte 31 %, Qualität des Aufsichtsrats 29 %, Übernahmebarrieren 15 %, Transparenz 15 %, Verpflichtung zum Shareholder Value 10 %.

Die Plätze 1–5 gingen an NOKIA, SHELL, DEUTSCHE BANK, SUEZ und AVENTIS. Bei Nokia wurde insbesondere hervorgehoben, dass keine Übernahmebarrieren aufgebaut wurden; bei Shell ist es die Zusammensetzung des Boards; bei der Deutschen Bank ist es die Publikation von Corporate-Governance-Richtlinien, auf die man sich verpflichtet hat sowie die Strukturierung der Rechte und Pflichten der Aktionäre. Am Ende des Rankings findet man FRANCE TELECOM (Platz 43), PINAULT-PRINTEMPS (42), KPN (41), ING (40) und CARREFOUR (39).

Die in den Exkursen aufgeführten Bewertungsverfahren zeigen, dass die Qualität der Corporate Governance primär noch vor dem Hintergrund der Shareholderinteressen vorgenommen wird, auch wenn im S & P-Verfahren mit den »Creditors« eine vorsichtige Öffnung vorgenommen wurde, die begrifflich unterschiedlich weit auslegbar ist. Wir vertreten hier die Auffassung, dass das Management durch die Eigentümer dazu eingesetzt wurde, die Interessen aller Stakeholder bestmöglich zu wahren. Diese Position lässt sich z. B. über die »soziale Verpflichtung des Kapitals« rechtfertigen, welche den Eigentümern übertragen ist.

Damit ist man auch bei Fragen der Unternehmensethik angelangt: Sollten sich die Führungs- und Aufsichtsgremien vielleicht sogar einen gemeinsamen ethischen Handlungrahmen geben, der die Abstimmung erleichtert sowie das Entscheiden und Handeln ausrichtet?[144] Sollten sie auch hinterfragen, inwieweit bestimmte Führungssysteme eventuell negativ wirken könnten, d.h. mit einer erhöhten Wahrscheinlichkeit förderlich sind für unethisches Verhalten?

Fallbeispiel: Enron und Arthur Andersen
Der Fall des Energiehandelskonzerns Enron zeigte in den Jahren 2001/02 in drastischer Form, wie alle Stakeholder darunter leiden mussten, wenn sich einzelne Top-Manager (und ihre »Entourage«) unethisch (bis hin zu kriminell) verhalten. Damit wurde der gesamten Wirtschaft, aber auch der Glaubwürdigkeit der Manager-Zunft, ein immenser Schaden zugefügt:

- CFO Andrew Fastow hatte außerhalb der Bilanz eine große Anzahl von »Partnerschaften« und »Eigenkapitalplazierungen« durchgeführt, die er nicht veröffentlichte, womit er Schulden und Verluste in hohem Ausmaß vor den Aktionären versteckte. Dabei hat er sich (und andere Enron-Angestellte) auch erheblich bereichert. Er stellte sich am 2.10.02 dem FBI in Houston, nachdem ihn das Justizministerium des Wertpapierbetrugs, der Geldwäscherei und des »mail and wire fraud« beschuldigt hatte.
- Die Rollen des Chairman Kenneth Lay und CEO Geoffrey Skilling sind noch nicht abschließend geklärt. Lay verkaufte im Zeitraum von Oktober 1998 bis November 2001 für 101 Millionen USD Enron-Aktien. Gleichzeitig empfahl er noch bis kurz vor Zusammenbruch des Konzerns den Mitarbeitern die Aktie zum Kauf. Im Februar 2002 hatte er vor dem Kongress auszusagen.
- Arthur Andersen machte sich mitschuldig, da es zum einen die manipulierten Abschlüsse attestierte; zum anderen hatte ein später auch entlassener und verurteilter Partner aus dem Büro in Houston Anweisung gegeben, dass Tausende von Emails zu vernichten sind, nachdem er erfahren hatte, dass Untersuchungen gegen die Buchhaltungspraktiken von Enron eingeleitet wurden. Partner wurden bei Arthur Andersen – zumindest formell – auf der Basis »Profit/Partner« geführt. In welche Zwänge und Nöte kommt hier wohl ein Partner, der über 80 % seines Umsatzes nur mit einem Kunden macht?

Es ist deshalb auch zu empfehlen, dass ein Kontrollgremium, wie etwa der Verwaltungs- oder Aufsichtsrat, mit den relevanten Stakeholdern das Entwickeln geteilter *ethischer Grundsätze* vorantreibt, um dann innerhalb dieses Rahmens das Entscheidungsverhalten im Unternehmen überwachen zu können.

Workshop
Betrachten Sie Ihre Organisation einmal durch die Brille der Corporate-Governance-Diskussion und konfrontieren Sie sich mit folgenden Fragen:

- Wie sehen wir den Zusammenhang zwischen unserer CG und der Wettbewerbsfähigkeit unserer Organisation?
- Wie erklärt sich historisch die Zusammensetzung unserer CG-Gremien? Inwieweit sind wir wirklich darum bemüht, diese Gremien professionell und der heutigen Situation des Unternehmens entsprechend zu besetzen?
- Werden wir bereits auf das Thema CG von außen angesprochen? Falls ja: Wie gehen wir damit um? Sind wir hier offen für Kritik oder reagieren wir mit »defensive routines«?
- Wie sehen wir den Stand der gesetzlich verlangten CG-Standards in den Ländern, in denen wir tätig sind? Sollten wir darüber hinaus gehen, um der internationalen Angleichung der Standards zuvorzukommen?
- Welche Bedeutung hat bei uns der nationale Kontext bzgl. des Einflusses, den wir den einzelnen Stakeholdern auf das Unternehmen gewähren?
- Welche Möglichkeiten haben unsere Aktionäre, das Verhalten des Managements und dessen Auswirkungen zu beobachten und zu kontrollieren? Ist dies ausreichend? Wie gut sind unsere Aktionäre vor einer einseitigen Durchsetzung der Eigeninteressen des Managements geschützt?

- Wie unabhängig ist die von uns bestellte *Revisionsgesellschaft*? Wie viele frühere Mitarbeiter dieser Gesellschaften arbeiten heute bei uns im Unternehmen? Gibt dies Anlass zu zusätzlicher Kontrolle?
- Sehen wir Anlass dazu, einen der genannten CG-*Mechanismen* zu ändern? Sollten wir z. B. den Aktionären eine Koordination ihrer Interessen erleichtern?
- Sind unsere Führungsgremien ausreichend *divers*? Wie groß soll der Anteil der Internen sein? Sollte der CEO im Board of Directors bzw. in einem Verwaltungsrat sitzen? Und wenn ja, sollte er dann das Gremium präsidieren oder nicht? Wie viele Nationalitäten sollten in unseren Führungsgremien vertreten sein, angesichts der Globalität der Märkte, in denen man tätig ist?[145] Wie viele Frauen sollten in unseren Führungsgremien sein? Sind alle relevanten Expertisen vertreten? Ist z. B. IT-Expertise in einem Geschäft vorhanden, bei dem IT einer der zentralen Erfolgsfaktoren darstellt?
- Haben unsere Führungsgremien die richtige *Größe*? Hier bewegt man sich im Spannungsfeld zwischen der begrenzten Handlungs- und Arbeitsfähigkeit eines zu großen Boards und der Gefahr der Blindheit eines zu kleinen Boards.
- Haben wir unsere Arbeit in geeigneter Form in thematische Ausschüsse aufgeteilt? Sind sie themengerecht (Expertise, Interessenkonflikte etc.) besetzt?
- Wie viele *Anteile* sollten unsere Gremienmitglieder am Unternehmen halten? Im Allgemeinen kann man beobachten, dass der Kapitalmarkt es positiv honoriert, wenn die Gremienmitglieder relevante *Anteile am Unternehmen* erwerben, da man dann davon ausgeht, dass mehr im Sinne aller Eigentümer gehandelt wird.
- Wie sollte der *Stil* der Zusammenarbeit im Gremium sein? Formell oder eher informell? Häufig (z. B. monatlich) oder eher selten (z. B. einmal jährlich)? Kritisch oder eher konsensorientiert?
- Sollten wir unsere Haltung zum Thema CG in eigenen Grundsätzen dazu ausarbeiten?

Zusammenfassung

- Corporate Governance befasst sich mit dem Verhältnis des Unternehmens (vertreten durch sein Top-Management) und den relevanten Stakeholdern. Gelingt es, das Handeln der Führungskräfte mit den Interessen der Stakeholder weitgehend in Einklang zu bringen, dann wird dies als Wettbewerbsvorteil betrachtet, der zu überdurchschnittlichen Renditen beiträgt.
- Da in modernen Organisationen meist Eigentum und Management getrennt sind, entsteht ein potenzieller »Principal-Agent-Konflikt«: Es besteht die Gefahr, dass das von den Eigentümern (»principals«) für das Treffen der richtigen strategischen Entscheidungen beauftragte Management (»agents«) zu sehr im eigenen Interesse und nicht im Interesse der Eigentümer handelt. Manche Eigentümer (wie z. B. institutionelle Investoren) haben inzwischen selbst wieder Manager eingesetzt, um die Überwachungsfunktion auszuüben.
- Um sicherzustellen, dass das Management im Sinne der Stakeholderinteressen handelt, können sich die Stakeholder bestimmter interner und externer Corporate-Governance-Mechanismen bedienen: Konzentration von Eigentum zu einer machtvolleren und kompetenteren Vertretung der Eigentümerinteressen, Gestaltung der Aufsichtsgremien für eine professionellere Überwachung, Entlohnung der Führungskräfte zur Ausrichtung ihres Entscheidungsverhaltens auf die Eigentümerinteressen, Wahl einer divisionalen Aufbauorganisation zur

Erlangung einer höheren Transparenz sowie Ausnutzung der Wirkungen des Marktes für Unternehmenskontrolle durch Übernahme unterbewerteter Unternehmen.

- Corporate Governance ist stark in der Kultur und dem Rechtssystem der einzelnen Länder verankert. Aufgrund der sich globalisierenden Kapitalmärkte gibt es jedoch in den Industrieländern eine gewisse Konvergenz in der Weiterentwicklung ihrer Corporate-Governance-Regularien. Damit reagiert man auch auf den stärkeren Einfluss, der von Aktionären ausgeht und auf eine lauter werdende öffentliche Kritik.

Lernkontrolle

1. Was versteht man unter dem Begriff »Corporate Governance«?
2. Was versteht man unter dem Begriff »Principal-Agent-Konflikt«? Was unterstellen dabei die Eigentümer den Managern?
3. Warum besteht speziell bei Diversifikationen die Gefahr, dass Manager zu sehr ihren Eigeninteressen folgen?
4. Warum erfährt das Thema »Corporate Governance« derzeit ein so großes Interesse?
5. Welche Bedeutung haben die nationalen Gegebenheiten eines Landes für das Thema »Corporate Governance«?
6. Welche Mechanismen zur Verbesserung der Corporate Governance gibt es? Wie funktionieren sie? Welche Trends gibt es hier? Wie reagieren die Führungskräfte darauf?

4.7 Evaluation (Gestaltung VI)

Lernziele

- Kurze Wiederholung der vier Kriterien zur Beurteilung von Strategieoptionen
- Darlegung möglicher Verfahrensweisen zur Entwicklung strategischer Wertschöpfungsprogramme

Welche Kriterien sind nun bei der Auswahl von Gestaltungsoptionen zu beachten? Zur Beantwortung dieser Frage ist es hilfreich, sich zunächst der Ziele zu erinnern, die für die Wertschöpfung einer unternehmerischen Einheit von Relevanz sind. Diese lagen in der Erhöhung der *Effektivität* und *Effizienz*, d.h. man macht die richtigen Dinge und führt sie bestmöglich aus. Gestaltungsoptionen sind folglich daraufhin zu überprüfen, ob sie hierzu einen Beitrag leisten. Diejenige Option, von der man sich mehr verspricht, ist zu wählen.

Eine solche Evaluation ist allerdings recht häufig nicht einfach zu bewerkstelligen. Besonders dann nicht, wenn es um die Beurteilung der Effektivität geht. Meist kann die Effizienz einer Vorgehensweise besser als deren Effektivität beurteilt werden. Während man sich beim ersteren auf Kriterien wie Kosten, Geschwindigkeit etc. konzentriert, die quantitativ direkt zu erfassen sind, fällt dies bei einer Beurteilung der Effektivität einer Option weit schwieriger aus. Man denke nur exemplarisch an die Aufgabe, die Vorzüge einer divisionalen versus derer einer funktionalen Aufbaustruktur zu evaluieren.

Kriterien

Prinzipiell kann man jedoch auch bei der Abwägung der effektivitäts- und/ oder effizienzerhöhenden Wirkung von Gestaltungsoptionen mit den gleichen **Kriterien** arbeiten, wie wir sie bereits bei der Positionierung kennen gelernt hatten. Sie müssen nun allerdings an Fragestellungen der Wertschöpfung angepasst werden. Wird dies getan, so sind folgende Überlegungen von Relevanz:

- *Angemessenheit*: Sind die Gestaltungsoptionen der momentanen Situation angemessen? Greifen sie zu kurz oder sind sie zu weit reichend? Sind sie in der Lage, die Effektivität und/oder Effizienz zu erhöhen? Schließen sie bestehende Lücken/Problembereiche, welche öffnen sie neu?
- *Zielerreichung*: Können die Unternehmensziele durch das Wertschöpfungskonzept erreicht werden? Wo problemlos und wo eher nicht? Wie hoch ist das Risiko des Wertschöpfungsmodells? Welche Faktoren beeinflussen dieses Risiko?
- *Durchführbarkeit*: Sind die Gestaltungsoptionen überhaupt durchführbar? Sind ausreichend Ressourcen vorhanden oder wird der »Stretch« zwischen Wunsch und Realisierbarkeit zu groß? Welche Probleme ergeben sich, wenn die einzelnen Gestaltungsoptionen zum Einsatz kommen? Welche zeitliche Reihenfolge ist bei ihrer Umsetzung zu beachten?
- *Konsistenz*: Passen die einzelnen Optionen zueinander? Unterstützen sie sich? Stehen sie in einem positiven oder negativen Spannungsverhältnis zueinander?

Methodisch kann man sich bei der Evaluation entlang dieser Kriterien auch wieder der Instrumente bedienen, die bei der Positionierung verwendet wurden. Nutzwertanalysen sind hier beispielsweise ebenso zu nennen wie Entscheidungsbäume oder Sensitivitätsanalysen.

Vorgehensweisen

Für die Entwicklung eines strategischen Wertschöpfungsprogramms wurde bereits auf verschiedene **Vorgehensweisen** hingewiesen. Zuerst ging es ja darum, über welchen GMN-Pfad man in das Feld »Wertschöpfung« gelangt: Kommt man aus dem Feld »Positionierung«, so müssen die gewählten Positionierungen gegenüber den Stakeholdern nun mit funktionierenden Wertschöpfungsmodellen hinterlegt werden; kommt man direkt aus dem Feld »Initiierung«, dann geht es mehr um ein experimentelles Entwerfen und Abtesten neuer Geschäftsmodelle; kommt man aus dem Feld »Veränderung«, so hat man es häufig mit einem Rekonfigurieren eines bestehenden Wertschöpfungsmodells zu tun, das nun – z.B. aufgrund des Auftretens von Wettbewerb – so nicht mehr funktioniert.

Wertschöpfungsstil

Die Vorgehensweise innerhalb des Feldes »Wertschöpfung« wurde in Abbildung 4–8 dargestellt: In der Analyse untersucht man zuerst die externe Branchenwertschöpfung, dann die eigene Wertschöpfung des Geschäfts und führt beides wieder in einer integrierten Betrachtung zusammen. Zur Erarbeitung der Optionen hatten wir als Einstieg den Weg über die alternativen Wertschöpfungsarchitekturen und -manöver (Abbildungen 4-22 und 4-23) vorgeschlagen. Die acht Dimensionen der Wertschöpfungsarbeit in Abbildung 4-56 sollten uns helfen, einen speziellen **Wertschöpfungsstil** für unsere Geschäfte herzuleiten. Dabei kann man sich sukzessive von oben nach unten durcharbeiten und beispielsweise mit den Dimensionen der Aktivitäten beginnen und anschließend die Ressourcen darauf abstimmen. Oder aber man geht zweitens von den Dimensionen der Ressourcen aus – wenn man sie z. B. als nur schwer veränderbar betrachtet – und berücksichtigt ihre Ausprägungen für die Ausgestaltung der einzelnen Aktivitäten. Drittens kann man auch eine Dimension, die man als besonders relevant erachtet, als Ausgangspunkt heranziehen und von dort aus die anderen Dimensionen sukzessive einbeziehen. Welche Vorgehensweise man auch immer wählt, am Ende der Wertschöpfungsarbeit sollte ein Programm stehen, das sinnvoll aufeinander abgestimmt ist.

Zusammenfassung

- Optionen für Wertschöpfungsstrategien können auf Basis der Kriterien Angemessenheit, Akzeptanz, Durchführbarkeit und Konsistenz evaluiert werden. Sie sind dann mit den Indikatoren zu konkretisieren, die abbilden, was Ziel der Wertschöpfung ist.

Lernkontrolle

1. Worauf ist die Evaluation von Wertschöpfungsstrategien auszurichten? Welche Kriterien können dazu angewandt werden?

Literatur

Für Leser, die ihr Wissen zur »Wertschöpfung« vertiefen wollen, empfehlen wir insbesondere die *kursiv* hervorgehobenen Autoren.

Abell, D. F. (1978): Strategic windows. In: Journal of Marketing, Vol. 42, Nr. 3, S. 21–26.

Achleitner, A.-K./Bassen, A./Pietzsch, L. (2001): Kapitalmarktkommunikation von Wachstumsunternehmen. Kriterien zur effizienten Ansprache von Finanzanalysten, Stuttgart.

Ackermann, W. (2002): Wertschöpfungsstrategien auf Finanzdienstleistungsmärkten. In: Ackermann, W. (Hrsg.): Financial Services – Modelle und Strategien der Wertschöpfung, Institut für Versicherungswirtschaft der Universität St. Gallen, S. 67–82.

Albach, H./Kaluza, B./Kersten, W. (Hrsg., 2002): Wertschöpfungsmanagement als Kernkompetenz, Wiesbaden.

Aldrich, D. (1999): Mastering the digital market place, New York.

Alt, R./Fleisch, E./Österle, H. (2002): Business Networking – Chancen und Herausforderungen. In: Österle, H./Fleisch, E./Alt, R. (Hrsg.): Business Networking in der Praxis, Berlin etc., S. 1–13.

Alt, R./Puschmann, T./Reichmayr, C. (2002): Strategien zum Business Networking. In: Österle, H./Fleisch, E./Alt, R. (Hrsg.): Business Networking in der Praxis, Berlin etc., S. 77–101.

Amit, R./Shoemaker, P. J. (1993): Strategic assets and organizational rent. In: Strategic Management Journal, Vol. 14, Nr. 1, S. 33–46.

Argyris, C./Schön, D. A. (1978): Organizational learning: a theory of action perspective, Reading, Mass.

Atuahene-Gima, K./Evangelista F. (2000): Cross-functional influence in new product development: An exploratory study of marketing and R & D perspectives. In: Management Science, Vol. 46, Nr. 10, S. 1269–1284.

Bain, J. (1968): Industrial Organization, New York.
Baker, G./Gibbons, R./Murphy, K.J. (1997): Implicit contracts and the theory of the firm, NBER WP 6177.
Barney, J.B. (1986): Strategic factor markets: expectations, luck and business strategy. In: Management Science, Vol. 32, Nr. 10, S. 1231–1241.
Barney, J.B. (1991): Firm resources and sustained competitive advantage. In: Journal of Management, Vol. 17, Nr. 1, S. 99–120.
Bayus, B.L./Jain, S./Rao, A. (1997): Introduction timing and new product performance. In: Journal of Marketing Research, Vol. 34, Nr. 1, S. 50–64.
Bea, F.X./Haas, J. (2001): Strategisches Management, 3. Auflage, Stuttgart.
Bea, F.X./Göbel, E. (1999): Organisation, Stuttgart.
Beatty, R.P./Zajac, E.J. (1994): Managerial incentives, monitoring, and risk bearing: A study of executive compensation, ownership, and board structure in initial public offerings. In: Administrative Science Quarterly, Vol. 39, Nr. 2, S. 313–335.
Beer, M./Spector, B./Lawrence, P.R./Mills, D.Q./Walton, R.E. (1985): Human resource management, New York/London.
Berle, A./Means, G. (1932): The modern corporation and private property, New York.
Bernet, B. (2001): Der Trend zur Allfinanz – einige mikroökonomische Überlegungen. In: Ackermann, W. (Hrsg.): Financial Services – Modelle und Strategien der Wertschöpfung, Institut für Versicherungswirtschaft der Universität St. Gallen, S. 26–38.
Bieger, T./Rüegg-Stürm, J./Rohr, T. von (2002): Strukturen und Ansätze einer Gestaltung von Beziehungskonfigurationen. In: Bieger, T./Bickhoff, N./Caspers, R./Knyphausen-Aufseß, D. zu/Reding, K. (Hrsg., 2002): Zukünftige Geschäftsmodelle. Konzept und Anwendung in der Netzwerkökonomie, Berlin etc., S. 36–61.
Bleicher, K. (1991): Organisation. Strategien – Strukturen – Kulturen, Wiesbaden.
Bleicher, K. (1999): Das Konzept Integriertes Management, Frankfurt/New York.
Bleicher, K./Leberl, D./Paul, H. (1989): Unternehmensverfassung und Spitzenorganisation, Wiesbaden.
Bovet, D./Martha, J. (2000): Value nets. Breaking the supply chain to unlock hidden profits, New York etc.
Boxall, P.F. (1992): Strategic human resource development: beginning of a new theoretical sophistication. In: Human Resource Journal, Vol. 2, Nr. 3, S. 60–74.
Brockhoff, K. (1994): Forschung und Entwicklung. Planung und Kontrolle, 4. Auflage, München/Wien.
Bühner, R. (1987): Management-Holding. In: Die Betriebswirtschaft, Vol. 47, Nr. 1, S. 40–49.
Bühner, R. (1991): Betriebswirtschaftliche Organisationslehre, 5. Auflage, München/Wien.
Büschken, J. (1999): Virtuelle Unternehmen – die Zukunft. In: Die Betriebswirtschaft, Vol. 59, Nr. 6, S. 778–791.

Cadbury, A. (2001): Why standards may be converging. In: European Business Forum, Nr. 5, Spring, S. 16–17.
Camp, R.C. (1989): Benchmarking: the search for industry best practices that lead to superior performance, New York.
Campbell, A./Goold, M. (1997): Building core skills. In: Campbell, A./Sommer Luchs, K. (Hrsg.): Core competency-based strategy, London, S. 163–187.
Chatterjee, S./Harrison, J.S. (2001): Corporate Governance. In: Hitt, M.A./Freeman, R.E./Harrison, J.S. (Hrsg.): Handbook of Strategic Management, Oxford/Malden, S. 543–563.
Christensen, C.M. (1997): The Innovator's Dilemma: When New Technologies Cause Great Firms to Fail, Boston.

Christensen, C.M./Bohmer, R./Kenagay, J. (2000): Will disruptive innovations cure health care? In: Harvard Business Review, Vol. 78, Nr. 5, S. 102–112.
Clermont, A./Schmeisser, W./Krimphove, D. (Hrsg., 2001): Strategisches Personalmanagement in globalen Unternehmen, München.
Coase, R. (1937): The nature of the firm. In: Economica, Vol. 4, Nr. 16, S. 386–405.
Connor, K. (1991): A historical comparison of resource-based theory and five schools of thought within industrial organization economics: do we have a new theory of the firm? In: Journal of Management, Vol. 17, Nr. 1, S. 121–154.

Daft, R.L. (1998): Organization theory and design, 6. Auflage, Cincinnati.
Davis, G.F./Useem, M. (2002): Top Management, company directors and corporate control. In: Pettigrew, A./Thomas, H./Whittington, R. (Hrsg.): Handbook of strategy and management, London etc. S. 232–258.
Davis, J.H./Schorman, F.D./Donaldson, L. (1997): Towards a stewardship theory of management. In: Academy of Management Review, Vol. 22, Nr. 1, S. 20–47.
Dierickx, I./Cool, K. (1989): Asset stock accumulation and sustainability of competitive advantage. In: Management Science, Vol. 35, Nr. 12, S. 1504–1513.
Downes, L./Mui, C. (1999): Auf der Suche nach der Killer-Applikation, Frankfurt/New York.

Fello, A. (2001): Ethic programs, board involvement, and potential conflicts of interest in corporate governance. In: Journal of Business Ethics, Vol. 32, Nr. 3, S. 205–218.
Fleisch, E. (2001): Das Netzwerkunternehmen. Strategien und Prozesse zur Steigerung der Wettbewerbsfähigkeit in der »Networked Economy«, Berlin.
Floyd, S.W./Wooldridge, B. (1999): Building strategy from the middle, Thousands Oaks etc.
Foschiani, S. (1995): Strategisches Produktionsmanagement: Ein Modellsystem zur Unterstützung produktionsstrategischer Entscheidungen, Frankfurt/Main.
Frese, E. (Hrsg., 1992): Handwörterbuch der Organisation, 3. Auflage, Stuttgart.
Frese, E. (1995): Grundlagen der Organisation. Konzept – Prinzipien – Strukturen, 6. Auflage, Wiesbaden.
Frese, E. (Hrsg., 2002): E-Organisation. Strategische und organisatorische Herausforderungen des Internet, Wiesbaden.

Gadiesh, O./Gilbert, J.L. (1998): Profit pools. A fresh look at strategy. In: Harvard Business Review, Vol. 76, Nr. 3, S. 139–147.
Gaitanides, M. (1992): Ablauforganisation. In: Frese, E. (Hrsg.): Handwörterbuch der Organisation, 3. Auflage, Stuttgart, Sp. 3–18.
Gaitanides, M./Scholz, R./Vrohlings, A./Raster, M. (1994): Prozessmanagement, München/Wien.
Gassmann, O. (1997): Internationales F & E-Management. Potentiale und Gestaltungskonzepte transnationaler F & E-Projekte, München/Wien.
Geldern, M. van (1997): Organisation, Frankfurt/New York.
Gemünden, H.-G./Walter, A. (1995): Der Beziehungspromotor: Schlüsselperson für interorganisationale Innovationsprozesse, Zeitschrift für Betriebswirtschaft, Vol. 65, Nr. 9, S. 971–986.
Gomez, P./Müller-Stewens, G. (1994): Corporate Transformation: Zum Management fundamentalen Wandels großer Unternehmen. In: Gomez, P. et al. (Hrsg): Unternehmerischer Wandel, Wiesbaden, S. 135–198.
Gomez, P./Zimmermann, T. (1993): Unternehmensorganisation: Profile, Dynamik, Methodik, 2. Auflage, Frankfurt/New York.
Grant, R. (1991): The resource-based theory of competitive advantage: implications for strategy formulation. In: California Management Review, Vol. 33, Nr. 3, S. 114–135.
Grant, R. (1996): Toward a knowledge-based theory of the firm. In: Strategic Management Journal, Vol. 17, Nr. 10, S. 109–122.

Grant, R. (2002): Contemporary strategy analysis. Concepts, techniques, applications, 4. Auflage, Malden.
Grossman, S./Hart, O. (1986): The costs and benefit of ownership: a theory of vertical and lateral integration. In: Journal of Political Economy, Vol. 94, Nr. 4, S. 691–719.

Hall, R. (1993): A framework linking intangible resources and capabilities to sustainable competitive advantage. In: Strategic Management Journal, Vol. 14, Nr. 8, S. 607–618.
Hamel, G. (1996): Strategy as revolution. In: Harvard Business Review, Vol. 74, Nr. 4, S. 69–82.
Hamel, G./Prahalad, C.K. (1990): The core competence and the corporation. In: Harvard Business Review, Vol. 68, Nr. 3, May-June, S. 79–91.
Hax, A.C./Majluf, N.S. (1991): Strategisches Management – ein integratives Konzept aus dem MIT, Frankfurt/New York.
Hendry, C./Pettigrew, A. (1990): Human resource management: an agenda for the 1990‹s. In: International Journal of Human Resource Management, Vol. 1, S. 17–43.
Heuskel, D. (1999): Wettbewerb jenseits von Industriegrenzen, Frankfurt/New York.
Hilb, M. (1994): Integriertes Personal-Management, Neuwied/Kriftel/Berlin.
Hilb. M. (2000): Transnationales Management der Human Ressourcen. Das 4P-Modell, Neuwied.
Hitt, M./Ireland, R.D./Hoskisson, R.E. (2003): Strategic Management. Competitiveness and Globalization, 5. Auflage, Cincinnati et al.
Homburg, C./Schäfer, H./Schneider, J. (2002): Sales Excellence. Vertriebsmanagement mit System, 2. Auflage, Wiesbaden.
Homburg, C./Workman, J.P./Jensen, O. (2000): Fundamental changes in marketing organization: The movement toward a customer-focused organizational structure. In: Journal of the Academy of Marketing Science, Vol. 28, Nr. 4, S. 459–478.

Imai, M. (1986): Kaizen: The key to Japan's competitive success, New York.

Jensen, M.C./Meckling, W. (1976): Theory of the firm: Managerial behaviour, agency costs, and ownership structure. In: Journal of Financial Economics, Vol. 3, Nr. 4, S. 305–360.
Jensen, M.C./Ruback, R.S. (1983): The market for corporate control. In: Journal of Financial Economics, Vol. 11, Nr. 1–4, S. 5–50.
Johnson, G./Scholes, K. (2002): Exploring corporate strategy, 6. Auflage, Prentice Hall Europe.

Kajüter, P. (2000): Strategieunterstützung durch Benchmarking. In: Welge, M.K./Al-Laham, A./Kajüter, P. (Hrsg.): Praxis des Strategischen Managements, Wiesbaden, S. 113–131.
Kaplan, R.S./Cooper, R. (1997): Cost and effect. Using integrated cost systems to drive profitability and performance, Boston.
Kerin, R.A./Varadarajan, P.R. (1992): First-mover advantage. A synthesis, conceptual framework, and research proposition. In: Journal of Marketing Research, Vol. 56, S. 33–53.
Kieser, A. (1997): Disziplinierung durch Selektion. Ein kurzer Abriss der langen Geschichte der Personalauswahl. In: Klimecki, R./Remer, A. (Hrsg.): Personal als Strategie, S. 85–118.
Kieser, A./Kubicek, H. (1992): Organisation, Berlin/New York.
Kim, W.C./Mauborgne, R. (1999): Branchengrenzen sprengen und das Geschäft neu erfinden. In: Harvard Business Manager, Nr. 4, S. 49–60.
Klimecki, R.G./Gmür, M. (2001): Personalmanagement. Strategien, Erfolgsbeiträge, Entwicklungsperspektiven, 2. Auflage, Stuttgart.
Knyphausen-Aufseß, D. zu (1995): Theorie der strategischen Unternehmensführung, Wiesbaden.
Kotler, P. (2001), Marketing-Management, 10. Auflage, Stuttgart.

Kraljic, P. (1988): Zukunftsorientierte Beschaffungs- und Versorgungsstrategie als Element der Unternehmensstrategie. In: Henzler, H. A. (Hrsg.): Handbuch Strategische Führung, Wiesbaden, S. 477–497.
Krogh, G. von/Ichijo, K./Nonaka, I. (2000): Enabling knowledge creation, New York.
Krogh, G. von/Roos, J./Slocum, K. (1994): An essay on corporate epistemology. In: Strategic Management Journal, Special Issue, Vol. 15, Nr. 5, S. 53–71.
Krüger, W. (1994): Organisation der Unternehmung, Stuttgart etc.
Krystek, U./Redel, W./Reppegather, S. (1997): Grundzüge virtueller Organisationen, Wiesbaden.
Kuhn, T. (2000): Internes Unternehmertum. Begründungen und Bedingungen einer »kollektiven Kehrtwendung«, München.

La Porta, R./Lopez de Silanes, F./Shleifer, A. (1999): Corporate ownership around the world. In: Journal of Finance, Vol. 54, Nr. 2, S. 471–517.
Laukamm, T. (1985): Strategisches Management von Human Ressourcen. In: Raffée, H./Wiedmann, K. P. (Hrsg.): Strategisches Marketing, Stuttgart, S. 243–282.
Lazzari, v. (2001): Is corporate governance delivering value. In: European Business Forum, Nr. 5, Spring, S. 5–13.
Leibfried, K./McNair, C. J. (1992): Benchmarking: a tool for continuous improvement, New York.
Leonhard-Barton, D. (1992): Core capabilities and core rigidities: a paradox in managing new product development. In: Strategic Management Journal, Vol. 13, Nr. 5, S. 111–125.
Liebermann, M. B./Montgomery, D. B. (1988): First Mover Advantage. In: Strategic Management Journal, Vol. 9, Special Issue, S. 41–58.
Liebeskind, J. P. (1996): Knowledge, strategy, and the theory of the firm. In: Strategic Management Journal, Vol. 17, Special Issue, S. 93–107.
Littmann, P./Jansen, S. A. (2000): Oszillodox. Virtualisierung – die permanente Neuerfindung der Organisation, Stuttgart.
Lutter, M. (2001): Vergleichende Corporate Governance. Die deutsche Sicht. In: Zeitschrift für Unternehmens- und Gesellschaftsrecht, Vol. 30, S. 224–237.

Mahoney, J./Pandian, J. R. (1992): The resource-based view within the conversation of strategic management. In: Strategic Management Journal, Vol. 13, Nr. 5, S. 363–380.
Makadok, R. (2000): Synthesizing resource-based and dynamic-capability Views, working paper, Emory University, Atlanta.
Meffert, H. (2000): Marketing, 9. Auflage, Wiesbaden.
Meyer, R. (1998): Saatch & Saatchi Worldwide: globalization and diversification. In: Wit, Bod de/Meyer, R. (Hrsg.): Strategy. Process, content, context. An international perspective, 2. Auflage, London etc., S. 1188–1199.
Miller, M. (1986): Kollektive Lernprozesse – Studien zur Grundlegung einer soziologischen Lerntheorie, Frankfurt.
Mills, D. Q. (1991): Rebirth of the Corporation, New York usw.
Mintzberg, H. (1979): The structuring of organizations, Englewood Cliffs, New York.
Müller-Stewens, G. (1992): Strategie und Organisationsstruktur. In: Frese, E. (Hrsg.): Handwörterbuch der Organisation, 3. Auflage, Stuttgart, Sp. 2344–2355.
Müller-Stewens, G. (1997): Grundzüge einer Virtualisierung. In: Müller-Stewens, G. (Hrsg.): Virtualisierung von Organisationen, Entwicklungstendenzen im Management, Band 16, Stuttgart/Zürich.
Müller-Stewens, G./Fontin, M. (2002): Die Innovation des Geschäftsmodells – der unterschätzte vierte Weg. Arbeitspapier, Institut für Betriebswirtschaft, Universität St. Gallen.
Müller-Stewens, G./Pautzke, G. (1991): Führungskräfteentwicklung und organisationales Lernen. In: Sattelberger, T.: Die lernende Organisation, Wiesbaden, S. 183–205.

Nelson, R. R./Winter, S. G. (1982): An evolutionary theory of economic change, Cambridge, MA.

Nonaka, I. (1992): Wie japanische Konzerne Wissen erzeugen. In: Harvard Business Manager, Nr. 2, S. 95–103.
Nonaka, I. (1994): A dynamic theory of organizational knowledge creation. In: Organization Science, Vol. 5, Nr. 1, S. 14–37.
Nonaka, I./Takeuchi, H. (1995): The knowledge-creating company, New York.

Österle, H. (1995): Business Engineering. Prozess- und Systementwicklung, Berlin etc.
Osterloh, M./Frost, J. (1998): Organisation. In: Berndt, R./Fantapie Altobelli, C./Schuster, P. (Hrsg.): Springers Handbuch der Betriebswirtschaftslehre 1, Heidelberg, S. 185–235.
Osterloh, M./Frost, J. (2001): Prozessmanagement als Kernkompetenz, Wiesbaden.
Osterloh, M./Wübker, S. (1999): Wettbewerbsfähiger durch Prozess- und Wissensmanagement. Mit Chancengleichheit auf Erfolgskurs, Wiesbaden.

Pautzke, G. (1989): Die Evolution der organisatorischen Wissensbasis: Bausteine zu einer Theorie des organisatorischen Lernens, München.
Peck, S./Ruigrok, W. (2000): Hiding behind the flag? Prospects for change in German corporate governance. In: European Management Journal, Vol. 18, Nr. 4, S. 420–430.
Pelzer, M. (2000): Corporate Governance aus der Sicht der deutschen Reformdiskussion. In: Hommelhoff, P./Rowedder, H./Ulmer, P. (Hrsg.): Max Hachenburg. Dritte Gedächtnisvorlesung, S. 49–104.
Penrose, E. (1959): The theory of the growth of the firm, Oxford.
Peteraf, M. (1993): The cornerstones of competitive advantage: a resource-based view. In: Strategic Management Journal, Vol. 14, Nr. 3, S. 179–191.
Pfeiffer, W./Metze, G./Schneider, W. (1985): Technologie-Portfolio zum Management strategischer Zukunftsgeschäftsfelder, 3. Auflage, Göttingen.
Picot, A. (1982): Transaktionskostensansatz in der Organisationstheorie: Stand der Diskussion und Aussagewert. In: Die Betriebswirtschaft, Vol. 42, Nr. 2, S. 267–284.
Picot, A./Dietl, H./Franck, E. (1999): Organisation. Eine ökonomische Perspektive, Stuttgart.
Picot, A./Reichwald, R./Wigand, R.T. (1996): Die grenzenlose Unternehmung: Information, Organisation und Management, Wiesbaden.
Pieske, R. (1994): Benchmarking: das Lernen von anderen und seine Begrenzungen. In: IO Management, Nr. 6, S. 19–23.
Pohle, K./Werder, A. von (2001): Die Einschätzung der Kernthesen des German Code of Corporate Governance (GCCG) durch die Praxis: Ergebnisse einer Befragung der Dax 100-Unternehmen. In: Der Betrieb, Vol. 54. Nr. 21, S. 1101–1107.
Porter, M.E. (1985): Competitive advantage. Creating and sustaining superior performance, New York.
Porter, M.E. (1997): Nur Strategie sichert auf Dauer hohe Erträge. In: Harvard Business Manager, Nr. 3, S. 42–58.
Probst, G.J.B. (1992): Organisation, Landsberg.
Probst, G./Raub, S./Rombardt, K. (1997): Wissen managen – Wie Unternehmen ihre wertvollste Ressource optimal nutzen, Wiesbaden.

Rediker, K.J./Seth, A. (1995): Boards of directors and substitution effects of alternative governance mechanisms. In: Strategic Management Journal, Vol. 16, Nr. 2, S. 85–99.
Reed, R./DeFillippi, R.J. (1990): Causal ambiguity, barriers to imitation and sustainable competitive advantage. In: Academy of Management Review, Vol. 15, Nr. 1, S. 88–102.
Reintjes, F. (1995): Strategische Koordination von Beschaffung und Absatz, Frankfurt/Main.
Remer, A. (1978): Personalmanagement: Mitarbeiterorientierte Organisation und Führung von Unternehmungen, Berlin/New York.
Remer, A. (1997): Personal und Management im Wandel der Zeit. In: Klimecki, R./Remer, A. (Hrsg.): Personal als Strategie, S. 399–417.
Rosenstiel, L. von/Regnet, E./Domsch, M. (Hrsg., 1999): Führung von Mitarbeitern. Handbuch für ein erfolgreiches Personalmanagement, 4. Auflage, Stuttgart.

Rössler, S. (2001): Das Audit Committee als Überwachungsinstrument des Aufsichtsrates, Landsberg/Lech.
Roth, K./O'Donnell, S. (1996): Foreign subsidiary compensation: An agency theory perspective. In: Academy of Management Journal, Vol. 39, Nr. 3, S. 678–703.
Rother, G. (1996): Personalentwicklung und Strategisches Management. Eine systemtheoretische Analyse, Wiesbaden.
Ruekert, R.W./Walker, O.C. (1987): Interactions between Marketing and R & D departments in implementing different business strategies. In: Strategic Management Journal, Vol. 8, Nr. 3, S. 233–248.
Rumelt, R. (1984): Towards a strategic theory of the firm. In: Lamb, R. (Hrsg.): Competitive strategic management, Englewood Cliffs, S. 556–570.
Ruyter, K. de/Wetzels, M. (2000): Determinants of a relational exchange orientation in the marketing-manufacturing interface: An empirical investigation. In: Journal of Management Studies, Vol. 37, Nr. 2, S. 257–276.

Sanchez, R./Heene, A./Thomas, H. (Hrsg., 1996): Dynamics in competence-based competition, London.
Sattelberger, T. (1999): Wissenskapitalisten oder Söldner? Personalarbeit in Unternehmensnetzwerken des 21. Jahrhunderts, Wiesbaden 1999
Schildknecht, K. (2001): Wer kontrolliert zukünftig die Unternehmen? In: Neue Zürcher Zeitung, 13.9.2001.
Scholz, C. (1997): Strategische Organisation – Prinzipien zur Vitalisierung und Virtualisierung, Landsberg.
Scholz, C. (2000): Personalmanagement, München.
Schreyögg, G. (1999): Organisation, 3. Auflage, Wiesbaden.
Schuh, G./Friedli, T. (1999): Die virtuelle Fabrik: Konzepte, Erfahrungen, Grenzen, Produktionswirtschaft 2000.
Schwaninger, M. (1994): Managementsysteme, Frankfurt am Main/New York.
Seghezzi, H.D. (1996): Integriertes Qualitätsmanagement, München/Wien.
Servatius, H.G. (1985): Methodik des strategischen Technologie-Managements, Berlin.
Shankar, V./Carpenter, G.S./Krishnamurthi, F. (1998): Late mover advantage. How innovative late entrants outsell pioneers. In: Journal of Marketing Research, Vol. 35, Nr. 1, S. 54–71.
Shleifer, A./Summers, L. (1988): Breach of trust in hostile takeovers. In: Auerbach, A. (Hrsg.): Corporate takeovers: causes und consequences, Chicago, S. 33–56.
Shleifer, A./Vishny, R.W. (1986): Large shareholders and corporate control. In: Journal of Political Economy, Vol. 94, Nr. 3, S. 461–488.
Shleifer, A./Vishny, R.W. (1997): A survey of Corporate Governance. In: Journal of Finance, Vol. 52, Nr. 2, S. 737–783.
Slywotzky, A.J. (1996): Value Migration, Boston.
Sommerlatte, T./Deschamps, J.P. (1986): Der strategische Einsatz von Technologien. In: A.D. Little International (Hrsg.): Management im Zeitalter der strategischen Führung, Wiesbaden, S. 39–76.
Spender, J.-C. (1996): Making knowledge the basis of a dynamic theory of the firm. In: Strategic Management Journal, Special Issue, Vol. 17, Nr. 10, S. 45–62.
Stabell, C.B./Fjeldstad, O.D. (1998): Configuring value for competitive advantage: on chains, shops and networks. In: Strategic Management Journal, Vol. 19, Nr. 5, S. 413–437.
Staehle, W.H. (1999): Management – eine verhaltenswissenschaftliche Perspektive, 8. überarbeitete Auflage, München.
Stähler, P. (2001): Geschäftsmodelle in der digitalen Ökonomie. Merkmale, Strategien und Auswirkungen, Lohmar.
Sundaramurthy, J.M./Mahoney, J.M./Mahoney, J.T. (1997): Board structure, antitakeover provisions, and stockholder wealth. In: Strategic Management Journal, Vol. 18, Nr. 3, S. 231–246.
Sydow, J. (1992): Strategische Netzwerke: Evolution und Organisation, Wiesbaden.

Szymanski, D. M./Troy, L. C. (1995): Order of entry and business performance: An empirical synthesis and reexamination. In: Journal of Marketing, Vol. 59, Nr. 4, S. 17–34.

Tapscott, D. (1996): Die digitale Revolution, Wiesbaden.

Teece, D./Pisano, G./Shuen, A. (1997): Dynamic capabilities and strategic management. In: Strategic Management Journal, Vol. 18, Nr. 7, S. 509–533.

Theisen, M. R. (2002): Corporate Governance als Gegenstand der Internationalisierung. In: Macharzina, K./Oesterle, M.-J. (Hrsg.): Handbuch Internationales Management. Grundlagen, Instrumente, Perspektiven, 2. Auflage, Wiesbaden, S. 1051–1083.

Thompson (2001): Strategic Management. 4. Auflage, Australia etc.

Tichy, N. M./Fombrun, C. J./Devanna, M. A. (1982): Strategic human resource management. In: Sloan Management Review, Vol. 23, Nr. 2, S. 47–61.

Tomczak, T./Reinecke, S. (1998): Best Practice in Marketing: Auf der Suche nach Marketing-Spitzenleistungen. In: Tomczak, T./Reinecke, S. (Hrsg.): Best Practice in Marketing – Erfolgsbeispiele zu den vier Kernaufgaben im Marketing, Wien, S. 9–34.

Tomczak, T./Reinecke, S. (1999): Der aufgabenorientierte Ansatz als Basis eines marktorientierten Wertmanagements. In: Grünig, R./Pasquier, M. (Hrsg.): Strategisches Management und Marketing, Festschrift für Richard Kühn, Bern/Stuttgart/Wien, S. 293–327.

Ulrich, P. (1999): Was ist »gute« Unternehmensführung? Reflexionen zu den normativen Grundlagen ethisch bewussten Managements. In: Gomez, P./Müller-Stewens, G./Rüegg-Sturm, J. (Hrsg.): Entwicklungsperspektiven einer integrierten Managementlehre, Bern/Stuttgart/Wien, S. 225–253.

Venzin, M./Krogh, G. von/Roos, J. (1998): Future research in knowledge management. In: Krogh, G. von/Roos, J./Kleine, D. (Hrsg.): Knowing in Firms, London/Thousands Oaks/New Delhi, S. 26–66.

Vizjak, A./Ringlstetter, M. J. (Hrsg., 2001): Medienmanagement: Content gewinnbringend nutzen. Trends. Business-Modelle, Erfolgsfaktoren, Wiesbaden.

Weber, B. (1996): Die fluide Organisation, Bern etc.

Weissenberger-Eibl, M. (2000): Wissensmanagement als Instrument der strategischen Unternehmensführung in Unternehmensnetzwerken, München.

Welge, M. K./Al-Laham, A. (1999): Strategisches Management. Grundlagen, Prozess, Implementierung, 2. Auflage, Wiesbaden.

Well, B. von (2001): Standardisierung und Individualisierung von Dienstleistungen. Zur Organisation wissensbasierter Unternehmensnetzwerke, Wiesbaden.

Wernerfelt, B. (1984): A resource based view of the firm. In: Strategic Management Journal, Vol. 5, Nr. 2, S. 171–180.

Wessling, H. (2002): Network Relationship Management. Mit Kunden, Partnern und Mitarbeitern zum Erfolg, Wiesbaden.

Whitley, R./Kristensen, P. H. (Hrsg., 1997): Governance at work: The social regulation of economic regulations, Oxford.

Wiersema, M. (2002): Holes at the top: Why CEO firings backfire. In: Harvard Business Review, Vol. 80, Nr. 12, S. 70–27.

Wirtz, B. W. (2000): Electronic Business, Wiesbaden.

Wright, P./Pringle, C. D./Kroll, M. J. (1994): Strategic Management. Text and Cases, 2. Auflage, Boston.

Wunderer, R. (2001): Führung und Zusammenarbeit, 4. Auflage, Neuwied/Kriftel.

Wunderer, R./von Arx, S. (1998): Personalmanagement als Wertschöpfungs-Center. Integriertes Organisations- und Personalentwicklungskonzept, Wiesbaden.

Wunderer, R./Bruch, H. (2000): Umsetzungskompetenz. Diagnose und Förderung in Theorie und Unternehmenspraxis, München.

Wunderer, R./Jaritz, A. (1999): Personalcontrolling – Evaluation der Wertschöpfung im unternehmerischen Personalmanagement, Neuwied/Kriftel.
Wüthrich, H.A./Philipp, A.F./Frentz, M.H. (1997): Vorsprung durch Virtualisierung. Lernen von virtuellen Pionierunternehmen, Wiesbaden.

Zahn, E./Schmid, U. (1996): Produktionswirtschaft. Grundlagen und operatives Produktionsmanagement, Stuttgart.

Anmerkungen

1 Wichtige Beiträge sind u.a. von Barney (1986, 1991); Connor (1991); Peteraf (1993) geliefert worden, sowie von Hamel/Prahalad (1990), die ressourcenorientiertes Gedankengut unter dem Begriff der »Kernkompetenzen« Praktikern erschlossen.
2 Vgl. Peteraf (1993), S. 180.
3 Reed/DeFillippi (1990).
4 Wichtige Beiträge stammen von Amit/Schoemaker (1993); Dierickx/Cool (1989); Mahoney/Pandian (1992); Nelson/Winter (1982); Teece/Pisano/Shuen (1997).
5 Vgl. Makadok (2000).
6 Vgl. Penrose (1959), S. 54.
7 Vgl. Amit/Shoemaker (1993), S. 35.
8 Vgl. zu Knyphausen-Aufseß (1995); Teece/Pisano/Shuen (1997); Floyd/Wooldridge (1999).
9 Mit dieser Einsicht öffnet sich der CBV auch den evolutionstheoretischen Überlegungen von Nelson/Winter (1992), die die Evolution von Routinen untersuchen; siehe auch Kapitel 3.1.
10 Vgl. Gomez/Müller-Stewens (1994).
11 Durch ihren Routinecharakter können Fähigkeiten allerdings auch die organisationale Flexibilität einschränken, vgl. Leonhard-Barton (1992).
12 Wie z.B. Makadok (2000) vorschlägt: »A capability is defined as a special type of resource – specifically, an organizational-embedded non-transferable firm specific resource whose purpose is to improve the productivity of the other resources possessed by the firm«.
13 Vgl. Floyd/Wooldridge (1999).
14 Vgl. Spender (1996).
15 Venzin/Krogh/Roos (1998). Für eine Beschreibung der einzelnen Wissensarten siehe die Ausführungen zur Ressource »Wissen« in Kapitel 4.2.2.
16 Vgl. zu einem ähnlichen, aus der Unternehmensberatung heraus entwickelten Ansatz des »Network Relationship Management« Wessling (2002).
17 Vgl. hierzu z.B. Achleitner/Bassen/Pietzsch (2001).
18 Vgl. den Exkurs: IT-unterstütztes Stakeholder Relations Management in Abschnitt 4.3.3.
19 Vgl. Bühner (1991), S. 10ff.
20 Vgl. dazu auch Bernet (2001) vor dem Hintergrund des Allfinanz-Geschäftkonzepts.
21 Ausgehend von der Annahme, dass in einer Branche die Verteilung der Wertschöpfung auf die einzelnen Wertschöpfungsstufen kaum einen Zusammenhang mit den jeweils dort anfallenden Profitabilitäten aufweist, hat die Unternehmensberatung BAIN & COMPANY die Methode »**Profit Pool**« zur Analyse dieser Zusammenhänge entwickelt. Vgl. dazu Gadiesh/Gilbert (1998).
22 Vgl. Camp (1989); Kajüter (2000); Leibfried/McNair (1992); Pieske (1994).
23 Vgl. ähnlich dazu Grant (2002), S. 269ff.
24 Vgl. Kaplan/Cooper (1997).
25 Die Informationen zu diesem Fallbeispiel stammen von AutoNation sowie von: Linden, F. (1998): Volles Rohr, ManagerMagazin, Oktober, S. 240–255.

26 Vgl. zu verschiedensten Aspekten der Gestaltung von Wertschöpfungsprozessen die Aufsatzsammlung bei Albach/Kaluza/Kersten (Hrsg., 2002).
27 Unter einer *Wertschöpfungsarchitektur* verstehen wir dabei einen generischen Typ eines Wertschöpfungsmodells.
28 Vgl. Schweizerischer Anlagefondsverband.
29 Unter dem Strich könnte es hier jedoch so gewesen sein, dass nicht die Goldgräber, sondern jene, die die Goldgräber ausrüsten, mehr davon profitierten.
30 Zu den einzelnen Rollen bei Produktinnovationen vgl. Gemünden/Walter(1995).
31 Vgl. Christensen et al. (2000).
32 Vgl. in diesem Sinne Bieger et al. (Hrsg., 2002), S. 4. Vgl. in diesem Reader aber auch die vielfältige Auseinandersetzung mit dem Begriff und der Konzeption des Wertschöpfungsmodells.
33 Eine noch etwas detailliertere Auffächerung der im Geschäftsmodell relevanten Fragen geben Bieger/Rüegg-Stürm/Rohr (2002, S. 51 f.): Leistungskonzept: Für welchen Kunden welchen Nutzen? Kommunikationskonzept: Wie wird die Leistung im relevanten Markt kommunikativ verankert? Ertragskonzept: Wie werden Einnahmen erzielt? Wachstumskonzept: Welches Wachstum wird verfolgt? Kompetenzkonfiguration: Welche Kernkompetenzen sind notwendig? Organisationsform: Welches ist die Reichweite der eigenen Unternehmung? Kooperationskonzept: Mit welchen Kooperationspartnern wird zusammengearbeitet? Koordinationskonzept: Welches Koordinationsmodell wird angewendet?
34 Vgl. Picot/Reichwald/Wigand (1996).
35 Vgl. auch Fleisch (2001).
36 Mit dem neuen Artikel 102 des Strafgesetzbuches haften Unternehmen in der Schweiz zukünftig für diese Fälle mangelhafter Organisation. Bußen bis zu 5 Mio. CHF können verhängt werden.
37 Als Beispiel kann hier die seit Juli 2002 in Deutschland im Zuge der *Corporate-Governance*-Diskussion über das Wertpapierhandelsgesetz eingeführte Pflicht von Aufsichtsrat und Vorstand dienen, Käufe und Verkäufe von Aktien des eigenen Unternehmens *(»directors‹ dealings«)* unverzüglich (d.h. so schnell als möglich) zu melden und auf der Homepage des Unternehmens bekannt zu machen. Entsprechend einer Untersuchung des Deutschen Aktieninstituts sind es aber weniger als 50 % der betroffenen Personen, die ihre Transaktionen innerhalb von drei Tagen offenlegen. Bei Regelverstößen droht eine Buße bis zu 100.000 Euro.
38 Vgl. dazu auch den aufgabenorientierten Ansatz im Marketing von Tomczak/Reinecke (1998) und die vielen dort angeführten Praxisbeispiele für mögliche Maßnahmen.
39 Im *St. Galler Management-Konzept* von Bleicher (1999, S. 295) wird bei den strategischen Programmen in die wettbewerbsorientierte und wettbewerbsbezogene Definition von Strategien unterschieden. Die wettbewerbsorientierten Programme betreffen dort das Produktprogramm (Leistungsangebot, Problemlösung) und die Wettbewerbsstrategien. Diese beiden Aspekte wurden hier im GMN-Ansatz über die strategischen Positionierungsprogramme (Markt- und Wettbewerbsstrategien mit je vier Dimensionen) erfasst (vgl. Kapitel 3). Die wettbewerbsbezogenen Programme werden im GMN zu achtdimensionalen strategischen Wertschöpfungsprogrammen zusammengefasst und wie bei Bleicher in Aktivitätsstrategien und Ressourcenstrategien unterteilt. Gewisse Unterschiede ergeben sich bei der Wahl der Dimensionen.
40 Vgl. Picot (1982), S. 270; Sydow (1992), S. 130 ff.
41 Die »klassische« Cost-Plus-Kalkulation ermittelt den Preis eines Produktes, indem zu den erwarteten Kosten der angestrebte Gewinn hinzugerechnet wird (»Was *wird* das Produkt kosten?«). Der Markt und mögliche Kostensenkungen werden bei der Preisgestaltung nicht direkt berücksichtigt, so dass das Produkt »zu teuer« werden kann. Dies versucht man beim Target-Pricing zu vermeiden, indem der Preis am Markt abgeleitet und eine Kostensenkung angestrebt wird (»Was *darf* das Produkt kosten?«).
42 Vgl. Well (2001), zur Polarität zwischen Standardisierung und Individualisierung.
43 Vgl. hierzu auch Grant (2002), S. 271 ff.
44 Vgl. Imai (1986).

45 Vgl. z.B. Seghezzi (1996).
46 Vgl. Porter (1985), Grant (2002).
47 Vgl. Porter (1985), Grant (2002).
48 In der Diskussion um den »*First-Mover Advantage*« wird das »First-» oder »Early Moving« als strategischer Vorteil betrachtet (Liebermann/Montgomery 1988, Kerin/Varadarajan 1992). Aufgrund vieler negativer Beispiele eines frühen Markteintritts, wird diese Vorteilsannahme auch zunehmend kritisiert (Bayus/Jain/Rao 1997; Shankar/Carpenter/Krishnamurthi 1998). Andere Autoren befassen sich auch mit der »*Move Order*«, also dem best-möglichen Platz in der Reihenfolge des Markteintritts (Szymanski/Troy 1995). Abell (1978) definiert dagegen nur eine optimale Zeitspanne für den Markteintritt (»*Strategic Window*«).
49 Vgl. dazu z.B. Aldrich, D. (1999); Downes/Mui (1999); Tapscott (1996); Wirtz (2000).
50 Damit wurde auch bei den Analysten das dominante Paradigma der Effizienzbetrachtung von Unternehmen (Kurssprünge nach der Ankündigung von Massenentlassungen) zugunsten einer Wachstumsbetrachtung abgelöst.
51 Inzwischen gibt es eine Vielzahl von Literatur zur Auseinandersetzung mit neuen Wertschöpfungsmodellen. Vgl. z.B. zum Medienbereich Stähler (2001) oder die Aufsatzsammlung bei Vizjak/Ringlstetter (Hrsg., 2001).
52 Vgl. Müller-Stewens (1992).
53 Ein anderer klassifizierender Überblick über die Ressourcen eines Unternehmens wurde in Kapitel 3.2.3, Abb. 3-30, vorgestellt.
54 Vgl. Remer (1978), (1997); Staehle (1999).
55 Vgl. zum HRM z.B. die Ansätze von Hilb (1994, 2000), die Übersichtswerke von Klimecki/Gmür (2001) oder Scholz (2000), die Aufsatzsammlungen in Clermont et al. (Hrsg., 2001) und Rosenstiel et al. (1999) und zu aktuellen Fragestellungen: Sattelberger (1999).
56 Vgl. Staehle (1999), S. 815.
57 Vgl. zum ähnlich gelagerten Konzept des »*internen Unternehmertum*« Kuhn (2000).
58 Scholz (2000, S. 191) zählt sieben Varianten zur organisatorischen Basis der Personalarbeit auf.
59 Vgl. Laukamm (1985).
60 Weitere Ansätze sind von Hendry/Pettigrew (1990); Hilb (1994), Remer (1997) entwickelt worden.
61 Vgl. hierzu auch Beer et al. (1985).
62 Vgl. zum Zusammenhang von Personalentwicklung und Strategischem Management Rother (1996).
63 Vgl. dazu Martin Senn in der NZZ vom 6.10.02, S. 24: »Kampf in der Klasse. Dreizehn Jahre nach dem Ende des Kommunismus hat der Kapitalismus wieder einen Feind – die Kapitalisten. Gierige Manager haben das Vertrauen in den Markt bis tief in den Mittelstand erschüttert. Liberalisierungen sind weitgehend blockiert. Der Ton innerhalb des Bürgertums wird härter. Ist das schon der nächste Klassenkampf?«
64 Vgl. The Economist, 5.10.02, S. 68.
65 Vgl. zum Thema Organisation die Nachschlagewerke Bea/Göbel (1999); Bleicher (1991); Daft (1998); Frese (Hrsg., 1992); Frese (1995); Kieser/Kubicek (1992); Krüger (1994); Picot et al. (1999); Probst (1992); Schreyögg (1999).
66 Bühner (1991).
67 Vgl. Geldern (1997).
68 Vgl. Bühner (1991) S. 11. Zur Ablauforganisation siehe auch Gaitanides (1992).
69 Vgl. Bühner (1991); Geldern (1997); Frese (1995); Gomez/Zimmermann (1993).
70 Vgl. die Untersuchung von Homburg et al. (2000) zur Einrichtung einer kundenfokussierten Organisation.
71 Vgl. Bühner (1987).
72 Vgl. Bühner (1991), S. 150f.
73 Vgl. Gaitanides et al. (1994); Österle (1995); Osterloh/Frost (1998, 2001); Osterloh/Wübker (1999).

74 Vgl. zum Begriff der fluiden Organisation Weber (1996).
75 Mills (1991) definiert wie folgt: »A cluster is a group of people drawn from different disciplines who work together on a semipermanent basis. The cluster itself handles many administrative functions, thereby divorcing itself from an extensive managerial hierarchy. A cluster develops its own expertise, expresses a strong customer or client orientation, pushes decision making toward the point of action, shares information broadly, and accepts accountability for its business results.«
76 Vgl. Krystek et al. (1997); Littmann/Jansen (2000); Müller-Stewens (1997); Scholz (1997); Schuh/Friedli (1999), Wüthrich et al. (1997).
77 Vgl. Büschken (1999).
78 Schwaninger (1994) unterscheidet zwischen Zielfindungs-, Planungs- und Kontrollsystemen, allgemeinen Informationssystemen, Personalmanagementsystemen, Wertmanagementsystemen und – all diese als Metasystem umfassend – Unternehmungsentwicklungssystemen.
79 Vgl. Schwaninger (1994).
80 Allerdings ist bei Planungs- und Kontrollsystemen auch die Wirtschaftlichkeit der Systeme von Bedeutung; d.h. den zusätzlichen Kosten, die ein detailliertes PuK-System i.d.R. verursacht, sollte ein entsprechender Nutzen gegenüberstehen.
81 Für einen Überblick über verschiedene Wissenskategorien und ihre Definition: vgl. Venzin/Krogh/Roos (1998).
82 Zum Wissensmanagement vgl. z.B. auch Nonaka (1992, 1994) oder Weissenberger-Eibl (2000).
83 Vgl. Alt/Fleisch/Österle (2002).
84 Vgl. Alt/Puschmann/Reichmayr (2002), S. 84.
85 Vgl. Alt/Puschmann/Reichmayr (2002), S. 89f.
86 Wir verwenden diese Begriffe in Anlehnung an die von Porter (1985) getroffene Unterscheidung in Primäraktivitäten und unterstützende Aktivitäten.
87 Siehe hierzu auch die Ausführungen in Abschnitt 4.3.2 (2).
88 Für die Unterstützung bei der Erstellung dieses Fallbeispiels danken wir Dr. Lutz König, Dr. Werner Rutsch, Dr. Andreas Valet und Dr. Andreas Weber von der Ciba SC für ihre Auskünfte in den Interviews sowie Philipp Starke für deren inhaltliche Aufbereitung.
89 Vgl. Brockhoff (1994) und Servatius (1985).
90 Vgl. Sommerlatte/Deschamps (1986).
91 Vgl. dazu die umfassende Darstellung bei Gassmann (1997).
92 Vgl. Pfeiffer/Metze/Schneider (1985).
93 Vgl. ausführlich dazu Reintjes (1995).
94 Vgl. Welge/Al-Laham (1999, S. 408) zu alternativen Beschaffungsmarkt-orientierten Portfolio-Konzepten.
95 Vgl. Zahn/Schmid (1996).
96 Vgl. im aufgabenorientierten Ansatz von Tomczak/Reinecke (1999) die vier Tätigkeitsfelder Kundenaquisition und -bindung sowie Leistungsinnovation und -pflege.
97 Vgl. hierzu z.B. Kotler (2001) oder Meffert (2000).
98 Vgl. zum Thema Vertriebsstrategie Homburg et al. (2002).
99 Welge/Al-Laham (1999, S. 401) unterscheiden in drei Aufgaben von Funktionalstrategien: Detaillierung, Koordination sowie Definition des operativen Planungsbedarfs. Für Hinweise zu den fünf Aufgaben in diesem Text danke ich Philipp Starke.
100 Vgl. z.B. Thompson (2001) oder Bea/Haas (2001), S. 27.
101 Zum Einfluss verschiedener Geschäftsstrategien auf die Schnittstelle zwischen Marketing und F & E vgl. Ruekert/Walker (1987).
102 Vgl. deren Erläuterung in Abschnitt 3.4.2.
103 Vgl. hierzu Foschiani (1995).
104 Vgl. zu einer Klassifikation solcher Interdependenzen Reintjes (1995).
105 Vgl. Atuahene-Gima/Evangelista (2000).
106 Vgl. z.B. Ruyter/Wetzels (2000).
107 Vgl. zu Gucci das Fallbeispiel in Abschnitt 1.2.

108 Vgl. zu einer anderen Form der Anwendung des Corporate-Parenting-Ansatzes die Ausführungen auf S. 314
109 NZZ, 12.5.02, S. 54.
110 European Business Forum 2002, Nr. 11, S. 84
111 Beat Kappler stellte in der Zeitschrift »Bilanz« vom April 2001 unter dem Titel »Pleiten: Das Versagen der Elite« sogar die These auf, dass dies kein Zufall, sondern symptomatisch sei.
112 Eine Übersicht zum Stand der Forschung auf dem Gebiet der Corporate Governance geben Shleifer/Vishny (1997), Chatterjee/Harrison (2001) oder Davis/Useem (2002).
113 Vgl. dazu z. B. auch die Arbeiten auf nationaler Ebene, wie etwa die des Deutschen Rechnungslegungs Standardisierungs Committee (DRSC).
114 Vgl. zum Vergleich der Systeme Pelzer (2000) und Lutter (2001).
115 Einen Vergleich über die Situation in den einzelnen Ländern geben La Porta/Lopez de Silanes/Shleifer (1999). Ein Vergleich zur Situation in den europäischen Ländern findet man bei Whitley/Kristensen (Hrsg., 1997).
116 Der Vergleich lehnt sich teilweise an die Darstellung bei Theisen (2002) an.
117 Zur Situation in Deutschland vgl. z. B. Peck/Ruigrok (2000) oder Pohle/Werder (2001).
118 In einer Pattsituation hat der Vorsitzende des Aufsichtsrates 2 Stimmen.
119 Vgl. Rössler (2001).
120 Vgl. Bleicher/Leberl/Paul (1989), S. 251 ff.
121 Davor gab es noch zwei weitere privatwirtschaftliche Initiativen: (1) Die *Grundsatzkommission Corporate Governance* (»German Panel on Corporate Governance«), die einen »Code of Best Practice« für Unternehmen, die sich freiwillig darauf verpflichten können, entwickelt hat (www.corgov.de). (2) Der »*German Code of Corporate Governance*«, der sich an die großen, börsennotierten Gesellschaften wendet.
122 § 161 AktG: »Vorstand und Aufsichtsrat der börsennotierten Gesellschaft erklären jährlich, dass den im Bundesanzeiger elektronisch bekannt gemachten Verhaltensregeln der Kodex-Kommission zur Unternehmensleitung und –überwachung entsprochen wurde oder welche Verhaltensregeln nicht angewendet werden. Die Erklärung ist den Aktionären zugänglich zu machen.«
123 Economist vom 17.1.02. Im Economist vom 2.3.02 wurde ein Artikel zur Corporate Governance in der Schweiz mit »Rotten Apples« betitelt.
124 Financial Times, 25.9.02, S. 21.
125 Vgl. Cadbury (2001).
126 Financial Times, 25.9.02, S. 21.
127 Eine andere *Agency-Beziehung* kann z. B. zwischen einem Unternehmen und einem Unternehmensberater bestehen. Das Agency-Problem lautet dann: Wie kann für das Unternehmen sichergestellt werden, dass sich die durch das Unternehmen mandatierten Berater auch im Interesse des Unternehmens verhalten? Eigeninteresse des Beraters könnte es z. B. sein, ein möglichst hohes Honorarvolumen zu realisieren. Vielleicht ließe sich das Mandat aber mit viel weniger Aufwand für das Unternehmen abwickeln. Eine weitere Agency-Beziehung besteht zwischen Unternehmen und Mitarbeitern.
128 Dies gilt übrigens meist auch für die Entlohnung des Verwaltungs- oder Aufsichtsrats. Dies könnte das Interesse von Ratsmitgliedern reduzieren, Diversifikationsentscheidungen ausreichend kritisch zu hinterfragen.
129 Vgl. Lazzari (2001), S. 9.
130 Vgl. Hitt/Ireland/Hoskisson (2003), S. 315–328. Der vierte Mechanismus (M-Form) befindet sich nur in früheren Auflagen des Buches.
131 Vgl. Davis/Schorman/Donaldson (1997).
132 Vgl. Rediker/Seth (1995) und Sundaramurthy/Mahoney/Mahoney (1997).
133 Vgl. Shleifer/Vishny (1986).
134 Bei den Unternehmen im deutschen DAX 100 befinden sich am Ende des Jahres 2000 41 % in Streubesitz. In der Schweiz sind es etwa ein Drittel der börsenkotierten Unternehmen.

135 Zu weiteren Gründen vgl. Schildknecht (2001).
136 Vgl. Beatty/Zajac (1994).
137 Monks, R. (2001): Corporate governance and value: appearance and reality. In: European Business Forum, Vol. 6, Nr. 5, Spring, S. 14–16.
138 Vgl. dazu auch im Kapitel »Performance Messung« unsere Vorschläge zur Beurteilung der Qualität der Führungsarbeit.
139 Folgt man dem ManagerMagazin vom 2.9.01, so verdiente dabei Klaus Liesen von den 5,5 Mio. DM als EON-Aufsichtsratsvorsitzender 534.000 DM. Die ordentlichen Mitglieder bekamen die Hälfte davon. Der Stellvertreter des Vorsitzenden erhielt 401.000 DM. Nach dem ManagerMagazin vom 1.4.01 betragen die Gesamtbezüge des Vorstandsvorsitzenden 4 Mio. DM. Unter Jahresbezügen werden der Fixgehalt, Tantiemen bzw. Boni und Aktienoptionen ohne Aufsichtsratsmandate und Pensionsansprüche verstanden.
140 Vgl. z.B. das Interview zu PORSCHE auf S. 458.
141 Vgl. z.B. Roth/O'Donnell (1996).
142 In einem Ranking der Gehälter von Vorstandsvorsitzenden Deutscher Unternehmen durch das ManagerMagazin (19.7.01) werden die Jahresbezüge 2000 von Herrn Rolf Breuer auf 16,4 Mio. DM eingeschätzt. Unter Jahresbezügen werden der Fixgehalt, Tantiemen bzw. Boni und Aktienoptionen ohne Aufsichtsratsmandate und Pensionsansprüche verstanden.
143 Diese Definition geht auf Jensen/Ruback (1983, S. 5) zurück: »... the market for corporate control is best viewed as an arena in which managerial teams compete for the rights to manage corporate resources«.
144 Vgl. z.B. Fello (2001) und Ulrich (1999)
145 Im Schweizer Obligationenrecht aus dem Jahr 1936 gibt es noch eine Regelung, wonach sich der Verwaltungsrat mehrheitlich aus Schweizern zusammenzusetzen hat (»Heimatschutz«). Durch die Revision des GmbH-Rechts dürfte es hier jedoch zu einer baldigen Änderung kommen.

Kapitel 5:
Veränderung

Kapitel 5
Veränderung

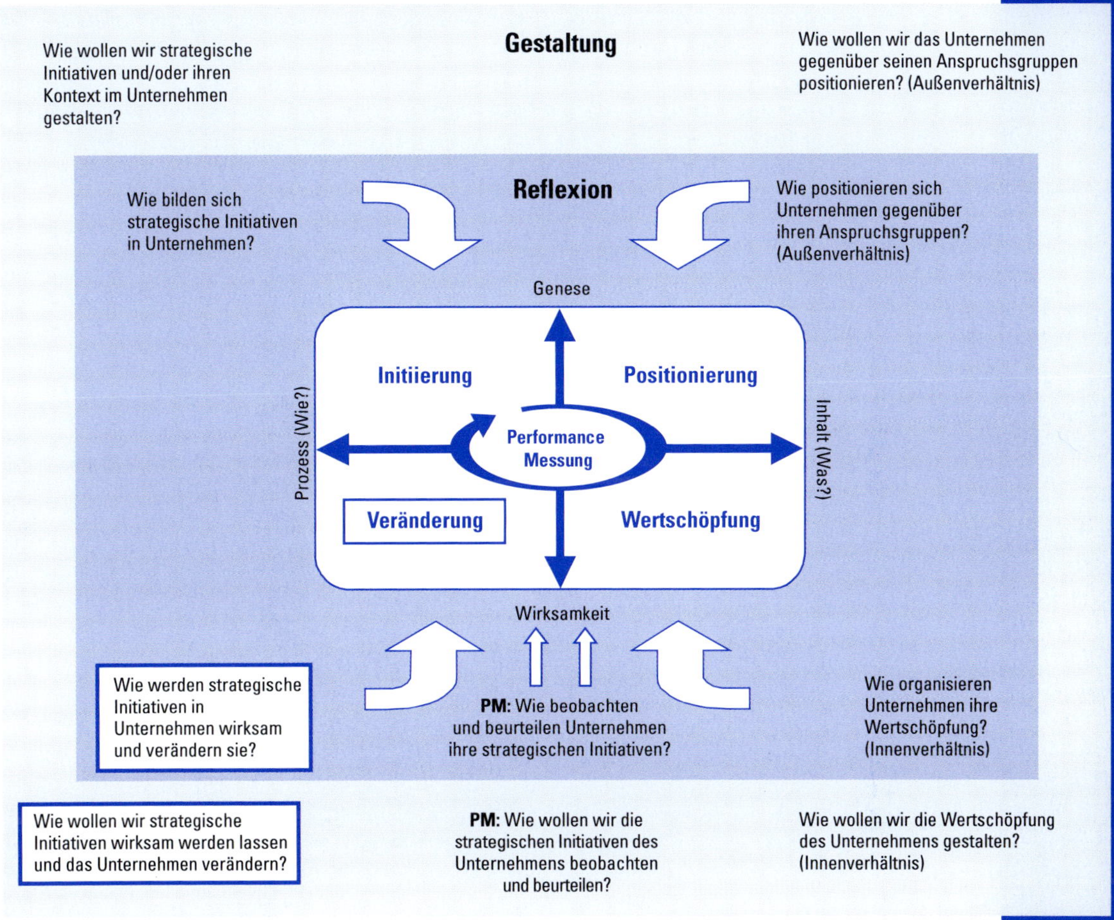

Abb. 5-1: Veränderung im GMN

Die Strategien sind entwickelt. Auch wurden die dazugehörigen Wertschöpfungsprozesse überarbeitet und teilweise neu definiert. Doch wie kann nun das, was beschlossen wurde, auch in das Verhalten der Organisationsmitglieder eingebracht werden? Denn erst dann erhält eine zur strategischen Initiative gewordene Idee Leben. Erst dann wird sie operativ wirksam. Es ist zu fragen, wie denn diese notwendigen Veränderungen herbeigeführt werden sollen? Wie können sie dann auch so verfestigt werden, dass sie die Organisation nachhaltig prägen?

Doch inwieweit ist das Verhalten in und von Organisationen überhaupt bewusst beeinflussbar? Speziell auch dann, wenn in den Wandel Tausende von Mitarbeitern involviert sind. Und dort, wo es beeinflussbar ist, welche Gestaltungsmöglichkeiten stehen hierfür zur Auswahl?

Kapitelübersicht

- Vermittlung verschiedener Denkweisen zum strategischen Wandel in Organisationen
- Vergleich von Ansätzen zum Management von Veränderungsprozessen
- Herleitung eines Bezugsrahmens zur Gestaltung von Veränderungsarbeit

Substanzielle Veränderungen

Mit diesem fünften Kapitel wird das Arbeitsfeld 4 »Veränderung« des General Management Navigator angegangen. In seinem Zentrum wird der **strategisch motivierte Wandel** (»*strategic change*«) stehen. Neuausrichtungen in der Positionierung des Unternehmens und seiner Geschäftsprozesse sollen hier zum Leben gebracht werden. Dies bedeutet, dass es zu substanziellen Veränderungen kommen wird, jenseits der normalen Routinen in der Organisation und jenseits der ohnehin permanent laufenden, eher kleineren Veränderungen. Neue Denkweisen, Einstellungen, Interaktionsmuster, Regeln, Verhaltensweisen etc. sollen in großem Umfang in wesentliche Teile des Unternehmens Einzug halten.

Strategie als Kunst des Möglichen

Zentrales Ziel dieses Kapitels wird es demnach sein, Wege zur Gestaltung von Veränderungsprozessen aufzuzeigen. Dies soll vor dem Hintergrund eines Grundverständnisses über das bewusste Verändern der »Funktionsweise« von Organisationen geschehen. Ein weiteres Ziel des Kapitels ist es aber auch, dass das Unternehmen durch das konzeptionelle Durchdenken des für eine gewünschte Außenpositionierung erforderlichen Wandels auch ein rechtzeitiges Korrektiv erfahren kann. Dadurch kann z.B. erkannt werden, ob die gewählten strategischen Programme bezogen auf die Veränderungsfähigkeit und -bereitschaft der Organisation zu ambitioniert sind. *Strategie ist die Kunst des Möglichen.* Was möglich ist, muss nun hier – trotz aller Unwägbarkeiten des tatsächlichen Verlaufs eines Wandels – ausgelotet werden, bevor es zu einer Verabschiedung (unrealistischer) Strategien kommt.

Im ersten **Abschnitt 5.1** (**Reflexion**) sollen zum einen verschiedene Sichtweisen zum Thema Wandel reflektiert werden. Zum anderen geht es aber auch darum, unsere eigene Auffassung zur Gestaltungsmöglichkeit von Wandel darzulegen, da diese den in **Kapitel 5.2** (**Gestaltung**) entwickelten Bezugsrahmen zu den Optionen der Veränderungsarbeit prägen wird. Abschließend werden Hilfestellungen bei der Evaluation der Optionen und bei der Entwicklung eines Drehbuchs des Wandels gegeben. Einen Überblick über das Kapitel 5 bietet wiederum die in Abbildung 5-2 dargebotene Wissenslandkarte.

Den Abschluss bildet in **Kapitel 5.3** eine Beschreibung des Wandels bei GENERAL ELECTRIC. Gerade General Electric ist ein Beispiel dafür, wo das Betreiben unternehmensübergreifender Veränderungsprozesse als eigene und für den Erfolg des Unternehmens äußerst bedeutsame Kompetenz betrachtet wird. Diese Kompetenz ist in Organisationen nicht einfach irgendwie vorhanden, sondern muss erst mühevoll entwickelt und dann gepflegt werden. Sie stellt eine beträchtliche Investition in die »weichen Faktoren« des Unternehmens dar. In Zeiten immer ähnlicherer Produkte stellt Know how zur Steuerung sozialer Prozesse heute jedoch ein wesentliches Differenzierungspotenzial im Wettbewerb dar. Durch Prozessinnovationen können entscheidende Wettbewerbsvorteile realisiert werden.

Standpunkt
Es war auf einer Tagung, als ein erfahrener Manager die Zuhörer mit folgenden Fragen überraschte: »Warum hören wir heute immer häufiger von teilweise krassen Managementfehlleistungen, obgleich die Investitionen in die Managemententwicklung deutlich zugenommen haben, die Manager zu immer besseren Schulen geschickt werden, die teuersten ›Gurus‹ zur Begleitung der internen Projekte eingeflogen werden und die Auswahl des Führungsnachwuchses immer raffinierter vorgenommen wird? Warum ist es sogar so, dass all diese Maßnahmen oft nicht nur wirkungslos sind, sondern explizit feststellbare Dysfunktionalitäten mit sich bringen?«

Inzwischen hört man diese Fragen vielerorts in abgewandelter Form. In den USA sind auf Grund dessen die Managementschulen bereits in Bedrängnis geraten. In der Führungspraxis beginnen sich die Lager angesichts der verspürten Unsicherheit zu spalten: Die einen wollen zurück zu einer strafferen Führungspraxis (Kommandieren – Kontrollieren – Korrigieren); man will sich wieder mehr um die Details kümmern; auch trifft man das Management wieder häufiger in den Fabriken an; aus der Aufbauorganisation hat man Ebenen herausgenommen. Doch hat sich dadurch der Abstand zwischen oben und unten wirklich verringert? Das Grundproblem scheint darin zu liegen, dass man immer mehr vom Gleichen dazu gibt. Ist die Zutat aber falsch bzw. unverträglich, dann wird aus »mehr« nicht »besser«. Die anderen dagegen spüren, dass neue Führungskonzepte eingeübt werden müssen, die besser zu den heutigen Zeiten passen. Organigrammkorrekturen kommen dem Problem der Dysfunktionalität von Führungsinterventionen nicht auf die Spur. Sie werden als Makulatur empfunden. Eine Führungskraft brachte dieses Unbehagen einmal auf den Punkt: »We see rapid change and great complexity around us, but caution and limited flexibility in the way we work. This often results in slow, limited or no implementation.«

Abb. 5-2: Wissenslandkarte zum Kapitel »Veränderung«

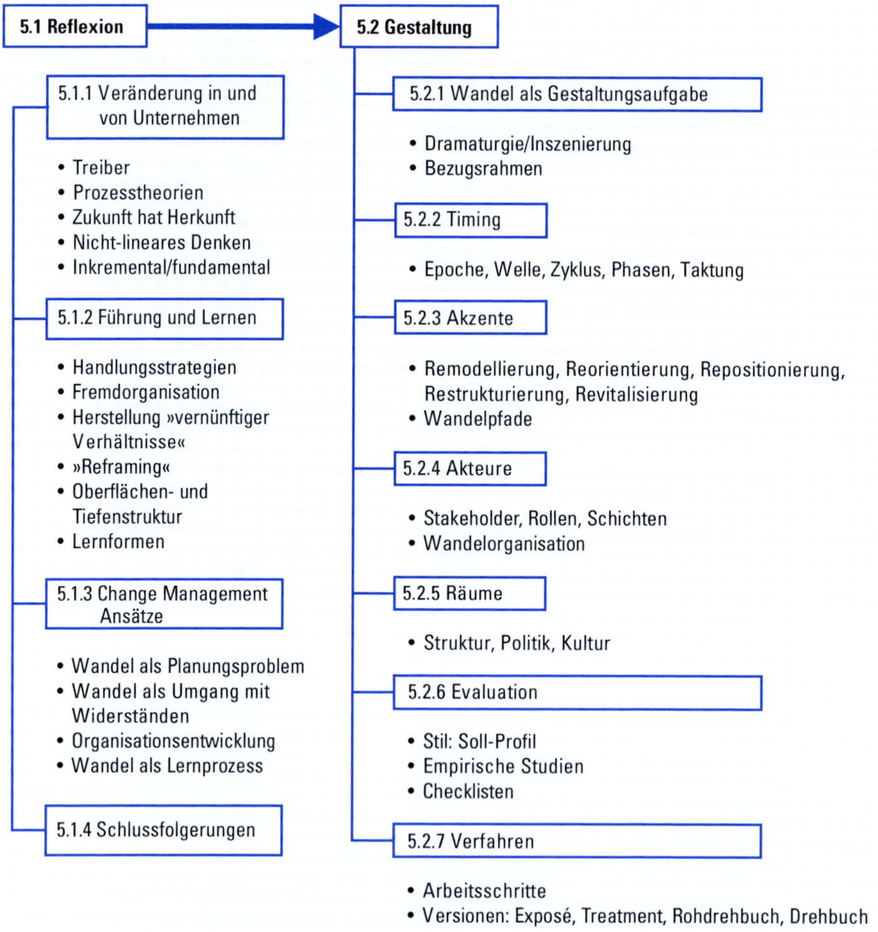

5.1 Reflexion

Die einführende Reflexion dient der Darstellung verschiedener Denkweisen zum Stattfinden von Wandel in Organisationen. Auf Grund der mit dem GMN verbundenen Gestaltungsabsicht konzentrieren wir uns wiederum auf den Wandel, der auf bestimmte strategische Initiativen zurückgeführt werden kann, wohl wissend, dass Wandel auch in anderer Form auftreten kann. Wir wollen uns fragen, wie es dazu kommt, dass solche strategischen Initiativen **operativ wirksam** werden und teilweise Organisationen mit Tausenden von Mitarbeitern zu erfassen vermögen. Damit verbunden ist die Frage nach der bewussten Gestaltbarkeit solcher Veränderungsprozesse.

Lernziele

- Darlegung der wichtigsten Ursachen von Wandel sowie von Theorien zur Erklärung von Wandelprozessen
- Erörterung der Frage nach der Gestaltbarkeit sozialer Systeme durch Führung sowie Herleitung der Hebel für Veränderungen
- Unterscheidung von inkrementalem und fundamentalem sowie evolutionärem und revolutionärem Wandel
- Aufzeigen alternativer Handlungsstrategien abhängig von Systemzustand und -struktur
- Differenzierung in verschiedene Lernformen
- Einführung der Unterscheidung zwischen Oberflächen- und Tiefenstruktur
- Darstellung verschiedener Ansätze zum Management von Veränderungsprozessen

5.1.1 Veränderung in und von Unternehmen

Organisationen sind keine phasenweise statischen Gebilde, auch wenn das, was wir auf ihrer Oberfläche sehen, den Eindruck erwecken mag: So werden z.B. Aufbau- und Ablauforganisation sporadisch – dann aber möglichst bleibend – den veränderten Gegebenheiten angepasst. Betrachtet man dagegen Organisationen genauer, dann finden ohne Unterbruch Prozesse und Interaktionen statt, die die Organisation in ihrer Funktionsweise permanent verändern. Teilweise geschieht dieser Wandel ohne bewusste Eingriffe in das soziale System; teilweise ist er gewolltes oder ungewolltes Ergebnis von Führungsinterventionen.

Organisationen verändern sich permanent

Durch Führungsinterventionen will und muss man diese Dynamik von Organisationen beeinflussen, wenn es zu einer nachhaltigen und möglichst breiten Verankerung neuer Strategien kommen soll: Man wird z.B. versuchen die Dynamik zu beschleunigen, umzudeuten, sie mit neuer Energie zu versorgen oder auf andere Gegenstände umzulenken. Organisatorischer Wandel heißt also in ohnehin bestehende Interaktionsprozesse einzugreifen bzw. sie entsprechend zu nutzen. Die Interventionen gehen natürlich wiederum selbst aus der Dynamik von Teilen der Organisation hervor.

Dabei wird es Interventionen geben, die nur inkrementalen organisatorischen Wandel verlangen. Andere implizieren einen fundamentalen Wandel. Aus Sicht der Betroffenen ist der inkrementale Wandel oft die wünschenswertere Form von Veränderung; mit fundamentalem Wandel gehen i. Allg. Unsicherheit, Verwirrung, Angst etc. einher, was dann auch die entsprechenden Widerstände auslöst. Dagegen stehen empirische Untersuchungen die besagen, dass erfolgreiche Unternehmen häufiger einen fundamentalen Wandel durchlaufen.

Fundamentaler Wandel verlangt andere Führungskonzepte

Für eine Organisation ist es von entscheidender Bedeutung, dass sie weiß, ob sie sich in einer Phase des fundamentalen Wandels befindet oder nicht. Fundamentaler Wandel bedeutet nicht nur, dass das Ausmaß der Veränderungen größer ist, sondern auch, dass Prinzipien einer erfolgreichen Führung bei inkrementalem Wandel bei fundamentalem Wandel nicht mehr gültig sind bzw. sogar dysfunktional wirken können.

(1) Treiber eines Wandels

Wer Wandel gestalten will, sollte versuchen genau zu verstehen, was diesen Wandel antreibt und woraus er seine Energie bezieht. Es sind die Gründe, warum im Arbeitsfeld 1 des GMN der Kick-off organisiert wird, warum in Feld 2 eine strategische Umpositionierung erwogen wird und warum es in Feld 3 zu einer Neuausrichtung der Wertschöpfungsprozesse kommt. Ein Management des Wandels muss auf einem geteilten Verständnis dieser Treiber aufsetzen können.

Ursachen von Wandel

In der Literatur findet man eine ganze Reihe von Klassifikationen zu den **Ursachen** von Wandel. Tichy (1983) arbeitete vier Ursachen heraus: (1) Umfeld: Wirtschaftliche Einbrüche, Wettbewerbsdruck, Veränderungen in der Gesetzgebung etc.; (2) Wettbewerbersstruktur: Neue Allianzen, Akquisitionen, Kooperationen, vertikale Verknüpfungen der Wertschöpfungskette etc.; (3) Technologien: Verfahrens- oder Produkttechnologien; (4) Mitarbeiter (z. B. neues Top-Management): andere Wirklichkeitswahrnehmung mit veränderten Prioritäten. Kanter et al. (1992) nennen drei Quellen für Wandel: (1) Umfeld, (2) Unterschiede in der Lebenszyklusposition verschiedener Geschäfte eines Unternehmens und (3) Machtwechsel in der Organisation.

Viele Branchen in Europa befinden sich derzeit in einem massiven **Strukturwandel**, dem sich kaum ein Unternehmen entziehen kann. So ist z. B. davon auszugehen, dass von der europäischen *Währungsunion* eine normative Kraft ausgeht, die innerhalb Europas zu neuen Schwerpunktbildungen führt, aber Europa auch in der Weltwirtschaft anders positioniert. Die *Liberalisierung* der Telekommunikation und Energiewirtschaft hinterlässt bereits heute tiefe Spuren in der Wettbewerbslandschaft. Auf den einzelnen Wertschöpfungsstufen dieser Branchen werden ganz neue Spezialisten entstehen, wie z. B. reine Händler der Kapazitäten. In manchen Branchen kommt es auf Grund der *Globalisierung* zur direkten Konkurrenz von Organisationstypen, die bislang nicht miteinander im Wettbewerb standen. Beispiel ist hier der Wettbewerb zwischen den Universal- und Spezialbanken. Die *neuen Informations- und Telekommunikationstechnologien* führen zu einer Neubildung und einem Verschwimmen der Branchengrenzen.

Fallbeispiel: Banken
Die so genannte »digitale Revolution« ist derzeit eine der Hauptursachen fundamentalen Wandels. Primär stehen hinter diesem Wandel vier Treiber: (1) Die *Bequemlichkeit* des Internet-Einkaufs wird traditionelle Vertriebskanäle zurückdrängen (Multi-Kanal). (2) Die *Transparenz* des Angebots wird im Commodity-Geschäft die Margen verfallen lassen. (3) Die *reduzierten Transaktionskosten* werden zu einer beschleunigten »Disintermediation« führen. (4) Der *direkte Zugriff* führt zur Umgehung von Vermittlern.

Diese Treiber haben einen starken Einfluss auf verschiedene Branchen. Besonders davon betroffen sind die Finanzdienstleistungen, wo z.B. die klassische Rolle der Bank als Vermittler zwischen Geldsuchenden und Geldverleihenden obsolet zu werden droht. Das klassische Bankgeschäft baute größtenteils auf Marktineffizienzen und Friktionen auf: Man verdiente sein Geld primär mittels weitgehend risikoarmer Vermittlungsgeschäfte (z.B. Brokerage-, Unternehmens- und Immobilienkreditgeschäfte). Mit den Einnahmen daraus querfinanzierte man teure und oftmals ineffiziente Vertriebs- und Geschäftsinfrastrukturen. Die Frage, die daraus erwächst, ist, ob die Institution Bank angesichts der veränderten Wahrnehmung der Funktion »Banking«, eine Zukunft hat und wenn ja, welche Rollen sie zu einer nachhaltigen Wertschaffung dabei einnehmen kann? Vieles weist dabei in Richtung Beratung (bei komplexen finanziellen Entscheidungen wie etwa M & A), Transformation von Risiko und die Durchführung von Transaktionsprozessen.

Die Reaktion einer Bank auf die Herausforderung Internet sollte in alle Felder des GMN hineinreichen, indem man eine integrierte Initiative dazu durchführt, die Positionierungsaussagen beinhaltet, die die digitalisierten Wertschöpfungsmodelle gesamthaft unter die Lupe nimmt, die aber auch die Hinwendung zur »Digital Economy« als umfassendes Wandelprojekt begreift und konzipiert.

»Change« wird aber oft auch durch den *immer perfekter inszenierten Siegeszug neuer Methoden und Beratungsansätze* ausgelöst. Man denke hier z.B. an die Macht, die ein Beratungsunternehmen wie Stern, Stewart & Co. über den Hebel des Kapitalmarktes hinsichtlich der propagierten Methode des »Economic Value Added (EVA)« entfalten konnte. Auch sind die Investmentbanken zu erwähnen, die gezielt Branchen bearbeiten und dabei nach Deals Ausschau halten. Oder welches Führungsgremium kann sich heute noch dem Druck entziehen, zumindest einmal ein Business Process Reengineering im Unternehmen durchgeführt zu haben? Auch findet derzeit auf Seiten der Mitarbeiter ein *Generationswechsel* auf der Führungsebene statt, der anders ausgebildete und mit anderen Werten ausgestattete Führungskräfte an die Spitze der Unternehmen bringt.

(2) Prozesstheorien

Wer seine Lupe auf das soziale System »Unternehmen« richtet, wird dies – egal ob Manager oder Wissenschaftler – immer mit einer bestimmten »Brille« tun. Sie steht für den (alltags-)theoretischen Bezugsrahmen, der unsere Annahmen über das Funktionieren des Systems beinhaltet. Alles was wir im und mit dem Unternehmen dann tun, und was wir glauben, was das Unternehmen mit uns tut, baut darauf auf. Das Handeln des Managers ist also immer nur so gut, wie gut diese »Brille« das Funktionieren des System wirklich zu erklären vermag. Es ist deshalb auch nahe liegend, dass es in Theorie und Praxis unterschiedliche Bezugsrahmen gibt, wie Wandel stattfindet.

In Anlehnung an Van de Ven/Poole (1995) können vier Archetypen von **Prozesstheorien** unterschieden werden:[1]

Adaption an die Umwelt

»punctuated equilibrium«

»Vorprogrammierte Alterung«

Variation, Selektion und Rentention

- *Teleologische Prozesstheorien:* Ausgangspunkt ist hier die Annahme, dass eine Organisation über eine klare Zielvorstellung verfügt. Sie sucht sich diese Ziele und verfolgt sie auch nachhaltig. Die mit der Führung dieses sozialen Systems betrauten Führungskräfte wählen Strategien aus, die sie zu diesen Zielen führen sollen. Im Zentrum steht die Adaption an die Umwelt. Dabei wird davon ausgegangen, dass das Unternehmen auch grundsätzlich dazu in der Lage ist. Treten Störungen aus dem Umfeld ein, dann passen sie ihre Strategien an, um auf veränderten Pfaden ihre Ziele zu erreichen. Strategien sind damit Mittel zum Zweck der Zielerreichung. Auslöser zum Wandel ist dabei häufig die Erwartung von Misserfolg bei unterlassener Anpassung. Die Dynamik des Prozesses selbst bleibt ausgeklammert. Die entscheidende Antriebskraft zum Wandel ist hier die den Wandel initiierende und gestaltende Führungselite. Sie plant den Wandel, den sie will. Kritisches Element dieser Ansätze ist demnach das Management. Verfahren wie die klassische Organisationsentwicklung, der Reorganisationsansatz oder die strategische Planung stehen in dieser Tradition. Doch auch neuere Lerntheorien können hier eingeordnet werden, wenn mit den Veränderungen bei den Betroffenen auch die Einsicht und das Wissen über die Zusammenhänge entstanden ist.
- *Dialektische Prozesstheorien*: Wandel ist hier das Ergebnis von Spannungen und Konflikten in einem pluralistischen, sozialen System. Erwartungen an Mitarbeiter passen nicht mehr zu deren Werten oder Interessen, die Anreize werden bezogen auf die Belastungen als nicht mehr ausreichend empfunden etc. Eine Stabilisierung kann nach Verhandlungen und Umstrukturierungen gegenwärtiger Interaktionsmuster, Machtstrukturen etc. sowohl um das alte Gleichgewicht herum erfolgen oder sich erst nach einem revolutionären Wandel wieder einstellen. In der politischen Arena der Organisation hat sich eine Interessenkoalition gegen andere durchgesetzt. Beispiel hierfür ist die »**punctuated equilibrium**«-Theorie von Miller/Friesen (1982): Nach Phasen der Ruhe und Stabilität folgt ein oft mit Chaos verbundener revolutionärer Übergang, der in einer neuen Gesamtordnung der Organisation mündet. Wandel findet hier eher abrupt statt. Er setzt dann ein, wenn eine Unterlassung der Anpassung sich nicht mehr rechnet, oder aber auch nicht mehr möglich ist.
- *Lebenszyklus- und Wachstumstheorien*: Im Lebenszyklusmodell wird unterstellt, dass der Ablauf eines Entwicklungsprozesses und damit der Wandel durch einen Alterungsprozess quasi »vorprogrammiert« ist. Auf Grund vielfältiger Prädispositionen (Bedürfnisse, Restriktionen etc.) ist die zukünftige Entfaltung der Organisation gewissermaßen vorgegeben und unausweichlich. Sie entsteht aus ihrer inneren Dynamik heraus. Geburt/Entstehung, Wachstum, Reife, Niedergang/Degeneration und »Tod« folgen »automatisch« und in immer gleicher Sequenz aufeinander. Ähnlich ist das Krisenmodell von Greiner (1972) einzustufen, wo unterschiedliche Wachstumsphasen einander ablösen: Pioniertum, direkte Führung, Dezentralisation und Delegation, Koordination und Zusammenarbeit.
- *Evolutionäre Prozesstheorien*: Wandel erklärt sich hier als Folge einer kontinuierlichen und inkrementalen Veränderung. Er ist das Ergebnis von Variation

des Systems, Selektion durch die Umwelt (»environmental captivity«) und Retention. Variationen setzen sich gegenüber den bestehenden Formen durch, wenn sie sich als grundsätzlich überlegen erweisen (»survival of the fittest«). Die Retention verweist auf die Unterstützung des Verharrens (»organizational inertia«) in der gefundenen Form, was wiederum zum Ersatz durch neue Organisationsformen führen kann. Zu diesem Theorietyp zählt z. B. der populationsökologische Ansatz von Hannan/Freeman (1989).

Je nachdem über welches Prozessverständnis jemand – bewusst oder unbewusst – verfügt, wird er seine Möglichkeiten zur Gestaltung eines Wandels einstufen. Davon hängt wiederum das Design des Wandelkonzeptes, die Auswahl der Verfahren und Instrumente etc. ab. Es stellt sich damit die Anschlussfrage nach der grundsätzlichen Gestaltbarkeit der Entwicklung eines sozialen Systems im Wandel. Auch fragt man sich, was überhaupt in einem sozialen System passiert, wenn Führungskräfte mit Interventionen auf das System einzuwirken versuchen, um dessen Ausrichtung zu ändern.

Frage nach der Gestaltbarkeit sozialer Systeme

In der Wissenschaft findet man das volle Spektrum an Meinungen dazu: Am einen Ende sind die Vertreter eines Ansatzes positioniert, die fast alles von der Qualität des Top-Managements (meist sogar nur des CEOs) abhängig machen: Ist er tatkräftig genug? Bringt er ausreichend Charisma mit? Verfügt er über eine klare Vision? Etc. Hat man diese Person einmal gefunden, dann kann das Unternehmen im Prinzip nur noch Erfolg haben. D.h. dass das System durch die Interventionen des CEOs fast beliebig gestaltbar ist. Am anderen Ende der Skala sitzen die Vertreter eines Ansatzes der besagt, dass man als Unternehmen mit seinen Geschäften im Prinzip dem Schicksal seiner Branche (in einer bestimmten Region) mehr oder minder ausgeliefert ist. Man kann vielleicht das Timing durch Interventionen verändern (z. B. Subventionen für die deutsche Stahlindustrie), aber nichts kann einen an seinem Schicksal vorbeiführen. Dazwischen findet man eine Position, die Kirsch (1990) als *»gemäßigten Voluntarismus«* bezeichnet, der wir uns hier anschließen wollen: Hier wird davon ausgegangen, dass sich die Entwicklung eines Unternehmens in einem gewissen Maß durchaus willentlich gestalten lässt. Dem werden aber durch die Eigendynamik des Unternehmens, die sich aus der geschichtlichen Entwicklung und den Rahmenbedingungen des Systems und seiner Teilnehmer ergibt, auch deutliche und unumgehbare Grenzen gesetzt.

Leadership

»Does leadership make a difference?« Diese Frage, welchen Einfluss die Führung auf organisatorischen Wandel haben kann bzw. eben nicht haben kann, wird in der Literatur zwischen den Polen »Voluntarismus« (volle Gestalt- und Manipulierbarkeit) und »Determinismus« (Unbeeinflussbarkeit) diskutiert. Die Antwort auf diese Frage bestimmt erheblich das Ausmaß, in welchem man Führungskräften den Erfolg oder Misserfolg des Wandels ihrer Unternehmen überhaupt zurechnen kann. Gerade in den Zeiten von Großfusionen und Massenarbeitslosigkeit beobachtet die Öffentlichkeit besonders kritisch die Qualität ihrer Führungselite und fragt sich nach dem Stellenwert ihres Beitrages. Lieberson/O'Connor (1972) sind erstmals dieser Frage in einer groß angelegten empirischen Studie nachgegangen. Sie kamen zu dem zurückhaltenden Ergebnis, dass ».. emphasizing the effect of leadership, we may be overlooking far more powerful environmental influences.« Es gibt aber auch eine Vielzahl von Studien, die genau zu dem gegenteiligen Resultat kommen.[2]

Determinismus

Beim »**Determinismus**« wird unterstellt, dass die Entwicklungsbahn des Unternehmens vollständig durch die Gesetze des Marktes und der Organisation gewissermaßen »unsichtbar« und vorbestimmt gelenkt wird. Denkbare *Außendeterminismen* im Sinne eines gewissen »Wandelautomatismus« unterstellen z.B. die bereits oben erwähnte Populationsökologie, der Kontingenzansatz, aber auch die Industrieökonomie. *Innendeterminismen* verweisen auf die Eigendynamik einer Organisation, deren Entfaltungsmechanismen einem Management kaum zugänglich sind. Dazu zählen die auch bereits oben angeführten Lebenszyklus- und Wachstumsmodelle, aber auch die »random transformation theories«, die jeglichem absichtsvollen Gestalten keine Chance geben.

Voluntarismus

Dagegen betrachtet man beim »**Voluntarismus**« organisatorisches Verhalten als Ergebnis des Willens und der Absichten der Führung. Dies kann sich deshalb ergeben, weil die Führung die Organisation als reines Herrschaftsinstrument betrachtet und der Unternehmer auf Grund von *Egoismen* sich als »Tyrann« und »Ausbeuter« die Mitarbeiter untertan macht, oder weil Unternehmer über weit überdurchschittliche *Persönlichkeits- und Leadership-Merkmale* verfügen (»great man theories«, »cultural hero«, »genius«). Auf Grund ihres »Charismas« und Vorbilds erreichen sie ein hohes Maß an Gefolgschaft und können deshalb das Unternehmen nahezu gänzlich nach ihrem Willen gestalten. Oder aber man sieht die Führung in ihrer *Funktion* und *Positionsmacht* (im Zusammenspiel mit ihrer Informations- und Sanktionsmacht), die ihr den Auftrag, aber auch die Möglichkeit gibt das Unternehmen zielorientiert und geplant zu lenken.

Gemäßigter Voluntarismus

Dazwischen liegen mit dem bereits erwähnten »**gemäßigten Voluntarismus**« Positionen, die dem Management zwar Einfluss geben, die aber diesen Einfluss mit anderen kontextuellen und situativen Faktoren vermischt sehen, womit die sich entfaltende organisatorische Komplexität nicht nur Ausdruck managerieller Gestaltungswillens ist, sondern – aus Sicht der Führung – auch nicht intendierte »Nebenwirkungen« aufweist. Manager werden hier als nicht völlig frei betrachtet, sondern als Gefangene ihrer selbst und der komplexen Umstände. *Selbstbegrenzung* ergibt sich z.B. aus einer begrenzten Informationsverarbeitungskapazität oder im gebunden sein an übernommene Werte, Verhaltensformen und Wirklichkeitsvorstellungen. *Fremdbegrenzung* kann dagegen ein Resultat der organisatorischen Eigendynamik, der Erwartungen externer Anspruchsgruppen, der Organisatonsumwelt etc. sein.

Mit der in Abbildung 5-3 veranschaulichten Position eines »gemäßigten Voluntarismus« wird auch eine Vorauswahl der oben aufgeführten Prozesstheorien getroffen: (1) Bei der Bestimmung ihrer Strategien zur Zielverfolgung verfügt das Management über echte Optionen (»*strategic choice*«); (2) neue Strategien des Wandels führen zu Interessenkonflikten und öffnen die *politische Arena*. Auftrag des Managements ist die Generierung von Konsens; (3) Führung im Wandel ist allerdings auch eng mit Verhalten und dessen Änderung verbunden, womit die kulturelle Seite des Organisierens angesprochen ist. Verhalten in Organisationen baut auf Werten und Einstellungen auf. Es wird mit Sinn verbunden, geht von einem bestimmten Wirklichkeitsverständnis aus und repräsentiert sich in Symbolen. Mit Wandel verbundenes Lernen setzt darauf auf.

Akzeptiert man diese Annahme eines »gemäßigten Voluntarismus«, dann stellt sich natürlich sehr schnell die Frage nach dem möglichen Ausmaß an Gestaltung und in welcher Form man bei der Führung von Wandel mit dieser Eigendynamik

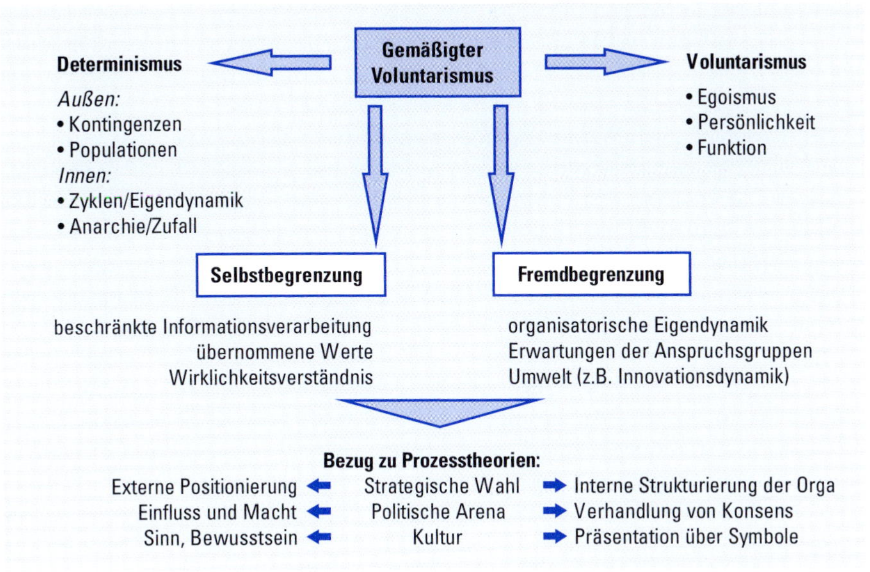

Abb. 5-3:
Im Spannungsfeld von Determinismus und Voluntarismus

zu rechnen hat. Zu diesem Zweck soll im Folgenden unsere Sichtweise zur Entwicklung von Organisationen in seinen Grundzügen dargelegt werden.

(3) Zukunft hat Herkunft

Eigendynamik

Jedes Unternehmen verfügt über eine ausgeprägte **Eigendynamik**. Eine jedem sozialen System eigene »Rationalität« entscheidet über dessen Entwicklung. Diese Eigendynamik ist Ausfluss der vorangegangenen Entwicklung, der Unternehmensgeschichte. Das System entwickelt sich durch **Selbstreproduktion** weiter. Zukunft hat damit immer Herkunft.

Wesentliche Quelle dieser Selbstreproduktion ist die fortwährende Anwendung von gelebten Regelwerken über die sich die Teilnehmer in einem System koordinieren (z.B.: »Wenn man in diesem Unternehmen vorwärts kommen will, dann muss man mindestens drei Jahre im Vertrieb und im Ausland gewesen sein!« und: »Bei uns muss man bereit sein, mindestens 80 Stunden in der Woche zu arbeiten!«). Die Ergebnisse und Erfahrungen der Anwendung einer Regel finden dabei wieder Eingang in die nächste Anwendung (»Feed-back-Prozesse«). Dabei kommt es in sozialen Systemen natürlich zu inhaltlichen Variationen (z.B. Leute mit Vertriebserfahrung in anderen Unternehmen können beim Quereinstieg vielleicht auf nur 1,5 Jahre statt drei Jahre im Vertrieb hoffen) bei der Anwendung. Diese sind jedoch kaum zufällig; sie kreisen um den Kern der Regel. D.h. die Ordnung, die durch das Regelwerk erzeugt wird (z.B. Managementkarrieren führen bei starker zeitlicher Belastung über einen Auslandsaufenthalt und durch den Vertrieb), erweist sich trotz unterschiedlicher Ausgangsbedingungen (z.B. bisherige berufliche Erfahrungen derer, die hier Karriere machen wollen) als stabil. Dabei kann schon eine ganz einfache Regel äußerst komplexe Ordnungsmuster (so genannte »Fraktale«) erzeugen.

Will man also Verstehen warum die Befindlichkeit einer Organisation so und nicht anders ist, dann ist die Erforschung dieser über Kommunikation entstande-

Ein soziales System ist mehr als die Summe seiner Mitglieder

nen regelgesteuerten Handlungsmuster (z.B. Wahrnehmung der Determinanten von Karrierepfaden) wahrscheinlich ergiebiger als die Frage nach den individuellen Motiven der Beteiligten. Ein soziales System ist auf Grund der Emergenz des Sozialen eben *mehr als nur die Summe seiner Mitglieder.*

Bei der Suche nach Wandel kommt man an diesen Regelstrukturen nicht vorbei, denn sie prägen das kollektive Verhalten. Neben dem inhaltlichen Intervenieren bietet sich damit der Führung mit der Veränderung der organisatorischen Rahmenbedingungen, innerhalb derer die Inhalte entwickelt werden, ein alternatives Gestaltungsfeld an. Dies setzt aber die Bereitschaft des Experimentierens auf diesem Gebiet voraus, da die Wirkungen von Regelvariationen kaum prognostizierbar sind, sondern erprobt werden müssen.

Selbstorganisation

Ein soziales System ist damit also kein beliebig formbares Objekt, sondern ein »*Subjekt*« mit einer eigenen, autonomen Handlungslogik. Ihre Regeln bestimmen die Interaktionen der Systemmitglieder. Von dieser Form der **Selbstorganisation** der Systementwicklung lässt sich das System auch nicht so leicht durch Führungsinterventionen abbringen, da diese Regeln sich vom Einzelnen weg verselbstständigt haben und nun fixer Bestandteil des Systems sind. Bildhaft könnte man sagen, dass das System mit hoher Penetranz eine bestimmte Melodie fortwährend vor sich hinsummt.

Trotz dieser »**organisatorischen Geschlossenheit**«[3] des Systems ist es aber genau diese Selbstorganisation, die den Garanten für eine *Höherentwicklung des Systems* darstellt. Sie repräsentiert einen permanenten Lern-, Reflektions- und Reproduktionsprozess. Wer ein soziales System grundlegend ändern will, muss diesen Prozess nutzen lernen, muss versuchen ihn zu verstehen, um in ihn einzudringen. Zu ihm vorzudringen heißt sich mit den Handlungsmustern und kognitiven Strukturen des Systems auseinander zu setzen. Ein Unternehmen als soziales System kann demnach immer *nur durch sich selbst* verändert werden. Mit Interventionen können nur »Impulse« an das System gegeben werden, die einer Selektion durch das System unterliegen.

Veränderung nur durch sich selbst

Selbstorganisation darf nicht in der Form missverstanden werden, dass man ein System wegen seiner »Trägheit« mehr oder minder nicht ändern kann und darauf zu warten hat, bis es dieses selbst tut. Die Aussage ist die, dass das System über *»innere Potenziale« zur Transformation* seiner selbst verfügt und wir auf diese Potenziale angewiesen sind, wenn das System sich ändern soll. Transformation ist ein durch das System selbst generierter und selbst geführter Prozess. Dass dieser Prozess allerdings stattfindet, dazu bedarf es gewisser Bedingungen. Es könnte sein, dass die Entfaltung dieser Potenziale durch die Gegebenheiten im Unternehmen behindert wird, die Bedingungen für eine Transformation also nicht gegeben sind.

Dafür, dass dieses Transformationspotenzial im System selbst vorhanden ist, muss Bewusstsein entwickelt werden. Für eine entstehende Ordnung ist nicht immer eine ordnende Instanz »Management« notwendig. Führung muss damit auch keineswegs die Quelle von Veränderung sein; sie kann diese auch stark behindern.

Nachdem wir oben argumentiert haben, dass nachhaltige Veränderung nur über Veränderung der Regelwerke möglich ist, könnte man sagen, dass unsere dominante Art des Organisierens genau diese Fähigkeit zur Selbsttransformation eindämmt, in dem sie die Varietät (Experimente mit Regelvariationen) durch die Setzung von Standards reduziert (z.B. ISO-Normierungen). Diese »Organisiertheit« kann zwar – je nach Ausgangssituation – für eine gewisse Zeit Handlungsfähigkeit und Wirtschaftlichkeitsvorteile bringen; langfristig ist eine solche »Stabilisierung« jedoch eher als »Destabilisierung« zu betrachten, denn man reduziert dadurch die Anzahl der »Experimente«, die Abweichungen von der Norm, und gibt damit auch zufällig entstehenden Transformationschancen wenig Aufmerksamkeit. Man geht durch dieses »Festzementieren« von Standards und Ignorieren oder Untersagen von Variation das Risiko ein, wichtige Übergänge in eine neue Phase des Geschäftssystems zu verpassen.[4]

Risiko des Verpassens von Wandel

Begünstigend auf Wandel wirken sich *Dezentralisierungs- und Intrapreneurship-Ansätze* aus.[5] Durch die zusätzlich gewährte Autonomie der Teilsysteme entstehen verschiedene Ausprägungen von Führung und Zusammenarbeit. So entstehen *Redundanzen* z. B. in einer Profitcenter-Organisation, wenn in jedem dieser Center eine eigene Informatikphilosophie entsteht, die oft dann auch einen dezentralen Einkauf zur Folge hat. Natürlich beeinträchtigt dies wiederum die Koordination und direkte Handlungsfähigkeit; aber dies ist eben der Preis für eine erhöhte Wandelfähigkeit. Diese Rechnung geht dann auf, wenn die aus der Redundanz resultierenden Erfahrungsunterschiede beobachtet und über das Gesamtsystem hinweg kommuniziert und reflektiert werden. Interessante Einzelentwicklungen sollten durch das Management auch katalysiert werden. Selbstorganisation kann dann zur Problemlösung aus einer Vielfalt heterarchisch verteilter Potenziale auswählen.

Zwei Hebel für Veränderungen

Wer Unternehmen verändern will, hat demnach *zwei Hebel*:
- Er kann über inhaltliche Interventionen *zusätzliche Variationsangebote* in das System einbringen und auf deren Akzeptanz hoffen: Was soll sich ändern?
- Er kann über *Veränderungen in den Rahmenbedingungen der Prozesse* (Ressourcenzuweisungen, Zeitvorgaben, räumliche Verortung, Autonomiegewährung etc.) dafür sorgen, dass Variationen günstigere Voraussetzungen haben, sich durchzusetzen: Wie können die Bedingungen verbessert werden, dass sich etwas ändert?

(4) Nicht-lineares Denken: Kleine Ursache, große Wirkung

Greift der Wandel nicht wie gewünscht, dann wird die Organisation meist noch stärker belastet. Man denkt, dass man die Probleme mit strafferer Führung, noch mehr »Fleiß« und noch größerem Einsatz lösen könnte. Es wird dann noch mehr geplant, die Führung beginnt den Mitarbeitern Schuld für fehlende Bereitschaft zum Wandel zuzuweisen und noch mehr Berater kommen zum Einsatz. Ergebnis ist dann häufig nur noch blinder Aktivismus; die Mitarbeiter beginnen sich in immer mehr Projekten zu verlieren; das Management kann dann aber sagen, dass man sich nach Kräften bemüht hat.

Gefahr eines blinden Aktivismus

Fallbeispiel
In einem Konzern sah die Führung ihre Aufgabe in einer relativ exakten Planung und Steuerung der Veränderungen zur Bewältigung der Komplexität. Es bestand ein eher mechanistisch, hierarchisch geprägtes Verständnis von Unternehmenssteuerung; trotz eher schwach ausgeprägter Kommunikationsinstrumente wurde der Vermittlung neuer Konzepte von oben nach unten Vorrang eingeräumt. Umsetzungsprobleme wurden eher als Verständnisprobleme der Interventionsempfänger, denn als Probleme der Kommunizierenden betrachtet. Als »Schuldige« der negativen Unternehmensentwicklung wurden vor allem die Mitarbeiter des Konzerns identifiziert. Mobilität, Eigeninitiative und dafür notwendige Fähigkeiten wurden ihnen ebenso abgesprochen, wie die Bereitschaft, traditionelle Denk- und Verhaltensmuster abzulegen.

In solchen Fällen kommt eine Gesetzmäßigkeit unhinterfragt zur Anwendung, die so nicht gültig ist: Wo es zu großen Auswirkungen gekommen ist, wurde stark darauf eingewirkt. Oder: Wer viel ändern will, muss auch massiv in das System eingreifen. Man unterstellt also, dass immer eine linearer Zusammenhang zwischen Interventionsgrad und Wirkung besteht.

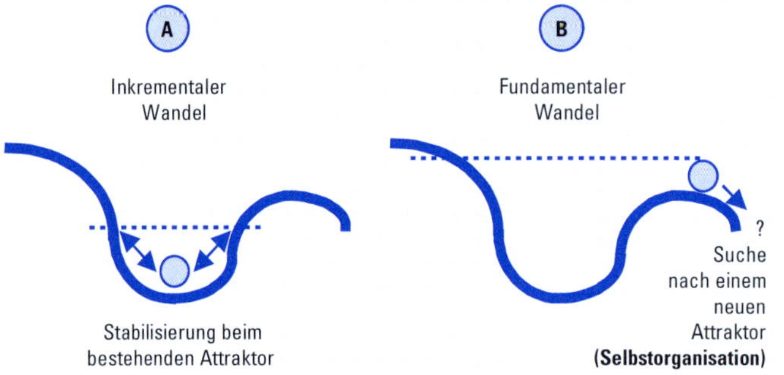

Abb. 5-4: Das Kugelmodell

Haken (1991) hat dies anhand des Verhaltens einer Kugel in einer Hügellandschaft veranschaulicht: Solange sich die Kugel in einem Tal bewegt, befindet sich das System in einem Zustand relativer Stabilität (Abbildung 5-4A). Die Kugel, egal von welchem Ausgangszustand man sie auch startet, findet – solange nur eine gewisse »Starthöhe« nicht überschritten wird – immer wieder in die gleiche Ordnung, (d.h. zum gleichen »Attraktor«) zurück. Es herrscht eine Art »Fließgleichgewicht«. Die Wirkung ist kleiner als die verursachenden Kräfte.

Geringe Ursache, große Wirkung

Startet man die Kugel aber von einer nur ganz geringfügig höheren Ausgangsposition, dann kann es sein, dass sie durch das Hinabrollen so viel Energie erhält, dass dadurch die Kugel über eine Kuppe (dem Punkt maximaler Instabilität) hinweg in ein anderes Tal rollt: geringe Ursache, große Wirkung (Abbildung 5-4B). Oder aber es kommt zu einer geringfügigen Abflachung des Tals (Veränderung von Rahmenbedingungen im Unternehmen), dann hätte dies den gleichen Effekt. Dies ist der Grund, warum schwache Signale auf einmal eine unglaubliche Eigendynamik enwickeln können, und warum wir auch kleinen Änderungen so viel Aufmerksamkeit schenken müssen. Hat die Kugel einmal die Kuppel überschritten, wird nichts mehr, wie es einmal war.

!

Fallbeispiele
Diese Erkenntnis musste Mercedes Benz auch machen, als ein Journalist beim »Elch-Test« die damals neue A-Klasse auf die Seite legte. Anfangs wollte man das Problem nicht anerkennen. Es nahm eine gewaltige Eigendynamik an. Dann stellte man sich aber gezielt der Thematik, anerkannte das Problem, rüstete das Fahrzeug technisch erheblich nach, nutzte die gewonnene Publizität geschickt und nahm den Elch sogar in die eigene Werbung auf. Ähnlich sind die Ereignisse um die Abwrackung der Bohrinsel Brent Spar durch Shell zu betrachten.

Entscheidende Impulse aus kleinen Veränderungen

Wer Erfahrung mit Wandelprojekten hat, der wird schon festgestellt haben, dass stark hierarchisch kontrollierte Wandelansätze, wenn sie bereits ziemlich verfahren sind und die Ratlosigkeit schon recht groß ist, oft entscheidende Impulse aus eher kleineren Veränderungen und auch aus Zufälligkeiten bekamen, die eine Abweichung vom Normalen bzw. Standard mit sich brachten und – anfangs oft unbemerkt – eine hohe, auch diskontinuierliche Dynamik erhalten haben. Gerade in Projekten zur Verbesserung der Effizienz der Wertschöpfungskette, die tatsächlich zu einer Transformation führten, konnte dies oft beobachtet werden. Entscheidend war, dass man diesen eher weniger spektakulären Variationen eine

Chance gibt, ihnen Platz zu ihrer Entfaltung einräumt, sie katalysiert und reflektiert. Wandel kann also durch eine Förderung und Akzeptanz der Abweichung vom stabilen Zustand begünstigt werden.

Fallbeispiel
In einem Wandelprojekt, das in mehreren parallelen Arbeitsgruppen ablief, und in dem die Mitarbeiter äußerst stark auch aus dem Tagesgeschäft belastet waren, »nervte« es die Mitarbeiter, dass die Vertreter der Konzernzentrale immer zu spät zu den Sitzungen kamen. Es war ein kleines Ereignis, aber es wies auf eine größere Problematik hin. Dahinter war eine Regel verborgen, die in etwa lautete: »Wir von der Zentrale sind wichtiger«. Problem war also nicht das späte Kommen, sondern das Verhältnis Zentrale-Bereiche. Dadurch bot sich nun eine Chance, anhand kleiner Ereignisse eine grundsätzliche Thematik anzugehen, die immer wieder an verschiedenen Stellen im Konzern die Arbeit behinderte und Anlass für Ärger bot. Es wurde nach der Rolle und dem »Value added« des Stammhauses gefragt und darauf aufbauend Prinzipien vereinbart. Nebenwirkung war es, dass die Vertreter der Zentrale dann auch pünktlich zu den Sitzungen kamen.

Oft sieht jedoch das Management in direkten Interventionen den einzigen Hebel zur Veränderung des Systems. Ist dies der Fall, dann werden die Mitarbeiter neben ihrer »normalen« Arbeit, bis an (und oft genug auch über) ihre physische und psychische Kapazitätsgrenze in Wandelprojekte »eingespannt«. Für die Wahrnehmung und Verstärkung zufälliger Entwicklungen wird kaum »Platz« gelassen.

Unklarheit über den zukünftigen Ordnungszustand

Rollt die Kugel dann einmal über die Kuppe, dann bleibt relativ lange unklar, in welchem Zustand das System sein Fließgleichgewicht wieder erlangen wird, denn es könnte sein, dass die Energie des Runterrollens ausreicht, um noch eine angrenzende, etwas niedrigere Kuppe zu überwinden. In einem flacheren Tal braucht die Kugel dabei länger, bis sie am Talboden wieder zur Ruhe käme, also bis die Energie ausreichend aus dem System heraus wäre. Damit ist auch angesprochen, dass das Ausmaß der Nicht-Linearität eines sich verändernden Systems unterschiedlich hoch ist, d.h. im Spezialfall auch linear verlaufen kann.

Man könnte nun auch die Position vertreten, dass man als Unternehmen einfach solange mit dem eigenen Wandel abwartet, bis man bereits erkennt, wo sich das System wieder stabilisieren wird. Da aber die Geschwindigkeit des Lernens relativ zur Konkurrenz heute zentrale Bestimmungsgröße einer Wettbewerbsposition sein kann, dürfte auch dies keine Lösung sein.

Szenarien entwickeln

Die Entwicklung sozialer Systeme ist grundsätzlich nicht prognostizierbar. Weil die geringste Variation Einfluss haben kann, ist es auf der Bergkuppe in einer komplexen Hügellandschaft einfach nicht vorhersagbar in welches der angrenzenden Täler die Kugel rollen wird und wo sie sich dann wieder stabilisieren wird. Man kann höchstens Szenarien für den Abgang in einem dieser angrenzenden Täler entwickeln und damit das System auf diese Eventualität gedanklich vorbereiten. Das einzige was wir wissen ist, dass dies irgendwo sein wird, dass es also einen neuen Ordnungszustand als »Attraktor« für die Kugel geben wird. Die Selbstorganisationskraft des Systems ist in der Lage eine solche Ordnung zu finden. Was Führung in dieser Situation aber tun kann, ist Rahmenbedingungen zu schaffen, in denen die Bildung einer neuen Ordnung begünstigt wird. Beispiele hierfür sind die Flexibilisierung der Organisation (Abbau von Ebenen, »Empowerment« etc.) oder Simulationen von aus Frühaufklärungssystemen gewonne-

Selbstorganisationskraft des Systems

Sensibilisierung und Flexibilisierung

nen »schwachen Veränderungssignalen«: Welche Konsequenzen hat es z.B. für eine Buchhandlung, wenn 50 % aller Buchkäufe in Zukunft eventuell über das Internet getätigt werden?

(5) Inkrementaler und fundamentaler Wandel

Unternehmensentwicklung als Konsequenz von Epochen

Unternehmensentwicklung stellen wir uns als eine Sequenz von Epochen vor. Als *Epoche* wird hier ein größerer unternehmensgeschichtlicher Zeitabschnitt bezeichnet, dessen Auslauf bzw. Ende durch einen einschneidenden Wandel der Verhältnisse gekennzeichnet ist. Jede Epoche kann mit bestimmten Grundauffassungen (*Paradigmen*) verbunden werden, die sich auch in der wahrgenommenen dominanten Logik eines Geschäfts ausdrücken. Sie stehen damit auch hinter den Anschauungen, welche Aktivitäten zu Erfolg führen und welche nicht.

Innerhalb einer Epoche findet tendenziell nur **inkrementaler Wandel** statt. Es geht darum, das System innerhalb seiner bestehenden Logik zu optimieren. Die unternehmerische Aufgabe ist relativ klar; sie soll jedoch möglichst effizient erfüllt werden. Dies kann inkrementalen Wandel erfordern. Aber auch Irritationen des Systems (z.B. Preiskämpfe oder der Neueintritt von Wettbewerbern) können natürlich zu Veränderungen und Anpassungen führen. Grundsätzlich findet das System innerhalb der bestehenden Ordnungsmuster eine Lösung der Probleme, d.h. es ist stabil bezogen auf dieses Ordnungsmuster. Oft sind dazu nicht einmal Interventionen seitens der Führung erforderlich, sondern das System weiß selbst was zu tun ist. Es kann in einer Epoche zwar auch *Episoden* von Versuchen eines fundamentalen Wandels gegeben haben. Diese Versuche konnten sich jedoch nicht durchsetzen und blieben für die Unternehmensentwicklung belanglos.

Fundamentaler Wandel als Prozess des Übergangs zwischen zwei Epochen

Fundamentalen Wandel betrachten wir nicht als singuläres Ereignis, sondern als einen über einen längeren Zeitraum andauernden Prozess. Er bildet den Übergang von der einen Epoche zur anderen. In dieser Zeit des Übergangs besteht das alte Paradigma weiter neben dem neuen Paradigma, was oft seinen Ausdruck in *Paradigmenkämpfen* findet. Dies kann viele Jahre in Anspruch nehmen, insbesondere dann, wenn unsicher ist, ob sich das neue Paradigma durchsetzt oder nicht.

!

Fallbeispiel: DAIMLER-BENZ (I)
Bei DAIMLER-BENZ[6] begannen bereits 1971 die Überlegungen zur Diversifikation des Unternehmens. Aus einer kleinen Minderheit heraus wurden Pläne für ein neues Paradigma entwickelt. Dies geschah nicht aus der Not heraus (und auch noch vor der Ölkrise), sondern in Zeiten hoher Cashflows. Annahme war es, dass der Automobilmarkt gesättigt sei, und der erwirtschaftete Cashflow in anderen Geschäften zu reinvestieren sei. Beginnend im Jahre 1985 wurden über ein Jahrzehnt für mehr als 12 Mrd. DM Unternehmen akquiriert. Letzte spektakuläre Akquisition in der Ära des damaligen Vorstandsvorsitzenden Edzard Reuter war 1994 der holländische Flugzeugbauer FOKKER, der kurz darauf – aber bereits unter dem neuen Vorstandsvorsitzenden Jürgen Schrempp – Konkurs ging. Die Flugzeugindustrie sah man als geeignetes Diversifikationsobjekt an, weil man Synergien zum Fahrzeuggeschäft vermutete (z.B. beim Einsatz von Elektronik und bezüglich des Baus leichter Karosserien). Doch die Vision eines »integrierten Technologiekonzerns« schien nicht zu greifen. Das Unternehmen schrieb hohe Verluste. Auch waren die Vertreter des alten Paradigmas, dass man sich auf den Fahrzeugbau konzentrieren soll, nie zum Schweigen gekommen. Als dann Jürgen Schrempp den Vorstandsvorsitz von Edzard Reuter übernahm, musste er sich zumindest nach außen hin noch auf die Vision des »integrierten Technologiekonzerns«

verpflichten. Doch dies konnte nicht lange währen, denn die Probleme waren inzwischen zu groß geworden.

Inzwischen wurde das Unternehmen über einen straffen Sanierungskurs wieder in die schwarzen Zahlen geführt. Man hat Randgeschäfte abgestoßen oder in kooperative Strukturen eingebracht. Das Führungssystem wurde neu ausgerichtet: Einerseits kann der Vorstand nun direkter die Geschäfte mitsteuern; andererseits wurde mehr unternehmerische Verantwortung auf die mittleren Führungsebenen z.B. durch die Einrichtung von Profitcentern übertragen. Parallel wurde das Unternehmen auch an den Erwartungen eines internationalen Kapitalmarktes ausgerichtet. Die Entwicklung des Aktienkurses blieb allerdings deutlich hinter den Erwartungen zurück. Geblieben ist die diversifizierte Struktur. Erwähnenswert ist hier die spektakuläre Akquisition von Chrysler 1998 und das Bemühen um eine Einbringung der Luft-, Raumfahrt- und Verteidigungsaktivitäten in europäische Gemeinschaftsunternehmen (EADS etc.).

Doch auch Anfang des Jahres 2001 hatte dieser zweite fundamentale Wandel noch nicht seinen Test auf Erfolg bestanden. Die Rentabilität des eingesetzten Kapitals war für das Jahr 2000 auf 7,4 % (nach Steuern) gesunken; angestrebt waren 15,5 %; der Aktienkurs war dramatisch abgesunken; die Marktkapitalisierung des neuen Gesamtkonzerns DaimlerChrysler war unter den Wert abgesunken, den Daimler-Benz allein zum Zeitpunkt der Fusion mit Chrysler auszuweisen vermochte. Damit wuchs paradoxerweise auch die Gefahr, selbst zum Gegenstand eines unfreundlichen Übernahmeversuchs zu werden. Inzwischen war auch noch eine keineswegs unproblematische 34 %ige Beteiligung an der angeschlagenen Mitsubishi Motors Corporation hinzugekommen.

So stellten sich Anfang 2001 eine ganze Reihe von Fragen zum Wandel des Konzerns: Hatte sich das Unternehmen übernommen? Wurden die eigenen Kapazitäten (»Managementdecke« etc.) und Fähigkeiten zur Integration akquirierter Unternehmen überschätzt? Reicht es aus, den Begriff der Synergien fast nur auf Einsparpotenziale zu beziehen, wenn man Konzerne dieser Art zu einem Weltkonzern zusammenführen will? Hat man sich bzgl. des Zustands von Chrysler und Mitsubishi Motors täuschen lassen? Etc. Auf der Pressekonferenz am 26.2.01 wurde jedoch verkündigt, dass man die neue Konzernstrategie (geographisch globale und produktemässig breit abgestützte Positionierung mit »Heimmärkten« in Europa, Asien und Nordamerika) unverändert als richtig betrachtet. Gleichzeitig wurde eine 7 Mrd. € teure Gesundungskur für Chrysler verordnet sowie ein voraussichtlicher betrieblicher Konzernverlust von 1,2–1,7 Mrd. € für das Jahr 2001 angekündigt. Man darf über die tatsächliche Entwicklung gespannt sein. Die für Chrysler verordnete Gesundungskur zeigte bereits im Jahr darauf positive Effekte.

Man kann dieses Wechselspiel von inkrementalem und fundamentalem Wandel auch mittels des Modells der überlappenden S-Kurven in Abbildung 5-5 veranschaulichen. Jede S-Kurve versinnbildlicht grob die Leistungsentwicklung innerhalb des dominierenden Erfolgsmodells einer Epoche. Eine spezifische kollektive Form des Wahrnehmens führt hier zu einer immer wieder reproduzierten Art des Denkens und Handelns. Innerhalb jeder dieser Epochen versucht das System sein Leistungsniveau durch »Feinjustierung« zu verbessern. Der Zuwachs an Leistungsverbesserung wird gegen Ende einer solchen Phase jedoch immer geringer. Das System wird sogar an Leistung verlieren, wenn die Anforderungen sich zu ändern beginnen und die Anpassung noch nicht ausreichend erfolgt ist.

Eine zweite S-Kurve, basierend auf einer Gegenthese zum bestehenden Erfolgsmodell, läuft dann auf einem niedrigeren Leistungsniveau ab. Dies deshalb, da das neue Paradigma noch nicht besonders weit entwickelt ist. Auf viele Fragen, wo man im alten Muster Lösungen zu haben glaubte (auch wenn diese vielleicht

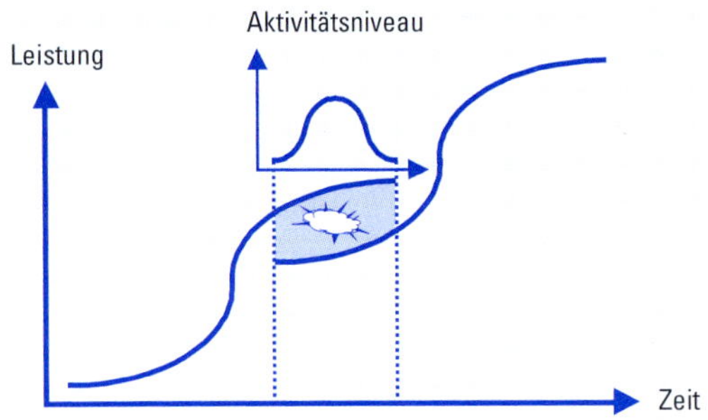

Abb. 5-5: Fundamentaler Wandel als Übergang zwischen zwei Epochen

schon längst nicht mehr passten), weiß man noch keine Antwort. Dies heißt auch, dass *eine erhöhte Risikobereitschaft* erforderlich ist, wenn man sich auf fundamentalen Wandel einlässt. Man weiß nicht, ob es tatsächlich zu einem fundamentalen Wandel kommt und wenn, ob genau dieses neue Denkmodell sich durchsetzen wird. Im Erfolgsfall übertrifft dann nach einer Phase fundamentalen Wandels das Leistungsniveau der Organisation dasjenige aus der vorangegangenen Epoche.

Der Übergang ist demnach kein singuläres Ereignis, sondern ebenfalls eine *eigenständige Periode*. Deshalb betrachten wir fundamentalen Wandel auch als eine Episode von begrenzter Dauer mit zyklischem Charakter, allerdings mit losem Anfang und Ende. Auch Tushman/Newman/Romanelli (1986) sehen Unternehmensentwicklung ähnlich einem Abwechseln von konvergierenden Phasen (»convergence«) und umwälzenden Phasen (»upheaval«). Dabei ist es relativ wahrscheinlich, dass es währenddessen zusätzlich zu Überlagerungen aus anderen Veränderungsprozessen kommt.

Die Übergangsphase von einer auf die andere S-Kurve kann – wie in Abbildung 5-5 geschehen – grob als *Glockenkurve* dargestellt werden, die den Umfang der Aktivitäten zur Erlangung des Wandels veranschaulichen soll. Auf ihrer Kuppe hat das System den Punkt höchster Instabilität erreicht. Die Plateaus neben der Kuppe fallen relativ breit aus, da es zum einen das Beharrungsvermögen vor dem Übergang und zum anderen die kritische Verlangsamung danach gibt. Diese Glockenkurve kann wiederum als Hüllkurve einer Vielzahl kleinerer Übergangsprozesse betrachtet werden.

Wie bereits angesprochen ist der Prozess, über den ein System – nach Überschreiten des Sattelpunktes der Glockenkurve – wieder ein stabiles Ordnungsmuster findet, ein Prozess der *Selbstorganisation*. Durch fremdorganisatorische Interventionen in die Rahmenbedingungen kann die Selbstorganisation begünstigt werden. Dies geschieht durch: (1) Anerkennung von *Systemkomplexität* (z.B. Verzicht auf einfache linear-kausale Entscheidungslogiken, Anregung von Netzwerkanalysen etc.), (2) Berücksichtigung der *Selbstreferenz* des Systems (z.B. durch Einsatz adäquater Verfahren zur Diagnose der Befindlichkeit, Einräumung von Diskussionszeit für Aspekte der Tiefenstruktur etc.), (3) Förderung von *Redundanzen* (z.B. durch heterarchische Strukturen) sowie (4) Gewährung von ausreichend *Autonomie*, damit die im System vorhandenen Potenziale zur Selbsttransformation zur Entfaltung kommen können.

Evolutionärer oder revolutionärer Wandel

Fundamentaler Wandel kann in *evolutionärer* oder *revolutionärer* Form erfolgen. Ein eher evolutionärer Übergang geschieht dann, wenn das System durch organisatorische Lernprozesse seine Grundannahmen verändert und nun einer anderen Operationslogik zu folgen beginnt.[7] Das Eintreten in eine neue Epoche kann aber auch Ergebnis eines »Anpassungsstaus« sein, der sich nun Bahn schafft. Eine Kumulation auftretender Probleme, die bislang isoliert im alten Kontext bearbeitet wurden (z.B. Anpassung der Aufbauorganisation), macht deutlich, dass man sich in einem grundsätzlicheren Veränderungsprozess befindet, auf den man sich nun auch einlassen muss. Vielleicht befindet man sich sogar schon in einer akuten Krise. Ein Anpassen nur einzelner Stellgrößen einer ehemaligen Erfolgskonstellation würde nur zu Misfits zwischen diese Größen führen. Es bedarf nun – als Wechsel vom Momentum zum Quantum – eines gesamthaften Umbruchs. Ein Festhalten am alten Zustand würde auch die Anzahl der später für den Wandel zur Verfügung stehenden Ressourcen-Optionen reduzieren.

Für beide Formen des fundamentalen Wandels gibt es Verfechter. Quinn (1980) spricht sich z.B. für ein evolutionäres Vorgehen aus. Auch durch viele kleine Schritte kann in einer lernenden Organisation grundsätzlich Neues geschaffen werden. Andernfalls – argumentiert Pettigrew (1988, S. 471) – hat man mit erheblichen Widerständen zu rechnen. Dagegen steht z.B. die Untersuchung von Miller/Friesen (1984), die herausgefunden haben, dass erfolgreiche Unternehmen sich häufiger einem revolutionären Wandel unterziehen. Der würde sogar die Widerstände mindern, denn die Organisation stünde auf Grund des krisenhaften »Anpassungsstaus« unter einem gewissen Leidensdruck, der sie gefügiger machen würde. Im konkreten Wandelfall stellt sich allerdings die Situation nicht ganz so schwarz-weiß dar. So kann es z.B. auf der Oberflächenstruktur zu Quantensprüngen kommen (z.B. radikale Restrukturierung des Geschäftsportfolios), während man das Nachführen der Tiefenstruktur eher im Sinne einer lernenden Organisation betreiben kann.

Problem eines fundamentalen Wandels ist, dass es im konkreten Fall äußerst schwierig sein kann, seine Notwendigkeit zu erkennen. Unsere Sinnesorgane sind darauf ausgerichtet, das Bestehende zu bestätigen. Neue Informationen interpretieren wir vor dem Hintergrund der dominanten Denkrahmen.

Tendenz, das Bestehende zu bestätigen

Fallbeispiel: Computerindustrie

Eindrucksvoll kann dies an der Entwicklung der Computerindustrie verdeutlicht werden. In den 80er-Jahren war diese Branche vertikal organisiert. Wettbewerber wie IBM oder DEC (DIGITAL EQUIPMENT) versuchten die gesamte Wertschöpfungskette von der Chipherstellung bis zum Vertrieb zu beherrschen. Mit zunehmender Reife des Geschäfts bildeten sich allerdings Spezialisten heraus, die auf den einzelnen Wertschöpfungsstufen den Pionieren dieses Geschäfts überlegen waren. Man vergleiche dazu die Abbildung 5-6. Die Logik des Geschäfts kippte von einer vertikalen in eine horizontale Struktur. Bei den etablierten Unternehmen hat und wollte man dies jedoch lange nicht wahrnehmen. Aus der Sicht z.B. des Blue Chip IBM unterschätzte man notorisch die Vertreter des neuen Paradigmas, was das Unternehmen 1991 in seine bislang schwerste Krise führte, die 1993 mit einem negativen Net Income von etwa 8 Mrd. USD (bei Einnahmen von gut 60 Mrd. USD) ihren Höhepunkt hatte. Die Ursachen der Krise waren vielgestaltig: ungeeignete Produkte, zu langsame Prozesse, geringe Kundennähe, unbewegliche und bürokratische Organisation etc.

Dieser Übergang wurde auch einem technisch so exzellenten Unternehmen wie DEC zum Verhängnis. Anfang 1998 erwarb der Computerhersteller COMPAQ für 9,6 Mrd. USD DEC, was einem Direktangriff auf den Branchenersten IBM, aber auch auf HEWLETT-PACKARD, gleichkommt. Dies ist auch gleichzeitig die größte Transaktion in der Geschichte dieser Branche. Auch DEC ist eines der Pionierunternehmen der Branche, das viel zu lange an den alten Erfolgsmustern kleben blieb. Noch 1998 verfügte man z.B. über ein eigenes Chip-Unternehmen (ALPHA). Erst Ende 1997 wurde das Geschäft mit Networking-Ausrüstungen abgestoßen.

COMPAQ ist dagegen ein junges Unternehmen – gegründet im Jahr 1982 –, das sich auf die Herstellung und den Vertrieb von PC konzentriert hat und dort 1998 – mit einem weltweiten Marktanteil von 13,5 % – auch die Nr. 1 war. Mit der Akquisition von DEC wollte man seine Entschlossenheit demonstrieren, aus dem reinen PC-Segment

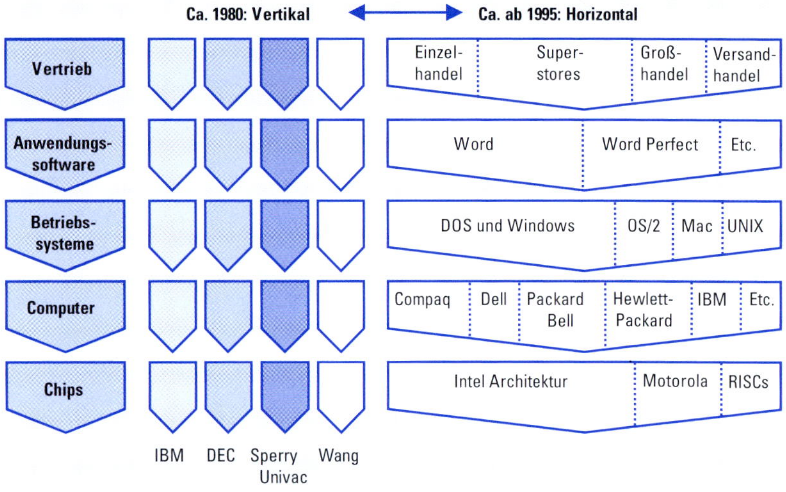

Abb. 5-6: Strukturwandel in der Computerindustrie (Quelle: Grove 1996)

herauszutreten. Dass man sich in Richtung der Kernanwendungen der EDV erweitern wollte, zeigte auch der Zukauf von TANDEM (für etwa drei Mrd. USD).

Diese Übernahme stellte in der Computerindustrie auch eine Art Generationswechsel dar. Sie vollzog und symbolisierte den Übergang der Macht auf die jungen Unternehmen. Dabei darf nicht vergessen werden, dass Kenneth Olsen, der Gründer von DIGITAL, die neuen Maschinen noch als Spielzeug betrachtete und sich nicht vorstellen konnte, dass sie einmal eine bedeutende Rolle in einem Unternehmen einnehmen könnten.

Die Übernahme von TANDEM, DIGITAL und einer Reihe kleinerer Unternehmen stellte eine große Chance für COMPAQ dar. So verbreitere man nicht nur die Produktbasis nach oben, sondern erhielt nun gleichzeitig ein dichtes weltweites Servicenetz. Natürlich war damit aber auch eine große Herausforderung für das Management verbunden: Zum einen galt es, die Know-how-Träger dieser für COMPAQ neuen Technologien und Produkte motiviert im Haus zu halten; zum anderen hatte man es mit einem deutlich anspruchsvolleren Kunden als bislang zu tun, der auch bei Laune gehalten werden muss. Generell sollte es darum gehen, dass man den schon fast sprichwörtlichen »Drive« von COMPAQ auch DIGITAL einhaucht. Das dies nicht so einfach zu sein scheint, lässt sich daraus ablesen, dass sich COMPAQ im April 1999 von seinem CEO Pfeiffer getrennt hat. Ende 2001 wurde COMPAQ für 25 Mrd. USD durch HEWLETT-PACKARD übernommen.

Systementwicklung als Folge von Ordnungszuständen

Systementwicklung kann also als eine Folge von Ordnungszuständen begriffen werden, zwischen denen es eine längere Periode eines evolutionären oder revolutionären Übergangs gibt, die mit einem hohen Maß an Unsicherheit verbunden ist. Einem solchen Übergang geht meist eine kritische, selbstverstärkende Destabilisierung des Systems voraus. Dies hat seinen Grund in der Neigung des Systems bei nur kontinuierlicher Veränderung von Systemparametern im bestehenden, stabilen Zustand verweilen zu wollen (»*Hysterese*«). Nachdem der alte Ordnungszustand seine »Attraktion« verloren hat, kommt es zu einem »kritischen Langsamwerden«: Es wird etwas Zeit in Anspruch nehmen, bis ein neuer Ordnungszustand entsteht.

Kritisches Langsamwerden

Übergangsphasen sollten so kurz als möglich gehalten werden – aber nicht kürzer. D.h. dass das System wegen seines »kritischen Langsamwerdens« seine Zeit benötigt. Übertriebener zeitlicher Ehrgeiz wirkt hier dysfunktional. Anderseits reduziert Instabilität die Handlungsfähigkeit eines Unternehmens bezogen auf die normalen betrieblichen Abläufe. Dies ist der Preis für die erhöhte Sensibilität und Flexibilität. Die Organisation begibt sich hier gewissermaßen ins Spagat und muss diesen Trade-off immer wieder neu bestimmen. Deshalb ist es auch so wichtig, dass man sich darüber klar wird, in welcher Phase man sich befindet.

Derartige Übergänge werden in sozialen Systemen als Belastung empfunden. Selbst wenn man zum Wandel bereit ist, will man doch am liebsten gleichzeitig noch das Alte bewahren. Deshalb weisen wir später bei der Gestaltung von Wandel auch auf die Möglichkeit hin, in Übergangssituationen Instabilität bewusst zu begünstigen. Dies kann z. B. durch geplante Irritationen des Systems geschehen. Es kann angenommen werden, dass Menschen in Phasen der Instabilität sowohl beeinflussbarer (wegen der empfundenen Unsicherheit) als auch kreativer (wegen der Suche nach Ordnung) sind. Hat man einen positiven Zugang zum Wandel, so sieht man ihn auch als Chance, sich endlich einiger »heiligen Kühe« entledigen zu können. Dass man diese Unsicherheiten ausnutzen möchte, kann natürlich auch kritisch gesehen werden.

Begünstigung von Instabliltät im Übergang

Nahe liegend ist nun die Aussage, dass die Möglichkeiten einer Intervention bei inkrementalem Wandel innerhalb einer Epoche anders sind als bei fundamentalem Wandel. Unser Interesse gilt den Möglichkeiten der Führung in dieser Situation. Wie kann hier im Kontext des vorgetragenen Systemverständnisses noch sinnvoll über Interventionen geführt werden? Auf was haben sich diese Interventionen dann zu richten?

5.1.2 Führen und Lernen im fundamentalen Wandel

Im Kern der obigen Überlegungen steht die Forderung nach *»systemgerechten« Interventionen*, nach Führungsimpulsen, die der Logik des zu transformierenden Systems entsprechen, da ansonsten die Interventionen vom System ignoriert werden könnten. Dem erfahrenen Praktiker werden an dieser Stelle jedoch viele frühere Beispiele einfallen, wo er sehr wohl mit gezielten und tief greifenden Interventionen das Unternehmen in seinem Sinne beeinflussen konnte. Nach der »Systemgerechtheit« brauchte er nicht lange zu fragen, und trotzdem hat es hervorragend funktioniert. Wenn er dann heute in Wandelprogrammen »stecken bleibt«, dann sucht er deshalb lieber nach anderen und wahrscheinlich noch tiefer greifenden Interventionen, bevor er die Logik seines Vorgehens in Frage stellt. Doch warum hat es nun früher funktioniert und heute immer seltener? Dies zu erklären soll anhand einer Typologisierung der im Umgang mit Führungssituationen zur Verfügung stehenden Wege zur Handhabung eines Problems geschehen. Dabei erfolgt eine Anlehnung an Kruse (1994).

Systemgerechte Interventionen

(1) Alternative Handlungsstrategien

Zur Vereinfachung klassifizieren wir Systeme anhand der beiden in Abbildung 5-7 dargestellten **Dimensionen**: Ist der Systemzustand eher stabil oder instabil? Ist die Systemstruktur eher einfach oder komplex? Von Stabilität sprechen wir, wenn der Zustand des Systems sich relativ regelhaft entwickelt. Mit zuneh-

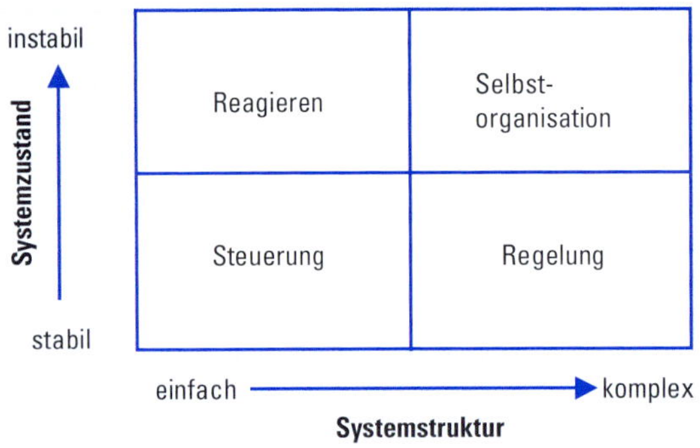

Abb. 5-7: Vier Handlungsstrategien (Quelle: Kruse 1994)

mender *Instabilität* entfaltet das System jedoch Eigendynamik, die nicht mehr vorhersagbar ist. Damit kann das System auch nicht mehr planerisch optimiert werden. Die Fähigkeit der flexiblen Anpassung ist nun gefragt, wobei in einfachen Situationen das Zufallsverhalten als Anpassungsstrategie ausreicht. Z. B. der Übergang von Verkäufer- in Käufermärkte (aus Monopolsituationen heraus) brachte für viele Unternehmen den Schritt in die Instabilität. Einfach ist das System, wenn es durch eine weitgehend überschaubare Anzahl von Faktoren beeinflusst wird. Eine Globalisierung der Geschäfte erhöht dagegen die *Komplexität* meist in einem unüberschaubaren Ausmaß. Komplexität verursacht viel kontraintuitive Dynamik, linear-kausale Logiken funktionieren nicht mehr.

Handlungsstrategien

Daraus resultieren vier mögliche **Handlungsstrategien**, die am Beispiel eines Seglers erläutert werden sollen:

- *Steuerung* (Feld 1: stabil-einfach): Das Schiff befindet sich auf hoher und ruhiger See. Der Wind ist konstant. Die Gewässer sind bekannt. Es gibt keine Untiefen. Unser Segler kann sein Schiff leicht durch fast »automatisches« Handeln auf Kurs zum Zielhafen halten. Die Prozesse lassen sich mittels einfacher Ketten linearer Kausalabfolgen beschreiben.
- *Regelung* (Feld 2: stabil-komplex): Nun nähert sich das Schiff einer bekannten Küste. Unser Segler muss einer Fahrrinne folgen, da es hier Untiefen gibt. Die Situation ist für ihn komplexer geworden. Trotzdem verfügt er über ein bekanntes Regelwerk (Seezeichen, Seekarte, Tiefenmesser etc.), das ihm eine Kursbestimmung in Richtung seines Ziels ermöglicht. Dieses nicht ganz einfache und ineinander verschachtelte Regelwerk ermöglicht ihm durch rational-logisches Handeln seinen Kurs immer wieder anzupassen, wenn es zu bestimmten Soll-Ist-Abweichungen kommt (negative Rückkopplung).
- *Reagieren* (Feld 3: instabil-einfach): Nun hat unser Segler das angestrebte Hafenbecken erreicht und ist auf dem Weg zu seinem Liegeplatz. Die Situation ist für ihn einfach, da der Hafen überall über eine ausreichende Tiefe für sein Schiff verfügt. Da es sich aber um einen großen Hafen mit vielen Booten an einem schönen Segeltag handelt, muss er auf plötzlich aus ihren Liegeplätzen herauskommende Schiffe achten. Damit ist sein Weg durch den Hafen nicht vorausschaubar. Durch unmittelbares Ausprobieren einfacher »Weg-Szenarien« nach dem Prinzip Versuch und Irrtum wird er jedoch seinen Liegeplatz sicher erreichen können.
- *Selbstorganisation* (Feld 4: instabil-komplex): Eines Tages aber bricht unser Segler mit Freunden zu einer abenteuerlichen Entdeckungstour auf. Er mietet ein Schiff in Gewässern, zu denen es keine ordentliche Seekarte gibt. Auch die vielfältige Inselwelt und die Küste sind noch weit reichend unbekannt. Die ganze Mannschaft ist zum ersten Mal in dieser Gegend. Nun bleibt der Mannschaft nur noch das Vertrauen auf ihre seglerische Intuition und das Verfolgen einer Vision, an die sie alle glauben. Sie befinden sich in der Situation der großen Entdecker. Wichtig ist nun, dass sie sensibel alle Signale wahrnehmen, die

Situation der großen Entdecker

sich ihnen als Anhaltspunkte anbieten und dass sie auch allen an Bord zur Verfügung stehenden Interpretationsmustern dieser Signale Aufmerksamkeit schenken. Flexibel und bereitwillig müssen sie sich auch auf vorerst vielleicht unbedeutend erscheinende Veränderungen einlassen. Der Kurs leitet sich aus einem permanenten wechselseitigen Abgleich zwischen den bisherigen Zielvorstellungen, den angetroffenen Bedingungen sowie der Belastbarkeit von Mannschaft und Material ab. Das jeweilige Handeln der Gruppe wie auch die Aufgabenverteilung sind Resultat einer aus der Situation entstehenden *eigendynamischen Ordnungsbildung*. Das Funktionieren dieser Verhaltensmuster in der Mannschaft kann über Leben und Tod entscheiden.

Eigendynamische Ordnungsbildung

Was kann nun eine »klassische Führung« in einer instabil-komplexen Situation tun? Klassisches Steuern, Regeln oder ein dauerhaftes Versuch-und-Irrtum-Verfahren wären nicht nur falsch, sondern verhängnisvoll. Glaubt die Führung, dass ihre Aufgabe im Steuern liegt, dann wird die notwendige Sensibilität und Flexibilität sich nicht entfalten können. Beide Fähigkeiten sind unabdingbare Voraussetzung für Wandel. Beides kann auch nicht per Anordnung organisiert und delegiert werden, sondern muss sich selbst entwickeln. Führung muss also auch dafür Sorge tragen, dass die Entfaltung des Neuen so wenig als möglich behindert wird. Organisation behindert Selbstorganisation.

(2) Fremdorganisation zur Intervention in Selbstorganisation

Interventionen entstammen einer eigenen Rationalität – und zwar der Rationalität, die dem System entspricht, welches sie bei der Entscheidungsfindung zur Anwendung bringt. Bei einem Großunternehmen ist anzunehmen, dass in ihm verschiedene soziale Systeme repräsentiert sind. So dürfte eine Holding entsprechend einer anderen Rationalität handeln als etwa die Geschäftsbereiche. Damit wird das intervenierende System zur »Außenwelt« des zu verändernden Systems; Interventionen verkörpern dann Fremdorganisation.

Dies bedeutet auch, dass die Rationalität des Teilsystems, aus dem die Interventionen kommen, keineswegs mit der Rationalität des durch die Interventionen zu verändernden Teilsystems übereinstimmen muss. Dies hängt entscheidend davon ab, inwieweit es über die vergangenen Jahre gelungen ist, Kommunikationsplattformen einzurichten und wirkungsvoll zu betreiben, die die Entwicklung eines »*shared understanding*« zwischen Führung und Geführten ermöglicht hätten. Dieses »shared understanding« sollte in turbulenten Zeiten kontinuierlich auf seine Gültigkeit hinterfragt werden. Dazu muss Strategiearbeit jedoch vor Ort zu den Geführten gebracht werden und Eingang in deren Alltag finden. Nur so können die erforderlichen Lernprozesse der Organisation die für ein Überleben im heutigen Wettbewerb erforderliche Geschwindigkeit erhalten.

»shared understanding«

Unsere Untersuchungen haben gezeigt, dass aber mit zunehmender Wandelintensität die relativen *Kommunikationsdefizite* als zunehmend empfunden werden (auch wenn vielleicht absolut mehr Zeit für Kommunikation aufgebracht wird). D.h. die Verständigungs-Distanz zwischen Führung und Geführten wächst, womit auch die Entwicklung der Rationalitäten, nach denen sich die Handlungsmuster bilden, divergieren. Damit ist nicht nur der Abstand zwischen der ersten und vielleicht siebten Ebene gemeint, sondern durchaus schon der wechselseitige Abstand im Teilsystem zueinander und zu den direkt unterstellten Führungsebenen.

Divergierende Rationalitäten

Ein Holding-Vorstand ist deshalb in solchen Phasen auch immer einer besonderen Gefahr der *»vereinsamten Rationalisierung«* ausgesetzt.

Fallbeispiel: Daimler-Benz (II)
Die Veränderungen bei Daimler-Benz in den 90er-Jahren waren stark durch die Divergenz über die Ziele des Unternehmens und des grundlegenden Wandels geprägt. Die Auslegung der Zielvorstellungen und der notwendigen Schritte zu ihrer Umsetzung wichen zwischen den Führungskräften teilweise sehr stark voneinander ab. Nicht selten wurden die formulierten Ziele sogar als falsch oder gescheitert angesehen, während sie von der intervenierenden Führungsebene noch offiziell verfolgt wurden. Daran veränderte auch das im Oktober 1992 eingeführte Leitbild des Konzerns nichts. Auch wurden die Vision des »integrierten Technologiekonzerns« und die notwendigen Fähigkeiten zu deren Umsetzung selbst durch die Mitglieder des Top-Managements unterschiedlich gewichtet und sehr verschieden interpretiert.

Aufgabe der Führung ist es jedoch, immer dort Gestaltungsimpulse zu geben, wo Selbstorganisation dysfunktionale Entwicklungen zeigt. Mit Fremdorganisation soll also dort der bestehenden Form von Selbstorganisation entgegengewirkt werden, wo aus Sicht der verschiedenen Anspruchsgruppen die Nutzenstiftung des Systems gefährdet ist.

Interventionen in die Selbstorganisation

Interventionen (und ihre Nebeneffekte) stellen dabei aber immer nur einen *Versuch* dar, die Mechanismen der Selbstreproduktion zu verändern, damit das System zu einer anderen Form der Selbstorganisation findet. Diese Versuche müssen möglichst direkt und umfassend im Hinblick auf ihre Wirkungen beobachtet werden, um frühzeitig neue und eventuell korrigierende Versuche starten zu können.

Interventionen werden also durch das System, in welches interveniert wird, immer zuerst »überprüft«: Inwieweit passt die »externe« Rationalität der Intervention (als Ausdruck von Fremdorganisation) zur »inneren« Rationalität der Selbstorganisation des Systems? Widerspricht die externe zu stark der inneren Rationalität, dann wird sie durch das System als zu ignorierend eingeordnet. Falls das System seine Identität durch die Intervention bedroht sieht, werden Abwehrmechanismen dagegen entwickelt, die man dann auch als Wandelbarrieren bezeichnen könnte.

Diese Überlegungen haben auch zur Konsequenz, dass Führungsinterventionen in bestehende Systeme notorisch unzureichend sind. Mit einer Intervention will man natürlich das Unternehmen genau an die Anforderungen des Geschäfts anpassen. Da diese sich jedoch laufend ändern, würde man eine beliebige Flexibilität des Systems voraussetzen, d.h. dass sich das System in seiner Entwicklung uneingeschränkt von seiner Vergangenheit lösen könnte. Da dies auf Grund der Reproduktion des Systems aus seiner eigenen Historie jedoch praktisch nie der Fall sein wird, kann eine Intervention das Unternehmen eben immer nur der Befindlichkeit entsprechend »bestmöglich« an das Umfeld anpassen. Gerade Großunternehmen haben zuerst besonders viel zu »vergessen«, wenn sie sich ändern wollen.

Interventionen systemgerecht zu verfassen heißt also, die Balance zu finden zwischen einer maximal denkbaren Beeinflussung der Eigendynamik und einem tolerablen Ausmaß an Untererfüllung der Geschäftsanforderungen. In dem dadurch geöffneten Lösungsraum muss sich dann auch die vorgenommene strategische Positionierung des Geschäfts befinden.

Exkurs
Im Griechischen bilden die Worte Hybris und Humilität ein Gegensatzpaar. Mit der »Hybris« wird der frevelhafte Übermut des Helden beschrieben, der glaubt, dass seine vergangenen Erfolge im Kampf Grund genug für seine weiteren Erfolge seien: Er weiß wie er zu intervenieren hat, um anschließend als Sieger den Platz zu verlassen. Mit der »Humilität« ist die Demut gegenüber dem Schicksal, dem was die Götter mit einem vorhaben oder eben dem, wie die Dinge ihren Lauf nehmen, angesprochen.

Hybris und Humilität

Notwendige Akzeptanz der Eigendynamik

Auch noch so tatkräftige Manager sollten die Eigendynamik eines komplexen Systems akzeptieren (lernen) und ihr beim Design von Veränderungsprozessen ausreichend Rechnung tragen. Wenn es zu einer fortgesetzten Unterdrückung der Selbstorganisation durch nicht ausreichend systemgerechte Interventionen kommt, dann verliert das System nach und nach von seiner Varietät, die es zur Bewältigung der bestehenden Aufgabenkomplexität so dringend benötigt. Es entsteht ein *Dauerschaden*, der nur sehr zeitaufwendig wieder behoben werden kann.

(3) Herstellung »vernünftiger Verhältnisse«

Die Wahrnehmung einer Führungssituation durch eine Führungskraft ist Ergebnis ihrer Erfahrungen und Erwartungen. Mit zunehmender Komplexität der Führungssituation reichen aber diese Erfahrungen und Erwartungen nicht mehr aus, um zu eindeutigen Wahrnehmungen zu gelangen.

Dies zwingt Entscheidungsträger wiederum zu subjektiven Interpretationen, was in Entscheidungsarenen – angesichts individueller Erfahrungshintergründe und Erwartungsmuster – auch zu unterschiedlichen Wahrnehmungen der Situation führt. Angesichts eines offensichtlichen Mangels an »objektiven« Interpretationsmustern sucht man in der Unsicherheit vermehrt Halt z.B. an Symbolen oder Einflusspotenzialen. So wird z.B. aus der Professionalität der »Inszenierung« eines Wandelprogramms auch auf dessen inhaltliche Richtigkeit geschlossen. Oder man definiert die Priorität der Handlungsfelder in einem Wandelprogramm so, dass man möglichst weit reichenden Einfluss und Kontrolle über sie hat.

Mehrdeutigkeit der Führungssituationen

Angesichts der enormen Komplexität eines fundamentalen Wandelvorhabens in einem Großunternehmen hat man also auch mit einem hohen Maß an Mehrdeutigkeit der Führungssituationen zu rechnen. Dadurch wird rationales Verhalten grundsätzlich limitiert. Phänomene wie Kultur und Macht üben dann einen großen Einfluss auf Entscheidungen in sozialen Systemen aus.

Daraus haben wir die Konsequenz gezogen und sagen, dass wir, den Bestimmungen des Vernunftinteresses folgend, uns mit den in fundamentalen Wandelprogrammen bestehenden Möglichkeiten zur *Herstellung »vernünftiger Verhältnisse«* beschäftigen wollen.[8]

Obgleich die innere Komplexität eines Projekts fundamentalen Wandels wie erwähnt sehr groß ist, wird sie in Zeiten eines strukturellen Wandels des Umfeldes trotzdem ein besonders starkes Gefälle gegenüber der Komplexität des externen Umfeldes zeigen. Eine vollständige Beherrschung des Wandels würde aber voraussetzen, dass sich die Innen- und die Außenkomplexität entsprechen. Es verbleibt also ein erheblicher Rest an Unbestimmtheit der Systementwicklung.

(4) »Reframing« der wahrgenommenen Wirklichkeit

Wahrnehmung ein Prozess der Wirklichkeitskonstruktion

Wenn wir akzeptieren, dass unterschiedliche Rationalitäten zum gleichen Betrachtungsgegenstand bestehen können, dann liegt die (konstruktivistische) Annahme nahe, dass Wahrnehmung ein Prozess der **Wirklichkeitskonstruktion** ist. Die Art und Weise wie jemand etwas wahrnimmt, wird durch seine »kognitive Landkarte« bestimmt. Sie definiert unseren Lernstil und unsere Lernkapazitäten. Die »Brille«, mit der wir beobachten, repräsentiert unsere Denkstrukturen, die wiederum eng verknüpft sind mit unseren Erfahrungen und Erwartungen. In diesen Denkstrukturen sind auch die – oben angesprochenen – sozialen Regelwerke abgebildet, die treibende Kraft der Eigendynamik eines sozialen Systems sind. Anschlusshandeln wird also sowohl durch das Kollektiv, in dem wir uns bewegen, als auch durch individuelle Besonderheiten geprägt (»Multikausalität«).

Das System erhält nun permanent aus seinem Umsystem Impulse. Diese werden mittels der kognitiven Landkarten interpretiert. Dadurch entsteht für den Beobachter ein Bild der Wirklichkeit. Eine Geschäftsleitung rekonstruiert auf diese Art und Weise z. B. die Logik eines Geschäfts und leitet daraus ihr Geschäftsmodell ab. Dabei ist es höchst unwahrscheinlich, dass irgendwo exakt dieses Modell nochmals existiert – auch nicht bei einem engen Wettbewerber und auch nicht bei den eigenen Mitarbeitern.

Aufbauend auf dem wahrgenommenen Bild der Wirklichkeit öffnen sich dem Beobachter nun die dem System zur Verfügung stehenden Verhaltensoptionen. D.h. die Selektion der Optionen geschieht also durch die kognitive(n) Landkarte(n) der Beobachter. So wird auch entschieden, ob einer Führungsintervention Sinn beigemessen wird oder nicht. Daraus entwickeln sich nun viele verschiedene und sich überlagernde Handlungsstränge im System. Dieses Handeln ist immer mit Entscheidungen verbunden. Dabei können die Entscheidungen fast unbewusst und implizit gefällt werden. Teilweise versucht man aber auch durch explizite und offizielle Entscheidungen Zäsuren in diesen Prozessen zu setzen, die bestimmtes Handeln auslösen sollen. Gehandelt wird im System aber auch ohne diese offiziellen Entscheidungen. Oft ist sogar das Umgehen der offiziellen Entscheidungen (»by-pathing«) explizite Absicht des Handelns. Die Ergebnisse, die das Handeln zur Folge hat, werden wiederum auf Basis der kognitiven Landkarte(n) evaluiert, womit der Prozess wieder von vorne beginnt.

Auf einer Mikro-Ebene wird dieser Prozess oft mehrfach in kürzester Zeit durchlaufen. Die Handlungsentscheidung eines Einzelnen kann z. B. in der Sitzung einer Entscheidungsarena im Experimentieren mit einer bestimmten Verhandlungstaktik liegen. Der »offizielle Prozess«, in dem z. B. eine Analyse des Geschäftsumfeldes verabschiedet wird, Optionen benannt, und auf ihre Vor- und Nachteile durchleuchtet werden und mit explizit gemachten Begründungen dann eine diese Optionen ausgewählt und zur Entscheidung gebracht wird, ist nur einer von vielen simultanen Durchläufen dieser Schrittfolge. Alle diese Durchläufe konkurrieren untereinander und so wird – wie bereits ausgeführt – auch der »offizielle Prozess« durch die Selbstorganisationsmechanismen des zu verändernden Kollektivs auf Akzeptanz überprüft.

Fundamentaler Wandel, der nachhaltig wirken soll, setzt deshalb an den **kognitiven Strukturen** des sozialen Kollektivs an. D.h. man muss durch das Angebot alternativer »Brillen« versuchen, konkurrierende Wahrnehmungen der Wirklichkeit aufzuzeigen. Jede einmal gewählte und auch eingeübte Sichtweise definiert, wo und wie wir die Gestaltungsmöglichkeiten (und damit auch die Hindernisse) im Wandel sehen. Unser Lösungsraum wird also durch die Art, wie wir auf Organisationen schauen, definiert. Mit jeder »Brille«, die wir dazu aufsetzen, selektieren wir die zur Verfügung stehenden Möglichkeiten. Jede »Brille« öffnet neue Optionen, blendet aber gleichzeitig andere aus.

Daraus soll sich eine erweiterte Auswahl an zur Verfügung stehenden Optionen ergeben. Durch systemexterne Beschreibungen (z. B. durch eine Führung mit Interventionsabsicht) soll die Innenkomplexität angereichert werden, um adäquatere Entwicklungsoptionen mit Blick auf die externe Komplexität entwickeln zu können. Das *»Reframing« der Wirklichkeit* wird damit zur Therapie eines mit Dysfunktionalitäten konfrontierten Systems. Umdeutungen sollen ein neues Verstehen ermöglichen, sollen neue Sinnzuweisungen anregen. In einem aktuellen Interview hat Bill Gates erwähnt, dass er die grenzenlose Suche nach solchen konkurrierenden Beschreibungen mit als seine Hauptaufgabe bei der Führung von MICROSOFT ansieht.

Neues Verstehen, neue Sinnzuweisungen

Soll ein Unternehmen fundamental gewandelt werden, so muss das Unternehmen seine Sichtweisen ändern. Wandel findet nur dort statt, wo die Fähigkeit besteht, die Unterschiede zwischen den tatsächlich an das System gestellten Erwartungen und den Ergebnissen unseres Handelns mental zu erfassen und zu bearbeiten. Soll verändertes Verhalten dabei nicht nur kurzfristig unter Druck erzeugt werden, sondern nachhaltig wirken, dann müssen diese Widersprüche durch die zu transformierende Einheit selbst prozessiert werden, da sie sich eben auch nur selbst transformieren kann. In Phasen des Wandels sollte man also möglichst intensiv und auch gemeinsam die »Brillen« wechseln, um die Wahrnehmung organisatorischer Wirklichkeit dadurch anzureichern. De facto gibt es aber meist eine »automatische« Tendenz, die genau in die Gegenrichtung weist.

Sichtweisen ändern

Daraus ergeben sich auch Konsequenzen für die Art und Weise wie Unternehmen den Fortschritt ihres eigenen Wandels analysieren. Kommen wir schnell genug voran? Geht es in die richtige Richtung? Dass hier ein klassisches Controlling nicht ausreicht, ist nahe liegend. Ein Beobachtungsmodell muss in der Lage sein, verschiedene Standpunkte, zur Anwendung gelangende theoretische Bezugsrahmen, Erfahrungen, Annahmen, Erwartungen, Einstellungen, Interessenlagen etc. aufzudecken und sie einer offenen Diskussion zugänglich zu machen. Es muss zum Perspektivenwechsel anregen.

Damit machen wir auch die Art, *wie* wir beobachten (also was für eine Art von »Brille« wir aufhaben), zum Gegenstand unserer Beobachtung. Diese »**Metakognition**« wird damit zum kritischen Erfolgsfaktor fundamentalen Wandels. Kognition kann demnach Ergebnis und Quelle von Führung sein. Es soll damit das System angeregt werden, dass neue »Attraktoren« für unsere Kugel in Abbildung 5-4 entstehen bzw. exploriert werden, wenn sie eine der Kuppen ihrer Hügellandschaft überwindet. Damit wird auch davon ausgegangen, dass die »Saat« für neue Ordnungsmuster im bestehenden Muster bereits vorhanden ist. Ein solches »Reframing« kann sich auch auf die Rahmenbedingungen beziehen, womit sich der Zeitpunkt des Übergangs zwischen zwei Ordnungsmustern beeinflussen lässt.

(5) Oberflächen- und Tiefenstruktur

Eine andere Sichtweise organisatorische Veränderung zu strukturieren und zu generieren, besteht in der Bildung von Strukturebenen einer Organisation.[9] Damit sollen wiederum Interventionen differenzierter ausgerichtet werden können.

Struktur

Unternehmen betrachten wir – wie bereits weiter oben ausgeführt – als organisierte soziale Systeme. Sie werden durch ihre Struktur repräsentiert. Mit **Struktur** meinen wir hier alle Phänomene in dem betrachteten System, die sich durch die Verknüpfung von Systemelementen als Struktur, Muster oder Regel(system)[10] im weitesten Sinne darstellen.

Die Struktur gibt dem System seine Autonomie und ist Ausdruck seiner Identität. Über die Struktur kommt die eigene Rationalität zur Anwendung, anhand derer entschieden wird, welche Interventionen ignoriert werden und welche zu den intendierten Anschlusshandlungen führen. Diese Rationalität steht für den durch die Systemmitglieder zum jeweiligen Zeitpunkt geteilten normativen Hintergrundkonsens, der sich im Verlauf der Systemgeschichte aus Überzeugungen entwickelt hat. Er wird intuitiv beherrscht und befolgt. Er sagt den Systemmitgliedern was »richtig« ist und was Sinn macht. Deshalb wurde auch die Forderung erhoben, dass Interventionen »systemgerecht«, also in Referenz zur Struktur des zu transformierenden Systems, entwickelt werden müssen.

Betrachtet man diese Struktur des Systems etwas näher, so findet man auf einer eher sichtbaren und materiellen Ebene Dinge wie Planungsdokumente, Organigramme, Prozesskettenabläufe, Groupware-Technologien, Vorschriften für die Vergabe von Dienstwagen, Parkgewohnheiten vor der Hauptverwaltung etc., die natürlich alle Gegenstand von Interventionen zur Gestaltung eines Wandels sein können. Wir sprechen hier von der **Oberflächenstruktur** der Unternehmung.

Tiefenstruktur liefert das »Warum?« zur Oberflächenstruktur

Auf der Ebene der angewandten **Tiefenstruktur** findet man dagegen alles was zu formalisierten und nicht-formalisierten Formen einer Oberflächenstruktur führt. Die Tiefenstruktur liefert das »Warum?« zur Oberflächenstruktur. Einerseits sind dies schon »ausgearbeitete« und ineinander verschachtelte Regel- und Normenwerke, die als Handlungsstruktur zur Anwendung kommen, wenn Oberflächenstruktur erzeugt wird. Teilweise sind wir uns dieser ungeschriebenen, aber gelebten Regeln bewusst (»Wir haben dies schon immer so gemacht!«); teilweise sind sie schon ins Unterbewusste »abgesunken« und werden intuitiv angewandt (»Dies ist uns noch gar nicht so aufgefallen!«).

Doch auch diese Regelstrukturen haben eine Basis an Annahmen, auf der sie aufbauen und die sie erzeugen. Deren »Komponenten« sind Werte, Tugenden, Einstellungen, Interessen, Erwartungen, Erfahrungen etc. Teilweise sind die Ausprägungen dieser Komponenten so grundsätzlicher Natur, dass man sie als »Weltbilder« betrachten kann, die die Systemmitglieder als nicht mehr reflektierte Basisannahmen ins System einbringen.[11] Sie sind beim Individuum kaum änderbar; Wandel kann hier nur über die Zeit durch die Zusammensetzung der Systemmitglieder erreicht werden.

Exkurs: Betrachtungsebenen von Organisationen
Die Unterteilung von Organisationen in Betrachtungsebenen hat wissenschaftlich Tradition: Popper (1973) war es z.B., der drei ontologisch verschiedene Teilwelten abgrenzte: physikalische Erscheinungen (Welt I), psychische Phänomene und Prozesse (Gefühle, Regelungen etc.) (Welt II) und Produkte menschlichen Geistes (Ideen, Sym-

bole, Sprachen etc.) (Welt III). Ein ähnliches Modell hat Schein (1984) für Kulturebenen entworfen: Ebene 1 sind die sichtbaren Artefakte einer Organisation, Ebene 2 die Werte (»espoused values«) und Ebene 3 die Basisannahmen. Letztere sind kaum »sichtbar« oder veränderbar. Chomsky (1973) unterscheidet in seinen Arbeiten zur Sprachgrammatik zwischen Oberflächen- und Tiefengrammatik, wobei er vermutlich auf Wittgenstein (1984) (»Philosophische Untersuchungen«) zurückgegriffen hat. Die Oberflächengrammatik wird durch die Art der Verwendung eines Wortes im Satzbau sichtbar; die Tiefengrammatik eines Wortes erschließt sich im Vergleich zu seiner Oberflächengrammatik in einem bestimmten Satz als sehr vielfältig. Unsere Kugel aus Abbildung 5-4 kann hier in verschiedenen Tälern Stabilität finden. Bei der Entscheidung, wo dies angesichts dieser »Multistabilität« richtigerweise zu geschehen hat, hilft uns unser Gehirn.

Im *Kern der Tiefenstruktur* stehen die kognitiven Regelwerke und Komponenten, die durch die Systemmitglieder weitgehend geteilt werden und zu den Handlungsmustern der Organisation führen. Diesen Kern kann man auch als die **Identität** des Systems bezeichnen. Auf sie bezieht sich unbewusst das System permanent selbst, wenn Impulse – z. B. in Form von Interventionen – auf das System treffen (»**Selbstreferenz**«). So kann das System Widersprüche erkennen und auflösen.

Identität: Bezugspunkt von Selbstreferenz

Dieser Kern ist es auch, der uns bei einer Organisationsdiagnose besonders interessiert, da er die Grundlage für die Reproduktion und Eigendynamik des Systems bildet. Daneben kann es aber auch ein »Außenseiterverhalten« von Individuen oder Minderheiten geben. Derartiges Verhalten kann zur Erzeugung von Varietät als Ansatz des Wandels bewusst gesucht sein.

Die Frage ist, *wie* die Veränderung der Oberflächenstruktur erreicht werden soll: So kann es durchaus gelingen, dass auf machtpolitischem oder psychologischem Weg die Oberflächenstruktur durchdrungen werden kann, gleichzeitig aber die Tiefenstruktur ungeteilt und unverändert bleibt. Es ist äußerst fraglich, ob über einen solchen Ansatz fundamentaler Wandel entsteht. Kann über eine zu lange Zeit die Tiefenstruktur nicht an die Oberflächenstruktur angeschlossen werden, so resultiert Unsicherheit und Orientierungslosigkeit.

Selbst wenn ein Unternehmen voller Konflikte und Widersprüche ist, wird es dabei immer einen Teil dieser Tiefenstruktur geben – den wir als *Kultur* bezeichnen können –, der integrierend wirkt und das menschliche Bedürfnis nach Stabilität zu befriedigen vermag. Kulturelle Manifestationen (wie z. B. eine »Kleiderordnung« oder die Architektur einer Konzernzentrale) erlauben Rückschlüsse auf die Tiefenstruktur. Hält man die Symbolik im Wandel stabil (z. B. mittels der Aufrechterhaltung bestimmter Rituale), so werden – gewollt oder ungewollt – Brücken zwischen Zukunft und Vergangenheit geschlagen. Verändert man diese Symbolik, dann werden diese Brücken eingerissen. Dies kann positiv wie negativ wirken.

Symbolik im Wandel

Fallbeispiel: Post – Merger-Kommunikation
Ein Automobilhersteller hatte einen Wettbewerber aufgekauft. Man kommunizierte über Monate kaum mit dem Neuerwerb, was dort zu erheblichen Unsicherheiten führte (denn Nicht-Kommunikation ist auch Kommunikation). Offiziell ließ man nur knapp verlauten, dass man das Unternehmen in seiner Eigenständigkeit akzeptieren wolle. In einer solchen Situation sucht man als gekauftes Unternehmen nach Anhaltspunkten, um daraus wieder eigene Erwartungen ableiten zu können. Ein paar Monate nach der Übernahme kamen die Führungskräfte des Gesamtkonzerns auf ihrer Jahres-

tagung zusammen. Nach der Tagung stand ein gemeinsames Abendessen in der Innenstadt auf dem Programm. Auf die Vorstandsmitglieder warteten vor dem Tagungszentrum je eine Limousine. Der Vorstand des erworbenen Unternehmens ging dabei allerdings leer aus; er musste mit dem »Mannschaftsbus« zum Essen fahren. Damit war für alle klar, was unter Eigenständigkeit zu verstehen war und man konnte nun sein Verhalten daran ausrichten – auch wenn es sich vielleicht nur um eine Unachtsamkeit des Protokolls handelte.

Die Tiefenstruktur stellt damit einen nachhaltig wirkenden und stabilen Kern des Unternehmens dar. Dagegen kann die Oberflächenstruktur im Prinzip beliebig viele und ständig neue Ausprägungen annehmen.

Interessiert man sich aus der Perspektive fundamentalen Wandels für Tiefenstrukturen, dann gewinnen die Teile der Tiefenstruktur an Bedeutung, die – z.B. in Form der oben angesprochenen Metakognition – selbst wiederum Tiefenstruktur z.B. in Form kognitiver Muster erzeugen.

Nun können wir auch unsere oben getroffene Aussage, dass Interventionen häufig ohne ausreichende Referenz zur Befindlichkeit der Organisation vorgenommen werden und damit nicht anschlussfähig sind, präzisieren: Wenn bei der Formulierung von Interventionen die Struktur von Organisationen explizit Berücksichtigung findet, dann ist es häufig nur die Oberflächenstruktur. Aspekten der Tiefenstruktur wird maximal in einer impliziten Form und bezogen auf individuelle Besonderheiten Beachtung geschenkt.

Vernachlässigung der Tiefenstruktur

Folgt man der obigen Aussage, dass sich in der Oberflächenstruktur die Tiefenstruktur präsentiert, dann könnte man argumentieren, dass es dann bei Interventionen auch ausreicht, die Oberflächenstruktur explizit zu berücksichtigen, da sie die Tiefenstruktur mit abdeckt. Dem könnte man ansatzweise durchaus folgen, wenn es eine zwischen dem intervenierenden und dem zu transformierenden System geteilte Wirklichkeitswahrnehmung (zumindest bezüglich der Inhalte des Wandels) gäbe. In Zeiten hoher Stabilität und nur inkrementaler Veränderung hat sich über viele Jahre so etwas vielleicht auch entwickelt. In Übergangsphasen kann jedoch (speziell in Großunternehmen) keineswegs davon ausgegangen werden. Dafür gibt es verschiedene Gründe:

Befindlichkeit zu wenig bekannt

- Das intervenierende Management weiß in diesen Phasen i.Allg. zu wenig über die Befindlichkeit der zu transferierenden Systeme und wird deshalb falsche Schlüsse ziehen.
- Auf der Oberflächenstruktur spricht man begrifflich vielleicht noch über das Gleiche. Was dies allerdings für die beteiligten Systeme meint, kann auf Grund unterschiedlich ausgeprägter Tiefenstrukturen höchst verschieden sein. Man nimmt als Führung also Konsens wahr, hat ihn aber nicht. Dies zeigt sich dann bei divergierenden Handlungsmustern.[12]
- Doch selbst wenn das Management über die Tiefenstrukturen des zu transferierenden Systems Bescheid weiß und man sich auch über das, was es für beide Seiten bedeutet, ausreichend ausgetauscht hat, kann wegen des hohen Anteils subjektiver Prämissen bei der Interpretation komplexer Führungssituationen keineswegs automatisch Konsens unterstellt werden. I.Allg. ist es eher so, dass das intervenierende System andere Sinnzuweisungen vornimmt, als das zu transformierende System. Die mit dem Ereignis der Interventionen kommunizierten »Stichworte« lösen weitere Kommunikationen aus. Die Ereignisse wer-

den dabei mit den kognitiven Mustern von Individuen und Gruppen verbunden. Diese Sinn suchenden Prozesse sind Teil des sich Organisierens eines Systems und können bei Widersprüchen natürlich auch zu emotionell ausgetragenen »Glaubenskriegen« führen.

Deshalb sollte im Management in solchen Übergangsphasen ein natürliches Interesse an den möglichen Reaktionen des zu transferierenden Systems auf bestimmte Interventionen bestehen. Die Grundfrage einer Diagnose lautet also: »Wie müsste eine Intervention beschaffen sein, dass sie durch das System nach und nach aufgenommen und als sinnhaft empfunden wird?«

(6) Lernformen

Die gemeinsam geteilten kognitiven Landkarten eines Unternehmens repräsentieren ihr organisatorisches Wissen. Dies ist auch das Wissen, das uns für Entscheidungen zur Verfügung steht. Der Prozess über den dieses Wissen erzeugt wird nennt man »**organisatorisches (oder organisationales) Lernen**«. Jede Veränderung eines Unternehmens kann deshalb auch als organisatorisches Lernen betrachtet werden.

Lernen heißt beobachten

Wandel heißt demnach lernen und lernen heißt beobachten. Wenn Interventionen in ein zu transferierendes System gegeben werden und das System ihnen Sinn zuweist, dann besteht zwar Anschlussfähigkeit, der Anschluss muss allerdings über einen Lernprozess vollzogen werden. Fähigkeiten müssen z.B. aufgebaut werden, die Voraussetzung sind, damit die Interventionen zum Leben kommen.[13] Über ein schnelles und direktes Feed-back sollte das System beobachten können, ob sein Lernen es den Erwartungen näher bringt.

Kehren wir zu unserer Schiffs-Metapher zurück, dann stellt sich dieses Lernen als relativ einfach dar, wenn das Ziel gegeben ist und es ein Regelwerk gibt, das uns den Kurs zum Ziel bestimmen lässt. Es reicht dann ein Lernen, das durch *Anpassung der Handlungen* (des Kurses des Schiffes) geschieht. Wir sprechen hier von **Regelungslernen**.

Regelungslernen

In der Situation des Entdecker-Teams muss allerdings die Bereitschaft vorherrschen, auf Grund neuer Beobachtungen ständig die bislang gültigen Annahmen zu hinterfragen. Dort, wo man für bestimmte Phänomene noch keine Erklärung gefunden hat, sollte nach anderen Wegen des Beobachtens gesucht werden. Dort, wo die Anwendung herkömmlicher Regelwerke versagt, muss Lernen durch *Hinterfragen und Verändern der mit den Annahmen bislang gültigen Bezugsrahmen* geschehen. Wir sprechen hier von **Kontext-Lernen**, da die Schemata, in denen ein Problem bislang betrachtet wurde, in Frage gestellt werden müssen. Daraus gewonnene Erkenntnisse führen zu neuem Wissen.

Kontext-Lernen

In dynamischen Umfeldern sollte Kontextlernen bewusst angeregt und auch verstetigt werden. Letzteres kann z.B. durch die Einrichtung einer strategischen Frühaufklärung zur Erhöhung der Sensibilität gegenüber schwachen Signalen oder durch den Aufbau ungewöhnlich besetzter Strategie- und Kommunikationsarenen geschehen.

Organisationales Wissen kann nur über Kommunikation entstehen. Intensive Kommunikation ist damit unabdingbare Voraussetzung von Wandel, da sie die Widersprüche zwischen Erwartungen und beobachteter Wirklichkeit zu thematisieren hat. Auch dass es zur Teilung von Wissen zwischen den Mitgliedern eines

»Therapeutische Diagnosen«

Kollektivs – als Aspekt der sprachlichen Formierung eines neuen Ordnungszustandes – kommt, verlangt Kommunikation in Form der Artikulation von Dissens. Dabei kann auch durch Fremdbeobachtungen des Systems (»therapeutische Diagnosen«) die Selbstbeschreibung des Systems kontrastiert werden, um über diesen Dissens mit den Systemmitgliedern ins Gespräch zu kommen und Veränderungsprozesse zu initiieren. Oft sind solche kollektiven Wissensstrukturen bereits so selbstverständlich geworden, dass sie nur noch latent vorhanden sind und durch erzeugten Dissens wieder explizit gemacht werden können.

Workshop: Konfrontation von Selbst- und Fremdbeschreibung
Diese Überlegung leitete uns auch beim Design von Feed-back-Workshops im Verlauf unserer Erforschung des Wandels bei Unternehmen. Aus der Befindlichkeitsdiagnose leiteten wir möglichst plausible Fremdbeschreibungen ab und konfrontierten sie mit der zu verändernden Selbstbeschreibung. Beide Beschreibungen bezogen sich auf eine Antizpation des Systemverhaltens bezogen auf ein für das System wichtiges Ereignis, was in Kürze zu erwarten war (z.B. Erhalt eines ersten Auftrages zu einer neu angebotenen Leistung, die Ausdruck einer grundsätzlichen Neuausrichtung des Unternehmens ist). Ziel ist die Erweiterung des Möglichkeitenfeldes der Selbstreferenz, um dadurch für das System neue Verstehens- und Handlungsoptionen zu erreichen. Der Workshop lief normalerweise in folgenden Schritten ab:

- Es wurde ein möglichst weit gehendes gemeinsames Verstehen des Ausgangsereignisses durch Diskussion entwickelt.
- In Arbeitsgruppen wurden Selbstbeschreibungen im Sinne der Frage »Wie würden wir als System reagieren, wenn dieses Ereignis tatsächlich eintritt?« entwickelt.
- Die Gruppen präsentieren ihr Szenario. Es soll dadurch ein Gefühl für die Bandbreite (noch) vorhandener Selbstbeschreibungen entstehen.
- Danach lesen wir unsere vorbereitete, aus der Diagnose abgeleitete Geschichte als alternatives Szenario vor. Die Teilnehmer bekamen diese Geschichte ausgehändigt, damit sie erkennen können, welche der Textpassagen Originalzitate aus den Interviews darstellen. Der Rest war durch uns möglichst realitätsnah erfunden worden. Es wurden damit diagnostizierte Aspekte des Systems be- oder umschrieben, die nicht verbalisiert worden waren.
- Die Gruppe wird nun gefragt, wie gut unsere Geschichte das System beschreibt. Was findet man besonders treffend, was weniger?
- Selbstbeschreibungen und Fremdbeschreibung werden dann diskutiert: Worin unterscheiden sich die Beschreibungen? Was wird durch den Vergleich in Frage gestellt? Wo konnten nur noch »latent« vorhandene Bestandteile der organisatorischen Wissensbasis wieder sichtbar gemacht werden? Lassen sich auf der Basis der Fremdbeschreibung vergangene Ereignisse umdeuten? Sind zusätzliche Optionen für das System erkennbar? etc.

»Hintergedanke« des Workshop-Designs war es, dass ein soziales System, da es sich ja nur selbst transformieren kann, zuerst eine möglichst wirklichkeitsnahe Diagnose seiner selbst benötigt. Darauf aufbauend können dann Verfahren entwickelt werden, sich problemgerechter zu verhalten. Das System muss sich also wie Münchhausen an den eigenen Haaren aus dem Sumpf ziehen. Da Systeme aber wegen ihrer begrenzten Fähigkeit aus sich selbst herauszutreten in ihren Wahrnehmungen auch gefangen sind, können Fremdbeschreibungen das Wahrnehmungsspektrum anreichern. Deshalb dürfen Fremdbeschreibungen nicht nur Ergebnis einer unmittelbaren Darstellung der Befragten sein, sondern müssen mittels der diagnostizierten Muster ihrer Wirklichkeitskonstruktion »ausgedacht« werden. Man wird dadurch also nicht die Wahrheit finden, sondern nur ihr näher kommen. Der kleine »Ausflug« in die nahe Zukunft sollte es dabei etwas leichter machen, über Problematisches zu sprechen und mögliche Systemillusionen vor Augen führen.

Dieses Verlegen der Handlung in die nahe Zukunft führte zu einer interessanten Beobachtung, die wir aus der strategischen Planung sinngemäß bereits als »Hockeyschlägereffekt« kennen: Sobald man zukünftige Systementwicklung an ein als positiv empfundenes zukünftiges Ereignis koppelt, nimmt das System an, dass alle seine bisherigen Probleme urplötzlich verschwinden und man sich deshalb auch nicht zu ändern habe. Fremdbeschreibungen können helfen eine solche System-Fata-Morgana aufzulösen. Hier gilt es mit der Gruppe zu untersuchen, ob es sich nicht eher anders herum verhält: Ändert man sich nicht, dann wird man den Auftrag auch nicht erhalten; und selbst wenn man ihn erhält, wird er ohne Wandel nicht zufrieden stellend abgearbeitet werden können. Umdeutungsversuche sowie Fremdbeschreibungen können in festgefahrenen Situationen hilfreich sein, solche Illusionen zu erkennen und aufzulösen.

Werden Lernprozesse eines Systems durch Fremdbeschreibung unterstützt, dann ist das direkte Ziel die Verbesserung seiner Selbstbeschreibung, da diese seine Reproduktion steuert.

Systeme haben für ihr Lernen allerdings nicht unbegrenzt Zeit. Dies kann z. B. in der Knappheit bestimmter Ressourcen begründet sein oder aber auch in der Existenz konkurrierender Systeme. Im Sinne einer »Metakognition« benötigen Unternehmen ein **Prozesslernen**, also die Fähigkeit, ihre eigenen Lernprozesse zu beobachten, zu reflektieren und zu verbessern.

Prozesslernen

Im konkreten Wandelfall kann man bei der Projektkonzeption bewusst die Ebene eines Prozessbeobachters einziehen. Er protokolliert die Chronologie des Wandels anhand von Interviews, Fotografien zu wichtigen Momenten, zentraler Dokumente und Zitate etc. und bereitet dies z. B. in einem »Raum der Wandelgeschichte« auf. Die Wege der Mitarbeiter sollten täglich automatisch durch diese »Ausstellung« führen und zu Gesprächen, Fortschrittsbetrachtungen, Selbstkritik etc. anregen. Es sollte ihnen auch möglich sein, mit kommentierten eigenen Ausstellungsstücken das »*Wandel-Museum*« anzureichern. Dadurch entsteht ein expliziteres Bewusstsein für Veränderung und Zeit. Darauf kann dann auch das Verfolgen bestimmter Themen (wie z. B. »Lernen zu Lernen«) aufsetzen.

Bewusstsein für Veränderung

Das Lernen zu Lernen kann nicht nur anhand eigener Lernerfahrungen verbessert werden, sondern sollte auch aus den Erfahrungen anderer lernen. Ein »Prozess-Benchmarking« von Wandelprojekten kann dies gezielt unterstützen, wobei bewusst auch ganz andere Arten von Organisationen verglichen werden sollten.

Prozess-Benchmarking

5.1.3 Change Management Ansätze

Folgt man der Literatur zu den verschiedenen Konzepten zur Bewältigung von organisatorischem Wandel, dann haben sich über die Jahre starke Veränderungen im Grundverständnis und in der Herangehensweise ergeben. Klassisch sind die teleologischen Ansätze, bei denen ein gegebenes Veränderungsziel zu erreichen ist. Dazu werden Pläne entwickelt, die auch den Abbau von Widerständen einbeziehen können. Prominent geworden, aber auch umstritten ist der Organisationsentwicklungsansatz. Impulse erfahren hat das Change Management durch die Ansätze zum organisationalen Lernen und damit verbunden dem Wissensmanagement.

(1) Wandel als Planungsproblem

Klassisch ist der Ansatz, den wir hier einmal als »**Feldherrenansatz**« bezeichnen wollen. Er folgt in seiner Konzeption in etwa folgender Logik:

1. Fixiere das Ziel genau.
2. Prüfe die alternativen Wege dorthin und wähle einen aus.
3. Plane im Detail die ausgewählte Strategie, um auf diesem Weg das Ziel zu erreichen.

Die Führung konzentriert sich in diesem Ansatz auf Zielbildung und Optionenauswahl. Beides ist Bestandteil einer rationalen Willensbildung und Entscheidungsfindung. Die Umsetzung ist kein eigentliches Problem. Haben die Truppen ihren Befehl einmal erhalten, dann werden sie als Nächstes sich zum Zielort hinbewegen. Es wird damit unterstellt, dass die Truppen willens und in der Lage sind, nach Plan vorzugehen. Indirekt ging man damit auch davon aus, dass man die Befindlichkeit der Truppen kennt.

Ging dieser Vorgang nicht wie geplant vonstatten, dann sah man die Ursache in Planungsfehlern und antwortete mit noch detaillierteren Plänen, was aber die Probleme eher erhöhte. Der Wandel der Organisation wurde in diesen Ansätzen noch nicht als ein eigenständiges Problem- und Gestaltungsfeld der Organisation anerkannt.

(2) Wandel als Umgang mit Widerständen

Erst die verhaltensorientierte Organisationslehre anerkannte das Problem der organisatorischen Veränderung in der Form an, dass man es sich vorstellen konnte, dass es aus den eigenen Reihen zu **Widerstand** gegen den Wandel kommen kann und dieser dann die Ursache ist, warum die Pläne nicht eingehalten wurden. Nun ging es primär darum, dass das, was den Weg zum Planziel noch versperrte, zu beseitigen war:

4. Überlege, welche Widerstände zu erwarten sind und wie sie überwunden werden können.
5. Wenn der Wandel vorerst nicht wie geplant greifen sollte, dann halte trotzdem unbeirrt an den Zielen fest, erhöhe jedoch die »Schlagzahl«.

Wer Widerstände beseitigen will, muss deren Ursachen und Wege zu ihrer Beseitigung kennen. Meistens wurden die Quellen in der Angst der Beteiligten gesehen, sich im Neuen wieder zurecht zu finden sowie in Interessenkonflikten, d.h im Gefühl, beim Tausch alt gegen neu einen schlechten Tausch zu machen. Widerstand kann seine Berechtigung durchaus aber auch daraus beziehen, dass man die Strategie als für das Unternehmen schädlich betrachtet und sich deshalb gegen den Wandel stellt.

Widerstände aus der Person

Daraus lassen sich zwei **Ebenen** des Widerstandes ableiten, wie man sie schon bei Watson (1975) findet: Zum einen sind es die Widerstände *aus der Person*. Primäre Ursache ist es hier, dass die Betroffenen des Wandels wenig Bereitschaft zeigen, ihre einmal eingeschliffenen operativen Routinen zu verlassen, da sie ihnen Sicherheit, Bedürfnisbefriedigung etc. vermitteln. Es können sogar Bequemlichkeit und Unwillen sein, sich nochmals neu bewähren zu müssen (»Bis zu meiner Pensionierung werde ich es wohl noch überleben!«). Widerstand kann aber auch daraus entstehen, dass auf Grund der aus der Vergangenheit erwachsenen mentalen Strukturen, Chancen und Risiken, die Anlass zu einem Wandel geben, gar nicht wahrgenommen werden. Neue Informationen werden dann so selektiert, dass man die alten Ordnungsmuster bestätigt sieht und gar keinen Anlass zum Wandel empfindet.

Widerstände aus der Organisation

Widerstände können aber auch *aus der Organisation* kommen. Betrachtet man den organisatorischen Wandel auch als politischen Prozess, dann kann dies z.B. dann sein, wenn Macht in der Organisation umverteilt wird, wenn etwa die verkaufsorientierten Organisationsteile zu Lasten der »Ingenieure« an Macht gewinnen, wie es z.B. derzeit in den meisten Telekommunikationsunternehmen auf Grund des Wandels von einem Verkäufer- zu einem Käufermarkt geschieht. Es kann aber auch sein, dass der Wandel gegen über Jahrzehnte in der Unternehmenskultur verfestigte Normen und Werte verstößt (z.B. wem aus dem Management ein eigener Fahrer zusteht).

All diesen Ansätzen ist bereits die Annahme zu Eigen, dass diese Widerstände nicht von Anfang an offenkundig daliegen, sondern versteckt wirksam werden (Dienst nach Vorschrift, Mobbing etc.). Sie müssen – wie schon Lawrence (1954) zeigte – zuerst ausfindig gemacht werden, um dann nach Wegen ihrer Überwindung zu suchen. Dies alles verlangt nach einem eigenen Management des organisatorischen Wandels und nach Wissen über den Umgang mit Widerständen.

Stellvertretend für viele der teleologischen Ansätze zu einem Management des Wandels sei hier das *Modell von Nadler* (1988) gezeigt, in dem wir all die genannten Aspekte wieder finden können. Wir haben es in Abbildung 5-8 zusammenfas-

Abb. 5-8: Das Modell des organisatorischen Wandels nach Nadler (1988)

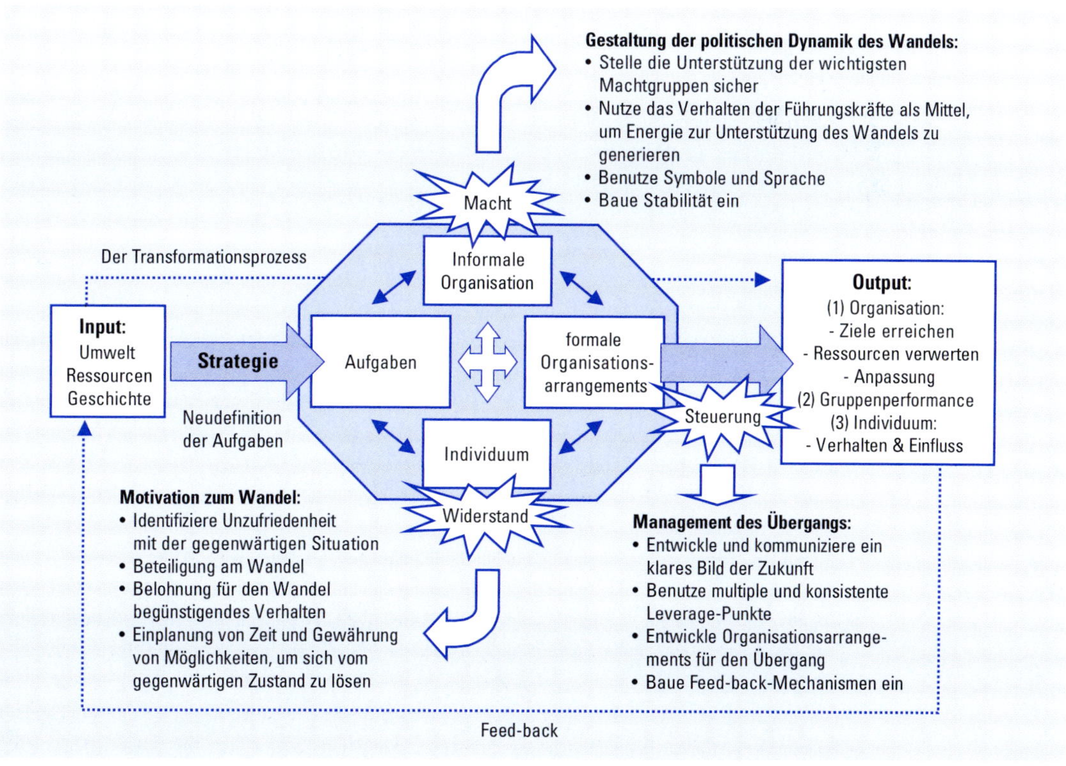

send dargestellt. Nadler (1988) geht von der Situation aus, dass eine Organisation sich in einem Ausgangszustand A befindet und gleichzeitig aber bereits einen Zielzustand B definiert hat, d.h. wie man gerne hätte, dass die Organisation in Zukunft wäre. Die dazu erforderliche Transformation von A nach B bezeichnet er als den »transition state«; er ist es, der nach einem Management des organisatorischen Wandels (oder nach einer »Implementierung« des Wandels) verlangt. Dabei sieht er drei primäre Probleme, die es zu lösen gilt: (1) *Widerstände*, die es durch eine Motivation zum Wandel zu überwinden gilt, (2) »*Steuerung*«, die durch ein explizites Management des Wandels gewährleistet wird, und (3) *Macht*, was nach einer bewussten Gestaltung der politischen Dynamik des Wandels verlangt. Die Abbildung 5-8 unterbreitet zu jedem der Problemfelder Vorschläge, wie mit ihnen verfahren werden kann. Bei den Widerständen wird davon ausgegangen, dass sie umso geringer sind, desto größer der Schmerz und die Unzufriedenheit beim gegenwärtigen Status sind, weshalb beides herauszuarbeiten und sogar bewusst zu schaffen ist. Beim Management des Übergangs wird es als wichtig erachtet, an möglichst vielen Stellen den Wandel anzusetzen, um ausreichend Momentum zu erlangen. Gleichzeitig ist aber auch auf die Konsistenz der einzelnen Aktivitäten zu achten. Gesondert verwiesen wird auch auf die zu treffenden organisatorischen Vorkehrungen: Bestimmung eines »transition manager«, Bereitstellung der für die Transformation notwendigen Ressourcen, Entwicklung eines Masterplans und Einrichtung einer entsprechenden Projektstruktur. Als wichtig wird es auch erachtet, bei aller Instabilität für *Orte der Stabilität* Sorge zu tragen, um Wandel überhaupt ertragbar zu machen.

In dieses normative Modell von Nadler sind eine ganze Reihe von Erkenntnissen aus der Wandelforschung eingeflossen. Vieles kann dabei auf die wegweisenden Arbeiten von *Lewin* (1943, 1958, 1963) zurückgeführt werden. Zusammenfassend wird dabei insbesondere auf folgende Punkte verwiesen:

- Das Wandelprojekt sollte auf einer möglichst weit reichend geteilten Auffassung aufsetzen können, dass dieser Wandel *notwendig* ist. Die Erzielung dieses Einverständnisses sollte als eigenständige Aktivität in einem Wandelprojekt betrachtet werden.
- Eine *aktive und frühzeitige Beteiligung* am Wandel fördert den notwendigen Einstellungswandel und das notwendige Verständnis für die Veränderung. Dies betrifft auch die Einbindung in die Erarbeitung des Wandelkonzeptes.
- Eine einmal aufgebaute Veränderungsmotivation muss in eine Entscheidung überführt werden, über die ein *formelles Commitment zur Anwendung der gemeinsam beschlossenen, neuen Verhaltensformen* abverlangt wird.
- Im Prozess gilt es aktiv die *Kraft und Schutzfunktion der Gruppe zu nutzen*, in dem mit den Individuen primär in ihrer Funktion als Gruppenmitglieder verfahren wird. Dadurch können Ängste eingedämmt und damit der Wandel begünstigt werden.
- Generell fördert *partnerschaftliches Verhalten* in und zwischen Gruppen den Wandel.
- *Fortschrittskontrolle und schnelles Feed-back* (meist auch mit einer Anpassung der Anreiz- und Sanktionssysteme verbunden) beschleunigen den Veränderungsprozess.
- Erfolgreiche Wandelprozesse folgen einer verallgemeinerbaren Verlaufsform, einer Art *Wandelzyklus*, die es bei der Gestaltung von Wandel zu beachten gilt.

3-Phasen-Modell von Lewin

Das von Lewin entwickelte eher präskriptive *3-Phasen-Modell* stellt die Grundlage der meisten zyklischen Veränderungsmodelle dar. Danach muss jede Organisation, die auf Dauer überleben will, für ein Gleichgewicht zwischen retardieren Kräften, die die bestehende Struktur stabilisieren, und akzelerierenden Kräften, die auf Veränderung drängen, Sorge tragen. Soll ein bestehender Gleichgewichtszustand in einen neuen transformiert werden, dann muss der Status quo zuerst »aufgetaut« werden:

- Auftauen (»*unfreezing*«) der dominanten Verhaltensmuster: Die Einstellungen, wie das Geschäft betrieben wird, passen nicht mehr und müssen deshalb durch neue Muster abgelöst werden. Zu dieser Einsicht müssen die, die sich ändern müssen, allerdings selbst kommen. Dass es dazu kommt, kann unterstützt werden. Dazu wird auf das schon aus der Antike stammende Konzept der »Katharsis« verwiesen, nach dem jeder Veränderung eine Erschütterung des Verfestigten vorausgehen muss. Es muss aber auch Motivation für Veränderung geweckt werden. Ansatzpunkt ist insbesondere also das Vermindern der retardierenden Kräfte und weniger das Verstärken der akzelerierenden Kräfte, da hierbei vielleicht zu direkt gegen bestehende Interessen verstoßen würde. Eine dritte Variante wäre eine Umkehrung der Richtung einer Kraft, in dem man z. B. eine retardierende Kraft aufgreift, analysiert und durch Umdeutung positiv nutzt. Der Anstoß zu diesem Auftauen kann sowohl von innerhalb, als auch von außerhalb der Organisation kommen.
- Veränderung (»*moving*«) zu einem neuen Gleichgewicht: Nun geht es darum, nach neuen, geeigneten Verhaltensformen Ausschau zu halten. Dazu werden auch Experimente mit zur Verfügung stehenden Alternativen durchgeführt und bezüglich ihrer Eignung bewertet.
- Fixierung (»*refreezing*«) auf neuem Niveau: Konnte eine befriedigende neue Konstellation gefunden werden, dann muss nun alles darauf ausgerichtet werden, diese zu stabilisieren, d.h. die Änderung in den Personen und Interaktionsmustern zu integrieren. Auch müssen positive Entwicklungen, die den neu gewählten Weg bestätigen, möglichst schnell allen zugänglich gemacht werden, um ihnen die Unsicherheit zu nehmen.

In Abbildung 5-9 ist dieses einfache Episodenkonzept[14] veranschaulicht. Ursprünglich waren die Mitarbeiter in diesem Konzept nur Gegenstand und nicht Mitgestalter des Wandels. Es bezog sich auch nur auf den Wandel von Individuen. Erst später wurde es dann auch auf den Wandel von Kollektiven angewandt.

Abb. 5-9: Verlauf eines Wandlungsprozesses nach Lewin (Quelle: Staehle 1999, S. 592)

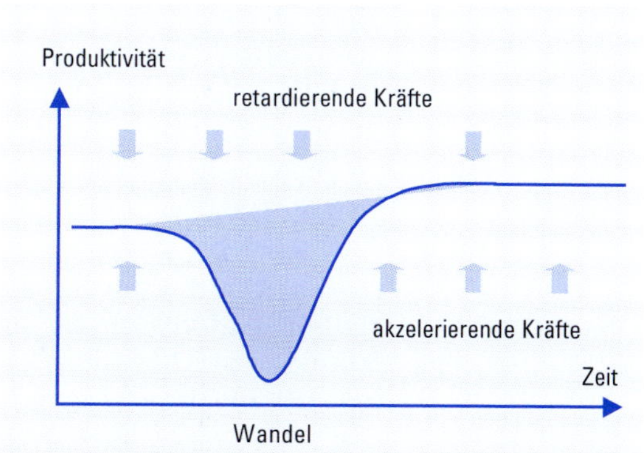

In der Literatur zum Change Management kommt man immer wieder auf derartige *Verlaufsformenmodelle* zurück. Die meisten von ihnen folgen dabei der Grundlogik von Lewin, in dem sie (1) verschiedene Phasen unterscheiden, (2) davon ausgehen, dass es eines expliziten Einstiegs in einen Wandelprozess bedarf, (3) dass Wandel Widerstand erzeugt, den es zu überwinden gilt und (4) dass die erreichten Veränderungen verfestigt werden müssen, damit die Organisation nicht in den alten Trott verfällt. Die Ansätze unterscheiden sich in der Anzahl der

Phasen sowie der Rigidität bezüglich des Phasenablaufs. Einige fordern einen exakt sequenziellen Ablauf, andere sehen den Ablauf eher iterativ oder sogar simultan-vernetzt. Einige Beispiele seien hier kurz aufgezeigt:

- Beckhard/Harris (1977): (1) present-, (2) transition-, (3) future-state;
- Kanter (1983): (1) departures from tradition and crisis, (2) strategic decisions and prime movers, (3) action vehicles and institutionalization;
- Tichy/Devanna (1986): (1) awakening, (2) mobilizing, (3) reinforcing;
- Nadler/Tushman (1989): (1) energizing, (2) envisioning, (3) enabling.
- Jick (1993): (1) Die Organisation und ihr Bedürfnis nach Wandel analysieren, (2) eine gemeinsame Vision und Marschrichtung kreieren, (3) die Vergangenheit hinter sich lassen, (4) die Sinne für die Notwendigkeit schärfen, (5) eine starke Führungsrolle unterstützen, (6) Patenschaften einführen, (7) einen Implementationsplan entwickeln, (8) unterstützende Strukturen schaffen, (9) kommunizieren/Leute einbeziehen, (10) den Wandel forcieren und institutionalisieren.
- Doppler/Lauterburg (1994): (1) Die ersten Überlegungen, (2) gezielte Sondierungen, (3) Schaffen der Projektgrundlagen, (4) Kommunikationskonzept, (5) Datenerhebung, (6) Datenfeedback, (7) Diagnose und Kraftfeldanalyse, (8) Konzeptentwicklung und Maßnahmenplanung, (9) Vorentscheidung, (10) Experimente und Praxistests, (11) Entscheidung, (12) Praxiseinführung und Umsetzungsbegleitung.
- Kotter (1996): (1) Ein Gefühl der Dringlichkeit erzeugen, (2) die Führungskoalition aufbauen, (3) Vision und Strategien entwickeln, (4) die Vision des Wandels kommunizieren, (5) Empowerment auf breiter Basis, (6) kurzfristige Ziele ins Auge fassen, (7) Erfolge konsolidieren und weitere Veränderungen ableiten, (8) neue Ansätze in der Kultur verankern.
- Krüger (2000): (1) Initialisierung, (2) Konzipierung, (3) Mobilisierung, (4) Umsetzung, (5) Verstetigung.

(3) Organisationsentwicklungsansatz

Aufbauend auf den Erkenntnissen zur Bedeutung der Gruppendynamik für Wandelprozesse entstand etwas zeitversetzt ein dritter Gestaltungsansatz – die **Organisationsentwicklung (OE)**.[15] Anfangs konzentrierte man sich mit ihr auch auf den Abbau von Widerständen bei Wandel. Später ging es aber auch um die Verbesserung der Zufriedenheit am Arbeitsplatz oder größere Entfaltungsmöglichkeiten der Mitarbeiter.

Offenes Feed-back

Ausgangspunkt der OE waren auch neu entwickelte Trainingsmethoden in den USA zum Abbau von Vorurteilen. Prominentes Beispiel sind hier die Connecticut-Seminare zum Umgang mit rassistischen Einstellungen. Dabei wurde auch die zentrale Bedeutung des *offenen Feed-backs* für wirkungsvolle und schnelle Verhaltensänderungen entdeckt. Daraus entwickelten sich dann die so genannten *T-Gruppen*-Programme der National Training Laboratories (oder ähnlich die Seminare des britischen Tavistock Institute of Human Relations), zur Einübung der Feed-back-Mechanismen. Speziell in den 70er-Jahren verbreiteten sich dann weltweit diese und ähnliche Gruppentrainingstechniken zur Unterstützung betrieblicher Wandelprozesse.

Als wichtiger Vorläufer der OE muss auch die »*Survey-guided-feed-back*«-Technik betrachtet werden, die ebenfalls auf Lewin und insbesondere auf Likert (1961) (Institute for Social Research in Ann Arbor) zurückgeht. Bei diesem Verfahren beginnt man mit einer quantifizierbaren Organisationsdiagnose, deren Ergebnisse dann in einem zweiten Schritt an die Befragten zurückgespielt und in Gruppen reflektiert werden, um selbst Lösungsansätze für erforderliche Veränderungen abzuleiten. Dabei misst man sich am definierten Idealbild einer »gesunden Organisation«. Durch Vorher-Nachher-Befragungen verschafft man sich Aufschluss über eingetroffene Effizienzsteigerungen. Ein anderer Ansatz der OE ist die *Prozessberatung*, bei der der Berater nur den Prozess ermöglichen und »coachen« soll, das Klientensystem aber selbst seine Probleme identifizieren und dafür Lösungen finden muss. Berühmt geworden ist auch das Verhaltensgitter (»*Managerial Grid*«) von Blake/Mouton (1964). In diesem 9x9-Felder-Raster werden auf der einen Achse die Sachorientierung und auf der anderen Achse die Personenorientierung dargestellt. Anzustreben ist eine möglichst hohe Ausprägung beider Dimensionen (hohe Leistung von hoch motivierten Mitarbeitern). Zur Anwendung des Rasters wird ein über mehrere Jahre laufendes 6-Phasen-Entwicklungsprogramm vorgeschlagen.

Prozessberatung

»Managerial Grid«

Ein Phasenmodell für einen idealtypischen Wandelprozess aus der Sicht des OE-Ansatzes hat Greiner (1967) auf der Basis von 18 Forschungsfallstudien abgeleitet. Wie in Abbildung 5-10 dargestellt, werden in diesem Modell sechs Phasen unterschieden, die einen erfolgreichen Wandel kennzeichnen. Auch bei Greiner zeichneten sich die erfolgreichen Fälle dadurch aus, dass sie partizipativ

Abb. 5-10: Phasen erfolgreicher Wandelprozesse (Quelle: Greiner 1967, S. 127; modifiziert durch Schreyögg 1996, S. 486)

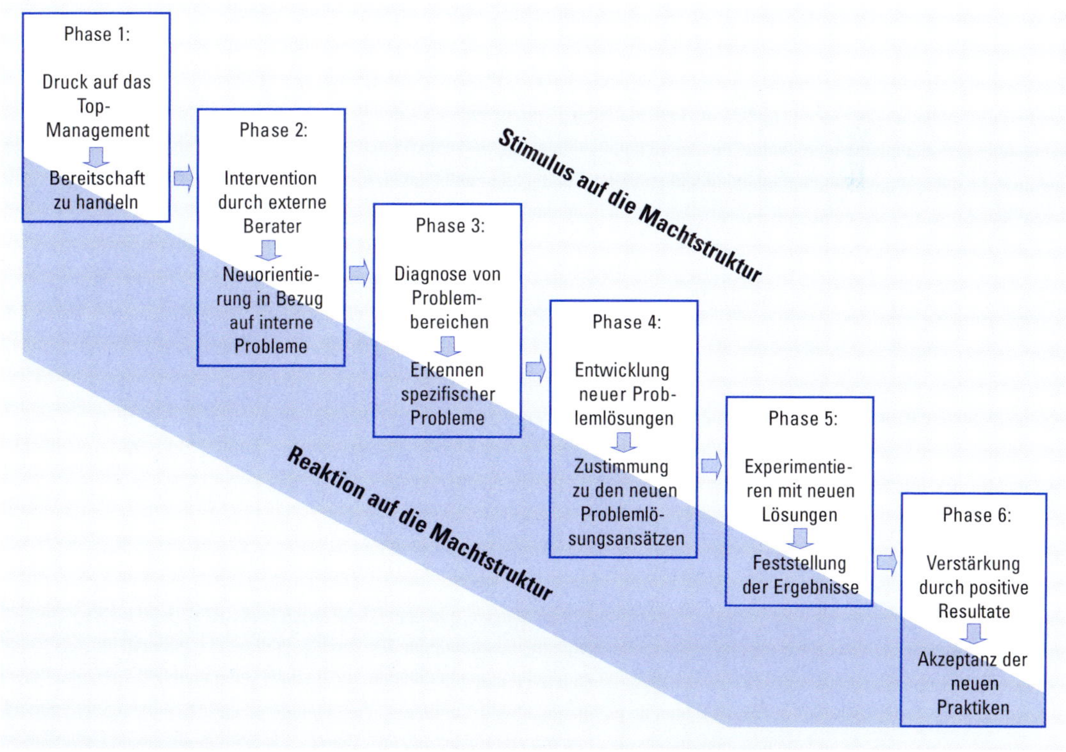

angelegt werden, was die Bereitschaft der Entscheidungsträger voraussetzte, wesentliche Elemente ihrer Macht zu teilen.

Mit diesem Ansatz erfolgt eine Wendung gegen den klassischen, teleologischen Planungsansatz, bei dem die Problemlösung bereits gegeben war und es »nur noch« um die Implementierung ging. Hier wird durch die betroffenen Organisationseinheiten selbst eine Lösung erarbeitet, um im Gegenzug deren Mithilfe bei der Realisierung sicherzustellen.

Ein mehr europäisch geprägter Ansatz ist die *systemische OE*, die ihre wesentlichen Impulse aus der Familientherapie erhielt. Hier ist insbesondere auf die Mailänder Schule unter der Leitung der Psychotherapeutin Selvini Palazzoli (1985, 1988) hinzuweisen. Dort werden Paradoxien als die zentralen Ursachen von Organisationsproblemen betrachtet und in der Gegenparadoxie sieht man den Lösungsansatz. Wandel ist hier nur möglich, wenn es gelingt, die »geheimen Spielregeln«, als die inoffiziellen Treiber der täglichen Interaktionsmuster einer Organisation, in der das soziale System sich verfangen hat, durch geeignete Interventionen zumindest teilweise außer Kraft zu setzen. Geeignet sind Gegenparadoxien. Eine solche paradoxe Intervention könnte z.B. die Aufforderung sein, die gegenwärtig eingeschliffenen Paradoxien (wie z.B. das notorische Hinausschieben von Entscheidungen) noch zu verstärken. Die Anerkennung der Pathologie soll dazu führen, dass das System selbst Widerstand gegen eine solche Empfehlung aufbaut, was es damit am besten tut, indem es diese Paradoxie beseitigt. Kritisiert wurde an diesem Ansatz das »Allmachtsselbstverständnis« des Therapeuten gegenüber dem System. Diese Kritik gilt insbesondere auch gegenüber dem daraus entwickelten Ansatz der »*Neurolinguistischen Programmierung*« (NLP).

»Geheime Spielregeln«

Paradoxe Intervention

Schreyögg (1996, S. 484) verweist auf den bis heute etwas schillernden Charakter der Organisationsentwicklung, meint aber – in Anlehnung an Cummings/Worley (1993) – trotzdem folgende fünf *Gemeinsamkeiten* der meisten OE-Ansätze erkennen zu können: Es geht (1) um einen wohl durchdachten, gezielten, episodenhaften Veränderungsprozess, (2) um die Veränderung ganzer, in sich geschlossener Einheiten, (3) um die Veränderung sowohl der Organisationsstruktur, als auch der Verhaltensweisen, (4) um eine Veränderung, die durch einen extra dafür geschulten – meist externen – Spezialisten (»*change agent*«) konzipiert und gesteuert wird sowie (5) um eine Methode, deren Annahmen auf sozialwissenschaftlichen Theorien beruht.

»change agent«

Kritik

Die *Kritik*, die gegenüber den OE-Ansätzen erhoben wird, zielt (1) auf den Manipulationsverdacht (Top-Management bzw. Berater/Therapeut gegenüber dem System), (2) auf die Annahme, dass Mitarbeiter- und Unternehmensinteressen harmonisierbar wären und (3) auf die relativ geringe theoretische und empirische Fundierung. Generell wurde gefragt, ob diesen Ansätzen organisatorischen Wandels überhaupt ein adäquates Verständnis vom »Funktionieren« von Organisationen in solchen Phasen tief greifender Veränderungen zu Grunde liegt, was wieder auf unser Kapitel 5.1 verweist.

Einer der Autoren, der daraufhin einen grundsätzlich veränderten Zugang zum Thema Wandel suchte, war Pettigrew (1985, 1988) von der University of Warwick. Er kritisierte, dass bei diesen Ansätzen das Schicksal der Unternehmung in die Hände externer, fremder Spezialisten mit völlig anderen Ausbildungshintergründen gelegt würde, was auch einer Ohnmachtserklärung des Managements gleichkommt. In sehr detaillierten, mehrjährigen, primär beschreibenden Einzelfallstudien versuchte er zuerst noch einmal besser zu verstehen, was in solchen

Veränderungsprozessen in großen Organisationen eigentlich geschieht. Dabei interessierte ihn der »**Strategic Change**«, also der Wandel, der strategisch motiviert ist und über die Gesamtorganisation zu verwirklichen ist.

(4) Wandel als Lernprozess

Einen Impuls kann ein Management des Wandels auch durch die Theorie des **organisatorischen Lernens** und damit verbunden des **Wissensmanagements** erfahren.[16] Denkt man sich die Lernfähigkeit als einen Teil des umfassenderen Konstrukts »Veränderungsfähigkeit« und begreift man Lernen als Umstrukturierung der bestehenden Wissensbasis, so wird Lernen bzw. die Aneignung und organisatorische Verankerung von neuem Wissen zur Voraussetzung eines dauerhaft stattfindenden Wandels. In diesem Sinne kann das organisatorische Lernen sicher einen Beitrag zum Management des Wandels leisten. Es können auch Hinweise gegeben werden, wie ein lernfreundlicher Kontext beschaffen sein muss, also was die »Enabler« der Generierung von neuem Wissen sind.[17] Teilweise ist aber auch eine gewisse Naivität im Umgang mit Unternehmen festzustellen, da unterstellt wird, dass Organisationen ohne Interventionen seitens des Managements auskommen können; der notwendige Wandel geschieht gewissermaßen aus der Organisation selbst heraus. Auch wird jede Art von Strukturfreiheit zu sehr idealisiert; doch viele Unternehmen beziehen ihre Stärke gerade aus der normativen Kraft ihrer operativen Routinen. Zu fragen ist eher, von welcher Dauer solche Strukturen sein sollen. Deshalb lohnt es sich auch immer noch zu fragen, in welchem Zustand sich das System befindet, denn je nach Wandelausmaß sind andere Handlungsstrategien und damit auch andere Strukturierungskonzepte wirkungsvoll bzw. dysfunktional.

Organizational Transformation

Ein Ansatz, der sich Lernmodelle zu Nutzen gemacht hat, ist der der **Organizational Transformation** (OT). Nach Levy/Merry (1986) zielt OT im Unterschied zu OE auf Situationen ab, in denen sich das herrschende Paradigma ändert, wir es also mit fundamentalem Wandel zu tun haben. Auftakt ist nicht die Problemdiagnose, sondern die Visionsbildung. Man legt sich eher auf den Zweck (Mission) als auf die Ziele des Unternehmens fest.

5.1.4 Schlussfolgerungen

Organisatorischen Wandel betrachten wir als ein eigenständiges Problem der Unternehmensführung. Um Menschen und Organisationen zum Wandel zu befähigen, bedarf es spezieller Voraussetzungen und Fähigkeiten.

Viele Charakteristika der Übergangsphase bei fundamentalem Wandel sind grundsätzlich verschieden von denen der eher stabilen Perioden. Eine solche Übergangsphase verlangt deshalb nach anderen Formen der Problemhandhabung und Führung. Die Anwendung der Methoden und Verfahren aus den stabilen Perioden vergrößert i. Allg. eher die Probleme, als dass sie diese verringert.

Begrenzt steuer- und gestaltbar

Mit dem Begriff der »Veränderung« konotieren wir die aktive Gestaltung des Wandels. Wandel ist für uns jedoch nur *begrenzt steuer- und gestaltbar*. Ein Design für den Wandel muss demnach auch immer Platz für Überraschungen, für das Ungeplante, für unerwartete Nebenwirkungen einer Intervention lassen, denn dies ist natürlicher Bestandteil komplexer Veränderungsvorgänge. Damit ist organisatorischer Wandel aber auch deutlich mehr als nur Umsetzung oder Implementierung.

Auch wenn die Systementwicklung im fundamentalen Wandel nicht prognostizierbar ist, wird hier die Gestaltung von Wandel *geplant*. Auch wird mit Zielen gearbeitet. Allerdings wird nicht davon ausgegangen, dass die Pläne über lange Zeit aufrechterhalten werden können; trotzdem benötigen wir sie zur Ausrichtung unseres Lernprozesses. Auch die mit den Plänen verbundenen Ziele werden nicht von langer Dauer sein, sondern aus der Bewegung heraus immer wieder neu formuliert werden. Doch was sie ausrichtet, ist die Vision.

Da Wandel etwas Stetiges in Organisationen ist – »chronically unfrozen« wie es bei Weick (1977) heißt –, sollte auch dauerhaft die *Fähigkeit zur Bewältigung und Gestaltung von Wandel systematisch aufgebaut, erweitert und gepflegt* werden. Diese Fähigkeit sollte breit verteilt, aber auch zentral geführt werden, da die Wandelinitiativen überall in der Organisation entstehen können und man dann in der Lage sein muss, diese Fähigkeit abzurufen und einzusetzen. Diese Fähigkeit sollte damit auch klar im Besitz und unter Herrschaft der Unternehmung sein. Sie sollte die Organisation in die Lage versetzen, selbst ihre Herausforderungen zu erkennen und Lösungen dafür zu entwickeln.

Damit das operative Wirksamwerden strategischer Initiativen über fundamentale Wandelprozesse eine ausreichende Verfestigung erfährt, sollte ein solcher Wandel in Form eines formellen Wandelprojektes mit einer Vielzahl unterschiedlichster und sich auch überlappender Unterprojekte koordiniert und – so weit als möglich – gesteuert werden. Damit *werden die Projekte zumindest vorübergehend zu den wichtigsten Arenen der Zusammenarbeit* im Unternehmen. Teilweise nehmen sie Strukturen schon vorweg, die erst später für die Gesamtorganisation angedacht sind. Damit wird das Projektmanagement aber auch zu einer wichtigen Kompetenz im Wandel.

Projekte: Vorübergehend die wichtigsten Arenen der Zusammenarbeit

Damit ist das Fundament für einen eigenen Gestaltungsansatz organisatorischen Wandels im Kontext des GMN gelegt. Dieser soll Gegenstand des nächsten Kapitels 5.2 sein.

Workshop
Zur Reflektion des Wandelverständnisses Ihrer Organisation können Sie in einer Gruppe von Kollegen einmal folgenden Aufgaben nachgehen:

1. Sammeln Sie einmal Beschreibungen, wie Ihr Unternehmen aus Sicht der Gruppenmitglieder mit Wandel umgeht. Was beobachten Sie dabei, wie die Organisation darauf reagiert? Lässt sich dies über die obigen Ausführungen erklären?
2. Jeder in der Gruppe fertigt als nächstes eine kleine Zeichnung dazu an, wie er sich fundamentalen Wandel bildhaft vorstellt. Machen Sie nun eine kleine Vernissage dieser Zeichnungen. Jeder kann nun sein Bild erläutern. Kann man das Managementverhalten eines Kollegen im Wandel über sein Bild erklären? Vergleichen Sie die Bilder untereinander. Welches der Bilder erklärt Wandel wohl am plausibelsten? Welches der Bilder passt am besten zu den theoretischen Erläuterungen aus diesem Kapitel?
3. Anhand welcher Kriterien überprüfen Sie, ob Ihr Unternehmen einem fundamentalen Wandel ausgesetzt ist? Betrachten Sie diese Kriterien nach Lektüre des Kapitels nach wie vor als geeignet?
4. Ist Ihr Unternehmen einem fundamentalen Wandel ausgesetzt? Falls ja, wurde der Einsatz von Managementinstrumenten entsprechend angepasst? Wo sehen Sie Handlungsbedarf?

Zusammenfassung

- Mit dem *»gemäßigten Voluntarismus«* wird eine Position zwischen dem *»Determinismus«* und dem *»Voluntarismus«* bezüglich der Gestaltung sozialer Systeme durch Führung eingenommen.
- Eine Organisation verfügt über eine eigene, autonome Handlungslogik. Deren Regeln, die sich vom Einzelnen weg verselbständigt haben, bestimmen die Interaktion der Systemmitglieder. Damit ist die Entwicklung einer Organisation nur begrenzt durch Führungsinterventionen gestaltbar. Ein soziales System kann sich *nur durch sich selbst verändern.*
- Fundamentaler Wandel ist ein *nicht-linearer Vorgang*: Der großen Wirkung geht eine kleine Ursache voraus. Dabei ist nicht prognostizierbar, wo sich das System nach dem Wandel wieder stabilisiert. Aufgabe der Führung ist hier die Begünstigung der Selbstorganisation des Systems.
- Langfristige Unternehmensentwicklung betrachten wir als eine Sequenz in sich relativ geschlossener Epochen. Jede Epoche wird durch ein dominantes und stabiles Ordnungsmuster charakterisiert.
- Wir gehen dabei davon aus, dass Organisationen immer Strukturen benutzen werden, um Vorteile aus der Standardisierung ihrer Prozesse zu ziehen. Ein großer Teil des alltäglichen Wandels ist auch innerhalb dieser Strukturen möglich. Manchmal befindet sich das System jedoch in einem dermaßen komplexen und instabilen Zustand, dass diese künstlichen Stabilisatoren des Systems *destabilisiert* werden müssen, um mehr Raum für einen fundamentalen Wandel zu schaffen.
- Wandel findet demnach in sozialen Systemen immer statt. Fundamentaler Wandel ist allerdings eher die Ausnahme, die auf den inkrementalen Veränderungsprozessen aufsetzt.
- Fundamentaler Wandel wird dadurch eingeleitet, dass sich ein zum herrschenden Paradigma *konkurrierendes Wahrnehmungsmuster* bildet. Fundamentaler Wandel setzt damit organisatorisches *Kontextlernen* im Sinne einer Hinterfragung von Annahmen voraus. Damit werden besondere Anforderungen an die Beobachtung gestellt. Meist ist mit fundamentalem Wandel auch ein Wechsel in den sinnstiftenden Prozessen, den relevanten Wissensbasen, den die Interaktionen der Systemmitglieder erzeugenden Regelwerken etc. verbunden. Nimmt das System diesen Wandel an, dann wird sich dabei seine Identität bzw. Tiefenstruktur ändern
- Die Protagonisten des neuen Paradigmas setzen meist auf der Erkenntnis auf, dass eine weitere »Feinjustierung« des bestehenden Modells eher zu noch mehr Dysfunktionalität als zu einer verbesserten Anpassung führen würde. Deshalb muss nach einem neuen Modell gesucht werden. Da solche neuen Paradigmen aus einer Minderheit heraus entstehen, wird es meist zu einem mehr oder minder offenen *Paradigmenkampf* mit der Mehrheit kommen, die sich – z. B. aus Überzeugung, aus Eigensinn, aus Angst, aus Bequemlichkeit oder aus Loyalität – mit dem etablierten Paradigma verbunden fühlt.
- In solchen Phasen, in denen ein soziales System zu einem grundsätzlichen Übergang herausgefordert wird, neigt man zu *»unvernünftigen Entscheidungen«*, da die zur Anwendung kommende Rationalität des Systems auf einer nicht mehr aktuellen Interpretation des Geschäftsumfeldes aufsetzt. Aus Sicht

der Vertreter des neuen Paradigmas handelt man dann gegen den normalen Menschenverstand und begeht einfachste Fehler.

- Die Vorstellungen, was Ergebnis des fundamentalen Wandels sein wird, entwickelt sich erst im Laufe der Zeit. Diese *Unbestimmtheit der Ziele* während des Übergangs verunmöglicht klassische Verfahren der Erfolgskontrolle. Ziele liegen während des Prozesses nur in abstrakten Größen wie Flexibilität oder Kooperationsfähigkeit vor. Sie entstehen und konkretisieren sich dann im Prozess.
- Je nach Denkweise zum Stattfinden organisatorischen Wandels, werden unterschiedliche Ansätze eines »Change Management« vorgeschlagen. Man findet Ansätze, die Wandel als ein Planungsproblem betrachten, andere sehen in ihm den Umgang mit Widerständen, wieder andere folgen dem auf die Gruppendynamik zielenden Ansatz der Organisationsentwicklung und eine letzte Betrachtungsweise sieht Wandel als Lernprozess.

Lernkontrolle

1. Worin besteht der Zusammenhang des Arbeitsfeldes »Veränderung« zum gesamten GMN-Ansatz?
2. Worin sieht man die wichtigsten Ursachen des Wandels, dem Unternehmen heutzutage ausgesetzt sind?
3. Welche Prozesstheorien des Wandels kennen Sie? Was besagen die einzelnen Theorien?
4. Was besagen die Begriffe »gemäßigter Voluntarismus«, »Determinismus« und »Voluntarismus« bezüglich der Gestaltbarkeit sozialer Systeme?
5. Was versteht man unter den Begriffen Eigendynamik, Selbstreproduktion, Selbstorganisation und organisatorischer Geschlossenheit sozialer Systeme? Warum ist ein solches soziales System mehr als die Summe seiner Mitglieder? Warum kann ein soziales System nur durch sich selbst verändert werden? Wie stellt man sich in diesem Kontext die Höherentwicklung eines sozialen Systems vor?
6. Welche Fähigkeiten einer Organisation sind besonders gefragt, wenn im Kugelmodell aus Abbildung 5-4B die Kugel über die Kuppe rollt?
7. Was unterscheidet inkrementalen vom fundamentalen Wandel? Was unterscheidet evolutionären vom revolutionären Wandel?
8. Was versteht man unter »eigendynamischer Ordnungsbildung« und auf welche Situationen bezieht sich dieser Begriff?
9. Warum kann man sagen, dass Führungsinterventionen in bestehende Systeme notorisch unzureichend sind? Was versteht man unter einem »systemgerechten Intervenieren« und dem »Herstellen vernünftiger Verhältnisse«?
10. Welche Bedeutung ist den kognitiven Strukturen der Führungskräfte in Phasen des fundamentalen Wandels beizumessen? Welchen Ratschlag würden Sie einem Unternehmen diesbezüglich geben?
11. Worin unterscheiden sich die Oberflächen- und Tiefenstruktur einer Organisation voneinander? Welche Konsequenzen sind zu erwarten, wenn in einer Organisation beide relativ stark voneinander entkoppelt sind?
12. Was unterscheidet das Regelungs- vom Kontext-Lernen?
13. Was besagt das 3-Phasen-Modell von Lewin?

5.2 Gestaltung

Die Ausführungen in Kapitel 5.1 hatten dazu gedient, das hier vertretene Grundverständnis zum »Funktionieren« von Organisationen darzustellen. Von dort aus wurden die begrenzten, jedoch sicher bestehenden Möglichkeiten eines bewussten Veränderns von Organisationen erörtert. Nun geht es darum, darauf aufbauend Wege aufzuzeigen, die uns für ein systematisches Gestalten des Designs eines Wandelprozesses zur Verfügung stehen.

Ziel der GMN-Veränderungsarbeit ist es i.Allg., die strategischen Initiativen zum Leben zu bringen. Ausnahme ist der Fall, dass direkt mit der Veränderungsarbeit begonnen wird, also die Mobilisierung der Organisation (Werte, Einstellungen, Interessen, Kommunikation etc.) die Initiative selbst ist, und man erst dann nach einer geeigneten strategischen Ausrichtung der frei gewordenen Energie sucht (»strategy follows organisation«) (vgl. Abbildung 1-7). Solche Fälle dürften allerdings eher die Ausnahme sein.

Damit wird auch primär über die Qualität dieser Veränderungsarbeit entschieden, ob strategische Initiativen operativ wirksam werden oder nicht. Dabei können drei *Ebenen der operativen Wirksamkeit* unterschieden werden:

1. Heutzutage wird das Veränderungsmanagement meist mittels eines *Projektmanagements* gesteuert. Hier kann das operative Wirksamwerden dadurch begünstigt werden, dass Initiativen in Teilprojekte heruntergebrochen werden, die den operativen Arbeitsstrukturen möglichst nahe sind.
2. Diese Projekte sollten nicht von zu langer Dauer sein, da es sonst in der normalen *Linienorganisation* zu einem »Entledigungsverhalten« kommt, d.h. alle etwas ungewöhnlichen Entscheidungen in die Projekte gegeben werden. Deshalb sollten die Projektstrukturen möglichst bald wieder aufgelöst werden und die noch verbleibenden Wandelaktivitäten werden dann in die zuständigen Bereiche der Linienorganisation übergeben. Inwiefern dies dann auch tatsächlich geschieht, entscheidet wiederum über die operative Wirksamkeit.
3. Es kann nur der Teil einer strategischen Initiative als operativ wirksam betrachtet werden, der in die täglichen, *operativen Routinen* (den »on-going-process«) Eingang gefunden hat. Dies kann jedoch Jahre dauern und währenddessen durch viele andere Wandelprojekte überlagert werden.

Output der Veränderungsarbeit ist ein »*Drehbuch für den Wandel*«. Ein Drehbuch ist deutlich mehr als nur eine To-do-Liste (Was? Wer? Bis wann? etc.). Das Drehbuch legt die dem Veränderungsprojekt zu Grunde liegenden Handlungen und Akteursstrukturen fest. Es beschreibt die Dramaturgie, die Inszenierung einer Wanderung der Organisation, die eine verändert anzugehende Zukunft mit Gegenwart und Vergangenheit verbindet. Es benennt auch den Spannungsbogen, das den Wandel erfolgreich »in Szene« zu setzen hat. »Drehbuch«

Diese Wanderung will man nicht dem Zufall überlassen, auch wenn man weiß und annimmt, dass solche Drehbücher während der Wanderung angesichts des Erlebten und Beobachteten immer wieder überarbeitet werden müssen. Entsprechend der mit dem GMN verfolgten Gestaltungsabsicht bewegen wir uns damit im planerischen Bereich, und da es ebenso gute wie auch schlechte Drehbücher gibt, ist bewusst initiierter Wandel immer auch ein *Planungsproblem*. Da wir uns hier aber bewusst sind, dass soziale Systeme auf Grund ihres »Eigensinns« nur begrenzt steuerbar sind und dort, wo sie sich verändern, in ihrer Richtung bei fundamentalen Veränderungsprozessen auch kaum prognostizierbar sind, wollen wir ein Konzept anbieten, das solche Eigendynamiken zu berücksichtigen und zu nutzen vermag. Es ist *auf schnellen Feed-back angewiesen*, damit die, die sich auf den Wandel einlassen, umgehend sehen können, wohin er sie führt, und sie dann aus der Bewegung heraus ihre Veränderungsdesigns (»Drehbücher«) anpassen können. Unser Ansatz unterstellt weiter, dass breitflächiger und nachhaltiger Wandel allein durch Anordnung und Zielvorgaben nicht zu erreichen ist, sondern, dass *die involvierten Menschen zum Wandel zu befähigen* sind. Es braucht einerseits zwar auch die »Macher« eines Wandels, andererseits geht es aber darum, eine Organisation in Bezug auf Wandel zu *kultivieren*.

Den Widerstand, den Mitarbeiter im Wandel zeigen können, betrachten wir als eine normale Begleiterscheinung von Wandel. Dadurch, dass er sich zeigt, erhalten wir eine Chance, seine Ursachen aufzuspüren. Auch eine Krankheit lässt sich leichter diagnostizieren, wenn der Körper über Schmerz Warnsignale als Symptome von sich gibt. Diesen Schmerz wird man nicht nur aktiv betäuben wollen, da man dadurch einen Sensor für die Befindlichkeit des Organismus verliert. So sucht man nach subtileren Formen des Umgangs mit Widerständen, die befähigend auf die Mitarbeiterschaft wirken: Man informiert die Mitarbeiter besser, da Gerüchte und schlechte Informationen zu falschen Schlüssen geführt haben; man verhandelt, um empfundene Interessenverletzungen neu zu regeln; etc.

Lernziele

- Erläuterung des hier vertretenen Bezugsrahmens zur Entwicklung eines Prozessdesigns für strategischen Wandel
- Auseinandersetzung mit der Frage des richtigen Timings im Wandel
- Unterteilung eines Wandelzyklus in einen Phasenablauf
- Bildung thematischer Akzente bei komplexen Wandelvorhaben
- Erörterung des »role making and taking« im Wandel
- Nutzung der verschiedenen Gestaltungsräume einer Organisation: Struktur, Kultur und Politik
- Aufzeigen von Möglichkeiten zur Evaluation von Wandelprogrammen

5.2.1 Wandel als Gestaltungsaufgabe

Wie in den vorangegangenen Arbeitsfeldern des GMN suchen wir an dieser Stelle nach einem Gestaltungsansatz für die Veränderungsarbeit, der im Kontext des GMN abgefasst ist. Wir fragen uns, welche zentralen Dimensionen uns zur Gestaltung des organisatorischen Wandels zur Verfügung stehen. Dabei soll die Veränderungsarbeit in Analogie zu einem Filmprojekt gebracht werden, um darüber den Begriff der Dramaturgie für das Change Management nutzbar zu machen.

(1) Der Bezugsrahmen zur Gestaltung der Veränderungsarbeit

Ähnlich wie bei der Gestaltung der Initiierungsarbeit in Feld 1 des GMN suchen wir nun nach den zentralen Fragestellungen (bzw. Dimensionen) entlang derer sich die Entwicklung eines Systems beschreiben lässt bzw. die es zu beantworten gilt, wenn die zukünftige Entwicklung gestaltet werden soll:[18]

- **Timing (Wann?):** Mit dem Timing ist die *Entwicklungslogik* des Systems repräsentiert. Gestaltung heißt hier die inhaltlich aufeinander aufbauende zeitliche Sequenzialisierung der Maßnahmen in zugleich ambitionierten, aber lokal auch machbaren Einheiten. Entwicklungslogik
- **Akzente (Was?):** Der Ansatz basiert hier auf der Annahme, dass es in Veränderungsprozessen eine dominante Diskussion gibt, die den *Entwicklungsfokus* wiedergibt. Nutzt man dies aktiv, so soll durch das Setzen inhaltlicher Schwerpunkte eine Konzentration der Kräfte ermöglicht werden, um dem Wandel zu einer größeren Durchschlagskraft zu verhelfen. Der Gefahr der Verzettelung wird so entgegengetreten. Entwicklungsfokus
- **Akteure (Wer?):** Die im System handelnden Akteure stehen für die *Entwicklungsdynamik* des Systems. Sie betreffen die Energiefelder, die mit den Strategien zusammenkommen müssen, damit die gewünschte Veränderung geschieht. Dabei wird angenommen, dass die von den Akteuren ausgehenden Kräfte in einem sozialen System ein kollektives Phänomen sind. Auch eine noch so tatkräftige Einzelperson ist als Akteur ohne das dazugehörige Interaktionsmuster relativ kraftlos. Entwicklungsdynamik
- **Gestaltungsräume (Wo?):** Die Räume repräsentieren für uns das *Entwicklungsobjekt*. Direktes Objekt der Veränderung sind zwar die Fähigkeiten. Auf Grund ihrer äußerst komplexen, multikausalen Verwurzelung in der Tiefenstruktur bzw. der Identität der Organisation lassen sie sich jedoch nicht direkt gestalten. Man kann lediglich versuchen über die Gestaltung des organisatorischen Kontextes die geeigneten Rahmenbedingungen bereitzustellen, innerhalb derer sich die gewünschten Fähigkeiten entfalten. Deshalb sind der strukturelle, kulturelle und politische Raum unsere Objekte, über die wir indirekt die Fähigkeitentransformation erreichen wollen. Entwicklungsobjekt

In Abbildung 5-11 wird das Gesamtmodell eines Wandeldesigns zusammenfassend dargestellt. Jede seiner vier Komponenten wird im Folgenden ausführliche Erläuterung finden und über die zur Verfügung stehenden Dimensionen operationalisiert.

Zur Erstellung eines Wandeldesigns müssen diese vier Komponenten zueinander in Bezug gesetzt werden: So können z.B. einzelne Sequenzen im Timing unterschiedliche thematische Akzente haben. Die Akzente können wiederum matrixartig in Beziehung zu den involvierten Kräften gebracht werden, etc.

Die vier Komponenten werden über 16 Dimensionen operationalisiert. Dies ergibt den Bezugsrahmen in Abbildung 5-12. Bei diesen 16 »Stellhebeln« für die Gestaltung eines Wandeldesigns wird festgelegt, wo man sich zwischen den beiden Polen positioniert sieht.

Vorab sei hier nur eine kurze Übersicht über die 16 Dimensionen als erste Orientierung gegeben. Jede der Dimensionen kann verschiedene Ausprägungen innerhalb eines Ausprägungspaares annehmen, über die das Wandelkonzept dann seine konkrete Gestalt erhält.

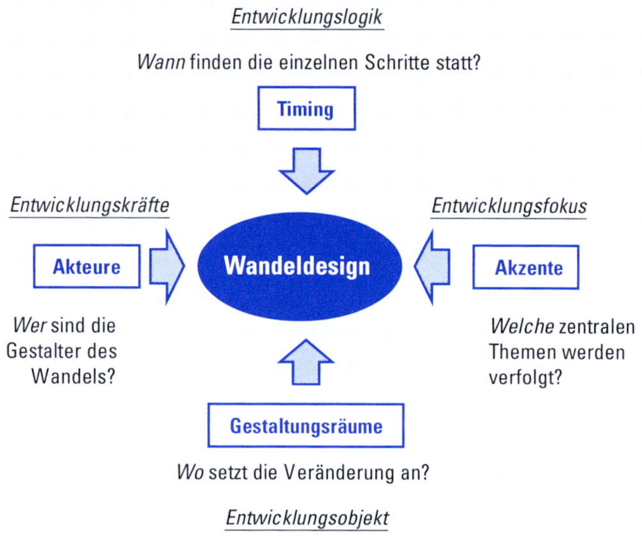

Abb. 5-11: Die vier Komponenten des Wandeldesigns

Komponenten:	Dimensionen:	einfacher ◄ Ausprägungen ► komplexer weniger aufwendig aufwendiger
Timing Wann?	Epoche	inkremental ◄□□□□□□□► fundamental
	Zyklus	kurz ◄□□□□□□□► lang
	Welle	eine ◄□□□□□□□► viele
	Phasen	eine ◄□□□□□□□► viele
	Taktung	lang ◄□□□□□□□► kurz
Akzente Was?	Remodellierung	bestätigend ◄□□□□□□□► erneuernd
	Reorientierung	bestätigend ◄□□□□□□□► erneuernd
	Repositionierung	bestätigend ◄□□□□□□□► erneuernd
	Restrukturierung	bestätigend ◄□□□□□□□► erneuernd
	Revitalisierung	bestätigend ◄□□□□□□□► erneuernd
Akteure Wer?	Stakeholder	ausgeblendet ◄□□□□□□□► eingebunden
	Rollen	wenige ◄□□□□□□□► viele
	Schichten	entkoppelt ◄□□□□□□□► verkoppelt
Räume Wo?	Struktur	gering ◄□□□□□□□► hoch
	Politik	gering ◄□□□□□□□► hoch
	Kultur	gering ◄□□□□□□□► hoch

Abb. 5-12: Bezugsrahmen zur Gestaltung der Veränderungsarbeit

Im Fall der Designkomponente »**Timing**« stehen fünf unterschiedliche Ausprägungspaare zur Entscheidung an.

Epoche

- Bei der Dimension »*Epoche*« ist zu entscheiden, ob man sich als in einer Übergangsphase zwischen zwei Epochen betrachtet und man es dann mit fundamentalem Wandel zu tun hat (was Konsequenzen bezüglich der relevanten Führungskonzepte hat) oder ob man sich eher in einer Phase des inkrementalen Wandels sieht. Wie bereits weiter oben erwähnt befinden sich derzeit viele

Branchen auf Grund unterschiedlichster Ursachen (Liberalisierung, Deregulierung, neue Technologien etc.) in einer Phase des Strukturbruchs was in den betroffenen Unternehmen meist fundamentalen Wandel zur Konsequenz hat.

- Bei der Dimension »*Zyklus*« ist die angesetzte Dauer des Veränderungsprozesses angesprochen. Eine Dauer von 1–2 Jahren ist als eher kurz zu betrachten. »Lang« ist dagegen alles jenseits von 5–6 Jahren. Zyklus
- Bei der Dimension »*Welle*« muss über die Anzahl der Wellen, in die das zeitliche Konzept zu untergliedern ist, entschieden werden. Oft ist heute mit den Wellen die sequenzielle Abarbeitung von zwei bis drei thematischen Akzenten verbunden: Z.B. zuerst das Portfolio der Geschäfte neu strukturieren und dann die Kerngeschäfte in ihren Prozessen optimieren. Minimum ist dabei eine Welle, denn sonst würde ja die Initiative nicht wirksam werden. »Viel« wären wohl schon mehr als vier Wellen. Welle
- Bei der Dimension »*Phasen*« wird nach der Anzahl der Zeitabschnitte gefragt, in die ein Wandelzyklus eingeteilt wird. Auch hier ist das Minimum eine Phase, wenn überhaupt keine Phaseneinteilung erfolgt. Viel sind sechs Phasen und mehr. Die meisten Konzepte gehen von drei Phasen aus (vgl. Abschnitt 5.1.3(2)). Häufig folgen sie dieser Logik: das Aufbrechen der alten Strukturen, das Transformieren des Systems in seinen neuen Zustand sowie das »Vertäuen« des neuen Zustands. Phasen
- Bei der Dimension »*Taktung*« wird entschieden, in wie viele zeitliche Feinabschnitte am jeweiligen Ort des Wandels nochmals ganz situationsspezifisch untergliedert wird. Misst man der dortigen Mannschaft eine hohe Wandelfähigkeit bei, dann wird man die Takte eher lang wählen; denkt man zeitlich eher sehr eng führen zu müssen, dann wird man eher kurze Taktlängen wählen, also viele zeitliche Zäsuren einbringen. Hier ist einerseits an die allgemein anerkannte Faustregel zu erinnern, über viele »small wins« die Mannschaft in »verdaubaren« Schritten zum Ziel zu führen. Andererseits sollte man eine Mannschaft aber auch nicht in ein zu enges zeitliches Korsett stecken, wenn man ihre Kraft zur Selbstorganisation durch zu viel Fremdorganisation nicht behindern oder gar lähmen will. Taktung »Small wins«

Im Fall der Designkomponente »**Akzente**« wird über fünf Dimensionen thematisiert, ob die bisherige Vorgehensweise bei der Wahl des Entwicklungsfokus bestätigt werden soll, oder ob sie zu erneuern ist.

- Im Fall der Dimension »*Remodellierung*« war bereits in den Feldern 2 und 3 des GMN zu entscheiden, ob das der Geschäftslogik bislang zu Grunde liegende Paradigma eher erhalten bleiben soll, oder ob das Geschäft an neuen Spielregeln und Erfolgsfaktoren auszurichten ist. In Feld 4 ist nun zu beschließen, welche Konsequenzen die getroffene Entscheidung auf die Transformation des Gesamtsystems haben sollte. »Remodellierung«
- Die Remodellierung ist in vielen Branchen relevant, da die Umfelddynamik zu neuen Rahmenbedingungen der Geschäfte führt, innerhalb derer dann neue Erfolgsfaktoren zu erfüllen sind. Die Notwendigkeit zur »*Reorientierung*« der Geschäftsportfolios und die »*Repositionierung*« der Geschäfte gegenüber ihrem Umfeld (Kunden etc.) sind teilweise direkte Konsequenz daraus. »Reorientierung« »Repositionierung«
- »*Restrukturierungen*« sind ebenso aktuell, da im Feld des neuen, häufig internationalen Wettbewerbs Kosten, Zeit und Qualität der eigenen Wertschöpfungsprozesse zu hinterfragen sind. Hier besteht die Gefahr darin, dass bei ei- »Restrukturierung«

ner zu einseitigen Konzentration auf Kostenfragen, die Organisation das Thema Innovation, das letztendlich wettbewerbsentscheidend sein wird, entlernt.

»Revitalisierung«

- Mit der »*Revitalisierung*« sollen denn auch Werte und Einstellungen den Anforderungen nachgezogen werden, um die Sinnorientierung des eigenen Schaffens nicht zu verlieren.

Im Fall der Designkomponente »**Akteure**« haben wir es ebenfalls mit drei unterschiedlichen Ausprägungspaaren zu tun, die sich auf die Bedeutung relevanter Akteure sowie deren Zusammenspiel beziehen.

»Stakeholder«

- Bei der Dimension »*Stakeholder*« muss entschieden werden, inwieweit die wichtigsten Interessen- und Anspruchsgruppen am Wandel des Unternehmens (Kunden, Mitarbeiter, Eigentümer etc.) im Wandeldesign Berücksichtigung erfahren sollen oder inwieweit man sie eher ausblenden will.

»Rollen«

- Bei der Dimension »*Rollen*« ist die Frage zu klären, wie ausdifferenziert das Rollen-Setting sein soll.

»Schichten«

- Bei der Dimension »*Schichten*« ist das Problem der adäquaten Kopplung der einzelnen Wandelkollektive aneinander zu überprüfen.

Im Fall der Designkomponente »**Gestaltungsräume**« geht es um die verschiedenen organisatorischen Rahmenbedingungen, die es zu verändern gilt, wenn ein verändertes Verhalten das Ziel ist. Es wird hier unterschieden in die Dimensionen:

»Struktur«
»Politik«
»Kultur«

- »*Struktur*« (Aufbau- und Ablauforganisation etc.)
- »*Politik*« (Machtbasen, Formen der Einflussnahme etc.)
- »*Kultur*« (Symbole, Werte etc.)

Ihre Ausprägungspaare gering versus hoch beziehen sich auf die Bedeutung, die der jeweilige Gestaltungsraum explizit im Wandel erfährt. Man kann diese Bedeutung teilweise an den zum Einsatz kommenden Instrumenten ablesen.

In der Unternehmenspraxis besteht immer noch ein klarer Fokus auf strukturellen Instrumenten. Inzwischen ist man aber deutlich mehr sensibilisiert bezüglich der Erfolgsrelevanz der Unternehmenskultur und den politischen Aspekten eines Wandels. Problem ist hier allerdings die immer noch geringe Anzahl zur Verfügung stehender Instrumente.

Ähnlich wie beim Optionenrahmen im Arbeitsfeld »Initiierung«, so wird auch hier die Liste der 16 Dimensionen nicht als generisch betrachtet, sondern kann im Anwendungsfall ergänzt oder verändert werden. Dieser Katalog der Dimensionen hat lediglich eine heuristische Funktion, nimmt aber für sich in Anspruch, in den meisten Anwendungsfällen auch weitgehend die relevanten Aspekte abdecken zu können. Gleiches gilt für die vorgeschlagenen Ausprägungspaare der Dimensionen.

Natürlich vereinfacht ein solcher Bezugsrahmen die Gestaltung eines komplexen Wandeldesigns in erheblicher Weise, da er nur ein paar Grundfragen anreißt. Deshalb sollte er auch nur als eine Art Checkliste Verwendung finden, über die man eine gestalterische Diskussion zu öffnen vermag. Danach muss in die Details der nachfolgenden Ausführungen eingestiegen werden, über die nun auch die einzelnen Dimensionen detailliert beschrieben werden sollen.

(2) Dramaturgie und Inszenierung des Wandels

Wandel bedarf einer eigenen Dramaturgie, auf die sich Beteiligte und Betroffene einlassen, die sie akzeptieren und die ihnen einen Pfad zeigt. Wandel muss dazu auch inszeniert werden. Die Inszenierung ermöglicht die Wandeleffekte, sie beinhaltet die Mittel zum Zweck, wird aber durch die Betroffenen i.Allg. nicht wahrgenommen.

Man kann die Arbeiten im GMN auch mit den Arbeiten zu einem *Spielfilm* vergleichen, an dem das ganze Unternehmen (und eventuell auch seine Partner), aber auch Zuschauer beteiligt sind. In beiden Fällen geht es um ein Konzept zur Veränderung im sozialen System. Ausgangspunkt eines Filmprojekts ist eine gute Geschichte, die es in Szene zu setzen gilt. Sie ist so zu inszenieren, dass Beteiligte und Publikum bereit sind, sich auf sie einzulassen und gegebenenfalls auch mitzuspielen. Dazu gibt es Spezialisten, wie etwa den *Drehbuchautor*, der aus der Geschichte heraus ein Konzept für den gesamten Film entwirft. Dieses Konzept steht analog zum Design des Wandelprozesses. Es ist chronologisch angelegt und muss nicht nur tragfähig sein, die Beteiligten und die Zuschauer durch diese Geschichte zu führen, es muss auch bestimmte Erkenntnissprozesse und Verhaltensänderungen auslösen können. Der *Produzent* wird dann noch die Fragen nach der strategischen Positionierung des Produktes stellen: Gibt es hierfür einen Markt? Wie trifft man ihn am genauesten? Was ist das günstigste Zeitfenster hierfür? usw. Auch ist er es, der sich am intensivsten um das so genannte »casting« kümmert, d.h. um die Zusammenstellung eines geeigneten Teams.

Neben dem Produzenten und dem Drehbuchautor ist in einem solchen Filmprojekt noch ein drittes Handwerk gefragt: Das Know-how eines *Regisseurs*. Er ist es, der den Film »macht«; d.h. er hat das Drehbuch zu einem Film umzusetzen und damit die Geschichte zum Leben zu bringen. Er ist unverzichtbares Element im Autorenteam eines Films. Mit ihm sprechen Produzent und Drehbuchautor den Film so lange durch, bis ein gemeinsames Bild davon entstanden ist. Insbesondere in der Planungsrunde gibt er Feed-back ob etwas »machbar« ist oder nicht und welche Effekte dadurch ausgelöst werden. Manchmal zieht man noch besonders wichtige *Hauptdarsteller* zu diesen »Designgesprächen« hinzu; aber ohne das Votum des Regisseurs würde man ein Drehbuch wohl kaum zur Verfilmung freigeben, da das Risiko eines Fehlschlags zu groß eingeschätzt würde.[19]

Entscheidend ist in der Filmindustrie – im Gegensatz zur bisherigen Unternehmenspraxis – die Anerkennung der konzeptionellen Umsetzungskompetenz (in der Person des Drehbuchautors) als eigenes, äußerst relevantes »Handwerk«, die bei einer Produktion von Anfang an mit hinzugezogen wird. Dies resultiert aus der einfachen Erfahrung, dass eine gute Geschichte noch lange keinen erfolgreichen Film ausmacht. Doch wie viele Strategien scheitern auf Grund eines mangelnden oder mangelhaften Drehbuchs? Durch eine professionelle Zusammenarbeit des Drehbuchautors mit dem Regisseur (operative Umsetzungskompetenz) und einiger ausgewählter Schauspieler in Schlüsselrollen (im Sinne von »change agents«) könnte oft schon sehr früh erkannt werden, dass eine bestimmte Strategie nie das Tageslicht erblicken wird.

In diesem Sinne betrachten wir den Output aus Feld 4 als eine Art »*Drehbuch für den Wandel*«. Es beinhaltet das Konzept zur Inszenierung des operativen Wirksamwerdens einer strategischen Initiative durch die Transformation der Organisation. Wir wollen damit dazu ermuntern, dem *Vierergespann Produzent-*

Drehbuchautor-Regisseur-Hauptrollen entsprechende Bedeutung beizumessen, da mit jeder Funktion unverzichtbare Kompetenzen und notwendiges Handwerkszeug verbunden sind. In der Unternehmenspraxis wird noch viel zu sehr davon ausgegangen, dass Transformationen entweder »von alleine erfolgen« (»Man bezahlt ja die Leute dafür«) oder dass jede Führungskraft (mit den dazugehörigen Experten) über diese Fähigkeiten verfügt. Speziell in Zeiten fundamentaler Wandelvorgänge ist daran jedoch eher zu zweifeln.

5.2.2 Optionen zur Entwicklungslogik: Das Timing

Wandel als Prozess der gemeinschaftlichen Zukunftsgetaltung

Mit dem »Timing« müssen die für den Wandel vorgesehenen Maßnahmen auf eine Zeitachse gebracht werden. Dabei darf es sich nicht um eine reine Aneinanderreihung der Maßnahmen handeln. Vielmehr muss der zeitliche Ablauf des Projektes einen Spannungsbogen ergeben. Man muss dabei wegkommen vom Bild eines »Projektes zur Beseitigung lästiger Widerstände«, hin zu einem Prozess der gemeinsamen Zukunftsgestaltung, zu dem die Mitarbeiter befähigt werden sollen. Dabei wird es immer welche geben, die daraus Vorteile ziehen können und andere, die dabei eher das Nachsehen haben. Dies stellt aber nicht das eigentliche Problem dar. Entscheidend ist, ob die Spielregeln, wie dies geschieht, prozedural fair und allgemein nachvollziehbar sind.

(1) Umgang mit dem Faktor Zeit

Es ist die Zeit, die Wandel ermöglicht

Veränderung soll immer möglichst sofort geschehen. Zeit wird i.Allg. keine positive Bedeutung im Management beigemessen. Dabei ist es gerade die Zeit, die die Veränderung ermöglicht. Wandel benötigt deshalb einen sehr bewussten Umgang mit dem Faktor Zeit: Einerseits braucht Wandel auch seine »schnellen Erfolge«, da dadurch Entschlossenheit demonstriert wird und damit die Zweifelnden sehen können, dass es vorwärts geht. Andererseits besteht die Gefahr, dass man durch ein zu hohes Tempo die Mannschaft hinter sich verliert und es nur zu oberflächlichen Veränderungen kommt. Um eine bestimmte Wandelqualität zu erreichen bedarf es eben des richtigen Timing: nicht zu schnell und nicht zu langsam.

Die **Dauer** von Wandel wird in der Unternehmenspraxis meist notorisch unterschätzt. Die Projekte sind oft auf ein bis zwei Jahre angelegt. In dieser Zeit können jedoch höchstens die wichtigsten strukturellen Veränderungen implementiert werden. Die politischen und insbesondere die kulturellen Prozesse nehmen jedoch deutlich mehr Zeit in Anspruch. Da sie aber wichtiger Bestandteil eines nachhaltig wirkenden Wandels sind, sollten Projekte tief greifenden Wandels auf etwa drei bis fünf Jahre konzipiert werden. Eine möglichst realistische Einschätzung der Dauer des Wandels beugt auch der Gefahr vor, dass man den Wandel nicht in genügend kleine Sequenzen untergliedert, die für die Betroffenen überschaubar und erreichbar erscheinen. Natürlich gliedert man z.B. einen Vier-Jahres-Prozess deutlich detaillierter durch als einen Ein-Jahres-Prozess.

Hinsichtlich der Wahl des richtigen **Zeitpunktes** für den Start eines Wandels wird immer wieder die Frage diskutiert, ob Wandel eine Krise benötige. Sicher ist eine krisengeschüttelte Organisation »gefügiger« als eine erfolgsverwöhnte. Warum sollte die Letztere sich überhaupt auf solch ein abenteuerliches Vorhaben einlassen? Trotzdem hat die Krise den Nachteil, dass der noch zur Verfügung stehende Manövrierspielraum meist deutlich eingeengt ist. Am extremsten ist dies in einer Turnaround-Situation. Deshalb sollte die Krise als Auslöser von Wandel, wenn immer möglich, vermieden werden. Das Warten auf die Krise entspricht einem reaktiven Ansatz. Unternehmerischer ist der proaktiv eingeleitete Wandel, da die Antizipation notwendiger Veränderungen mit Kernaufgabe einer Führungskraft ist.

Eine zu ehrgeizige Einschätzung der Dauer eines Wandels kann dazu führen, dass die zeitliche Belastung der zur Verfügung stehenden Mitarbeiter so groß ist, dass kein Raum mehr für **Überraschungen** besteht. Solche Überraschungen sind jedoch keineswegs die Ausnahme, z.B. in Form nicht erwarteter Nebenwirkungen der ergriffenen Aktionen.

Fallbeispiel: Daimler-Benz (III)
Besonders dramatisch trifft diese Beobachtung auf den Fall Daimler Benz zu. Der dort 1971 eingeleitete und ab 1985 über Akquisitionen umgesetzte Wandel zum »Integrierten Technologiekonzern« sollte proaktiv zukünftig erwartete Probleme in der Geschäftsentwicklung aufgreifen: Marktsättigung und neue technologische Erfolgsfaktoren im Fahrzeuggeschäft. Nachdem jedoch Anfang der 90er-Jahre auf einmal das Fahrzeuggeschäft auf Grund einer nicht mehr wettbewerbsfähigen Kostenposition große Verluste verzeichnete, wurde die nur begrenzt greifende erste Welle des Wandels durch eine zweite, reaktiv aufgegriffene Welle des Wandels weit reichend überlagert. Da die Konzerngewinne bislang primär aus dem Fahrzeuggeschäft kamen, musste nun dort zuerst wieder die Wettbewerbsfähigkeit hergestellt werden. Damit verlor die erste Welle einen großen Teil der ihr noch verbliebenen Relevanz.

Diffusionspfad

Mit der Anlage der zeitlichen Achse im Wandeldesign stellt sich auch die Frage des **Diffusionspfades**: Soll man eher von einer Piloteinheit zum Ganzen gehen, oder eher vom Ganzen zu den einzelnen Organisationseinheiten. Grundsätzlich ist der zweite Weg zu bevorzugen – allerdings unter der Voraussetzung der oben erwähnten Kontextsensitivität. Wandel erhält in der Organisation sehr schnell große Aufmerksamkeit. Schließt man nicht von Anfang an alle mit ein, entsteht die Frage: »Warum wir nicht?« Damit verliert der Gesamtprozess auch an Dynamik. »Ausgeschlossen sein« hat eine andere Bedeutung als »nicht mitmachen wollen«. Nachteil des Starts über eine Piloteinheit ist auch, dass im Falle eines Misslingens unterstellt wird, dass deshalb ein Wandel für das Ganze auch nicht funktionieren kann. Vorteil kann es sein, dass man – im positiv verlaufenen Fall – eine »Vorzeigeeinheit« hat, die demonstriert, dass der Wandel machbar ist. Der Pilot bietet auch die Chance für Experimente.

Ein »Roll-out« des Wandels auf der vollen Breite der strategisch neu auszurichtenden Organisation ist meist zu bevorzugen. Das notwendige Lernen zum »richtigen« Design des Prozesses muss im Prozess selbst angelegt sein. Dies kann z.B. dadurch geschehen, in dem man den Fortschritt sehr eng beobachtet, direktes Feed-back einrichtet, Fehler erlaubt, wenn aus ihnen systematisch gelernt wird etc. Da es keinen primär überlegenen Ansatz für die Gestaltung des Wandels gibt, kann man an den verschiedenen »Orten des Wandels« auch verschiedene Konzepte in Konkurrenz gegeneinander starten lassen und beobachten, welches sich wo durchsetzt. Man kann dies auch als »*Buschfeuer-Prinzip*« bezeichnen: Dezentral wird nach unterschiedlichen Methoden versucht Feuer anzulegen; man hofft dann, dass die Feuer, die entfacht werden können, sich möglichst bald in den Rändern berühren und wechselseitig verstärken.

»Buschfeuer-Prinzip

Wichtig ist in diesem Zusammenhang, dass organisationsübergreifende Arenen angelegt werden, in denen die Prozesse an den verschiedenen Orten des Wandels untereinander verglichen werden. Erfahrungsaustausch zu Themen wie »richtige Geschwindigkeit«, »Belastbarkeit«, »Eignung bestimmter Instrumente« etc. bestimmt ganz entscheidend den Erfolg des Wandels. Es geht darum, einen laufenden konstruktiven Dialog zur Performance der Strategienimplementierung und dem Wandelfortschritt unternehmensübergreifend einzurichten.

(2) Dimensionen beim Timing

Die Zeitachse eines Wandelprozesses kann – je nach Komplexitätsgrad – für die Prozessplanung unterschiedlich fein untergliedert werden. Natürlich wird dann jeder Wandelprozess seine eigene Verlaufsform nehmen. Durch die Planung soll jedoch die Lerngeschwindigkeit im Umgang mit dem Prozess erhöht werden. Einer der Faktoren, nach denen der Erfolg eines Wandels zu beurteilen ist, ist seine zeitliche Effizienz: Konnte in möglichst geringer Zeit das Ziel des Wandels erreicht werden? Die Zeit steht dabei natürlich in einer Trade-off-Beziehung zu anderen Ressourcen wie Kosten und Qualität, die für den Wandel benötigt werden.

Bei der Untersuchung von Wandelprozessen können verschiedene zeitliche Kategorien beobachtet werden, in denen gedacht und gehandelt wird.[20] Diese Kategorien können auch zur konzeptionellen Gestaltung der zeitlichen Dimension Verwendung finden:

Epoche: Stabiles Erfolgsmuster

Eine **Epoche** ist ein zeitlicher Entwicklungsabschnitt in der Geschichte einer Organisation, in dem ein zentrales Paradigma oder Erfolgsmuster relativ stabil Gültigkeit besitzt. Auch wenn das System ab und zu Störungen ausgesetzt ist, baut sich Ordnung doch immer wieder um denselben Attraktor herum auf.

Während früher die Erfolgsmodelle teilweise noch für mehrere Generationen im Familienunternehmen tragfähig waren, scheint heute der Zeitrahmen, der einer Epoche zu Grunde liegt, enger zu werden. Auch erfolgreiche Unternehmer wie Max Grundig oder Heinz Nixdorf mussten selbst noch miterleben, wie die von ihnen entwickelten »Erfolgsrezepte« auf einmal nicht mehr »funktionierten«. Deshalb ist es auch riskant, das Lernen zur Anpassung des Geschäftskonzepts auf wenige Köpfe an der Spitze des Unternehmens zu konzentrieren. Auch wenn es sich hier um ausgewiesene Experten handelt, wächst damit die Wahrscheinlichkeit, dass eine relevante Entwicklung verpasst oder zu spät erkannt wird.

Entwicklungsmodelle, wie z. B. das von Greiner (1972), erfassen die einzelnen Schritte in der Entwicklung eines Unternehmens. Sie beschreiben das Wachstum des Unternehmens eher aus der Sicht der *internen Organisationsdynamik*: In der Variante von Krüger (1994) endet die Pionierphase in einer Überlastungskrise, die als Entwicklungskrise überwunden werden muss, die Markterschließungsphase endet in der Differenzierungskrise, die Programmerweiterung in der Steuerungs- und Koordinationskrise, die Internationalisierung in der Bürokratiekrise, die Globalisierung in der Synergiekrise. Und was kommt danach?

Diese Schritte der internen Entwicklung können durchaus innerhalb der gleichen Epoche geschehen, in der ein bestimmtes Erfolgsmuster einer Branche reift. Dieses Erfolgsmuster, was man so gut beherrscht, kann dann an Gültigkeit verlieren. Man vergleiche dazu nochmals Abbildung 5-5. Der Ressourceneinsatz verliert an Wertschöpfung. Die Branchendynamik erzwingt fundamentalen Wandel bei den betroffenen Unternehmen. In Abbildung 5-13 wurde am Fall IBM ver-

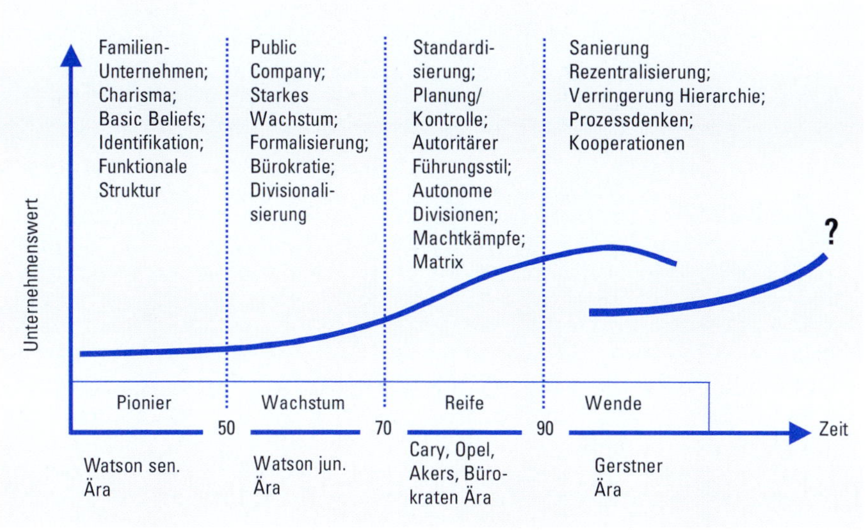

Abb. 5-13: Entwicklungsphasen der IBM

sucht, diese interne und externe Dynamik in einer Grafik zu erfassen. In der Phase Gerstner ging es um das Überleben des Unternehmens.

Zyklus: Management des Übergangs

Ein **Zyklus** beschreibt das Niveau der Aktivitäten zum Management des Übergangs von einer Epoche auf die andere. Während dieser Übergangsphase stehen die Paradigmen beider Epochen in Konkurrenz zueinander. Im Wandel löst demnach nicht die eine Epoche die andere schlagartig ab. Vielmehr überlappen die Epochen einander im Übergang. In Abbildung 5-5 wurde dies bereits dargestellt.

Die Betrachtung des Wandels als Zyklus birgt in sich die Gefahr, dass Wandel durch die Betroffenen als etwas mit einem definierten Anfang und Ende betrachtet wird: Es gibt ein Problem; man greift es auf und löst es; danach kehrt man wieder zum »normalen betrieblichen Alltag« zurück. Doch wer heute in die Betriebe schaut, sieht, dass es diese Rückkehr kaum noch gibt; immer neue »Sonderprojekte« werden in diesen Alltag »hineingedrückt«, sodass mancherorts schon fast der Alltag zum Sonderfall wird. Lieber wäre uns deshalb das Bild einer niemals endenden organisatorischen Dynamik, die allerdings in bestimmten Zeiträumen z.B. durch eine überlagernde Projektstruktur mehr Aufmerksamkeit, und damit eine Verstärkung erfährt. Das Problem bleibt dabei auch selten das gleiche, am Anfang definierte Problem, sondern verändert sich kontinuierlich im Strom der Ereignisse und Interaktionen.

Wellen: Sequentialisierung thematischer Prioritäten

Bei sehr komplexen und langwierigen Wandelvorhaben bietet sich die Aufteilung eines Zyklus in einzelne Sub-Zyklen an, die wir als **Wellen** bezeichnen. Dadurch wird die Möglichkeit einer thematischen Priorisierung über einen bestimmten Zeitraum geboten. Ein besonders wichtiger Aspekt – wie etwa »Restrukturierung«, »Null-Fehler-Qualität« oder »Internationalisierung« wird an die Spitze der Wandelagenda gesetzt.

Wellen entstehen in ungeplanter Form oft einfach auch dadurch, dass ein zu illusorisch konzipiertes Wandelprojekt weitgehend scheitert. In einem zweiten Versuch geht man dann realistischer und oft auch radikaler vor. Während alte Seilschaften in der ersten Welle noch geschützt blieben, wird in der zweiten Welle mit einer nahezu vollständig erneuerten Führungsmannschaft gestartet, da das alte

Team zu viel an Glaubwürdigkeit verloren hat. Man könnte sich fragen, ob eine solche erste Welle in einem gewissen Sinne »notwendig« war, damit es überhaupt zur zweiten Welle kommen konnte. Es sollte jedoch nicht in diesem Sinne geplant werden, da auf diesem Weg auch enorm viel positive Energie und Zeit verloren gehen.

Fallbeispiel: Lafarge Copée

Der Wandel von Lafarge (Coppée) war sehr stark durch den CEO Olivier Lecerf als Initiator, treibendem Visionär und Prozessarchitekten eines kontinuierlichen Veränderungsprozesses getrieben. Er aktivierte den Kreis der 120 Top-Manager als Diskussionsplattform und Ausgangspunkt für anschließende organisatorische Lernprozesse. Die Transformation war explizit in fünf Wellen unterteilt:

1. The Guiding Principles (1984): Anliegen war es, gemeinsam den Konzern als Ganzes in seiner Entwicklung zu betrachten. Dazu sollte eine integrierende Kultur entwickelt werden.
2. Saphir (1985–86): Ziel war die Umsetzung der Guiding Principles über strukturelle Ansatzpunkte (Anreizsysteme, Leistungsmessung etc.). Alle Hierarchiestufen sollten durch das Top-Management mobilisiert werden.
3. The Four Challenges (1987–88): Weitere Strukturänderungen folgen als Ergebnis aus den Saphir-Analysen.
4. Ambition 2000 (1989–90): Nach den vielen Strukturinterventionen stand die Revitalisierung im Mittelpunkt dieser Welle. Es sollte eine gemeinsame Langfriststrategie ausgearbeitet werden. Auch ging es darum die Nachfolger im Top-Management frühzeitig zu bestimmen.
5. Developing Human Resources (1990–92): Hier sollte nun noch expliziter unternehmensweit die Kultur als Gestaltungsraum betrachtet werden. Es ging um Rekrutierung der Köpfe, die man zu brauchen glaubte, um Mitarbeiterentwicklung, um Motivation, um Job Rotation etc.

Ergebnis war, dass ein kontinuierlicher Veränderungsprozess aufgebaut und stufenweise weiterentwickelt werden konnte. 120 Top-Manager kommunizierten die Geschäftspolitik mit ca. 3000 Angestellten in ca. 50 Workshops über mehrere Jahre und mittels verschiedenster Medien. Es handelte sich um eine Art »partizipativer Top-down Ansatz«, getrieben durch den CEO. Sein Anliegen war es, dass ein gemeinsames Bewusstsein für Veränderung geschaffen werden müsse. Während die Welle 1 noch stark auf die Unternehmsspitze konzentriert war, gingen die nächsten Wellen 2 und 3 immer mehr in die Breite und Tiefe der Organisation. Erst mit der 4. Welle wurde wieder insbesondere auf die Spitze gezielt.

Fallbeispiel: Alcatel

Alcatel war Ende der 80er-Jahre einer starken Dynamik insbesondere im Telekommunikationsumfeld ausgesetzt. Es gab neue technologische Entwicklungen, veränderte gesetzliche Rahmenbedingungen, verschärften Wettbewerb, andersartige Kundenbedürfnisse etc. Alles verlangte nach einer schnellen Anpassung. Das Wandelprojekt wurde in drei Wellen gegliedert:

Ausgangspunkt der ersten Welle (4/89–1/90) war die Vision des CEO Pierre Suard, die in 11 Workshops mit 300 Top-Managern diskutiert wurde. Diese erste Welle lief unter dem Label »The Alcatel Way« (»Network of people working together in trust to achieve success«). Ziel war die Entwicklung einer gemeinsamen intellektuellen Agenda und der Entwurf einer Art Masterplan für den Wandel. In einer zweiten Phase wurden die Ergebnisse durch eine Vielzahl weiterer Seminare unter Anwesenheit des Top-Managements in der gesamten Unternehmung (120.000 Mitarbeiter) verbreitet und divisional implementiert. Die lokalen Orte des Wandels hatten Freiheit in der Wahl der Implementierungsmethoden.

Im Oktober 1990 wurde dann eine zweite Welle mit 12 Seminaren für die 300 Top-Manager aufgelegt (Alcatel Way II). Hier ging es insbesondere um Fragen der Kundenorientierung, um die Stärkung eines unternehmensübergreifenden Teamgeistes und um die Verbesserung der Kommunikation.

1992 gab es nach der Fusion mit GEC ALSTHOM eine dritte Welle (»The Alcatel Alsthom Way«). In ihrem Mittelpunkt stand die Schaffung einer gemeinsamen Identität und Kultur sowie die Suche nach Synergien. Auch hierfür wurde wiederum eine Sequenz von Workshops durchgeführt.

Bei der Gestaltung der aufeinander folgenden Wellen ist auch an die begrenzte Belastbarkeit der Organisation zu denken. Natürlich befinden sich Organisationen heute im permanenten Wandel. Aber muss bei einem Wandel gleich immer alles von unten nach oben gekehrt werden? Folgt man den Forschungsergebnissen von Abrahamson (2000), so ist das »*Pacing*« ein zentraler Erfolgsfaktor in der langfristigen Entwicklung eines Unternehmens. Nach einer sehr tief in das Organisationsgefüge eingreifenden Wandelwelle, sollten die Mitarbeiter zuerst wieder einmal »abbremsen« dürfen. Sonst erhält man eine ausgebrannte und wandelmüde Belegschaft in die nach und nach ein aggressiver Zynismus Einzug hält (»permafrost organizations«). In den Dilbert Cartoons von Scott Adams werden solche Situationen trefflich beschrieben. Ein gutes Top-Management muss also nicht nur wissen, wann es Zeit ist über groß angelegte Wandelinitiativen mittels »kreativer Zerstörung« möglichst rasch und radikal nach neuen Wachstums- und Rentabilitätsverbesserungen zu suchen, es muss auch wissen, wann es an der Zeit ist *Tempo herauszunehmen*. Teilweise kann dies schon dadurch geschehen, dass man beim Start neuer Initiativen vermehrt auf bereits irgendwo im Unternehmen Vorhandenem aufbaut, was aber in Vergessenheit geraten ist.

Für das feinere Design des Wandels entlang der Zeitachse wird ein Zyklus in **Phasen** unterteilt: Von der Vorbereitung der Veränderung bis zur Rückkehr in einen eingeschwungenen Zustand. In den meisten Fällen baut die Phasenbildung auf der Idee auf, dass – mehr oder minder partizipativ – zuerst das Grobkonzept (Vision, Konzernstrategie etc.) auf Top-Management-Ebene entwickelt werden muss, um es dann kaskadenförmig zu verfeinern und in die Organisation hineinzutragen. In erfolgreichen Fällen war es zusätzlich gelungen mit der Sequenz der Phasen den Spannungsbogen eines Wandels aus der Sicht der meisten Betroffenen abzubilden.

Phasen mit unterschiedlichen Funktionen

Fallbeispiel: CIBA[21]

Die CIBA, ein Schweizer Pharma- und Chemieunternehmen, startete Ende der 80er-Jahre – basierend auf einer neuen Vision – ein Projekt zu ihrem fundamentalen Wandel. Teilweise wurde dieses Projekt durch den neuen Verwaltungsratspräsidenten A. Krauer (1987) und durch die öffentlichen Reaktionen auf den Brand in der »Schweizerhalle«, die der Führung neue gesellschaftliche Anforderungen an ein Unternehmen bewusst machten, ausgelöst. Es wurde in fünf Phasen eingeteilt: (1) Entwicklung der Gruppenstrategien (9/89–1/90); (2) Umsetzungskonzeptentwicklung auf strategischer Ebene (1/90–6/90); (3) Implementierung auf strategischer Ebene (7/90–12/90); (4) Konzeptentwicklung auf der operativen Ebene (1/91–12/91); (5) die Hebel in Gang setzen (1/92–12/92). Wichtige Maßnahmen z.B. in Phase 5 waren: Beginn der Restrukturierung des Konzernportfolios, 10%ige Reduktion der Personalkosten und

Abschaffung der automatischen Anpassung der Löhne an das Preisniveau, neues Leadership- und Teamworkkonzept, dezentralisierte Organisation in 14 autonomen Divisionen, neue Rechnungslegung nach IASC, neues Logo »CIBA« zur Stärkung der Corporate Identity. Heute ist die CIBA Teil der NOVARTIS AG, die 1996 aus der Fusion mit dem Basler Konkurrenten SANDOZ hervorging.

Zeit ist in den meisten Veränderungsprozessen eine äußerst knappe Ressource. So entsteht z.B. auf Grund der Unsicherheit schnell Konkurrenz um die Aufmerksamkeit des Managements. Oder die Führung macht zeitlichen Druck, da sie schnelle Erfolge sehen will. Dadurch können Konflikte entstehen: Das Management hat nicht ausreichend Zeit für Kommunikation; die kurzfristigen Erfolge können die Nachhaltigkeit des Wandels gefährden etc.

Differenzierung in Teilentwicklungsprozesse

Viele durch den Faktor Zeit bedingte Konflikte lassen sich durch eine entsprechende *Differenzierung in Teilentwicklungsprozesse und deren Harmonisierung* glätten. Innerhalb jedes Teilprozesses bestehen Optionen bezüglich Takt und Rhythmus des Teilprozesses. »Large-Scale-Change« ist immer dadurch charakterisiert, dass er in vielen formalen und informalen Teileinheiten gleichzeitig stattfindet. Dabei wird häufig der Fehler begangen, dass im Design des gesamten Wandelprojektes unterstellt wird, dass die einzelnen Teilgruppen mit der gleichen Geschwindigkeit voranschreiten. De facto wird dies jedoch nie der Fall sein. Schon allein unterschiedliche Kulturen führen hier zu einer hohen Varietät. Dabei müssen z.B. die Langsamen nicht unbedingt die Schlechten sein. Wichtig ist hier, dass Lernarenen geschaffen werden, in denen Erfahrungen zum Umgang mit Takt und Rhythmus in den einzelnen Prozesssträngen ausgetauscht werden können.

Taktung des Wandels zur »verdaubaren« Schrittfolge

Ausgehend von der unterschiedlichen Belastbarkeit und den verschiedenen Ausgangssituationen in den organisatorischen Teileinheiten wird an den lokalen Orten des Wandels jede Phase in eine »verdaubare« Schrittfolge (**Takt**) eingeteilt: Wie viele Schritte will man zur Bearbeitung der Phase definieren? Und – direkt damit verbunden – wie viel Aktivitäten fallen dann pro Takt an? Verfügt man über eine hohe Wandelfähigkeit und -bereitschaft, so wird man sich pro Schritt eine relativ hohe Anzahl an Aktivitäten vornehmen. Ziel ist es, taktfest zu sein, d.h. dass mit einer gewissen Sicherheit auch das geleistet werden kann, was man sich pro Takt vorgenommen hat. Der Takt ist damit auch die feinste geplante zeitliche Zäsur im Veränderungsprozess.

»small wins«

Die Bedeutung der »*small wins*« für den Wandel wird immer wieder herausgestellt. Da Wirklichkeit durch den Empfänger und nicht durch den Absender definiert wird, müssen – wieder im Sinne der Kontextsensitivität – die Wandelaktivitäten so »portioniert« werden, dass die gewählte Taktlänge als eine erhebliche, aber machbare Veränderungsleistung betrachtet wird. Sie bedarf einer entsprechenden symbolischen Wertung, um einerseits das Geleistete zu würdigen und andererseits sich für den nächsten Schritt Mut zu machen.

Im Mittelpunkt der Gestaltung des Wandels steht normalerweise der Zyklus und seine Phasen. Darauf wollen wir uns im Folgenden auch konzentrieren.

(3) Übergänge als Zyklen

Wie bereits oben erwähnt, betrachten wir die *Periode des Übergangs* zwischen zwei Paradigmen als einen **Zyklus**, der grob einem bestimmten Ablaufmuster folgt. Betrachtet man dabei das Ausmaß der unternommenen Wandelaktivitäten, dann kann man sich diesen Zyklus in Form einer Glockenkurve – wie bereits in Abbildung 5-5 gezeigt – vorstellen.

Anfänglich geht es darum, die bestehenden Ordnungsmuster zu destabilisieren, um das System in eine instabile Situation zu bringen, aus der heraus es dann ein neues Ordnungsmuster finden kann. Dabei muss diese Glockenkurve nicht symmetrisch verlaufen. Links-schief ist sie z. B. im Fall eines notwendigen Turnarounds, da das Unternehmen kurz vor dem Konkurs steht, oder im Fall einer überraschend angekündigten Unternehmensübernahme, bei der auch gleich die Integration beider Unternehmen umfassend in Angriff genommen wird.

Destabilisierung durch Flexibilisierung

Eine Destabilisierung kann durch Maßnahmen zur **Flexibilisierung** von Organisationen erreicht werden. Ziel ist eine gezielte Entkopplung vom Bestehenden, bevor es zur Neukopplung kommt. Die Reaktionsgeschwindkeit der Organisation auf Veränderungen soll dadurch auch erhöht werden. Über Instrumente wie Abflachung der Hierarchien, Center-Konzepte, Dezentralisierung der Verantwortung, Empowerment etc. kann eine solche Flexibilisierung vorangetrieben werden.

Die zweite Hälfte des Wandelzyklus ist auf die Stabilisierung ausgerichtet. Stabilisierung ist hier im Sinne von Konsolidierung um ein neu gefundenes Fließgleichgewicht herum zu verstehen.

Fallbeispiel: Siemens (I)

Es gibt auch Unterschiede hinsichtlich des Niveaus der Wandelaktivitäten. So zog sich z. B. der Wandel der Siemens AG vom Elektrotechnik- hin zum Elektronikkonzern über viele Jahre relativ »lautlos« dahin, ohne dass explizit von einem Wandel gesprochen wurde. Es änderte sich zwar die Struktur der Geschäfte, das Verhalten in den meisten Geschäften war aber eher inkrementalem Wandel unterworfen. Anfang der 90er-Jahre sah man aber auch bei Siemens Anlass, den unternehmensweiten Wandel zu proklamieren. Viel Prominenz erlangte dabei das Projekt »top«, über welches Siemens-übergreifend Wandel in den Geschäften angestoßen werden sollte und auch konzeptionelle Unterstützung bei der Prozessgestaltung geboten wurde.

Oberstes Ziel des Projektes »top« war nach den Worten des Vorstandvorsitzenden von Pierer die Steigerung des Unternehmenswertes und Kundennutzens. Diese Ziele wurden getragen durch Produktivität, Innovation und Wachstum. Ermöglicht wird dies durch kulturellen Wandel und ein den Wandel ausrichtendes Unternehmensleitbild. Mehrwert sah man auch im »Best Practice Sharing« zwischen den Geschäftsfeldern.

Ende der 90er-Jahre ist dann »top« unter dem Namen »top plus« in eine zweite Runde gegangen. Die Tabelle zeigt zusammenfassend wie dort die Akzente gesetzt wurden.

Ziele	Massnahmen	Konsequenzen
Geschäftswert steigern Kundennutzen optimieren Individuelle Ziele ableiten Systematische Benchmarking	Kenntnis der Geschäftssituation Portfolio-Optimierung Umsatzsteigerung Kostensenkung Asset Management Prozessverbesserung Innovation Best Practice Sharing Personalführung/-entwicklung	Erfolgsmessung Incentives Persönliche Entwicklung

Abb. 5-14: Akzente bei »top plus«

(4) Wandelereignisse als Auslöser von Emotionen

Wandel manifestiert sich für die Mitarbeiter meist in Form von Ereignissen (Fusionsankündigung, Mandatierung eines Beratungsunternehmens, Einrichtung einer Projektorganisation etc.). Für diese Ereignisse werden den Mitarbeitern durch die Führungskräfte rationale Begründungszusammenhänge geliefert. Gleichzeitig emotionalisieren sie aber auch die Mitarbeiter. Sie verändern damit die Befindlichkeit einer Organisation und deren Mitglieder meist erheblich.

Das Management betrachtet die entstandenen Emotionen oft als »nicht zur Sache gehörig«. Man argumentiert, dass man den Wandel gut »im Griff« hätte, wenn es diese »lästigen Emotionen« nicht gäbe. Dabei wird allerdings vergessen, dass Emotionen wichtiger und notwendiger Bestandteil eines Wandels sind. Sie sind Indikator dafür, dass die Mitarbeiter den Ereignissen überhaupt Bedeutung beimessen.

Emotionen als notwendiger Bestandteil von Wandel

Eine dominante emotionelle Reaktion im Wandel ist das Aufkommen von Angst. Die meisten Menschen fürchten Wandel. Durch die Notwendigkeit zur Neuprofilierung werden Zukunftsängste ausgelöst: »Was bedeutet der Wandel für mich? Werde ich in der Lage sein, mich auch in der veränderten Situation zu bewähren?« Angst entsteht aber auch aus den Ungewissheiten heraus, die der Wandel mit sich bringt. So dauert es oft Monate bis alle Stellenbesetzungen auf den Führungsebenen entschieden sind. Misstrauen kann auch von in spätere Phasen verschobenen kritischen Projekten, wie etwa Rationalisierungsprogramme (»head counts«), ausgehen.

Angst und Stress

Durch diese Angst geraten die Teilnehmer am Wandel unter Stress, der allerdings primär auf subjektiven Einschätzungen basiert und weitgehend unabhängig von der objektiv gegebenen Realität sein kann. Es kommt zu einer vereinfachenden Einordnung der Informationen und Ereignisse in »Schwarz-Weiß-Raster«. Entweder sieht man die Lösung aller Probleme in dem Wandel oder: »Man hat es schon immer erahnt, dass es einmal so weit kommen wird«. D.h. dass sich die Emotionen mehr polarisieren als in normalen Zeiten. Schlechte Nachrichten erhalten schnelle Akzeptanz. Eine sehr aktive Gerüchteküche führt zu einer gewissen paralysierenden Wirkung der Ereignisse.

Da der Mensch – bei aller Neugier gegenüber dem Neuen – i.Allg. risikoavers ist, müssen die durch den Wandel gebotenen Vorteile deutlich die eventuellen Risiken überwiegen, damit man sich überhaupt auf Wandel einlässt. Dabei ist es nicht nur das Individuum, welches sich vor Wandel fürchtet, sondern auch das Kollektiv, denn welche Interessengruppen verteidigen schon die Zukunft. Beide, das Individuum wie auch das Kollektiv, wägen das, was die Zukunft für sie bietet, gegenüber dem, was die Gegenwart bietet, ab. Da die Zukunft äußerst ungewiss ist, hält man lieber am Bewährten fest; und Zukunftspläne in Form einer Beibehaltung des Bisherigen werden nur selten professionell bewertet.

Natürlich kann man auch im Wandel Anreize schaffen, die die Veränderungsbereitschaft unterstützen. Beispielsweise können die Freiheiten, die aus einer Flexibilisierung des Unternehmens entstehen, Mitarbeiter zum Wandel motivieren. Allerdings bedeuten diese Freiheiten nicht nur eine größere Optionenvielfalt. Der größere Handlungsspielraum erfordert auch, sich von Bestehendem zu lösen und Freiräume für Neues zu schaffen. Auch kann eine Vision emotionellen Anschluss schaffen. Sie kann die Egoismen des Einzelnen für den Wandel instrumentalisieren: Wer mitmacht, dem winken Karriere und Wohlstand!

Über Drohungen oder das Aufzeigen von Worst-Case-Szenarien kann auch versucht werden, Ängste bewusst zu erzeugen, in der Annahme, die Mitarbeiterschaft dadurch gefügiger zu machen. Die Steuerung des Angstpegels soll also für den Wandel nutzbar gemacht werden. Doch hier kann man sich fragen, ob Angst wirklich steuerbar ist und ob Angst der richtige Hebel für den Wandel ist? Warum sollte dies bei Erwachsenen besser funktionieren als bei Kindern?

Neben der Angst wird man im Wandel aber noch eine Vielzahl weiterer Gefühle antreffen: Ärger und Frustration ebenso wie Begeisterung und Neugier; Unsicherheit und Orientierungslosigkeit ebenso wie Stolz und Vorfreude; Einsamkeit und Ernüchterung ebenso wie Dankbarkeit und Freude; Misstrauen, Wut, Enttäuschung, Scham, Heimweh und Fassungslosigkeit ebenso wie Hoffnung und Zuversicht.

Wer Wandel führen will, muss sein Konzept auf diesem »Wechselbad der Gefühle«, auf dieser sich verändernden Verfasstheit der Organisation aufbauen. Mit der durch Wandel erzeugten Enttraditionalisierung gegenüber dem Bewährten ist ein Gefühl von Orientierungslosigkeit und Überforderung verbunden. Auch die Profiteure des Wandels sind emotionalisiert, da sie vielleicht Schuldgefühle haben, dass sie »übrig« geblieben sind (»*survivor syndrom/sickness*«). Dies kann dazu führen, dass sich ihr impliziter psychologischer Vertrag mit dem Unternehmen verändert, was insbesondere dann verheerende Auswirkungen haben kann, wenn der Selektionsprozess als unfair und nicht nachvollziehbar betrachtet wird.

»survivor syndrom«

Diese Emotionen lassen sich kaum steuern. Das Management kann sie aber anerkennen, was den Mitarbeitern zeigt, dass es sie ernst nimmt. Es darf keine falsche Sicherheit vorgespiegelt werden, sondern es muss klar und penetrant aufgezeigt werden, worum es geht und was auf dem Spiel steht. Ein Führungsteam sollte in der Lage sein, die Betrachtung von den Symptomen der Schmerzen des Wandels zu deren Ursachen zu lenken. Daraus erwächst geteilte Einsicht und – bei entsprechender Unterstützung – auch Bereitschaft für Veränderung.

Man kann die einzelnen Emotionen nun nicht bestimmten Phasen im Wandel zuordnen, da sie im Zusammenhang mit Ereignissen erlebt werden. Trotzdem kann versucht werden, entlang eines Wandelzyklus eine Art kollektives Stimmungsbild zu zeichnen. Ein hier einzuordnendes Phasenmodell stammt von Kübler-Ross (1980). Es baut auf einer Verlustmetapher auf und geht auf eine Studie mit Sterbenden zurück. Dabei werden Phasen unterschieden wie »disbelief & denial«, »anger«, »emotional bargaining & depression« und »acceptance«. Im Bereich Mergers & Acquisitions gibt es verschiedene Versuche diese emotionellen Reaktionen einer Organisation auf den Wandel in typische *Verlaufsmuster* zu fassen. Ein Beispiel dazu gibt die Abbildung 5-15.

Phasenmodell

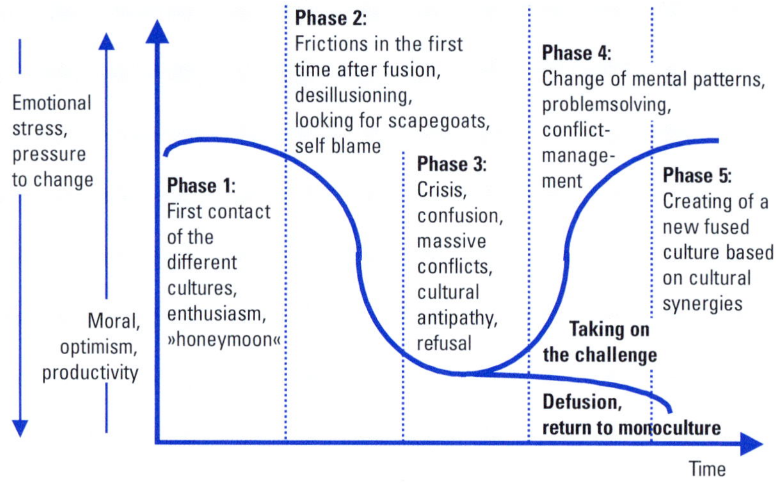

Abb. 5-15: Integrationsphasen bei Mergers & Acquisitions (Quelle: Nakamura)

!

Fallbeispiel: IBM

Abbildung 5-16 zeigt ebenfalls eine solche Phasendarstellung für den Wandel der IBM Schweiz wie er vom damaligen CEO Koller gesehen wurde. Wandel ist immer dort besonders schwierig, wo viel vergessen werden muss, wo die Erfolgsmuster der Vergangenheit auf einmal und für immer nicht mehr greifen sollen. In einer solchen Situation befand sich IBM Anfang der 90er-Jahre. Man kam aus einer einzigartigen Erfolgsära, die gekennzeichnet war durch eine hohe Prognostizierbarkeit, monolithische und hierarchische Organisationen (»command & control«), Abteilungsdenken etc. Auf Grund der extrem hohen Nachfrage wurde teilweise ausgelost, welcher Kunde als Nächster das System bekommt. Gefragt war nun aber ein Unternehmen, das in der Lage war mit Unsicherheit umzugehen, Flexibilität und Reaktionsschnelligkeit zu zeigen sowie Kundenbeziehungen kompetent auszugestalten.

Als Gerstner neuer CEO des Unternehmens wurde (vgl. Abbildung 5-13), hatte er zuerst einmal das Unternehmen strategisch neu zu positionieren. Weltweit wurde IBM sowohl produktorientiert (möglichst viele Anwendungen sollten auf möglichst wenigen Chips basieren), als auch lösungsorientiert (anfangs konzentriert auf 11 Anwenderbranchen) ausgerichtet. Mit der Lösungsorientierung wollte man besser die Probleme der Kunden verstehen lernen. Es wurde nun enormer Druck auf die einzelnen Landesgesellschaften ausgeübt, lokale Ansätze zur Bewältigung dieses Wandels zu entwickeln. Dies war ein Schock für die gesamte Organisation. Die Motivation der Mitarbeiter und deren Vertrauen in die Führung waren auf einen Tiefstpunkt gesunken. Dies wurde auch noch durch das Ergebnis einer Umfrage klar dokumentiert. Um den erforderlichen Wandel einzuleiten, musste zuerst einmal von der Vergangenheit Abschied genommen werden.

Bei der IBM Schweiz geschah dies auf eine symbolisch besonders drastische Art und Weise. Man musste aus dem Gebäude in der repräsentativen Innenstadtlage in Zürich in ein keineswegs attraktives Gebäude im Industriegebiet umziehen. Dieser Auszug machte allen die schwierige Situation, in der sich IBM befand, deutlich bewusst. Es war ein äußerst trauriger Anlass. Diese Trauerarbeit wurde aber auch bewusst vollzogen. Nur so entstand die Möglichkeit für einen neuen Anfang. Saturiertheit machte einem neu erwachten Pioniergeist Platz. Um den Wandel zu beschleunigen, wurde den Mitarbeitern ein begleitendes Coaching angeboten. So erlernten sie z.B. Arbeitstechniken zur Gesprächsführung, die ihnen halfen, in schwierigen Situationen mit Mitarbeitern direkt auf den Punkt zu kommen. Um in turbulenten Zeiten auch etwas zu haben, an dem man sich festhalten konnte, entwickelte die Geschäftleitung für sich einen »Kompass für schwierige Zeiten«. Dies waren 12 Prinzipien, an die man sich gemeinsam halten wollte: (1) Kleine Erfolge feiern; (2) mir meinen Zielen treu bleiben; (3) sich den Kunden statt intern verkaufen; (4) Prozesse als Weg zum Ziel nutzen; (5) mich auf hier und jetzt konzentrieren; (6) anderen helfen; (7) Widersprüche zulassen; (8) mir meinen Traum nicht nehmen lassen; (9) lachen; (10) nein sagen; (11) mit Stolz Ideen von anderen übernehmen; (12) Wut und Freude zeigen. Als die Mitarbeiter davon erfuhren, übernahmen viele sehr schnell auch diese Prinzipien für sich.

Auf Ebene des Konzerns traf sich Gerstner regelmäßig mit seinem 200er-Team, um der Organisation den Puls zu fühlen. Bei diesen Treffen wurden auch besonders erfolgreiche lokale Wandelansätze vorgestellt und auf ihre Übertragbarkeit überprüft. So stellte z. B. die IBM Schweiz ihr Programm »Coaching in permanent change« vor. Es erwies sich aber nur in der Schweiz als hilfreich.

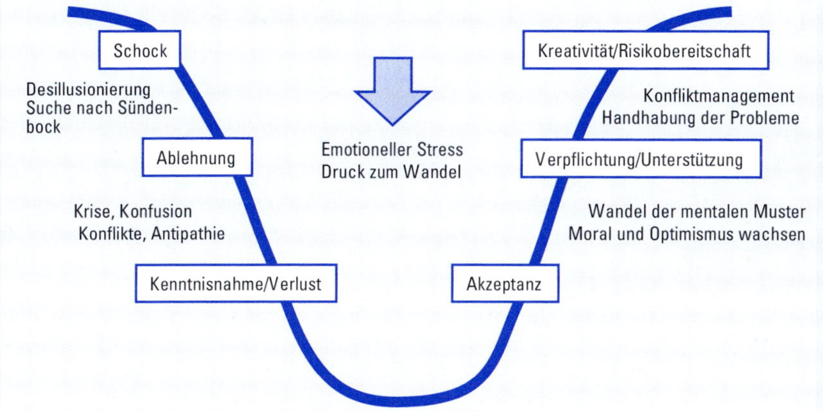

Abb. 5-16: Dominante Gefühle und Einstellungen zum Wandel der IBM Schweiz

Destabilisierung braucht auch Stabilität

Dieser Fall IBM weist auf einen wichtigen Gestaltungsaspekt des Wandelzyklus hin: Je mehr durch Destabilisierung Unsicherheit produziert wird, desto mehr besteht auch die Notwendigkeit, etwas Stabilisierendes zu bieten, an dem man sich zur Verarbeitung der Ungewissheit noch fest halten kann. Es muss auch Kontinuität im Wandel geben. Kinder verarbeiten z. B. mittels regelmäßiger Gute-Nacht-Geschichten das ihnen noch weitgehend unbekannte Abenteuer Leben. Im Unternehmenswandel kann es sich um das bewusste Beibehalten bestimmter traditionsreicher Rituale handeln, wie z. B. das Zelebrieren von Firmenjubiläen. Schafft man im Wandel z. B. das Begehen der Jubiläen aus Kostengründen ab, dann kann dies als Zeichen dafür genommen werden, dass die Führung selbst nicht mehr an eine Zukunft für das Unternehmen glaubt. Stabilisierend können aber auch Grundsätze wirken, an die man sich gemeinsam hält, egal wie hoch die Wogen schlagen. In diesem Sinne ist auch der oben erwähnte »Kompass für schwierige Zeiten« der IBM Schweiz zu verstehen.

In diesem Sinne können gemeinsam geteilte bzw. wechselseitig respektierte Werte, die auch tatsächlich gelebt werden, eine stabilisierende Wirkung in turbulenten Zeiten haben.

Nach diesen Erläuterungen zu Verlaufsformen der organisatorischen Befindlichkeit während eines Wandels, wird nun der Blick wieder auf die planerische

Gestaltung von Veränderungsprozessen geworfen. Es geht um die Frage, in welche Phasen ein Wandelzyklus zu unterteilen ist und wie die einzelnen Phasen auszugestalten sind.

(5) Konzeptionelle Klammer und Kernprozesse

Bei komplexen Wandelprojekten besteht die Gefahr, dass auf Grund der Vielzahl an Teilprojekten der gesamthafte Fokus des Wandels verloren geht und es auch keine eigentliche Dramaturgie gibt. Deshalb bietet es sich an, einen Wandelzyklus mit einer Art »**konzeptionellen Klammer**« zu versehen. Darunter sind einige wenige Zielgrößen (z.B. die Eckpunkte der Mission) zu verstehen, auf deren Erreichen alle Teilprozesse ausgerichtet sind. Wichtig ist dabei, dass man in der Lage ist, den laufend erzielten Fortschritt beim Erreichen dieser Zielgrößen sichtbar zu machen. Die Prozesse, die zum erreichen dieser Zielgrößen führen sollen, bezeichnen wir hier als »**Kernprozesse** des Wandels«. Auf dem »Bündel« dieser wenigen Kernprozesse baut auch die Dramaturgie des Wandels auf. Dieses Bündel muss den Spannungsbogen ergeben, der zu einem nachhaltigen Wandel führt.

Fallbeispiel: British Aerospace
British Aerospace (heute: BAE Systems) begann seinen Wandel im Jahre 1994. Wie Abbildung 5-17 zeigt, wurden in diesen Wandel in einem Top-down-Ansatz sukzessive mehr und mehr Mitarbeiter einbezogen, bis schließlich 1998 alle 39.000 Mitarbeiter angesprochen waren. Die konzeptionelle Klammer bildete ein Mission Statement (»The Values«), das auch die fünf Kernprozesse definierte. Zur Beobachtung des Prozessfortschritts wurden Indikatoren (»Value Scorecard«) für die **Kernprozesse** benannt, wobei man teilweise auf bereits bestehende Indikatoren des Qualitätsmanagements (EFQM) zurückgriff.

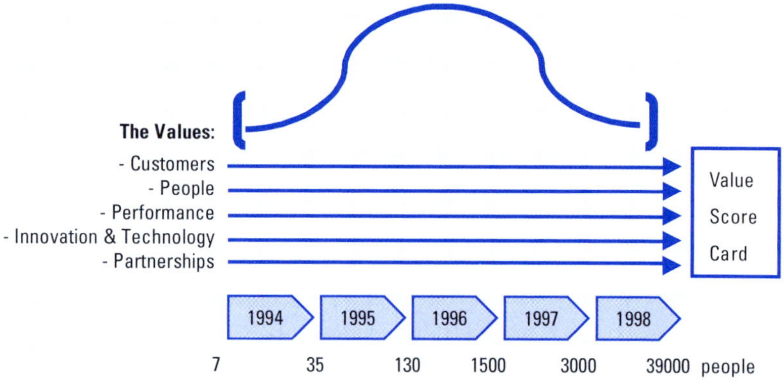

The Values

Customers
Delighting all our customers, both internal and external by understanding and exceeding their expectations

People
Commitment to enabling all our people to realise their full potential as a valued member of the BA team

Performance
Setting targets to be the best and continually measuring, challenging and improving the way we do things as individuals and as members of our teams

Innovation & Technology
Encouraging a hunger for new ideas – new technologies and new ways of working to secure sustained competitive advantage for our company

Partnerships
Striving to be our customers preferred supplier, our suppliers preferred customer, a respected partner in our industrial alliances and a source of pride to our government and the local communities

The Value Sorecard

People:
- How we develop our people
- % PDP deployment
- % Involvement vs. planned
- Key opinion survey midicators

Innovation & Technology:
- % Employees nominated for Chairman's Award
- Growth in value/no. of patents held vs. plan
- No. of best practice case studies available on process for innovation model
- % sales delivered from products launched in the past 5 years
- % employee on link BAe vs. plan

Customers:
- Customer satisfaction
- CSI growth planned
- Conversion Sales prospects

Partnerships:
- Supplier relations
- Growth in supplier assessment rating vs. plan
- % sales delivered through partnerships/JV
- % internal bids won

Performance:
- Value growth vs. plan
- Business results
- Order book value/growth

Abb. 5-17: Wandel bei British Aerospace

(6) Phasen im Zyklus

Das Ablaufmuster des Zyklus beschreiben wir über eine Sequenz von Phasen, die in einem Wandelprojekt durchlaufen werden. Jede der Phasen stellt ein in sich relativ geschlossenes Bündel von Aktivitäten dar, die auf eine bestimmte Aufgabenstellung ausgerichtet sind. In der Gestaltung des Übergangs werden deshalb diese Phasen auch explizit unterschieden.

5-Phasen-Schema

Wir wollen im Folgenden mit dem in Abbildung 5-18 dargestellten **5-Phasen-Schema** arbeiten.[22] Dieses Modell konnte aus der Beobachtung von Wandelprogrammen abgeleitet werden. Die Abgrenzung einer neuen Phase wurde immer dann vorgenommen, wenn erkennbar war, dass gegenüber der Vorphase ein Bündel neuer Funktionen zu erfüllen war, die oft auch neue Fähigkeiten erforderten.[23] Die Organisation emergiert dann in ihrem Wandelprozess gewissermaßen in ein anderes Wandelstadium.

In diesem 5-Phasen-Modell wird zuerst davon ausgegangen, dass die Organisation – bevor das Wandelprogramm offiziell und breitflächig gestartet wird – sich auf den Wandel vorbereiten muss, da sie ihn gleichzeitig ermöglicht, aber auch begrenzt. Es geht darum, sich bewusst zu machen, auf welchen Kontext man mit welchen Entwicklungsanforderungen und -plänen aufsetzen will. Danach geht es um den Einstieg in das Wandelprogramm: Wie erhält man möglichst wir-

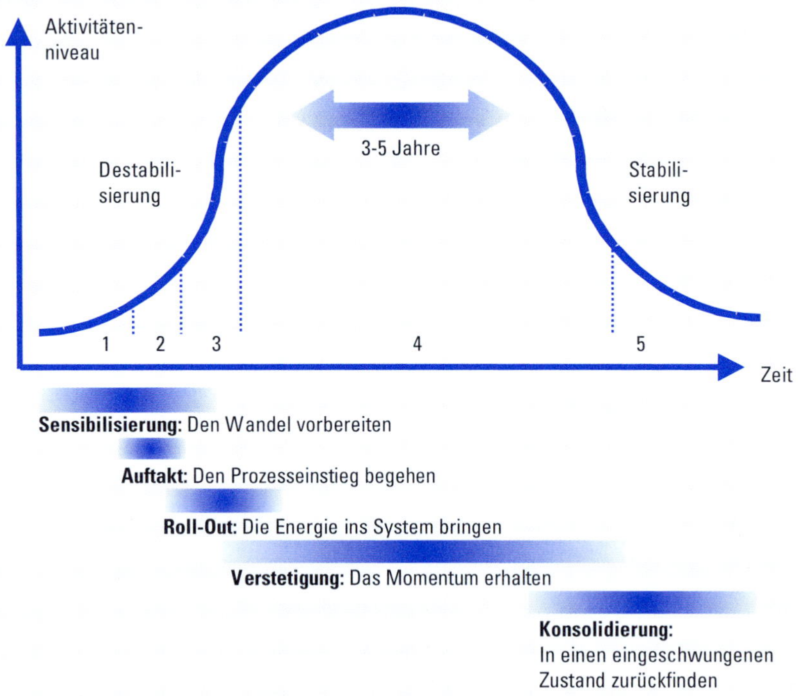

Abb. 5-18: Das 5-Phasen-Modell

kungsvoll das notwendige Ausmaß an Aufmerksamkeit und Spannung? Wie kommt man zu einer gemeinsamen Ausgangsplattform? Nach der konzeptionellen Klärung geht es dann darum, das gesamte zu verändernde System zu erreichen und zu einer aktiven Mitwirkung zu motivieren. Vorhandene Energiefelder müssen neu auf das Wandelprogramm alloziiert werden. Läuft das Programm einmal eine gewisse Zeit, dann werden unweigerlich Probleme und Rückschläge auftreten; auch entstehen neue Projekte, die wiederum um die Besten und die Mächtigen im Unternehmen werben werden. Die Frage ist dann, wie trotzdem die Energie im System gehalten werden kann. In einer letzten Phase geht es dann darum, das Neue in die Alltagsorganisation zu integrieren, wobei es sein kann, dass die im Wandel praktizierten Strukturen zu den Alltagsstrukturen werden. Grundsätzlich geht es in diesem Modell also um die Kanalisierung, Weckung und Nutzung von Energiefeldern.

Mehrjähriger Prozess

Der gesamte Zyklus beschreibt einen mehrjährigen Prozess (ca. 3–5 Jahre). Während die ersten drei Phasen in relativ kurzer Sequenz aufeinander folgen, zieht sich die Phase 4 über einen längeren Zeitraum hin.

Natürlich ereignen sich die einer Phase zugeordneten Aktivitäten nicht nur in dieser Phase. Sie bilden lediglich Schwerpunkte ab. So werden z.B. Sensibilisierungsaktivitäten sicher immer wieder auch noch in der zweiten Hälfte des Zyklus erforderlich sein. Auch werden die Phasen nicht übergangsfrei aufeinander folgen, sondern sich eher überlappen. Trotzdem sollte die Phaseneinteilung nicht als zu beliebig begriffen werden. Sie stellt auch einen Rhythmus dar, der die Organisation antreibt.

Ist das Ablaufmodell geklärt, dann sind zwei weitere Fragen noch offen, die für die einzelnen Phasen zu beantworten sind:

1. Was muss bzw. kann durch das Management *eingebracht* werden? Hier geht es um Fragen der Bereitstellung der geeigneten organisatorischen Rahmenbedingungen sowie der erforderlichen Ressourcen, Fähigkeiten und Instrumente.
2. Was muss bzw. kann durch das Management *ermöglicht* werden? Hier geht es um das Sicherstellen der Ausübung bestimmter Funktionen. Funktionen sind Aufgaben innerhalb des Prozesses, die notwendig sind, um das Prozessziel »Wandel« zu erreichen. Sie haben einen generellen Charakter (und sind damit auch unternehmensunabhängig). Zur Ausübung einer Funktion müssen bestimmte Fähigkeiten vorhanden sein.

Ausübung bestimmter Funktionen

In den nun folgenden Erläuterungen zu den einzelnen Phasen werden eine Vielzahl an Empfehlungen gegeben, wie ein solcher Wandelzyklus erfolgreich gestaltet werden kann. Dabei hängt der Erfolg bzw. Misserfolg nicht von Einzelnen dieser Faktoren ab, sondern es kommen dann meist eine ganze Reihe von Aspekten zusammen, sodass man auch von einem »Muster des Gelingens bzw. Misslingens« sprechen kann.

»Muster des Gelingens«

Phase 1 Sensibilisierung: Den Wandel vorbereiten

Dass Initiative für einen Wandel in Organisationen ensteht, geht oft mit *einer frühen Kulturveränderung bei einer Minderheit* einher. Man betrachtet die eigene Form des Wirtschaftens nicht mehr als zeitgemäß und der Problemstellung adäquat. Dieses neu gewonnene Bewusstsein will man in die gesamte Organisation hineintragen. Doch kommt es oft schon an dieser Stelle zu ersten Problemen.

Frühe Kulturveränderung bei einer Minderheit

In gescheiterten Wandelprojekten ließ sich beobachten, dass die Initiativen oft auf eine völlig unvorbereitete Organisation getroffen sind. Man hatte diejenigen, deren Unterstützung man benötigte, sozusagen überrumpelt. Bevor es jedoch zu Interventionen in die Organisation kommt, sollte diese – wenn immer möglich – auf den Wandel vorbereitet werden: Bislang bewegt sie sich auf relativ sicheren Wegen und soll sich nun mit unwegsamem und wenig erforschtem Gelände abfinden.

Vorbereiten heißt, dass bezüglich der Gründe, warum man einen Wandel will, sensibilisiert werden muss. Es muss ein Bewusstsein dafür entwickelt werden, worum es überhaupt geht. Das Problem und die Motive für den Wandel sollen anerkannt und verstanden werden. Ist man dabei der Einzige, der das Problem nicht sieht, so ist man vielleicht selbst das Problem.

• **Frühzeitig eine Debatte initiieren.** Damit Wandel für die, die sich in ihrer Ausrichtung ändern sollen, vorstellbar wird, muss deren akzeptiertes Spektrum, was möglich und relevant ist, erweitert werden. Es muss in solchen Phasen alles getan werden, dass möglichst viele Optionen, die für das Unternehmen bestehen, aufgewirbelt und in die Kommunikationsarenen des Unternehmens getragen werden. Dafür können bereits in einer Vorphase informelle Arenen eingerichtet und genutzt werden, um zu erkennen, wo man steht. Dabei geht es auch um das Einholen von Feed-back durch die Führung, um die eigene Meinung zum Wandel weiterzuentwickeln.

Durch das Schreiben von Szenarien und das Durchführen von Simulationen

Simulationen

kann es unterstützt werden, dass bei den Beteiligten mentale Repräsentationen solcher denkbaren zukünftigen Realitäten entstehen. Durch exemplarisches Denken werden Anschauungsmodelle entwickelt. Aus »Schwarz-Weiß-Bildern« zur Zukunft des Unternehmens entstehen langsam wieder Grauwerte. Es bildet sich eine gemeinsame Sprache zu denkbaren Realitäten; die Zukunft beginnt sich zu vergegenwärtigen. Es erhöht sich die reflektive Kapazität der Organisation, auch hinsichtlich der Anschlussfähigkeit dieser Zukünfte an Identität, Kompetenzen, Intentionen etc. Bei solchen Debatten erhält man auch reichhaltigen Input durch die Teilnehmer; man lernt deren Träume und Ängste kennen.

»Resonanzboden«

Diese Debatten bilden auch einen Reflexions- und Interpretationshintergrund (»Resonanzboden«), der für Entscheidungen in hoch komplexen Situationen erforderlich ist. Komplexität bedeutet für Führungskräfte noch nicht Entscheidbares entscheiden zu müssen. Sie können die Konkretisierung der Datenlage nicht abwarten, sondern müssen einen Weg wählen. Wo in Unternehmen ein solcher »Resonanzboden« fehlt werden notwendige Entscheidungen entweder immer wieder auf die lange Bank geschoben oder es werden sehr »einsame« Entscheidungen gefällt, die nicht genügend breit reflektiert sind, damit also auch risikobehafteter sind.

• **Einschätzung der Stakeholder.** Wandel ist ein politischer Lernprozess, den die, die in Verantwortung stehen, zu kontrollieren versuchen. Sie binden ihre Interessen an diesen Wandel. In ihrer Vorstellung ist der Wandel ein Gewinn. Das Vorhaben motiviert sie. Wandel schafft neben Gewinnern aber immer auch Verlierer. Wer am Ende wozu gehört, ist anfangs unklar. Man darf sich aber sicher sein, dass viele in der Organisation – im Unterschied zu den Initiatoren – ein ganz anderes Bild der entstehenden Wandelwirklichkeit haben, das dem Bild des Verlierers nahe ist. Von Anfang an sollte man deshalb versuchen, sich eine Vorstellung der Inhalte und der Verteilung dieser unterschiedlichen Wirklichkeitskonstruktionen zu verschaffen, um an diesen Bildern arbeiten zu können.

Gewinner und Verlierer

Die Konzipierung eines Wandelprojektes verlangt auch nach einer möglichst realistischen Einschätzung der materiellen, insbesondere aber auch politischen Unterstützung, die es seitens der Betroffenen und Beteiligten erfahren wird. Oft kommt es jedoch zu krassen Fehleinschätzungen hinsichtlich der gewährten Unterstützung und Kooperation. Dies gilt sowohl für den Zeitpunkt, zu dem sie gewährt wird, als auch für den Umfang. Meist ist dann auch der Enthusiasmus für das Projekt deutlich geringer als erwartet.

Bereits in der Vorbereitungsphase sollte die Diagnose der Anspruchsgruppen ein hohes Gewicht haben. Aufbauend auf der Positionierungsarbeit muss herausgefunden werden, wie sich die Stakeholder wohl im Fall der konkreten Transformation verhalten werden. Diese Diagnose sollte nicht nur vom grünen Tisch aus gemacht werden. Wer besseres Wissen über die Orte der Unterstützung, der Neutralität und der Ablehnung haben möchte, muss auch hier diese Orte für explorative Gespräche aufsuchen. Nur so wird er sich ein realistisches Bild von der politischen Landschaft zu seinem Projekt machen können. Gerade die Gründe, warum manche Stakeholder Zurückhaltung zeigen, sind oft nicht leicht ergründbar. Ziel sollte eine differenzierte Aufstellung der Sichtweisen jeder Anspruchsgruppe zum Wandelprojekt sein.

Teilweise versucht man sich schon vor dem Projektstart der Unterstützung wichtiger Stakeholder zu vergewissern. Auch kann es sinnvoll sein, die *Kern-*

mannschaft, mit der man nach dem Wandel das Unternehmen führen will, bereits im Vorfeld zu bestimmen. Voraussetzung ist, dass die Auswahl – was deren Kompetenzen anbelangt – später nachvollziehbar ist und nicht der Eindruck einer reinen Interessenabsicherung der bestehenden Herrschaftselite entsteht. Die Auswahl müsste vor dem Hintergrund zukünftig benötigter Fähigkeiten und bislang gezeigter Leistungen geschehen. Unklug ist es, über bestehende »Seilschaften« zu operieren. Bei fundamentalen Veränderungsprozessen finden die Überlebenskämpfe i.Allg. zwar zuerst zwischen den Seilschaften statt; da es dadurch aber meist nicht zu ausreichend gravierendem Wandel kommt, sind später unweigerlich die Individuen die Ebene der Auseinandersetzung.

Kernmannschaft bestimmen

Speziell schwierig ist die Situation, wenn eine Wandelbotschaft bei den Adressaten zu einer Interpretation führt, dass sie den Inhalt der Botschaft aus Unternehmenssicht zwar als richtig empfinden, sie aber gleichzeitig bei Verfolgen der Inhalte die Gefahr sehen, dass dies massiv gegen ihr Eigeninteresse ginge. Beispiel hierfür ist die Befürchtung eines Arbeitsplatzverlustes. Soll man einen Prozess unterstützen, den man zwar aus Unternehmenssicht als vernünftig empfindet, der aber für einen selbst große Nachteile haben könnte? Auch hier muss das *Konfliktpotenzial* in möglichst frühen Debatten thematisiert werden, um eine differenzierte Vorstellung davon zu entwickeln, was man als fairen Prozess betrachtet.

Thematisierung der Konfliktpotenziale

• **Die Rhythmusgruppe orten.** In dieser Vorphase kann man sich auch bereits ein Bild davon verschaffen, *wo* ein Veränderungsprozess anzusetzen hätte. Da soziale Systeme durch formelle und informelle Regeln getrieben werden, muss man sich die Frage stellen, von wem diese Regeln erzeugt oder zumindest »gepflegt« werden. Welche Gruppe in der Organisation produziert und überwacht die das kollektive Verhalten generierenden Regelsysteme? Diese »Rhythmusgruppe« einer Organisation muss keineswegs identisch mit der hierarchischen Spitze einer Organisation sein. Betrachtet man z.B. ein Krankenhaus, dann geben weniger die Chefärzte den Rhythmus vor, sondern die Oberschwestern bestimmen die alltäglichen Interaktionmuster. Will man Verhalten in Organisationen verändern, so muss dieser Rhythmus in seinem Kern destabilisiert werden. Selbstorganisierende Prozesse werden dazu führen, dass das System zu einem neuen Rhythmus findet.

Regelsysteme

• **Grobkonzept entwickeln.** Vor dem offiziellen Projektstart sollte ein Grobkonzept für das Wandeldesign entwickelt werden. Auf Grund der Dynamik komplexer Veränderungsprozesse ist eine Feinplanung kaum sinnvoll. Lediglich die Phasen 2 und 3 wird man an dieser Stelle bereits etwas detaillierter betrachten müssen. Dazu ist es zweckmäßig einen Masterplan mit Meilensteinen, Projektstrukturen etc. zu entwickeln. Man kann diesen Plan verbunden mit der entsprechenden Projektmanagementsoftware z.B. auf dem Intranet allen bereits Involvierten zur Diskussion zur Verfügung stellen. Dies erleichtert die Koordination und zudem erhält man eine elektronische Plattform für Feed-back.

Wandeldesign

Wurde eine Kernführungsmannschaft bereits ausgewählt, dann können – gewissermaßen in einer »Laborsituation« – zentrale Sequenzen des Wandels vor dem Hintergrund bestimmter Szenarien bereits durchsimuliert werden. Gefahr eines solchen Vorgehens ist natürlich die Ausblendung vieler anderer Meinungen und Ideen. Dies kann auch symbolisch demotivierend wirken. Vorteil ist, dass das Führungsteam bereits mit einem gewissen »shared understanding« an den Start geht.

Phase 2 Auftakt: Den Prozesseinstieg gemeinsam begehen

In dieser Phase geht es darum, den Prozess offiziell anzuschieben. Dort wo Führung für den Wandel entstanden ist, sollte nun »enthüllt« werden, was man vorhat. Dieser »Startschuss« soll zum einen die Aufmerksamkeit derer, die man für den Wandel benötigt, sicherstellen. Zum anderen soll er aber auch bereits eine Handlungsbasis unter den Führungskräften schaffen.

Erwartungsvolle Stimmung

• **Die »Enthüllung« und die Frage »Wem nutzt der Wandel?«** Gehen wir davon aus, dass ein Projekt fundamentalen Wandels entsprechend sorgfältig vorbereitet wurde, dann trifft man in einer Unternehmung bereits eine gewisse erwartungsvolle Stimmung an, wenn die »Stunde der Wahrheit« kommt, in der erstens bekannt gegeben wird, dass man nun das Unternehmen einem Wandelprojekt unterziehen wird und zweitens was Inhalt des Wandelprogramms sein wird. Das Unternehmen sollte sich dann schon etwas in »geistiger Aufruhr« befinden, die dann auch die entsprechende Aufmerksamkeit für das »Opening« liefert.

Sehr unterschiedliche Ausgangssituationen

Man kann in Wandelsituationen sehr unterschiedliche Ausgangssituationen antreffen: Manchmal kommt der Druck von unten, wo die Mitarbeiterschaft schon seit geraumer Zeit darauf wartet, dass die Führung den Weg für einen Wandel freigibt. Der in den meisten Banken derzeit durchgeführte Zentralisierungsprozess von Kompetenzen wird aus der Zentrale in die Niederlassungen getragen. Dort wird er selten willkommen geheißen, da diese strukturelle Maßnahme politisch als Entmachtung (wenn bestimmte Zuständigkeiten in die Hauptniederlassungen abgezogen werden) und kulturell als Abbau von Status (wenn z.B. der Filialleiter keinen Dienstwagen mehr erhält) interpretiert werden.

Man kann dieses Moment mit der Enthüllung einer Skulptur vergleichen. Erwartungsvoll stehen die Beobachter der Szenerie um das in Tuch gehüllte Objekt herum. Man ist auf Grund der gegebenen Unsicherheit angespannt. Jeder trägt bestimmte Erwartungen in sich, die sich z.B. aus früheren Arbeiten der Künstlergruppe oder aus aktuellen Gesprächen mit den Künstlern ableiten. Das Objekt verleitet auch auf Grund des trotz der Verhüllung Erkennbaren zu gewissen Vermutungen. Ist es dann so weit und die Verhüllung fällt, dann ist man meist gleichzeitig überrascht und nicht überrascht. Man fühlt sich zu Interpretationen aufgefordert, ob das Ganze denn gerade jetzt und an dieser Stelle kommen sollte und warum denn gerade so. Das Objekt und seine Künstler haben hier für einen Moment die Aufmerksamkeit aller, ob zustimmend oder weniger zustimmend. Dieser Moment wird nur kurz sein. Er wird aber entscheidend sein, mit welchen Eindrücken und Vorsätzen die Betrachter danach wieder in ihren gewohnten Gang der Dinge zurückkehren (oder eben nicht). Dabei wird die Inszenierung der Enthüllung zu einem erheblichen Anteil die Eindrücke zum Objekt mitbestimmen.

Spur von der Vision zu sich selbst

Ziel dieses Schrittes muss es sein, dass im und durch den »Akt der Enthüllung« jeder sich angesprochen fühlt und eine klar erkennbare Spur von der Vision des Wandels zu sich selbst findet. Das Ereignis muss rational und auch emotional in Bezug zu den Ergebnissen der vorangegangenen Debatten gebracht werden. Man muss sich ausmalen können, was es für einen bedeutet und welche Rolle man darin einnehmen könnte.

Mangel vieler Wandelprojekte ist es, dass man den Betroffenen zwar erklärt, dass sich alles ändern wird, sie erfahren aber wenig dazu, was das ist. Die getroffenen Aussagen sind oft äußerst abstrakt, werden als »blutleer« empfunden und sind wenig anschaulich für den Einzelnen. Aus Sicht derer, um deren Unterstützung man wirbt, sollen wichtige, und für alle sehr konkrete Traditionen, die bislang als gemeinsamer Orientierungsrahmen dienten, zu Gunsten hoher Beliebigkeit aufgegeben werden. Der sorgfältige Umgang mit Sprache ist in dieser Phase ein zentrales Element, da sich eine Veränderungsorganisation durch Sprache manifestiert.

Sorgfältiger Umgang mit Sprache

Dieses kurze Zeitfenster, in dem man die Aufmerksamkeit aller hat, muss aber auch dazu genutzt werden, mit den wichtigsten Adressaten einer Wandelbotschaft zumindest »virtuell« einen Verhandlungsprozess aufzusetzen. Sie müssen erste Hinweise erhalten, wie ihre Interessen direkt davon betroffen sind. Besonders gut geeignet hierfür sind Metaphern, da sie ein gesamthaftes Bild zu erzeugen vermögen, Platz für eigene Auslegungen lassen und noch keine Details erfordern. Später können diese Verhandlungen dann explizit und präziser aufgenommen werden.

Nutzung von Metaphern

Der auf Grund des Wandels zu erwartende Nutzen, auf den als Anreiz verwiesen wird, ist meist langfristiger Natur. Oft wird er auch nur für das Unternehmen (und seine Investoren) formuliert. Was jedoch die wohl wichtigsten Stakeholder eines Unternehmens, die Mitarbeiter und die Kunden, kurz- und mittelfristig konkret davon haben werden, falls sie sich auf den Wandel einlassen sollten, ist selten zu erfahren.

• **Legitimation.** Der Einstieg in ein solches Wandelvorhaben bedarf in vielerlei Hinsicht seiner Legitimierung: So entsteht z.B. die Frage, welche Umstände eigentlich dazu berechtigen, die Organisation in dieser Form zu belasten. Werden die Auslöser und Ursachen dieser Initiative überhaupt als relevante »Issues« anerkannt? Hier zeigen sich dann die Früchte einer seriösen Vorarbeit in der Sensibilisierungsphase, denn dann kann profund und unternehmensspezifisch argumentiert werden und die Führung verfügt bereits – nicht nur oberflächlich – über eine gemeinsame Sprache. Legitimieren sollten sich aber auch die Personen und Gruppen, die die Wandelinitiative ergreifen. Was und wer gibt Ihnen das Recht dazu? Ihre Position? Ihre Kompetenz? Ihre Betroffenheit? etc. Diese Fragen müssen eine saubere Abklärung finden.

Mit der Funktion der Legitimierung ist also deutlich mehr gemeint, als nur die sachliche Begründung einer strategischen Initiative. Rüegg-Stürm (2000) weist darauf hin, dass sich Menschen ohne gute Gründe kaum ändern. Deshalb bedarf Wandel einer breit abgestützten Auseinandersetzung mit den lokalen Kontexten an den vielen verschiedenen »Baustellen des Wandels« in einem Unternehmen. So kann – vor dem Hintergrund der dortigen Alltagsherausforderungen – mehr über die empfundene Sinnhaftigkeit und Überzeugungskraft einer Initiative in Erfahrung gebracht werden. Auch ist die Angemessenheit der einzelnen Aktivitäten für die Betroffenenperspektive wohl durchdacht und immer wieder zu begründen. Umgekehrt müssen Vorteilhaftigkeit und Machbarkeit des Wandels auch für die Mitarbeiter erfahrbar (spürbar, sichtbar, hörbar etc.) gemacht werden.

Begründung der Angemessenheit

Natürlich darf die Funktion des Legitimierens nicht auf diese Phase beschränkt bleiben; sie besitzt hier nur einen besonders hohen Stellenwert.

• **»Big Event«, Kaskade oder Piloten?** Eingangs stellt sich die Frage nach der richtigen Organisationsform für den Auftakt: Soll man ein großes Startereignis veranstalten, soll man in Form von Großgruppenkonferenzen (z.B. Open Space)

Großgruppenkonferenz

in den Prozess einsteigen, soll man entlang der Hierarchieebenen von oben nach unten die Anzahl der Involvierten erhöhen oder arbeitet man mit einer Kombination solcher Vorgehensweisen?

!

Fallbeispiel: Philips
Der Auftakt zum Centurion-Projekt von Philips bildete der »Customer Day«: Weltweit wurden die Landesgesellschaften per Videokonferenz online zur Zentrale nach Eindhoven geschaltet. Das Ereignis begann mit einer Ansprache des CEO, der die verstärkte Ausrichtung des Unternehmens auf den Kunden erläuterte. Danach arbeiteten lokal Tausende von Arbeitsgruppen nach dem gleichen Muster vorgegebene Fragestellungen aus. Am Ende des Tages ging man dann wieder online und konnte Fragen an den CEO richten.

Vorteil solcher Großereignisse ist ihr momentaner Impuls: Man erreicht innerhalb kürzester Zeit sehr viele Menschen. Gut inszeniert kann man auf Grund der Masseneffekte nicht nur sachlichen, sondern auch emotionellen Anschluss herstellen. Man muss sich dabei aber auch bewusst sein, dass eine derartige Veranstaltung enorme Erwartungshaltungen bei den Teilnehmern aufbaut. Ist man nicht in der Lage, danach diese Erwartungen dann auch professionell und zügig abzuarbeiten, sollte man lieber auf ein solches Ereignis verzichten, da damit ein großer Glaubwürdigkeitsverlust verbunden wäre.

Eine andere Möglichkeit für den Start stellt die Arbeit mit Piloteinheiten dar. Diese Variante hat den Vorteil, dass dadurch Vorzeigebeispiele aus dem eigenen Haus geschaffen werden können, denn häufig wird Wandel mit dem Argument abgeblockt, dass dieser zwar für andere Unternehmen möglich und notwendig sei, man selbst sich aber in völlig anderen Situationen befindet. Nachteil der Vorgehensweise ist, dass man dadurch die Organisation formell zweiteilt: In die, die sich im Wandel befinden, und in die anderen.

!

Fallbeispiel: Siemens (II)
Beim Wandelprojekt »top« von Siemens wurde in der Form gestartet, dass man im Zentralvorstand das Projekt präsentierte und danach fragte, welche Bereiche sich als Piloteinheiten zur Verfügung stellen würden. Es meldeten sich vier. In jedem der vier Pilotbereiche wurden dann andere Wandelverfahren erprobt, um herauszufinden, welche für Siemens geeignet sind. Dazu wurden zuvor auch Besuche bei HP, General Electric etc. abgestattet, um deren Wandelansätze und -erfahrungen als Benchmarks zu erforschen. Zwei dieser vier Pilotprojekte mussten bereits nach kurzer Zeit wegen mangelnder Realisierbarkeit abgebrochen werden. Mit den Erfahrungen aus diesen Piloten wurde dann das Wandelprojekt auf Siemens insgesamt ausgeweitet. Jeder der Geschäftsbereiche hatte ein (nebenamtliches) Top-Team einzurichten, welches vom zentralen (vollamtlichen) Top-Team geschult und betreut wurde.

• **Die Ausgangssituation realitätsgerecht benennen und nach einer neuen Sinngrundlage suchen.** Alle die, die in den Wandel einbezogen sind, sollten über ein solides Verständnis darüber verfügen, warum sich nun vieles zu ändern hat und in welche Richtung dies führen soll (»shared understanding«). Es geht hier darum, den bisherigen Arbeitskontext gemeinsam neu zu interpretieren. Bislang geteilte Selbstverständlichkeiten müssen hinterfragt und mit einer neuen Sichtweise versehen werden. Eingeschwungene Interaktionsstrukturen mit den einzelnen Anspruchsgruppen bedürfen einer neuen Basis, die einer nun zunehmend wachsenden, neuen Sinngrundlage entspricht (»sensemaking«). Erst danach kann über gezielte Aktionsbündel zur Vermittlung der neuen Sinngrundlage (»sensegiving«) übergegangen werden.[24]

Krisen zugeben

Wird der Wandel aus einer Krise heraus gestartet, dann ist es an dieser Stelle wichtig, zuerst einmal zuzugeben und allen, die es immer noch nicht wahrhaben wollen, klar zu machen, dass sich das Unternehmen in einer Krise befindet und dass Fehler begangen wurden. Dies ist speziell dann nicht selbstverständlich, wenn es zu keinen Veränderungen im Top-Management gekommen ist. Häufig wird dann viel zu spät die Situation, in der sich das Unternehmen inzwischen befindet, anerkannt. Angeblich um Panik unter den Mitarbeitern zu verbreiten redet man sich die Situation schön. Dies kann dazu führen, dass die erste Welle des Wandels schnell wieder versandet, da die Mitarbeiterschaft die Führung dafür als nicht legitimiert betrachtet und ihre Verweigerungsmacht nutzt, jede Veränderung zu blockieren.

Klima der Dringlichkeit schaffen

Wird die Dringlichkeit zum Wandel nicht breitflächig erkannt, bedarf dies einer methodischen Unterstützung. Hilfreich kann hier z.B. die Durchführung eines Benchmarking sein, da es die eigene Rückständigkeit offensichtlich zu machen vermag, aber gleichzeitig auch konkret aufzeigt, dass es machbare Wege zu einer Verbesserung gibt. Oder man führt Simulationen durch, bei denen bestehende Entwicklungen einfach extrapoliert werden. Das Aufzeigen der daraus erwachsenden Konsequenzen soll zukünftige Krisen vorwegnehmen und so künstlich Schmerz erzeugen.

• **Irritieren.** Wenn bestimmte Interaktions- und Erfolgsmuster bereits sehr lange betrieben werden, dann ist es oft sehr schwierig, überhaupt das Neue im Wandel zu erkennen, da es zu sehr vor dem Hintergrund bestehender Annahmen und Weltsichten interpretiert wird. Um überhaupt die Bereitschaft zu wecken, kann versucht werden, bewusst mit Irritationen zu arbeiten. Sie sollen einem die Anwendung der eigenen Verengungen bewusst machen. Dies kann man z.B. durch eklatante und provozierende Regelbrüche bewerkstelligen oder in dem man bestehende Entwicklungstrends in die Zukunft projiziert und dann radikal überzeichnet.

Regelbrüche

Fallbeispiel: Allianz
Die Allianz AG startete 1997 ihr Veränderungsprojekt zur Verbesserung der Servicequalität mit einer Großveranstaltung für Hunderte von Führungskräften im Kongresszentrum in Berlin. Zur Irritation der Teilnehmer wurde ihnen die heutige Situation in die Zukunft extrapoliert so vor Augen geführt, als ob sie Gegenwart wäre. In einem extra für diesen Anlass produzierten Video zur »Servicewüste Deutschland« wurde eine Nachrichtensendung simuliert, in der darüber berichtet wurde, wie die Leute angesichts der Servicequalität massenhaft das Land verlassen. Hinzu kam ein Sketch, in dem über den Computer geführte Beratung simuliert wurde.

• **Die Wandelorganisation einrichten.** Mit diesem Auftakt muss das Management auch eine Projektorganisation für den Wandel einrichten.[25] Dabei sind Fragen zu klären wie: Wird eine vollzeitliche Projektleitung benötigt? Sollte das Projekt ein Steuerungsgremium aus dem Top-Management haben? Welche organisatorischen Teileinheiten sollten in der Projektstruktur vertreten sein? Wie sollen die verschiedenen Interessengruppen eingebunden werden? Wie lässt sich das Projekt arbeitsteilig organisieren (z.B. entlang der Struktur der Aufbauorganisation)? Soll eine eigenständige Taskforce zur Projektkommunikation eingerichtet werden? Das Management muss auch dafür Sorge tragen, dass klar ist, welche Fähigkeiten erforderlich sind und wie notwendige Expertisen in- oder extern bereitgestellt oder entwickelt werden.

Mit der Einrichtung einer Projektstruktur ist auch sicherzustellen, dass die wichtigsten Rollen im Wandel entsprechend kompetent besetzt werden können: Verfügt man in den einzelnen Arbeitsgruppen über ausreichend Expertise? Sind genügend Moderatoren vorhanden, zur Unterstützung und Förderung der verschiedenen Veränderungsarenen (»*facilitating*«)? Auch ist besondere Aufmerksamkeit auf die Auswahl des Projektleiters zu lenken. Da er gegen so viele bestehende Interessen anzugehen hat, kann er hinterher kaum noch in eine normale Linienfunktion reintegriert werden.

Der Prozess als stabiles Element

Mit der Einrichtung eines Projektmanagements ist auch die Absicht verbunden, den Mitarbeitern Klarheit über den Fortgang des Prozesses zu verschaffen. In einer Phase geringer inhaltlicher Prognostizierbarkeit muss zumindest der zeitliche Prozess als relativ stabiles Element in der Veränderung genutzt werden. Zentral ist z.B. immer die Frage, wann die Besetzungsentscheidungen getroffen werden.

• **Das Projekt kommunizieren.** Nun muss das Wandelprojekt auch kommuniziert, bekannt und sichtbar gemacht werden. Man sollte es überall hören, sehen und »riechen« können. So kann man darauf drängen, dass konsequent in der Ansprache und jedem Interview eines Mitglieds der Geschäftsleitung auf das Projekt Bezug genommen wird. Sichtbar wird es durch Plakate, Firmenfernsehen, Ausstellungen, Broschüren etc. Auch sollte man versuchen die Auswirkungen des Wandels möglichst schnell unübersehbar zu machen.

Werden z.B. neue Werte propagiert, so sollte dies nicht nur abstrakt auf dem Papier geschehen, sondern möglichst offensichtlich erlebbar sein. Will man z.B. den Begriff der Hierarchie neu belegen (flach, partnerschaftlich etc.), dann kann dies durch die Abschaffung von Vorstandscasinos und -aufzügen, persönlicher Chauffeure sowie anderer Statussymbole direkt operativ wirksam und für jeden sichtbar gemacht werden.

• **Geschützte Wandelarenen.** Es kann auch sinnvoll sein, bereits in dieser oder erst in der nächsten Phase, bestimmte Orte des Wandels vom restlichen organisatorischen Umfeld abzuschotten. Dies kann z.B. dann der Fall sein, wenn man der Auffassung ist, dass die dominante Organisationskultur und die täglichen Routinen einer Erneuerung zu stark im Weg stünden. In einem derartigen Umfeld soll dann auch eine gewisse Neugier zum Experiment stimuliert werden.

!

Fallbeispiel: Compaq
Als bei Compaq in den 90er-Jahren etwa ein Drittel des Umsatzes verloren ging, wurde eine Gruppe junger Leute zusammengestellt, die eine neue Computergeneration zu entwickeln hatte. Sie wurde aus dem Gesamtunternehmen organisatorisch herausgenommen und hatte sich nicht an die allgemein im Unternehmen üblichen Verhaltensformen zu halten. Auch verbarg man die Gruppe vor den Analysten, um sie nicht unnötig unter zusätzlichen Druck zu setzen. Wichtigstes Auswahlkriterium der Mitglieder dieser Gruppe war nicht deren Expertise, sondern deren unbedingter Glaube, dass sie es schaffen werden. Das Experiment gelang mit der Entwicklung der neuen Laptops.

Phase 3 Roll-Out: Die Energie ins System bringen

Nach dem Projektauftakt trifft man i.Allg. gespaltene Lager an. Bei den einen ist es zu einer Art Anfangseuphorie gekommen. Man ist z.B. froh, dass nun endlich etwas geschieht. Man rechnet sich auch Chancen für sich selbst aus. Andere sind geschockt, nachdem sie sich klar gemacht hatten, was ihnen der Wandel selbst abverlangen wird. Man sucht nach Sündenböcken dafür, warum einem so etwas passiert und warum es so weit kommen musste. Enttäuschung über das Unternehmen und eine Art »Weltschmerz« machen sich breit. Das Unternehmen verliert in den Augen vieler Betroffener an Sympathie.

Sobald die ersten größeren Widerstände auftreten, wird klar, dass die Energie nicht von allein ins System kommt, sondern dass hierfür spezielle Aktivitäten angelegt werden müssen. Dazu gehört auch die aktive Auseinandersetzung mit offener Ablehnung und auftretenden Konflikten. Gleichzeitig sollte nach Wegen gesucht werden, Vertrauen zu erhalten und dort Zuversicht zu zeigen, wo sie angebracht ist.

Aktive Auseinandersetzung mit Ablehnung

Typisch für diese Phase ist also das Spannungsfeld zwischen Widerstand und Unterstützung. Dort wo der Wandel geführt wird, sollte entlang der Zeitachse ein Mapping zu beiden Seiten dieses Spannungsfeldes betrieben werden. Auch kann es sich zur Verdeutlichung des Prozesses lohnen typische Dokumente, Symbole, Zitate etc. zu den einzelnen Ereignissen zu sammeln und sie »auszustellen«. Mittels eines solchen »Wandelmuseums« kann Bewusstsein für die Wegstrecke der Veränderung geschaffen werden. Oft vergisst man sehr schnell, auf welchem Stand man sich noch zu Anfang des Projektes befand.

Besonders kritisch wird in dieser Phase auch die Glaubwürdigkeit der Führung hinterfragt. Welche Rolle spielen ihre Eigeninteressen? Inwieweit ist man dort bereit, sich auch selbst dem Wandel zu unterziehen bzw. sogar als Vorbild voranzugehen?

Vorbildfunktion der Führung

In dieser Phase geht es viel um Destabilisierung: Bestehende Strukturierungen und Orientierungsrahmen sollen aufgebrochen und durch Neue ersetzt werden; Entkopplung geht als notwendiger Schritt der Neukopplung voraus. Diese Entkopplung kann zerstörerischen Charakter haben, in dem z.B. eine Diskreditierung der alten Kultur vor einer ersten Welle des Wiederaufbaus geschieht.

Betrachtet man z.B. die Organisationsstrukturen, so findet man dort eine Vielzahl solcher Aktivitäten: Zentrale Strukturen werden durch dezentrale Verantwortlichkeiten ersetzt; zur Flexibilisierung und Beschleunigung der Abläufe werden organisatorische Ebenen gestrichen (»delayering«); der Gedanke der Risikostreuung und geschäftsfeldübergreifenden Synergien wird durch eine Konzentration auf Kerngeschäfte abgelöst (»downscoping«); den Wunsch nach einer vollen Beherrschung der Wertschöpfungskette gibt man zu Gunsten einer höheren Beschaffungsflexibilität auf (»outsourcing«); vertikale Berichtsprozesse werden durch horizontale Netzwerke ergänzt etc. Mit der Erhöhung ihrer Flexibilität signalisiert die Organisation auch ihre Bereitschaft zur Revision als Tribut an die entstandene Dynamik.

Ziel dieser Phase muss es aber auch sein die Aktivitäten so zu fokussieren, dass der Wandel machbar wird. Es muss eine gemeinsame Orientierung entstehen, die die Energien bündelt. Damit soll jedoch nicht ausgesagt werden, dass die einzelnen Aktivitäten sequenziell abzuarbeiten sind, denn Momentum entsteht auch durch eine hohe Gleichzeitigkeit komplementärer Aktionen.

Bündelung der Energien

• **»Alignment« und Massenkommunikation.** Es muss nun auch die eingangs initiierte Debatte vor dem Hintergrund des gestarteten Projektes weiter fortgesetzt, vertieft und verbreitert werden. Aufgabe ist es, für Einsicht in den Wandel zu sorgen, um dann die notwendige Unterstützung seitens der Mitarbeiterschaft zu erfahren. In der Sprache der Betroffenen muss auf allen Ebenen erklärt werden, warum dieser Wandel notwendig ist. Es muss – so weit als möglich – geklärt werden, was neu sein wird, was aufhören wird, aber auch was erhalten bleibt. Dabei sollten einfache Botschaften verwendet werden, die immer und immer wieder wiederholt werden.

Einfache Botschaften verwenden

Kommunikation hat hier auch die Aufgabe, die Vision nicht nur verständlich zu machen, sondern Anleitung zu geben, sie auf jeden Einzelnen herunterzubrechen. Jeder sollte die substanzielle Relevanz des Wandels für sich (also vor dem Hintergrund seines lokalen Kontextes) erkennen. Ziel ist es, die gemeinsame Ausrichtung (»alignment«) voranzutreiben. Auch sollte die Führung des Wandels aus dem Feed-back erkennen können, ob ihre Vision tatsächlich als relevant eingestuft wird.

Zwang zur Massenkommunikation

Auf Grund der großen Zahl involvierter Menschen ist eine direkte Verständigungsorientierung nur noch sehr begrenzt möglich. Es besteht ein Zwang zur Massenkommunikation. Wegen der notwendigen Geschwindigkeit kann diese nicht nur über die Kaskade der Hierarchie erfolgen, sondern es müssen zusätzliche Medien (z. B. Firmenfernsehen) und Rollenmodelle (z. B. Einsatz vorher trainierter »change agents« als Multiplikatoren) zum Einsatz gebracht werden.

Einer der Erfolgsfaktoren von Massenkommunikation ist ihre Repetitivität, das fortwährende Wiederholen der zentralen Botschaften des Wandels. In einer schon fast rituellen Form (»Mönchsgesänge«) werden die Grundzüge der Veränderungsinitiative vorgetragen und auf der Basis des empfangenen Feed-back verfeinert und anschlussfähiger gemacht. Dabei reicht es auch hier nicht aus, dass die Argumentationen die rein materiell-formelle Ebene ansprechen und eine vollständige Rationalität vortäuschen. Veränderungsereignisse sollten kognitiv, affektiv und verhaltensmäßig verarbeitet werden können. Symbole, Riten, dahinter stehende Werthaltungen etc. erlangen eine hohe Bedeutung. Auch existierende Handlungsprogramme und Austauschbeziehungen (»Seilschaften«, Ressourcenabhängigkeiten etc.) werden als politische Dimension automatisch mit wirksam.

Beim Thema »Massenkommunikation« kommen jedermann natürlich auch sofort berechtigte Bedenken in Richtung der demagogischen Verwendung eines solchen Instrumentariums. Sollen hier z. B. Mitarbeiter im Sinne der »kalten Interessen des Kapital« nur besonders professionell ausgenutzt und programmiert werden? Oder geht es nur darum, dass die Eigeninteressen des Vorstands besser bedient werden können (z. B. Verkündigung eines Effizienzsteigerungsprogrammes und gleichzeitige Verdopplung der eigenen Bezüge)? Abstraktes Ziel ist es, das Unternehmen »weiterzuentwickeln«. Was dies inhaltlich konkret heißt (ökonomisch, ethisch, technisch etc.) präzisiert sich im Einzelfall. In unserem Ansatz des GMN geschieht dies über Verhandlungsprozesse mit den einzelnen Anspruchsgruppen auf der Basis der eigenen Werthaltungen.[26]

Eine der Grundfragen zum Thema Kommunikation ist die Frage, mit wem man kommuniziert. Wenn es um die Gestaltung eines Wandelkonzeptes geht, dann kann dadurch darüber entschieden werden, wie revolutionär der neue Entwurf aussehen wird. Ist man an Innovationen zu den sozialen Prozessen interessiert, dann sollte ein offener Ansatz gewählt werden. Darunter ist der Einbezug von Querdenkern zu verstehen, die ungewöhnliche, zusätzliche Sichtweisen in die bestehenden Diskussionsarenen einzubringen vermögen. Um »blinde Flecken« zu entdecken, sollen die bestehenden Ansichten hinterfragt werden.

Einbezug von Querdenkern

• **Eine Bewegung in Gang bringen.** Ein umfassendes Wandelprogramm sollte als Bewegung begriffen werden, zu der jeden Tag mehr dazustoßen. Jeder sollte Teil des Prozesses sein und sich darin auch wieder finden. Damit die Bewegung wahrgenommen wird, muss sie beworben werden; damit Kettenreaktionen entstehen, muss schnell das Greifen der Bewegung als Referenz gezeigt werden können.

!

Fallbeispiel: Siemens (III)
Bei »top«, dem Wandelprogramm von Siemens, wurde das Ziel, eine Bewegung zu initiieren, besonders nachhaltig verfolgt, zumal es darum ging über 400.000 Menschen in mehr als 170 Ländern zu mobilisieren. Wie bei der Entwicklung eines erfolgreichen Konsumproduktes wurde alles aufeinander abgestimmt. Ein Aspekt daraus ist das Marketing des Programmes: So erhielt das Programm mit »top« ein eigenes Logo, wobei weltweit der Schriftzug gleich ist, während das »o« jedoch projekt- und landesspezifisch genutzt werden kann. In Australien schaut z.B. ein Känguru durch das »o«, während es in den USA die Flagge ist. Auch wurde »top« als Warenzeichen eingetragen. Zu »top« wurde selbstbewusst die Sprechblase »Wir machen's einfach besser!« dazugesetzt. Das Kürzel wurde unterschiedlich genutzt: »time optimized process«, »trust our people« etc. Ein Pin zeugte von der Zugehörigkeit zu »top«. Weiter wurde regelmäßig ein »top champion« gekürt, eine eigene Zeitschrift berichtete über die Aktivitäten, spezielle Seminarreihen wurden ausgerichtet, Mitarbeiterumfragen zu »top« wurden durchgeführt, über 400 interne Prozessberater wurden nach und nach ausgebildet etc. Auch hat man das eigene Programm gegen andere in Benchmarks verglichen. Den Fortschritt des top-Projektes hat man mit dem Modell der European Foundation for Quality Management gemessen.

• **Offenheit gegenüber kritischen Punkten.** Durch den mit Wandel verbundenen Aufbruch etablierter Traditionen entsteht ein hohes Maß an Unsicherheit bei allen Beteiligten. Bislang bewährte Deutungsmuster und Handlungsroutinen werden in Frage gestellt.

Unsere Beobachtungen zeigen, dass die Führung im Allgemeinen keine klaren Vorstellungen hat (und wahrscheinlich auch nicht haben kann), über welche Wege der angestrebte Wandel erreicht werden soll. Ein solche »Landkarte« wird erst nach und nach erstellt und präzisiert, indem neues Wissen aufgenommen und verarbeitet wird.

Die Tauglichkeit der Landkarte wird entscheidend davon abhängen, inwieweit es gelingt, die Intelligenz der gesamten Organisation zur Bearbeitung der Implementierungsprobleme heranzuziehen. Wir konnten beobachten, dass solche »lokalen Theorien« über Implementierungsprobleme nahe liegenderweise auf unteren Ebenen i.Allg. deutlich reichhaltiger sind als bei der Führung. Nicht alles, was bei der Führung als Problem betrachtet wird, wird »vor Ort« auch als Problem empfunden; anderer zu erwartender Probleme mag sich die Führung aber gar nicht bewusst sein.

Die Offenheit gegenüber der gemeinsamen Bearbeitung kritischer Punkte muss deshalb besonders gesucht und unterstützt werden. Zeitliche Verzögerungen haben oft in einer mangelnden Nutzung vorhandenen Wissens ihre Ursache. Natür-

Gemeinsame Bearbeitung kritischer Punkte

lich macht diese Offenheit nur Sinn, wenn sie auf eine wechselseitige Lernbereitschaft aufbauen kann.

Masse und Geschwindigkeit

• **Vergangenheit, Gegenwart und Zukunft verbinden.** Greift man den obigen Kommunikationsauftrag konkret auf, dann heißt fundamentaler Wandel, äußerst zügig eine kritische Masse an Menschen mit der Vision und den Grundsätzen des Wandelvorhabens vertraut zu machen, sie an der Gestaltung der Veränderung konkret zu beteiligen, und sie die Unternehmens- und Führungskultur weiterentwickeln zu lassen. Der *Impuls*, der in dieser Phase durch das Projekt auf das System ausgeht, ergibt sich als Funktion aus *Masse und Geschwindigkeit.*

Betrachtet man das Thema Corporate Transformation in großen Unternehmen, dann entsteht an dieser Stelle die Notwendigkeit, nach dem Auftakt die vollständige ober(st)e Führungsmannschaft in einen Dialog einzubeziehen, um (1) das Vorhaben gemeinsam zu präzisieren und auszugestalten und (2) die Führungskräfte als »change agents« zur Kommunikation des Wandels in die unteren Ebenen des Unternehmes auszubilden.

Eine Möglichkeit zur Umsetzung dieses Vorhabens besteht darin, dass man die Führungsmannschaft in (meist geschäftsspezifische) Kleingruppen unterteilt, und dann alle nach dem gleichen Muster einen umfassenderen Workshop durchlaufen. Ein dafür denkbares Design ist in Abbildung 5-19 wiedergegeben.[27] Es wird dabei davon ausgegangen, dass Wandel heißt, Vergangenheit, Gegenwart und Zukunft miteinander zu verbinden. Nur mit einem tiefen Verständnis der Geschichte und der vorhandenen Sehnsüchte kann es gelingen, den Wandel mit möglichst wenig Energieverlust zu durchlaufen.

Es ist immer wieder zu beobachten, dass wir uns im Wandel – zumindest in Führungssprache und -aktionen – zu viel mit der Zukunft beschäftigen, während

	Vergangenheit	**Gegenwart**	**Zukunft**
1. Tag: **Umfeld/ Kontext**	Wie stellt sich das geschäftliche Umfeld in der Vergangenheit für uns dar (Dynamik, Erfolgsfaktoren)? (1 Std.)	Wie stellt es sich heute für uns dar? (1 Std.)	Wie erwarten wir es in den nächsten 2–3 Jahren? (2 Std.) Am Nachmittag nehmen noch externe Experten dazu Stellung.
2. Tag: **Unternehmen**	Was hat uns in der Vergangenheit erfolgreich gemacht? (2 Std.)	Wie erfüllen wir heute die uns gestellten Anforderungen? (1 Std.)	Welche Art von Unternehmen wird zukünftig erfolgreich überleben können? (6 Std.)
3. Tag: **Rolle/ Beitrag**	Was war mein Beitrag zu dieser Vergangenheit und wie beurteile ich diesen? (2 Std.)	In welcher Rolle sehe ich mich heute und inwieweit kann ich dabei erfüllen, was von mir erwartet wird? (1 Std.)	Was kann ich in den nächsten 3 Monaten bzw. 3 Jahren dazu beitragen, damit wir von A nach B kommen? Welche Optionen gibt es hierfür? Wie kann das garantiert werden? (6 Std.)
4. Tag	Diskussion der Ergebnisse mit der ersten Ebene		

Abb. 5-19: Design für einen Transformations-Workshop

die Wahrnehmung noch fast ausschließlich mit der Vergangenheit und Gegenwart beschäftigt ist. Es sollte aber auch offiziell gewürdigt werden, was in der Vergangenheit war und was davon vielleicht auch erhalten bleibt. Auch sollte man sprachlich und im Handeln Bezug zu den Ängsten der Gegenwart nehmen. Das Bewusstsein sollte dafür wachsen, dass bereits akzeptierte Schritte in die Zukunft nur gegangen werden können, wenn man auch in der Lage ist, bestimmte Dinge der Vergangenheit und Gegenwart zurückzulassen.

Würdigung der Vergangenheit

Ergebnis des Feldes Rolle/Zukunft ist eine Liste möglicher Handlungsfelder. Es werden Aktivitäten benannt, die durch die Führungsmannschaft als notwendig eingestuft werden. Man weiß aber an dieser Stelle noch nichts darüber, ob (1) diese Aktivitäten allgemein als strategisch prioritär eingestuft werden und ob (2) im gesamten Betroffenensystem Energie für diese Aktivitäten vorhanden ist. Es gilt nun also die Führungsmannschaft und ihre Multiplikatoren mit der breiten Menge zu verkoppeln. Man könnte dazu den nächsten Schritt so moderieren, dass die Aktivitäten in eine Matrix mit den beiden Dimensionen »Beitrag der Aktivität zu den strategischen Absichten« und »Vorhandene Energie im Betroffenensystem zu dieser Aktivität« eingeordnet werden. Am besten ist es, wenn – z. B. mit einem Großgruppenprozess – das Betroffenensystem daran beteiligt wird.

• **Solidarität aufbauen und Entschlossenheit zum Vorhaben demonstrieren.** Die gemeinsame Auseinandersetzung mit den Problemen und Möglichkeiten der Implementierung hat auch einen solidarisierenden Effekt zwischen Sendern und Empfängern von Wandelinterventionen. Bei der Präsentation vieler Wandelvorhaben konnten wir sehen, dass die den Wandel verkündigende Führung sich selbst implizit aus dem Wandelprojekt ausschloss. Man wollte sich nicht selbst zum Gegenstand notwendiger Verhaltensänderungen machen. Dabei wird dann etwa folgender Wortlaut verwendet: »Wir haben festgestellt, dass unser Unternehmen nicht ausreichend kundenorientiert ist. Dies wollen wir ändern, da es der Wettbewerb von uns fordert. Deshalb haben wir dieses Projekt für Sie konzipiert, das Ihnen helfen soll, mehr kundenorientiertes Verhalten einzuüben.« Eventuell wird dann hinzugefügt: »Um Sie dabei zu unterstützen, haben wir noch ein Beratungsunternehmen beauftragt.« Die Adressaten dieser Botschaft hören dies in der Form, dass die Absender offenbar der Meinung sind, dass sie sich schon ausreichend kundenorientiert verhalten. Die Mitarbeiter empfinden dies auch als unfaire Schuldzuweisung: Kann die Ursache eines solchen Defizits wirklich so einseitig verortet werden? Anscheinend empfand ja auch die Führung das Thema bislang nicht als so relevant, dass man seine Aufmerksamkeit darauf richtete. Potenzialsteuerung ist nun einmal Führungsaufgabe. Der beauftragte Berater wird dann als Indiz dafür verstanden, dass die Führung auch meint, dass der Wandel nicht selbst bewerkstelligt werden kann.

Für den fundamentalen Wandel ganzer Unternehmen ist es erfolgskritisch, dass die Führung sich selbst zum Bestandteil und mit zum Gegenstand des Wandels macht. Dies ist nicht nur eine Geste der Solidarität, sondern unterstreicht auch die Entschlossenheit, das Vorhaben nun ernsthaft anzugehen. Lippenbekenntnisse werden sehr schnell als solche erkannt und führen zu hohen Energieverlusten im Transformationsprozess.

Exkurs
1519 landete eine Gruppe spanischer Eroberer unter dem Kommando von Hernán Cortés an der Küste des Golfs von Mexiko. Es waren 600 Soldaten, die 17 Pferde und 10 Kanonen mit sich führten. Man war aufgebrochen das sagenumwobene Atzekenreich zu erobern, an dessen Spitze Montezuma stand. Cortés erste Handlung nach der Landung war es, dass er sämtliche Schiffe verbrennen ließ. Damit war jedem klar, dass es auch für Cortés kein »Rettungsboot« gab und er dazu gehörte.

- **»Issue Ownership« sicherstellen.** Damit Veränderungen geschehen, müssen sich Mitarbeiter an den jeweiligen Orten des Wandels als Betroffene dem Problem auch tatsächlich annehmen und sich für die Suche nach einem Weg zu seiner Lösung verpflichten (»issue ownership«). Damit dies eintritt, sollten bestimmte Voraussetzungen erfüllt sein.[28]

Sie müssen zuerst einmal das Problem für sich selbst als relevant und dringlich wahrnehmen können sowie sich auch Wege zu seiner Bearbeitung vorstellen können. Ob man dann gleich sich des Problems annimmt, wird auch davon abhängen, ob eine ausgeprägte Zuständigkeitsregelung in der Organisation eventuell dagegensteht. Auch wird man überlegen, wie es anderen davor erging, die sich eines solchen Problems angenommen hatten.

Je früher eine Einbeziehung der Mitarbeiter in den Wandelprozess möglich ist, desto größer ist auch die Wahrscheinlichkeit, dass ein »issue ownership« entsteht. Dies hängt zum einen damit zusammen, dass dann der Kontext zur Handhabung des Problems bereits gemeinsam entwickelt werden konnte. Zum anderen ist jeder anders motiviert, wenn er das, was er ändern will, auch »mitbesitzt«. Dabei sollte jedem Mitarbeiter möglichst klar sein, worin seine Freiräume bestehen und in welchen Grenzen er sich zu bewegen hat.

Dort wo »issue ownership« entsteht sollten schnell Prozesse installiert werden, die die Identifikation mit der übernommenen Rolle und deren Ausdifferenzierung vorantreibt. Es sollte dazu eine regelmäßige Diskussion aufgebaut werden, deren Basis wechselseitige Akzeptanz und Wertschätzung sind.

»Issue ownership« kann stabilisiert werden, indem Plattformen zum internen Benchmarking mit anderen Veränderungsprozessen aufgebaut werden, um nach Best-practice-Fällen Ausschau zu halten. Auch hier bestehen Auslöser für Lernprozesse.

Dort wo »issue ownership« übernommen wird, lässt man sich bewusst auf besondere Herausforderungen ein. Dabei sollte allerdings seitens der Führung nicht die Frage vergessen werden, welche Form der Unterstützung erwartet wird. Der wichtigste Mangel ist meistens nicht Geld, sondern ist die in den mentalen Strukturen repräsentierte beschränkte Anzahl von Optionen. Alles was hilft, die zur Verfügung stehenden Optionen anzureichern, ist zweckmäßig. Dies kann auch durch Hinzuzug Externer geschehen.

Anreicherung der Optionsauswahl

- **Orientierung durch gemeinsame Aktivitäten mehrerer Beteiligtensysteme.** Erfahrungen mit dem Neuen macht die Organisation in höchst fragmentierter Form: Jedes Kollektiv (Bereiche, Managementebenen usw.) erlebt es auf seine Art und Weise. Daraus entstehen sehr unterschiedliche Bedeutungszuweisungen zu den einzelnen Aspekten des Wandels. Je länger man die Organisation in dieser Phase unbegleitet lässt, desto größer ist die Streuung der Dynamiken der einzelnen Teilsysteme um den Kern der Initiative herum. Natürlich wird die Varianz dieser Auslegungsordnungen auch noch durch die Präzision, mit der eine Initiative in die Unternehmung gebracht wird sowie die Qualität der die Intervention vorbereitenden Debatten mit beeinflusst.

Da Nicht-Kommunikation aber auch Kommunikation ist, legt sich jedes Teilsystem darauf aufbauend seine Interpretation dessen, was mit der Intervention wohl gemeint war, zurecht. Dies geschieht in unterschiedlich intensiver Art und Weise. Daraus könnte man eine Matrix ableiten, in der man die Systeme nach dem Ausmaß ihrer Auseinandersetzung mit der Intervention und nach der Nähe (bzw.) Entfernung der erarbeiteten Auslegungsordnung zur intendierten Ausrichtung positioniert.

Häufig hält die Führung ihre Intervention vorerst für erklärend genug und lässt danach die Organisation relativ lange »alleine«. Es entsteht keine wirkliche Auslegungsdebatte. Man rechtfertigt dies dadurch, dass doch genau gesagt wurde, was zu diesem Zeitpunkt zu sagen ist und dass doch nun zuerst einmal die Inhalte über die verschiedenen Ebenen und entlang der Strukturen der Aufbauorganisation nach unten getragen werden müssten.

Auslegungsdebatte

Damit es nicht zu frühzeitigen und nur schwer wieder aufbrechbaren Verfestigungen und Eigendynamiken ungewollter Auslegungsordnungen der Initiativen kommt, sollte man jedoch möglichst schnell nach Wegen suchen, dass die Organisation nach und nach wieder einen gemeinsam geteilten Orientierungsrahmen, eine tragfähige soziale Ordnung entwickelt. Wo dies nicht geschieht, nimmt die politische Paralyse der Organisation zu und das Interesse am Wandelvorhaben ab, denn man benötigt seine Kraft nun ja für die politischen Grabenkämpfe.

Ein Weg dies zu tun, ist die Förderung von Aktivitäten, die die Teilsysteme wieder aneinander koppeln. Hier kann man z.B. auf gemeinsamen Erfahrungen oder Anliegen aufsetzen. Ziel ist die Entwicklung und Diffusion geteilter Bedeutungszuweisungen, um daraus wieder Orientierung abzuleiten. Bei der Auswahl der zu stimulierenden Kopplungsaktivitäten kann man einen doppelten Weg wählen: Einerseits kann man induktiv vorgehen und die Felder verstärken, bei denen bereits bedeutsame Interaktionsmuster auszumachen sind. Andererseits sollte man aber auch den normativen Weg gehen und Teilsysteme miteinander in Bezug bringen, die für die Implementierung der Initiativen als besonders relevant erachtet werden. Auf diese Weise können auch die Themen, die man neu in der Organisation platzieren möchte, ihre notwendige Konkretisierung erfahren. Auch können dadurch Strukturen, die in der zukünftigen Organisation zu verfestigen sind, vorbereitet werden.

Stimulierung von Kopplungsaktivitäten

Der induktive Weg hat den Vorteil, dass er auf bestehenden Interaktionsmustern aufsetzen kann. Schwierig kann es werden, wenn die bereits implementierten Auslegungsordnungen sehr tief greifen, jedoch weit von der intendierten Ausrichtung abweichen. Der normative Weg hat seine Schwierigkeiten darin, dass er etwas »aufgesetzt« wirken kann. Deshalb ist hier besonders darauf zu achten, dass die Erfahrungen oder Anliegen, auf die man bei der Systemkopplung aufbaut, auch bei näherer Betrachtung als geteilt empfunden werden. Dabei zählt nur die Sichtweise der Betroffenen.

Zwischen gemeinsamen Aktivitäten und gemeinsamen Bedeutungszuweisungen besteht eine gewisse Komplementarität. Gemeinsame Aktivitäten entwickeln sich nur dann konstruktiv, wenn die Auffassung über die zu gehenden Wege in ihrer Sinnhaftigkeit zwischen den einzelnen Systemgruppen konvergieren bzw. ganz neue gemeinsame Sinnangebote entstehen. Umgekehrt darf man an Orten, an denen eine solche Sinnkonvergenz festzustellen ist, nicht zu lange mit Anschlussaktivitäten auf sich warten lassen.

Diese frühzeitige Kopplung ist aber nicht nur wichtig, um aus Sicht der Führung das »Auseinanderdriften« der Interventionsauslegungen zu verhindern, vielmehr geht es auch darum, dass sich die Führung ein Feld schafft, auf dem sie ihre Interventionen empirisch zu testen vermag. Diese Orte gemeinsamer Aktivitäten stellen für die Führung extrem wichtige Feed-back- und Lernarenen dar, aus denen sie Hinweise für die Verfeinerung ihrer Wandelarbeit erfahren kann. Ergebnis können Präzisierungen sein, aus denen dann auch sequenziell die Entwicklung eines tragfähigen Sinnangebots hervorgehen sollte; aber auch frühe und damit weniger schmerzhafte Korrekturen der vorgenommenen Intervention werden dadurch begünstigt.

zeitintensiv

Das Einbringen in diese Maßnahmen zur Systemkopplung ist für die Führungsmannschaft sehr zeitintensiv. Ob man bereit und in der Lage ist, diese Zeit aufzubringen, gehört zur Machbarkeitsprüfung eines fundamentalen Wandelvorhabens.

• **Lernen als Einüben.** Weiter oben hatten wir auf die zentrale Bedeutung des organisatorischen Lernens hingewiesen. Auch wurde darauf aufmerksam gemacht, dass es ohne die Fähigkeit zu einem kritischen Hinterfragen der Prämissen bisher angewandter Orientierungsrahmen zu keinem fundamentalen Wandel kommen kann. Diese Form des Lernens geschieht natürlich seltener und ist auch anspruchsvoller als das »normale« Lernen in bestehenden »Wissensgebäuden«. Damit soll aber nicht zum Ausdruck gebracht werden, dass das »normale« Lernen in Phasen des Wandels von untergeordneter Bedeutung ist.

Auf Grund der strukturellen Veränderung der Aufgabenfelder nach Veränderungsinitiativen entstehen oft plötzliche und erhebliche Wissenslücken. Statt diese Lücken zuerst einmal zu schließen, lenkt man die ganze Transformationsenergie auf die viel schwierigeren grundsätzlichen Verhaltensänderungen. Ein Teil dieses Wissens ist durchaus vorhanden und kann »klassisch« geschult werden. Darauf kann sich eine Organisation vorbereiten und die entsprechenden finanziellen und zeitlichen Rückstellungen bilden. Dabei sollte auch Beachtung finden, dass etwas, was einmal geschult wurde, noch lange nicht eingeübt ist. Um dieses vielleicht etwas stupid wirkende Einüben wird man aber nicht umhinkommen, wenn man gewisse professionelle Ansprüche hat. Auch bringt das Einüben durch den Umbruch verloren gegangene Sicherheit zurück. *Dort, wo man bei Wandel die Chance hat, den Mitarbeitern wieder professionelle Sicherheit zu geben, sollte man dies umgehend und ohne Rücksicht auf den Aufwand tun.* Man sollte dabei in der Gestaltung der Rahmenbedingungen dieser Maßnahmen berücksichtigen, dass viele Teilnehmer ein solches »Einüben« nicht mehr gewohnt sind und vielleicht sogar damit Statusprobleme haben.

Professionelle Sicherheit geben

!

Fallbeispiel: Mercedes-Benz
Als zur Beschleunigung der organisatorischen Prozesse bei Mercedes-Benz 1993 das Center-Konzept eingeführt wurde, fanden sich viele technische Experten als neu ernannte und ergebnisverantwortliche Center-Leiter auf einmal in kaufmännischen Führungsfunktionen wieder. Daraus entstand abrupt ein hoher Schulungsbedarf zu Fragen, wie man ein Profitcenter kaufmännisch führt oder wie man Geschäftspläne entwickelt.

• **Die Qualität täglicher Interaktion.** Wandelprogramme werden oft äußerst detailliert geplant. Nach ihrer »Verkündigung« lässt man sie dann wie eine Maschinerie abrollen. Es besteht dann kaum noch Raum für ein schnelles und umfassendes Rückkoppeln.

Auf Grund der hohen Unsicherheit sind Feinplanungen des Ablaufs von Wandelvorhaben oft mehr hinderlich als förderlich. Sie absorbieren sehr viel Zeit und verstellen – wegen der empfundenen Verpflichtung zur Planerfüllung – den Blick für das, was wirklich passiert. Auch professionell geführte Wandelprojekte haben mit Verzögerungen, Modifikationen, unerwarteten Widerständen, Kostenüberschreitungen usw. zu kämpfen. Die Auseinandersetzung mit ihnen sollte allerdings auf einer direkten und unverzögerten Basis geschehen. Nützlicher ist es deshalb, wenn man sich szenarienartige Grobpläne schreibt, sich auf eine Reihe von Prozessgestaltungsgrundsätzen einigt und dann sich viel Zeit für das Beobachten der Geschehnisse in zu integrierenden Strukturen (Oberflächen- und Tiefenstruktur, Absender und Adressaten des Wandels, Schnittstellen zwischen Organisationsbereichen, Zusammenführen von Fähigkeiten zu Kernkompetenzen usw.) nimmt.

Einigung auf Prozessgestaltungsgrundsätze

• **Den Blick nach außen bewahren.** Im Wandel trifft man häufig das *Paradoxon* an, dass man sich in einer solchen Situation eigentlich besonders intensiv mit seinem Umfeld auseinander setzen sollte, aber auf Grund der enormen außerordentlichen Projektbelastungen primär mit sich selbst beschäftigt ist. Damit öffnet das Unternehmen seine Achilles-Verse gegenüber dem Wettbewerb. Es wird leichter, wichtige Mitarbeiter abzuwerben; aber auch Abschmelzverluste auf Seiten der Kundschaft treten schnell ein. Dessen muss man sich bewusst sein, um präventiv handeln zu können.

Gefahr von Abschmelzungsverlusten

!

Fallbeispiel: Deutsche Bank/Bankers Trust
»Die Fonds- und Vermögensverwaltung der Deutschen Bank AG in den USA verliert mit dem New York City Retirement System ihren größten Kunden. Der Pensionsfonds der Stadt New York zieht den größten Teil seines Anlagekapitals von 44 Milliarden Dollar von der Deutschen Bank ab und wechselt zu Barclays Global Investors und Merrill Lynch & Co. Damit hat die Deutsche Bank jetzt rund 60 Milliarden Dollar Anlagekapital verloren, ein Drittel der Index-Investments, die sie durch die Übernahme von Bankers Trust Corp. im letzten Jahr gewonnen hatte. Als Grund für den Abzug seiner Gelder nannte der Pensionsfonds, dass Top-Fondsmanager im Juli von der Deutschen Bank zu Merrill gewechselt hätten. Seither gingen nach und nach Kunden an Alliance Capital Management Holding LP, Barclays Global, Mellon Bank Corp. und State Street Corp. verloren sowie an die Amalgamated Bank, die der Gewerkschaft der Textilindustrie in New York gehört.« (SZ 9.3.00)

• **Einen konstruktiven, fairen und verbindlichen Dialog zur Performance etablieren.** Hoch-komplexe Wandelprogramme bringen das Problem der Überschaubarkeit ihres Fortschritts mit sich: Wo steht man eigentlich im Prozess? Dies gilt zum einen räumlich: Wo stehen die einzelnen lokalen Orte des Wandels im Verhältnis zum gesamten Wandelvorhaben? Aber dies gilt auch zeitlich: Inwieweit kommt man den im Wandelprojekt gesetzten Zielen näher?

Grundsätzlich sollte bedacht werden, dass jede Fremdkontrolle die Gefahr zur Fehlervertuschung in sich birgt. Die Organisation entwickelt spezielle Raffinessen in der Verschleierung. Deshalb sollte versucht werden, die Mitarbeiter so weit als möglich zum Selbst-Audit zu befähigen.

Die Frage nach dem zeitlichen Standort will man natürlich so früh als möglich beantwortet sehen, um schnell Rückkopplungen zu erhalten und darauf aufbauend direkt die nächsten Aktivitäten entsprechend anpassen zu können. Auf Grund der hohen Ungewissheit kann man also z.B. nicht auf die Zahlen des Controlling warten, da diese viel zu spät melden würden. Controllingsysteme sind auch an den Interessen der Hierarchie ausgerichtet und haben oft nur geringen Informationsgehalt für diejenigen, die sich im Veränderungsprozess befinden. Insbesondere geht es dabei um das Aufgreifen von Beobachtungsgrößen, die nicht nur Ergebnisse melden, sondern auch die Entwicklung der – meist qualitativen – Vorläufer der Ergebnisse.

Exkurs
Das Bildungssystem im Gymnasium ist sicher ein äußerst detailliert geregeltes System (Lehrpläne, Lehrerausbildung, Kontrollgremien usw.). Lenkt man einmal den Blick nicht auf den Output des Systems (Abitur), sondern auf dessen Outcome (Aufnahme eines Universitätsstudiums, da das Ziel des Gymnasiums ja die Universitätsreife ist), dann wird man extreme Unterschiede trotz hoher Regulierung antreffen. Im Kanton Zürich reicht die Bandbreite der Übertritte in die Universität pro Schule z.B. von 0% bis 50%.

Benennung von Messgrößen

Es ergibt sich also daraus die Aufgabe der Benennung geeigneter Mess- und Beobachtungsgrößen von Veränderung. Im Kapitel zur Performance Messung werden Vorschläge dazu unterbreitet. Da es sich dabei um Leit- und Evaluationsgrößen für den Wandel handelt, geht von ihnen ein gewisser Pull-Effekt aus, der durchaus auch unsinnige Formen annehmen kann: So kann es sein, dass die Leute ihr Handeln nur noch an der Erreichung bzw. Erfüllung der Kriterien ausrichten (um Belobigung zu erfahren), und damit ihre Verantwortung für das »richtige« Handeln an das System delegieren. Auch denken oft die, die diese Systeme konzipieren, dass die Garantie eines gewissen Leistungsniveaus durch möglichst detaillierte Vorgabesysteme erreicht werden kann. Konkret kann dies jedoch auch zu Übersteuerungseffekten und zu einem Defizit an »Leadership« führen.

Gefahr der Unverbindlichkeit

Gibt es allerdings keine Performance Messung dann besteht die Gefahr der Unverbindlichkeit. Man hat zwar eine Vision und umfassende Strategien, mangels Konsequenzen kommt es aber zu keiner Implementierung.

Eine Performance Messung hat demnach auch die Funktion, dass zwischen der Vision und der täglichen Arbeit des Einzelnen eine konkrete Brücke geschlagen wird. Wir konnten feststellen, dass es oft nicht gelungen war, abstrakt empfundene Top-Management-Initiativen zusammen mit denen, die sie umzusetzen hatten, zu konkretisieren. Es blieb häufig weitgehend unklar, an was man eigentlich täglich beobachten wollte, ob man den mit den Interventionen verbundenen Erwartungen und Sehnsüchten nun näher kommt oder nicht. Man blieb auf ebenso abstrakte Selbstbeurteilungen der Absender der Interventionen angewiesen, die oft nur in zeitlich großen Abständen stattfanden.

Das Entwickeln von Wandelprogrammen kann deshalb als fortwährender organisatorischer Lernprozess begriffen werden, in dem der Performance Messung die Feedback-Funktion zukommt, um diesen Prozess zu speisen. Es ist dabei wichtig, dass dieses System zur Performance Messung gemeinsam entwickelt wird. So kann weitgehend Gewähr geleistet werden, dass die Kriterien sowohl als fair, als auch als ambitioniert aufgefasst werden.

Peer-Reviews

Peer-Reviews könnten den Stellenwert von Fairness noch unterstreichen. Jeder sollte mittels dieser Performance

Messung auch erkennen können, was sein individueller Beitrag zum Fortgang des Wandels ist. Dabei kann daran gedacht werden, dass Auszeichnungen jeder Art und das Verteilen von Aufmerksamkeit im Unternehmen mit diesen Kriterien verknüpft werden.

Individueller Beitrag

Durch die hier vorgeschlagene Performance Messung wird in das Wandelprojekt also eine *Selbstbeobachtungsebene* eingezogen: Das Projekt schaut sich selbst zu, wie es das Veränderungsvorhaben konzeptionalisiert und bewältigt.

Die räumliche Übersicht über ein Wandelprojekt vermag man über die Einrichtung entsprechender Kommunikationsplattformen zu verbessern. Die Führung demonstriert damit ihr Interesse und ihre Offenheit auch an lokalen Theorien und Praxen des Wandels. Diese wiederum erhalten damit eine Chance zum Benchmarking ihrer eigenen Prozesse. Man macht sich gemeinsam ein Bild davon, wo sich die *»islands of progress«*[29] befinden und was man von ihnen vielleicht lernen kann.

Einrichtung von Kommunikationsplattformen

• **Die »späten Mitmacher« gewinnen.** In der »Belegschaft des Wandels« wird man immer »Pioniere«, »frühe Aufspringer« und »späte Mitmacher« haben. Die Fraktion der »späten Mitmacher« wird zu Anfang meist die weitaus größte Gruppe (ca. 80 %) darstellen. Sie klinken sich, falls überhaupt, erst in der nächsten Phase in das Projekt ein. Um jedoch eine ausreichend kritische Masse an Mitmachenden möglichst schnell zu erreichen, sollte man bereits in dieser Phase versuchen, sich speziell an die ansonsten »späten Mitmacher« zu wenden. Dies kann i.Allg. am besten über die Anpassung der Führungsinstrumente geschehen. Sie repräsentieren und zementieren die bestehende Ordnung. Finden die mit einem Wandel verfolgten Ziele schnell und klar erkennbar Eingang in Anreizsysteme, Zielvereinbarungsprozesse etc., so dürfte sich darüber auch das Verhalten der »späten Mitmacher« beeinflussen lassen, zumindest so weit sie extrinsisch motivierbar sind.

Anpassung der Anreizsysteme

Es sollte dabei jedoch auch immer darauf geachtet werden, dass den Mitarbeitern nicht die Grundlagen ihrer intrinsischen Motivation entzogen wird. Dazu gilt es (1) den Schwierigkeitsgrad der Aufgabe mit dem Grad der vorhandenen Fähigkeiten in Balance zu halten, (2) beides kontinuierlich zu erweitern (Aufgaben anspruchsvoller gestalten, Fähigkeiten weiterentwickeln), (3) schnell und konstruktiv Feed-back zu geben und (4) den Mitarbeitern auch ausreichend Gelegenheit zu geben, konstant an ihrer Aufgabe zu arbeiten.

Phase 4 Verstetigung: Das Momentum erhalten

Inzwischen beginnt man – im Fall eines positiven Verlaufs – den Wandel in der Organisation breitflächig zu akzeptieren. In den Denkmustern erkennt man die Notwendigkeit grundlegender Veränderungen an. Man hat in einer würdigenden Form Abschied genommen von der Vergangenheit und verpflichtet sich nun auf die Erschließung einer neuen gemeinsamen Zukunft. Langsam wächst eine Vorstellung wie das eigene Geschäft zukünftig aussehen und funktionieren könnte. Moral und Optimismus, dass man es schaffen wird, nehmen wieder zu. Immer mehr unterstützen nun aktiv den Veränderungsprozess. Langsam darf auch dort, wo man Konturen der Zukunft zu erkennen glaubt, wieder an eine Stabilisierung des Systems gedacht werden.

Problem dieser Phase ist also nicht die fehlende Einsicht zum Wandel. Vielmehr besteht die Gefahr, dass der Prozess auf Grund seines jetzt eher geregelten Fortgangs an Energie verliert, da sich z.B. wichtige Promotoren bereits wieder neuen »Abenteuern« zuwenden. Auch wurden die niedrig hängenden Trauben bereits geerntet, das Ziel des Wandels ist aber weder annähernd erreicht noch ist das bislang Erreichte nachhaltig gesichert. Insbesondere liegt die schwierige kulturelle Verankerung größtenteils noch vor einem.

Kulturelle Verankerung vorantreiben

Hinderlich wirkt sich hier auch aus, dass es heute kaum noch möglich ist, die in einem Unternehmen notwendigen Veränderungsvorhaben sequenziell abzuarbeiten, so groß ist der zeitliche Druck. Dies führt dazu, dass immer mehrere wichtige Projekte parallel laufen und um die Aufmerksamkeit und Unterstützung der Mitarbeiter und des Managements ringen. Neue Wandelvorhaben konkurrieren dann um die Schlüsselpersonen, womit die Aufgabe besteht, diese am eigenen Projekt motiviert zu halten.

Um nun die Energie im System zu halten, sollte auf einige Punkte ganz besonders geachtet werden:

- Risiko des Prozesses in der Anfangsphase ist es, dass der Prozess von nur wenigen Schlüsselpersonen getragen wird. Der Fortgang muss nun auf deutlich mehr Schultern verteilt sein.
- Über Rotationen von Mitarbeitern können verschiedene Orte des Wandels auch verkoppelt werden. Diese Mitarbeiter können wiederum vernetzt werden und bilden dann eine Art »Resonanzboden« stabiler Beziehungen im Wandel.
- Es sollte allen möglichst klar sein, wo das Projekt erfolgreich läuft und wo nicht und warum dies so ist. Besonders gute Beispiele sollen nach wie vor gewürdigt und ausgezeichnet werden. Dort wo Schwierigkeiten bestehen muss anders oder mehr unterstützt werden. Um das Neue möglichst schnell zu teilen, werden eine ganze Reihe unternehmensübergreifender Wandelarenen mit großer Nachhaltigkeit betrieben. Dort müssen nach wie vor Vision und Werte des Unternehmens kommuniziert, reflektiert und ausgedeutet werden.
- Die Beurteilung des Erfolgs kann nun bereits auch an den Geschäftsergebnissen erfolgen. Man weiß inzwischen auch wieder, wo man im Vergleich zum Wettbewerb steht. Erste Benchmarkings beginnen Sinn zu machen.
- Teilweise kann man beginnen, sich herauskristallisierende neue Aufgaben zu standardisieren. Neu erworbene operative Routinen können eingeübt werden.

Standardisierung neuer Aufgaben

Ansonsten gelten viele der in Phase 3 genannten Punkte auch in dieser Phase. Wichtig ist, dass diese Phase nicht unterschätzt wird. Mühsam errungene Anfangserfolge können hier schnell wieder verspielt werden.

Phase 5 Konsolidierung: In den eingeschwungenen Zustand zurückfinden

In der letzten Phase geht es darum, den Prozess »sauber« zu schließen. Verändertes muss festgehalten und gesichert werden. Aus dem Sonderprogramm muss wieder normales Alltagsgeschäft werden. Das Geleistete ist zu würdigen. Der Verlierer und Opfer des Prozesses muss gedacht werden. Es muss aber auch über die nachgedacht werden, die – trotz aller Programme zur Mitarbeiterbindung – es vorgezogen haben, das Unternehmen zu verlassen. Und wie geht es denen, die übrig geblieben sind? Man kann den »Sack« eben nur schließen, wenn es möglich ist, sich mit diesem Teil seiner eigenen Geschichte auseinander zu setzen.

Erfahrungen auswerten

Auch müssen die Erfahrungen aus dem jahrelangen Veränderungsprozess nun systematisch zusammengetragen und für den organisatorischen Lernprozess nutzbar gemacht werden. Die Qualität in der Wandel in einem Unternehmen stattfindet, wird zukünftig nicht unwesentlich mit der Qualität, die man generell einem Unternehmen beimisst, korrelieren. Der Wandel ist nun auch so weit fortgeschritten, dass er nicht mehr als eigenständiges Projekt geführt werden muss, sondern in die laufenden Standardprozesse integriert werden kann.

Damit wird nicht davon ausgegangen, dass die Organisation keinem Wandel mehr ausgesetzt ist. Sie bewegt sich nun jedoch wieder auf einen eingeschwungenen Zustand zu, in dem Veränderungen innerhalb einer dominanten Logik stattfinden, um die herum sich das System immer wieder stabilisiert. Diese Veränderungen können dann innerhalb der laufenden Organisation abgearbeitet werden.

Auflösung der Projektorganisation

Es kann nun die Auflösung der die bestehende Organisation überlappenden Strukturen des Wandelprogrammes vollzogen werden. Dabei stehen grundsätzlich drei Alternativen zur Verfügung: Entweder werden die verbleibenden Arbeiten in die bestehenden Linienstrukturen übernommen (und man beauftragt eventuell noch jemanden damit, die Auslaufaktivitäten des Programms zu koordinieren) oder die Programm- bzw. Projektstrukturen werden für die Gesamtorganisation übernommen, d.h. sie waren eine Vorwegnahme der zukünftigen Organisation. Variante drei ist, dass die Organisation mit Abschluss des Projektes in eine völlig neue dritte Form überführt wird.

Reintegration der Projektverantwortlichen

Mit der Auflösung des Projektes entsteht auch die Aufgabe für das Management, die Projektverantwortlichen in die Organisation zu reintegrieren. Dieser Vorgang sollte wohl überlegt erfolgen, denn er wird durch die Mitarbeiter sehr genau beobachtet werden. Man will wissen, ob es sich für die betreffenden Personen gelohnt hat. Einerseits sind die Projektverantwortlichen ein gewisses Risiko eingegangen, da sie sich über mehrere Jahre teilweise voll aus ihrer normalen Tätigkeit ausgeklinkt hatten. Gleichzeitig hatten sie aber auch die Chance erhalten, sich über ein solches Projekt zu profilieren. Wurden mit der Übernahme solcher Positionen seitens des Managements Erwartungen aufgebaut oder gar Versprechungen verbunden, dann darf man nun gespannt sein, ob sie eingelöst werden.

(7) Handlungsoptionen

Zusammenfassend stehen bei der Komponente »Timing« fünf **Dimensionen** als Optionen zur Auswahl, die das Wandeldesign bestimmen:

- Zuerst muss festgestellt werden, ob man sich bei dem verfolgten Wandel eher innerhalb einer *Epoche* bewegt (inkrementaler Wandel) oder ob man meint, dass es nun darum geht, den Übergang zu einem neuen Erfolgsmuster zu gestalten (fundamentaler Wandel).
- Das Niveau der für einen Wandel erforderlichen Aktivitäten lässt sich als Glockenkurve beschreiben. Wählt man eine solche Betrachtungsweise, dann ist zu entscheiden, welchen Zeitraum dieser *Zyklus* abdecken soll.
- Je nach Komplexität des Wandelvorhabens kann noch eine Untergliederung in zeitlich aufeinander aufbauende *Wellen* erfolgen. Meist wird dann mit jeder Welle ein anderer thematischer Fokus verfolgt. Die Wellen überlappen sich dabei normalerweise.
- Auf Grund der unterschiedlichen Funktionen, die in einem Wandelprogramm zu erfüllen sind, bietet sich auch eine Unterteilung eines Zyklus in *Phasen* an. Üblich sind 3-Phasen-Modelle. Hier wurde ein 5-Phasen-Modell vorgestellt.

- Da ein unternehmensweiter Wandel an den einzelnen Orten des Wandels auf sehr unterschiedliche Kontexte trifft, kann die *Taktung* des Wandels nun noch den örtlichen Verhältnissen angepasst werden.

Auch hier besteht die Kunstfertigkeit der Führung darin, die Ausprägungen der Dimensionen so festzulegen, dass man mit der Differenziertheit des Wandeldesigns einerseits der Komplexität des Wandels gerecht wird, es andererseits aber zu keinem »Over-Engineering« kommt, bei dem der Aufwand den Nutzen übersteigt.

5.2.3 Optionen zu den Entwicklungsthemen: Die Akzente

Fokussierung auf ein Thema

Organisatorischen Wandel haben wir als hoch komplexes und ambitioniertes Vorhaben kennen gelernt. Um diese Komplexität zu reduzieren und dadurch ein fokussiertes Vorgehen zu ermöglichen, können Schwerpunktthemen eines Wandels herausgearbeitet werden. Fehlt dieser Fokus, dann kann ein Wandelprojekt eventuell nicht die erforderliche Durchschlagskraft aufbringen. Eine Führungskraft von British Petroleum formulierte dies einmal wie folgt: »Big changes are single-minded«.

Günstig wirkt sich das Setzen von Akzenten dann aus, wenn damit eine *dominante Diskussion* in der Organisation aufgegriffen werden kann, denn dann ist der Prozess der kollektiven Sinnproduktion als Voraussetzung von Verhaltensänderungen bereits im vollen Gang. Solche Akzente kann man i.Allg. in zwei unterschiedlichen Varianten antreffen:

- Man fasst die dominante Diskussion oder den *inhaltlichen Kern* der Interventionsabsicht in einem passenden Oberbegriff zusammen. Beispiele hierfür sind: »Internationalisierung«, »Unternehmertum im Unternehmen«, »Total Quality Management« oder »Kundenorientierung«.
- Man verweist mit dem Akzent auf die *konzeptionelle Absicht* der Veränderung. Beispiel hier wäre der Akzent »Revitalisierung«, womit auf notwendige Erneuerungsprozesse (Mobilisierung, Motivation, Innovation etc.) verwiesen werden soll.

(1) Dimensionen bei den Akzenten

In Literatur und Wandelpraxis sind folgende Typen solcher thematischen Akzente anzutreffen:[30]

Remodellierung: Die grundsätzliche *Erneuerung des zentralen Paradigmas* der Organisation oder des Geschäfts steht im Mittelpunkt dieses Themas. Fundamentaler Wandel ist das Ziel. Durch Veränderungen in den (geteilten) Einstellungen, Werthaltungen, Weltanschauungen etc. oder aber auch durch einen revolutionär neuartigen Umgang mit (neuen) Technologien[31] soll es gewissermaßen zu einer Neuschöpfung der Organisation kommen. Grundannahmen und zentrale Interpretationsmuster werden durch neue kognitive Strukturen ersetzt, die ein verändertes Selbstverständnis des Unternehmens zur Folge haben. Mehr oder minder alle Aspekte der Organisation sind von dieser umfassenden Gestaltwandlung, dieser Identitätsänderung berührt. Konkret kann eine solche Remodellierung ihren

Ausdruck in einem völlig veränderten Wertschöpfungssystem eines Geschäfts finden, d.h. das Geschäft wurde neu erfunden, es wird nun nach neuen Spielregeln gespielt.[32]

Fallbeispiele: AMAZON und CHARLES SCHWAB
Ein Beispiel, in dem neue Technologien zur »Neuerfindung« des Geschäfts führten, ist die virtuelle Buchhandlung AMAZON. Diese Entwicklung zwang andere Buchhändler (wie etwa BARNES & NOBLE) ihren Geschäftsansatz radikal zu remodellieren. Um an dieser Entwicklung teilzuhaben, hatte BERTELSMANN im Oktober 1998 eine 50%-Beteiligung am Internetbuchhandel von BARNES & NOBLE für 200 Mio. USD erworben. Auch im Broker-Geschäft gibt es eine derartige technologiebedingte Remodellierung: Beim klassischen Broker-Unternehmen findet man noch eine hohe vertikale Integration bezüglich der einzelnen Wertschöpfungsstufen Finanzinformation, Auftragserfassung, Handel, Clearing und Abrechnung. Dagegen steht die 1974 von Charles R. Schwab gegründete CHARLES SCHWAB CORPORATION, die heute der marktführende Discount Broker in den USA ist.[33] Das Clearing wird dort von darauf spezialisierten Unternehmen wie der DEPOSITORY TRUST COMPANY übernommen; bei der Auftragserfassung kam es zu einem Outsourcing an die Kunden. Ebenso werden die Finanzinformationen meist von externen Partnerorganisationen wie z.B. der CREDIT SUISSE FIRST BOSTON bezogen.

Reorientierung: Hiermit wird in diversifizierten Strukturen die *strategische Neuausrichtung des Unternehmensportfolios* angesprochen: Bestehende Geschäfte werden abgestoßen oder in Kooperationen eingebracht, neue Geschäfte werden erschlossen.[34] Diese Reorientierung kann mit einer konkreten Steuerungsgröße verkoppelt sein. Unter einem »atmenden Portfolio« versteht man z.B. eine Struktur von Geschäften, die immer eine gewisse Mindestrendite aufweisen muss. D.h. nicht ausreichend rentierende Geschäfte werden abgestoßen. In Geschäfte mit einer überdurchschnittlichen Rendite tritt man ein. Teilweise verfügen diese Geschäfte erst über das Potenzial für eine solche Rendite. Über Ausübung von Druck auf die Geschäftsleitung (z.B. aus der Position einer heimlich erworbenen Aktionärsposition heraus) können Eingriffe in das Unternehmen erzwungen werden (z.B. das Aufbrechen der konglomeraten Struktur), von denen man sich eine entsprechende Rendite erhofft.

Fallbeispiele: WESTINGHOUSE und PREUSSAG
Eine radikale Neuausrichtung ihres Konzernportfolios hat die frühere WESTINGHOUSE ELECTRIC CORPORATION seit 1993 unter der Leitung von Michael Jordan erfahren. Zuvor war das Unternehmen vor allem im Bereich Kühl- und Nuklearanlagen tätig, woraus man sich aber Zug um Zug zurückzog. Unter dem neuen Konzernnamen CBS CORPORATION stieg man dann sukzessive ins Mediengeschäft ein. Anfang 1999 betrieb man 160 Radiostationen und 14 TV-Sender. Nach den 1998 erlittenen Verlusten im neuen Medienbereich wurde Michael Jordan am 1.1.1999 durch Mel Karmazin abgelöst, der von dem übernommenen Rundfunkunternehmen INFINITY BROADCASTING kam.

Ein anderes Beispiel ist der Umbau der PREUSSAG AG von einem Unternehmen der Schwerindustrie in einen Reiseveranstalter. Ausgangslage war, dass man sich in den Kerngeschäften Stahl, Nichteisen-Metalle und Kohle in einer wenig aussichtsreichen Lage sah: keine dominierende Marktstellung und hohe Abhängigkeit von Konjunkturzyklen und Dollarkurs. Beginnend 1993 wurde eine Strategie zur Neuausrichtung des Unternehmens entwickelt. Nachdem eine Reihe von Wachstumsfeldern überprüft wurde, hat man sich dann für den Tourismus entschieden. Es wurden für über 11 Mrd. DM Umsatz Geschäfte abgestoßen (Stahl, Anlagen-/Schiffbau, Uranerzbergbau etc.) und für über 21 Mrd. DM Umsatz Unternehmen dazugekauft (TUI, HAPAG-LLOYD,

Thomas Cook, Carlson, First etc.). Um diese Manöver zu vollziehen, wurde eine Holding gegründet, deren Vorstand nur noch die Funktionen Vorsitz, Finanzen, Controlling und Arbeitsdirektion umfasst. Darunter kommen die Bereichsvorstände, die ihre jeweilige Geschäftseinheit führen.

Repositionierung: Dieser Begriff bezieht sich i. Allg. auf die strategische Position der Geschäftsfelder in ihrem Stakeholder-Umfeld. Das Unternehmen will sich gegenüber einem oder mehreren *Stakeholdern neu ausrichten* (z.B. durch Besetzung anderer Marktsegmente oder durch eine veränderte Lieferantenpolitik).

!

Fallbeispiel: Vermögensverwaltung
Eine der Kernkompetenzen von Versicherungsunternehmen ist das »Asset Management«: die Anlage des verwalteten Kapitals der Versicherungsnehmer. Viele Versicherer versuchen sich beim Kunden aber auch im Bereich des »Asset Gathering« zu profilieren: die Verwaltung des Vermögens von Privatkunden. Dass dies generell neuer Kompetenzen bedarf, ist nahe liegend, denn das Asset Management hat wenig mit der Servicefähigkeit gegenüber Privatkunden bei der Vermögensanlage zu tun – auch wenn in beiden Fällen Kapital möglichst profitabel anzulegen ist.

Restrukturierung: Ihr Gegenstand ist die *Veränderung von Prozessen, Systemen und Strukturen.* Meist ist damit die Neugestaltung der Ablaufprozesse in einem Geschäftssystem gemeint. Hauptsächliches Ziel ist dabei die Verbesserung der Effizienz (Zeit, Kosten, Qualität). Instrument kann z.B. ein »Business Process Reengineering« oder eine »Kontinuierliche Verbesserung« sein. Hilfsmittel kann ein »Benchmarking« sein, wenn es z.B. darum geht, die eigenen Prozesse an ein gewisses Weltniveau heranzuführen. Eine Restrukturierung kann aber auch die Aufbauorganisation betreffen, wenn es z.B. um die Virtualisierung des Unternehmens und die Einrichtung von Netzwerkorganisationen geht.[35]

!

Gategourmet

Fallbeispiel: Gate Gourmet
Kunde des Catering-Unternehmens Gate Gourmet sind die Fluggesellschaften. Sie stehen – auf Grund von Überkapazitäten und Deregulierung – unter hohem Wettbewerbsdruck. Dieser wird als Kostendruck auch an Gate Gourmet weitergegeben, was sich dort bei den Margen bemerkbar macht. Da der Geschäftsauftrag als solches feststeht (Ver- und Entsorgung des Flugzeuges mit Verpflegung und Ausrüstung), kann nur daran etwas geändert werden, *wie* man das Geschäft betreibt. Dazu wurde der Ablauf »hinter den Kulissen« radikal verändert, in dem drei Kernprozesse (Customer Service, Equipment Handling, Executive Flights) und ein Supportprozess (Goods Supply & Preparation) abgegrenzt und neugestaltet wurden.[36]

Revitalisierung: Hier zielt man auf grundlegende Veränderungen in den Fähigkeiten und Verhaltensweisen der Mitarbeiter bezogen auf ihre Interaktionen mit ihrem Umfeld ab. Das Thema »Kundenorientierung« würde z.B. ebenso hierunter fallen wie die Ermächtigung (»empowerment«) von Mitarbeitern im Zuge der Flexiblisierung von Unternehmen. Auch das »Unternehmertum im Unternehmen« (»Intrapreneurship«) wäre ein hier einzuordnendes Konzept. Ziel ist es mit Änderungen in Hierarchie, Verantwortung, Führungsstil etc. Kreativität, Pioniergeist, Unternehmertum etc. auf der Basis von Fähigkeiten wie Wandelfähigkeit, Innovationsfähigkeit, Lernfähigkeit etc. zu wecken.

Fallbeispiel: Knoblauch
Basierend auf den Prinzipien »Mitwissen«, »Mitlernen«, »Mitverantworten«, »Mitgenießen«, »Mitbesitzen« und »Sinn bieten« initiierte die Knoblauch-Unternehmensgruppe ein 33 Punkte umfassendes Programm zur Förderung des Mitunternehmertums. Ziel war es, über die Kultur das Unternehmen, das einen schlechten Ruf hinsichtlich seines Umgangs mit den Mitarbeitern hatte, zu erneuern.[37]

Der direkte Bezug dieser Akzente zum Feld »Positionierung« im GMN ist offensichtlich. So hat ein Akzent »Reorientierung« seinen Ursprung natürlich auf Ebene der Unternehmensstrategie, wo über das Muster und den Fluss der Zusammensetzung des Portfolios der Geschäftsfelder entschieden wird. Durch die Bildung des Schwerpunktes werden nun aber organisatorische Maßnahmen zur Umsetzung des Umbaus des Portfolios gebündelt, auf Konsistenz abgestimmt und priorisiert.

Jeder der Akzente verfolgt andere Absichten. Konsequenterweise muss eine Performance Messung dann auch entsprechend angepasst werden, um das Erreichen der Ziele zu unterstützen. Mit einer Reorientierung wird vielleicht auf eine Verbesserung der Kapitalrendite gezielt, während es bei der Revitalisierung eher um die Realisierung vorhandener Ambitionen geht, wo zu verfolgen wäre, ob es gelingt, diese Erwartungen zu erfüllen.

Gefahr eines zu ausschließlichen und zu langen Verfolgens eines Akzents ist immer die, dass die zu den anderen Akzenten notwendigen Fähigkeiten in der Organisation (z.B. durch Abwanderung) verloren gehen. Wurden z.B. über mehrere Jahre alle Energien in radikale Kostensenkungsprogramme gelenkt (Restrukturierung), dann ist es nahezu unmöglich, direkt wieder auf Themen wie Innovation »umzuschalten«. Es ist niemand mehr dafür da bzw. dazu in der Lage.

Turnaround

Spezialfall einer Ausgangssituation für einen Wandel ist die Turnaround-Situation. Hier kann am Anfang nur die operative Sanierung als oberstes Ziel stehen. Man wird die Restrukturierung als Akzent wählen, eventuell noch verbunden mit einer Reorientierung.

(2) Sequenzen von Akzenten

Auch wenn die fünf thematischen Akzente einer Transformation als allein stehende Aufgabenfelder betrachtet werden können, so sind sie doch nicht unabhängig voneinander. Heute ist z.B. das Thema »Restrukturierung« wohl immer noch häufigster Bezugspunkt eines Change Management. Zunehmend werden die Projekte in den Unternehmen jedoch wieder strategischer und auch verhaltensorientierter. Dies erklärt sich zum einen daraus, dass Effizienz zwar notwendig, für ein Überleben aber nicht ausreichend ist und deshalb wieder die Frage nach der richtigen Ausrichtung der Geschäfte (»Repositionierung«) bzw. noch grundsätzlicher die unternehmerische Frage, ob man überhaupt die richtigen Dinge tut (»Reorientierung«), zu stellen sind. Zum anderen kann die Nachhaltigkeit des Wandels nur über eine entsprechende Verhaltensänderung gesichert werden. Dann reden wir auch über die »Erneuerung« der Organisation, was in Projekten zur »Revitalisierung« stattfindet. Neue Technologien bieten heute auch Ansatzpunkte für eine »Remodellierung« des Geschäfts. Betrachtet man die Unternehmen der »emerging industries«, dann wird man schnell erkennen, dass der geschäftliche Zugang meist auf gänzlich neuen Grundannahmen beruht und die Mitarbeiter auf der Basis anderer Annahmen handeln und interagieren.

Deshalb ist in der Praxis oft zu beobachten, dass über eine »Restrukturierung« in den Wandel eingestiegen wird, und dann aber – geplant oder ungeplant – die anderen Themen noch »nachgearbeitet« werden müssen, damit der Wandel von Dauer ist. Es ergibt sich also eine bestimmte *Sequenz der Akzente*. Dies erklärt sich auch dadurch, dass mit der »Revitalisierung« und »Remodellierung« in die Tiefenstruktur der Organisation eingegriffen werden soll, denn dort ist das grundsätzliche Verhalten verankert. Hier muss meist in Kategorien langfristiger Entwicklungsprozesse gedacht werden. »Schnelle Veränderungen« lassen sich eher mit einer »Restrukturierung« oder »Reorientierung« erzielen.

!

Lufthansa

Fallbeispiel: LUFTHANSA[38]
Fluggesellschaften befinden sich in einem sehr kapital- und personalintensiven Geschäft, das sich seit der Deregulierung und Liberalisierung der Luftverkehrsmärkte Ende der 80er- und zu Anfang der 90er-Jahre in einen immer intensiveren Wettbewerb bewegte. Mit dem Golfkrieg 1991 brach dann auch die zuvor schon schwelende Krise aus. Auch die Existenz der Lufthansa war in dieser Phase ernsthaft bedroht. Allein 1991 machte sie 444 Mio. DM Verlust. Nach erfolglosen Wandelversuchen im Vorfeld des Golfkrieges wurde dann ab 1992 das Unternehmen einem umfassenden Veränderungsprozess unterzogen. Der neue Vorstandsvorsitzende unternahm gleich zu Anfang den symbolisch wichtigen Schritt, dass er von der LUFTHANSA als »Sanierungsfall« sprach, denn viele Mitarbeiter wollten den Ernst der Situation nicht wahrnehmen. Zuerst wurde dann auch operativ saniert, um das Unternehmen strukturell und strategisch neu auszurichten. Die Sachkosten wurden bis 1994 um 15 % gesenkt. Der Stellenabbau betrug 17 %. Danach wurden die Tätigkeiten in den Kerngeschäftsfeldern neu geordnet, in dem sie rechtlich verselbstständigt wurden. Dieser Dezentralisierungsprozess machte nicht einmal vor der 1997 ausgegliederten »Passage« der Airline Halt. In diesem Jahr wurde auch die STAR ALLIANCE gegründet, das Größte der vier den Weltmarkt beherrschenden Unternehmensnetzwerke. Heute befindet man sich im Prozess einer kulturellen Erneuerung und Mobilisierung. Abbildung 5-20 versucht dies zu veranschaulichen.

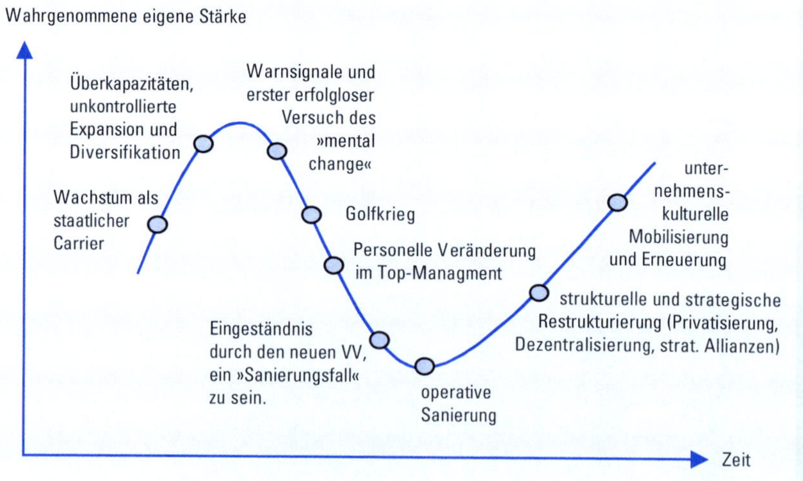

Abb. 5-20: LUFTHANSA: Von der Sanierung zur Erneuerung (Quelle: Sattelberger 1999, S. 185)

In dem Fall des LUFTHANSA-Wandels kann man die dem Turnaround folgenden Wandelakzente auch als immer neue Erneuerungprojekte verstehen, um die Nachhaltigkeit des Wandels abzusichern. Sie stellen damit auch eine Antwort auf die Führungaufgabe dar, das »Change Momentum« zu erhalten.[39]

Fallbeispiel: SIEMENS AG (IV)

Ein anderes Beispiel stammt von SIEMENS. In Abbildung 5-21 wird die Veränderung der Aufgabenschwerpunkte über die Zeit dargestellt. Bei SIEMENS wird der Wandel durch das zentrale »top«-Team und -Projekt unterstützt. Die Abbildung zeigt auch die zunehmenden Möglichkeiten mittels eines Projektes wie »top« den Wandel zu beeinflussen.

I Ressourcen-anpassung	II Neu-strukturierung	III Produkt/Prozess-optimierung	IV Lernendes Unternehmen
Ressourcen- und Kapazitäts-anpassung Funktionale Projekte mit Schwerpunkt Kostensenkung Top-down-Aktivitäten Starker Einfluss der Stäbe Hoher Steuerungs- und (Fremd-) Kontrollaufwand	Dezentralisierung, Vertikalisierung Funktionsübergreifende, ganzheitliche Projekte Prozessmanagement mit den Treibern Zeit und Qualität für Kernprozesse	Flächendeckend prozessorientiert Kleine Einheiten Flache Hierarchien Bottum-up-Initiativen Empowerment der Prozess-Verantwortlichen KVP- und funktionsübergreifende Teams Führung mit Visionen	Vernetzte Projektorganisation Intensive horizontale Kooperation und Kommunikation Optimale Entwicklung aller Mitarbeiter Management von Kernkompetenzen Einbindung von Kunden und Lieferanten in die Wertschöpfungskette

Legende: Die schraffierte Fläche zeigt Zugang und Reichweite von »top«

Abb. 5-21: SIEMENS: Entwicklungsphasen eines Geschäftes in Richtung »top« (Quelle: Holzwarth)

Die Sequenzialisierung der einzelnen Akzente muss natürlich auch vor dem Hintergrund der Belastbarkeit der Organisation betrachtet werden: Beschäftigt man sich einerseits zu lange Zeit mit der strukturellen Anpassung, so verschiebt man die Phasen des Lernens und der Integration in eine spätere Zukunft. Andererseits sagt uns das Konzept der »bounded rationality«, dass Systeme und Menschen nur eine begrenzte Absorptionsfähigkeit besitzen. Ein »Overload« führt nur zu schlechtem Gewissen und Missmut.

Sequenzialisiert man die thematischen Akzente systematisch (z.B. durch Vorgabe einer bestimmten Reihenfolge und durch Abgrenzung voneinander), so geschieht eine Verknüpfung mit der zeitlichen Dimension. D.h. dass bei der Gestaltung des Wandels über eine bestimmte Zeitstrecke insbesondere die mit dem thematischen Akzent verbundene Zielsetzung verfolgt wird. Die anderen Themen haben dann nur noch eine untergeordnete Bedeutung. Sie werden nur insoweit mitbearbeitet, als ihre Gleichzeitigkeit konzeptionell erforderlich ist. In der nächsten »Welle« ändert sich die Verteilung der Schwerpunkte dann wieder.

Ein theoretischer Ansatz, der eine feste Sequenz solcher Akzente unterstellt, stammt von Gouillart/Kelly (1995). Sie haben für GEMINI CONSULTING ein »4 R-Modell« entwickelt, in dem – aufbauend auf den zwölf »Biosystemen« der Organisation – im Wandel die Themen »Refraiming«, »Restructuring«, »Revitalizing« und »Renewing« sequenziell und gesamtlich bearbeitet werden. Die Abbildung 5-22 gibt dazu einen Überblick. Der Ansatz ist so weit gefasst, dass er deutlich über das Feld »Veränderung« hinausreicht und einer spezifischen Auslegung des GMN nahe kommt. Selbst wenn man diesem Konzept in seiner Komplexität nicht folgen will, stellt es eine gute Checkliste zur Überprüfung der Vollständigkeit des eigenen Ansatzes dar.

Transformation heißt …	**… und bedeutet …**	**… und entspricht**
Einstellungs-änderung: **»Refraiming«** des Bewusstseins	**(1) Mobilisierung erreichen** Führungspersönlichkeiten entwickeln Unternehmensweite, interaktive Kommunikation forcieren Funktionsübergreifende Arbeitsteams fördern Individuen auf den permanenten Wandel vorbereiten **(2) Vision entwerfen** Strategische Intention und Neuausrichtung entwickeln Erwartungen aller Interessengruppen erfassen und priorisieren Gemeinsame Werte etablieren **(3) Ziel und Messgrößensystem verankern** Top-level-Ziele und Messgrößen entwickeln Abhängigkeit zwischen Zielgrößen identifizieren u. Maßnahmen priorisieren Bottom-up-Geschäftspläne für den Wandel erstellen Top-down- und bottum-up-Messgrößen verbinden	Mentaler Energie Singgebung Selbstverpflichtung
Umstrukturierung: **»Restructuring«** des Körpers	**(4) Wertschöpfungsorientiertes Geschäftsmodell aufbauen** Shareholder Value-Orientierung etablieren Wertschöpfungskettenmodelle für die Geschäftsbereiche entwickeln Prozesskostenmodelle und Steuerung aufbauen **(5) Infrastruktur ausrichten** Einkaufs-, Produktions- und Distributionsstrategien formulieren Produktions- und Distributionsnetzwerke entwickeln Individuelle Standorte ausrichten **(6) Prozesse umgestalten** »Early wins« im Rahmen der Ausrichtung einzelner Prozesse erzielen Prozesse entlang der Wertschöpfungskette gesamthaft umgestalten Permanente Optimierungsprozesse etablieren	Herz-Kreislauf-System Skelett Muskulatur

Abb. 5-22: Business Transformation nach Gouillart/Kelly (1995) bzw. GEMINI CONSULTING

Abb. 5-22: (Forts.)

Transformation heißt …	… und bedeutet …	… und entspricht
Wiederbelebung: **»Revitalizing«** der Beziehung zur Umwelt	**(7) Kundenfokussierung erreichen** Die »Value proposition« für den Kunden definieren Die Kundenbasis nach individuellen Nutzenkriterien segmentieren Die Gesamtprozesse auf die Erstellung von kundenindivid. Nutzen ausrichten **(8) Neue Geschäftsfelder entwickeln** Gegenseitige Kernkompetenzen konsequent nutzen Allianzen aufbauen Akquisitionen durchführen **(9) Quantensprünge durch Technologieeinsatz erzielen** Technologieeinsatz zur gezielten Effizienzsteigerung fördern Geschäftsprozesse und -systeme intern integrieren Technologie-getriebenes Reengineering forcieren Aufbau von Geschäftspartnernetzwerken vorantreiben Technol. Sprünge für die Entwicklung neuer Geschäftsfelder nutzen	Sinne Fortpflanzungs-system Nervensystem
Erneuerung **»Renewing«** von Seele und Geist	**(10) Anreizsystem schaffen** Anreizsysteme an Ziele u. Messgrößen des Unternehmens koppeln Kunden und Lieferanten in das Anreizsystem einbinden Die Mitarbeiter in die Definition der Belohnungen einbinden **(11) Individuelles Lernen forcieren** Klares Bekenntnis zur Förderung des Individuums abgeben Mentorengeführte Entwicklungspfade für die »High Potentials« etablieren Qualifikationsanforderungen bestimmen Qualifizierungsstrategien entwickeln Qualifikation laufend bedarfsgerecht steuern	Zufriedenheit Selbstverwirk-lichung Zugehörigkeits-gefühl
	(12) Organisation erneuern Organisationsarchitektur entwerfen Teams als Treiber der Organisationsentwicklung aufbauen und nutzen Die lernende Organisation schaffen	

Eine andere Form der Sequenzialisierung ist in *zyklischen Geschäften* gegegeben (z. B. Luftfahrtindustrie), wenn entlang der Nachfragezyklen in regelmäßiger Sequenz die Akzente verschoben werden müssen.

Fallbeispiel: INFINEON

Für ein Unternehmen wie z. B. der INFINEON TECHNOLOGIES AG ist es z. B. wichtig, dass sie ihre Strategien und Organisation jeweils bezogen auf die Phase, in der sich die Halbleiterindustrie gerade befindet, harmonisiert. In der Phase des Nachfragerückgangs bzw. Überangebots geht es insbesondere darum, die Effizienz der Prozesse zu verbessern, gesamthaft zu

»schrumpfen«, Cash aus den F & E-Lizensen zu generieren und den Marktanteil zu halten. Erholt sich der Markt, so muss in das aufkommende Wachstum gezielt investiert werden, es müssen die F & E-Programme weiter fortgesetzt werden, auch sollten Partnerschaften mit den wichtigsten Kunden im nächsten Geschäftszyklus eingegangen werden. Beginnt dann in einer dritten Phase das Wachstum wieder abzuflachen, so sollte man sich eventuell auf die noch besonders schnell wachsenden Segmente konzentrieren, den Sprung auf die nächste Technologiegeneration wagen sowie die vorhandenen Kapazitäten flexibilisieren.

(3) Handlungsoptionen

Auch bei den thematischen Akzenten stehen in Abbildung 5-12 fünf **Dimensionen** als Optionen zur Auswahl: Welche Akzente sollen (in welchen Phasen des zeitlichen Prozesses) in welchem Mischungsverhältnis verfolgt werden? Ein Nicht-Verfolgen würde auf die Bestätigung des bisherigen Ansatzes hinauslaufen. Ein Verfolgen würde seine Erneuerung bedeuten.

Die thematischen Akzente kann man auch wieder mit den anderen Gestaltungskomponenten des Wandelmodells verknüpfen. So ist z.B. offensichtlich, dass die Gestaltungsräume und deren Instrumente eine unterschiedliche Nähe zu den verschiedenen Akzenten aufweisen. Z.B. ist eine »Revitalisierung« eher mit einer kulturellen Gestaltung zu verbinden. Auch ist es nahe liegend, dass beim Timing, wenn in verschiedene Wellen untergliedert wird, eine Orientierung der Wellen an den Akzenten erfolgen kann.

5.2.4 Optionen zur Entwicklungsdynamik: Die Akteure

Wie die Entwicklungsdynamik eines Unternehmens sich dann letztendlich entfaltet, wird durch die Kräfte bestimmt, die – z.B. über Entscheidungen – im und auf das System wirken. Dabei sind individuelle und kollektive Kräfte zu unterscheiden. Individuelle Kräfte entspringen dem Aktionsraum von Einzelpersonen, die als Akteure des Wandels auftreten. Kollektive Kräfte emergieren aus den Interaktionen in einem sozialen System und sind an dieses Kollektiv gebunden. Sie wirken eigenständig und zusätzlich zu den individuellen Kräften. Wichtigste Kollektivkraft ist die Eigendynamik einer Organisation, die auf Grund ihrer Selbstbezüglichkeit das, was als Entwicklung möglich und nicht möglich ist, erheblich einschränkt.

(1) Dimensionen bei den Akteuren

Wir unterscheiden hier drei in einem Wandeldesign als Dimensionen zu bestimmende bzw. zu beachtende Akteure:

- Die **Stakeholder** repräsentieren das politische Kräftefeld eines Veränderungsprozesses. Ihre auf den Wandelinhalt bezogenen Ansprüche, Erwartungen, Einschränkungen, Ambitionen, Interessen, Sehnsüchte etc. »kanalisieren« den möglichen Veränderungskurs. Sie fanden bereits Eingang in die Strategienentwicklung und müssen nun auf ihre Rolle in der Veränderungsdramaturgie des gesamten Systems hinterfragt werden.

- Eine Veränderungsdramaturgie verlangt aber auch ein bewusstes Besetzen von Rollen: Es gilt sich einen Eindruck von den zum Tragen kommenden **Rollen** zu machen (z. B. »Farmer« versus »Hunter«) und bestimmte Rollen auch bewusst zu definieren und einzusetzen (z. B. »change agents«).
- Teilweise werden Organisationen explizit oder implizit in unterschiedliche Wandelkollektive segmentiert. Jede dieser zusätzlichen »**Schichten**« der Organisation entwickelt eine Eigendynamik. Diese Eigendynamiken müssen in einem konstruktiven Bezug zueinander stehen, da sonst die Entwicklung ihre Kohärenz verliert.

Typisch für den Wandel ganzer Organisationen ist demnach die Vielzahl der miteinander und gegeneinander wirkenden individuellen und kollektiven Akteure. Wie dieses Wirken per Saldo das Kräftefeld bestimmt ist schwer prognostizierbar, was dazu führt, dass jedem Wandelprozess eine *natürliche Instabilität* innewohnt, die nicht nur in der externen, sondern auch in der internen Dynamik ihre Ursachen hat. Change-Pläne haben deshalb nur eine äußerst geringe Wahrscheinlichkeit so implementiert zu werden, wie sie einmal entworfen wurden. Dies ist allerdings kein Argument gegen solche Pläne. Im Gegenteil impliziert dies sogar die Notwendigkeit solcher Pläne, da sie das für solche Prozesse unbedingt erforderliche Vehikel eines organisatorischen Lernprozesses darstellen, der die Reflektivität zum eigenen Veränderungsprozess erhöht.

(2) Zentrale Rollen

Siedler-Treck-Metapher

Um die Vielfalt der Rollen in einem fundamentalen Wandel zu illustrieren, bietet sich die auf Pettigrew (1998) zurückgehende Metapher eines Treck von Siedlern in der Pionierzeit Amerikas an: Ein bunter Haufen begeisterter Abenteurer macht sich auf den Weg gegen Westen ins gelobte Land. Niemand kann sagen, wo man schließlich ankommen wird. Man hat nur eine vage Vorstellung davon. Entlang des Weges kommt es gelegentlich zu kleinen Scharmützeln. Indianerüberfälle und unwirtliches Land erschweren die Reise. Immer wieder gerät man auf Irrwege und an Hindernisse. Es kommt zu einer Berg- und Talfahrt der Energien. Für manche endet die Reise bereits vor dem Erreichen des ersehnten Zieles. Den Glücklichen winkt ein neues Leben auf der eigenen Scholle Land.

Wer sind die Darsteller in diesem Drama?

- Die *Enthusiasten*: Sie sind wild entschlossen, dabei zu sein. Es zählen zu ihnen die ewigen Tagträumer, die Idealisten, auf der Suche nach dem besseren Leben; dann natürlich die Abenteurer, die etwas Aufregendes erleben wollen; aber auch Missionare und Eiferer gehören zum Zug. Sie werben andere Mitfahrer an, indem sie auf das »Gute/Richtige« dieses Vorhabens hinweisen und indem sie die gemeinsam erreichbaren Qualitäten des gelobten Landes anpreisen. Hinzu kommen die (Karriere-)Opportunisten, die (mit Blick auf die hinter dem Treck stehenden Machtpromotoren) durch das Aufspringen auf den Treck einen schnelleren Weg zu ersehnten Zielen sehen, wobei sie meist die Qualität im System verbessern; aber auch die Missvergnügten zählen dazu, die nur deshalb dabei sind, da es ihr einziger Weg zum Überleben ist. Aller Anfangskonsens deckt dabei den unterschiedlichen Antrieb zu.
- Die *Machtpromotoren*: Sie stellen die eigentliche Machtbasis dar, da sie das Unternehmen mit den notwendigen Ressourcen ausstatten, denn so ein Vorha-

ben ist teuer. Mit Vision stellen sie sich hinter den Pionier. Oft sind sie immer dort, wo es etwas Neues zu erschließen gibt. Doch da sie sich nicht nur in diesem Projekt engagiert haben, haben sie langfristig nur begrenzt Aufmerksamkeit für diesen Fall. Das Dringende verdrängt die Vision. Auch wenn das Projekt einmal angelaufen ist, sucht man schnell nach neuen lukrativen Abenteuern. Auch ist ihre Geduld begrenzt, da sie in Projektkategorien denken: Etwas was anfängt, das endet auch.

- Die *Scouts*: Sie führen (als Berater) den Treck auf der langen Reise an. Den verunsicherten Greenhorns machen sie klar, dass sie so etwas schon mehrmals erfolgreich bewältigt haben und einfach wissen, wie man es macht. Und heutzutage geben sie dazu nicht nur ihr Wissen preis, sondern begleiten den Treck auf seinem Weg zum Ziel. Diese Erfahrung hat allerdings ihren Preis. Glaubt man sie dann einmal entbehren zu können, so machen sie einen geschickt auf neue drohende Gefahren aufmerksam.
- Die *Zuschauer*: Sie beobachten aufmerksam das Geschehen, obgleich sie eigentlich auch mitmachen könnten. Unter ihnen gibt es die Zyniker, die darauf verweisen, dass sie nicht mitmachen, da sie oft solche Moden hätten kommen sehen, diese seien aber ebenso schnell wieder verschwunden gewesen, so oder so würde dies alles »in Tränen enden«. Oder die Skeptiker, die einen darauf hinweisen, dass noch einige erfolgskritische Punkte offen sind. Sie kommentieren »schlau« die Pläne, sehen Fehler und Mängel, halten sich sonst aber raus. Oder aber – sie haben in ihrem Zweifel Recht!

Teilweise müssen diese Rollen bewusst besetzt werden (»*casting*«). Teilweise entfalten sich diese Rollen allerdings auch, ob wir es wollen oder nicht. So stellen z. B. die Zuschauer eine eher unerwünschte Gruppierung in einem Wandelprozess dar. Besonders kritisch sind dabei die »abwartenden Taktiker«. Getreu dem Motto »Die Revolution frisst ihre eigenen Kinder« lassen sie andere vorangehen, um in der zweiten Reihe abzuwarten, bis ihre Stunde gekommen ist. In einem Wandel soll möglichst schnell klar werden, wo jemand steht. Dies gilt auch für obere Führungskräfte, wenn Wandelinitiativen aus der Mitte der Organisation kommen.

Sich klar werden, wo jemand steht

In Abbildung 5-23 wird ein Rollen-Setting gezeigt, das entlang der Verbreiterung des Wandels in der Organisation strukturiert ist: Die Ideenträger (was nicht unbedingt heißen muss, dass sie auch die Quelle der Ideen sind) sind dort die Strategen des Wandels. Aus der Gruppe der Stakeholder benötigen sie Promotoren, um ihren Ideen den notwendigen politischen Rückhalt, die notwendige Ressourcenausstattung sowie den fachlichen Rückhalt (Expertise) zu geben. Danach geht es darum, möglichst schnell Multiplikatoren des Wandels (»*change agents*«) auszubilden und zum Einsatz zu bringen. Diese drei Gruppen stoßen dann auf die »Restorganisation«, der Belegschaft des Wandels. Sie bildet den *kulturellen Nährboden des Wandels*, den es zu schaffen gilt: Um ihre Unterstützung muss geworben werden; sie muss zum Wandel befähigt werden.

Belegschaft des Wandels

Typologie

Ähnliche Typologien findet man auch in der Literatur zum Change Mangement. Z. B. Kanter et al. (1992, Teil IV) unterscheiden in »change strategists«, »change implementors« und »change recipients«, die als »Restorganisation« die Betroffenen des Wandels sind.

- »*Strategists*«: Sie führen den Wandel strategisch an (»Leadership-Funktion«), legen die Grundlage des Wandelprogramms, forcieren die Ausarbeitung der

Vision und müssen die Herzen und den Verstand mobilisieren. Sie sollen mit ihrer Übersicht des Unternehmens das »big picture« des Wandels und auch die Beziehung zwischen Unternehmen und Umfeld im Auge behalten. Sie bringen sich anfangs auch stark in das Design und die Konzeption des Wandelprogrammes ein (sicher auch mit dem Ziel Kontrolle ausüben zu können). Basis ist die zu treffende Entscheidung über Ausmaß und Dringlichkeit des Wandels, aber auch die Entscheidungen zu den anderen hier dargestellten Dimensionen eines Wandeldesigns (Akzente, Timing, Gestaltungsräume). Auch müssen sie sich in die Möglichkeiten hineindenken können, ihre Wandelideen in der Organisation zum Leben zu bringen und sich dabei bewusst sein, dass sie zwar erheblichen Einfluss auf die Oberflächenstruktur der Organisation auszuüben vermögen, dass aber die Synchronisierung der Tiefenstruktur weit weniger steuerbar ist, also sich in großen Teilen dem direkten Einfluss des Top-Managements zu entziehen vermag.

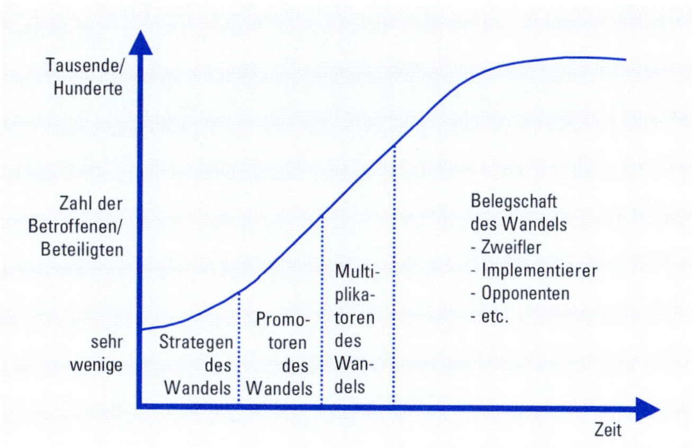

Abb. 5-23: Diffusion von Wandelprozessen (Quelle: in Anlehnung an Sattelberger 1999, S. 213)

- »*Implementors*«: Sie haben die direkte Verantwortung für die Programme und Prozesse zur Umsetzung des Wandels. Sie gestalten und koordinieren die tagtäglichen Aktionen im Veränderungsprozess. Meist haben sie im Wandelprojekt auch eine offizielle Funktion (vielleicht sogar in einer extra dafür geschaffenen Wandeleinheit) übernommen. Ihre Aufgabe ist die Differenzierung des gesamten Vorhabens in Teilaufgaben sowie die Integration der Teilaktivitäten. Dabei darf sich diese Phase der internen Unternehmensentwicklung nicht nur auf strukturelle Aktivitäten begrenzen, sondern muss sich auch die Transformation der Identität des Unternehmens sowie die Suche nach Interessensausgleich zur Aufgabe machen. Die Implementors haben aber auch die wichtige Funktion des Mittlers, der Schnittstelle zwischen den Strategen und der Belegschaft des Wandels. Gleichzeitig sind sie aber oft in einer Art »Sandwich-Position« gefangen: Einerseits drückt das Management mit aller Macht seine – nicht immer realistischen – Veränderungsvorhaben in die Organisation; andererseits versucht die Organisation in ihrem Status quo zu beharren, fühlt sich unverstanden und widersetzt sich dem Veränderungsvorhaben.
- »*Recipients*«: Als »Belegschaft des Wandels« entscheiden sie über ihr Verhalten, ob Wandel greift oder nicht. Dabei ist entscheidend, inwieweit es gelingt, sie glaubhaft zum Bestandteil des Wandels zu machen und sie dies auch selbst erkennen. Sie müssen eine eindeutige Spur von der Vision der Strategen zu sich selbst erkennen. Die Implementierer können dabei als Übersetzer behilflich sein. Dass die Betroffenen des Wandels auch häufig Widerstand gegen den Wandel ausüben, geschieht nicht immer ohne Grund: Man sagt ihnen nicht, wie es weiter gehen soll; man gibt ihnen keine Möglichkeit, selbst wieder die Lage unter Kontrolle zu bekommen; man würdigt nicht ihr bisheriges Verhalten; man unterstützt sie nicht bei ihrem Bemühen, zukünftig zu erwartende Fä-

higkeitslücken zu erkennen und zu schließen; man verlangt zu vieles gleichzeitig von ihnen etc. So verfügen sie über keine ausreichende Vertrauensbasis und sehen sich existenziell bedroht.

Jede der drei Rollen ist mit einem anderen Einstieg und einem anderen Ausstieg aus dem Wandel verbunden – nicht zuletzt deshalb, da sie oft eng mit unterschiedlichen hierarchischen Ebenen verbunden sind. Den Strategen kann es nicht schnell genug gehen und ihr Bedürfnis, die ganze »Übung« als Erfolg zu erklären, ist groß. Die Betroffenen bevorzugen dagegen meist eine gemächlichere Gangart und am Ende fühlen sie sich nahezu immer als zu wenig gehört. Die Implementierer übernehmen die Aufgabe mit bestimmten Nutzenerwartungen, die ihre eingegangenen Risiken letztendlich zumindest ausgleichen. Nicht selten werden die Implementierer durch die Strategen umgangen. Grund ist ihre Ungeduld, die sie dazu veranlasst, sich direkt an die zu wenden, die dem Wandel aus ihrer Sicht »im Wege stehen«, was diese natürlich wieder diskreditiert.

»change agents«

Die Dynamik des Wandels wird aber auch ganz wesentlich durch die Auswahl der »**change agents**« beeinflusst. Die persönlichen Daten dieser Agenten des Wandels, ihre dominierenden Werthaltungen, die durch sie zu Grunde gelegten theoretischen Bezugsrahmen über das Funktionieren von Organisationen, ihre darauf aufbauenden präferierten Interventionsverfahren und dann natürlich auch ihr tatsächliches Verhalten im Wandelprozess prägen entscheidend die Herangehensweise an ein Wandelvorhaben. Tichy (1974) unterscheidet vor diesem Hintergrund vier Arten von »agents of planned social change«:

- »*Outside pressure type*«: Dort geht man davon aus, dass es nur über externen Druck und einer Umverteilung von Macht zum Wandel kommt. Beispiele sind Frauenorganisationen, Bürgerinitiativen etc.
- »*Analysis for the top type*«: Dort bedient sich das Top-Management externer Expertise, um durch Interventionen von oben den Wandel zu induzieren. Beispiele sind Unternehmensberatungen, Wirtschaftswissenschaftler etc.
- »*Organization development type*«: Dort versucht man die Problemlösungsfähigkeit der Organisation durch Erhöhung ihrer Lern- und Wandelfähigkeit sowie der Veränderung menschlichen Verhaltens und dessen organisatorischen Rahmenbedingungen zu verbessern. Beispiele sind Organisationsentwickler, Sozialwissenschaftler etc.
- »*People change technology type*«: Dort ist der Ansatzpunkt des Wandels der Mensch. Motivation, Einstellungen, Arbeitsbedingungen etc. sind die Hebel auf die Arbeitszufriedenheit und damit auf die Wandelbereitschaft. Beispiele sind Psychologen, Therapeuten etc.

Jeder dieser Typen blendet in seiner Perspektive offensichtlich Aspekte der Wandelrealität aus. Wie soll z. B. ein komplexer Wandel funktionieren können, wenn er das Thema »Umverteilung von Macht« ignoriert? Wichtig wird es deshalb auch hier sein, dass Wandel nicht zu sehr »ideologisiert« wird, sondern dass multi-perspektivisch gearbeitet wird.

Wichtig ist auch die Frage, welchen Stellenwert man Einzelpersonen und welchen man Teams beimisst? Oft ist zu beobachten, dass ein Wandel, der zu sehr auf »Helden« setzt, schnell in seiner Nachhaltigkeit verliert.[40]

Natürlich sind solche Rolleneinteilungen nur ein vereinfachender Ansatz zu einer differenzierteren Betrachtung der internen Dynamik auf der Basis ihrer Akteure. In konkreten Prozessen wird man diese Typen nie ganz in Reinkultur antreffen, sondern es kommt zu immer neuen Ausprägungen. Auch agieren diese Typen nicht nebeneinander, sondern überlappen sich häufig sogar in einzelnen Personen.

(3) Einrichtung einer Wandelorganisation

Beim Change Management stellt sich auch die Frage nach dem Management des Wandelprojektes.[41] Je nach Komplexitätsgrad und Dauer kommen unterschiedliche Lösungen in Frage, die aber alle darauf hinauslaufen, dass eine Taskforce einzurichten ist, die das Projektmanagement betreibt. Dabei kann es sich ebenso um ein kleines Team handeln, wie auch um eine großzahlige und dauerhaft eingerichtete Gruppe von Wandelspezialisten, wie es etwa bei GENERAL ELECTRIC (»black belts«) oder bei SIEMENS (»top plus«) der Fall ist.

Eine Wandelorganisation kann z.B. wie in Abbildung 5-24 dargestellt aufgebaut sein und folgende Einheiten umfassen:

- *Change Steering Committee*: Dieses Gremium besteht aus Top-Managern des Unternehmens. Es kann auch um externe Experten ergänzt werden. Natürlich sollte bei wichtigen Initiativen in diesem Gremium der Vorsitzende der Geschäftsleitung und auch das für das Projekt zuständige Mitglied der Geschäftsleitung (*Change Executive*) vertreten sein. Hierfür kann durchaus ein außerordentliches Vorstandsmitglied ernannt werden. Auch kann in diesem Committee ein »*Ombudsmann*« sitzen, der aus einer externen Perspektive interessensfrei über seine Beobachtungen zum Wandelprozess berichtet, der auch als Vertrauensperson fungiert, an die man sich – z.B. im Fall von empfundener Willkür – wenden kann.
- *Change Manager*: Er ist verantwortlich für das Projektmanagement und steht dem Projektteam vor. Er ist meist vollamtlich in dieser Funktion tätig und steuert die einzelnen Arbeitsgruppen und beobachtet den Projektfortschritt. Er ist Bindeglied zur Geschäftsleitung, aber auch Ansprechpartner für die Betrof-

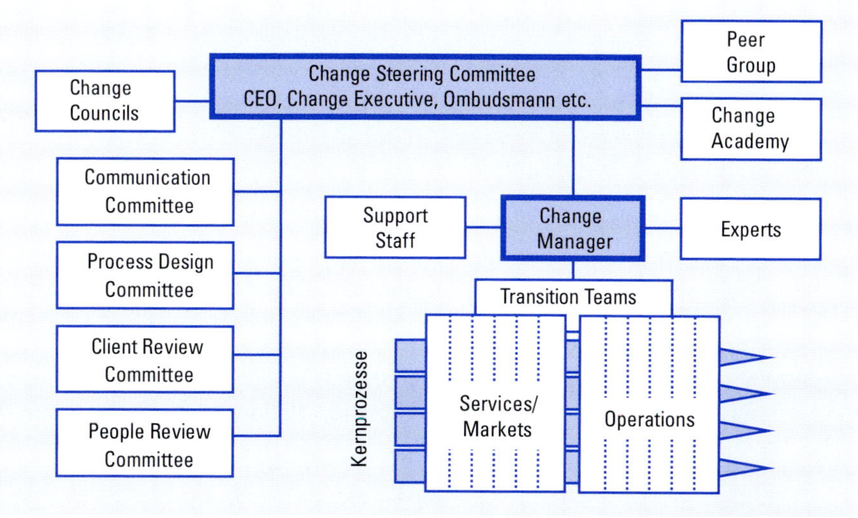

Abb. 5-24: Wandelprojektorganisation

fenen und Beteiligten im Wandel. Er hat auch eine Mittlerfunktion zwischen den vielen Schichtungen in einem Wandelprojekt (Gewinner/Verlierer, Schnelle/Langsame, Starke/Schwache, Zentrale/Divisionen etc.). Wichtig ist, dass diese Person mit genügend Entscheidungskompetenz ausgestattet ist. Sie sollte ausreichend Erfahrung zum Unternehmen, Durchsetzungskraft (ohne Verfolgung persönlicher Interessen), diplomatisches Geschick und genügend Methodenkompetenz mitbringen. Sie sollte auch wissen, was mit ihr geschieht, wenn das Projekt zu Ende ist, da sie nur schwer wieder in die Linie eingliederbar ist.

- *Peer Group*: Hier handelt es sich um eine Gruppe von (in- oder externen) Fachleuten, die das Projekt beurteilt. Sie sind keine Controller und vergeben auch keine »Noten«. Vielmehr sollen sie ihren Kollegen im Projekt Anstöße geben, das eigene Projekt zu reflektieren, und es auch im Kontext anderer derzeit laufender Wandelprojekte zu sehen.
- *Change Project Team*: Dem Projektteam können sehr unterschiedliche Gruppierungen angehören, deren Mitglieder vollamtlich oder nebenamtlich dazugehören: (1) Zuerst ist das *Support Staff* für den Change Manager zu nennen, das ihn direkt bei seiner Arbeit unterstützt. (2) Zur Unterstützung der vielen dezentralen Wandelprojekte kann man sich eine *Expertengruppe* (als eine Art Inhouse Consultants) vorhalten, die einerseits den dezentralen Taskforces Methoden- und Moderationsunterstützung zu liefern vermag, anderseits aber auch die Einhaltung gewisser Prozessstandards zu verfolgen hat, mit denen man die Qualität des Wandels sicherzustellen versucht. Hat der Wandel hohe Priorität und ist sein Ende kaum absehbar, dann kann an die Einrichtung einer *Change Academy* gedacht werden, in der die für ein Management des Wandels erforderlichen Fähigkeiten entwickelt werden. Hier ist insbesondere an die Ausbildung von »*change agents*« als Multiplikatoren der Inhalte des Wandels und an *Moderatoren* als Prozesshelfer (»facilitators«) zu denken. Das Projektteam kann auch durch externe Berater ergänzt werden. (3) Wegen der außerordentlichen Bedeutung der Kommunikation im Wandel könnte man sich auch ein eigenes *Communication Committee* vorstellen, das auch mit der notwendigen Marketing- und Medien-Expertise ausgestattet ist. (4) Auch ein *Process Design Committee* ist denkbar, das immer wieder das Drehbuch für den Wandel überarbeitet. (5) Da Unternehmen in ihrem Wandel sehr stark mit sich selbst beschäftigt sind, kann auch ein *People-* und ein *Client-Review-Committee* Sinn machen, um die wichtigsten Mitarbeiter und Kunden nicht aus dem Auge zu verlieren.
- *Transition-Teams*: Dann gibt es noch ein große Zahl (bei sehr großen Unternehmen können es mehrere Hundert sein) von Wandelteams an den dezentralen Orten des Wandels. Besetzt sind sie mit den Schlüsselpersonen dieser Einheiten. Auch sie können durch externe Unternehmensberater verstärkt werden. Argumente hierfür können sein: zusätzliche Kapazitäten, neutrale Instanz, Alibifunktion, Know-how etc. Im »Mikrokosmos« dieser Taskforces entscheidet sich letztendlich, ob der Wandel zum Erfolg wird oder nicht, denn nun werden die Ideen auf ihre operative Machbarkeit und Wirksamkeit überprüft. Als Kriterien ihrer Bildung dienen oft die Dimensionen der Aufbauorganisation (Geschäftsbereiche, Funktionsbereiche, Regionen etc.).

Fallbeispiel: PWC und UBS
Exemplarisch können hier auch die Projektorganisationen der Integration nach Fusionen herangezogen werden. Im Fall PRICEWATERHOUSECOOPERS wurden die Transitionteams nach den »Services/Markets« beider Unternehmen (Tax & Legal Consulting, Management Consulting, Financial Advisory Services etc.) und den »Operations« (Human Ressources, Internal IT, Legal Structure etc.) strukturiert.

Im Falle der UBS wurden vier Kernprozesse definiert, die wiederum die Teams koordinierten und ausrichteten: Organisatorische Integration (Aufbauorganisation, Stellenbesetzungen etc.), Zusammenführung Brand- und Marktauftritt, Technische und operationelle Kundenmigration (Überführung der beiden Kundenstämme auf eine gemeinsame IT-Plattform) und Redesign der Vetriebskanäle.

Die Vielzahl der Projektteams sollte nun auch noch mit der oben erwähnten »konzeptionellen Klammer« in Bezug gesetzt werden (vgl. Abschnitt 5.2.2(5)). Dort wurde ja der Gesamtprozess auf einige wenige Zielgrößen fokussiert. Es gilt nun dafür Sorge zu tragen, alle Projektteams in ihrem Beitrag zu den Kernprozessen zu diesen Zielgrößen zu betrachten. Da eine Summe von Projekten noch keine überzeugende und funktionierende Dramaturgie ausmacht, gilt es nun zu überlegen, ob man über die in den Kernprozessen stattfindenden Aktivitäten ausreichend den Anforderungen und Besonderheiten der jeweiligen Wandelphase gerecht wird.

Natürlich wird die Struktur und der Umfang dieser Wandelorganisation im Zyklus eines Wandelprojektes immer wieder den Anforderungen angepasst werden müssen. Sie sollte nicht von zu langem Bestand sein, da es sich ansonsten in der Organisation etablieren könnte, dass alle etwas unbequemeren Entscheidungen in die Transition Teams gegeben werden. Wichtig ist hier auch, dass keine neue Stabsbürokratie entsteht, deren »Value added« von den dezentralen Einheiten nicht erkennbar ist.

(4) Zur Kohärenz interdependenter Wandelkollektive

Wandel spaltet bestehende Ordnungen organisierter sozialer Systeme und führt zu neuen horizontalen, vertikalen und lateralen »**Schichtungen**«. Bestehende formale und informale Kollektive werden aufgebrochen, neue Strukturen mit veränderten Regelwerken entstehen. Über Jahrzehnte funktionierende Seilschaften fallen – nach teilweise verzweifelten Versuchen ihres Erhalts – abrupt auseinander und nach einer Phase individueller Überlebenskämpfe bilden sich neue Netzwerke informaler Macht – nun aber auf einer anderen Bezugsbasis. Waren es vorher vielleicht militärische Ränge (Schweiz) oder Zugehörigkeit zu Schulen (die »grandes écoles« in Frankreich), so sind es nun andere dominante Kritieren entlang derer sich Kollektive strukturieren. Auch wenn man sagt, dass Wandel immer Gewinner und Verlierer schafft, so heißt dies genauer, dass es zu einer Umschichtung der Gewinner und Verlierer kommt, denn diese beiden Kollektive gab es auch zuvor – aber eben entlang anderer Trennlinien.

Aber auch auf einer formalen Ebene werden explizite Schichtungen in Wandelprozessen vollzogen. Zuerst ist dies die Trennung in die prozentual meist sehr kleine Population derer, die die Führungsinitiative zum Wandel ergreift und in die

»Restorganisation« interveniert. Oft unterscheiden sich beide Kollektive durch eine völlig unterschiedliche Stimmungslage: Bei den einen herrscht eine kaum zu bremsende Euphorie vor, während die meisten anderen zurückhaltend bis geschockt reagieren. Gefahr solcher Schichtungen ist es, dass auf Grund der unterschiedlichen Befindlichkeiten und Vorstellungen über Veränderungsgeschwindigkeiten es zu einem wachsenden Abstand der Wandelrealitäten zwischen diesen Schichten kommt. Bei einer Überdehnung verlieren diese Schichten einander und die Energien verpuffen in unterschiedliche Richtungen.

Fallbeispiel: Swisscom

Diese formale Schichtung differenziert sich dann meist noch aus: In der ersten Welle des Wandelprojekts der Swisscom Mitte der 90er-Jahre gab es z. B. eine mit weit über Hundert Mitarbeitern besetzte strategische Stabsabteilung Swisscom International zur konzeptionellen Ausarbeitung des Wandels im Umfeld der liberalisierten Telekommunikationsmärkte. Dort wurden z. B. die Pläne ausgearbeitet, um erwartete Umsatzverluste im Heimmarkt über Beteiligungen an ausländischen Privatisierungen der Telekommunikationsindustrie aufzufangen. Auch das Engagement bei Unisource ist dort einzuordnen. Eine zweite Schicht bildete das Projekt »Change PTT«, dem primär die Leitungen der verschiedenen regionalen Generaldirektionen in der Schweiz angehörten. Und eine dritte Schicht bildete die »Restorganisation«, die teilweise wiederum über Schulungsgruppierungen auf den Wandel vorbereitet wurde. Jede dieser Schichten operierte mit sehr unterschiedlichen Prozessgeschwindigkeiten: Die Swisscom International legte ein gewaltiges Tempo vor, was auch gut möglich war, da sie ja nur auf der Oberflächenstruktur der Organisation zu arbeiten hatte. Beim Projekt »Change PTT« hatte man sich einen ebenso ehrgeizigen wie unrealistischen Zeitrahmen gesetzt. Da es dort auch um die Tiefenstrukturen der Organisation ging, zeigte die Realität dann bald, über welches Beharrungsvermögen eine Kultur verfügt, die über so viele Jahrzehnte auf einem Verkäufermarkt basierte. Prompt kam es dann auch zu einer Überdehnung des wachsenden Veränderungsabstandes zwischen diesen drei Schichten. Man hatte einander verloren. So ist denn auch die erste Welle des Wandels schmerzvoll versandet. Von den Internationalisierungsaktivitäten ist nicht mehr viel übrig geblieben. Mit einer fast völlig veränderten Führungsmannschaft wurde ein zweiter Anlauf für den Wandel des Unternehmens unternommen.

Entscheidend für den Erfolg von Wandelprojekten ist demnach, dass die Ausrichtung der Aktivitäten der einzelnen Schichten kohärieren. Die Interferenz der sich überlagernden, zusammenhängenden Energieströme muss zu einer Gesamtverstärkung des Wandels führen. Voraussetzung dazu ist inbesondere auch die sorgsame Verzahnung des strategischen und operativen Wandels, von »policy« und »politics«. So wird z. B. genau beobachtet was mit den Überbringern schlechter Nachrichten geschieht, wenn man z. B. den Strategen zu verstehen geben möchte, dass ihre zeitlichen Vorstellungen sich als unrealistisch zu erweisen scheinen. Zu Entkopplungen der Schichten kommt es auch, wenn das, was für die operativen Einheiten von kurzfristiger Relevanz ist, gegen den durch die Führung als langfristig kritisch definierten Pfad des Unternehmens läuft.

Verzahnung des strategischen und operativen Wandels

Das Zusammenwirken der Schichten darf natürlich nicht dem Zufall überlassen bleiben. Die Interferenz zwischen dem Steuerungszentrum des Wandels, den dezentralen lokalen Orten des Wandels sowie den Orten des Wandels untereinander bedarf einer konzeptionellen Vorstellung. Hier kann eine zentrale Erkenntnis von Pettigrew (1998, S. 285) aufgegriffen werden, wenn er sagt: »*Leadership is also about followership*«. Was Wandel in den meisten Fällen benötigt ist *Druck*, der aus dem Zentrum des Wandels auf die Peripherie aufgesetzt wird.

Wandel benötigt Druck

Beispielsweise kann die Leitung eines diversifizierten Konzerns die Geschäftseinheiten des Unternehmens durch Vorgabe ehrgeiziger Rendite- und Wachstumsziele unter Druck setzen. Die Steuerung der Geschäftseinheiten auf der Basis derartiger Kennzahlen durch die Konzernleitung ist kurzfristig meist sehr wirkungsvoll, führt aber auf Grund seiner Eindimensionalität oft zu systemischen Überreaktionen. Meist erweist sich ein »Cocktail« an Druckmitteln, die die kurz- und langfristigen Ziele des Unternehmens kombinieren, als geeigneter. So sollte z.B. auch der Beitrag einer Führungskraft zu den das Unternehmen integrierenden Werten in eine Bewertung gewichtigen Eingang finden. Voraussetzung ist hier allerdings, dass es diese gibt, dass sie bekannt sind und dass man sich ihnen verpflichtet hat. Ist z.B. das Gehalt eines Top-Managers zu einem sehr hohen Anteil an die Entwicklung des Aktienkurses gebunden, so kann dies zu eigennützigem Handeln in Richtung einer kurzfristigen Kurspflege führen. Und dies macht man bekanntlich am besten dadurch, in dem man sich primär auf die Renditeerwartungen der Analysten einlässt. Diese Gefahr muss auch vor dem Hintergrund der immer kürzeren Verweildauern und damit höheren persönlichen Risiken in solchen Positionen gesehen werden.

Wird seitens der Mitarbeiter eine entsprechende, auch persönliche Konsequenz bezüglich des Verfolgens dieser Vorgaben durch das Top-Management unterstellt, so kann der aufgesetzte Druck zu künstlich erzeugten Krisensituationen in den Bereichen führen: Man weiß, dass der Bereich verkauft wird, man selbst an Karrierechancen verliert oder gar entlassen wird, wenn diese Ziele in der vereinbarten Zeit und bei der ausgehandelten Unterstützung nicht realisiert werden. Wandel braucht also nicht die Krise selbst, wie oft behauptet wird, sondern ein *Klima der Dringlichkeit*[42]. Eine abgeschwächte Form, um Krisen künstlich zu erzeugen, ist eine möglichst realitätsnahe und auch emotionelle Simulation erwarteter Entwicklungen: »Was wäre, wenn …? Was würde dies für mich selbst zur Konsequenz haben?«

Klima der Dringlichkeit

Dieser aus dem Zentrum des Wandels erzeugte Druck sollte allerdings immer gepaart sein mit einem hohen Maß an *Kontextsensitivität*, d.h. mit der Berücksichtigung der besonderen Umstände, auch der Eigendynamik der jeweiligen Organisationseinheit. Dies kann z.B. in Form umfassender Freiheiten bei der Ausgestaltung lokaler Implementierungsdesigns geschehen. Damit trägt man auch dem Umstand Rechnung, dass erfolgreiche lokale Designs – eben wegen ihrer Kontextbezogenheit – nur selten ebenso erfolgreich an andere Orte übertragbar sind. Nur so besteht die Chance, dass Wandelprogramme auf einer lokalen Befindlichkeit aufsetzen können und auch ein Druck von unten entsteht. Führung, ohne dass jemand folgt, ist nun einmal keine Führung.

Kontextsensitivität

Da Führung nun immer auch etwas mit dem »Stretching« einer Organisation zu tun hat, aber man nicht genau sagen kann, wie viel »Stretching« eine Organisation verträgt, bevor es zu einer Überdehnung kommt und der Faden reißt, benötigt man einen »Sensor«. Um als Führung auch die Bodenhaftung zu behalten und um das Feed-back der Organisation zur persönlichen Relevanz der Intervention als Input für Lernprozesse zu erhalten, sollte das Ausüben des Drucks mit einem regelmäßigen »*Fühlen des Pulses*« der Organisation verbunden sein. Führung sollte eine Chance haben zu merken, ob sie überhaupt noch führt. Oft vermittelt sich einem im Wandel aber das Bild eines Kapitäns, auf den das Ruder nicht mehr reagiert. Konkret kann dies in der Vereinbarung von Indikatoren für eine Performance Messung oder in regelmäßigen, vorstrukturierten Dialogplattformen geschehen.

Regelmäßiges »Fühlen des Pulses«

!

Fallbeispiel: UBS

UBS

Nach der sehr schwierigen Einstiegsphase in die Integration der neuen UBS, die mit einer hohen Paralyse der Mitarbeiterschaft und mit immer neuen Rückschlägen (z. B. die 10 Monate nach Ankündigung der Fusion bekannt gewordenen hohen Verluste mit dem LTCM-Fonds) verbunden war, wurde an externe Unternehmen der Auftrag vergeben, regelmäßig die Mitarbeiterzufriedenheit und deren Identifikation mit dem Unternehmen durch Befragungen zu erfahren. So hatte man einen »Barometer« zur Messung der Befindlichkeit zur Verfügung, der dem Projektmanagement zeigen sollte, ob man sich in der richtigen Richtung bewegt. Die Ergebnisse der Umfrage wurden auch intern regelmäßig veröffentlicht.

Auf diese Weise kann man auch erfahren, wo es zu neuen Problemen kommt. In einem anderen Wandelprojekt mussten die mittleren Führungskräfte einen erheblichen Schulungsaufwand auf sich nehmen, um sich auf die späteren Aufgaben in einer dezentraleren Führungsstruktur vorzubereiten. Doch es kam zu großen Frustrationen, da die Oberflächenstruktur nicht rechtzeitig nachgezogen werden konnte: D.h. die obere Führung war nicht bereit diesen Teil ihrer Macht wirklich abzugeben. Das »Empowerment« blieb aus, sodass das Erlernte nicht zur Anwendung gebracht werden konnte.

Um der Kohärenzanforderung gerecht zu werden, sollten aber auch die einzelnen Segmente des Wandels koordiniert werden. Sie produzieren z. B. in ihrem lokalen Veränderungsprozess Fragmente einer zukünftigen Unternehmensidentität, die zumindest eine Verkopplung erfahren sollten. Auch sollten als »Boundaryless-Initiative« Lern-Drehscheiben eingerichtet werden, in denen die lokalen Wandelgeschichten und -erfahrungen ausgetauscht und interpretiert werden können. Damit entsteht auch die Chance, dass lokales Wissen auf Unternehmensebene kollektiviert wird. Zur Führung einer großen Gruppe unterschiedlicher Orte des Wandels passt also weniger das Bild einer geordneten Armee, die auf Befehle wartet. Geeigneter ist vielleicht das Bild eines orientalischen Iman, der sich ab und zu gegenüber dem hohen Geräuschpegel in einem brodelnden Bazar durchzusetzen versucht, um die mit völlig unterschiedlichen Dingen beschäftigten Leute zum gemeinsamen Gebet zu gewinnen.

(5) Handlungsoptionen

Auch bei den drei Dimensionen der Akteure eines Wandels bestehen nun wieder verschiedene Handlungsoptionen hinsichtlich deren Ausprägungen. So muss in Bezug auf die *Stakeholder* darüber entschieden werden, inwieweit sie explizit zum Bestandteil des Wandeldesigns gemacht werden sollen. Da Wandel primär auch ein politischer Prozess ist, sollten zumindest die zukünftig relevanten Stakeholder ausreichend in die Gestaltung des Wandeldesigns einbezogen werden. Beim *Rollen-Setting* ist zu klären, wie ausdifferenziert es sein soll und wie die einzelnen Rollen dann konkret ausgestaltet sind. Die Frage war außerdem, inwieweit bewusst in einzelne »*Organisationsschichten*« differenziert werden sollte und in welchem zeitlichen und räumlichen Zusammenhang sie zueinander stehen. Bei allen drei Dimensionen geht es also um das »richtige« Ausmaß an Differenzierung. Was »richtig« ist, kann nur am Fall entschieden werden. Gegen zu viel Ausdifferenzierung spricht die Mach- und Führbarkeit des Wandels. Da-

Das »richtige« Ausmaß an Differenzierung finden

gegen steht die Anforderung, dass die Ausdifferenzierung so groß zu sein hat, dass sie der Komplexität des Phänomens gerecht zu werden hat.

5.2.5 Optionen zu den Entwicklungsobjekten: Die Räume

Wandel ist ein relationales Phänomen, d.h. er muss auf ein Referenzobjekt bezogen werden: Wo soll man ansetzen, damit sich was ändert? Wie bereits mehrfach angesprochen, gehen wir davon aus, dass neue Strategien immer die Fähigkeiten einer Organisation betreffen. Im Arbeitsfeld zur Wertschöpfung haben wir bereits definiert, welche Fähigkeiten zukünftig strategisch erforderlich sind. Diese Fähigkeiten können wir jedoch nicht direkt beeinflussen; wir können lediglich versuchen die organisatorischen Rahmenbedingungen so zu entwickeln, dass sich innerhalb von ihnen die gewünschten Fähigkeiten und Verhaltensweisen entfalten. Dabei wird es wiederum wichtig sein, die Gestaltung dieser organisatorischen Rahmenbedingungen möglichst maßgeschneidert bezogen auf den Kontext der jeweiligen »Baustelle des Wandels« zu betreiben.[43]

Gestaltung der organisatorischen Rahmenbedingungen

Die organisatorischen Rahmenbedingungen sind also das, was aktiv zur Erzeugung des Wandels geändert werden kann. So kann z.B. eine größere Kundenorientierung aus der Einführung einer Prozessorganisation erhofft werde. Die organisatorischen Rahmenbedingungen sind damit einerseits Gegenstand bzw. Objekt des Wandels; andererseits limitieren bzw. behindern sie auch die Möglichkeiten für einen Wandel. Sie sind zugleich »enabler« und Restriktion für jede Veränderung. Sie bilden unseren Gestaltungsraum.

(1) Dimensionen bei den Gestaltungsräumen

Sucht man nun nach den Dimensionen, die uns die Optionen für die Gestaltungsräume liefern, so kommt man über die Frage weiter, wie das, was in Organisationen geschieht, erklärt werden kann? Dies wird sich jedoch nicht eindeutig beantworten lassen. Man kann unterschiedliche Annahmen dazu treffen, was eine Organisation ist. Dadurch setzt man sich jeweils eine andere »Brille« auf, sieht mit ihr nur die Dinge, die man eben mit dieser Brille sehen kann und wird dann auch entsprechende Gestaltungsmaßnahmen bevorzugen. Je mehr solcher Betrachtungsperspektiven man wählt, desto vollständiger wird dann auch das Bild sein, das man sich von einer Organisation zu zeichnen vermag. Wir werden hier drei Betrachtungsperspektiven unterscheiden: die strukturelle, politische und kulturelle.

Nimmt man die Globalisierung als Auslöser von Wandel in Unternehmen, dann kann man sie z.B. mit einer »*strukturellen Brille*« betrachten: Fragen der kritischen Größe treten neu auf, Kommunikationsstrukturen müssen angepasst werden etc.; mit einer »*kulturellen Brille*« betrachtet treffen nun noch mehr verschiedene Werthaltungen und Einstellungen aufeinander, die Frage entsteht, wie es noch gelingen kann, dass sich die Mitarbeiter mit einer globalen Organisation identifizieren etc.; mit einer »*politischen Brille*« gesehen werden vielleicht Konflikte zwischen Landesgesellschaften und Zentrale sichtbar. Mit diesen drei Perspektiven können wir große Teile des Organisationsgeschehens erfassen, womit sie uns auch zu den wesentlichen Gestaltungsräumen führen.[44] Man vergleiche dazu auch die Abbildung 5-25.

Indikatoren der Struktur
- Status der Strukturdeterminanten (Größe, Technologie, Umfeld, Strategien, Mitarbeiter)
- Konfiguration der Strukturelemente (Leitung, operativer Kern, mittleres Management, Stäbe, Technostruktur)
- Vertikale Koordination durch Regelmechanismen, Planungs-, Informations- und Kontrollsysteme
- Laterale Koordination (Gremien, Task Forces, informelle Netze)

Handlungsebenen
- Differenzierung/Integration
- Zuordnung v. Personen und Aufgaben in der Stelle
- Auslastung mit Routinetätigkeit
- Grad der Aufgabenstandardisierung
- Autonomie der Stelle
- Vertikale/horizontale Einbindung
- Ausstattung mit Kompetenzen und Verantwortung
- Einbindung in die Zielsysteme
- Strukturelle Konfiguration (einfache Struktur, Bürokratie, Divisionalisierung, Expertokratie, Adhocratie)
- Kommunikations- und Weisungssysteme

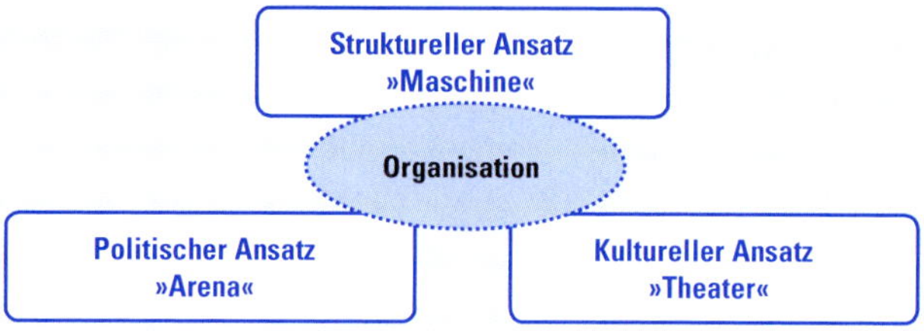

Indikatoren der mikropolitischen Situation
- Koalitionen
- Ausgestaltung der Machtbasen (z.B. Autorität, Information, Sanktionspotenzial, Ressourcenzugang, Zugang zu Netzwerken, legislative Macht, Kontrolle über Symbole, charismatische Macht)
- Konflikthandhabungsmechanismen
- Stellenwert von Macht in der Organisation
- Ethische Standards

Handlungsebenen
- Verständnis für mikropolitische Vorgänge
- Bildung von Koalitionen und Netzwerken
- Verfügung über Machtbasen
- Verhandlungsstrategien
- Führungsmethoden

Indikatoren der Unternehmenskultur
- Symbole (z.B. Parkplatzordnung, Kleidung)
- Rituale, Zeremonien, »Spiele« (z.B. Konferenzen, Feiern, Ehrungen)
- Mythen (z.B. des Gründers, anderer »Helden«)
- Geschichten und Legenden (z.B. über Erfolge bzw. Misserfolge)
- Witze, Metaphern, Sprachspiele
- Motivation, Persönlichkeitsstruktur
- Dynamik interpersoneller Beziehungen
- Führungsverhalten
- Gruppenverhalten (informelle Normen, Gruppenführung)

Handlungsebenen
- Symbolische Gestaltung von Strukturen
- Symbolische Gestaltung von Prozessen (z.B. Treffen, Verhandlungen)
- Symbolik in Gruppenprozessen (z.B. Aufnahmezeremonie, Umgang mit Humor, Gruppencodes, Einsatz von Ritualen)
- Partizipative Führung
- Job enrichment
- Teilautonome Arbeitsgruppen
- Demokratische Organisationsformen (Quality-of-worklife)
- Individuelles Training
- Andere OE-Maßnahmen

Abb. 5-25: Diagnose-Raster einer Organisation

Der strukturelle Gestaltungsraum

Der strukturelle Gestaltungsraum: Hier wird die Organisation als eine Art »Maschine« betrachtet, in deren Mittelpunkt die vom Markt vorgegebene Aufgabe steht. Die Organisation ist ein Instrument, mit dem man rational bestimmte Ziele, die mit dieser Aufgabenstellung verbunden sind, möglichst effektiv und effizient erreichen will. Auf einer systematischen Informationsaufnahme und -verarbeitung aufbauend werden Pläne zur Lenkung aller auf den Leistungserstellungsprozess ausgerichteten kollektiven Tätigkeiten erstellt. Zur Erledigung des Leistungsauftrags werden die Teilaufgaben bewusst auf spezialisierte Subsysteme verteilt (Differenzierung) und dann wieder durch Instrumente zur organisatorischen Integration (Hierarchie, Managementsysteme, Selbstabstimmungsregeln) zur geplanten Gesamtleistung zusammengeführt.

Die formalen Strukturen einer Organisation erzeugen eine gewisse Klarheit, Berechenbarkeit und Sicherheit. Man weiß z.B. wer für was verantwortlich ist. Wandel ändert die Eindeutigkeit und Stabilität der in dieser formalen Organisation definierten Rollen und Beziehungen. Er erzeugt Verwirrung, Unsicherheit und auch Chaos. Kaum jemand weiß eigentlich noch genau für was er zuständig ist. Das Politisieren nimmt zu. Dadurch bedarf es der Neuausrichtung und Neuverhandlung der Rollen und formalen Beziehungsmuster.

Dieser strukturellen Perspektive liegt die Annahme zu Grunde, dass der erwünschte Wandel durch die Schaffung formaler Regeln (Abteilungsbildung, Stellenbeschreibung, Dienstanweisung etc.), die das Verhalten der Organisationsmitglieder entsprechend beeinflussen, erreicht werden kann. Wandel ist hier ein »Ingenieurproblem«: Willentlich beeinflussbare Produktionsfaktoren müssen nur in das richtige »Mischungsverhältnis« gebracht werden. Zu bedenken ist hier allerdings, dass in Organisationen über Jahre gewachsene menschliche Beziehungsmuster sich nicht zwanghaft verändern lassen, da sie über ein gewisses Beharrungsvermögen (im Sinne von Eigendynamik) verfügen; sie können somit den strukturellen Wandel überdauern. Auch kann nicht davon ausgegangen werden, dass der Mensch sein Verhalten allein an wirtschaftlichen Größen ausrichtet.

Der politische Gestaltungsraum

Der politische Gestaltungsraum: Hier wird die Organisation als Ort teilweise konfligierender, politischer Interessen gesehen, wo es um die Ausspielung von Macht, Erlangung von Prestige, Ausübung von Einfluss, Erzwingung von Gefolgschaft etc. geht. So will z.B. die Führungselite ihre Herrschaft über das Besetzen bestimmter Machtbasen (Allokation organisatorischer Ressourcen auf die Subsysteme, Macht über wichtige Symbole, Expertenmacht etc.) mikropolitisch absichern. Damit einhergehende Auseinandersetzungen um Machtbasen lassen in den Organisationen Arenen politischer Interessen entstehen, die Einzelpersonen bzw. Koalitionen in diese Arenen einbringen. Die Art, wie sich eine Organisation in ihrem Geschehen und in ihren Zielen darstellt, ist damit ein nur temporär gültiges Ergebnis von Verhandlungsprozessen und Konfliktlösungen.

Wandel hat immer etwas mit dem Durchsetzen von mit der Intervention verbundenen Interessen zu tun. Dabei kann es um die Besetzung wichtiger Positionen gehen, um die Ausstattung mit Positionsmacht, das Festsetzen von Agendas (Tagesordnungen etc.), das Bilden in- und externer Kooperationen, die Strukturierung des Informationsflusses etc. Dadurch werden bei Wandel Interessenkonflikte und Dissens erzeugt. Über Jahre nach und nach in Ausgewogenheit gebrachte Interessengleichgewichte brechen einmal wieder auf. Unweigerlich entsteht eine neue Verteilung von Gewinnern und Verlierern. Ein Ausweichen dieser Konflikte würde zu ihrer Verlagerung in den Untergrund führen, was nicht wünschenswert ist. Deshalb benötigt man im Wandel Arenen, in denen die sich formierenden Interessenpositionen neu ausgehandelt werden können. Aus gegensätzlichen Standpunkten muss möglichst weitgehend ein gemeinsames geteiltes Übereinkommen entstehen (»Win-win-Situation«).

Dieser politischen Perspektive liegt die Annahme zu Grunde, dass Organisationen komplexe Koalitionsgebilde sind: Die Ziele von Organisationen und ihren Mitgliedern sind i.Allg. keineswegs deckungsgleich; auf Grund von Ressourcenknappheit und im Wandel veränderten Verteilungsmechanismen ist das Auftreten von Konflikten etwas Normales. Gefahr einer solchen Betrachtungsweise ist eine zynische Betrachtung von Unternehmen, die zu einer zusätzlichen »Politisierung« führen könnte.

Der kulturelle Getaltungsraum

Der kulturelle Gestaltungsraum: Organisationen sind für ihre Mitglieder unsicher, mehrdeutig und paradox. Trotzdem müssen sie, um handeln zu können, Wege finden, sich das organisatorische Geschehen zu erklären. Viele Ereignisse sind nicht rein rational erklärbar. Um sich aber trotzdem ihre Bedeutung zu erschließen, werden Interpretationen des Ereignisses angefertigt, die auf den Werten und Wirklichkeitsauffassungen der Interpreten aufbauen. Durch die Zuordnung von Symbolen entsteht »Ordnung«, aus der Handlungen abgeleitet und mit Sinn versehen werden. Da diese Deutungsmuster sich »geschichtlich« aus der Dynamik der Vergangenheit entwickelt haben, verbinden sie in der Interpretation die Zukunft mit der Vergangenheit: Zukunft hat Herkunft! Dies erklärt auch den »Eigensinn« von Organisationen bezogen auf zu »ambitionierte« Wandelinterventionen. Interventionen sind nur umsetzbar, wenn sie an die Befindlichkeit der Organisation anschlussfähig sind; Führung muss sich dieser Tiefenstruktur vergegenwärtigen, wenn sie nachhaltig erfolgreich sein will.

Um Wandel zu erreichen, bedarf es in dieser Perspektive zuerst einmal eines breiten Bewusstseins für den notwendigen Veränderungsbedarf. Neue Konzepte der Wirklichkeit müssen in den kognitiven Strukturen der Handelnden verankert werden. Ein Ansatzpunkt für Wandel sind demnach die Werte: Über Jahrzehnte gewünschte Einstellungen scheinen auf einmal nicht mehr gefragt zu sein. Neue, gemeinsam geteilte Werthaltungen sollen eingenommen und in neue Verhaltensweisen überführt werden.

Symbolisches Management

Ein anderer Ansatzpunkt ist das symbolische Management: Wandel erzeugt bei den Beteiligten und Betroffenen einen Verlust an Sinn und Zweck. Gewachsene Bindungen an Symbole, die in hoch verdichteter Form komplexe Sachverhalte repräsentieren, verlieren auf einmal an Bedeutung und werden durch neue ersetzt. Dadurch entstehen existenzielle »Wunden«, die der »Trauerarbeit« und einer symbolischen »Heilung« bedürfen. Die Organisation wird hier wie ein »Theater« gesehen. Dabei können Aspekte wie Rollenspiel, Drehbuch und Maskerade als Bestandteil der sozialen Interaktion und zur Erzeugung gewünschter Interpretationen in den Vordergrund treten. Gegenstand der Gestaltung können Dinge wie Sprache, Visionen, Mythen, Riten etc. sein. In irgendeiner Form bedarf der Übergang eines symbolischen Ausdrucks. In einem Familienunternehmen wird z.B. häufig mit der formellen Übergabe des Geschäfts an die Kinder ein Gemälde der abtretenden Person an einer Wand angebracht, an der schon alle Vorgänger hängen.

Ansatzpunkt können neben den Werten und dem symbolischen Management aber auch Maßnahmen der Personalentwicklung und Wahl eines anderen Führungsstils sein.

Unter der kulturellen Perspektive wird die Organisation also als ein System von Werten betrachtet, das durch Regeln und Normen gewissermaßen zusammengehalten wird. In der Sprache, den Handlungen und den Artefakten (Gebäude, »Kleiderordnung«, Erscheinungsbild etc.) gelangen die zentralen Werte und die darunter liegenden Grundannahmen an die Oberfläche. Sie spiegeln die gemeinsam gestaltete soziale Wirklichkeit der Beteiligten. Bei McKinsey definiert man Kultur mit dem Satz »The way we do things around here«. Bei der Gestaltung der kulturellen Dimension sollte Beachtung finden, dass eine zu ausgeprägte gemeinsame Kultur eventuell auch Vielfalt hemmt und damit auch Wandel behindern kann. Dies gilt natürlich auch dann, wenn das Thema Kultur zur Ideologiekontrolle missbraucht wird.

Zur Veranschaulichung dieses dreidimensionalen Bezugsrahmens zur Betrachtung von Organisationen zeigt die Abbildung 5-26 die zusammengefasste Beschreibung der Organisation eines mittelständischen Familienbetriebes.

Diese hier getroffene Klassifizierung in die drei Organisationsdimensionen lehnt sich eng an Bolman/Deal (1997) an: Sie betrachten Organisationen aus vier Perspektiven: »structural frame«, »human resource frame«, »political frame«, »symbolic frame«. Eine andere Klassifikation stammt von Tichy (1983): Er unterscheidet ähnlich in eine technische, politische und kulturelle Sphäre. Aus der technischen Perspektive betrachtet ist die Organisation ein zweckrationales Gebilde. In ihrem Zentrum steht deshalb auch der Leistungsprozess, dessen Output es zu maximieren gilt. Morgan (1997) schlägt sogar acht Metaphern zur Betrachtung von Organisationen vor.

Gemeinsam ist all diesen Klassifikationen, dass sie einerseits die »formale« Organisation betrachten, die sich in »offiziellen« strukturellen Regelungen niederschlägt (Aufbau- und Ablauforganisation etc.), und andererseits die Organisation aber auch durch »informale« Phänomene wie Mikropolitik, weltanschauliche Grundhaltungen, Rituale, Stimmungen, Kognitionen etc. beeinflusst sieht. Sie stellen dabei keine nur sporadisch auftretende »Störgröße« dar, sondern sind systematischer und permanenter Bestandteil der Dynamik einer Organisation. In dieser Tiefenstruktur ist der weitaus größere Teil des organisatorischen Geschehens zu verorten. Sie ist damit die primär verhaltensprägende Dimension, auf der die Oberflächenstruktur aufbaut. Wer demnach Organisationen nachhaltig verändern will, muss in der Lage sein, jede der Organisationsdimensionen in ihrer Wirkungsweise zu verstehen und zu beeinflussen.

(2) Handlungsoptionen

Ausgehend von der diagnostizierten Ist-Situation spielen sich nun die Handlungsoptionen zur Ausgestaltung des Wandeldesigns bei den Gestaltungsräumen auf drei Ebenen ab:

- Erstens hat man die Wahl, welcher der drei *Dimensionen* Struktur, Politik und Kultur man sich bedienen will bzw. welches Mix an Instrumenten zur Veränderung der Organisation eingesetzt werden soll. Sollen z.B. zuerst nur die Strukturen verändert werden und nachgelagert erst die Kultur? Oder soll zuerst der politische Verhandlungsprozess in den Mittelpunkt des Wandelprogramms gestellt werden? (Vgl. Abbildung 5-12).
- Zweitens hat man die Wahl, was *innerhalb* einer Gestaltungsdimension überhaupt geändert werden soll und welche Instrumente dabei zum Einsatz kom-

Ablauforganisation

- Geringer Formalisierungsgrad
- Feedback in jeder Phase des Prozesses (informelle Kommunikation, periodische Status-Sitzungen)
- Grobe Zieldefinition durch das PPC (Project Planning Committee); regelmäßige Abstimmung und Anpassung

Aufbauorganisation

- Zweidimensionale Matrixstruktur: Projekte und Fachgruppen
- Zentrale Bedeutung des PPC als Steuerungsgremium und Entscheidungsinstanz in Konfliktfällen
- Einbeziehung aller Betroffener (Akzeptanz)
- Interdisziplinäre Aufgabenverteilung
- Ad-hoc-Zusammensetzung der Teams

Strukturmerkmale Konzern

- Grundsätzlich hohe Autonomie
- Viele informelle Kontakte
- Zentrales Archiv- und Kommunikationssystem

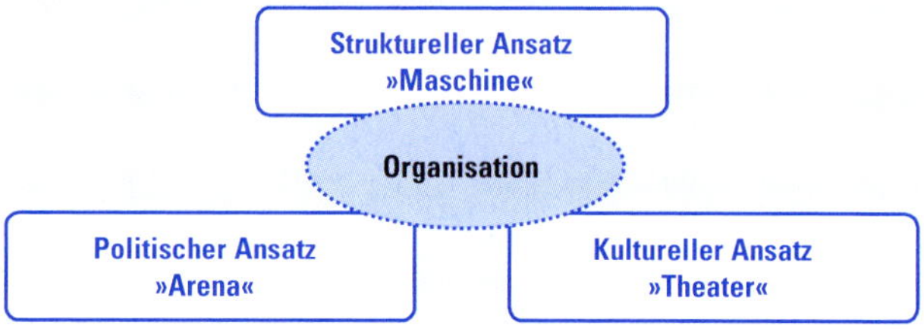

- Familiärer Charakter prägt den Umgang mit Macht: Eltern-Kinder-Beziehung zwischen Geschäftsleitung und Mitarbeitern
- Kritik trifft nicht alle in gleichem Maße: Die charismatische Führung und die als etwas Besonderes wahrgenommene Organisationsform genießen Vorrangstatus
- Hierarchie ist durchaus noch vorhanden, aber sublimer (Diskrepanz zwischen Wunsch und Wirklichkeit)
- Konfliktort »Matrix«: Ressourcenkampf zwischen Projekten und Fachgruppen
- Ursache für Dissens wird vor allem in Informationsdefiziten gesehen; entsprechend offene Infrastruktur (Ausnahme: Finanzdaten)
- Spielraum für Eigeninitiative ist da, wird jedoch noch zu wenig genutzt

Sprache

- »Nicht einschlafen«, »zwanglos«, »keine Tabus«: Aktionsorientierung und Offenheit als Werte
- »Spaghetti«-Metapher für die Struktur

Symbolische Handlungen

- Rituale, z.B. »Gipfeli-Pause«, »interner Umzug«, »Telefondienst« (über die Mittagspause: geht reihum ohne Ausnahme, auch GF)
- Legenden: die »schlechten alten Zeiten« der Ascom-Ära

Artefakte

- Einheitliche Ausstattung (Möbel, DV-Geräte, ...): das Invidivuum wird selbst zum Symbol (lässige, sportliche Kleidung)
- Modernes Design, offene Atmosphäre, kaum Ecken und Kanten

Einstellungen, Entwicklung, Führung

- Hohe Motivation und Identifikation
- Schwierige Karriereplanung aufgrund der flachen Hierarchie
- Aus- und Weiterbildung wird stark gefördert
- Produktivitätssteigerung durch informelle Kommunikation
- Gruppenarbeit überwiegt (Projektteams) und prägt das Handlungsumfeld
- Rotation vor allem in räumlicher Hinsicht
- Relativ offener, demokratischer Führungsstil

Abb. 5-26: Fallbeispiel zum Diagnose-Raster

men sollen. So kann z.B. ein Business Process Reengineering zur Neugestaltung der Ablauforganisation eingesetzt werden.

- Drittens hat man die Wahl, auf welche *Ausprägungen* man die gewählten Ansatzpunkte ausrichten möchte (z.B. die Kundenorientierung anstatt der Kostenminimierung bei der Ablauforganisation).

Gefahr einer dominant strukturellen Betrachtungsweise

Betrachtet man gescheiterte Wandelprozesse, dann wird man immer wieder feststellen, dass ihre Gestalter eine zu eindimensionale Betrachtungsweise des sozialen Systems hatten. Oft dominierte in solchen Fällen die strukturelle Perspektive. Verfügt man nur über diese »Brille«, dann wird den Gestaltern des Wandels kaum bewusst, dass der Wandel sich nicht wie gewünscht entwickelt; mit anderen »Brillen« bereits sichtbare Probleme können gar nicht gesehen werden, da der Wandel in seinem Fortschritt aus einer anderen Sicht betrachtet wird. Man beobachtet z.B. die Einführung einer neuen Aufbauorganisation, sieht aber erst relativ spät, dass sich das Verhalten nicht entsprechend ändert, obgleich die neue Organisationsstruktur bereits implementiert ist. Die Organisation lässt die rein strukturelle Intervention »abklatschen« und befindet sich bald wieder im Strom der alten Rollen und Interaktionsmuster. Auch können die einzelnen Gestaltungsräume nur begrenzt nach und nach abgearbeitet werden, sondern bedürfen einer zeitlichen und inhaltlichen Verzahnung. Empirische Untersuchungen verweisen hier auf *die »Evidenz von Komplementaritäten«*[45]: Die Struktur kann nicht nur als die abhängige Variable der Strategie betrachtet werden, sondern es geht um die gesamthafte und gleichberechtigte Neuabstimmung von Strategie und Organisation (im Sinne von Aufbau- und Ablaufstruktur, Kultur und Politik). Findet dies keine Beachtung, so greift der Wandel nicht nur nicht, sondern die isolierten und suboptimierenden Eingriffe können ein bislang weitgehend funktionierendes Ganzes zunehmend funktionsunfähig werden lassen.

Eine der häufigsten Ursachen, warum es zu Projekten fundamentalen Wandels kommt, ist die Erstarrung eines Unternehmens in dem, was ihm in der Phase zuvor seinen Erfolg beschert hat. Erfolg verführt immer zu der Annahme, dass man eine »ideale Rezeptur« gefunden hat. Innerhalb dieses Denkmodells wird nun alles fein-säuberlich aufeinander abgestimmt: die Ausdifferenzierung der Strategie, die Ausgestaltung der inner- und interorganisatorischen Beziehungen sowie die Verfestigung der Kultur. Auch werden immer mehr Routinen entwickelt und perfektioniert. All dies ist wiederum der Performance zuträglich. Alle werden auch dazu ermuntert, dieses System immer noch weiter zu verbessern.

Wandelt sich nun das Umfeld, dann kann genau dies zur Falle werden: Die strategischen Denkrahmen, d.h. die Art und Weise, wie Führungskräfte ihr Geschäft sehen, werden zu »Scheuklappen«. Man sieht nicht mehr, dass das eigene Geschäftsverständnis aufgehört hat zu greifen. Die mit den Stakeholdern eingeschwungenen Beziehungsstrukturen sind zu »Handschellen« geworden. Man betrachtet sie als unüberwindbar. Die zentralen Werte der Unternehmenskultur sind zum unanfechtbaren Dogma geworden und zwängen jede Entwicklung in ein »Korsett« ein. Die den Ablaufprozessen zugrunde liegenden Routinen bleiben unhinterfragt (»Das haben wir schon immer so gemacht!«). Aufgrund der Rigidität dieses Führungssystems wird es fast unmöglich, es zu durchbrechen. Selbst in dramatischen Situationen folgt man weiter den etablierten Prozessen; dies aber nun noch intensiver als zuvor. So kann das Unternehmen nun Opfer seines vorangegangenen Erfolgs werden. Sull (1999) spricht hier vom Phänomen der *»aktiven Lähmung«* (»active inertia«).

Ensteht nun irgendwo und irgendwie im Unternehmen eine Initiative zum Wandel, zur *strategischen Erneuerung* (»strategic renewal«), dann reicht es nicht aus, wenn man nur an der Strategie selbst, also den mentalen Denkstrukturen der Entscheidungsträger, ansetzt, da die Strategie selbst – im obigen Bezugsrahmen neben der Kultur, den Prozessen und den Beziehungsstrukturen – eben nur ein Stein in diesem scheinbar perfekt aufeinander abgestimmten Puzzle ist. Will man die für einen Wandel notwendige Energie in das System bringen, dann müssen alle Elemente eines Führungssystems hinterfragt und meist auch aufgebrochen und verändert werden, um zu einem neuen »Alignment« zu kommen. Wir haben es also mit einer Art »mehrdimensionalen Mobilisierung« zu tun.

Bleibt man beim obigen 4-dimensionalen Bezugsrahmen für ein Führungssystem, so geht es hier um eine kognitive Mobilisierung, um zu einem adäquateren Geschäftsverständnis zu gelangen, um eine emotionale Mobilisierung, um Werte und Einstellungen weiterzuentwickeln, um eine relationale Mobilisierung, um die inter- und innerorganisatorischen Beziehungsstrukturen neu aufzugleisen und um eine prozessuale Mobilisierung, um zu neuen Abläufen und Routinen zu gelangen. Wandel muss also immer vielschichtig betrieben werden.

Bevor es jedoch zu einer solchen Mobilisierung kommen kann, müssen sich alle Beteiligten und Betroffenen schonungslos ihre Ausgangssituation vor Augen führen. Wandelaktivitäten müssen auf einem gut fundierten Bewusstsein zum Wandel (entlang aller relevanten Dimensionen des Führungssystems) aufsetzen können.

!

JPMorgan

Fallbeispiel: J. P. Morgan

Hilfreich zur Einnahme einer solchen gesamthaften Betrachtungsweise sind Konzepte, in denen bereits die verschiedenen Gestaltungskomponenten thematisiert sind. Als Beispiel kann hier das bereits im Feld »Positionierung« angesprochene 7S-Konzept genannt werden. In Abbildung 5-27 wird es exemplarisch auf den Wandel der U.S.-Bank J. P. Morgan Anfang der 90er-Jahre angewandt. Das Erfolgskonzept bezüglich der Ausrichtung des Unternehmens auf den Markt wird über die Faktoren Selbstverständnis, Strategie und Spezialfähigkeiten abgebildet. Die Faktoren Struktur, Systeme, Stammpersonal und Stil repräsentieren das Führungssystem des Unternehmens und sind damit Ausdruck seiner inneren Beschaffenheit. Anzumerken ist zu diesem Fall, dass es J. P. Morgan auf Grund des amerikanischen Trennbankensystems zunächst nicht möglich war, in das Investmentbanking einzutreten.

7S	Anfang der 80er-Jahre	Anfang der 90er-Jahre
Selbstverständnis	• Führende amerikanische Geschäftsbank für Topunternehmen	• Führende globale Wholesale-Bank für Topunternehmen
Strategie	• Aufbau einer Investmentbank in London • Aufbau erforderlicher Fähigkeiten in den USA • Lobbying in den USA für eine liberale Interpretation des Trennbankensystems	• Massiver Aufbau US-Underwriting und Handel • Expansion nach Asien
Spezialfähigkeiten	• Exzellentes Relationship-Management mit großen US-Unternehmen • Hervorragende Kreditbeurteilung und AAA-Rating	• Zusätzlich Spezialfähigkeiten in fast allen Bereichen des Investmentbanking • Integration der Geschäftsbank- und Investmentbank-Kulturen

Abb. 5-27: Wandel bei J. P. Morgan auf Basis des 7S-Konzepts (Quelle: McKinsey)

7S	Anfang der 80er-Jahre	Anfang der 90er-Jahre
Struktur	• Traditionelle, regional orientierte Geschäftsbankenorganisation • Hierarchisch, viele Führungsebenen	• Globale Divisions • Relationship-Manager als Koordinator für Geschäftsbank- und Investmentbankspezialisten • Flache Hierarchien, Teamstrukturen
Systeme	• Positionsgebundene, weitgehend fixe Vergütung • Intensive Job-Rotation	• Stark ergebnisorientierte Vergütung • Intensive Job-Rotation
Stamm-personal	• »Wasp«; elitäre, weisse Ostküstenkultur	• »Buntes Völkergemisch« auf allen Ebenen • Drei von fünf Vorständen Nicht-Amerikaner
Stil	• Elitär • Bürokratisch • Statusorientiert	• Offene Kommunikation • Leistungsorientiert • Starke Betonung von Teamwork

Abb. 5-27: (Forts.)

Partizipation, direkte Feed-back-Prozesse und ein begleitendes Coaching bzw. Mentoring oder auch psychologische und therapeutische Hilfe beschleunigen das Lernen und die Veränderung. Es wird hier davon ausgegangen, dass der Wandel häufig nicht allein durch die Mitarbeiter bewältigt werden kann, sondern dass sie einer umfassenden Unterstützung bedürfen. Dafür muss ein erheblicher zeitlicher und finanzieller Aufwand in die Kalkulation eines Wandel einbezogen werden. Diese Annahme steht teilweise in krassem Widerspruch zur Praxis, wo nicht selten unterstellt wird, dass das Beschäftigungsverhältnis ausreicht, um einen Mitarbeiter zum Wandel zu veranlassen.

Unterstützendes Training

Das unterstützende Training ist Teil der Dramaturgie eines Wandelsprojektes. Seine zeitliche Sequenz muss einen Spannungsbogen darstellen, der menschlichen Lernprozessen in solchen Situationen gerecht wird. Wo Neues verlangt wird, verliert Altes meist an Bedeutung. Die Mitarbeiter, die ihr Selbstvertrauen aus den über Jahren angeeigneten Kompetenzen und Erfahrungen beziehen, fühlen sich auf einmal inkompetent, nutzlos, machtlos, überflüssig und bedroht. Bevor Neues erlernt werden kann, bevor neues Selbstvertrauen aufgebaut wird, muss Abschied vom Alten genommen werden, muss »entlernt« werden.

Die Gestaltung eines solchen Programms erfordert die entsprechenden Kompetenzen und Ressourcen. Es bietet sich an, z. B. eine Trainings-Taskforce zu bilden, die mit entsprechendem Vorlauf und Pilot- und Feed-back-Möglichkeiten ein leistungsfähiges Programmpacket konzipiert und den »Roll-out« auf die Gesamtorganisation vorbereitet. Dazu zählt auch die Verpflichtung und Einweisung geeigneter Trainer.

Fallbeispiel: KPMG
Colin Sharman war 1992 für die Neuausrichtung von KPMG in der Region Südosten verantwortlich. Es ging darum, von einer nach Fachrichtungen strukturierten Aufbauorganisation (Wirtschaftsprüfung, Unternehmensberatung, Rechtsberatung etc.) auf nach Branchen strukturierten Kundengruppen überzugehen. Er kam dabei zu folgender Erkenntnis zum Zusammenhang von Verhalten, Fähigkeiten und Strukturen: »The key was to get client focus into our organisation. Initially I thought that I could operate successfully by changing only the behaviour

and skill sets of our people, in particular our partners. But I came to the conclusion that was not going to work. If I have changed the behaviour of partners and staff to become more client focused, more market sector focused, more knowledgeable about the market place, that would rapidly fall apart. We would need to reinforce it by measurement systems to ensure that our people were measured by these new ways of doing things; and by a structure which aligned with what people were beeing asked to do. If people, accountable in one direction, were told to focus their efforts in another, it was likely that one or other would lose out, probably the new focus. And if measurement systems and reward systems measure something other than the new behaviour we are asking for, it is fairly clear what would happen. So I concluded that we needed what I call a virtuous circle of change consisting of three interlinking elements – structure, measurement and behaviour, all needing to operate on each other. But of course, changing all three elements was a much bigger task taking much more time.«[46]

Doch auch in dieser Betrachtungsweise sind noch wichtige Perspektiven von Organisationen ausgeblendet, was sich auch im weiteren Verlauf des Projektes bemerkbar machte. Selbst wenn man den Zusammenhang zwischen Fähigkeiten und Strukturen beachtet, kann der Wandel harzig ablaufen. Er verändert Einflussstrukturen und unterläuft bestehende, teilweise nur still getroffene Vereinbarungen. Aktuell reorganisiert sich das Unternehmen erneut weltweit, in dem in einem ersten Schritt die Kernländerorganisationen der Kontinente über ein Profit Pooling weiter integriert werden. Man möchte, dass die nationalen Gesellschaften – und dort insbesondere die Partner – sich mehr im Interesse der Gesamtorganisation verhalten.

Ziel der Maßnahmen ist das veränderte Verhalten. Verhalten baut auf Einsicht und Fähigkeiten auf. Intensive und vielgestaltige Kommunikation und die Einrichtung entsprechender Arenen sollen die Einsicht fördern. Umfassende *Trainingsmaßnahmen* sollen zusammen mit den veränderten organisatorischen Rahmenbedingungen das Einüben der neuen Fähigkeiten ermöglichen.

Im Fall des Wandels der KPMG wurde zur Ausrichtung der Mitarbeiterentwicklung und -beurteilung ein »*competency framework*« entwickelt, in dem beschrieben wird, über welche Fähigkeiten das Unternehmen zukünftig vefügen sollte: »Client responsiveness, Business skills, Management, Personal effectiveness, Social skills, Thinking skills«. Jede dieser sechs Fähigkeiten wurde noch präzisiert. Z.B. »Business Skills: Commerciality – relates all aspects of KPMG's service to client's business perspective and commercial drivers; Business development – is seen by existing clients to market effectively and appropriately.«[47]

Gegenstand der Gestaltung ist in der Regel das Gesamtunternehmen oder zumindest eine Einheit, die ein Geschäft bzw. Geschäftssystem repräsentiert. Mehr und mehr findet man aber auch Fälle, wo Netzwerke von Unternehmen zur Veränderung anstehen. Dies heißt nun nicht, dass das Individuum oder die Gruppe nicht mehr von Interesse wäre. Beide werden allerdings im Kontext des gesamten Veränderungsprojektes betrachtet.

Beim Individuum geht es um Aspekte wie die Veränderung von Einstellungen und Verhaltensweisen, neue Rollendefinitionen, auf die neue Strategie angepasste Karrierepfade und Beurteilungssysteme etc. Bestimmte Gruppen können zum Nadelöhr eines Wandels werden: die Geschäftsleitung, eine dominante Koalition, eine Subkultur etc. Wandel hat hier ihre Interessen, Interaktionsmuster oder auch das Entscheidungsverhalten zum Gegenstand.

Grundsätzlich ist wichtig, dass jedem bewusst und klar ist, was der Gegenstand des Wandels ist: Das Netzwerk, das Unternehmen, die Geschäftseinheit, die Gruppe oder das Individuum. Dies ist deshalb von Bedeutung, da erstens mit dem Wechsel des Gegenstands andere theoretische Aussagensysteme und auch andere Instrumente verbunden sind und zweitens auf einer Ebene gewonnene Erkenntnisse selten auf andere, z. B. die höhere Ebene (»pars pro toto«) übertragen werden können.

Die Dynamik unter- oder übergeordneter Ebenen läuft – trotz ihrer Unterschiedlichkeit – natürlich nicht unabhängig voneinander ab. Sie sind miteinander verkoppelt. Es empfiehlt sich deshalb bei Gestaltung von Wandel immer eine Mehrebenenbetrachtung anzustellen. Ist z. B. die Gesamtorganisation Gegenstand des Wandels, so sollte zumindest noch eine Ebene darüber (z. B. das System der Kooperationspartner) und darunter (z. B. die Teilsysteme der strategischen Geschäftseinheiten) mitanalysiert werden. Konkret ist dies nicht immer einfach durchzuführen, da sich in fundamentalen Wandelprozessen die Grenzen der betrachteten (Sub-)systeme (z. B. durch Fusionen) grundlegend ändern können.

Mehrebenenbetrachtung

Nach der ersten Frage nach dem »Mischungsverhältnis« struktureller, kultureller und politischer Maßnahmen auf der ersten Optionenebene, stellt sich die zweite Frage nach den **Ansatzpunkten** für organisatorische Veränderungen und den dort einsetzbaren **Instrumenten**. Hier steht im Prinzip alles zur Verfügung, was zur Organisationsgestaltung beiträgt. So kann man z. B. eine Flexibilisierung der Organisation über eine Abflachung der Aufbauorganisation (z. B. durch den Abbau von Hierarchieebenen) erreichen.[48]

Teilweise gibt es für die einzelnen Ansatzpunkte »vorgefertigte Werkzeugkästen« mit verschiedenen Instrumenten. Eine Abflachung der Organisation gehört z. B. in den »Werkzeugkasten« der »Lean Organization«. Solche *vorgefertigten, programmatischen Change-Werkzeuge* sind Output einer globalen Dienstleistungsindustrie, die aus geschäftlichem Interesse versucht, einen möglichst allgemein gültigen Lösungsansatz für ein besonders drängendes Problem vieler Unternehmen zu entwickeln. Meist zusammen mit einem prominenten »Lead-Client« bringt man das Produkt auf den Markt. Manche dieser Ansätze sind reine Modeerscheinungen und verschwinden sehr schnell wieder. Andere – wie etwa TQM (Total Quality Management), KVP (Kontinuierliche Verbesserungsprozesse) oder BPR (Business Process Reengineering) – prägen sehr stark das Handeln in einer bestimmten Epoche. Welcher Vorstand kann es sich heute noch leisten, in seinem Unternehmen kein BPR durchgeführt zu haben? Oft ist ein Change Programm sehr eng an einen solchen Ansatz gebunden. Wenn z. B. heute Berater und Führungskräfte den Begriff »Change Management« verwenden, dann meinen sie de facto damit häufig eine Geschäftsprozessoptimierung. Damit wird der Erfolg des Wandels stark an den Erfolg einer speziellen Methode gekoppelt, was riskant ist. Solche Ansätze sollten zur methodischen Unterstützung des Wandels herangezogen werden können; sie sollten aber niemals den Wandel selbst ausmachen.

Wandel auf mehrere Instrumente absetzen

Gefahr solcher Ansätze ist es auch, dass ihnen die strategische »Unterfütterung« und der Bezug zum lokalen Kontext fehlt: Man macht ein BPR, weil es Mode ist und man viel versprochen bekommt (Quantensprünge bei der Kostenreduktion); gleichzeitig sägt man sich mangels strategischer Vorgaben und unzureichender Kenntnis der damit verbundenen Interessen vielleicht aber den Ast ab, auf dem man sitzt. Dies kann dann noch dadurch verstärkt werden, dass zu puristisch an ihrem Konzept »klebende« Berater den notwendigen Kontextbezug verhindern. Interesse des Beraters – und vielleicht sogar der Unternehmenszentrale, von der der Wandel ausgeht – ist die Standardisierung, um die Komplexität zu reduzieren; an einem spezifischen Ort des Wandels kann dies allerdings genau

Gefahr des «political labeling«

den gegenteiligen Effekt haben. Probleme mit solchen programmatischen Ansätzen können auch dadurch entstehen, weil es kein geteiltes Verständnis zu ihren Inhalten gibt. Jeder verbindet damit etwas anderes. Dies führt dann zu einem »political labeling«: Man klebt auf irgendeine eigene Initiative die von oben gewünschte Etikette des Programms darauf, was dort wiederum gerne gesehen wird, da man nun einen weiteren Beweis dafür hat, dass das Programm in Schwung gekommen ist.

Teilweise kann die Kultivierung einer Organisation in Richtung mehr Wandelfähigkeit auch mit bestimmten Schlüsselbegriffen versehen werden, unter deren »Regenschirm« dann eine Vielzahl von strukturellen, kulturellen und politischen Methoden und Ansätzen zur Anwendung kommen. Ein Beispiel hierfür ist die »**Virtualisierung** der Organisation«[49]: Grundsätzlich geht es dabei um das Erlangen von mehr Flexibilität sowohl auf der Angebotsseite als auch beim Aufbau und Ablauf der internen Leistungsprozesse. Dazu zählen Strukturmaßnahmen wie Reduktion der Wertschöpfungstiefe oder Abbau von Hierarchieebenen ebenso, wie Förderung dazugehöriger Einstellungen (Offenheit, Risikobereitschaft etc.) oder der Übergang zu mehr polyzentrischen Machtstrukturen.

Zur exemplarischen Verdeutlichung wurde in Abbildung 5-28 einmal versucht, Ansatzpunkte und Instrumente, die in einem Management des Wandels zum Tragen kommen können, den drei Gestaltungsräumen zuzuordnen.[50] Dies kann nur von ihrem Schwerpunkt her geschehen, da die meisten von ihnen in letzter Konsequenz in alle drei Räume hineinragen.

Abb. 5-28: Ansatzpunkte und Instrumente zur Veränderung der organisatorischen Rahmenbedingungen

Gestaltungsräume:	**Struktur**	**Politik**	**Kultur**
Ansatzpunkte	Aufbauorganisation; Ablauforganisation; Regeln; Anreiz- und Sanktionssysteme; Performance Messung; etc.	Machtbasen; Koalitionen; Interessen; etc.	Werte und Einstellungen; Normen; Symbole; etc.
Instrumente/ Management-konzepte	Reorganisation; Business Process Re-engineering; Benchmarking; Outsourcing; Lean Management; Virtuelle Organisation; Kaizen/TQM/KVP Trainingsmaßnahmen; etc.	Konfliktmanagement; Verhandlungstechnik; Political Mapping; etc.	Symbolisches Management; Lernende Organisation; Kultureller Wandel; »Cultural Web« etc.

Es besteht hier nicht der Raum, um diese Instrumente darzustellen. Dazu sei auf die entsprechende Literatur verwiesen.[51] Lediglich ein Instrument, das für die Gestaltung der kulturellen Dimension einer Organisation eingesetzt werden kann, sei hier exemplarisch im folgenden Exkurs erläutert.

Exkurs: Cultural Web Analyse

Die von Johnson/Scholes (2002, S. 230–236, 540–545) vorgeschlagene Analyse des »Cultural Web« ist ein Instrument zur Untersuchung der Bedeutung der Unternehmenskultur in einem organisatorischen Veränderungsprozess. Es kann dazu genutzt werden, die Kräfte, die einen Wandel fördern und ermöglichen oder sich aber auch einem Wandel widersetzen, zu analysieren. Das Cultural Web soll eine Repräsentation der Organisationskultur darstellen, die ihren Kern im zentralen Paradigma des Unternehmens hat. Dieses steht für die kaum noch hinterfragten Grundannahmen des täglichen Handelns. Oft lässt es sich auch über die zentrale Erfolgsformel ausdrücken. Wie Abbildung 5-29 zeigt, werden darum herum sechs weitere Elemente der Kultur aufgespannt: Geschichten, Rituale und Routinen, Symbole, Organisationsstrukturen, Steuerungssysteme und Machtstrukturen. Eine Annahme, die hinter der Analyse des Cultural Web steht, ist, dass die 1 plus 6 Elemente des Cultural Web eine gewisse Kohärenz aufweisen sollten, um als Organisation auch zu »funktionieren«. Damit verbunden ist auch die Annahme, dass die Kultur immer wieder in Einklang mit der Strategie gebracht werden sollte. In einer solchen kohärenten Kultur sieht man auch die Basis für einen nachhaltigen Wettbewerbsvorteil, da sie kaum imitierbar ist. Sie kann aber auch zum »Bremsklotz« für Wandel werden, da man sie nur schwer zu verändern vermag. Man ist in ihr irgendwo auch gefangen.

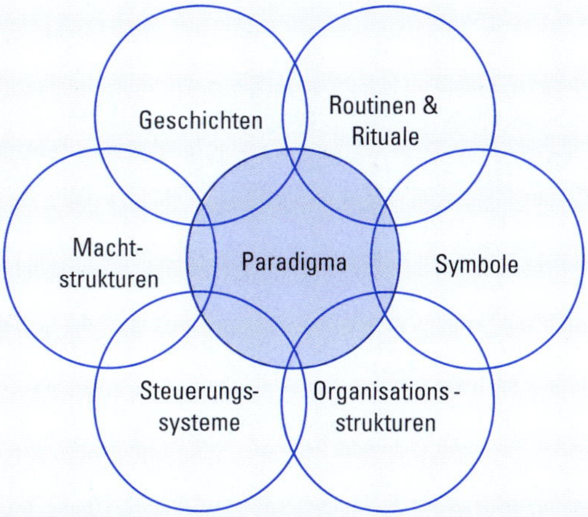

Abb. 5-29: Das Cultural Web (Quelle: Johnson/Scholes 2002, S. 230)

Die einzelnen Elemente lassen sich am besten anhand einfacher Fragestellungen diagnostizieren:[52]

- *Geschichten*: Erzählungen aus dem Unternehmen betten in der Art und Weise, wie und wann sie berichtet werden, die Gegenwart des Unternehmens in seine Geschichte ein. Sie handeln von Helden, Tragödien, Erfolgserlebnissen etc. im Unternehmen und lassen uns wissen, was im Unternehmen als möglich und unmöglich erachtet wird (oder wie man es gerne sehen würde).
  - Welche Glaubenssätze verbergen sich hinter den Geschichten?
  - Wer sind die »Guten«, wer die »Bösen«?
  - Welche Normen werden daraus abgeleitet?
- *Routinen und Rituale*: Routinen lenken das Verhalten der Mitarbeiter untereinander und auch wie sie mit den externen Anspruchsgruppen interagieren. Dieser »way we do things around here« wird noch verstärkt durch die Rituale einer Organisation. Durch besondere Ereignisse wird betont, was einem wichtig ist (z.B. bewusst eingeübte Verhaltensformen wie »training drills«, Durchführung von Beförderungen, Vergabe von Auszeichnungen, Begehen von Geburtstagen etc.).
  - Welche Routinen haben eine besondere Bedeutung? Welches Verhalten ermuntern sie?
  - Welches sind die wichtigsten Rituale? Welche Annahmen spiegeln sie wider?
  - Was wird besonders intensiv eintrainiert?
  - Wie tief sind die Rituale und Routinen verankert? Wie leicht sind sie änderbar?

- *Symbole*: Gebäude, Logos, Kleidung, Titel, Sprache etc. sind sichtbarer Ausdruck der gelebten Kultur. Sie wirken symbolisch und geben oft dahinterliegende Annahmen preis, die weit über ihre funktionale Form hinausgehen. Wenn z.B. in einem Krankenhaus primär vom »reparieren« gesprochen wird, dann sagt dies etwas zum Arzt-Patienten-Verhältnis und den dort realisierten Strategien aus. Auch ein Wechsel der Firmensprache impliziert immer einen Wandel, da Sprache an einen kulturellen Kontext gebunden ist.
  Was charakterisiert die im Unternehmen verwendete Sprache? Wie verständlich ist sie für Dritte?
  - Welche Aspekte der Strategie werden in der Öffentlichkeit hervorgehoben?
  - Welche Statussymbole trifft man im Unternehmen an? Auf was verweisen sie?
- *Organisationsstrukturen*: Die Wahl einer Aufbau- und Ablauforganisation verweist auf kulturelle Aspekte einer Organisation. So werden Aufbauorganisationen oft »um Personen herum« konzipiert und sind damit auch Abbild von Machtstrukturen und dominanten Koalitionen. Sie zeigen, wer und was als wichtig empfunden wird.
  - Wie mechanistisch/organisch, formal/informal und flach/hierarchisch sind die Strukturen?
  - Fördern die Strukturen mehr die Kooperation oder mehr den Wettbewerb zwischen Mitarbeitern?
  - Welche Formen von Macht werden über die Strukturen zum Ausdruck gebracht?
- *Steuerungssysteme:* Hierzu zählen das Berichtswesen, die Form der Performance Messung, das Setzen von Anreizen etc. Auch hier erfahren wir, was in dieser Organisation wichtig ist und worauf die Aktivitäten gerichtet sind. Die Anreiz- und Sanktionssysteme sollen das Verhalten lenken und zeigen implizit, ob man mehr auf ex- oder intrinsische Motivation setzt.
  - Was wird am genauesten kontrolliert? Wird viel oder wenig kontrolliert? Wird mehr belohnt oder bestraft?
  - Zu was nimmt das Controlling am stärksten Bezug? Vergangenheit? Gegenwärtige Strategie?
- *Machtstrukturen*: Macht hat ihre Begründungen. So sind mit dominierenden Koalitionen in Organisationen auch oft stark wirkende Werthaltungen verbunden. Hier ist z.B. an die »Zunft« der Anwälte zu denken, die über viele berufsständische Gepflogenheiten verfügt, welche auch das alltägliche Verhalten prägen. Man kann als Beispiel auch die großen Wirtschaftsprüfungsgesellschaften (»big five«) anführen, die zwar alle inzwischen auch in andere Servicefelder diversifiziert haben (»multidisciplinary practice«), aber oft nach wie vor noch durch das Denken der Accountants dominiert werden, was denn auch zu entsprechenden Spannungen und Zerwürfnissen führen kann, wie man im Falle ANDERSEN Worldwide gesehen hat. Interessant zu sehen ist auch, welche Form von Macht einen hohen Stellenwert hat (z.B. Expertenmacht oder Positionsmacht) und ob dies die Strategie unterstützt oder nicht.
  - Was sind die Grundprinzipien und -glaubenssätze der Führung? Wie streng werden sie eingehalten?
  - Wie ist die Macht in der Organisation verteilt? Wo besteht der stärkste Widerstand zum Wandel? Warum?

Beispiel[53]
Im Kern der internationalen Personalberatung HAY MANAGEMENT CONSULTANTS stand im Jahr 1994 die Einschätzung der Wertigkeit von Positionen in Organisationen (Job Evaluation). Eine Diagnose mit dem Cultural Web zeigt uns einerseits die positiv zu wertende starke Ausrichtung am Kunden, andererseits weist es uns auch auf einiges Bedenkenswertes hin: Die Dominanz des Kerngeschäfts oder der starke Individualismus der Berater. Es bestand eine Haltung im Unternehmen, dass man aktuelle Wandelversuche durch das Management nie besonders ernst nahm, da man implizit die Annahme hatte, dass sich ja so oder so nichts ändern werde.

Man wurde sich bei Hay darüber klar, dass man (1) zu starkem Wachstum gezwungen sein wird, um der wachsenden Nachfrage nachkommen zu können, und dass man (2) in der Lage sein muss, eine wachsende Bandbreite von Dienstleistungen zur Personalberatung anzubieten und zu koordinieren. Diese Herausforderungen fanden dann auch Eingang in die Strategie. Man war sich aber auch bewusst, dass ein strategischer Wandel nur dann nachhaltig machbar ist, wenn es gelingt, die Kultur mit der Strategie in Einklang zu bringen. Deshalb entwarf man auch das in Abb. 5-30 dargestellte Bild der »idealen Hay-Kultur«.

1994	Ideal
Paradigma: Kerngeschäft ist die Personalbeurteilung Individualismus und Autonomie Generalistische Personalexpertise Institutionalisierter inkrementaler Wandel	**Paradigma:** Kundenfokus Kerngeschäft Personalmanagement Starke Personal-Expertise Teamorientierung
Geschichten: Rivalitäten/Wettbewerb in der Organisation Einsame Rangers Hart arbeitend; Spaß bei der Arbeit Gehaltsebenen	**Geschichten:** Erfolgreiche Hay Teams Hart arbeitend; Spaß bei der Arbeit Gute Wandelmanager Gehaltsebenen
Routinen & Rituale: Berater sind beim Kunden Minimale Arbeitseinführung Spontane Treffen und Parties Viele Meetings und Memos Wenig Bottom-up-Kommunikation	**Routinen & Rituale:** Berater sind beim Kunden Exzellente Arbeitseinführung Bottom-up-Kommunikation Weniger Meetings und Memos Hay-übergreifender Informationsfluss Spontane Treffen und Parties
Symbole: Eilen, um geschäftig zu wirken Ein Büro haben (aber andere nutzen es) Konferenzen an noblen Orten Offene, unordentliche Gruppenräume Job-Evaluations-Sprache	**Symbole:** Informaler Interaktionsstil Ein Büro haben (aber andere nutzen es) Weniger Berater in den Büros Konferenzen an noblen Orten Offene, unordentliche Gruppenräume
Organisationsstrukturen: Komplexe Matrixorganisation Flexibel auf den Kunden eingehend Informelle Netze; unklare Zuständigkeiten	**Organisationsstrukturen:** Klare Matrix Flexibel auf den Kunden eingehend Klare Zuständigkeiten; informelle Netze
Steuerungssysteme: Einhalten individuell vereinbarter Ziele Kontrolle der Job-Evaluations-Prozesse Finanzielle Anreize	**Steuerungssysteme:** Einhalten individuell vereinbarter Ziele; ansonsten hohe Autonomie Teamziele und -anreize Einhalten von Qualitätszielen
Machtstrukturen: Macht basiert auf Kundenzugang Andere Machtbasen: Position, Expertise und interpersonelle Netze	**Machtstrukturen:** Kundenmanagement und Expertise Interpersonelle Netze

Abb. 5-30:
Ist- versus ideale Hay-Kultur

Workshop

1. Wie würden Sie die Kultur von Hay in ganz wenigen Stichworten beschreiben? Wird es eher leicht oder eher schwer sein, diese Kultur zu verändern?
2. Was fällt Ihnen auf, wenn Sie bei Hay die »ideale Kultur« mit der Ist-Kultur vergleichen?
3. Basierend auf dem Ist- und Ideal-Cultural-Web kann eine **Kräftefeldanalyse** durchgeführt werden. Beantworten Sie dazu folgende Fragen: (a) Welche Kräfte begünstigen eher den Wandel? Welche Chancen sehen Sie? (b) Welche Kräfte wirken eher gegen den Wandel? Welche Probleme erwarten Sie in diesem Wandelprozess?
4. Welche Prioritäten sollte Hay in seinem Management des Wandels setzen?
5. Besuchen Sie Hay einmal auf dem Internet (www.haymanagementconsultants.com). Welche »symbolischen Botschaften« empfangen Sie dort? Verwenden Sie dazu das Diagnoseraster des Cultural Web (Symbole).

5.2.6 Evaluation

Auf der Basis der erfolgten Ausführungen kann nun davon ausgegangen werden, dass verschiedene Alternativen zur Auswahl stehen, mittels derer man glaubt den angestrebten Veränderungsprozess bewältigen zu können. Die Frage ist nun, wie diese Auswahl vorgenommen werden kann und wie die Zusammenführung in einem Drehbuch des Wandels geschehen kann, das ja Output dieses Arbeitsfeldes »Veränderung« sein soll. Dieses Drehbuch beschreibt das ausgestaltete Design des Veränderungsprozesses in chronologischer Form und sollte auch Hinweise zu seiner Inszenierung geben.

Im Prinzip wurde in den vorangegangenen Ausführungen zweistufig gearbeitet: Erstens wurden mittels des Bezugsrahmens in Abbildung 5-12 Dimensionen angeboten, die Grundsatzentscheidungen bezüglich des zu entwickelnden Veränderungsdesigns aufwerfen. Man könnte nun so vorgehen, dass man hier pro Dimension beschließt, wie das Design grundsätzlich beschaffen sein sollte (Soll-Profil). Gesamthaft betrachtet ergibt sich daraus der fallspezifisch zu bestimmende **Veränderungsstil**.

Veränderungsstil

Beziehen wir uns auf den Bezugsrahmen in Abbildung 5-12, so ist natürlich zu fragen, welche der Ausprägungen der 16 Dimensionen jeweils zu bevorzugen ist, also wie die Eignung einzelner Ausprägungen zu beurteilen ist. Die beiden Pole jedes Ausprägungspaares sind jedoch nicht vor dem Hintergrund falsch oder richtig interpretierbar, auch wenn die rechten Ausprägungen der Dimensionen auf das ausdifferenziertere Design verweisen. Da mit den rechts eingetragenen Ausprägungen i.Allg. auch ein höherer Aufwand und mehr Komplexität verbunden sind, muss die Entscheidung jedoch vor dem Hintergrund entsprechender Aufwand/Nutzen-Relationen getroffen werden. Ein Design, das bezogen auf das Wandelproblem und den relevanten Kontext zu komplex angelegt ist, kann auch viele Dysfunktionalitäten verursachen, die Mitarbeiter mit unnötigen Aufgaben belasten, vermeidbare Kosten entstehen lassen und auch Zweifel an der Prozesskompetenz des Managements aufkommen lassen. Gleichzeitig würden solche Professionalitätszweifel aber auch entstehen, wenn bestehende Konzeptionalisierungsmöglichkeiten dort nicht genutzt würden, wo sie zielführend sein können.

Aussagen, welche Ausprägungen in welcher Situation bei den einzelnen Dimensionen gewählt werden sollen, können also nicht in allgemeiner Form getroffen werden. Vielmehr muss man sich der vielen Einzelempfehlungen bedienen, die bei der Besprechung der Dimensionen gegeben wurden.

Zweitens wurden aber auch zu der inhaltlichen Ausgestaltung der einzelnen Dimensionen eine Vielzahl von Hinweisen und Gestaltungsempfehlungen gegeben, die aus Studien abgeleitet waren. Sie repräsentieren also bereits Erkenntnisse zu erfolgreichen Wandelkonzepten und sind auf ihre Eignung vor dem Hintergrund des jeweiligen Kontextes zu prüfen.

Beurteilungskriterien

Wie aus den zur Verfügung stehenden Möglichkeiten eine Auswahl vorgenommen wird, kann wiederum auf der Basis einer Reihe jeweils zu bestimmender Kriterien vollzogen werden. Folgende Liste soll nur eine Reihe von Anregungen dazu geben. Sie kann auch vor dem Hintergrund gewonnener Erfahrungen zu einer Liste von Prinzipien der Auswahl vertieft werden.

Wie gut passt das Konzept zur *Situation*?
- Aufwand-/Nutzen-Verhältnis
- Anschlussfähigkeit an Kontext der betroffenen Einheit
- Phasengerechtigkeit

Wie gut ist das vorgeschlagene Konzept *ausgewiesen*?
- Referenzen erfolgreicher Fälle
- Prominenz der Empfehlungen und Stellungnahmen
- Beurteilung relativ zum State of the Art

Wie *machbar* ist das vorgeschlagene Konzept?
- Vorhandene Erfahrungen und Expertise
- Verfügbare Kapazitäten
- Zu erwartende Unterstützung
- Berücksichtigung relevanter Interessen

Was noch ergänzend getan werden kann, ist die Nutzung umfassender *empirischer Studien* zum strategischen Wandel, wovon es allerdings nur sehr wenige gibt, vor allem auch wenn es um Längsschnittanalysen geht. Ein Beispiel hierfür ist die Untersuchung der Entwicklung von vier Unternehmen durch Pettigrew/Whipp (1991), die dort zu dem Schluss kamen, dass es im Prinzip fünf Faktoren sind, die den Erfolg eines »*strategic change*« ausmachen. Zu jedem dieser Faktoren wurde die in Abbildung 5-31 dargestellte Liste erfolgsrelevanter Aspekte entwickelt. Dabei wird jeweils unterschieden in die Punkte, die primär gegeben sein müssen (»primary conditioning features«) und die erst danach zum Zug kommenden Aktionen und Mechanismen (»secondary actions and mechanisms«).

5.2.7 Verfahren zur Entwicklung eines Drehbuchs

Sind die verschiedenen Auswahlentscheidungen für eine bestimmte Vorgehensweise getroffen worden, so kann nun der Schritt zum Schreiben des Drehbuchs gegangen werden. Ein mögliches stufenweises Vorgehen könnte wie folgt aussehen:

- Zuerst legt man das *Timing* fest und berücksichtigt dabei getroffene Entscheidungen für die Anzahl der Wellen und Phasen pro Welle.
- Dann ordnet man die zu verfolgenden *Akzente* der zeitlichen Struktur zu.

Environmental Assessment	Leading Change	Linking strategic and operat. Change	Human resources as assets & liabilities	Coherence
Primary Conditioning Features				
Avaliability of key people Internal character of organization Environmental pressures and associated dramas Environmental assessment as a multi-function-activity	Building a receptive context for change, legitimation Creating capability for change Constructing the content and direction of the change	Justifying the need for change Building capacity for appropriate action Supplying necessary visons, values and business direction	Raising HRM consciousness Use of highly situational additive features to create positive force for HRM change Demonstrating the need for business and people change	Consistency Consonance Advantage Feasability
Secondary Mechanisms				
Role of planning, marketing Construction of purposive networks with main stakeholders Use of specialist task-forces	Operationalizing the change agenda Creating the critical mass for change within senior management Communicating need for change and detailed requiremets of the change agenda Achieving and reinforcing success Balance continuity and change Sustaining coherence	Breaking emergent strategy into actionable pieces Appointment of change managers, relevant structures and exacting targets Re-thinking communications Using the reward system Setting up local negotiation climate for targets Modifying original visions in light of local context Monitoring and adjustment	Ad hoc, cumulative, supportive activities at various levels Linking HRM action to business need with HRM as a means not an end Mobilizing external influences Devolution to line Construction of HRM actions and institutions which reinforce one another	Leadership Senior management team integrity Uniting intent and implementation Developing apposite knowledge bases Inter-organizational coherence Managing a series of interrelated changes over time

Abb. 5-31: Charakteristika der zentralen Faktoren eines strategischen Wandels (Quelle: Pettigrew/Whipp 1991, S. 106)

Wird beim Timing in verschiedene Wellen unterschieden, dann meist deshalb, weil man – um eine Konzentration der Kräfte zu erreichen – eine gewisse Sequenz in die Verfolgung bestimmter Schwerpunktthemen bekommen möchte.

- Nun sollte ein Regiekonzept zum Zusammenspiel der selbsttätig und geplant zum Einsatz kommenden *Akteure* entlang der zeitlichen Struktur entworfen werden.
- Im letzten Schritt sollten die *Transformationsinstrumente* zur Veränderung der organisatorischen Rahmenbedingungen und Fähigkeiten den einzelnen Phasen zugeteilt werden.

Nun kann auch überprüft werden, ob die innerhalb der einzelnen Designkomponenten getroffenen Auswahlentscheidungen zu einer in sich stimmigen Gesamtdramaturgie zusammengefügt werden konnten. Man vergleiche dazu Abbildung 5-32.

Angesichts der Komplexität und Ungewissheit, die mit einem Wandelprojekt verbunden ist, bietet es sich an, dass man sich schrittweise an das Drehbuch herantastet: Zuerst schreibt man vielleicht nur ein *Exposee* von maximal 10 Seiten, das die Handlung des Veränderungsprozesses skizziert. Auf einer nächsten Stufe kann ein ausführlicheres *Treatment* verfasst werden, in das die Akteure

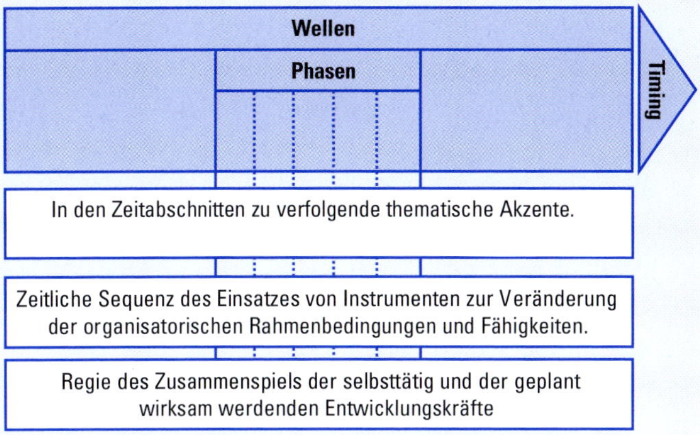

Abb. 5-32: Grundstruktur eines Drehbuchs

und verschiedenen Schauplätze des Wandels eingearbeitet werden. Nun kann ein *Rohdrehbuch* geschrieben werden, das schon die wesentlichen Angaben für die Projektdurchführung erhält. Nächster Schritt ist dann bereits die Fertigstellung des *Drehbuchs*, was spätestens hier unter Einbezug derer geschehen sollte, die die Transformation zu verantworten und durchzuführen haben. Danach gilt es möglichst zügig die Schlüsselpositionen geeignet zu besetzen, möglichst qualifizierte Profis für die »handwerklichen Tätigkeiten«, die man nur für das Projekt benötigt, zu engagieren, die Budgets für das Wandelprojekt auszuarbeiten und bereitzustellen sowie die geeigneten Projektmanagementsysteme zu installieren.

Workshop

- Entwickeln Sie ein Drehbuch für den Veränderungsprozess einer strategischen Initiative in Ihrer Organisation. Greifen Sie dabei auf die Grundstruktur in Abbildung 5-32 zurück. Legen Sie dabei ein Schwergewicht auf die Ausgestaltung der Phasen des nächsten Wandelzyklus (vgl. Abbildungen 5-17 und 5-18).

Zusammenfassung

- Die Gestaltung der Veränderungsarbeit baut hier auf vier zentralen Dimensionen auf: Timing (Wann?), Akzente (Was?), Akteure (Wer?) und Gestaltungsräume (Wo?). Daraus leiten sich 16 Dimensionen ab, welche die Optionen für die Bestimmung des eigenen Veränderungsstils darstellen.
- Output der konzeptionellen Wandelgestaltung ist ein »Drehbuch für den Wandel«, das – in Analogie zu einem Filmprojekt – über eine eigene Dramaturgie verfügen muss und einer Inszenierung entspricht.
- Beim Timing werden die Dimensionen Epoche, Zyklus, Wellen, Phasen und Taktung unterschieden. Ein Zyklus wird in fünf Phasen unterteilt, in denen – bezogen auf die jeweilige Befindlichkeit der Organisation – unterschiedliche Funktionen zu erfüllen sind.

- Es ist zu entscheiden, ob – zur Fokussierung der Veränderungsaktivitäten – der Wandel auf bestimmte thematische Akzente auszurichten ist und es zu einer Sequenz solcher Akzente kommen soll.
- Die in einem Wandelprojekt einzunehmenden Rollen und darauf aufbauenden Projektstrukturen sind auf die in einer Organisation anzutreffende »Belegschaft des Wandels« auszurichten.
- Um die Mitarbeiter zum Wandel zu befähigen, werden die entsprechenden organisatorischen Rahmenbedingungen (Struktur, Kultur, Politik) geschaffen.

Lernkontrolle

1. Wie ist der Bezugsrahmen zum Wandeldesign mit seinen vier Komponenten aufgebaut und wie kann er erklärt werden?
2. Warum benötigt ein strategischer Wandelprozess eine eigene Dramaturgie und Inszenierung?
3. Welche Bedeutung sind Emotionen im Wandel beizumessen und warum? Was für Verlaufsmuster der Gefühle sind typisch für Wandel?
4. Welche Funktion übernehmen die in einem Wandeldesign zu definierenden Kernprozesse?
5. Welche Empfehlungen können für die Ausgestaltung der einzelnen Phasen eines Wandelzyklus gegeben werden?
6. Weshalb arbeitet man beim Design eines Wandelprozesses mit thematischen Akzenten? Welche Akzente können generisch unterschieden werden?
7. Welche Dimensionen können bei den Akteuren des Wandels unterschieden werden? Welche Rollen werden oft in Wandelprojekten eingenommen (»Belegschaft des Wandels«)? Welche Typen von »change agents« können unterschieden werden?
8. Wie würden Sie bei der Einrichtung einer Wandelorganisation vorgehen? Welche Einheiten würde sie umfassen?
9. Inwieweit benötigt Wandel eine Krise?
10. Welche Gestaltungsräume einer Organisation können unterschieden werden und was ist deren Bedeutung im Wandel?
11. Was verbinden Sie mit dem Begriff des symbolischen Managements?
12. Wie kann man alternativ zur Auswahl stehende Veränderungsstile beurteilen?

5.3 General Electric: Wellen des Wandels

Das Beispiel General Electric (GE) wurde hier nicht nur deshalb ausgewählt, weil man zum Thema »Change« kaum an ihm vorbeikommt, sondern weil es in hervorragender Weise die verschiedenen Gestaltungsdimensionen eines Wandels zeigt. Zur Timing-Komponente sind es die drei Wellen, nach denen die Darstellung hier auch gegliedert ist. Dann sind es die Akzente, die sich in jeder der drei Wellen anders gewichtet wieder finden. Auch zur Rollenaufteilung ist einiges zu erfahren. Besonders bemerkenswert ist der Fall GE auf Grund der hohen Innovationskraft des Unternehmens zur Entwicklung prozessunterstützender Instrumente speziell im strukturellen Gestaltungsraum. Berühmt geworden sind die Work-outs. Aber auch heute weit verbreitete Instrumente wie etwa das Benchmarking, das Business Process Reengineering haben hier ihre Vorläufer, auch wenn sie noch nicht so hießen. Auch zeigt der Fall sehr deutlich welche Mittel und Wege gefunden wurden, das Konzept der »boundary-less organization« zur Erzielung geschäftsfeldübergreifender Synergien organisatorisch zu verankern.

5.3.1 General Electric – World Champion des fundamentalen Wandels?

GE is a company that remains synonymous with the ever-changing American economy. (Business Week)

Zahlreiche Unternehmen haben sich als Zeichen ihrer dauerhaften Wettbewerbsfähigkeit die Fähigkeit zu wiederholter fundamentaler Erneuerung auf die Fahnen geschrieben. Kaum eines ist dabei so erfolgreich wie der traditionsreiche amerikanische Mischkonzern General Electric (GE) mit seinem Produktspektrum von Glühbirnen und Toastern bis hin zu Kraftwerken und Flugzeugtriebwerken. Die Geschichte von GE geht auf die 1878 durch Thomas A. Edison gegründete Edison Electric Light Company zurück, die 1892 mit der Thomas-Houston Electric Company zu GE fusioniert wurde. Nach wechselnden Phasen der Zentralisation und Dezentralisation stand das Unternehmen Ende der Siebzigerjahre im Zeichen straffer Planung und Kontrolle sowie einer durch mächtige Finanz- und Auditstäbe dominierten, streng hierarchischen Struktur und Kultur.

GE ist heute ein Unternehmen mit über 340.000 Mitarbeitern, mit 1999 111,6 Mrd. USD Umsatz, 10,7 Mrd. USD Net Earnings und einer Marktkapitalisierung von 503,9 Mrd. USD. Das Unternehmen ist in über 35 Geschäftsfeldern wie etwa Aircraft Engines, Appliances, Capital Services, Electrical Distribution and Control, Information Services, Lighting, Medical Systems, Motors, NBC, Plastics, Power Systems oder Transportation Systems tätig. 13 dieser Geschäftsfelder gehören zu den Fortune 500.

Breit diversifiziertes Unternehmen

GE ist das wohl beeindruckendste Beispiel eines diversifizierten Unternehmens. In den 18 Jahren unter der Ägide von Jack Welch wuchs die Performance zwischen Juli 82 und Juli 99 um 25 % pro Jahr (gegenüber 18 % beim S & P 500 Index). Hätte man 1982 die Wahl gehabt 100 % der Aktien oder für den gleichen Betrag den S & P 500 zu kaufen, so hätte die Index-Strategie nur ca. ein Drittel des Wertes von GE erbracht. Dies zeigt, dass Wertsteigerung über Diversifikation offensichtlich noch erreichbar ist.

Welch ist Jahrgang 1935. Er promovierte als Chemie-Ingenieur und übernahm 1960 zunächst die Leitung der damals neuen General-Electric-Sparte Technische Kunststoffe. Seit 1973 war er Vice President und Group Executive der Components and Materials Group. 1977 wurde er Senior Vice President und Sector Executive im Consumer Products and Services Sector, ab 1979 Vice Chairman und Executive Officier. 1981 wurde er zum Chairman und CEO von GE berufen. Er ist Vater von vier Kindern.

Welch war Nachfolger von Reginald Jones, einer der am meisten bewunderten Führungspersönlichkeiten seiner Zeit. Er dachte in Größe, Ressourcen und Finanzwerten, während Welch sich primär auf Geschäfte und Wettbewerbsvorteile bezog. Jones sprach gewandt und vornehm, Welch formulierte extrem dicht und aggresiv. Welch's Nachfolger, Jeffrey Immelt, hat nun das Unternehmen in einer deutlich schwierigeren Zeit zu steuern. Bis Oktober 2002 war der Aktienkurs auf nahezu 60 % des Spitzenwerts aus dem August 2000 gefallen und hat damit sein Premium im Verhältnis zum Markt verloren. Auch ist ein deutlicher Schatten auf das »Heldenbild« von Welch gefallen, nachdem die Öffentlichkeit erfahren hat, welche Privilegien und Zahlungen sich Welch auch für die Zeit nach seiner Pensionierung ausgehandelt hat. Der Nachfolger hätte also kaum unterschiedlicher sein können. Im Juli 2000 hatte Welch seinen eigenen Abtritt für den April 2001 angekündigt – genau 20 Jahre nach seiner Berufung zum CEO.

5.3.2 Die erste Welle: Strukturelle Reformen und Neupositionierung

GE's executives, disciplined but submissive,
knew how to follow the company's rigid rules.
But when the outside world started to change,
many of GE's procedures and systems became irrelevant.
(Noel Tichy)

In die erste Hälfte der 80er-Jahre fiel eine erste große Welle der Veränderung, in der sich das Gesicht des eigentlich finanziell gesunden Konzerns grundlegend wandelte. Der neugewählte CEO John F. Welch trat 1981 in einer Situation an, die durch Stagnation auf den meisten Märkten, in denen GE tätig war, und einen sich stetig verschärfenden internationalen Wettbewerb geprägt war. Viele amerikanische Großunternehmen sahen sich zum ersten Mal ernsthafter Konkurrenz aus dem Ausland ausgesetzt – und das auch auf ihrem Heimatmarkt.

Welchs erste Maßnahmen richteten sich daher auf eine Restrukturierung des nahezu 350 Produktsegmente umfassenden Geschäftsportfolios. Wachstumsziel und Portfoliobereinigung bedingten eine Welle von Akquisitionen und Desinvestitionen. Parallele Initiativen, Vorläufer der Reengineering-Welle, zielten auf Kostensenkungen und Produktivitätsverbesserungen ab. GE entließ zwischen 1981 und 1986 130.000 Mitarbeiter und reduzierte die Hierarchie um vier bis fünf Ebenen. Die Presse beschimpfte Welch daraufhin als »Neutronen-Jack« – in Anspielung auf die Neutronenbombe, die Menschen tötet, Gebäude aber unversehrt lässt. Viele fragten sich »if he makes or breaks the company«.

Die strategische Planung wurde in die Geschäftseinheiten verlegt und die zentralen Stäbe sollten sich von nun an als Dienstleistungsabteilungen der Linienmanager verstehen. Die uniformen Anreizsysteme wichen neuen Beurteilungskriterien, die das erwünschte Verhalten symbolisieren sollten: Entscheidungsgeschwindigkeit, Ehrlichkeit, Realitätssinn, Kommunikationsfähigkeit oder Führungsqualität. Um in dieser Dezentralisierungswelle die Einheit des Konzerns nicht zu gefährden, institutionalisierte man auf höchster Führungsebene den Corporate Executive Council, ein Forum, welches den Ideentransfer und Entscheidungsprozesse beschleunigen und das gesamte Top Management auf den Wandelprozess einschwören sollte.

Doch Welch sah GE noch nicht als fit genug für den internationalen Wettbewerb. Das erfolgsverwöhnte Unternehmen sei zu binnenorientiert, zu sehr mit seiner glorreichen Vergangenheit beschäftigt. Um diese Orientierung aufzubrechen, konfrontierte Welch die Firma mit seiner berühmten Regel, die Geschäftsbereiche würden künftig am Ziel der weltweiten Marktführerschaft gemessen: »In allem, was wir tun, wollen wir die Nummer eins oder eine starke Nummer zwei sein – und zwar weltweit.« Das GE-Management definierte deshalb ein ›Portfolio für die Zukunft‹, welches drei Bereiche umfasste: Kerngeschäfte, Services und Technology Businesses. Man vergleiche dazu die Abbildung 5-33. Geschäfte aus diesen Feldern sollten durch internes Wachstum und Akquisitionen gestärkt werden. Geschäfte, die außerhalb dieser Zukunftssegmente lagen, unprofitabel oder international zu klein waren, wurden – sofern keine Aussicht auf rasche Sanierung bestand – geschlossen oder verkauft. Von 1981 bis 1989 waren dies 348 Geschäfte und Produktlinien. Ihr Verkauf erbrachte 10 Mrd. USD. In die verbleibenden Geschäfte wurden 18 Mrd. USD investiert. Zudem wurden sie durch Akquisitionen im Wert von 17 Mrd. USD arrondiert. Für jeden Unternehmensteil galt gleichermaßen: »Fix, close or sell.«

Nummer eins oder starke Nummer zwei

»Fix, close or sell«

Rückwirkend kommentiert Welch im Jahr 1999 diese Phase wie folgt: »Alle hielten mich für verrückt. Wir schwammen gegen den Strom. In den frühen Achtzigerjahren florierte GE, und in der Öffentlichkeit stellten viele die kritische Frage, warum wir in einem erfolgreichen Unternehmen derart radikale Veränderungen ansteuerten. So wie man in einem Garten das wild wuchernde Gestrüpp beschneidet, mussten wir GE von Balast und Unkraut befreien, indem wir die unprofitablen Bereiche fallen ließen und ganze Managementebenen eliminierten, um aus einem Konzern mit streng gegliederten Hierarchie- und Kontrollfunktionen eine offene Gemeinschaft zu machen. Der erste Schritt war die Festlegung der Hardware, das heißt der Führungsstrukturen und der Unternehmensbereiche.«

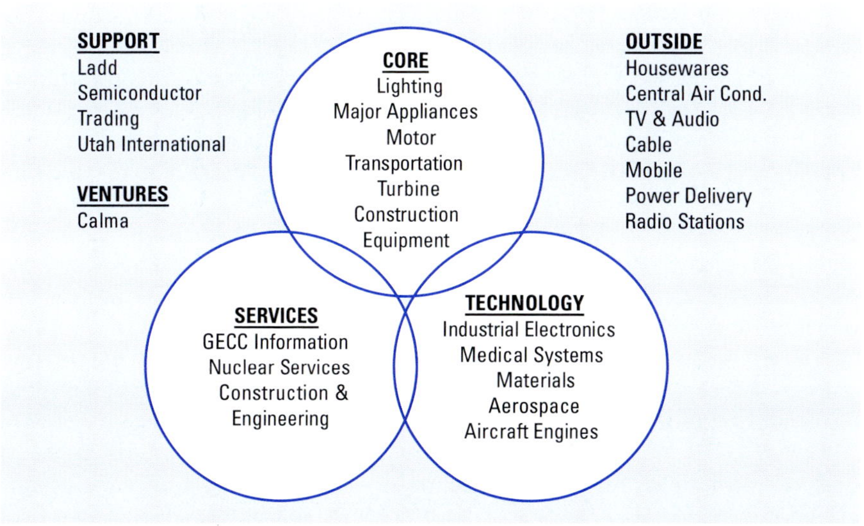

Abb. 5-33: Das GE-Portfolio der Zukunft (Stand: 80er-Jahre)

Das Jonglieren mit Unternehmensteilen (innerhalb weniger Jahre verkaufte GE 125 Produktbereiche und erwarb parallel viele Dutzende) und die ausgegebenen Devisen schufen eine schlanke, hochprofitable Organisation. Der Gewinn wuchs während der 80er-Jahre jährlich um 7,6 %. Im gleichen Zeitraum verfünffachte sich der Marktwert GE's von 11 Mrd auf 60 Mrd USD.

Doch die Maßnahmen dieser Jahre hinterließen auch traumatische Unsicherheit und Misstrauen unter den Mitarbeitern. Wer nicht in einem der Zukunftsfelder tätig war, konnte sich seines Arbeitsplatzes nicht sicher sein. Welch nahm eine zunehmend zynischere Grundstimmung im Unternehmen wahr. Grund dafür war, dass der Erfolg des Unternehmens zu Beginn auf den Rationalisierungsergebnissen beruhte; diese waren aber mit Massenentlassungen erkauft worden. Welch erkannte, dass sein rein finanziell getriebener Transformationsprozess über kurz oder lang zusammenbrechen würde: »I didn't start with a moral problem. I created it.«

»I didn't start with a moral problem. I created it.«

5.3.3 Die zweite Welle: Mobilisierung der kollektiven Energien

We want to build a more stimulating environment,
a more creative environment, a freer work atmosphere,
with incentives tied directly to what people do.
(Jack Welch)

Berühmt wurden Welch und GE für die Verknüpfung der Performance-Strategien mit einer zweiten unternehmensweiten Veränderungswelle, die sämtliche Mitarbeiter involvierte. Die technischen Voraussetzungen für eine breitere Delegation von Entscheidungs- oder Handlungsbefugnissen waren durch die Reorganisationen Anfang der 80er-Jahre bereits geschaffen worden. Es mangelte aber an der Verdeutlichung dieser Möglichkeiten durch das Management und an der Bereitschaft zur Verantwortungsübernahme in einer von radikalen Restrukturierungen und kaum von Kooperationsbereitschaft geprägten Phase. Welch verdeutlichte seinem Management und der Belegschaft, wie wenig man bisher über die ›hard facts‹ hinausgeblickt hatte. Er beschrieb GE in einer Analogie als einen von Menschen angetriebenen Motor: »The key characteristics of the human engine are self-confidence, simplicity and speed. Self-confident people are able to be simple, not clutter the organization with bureaucracy, and hence create speed.« »Speed« war für ihn der entscheidende Wettbewerbsfaktor.

Doch die Wettbewerbsfähigkeit der Unternehmung beruhte auch auf den Fähigkeiten und dem Wissen der Mitarbeiter; es war unverzichtbar, die Anwendung dieser Fähigkeiten gezielt zu fördern. Die Erschließung der internen Ressourcen und ihre interne Verbreitung erschienen Welch als entscheidende Schritte auf dem Weg in die nächste Dekade: »Our dream for the 1990s is a *boundary-less* company, ... where we knock down the walls that separate us from each other on the inside and from our key constituencies on the outside.«, verkündete er den GE-Aktionären. Die inneren und äußeren Grenzen behinderten den Fluss der Ideen und lebenswichtigen Informationen unter den Divisionen und über die Hierarchieebenen hinweg.

Exkurs
Diese Idee der grenzenlosen Organisation blieb für Welch bis zum Ende seiner Amtszeit prioritär: »Grenzenloses Denken und Handeln ist unser Wert Nummer eins. Sie müssen offen sein für Ideen von überall: von innen, von außen, von oben, von unten. Diese Denkweise fließt ständig ins Tagesgeschäft ein. Die Werthaltungen beeinflussen die gesamte Unternehmenssprache. Jeder bei GE hat zum Beispiel stets unseren kleinen Value Guide in der Tasche. Diese Werte sind Bestandteil unseres Lebens. Und für diejenigen, die sie sich nicht zu Eigen machen, ist bei uns kein Platz, ... selbst wenn sie erstklassige Ergebnisse erwirtschaften.«

GE Leaders . . . Always with unyielding integrity . .
> Are passionately focused on driving customer success
> Live Six Sigma Quality
... ensure that the customer is always its first beneficiary
... and use it to accelerate growth
> Insist on excellence and are intolerant of bureaucracy
> Act in a boundaryless fashion
... always search for and apply the best ideas regardless of their source
> Prize global intellectual capital and the people that provide it
... build diverse teams to maximize it
> See change for the growth opportunities it brings
... i.e., »e-Business«
> Create a clear, simple, customer–centered vision
... and continually renew and refresh its execution
> Create an environment of »stretch«, excitement, informality and trust
... reward improvements
... and celebrate results
> Demonstrate
... always with infectious enthusiasm for the customer
... the »4-E's« of GE leadership:
– the personal Energy to welcome and deal with the speed of change
– the ability to create an atmosphere that Energizes others
– the Edge to make difficult decisions
– and the ability to consistently Execute

Abb. 5-34: Die Werte von General Electric

Als Transmissionsriemen, der die Kompetenz jedes Organisationsmitgliedes in den Transformationsprozess integrieren sollte, erarbeitete GE gemeinsam mit Beratern aus Hochschulen und Praxis ein flexibles Konzept, das den Namen *Work-Out* erhielt und im Prinzip auf einer Serie mehrtägiger Seminare beruhte.[54] Dieses Konzept zielte auf vier konkrete Wirkungen:

Work-Out

- Aufbau von Vertrauen
- Stärkung des Selbstvertrauens der Mitarbeiter durch deren Einbeziehung in Entscheidungsprozesse und Verantwortung
- Identifizierung und Abschaffung überflüssiger Arbeitsbestandteile zur Steigerung der Produktivität und Entlastung der Beschäftigten
- Symbolisierung einer neuen Unternehmenskultur

Das Work-Out-Konzept verfolgt also den Zweck, durch die Eliminierung unproduktiver Arbeiten und Verkürzung überlanger Entscheidungswege die Arbeit auf allen Führungsebenen anspruchsvoller zu gestalten und dadurch größeren Freiraum für Kommunikation und Kreativität zu schaffen. So wollte GE kürzere Reaktionszeiten bewerkstelligen und die Zeit als strategischen Erfolgsfaktor erschließen. Die Work-Outs wurden unternehmensweit gleichermaßen zum Einsatz gebracht, woraus man sich synergetische Effekte versprach. Welch formulierte es wie folgt: »The ultimate objective of Work-Out is so clear. We want 300.000 people with different career objectives, different family aspirations, different financial goals, to share directly in this company's vision, the information, the decision-making process, and the rewards.«

Im Rahmen der 1989 beginnenden Work-Out-Seminare konnte jedes Mitglied der Firma die vom Management ausgegebenen Lösungen auf seine eigenen Arbeitsabläufe anwenden und seine individuellen Verbesserungsvorschläge einbringen. Das Potenzial der Veranstaltungen muss durch die beteiligten Prozessträger selbst erschlossen werden. Dem liegt die Annahme zu Grunde, dass der Ausführende eines Prozessschrittes ein Höchstmaß relevanter Information darüber besitzt. Daher sollen Initiativen zur Neugestaltung der Abläufe ›bottom-up‹ erfolgen.

Die Work-Outs finden in geschlossenem Rahmen unter Anleitung eines Moderators und weitgehend unter Ausschluss des Vorgesetzten statt. An diesen ›Town Meetings‹ nehmen jeweils ca. 40–100 Personen aus verschiedenen Funktionsbereichen und unterschiedlichen hierarchischen Stufen teil, die auf Grund ihrer Beziehung zu dem vorgesehenen Thema/Prozess ausgewählt wurden. Generelles Thema ist die Lösung von Problemen und die Verbesserung bestehender Abläufe. Den typischen Ablauf einer solchen Work-Out-Sitzung stellt die Abbildung 5-35 dar.

1. Tag	2. Tag	3. Tag
• Orientierung der Teilnehmer über Inhalte, Vorgehensweise, Spielregeln durch den Moderator • Eis brechen, Mut machen • der anwesende Manager erläutert die Stärken/Schwächen der betreffenden Business Unit, die Einbettung der Unit in den Konzern; gibt Ausblick auf die Zukunft und die Anforderungen an GE und die Unit • Äußerung einer Erwartungshaltung hinsichtlich der Ergebnisse • Team-building- und skill-building-Aktivitäten für die Teilnehmer	• Brainstorming in Kleingruppen und Gruppendiskussionen, unterstützt durch Facilitators • der zuständige Manager ist nicht anwesend • Erarbeitung von Verbesserungsvorschlägen durch die Teilnehmer zu den Themen: Sitzungen, Berichtswesen, Leistungsmaßstäbe, Leistungsbeurteilungen, mit dem Ziel, diese Punkte zu ›entschlacken‹ • die einfach zu erreichenden Verbesserungen werden priorisiert, um eine Dynamik in Gang zu setzen	• Präsentation der Gruppenergebnisse in Form konkreter Verbesserungsvorschläge • Anwesenheit der zwei nächsten zuständigen Vorgesetzten • ›on-the-spot‹-Entscheidung über die Vorschläge durch die beiden Manager; ihre Optionen: Annahme, Ablehnung, Bitte um nähere Ausarbeitung innerhalb 4 Wochen • Eigenverpflichtung von Teams oder Einzelpersonen, bis zu festen Terminen die Implementierung der Resultate durchzuführen; Commitment des Managers zu seinen Entscheidungen • Keine schriftliche Dokumentation der Workshop-Ergebnisse

Abb. 5-35: Ablauf einer Work-Out-Sitzung

Standen in den ersten Jahren die schnellen Erfolge, z. B. die Eliminierung von Genehmigungsprozessen, der Abbau von Sonderrechten für das Management, kurz: klare Arbeitserleichterungen und unzeitgemäße Symbole im Vordergrund, so verlagerte sich der Schwerpunkt zunehmend auf komplexere Problemstellungen. Es werden komplette Prozesse in Augenschein genommen, wobei Produktivitätssteigerungen und Kundenorientierung im Mittelpunkt stehen. Jede Abteilung und jedes Werk passt das Instrument Work-Out flexibel an seine eigenen Bedürfnisse an.

Kompromisslose Massenwirksamkeit

Im Kern des Erfolgsrezeptes liegt dessen kompromisslose Massenwirksamkeit. Innerhalb weniger Jahre hatten nahezu alle der 270.000 Beschäftigten an mindestens einem Work-Out teilgenommen. Work-Out-Veranstaltungen werden auch mit Kunden und Lieferanten durchgeführt. GE-Manager arbeiten dort mit ihren externen Partnern an Verbesserungen in der Abstimmung und den zwischenorganisatorischen Prozessen.

Welch beschreibt diese Phase rückwirkend im Jahr 1999 wie folgt: »Am Anfang arbeiteten wir mit sehr einfachen und wenig wissenschaftlichen Methoden. Unsere erste Maßnahme war das gemeinsame Work-Out. Bei diesen Treffen in unserem Managementinstitut Crotonville holte ich mir bei GE-Leuten von allen Ebenen Input in Form der besten Ideen. Da meine Gesprächspartner genau wussten, dass ihre Einschätzungen oder Vorschläge für sie persönlich keinerlei negativen Auswirkungen haben würden, da wir uns nicht persönlich kannten, konnten sie mir ziemlich unverblümt ihre Meinung zum jeweiligen Thema sagen. Und ich habe so eine Menge großartiger Impulse bekommen. ... Das Work-Out war der Initialfunke, unser gesamtes fest gefügtes Unternehmensgebäude zu sprengen. Heute kommt es nicht mehr auf den Status der Person an, sondern nur auf die Qualität der Idee. Für dieses Ziel haben wir hart gearbeitet.«

GE wurde schneller, die Abläufe übersichtlicher und die Mitarbeiter nutzten die größeren Freiräume. Die Resultate dieser Transformationswelle verdreifachten GE's Marktwert noch einmal, von 60 Mrd. USD 1991 auf 157 Mrd. USD 1995. Produktivität und Gewinne erreichten kontinuierlich neue Rekordniveaus, und das Work-Out-Programm wurde weltweit zum Musterbeispiel für veränderungswillige Konzerne.

»Change Acceleration Process«

Um das Wandelmoment aufrechtzuerhalten, soll ein »*Change Acceleration Process*« (CAP) das Work-Out-Programm kontinuierlich mit neuer Energie versorgen. Ausgewählte GE-Manager wurden zu Change Agents ausgebildet. Von ihnen wird erwartet, dass sie in ihren Verantwortungsbereichen im Sinne der Visionen handeln, Strukturen und Prozesse änderungsfähig gestalten und das Unternehmen so zu ständiger Wandelbereitschaft aktivieren. Dieses CAP-Programm dient ferner der proaktiven Verbreitung der GE-Erfahrungen mit dem Transformationsprozess.

5.3.4 Die dritte Welle: Die Transformation zum Dienstleistungsunternehmen

Ich selbst beschäftige mich nur mit der Ressourcenallokation.
Also mit Menschen und Dollars. Und der Verbreitung von Ideen.
Ich besitze, wie ich hoffe, die Fähigkeit, eine gute Idee zu erkennen,
sie rasch im ganzen Unternehmen bekannt zu machen
und die richtigen Leute mit der Umsetzung zu betrauen.
(Jack Welch)

Qualitäts- und Dienstleistungsoffensive

Den dritten Akt der Erfolgsstory GE inszeniert CEO Welch etwa 1995. Denn zähes Wachstum in den USA und ein unerbittlicher Preiswettbewerb auf den internationalen Märkten drohen GE's Wachstum zu verlangsamen. Kürzere Produktlebenszyklen und rasche Imitation neuer Technologien egalisieren Wettbewerbsvorteile in kürzester Zeit. GE will sich eine dickere Scheibe aus der Wertschöpfungskette herausschneiden. Der Konzern startete deshalb zwei neue unternehmensweite Zukunftsinitiativen, die als *Qualitäts- und als Dienstleistungsoffensive* lanciert wurden. Neben der aggressiv betriebenen Globalisierung (inzwischen generiert GE 40 % des Umsatzes außerhalb der USA) repräsentieren diese beiden Programme wesentliche Wachstumspotenziale.

»Six Sigma«

Einerseits will Welch seinen Konzern in allen Belangen zum unumstrittenen *Qualitätsführer* machen, um so Gewinnsteigerungspotenziale zu erschließen. Ganz bewusst knüpft das Unternehmen hiermit an die im Work-Out-Prozess erarbeiteten Stärken an, bspw. die Prozessanalysen. Das Programm »Six Sigma«[55] soll seit 1995 die Fehlerrate in GE's Geschäftsaktivitäten innerhalb von nur 5 Jahren von eher durchschnittlichen 35.000 Defekten in einer Million Operationen auf gerade einmal 3.4 Fehler je Million (das Six-Sigma-Niveau) reduzieren.[56] Das von GE in Angriff genommene Programm lehnt sich an eine ursprünglich Anfang der 90er-Jahre bei Motorola entwickelte Methodologie an. Es handelt sich dabei um eine spezifische Methodik der Messung, Analyse, Verbesserung und Kontrolle sämtlicher Abläufe im Unternehmen, die mit der GE eigenen Besessenheit zu einem Teil der Kultur gemacht wurde. Qualität steht als oberstes Thema auf der Agenda in jeder Sitzung. Ausgerichtet ist diese Qualität auf die Bedürfnisse des Kunden, die akribisch bei ihm erfragt und quantifiziert werden.

Wie ernst Welch diese Ziele nimmt, spiegelt die Tatsache, dass 40 % des Bonus für Top Manager an die Erfüllung der Six-Sigma-Vorgaben gekoppelt ist.[57] Zudem investierte GE 1997 325 Mio. USD allein in Mitarbeiterschulungen zum Six-Sigma-Programm. 1999 sind es schon 550 Mio. USD Programminvestitionen. Den Ertrag daraus sieht man bei 2 Mrd. USD. »Irgendwann in diesem Jahr (1999), sind wir an der Marke von 100.000 Six-Sigma-Projekten vorbeigerauscht«, sagte Piet van Abeelen, der Leiter des Programms. Niemand kommt auf den Gedanken, diese Aktivitäten als einen bloßen TQM-Slogan zu deuten.

Six Sigma umfasst alle Geschäftsbereiche des Unternehmens und bezieht sich somit auf so unterschiedliche Objekte wie eine nicht korrekte Rechnungsstellung an NBC's Werbekunden, die »response time« bei GE Capital, die Lebensdauer der Röhren in Röntgengeräten oder ein schadhaftes Kabel in der Elektrik einer Lokomotive. Zudem soll nicht nur die Qualität der Fertigungsprozesse bzw. der hergestellten Güter exponenziell verbessert werden. Auch die Leistung der Produkte über ihren gesamtem Lebenszyklus muss sich an dem hohen Standard messen lassen. Wie bei GE üblich, beflügelt die Qualitätsinitiative nicht nur die Kostendegression, die für 1997 Einsparungen von ca. 650 Mio. USD erbrachte und die operative Marge auf 15.7% verbesserte: »It finally gives us a route to get to the control function, the hardest thing to do in a corporation.«

Um in möglichst kurzer Zeit ein möglichst weit gehende Durchdringung des Konzerns mit dieser Qualitätsinitiative zu erlangen, spielten umfassende Schulungsmaßnahmen eine zentrale Rolle. Nimmt man das Beispiel der Power Systems Division, so sind dort alle Angestellten in einem etwa 2-wöchigen Training an der Six-Sigma-Academy ausgebildet worden. Auch wurden alle Arbeiter »on the job« zu den wichtigsten Inhalten des Programms instruiert.

Six-Sigma-Academy

Nach Durchlauf der zwei Wochen resultieren unterschiedliche Rollen:

- Master Black Belts: Sie arbeiten vollzeitlich für Six Sigma. Sie bilden aus, wählen Verbesserungspojekte aus und coachen die Leiter dieser Projekte
- Black Belts: Auch sie arbeiten vollzeitlich für Six Sigma. Es wird von ihnen erwartet, dass sie im Jahr 6–12 Verbesserungsprojekte bearbeiten.
- Green Belts: Sie behalten ihre Linienverantwortung und führen pro Jahr zwei Verbesserungsprojekte durch.

Nach zwei bis drei Jahren kehren die – derzeit ca. 8.000 – (Master) Black Belts wieder in ihre Linienfunktion zurück.

Die Entsendung auf das 2-Wochen-Seminar erfolgt auf der Basis eines konkreten Verbesserungsprojektes. Im ersten Schulungsteil wird das Thema »Messen« und »Analysieren« eintrainiert; ca. zwei Monate später – und nach Weiterarbeit am eigenen Projekt – widmet man sich den Themen »Verbessern« und »Kontrollieren«.

Die Auswahl der Six-Sigma-Verbesserungsprojekte erfolgt auf der Basis von Kundenbefragungen und eines Benchmarking. Die Projektvorhaben sind bewusst klein und überschaubar definiert, sodass sie auch sicher in relativ kurzer Zeit umsetzbar sind. Alle Projekterfahrungen werden auf einer Datenbank zusammengetragen. Der Wandeleffekt entsteht aus der Bewegung, die über die Hunderten von Projekten dieser Art – oft im Wettstreit zwischen den 12 Divisionen betrieben – entsteht.

Die zweite Strategie greift noch tiefer: Das klassische Industrieunternehmen GE soll auch ein *Premium-Dienstleister* werden. Im Geschäftsbericht für das Jahr 1996 verkündete Welch: »Services is so great an opportunity for the Company that our vision for the next century is a GE that is ›a global service company that also sells high-quality products‹.« Dazu sei folgendes Beispiel gegeben.

Premium-Dienstleister

Schon seit langem verkauft GE's Sparte Medical Systems ihre medizinischen Diagnosegeräte auch an die über dreihundert Krankenhäuser der Columbia Healthcare-Gruppe in den USA. Im März 1995 schlug GE seinen Kunden vor, den Service für die komplette Diagnosetechnik-Ausstattung der Krankenhäuser zu übernehmen – einschließlich der Geräte der Konkurrenz. Da GE die Service-Verträge oft auf flat-fee-Basis abschloss, untersuchte man die Service-Abläufe genauso rigoros auf Produktivitätslücken wie ein Jahrzehnt zuvor alle Produktionsprozesse. Dabei entdeckte man z.B., dass 10% aller Wartungsfälle auf unsachgemäße Bedienung zurückgingen. GE bot daraufhin dem Krankenhauspersonal mehr Training an. Ein Teil der Geräte wurde außerdem mit Sensoren bestückt, die es GE erlauben, den Funktionsverlauf rund um die Uhr online aus ihren Servicezentren mitzuverfolgen und präventiv einzugreifen.

Die guten Erfahrungen bewogen Columbia ein knappes Jahr später, GE als Systemlieferanten mit dem Supply Management der gesamtem Medizinaltechnik zu betrauen. In den meisten Produktsparten ist GE selbst nicht einmal tätig. Mit der Zeit fasste Columbia so viel Vertrauen in die Managementkompetenz des Industriegiganten, dass man GE-Manager einlud, Columbia zu beraten, wie sie ihre Krankenhäuser effektiver führen könne. Seitdem profitiert Columbia von GE's Erfahrungen: Work-Outs, supply-chain management, Mitarbeitertraining u.ä. GE-Kompetenzen arbeiten jetzt auch für die Produktivität der Krankenhäuser. Columbia sparte bis 1998 fast 100 Mio. USD und bei GE Medical resultieren inzwischen 40 % des Umsatzes aus begleitenden Dienstleistungen. Die weit reichende Zusammenarbeit bindet GE so eng an einen seiner größten Kunden, dass auch der Versuch der Konkurrenz, GE's Equipmentpreise zu unterbieten, für Columbia nicht attraktiv ist: »GE ist inzwischen ein Teil unserer Mannschaft.« Medical baut seine Position durch Akquisitionen kleiner Serviceunternehmen und Ausweitung des Dienstleistungsangebotes weiter aus. Gerade eröffnete der Geschäftsbereich ein Trainingszentrum, in dem auch Ausbildungsfernsehprogramme entwickelt werden. Für einige 1000 USD können sich Krankenhäuser live zuschalten und Fortschritte in der Nutzung modernster Diagnosetechnik verfolgen. Und bei besonders guten Geschäftspartnern reist GE Medical's Chef zum Managementseminar an: »Das ist Consulting im Gegenwert von gut und gern 100.000–200.000 USD.«

Neue Wachstumsfelder eröffnen

Auf diese Weise will Welch all seinen industriellen Geschäftsbereichen neue Wachstumsfelder eröffnen: »Wir verkaufen mehr als nur die Box. Wir sind im Service-Geschäft, um unseren Kuchen zu vergrößern.« 1980 erzielte GE 16.4 % seiner Gewinne im Dienstleistungsgeschäft – heute sind es fast 60 %. »Ich wünschte, es wären 80 %«, gibt Welch als Richtung vor.

Einen einzigartigen Wettbewerbsvorsprung besitzt GE in der riesigen Anzahl bereits installierter Geräte: 9.000 Flugzeugtriebwerke, 10.000 Turbinen, 13.000 Lokomotiven, 84.000 medizinische Diagnoseapparate verschiedenster Natur – und alle müssen gewartet werden. Die Erfahrungen aus dem Medizinbereich, z.B. die 24 Stunden verfügbare Online-Diagnose für Equipment, lassen sich auf die anderen Konzerneinheiten übertragen: Heute managt und wartet GE Power Systems für seine Kunden Kraftwerke; GE Aircraft Engines übernimmt Service-Shops für Flugzeugtriebwerke für große Airlines; GE Capital betreibt Computer-Netzwerke und GE Transportation koordiniert die Güterlogistik für Eisenbahnunternehmen und optimiert die Streckenauslastung – heute fahren auf denselben Strecken doppelt so viele Züge. Dabei kombiniert GE seine neuen Dienste mit Prozessanalysen und Organisationsmethoden wie Just-in-time-Systemen oder autonomen Teams.

In allen Fällen eröffnet sich das Unternehmen neue Geschäftsquellen und bindet Kunden enger an sich, indem es die im Industriegeschäft erworbenen Fähigkeiten konsequent auf die Dienstleistungsbranchen überträgt. GE verkauft seine eigenen Erfahrungen und seinen fast mystischen Ruf wie eine Beratungsfirma: »*The question is can we create a business helping customers take costs from their operations?*« GE's Manager bauen um ihre industriellen Kernprodukte langfristige und umfassende Geschäftsbeziehungen mit ihren alten und neuen Kunden; neben High-quality-Hardware bietet GE auch Produktivitätslösungen. Reengineering-Guru Michael Hammer bezeichnet GE als Vorreiter auf dieser »nächsten großen Welle, die die amerikanische Industrie erfassen wird«. Unternehmen wie

IBM, Otis Elevator oder Xerox schwimmen bereits mit, wenn auch noch mit einigem Abstand.

Ein wesentlicher Grund für GE's Erfolg ist die organisatorische Verankerung der neuen Initiativen. Die Firma beauftragte eine Gruppe von Nachwuchsmanagern, Dienstleistungen für die Produktionsbereiche zu entwickeln. Vice Chairman Paolo Fresco rief einen Service Council ins Leben, in dem die Top Manager aller Geschäftsbereiche ihre Ideen austauschen. Ganz genauso hatte man 10 Jahre zuvor die Produktivitätsoffensiven begleitet. Denn eines hatte GE schon damals gelernt: Die größte Herausforderung besteht darin, den Mitarbeitern die Dienstleistungsmentalität nahe zu bringen. Welch erkennt: »It's been hard for the old equipment businesses, where building the latest ... was the route to epaulets on your shoulders.« Er selbst glaubt aber bereits Anzeichen dafür zu erkennen, dass sich der geforderte Unternehmergeist durch alle Business Units hindurchzieht, gleichgültig ob Dienstleistung oder Industrie. Damit hat es GE in dieser dritten Veränderungswelle wieder einmal geschafft, ein neues Thema in der Kultur des Unternehmens und im Bewusstsein aller Mitarbeiter zu verankern, und dabei konsequent auf der bereits erarbeiteten Basis aufzusetzen.

Service Council

Das Schicksal GE's wird von vielen Seiten genau daraufhin verfolgt, ob es sich wieder einmal als Vorbild eignet, diesmal für die Anpassung eines Industrieunternehmens an eine post-industrielle Wirtschaftslandschaft. Betrachtet man die Geschäftsentwicklung 1999, so scheint alles dafür zu sprechen. Was GE einmal auszeichnet, ist seine fast »gnadenlose« Konsequenz im Streben nach der Umsetzung meist sehr hoch gehängter Ziele.

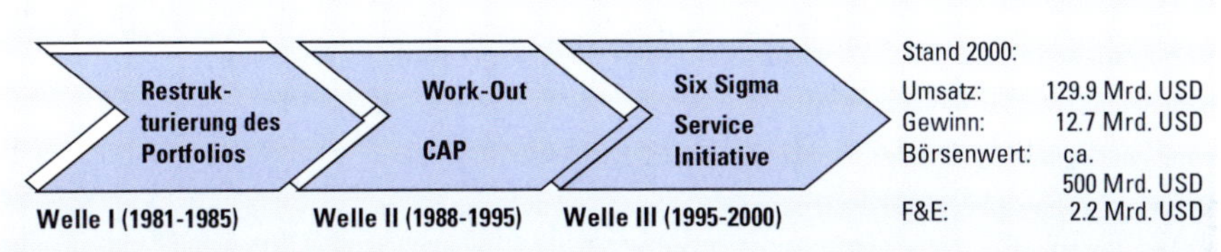

Abb. 5-36: Wellen des Wandels

Am Ende der Ära Welch waren es vier Themen (»key growth initiatives«) mittels derer die Entwicklung von GE vorangetrieben werden sollte und wo man »worldwide leadership« für sich beanspruchte: (1) Globalisierung entlang aller Dimensionen und unter Ausnutzung des gesamten intellektuellen Kapitals, (2) Services unter Einsatz von Hightech, (3) Six Sigma Qualität »... with the ultimate goal of virtually eliminating all defects« und (4) E-Business.

Vier Schlüssel-Wachstumsinitiativen

Literatur

Für Leser, die ihr Wissen zu »Veränderung« vertiefen wollen, empfehlen wir insbesondere die *kursiv* hervorgehobenen Autoren

Abrahamson, E.(2000): Change without Pain. In: Harvard Business Review, Vol. 78, Nr. 4, S. 75–79.

Argyris, C./Schön, C. (1978): Organizational learning. A theory of action perspective, Reading.

Baden-Fuller, C./Volberda, H.W. (1997): Strategic renewal. In: International Studies of Management & Organization, Vol. 27, Nr. 2, S. 95 ff.
Beckhard, R./Harris, R. (1977): Organizational Transitions, Reading.
Bechmann-Malioukova, I. (1998): Flexibilisierung von Organisationen als Projekt des fundamentalen Wandels, Bern usw.
Bernet, B.(1993): Back Office Management für Banken und Finanzorganisationen, Stuttgart.
Blake, R. R./Mouton, J. S. (1964): The Managerial Grid, Houston.
Bleicher, K. (1999): Das Konzept Integriertes Management, Frankfurt/New York.
Bolman, L. G./Deal, T. E. (1997): Refraiming Organizations, San Francisco.
Brehm, C./Jantzen-Homp, D. (2000): Organisation des Wandels. In: Krüger, W. (Hrsg.): Excellence in Change, Wiesbaden, S. 177–220.
Bruch, H. (2000): Lufthansa 2000, Maintaing the Change Momentum, Fallstudie der London Business School, Januar.

Chomsky, N. (1973): Sprache und Geist, Frankfurt.
Cummings, T. G./Worley, C. G. (1993): Organization development and change, St. Paul.

Doppler, K./Lauterburg, C. (2000): Change Management, Frankfurt.
Durkheim, E. (1977): Über die Teilung der sozialen Arbeit, Frankfurt.
Dutton, J. E./Duncan, R. B. (1987): The creation of momentum for change through the process of strategic issue diagnosis. In: Strategic Management Journal, Vol. 8, Nr. 3, S. 279–295.

Fischer, H.-P. (Hrsg., 1997): Die Kultur der schwarzen Zahlen, Stuttgart.

Gersick, C. J. G. (1991): Revolutionary change theories: A multilevel exploration of the punctuated equilibrium paradigm. In: Academy of Management Review, Vol. 16, Nr. 1, S. 10–36.
Gerybadze, A. (1997): Technologie, Strategie und Organisation, Wiesbaden.
Gioia, D./Chittipeddi, K. (1991): Sensemaking and Sensegiving in Strategic Change Initiation. In: Strategic Management Journal, Vol. 12, Nr. 6, S. 433–448.
Gomez, P./Müller-Stewens, G. (1994): Corporate Transformation: Zum Management fundamentalen Wandels grosser Unternehmen. In: Müller-Stewens, G./Gomez, P./Hahn, D./ Wunderer, R (Hrsg.).: Unternehmerischer Wandel, Wiesbaden, S. 135–198.
Gomez, P./Zimmermann, T. (1993): Unternehmensorganisation, Frankfurt/New York.
Gouillart, F. J./Kelly, J. N. (1995): Transforming the organization, New York usw.
Greiner, L. E. (1967): Patterns of organization change. In: Harvard Business Review, Vol. 45, Nr. 3, S. 119–130.
Greiner, L. E. (1972): Evolution and revolution as organizations grow. In: Harvard Business Review, Vol. 50, Nr. 4, S. 35–46.
Grosse-Oetringhaus, W. (1996): Strategische Identität. Orientierung im Wandel, Berlin etc.
Grove, A. (1996): Only the paranoid survive, New York usw.

Haken, H. (1991): Erfolgsgeheimnisse der Natur, Synergetik: Die Lehre vom Zusammenwirken, Frankfurt.
Hannan, M. T./Freeman, J. H. (1989): Organizational ecology, Cambridge.
Heinz, I. (1996): Die Entwicklung zum Systemanbieter auf neuen Märkten, Bern usw.
Hillig, A. (1997): Die Kooperation als Lernarena in Prozessen fundamentalen Wandels. Ein Ansatz zum Management von Kooperationskompetenz, Bern usw.

Jick, T. (1993): Managing change, Boston.
Johnson , G. (1997): A strategy for change at KPMG. In: Johnson, G./Scholes, K. (Hrsg.): Exploring corporate strategy, Herfordshire, S. 820–839.
Johnson, G./Scholes, K. (2002): Exploring corporate strategy, Harlow.

Kanter, R. M. (1983): The change masters, New York.
Kanter, R. M./Stein, B./Jick, T. (1992): The challenge of organizational change. How companies experience it and leaders guide it, New York.
Kimberly, J. R./Quinn, R. E. (Hrsg., 1984): New futures: the challenge of managing corporate transitions, Homewood.
Kirsch, W. (1990): Unternehmenspolitik und strategische Unternehmensführung, München.
Kirsch, W./Esser, W. M./Gabele, E. (1979): Das Management des geplanten Wandels von Organisationen, Stuttgart.
Knyphausen-Aufsess, D. zu (1995): Theorie der strategischen Unternehmensführung, Wiesbaden.
Kortzfleisch, H. von (1999): Virtuelle Unternehmen. In: Die Betriebswirtschaft, Vol. 59, Nr. 5, S. 664–685.
Kotter, J. P. (1996): Leading Change, Boston.
Krogh, G. von/Ichijo, K./Nonaka, I. (2000): Enabling knowledge creation, Oxford.
Krüger, W. (1994): Transformations-Management. Grundlagen, Strategien, Anforderungen. In: Gomez, P./Hahn, D./Müller-Stewens, G./Wunderer, R. (Hrsg.): Unternehmerischer Wandel. Konzepte zur organisatorischen Erneuerung, Wiesbaden, S. 199–228.
Krüger, W. (2000), Strategische Erneuerung: Probleme, Programme und Prozesse. In: Krüger, W. (Hrsg.): Excellence in Change, Wiesbaden, S. 31–98.
Kruse, P. (1994): Interventionen am Rande des Normalzustands. In: gdi impuls, Nr. 2, S. 29–41.
Kübler-Ross, E. (1980): Interviews mit Sterbenden, Stuttgart.
Kutschker, M. (1997): Evolution, Episoden und Epochen: Die Führung von Internationalisierungsprozessen. In: Engelhard, J. (Hrsg.): Strategische Führung internationaler Unternehmen, Wiesbaden, S. 1–37.

Lawrence, P. R. (1954): How to deal with resistance to change. In: Harvard Business Review, Vol. 32, Nr. 3, S. 49–57.
Levy, A./Merry, U. (1986): Organizational transformation, New York.
Lewin, K. (1943): Forces behind food habits and methods of change. In: Bulletin of the National Research Council 1943, Nr. 108, S. 35–65.
Lewin, K. (1958): Group decision and social change. In: Maccoby, E. E./Newcomb, T. M./ Hartley, E.L. (Hrsg.): Readings in social psychology, New York, S. 197–211.
Lewin, K. (1963): Feldtheorie in der Sozialwissenschaft, Bern/Stuttgart.
Lieberson, S./O'Connor J. F. (1972): Leadership and organizational performance: a study of large corporations. In: American Sociological Review, Vol. 37, Nr. 2, April, S. 117–130.
Likert, R. (1961): New patterns of management, New York.

Martin, J. (1995): The great transition, New York et al.
Maturana, H./Varela, F. (1980): Autopoiesis and cognition. The realization of the living. Boston.
Milgrom, P./Roberts, J. (1992): Economics, Organization and Management, Englewood Cliffs.
Miller, D./Friesen, P. H. (1982): Structural change and performance: quantum vs. piecemeal-incremental approaches. In: Academy of Management Journal, Vol. 25, Nr. 4, S. 867–892.
Miller, D./Friesen, P. (1984): Organizations: A Quantum View, Englewood Cliffs.
Mintzberg, H./Westley, F. (1992): Cycles of organizational change. In: Strategic Management Journal, Vol. 13, Special Issue (Winter, 1992), S. 39–59.
Morgan, G. (1997): Images of organization, London/New Delhi.
Müller-Stewens, G. (1995): Fundamentaler Wandel hochkomplexer Organisationen: Zur Anschlussfähigkeit von Führungsinterventionen am Beispiel DAIMLER-BENZ. In: Müller-Stewens, G./Spickers, J. (Hrsg.): Unternehmerischen Wandel erfolgreich bewältigen, Wiesbaden, S. 139–180.

Müller-Stewens, G. (Hrsg., 1997): Virtualisierung von Organisationen, Stuttgart/Zürich.
Müller-Stewens, G./Gocke, A. (1997): Case Study Daimler-Benz. In: Sinatra, A. (Hrsg.): Corporate Transformation, Kluwer Academic Publishers, Dordrecht/Boston/London, S. 153–175.
Müller-Stewens, G. (1997): Fundamental change in highly complex organizations: The connectivity of leadership interventions as illustrated by the example of DAIMLER-BENZ AG. In: Sinatra, A. (Hrsg.): Corporate Transformation, Kluwer Academic Publishers, Dordrecht/Boston/London, S. 132–152.

N*adler, D. A. (1988): Concepts for the management of organizational change. In: Tushman, M. J./Moore, W. L. (Hrsg.): Readings in Management of innovation, New York, S. 718–731.*
Nadler, D. A./Tushman, M. J. (1989): Organizational framebending: Principles for managing reorientation. In: Academy of Management Executive, Vol. 3, Nr. 3, S. 194–202.
Nonaka, I./Takeuchi, H. (1995): The knowledge-creating company, New York/Oxford.

Osterloh, M./Frost, J. (1998): Prozessmanagement als Kernkompetenz, Wiesbaden.

Pautzke, G. (1989): Die Evolution der organisatorischen Wissensbasis, München.
Perich, R. (1992): Unternehmungsdynamik, Bern.
Pettigrew, A. M. (1985): The awakening giant: Continuity and change in ICI, Oxford/New York.
Pettigrew, A. M. (1988): The management of strategic change, Oxford/New York.
Pettigrew, A. M. (1998): Success and Failure in Corporate Transformation Initiatives. In: Galliers, R. D./Baets, W. R. J.: Information Technology and Organizational Transformation, Chichester, S. 271–289.
Pettigrew, A. M./Whipp, R. (1991): Managing change for competitive success, Oxford/Cambridge.
Picot, A./Freudenberg, H./Gassner, W. (1999): Management von Reorganisationen, Wiesbaden.
Popper, K. R. (1973): Objektive Erkenntnis. Ein evolutionärer Entwurf, Hamburg.
Probst, G. J. B./Büchel, B. S. T. (1994): Organisationales Lernen, Wiesbaden.

Q*uinn, J. B. (1980): Strategies for change. Logical incrementalism, Homewood.*

Rothwell, W./Sullivan, R./McLean, G. (1995): Practicing Organization Development, San Diego et al.
Rüegg-Stürm, J. (2000): Jenseits der Machbarkeit – Idealtypische Herausforderungen tiefgreifender unternehmerischer Wandelprozesse aus einer systemisch-relational-konstruktivistischen Perspektive. In: Schreyögg, G./Conrad, P. (Hrsg.): Organisatorischer Wandel und Transformation, Wiesbaden, S. 195–237.
Rüegg-Stürm, J. (2002): Dynamisierung von Führung und Organisation. Eine Einzelfallstudie zur Unternehmensentwicklung von CIBA-GEIGY 1987–1996, Bern/Stuttgart/Wien.
Ruigrok, W./Pettigrew, A./Peck, S./Whittington, R. (1999): Corporate Restructuring and New Forms of organizing: Evidence from Europe, in: Management International Review, Vol. 39, Nr. 2, S. 4–64.

Sattelberger, T. (1999): Wissenskapitalisten oder Söldner? Personalarbeit in Unternehmensnetzwerken des 21. Jahrhunderts, Wiesbaden.
Schein, E. H. (1984): Coming to a new awareness of organizational culture. In: Sloan Management Review, Vol. 25, Nr. 2, S. 3–16.
Seibert, F. (1997): Capability Integration as the Process of Building Core Competence, Bern usw.
Senge, P. M. (1990): The fifth discipline, New York etc.
Selvini Palazzoli, M./Anolli, L./Di Blasio, P./Giossi, L./Pisano, J./Ricci, C./Sacchi, M./Ugazio, V. (1988): Hinter den Kulissen der Organisation, Stuttgart.

Selvini Palazzoli, M./Boscolo, L./Cecchin, G./Prata, G. (1985): Paradox und Gegenparadox, Stuttgart.

Sievers, B. (Hrsg., 1977): Organisationsentwicklung als Problem, Stuttgart.

Simon, V.(2000): Management, Unternehmenskultur und Problemverhalten, Wiesbaden.

Slater, R(1993): The new GE – How Jack Welch revived an American institution, Homewood Illinois.

Süssmuth-Dyckerhoff, C.(1995): Intrapreneuring, Bern etc.

Staehle, W.H. (1999): Management. Eine verhaltenswissenschaftliche Perspektive, München.

Steinle, C. (1985): Organisation und Wandel, Berlin/New York.

Sull, D.N. (1999): Why good companies go bad, in: Harvard Business Review, Vol. 77, Nr. 4, S. 42–52.

Theisen, M. (2000): Der Konzern, Stuttgart.

Tichy, N.M. (1974): Agents of planned social change: congruence of values, cognitions and actions. In: Administrative Science Quarterly, Vol. 19, Nr. 2, S. 164–182.

Tichy, N.M. (1983): Managing strategic change. Technical, political, and cultural dynamics, New York.

Tichy, N.M./Devanna, M.A. (1986): The transformational leader, New York.

Tichy, N./Sherman, S. (1993): Control your destiny or someone else will, New York usw.

Thom, N. (1992): Organisationsentwicklung. In: Frese, E. (Hrsg.): Handwörterbuch der Organisation, Stuttgart, Sp. 1477–1491.

Töpfer, A. (1998): Die Restrukturierung des DAIMLER-BENZ Konzerns 1995–1997, Neuwied.

Tushman, M.J./Newman, W.H./Romanelli, E. (1986): Convergence and upheaval: Manageming the unsteady pace of organizational evolution. In: California Management Review 1986, Vol. 29, Nr. 1, S. 29–44.

Van de Ven, A.H./Astley, G.W. (1981): Mapping the field to create a dynamic perspective on organization design and behavior. In: Van de Ven, A.H./Joyce, W.F. (Hrsg.): Perspectives on organizational designs and behavior, New York, S. 427–468.

Van de Ven, A.H./Poole, M.S. (1995): Explaining development and change in organizations. In: Academy of Management Review, Vol. 20, Nr. 3, S. 510–540.

Van de Ven A.H./Poole, M.S. (1988): Paradoxical requirements for a theory of organizational change. In: Quinn, R.E./Cameron, K.S. (Hrsg.): Paradox and transformation, Cambridge, S. 19–63.

Watson, G. (1975): Widerstand gegen Veränderungen. In: Bennis, W.G./Benne, K.D./Chin, R. (Hrsg.): Änderung des Sozialverhaltens, Stuttgart, S. 415–429.

Weick, K.E. (1977): Organization design: organizations as self-designing systems. In: Organizational Dynamics, 2, S. 31–46.

Wiegand, M. (1996): Prozesse organisationalen Lernens, Wiesbaden.

Wittgenstein, L. (1984): Tractatus logico-philosophicus, Werkausgabe, Band 1, Frankfurt am Main.

Wunderer, R. (1994): Der Beitrag der Mitarbeiterführung für unternehmerischen Wandel. In: Gomez, P./Hahn, D./Müller-Stewens, G./Wunderer, R. (Hrsg.): Unternehmerischer Wandel. Konzepte zur organisatorischen Erneuerung, Wiesbaden, S. 229–271.

Wunderer, R. (Hrsg., 1999): Mitarbeiter als Mitunternehmer, Neuwied.

Anmerkungen

1 Vgl. hierzu auch die Übersicht bei Gersick (1991), zu Knyphausen-Aufseß (1995, S. 169 ff.) oder Mintzberg/Westley (1992). Letztere beenden ihren Beitrag mit der Aufforderung an die Wissenschaft: »As researchers and readers of organizational change, we should be spending less of our time trying to interpret its vague traces and more of our time trying to understand its rich practice.« Einen ausführlichen Überblick zum Thema »geplanter Wandel« findet man bei Kirsch et al. (1979), Perich (1992) und Steinle (1985).

2 Zu einer differenzierten Behandlung dieser Dualität vgl. Van de Ven/Astley (1981). Siehe auch die Übersicht bei Perich (1992) S. 189.

3 Maturana/Varela (1980) haben diesen Begriff der »*organizational closure*« des Systems eingeführt.

4 Mit dem Zusammenhang zwischen Stabilität und Veränderung in Wandelprozessen befassen sich u. a. Baden-Fuller/Volberda (1997).

5 Vgl. Süssmuth-Dyckerhoff (1995).

6 Eine detaillierte Auseinandersetzung mit dem Wandel von DAIMLER-BENZ findet man bei Fischer (1997) und Töpfer (1998). Vgl. zum Wandel von DAIMLER-BENZ auch Müller-Stewens (1995, 1997) und Müller-Stewens/Gocke (1997).

7 Hier ist im Sinne von Argyris/Schön (1978) ein »*double-loop-learning*« (Lernprozess der 2. Art) angesprochen, im Unterschied zum »single-loop-learning«, bei dem die Annahmen unhinterfragt bleiben, und dem »deutero-learning«, wo es um die generelle Fähigkeit zum Lernen geht.

8 Kirsch (1990) spricht hier von »okkasioneller Rationalität«.

9 Vgl. ausführlich Gomez/Müller-Stewens (1994).

10 Hierbei sind die Regeln, die das System konstituieren, gemeint und nicht die Regeln, die bestehende Abläufe steuern.

11 Die Abgrenzung zwischen diesen Segmenten der Tiefenstruktur ist fließend. Auch könnte man ewig fortfahren für die Ebene der Annahmen nun auch wieder eine diese Ebene erzeugende Ebene analytisch abzugrenzen (Warum kommt es zu diesen Weltbildern?). Auch könnte man argumentieren, dass Fähigkeiten wiederum nur auf der Basis bestimmter Sinnzuweisungen etc. aufgebaut werden. Für unsere konzeptionellen Zwecke reicht aber die vorgenommene Unterteilung.

12 Am Beispiel der Entwicklung zum Systemanbieter als Intervention in die Oberflächenstruktur zeigt Heinz (1996) die Konsequenzen für die Tiefenstrukturankopplung auf.

13 Vgl. zum Aufbau kritischer Fähigkeiten Hillig (1997) und Seibert (1997).

14 Kirsch et al. (1979, S. 234 ff.) sprechen hier auch von der »Episodenbetrachtung des geplanten Wandels«.

15 Vgl. zur Organisationsentwicklung Cummings/Worley (1993) (Übersichtswerk), Rothwell et al. (1995) (OE als Beratungsansatz), Thom (1992) (Übersichtsartikel) und Sievers (Hrsg., 1977) (Sammlung wichtiger Aufsätze). Im Leitbild der deutschen Gesellschaft für Organisationsentwicklung (GOE) aus dem Jahr 1980 versteht man »Organisationsentwicklung als einen längerfristig angelegten, organisationsumfassenden Entwicklungs- und Veränderungsprozess von Organisationen und der in ihr tätigen Menschen. Der Prozess beruht auf Lernen aller Betroffenen durch direkte Mitwirkung und praktische Erfahrungen. Sein Ziel besteht in einer gleichzeitigen Verbesserung der Leistungsfähigkeit der Organisation (Effektivität) und der Qualität des Arbeitslebens (Humanität).«

16 Vgl. zum organisatorischen Lernen Pautzke (1989), Probst/Büchel (1994), Senge (1990) und Wiegand (1996) sowie zum Wissensmanagement Nonaka/Takeuchi (1995).

17 Vgl. dazu z. B. von Krogh/Ichijo/Nonaka (2000).

18 Entwicklungstheoretische Bezugsrahmen gibt es in verschiedenster Art. Meist findet man in ihnen aber eine Bewegungs-, Kraft- und Objektkomponente. Vgl. z. B. Levy/Merry (1986), Van de Ven/Poole (1988) oder Durkheim (1977).

19 Im sogenannten Autorenfilm übernimmt eine Person in Personalunion beide Rollen (Drehbuch und Regie). Ingmar Bergmann ist hier z. B. zu nennen.

20 Vgl. zu solchen zeitlichen Kategorien auch Kutschker (1997).
21 Vgl. zu einer sehr detaillierten Darstellung des Wandels von CIBA-GEIGY aus einer konstruktivistischen Sicht Rügg-Stürm (2002).
22 Vgl. zu anderen Phasenmodellen Kapitel 5.1.3.(2).
23 Rüegg-Stürm (2000, S. 211 ff.) kommt in seiner Untersuchungen des Wandels bei der früheren CIBA (Geigy) in den Jahren 1993–96 zu dem Ergebnis, dass in einer Unternehmung folgende vier, sich wechselseitig bedingende Systemfunktionen erbracht werden müssen, damit tiefgreifende Veränderungsinitiativen Aussicht auf Erfolg haben: (1) Rekonstruktion der auslösenden Ursache(n) des Wandels und der Ausgangssituation, (2) Legitimierung, (3) Ermöglichung sowie (4) Mobilisierung einer »kritischen Masse«. Damit diese Funktionen erfüllt werden können, müssen wiederum vier Führungsaufgaben möglichst vollständig wahrgenommen werden: Kontextgestaltung, Expertisennutzung, Moderation (Facilitating) und Integration (einzelner Wandelvorgänge zu einem Gesamtbild).
24 Gioia/Chittipeddi (1991) kamen in ihren Forschungen zur Initiierung strategischen Wandels zur Beobachtung, dass dieser Wandelabschnitt durch vier Prozessphasen gekennzeichnet ist, in denen sich »Sensemaking« (Verstehen, zielt auf die Kognition«) und »Sensegiving« (Beeinflussen, zielt auf Aktion) abwechseln: (1) Envisioning (Sensemaking), (2) Signaling (Sensegiving), (3) Re-Visioning (Sensemaking) sowie (4) Energizing (Sensegiving). Phase 3 und 4 können iterativ mehrfach durchlaufen werden.
25 Vgl. dazu ausführlich Kapitel 5.2.4.(3).
26 Dabei kann es natürlich auch geschehen, dass Massenkommunikation für negativ zu bewertende Veränderungsvorhaben instrumentalisiert wird. So kann eben ein Messer sowohl durch einen Mörder als auch durch einen Chirurgen Verwendung finden.
27 Das Design lehnt sich etwas an die Struktur an, wie sie von Roy Williams für die Workshops der 230 Führungskräfte im Wandelprojekt von BRITISH PETROLEUM entwickelt wurde.
28 Vgl. dazu auch Dutton/Duncan (1987).
29 Pettigrew (1998), S. 283.
30 Vgl. ähnlich Kimberly/Quinn (1984), S. 5 ff.; Krüger (1994), S. 210 ff. oder Perich (1992), S. 154 f. Es ist zu beachten, dass die Begriffe in konkreten Wandelprojekten der Unternehmenspraxis unterschiedlich verwendet verwenden.
31 Vgl. Gerybadze (1997).
32 Die Remodellierung ist ein Ansatz, der auch stark im Feld »Wertschöpfung« verankert ist. Man vergleiche dort insbesondere Kapitel 4.3.2.
33 Vgl. dazu auch Bernet (1993).
34 Theisen (2000, S. 647 ff.) spricht in diesem Zusammenhang von »Konzernumbau«.
35 Vgl. zur Bedeutung neuer Organisationsformen Ruigrok et al. (1999).
36 Vgl. dazu ausführlich Osterloh/Frost (1998).
37 Vgl. dazu ausführlich Wunderer (1999).
38 Vgl. dazu ausführlicher Sattelberger (1999, S. 185 ff.).
39 Vgl. dazu die LUFTHANSA-Fallstudie von Bruch (2000).
40 Vgl. zum Thema Mitarbeiterführung im Wandel auch Wunderer (1994).
41 Vgl. zur Organisation eines Wandelprojektes auch Brehm/Jantzen-Homp (2000).
42 Oder ein »*sense of urgency*« wie Kanter et al. (1992, S. 383) es formulieren.
43 Picot/Freudenberg/Gassner (2000) betonen ebenso die Bedeutung des »Massschneiderns als Konzept des Wandels«. Sie verweisen darauf, dass jede Reorganisation in einem Spannungsfeld zwischen personellen Kontextfaktoren (Wissensverteilung, Machtverteilung, Präferenzstruktur) und strukturellen Kontextfaktoren (Zeit- und Budgetrestriktion) stattfindet. Zur Gestaltung der Reorganisation stehen dem Manager 7 Stellschrauben zur Verfügung: Zuordnung der Entscheidungs- und Handlungsrechte, Anreize, Controlling, Kommunikation, Aktivierung von Normen, Training und Timing.
44 Teilweise wird in den folgenden Ausführungen auf Perich (1992, S. 133 ff.) zurückgegriffen. Vgl. auch Bolman/Deal (1997) und Morgan (1997).
45 Vgl. Milgrom/Roberts (1992) und Ruigrok et al. (1999).

46 Johnson (1997), S. 823. Johnson/Scholes (2002), S. 1016.
47 Johnson (1997), S. 833. Johnson/Scholes (2002), S. 1016.
48 Vgl. Bechmann-Malioukova (1998) zur Flexibilisierung als Projekt fundamentalen Wandels.
49 Vgl. Müller-Stewens (Hrsg., 1997) sowie die Sammelrezension von Kortzfleisch (1999).
50 Da es sich auch hier um Veränderungen der Organisation handelt, soll nochmals auf die Möglichkeit der Nutzung der Profile des St. Galler Management-Konzepts von Bleicher (1999) als Diagnose- und Gestaltungsraster verwiesen werden. Auf der strategischen Ebene sind dies das Organisationsprofil von Gomez/Zimmermann (1993) (zum Thema »Struktur«), das bereits in Kapitel 3 dargestellt wurde sowie das Profil zum strategisch intendierten Problemverhalten von Simon (2000) (zum Thema »Kultur«).
51 Vgl. z.B. Doppler/Lauterburg (2000), Martin (1995) oder Rothwell et al. (1995).
52 Dies erfolgt in Anlehnung an Johnson/Scholes (2002, S. 231 ff.).
53 Dieses Beispiel entstammt einer früheren Auflage (1999) des Buches von Johnson/Scholes (2002).
54 Vgl. ausführlicher zu den Work-Outs Grosse-Oetringhaus (1996, S. 392 ff.), Slater (1993) und Tichy/Sherman (1993).
55 Ein gleichlautendes Programm gab es bereits in den 80er-Jahren bei MOTOROLA. Es hat aber mit dem GE-Programm wenig gemeinsam.
56 Six-Sigma-Güte bedeutet, dass die Toleranzgrenzen zu beiden Seiten vom Mittelwert sechs Standardabweichungen (Sigma) entfernt sind. Dabei beträgt die Fehlerquote nur 3.4 PPM (part per million). Solche Quoten werden z.B. bei den Airlines im Flugverkehr erreicht (1 Absturz pro 2 Millionen Flügen), aber nicht annähernd bei deren Gepäckdienst (die Fehlerrate der bei Landung nicht ausgelieferten Gepäckstücke beträgt ca. 4 %).
57 Bei GE gibt es das Grundgehalt, den Bonus, Aktienbezugsrechte sowie Restricted Stock.

Kapitel 6:
Performance Messung

SAFE
DANGER

Kapitel 6
Performance Messung

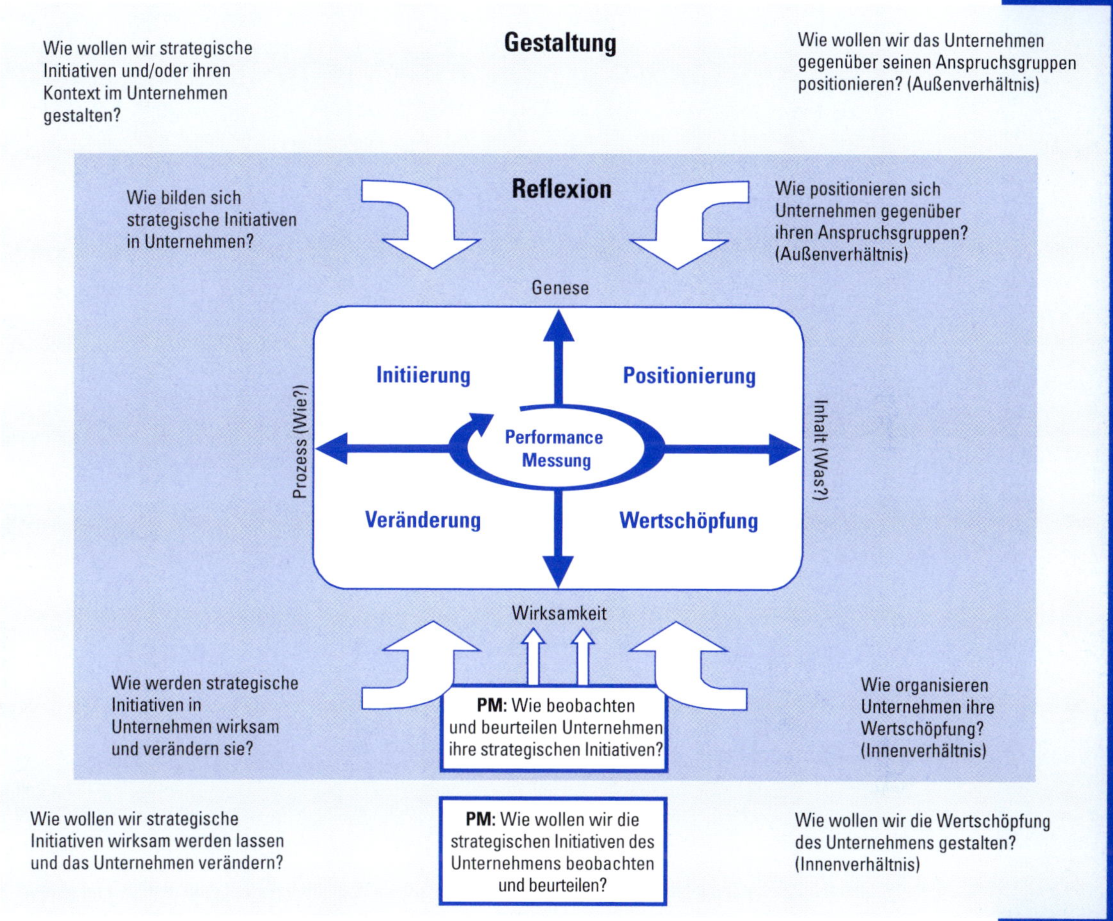

Abb. 6-1: Performance Messung im GMN

Wir sind zwar ständig mit Führungsarbeit beschäftigt, entwerfen strategische Initiativen, leiten größere und kleinere Veränderungsmaßnahmen ein und sind auch selbst Bestandteil von Wandelprozessen. Wissen wir aber ausreichend, wo wir in diesen Prozessen stehen? Bringen sie uns in die angestrebte Richtung? Was sind ihre Auswirkungen? Oft verfügen wir über Reportingsysteme, die uns zwar eine Vielzahl an Informationen liefern, aber vergangenheitsorientiert sind, sich auf finanzielle Kennzahlen beschränken und wenig Unterstützung und Feed-back während laufender Prozesse bieten. Was uns fehlt, sind frühzeitige Hinweise auf die Ergebnisse unserer Handlungen. Was kann hier getan werden?

Kapitelübersicht

- Differenzierung in verschiedene Formen strategischer Kontrolle
- Erweiterung des Systemfokusses eines klassischen Controllings
- Überblick über ausgewählte neuere Ansätze zur Performance Messung
- Herleitung eines Ansatzes zur Performance Messung, der sich an den vier Arbeitsfeldern des GMN orientiert
- Performance Messung als Lernchance und -prozess begreifen

Im fünften und letzten Feld des General Management Navigator geht es um die Performance Messung, d.h. die *Beobachtung und Messung strategischer Initiativen und ihrer Auswirkungen.* Ziel ist es dabei, möglichst frühzeitig in Erfahrung zu bringen, wie sich Initiativen formieren und welche Veränderungen sie auslösen. Dies kann für Management, Mitarbeiter, Investoren, Lieferanten oder Aufsichtsgremien etc. von erheblichem Interesse sein. Dem Unternehmen bietet sich dadurch die Chance, die eigene Entwicklung zu beobachten sowie zu evaluieren und gegebenenfalls neue, korrigierende oder unterstützende Aktivitäten zu starten. Damit schließt sich der Kreis: Die Performance Messung wird – als simultan und nicht nachgelagert wahrzunehmende Funktion – in ein zirkuläres Verhältnis zur Entstehung und Wirksamkeit strategischer Initiativen gesetzt.

Beobachtung und Messung strategischer Initiativen und ihrer Auswirkungen

In **Kapitel 6.1**, der **Reflexion**, schließen wir zunächst an die Diskussion an, die zu diesem Thema unter dem Begriff der »strategischen Kontrolle« geführt wird. Wie bereits der Name verdeutlicht, werden hier Strategien entlang mehrerer Dimensionen kritisch begleitet und überprüft (Kapitel 6.1.1). Anschließend wird besprochen, wie von dort aus Forderungen in Richtung einer umfassenden, auf frühzeitiges Feed-back angelegten Performance Messung entstanden sind. Dabei wird schnell klar, dass es sich dabei nicht um eine Variante klassischer Controllingsysteme handeln kann, sondern um neue, auf die Bedürfnisse der strategischen Unternehmensführung zurechtgeschnittene Ansätze (Kapitel 6.1.2). Im Rahmen der **Gestaltung** in **Kapitel 6.2** beschäftigen wir uns zuerst mit verschiedenen Scorecard-Ansätzen, die die mehrdimensionale, mehrfaktorielle und frühzeitige Beobachtung strategischer Initiativen ermöglichen und in der Zwischenzeit eine weite Verbreitung erfahren haben (Kapitel 6.2.1). Zum Abschluss des Kapitels wird dann ein Performance-Messansatz vorgestellt, der spezifisch auf den General Management Navigator ausgerichtet ist und seine 5-Felderstruktur verwendet (Kapitel 6.2.2). Abbildung 6-2 gibt einen Überblick über das Kapitel.

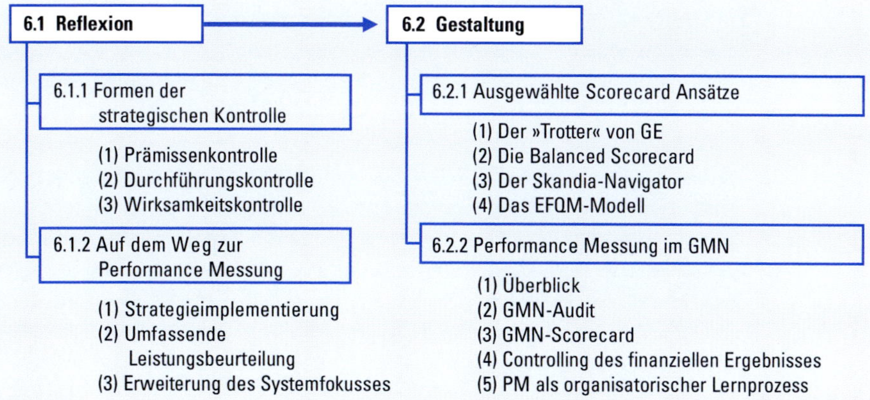

Abb. 6-2: Wissenslandkarte zum Kapitel »Performance Messung«

6.1 Reflexion

Ausgangspunkt der Reflexion sind die Formen strategischer Kontrolle, die wir in Kapitel 6.1.1 vorstellen werden. Anschließend werden in Kapitel 6.1.2 die Entwicklungen der letzten Jahre betrachtet, die die strategische Kontrolle in Richtung einer umfassenderen Performance Messung geführt haben.

Lernziele

- Unterscheidung verschiedener Formen der Kontrolle
- Darlegung der Grenzen heutiger Controlling-Systeme und der Zielsetzungen der Performance Messung
- Argumentation für eine umfassendere Leistungsbeurteilung der Arbeit des Managements

6.1.1 Formen der Strategischen Kontrolle

Willenssicherung und Lernen

Überlegungen zur strategischen Kontrolle haben ihren Ursprung im Rahmen präskriptiver Strategieprozessmodelle und hier insbesondere der strategischen Planung. Die Kontrolle wird dort als letzte Phase gesehen, die sich an die Formulierung von Strategien und ihre Implementierung über Maßnahmenpläne und Budgets anschließt. Es geht um die Frage, ob das strategisch Intendierte auch realisiert werden konnte. Damit ist ein doppelter Zweck verbunden: Erstens Willenssicherung (Wurde der strategische Plan auch umgesetzt?) und zweitens Lernen (Ist es notwendig, den strategischen Plan anzupassen?).

Greift eine Strategie nicht, dann steht man vor dem Dilemma abzuwägen, ob dies entweder darauf zurückzuführen ist, dass bereits bei der Formulierung der Pläne von unrealistischen Annahmen ausgegangen wurde, oder ob die Pläne zwar inhaltlich angemessen sind, aber noch nicht nachhaltig umgesetzt wurden.

Von daher ist es wenig sinnvoll, die Kontrolle erst an das Ende des Prozesses zu stellen, wenn sich die Auswirkungen der Strategieumsetzung bereits manifestiert haben. Vielmehr sollte sie den gesamten Prozess von Anfang an begleiten. Denn fortlaufend werden hier weit reichende Annahmen getroffen, mittels derer Komplexität und Unsicherheit reduziert werden. Aus diesem Grund steht im GMN die Performance Messung auch im Zentrum des Ansatzes, da sie an jedem der vier Arbeitsfelder ansetzen kann und innerhalb der Arbeitsfelder parallel mitläuft. Die Gestaltung von Führungsinterventionen ist also immer unter einem doppelten Aspekt zu sehen: Einerseits benötigt ein solcher Prozess Selektionen, um darüber zu Eindeutigkeit und danach zu Handlungen zu gelangen. Andererseits haben wir in den vorangegangenen Kapiteln immer wieder auf die Offenheit und Unprognostizierbarkeit dieser Prozesse aufmerksam gemacht, womit strategische Pläne den Charakter von vorübergehenden Entwürfen erlangen. Damit wird die strategische Kontrolle zu einem natürlichen Gegengewicht zur Selektivität der strategischen Planung.[1] Sie sichert die Planung in einer Situation von Unplanbarkeit durch fortlaufende Kritik ab und öffnet sie damit der Möglichkeit, sich zu hinterfragen und zu lernen. Im Allgemeinen werden drei verschiedene Formen der Strategischen Kontrolle unterschieden:[2]

3 Formen der Strategische Kontrolle

1. Die Prämissenkontrolle (Stimmen die Annahmen?)
2. Die Durchführungskontrolle (Stimmt die Umsetzung?)
3. Die Wirksamkeitskontrolle (Stimmen die Ergebnisse und damit die Inhalte?)

(1) Prämissenkontrolle

Wenn ein strategisches Programm verabschiedet wird, legt man sich auf ein bestimmtes Vorgehen fest. Man wählt also aus der Vielzahl möglicher Gestaltungsoptionen eine eindeutige »Lösung« aus. Die Prämissenkontrolle dient nun dazu, sich der Risiken, die mit diesem Selektionsprozess verbunden sind, bewusst zu werden und die dabei getroffenen Annahmen forlaufend zu überprüfen.

Fallbeispiel: DaimlerChrysler und Morgan Stanley
Nach dem deutschen KonTraG sind Unternehmen verpflichtet, ein entsprechendes Risikomanagementsystem aufzubauen und nachweisen zu können. Im Geschäftsbericht 1998 von DaimlerChrysler findet man auch einen kurzen Abschnitt zu den »Risiken der künftigen Entwicklung«. So wird dort z.B. auf mögliche gesetzliche Veränderungen aufmerksam gemacht: »Der DaimlerChrysler-Konzern ist wie alle international tätigen Automobilunternehmen auch von den sich verschärfenden gesetzlichen Auflagen hinsichtlich der Emissionen und des Kraftstoffverbrauchs der angebotenen Fahrzeuge sowie der Sicherheitsstandards in den jeweiligen Absatzmärkten betroffen«.

Ähnlich wird im Geschäftsbericht 1999 der US-amerikanischen Investmentbank Morgan Stanley Dean Witter berichtet: »The Company seeks to identify, assess, monitor and manage, in accordance with defined policies and procedures, the following principal risks involved in the Company's business activities: market risk, credit risk, operational risk, legal risk and funding risk.«

Bei der Prämissenkontrolle wird also hinterfragt, ob das »**Warum**« der Strategie nach wie vor gegeben ist: Gelten noch die bisherigen Annahmen, auf denen die Strategien aufbauen? Dabei kann es sich auch um die Hinterfragung ganzer Szenarien (als »Bündel« von Annahmen) handeln. Prämissenkontrolle kann aber auch als *Sollkontrolle* verstanden werden, wo hinterfragt wird, ob das, an dem wir unsere Strategien ausrichten und über das ja auch der Selektionsprozess gesteuert wird, überhaupt noch richtig ist (Vision, Mission, Normen, Ziele, Bewertungskriterien etc.).

Strategische Frühaufklärung

Eine Prämissenkontrolle steht in engem Zusammenhang mit der *strategischen Frühaufklärung*[3], die »schwache Signale« zu melden hat. Man versucht, Hinweise darauf zu erhalten, ob bestimmte »dritte Variable« die bisher unterstellten Zusammenhänge stören könnten, d.h. ob an der Gültigkeit bestehender Annahmen zu zweifeln ist.[4]

Voraussetzung: Annahmen bekanntgemacht

Voraussetzung einer Prämissenkontrolle ist es, dass im Selektionsprozess zur Auswahl eines strategischen Programms auch die Annahmen (mit ihren Begründungszusammenhängen) fest gehalten und den umsetzenden Organen transparent gemacht wurden. Ansonsten haben sie keine Kontrolle über die Richtigkeit ihres Handelns und können den Strategieverantwortlichen auch kein Feed-back geben, ob aus ihrer Sicht bestimmte Annahmen in Frage gestellt werden müssen. Die Führung würde sich damit eine Chance zu einer umfassenderen Nutzung der in der Organisation vorhandenen Intelligenz entgehen lassen. Beobachtungen an der Kundenfront verlieren dann ihren Bezugspunkt, was dazu führen kann, dass Strategien für das Alltagsverhalten bedeutungslos werden, denn nur wer keine Eigenverantwortung zu tragen hat, wird sich auf einen »Blindflug« einlassen.

(2) Durchführungskontrolle

Bei der Durchführungs- bzw. Umsetzungskontrolle geht es – im Sinne einer Planfortschrittskontrolle – um das »**Wie**« **der Strategieumsetzung**: In welchem Ausmaß konnten die Maßnahmen zur Implementierung der intendierten Strategie umgesetzt werden? Wurden die geplanten Aktivitäten innerhalb der gesetzten Zeiträume (Meilensteinplan) umgesetzt? Wurden die Budgets im Sinne ihrer Allokation zu den jeweiligen Strategien eingesetzt? Wo und warum gab es unerwartete Widerstände? Was hatten diese zur Folge? Wurden überhaupt die richtigen Umsetzungsmaßnahmen getroffen?

!

Fallbeispiel: Rover
Im Zuge der durch die Regierung Thatcher vorangetriebenen Privatisierung der britischen Wirtschaft hatte British Aerospace 1988 die Rover-Anteile übernommen. Bereits am 18.3.94 wurden 80 % des Unternehmens für fast 800 Mio. britische Pfund an BMW weiterverkauft. Etwas später wurden von Honda noch die verbleibenden 20 % übernommen. Die ca. 2,1 Mrd. DM teure Akquisition war eine Umsetzungsmaßnahme zur Sortiments- und Wachstumsstrategie, mit der BMW seine Produktepalette nach unten (Kleinwagen) abrunden und den europäischen Marktanteil auf 6.6 % steigern wollte. Man sah damals auch Einsparpotenziale von 150 Mio. britischen Pfund.

Die Richtigkeit dieser Maßnahme wurde immer wieder angezweifelt. Bereits nach vier Jahren hatten sich die Verluste aus der Akquisition auf etwa 1,3 Mrd. DM aufgehäuft. Zuerst wurde der deutsche Chef von Rover entlassen, dann wurde auch der für die Akquisition verantwortliche Vorstandvorsitzende Bernd Pischetsrieder durch Joachim Milberg abgelöst. Hunderte von BMW-Experten wurden aus Deutschland abgezogen und zu Rover geschickt, um dort den Turnaround zu erreichen. 1999 kamen bereits erste Gerüchte über einer bevorstehende Schließung auf. Allein 1999 war der Rover-Marktanteil in England um 26 % gefallen. Allerdings kam es dann nochmals zur Vorlage eines Sanierungsplans in Höhe von 10 Mrd. DM. Der Vorstandsvorsitzende Milberg sicherte zu, das Werk Longbridge auf den neuesten Stand der Technik zu bringen. Doch der Abwärtstrend konnte nicht aufgehalten werden. Der Verlust im Jahr 1999 betrug 2,4 Mrd. DM und für 2000 wurde er auf 2,5 Mrd. DM geschätzt.

Erst im Frühjahr 2000 nahm das Debakel für BMW ein Ende. Das Unternehmen zog die Notbremse und verkaufte Rover für den symbolischen Wert von 10 Pfund an die britische Gruppe Phoenix. Damit endet eine per Akquisition durchgeführte Diversifikationsstrategie. Man hatte Rover zu lange an der »langen Leine« geführt und die eigenen Fähigkeiten für die Integration und Sanierung überschätzt. Rückblickend ist diese Akquisition aber auch ein Beispiel eklatanter Fehlannahmen. Beim Kauf von Rover 1994 wollte man nach fünf Jahren den Kaufpreis wieder erwirtschaftet haben. Auch die Finanzwelt hatte den Kauf anfänglich als »Geniestreich« bewertet. Noch im Juli 1997 meinten die Analysten von Warburg: »Die derzeit mangelnde Ertragskraft der britischen Tochter (Rover) ist nicht dauerhaft, sondern demonstriert im Gegenteil das zukünftige Entwicklungspotenzial der BMW-Gruppe«.

Bereits am 17.3.00 wurde seitens der Ford Motor Co. bekannt gegeben, dass man für 3 Mrd. Euro in bar die Geländewagen-Marke Land Rover inklusiv der Entwicklungs- und Produktionsanlagen übernehmen wolle. Es wird von einer »glänzenden und perfekten Abrundung« der Luxuswagendivision von Ford gesprochen, die vom ehemaligen BMW-Manager Wolfgang Reitzle geführt wurde.

In die Durchführungskontrolle sollte aber auch das »**Wie**« **der Strategienformulierung** mit einbezogen werden (Initiierung): Wurde das Verfahren akzeptiert? Kommen die Initiativen zur richtigen Zeit? Wurden sie und ihre Annahmen ausreichend transparent gemacht? Etc.

(3) Wirksamkeitskontrolle

Die Wirksamkeitskontrolle steht komplementär zur Prämissenkontrolle: Auch wenn die Annahmen weiterhin als richtig betrachtet werden, kann es sein, dass bei der Herleitung der strategischen Programme inhaltlich die falschen Schlüsse gezogen wurden. Hier geht es also um das »**Was**« der Strategie: Konnten mit den gewählten Strategien unsere Ziele erreicht werden? Folgen wir überhaupt noch den richtigen Zielen? Sind wir unserer Vision/Mission ausreichend näher gekommen? Haben wir auf die richtigen Erfolgsfaktoren gesetzt? Wurden die relevanten Fähigkeiten erkannt? Haben wir das Wettbewerberverhalten richtig in unseren Strategien berücksichtigt? Wo nicht und was hat dies zur Folge? Etc.

Die Wirksamkeitskontrolle kann verschiedene Formen annehmen: Sie kann als *Performancekontrolle* gesehen werden, in der anhand definierter Messgrößen überprüft wird, ob Output oder Outcome den Erwartungen (Ziele etc.) entspricht (Messung von Soll-Ist-Abweichungen). Sie kann aber auch als *Normenkontrolle* verstanden werden, wo überprüft wird, ob die Auswirkungen der Strategien noch den Werten und Normen des Unternehmens entsprechen oder ob sich die Eigendynamik der Prozesse von diesen entfernt hat.

6.1.2 Auf dem Weg zur Performance Messung

Betrachtet man, wie die strategische Kontrolle in vielen Unternehmen ausgeübt wird, dann kann man mit dem Status Quo kaum zufrieden sein. Und dies aus mehreren Gründen: Nur ganz wenige Unternehmen verfügen überhaupt über eine funktionierende Kontrolle und in noch weniger Unternehmen wird sie bewusst für Lernzwecke eingesetzt. Aus Sicht der Mitarbeiter stellt sie eher ein »Aufblähen der Controlling-Bürokratie« dar und eine Ausweitung des Herrschaftswissens im Sinne einer »Überwachung«. Zudem ist trotz entgegengesetzter Beteuerungen die Fehlerfreundlichkeit in vielen Unternehmen als gering einzustufen. Weniger werden Fortschritte beachtet, als Mängel und Fehler hervorgehoben. Des Weiteren fehlt es der strategischen Kontrolle oft am Commitment seitens derer, die sie durchführen sollten. Dies geschieht auch deshalb, weil sie der Qualität der in die Kontrolle eingehenden Informationen oft nicht trauen oder das erforderliche Know-how fehlt, mit solchen Informationen auch kompetent umgehen zu können.

Wachsendes Interesse an frühzeitigen Informationen

Im Gegenzug ist das Interesse von Führungskräften, die für die Entwicklung und Umsetzung strategischer Pläne verantwortlich sind, an frühzeitigen Informationen zur Gültigkeit und Wirkung der eingeleiteten Maßnahmen sehr hoch. Dies zeigt sich an der Aufmerksamkeit, die Konzepten wie z.B. der Balanced Scorecard entgegengebracht wird, die unter dem Oberbegriff der Performance Messung diskutiert werden. Aus vielerlei Gründen wirken sie motivierender als das herkömmliche Controlling. Sie vereinfachen bewusst komplexe Sachverhalte und sind trotzdem reicher an Beobachtungsperspektiven. Sie bieten eine direkte Verbindung zu strategischen Vorgaben und Aktivitäten. Sie können dezentral aus eigener Kraft betrieben und eingesetzt werden, d.h. man hat sie direkt unter Kontrolle. Von dort aus ist man dann auch bereit, sich auf die möglichen direkten Vergleiche zu den Wettbewerbern einzulassen.

Im Laufe der Zeit sind denn auch verschiedene Entwicklungen sichtbar geworden, die die Diskussion um eine strategische Kontrolle neu belebt und das klassische Controllingverständnis in Richtung Performance Messung geöffnet haben. Ausschlaggebend waren dafür insbesondere drei Entwicklungen: erstens das wachsende Interesse gerade an der Umsetzung von Strategien, zweitens der Bedarf nach einer umfassenderen Leistungsbeurteilung und drittens die Erweiterung des Systemfokusses der Beobachtung und Messung.

(1) Wachsendes Interesse an der Strategienimplementierung

Angesichts der hohen Veränderungsrate ihrer Branchenstrukturen stehen Unternehmen in einem konstanten Wettbewerb um Zeit. Dies impliziert, dass sie meist nicht darauf warten können, bis die Auswirkungen ihrer strategischen Pläne im finanziellen Berichtswesen erkennbar werden. Sie versuchen möglichst frühzeitig Feed-back zu erhalten, um dort direkt korrigieren zu können, wo es geboten erscheint. Im Gegenzug sind viele der bestehenden Werkzeuge, wie etwa das traditionelle Controlling, für diese Zwecke nur unzureichend gerüstet. Unternehmen entwickeln heute Strategien zu Kundenorientierung, intellektuellem Kapital, Qualität, Kernkompetenzen etc. und können deren Auswirkungen nicht mehr nur über Finanzgrößen erfassen. Aus einer strategischen Perspektive geht es um Themen wie die Anpassung an eine radikal veränderte Geschäftslogik, Innovation und Lernen, »faster time to market« etc. Im Controlling dominieren aber nach wie vor finanziell ausgerichtete Größen, es berichtet erst mit großer Zeitverzögerung, es wird nur indirekt gemessen, ist top-down vom Ansatz her, ist oft nur lose oder gar nicht mit den Entlohnungssystemen verkoppelt, berücksichtigt keine Wirkungszusammenhänge, berichtet kaum an externe Stakeholder, verfügt nur über eine relativ geringe Durchdringungstiefe, hat kaum Bezug zur Implementierung und bietet für diejenigen, die sich in einem Wandelprozess befinden, nahezu keine Unterstützung für ein Management des Wandels.

Probleme des Controlling

Das aktuelle Interesse am Thema »Performance Messung« resultiert damit aus einer Unzufriedenheit mit der Leistungsfähigkeit der meisten Controlling-Ansätze. Die traditionellen, oft bilanzorientierten und auf dem betrieblichen Rechnungswesen aufbauenden Planungs- und Steuerungsansätze sind für die angesprochenen Zielsetzungen nicht ausreichend.[5] Es wird ihnen vorgeworfen, dass sie zwar immer mehr Zahlen produzieren und es im Unternehmen auch immer mehr Controller gibt, ihr Nutzen jedoch weit hinter den Erwartungen und Anforderungen zurückbleibt.

Trotzdem geht es bei der Performance Messung nicht darum, das Controlling zu ersetzen. Man will das Controlling jedoch auf seine tatsächlichen Möglichkeiten reduziert sehen und möchte daneben ein Berichtssystem stellen, das anderen Informationsbedürfnissen von Führungskräften besser gerecht wird. Dabei ist der Begriff »Messung« etwas irreführend. Er unterstellt, dass ein Sachverhalt mittels eines Messvorganges gegen einen im Prinzip objektiven Standard (z.B. die Maßeinheit 1 Meter) gemessen werden kann. Wir haben es aber hier eher mit einer

Messen

prozesshaften, kollektiv reflektierenden »Performance Evaluation« zu tun. Wie noch zu zeigen sein wird, induziert die Anwendung moderner Messkonzepte auch Strategiediskussionen an all den Stellen, wo gemessen wird. Man kann sie deshalb auch als *Vehikel zu einer Dezentralisierung der Strategiearbeit* betrachten. Wir haben es bei einer Performance Messung also nicht nur mit einem Werkzeug für die Ergebnismessung zu tun, sondern auch mit einem Instrument, um über die Zukunft des Geschäftes und die Wirksamkeit von Initiativen nachzudenken.

Die Möglichkeit zur Messung wird heute sehr eng damit verbunden, ob strategische Initiativen überhaupt zu managen sind. Dahinter steht folgende Annahme: »*What gets measured gets done. If you are looking for quick ways to change how an organization behaves, change the measurement system.*«[6] Ist eine Messung vorgesehen, so wird dies als begünstigende Rahmenbedingung betrachtet. Kritisch ist demgegenüber anzumerken, dass damit indirekt unterstellt wird, dass die Energie zur Veränderung primär aus der extrinsischen Motivation kommt: Man bringt sich in einen Wandel nur dann ein, wenn es dafür entsprechende systemische Anreize gibt. Der intrinsisch Motivierte übt dagegen eine Tätigkeit um ihrer selbst willen aus. Unter bestimmten Bedingungen können externe Belohnungen die intrinsische Motivation sogar beeinträchtigen.[7]

Gründe für eine Messung

Für den Manager gilt nach dieser Lesart: »*If you can't measure it, you can't manage it!*« Er benötigt die Beobachtung und Messung aus verschiedensten Gründen: Sie bildet den Feed-back zu unternommenen Initiativen, worauf wieder Lernprozesse aufsetzen können; sie ist Basis einer Lückenanalyse gegenüber – z.B. aus einem Benchmarking gewonnen – Zielgrößen; sie bildet die Grundlage für eine leistungsgerechte Entlohnung; sie setzt Schwerpunkte und kann damit auch die Diskussion zur Ressourcenallokation anleiten etc.

Mit dem letzten Punkt ist eine besonders wichtige Funktion der Performance Messung genannt: Durch die Auswahl und Definition der als besonders beobachtenswert erscheinenden Messgrößen wird das System fokussiert. In einer Supermarktkette weiß dann auch jeder Filialleiter, auf welche Größen es ankommt. Man hat damit auch wieder mehr Zeit für das Wesentliche. Gleichzeitig lassen sich darüber auch relativ stabil bleibende Führungsaufgaben standardisieren, sodass auch unerfahrenere Führungskräfte diese Funktion ausüben können.

Durch das »Herunterbrechen« von Vision, Werten und Strategien (zur Erfüllung von Stakeholder-Erwartungen) in Indikatoren aus dem Alltag der Leistungsträger wird auch versucht, die *Brücke zwischen strategischen Initiativen einerseits und dem operativen Tagesgeschäft andererseits zu schlagen.*

Stellen Sie sich einmal folgende Fragen: Wenn jeder aus der Führungsmannschaft nach der Strategie gefragt würde, bekäme man dann eine einigermaßen übereinstimmende Erklärung? Besteht eine geteilte Meinung zu den strategischen Prioritäten? Ist unsere Organisation konsequent auf das Erreichen dieser Ziele ausgerichtet?

Feed-back zur Leistung des Einzelnen

Eine Performance Messung ist aber nicht nur für das Management von Bedeutung, sondern auch für die Mitarbeiter: »*What you measure is what you get!*« Mit der Benennung der Größen, nach denen Verhalten direkt beurteilt wird, entsteht die Möglichkeit, direktes Feed-back zur Leistung des Einzelnen zu geben. Er weiß nun besser, was sein Beitrag zum Unternehmen und zu dessen Erfolg ist. Auch wirkt die laufende Beobachtung i.Allg. motivierend, da sie eine Form von Management-Aufmerksamkeit darstellt.

Gleichzeitig »transportieren« die Indikatoren die für den Einzelnen oft nur schwer greifbaren und als abstrakt empfundenen Strategien in greifbarere Nähe. Was heißt schon eine Strategie wie »Kundenorientierung« für jemanden, der in der Forschung tätig ist? Performance Messung ist damit auch ein Kommunikations- und Übersetzungsinstrument von Vision und Strategie. Man versucht, darüber Strategiediskussionen aufzusetzen und Feedbackmöglichkeiten zu schaffen.

Konfrontieren Sie Ihre Mitarbeiter einmal mit folgenden Fragen: Hat das Steuerungssystem, mit dem gemessen wird, etwas mit der verfolgten Strategie zu tun? Welche Ziele verfolgen wir gegenüber unseren Kunden oder Lieferanten? Kann ich laufend erkennen, was mein Beitrag zur Erreichung dieser Ziele ist? Gibt es bei uns klare Verantwortlichkeiten zur Erreichung dieser Ziele? Unterstützt das Entlohnungssystem das Erreichen dieser Ziele? Inwieweit betrachtet man die Steuerungsgrößen als geeignet und fair zur Leistungsbeurteilung?

Messung und Veränderung

Wer also Veränderung will, sollte nach dieser Argumentation einen Weg zu ihrer Messung bzw. Evaluation suchen, der auch ein schnelles und direktes Feed-back an das sich verändernde System und dessen Steuerungs- und Kontrollgremien ermöglicht. Natürlich wird auch ein System zu einer umfassenderen Berichterstattung – als man sie traditionell kennt – keine Wunder leisten können. Jedes Führungssystem hat seine spezifischen Vor- und Nachteile. Und auch eine Performance Messung wird neue Probleme, Unzulänglichkeiten und Kritik mit sich bringen. Entscheidend ist es also, den Saldo zu betrachten: Wiegen die Vor- die Nachteile auf?

(2) Bedarf nach einer umfassenderen Leistungsbeurteilung

Druck über seine Leistung Auskunft geben zu können

Der Druck, über seine Leistung(-sentwicklung) Auskunft geben zu können, kommt aber nicht nur aus der Ecke der Umsetzung strategischer Pläne. Die Orte und Gründe, wo und warum dies zu geschehen hat, scheinen täglich zuzunehmen. Dieses neu erwachte Interesse tritt unter verschiedensten Begriffen auf (Auditing, Evaluation, Reporting, Due Diligence etc.), hat aber einen gemeinsamen Kern.

Öffnet man zuerst einmal den Blickwinkel der betrieblichen Berichterstattung, dann wird man schnell feststellen, dass der Bedarf nach adäquaten Leistungsbeurteilungen, -vergleichen und Wertmessungen aus vielerlei Richtungen an Organisationen herangetragen wird. Meist sind unterschiedliche Zielsetzungen damit verbunden; sie weisen aber auch immer eine große Schnittmenge auf (z.B. beim Datenbedarf), was dazu führt, dass häufig »das Rad neu erfunden wird«. Daraus ergibt sich zwangsläufig die Frage, ob bei aller Akzeptanz der unterschiedlichen Zielsetzungen nicht synergetischer gearbeitet werden kann.

Zahlreiche Beispiele (siehe Exkurs) unterstreichen den wachsenden Bedarf nach einer aussagefähigen Leistungsbeurteilung des Managements. Natürlich sind unterschiedliche Informationsinteressen wie Interessensschutz, Risikoreduktion, Investitionssteuerung oder Qualitätssteigerung mit den einzelnen Anspruchsgruppen einer Evaluation der Arbeit des Managements verbunden. Trotzdem lassen sich einige Gemeinsamkeiten in ihren Ansprüchen erkennen. Diese Beispiele zeigen aber auch, dass eine Konsolidierung der verschiedensten Beurteilungsbemühungen und -notwendigkeiten erforderlich ist. Zu groß ist hier die Gefahr, dass für jede Messung wieder bei Null begonnen wird. Technologien wie »Data-Warehouses« könnten hier z.B. einen Ansatz bieten, da sie eine gemeinsame Datenbasis derart mehrdimensional zu strukturieren versuchen, dass auf ihr unterschiedlichste Anwendungszwecke aufbauen können.

Exkurs: Umfassendere Leistungsbeurteilung

Ein primäres »Erwachen« ging in den letzten Jahren insbesondere durch die Reihen der Aktionäre und dort insbesondere der institutionellen *Investoren*. Bei ihrer Suche nach überdurchschnittlich rentierenden Anlagemöglichkeiten formulieren sie heute immer genauer, was ihre Leistungserwartungen sind und wie sie diese definieren. Dazu benötigen sie aber andere Informationen, als sie die Unternehmen gewohnt sind zu liefern. Und auf Grund ihrer zunehmenden Abhängigkeit vom Kapitalmarkt können sich an der Börse notierte Unternehmen heute kaum noch diesem Wunsch verschließen. Dies zeigen auch die Anstrengungen bei der Reform der finanziellen Steuerungsgrößen, die man unter dem Begriff einer *»wertorientierten Unternehmensführung«*[8] zusammenfassen könnte. Neben dem Shareholder Value hört man fast täglich von neuen Steuerungsgrößen und Ansätzen, die in diesem Kontext stehen: Return on capital employed (ROCE), Return on net assets (RONA), Economic value added (EVA)[9] etc. Ziel ist es, möglichst genau zu erfahren, ob ein Unternehmen durch sein Tun Wert generiert oder vernichtet, um von dort aus Investitions- und Desinvestionsentscheidungen zu treffen: Ist eine Aktie überteuert oder hat sie noch Potenzial?

Aber auch der gesamte *Kapitalmarkt* möchte immer schneller über immer mehr und bessere Informationen zur bestmöglichen Allokation des Kapitals verfügen. Das gewaltige Wachstum von Unternehmen wie REUTERS oder BLOOMBERG oder auch das Gehör, das *Analysten* auf Chefetagen finden, belegen diesen Trend. Im Prinzip erwartet man heute von großen Unternehmen, dass sie jederzeit in der Lage sind, über ihre derzeitige und zukünftige Leistungfähigkeit exakt und detailliert *mündlich* (oft fernmündlich) oder in Form relativ standardisierter *Memoranden* Auskunft geben zu können.[10]

Daneben gibt es aber auch vom *Gesetzgeber* (teilweise) verlangte Dokumente, die über das Unternehmen Bericht zu erstatten haben. So kann der Ruf eines Unternehmens heute – zumindest am Kapitalmarkt – Schaden nehmen, wenn z. B. der *Geschäftsbericht* nicht den Erwartungen entspricht. Für die USA kann ergänzend auf Dokumente wie die *»10K«* verwiesen werden. Vom Gesetzgeber wird aber – primär wohl zum Schutz der Anspruchsgruppen eines Unternehmens – auch der *Bericht des Wirtschaftsprüfers* verlangt. Doch wegen ihres immer noch eher vergangenheitsorientierten Charakters sind derartige Dokumente stark in die Kritik geraten; Jeder kennt heute genügend Fälle, bei denen kurz nach dem positiven Testat die Anmeldung zum Konkurs folgte. Daher gehen heutzutage viele Wirtschaftsprüfungsgesellschaften dazu über, risikoorientierte Prüfungsansätze zu verwenden, die das Geschäftsrisiko eines Unternehmens mit beinhalten.

Wirtschaftsprüfer werden aber auch dort tätig, wo es um die Beurteilung spezieller Formen des *Risikos* geht. Beispiel hierfür ist die Erstellung einer *Due Diligence* im Zuge der Bewertung eines Akquisitionkandidaten. Ihr Risiko besser einschätzen wollen aber auch die *Versicherer* von Risiken. So interessiert es z. B. einen Rückversicherer, ob eine Krankenhausführung »ordnungsgemäß« organisiert ist. Im Schadensfall könnte man vielleicht das Management für diese Leistungsmängel haftbar machen. Solche Risiken wollen aber auch *Aufsichtsorgane* reduziert sehen. Nach einigen Skandalen im Bankgeschäft hat die Bank von England *Standards* zur Vermeidung solcher Leistungseinbrüche für das Bankgeschäft erlassen. Solche Standards kann man aber wiederum nur dann entwickeln, wenn man sich vorher Vorstellungen darüber gemacht hat, was eine professionell geführte Organisation auszeichnet. Klares Ziel ist hier die Risikoreduktion.

Als Informationsmittler des Kapitalmarktes treten die *Rating-Agenturen* (z. B. STANDARD & POORS) auf. Ihre Aufgabe ist eine unabhängige Beurteilung des Risikos in Unternehmen. Um ein solches Rating zu erhalten bzw. durchführen zu können, ist eine umfassende Informationsbereitschaft der Unternehmensführung zur Leistungsfähigkeit des Unternehmens erforderlich. Daraus erwachsen ihm Vorteile wie eine Verminderung der Refinanzierungskosten oder die Öffnung des Unternehmens zu weiteren Anlegerkreisen. Bei MOODY'S kommt bei einer Ratinganalyse ein Pyramidenmodell zum Einsatz: Zuoberst wird das Unternehmensrisiko beurteilt. Dies geschieht auf Basis einer qualitativen Analyse von Management (strategische/operative Planung,

Krisenerfahrung, Organisations-Fit, Nachfolgeregelungen, Kontrollmechanismen), Strategie und finanzieller Flexibilität des Unternehmens, einer quantitativen Analyse (Geschäftsberichte/Berichte des Wirtschaftsprüfers, Ergebnisanalyse, Finanzplan) und einer Analyse der Marktposition. Dann wird das Branchenrisiko (Wettbewerbstrends/ Branchenanalyse) ermittelt und zuunterst das Länderrisiko (Rechtliche Bedingungen/ Analyse Herkunftsland).

Auch im *Kreditgewerbe* sucht man nach geeigneteren Formen der Beurteilung von Geschäftsplänen. Man will weg von einer ausschließlich auf Sicherheiten aufbauenden konservativen Kreditvergabepraxis (»assets landing«) und mehr hin zu einer Beurteilung auf der Basis zukünftiger Ertrags- und Leistungspotenziale (»cash flow landing«). Ziel ist ein für den Kreditnehmer und die Ertragsziele der Bank adäquateres Management des Kredit-Portfolios.

Besonders rührig war man im Bereich »*Qualitätsmanagement*«, was das Bedürfnis nach Leistungsmessung anbelangt. Man wollte neben die finanzielle Dimension einer Leistungsbeurteilung eine weitere Dimension stellen, die zudem eine Vorsteuergröße zum betrieblichen Ergebnis ist. Zur Sicherstellung eines gewissen Leistungsniveaus wurden z.B. von Herstellern als Vorgabe für Lieferanten Normen entwickelt, die in Form der *ISO-Normen* vielfältige Verfeinerungen fanden. Regelmäßige *Auditierungen* auf dieser Basis sollen dann Auskunft über den Leistungsstand geben. Ziel ist auch hier die Absicherung gewisser Standards. Aber auch Führungsmodelle, die unter der Überschrift eines »*Total Quality Management*« Ansatzes entwickelt wurden, nehmen für sich in Anspruch, Auskunft über die Qualität der Führungsarbeit zu geben.[11]

Da absolute Leistungsergebnisse oft wenig aussagen, hat man unter dem Stichwort »*Benchmarking*«[12] nach Leistungsvergleichen gesucht. Darauf baute dann auch die in- und externe Suche nach Spitzenleistungen auf, um solche »*best practice*« Fälle zu transferieren. In diesem Kontext kann auch die Umstellung des Rechnungswesens auf US-Standards gesehen werden, da einer der Effekte eine viel direktere Vergleichbarkeit der Unternehmen ist.

Immer leerere Staatskassen haben bei öffentlichen Institutionen eine doppelte Konsequenz: Einerseits werden die zugeteilten *Budgets* immer knapper; andererseits werden immer mehr Globalbudgets vergeben, die dem Verwender bezüglich des Mitteleinsatzes im Detail mehr Freiheiten lassen. Im Gegenzug dazu will man dann aber auch mehr über die Wirtschaftlichkeit der Investition wissen: Wie leistungsfähig ist das System? Dazu werden z.B. an Universitäten *Evaluationen* der Forschung und Lehre eingeführt. Gleichzeitig erhält der Staat dadurch aber auch die Möglichkeit, den Implementierungssgrad und die Effekte seiner Bildungspolitik zu beurteilen – vorausgesetzt natürlich, dass sinnvolle Beurteilungskriterien gewählt werden. In diese Kategorie können auch die unter der Überschrift »*New Public Management*« stattfindenden Aktivitäten eingeordnet werden.[13]

Bedingt durch die neuen Informations- und Telekommunikationstechnologien haben sich die Möglichkeiten des Kommunizierens und eines Informationsmanagements fundamental verändert. Schon allein durch die Einführung von E-mail und Intranet sind großzahlig völlig neue Kommunikationsstrukturen entstanden und Kommunikation ist deutlich informeller und unkomplizierter geworden. Gleichzeitig ist es so, dass im Prinzip jedes der Informationssysteme DV-gestützt operiert. Damit sind grundsätzlich schon einmal die Voraussetzungen dazu gegeben, dass sie mittelfristig zumindest teilweise ineinander aufgehen. Versetzt man sich in die Situation einer Führungskraft, die nach Informationen zu ihrer Strategie- und Wandelarbeit sucht, dann ist es wenig einsichtig, dass – was ihre Strukturierung betrifft – eine Strategische Planung, die Wettbewerberinformationssysteme, das strategische Controlling und eventuell noch ein Frühaufklärungssystem völlig getrennt nebeneinander herlaufen. Vielmehr wäre hier eine Verschmelzung dieser Systeme auf einer Plattform – und von einer Datenbasis aus – von Nöten, die dann vor dem Hintergrund verschiedener Informationsinteressen in der Anwendung spezifiziert werden kann. Abbildung 6-3 soll dies veranschaulichen.

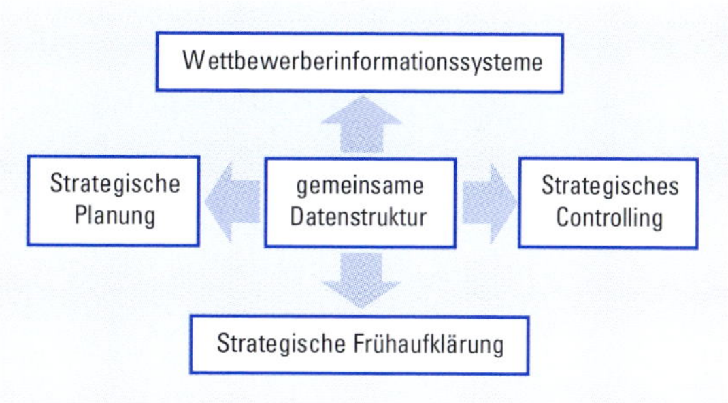

Abb. 6-3: Verschmelzung strategischer Informationssysteme

Vor dem Hintergrund der verschiedenen oben genannten Informationsinteressen sowie der neuen Informationstechnologien scheinen also die strategisch orientierten Informationssysteme ineinander zu verschmelzen (zumindest was ihre Datenstruktur und die benutzte Systemoberfläche anbelangt). Daneben wird es vermutlich aber zu einer klareren Trennung der Zielgruppen von Informationssystemen kommen: Erstens die Führungskraft, die sich als steuerungsverantwortliche Person über den Fortgang der Strategienimplementierung bzw. des Veränderungsprozesses informieren möchte; zweitens die Mitarbeiter, die sich mittels desselben Informationssystems in ihrer Veränderung selbst beobachten wollen sowie drittens die Nutzer operativer Informationssysteme.

(3) Erweiterung des Systemfokusses

In den vergangenen Jahren ging es oft um eine Art »*Innenoptimierung*« der Unternehmen (Zeit, Kosten, Qualität): Man hatte das Unternehmen bezüglich seiner Kosten- und Qualitätsposition wieder an das Weltmarktniveau heranzuführen; zeitliche Prozesse (z.B. Produktentwicklung) mussten konkurrenzfähig gemacht werden. Nachdem nun viele diese »Hausaufgaben« weitgehend erledigt haben, gewinnen strategische Themen wieder an Relevanz: Wie positionieren wir unser Unternehmen neu? Woher kommt unser Wachstum? Wie können wir unsere Innovationskraft verbessern? Der Restrukturierung der Ablaufprozesse folgt nun die strategische Revitalisierung bzw. Erneuerung.

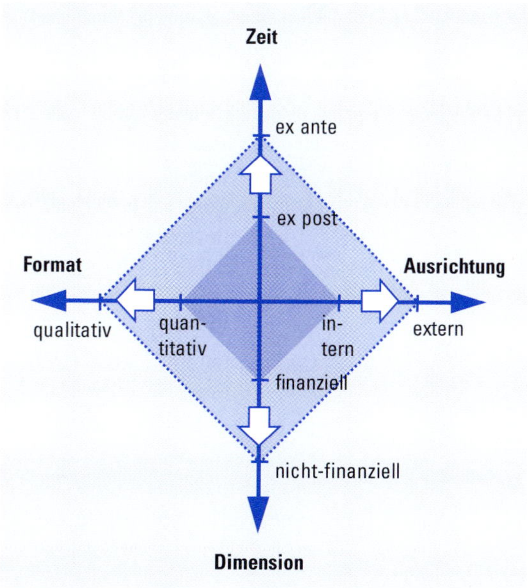

Abb. 6-4: Vom Controlling zur Performance Messung

Während die Auswirkungen der Effizienzsteigerungsmaßnahmen aus der Restrukturierungsphase mit einer traditionellen, primär auf dem Rechnungswesen aufbauenden Berichterstattung noch einigermaßen erfasst werden konnten, ist nunmehr eine Beurteilung des Fortschritts in der Strategienimplementierung und ihrer Auswirkungen auf die Leistungszielerreichung gefragt.[14] Dazu müssen aber die zentralen Merkmale einer traditionellen Berichterstattung durchbrochen werden. Abbildung 6-4 soll dies veranschaulichen.

Im Mittelpunkt der heutigen Beobachtungssysteme stehen nach wie vor finanzwirtschaftliche (Kenn-)zahlen. Da sie das Ergebnis des Wirtschaftens eines Unternehmens messen, wird man sie auch immer benötigen. Trotzdem stellen sich drei Fragen: (1) Ist auf die finanziellen Größen ausreichend Verlass? (2) Ist die Art und Weise, wie die Leistungsstärke eines Unternehmens aus einer finanziellen Perspektive gemessen wird, aussagekräftig genug? (3) Reicht diese finanzielle Perspektive aus, um die Leistungsfähigkeit auch umfassend und frühzeitig genug zu erfassen? Tendenziell haben die aus dem Rechnungswesen stammenden Basisdaten für eine finanzwirtschaftliche Betrachtung an Glaubwürdigkeit verloren, was vielerlei Gründe hat. Oft sind diese Daten auch verzerrt. Aus einer Investorenperspektive sind sie auch wenig aussagefähig, da Steuerungsgrößen wie etwa der »Return on Investment« oder der »Operating Profit« die Gesamtkapitalkosten außer Acht lassen. Es wird dadurch indirekt unterstellt, dass der Investor keine Anlagealternativen hat, was unrealistisch ist. Und auch die dritte Frage muss eher mit Nein beantwortet werden. So sieht man heute sehr deutlich, dass ein Unternehmen auch andere Erwartungssysteme zu befriedigen hat als nur das der Kapitalgeber. Dies kann sogar zu einer gefährlichen Einseitigkeit führen. Deshalb soll hier zuerst die Forderung erhoben werden, die finanziellen um relevante **nicht-finanzielle** Beobachtungsdimensionen zu ergänzen.

Nicht-finanzielle Beobachtungsdimensionen

Bei finanziellen Ergebnisrechnungen ist auch zu hinterfragen, auf welche Investments bezogen sie einen Return ausrechnen. Meist sind es Investitionen in sogenannte »tangible assets«: Gebäude, Maschinen etc. Dagegen bleiben z.B. Investitionen in Mitarbeiter zum Wissensaufbau als »intangible assets« meist ausgeblendet. Diese Vernachlässigung eines *»Return on intellectual capital«* kann zu sehr einseitigen Steuerungsentscheidungen führen. Verwendet man z.B. in einem Unternehmen den »Return on capital employed« als Steuerungsgröße, dann kann dieser durch die Entlassung von Trägern intellektuellen Kapitals (da sie ja nur als Kosten erfasst sind) relativ leicht verbessert werden. Ob dies dann allerdings zum langfristigen Nutzen des Unternehmens ist, ist fraglich. Hinzu kommt, dass finanzielle Kennzahlen primär über die Vergangenheit berichten oder zumindest auf deren Gesetzmäßigkeiten aufbauen. Da an der Vergangenheit sich jedoch nichts mehr ändern lässt und sich immer mehr Entwicklungen losgelöst von der Vergangenheit entfalten, besteht ein klares Bedürfnis nach **frühzeitigeren** Hinweisen auf den Fortschritt eingeleiteter Veränderungsmaßnahmen. Man möchte – deutlich bevor es das betriebliche Ergebnis ausweist – wissen, wie z.B. eine neue Marketingkampagne auf die Kundenbindung wirkt. Ziel ist es, schneller lernen bzw. sich anpassen zu können. Damit wird auch die Brücke zum Prozess der Leistungserstellung geschlagen: Ziel ist es, entlang der gesamten Wertschöpfungskette Beobachtungspunkte zu definieren, die Hinweise auf einen plangetreuen Ablauf des Prozesses geben können.

Frühzeitige Hinweise

Viele Berichtssysteme unterstellen in ihrer Konzeption nur interne Anspruchsgruppen. Die Beobachtung der Erfüllung der Erwartungen externer Stakeholder bleibt unbeachtet. Dadurch kann ein Suboptimierungseffekt entstehen, der dazu zwingt, auch **externe** Erwartungshaltungen mit in das Beobachtungsspektrum einzubeziehen. Des Weiteren wird gefordert, die Zwanghaftigkeit zu ausschließlich quantitativer Berichterstattung aufzuheben. Gerade wenn man den Vorsteuer- und Frühwarncharakter verbessern will, ist es notwendig, auch **qualitative** Beschreibungen und Interpretationen nur schlecht-strukturierbarer Phänomene einzubeziehen. »Schwache Signale« lassen sich nur selten über Zahlen vermitteln. Abbildung 6-5 zeigt exemplarisch diese Öffnung des Systems nach außen und gegenüber Prozessen.

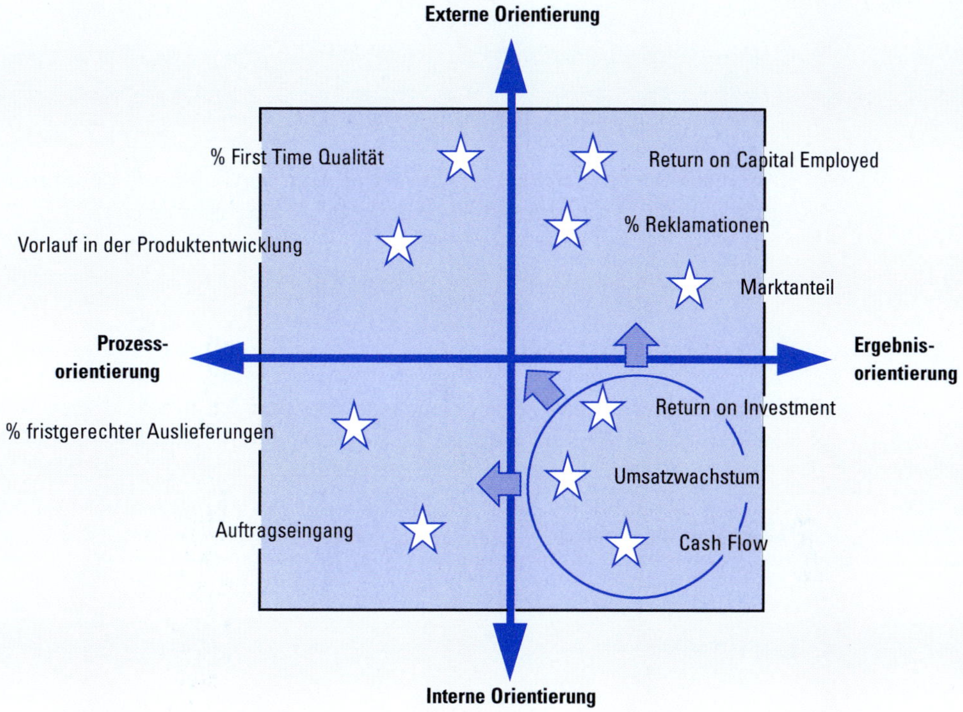

Abb. 6-5 (oben): Erweiterung des Systemfokusses (In Anlehnung an: The Price Waterhouse Change Integration Team 1995, S. 175)

Workshop

- Diagnostizieren Sie einmal Ihre heutige Performance Messung. Fragen Sie, was Sie von einer leistungsfähigen Performance Messung erwarten und stellen Sie dem gegenüber, was sie heute leistet. Welche Schlüsse ziehen Sie daraus?

Zusammenfassung

- Die strategische Kontrolle richtet sich auf die Prämissen, die Durchführung und die Wirksamkeit von Strategien.
- Veränderungsvorhaben bedürfen der Messung bzw. Evaluation, um ihre Verwirklichung zu begünstigen. Dazu sollte aber der Systemfokus eines klassischen Controllings erweitert werden, um einer umfassenderen Performance Messung gerecht zu werden: Erweiterung um nicht-finanzielle und qualitative Beurteilungsdimensionen sowie um ex ante berichtende Indikatoren und Indikatoren zur Erfüllung der Erwartungen auch externer Anspruchsgruppen.

Lernkontrolle

1. Worin unterscheiden sich Prämissen-, Durchführungs- und Wirksamkeitskontrolle?
2. Warum ist es wichtig, dass bei der Kommunikation von Strategien die Annahmen mit genannt werden?
3. Was spricht für ein umfangreiches und detailliertes Messen der Performance als Teil eines Strategischen Managements? Was spricht dagegen?

6.2 Gestaltung

Die eben beschriebenen Entwicklungen finden ihren Ausdruck in einer Reihe von Scorecard-Ansätzen. Hier werden wir zunächst mehrere ausgewählte Ansätze in Kapitel 6.2.1 vorstellen und zuletzt in Kapitel 6.2.2 eine Vorgehensweise vorstellen, die explizit auf der Logik des GMN aufbaut und sich seiner Vier-plus-Eins-Felderstruktur bedient.

Lernziele

- Kennen lernen von Scorecards als Ansätze zur Performance Messung
- Erläuterung eines Ansatzes zur Performance Messung, der auf der Logik des GMN aufbaut

6.2.1 Ausgewählte Scorecard-Ansätze

Im Laufe der letzten Jahre wurden eine ganze Reihe von »Ausbruchversuchen« aus dem klassischen Controlling unternommen. Meist handelt es sich um so genannte **Scorecard-Ansätze**, bei denen das Geschäft auf der Basis eines Kriterienrasters möglichst integriert und aus verschiedenen Perspektiven beurteilt wird. Der Begriff »Scorecard« geht auf Punktezettel zurück, wie sie z.B. beim Minigolf etc. verwendet werden. Auf vier dieser Ansätze soll kurz eingegangen werden. Wie sich dabei zeigt, ist hier nicht nur die Wissenschaft im Rahmen ihrer angewandten Forschung aktiv, sondern auch die Unternehmenspraxis selbst wartet mit Eigenentwicklungen auf.

Einschränkend ist hinzuzufügen, dass die Scorecard-Ansätze – trotz ihrer weiten Verbreitung – nur eine Richtung bilden, die eine Messung der Managementqualität anstrebt. Andere Ansätze versuchen mehr die Qualität der Gremien zu messen und setzen z.B. an der Effizienz des Zeiteinsatzes, an der Qualität der Erfüllung der dem Management zugedachten Aufgaben oder der Professionalität der Arbeitsweise an:

- Simons/Davila (1998) schlagen vor, einen »*Return on Management*« zu ermitteln. Dieser ROM ergibt sich aus dem Quotienten »freigesetzte, produktive Energie« dividiert durch »vom Management investierte Zeit und Aufmerksamkeit«. Er soll ein Indikator dafür sein, ob sich die Zeit, die sich ein Management mit einem bestimmten Geschäftsfeld beschäftigt, auch gelohnt hat oder ob es seine knappe Ressource Zeit an einem anderen Ort besser eingesetzt hätte.

- Bain/Band (1996) und Conger/Finegold/Lawler (1998) wollen die »*Boardroom performance*« über eine Überprüfung der Qualität der Erledigung der dem Boardroom übertragenen Aufgaben bewerkstelligen. Letztere nennen als Beispiel MOTOROLA, wo der Board of Directors anhand der folgenden Punkte auf einer Skala von 1 (»starke Zustimmung«) bis 5 (»starke Verneinung«) beurteilt wird: »(1) Has an appropriate level of involvment in CEO succession; (2) Has in place appropriate processes to assess the CEO; (3) Has sufficient information for CEO evaluation; (4) Spends an appropriate amount of time discussing the long-range future of the company; (5) Proposes changes in company direction; (6) Has a vision and a mission that is understood by all Board members. (7) Is prepared to deal with an unforeseen corporate crisis; (8) Has appropriate structures and processes to help evaluate company strategy and objectives; (9) Effectively inquires into major performance deficiencies.

(1) Der »Trotter« von GENERAL ELECTRIC

Die bei GENERAL ELECTRIC zum Einsatz kommende Scorecard wurde nach ihrem Erfinder als »Trotter« benannt. Sie ist auf die Spitzenkennzahl »Six Sixma« (ein Qualitätsmaß) ausgerichtet. Damit wird eine direkte Verbindung zu den konzernweit stattfindenden Wandelprogrammen zur Qualitätsverbesserung geschaffen. Die Gesamtleistung ergibt sich – wie in Abbildung 6-6 dargestellt – aus Aktivitäten in den Bereichen Führung, Prozessmanagement, Mitarbeiter, Kunden und Ergebnisse. Zu jedem dieser Bereiche wird eine Kennzahl ermittelt und zu einem Gesamtwert verdichtet.

Abb. 6-6:
Der »Trotter« von GENERAL ELECTRIC

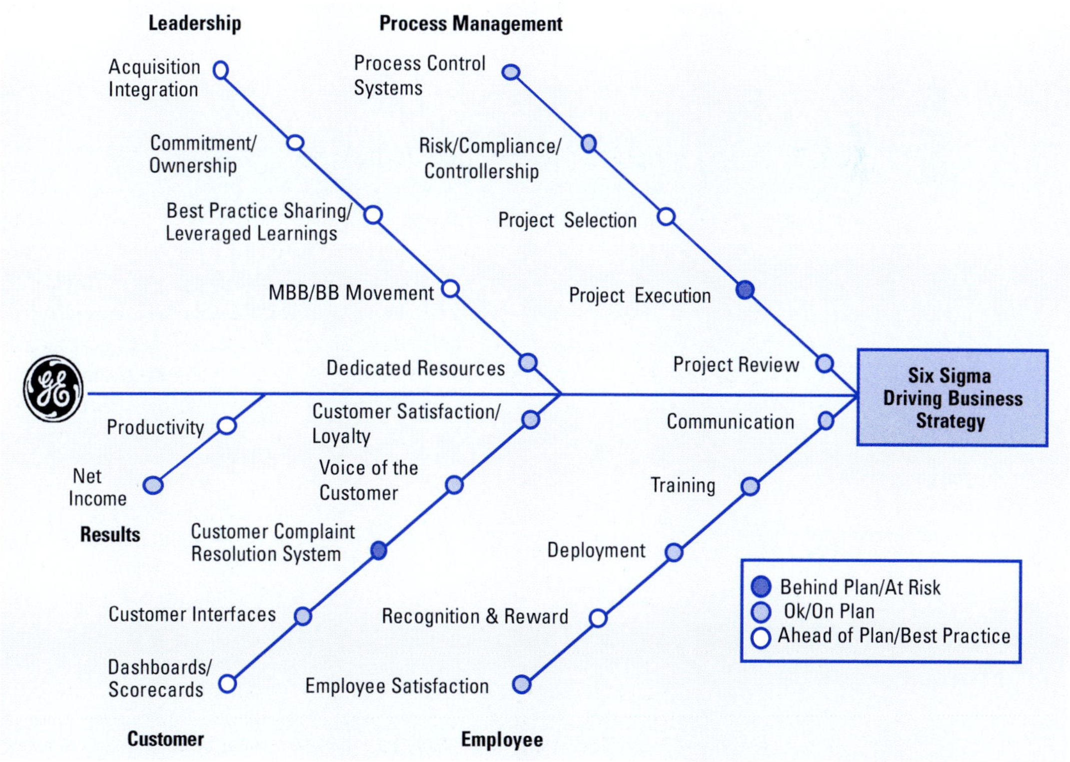

(2) Die Balanced Scorecard

Die Entwicklung der Balanced Scorecard durch Kaplan/Norton (1992) und eine Reihe von Vertretern US-amerikanischer Großunternehmen (Apple, KPMG Peat Marwick etc.) geht auf den Anfang der Neunzigerjahre zurück. Zielsetzung des Ansatzes ist es, die Strategie einer Geschäftseinheit in materielle Ziele und dazugehörige Messgrößen zu übersetzen. Neue Strategien implizieren damit immer auch eine Anpassung der Kriterien, über die Leistung gemessen wird. Der Anspruch der Ausgewogenheit bezieht sich (1) auf die gleichzeitige Berücksichtigung der Interessen unternehmensexterner Anspruchsgruppen als auch der internen Erfordernisse für Geschäftsprozesse, Innovationen, Lernfähigkeit und Wachstum, (2) die Berücksichtigung kurz- als auch langfristig ausgerichteter strategischer Ziele und (3) die Verwendung objektiver und subjektiver (auch nicht-monetärer) Indikatoren.

Abbildung 6-7 zeigt den grundsätzlichen Aufbau der Balanced Scorecard. Jedes Geschäft ist aus vier Perspektiven heraus zu evaluieren, wobei im Bedarfsfall diese Perspektiven auch verändert bzw. ergänzt werden können.[15] Dabei liegt eine einfache Kausallogik zu Grunde, die eng an den Wertsteigerungsansatz angelehnt ist: Um eine hohe Gesamtkapitalproduktivität zu erreichen (finanzielle Perspektive), bedarf es der entsprechenden Mitarbeiterfähigkeiten (Lernen und Wachstum). Diese findet ihren Ausdruck in einer hohen Prozess-Qualität und geringen Prozessdurchlaufzeiten (Prozess-Perspektive), was wiederum zu einer zeitgerechten Versorgung des Kunden mit den geschaffenen und nachgefragten Leistungen führt und deshalb den Kunden auch bindet (Kunden-Perspektive). In den vier Perspektiven sind auch die drei Haupttreiber des Wertsteigerungsansatzes erkennbar (Umsatzwachstum und -zusammensetzung, Kostenreduktion und Pro-

Abb. 6-7: Die vier Perspektiven der Balanced Scorecard (Kaplan/Norton 1996)

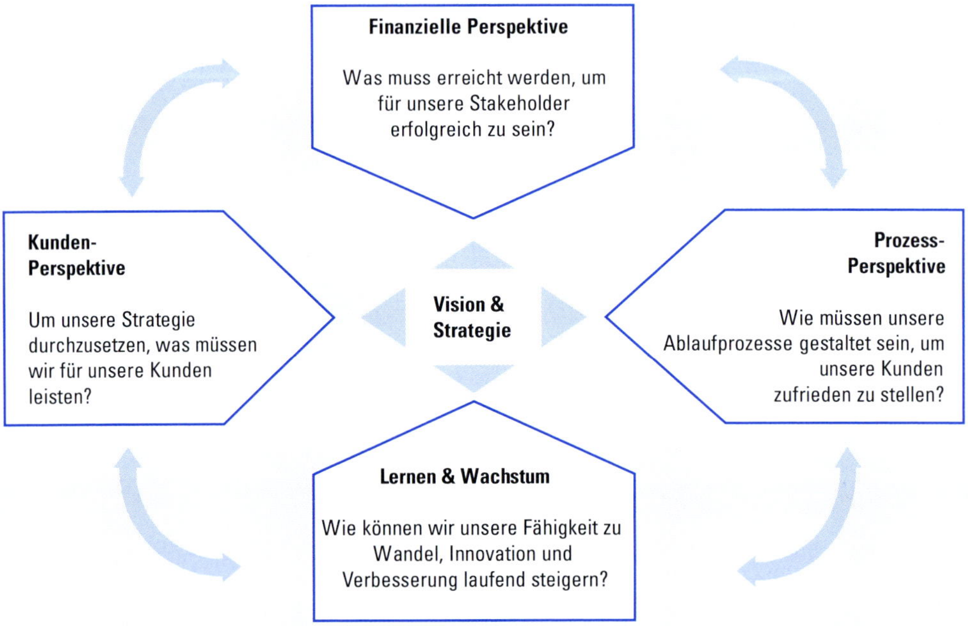

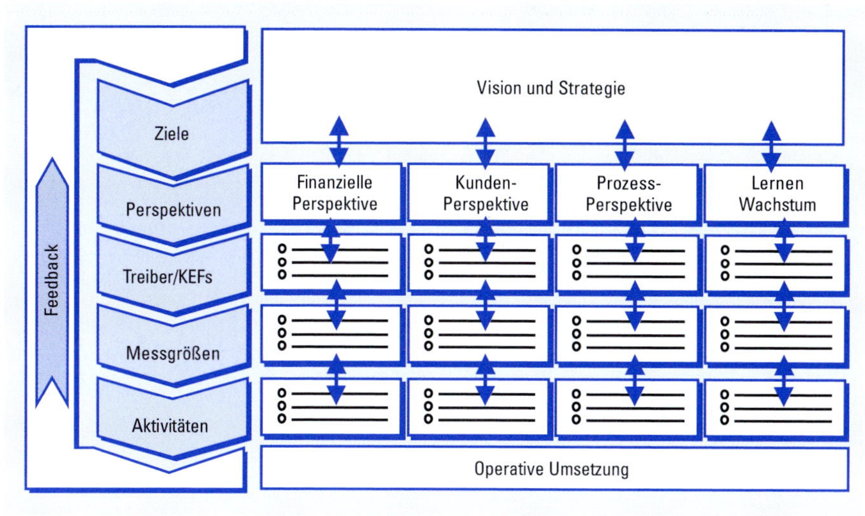

Abb. 6-8: Die Arbeitslogik der Balanced Scorecard (Kaplan/Norton 1997)

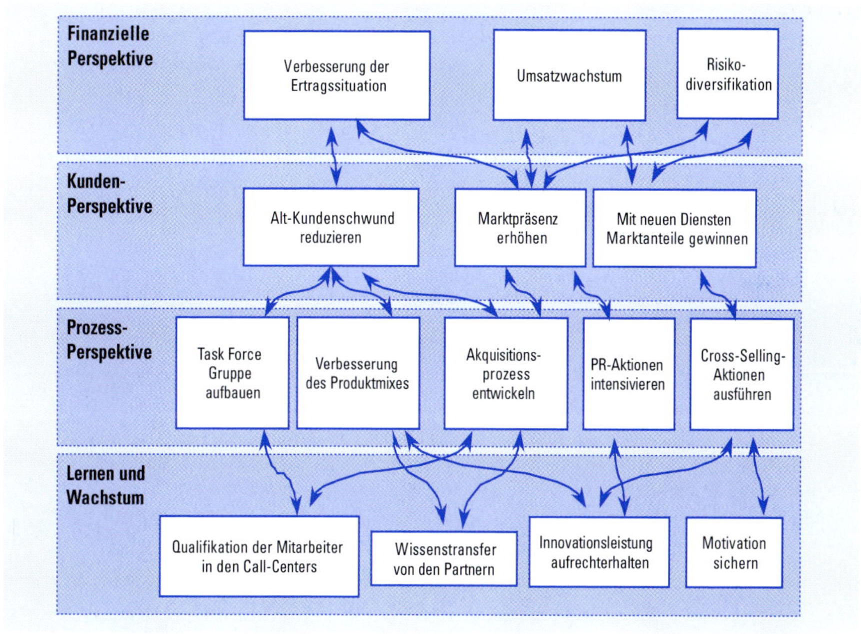

Abb. 6-9: Strategiebaum eines Unternehmens aus der Telekommunikationsindustrie (Kaplan/Norton 1997)

duktivitätsverbesserung, Nutzung der Vermögenswerte), die je nach Portfolio-Strategie (ernten, halten, wachsen) unterschiedlich zu bedienen sind.

Übersetzung der Vision in konkrete Aktivitäten

Die Arbeitslogik der Balanced Scorecard zielt auf die Übersetzung der Vision in konkrete Aktivitäten ab, was auch in der Abbildung 6-8 verdeutlicht wird: Aus der Vision und Unternehmensstrategie müssen pro Perspektive die strategischen Ziele abgeleitet und – man vergleiche dazu das Beispiel in Abbildung 6-9 – schlüssig zueinander in Beziehung gesetzt werden. Danach gilt es, die Variablen zu identifizieren, die als kausal zur Erreichung der Ziele betrachtet werden. Sie werden hier Treiber genannt. Um diese Treiber in ihrer Entwicklung beurteilen zu können, bedarf es Messgrößen. Da die Ausprägungen dieser Messgrößen die Chance zur Unterstützung der Umsetzung ambitionierter Strategien bieten sollten, ist bei ihrer Auswahl zu bedenken, dass sie möglichst einem Benchmarking zugänglich sein sollten.

Abbildung 6-9 zeigt am Beispiel des »Strategiebaumes« eines Telekommunikationsunternehmens, wie die einzelnen Strategieelemente ineinander greifen, weshalb man auch sagt, dass mit der Balanced Scorecard ein integrativer Strategieansatz verfolgt wird.

Die Balanced Scorecard ist heute ein Konzept, das ein enormes Anwenderinteresse erfahren hat. Unternehmen nutzen es in den verschiedensten Variationen. In Abbildung 6-10 wird die Balanced Scorecard des Telekommunikationsunternehmens aus Abbildung 6-9 gezeigt.

Abb. 6-10: Treiber und Messgrößen eines Unternehmens aus der Telekommunikationsindustrie (Beispiel) (Kaplan/Norton 1997)

	Ziele/Strategien	**Performance-Treiber**	**Messgrößen**
Finanzielle Perspektive	1. Steigerung des Ertrags 2. Umsatzwachstum 3. Risikodiversifikation	• Mix der Erträge • Nutzung kostengünstiger Absatzwege • Verteilung der Geschäftsrisiken	• EBIT • % Wachstumsrate im Festnetz zum Gesamtumsatz • Risk share per service line
Kunden-Perspektive	4. Verringerung des Alt-Kundenbestandes aufhalten 5. Akquisition von privaten Festnetzkunden 6. Marktpräsenz steigern	• Qualität der Kundenbeziehung • Diensteigenschaften • Image	• Anzahl Neukunden zu Altkunden • Umfrageindex
Prozess-Perspektive	7. Verbesserter Reklamationsprozess durch Call-Center 8. Cross-Selling von Diensten 9. Werbeaktionen (Events, TV)	• Qualität • Kosten • Zeit	• Anzahl angesprochener Kunden • % Dauer von Störungsbehebungen • % Volumen des Cross Selling • Responseindex auf Werbung
Lernen und Wachstum	10. Training der Call-Centers 11. Integrierte Funk/Festnetzdienste 12. Wissenstransfer von Partnern 13. Motivation sichern	• Qualifikation • Informationsverfügbarkeit • Motivation • Innovation	• Anzahl Schulungstage • Eintragungen in »Wissensbank« • MA-Zufriedenheitsindex • Anzahl Verbesserungsvorschläge • »Hit-Prämien«, Fun-Events

Fallbeispiele
Andere Unternehmen haben auch bei den Perspektiven variiert: FEDERAL EXPRESS hat die drei Perspektiven Mitarbeiter, Service und Wachstum; bei WHIRLPOOL sind es Finanzen, Kunden und Mitarbeiter; bei MOTOROLA findet man Zeit, Qualität, Wachstum, Produktion und Führung. Bei NOVARTIS konzentriert man sich auf die mit den Perspektiven verbundenen Kernfähigkeiten. Es werden dazu vier Perspektiven unterschieden: Performance (Finanzen, Operations), Externer Fokus (Markt/Kunde, Wettbewerb, Kooperationspartner), Innovation (Produkte, Prozesse) sowie Mitarbeiter (Kompetenzen, Werte/Ambitionen, Entwicklung, Führung). Dabei werden pro Kriterium die Ziele, Messgrößen, Verantwortlichkeiten und Anreize erarbeitet.

Heute hat die Balanced Scorcard weltweit eine so hohe Popularität erlangt, dass der Ansatz fast synonym mit dem Begriff Performance Messung verwendet wird.[16] Auch werden Varianten des Ansatzes durch eine Vielzahl von Beratungsunternehmen vertrieben.[17]

(3) Der SKANDIA Navigator

Seit 1994 wird bei dem schwedischen Versicherungsunternehmen SKANDIA in Ergänzung zum Geschäftsbericht ein Bericht über die Entwicklung der »intangible assets« des Unternehmens angefertigt. Dahinter steht die Annahme, dass der wahre Wert des Unternehmens nicht in seinem finanziellen Kapital, sondern dem intellektuellen Kapital (im Sinne von Humankapital und strukturellem Kapital) liege. Abbildung 6-11 zeigt den »SKANDIA Navigator«[18], wobei die Messgrößen

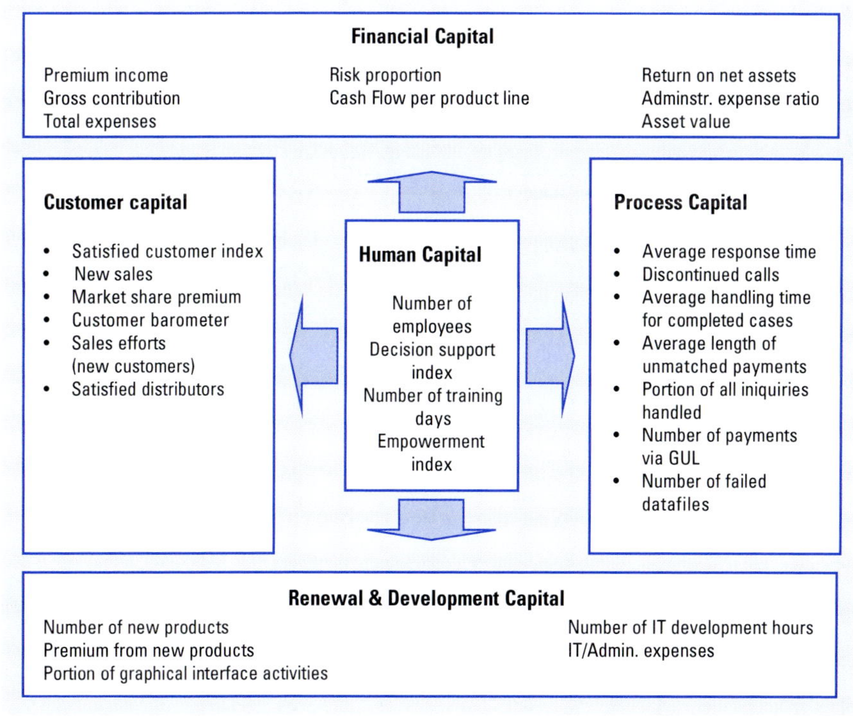

Abb. 6-11: Der »SKANDIA Navigator« (Quelle: SKANDIA Report 1997)

in jedem Unternehmensbereich von SKANDIA etwas unterschiedlich sind. Auch wurden diese über die Zeit immer wieder angepasst.

Ressourcen: www.skandia.com und www.sveiby.com

- Besuchen Sie einmal die Homepage von SKANDIA. Sie können dort unter »About Skandia > Our Organization > Our Processes« einiges mehr zum Skandia Navigator und zum Thema »Intellektuelles Kapital« finden.
- Ähnlich wie das Skandia-Konzept ist das »Invisible Balance Sheet« von Karl-Erik Sveiby, das Sie bei den Tools auf der Homepage von SVEIBY KNOWLEDGE ASSOCIATES finden.

(4) Das EFQM-Modell

Ein weiterer Ansatz sind die Qualitätsmanagementkonzepte des *Malcolm Baldrige National Quality Award* und des *European Quality Award*. Abbildung 6-12 zeigt die neun Gestaltungsbereiche des EFQM-Ansatzes, die alle durch detaillierte Kataloge von Einzelkriterien hinterlegt sind, um Benchmarkings zu ermöglichen und konkrete Verbesserungsprozesse auszulösen.[19]

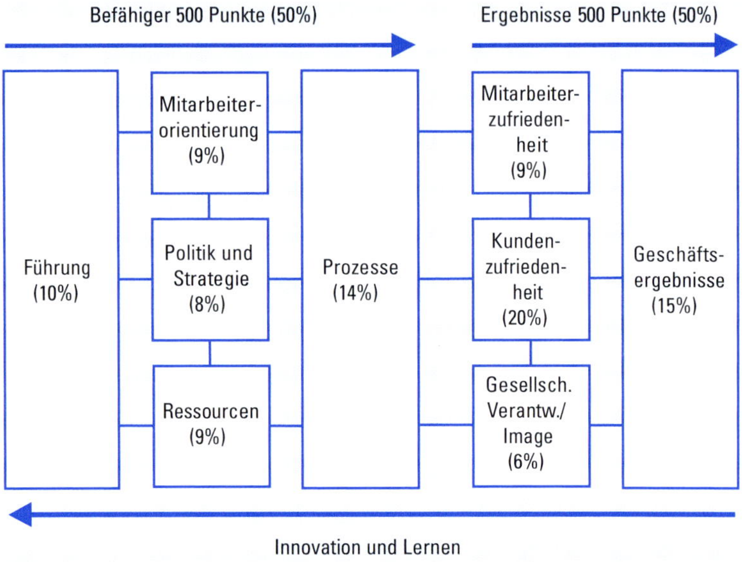

Abb. 6-12: Das EFQM Excellence Model (Quelle: EFQM 1997)

6.2.2 Performance Messung im GMN

Im Folgenden und zum Abschluss des Kapitels wird ein Ansatz zur Performance Messung vorgestellt, der auf der Systematik des GMN aufbaut und anstrebt, den Anforderungen an eine umfassende Performance Messung zu entsprechen. Im konzeptionellen Sinne wird damit zur Abrundung des GMN bewusst »Neuland« betreten.

(1) Überblick

Die Performance Messung entlang des GMN besteht aus drei Bausteinen. Ziel ist es, strategische Initiativen und ihre Auswirkungen von Anfang an zu beobachten und zu beurteilen. Den Bausteinen liegen folgende **Annahmen** zu Grunde:

- Am Anfang stehen »*Konzepte*« bezüglich wichtiger, strategischer Initiativen. Wer also in der Lage ist, professionell Konzepte für eine strategische Positionierung und die zu ihrer Wirksamkeit notwendigen Veränderungsprozesse zu generieren, hat gewissermaßen die erste Hürde genommen.
- Die zweite Hürde ist die *Umsetzung* dieser Konzepte bzw. die Wirksamkeit der lancierten Initiativen. Dabei interessieren vor allem die Stellen im Prozess, wo Ausmaß und Auswirkungen der Umsetzung beobachtet werden können: Wurde das auch getan, was man vor hatte zu tun (Kontrolle)? Welche Auswirkungen hatte dies auf die Beobachtungsgrößen?
- Zuletzt geht es um die Auswirkungen der eingeleiteten Initiativen auf das *finanzielle Ergebnis*; also darum, ob eine Wertsteigerung erzielt wurde. Dabei gilt sich Klarheit darüber zu verschaffen, ab wann und inwieweit die Zahlen aus dem Controlling Ausdruck des finanziellen Ergebnisses der eingeleiteten Initiativen sind.

Die Bewertung der konzeptionellen Qualität nennen wir »*Konzept-Audit*« (GMN-Audit), die Bewertung der Implementierung »*Umsetzungs-Scorecard*« (GMN-Scorecard) und die Auswirkungen auf das Betriebsergebnis »*Financial Controlling*«[20]. Dies sind die drei **Bausteine**. Zusammenfassend ergibt sich aus ihnen eine Kausalkette entlang des Zeitstrahls (vgl. Abbildung 6-13), durch die erstens so früh als möglich Feed-back eingeholt wird und die zweitens entlang verschiedener Perspektiven und Indikatoren misst.

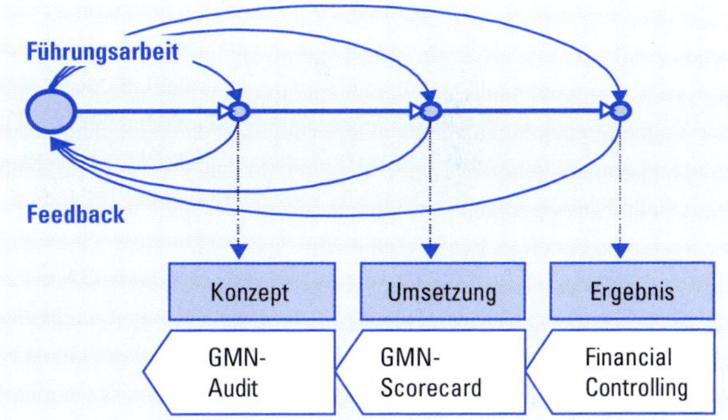

Abb. 6-13: Beurteilung der Führungsarbeit

Eine Performance Messung kann nun entlang dieser drei Bausteine durchgeführt werden. Behält man dabei die Struktur des GMN bei, so sind Bewertungen in jedem der fünf Felder vorzunehmen. Eine grafische Aufbereitung, wie sie einem praktischen Anwendungsfall in der Bankenindustrie entnommen ist, zeigt Abbildung 6-14.

Um zu dem Gesamtergebnis von 3,1 zu gelangen, wurde eine Gewichtung der Ergebnisse der drei Bausteine nach dem Schlüssel 2:3:5 vorgenommen. Es stellt sich im vorliegenden Beispiel die Frage, ob das finanzielle Ergebnis schon Ausdruck der gegenwärtigen Führungsarbeit ist, oder ob sich diese dort erst noch durchschlagen wird. Es ist von Letzterem auszugehen, wenn man die schlechte Beurteilung der Umsetzung heranzieht. Betrachten wir nun im Folgenden die drei Bausteine genauer.

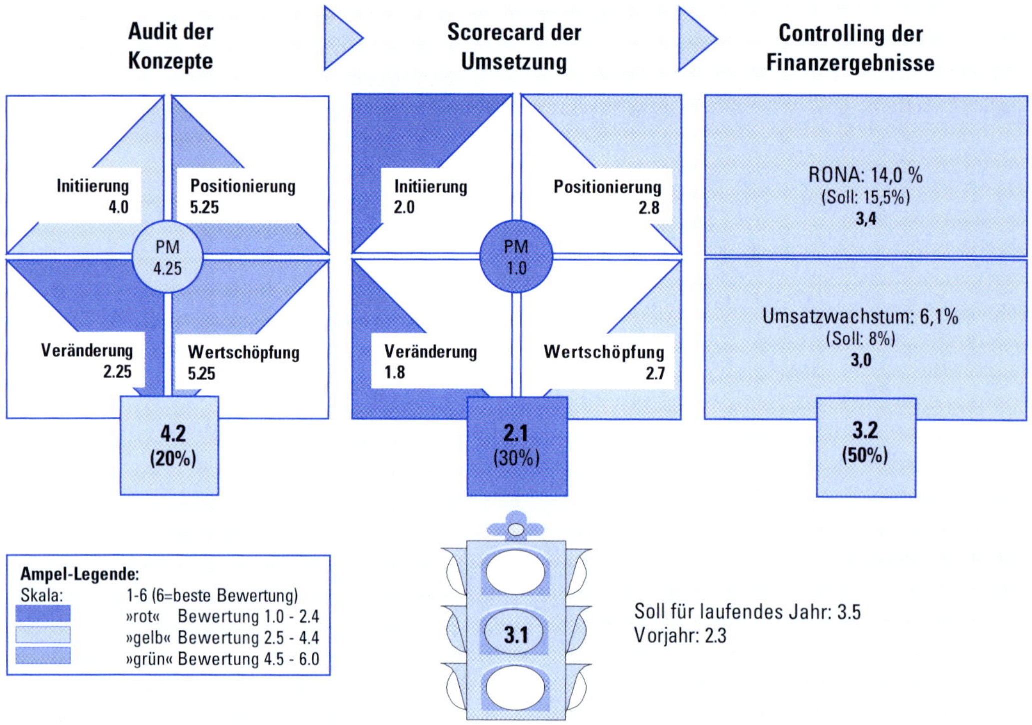

Abb. 6-14: Gesamtergebnis einer Performance Messung

(2) GMN-Audit

Über das Audit wird die Qualität der durch das Management geleisteten konzeptionellen Arbeit bewertet. Es wird dabei davon ausgegangen, dass sich in der Führungspraxis zu jedem Feld des GMN ein »state of the art« seiner Bearbeitung ausgeprägt hat, wie er auch in den vorangegangenen Kapiteln dargestellt wurde. Um ihn herum kann eine **6er-Skala** für das Audit zur Anwendung gebracht werden, wie sie in Abbildung 6-15 dargestellt ist. Um das Audit-Ergebnis einer einfachen Darstellung nach dem Ampel-Prinzip zugänglich zu machen, wurden die Ausprägungen 1 und 2 »rot« unterlegt, 3 und 4 »gelb« sowie 5 und 6 »grün«.

In einem nächsten Schritt muss es nun darum gehen, für jedes der GMN-Felder **Kriterien** abzuleiten, anhand derer eine Qualitätsbeurteilung durchgeführt werden kann. Wir werden dabei inhaltliche und prozessuale Kriterien unterscheiden. Die Beurteilung der Inhalte erfolgt nach deren *Logik* (Wie bauen die Inhalte aufeinander auf?), nach den beteiligten *Kräften* (Von wem kommen die Inhalte?) und nach den damit verbundenen *Interaktionen* (Wie wurden die relevanten Interaktionen ausgestaltet?).

Bei der Prozessqualität wird jeweils die zur Entwicklung der Inhalte angewandte *Systematik* unter die Lupe genommen: (1) Wurden alle relevanten Schritte vollzogen (Vollständigkeit)? Bei der Systematik ist insbesondere darauf zu achten, dass die in jedem Arbeitsfeld verfolgten strategischen Ziele auch kompetent erarbeitet wurden: Wurden diese Ziele systematisch abgeleitet? Konnten

1	nicht existent	Es hat sich unreflektiert ein bestimmtes Muster eingependelt ++ Eine explizite, konzeptionelle Bearbeitung der Felder erfolgt nicht ++ Die Anforderungen des operativen Geschäftes dominieren Denken und Handeln ++ Rein intuitive Herangehensweise
2	rudimentär	Wichtige Arbeitsfelder werden im Ansatz bearbeitet ++ Orientierung an einzelnen Konzepten ++ Einzelne Aktivitäten werden wenig zusammenhängend ausgeübt ++ Kein roter Faden erkennbar ++ Kaum Reflektion
3	»basics«	Die grundlegendsten Arbeitsschritte werden durchgeführt ++ Man tut das Notwendigste ++ Vernetzung im Ansatz erkennbar ++ Keine Eigenständigkeit ++ Geringer Stellenwert konzeptioneller Arbeit
4	»state of the art«	»Mainstream« ++ Man verfügt über eine in sich konsistente Vorgehensweise, die die wichtigsten Arbeitsfelder abdeckt ++ Man kennt die Vorgehensweise anderer Unternehmen und hat sie untersucht ++ Reflektion des eigenen Stils vorhanden
5	eigener Weg	Aufbauend auf dem State of the Art hat man eine eigenständige Vorgehensweise entwickelt und lebt sie ++ Man wird den Besonderheiten der jeweiligen Situation gut gerecht ++ Innovatives Verhalten wird angestrebt und teilweise realisiert
6	»leading edge«	Anerkannte Spitzenposition ++ Auf Basis einer gut eingespielten, eigenen Vorgehensweise experimentiert man mit neuen Ansätzen bzw. entwickelt sie zielgerichtet für die eigenen Bedürfnisse ++ Hohe Dynamik ++ Ausgeprägte Reflektion

Abb. 6-15:
Audit-Skala

dabei die unterstellten Ursache/Wirkungsbeziehungen transparent gemacht werden? (2) Passt die Durchführung der Prozessschritte zueinander (Konsistenz)? (3) Wurde den jeweiligen Schritten eine angemessene Bedeutung eingeräumt (Gewichtung)? (4) Wurden die einzelnen Prozessschritte auf einen klar erkennbaren Zweck ausgerichtet (Zweckgebundenheit)? Diese allgemeine Kriterieneinteilung muss dann noch bezogen auf das jeweilige GMN-Feld konkretisiert werden, wie es in Abbildung 6-16 geschehen ist. Natürlich kann diese Kriterienliste einem konkreten Fall auch angepasst werden.

	Initiierung	**Positionierung**	**Wertschöpfung**	**Veränderung**	**Performance**
Logik	Kopplung	Kohärenz	Konfiguration	Timing	Ausgewogenheit
Kräfte	Beteiligte	Robustheit	Ressourcenallok.	Rollenverteilung	Verortung
Interaktion	Verhalten	Fit	Vernetzung	Reorganisation	Impact
Systematik	Systematik	Systematik	Systematik	Systematik	Systematik

Abb. 6-16:
Audit-Kriterienstruktur

Im Folgenden werden diese Kriterien erläutert. Hinter jedem Kriterium stehen eine Reihe von Fragen, die die Durchführung des Audit anleiten. Diese Fragen reflektieren die Ausführungen zum State of the Art in den vorangegangenen Kapiteln.

Fallbeispiele
Zur Veranschaulichung der Ausführungen werden im Folgenden auszugsweise Ergebnisse aus einem durchgeführten Audit einer Geschäftseinheit eines Konzerns gezeigt. Dieses Audit basiert auf Interviews mit Führungskräften und der Auswertung interner Dokumente.

Hier wird die Art und Weise beurteilt, wie die Strategien entstehen (können). Dabei kann es sich um die Strategie einer strategischen Initiative handeln oder – wie im vorliegenden Fall – um die Strategie einer organisatorischen Einheit. Im letzteren Fall wird insbesondere ein Blick auf die Effizienz des formalen Strategieentwicklungsprozesses (strategische Planung) geworfen. Beurteilt wird aber auch die Offenheit der organisatorischen Rahmenbedingungen gegenüber emergenten Strategien.

Audit »Initiierung«

Kopplung: Hier geht es um das Ineinandergreifen der Strategieentwicklung in der betrachteten Einheit mit angrenzenden Einheiten (z.B. mit der darüberliegenden Konzernebene) und Planungsebenen (z.B. operative Planung).

Die SGE ist in einen neu etablierten Konzernplanungsprozess eingebunden. Es handelt sich um einen klassischen Konzernplanungsprozess über vier Monate, der erst Anfang November zur Entscheidung über die Kapitalallokation führt. Relativ rasche Durchlaufzeit des Planungsprozesses sowohl auf Ebene Konzern als auch bei den Geschäftseinheiten. Regelmäßige Strategiearbeit auf oberster Ebene der SGE. Begleitung durch einen Strategie-Coach. Strategieprozess der SGE auf das vom Konzern vorgegebene Profitabilitätsziel ausgerichtet.

Beteiligte: Hier geht es um die Frage der Eignung des Kreises der Beteiligten am Prozess der Strategieentwicklung. Ist das in- und externe »Involvement« umfassend genug gewesen? Sind die benötigten Perspektiven und Expertisen vertreten? Wer z.B. einen Wertsteigerungsansatz vertritt, sollte Finanzspezialisten ins Team nehmen.

Erster Schritt in die Öffnung des Beteiligtenkreises an der strategischen Planung durch Einbezug des 1. Führungskreises ist vollzogen, was für den Konzern eher kulturfremd ist. Bislang jedoch nur interne Perspektive plus Berater involviert. Relevante Fähigkeiten (IT, Marketing etc.) sind im Beteiligtenkreis abgedeckt. Bislang kaum Nutzung virtueller Beteiligungsformen (z.B. über das Intranet) bei der Strategieentwicklung.

Verhalten: Hier stehen die mit dem Thema Strategieentwicklung verbundenen Verhaltensmuster zur Beurteilung an. Insbesondere wird dabei die Kommunikation der formellen Strategien untersucht. Aber auch der Frage nach den Chancen, die Bottom-up-Initiativen haben, wird nachgegangen.

Nutzung vieler verschiedener Kanäle bzw. Medien zur Kommunikation der Grundstrategie. Massive Kommunikationsoffensive gegenüber der Gesamtorganisation. Starker persönlicher Einsatz der Führung. Auch originelle Formen der Grundstrategie-Kommunikation (Preisausschreiben etc.). Gefahr, dass strategische Bottom-up-Initiativen entweder bereits in der Mitte abgefangen werden (»Lasso-Phänomen«) oder zu atomisiert nach oben gelangen (»Schrotflinten-Phänomen«).

Systematik: Hier wird nach dem Reifegrad des Umgangs mit Initiierungsfragen gefragt. Wie tief schürfend und umfassend werden die zur Prozessgestaltung zur

Verfügung stehenden Optionen vor den Prozessentscheidungen reflektiert? Wie »reif« ist die Organisation in der Gestaltung ihrer Initiierungsarbeit?

Elemente einer Initiierung sind vorhanden (z.B. Ebenenkopplung). Systematisch wird die Frage der Initiierung jedoch wenig hinterfragt.

Das Audit »Initiierung« hat eine Benotung jedes Kriteriums auf der in Abbildung 6-15 gezeigten Skala von 1 bis 6 zur Folge. In Abbildung 6-17 ist das Ergebnis exemplarisch zusammengefasst. Ziel ist die Quadratur dieses Performance-Kreises.

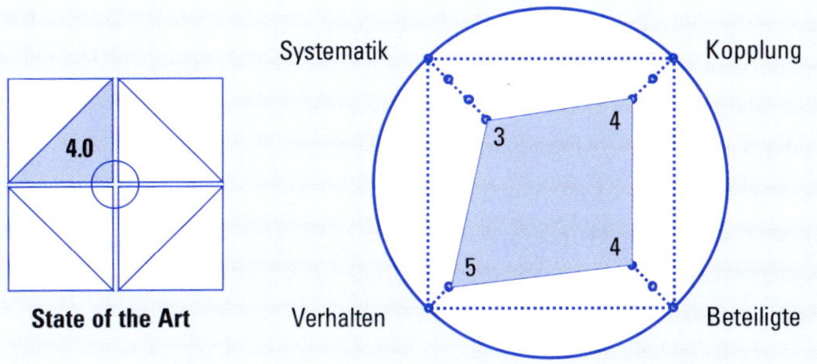

Abb. 6-17: Ergebnis des Audits der Initiierungsarbeit

Audit »Positionierung«

In diesem Audit wird die Qualität der inhaltlichen Aussagen zur Positionierung der betrachteten Führungseinheit nach außen (»personifiziert« über die Stakeholder) untersucht. Welche der hierfür vorgesehenen Führungsinstrumente existieren in welcher Qualität? Wird auf die relevanten Stakeholder explizit eingegangen?

Kohärenz: Hier wird untersucht, wie präzise die zur Verfügung stehenden Führungsdokumente ineinander greifen.

Bislang keine Vision vorhanden. Auch Mission Statement bzw. Leitbild ist noch zu entwickeln. Zusammenhang der Strategien zur Marktsegmentierung nicht nachvollziehbar. Klare Wettbewerbsstrategie ist erkennbar. Ergebnisexplosion unbegründet (extremer Hockey-Schläger-Effekt).

Robustheit: Hier wird untersucht, wie robust die Strategien gegenüber wechselnden Szenarien sind und welche Qualität die Eventualpläne haben.

Marktstrategie ist bei wechselnden Szenarien relativ robust. Was allerdings fehlt, ist ein Szenario, dass die Wachstumsphase auch einmal ein Ende haben könnte. Wettbewerbsstrategie ist abhängig von einem bestimmten Szenario. Eventualpläne sind nachvollziehbar.

Fit: Hier geht es um die Frage, wie gut die Strategie Bezug zur jeweils anvisierten Umwelt nimmt (Originalität, Präzision etc.). Ist erkennbar, auf was man seine Überlegenheit beziehen möchte? Ist dies begründet, oder wird es nur behauptet? Ist genannt, unter welchen Bedingungen dies der Fall ist?

Klare Positionierung in Richtung Markt und Wettbewerb. »Klassische« Wettbewerber werden dadurch unter Zugzwang gesetzt. Keine Antwort auf die neuen, sehr erfolgreichen Nischenanbieter. Das Internet ist mehr als nur ein zusätzlicher Vertriebskanal.

Systematik: Hier wird die Qualität der bei der Positionierung gewählten Vorgehensweise beurteilt. Wurden die wichtigsten Teilaufgaben erledigt? War deren Gewichtung angebracht? War klar, wofür die einzelnen Arbeiten gemacht wurden?

Meist sorgfältiger Durchlauf der einzelnen Schritte im formellen Strategieentwicklungsprozess. Schnittstelle zur Corporate-Ebene nicht ausreichend bearbeitet; Kein Bezug zur dortigen Portfolio-Strategie. Produktgruppen wurden nicht nachvollziehbar aus der Marktsegmentierung abgeleitet. Die Strategie, die teilweise einen radikalen Einschnitt in das Bisherige darstellt, wurde nicht auf ihre Anschlussfähigkeit an die Befindlichkeit der Organisation hinterfragt.

Audit »Wertschöpfung«

Nun ist zu beurteilen, inwieweit es gelungen ist, das Geschäftssystem konsequent auf die Positionierungsstrategie auszurichten.

Konfiguration: Damit wird die Zusammensetzung der einzelnen Aktivitäten im Wertschöpfungsmodell angesprochen. Werden die relevanten Aktivitäten aufgeführt? Wird Bezug zu den Erfolgsfaktoren genommen? Ist erkennbar, woraus man seine Überlegenheit beziehen will?

Ausrichtung der Organisation entlang eines Wertschöpfungsmodells ist vorbildlich. Nicht alle Wertschöpfungs-Aktivitäten sind bereits detailliert konfiguriert und mit Workflow-Infrastruktur versehen worden. 10 Projekte zur Verbesserung der Effizienz und Effektivität des WS-Systems wurden aufgesetzt; Fokus auf Effizienz von Vertriebsprozessen (Erschließung von Markt und Kunden).

Ressourcenallokation: Hier ist der Frage nachzugehen, ob das System zum richtigen Zeitpunkt ausreichend mit Ressourcen ausgestattet ist. Bringen z.B. die Mitarbeiter die dann erforderlichen Fähigkeiten mit? Verfügen wir über genügend Wissen (z.B. zum Kundenverhalten)? Sind die notwendigen Führungssysteme vorhanden? Steht ausreichend Kapital zur Verfügung?

Man verfügt über genügend gut ausgebildete Mitarbeiter für die Erfüllung der »klassischen« Aufgaben. Durch den technologischen Wandel bedingte Möglichkeiten sind nicht ausreichend durch Expertise abgestützt (z.B. Data Mining). Gleichzeitig relativ hohe Investitionen in IT. Führungsmannschaft nicht genügend international ausgerichtet. Optimierung der Bilanzstruktur wird vorangetrieben.

Vernetzung: Hier ist zu überprüfen, ob einerseits den Schnittstellen innerhalb des eigenen Wertschöpfungsmodells genügend Rechnung getragen wurde, ob andererseits aber auch die Schnittstellen zu den relevanten Stakeholdern prozessual professionell unterlegt wurden. Auch ist die inhaltliche Verzahnung von Positionierungsstrategie und Wertschöpfungsmodell zu bewerten.

Die Positionierung als Kostenführer lässt sich nicht konsequent im Wertschöpfungsmodell wiederfinden. Kundenorientierung ist zumindest strukturell in den Prozessen verankert. Integrative Aspekte des Wertschöpfungsmodells sind in der Aufbauorganisation abgebildet (z.B. bei Service). Zuordnung/Verzahnung der 10 Projekte zu den Wertschöpfungsaktivitäten sind nicht klar erkennbar.

Systematik: Einmal mehr ist hier die Qualität der gewählten Vorgehensweise zu beurteilen.

Eine präzise Überprüfung der Lücke zwischen Soll und Ist beim Wertschöpfungssystem wird gewissermaßen übersprungen. Es fehlen auch die Aussagen zu den zu schließenden Fähigkeitslücken bei den Erfolgsfaktoren. Die 10 Projekte werden hinsichtlich ihres Bedarfs an Wandel wenig hinterfragt, obgleich dieser erheblich sein dürfte.

Audit »Veränderung«

Hier ist das Veränderungskonzept zu beurteilen, über das die Strategien operativ wirksam gemacht werden sollen. Es geht also um die Qualität des »Drehbuches« für den Wandel zur angestrebten Positionierung.

Timing: Beim Timing wird die zeitliche Staffelung der Aktivitäten betrachtet. Wird man dabei den Besonderheiten an den einzelnen »Baustellen des Wandels« gerecht? Verfügt man über realistische Zeitvorstellungen?

Sensibilisierende Vorlaufaktivitäten (Workshops) sind angedacht. Sie werden jedoch nicht in der breiten Masse das notwendige »Klima der Dringlichkeit« erzeugen. Die Inszenierung des Auftaktes ist spektakulär und wird die notwendige Aufmerksamkeit auf den Wandel richten. Danach gibt es eine konzeptionelle Lücke. Der Wandel könnte dadurch an Fahrt verlieren. Die Zeit nach dem Auftakt ist entlang der 10 Projekte in zwei Jahresscheiben gegliedert, was jedoch noch zu keiner geeigneten Dramaturgie führt. Die Vorstellungen über die Dauer und zeitliche Gliederung des Wandels sind bislang noch recht vage konzeptionalisiert.

Rollenverteilung: Hier ist das Rollenkonzept für den Veränderungsprozess zu beurteilen. Verfügt man über eine geeignete Projektorganisation? Wie wird man mit den Reaktionen der relevanten Stakeholder umgehen? Hat man sich auf das Problem der unterschiedlichen Geschwindigkeiten in den einzelnen Gruppierungen des Wandels vorbereitet? Ist die Loslösung des Machtsystems während des Change Prozesses ausreichend vorbereitet?

Es ist keine gesamthafte Projektorganisation als »Band« und Steuerungsinstanz um die vielen Aktivitätsfelder vorgesehen. Es besteht eine sehr enge und ausschließliche Ankopplung des Wandels an das »Machtsystem« der Organisation. Als Multiplikatoren des Wandels werden die Führungskräfte betrachtet. Nach dem Konzept »Train the Trainer« werden sie auf ihre Aufgabe in einem kurzen Workshop vorbereitet. Es ist zu fragen, ob dies reichen wird. Change Agents wurden explizit nicht benannt und ausgebildet. Ein Konzept zu einem differenzierten Umgang mit der »Belegschaft des Wandels« gibt es bislang noch nicht. Die Frage nach der gewünschten Unterstützung bzw. dem Coaching beim Wandel wurde den Betroffenen glaubhaft gestellt.

Reorganisation: Hier geht es um die Frage, in welcher Form die organisatorischen Rahmenbedingungen anzupassen sind. Ist die Organisationsstruktur geeignet? Welche Machtstrukturen werden tangiert? Welche Rolle spielt die Kultur?

Gelungener Schachzug mit der Ausgründung als 100%ige Tochter. Dies gibt »Rückenwind« für den Wandel auf Grund höherer Identifikation mit dem eigenen Geschäft. Die »Maschinerie« ist nicht klar erkennbar, die die Operations/Executions des Wandelvollzugs steuert. Incentive-Systeme und Zielvereinbarungen noch nicht eng genug an die Change-Performance gebunden. Wenig konkrete Aussagen zum kulturellen Wandel. Relevanz einer Emotionalisierung erkannt. Der Wandel sollte expliziter auf dem kulturellen »Erbgut« des Unternehmens aufsetzen: Stark durch »Hierarchie« geprägte Verhaltensmuster, »Plandiktat« etc. Empfundene »Entmachtung« der Filialen als Vollbanken noch nicht tatsächlich vollzogen. Verlangt nach Begleitung, um auch dort die notwendige Unterstützung für den Wandel zu erfahren. Was könnten Machtsubstitute sein?

Systematik: Auch hier geht es um die Vorgehensweise zur Entwicklung des Konzepts für den Wandel.

Es fehlt ein gesamthaftes Drehbuch zum Wandel, das die Aktivitäten »orchestriert« und in eine Inszenierung der Veränderung mündet. Bislang gibt es nur eine primär strukturelle Gestaltung des Wandels. Kulturelle Fragen wurden noch stark ausgeblendet, auch wenn Bewusstsein für deren Relevanz vorhanden ist. Das »Aufeinanderlegen« der Masterpläne der 10 Projekte erzeugt noch keine Dramaturgie. Politischer Handlungsspielraum bei den Stakeholdern noch zu wenig eruiert. Es werden bislang kaum Wandel-Konzepte/-Tools zum Einsatz gebracht.

Audit »Performance Messung«

Beurteilt wird hier die Qualität des entwickelten Konzeptes zur Performance Messung. Da damit die Performance Messung selbst zum Gegenstand einer Performance Messung wird, ist darauf zu achten, dass die Durchführung des Audits an jemand Dritten übertragen wird.

Ausgewogenheit: Hier geht es darum, zu beurteilen, ob alle für eine umfassende Performance-Beurteilung besonders relevanten Perspektiven eingenommen wurden und ob auch die Chance einer frühzeitigen Beurteilung der Performance über Vorsteuergrößen zum finanziellen Erfolg genutzt wurde.

Vielzahl an Kennziffern vorhanden, jedoch wenig systematisch aufeinander bezogen. Fokus auf finanzwirtschaftliche und vertriebsbezogene Kennziffern. Dass ein GMN-Audit durchgeführt wird, zeugt von dem ernsthaften Interesse, frühzeitig Hinweise auf die zukünftige Entwicklung zu erhalten.

Verortung: Hier wird der Ort der Verantwortlichkeit und Durchführung einer Performance Messung auf seine Eignung beurteilt.

Balanced-Scorecard-Projekt bei Controlling aufgehängt. Gefahr ist groß, dass dadurch keine Akzeptanz an der Basis hergestellt wird (»Big Brother is watching you«). Kein expliziter Einbezug der Beurteilten im Steuerungsteam. Zu wenig Transparenz der Balanced-Scorecard-Zahlen vorgesehen (»Herrschaftswissen« statt Feed-back für die Beobachteten zum eigenen Veränderungsprozess).

Impact: An dieser Stelle wird die Auswirkung der Performance Messung auf die beurteilte Organisation untersucht.

Insgesamt ist mit einem relativ starken Einfluss des Balanced-Scorecard-Projektes auf das Leistungsverhalten zu rechnen. Bei systematischer Anwendung des Konzeptes können die Ziele bis auf die operative Ebene heruntergebrochen werden. »Kreative« Kennzahlen (wie z.B. die »Retention Rate«) versprechen eine hohe Steuerungswirkung. Auf Grund der Unternehmenskultur besteht die Gefahr, dass man zu viel Energie in die Suche nach Wegen lenkt, um das System »auszutricksen«.

Systematik: Auch hier wird die Vorgehensweise bei der Performance Messung evaluiert.

Beim Balanced-Scorecard-Projekt wurden nur die strukturellen Aspekte der Implementierung durchdacht. Keine explizite Herausarbeitung der Treiber, die »hinter« der Scorecard stehen. Feedbackprozesse aus der Messung sind nicht ersichtlich. Dies ist wichtig, wenn die Scorecard nicht als Kontrollinstrument, sondern als Lerninstrument genutzt werden soll.

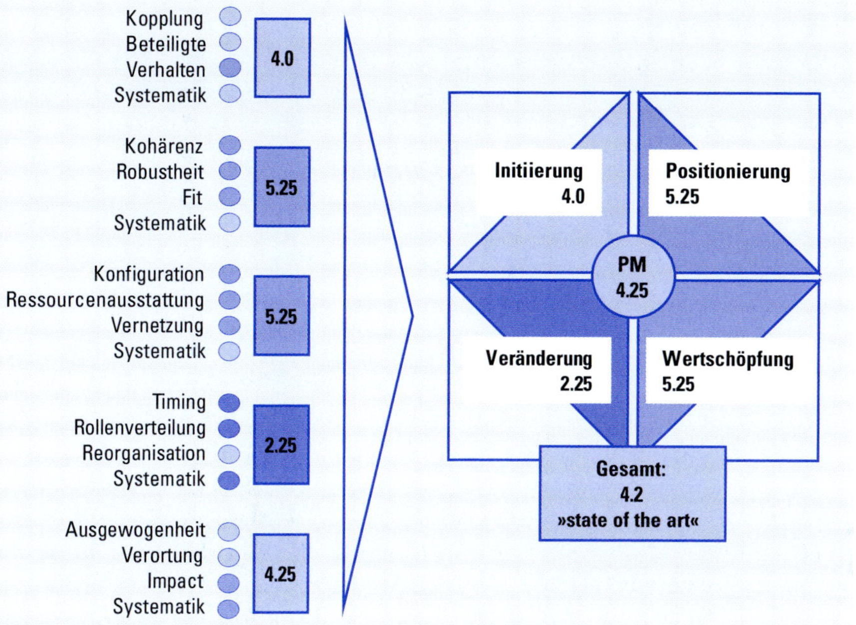

Abb. 6-18:
Ergebnis des Audits

Damit ist das Audit abgeschlossen. Es kann nun Feed-back an das Management zur weiteren Verbesserung der Führungsarbeit gegeben werden. Gleichzeitig können damit aber auch Signale gegeben werden, welche Qualität der Umsetzung zu erwarten ist.

Im konkreten Fall ergab sich eine Bewertung von 4.2 (vgl. Abbildung 6-18), was auf der in Abbildung 6-15 gezeigten Skala zu einer Einstufung als »state of the art« führt. Defizite bestehen dort insbesondere im Bereich der bislang konzeptionell vernachlässigten Veränderung und abgeschwächt auch in einer weitgehend unreflektierten Initiierung. Bei der Positionierungs- und Wertschöpfungsarbeit fiel insbesondere auf, dass es zwar viele gut ausgearbeitete Konzepte gibt, sie aber nur begrenzt aufeinander aufbauen. Auf Grund der Mängel bei der Initiierung und Veränderung dürften Probleme bei der Umsetzung zu erwarten sein.

(3) GMN-Scorecard

Die nächste in Abbildung 6-13 aufgezeigte Möglichkeit, um frühzeitig Hinweise auf das »Greifen« der Strategien im Unternehmen und in dessen Umfeld (Markt, Branche etc.) zu erhalten, ist die **Beobachtung der Umsetzung** und der bei den Stakeholdern wahrgenommenen Auswirkungen. In jedem der vier plus eins Arbeitsfelder des GMN fragen wir uns, an was wir zu erkennen glauben, ob die Umsetzung in der gewünschten Form stattfindet oder nicht. Diese Aufgabe hat zwei Aspekte:

- Zum einen geht es um *Kontrolle als Ausdruck der Willenssicherung*: Wurden die beschlossenen Umsetzungsmaßnahmen auch tatsächlich ergriffen? Geschah dies auch zu den vorgesehenen Zeitpunkten? Hier geht es im Prinzip um die Überwachung der Umsetzung des Masterplans.

- Zum anderen versucht man entlang der Zeitachse zu messen, ob diese Umsetzungsmaßnahmen auch zu den Konsequenzen und *Auswirkungen* geführt haben, die wir uns vorgestellt haben. Ziel der Messung ist auch hier, Feed-back zu erhalten zur frühzeitigen Einleitung von Lern- und Korrekturprozessen. Dieser zweiten Variante ist die GMN-Scorecard gewidmet.

In jedem Arbeitsfeld sind dabei drei **Fragen** zu bearbeiten:[21]

1. *Ziele-Frage*: Was sind die mit der Arbeit in diesem Feld verfolgten zentralen strategischen Ziele/Vorhaben? Die Antwort darauf übernehmen wir gewissermaßen als Übertrag aus der bereits weiter oben in den Feldern geleisteten konzeptionellen Arbeit. Statt der Ziele können hier auch die zentralen strategischen Aussagen stehen, zumal es im konkreten Fall oft schwierig ist, zu entscheiden, ob nun z.B. »TOP-3-Marktposition in Europa« ein Ziel oder eine Strategie ist.
2. *Performance-Treiber-Frage*: Welche Faktoren sind für das Erreichen der obigen Ziele ausschlaggebend? Es geht also um die Suche nach »Stellhebeln« zu den Zielgrößen. Dahinter müssen sauber herausgearbeitete Thesen zu unterstellten Zusammenhängen zwischen Zielen und Treibern stehen.
3. *Messgrößen-Frage*: Mittels welcher Indikatoren kann die Entwicklung der Treiber geeignet beobachtet werden? Ziel ist es, den Fortschritt messbar zu machen. Wichtig sind hier natürlich eine möglichst zweifelsfreie Messung der Indikatoren sowie zeitlich ausreichende Gelegenheiten zur Messung.

Ähnlich wie beim GMN-Audit, wo jeweils vier Audit-Kriterien pro Arbeitsfeld vorgeschlagen wurden, werden im Folgenden für die GMN-Scorecard **Messgrößen** vorgeschlagen. Im Unterschied zum Audit, bei dem die Kriterien mehr oder minder gesetzt sind, ist die Auswahl der Messgrößen in jedem Anwendungsfall als äußerst wichtiger Schritt im Arbeitsprozess zu betrachten, der aufwändig ist und der – zu seiner Nachvollziehbarkeit – auch einer gewissen Standardisierung unterzogen werden sollte. Diese kann sich auf den Ablauf der Auswahl richten oder auch auf die Anforderungen, die die ausgewählten Messgrößen erfüllen sollten, die allerdings selten durchgängig erfüllt werden können:

Anforderungen an Messgrößen

- *Adäquanz*: Ist der Indikator überhaupt zur Beobachtung der interessierenden Entwicklung geeignet? Z.B. die Gehaltsentwicklung war vor vielen Jahren noch ein guter Indikator für die Zufriedenheit der Mitarbeiter. Heute gilt dies nur noch eingeschränkt. Gerade das Abbilden der Erwartungshaltungen der externen Stakeholder in Form von Indikatoren ist nicht ganz einfach, da man dazu in der Lage sein muss, sich in die Situation dieser Stakeholder zu versetzen.
- *Relevanz*: Die Anzahl der denkbaren Leistungsindikatoren für Unternehmen ist nahezu unbegrenzt. Gleichzeitig hat nur eine einfache und überschaubare Performance Messung Chance auf Anwendung. Dies hat zur Konsequenz, dass nur die Indikatoren von Interesse sind, die einen hohen Erklärungsbeitrag leisten. Eine gewisse Restvarianz wird man also akzeptieren müssen. 30 Indikatoren für ein Geschäft betrachtet man z.B. als eher viel; unter 10 Indikatoren wird eine Beobachtung allerdings kaum sinnvoll gelingen.
- *Integrierbarkeit*: Darunter soll hier die Verknüpfung der Beobachtungsindikatoren mit den Planungsebenen angesprochen werden. Selbst zur Vision muss ein klarer Pfad von den Messgrößen aus gezogen werden können (bzw. umge-

kehrt). So soll tägliches Handeln an – manchmal abstrakt erscheinenden – Strategien und vereinbarten Zielsetzungen angeschlossen werden.

- *Eindeutigkeit*: Es sollte versucht werden, einen Indikator so auszuwählen, dass schon seine Benennung klar macht, um was es geht. Dies erleichtert seine Kommunikation und hilft auch nachträgliche »Ausflüchte« zu vermeiden. Beim Namen des Indikators wird dies nicht immer gelingen; jedoch spätestens bei seiner Definition sollte Eindeutigkeit gegeben sein.
- *Vergleichbarkeit*: Manche Indikatoren wird man für einen Vergleich heranziehen wollen, weil sie für sich genommen wenig aussagen. Zu Gunsten dieser Vergleichbarkeit müssen eventuell Kompromisse (bezogen auf eine isolierte Definition) eingegangen werden.
- *Stetigkeit*: Indikatoren sollten in der Lage sein, möglichst stufenlos über die Veränderung einer Beobachtungsgröße Auskunft geben zu können. Reine 0–1-Variablen sind für die laufende Verfolgung kontinuierlicher Veränderungsprozesse wenig geeignet.
- *Zuordenbarkeit*: Performance-Messsysteme bieten natürlich auch eine geeignete Basis für leistungsabhängige Anreiz- und Entlohnungssysteme. Dabei kann die Zuordenbarkeit von persönlicher Leistung und erreichtem Leistungsziel ein Problem darstellen, das bei der Definition der dafür vorgesehenen Indikatoren zu beachten ist.
- *Komplementarität*: Um sich ein möglichst vollständiges und ganzheitliches Bild vom Voranschreiten der Unternehmensentwicklung machen zu können und gleichzeitig aber nicht zu überlappend zu messen, ist Komplementarität anzustreben: Die Indikatoren sollen sich zu einem möglichst umfassenden und doch überschaubaren Performance-Messsystem ergänzen. Wo dabei zwischen Aufwand und Nutzen zusätzlicher Messungen genau die Grenze zu ziehen ist, kann jedoch nicht allgemein gesagt werden.
- *Verfügbarkeit*: Es ist nahe liegend zu fordern, dass die Daten des zu messenden Indikators auch erhebbar sind. Wünschenswert ist es damit auch, dass die Messbarkeit eines Indikators nicht gebunden ist z.B. an eine bestimmte Zeit oder andere Konditionierungen. Leistungsaussagen müssen immer häufiger auch ad hoc getroffen werden können. Übernahmeangebote sind ein Beispiel hierfür.
- *Selbstreflexivität*: Die für den Prozess der Performance Messung verantwortlichen Projektträger müssen dafür Sorge tragen, dass die Eignung eines Indikators wiederum selbst beobachtet wird. Schnelles Feed-back an das Performance-Messsystem soll dafür sorgen, dass nicht mit Indikatoren von gestern Strategien für morgen gemessen werden.

Ein Beispiel ist der bei der Ableitung einer Balanced Scorecard bei NOVARTIS zur Anwendung kommende Screeningprozess geeigneter Messgrößen (dort »strategic objectives« genannt). Die den Prozess lenkenden Kriterien sowie deren Reihenfolge sind vorgegeben. Man vergleiche dazu Abbildung 6-19.

Natürlich wird es trotz – oder wegen – dieser Kriterien immer wieder Fälle geben, wo man Probleme bei der genauen Bestimmung des Berechnungsverfahrens für einen Indikator haben wird. Oft sind die Ursachen unterschiedliche Auffassungen zu dem, was z.B. eine faire Messung wäre. Hier ist ein »ingenieurwissenschaftlicher« Ansatz zur Suche der »richtigen« Messgröße kaum ein gangbarer Weg. Besser wäre ein konsensorientierter Ansatz. Dort wo eine zahlenmäßige Er-

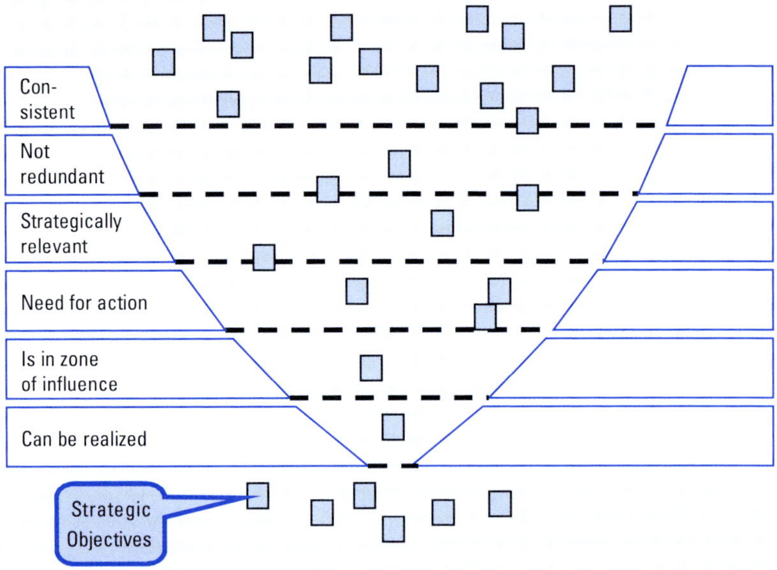

Abb. 6-19: Screening von Messgrößen bei Novartis (Quelle: A. Amrein, Novartis International)

fassung des Tatbestandes nicht möglich ist, sollte man auch an qualitative Beschreibungen denken. Im Folgenden werden wir die Scorecards für die einzelnen Arbeitsfelder entwickeln

Scorecard »Initiierung«

Das Spezielle an der Initiierungsarbeit ist, dass sie – direkt nach ihrer konzeptionellen Fertigstellung – bei der Entwicklung der Konzepte für die verbleibenden Arbeitsfelder umgesetzt wird. So wird z.B. über den Beteiligtenkreis entschieden, der dann anschließend zusammentritt, um z.B. die Positionierungsstrategien zu entwickeln. Doch erst wenn diese Arbeit abgeschlossen ist, kann dann auch gemessen werden, ob die mit der Umsetzung der Initiierungsarbeit verfolgten Ziele erreicht werden konnten.

In der Scorecard »Initiierung« wird beurteilt, welche Wirkungen der Prozess zeigt, wie in einer Organisation Strategien entwickelt werden. Ein Beispiel für die Ableitung von Messgrößen für die Initiierung zeigt Abbildung 6-20. Hier wird exemplarisch angenommen, dass bei der konzeptionellen Ausgestaltung der Initiierungsarbeit das Ziel verfolgt wird, die organisatorischen Lernprozesse zu beschleunigen, um zu »zeitnäheren« Strategien zu gelangen. Dazu wurden u.a. folgende Thesen aufgestellt:

- Eine systematisch betriebene Vergrößerung der Gruppe der Lernenden erhöht die Wahrscheinlichkeit, frühzeitiger die relevanten Erkenntnisse zu erhalten. Als Messgröße könnte man den Anteil der an der Strategieentwicklung beteiligten Führungskräfte, bezogen auf den gesamten Führungskreis, heranziehen.
- Organisatorisches Lernen kann über fundiertes Wissen zum strategisch Gewollten beschleunigt werden. Messgröße könnte der Anteil der Führungskräfte mit einer vertieften Kenntnis der Strategie sein.

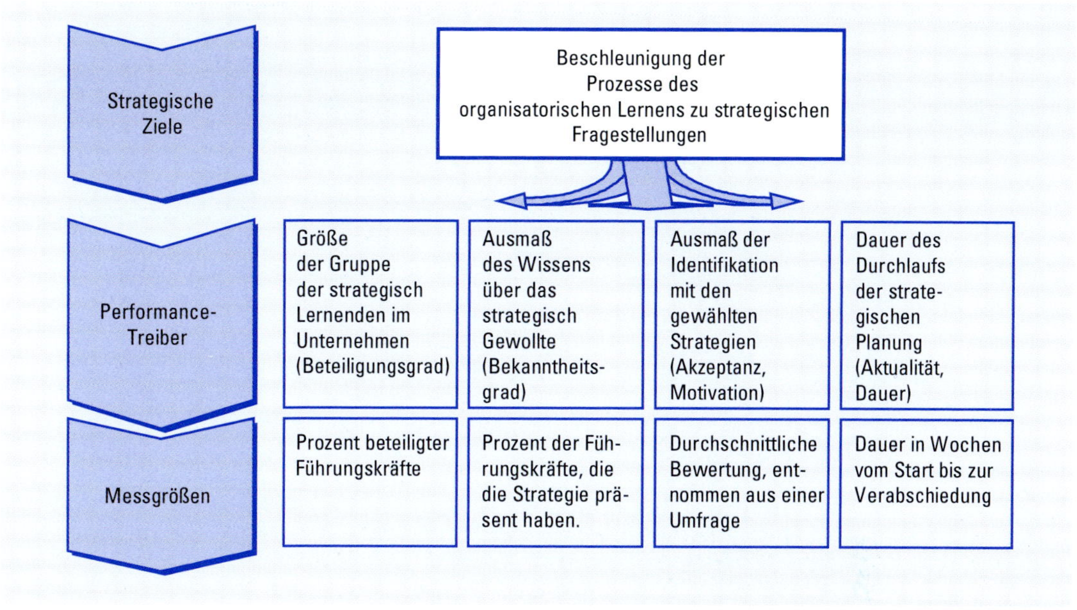

Abb. 6-20: Ableitung von Messgrößen für die Scorecard »Initiierung« (Kaplan/Norton 1997)

- Wer sich mit den Inhalten von Strategien identifiziert, wird motivierter ihre Umsetzung betreiben. Eine Messung könnte mittels einer Umfrage zur Akzeptanz der Strategie erfolgen.
- Durch eine Beschleunigung der Durchlaufprozesse durch die Prozeduren der formalen Strategienentwicklung kann die Aktualität der Strategien erhöht werden. Messgröße könnte die Anzahl der benötigten Wochen vom Start der Strategierunde bis zur Verabschiedung der Strategien sein.

Ähnlich wie beim Audit, können bei der Scorecard wieder Noten von 1 bis 6 vergeben werden, um zu einer schnell und einfach lesbaren Ergebnisdarstellung nach dem »Ampelprinzip« zu gelangen. D.h. dass den Skalen der Messgrößen die jeweiligen Noten zuzuordnen sind.

Auf dieser Basis kann dann auch eine direkte Beziehung zwischen den Parametern des Optionenrahmens aus Abbildung 2-9 und den Messgrößen hergestellt werden. In Abbildung 6-21 wird dies wiederum exemplarisch gezeigt. Die »Einstellung der Strategien ins Intranet« ist eine bei der Initiierungsarbeit beschlossene Maßnahme, um beim Parameter 16 (»Transparenz«) vom Ist zum Soll zu gelangen. Es wird vermutet, dass sich dadurch der Bekanntheitsgrad verbessert. Nebeneffekt kann eine höhere Aktualität der erhaltenen Strategien sein, da sie direkt nach ihrer Verabschiedung flächendeckend über das Intranet zugänglich sind und nicht einem langsamen, und vielleicht auch aus machtpolitischen Gründen behinderten Top-down-Prozess ausgesetzt sind.

Die Entwicklung der GMN-Scorecard kann durchaus dazu führen, dass man gewissermaßen »von hinten kommend« nochmals Korrekturen am Output der einzelnen Arbeitsfelder vornimmt oder entdeckt, dass man dort nicht vollständig gearbeitet hat. Führt man z.B. in Abbildung 6-21 eine Spaltenbetrachtung durch, dann stellt sich beim »Bekanntheitsgrad« z.B. die Frage, ob die beiden Maßnahmen, die dort den Bekanntheitsgrad erhöhen sollen, ausreichend sind, um die angestrebte Scorecard-Soll-Bewertung von 3 zu erhalten (nachdem der derzeitige

Performance-Treiber		Beteiligungsgrad	Bekanntheitsgrad	Akzeptanz	Motivation	Aktualität	Dauer
Messgrössen		Anteil beteiligter Führungskräfte	% der Führung mit vertiefter Kenntnis der Strategie	(Umfrage)	(Umfrage)	(Umfrage)	in Wochen vom Start bis zur Verabschiedung
Ist = 2,0 / Soll = 4,0 ⇨		2/5	1/3	2/4	2/3	3/5	2/4
Aktivitäten (Auszug)	Einstellung der Strategie ins Intranet		++			+	
	Wöchentliche Strategietreffen der Geschäftsleitung					+++	
	Einbezug der zweiten bis vierten Führungsebene	++++	++	++	++		
	Verkürzung der Prozessdauer von 11 auf 6 Monate					++	+++
	Einführung Issues-orientierter Strategieprozesse					++	
	Soll-Erreichung findet Eingang in Entlohnung			++	++		

Legende: (1) Jede Messgröße wird über eine »Note« von 1 bis 6 abgebildet. 6 ist »sehr gut«
(2) »+« bis »++++«: Ausmass der positiven Wirkung der Aktivität auf die Messgröße

Abb. 6-21: Maßnahmen zur Erreichung des Ziels der Initiierungsarbeit

Bekanntheitsgrad nur mit 1 bewertet wurde). Zweifelt man eher daran, führt der Weg zurück zu Feld 1, um im Optionenrahmen nach weiteren Maßnahmen zur Verbesserung des Bekanntheitsgrades Ausschau zu halten.

Scorecard »Positionierung«

Bei der Positionierungsarbeit ging es darum, uns bezogen auf die Erwartungen der wichtigsten Stakeholder zu positionieren. Daraus leiteten sich die mit den Positionierungsstrategien verfolgten Ziele ab. Eine Scorecard zur Positionierung braucht deshalb nur diese Ziele abzugreifen, um zu den Messgrößen zu gelangen. Mit der Berücksichtung der verschiedenen Stakeholder-Perspektiven wird man auch dem Bestreben gerecht, zu einer möglichst ausgewogenen Performance-Beurteilung zu gelangen. Abbildung 6-22 illustriert diesen Ansatz exemplarisch für vier Stakeholder. Dabei kann zwischen den Output- und Outcome-Indikatoren unterschieden werden: Der Outcome ist die Zufriedenheit des Stakeholders bezogen auf seine Erwartungen. Es gilt festzustellen, ob im Leistungsprozess nicht nur Wert »geschöpft«, sondern bei den Anspruchsgruppen auch Wert »geschaffen« wurde. Was ist der Return aus den jeweiligen Stakeholder-Relations? Was ist z. B. der »Return on intellectual capital« aus der Mitarbeiterbeziehung? Was ist der »Customer Value« in der Kundenbeziehung?[22] Output sind Variablen, von denen wir annehmen, dass sie in einem funktionalen Zusammenhang zum Outcome stehen, also als dessen »Treiber« bezeichnet werden können. Es wird hier z. B. unterstellt, dass Preisentwicklung und Lieferzuverlässigkeit beim Stakeholder »Kunde« dessen Zufriedenheit relevant beeinflusst.

Im Unterschied zur Scorecard »Initiierung« ist es hier also überlegenswert, ob man nur die den Outcome beschreibenden Messgrößen beobachten will, oder nicht auch deren Treiber. Beim »Outcome« hat man die Wahl, ob man versucht, direkt die Zufriedenheit des jeweiligen Stakeholders in regelmäßigen Abständen

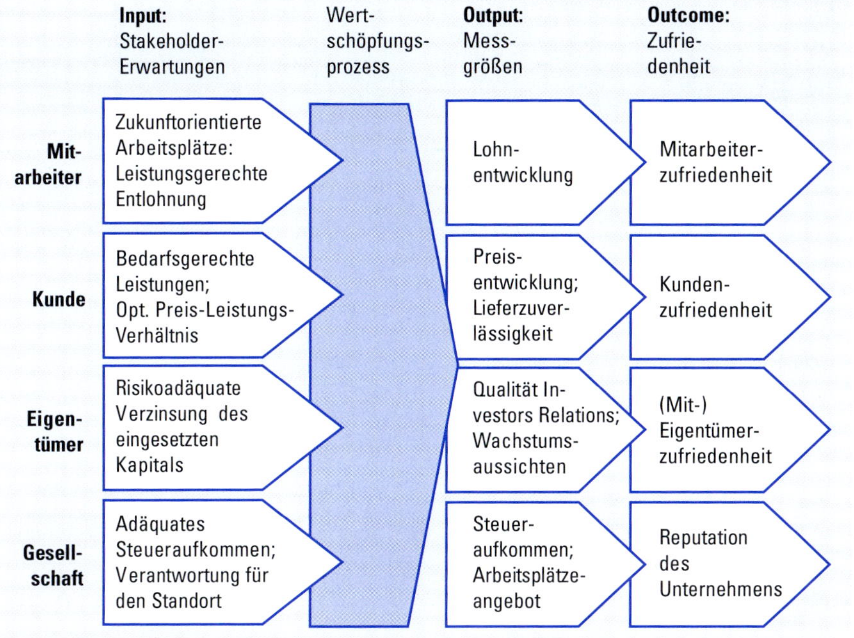

Abb. 6-22: Ableitung der Scorecard »Positionierung«

zu messen. In manchen Unternehmen ist dies z.B. bzgl. der Kunden- und Mitarbeiterzufriedenheit üblich geworden. Verschiedene Organisationen bieten solche Messungen auch als externe Dienstleistung an. Man kann dabei aber auch auf bestehende Verfahren zurückgreifen, wie sie z.B. im EFQM-Modell angeboten werden. Oder man baut sich für wichtige Stakeholder eine Beziehungslogik auf, wie sie etwa in der Balanced Scorecard zum Stakeholder »Kunde« vorgeschlagen wird. Man vergleiche dazu Abbildung 6-23.

In der in Abbildung 6-27 vorgestellten Balanced Scorecard gibt es auch eine Perspektive »Lernen & Wachstum«. Man kann diese in etwa auch als die Perspektive des Stakeholders »Mitarbeiter« interpretieren. Kaplan/Norton (1996) schlagen dazu die in Abbildung 6-24 aufgezeigte Entwicklungslogik vor.

Dieser Ansatz aus Abbildung 6-24 erscheint aber noch nicht besonders ausgereift und anwendbar zu sein. Man muss sich fragen, ob es nicht zweckmäßiger wäre, nach Wegen zu suchen, die den Mitarbeiter auch als Träger und Agenten von Wissen sehen, und man bei ihm ansetzt, um so etwas wie einen »Return on intellectual capital« zu »berechnen«. Dies könnte auch als ein Ansatz zur Messung des Erfolgs eines Wissensmanagements[23] betrachtet werden.

»Intellectual Capital«

Ein erster konzeptioneller und messtheoretisch relativ umfassender Messansatz des »**Intellectual Capital**« ist von Roos et al. (1997) vorgelegt worden. Man vergleiche dazu die Abbildung 6-25. Das intellektuelle Kapital ist dabei für sie »a language for thinking, talking and doing something about the drivers of companies' future earnings«. Der Begriff wird in die zwei Bereiche Human- und Strukturkapital zerlegt, die zusammen mit dem Finanzkapital eines Unternehmens dessen gesamte Ressourcenausstattung abdecken. Die Zweiteilung in Human- und Strukturkapital wird damit begründet, dass das Humankapital durch gänzlich andere Managementmethoden zu entwickeln ist, als dies für das Strukturkapital

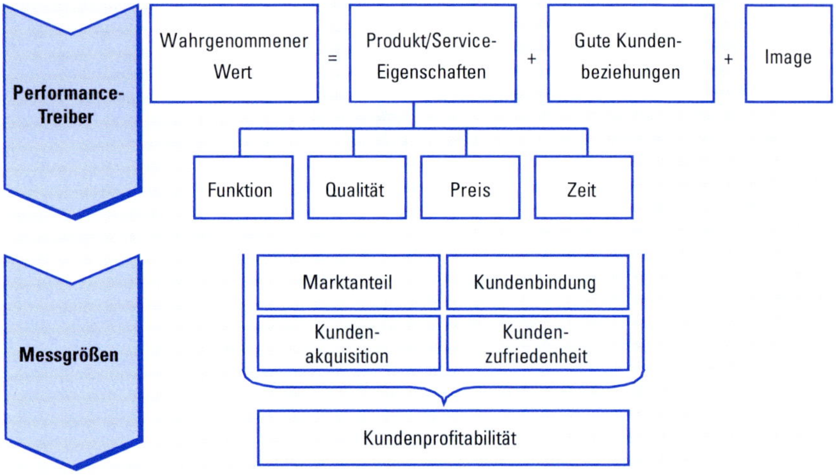

Abb. 6-23: Treiber und Messgrößen zur Dimension »Kunde« (Kaplan/Norton 1996)

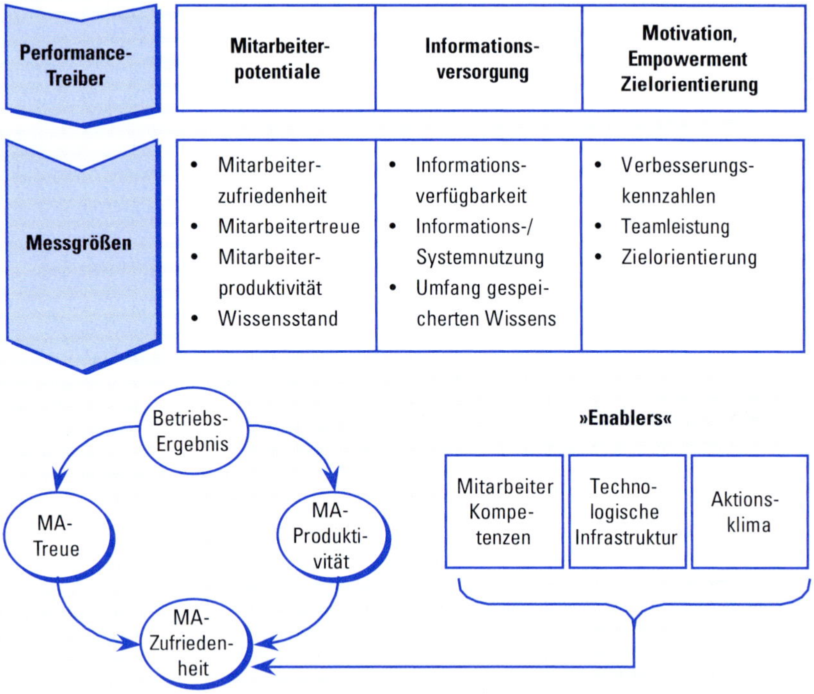

Abb. 6-24: Treiber und Messgrößen zur Dimension »Lernen & Wachstum« (Kaplan/Norton 1996)

gilt. Während ersteres durch die Fähigkeiten der Beschäftigten (Competence), ihre Einstellung (Attitude) und ihre intellektuelle »Wendigkeit« (Agility) erfasst wird, misst das Strukturkapital auf kollektiver Ebene den Wert der externen Beziehungen eines Unternehmens (Relationships), seine strukturellen und kulturellen Eigenschaften (Organization) sowie das immanente Potenzial zur Erneuerung und Weiterentwicklung (Renewal & Development). Für die praktische Anwen-

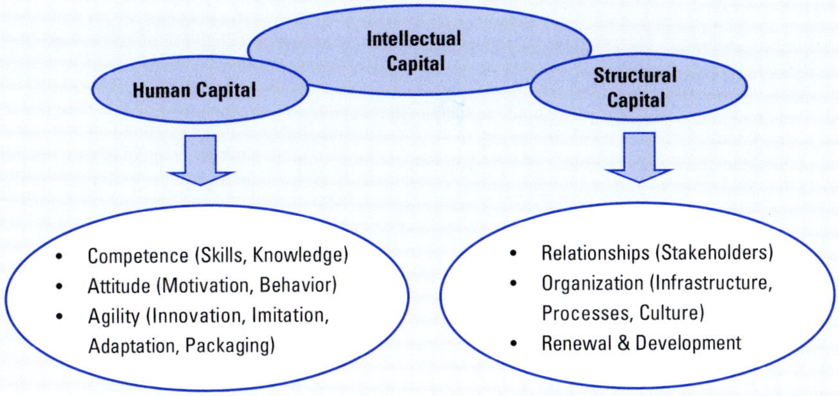

Abb. 6-25: Bestandteile des intellektuellen Kapitals (Quelle: Roos et al. 1997)

dung ihres Ansatzes stellen die Autoren dann eine Vielzahl an Kennzahlen bereit, mit deren Hilfe sich ein Unternehmen ein Bild über die einzelnen Konstrukte seines intellektuellen Kapitals verschaffen kann.

Auch wenn dieser Ansatz hinsichtlich der vorgeschlagenen Einteilung sowie der prinzipiellen Problematik einer angemessenen Messung kritisch hinterfragt werden kann, bildet er doch einen der ausdifferenziertesten Ansätze, die bislang vorgelegt wurden. Hinzuzufügen ist, dass zwar auf Grund der Kontextbezogenheit jeglicher Beobachtung eine »objektiv richtige« Messung immaterieller Ressourcen prinzipiell auszuschließen ist[24], eine unternehmerische Einheit jedoch gerade durch eine intensive Auseinandersetzung mit dieser Thematik wichtige Impulse für ihre weiteren Aktivitäten gewinnen kann. Auch eine Reihe von Unternehmen wie CATERPILLAR oder BATTERY Ltd. haben bereits erste Messansätze verwirklicht. Dazu zählt auch der in Abbildung 6-11 dargestellte »SKANDIA Navigator«.

Fallbeispiel: ZURICH FINANCIAL SERVICES

Die ZURICH FINANCIAL SERVICES ist eines der Versicherungsunternehmen, das derzeit die strategische Umpositionierung vom »Produzenten« von Versicherungsprodukten zum »Lieferanten« von Vorsorgeproblemlösungen vollzieht. Damit verliert das Produkt-Know-how gegenüber dem Problemlösungs-Know-how an Gewicht, d.h. dass eine bezogen auf Vorsorgeprodukte umfassende Beratungskompetenz aufzubauen ist. Die Produkte wird man dann auch nur teilweise selbst »produzieren«; andere Leistungen wird man von externen »Factories« dazukaufen, um wirklich auch maßgeschneiderte Lösungen für den Kunden anbieten zu können. Der Marktwert generiert sich nach dortiger Vorstellung dann aus den Returns auf die tangiblen Vermögenswerte (10 % Finanzkapital, 13 % physisches Kapital) und den intangiblen Vermögenswerten (35 % Strukturkapital, 22 % Humankapital, 20 % Sozialkapital). Die *intangiblen Vermögenswerte* repräsentieren das *intellektuelle Kapital*, das wie in Abbildung 6-26 dargestellt weiter aufgefächert wird.

Rolf Hüppi, Präsident der ZURICH FINANCIAL SERVICES, unterstrich 1999 den Stellenwert des intellektuellen Kapitals für den Erfolg eines Unternehmen mit folgender Aussage: »In five years, Intellectual Capital will be considered as meaningful to our stakeholders, as relevant to our business, as robust in application, as rigorous in performance measurement and in tracking as Financial Capital is considered today. Over the next five years we must treat Intellectual Capital with the same thoughtfulness and sense of purpose as we do Financial Capital today.«

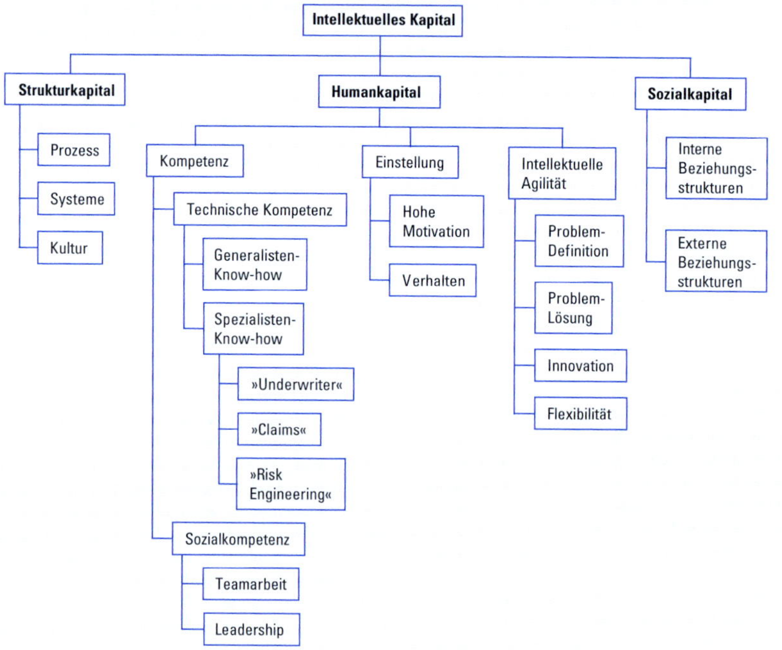

Abb. 6-26: Strukturierung des intellektuellen Kapitals bei Zurich Financial Services

Die Zufriedenheit des Stakeholders »Shareholder« darf nicht mit der Qualität des finanziellen Ergebnisses gleichgesetzt werden, die wir später über das »Financial Controlling« messen wollen. Dafür gibt es viele Argumente: Aktienkurse bauen insbesondere auf Erwartungen auf. Zufriedenheit wird deshalb auch darüber erreicht, wie schwer bzw. leicht es dem Investor gemacht wird, sich eine Meinung über die zukünftige Performance des Unternehmens zu bilden. Dazu zählt z.B. die Transparenz und Vergleichbarkeit des Rechnungswesens, die Qualität der Arbeit einer Abteilung Investors Relations, die Qualität des Management Development, die Erreichbarkeit des Managements für Anfragen etc. Umgekehrt betrachtet auch das Management den Aktienkurs selten als geeignetes Mittel zur Messung der Qualität des erreichten finanziellen Ergebnisses.

Scorecard »Wertschöpfung«

Der Scorecard »Positionierung« vom Messablauf her vorgelagert ist die Scorecard »Wertschöpfung«: Bevor es zur Zufriedenheit bei einem Stakeholder kommt, müssen zuerst einzelne Schritte im Wertschöpfungsprozess erfolgreich und mit positiver Wirkung durchlaufen werden. Entlang dieses Prozesses suchen wir nach Messpunkten. Dazu gibt es grundsätzlich zwei Möglichkeiten: Erstens können die Größen herangezogen werden, anhand derer die Gesamtqualität des Prozesses beurteilt wird. Meist entstammen diese dem in Abbildung 6-27 gezeigten »magischen Dreieck« Kosten-Zeit-Qualität. Ein Beispiel daraus wäre die

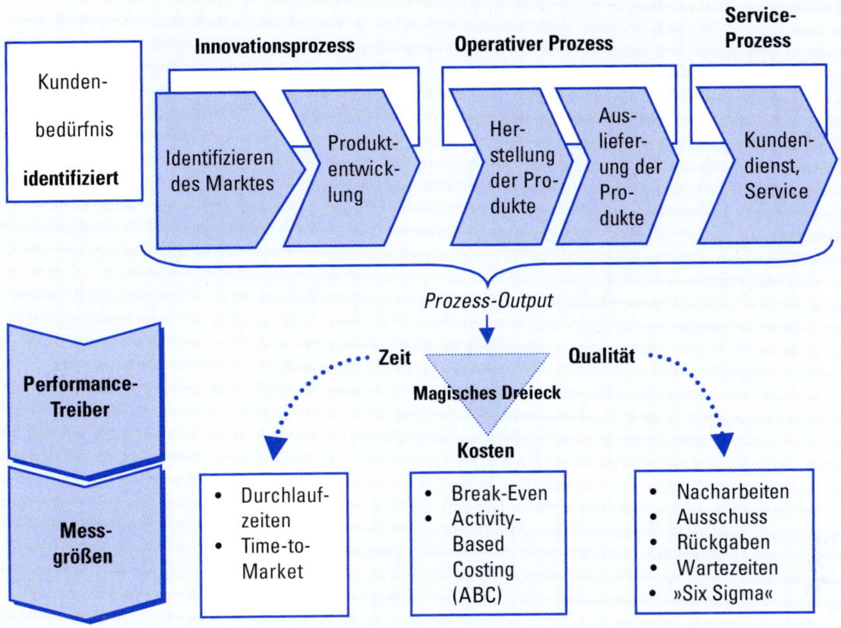

Abb. 6-27: Indikatoren des direkten Prozess-Outputs (in Anlehnung an Kaplan/Norton 1996)

Durchlaufzeit. Auch haben viele Unternehmen Programme – wie »Faster time to market« oder »Six Sigma« – verankert, die bestimmte Prozessverbesserungen imperativ verankern. Im Allgemeinen entsprechen diese Größen den Output-Indikatoren in der Scorecard »Positionierung«.

Eine zweite Möglichkeit besteht darin, dass schon bei jedem Prozessschritt entlang der Wertschöpfungskette nach Möglichkeiten der Messung gesucht wird. In Abbildung 6-28 wird dies exemplarisch bei der Aktivität »Plane/Designe Produkte und Prozesse« illustriert. Auch hier ist es die erklärte Absicht, möglichst früh Hinweise auf mögliche Fehlentwicklungen zu erhalten, bevor sie z.B. beim Stakeholder »Kunde« zu einer negativen Wahrnehmung führt.

Scorecard »Veränderung«

Im Kapitel zur Veränderung wurde bereits mehrfach auf die Bedeutung der Performance Messung im Wandel hingewiesen. All jene, welche sich im Wandel befinden, benötigen schnell Feed-back, um zu sehen, was der Impact ihres Handelns ist, damit frühzeitig Korrekturmaßnahmen eingeleitet werden können. Auch wurde die Notwendigkeit der Anpassung von Performance Messung und Anreizsystemen auf den Fortschritt bei den gewünschten Veränderungen betont, um neue Verhaltensformen zu ermuntern.

Performance Messung bei der Veränderung *bezieht sich auf das konkrete Wandelprojekt*. Sie hat damit auch einen Anfang und ein Ende. In der Unternehmenspraxis findet man hierbei häufig wieder Varianten der Balanced Scorecard. Auch bei Projekten zur Post Merger Integration wird in dieser Form verfahren. Abbildung 6-29 zeigt hierzu das Beispiel der UBS. In diesem Fall wurde die Scorecard noch durch einen Risikobericht ergänzt, wo über wichtige Einzelrisiken

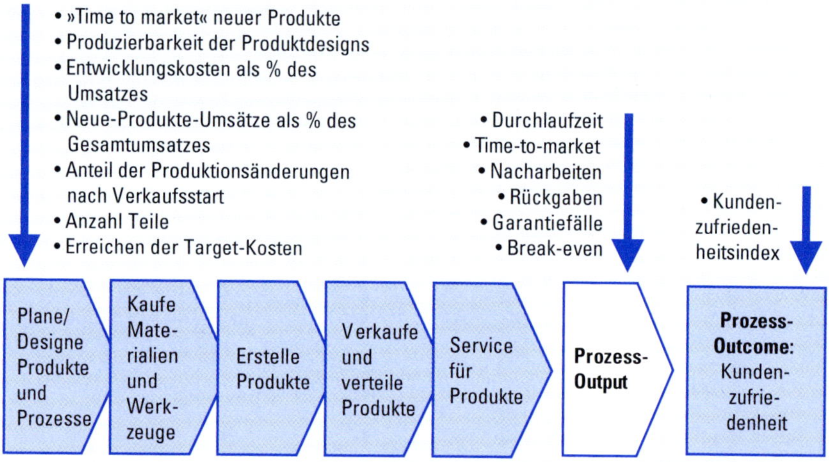

Abb. 6-28: Mögliche Messpunkte im Wertschöpfungsprozess (in Anlehnung an The Price Waterhouse Change Integration Team 1995)

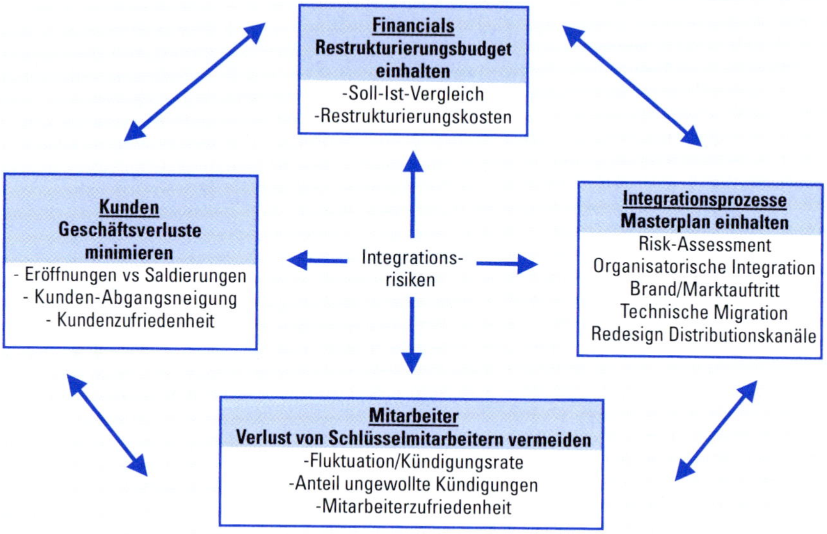

Abb. 6-29: Scorecard der UBS bei der Post Merger Integration

(z. B. Abschmelzverluste bei der Kundschaft und den Mitarbeitern) und den Stand der vielen Einzelprojekte berichtet wurde.

An dem Beispiel wird ersichtlich, dass sich in der Scorecard »Veränderung« durchaus Messgrößen befinden können, die bereits in einer der oben genannten Scorecards verwendet wurden. Dies ist methodisch unproblematisch, da die Scorecard »Veränderung« ja auf das konkrete Change Management Projekt zugeschnitten ist. Wichtig ist lediglich, dass sich die mit den einzelnen Scorecards verbundenen Ziele und Messgrößen nicht negativ überlagern.

Scorecard »Performance Messung«

Aufgabe der Performance Messung im GMN ist es, unter dem Einsatz von Treiber-basierten Messgrößen die Wirksamkeit der Leistung(-spotenziale) der vier plus eins im GMN verankerten Arbeiten zu beurteilen. Doch was bestimmt die Wirksamkeit einer Performance Messung? Was sind ihre Treiber und Messgrößen?

Diese Fragen lassen sich beantworten, wenn wir versuchen, die Aufgabe der Performance Messung im Lichte der Erwartungen ihrer Nutzer zu spezifizieren:[25]

1. *Konzeption* eines in sich konsistenten Berichtswesens zur Entwicklung und Implementierung von Führungsinterventionen;
2. Versorgung mit einem möglichst *ereignisnahen* und *treffgenauen* Feed-back zu den Auswirkungen des eigenen Handelns;
3. *Moderation* des Prozesses der Performance Messung;
4. Schaffung von *Transparenz* unter den Beteiligten und Betroffenen;
5. *Sicherung* der gewonnen Daten und ihrer einfachen *Verfügbarkeit.*

Diese Erwartungshaltungen können auch als Treiber der Qualität der Performance Messung betrachtet werden. Eine einfache, aber durchaus hinreichende Form der Messung wäre es, wenn man in regelmäßiger Form die »Kundschaft« dieser Dienstleistung auf ihre Zufriedenheit bezogen auf die Liste der Erwartungen befragen würde.

(4) Controlling des finanziellen Ergebnisses

Letzte Sequenz in der zeitlichen Abfolge der Performance Messung ist das klassische finanzielle Controlling. Zu den vorangegangen Beobachtungsstufen wird eine Korrelation unterstellt. Ein Beispiel wäre, dass die Kundenzufriedenheit aus der Scorecard »Positionierung« positiv korreliert ist mit dem erst später eintretenden finanziellen Ergebnis.

Es wird hier kein spezieller Ansatz eines »GMN-Controlling« vorgeschlagen, sondern wir gehen davon aus, dass ein Unternehmen über ein modernes Controlling verfügt[26], aus dem heraus die finanziellen Spitzenkennzahlen generiert werden können, auf die der Wertschöpfungsprozess des Unternehmens mit ausgerichtet ist. Die Performance Messung steht also neben dem Controlling und bedient sich seiner.

In den letzten Jahren ist als Zielsetzung des Wirtschaftens immer mehr das Thema »**Wertsteigerung**« in den Mittelpunkt gerückt[27]. Grund dafür ist der Anspruch der Eigentümer, eine angemessene Aktionärsrendite (Dividende plus Kurssteigerung) zu erhalten. Eine Kurssteigerung stellt sich aber nur dann ein, wenn es im Unternehmen eine Ausgewogenheit zwischen den Zukunftsinvestitionen und der Ausschöpfung der bestehenden Märkte gibt.

»Wertsteigerung«

Für den Strategen wird nun natürlich die Frage relevant, welche Treiber diese Wertsteigerung bestimmen. Ein Modell zur Messung der Wertsteigerung schlägt Rappaport (1986) in seinem wegweisenden Buch »*Creating Shareholder Value*« vor. Abbildung 6-30 zeigt dieses Modell, in dessen Zentrum fünf Wertgeneratoren stehen: Umsatzwachstumsrate, Betriebsgewinnmarge, Ertragssteuerrate, Investitionen ins Nettoumlauf-/Anlagevermögen und Kapitalkosten. Was dabei auffällt ist, dass nur das Umsatzwachstum, die Marge und die Investitionen im klassischen Gestaltungsbereich der Strategen lagen und sich der Finanzbereich um die anderen Größen kümmerte. Wer strategisch den Wert seines Unternehmens steigern will, muss aber alle Chancen nutzen, um dies zu tun; alle Nutzenpotenziale einer Organisation, die eine Verbindung zu den Wertgeneratoren auf-

»Shareholder Value«

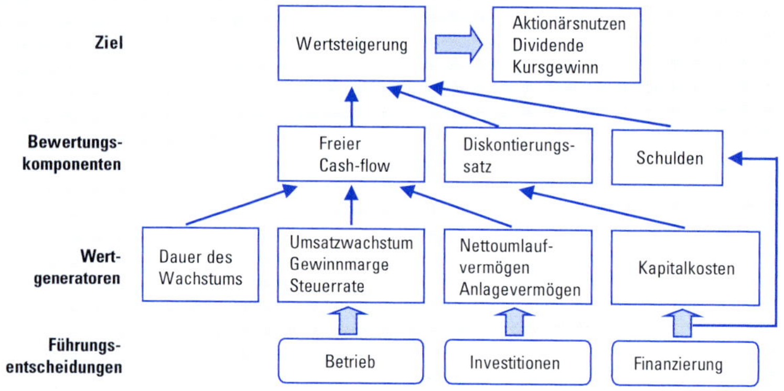

Abb. 6-30: Das Shareholder-Value-Konzept nach Rappaport (1986)

weisen, müssen ausgeschöpft werden. So kann man z. B. durch Einbezug von Finanzexperten in die Strategieteams die Kapitalkosten besser berücksichtigen oder die Behandlung des Goodwill hat Einfluss auf die Steuerrate.[28]

Damit wird auch klar, dass der Gewinn in seiner herkömmlichen Verwendung keine geeignete Größe zur Feststellung der Wertsteigerung ist. Er vernachlässigt die Mittelflüsse aus Investitions- und Finanzierungstätigkeit. Aussagekräftiger sind die künftigen, frei verfügbaren Cash-flows. Sie zeigen an, wie viel flüssige Mittel zur Bedienung des zu verzinsenden Kapitals übrig bleiben.

Gewinn- und Verlustrechnung:
Umsatzerlöse
– Umsatzkosten
= Betriebsergebnis vor Zinsen und Steuern (EBIT)
– Zinsen und Steuern
= Konzernjahresüberschuss

Kapitalflussrechnung:
Konzernergebnis
+ Zuführung zu langfristigen Rückstellungen
+ Abschreibungen
Cashflow aus der Geschäftstätigkeit
+ Erlöse aus der Veräußerung von Aktiva
– Investitionen in Aktiva (Sachanlagen, Akquisitionen etc.)
Cashflow aus Investitionstätigkeit
+ Zunahme an Fremdkapital
+ Zunahme des Bestands an eigenen Aktien
– Dividendenzahlung
= Cashflow aus der Finanzierungstätigkeit
+ Zunahme der liquiden Mittel
= Frei verfügbare liquide Mittel zum Jahresende

Damit kann man zu einer Aussage gelangen, wie das Management die ihm zur Verfügung stehenden Kapitalressourcen bewirtschaftet hat. Der Gesamtwert eines Unternehmens ergibt sich dann aus dem Barwert der zukünftigen, freien Cashflows, Barwert des Endwertes des Unternehmens plus dem Barwert des nicht betriebsnotwendigen Vermögens.

Gesamtwert des Unternehmens
= Barwert der freien Cashflows
  + Barwert des Endwertes
  + Barwert des nicht betriebsnotwendigen Vermögens
= Marktwert des Eigenkapitals
  + Marktwert des Fremdkapitals

Mindestverzinsungsanspruch

»Economic Value Added«

»Return on Capital Employed«

Bezogen auf das eingesetzte Eigen- und Fremdkapital haben Anleger einen **Mindestverzinsungsanspruch**, den das Management durch die Art seiner Ressourcenbewirtschaftung übertreffen sollte. Es sollte eine Art »Übergewinn« über die Kapitalkosten erzielt werden, wie er etwa durch die Steuerungsgröße EVA (»*Economic Value Added*«) gemessen wird.[29] Oder man betrachtet einen Indikator für die Gesamtkapitalproduktivität wie z. B. den ROCE (»*Return on Capital Employed*«), bei dem der Quotient aus dem »Operating Profit« und dem »Capital Employed« gemessen wird. Ein im Industriegeschäft derzeit üblicher Mindestanspruchsgrad beträgt derzeit – gemessen über den ROCE – in etwa 12 %. Je nach Möglichkeit kann dabei das »*Capital Employed*« aus der Bilanzsumme oder aus den Vermögenswerten der Bilanz ermittelt werden. Man vergleiche dazu die Herleitung in Abbildung 6-31. Der »*Operating Profit*« (Betriebsergeb-

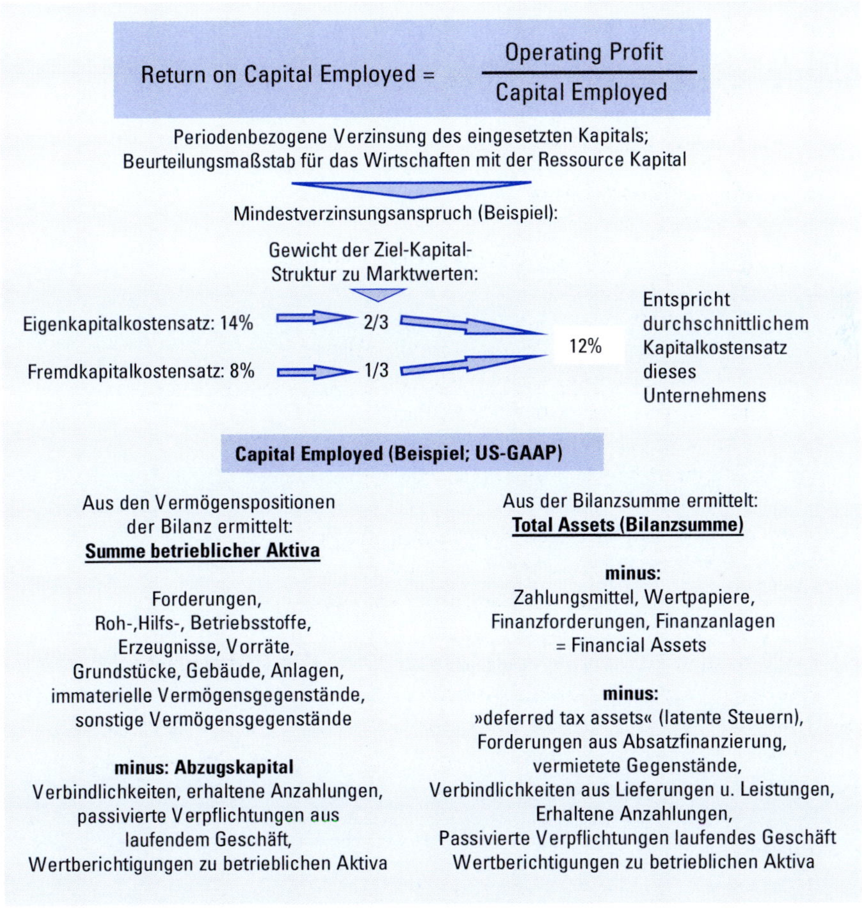

Abb. 6-31: Der Return on Capital Employed

nis) zeigt an, was das Unternehmen mit seinem Betriebszweck vor Abzug von Ertragssteuern und Zinsen verdient hat.

Mehr und mehr der großen Unternehmen entscheiden sich zwar für den Ansatz einer wertorientierten Unternehmensführung. Trotzdem finden allerdings nach wie vor die bilanziell orientierten Steuergrößen Verwendung, was zu der Frage führt, wie nah diese Steuerungsmechanismen den aus der Shareholder Value-Diskussion bekannten Vermögens-, Gewinn- und Renditegrößen stehen.[30]

Fallbeispiel: DaimlerChrysler

Die Steuerungsgrößen bei DaimlerChrysler beruhen auf dem Prinzip der wertorientierten Führung. Damit soll die dezentrale unternehmerische Verantwortung, die bereichsübergreifende Transparenz und eine kapitalmarktorientierte Investitionssteuerung gefördert werden. Auf Konzernebene wird über das »Net Operating Income« (Ergebnis nach Steuern und vor Zinsen) gesteuert, das, in Bezug zum eingesetzten Kapital (»Net Assets«; aus der Bilanz entnommen) gesetzt, die Renditekennziffer RONA (»*Return on Net Assets*«) ergibt. Dieser RONA wird dem Mindestverzinsungsanspruch der Anleger für das investierte Eigen- und Fremdkapital gegenübergestellt. Er betrug bei DaimlerChrysler im Geschäftsjahr 1998 9,2 % nach Steuern und wird primär vom Zinssatz für langfristige Wertpapiere und einer Risikoprämie für Anleger in Aktien bestimmt. Diese 9,2 % stellen die gewichteten durchschnittlichen Kapitalkosten dar, womit Buchrenditen (wie RONA) mit Marktrenditen verglichen werden, was sicher nicht unproblematisch ist. 1998 konnte so eine Kapitalrendite von 11,6 % erwirtschaftet werden.

Im Folgenden ist die Herleitung der wichtigsten Kenngrößen aus dem Jahresabschluss 1998 dargestellt. Zu den erwähnten »Einmaleffekten« gehören auch die 1998 angefallenen Kosten des Unternehmenszusammenschlusses (nach Steuern) von Daimler Benz und Chrysler in Höhe von 685 Mio. Euro.

Konzern-Gewinn- und Verlustrechnung (in Mio. Euro)			
Umsatzerlöse	+	131.782	
– Umsatzkosten	–	103.721	
– Sonstige betriebliche Aufwendungen	–	16.229	
– Forschungs- und Entwicklungskosten	–	4.971	
+ Sonstige betriebliche Erträge	–	1.215	
– Kosten des Unternehmenszusammenschlusses	–	685	
Ergebnis vor Finanzergebnis und Ertragssteuern	+	7.391	
+ Finanzergebnis	+	763	
Ergebnis vor Ertragssteuern und außerordentlichem Ergebnis	+	8.154	
– Ertragssteuern	–	3.075	
– Auf Anteile in Fremdbesitz entfallender Gewinn	–	130	
Ergebnis vor außerordentlichem Ergebnis	+	4.949	
– Außerordentliches Ergebnis nach Steuern	–	129	
Konzernjahresüberschuss	+	4.820	→ Basis der Kapitalflussrechnung
+ Einmaleffekte (Zusammenschlusskosten, Steuerminderung)	+	401	
Konzernjahresüberschuss bereinigt um Einmaleffekte	+	5.221	

Operating Profit (in Mio. Euro)		
Ergebnis vor Finanzergebnis und Ertragssteuern	+	7.391
+ Zinsanteil am Altersversorgungsaufwand	+	688
+ Operatives Beteiligungsergebnis	–	15
+ Einlösungsergebnis aus nicht zugeordneten Finanzinstrumenten	–	156
+ Kosten des Unternehmenszusammenschlusses	+	685
Operating Profit	+	8.593

Net Operating Income (in Mio. Euro)		
Konzernjahresüberschuss bereinigt um Einmaleffekte	+	5.221
+ Auf Anteile in Fremdbesitz entfallender Gewinn	+	130
+ Zinsaufwand des industriellen Bereichs nach Steuern	+	476
+ Zinsanteil am Altersversorgungsaufwand des industriellen Bereichs nach Steuern	+	748
Net Operating Income	+	6.576
Net Assets (in Mio. Euro)		
Eigenkapital	+	30.367
+ Anteile in Fremdbesitz	+	691
+ Finanzverbindlichkeiten des industriellen Bereichs	+	9.264
+ Pensionsrückstellungen des industriellen Bereichs	+	16.530
Net Assets (Nettovermögen)	+	56.852
Return on Net Assets (Kapitalrendite)	+	11,6 %

Auf Ebene der industriell tätigen Geschäftsbereiche wird dagegen mit dem »Operating Profit« (Ergebnis vor Zinsen und Steuern) gerechnet, der wiederum in Bezug zu den »Net Assets« gesetzt wird. Diese werden i.Allg. von der Aktivseite der Bilanz abgeleitet (Aktiva abzüglich nicht-verzinsliche Verbindlichkeiten), da es sich um keine rechtlichen Einheiten handelt und damit auch keine gewachsene Finanzierungsstruktur vorliegt. Hier beträgt der Mindestverzinsungsanspruch 15,5 %. Bei den Finanzdienstleistungsgeschäften wird der »Return on Equity« als Steuerungsgröße verwendet.

Die einzelnen Geschäftsbereiche werden neben diesem Mindestverzinsungsanspruch über strategische Zielrenditen und Wachstumsziele gesteuert, die sich am besten Wettbewerber der jeweiligen Branche orientieren. Zudem wurden in den Geschäftsbereichen Werttreiber definiert, die »Stellhebel« darstellen, über die die genannten Konzernsteuerungsgrößen in der operationalen Geschäftstätigkeit wesentlich beeinflusst werden können.

Betrachtet man darauf aufbauend die Kapitalflussrechnung des Konzerns, so konnte DaimlerChrysler im Jahr 1998 einen Cashflow aus der Geschäftstätigkeit von 16,7 Mrd. Euro verzeichnen, was ein Zuwachs von 35 % gegenüber dem Vorjahr erbrachte. Dagegen fiel der Cashflow aus der Investitionstätigkeit gegenüber 1997 um 61 %, was auf die Ausweitung des Leasing- und Absatzfinanzierungsgeschäfts zurückzuführen war. Eine höhere Netto-Fremdfinanzierung trug insbesondere zu einer Erhöhung des Cashflow aus der Finanzierungstätigkeit bei. Die Entwicklung der einzelnen Cashflows ergibt einen Betrag von 6,3 Mrd. Euro an Zahlungsmitteln mit einer Laufzeit von weniger als 3 Monaten. Die Liquidität (inklusiv längerlaufender Geldanlagen und Wertpapiere) beträgt 19,1 Mrd. Euro.

Konzern-Kapitalflussrechnung (in Mio. Euro)		
Konzern-Jahresüberschuss (aus der G & V)	+	4.820
Auf Minderheiten entfallendes Ergebnis	+	130
Ergebnis aus dem Verkauf von Beteiligungen	–	296
Abschreibungen	+	7.331
Veränderung der latenten Steuern	+	1.959
Außerordentliches Ergebnis	+	129
Veränderung der Finanzinstrumente	–	191
Ergebnis aus dem Verkauf von Anlagevermögen/Wertpapieren	–	368
Veränderung der Wertpapiere	+	251
Veränderung der Rückstellungen	+	1.419
Veränderung bei Positionen des Umlaufvermögens und sonstigen betrieblichen Passiva	+	1.497

Cashflow aus der Geschäftstätigkeit	+	16.681
Zugänge zum Anlagevermögen	–	16.756
Erlöse aus Abgängen vom Anlagevermögen	+	3.469
Erwerb von Beteiligungen	–	857
Erlöse aus dem Abgang von Beteiligungen	+	685
Veränderung bei Forderungen aus Finanzdienstleistungen	–	6.462
Veränderungen bei Wertpapieren	–	1.883
Veränderung sonstiger Geldanlagen	–	1.641
Cashflow aus Investitionstätigkeit	–	23.445
Veränderung bei Finanzverbindlichkeiten	+	7.868
Gezahlte Dividenden	–	6.454
Erlöse aus der Abgabe von Aktien	+	4.076
Erwerb eigener Anteile	–	169
Steuererstattung aus der Sonderausschüttung	+	1.487
Cashflow aus der Finanzierungstätigkeit	+	6.808
Einfluss von Wechselkursänderungen auf Zahlungsmittel (< 3 Mon.)	–	397
Veränderung der Zahlungsmittel (< 3 Monate)	–	353
Zahlungsmittel (< 3 Monate) zum Jahresanfang	+	6.634
Zahlungsmittel (< 3 Monate) zum Jahresende	+	6.281

Aus der Sicht der operativen Geschäfte stehen damit nach dem 31.12.99 der anteilige Cashflow aus der Geschäftstätigkeit plus der Cashflow aus Investitionstätigkeit (soweit der jeweiligen Geschäftseinheit zuordenbar) für zukünftige Aktivitäten zur freien Verfügung (free Cashflow). Auf Konzernebene muss auch noch der Cashflow aus der Finanzierungstätigkeit mit einbezogen werden.

Zur Beurteilung des finanziellen Ergebnisses können aber auch andere Treiber und Messgrößen herangezogen werden. Abbildung 6-32 gibt dazu einige Beispiele aus der Balanced Scorecard. Dort findet man neben dem klassischen Denken in Marktanteilen (Umsatzwachstum etc.) und Kostenwirtschaftlichkeit auch

Abb. 6-32: Messgrößen der finanziellen Performance (in Anlehnung an Kaplan/Norton 1997)

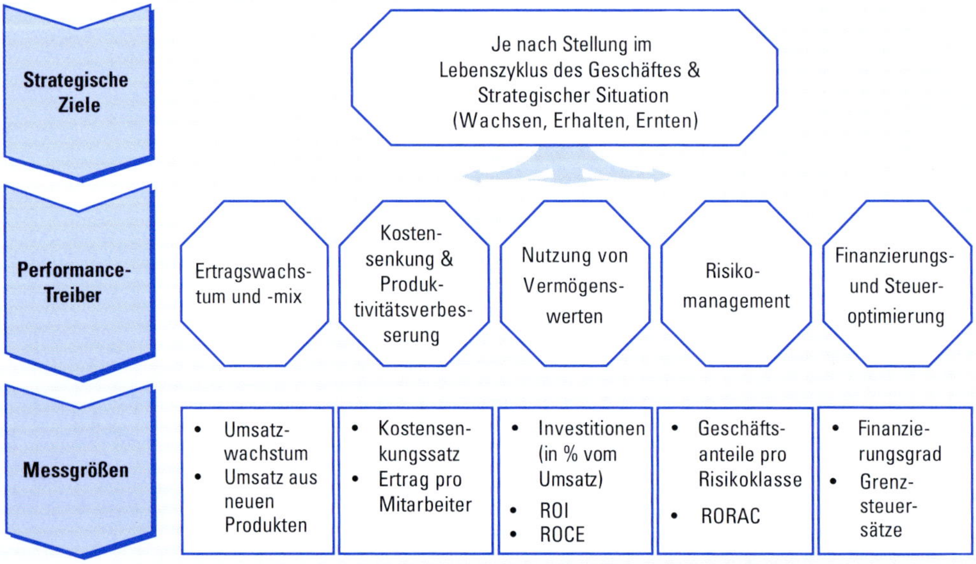

Indikatoren zur Risikosituation (RORAC: »*Return on Risk Adjusted Capital*«) sowie Finanzierungs- und Steueroptimierung. Ausgerichtet sind diese Messgrößen auf die strategischen Ziele, die sich aus der Portfolio-Analyse für die einzelnen strategischen Geschäftseinheiten ableiten lassen.

(5) Performance Messung als organisatorischer Lernprozess

Die Performance Messung im GMN wurde in Zusammenhang mit der Bildung strategischer Initiativen und ihrer Wirksamkeit eingeführt. In Abbildung 6-33 werden die Zusammenhänge – auch zur strategischen Kontrolle – zusammenfassend aufgezeigt. Dieses Konzept fördert zum einen das Anpassungslernen, indem Ist-Soll-Vergleiche durchführt werden. Es unterstützt über die Prämissen-, Sollwert- und Normenkontrolle aber auch die Hinterfragung der Annahmen, auf denen die Handlungen beruhen (Veränderungslernen). Und über die Performance Messung der Performance Messung wird auch das Prozesslernen verfolgt.[31]

Strategieprozess	Input	Throughput	Output	Outcome
Zu evaluierende Tätigkeit	Beurteilung der erstellten Konzepte	Beurteilung der Umsetzung der Konzepte durch Aktionen	Beurteilung der direkten Ergebnisse der Aktionen	Beurteilung der Auswirkungen auf die Zufriedenheit der Stakeholder
GMN Performance-Messung	GMN-Audit	GMN-Scorecard »Initiierung«/ »Wertschöpfung«/ »Veränderung«	GMN-Scorecard »Positionierung«	GMN-Scorecard »Positionierung«; Financial Controlling
Formen stratgischer Kontrolle	*Prämissen-kontrolle:* Können die hinter den Konzepten stehenden Annahmen aufrecht erhalten bleiben? Ist das, an was die Konzepte ausgerichtet werden, noch richtig?	*Durchführbarkeits-kontrolle:* Wie wirkungsvoll war der Prozess der Strategieentwicklung? Konnte die Umsetzung wie geplant realisiert werden? Gibt es unerwartete Widerstände beim Wandel?	*Wirksamkeits-kontrolle:* Konnte man die Ziele wie vorgesehen erreichen, Hat(te) man die richtigen Strategien?	*Wirksamkeits-kontrolle:* Konnte man die Stakeholder wie vorgesehen zufrieden stellen? Entsprechen die Auswirkungen unseren Normen?

Abb. 6-33: Performance Messung und strategische Kontrolle im GMN

Wie bei jedem Konzept, so entscheidet auch bei der Performance Messung die Art, wie sie eingeführt wurde und wie man mit ihr umgeht, über ihren späteren Nutzen. Wird z. B. der Ansatz ohne Beteiligung derer, die gemessen werden, entwickelt und dann dafür eingesetzt, um eine noch umfassendere Kontrolle über die Mitarbeiter zu erlangen? Oder wird gemeinsam mit den Beurteilten ein als fair empfundenes System von Messgrößen abgeleitet, das auch zur Selbstbeobachtung tauglich ist?

Zentraler Vorteil einer solchen Performance Messung ist sicher der, dass überhaupt einmal systematisch gemessen und beurteilt wird. Es kann dadurch eine Feed-back-Kultur entstehen, die sich einer gemeinsamen Sprache bedient. Das Feed-back ist dabei eng an die strategischen Ziele angekoppelt. Indirekt zwingt ein Ansatz wie die Balanced Scorecard auch dazu, die Einzelstrategien schlüssig zu integrieren und sie auch zu operationalisieren, d.h. sie auf die Handlungsebene »herunterzubrechen«, falls all dies bislang noch nicht geschehen ist.

Größte Gefahr solcher Ansätze ist der Glaube, ein Unternehmen gewissermaßen »von hinten« entwickeln zu können: Die Führung gibt die Messgröße vor; ein Jahr später sieht man sich wieder und überprüft, ob sie erreicht wurde oder nicht. Falls nein, gilt es, über die Konsequenzen zu entscheiden. Erstens ist zu bezweifeln, ob in einem solchen Umfeld unternehmerisches Handeln gedeihen kann – auch wenn ein solcher Ansatz oft unter der Etikette »Unternehmertum im Unternehmen« betrieben wird. Zweitens kann erwartet werden, dass in einem solchen Unternehmen viel Energie in die Suche nach Wegen, das Messsystem auszutricksen, gelenkt wird und viele Aktivitäten nur unternommen werden, um bestimmte Messgrößen zu erfüllen, auch wenn diese Aktivitäten als sinnlos empfunden werden.

Eine andere Gefahr solcher Ansätze ist die Illusion der Führung, alles objektiv messen zu können bzw. die Ansicht, dass jede Art von Leistungsbeurteilung sich nur noch aus den Kriterien ableitet. Dabei sollte man sich immer vor Augen halten, dass eine solche Performance Messung bewusst reduktionistisch ist und sie geradezu davon lebt, dass man sich wirklich auf nur wenige Messgrößen einigt. Dann muss aber Führung doppelt greifen: Zum einen in der Unterstützung, die Messgrößen zu erreichen; zum anderen bei der Leistungsbeurteilung jenseits der Messgrößen. Eine Performance Messung darf nie dazu führen, dass sich das Management seiner eigentlichen Leadership-Aufgabe bequem entledigt und am Jahresende nur noch die Scorecard-Zahlen »abholt«.

Letztendlich sollte auch nicht vergessen werden, dass häufig die meisten der unterstellten Kausalitäten zwischen Zielen, Treibern und Messgrößen hypothetischen Charakter haben und erst noch empirisch verifiziert werden müssten.

Feed-back-Funktion

Performance-Messung sollte in ihrer **Feed-back-Funktion** ein wesentlicher Impulsgeber für organisatorische Lernprozesse und damit für weiteren Wandel sein. In dieser Rolle ist sie aus einer Strategischen Unternehmensführung nicht wegzudenken. In einer stimulierenden organisatorischen Umgebung kann sie Quelle strategischer Initiativen allerorts in der Organisation sein. Dazu ist es wichtig, dass sie sich auch in den Händen und unter der Kontrolle derer befindet, von denen man Initiative erwartet. Eine Performance-Messung geschieht dann aus Eigenverantwortlichkeit, aber auch aus Eigeninteresse. Wird sie jedoch rein als Herrschaftsinstrument verstanden (**Kontroll-Funktion**), werden ihre Potenziale speziell in komplexen Führungssituationen nicht ausgeschöpft; vielfach wirkt sie dann sogar dysfunktional, d.h. sie behindert die Lernprozesse. Die über die neueren Ansätze eines »Result-based Leadership« vollzogene Neuausrichtung der Performance-Messung verleiht ihr eine **Steuerungs-Funktion**.

Kontroll-Funktion

Steuerungs-Funktion

Die Performance-Messung ist aber auch das Instrument, über das wir unseren eigenen Wandel zu hinterfragen vermögen, ob seine Auswirkungen eigentlich noch dem entsprechen, wie wir uns selbst verstanden wissen wollen, oder ob er uns – vielleicht unbemerkt – von unseren Normen entfernt. Der österreichische Philosoph und Schriftsteller Günter Anders hat dies einmal wie folgt zum Ausdruck gebracht: »*Es genügt nicht, die Welt zu verändern. Das tun wir ohnehin. Und weitgehend geschieht das sogar ohne unser Zutun. Wir haben diese Veränderung auch zu interpretieren. Und zwar, um diese zu verändern. Damit sich die Welt nicht weiter ohne uns verändere. Und nicht schließlich in eine Welt ohne uns.*«

Workshop

- Haben Sie bereits Erfahrungen mit Scorecard-Methoden gemacht? Falls nein, so testen Sie einmal eine der vorgestellten Methoden bei einer Ihrer SGE.
- Wollen Sie einmal Erfahrung mit der auf dem Ampel-Prinzip aufbauenden GMN-Performance-Messung gewinnen, so könnte ein erster Test, der ohne allzu großen Aufwand durchzuführen ist, die Scorecard »Initiierung« sein, die Sie in etwa nach dem Muster in Abbildung 6–21 durchführen könnten.

Zusammenfassung

- Es gibt eine Reihe viel beachteter, neuerer Ansätze zur Performance Messung wie etwa die Balanced Scorecard, der Skandia-Navigator oder das EFQM-Modell. Scorecard-Ansätze bewerten die Leistung der Unternehmung entlang mehrerer Dimensionen, die jeweils über eine sehr begrenzte Anzahl von Indikatoren erfasst werden.
- Die Performance Messung beim GMN ist darauf ausgerichtet, möglichst frühzeitig Feed-back zur Qualität der geleisteten Strategie- und Wandelarbeit zu erhalten, um schnell reagieren zu können. Sie ist in drei Teile gegliedert: Das GMN-Audit, über das die Qualität der durch das Management entwickelten Konzepte beurteilt wird, die GMN-Scorecard, bei der die Umsetzung bezogen auf die Erfüllung der Erwartungen der Anspruchsgruppen überprüft wird sowie das Controlling des finanziellen Ergebnisses.
- Performance Messung wird hier weniger als Kontrollinstrument begriffen, sondern mehr als Möglichkeit zur Beschleunigung organisatorischer Lernprozesse.

Lernkontrolle

1. Vergleichen Sie »Trotter«, »Balanced Scorecard«, »Skandia Navigator« und »EFQM-Modell« bzgl. ihrer Zielsetzungen sowie ihrer Vor- und Nachteile.
2. Welche Logik steht hinter dem Aufbau der Balanced Scorecard?
3. Manche Unternehmen benutzen die Balanced Scorecard zur Entwicklung von Strategien. Wie beurteilen Sie dies?
4. Was ist die Grundlogik der GMN-Performance-Messung?

Literatur

Für Leser, die ihr Wissen zur »Performance Messung« vertiefen wollen, empfehlen wir insbesondere die *kursiv* hervorgehobenen Autoren.

Argyris, C./Schön, D. A. (1978): Organizational learning, Reading.

Bain, N./Band, D.(1996): Winning Ways through Corporate Governance, London.

Ballwieser, W. (2000): Wertorientierte Unternehmensführung: Grundlagen. In: Zeitschrift für betriebswirtschaftliche Forschung, März, S. 160–166.

Bleicher, K. (1996): Das Konzept Integriertes Management. 4. Auflage, Frankfurt/New York.

Börsig, C. (2000): Wertorientierte Unternehmensführung bei RWE. In: Zeitschrift für betriebswirtschaftliche Forschung, März, S. 167–175.

Bohn, R.(1994): Measuring and managing technological knowledge. In: Sloan Management Review, Vol. 36, Nr. 1, S. 61–73.

Boutellier, R./Baumbach, M./Schwarz, G. (1997): Benchmarking-Arbeitskreise: Erfolgreiche Praktiken statt »Best practices«. In: Absatzwirtschaft, Vol. 40, Nr. 6, S. 48–53.

Conger, J./Finegold, D./Lawler, E.(1998): Appraising boardroom performance. In: Harvard Business Review, Vol. 76, Nr. 1, S. 136–148.

Edvinsson, L./Malone, M.S. (1997): Intellectual Capital. Realizing your company's true value by finding ist hidden roots, New York.

Esser, K. (2000): Wertorientierte Unternehmensführung bei Mannesmann. In: Zeitschrift für betriebswirtschaftliche Forschung, März, S. 176–187.

European Foundation for Quality Management (EFQM) (1997): The European Quality Award – 1997 Application Broshure, Brüssel.

Frey, B./Osterloh, M.(1997): Sanktionen oder Seelenmassage? Zu den motivationalen Grundlagen der Unternehmensführung. In: Die Betriebswirtschaft, Vol. 57, S. 307–321.

Galgenmüller, F./Gleich, R./Pfohl, M. (2000): Das Controlling muss sich messen lassen. In: Zeitschrift für die Automobilwirtschaft, Vol. 3, Nr. 1, S. 14–22.

Gleich, R.(1997): Performance Measurement. In: Die Betriebswirtschaft, Vol. 57, Nr. 1, S. 114–117.

Gomez, P.(1997): Wege zu einer wertbewussten Unternehmensführung. In: Egon Zehnder International, Nr. 1, S. 4–10.

Gomez, P.(1993): Wertmanagement, Düsseldorf etc.

Goold, M./Quinn, J.(1990): The paradox of strategic controls. In: Strategic Management Journal 1990, Vol. 11, Nr. 1, S. 43–57.

Horváth, P. (1999): Das Balanced-Scorecard-Managementsystem – das Ausgangsproblem, der Lösungsansatz und die Umsetzungserfahrungen. In: Die Unternehmung, Vol. 53, Nr. 5, S. 303–319.

Horváth & Partner (Hrsg., 2001): Balanced Scorecard umsetzen, 2. Auflage, Stuttgart.

Hostettler, S. (1997): Economic value analysis. Darstellung und Anwendung auf Schweizer Aktiengesellschaften, Bern etc.

Hrebiniak, L./Joyce, W. F. (1984): Implementing strategy, New York/London.

Kaplan, R. S./Norton, D.P.(1992): The Balanced Scorecard – Measures that drive performance. In: Harvard Business Review, Vol. 70, Nr. 1, S. 71–79.

Kaplan, R./Norton, D.(1997): Balanced Scorecard. Strategien erfolgreich umsetzen, Stuttgart.

Klingebeil, N.(1999): Integriertes Performance Measurement, Habilitationsschrift an der Universität St. Gallen.

Krystek, U./Müller-Stewens, G.(1993): Frühaufklärung: Die Sensibilisierung des Managements gegenüber potentiellen Veränderungen des Umfeldes, Stuttgart.

Leibfried, K./McNair, C.J. (1992): Benchmarking. A tool for continuous improvement, New York.
Lombriser, R./Abplanalp, P.A.(1997): Strategisches Management, Zürich.
Lorange, P. (1982): Implementation of strategic planning, Englewood Cliffs, NJ.

Müller-Stewens, G./Fontin, M. (1998): Die Messung der Management-Qualität als künftige Stufe des strategischen Performance-Measurement. In: Handlbauer, G./Matzler, K./Sauerwein, E./Stumpf, M. (Hrsg.): Perspektiven im Strategischen Management, Berlin/New York, S. 203–217.

Neubürger, H.-J. (2000): Wertorientierte Unternehmensführung bei Siemens. In: Zeitschrift für betriebswirtschaftliche Forschung, März, S. 189–196.
North, K./Probst, G.J.B./Romhardt, K. (1998): Wissen messen – Ansätze, Erfahrungen und kritische Fragen. In: Zeitschrift für Organisation, Vol. 67, Nr. 3, S. 158–166.

Peschke, M. A.(2000): Strategische Ziele im Value Management. In: Welge, M.K./Al-Laham, A. (Hrsg.): Praxis des Strategischen Managements, Wiesbaden, S. 95–112.
Probst, G.J.B./Büchel, B.(1994): Organisationales Lernen, Wiesbaden.

Rappaport, A.(1996): Creating Shareholder Value, New York.
Roos, J./Roos, G./Dragonetti, N.C./Edvinsson, L. (1997): Intellectual Capital – Navigating the new business landscape, London.
Rüegg-Stürm, J.(1996): Controlling für Manager, Zürich.

Schedler, K. (2000): New Public Management, Bern.
Schreyögg, G./Steinmann, H.(1985): Strategische Kontrolle. In: Zeitschrift für betriebswirtschaftliche Forschung, Vol. 37, S. 391–410.
Schüppel, J./Müller-Stewens, G./Gomez, P.(1998): The knowledge spiral. In: Krogh, G. von/Roos, J./Kleine, D.: Knowing in firms, London etc., S. 223–239
Seghezzi, H.D. (1996): Integriertes Qualitätsmanagement, München/Wien.
Simons, R./Davila, A. (1998): Return on Management: Wie gut führen Sie Ihr Unternehmen?. In: Harvard Business Manager, 4, S. 71–80.
Spremann, K./Pfeil, O./Weckbach, S. (2001): Lexikon Value Management, München/Wien.
Steinmann, H./Schreyögg, G. (1993): Management. Grundlagen der Unternehmensführung, Wiesbaden.

Töpfer, A. (1998): Audit von Business Excellence in der marktorientierten Unternehmensführung. In: Reinecke, S./Tomczak, T./Dittrich, S. (Hrsg.): Marketingcontrolling, St. Gallen, S. 44–59.

Wunderer, W./Gerig, V./Hauser, R. (Hrsg., 1997): Qualitätsorientiertes Personalmanagement, München/Wien.

Anmerkungen

1 Vgl. in diesem Sinne auch Steinmann/Schreyögg (1993), Abschnitt 5.8.
2 Vgl. Goold/Quinn (1990); Lombriser/Abplanalp (1997), Abschnitt 9.2.; Schreyögg/Steinmann (1985).
3 Vgl. dazu die Ausführungen in Abschnitt 3.2.2.
4 Vgl. Krystek/Müller-Stewens (1993); Lorange (1982); Hrebiniak/Joyce (1984).
5 Vgl. zu dieser Wertung auch Gleich (1997), S. 114.

6 Zitat von Mason Haire, University of California, 1991.
7 Vgl. Frey/Osterloh (1997).
8 Vgl. die Übersicht zum Value Management in Egon Zehnder International 1997, Nr. 1, und dort Gomez (1997).
9 Vgl. die Kurzdarstellung bei Hostettler (1997).
10 Um so überraschter ist man dann auch, wenn – wie 1997 bei THYSSEN nach Bekanntwerden der KRUPP-Übernahmepläne geschehen – der Vorstand eines Unternehmens nach Unterbreitung eines feindlichen Übernahmeangebots nicht direkt etwas Substantielles zum Wert seines Unternehmens sagen kann.
11 Einen Ansatz zur Verkopplung des St. Galler Managementkonzepts von Bleicher (1996) mit dem Qualitätsmanagement zeigt Seghezzi (1996).
12 Vgl. z.B. Leibfried/McNair (1995) oder die zu diesen Vergleichen organisierten Arbeitsgruppen bei Boutellier/Baumbach/Schwarz (1997).
13 Vgl. Schedler (2000).
14 Vgl. zu einer umfassenden Beschreibung der Entwicklung der Performance Messung Klingebeil (1999).
15 Ursprünglich war die Perspektive »Lernen und Wachstum« mit »Innovation und Lernperspektive« benannt worden.
16 Vgl. dazu die Ausführungen bei Horváth (1999).
17 Klingebeil (1999) wertet die Ansätze von ARTHUR ANDERSON, BOOZ, ALLEN & HAMILTON, COOPERS & LYBRAND, ERNST & YOUNG, GEMINI CONSULTING, KPMG, ARTHUR D. LITTLE und PRICE WATERHOUSE aus. Vgl. auch HORVÁTH & PARTNER (Hrsg., 2001) zur Umsetzung des Ansatzes.
18 Vgl. Edvinsson/Malone (1997) und auch Roos et al. (1997).
19 Vgl. dazu die Ausführungen zur Messung von Business Excellence bei Töpfer (1999). Aus einer personalwirtschaftlichen Sicht vgl. Wunderer et al. (Hrsg., 1997).
20 Vgl. zu dieser Argumentation Müller-Stewens/Fontin (1998).
21 Die GMN-Scorecard wurde in ihrer Methodologie an die »Balanced Scorecard« angelehnt.
22 Vgl. zum »Customer Value« Peschke (2000), S. 103 ff.
23 Vgl. hierzu den Ansatz der »Wissensspirale« bei Schüppel/Müller-Stewens/Gomez (1998), wo die »Feed-back-Systeme« ein zentrales Element eines Wissensmanagements darstellen. Zur Messung von Wissen vgl. Bohn (1994).
24 North/Probst/Romhardt (1998) schreiben dazu: »Um den Erfolg des Wissensmanagements messbar zu machen, ist das Unmögliche nötig: Die kontextgebundene Ressource Wissen muss objektivierbar gemessen werden. ... Wissen kann nur über den Preis der Verdinglichung quantifizierbar werden, also der Entnahme aus zeitlichen, situativen und persönlichen Kontexten. Es kann deshalb ... nur mittelbar und unscharf erfasst werden; also anhand von vermittelten Messgrößen wie Prozesszeiten, Ausbildungserfolg oder ähnlichem.«
25 Vgl. ähnlich Galgenmüller et al. (2000)
26 Vgl. zur Konzeption eines modernen Controlling z.B. Rüegg-Stürm (1996)
27 Vgl. die lexikographische Aufbereitung des Themas bei Spremann/Pfeil/Weckbach 2001.
28 Gomez (1993, S. 79) zeigt mit der Valcor-Matrix einen Ansatz auf, wie Nutzenpotenziale mit den Wertgeneratoren verbunden werden können.
29 EVA ist eine geschützte eingetragene Marke von STERN STEWART & CO. EVA berechnet sich als Nettogewinn nach Steuern minus Kapitalkosten (Fremd- und Eigenkapital). Der Betriebsgewinn vor Zinsen und nach Steuern ergibt sich aus der Differenz von Nettoverkaufserlös minus Betriebsaufwand, Abschreibungen und Steuern vom Betriebsgewinn. Nachteile von EVA sind, dass die Berechnung auf Buchwerten beruht, die Ausrichtung kurzfristig ist, man nur einen Maßstab für den finanziellen Erfolg erhält und die Berechnung relativ komplex ist.
30 Vgl. Ballwieser (2000) und die Darstellung der verschiedenen Konzepte einer wertorientierten Unternehmensführung bei RWE (Börsig 2000), MANNESMANN (Esser 2000) und SIEMENS (Neubürger 2000).

31 Vgl. zu dieser Dreiteilung in Anpassungs-, Veränderungs- und Prozesslernen Probst/Büchel (1989), die sich auf die Dreiteilung von Argyris/Schön (1978) in single-loop-, double-loop- und deutero-learning beziehen.

Anhang

Abbildungsverzeichnis

Firmenverzeichnis

Personenverzeichnis

L

S

Stichwortverzeichnis

R

S

T

U

V

W

Z